Sichern

Sind Sie sicher? **Prüfen Sie Ihr neues Fundament** mit den **Testaufgaben.** Vergleichen Sie Ihre Ergebnisse mit den Lösungen im Anhang und schätzen Sie sich selbstständig ein.

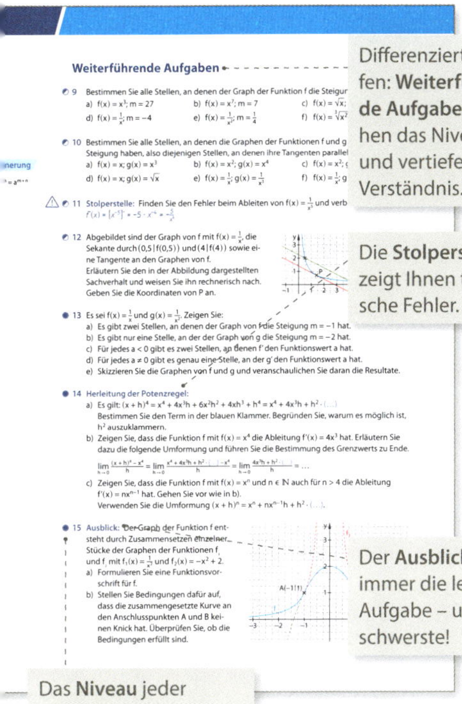

Differenziert vertiefen: **Weiterführende Aufgaben** erhöhen das Niveau und vertiefen Ihr Verständnis.

Die **Stolperstelle** zeigt Ihnen typische Fehler.

Der **Ausblick** ist immer die letzte Aufgabe – und die schwerste!

Das **Niveau** jeder Aufgabe gibt Ihnen ein Symbol an.
◐ = mittel,
● = schwer

Weitere Symbole:

Aufgabe ohne Hilfsmittel

TK Tabellenkalkulation

Medieneinsatz

Partnerarbeit

Gruppenarbeit

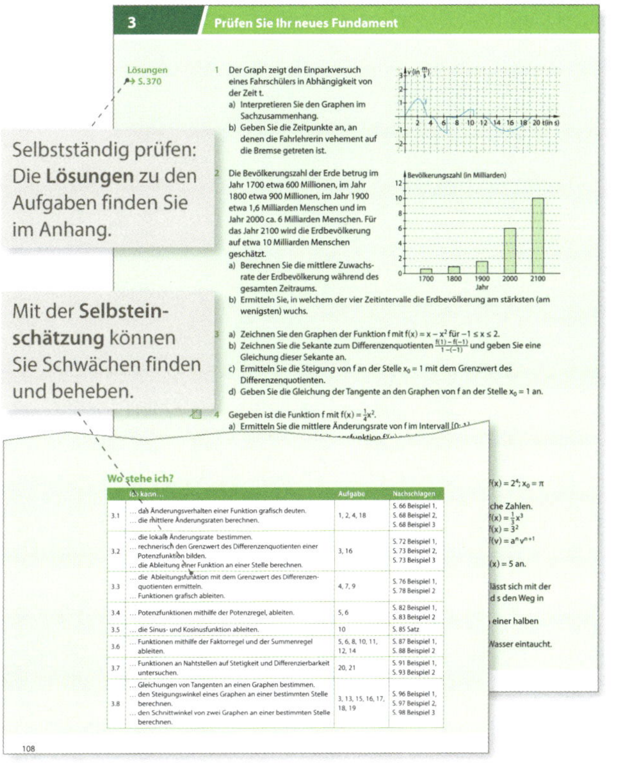

Selbstständig prüfen: Die **Lösungen** zu den Aufgaben finden Sie im Anhang.

Mit der **Selbsteinschätzung** können Sie Schwächen finden und beheben.

Wissen kompakt

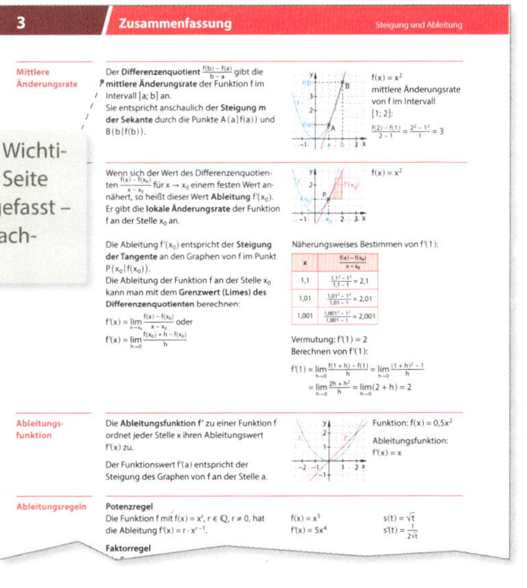

Hier ist alles Wichtige auf einer Seite zusammengefasst – ideal zum Nachschlagen.

Fundamente der Mathematik

1

Leistungsfach

Rheinland-Pfalz
Gymnasium Leistungsfach

Analysis

Cornelsen

Inhaltsverzeichnis

7 Exponentialfunktionen und Wachstum 235

8 Untersuchung weiterer Funktionstypen 289

Fundamente
der Mathematik

Autoren: Jan Block, Carola Buddensiek, Brigitte Distel, Dr. Lothar Flade, Alexander Heinz, Sabine Fischer, Carina Freytag, Jan Füller, Daniel Geukes, Marco Grees, Bernhard Hummel, Katharina Hammer-Schneider, Gerhard Hillers, Fritz Kammermeyer, Martin Klauer, Gerold Kiesslich, Roman Knost, Markus Krysmalski, Dr. Hubert Langlotz, Renatus Lütticken, Christian Marticke, Arne Mentzendorff, Thorsten Niemann, Reinhard Oselies, Dr. habil. Manfred Pruzina, Sabine Sand-Heidinger, Sebastian Schweitzer, Volker Seibt, Dr. Annalisa Steinecke, Ugur Yasar, Dr. Wilfried Zappe

Berater: Jochen Dörr
Redaktion: Maik Böhm, Torsten Gebauer
Rechteprüfung: Kai Mehnert
Gesamtgestaltung: Golnar Mehboubi Nejati, Berlin
Illustration: Stefan Bachmann
Grafik: Christian Böhning
Umschlaggestaltung: Studio SYBERG, Berlin
Layoutkonzept: klein & halm GbR
Technische Umsetzung: Straive

Begleitmaterialien zum Lehrwerk

für Schülerinnen und Schüler
Schulbuch als E-Book mit Medien 978-3-06-040625-8
Arbeitsheft mit Erklärvideos 978-3-06-040640-1

für Lehrerinnen und Lehrer
Unterrichtsmanager Plus 978-3-06-040623-4
Lösungen zum Schulbuch 978-3-06-040624-1

www.cornelsen.de

2. Auflage, 2. Druck 2026

Alle Drucke dieser Auflage sind inhaltlich unverändert und können im Unterricht nebeneinander verwendet werden.

Druck: GZH d.o.o., Zagreb

ISBN 978-3-06-040622-7 (Schulbuch)
ISBN 978-3-06-040625-8 (E-Book)

PEFC
PEFC/56-31-03
PEFC-zertifiziert
Dieses Produkt stammt aus nachhaltig bewirtschafteten Wäldern und kontrollierten Quellen
www.pefc.co.uk

1

Folgen und Grenzwerte

Nach diesem Kapitel können Sie

→ rekursive und explizite Darstellungen von Folgen verstehen,
→ Eigenschaften von Zahlenfolgen erkennen,
→ Grenzwerte von Folgen verstehen und berechnen,
→ Grenzwertsätze für Summen, Produkte und Quotienten von Folgen anwenden.

Lösungen
→ S. 364

Terme

1 Vereinfachen Sie.

a) $3^5 \cdot 9$ b) $121 \cdot 2^2$ c) $(5^{-4})^3$ d) $27^3 : 3^2$

e) $\frac{2 \cdot 3^4}{6^3}$ f) $\left(\frac{1}{5}\right)^4 \cdot 5^2$ g) $\frac{x^3 \cdot x^6}{x^9}$ h) $\frac{(2a)^{-5} \cdot (2a)^7}{4a^2}$

2 Schreiben Sie als eine Potenz.

a) $4^{3s} \cdot 5^{3s}$ b) $x^{2t} \cdot y^{2t}$ c) $(a+b)^x(a-b)^x$ d) $z^{4t} \cdot u^{4t}$ e) $x^3 \cdot x^b$

f) $z^{n+1} \cdot z^n$ g) $b^x \cdot b^{x-1}$ h) $(x^4)^k$ i) $(a^k)^{k+1}$ j) $(b^s)^s$

3 Vereinfachen Sie mithilfe von Potenzgesetzen.

a) $b^{-3} \cdot b^5$ b) $x^7 : x^3$ c) $\sqrt{3^0} : y$ d) $(b^{-2})^{-1}$

e) $a^{0,25} \cdot a^{\frac{3}{4}}$ f) $(a^1)^{-2}$ g) $(u^{-3} \cdot v^6)^{\frac{2}{3}}$ h) $2 \cdot (y^0)^3$

4 Berechnen und runden Sie, falls nötig.

a) $4^{\frac{3}{2}}$ b) $9^{2,5}$ c) $7 \cdot 2^{\frac{1}{7}}$ d) $3 \cdot 0,5^{\frac{9}{24}}$ e) $0,2 \cdot 3^{1,5}$

5 Vereinfachen Sie mithilfe der Potenzgesetze.

a) $17^7 \cdot 17^{-3} : 17^2$ b) $(3^4)^2 \cdot 3^{-5}$ c) $2^7 \cdot 3^7 \cdot 6^{-5}$ d) $\frac{5^6 \cdot 2^8}{10^4}$ e) $2^9 \cdot 6^{-4} \cdot 3^5 \cdot 4^{-2}$

Wachstumsvorgänge

6 Beschreiben Sie das exponentielle Wachstum durch eine Gleichung. Berechnen Sie den Bestand nach 4 Stunden.

a) Eine Bakterienkultur aus 200 Bakterien wächst stündlich mit dem Faktor 1,3.

b) Einem Patienten werden 100 mg eines Medikaments verabreicht. Pro Stunde baut der Körper das Medikament mit dem Faktor 0,85 ab.

7 Die Wertetabellen stellen exponentielle Vorgänge dar. Ergänzen Sie die fehlenden Einträge.

a)

n	0	1	2	3	6
B(n)	30	54			

b)

n	0	1	2	3	6
B(n)	140	70			

8 Prüfen Sie, ob es sich um einen linearen oder einen exponentiellen Vorgang handelt. Geben Sie eine rekursive und eine explizite Gleichung dazu an.

a)

n	1	2	3	4	5
B(n)	180	189	198,5	208,4	218,8

b)

n	0	1	2	3	4
B(n)	25	20	15	10	5

9 Entscheiden Sie, ob in den folgenden Situationen exponentielle Vorgänge vorliegen. Begründen Sie. Wenn ja: Stellen Sie eine explizite Wachstumsformel auf.

a) Die Miete in einer Wohnung steigt pro Jahr um durchschnittlich 3,5 %.

b) Das Guthaben auf einem Sparkonto nimmt pro Jahr um 250 € ab.

c) Der Holzbestand eines Waldes nimmt jedes Jahr um den Faktor 1,04 zu.

d) Die Parkgebühren steigen mit jeder angefangenen Stunde um 1,50 €.

e) Das Guthaben auf einem Sparkonto wird pro Jahr mit 0,8 % verzinst. Die Zinsen werden dem Konto immer am Jahresende gutgeschrieben. Es wird nichts abgehoben.

f) An einer Infektion sind zum Zeitpunkt der Entdeckung 1200 Menschen erkrankt. Die Anzahl der Erkrankten nimmt jede Woche um ca. 250 Menschen zu.

Lösungen
→ S. 364

Zinseszinsberechnungen

10 Ein Grundkapital von 300 € wird bei der Bank zu einem Zinssatz von 1,35 % angelegt. Berechnen Sie das Kapital mit Zinseszinsen nach der angegebenen Zeitspanne.

a) 1 Jahr b) 3 Jahre c) 7 Jahre d) 19 Jahre e) 35 Jahre

11 Bestimmen Sie den Zinssatz.

a) Vince hatte ein Kapital von 200 € für 10 Jahre angelegt. Es ist auf 269 € angewachsen.
b) Steve hatte ein Kapital von 1000 € für 7 Jahre angelegt. Es ist auf 1361 € angewachsen.
c) Frau Nolte hatte vor 15 Jahren 12 589 € angelegt. Jetzt sind es 15 739 €.

12 a) Frau Nowak legt 2000 € zu einem Zinssatz von 1,5 % p.a. an. Ermitteln Sie ihr Guthaben nach drei Jahren, wenn sie zwischendurch kein Geld abhebt.
b) Beim Rechnen mit Zinseszinsen gilt die Formel $K_{neu} = K_{alt} \cdot \left(1 + \frac{p}{100}\right)^n$. Erklären Sie die Formel im Sachzusammenhang und überprüfen Sie damit Ihr Ergebnis aus a).
c) Herr Krämer legt 1600 € zu einem Zinssatz von 1,8 % p.a. über zehn Jahre an. Ermitteln Sie sein Guthaben am Ende der zehn Jahre.

Vermischtes

13 Falten Sie ein quadratisches Blatt Papier.
Schritt 1: Falten Sie es so, dass die Faltlinie das Quadrat in zwei gleich große Rechtecke teilt.
Schritt 2: Falten Sie es so, dass die Faltlinien das Quadrat in vier gleich große Quadrate teilen.
Schritt 3: Falten Sie es so, dass die Faltlinien das Quadrat in acht gleich große Rechtecke teilen.
Schritt 4: …

a) Angenommen, Sie setzen diesen Faltprozess immer weiter fort. In wie viele gleich große Teilflächen (Quadrate oder Rechtecke) teilen die Faltlinien das große Quadrat nach dem 5. Schritt (nach dem 7. Schritt)?
b) Stellen Sie eine explizite Formel auf, die die Anzahl der gleich großen Teilflächen in Abhängigkeit von der Anzahl der Schritte beschreibt. Berechnen Sie damit die theoretisch mögliche Anzahl der Teilflächen nach dem 100. Schritt.

14 Bestimmen Sie den Wert des Terms für $n = 1$, $n = 10$ und $n = 100$. Begründen Sie, ob der Term für eine geschickte Wahl von $n \in \mathbb{R}$ beliebig groß oder klein werden kann.

a) n^2 b) $\sin(n)$ c) $\frac{3}{n-2}$
d) $n^3 - n$ e) $\left(\frac{1}{4}\right)^n$

15 Geben Sie an, mit welcher Art von Funktion man die Situation modellieren kann.

a) Preis für den Stromverbrauch
b) Höhe einer Riesenradgondel während der Fahrt

1.1 Folgen

In einer Gartenanlage sollen quadratische Gehwegplatten verlegt werden. Die entstandene Fläche soll aber selbst auch wieder quadratisch sein.
Am Anfang legt man in die linke obere Ecke die erste Platte. Um eine quadratische Fläche zu erhalten, kann man weitere Platten nach dem abgebildeten Schema anlegen. Es kommt also in jedem Schritt eine horizontale und eine vertikale Reihe an Platten hinzu.

a) Beschreiben Sie, wie viele Platten bei je dem Schritt neu hinzukommen.
b) Geben Sie an, wie viele Platten im n-ten Schritt zusätzlich verlegt werden.
c) Beschreiben Sie, was nach dem n-ten Schritt gemacht werden muss, um auf den (n + 1)-ten Schritt zu kommen.

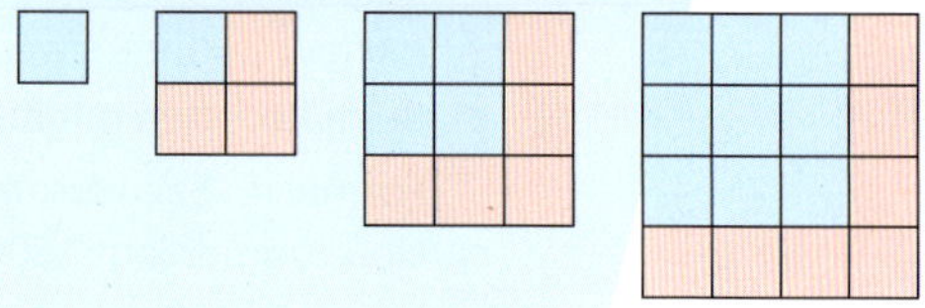

n = 0 n = 1 n = 2 n = 3

Explizite und rekursive Darstellung

Familie Müller legt für ihr Kind ein Sparkonto mit einem Startkapital von 1000 Euro an. Das Konto wird mit 2 % p. a. verzinst. Nach einem Jahr Verzinsung beträgt das Kapital auf dem Konto $K(1) = 1000 \cdot (1{,}02) = 1020$. Das Kapital nach n Jahren lässt sich mit der Zinsformel berechnen: $K(n) = K(0) \cdot \left(1 + \frac{p}{100}\right)^n = 1000 \cdot (1{,}02)^n$.
Hierbei ist p der Zinssatz.
Setzt man in diese Formel n = 0, 1, 2, ... ein, so lässt sich die Entwicklung des Kapitals als Folge von Werten beschreiben:
$a_0 = K(0) = 1000 \cdot (1{,}02)^0 = 1000$
$a_1 = K(1) = 1000 \cdot (1{,}02)^1 = 1020$
$a_2 = K(2) = 1000 \cdot (1{,}02)^2 = 1040{,}40$
...
Mithilfe der Darstellung $a_n = K(n) = 1000 \cdot (1{,}02)^n$ lässt sich jeder beliebige Wert der Folge berechnen. Daher spricht man von einer **expliziten Darstellung**, aus der die Rechenvorschriften der Formel direkt ablesbar sind.

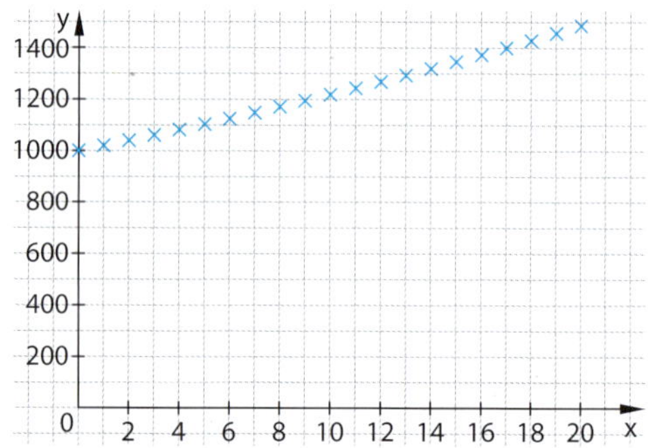

Hinweis

Folgenglieder werden traditionell mit Kleinbuchstaben geschrieben, die einen Indexbuchstaben tragen, z. B. a_n oder b_n.

Die zugrundeliegende Definitionsmenge sind die natürlichen Zahlen. Bei der grafischen Darstellung erhält man einzelne Punkte, welche nicht verbunden werden dürfen. Daher erhält man keinen durchgezogenen Funktionsgraphen.

Erinnerung

Natürliche Zahlen: 0, 1, 2, 3, ... (kurz $\mathbb{N}$)

Jedes Jahr wird auf das bereits vom Vorjahr vorhandene Kapital der Zins von 2 % draufgerechnet. Kennt man bereits den Wert des Kapitals nach n Jahren, also a_n, so ergibt sich der Wert für den Nachfolger durch $a_{n+1} = a_n \cdot (1{,}02)$. Diese Darstellung bezeichnet man als **rekursiv**, da sie bei bekanntem Vorgänger den Nachfolger liefert.

n	Formel	a_n
1	$a_0 \cdot (1{,}02)$	1020
2	$a_1 \cdot (1{,}02)$	1040,40
3	$a_2 \cdot (1{,}02)$	1061,21
4	$a_3 \cdot (1{,}02)$	1082,43
5	$a_4 \cdot (1{,}02)$	1104,08

Hinweis

Lateinisch: recurrere – etwas zurückgeben

Hinweis

(a_n) bezeichnet die gesamte Folge, a_n das n-te Folgenglied.

Definition **Folgen, explizite und rekursive Darstellung**

Eine **Folge** (a_n) ist eine Funktion, die jeder natürlichen Zahl n (meist $n \geq 1$) eine reelle Zahl a_n zuordnet.

Beispiel: Folge der Zweier-Potenzen: $a_1 = 2$; $a_2 = 4$; $a_3 = 8$; $a_4 = 16$; $a_5 = 32$; ...

Explizite Darstellung: $a_n = 2^n$
Das n-te Folgenglied ist durch einen Term, der n enthält, gegeben und lässt sich direkt berechnen.

Rekursive Darstellung: $a_1 = 2$ und $a_{n+1} = 2 \cdot a_n$
Das erste Folgenglied ist gegeben und eine Gleichung, mit der zu jedem Folgenglied das nächste Folgenglied berechnet werden kann.

Beispiel 1 Banken erheben im Allgemeinen Kontoführungsgebühren. Frau Schmidt erbt von ihrem Vater ein Konto, auf das es zwar keine Zinsen gab, von dem die Bank jedes Jahr jedoch 24 Euro an Gebühren abgezogen hat. Im Jahr 2000 betrug der Kontostand 3013 Euro.

a) Berechnen Sie die Werte für die ersten drei Jahre.
b) Geben Sie eine rekursive Darstellung an.
c) Ermitteln Sie daraus eine explizite Darstellung.
d) Stellen Sie die Ergebnisse aus c) in einem geeigneten Koordinatensystem grafisch dar.

Lösung:

a) Berechnen Sie die Werte der ersten drei Jahre. Der Startwert ist 3013. In den darauffolgenden Jahren werden jeweils 24 Euro vom Restbetrag abgezogen.
$a_0 = 3013$
$a_1 = 3013 - 24 = 2989$
$a_2 = 2989 - 24 = 2965$
$a_3 = 2965 - 24 = 2941$

b) Im (n + 1)-ten Jahr werden 24 Euro vom vorigen Betrag abgezogen.
$a_{n+1} = a_n - 24$

c) Vom Ausgangsbetrag wird für n Jahre das n-fache von 24 Euro abgezogen.
$a_n = 3013 - 24 \cdot n$

d) Man bezeichnet die x-Achse als n-Achse. Auf der y-Achse werden die Werte der Folgenglieder a_n aufgetragen.

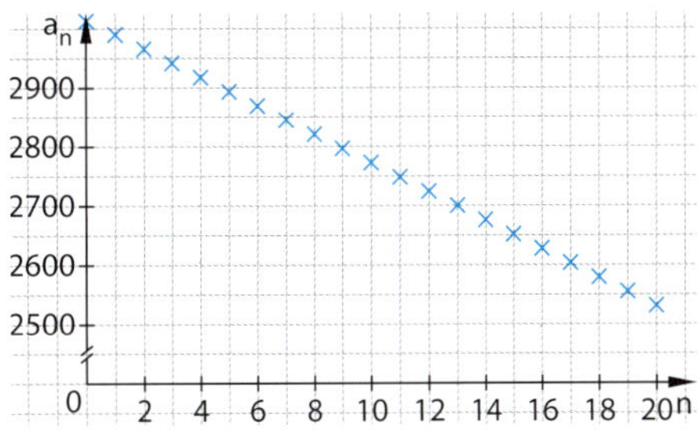

Beispiel 2 Es soll die explizite und rekursive Darstellung einer Folge ermittelt werden.

a) Schreiben Sie die Potenzen von 2, d. h. $a_1 = 2^1 = 2$, $a_2 = 2^2 = 4$, $a_3 = 2^3 = 8$, $a_4 = 2^4 = 16$, … als explizite Folge.
b) Ermitteln Sie daraus eine rekursive Darstellung.

Lösung:

a) Betrachten Sie die Potenzen der Folgenglieder. Daraus kann man die explizite Darstellung ablesen.
$a_n = 2^n$

b) In jedem Schritt wird hier mit 2 multipliziert.
$a_{n+1} = a_n \cdot 2$

Basisaufgaben

1 Die geraden natürlichen Zahlen sollen nacheinander addiert werden. $a_1 = 2$ und $a_{n+1} = a_n + 2 \cdot (n + 1)$. Als explizite Form lässt sich $a_n = n \cdot (n + 1)$ angeben. Berechnen Sie die ersten fünf Folgenglieder
a) in der expliziten Form,
b) in der rekursiven Form.

2 Schreiben Sie für die nachfolgenden Beschreibungen zunächst die ersten fünf Folgenglieder auf und versuchen Sie danach eine explizite und rekursive Darstellung zu finden:
a) Man starte mit dem Wert 1. Danach wird der Vorgänger in jedem Schritt verfünffacht.
b) Der Startwert ist 0. Danach wird vom Vorgänger in jedem Schritt die Zahl 1 subtrahiert.

3 Betrachten Sie die Folge der geraden Zahlen, also $a_n = 2 \cdot n$.
a) Geben Sie die ersten fünf Folgenglieder an.
b) Formulieren Sie eine rekursive Folgenbeschreibung.

4 Eine Lebensversicherung werde mit 2 % p.a. verzinst. Eingezahlt wurde zu Beginn ein Betrag von 10 000 Euro. Die Folge lässt sich rekursiv angeben über $a_{n+1} = a_n \cdot (1 + 0{,}02)$ mit $a_0 = 10\,000$
a) Geben Sie den Kontostand für die ersten fünf Jahre an.
b) Finden Sie eine explizite Folgendarstellung, um den Kontostand in 30 Jahren anzugeben.

5 Sind von einer Folge nur die beiden ersten Folgenglieder bekannt, so kann es mehrere Möglichkeiten geben, die Folge mathematisch zu fassen, z. B. $a_1 = 1$ und $a_2 = 4$.
a) Beschreiben Sie verbal mindestens zwei Möglichkeiten, wie die Folge fortgesetzt werden könnte.
b) Geben Sie die ersten fünf Folgenglieder der von Ihnen zuvor beschriebenen Folgen an.
c) Formulieren Sie – soweit möglich – die explizite und rekursive Folgendarstellung.

6 Im Jahr 1800 gab es rund 1 Milliarde Menschen auf der Erde, im Jahr 2000 rund 6 Milliarden. Setzen Sie $a_{18} = 1$ und $a_{20} = 6$.
a) Geben Sie mindestens zwei mögliche rekursive Folgenbeschreibungen an.
b) Berechnen Sie mit diesen auch die Werte a_{17} (im Jahr 1700) und a_{21} (im Jahr 2100).
c) Geben Sie eine explizite Darstellung Ihrer Folgen an.
d) Berechnen Sie damit a_0.
e) Interpretieren Sie Ihre Ergebnisse aus d) und vergleichen Sie es mit von Ihnen dafür gefundenen Werten.
f) Erklären Sie anschaulich, was a_{100} bedeuten würde.

Monotonie und Beschränktheit von Folgen

In einem Schweinemastbetrieb sind 1024 Tiere. Jede Woche infizieren sich die Hälfte der noch nicht infizierten Tiere mit einer schnupfenartigen Erkrankung.
Die Anzahl der bereits infizierten Tiere steigt also von Woche zu Woche ständig an. Statt „ständig" sagt man in der Mathematik „monoton", in dem Beispiel also: Die Anzahl der infizierten Tiere ist monoton steigend.

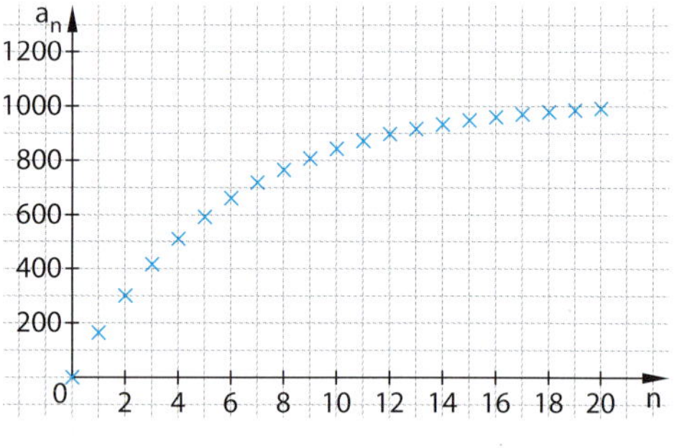

Die Anzahl der infizierten Tiere kann jedoch die maximale Anzahl von 1024 nicht übersteigen. Man sagt dann, die Folge ist nach oben beschränkt. Da nicht weniger als Null Tiere infiziert sein können, ist die Folge auch nach unten beschränkt.

Definition **Monotonie von Folgen**

Eine Folge (a_n) heißt **monoton steigend**, wenn für alle $n \in \mathbb{N}$ gilt: $a_{n+1} \geq a_n$.
Eine Folge (a_n) heißt **monoton fallend**, wenn für alle $n \in \mathbb{N}$ gilt: $a_{n+1} \leq a_n$.

Beispiel 3 Untersuchen Sie die Folge auf Monotonie.

a) $a_n = \frac{1}{n}$ b) $a_n = -\left(\frac{1}{2}\right)^n$ c) $a_n = (-1)^n \cdot n$

Lösung:

a) Berechnen Sie die ersten Folgenglieder und stellen Sie eine Vermutung auf. Weisen Sie Ihre Vermutung für allgemeine Folgenglieder a_n und a_{n+1} nach.

$a_1 = 1$; $a_2 = \frac{1}{2}$; $a_3 = \frac{1}{3}$
Vermutung: (a_n) ist monoton fallend.
Begründung: $a_n = \frac{1}{n}$ und $a_{n+1} = \frac{1}{n+1}$
Es gilt $\frac{1}{n} > \frac{1}{n+1}$, da $n < n + 1$ (Nenner wird größer).

b) Berechnen Sie die ersten Folgenglieder und stellen Sie eine Vermutung auf. Formen Sie den Term eines allgemeinen Folgenglieds a_{n+1} so um, dass ein Verhältnis zu a_n erkennbar wird.

$a_0 = -1$; $a_1 = -\frac{1}{2}$; $a_2 = -\frac{1}{3}$
Vermutung: (a_n) ist monoton steigend.
Begründung: $a_{n+1} = -\left(\frac{1}{2}\right)^{n+1} = -\left(\frac{1}{2}\right)^n \cdot \frac{1}{2} = \frac{1}{2} a_n$
Da alle a_n negativ sind, gilt $a_n > a_{n+1}$.

c) Durch den Faktor $(-1)^n$ alterniert die Folge und ist damit nicht monoton.

$a_0 = 0$; $a_1 = -1$; $a_2 = 2$
Es gilt $a_0 > a_1$ und $a_1 < a_2$, also keine Monotonie.

Definition **Beschränktheit von Folgen**

Eine Folge (a_n) heißt **nach oben beschränkt**, wenn es eine **obere Schranke** $S_o \in \mathbb{R}$ gibt, sodass für alle $n \in \mathbb{N}$ gilt: $a_n \leq S_o$.
Eine Folge (a_n) heißt **nach unten beschränkt**, wenn es eine **untere Schranke** $S_u \in \mathbb{R}$ gibt, sodass für alle $n \in \mathbb{N}$ gilt: $a_n \geq S_u$.
(a_n) heißt nach oben (nach unten) **unbeschränkt**, wenn es keine obere (untere) Schranke gibt.

Beispiel 4 Untersuchen Sie die Folge auf Beschränktheit. Geben Sie eine obere und eine untere Schranke an, falls diese existieren.

a) $a_n = \frac{1}{n}$ b) $a_n = \frac{2n-1}{n}$ c) $a_n = -n^2 + n - 1$

Lösung:

a) Argumentieren Sie mithilfe der Monotonie und dem Vorzeichen von a_n.

(a_n) ist monoton fallend, also $S_o = a_1 = 1$.
Für alle $n \in \mathbb{N}$ ist $\frac{1}{n} > 0$, also $S_u = 0$.

b) Schätzen Sie den Term von a_n so ab, dass n gekürzt werden kann. Betrachten Sie das Vorzeichen der Folgenglieder.

Es gilt $a_n = \frac{2n-1}{n} < \frac{2n}{n} = 2$, also $S_o = 2$.
Für $n \geq 1$ gilt $\frac{2n-1}{n} > 0$, also $S_u = 0$.

c) Betrachten Sie die Folgenglieder als Werte einer Funktion mit der gleichen Vorschrift. Nutzen Sie die Eigenschaften des Graphen.

$a_n = f(n)$ für f mit $f(x) = -x^2 + x - 1$
Der Graph ist eine nach unten geöffnete Parabel mit Scheitelpunkt $\left(\frac{1}{2} \middle| -\frac{3}{4}\right)$. Also ist (a_n) nach unten unbeschränkt und $S_o = -\frac{3}{4}$ eine obere Schranke.

Basisaufgaben

7 Die Abbildung zeigt graphische Darstellungen der ersten zwanzig Folgenglieder von vier verschiedenen Folgen.
Ordnen Sie die Folgen den Graphen korrekt zu und treffen Sie aufgrund dieser Ausschnitte Aussagen zur Beschränktheit und Monotonie.

a) $a_n = 20 - \frac{20}{n}$ b) $a_n = \frac{n^2 + 20}{n^2}$

c) $a_n = n$ d) $a_n = 20 - n$

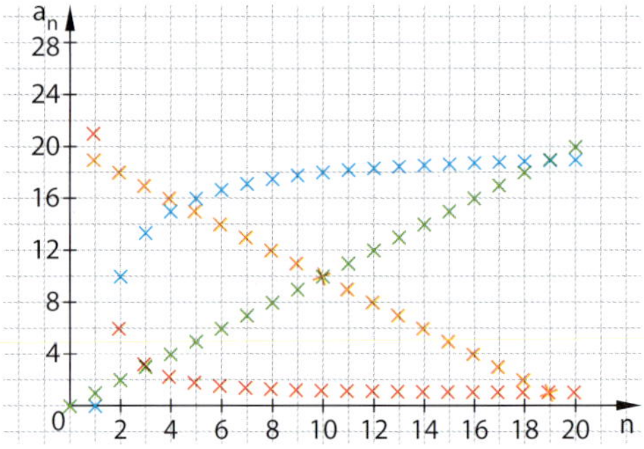

8 Trennen Sie die nachfolgenden Folgen in zwei getrennte Brüche auf und untersuchen Sie die Folgen im Anschluss auf Monotonie und Beschränktheit.

a) $a_n = \frac{n+1}{n}$ b) $a_n = \frac{4n-3}{2n}$ c) $a_n = \frac{n^2+2}{n^2}$ d) $a_n = \frac{2^n - 1}{2^n}$

Weiterführende Aufgaben

9 Geben Sie eine Folge (a_n) mit den geforderten Eigenschaften an. Falls möglich, geben Sie eine explizite und eine rekursive Darstellung der Folge an.

a) Die Folge ist nach oben beschränkt und monoton steigend.
b) Die Folge ist nach unten beschränkt und monoton steigend.
c) Die Folge ist nach oben und unten beschränkt und monoton fallend.
d) Die Folge ist unbeschränkt und nicht monoton.

Hinweis zu 10

Zwei Folgen (a_n) und (b_n) werden addiert, indem man ihre Glieder addiert.

10 **Stolperstelle:** Beurteilen Sie folgende Aussage: Wenn man eine monoton fallende Folge (a_n) und eine monoton steigende Folge (b_n) addiert, erhält man eine Folge, die nicht mehr monoton ist.

11 Beurteilen Sie die nachfolgenden Aussagen und begründen Sie Ihre Entscheidung. Falls Sie eine Aussage für falsch halten, genügt die Angabe eines Gegenbeispiels:

a) Die explizite Darstellung einer Folge hat gegenüber der rekursiven Darstellung den Vorteil, dass man den Wert jedes Folgenglieds direkt berechnen kann.
b) Monoton fallende Folgen sind immer nach oben und nach unten unbeschränkt.
c) Es gibt keine Folgen, die nach oben und unten unbeschränkt sind.

12 **Arithmetische Folgen:** Eine Folge (a_n) heißt arithmetische Folge, wenn die Differenz $a_{n+1} - a_n$ zweier aufeinanderfolgender Folgenglieder immer gleich ist. Ein Beispiel ist die Folge (a_n) mit $a_n = 2n + 1$. Hier ist die Differenz 2.

a) Stellen Sie die angegebenen Folgen grafisch dar und beschreiben Sie die Lage der Folgenglieder:
① (a_n) mit $a_0 = 2$; $a_{n+1} = a_n + 2$
② (b_n) mit $b_n = 300 - 3n$; $n \geq 0$
③ (c_n) mit $c_0 = 100$; $c_{n+1} = c_n - 5$
b) Geben Sie zu den Folgen aus a) an, ob sie monoton oder beschränkt sind.
c) Wandeln Sie die rekursive bzw. explizite Darstellung der Folgen aus a) in die andere Darstellungsform um.
d) Beurteilen Sie die Aussage: Alle arithmetischen Folgen sind entweder nach oben oder nach unten unbeschränkt.

13 Geometrische Folgen: Eine Folge (a_n) mit $a_n \neq 0$ heißt geometrische Folge, wenn der Quotient $\frac{a_{n+1}}{a_n}$ zweier aufeinanderfolgender Folgenglieder immer gleich ist.
Man betrachte hierzu als Beispiel die Folge (a_n) mit $a_n = 3 \cdot 2^n$, $n \geq 0$. Die ersten Werte sind: 3; 6; 12; 24; 48 und der Quotient ist 2. Die rekursive Darstellung lautet: $a_0 = 3$; $a_{n+1} = 2 \cdot a_n$.

a) Stellen Sie die Folgen grafisch dar und geben Sie an, bei welchen Folgen die Folgenglieder exponentiell zunehmen oder abnehmen:
① $a_0 = 2$; $a_{n+1} = 3 \cdot a_n$ ② $b_n = 3^n$; $n \geq 0$ ③ $c_0 = 1024$; $c_{n+1} = \frac{1}{2} \cdot c_n$

b) Geben Sie zu jeder Folge aus a) an, ob sie monoton oder beschränkt ist.

c) Wandeln Sie die rekursive bzw. explizite Darstellung der Folgen aus a) in die andere Darstellungsform um.

d) Beurteilen Sie die Aussage: Nicht jede geometrische Folge ist monoton steigend oder fallend.

14 Dreieckszahlen: Zahlen, die wie in den Bildern in einem Dreieck angeordnet werden können, heißen Dreieckszahlen.

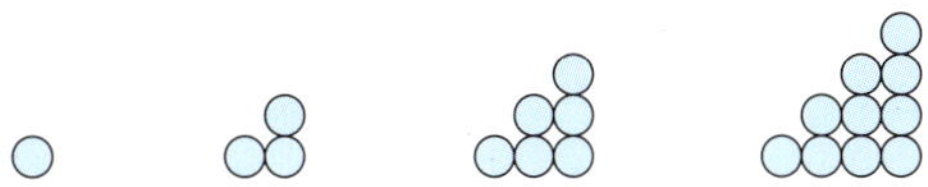

a) Ergänzen Sie die nächsten drei Bilder der Bilderfolge. Beschreiben Sie, was sich in jedem Bild ändert.

b) Stellen Sie tabellarisch die Anzahl der Punkte dar und geben Sie eine Folgendarstellung an.

c) Bestimmen Sie einen Rechenausdruck für Dreieckszahlen und berechnen Sie die nächsten drei Dreieckszahlen.

d) Theo behauptet: „Bei Dreieckszahlen wechseln sich immer zwei gerade und zwei ungerade Zahlen ab." Hat Theo recht? Begründen Sie.

e) Zeigen Sie mit den Bildern, dass sich die ersten beiden Dreieckszahlen zu einem Quadrat zusammenlegen lassen. Gilt das immer für zwei aufeinander folgende Dreieckszahlen?

f) Finden Sie heraus, welche Dreieckszahlen zusammengelegt werden müssen, damit das Quadrat die Seitenlänge 5 (7; 10; 15) hat.

15 Fibonacci-Zahlen: Leonardo Fibonacci beschrieb mithilfe einer speziellen Folge im Jahre 1202 das Wachstum von Kaninchenpopulationen. Für diese Folge müssen zwei Startwerte $a_0 = 0$ und $a_1 = 1$ vorgegeben werden.
Die rekursive Rechenvorschritt lautet $a_{n+1} = a_n + a_{n-1}$.

a) Geben Sie die ersten sechs Folgenglieder an beginnend mit a_2.

b) Untersuchen Sie die Folge auf Beschränktheit und Monotonie.

c) Die Folge lässt sich überraschenderweise auch explizit angeben:
$a_n = \frac{1}{\sqrt{5}} \cdot \left(\left(\frac{1+\sqrt{5}}{2} \right)^n - \left(\frac{1-\sqrt{5}}{2} \right)^n \right)$. Geben Sie den Ausdruck als Funktionsvorschrift in eine Mathematiksoftware ein (statt n dann x) und lassen Sie sich für x = 0 bis x = 10 mit Schrittweite 1 die Werte anzeigen.

d) Weisen Sie nach, dass die in c) angegebene Vorschrift zur Berechnung der Folgenglieder der Fibonacci-Folge geeignet ist.

TK **16 Ausblick:** Zwei aufeinanderfolgende Fibonacci-Zahlen können durcheinander dividiert werden.

a) Berechnen Sie in einer Tabellenkalkulation in der ersten Spalte die Fibonacci-Zahlen.

b) Bilden Sie in der zweiten Spalte den Quotienten der Zahlen und deren Vorgänger.

c) Stellen Sie die Werte aus b) graphisch dar.

d) Beschreiben Sie Ihre Beobachtung.

1.2 Grenzwerte von Folgen

Wird an einer Gitarre eine Saite gezupft, so schwingt diese mit einer gewissen Lautstärke um ihre Ruhelage hin und her. Mit der Zeit wird der Ton leiser und damit nimmt auch der Abstand der schwingenden Saite zu ihrer Ruhelage ab.
Die Maximalausschläge können annähernd durch die Folge (a_n) mit $a_n = (-1)^n \cdot \frac{1}{n}$ beschrieben werden (a_n in mm). Die Zahl n gibt die n-te Schwingung an.
Man erkennt, dass alle Folgenwerte mit geradem Index positiv sind, alle mit ungeradem Index jedoch negativ.

a) Erklären Sie die Bedeutung der negativen Abstände bei ungeraden Folgengliedern.
b) Erstellen Sie eine Wertetabelle.
c) Skizzieren Sie die Folgenglieder bis n = 10 in einem Koordinatensystem.
d) Beschreiben Sie das Verhalten der Folgenglieder mit steigendem n.

Die obere Grafik zeigt die Folge (a_n) mit $a_n = 2 + \frac{1}{n}$. Mit wachsendem n verringert sich der Abstand der Folgenglieder zum Wert 2. Man sagt, die Folge nähert sich dem Wert 2 an. Ab $n_0 = 4$ liegen alle Folgenglieder in dem grünen Streifen. Alle diese Folgenglieder haben einen Abstand zum Wert 2, der kleiner als 0,3 ist. Der Streifen kann beliebig flach gewählt werden und man wird immer ein entsprechendes n_0 finden. Man sagt, die Folge **konvergiert gegen den Grenzwert** 2.

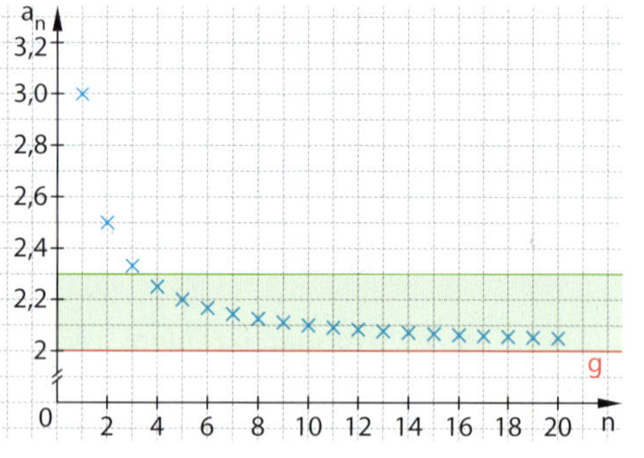

Die alternierende Folge (a_n) mit $a_n = 1 + \frac{(-1)^n}{n}$ konvergiert gegen den Grenzwert 1. In der unteren Grafik ist zu erkennen, dass sich die Folgenglieder von oben und unten diesem Wert annähern. Ab $n_0 = 5$ liegen alle Folgenglieder im grünen Streifen. Ihr Abstand zum Grenzwert ist kleiner als 0,2. Auch hier kann der Streifen beliebig flach gewählt werden, man wird immer ein entsprechendes n_0 finden.

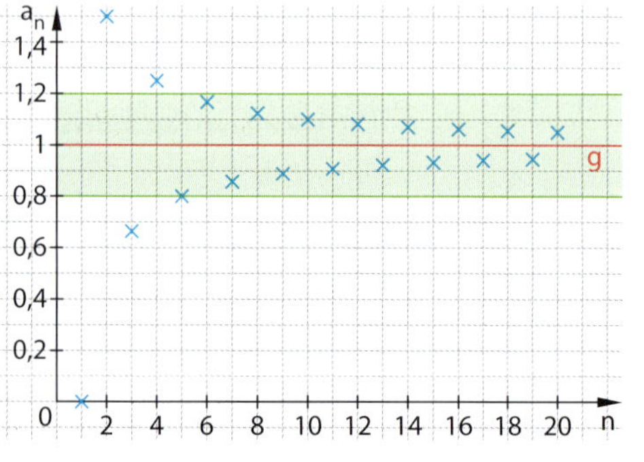

Hinweis

Mithilfe der Definition kann man eine Zahlenfolge auf Konvergenz bezüglich eines gegebenen Grenzwerts g überprüfen, diesen jedoch nicht ermitteln.

Definition

Eine Zahl $g \in \mathbb{R}$ heißt **Grenzwert** g einer Folge (a_n), wenn für alle $\varepsilon > 0$ ein bestimmtes $n_0 \in \mathbb{N}$ existiert, sodass für alle $n \in \mathbb{N}$ mit $n \geq n_0$ gilt: $|a_n - g| < \varepsilon$
Dann heißt die Folge **konvergent** und man schreibt $\lim\limits_{n \to \infty} a_n = g$.
Eine Folge hat den Grenzwert g, wenn ab einem n_0 der Abstand (Betrag) jedes nachfolgenden Folgenglieds zu g kleiner als jede vorgegebene kleine Zahl ε ist.
Hat eine Folge **keinen Grenzwert**, so heißt sie **divergent**.

Beispiel 1

a) Zeigen Sie mithilfe der Definition, dass die Folge (a_n) mit $a_n = 2 + \frac{(-1)^n}{n}$ den Grenzwert 2 hat.

b) Die Folge (a_n) mit $a_n = \frac{\sin(n)}{n}$ hat den Grenzwert 0. Bestimmen Sie, ab welchem Index die Folgenglieder weniger als 0,001 vom Grenzwert abweichen.

Lösung:

a) Setzen Sie die Folge und den Grenzwert in die Definition ein. Formen Sie die Ungleichung äquivalent so um, dass n allein auf einer Seite übrig bleibt.

$\left|2 + \frac{(-1)^n}{n} - 2\right| < \varepsilon$ für $\varepsilon > 0$ beliebig

$\Leftrightarrow \left|\frac{(-1)^n}{n}\right| < \varepsilon$ | Betrag auflösen $n > 0$

$\Leftrightarrow \frac{|(-1)^n|}{n} < \varepsilon$ | $\cdot n\ (n > 0)$ $:\varepsilon\ (\varepsilon > 0)$

$\Leftrightarrow \frac{|(-1)^n|}{\varepsilon} < n$ | $|(-1)^n| = 1$

$\Leftrightarrow \frac{1}{\varepsilon} < n$ Definition erfüllt für alle $n > \frac{1}{\varepsilon}$.

b) Setzen Sie in die Definition ein: $|a_n - g| < \varepsilon$. Der Grenzwert ist $g = 0$. Da der Sinus positive und negative Werte annehmen kann, setzt man nur ihn in den Betrag. Lösen Sie die Ungleichung nach n auf. Der Sinus oszilliert zwischen −1 und 1, so dass er höchstens den Wert 1 annimmt.

$\left|\frac{\sin(n)}{n} - 0\right| < 0{,}001$

$\Leftrightarrow \frac{|\sin(n)|}{n} < 0{,}001$

$\Leftrightarrow n > \frac{|\sin(n)|}{0{,}001}$

$|\sin(n)| \leq 1$, also $n > \frac{1}{0{,}001}$ und damit

$n > 1000$

Hinweis

Wenn eine Zahlenfolge (a_n) konvergent ist, dann hat sie genau einen Grenzwert.

Um Folgen auf Konvergenz und Divergenz zu untersuchen, ist die Folge im Sinne der Definition zu überprüfen. In der Praxis argumentiert man aber auch häufig mathematisch.

Beispiel 2 Begründen Sie, ob die Folge konvergent oder divergent ist. Geben Sie im Falle der Konvergenz den Grenzwert an.

a) $a_n = 3 - \frac{1}{n^2}$ b) $a_n = \frac{n^3 - 1}{2n}$ c) $a_n = (-1)^n \left(1 + \frac{1}{n}\right)$

Hinweis

Die Folgen (a_n) mit $a_n = \frac{1}{n^2}$ und (b_n) mit $b_n = \frac{1}{n}$ konvergieren gegen 0, da der Nenner mit wachsendem n beliebig groß wird.

Lösung:

a) Die Folge besteht aus einer Differenz. Der erste Teil ist konstant 3, der zweite Ausdruck konvergiert gegen 0. Damit konvergiert die Folge gegen 3.

$\lim\limits_{n\to\infty} 3 = 3$

$\lim\limits_{n\to\infty} \left(\frac{1}{n^2}\right) = 0$

$\lim\limits_{n\to\infty} \left(3 - \frac{1}{n^2}\right) = 3$

b) Zerlegen Sie den Bruch in eine Differenz und kürzen Sie mit n. Der erste Term wird für steigende n immer größer. Der zweite Term geht gegen Null. Damit ist die Folge unbeschränkt und divergiert.

$\frac{n^3 - 1}{2n} = \frac{n^3}{2n} + \frac{-1}{2n} = \frac{n^2}{2} + \frac{-1}{2n} = \frac{n^2}{2} - \frac{1}{2n}$

$\frac{n^2}{2}$ wächst unbeschränkt und $\lim\limits_{n\to\infty} \frac{-1}{2n} = 0$

Also ist die Folge (a_n) divergent.

c) Durch den Faktor $(-1)^n$ wechseln die Folgenglieder immer zwischen einem positiven und einem negativen Wert. Die hintere Klammer konvergiert gegen die Konstante 1 (vgl. a). Daher ist der Grenzwert nicht eindeutig und die Folge divergent.

Für gerade n gilt:

$a_n = \left(1 + \frac{1}{n}\right)$ (konvergiert gegen 1)

Für ungerade n gilt:

$a_n = -\left(1 + \frac{1}{n}\right)$ (konvergiert gegen −1)

Also ist die Folge (a_n) divergent.

Basisaufgaben

1 a) Ordnen Sie den Zahlenfolgen die passenden Darstellungen zu. Geben Sie anhand der Graphen jeweils eine Vermutung für den Grenzwert an.

① $a_n = -1 - \frac{1}{n}$

② $a_n = 5 - \frac{1}{n}$

③ $a_n = \frac{n+1}{n}$

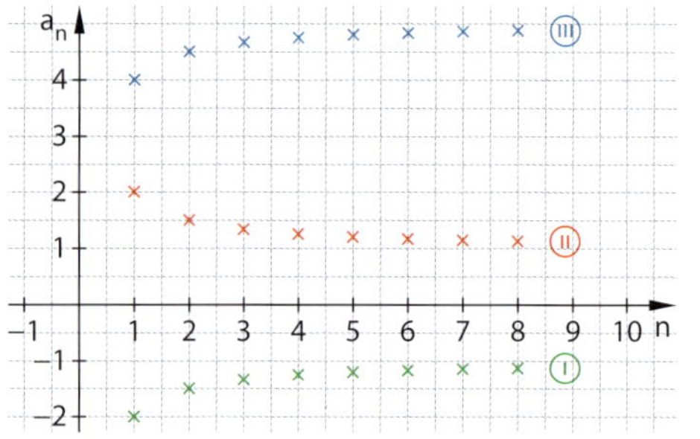

b) Überprüfen Sie Ihre Vermutungen aus a) anhand der Bildungsvorschrift.

2 a) Berechnen Sie die ersten acht Folgenglieder der Folge (a_n) mit $a_n = \frac{n}{n+1}$

b) Stellen Sie die Zahlenfolge in einem geeigneten Koordinatensystem graphisch dar.

c) Stellen Sie aufgrund des Graphen eine Vermutung an, gegen welchen Grenzwert die Folge konvergiert.

d) Bestimmen Sie, ab welchem Folgenglied alle nachfolgenden Folgenglieder in einem ε-Streifen mit $\varepsilon = 0{,}2$ liegen.

3 Gegeben ist die Folge (a_n) mit $a_n = 1 - \frac{\cos(n)}{n+1}$.

a) Geben Sie den Grenzwert der Folge an.

b) Bestimmen Sie für $n = 10$ ein ε, sodass die nachfolgenden Folgenglieder innerhalb des ε-Streifens liegen.

c) Bestimmen Sie, ab welchem Index die Folgenglieder weniger als 0,001 vom Grenzwert abweichen.

4 Gegeben sei die Folge $a_n = \frac{(-1)^n}{1+n^3}$.

a) Erläutern Sie mithilfe der Definition, dass die Folge den Grenzwert 0 hat.

b) Bestimmen Sie, ab welchem Index die Folgenglieder weniger als 0,01 vom Grenzwert abweichen.

5 Begründen Sie, ob die Folge konvergent oder divergent ist und bestimmen Sie im Falle der Konvergenz den Grenzwert.

a) $a_n = \frac{1}{n^3} + 1$ b) $a_n = \frac{2 \cdot n^2 - 2}{n}$ c) $a_n = \frac{2}{n} \cdot (\cos(n))^{2 \cdot n}$

TK

6 In der Fernsehserie „Futurama" wird Fry im Jahr 2000 kryogenisch eingefroren und im Jahr 3000 wieder aufgetaut. Auf seinem Konto hatte er \$ 0,93 im Jahr 2000, das die Bank jährlich mit 2,25 % verzinste.

a) Formulieren Sie rekursiv und explizit eine Folge, die den Vorgang beschreibt.

b) Lassen Sie die Werte in einer Tabellenkalkulation berechnen.

c) Lesen Sie daraus die Werte ab, wann sich das Kapital vertausendfacht, vermillionenfacht und vermilliardenfacht hat.

d) Begründen Sie, weshalb Sie die Ergebnisse aus c) nicht überraschen.

Grenzwertsätze

Häufig sind Folgen eine Verkettung von einzelnen mathematischen Ausdrücken. Man sieht schnell ein, dass die Folge $a_n = 1 - \frac{1}{n}$ den Grenzwert $g = 1$ hat, da für immer größere Werte n der Nenner immer größer wird und damit der Wert des Bruchs abnimmt.
Wie aber sieht es aus, wenn man diese Folge mit 5 multipliziert, also $b_n = 5 \cdot a_n = 5 - \frac{5}{n}$? Dann nimmt entsprechend auch der Grenzwert den fünffachen Wert an.
Man betrachte die beiden konvergenten Folgen $a_n = 3 - \frac{1}{n^2}$ und $b_n = 4 + \frac{1}{n}$. Die Summe dieser beiden Folgen ist $c_n = a_n + b_n$. Wegen der Konvergenz beider Folgen darf man die Grenzwerte der einzelnen Folgen auswerten und deren Summe ist dann auch der Grenzwert der Folge c_n.

Analog werden Differenzen, Produkte und Quotienten von Folgen behandelt.

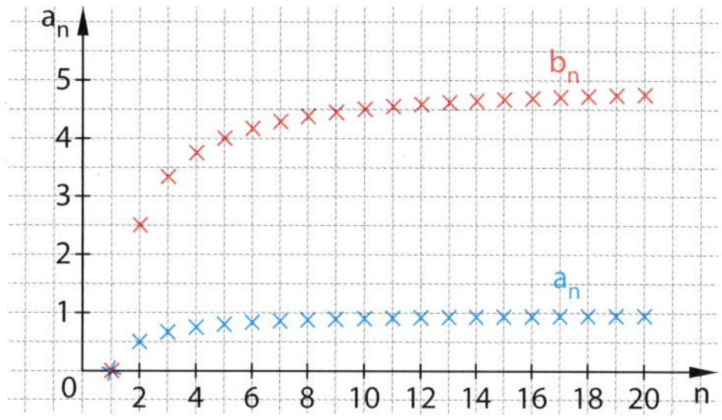

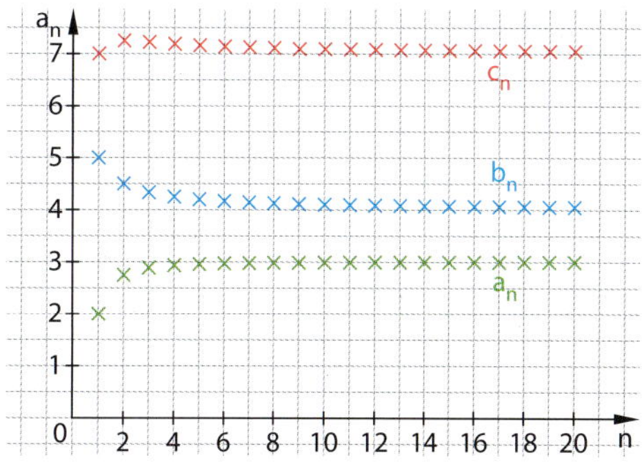

Hinweis

Ist eine der Folgen aus der Summe divergent, dürfen die Grenzwerte nicht addiert werden. Die Grenzwertsätze dürfen nur auf konvergente Folgen angewendet werden.

Wissen **Grenzwertsätze für Folgen**

Gegeben seien die konvergenten Folgen (a_n) und (b_n), die jeweils die Grenzwerte g_a und g_b haben. Dann gilt:

① $\lim\limits_{n \to \infty} (a_n + b_n) = \lim\limits_{n \to \infty} a_n + \lim\limits_{n \to \infty} b_n = g_a + g_b$

② $\lim\limits_{n \to \infty} (a_n - b_n) = \lim\limits_{n \to \infty} a_n - \lim\limits_{n \to \infty} b_n = g_a - g_b$

③ $\lim\limits_{n \to \infty} (a_n \cdot b_n) = \lim\limits_{n \to \infty} a_n \cdot \lim\limits_{n \to \infty} b_n = g_a \cdot g_b$

④ $\lim\limits_{n \to \infty} \left(\frac{a_n}{b_n}\right) = \frac{\lim\limits_{n \to \infty} a_n}{\lim\limits_{n \to \infty} b_n} = \frac{g_a}{g_b}$, wobei $g_b \neq 0$

Grenzwerte von Folgen verhalten sich mathematisch „gutartig“ und wenig überraschend. Die vorgenannten vier Aussagen lassen sich allesamt beweisen. Exemplarisch sei dies an der ersten Aussage durchgeführt:

Hinweis

Dreiecksungleichung:
Der Betrag einer Summe ist immer kleiner oder zumindest gleich wie die Beträge der einzelnen Summanden:
$|a + b| \leq |a| + |b|$
Probieren Sie dies für verschiedene Werte für a und b aus.

Man nutzt hierfür die Definition der Konvergenz von Folgen:
Folge (a_n) nennt man konvergent mit Grenzwert g_a, wenn für alle $\varepsilon_a > 0$ ein $n > 0$ existiert, so dass $|a_n - g_a| < \varepsilon_a$.
Analog nennt man (b_n) konvergent mit Grenzwert g_b, wenn für alle $\varepsilon_b > 0$ ein $n > 0$ existiert, so dass $|b_n - g_b| < \varepsilon_b$. Die Unterscheidung der ε und g ist erforderlich, da auch zwei Folgen a und b vorhanden sind. Nun wird gezeigt, dass die Folge (c_n) mit $c_n = a_n + b_n$ gegen den Grenzwert $g_a + g_b$ konvergiert. Für alle $n > 0$ gilt:

$\lvert(a_n + b_n) - (g_a + g_b)\rvert$	Summen der Folgen und Grenzwerte bilden
$= \lvert a_n + b_n - g_a - g_b\rvert$	Auflösen der Klammern
$= \lvert a_n - g_a + b_n - g_b\rvert$	Ändern der Reihenfolge
$= \lvert(a_n - g_a) + (b_n - g_b)\rvert$	Setzen von Klammern
$\leq \lvert a_n - g_a\rvert + \lvert b_n - g_b\rvert$	Auftrennung in zwei getrennte Beträge (Dreiecksungleichung)
$< \varepsilon_a + \varepsilon_b$	Gilt, da $\lvert a_n - g_a\rvert < \varepsilon_a$ und $\lvert b_n - g_b\rvert < \varepsilon_b$
$= \varepsilon$	Die beiden ε sind jeweils klein und können zu einem ε zusammengefasst werden.

Beispiel 3 Bestimmen Sie den Grenzwert der Folge unter Zuhilfenahme der Grenzwertsätze.

a) $a_n = \frac{1}{n^2} + \frac{1}{n^3} + \frac{1}{2^n}$ b) $a_n = \frac{-1+2^n}{2^{n+1}}$ c) $a_n = \frac{1-n^2}{3n^2-4n}$

Lösung:

a) Nutzen Sie den ersten Grenzwertsatz, um die Lösung zu erhalten. Dann kann jeder einzelne Summand ausgewertet werden.

$$\lim_{n\to\infty}\left(\frac{1}{n^2}+\frac{1}{n^3}+\frac{1}{2^n}\right) = \lim_{n\to\infty}\frac{1}{n^2}+\lim_{n\to\infty}\frac{1}{n^3}+\lim_{n\to\infty}\frac{1}{2^n}=0$$

b) Zerlegen Sie den Term in zwei Brüche. Wenden Sie anschließend den ersten Grenzwertsatz an.

$$\lim_{n\to\infty}\frac{-1+2^n}{2^{n+1}} = \lim_{n\to\infty}\left(-\frac{1}{2^{n+1}}+\frac{2^n}{2^{n+1}}\right)$$
$$= \lim_{n\to\infty} -\frac{1}{2^{n+1}} + \lim_{n\to\infty}\frac{2^n}{2^{n+1}} = 0 + \lim_{n\to\infty}\frac{1}{2^1} = \frac{1}{2}$$

c) Zerlegen Sie den Term zunächst ohne Limes in zwei Brüche und vereinfachen Sie beide Terme. Klammern Sie im ersten Term n im Nenner aus. Kürzen Sie im zweiten Bruch mit n^2.
Wenden Sie anschließend den zweiten und danach den dritten Grenzwertsatz an.
Beim letzten Grenzwert sind der vierte und zweite Grenzwertsatz nötig.

$$\frac{1-n^2}{3n^2-4n} = \frac{1}{3n^2-4n} - \frac{n^2}{3n^2-4n}$$
$$= \frac{1}{n\cdot(3n-4)} - \frac{n^2}{n^2\cdot\left(3-\frac{4}{n}\right)}$$
$$= \frac{1}{n}\cdot\frac{1}{3n-4} - \frac{1}{3-\frac{4}{n}}$$
$$\lim_{n\to\infty}\left(\frac{1}{n}\cdot\frac{1}{3n-4}-\frac{1}{3-\frac{4}{n}}\right)$$
$$= \lim_{n\to\infty}\frac{1}{n}\cdot\frac{1}{3n-4} - \lim_{n\to\infty}\frac{1}{3-\frac{4}{n}}$$
$$= \lim_{n\to\infty}\frac{1}{n}\cdot\lim_{n\to\infty}\frac{1}{3n-4} - \lim_{n\to\infty}\frac{1}{3-\frac{4}{n}} = 0\cdot 0 - \frac{1}{3} = -\frac{1}{3}$$

Hinweis

Beim Anwenden der Grenzwertsätze muss man prüfen, dass die einzelnen Folgen, aus denen sich die Gesamtfolge zusammensetzt, konvergieren.

Basisaufgaben

7 Bestimmen Sie den Grenzwert der Folge (a_n). Geben Sie an, welche Grenzwertsätze Sie dazu verwendet haben.

a) $a_n = 6 - \frac{2}{n}$ b) $a_n = \left(1+\frac{1}{n^2}\right) - \left(1-\frac{2}{n}\right)$ c) $a_n = \frac{2^{-n}}{n^3}$

d) $a_n = 2^{-n}\cdot 3^{-n}$ e) $a_n = 3^{-n}\cdot n^{-4}$ f) $a_n = 2^{\frac{n}{2}}\cdot 2^{-n}\cdot\frac{1}{n}$

8 Nutzen Sie die Grenzwertsätze, um den Grenzwert der Folge (a_n) zu bestimmen. Geben Sie an, welche Grenzwertsätze Sie dazu verwendet haben.

a) $a_n = 2+\frac{3}{n}-\frac{4}{n^2}+\frac{5}{n^3}-\frac{6}{n^4}$ b) $a_n = -\frac{10\cdot 10^{2n}}{100\cdot 10^{(2n-1)}}$ c) $a_n = \frac{8n^3+2n}{3n^2-4n^3}$

d) $a_n = \frac{n+n^2+n^3}{3n-5n^3}$ e) $a_n = \frac{1+10^n}{100+10^n}$ f) $a_n = \frac{2^n+4^n}{4^n+12^n}$

Weiterführende Aufgaben

9 Beurteilen Sie die nachfolgenden Aussagen und begründen Sie Ihre Entscheidung. Falls Sie eine Aussage für falsch halten, genügt die Angabe eines Gegenbeispiels.

a) Alle konvergenten Folgen sind monoton steigend oder fallend.
b) Alle nach oben oder unten unbeschränkten Folgen sind divergent.
c) Die Summe zweier divergenter Folgen ist immer divergent.
d) Das Produkt einer konvergenten und einer divergenten Folge ist immer divergent.
e) Der Quotient zwei divergenter Folgen ist immer konvergent.
f) Die Differenz einer nach oben beschränkten Folge und einer konvergenten Folge ist immer konvergent.

10 **Negativzins:** Die europäische Zentralbank hatte ihre Leitzinsen zwischen März 2016 und Juli 2022 auf 0,00 % festgelegt. Für Geschäftsbanken hat sie in diesem Zeitraum meist sogar −0,5 % Zinsen verlangt, wenn die Banken ihr Guthaben bei der europäischen Zentralbank deponiert haben. Teilweise haben die Banken diese „Strafzinsen" sogar an ihre Kunden weitergegeben, die ihrerseits an ihre Bank – soweit sie Geld auf dem Konto hatten – entsprechend Strafzinsen zahlen mussten.Angenommen im Jahr März 2016 habe eine Bank 10.000 Euro bei der EZB eingezahlt und diese erst im März 2022 wieder abgehoben.

a) Formulieren Sie rekursiv und explizit eine Folge, die den Vorgang beschreibt.
b) Lassen Sie die Werte in einer Tabellenkalkulation berechnen.
c) Angenommen die Negativzinsen würden bis zum heutigen Tage entsprechend weitergelaufen sein. Berechnen Sie den aktuellen Kontostand.
d) Berechnen Sie den Zeitpunkt – ausgehend von Aufgabenteil c – wann sich das Kapital halbiert hätte.

11 **Stolperstelle:** Beurteilen Sie die Aussage. Untersuchen Sie die Folge auf Konvergenz und bestimmen Sie, sofern möglich, den Grenzwert.

a) Marco untersucht den Grenzwert der Zahlenfolge (a_n) mit $a_n = \frac{n}{n + n^2}$ für $n \to \infty$.

Er sagt: *„Der Zähler ist n und wird für $n \to \infty$ unendlich groß. Der Nenner ist $n + n^2$ und wird für $n \to \infty$ auch unendlich groß. Die Zahlenfolge kann keinen Grenzwert haben, weil man nicht unendlich durch unendlich dividieren kann."*

b) Tina sagt: *„Die Folge (a_n) mit $a_n = (-1)^n \cdot \frac{100}{n}$ ist für $n \to \infty$ divergent, weil die Folgenglieder abwechselnd positiv und negativ sind."*

12 Geben Sie eine Beispielfolge mit den geforderten Eigenschaften an.

a) Die Folge (a_n) ist monoton steigend und hat den Grenzwert $\lim\limits_{n \to \infty} a_n = 3$.
b) Die Folge (b_n) ist monoton fallend und hat den Grenzwert $\lim\limits_{n \to \infty} b_n = g$.
c) Die Folge (c_n) ist divergent und nach unten unbeschränkt.
d) Die Folge (d_n) ist konvergent mit unendlich vielen positiven und unendlich vielen negativen Folgengliedern.

13 a) Bestimmen Sie die ersten fünf Folgenglieder der Folge (a_n) mit $a_n = 1 - 0{,}1^n$ und geben Sie den Grenzwert der Folge für $n \to \infty$ an.
b) Erklären Sie den Zusammenhang zwischen der Folge (a_n) und $0{,}\overline{9} \approx 1$.

TK **14** Einige exponentielle Prozesse können mithilfe von Zahlenfolgen modelliert werden. Gegeben sind die Zahlenfolgen (a_n) mit $a_n = 100 - 10 \cdot 0{,}75^n$; (b_n) mit $b_n = 25 + 13 \cdot 0{,}4^n$ und (c_n) mit $c_n = 45 - 100 \cdot 0{,}15^n$.

a) Erstellen Sie mithilfe einer Tabellenkalkulation geeignete Wertetabellen zu den Folgen. Stellen Sie damit Vermutungen über die Grenzwerte der Folgen auf.
b) Untersuchen Sie jeweils mit einer Tabellenkalkulation, ab welchem Wert für n der Abstand zum Grenzwert kleiner als 0,1 (kleiner als 0,01; kleiner als 0,001) ist.
c) Veranschaulichen Sie die Ergebnisse aus Aufgabe b) grafisch.

15 **Grenzwert einer geometrischen Folge:** Man betrachte die Folge (a_n) mit $a_n = q^n$.
Zeigen Sie:
a) Für $|q| < 1$ ist die Folge nach oben und unten beschränkt, für $0 < q < 1$ monoton fallend.
b) Für $|q| < 1$ konvergiert diese Folge gegen 0.
c) Für $|q| > 1$ ist die Folge unbeschränkt.
d) Für $|q| > 1$ divergiert die Folge.
Betrachten Sie dazu die zwei getrennten Fälle $q > 0$ und $q < 0$. Es ist hilfreich, mithilfe einer Mathematiksoftware einige Graphen plotten zu lassen, um das Verhalten dieser Folgen zu verstehen.

16 Die Eltern von Anna wollen sich bei einer Bank für ein Sparkonto ihrer Tochter beraten lassen. Der Berater schlägt ihnen ein Zinsmodell vor, bei dem für das Kapital im n-ten Jahr gilt: $K(n) = K(0) \cdot \left(1 + \frac{1}{n}\right)^n$

a) Erstellen Sie eine Wertetabelle für das Kapital in den ersten zehn Jahren.
b) Zeigen Sie, dass die Folge (a_n) mit $a_n = \left(1 + \frac{1}{n}\right)^n$ monoton ist.
Zeigen Sie dazu $\frac{a_n}{a_{n-1}} = \frac{n}{n-1} \cdot \left(1 - \frac{1}{n^2}\right)^n$ und verwenden Sie die bernoullische Ungleichung. Man kann zeigen, dass die Folge gegen eine irrationale Zahl $e \approx 2{,}718$ konvergiert.
c) Ermitteln Sie, welchem gleichbleibenden jährlichen Zinssatz das vorgeschlagene Zinsmodell entspricht bei einer Laufzeit von 2 Jahren (10 Jahren; 50 Jahren).
d) Erstellen Sie mithilfe einer Mathematiksoftware eine grafische Darstellung der Folge.

Hinweis

Brenoullische Ungleichung
Für $n \in \mathbb{N}$ und $x \in \mathbb{R}$ mit $x \geq -1$ gilt: $(1 + x)^n \geq 1 + nx$

17 **Heron-Verfahren:** Bereits die Babylonier kannten vor rund 4000 Jahren ein sehr gutes Verfahren, um aus einer beliebigen Zahl x die Quadratwurzel mittels einer rekursiven Folge zu ziehen: $a_{n+1} = \frac{1}{2} \cdot \left(a_n + \frac{x}{a_n}\right)$
Als Startwert a_0 kann man fast jede beliebige Zahl wählen. Es empfiehlt sich, die Zahl, aus der die Wurzel gezogen werden soll, selbst zu nehmen oder 1.
a) Begründen Sie, warum der Startwert $a_0 = 0$ grundsätzlich nicht gewählt werden kann.
b) Überprüfen Sie das Verfahren an einigen Beispielen wie etwa $\sqrt[2]{2}$; $\sqrt[2]{3}$ aber auch $\sqrt[2]{4} = 2$.
c) Experimentieren Sie mit $x = 99$ bzw. $x = 101$ wobei $a_0 = 10$ sein soll, indem Sie jeweils in einer zusätzlichen Spalte die Differenz zu $\sqrt[2]{99}$ und $\sqrt[2]{101}$ bilden.

TK **18** **Ausblick:** Bildet man jeweils die Summe der ersten n + 1 Folgenglieder einer Folge (a_n), $s_n = a_0 + a_1 + \ldots + a_n$, dann erhält man eine Folge von Partialsummen (s_n). Diese wird **Reihe** genannt. Zum Beispiel gibt es die Reihe, die alle natürlichen Zahlen ab 1 addiert:
$s_n = 1 + 2 + \ldots + n$
Damit wäre $s_4 = 1 + 2 + 3 + 4 = 10$. Auf diese Weise s_{100} zu berechnen, wäre allerdings sehr aufwendig. Carl Friedrich Gauß fand der Legende nach bereits als Grundschüler die explizite Darstellung $s_n = \frac{n \cdot (n+1)}{2}$.
a) Berechnen Sie s_{100} mit einer Tabellenkalkulation auf zwei verschiedene Weisen.
b) Addieren Sie nun in einer Tabellenkalkulation alle Kehrwerte der natürlichen Zahlen von 1 bis n, erhalten Sie: $h_n = \frac{1}{1} + \frac{1}{2} + \ldots + \frac{1}{n}$. Diese Folge wird als **harmonische Reihe** bezeichnet. Untersuchen Sie Ihre Eigenschaften.
c) Tauscht man in der Reihe aus b) jedes zweite Vorzeichen, so konvergiert die Reihe (c_n) mit $c_n = \frac{1}{1} - \frac{1}{2} + \frac{1}{3} - \frac{1}{4} \ldots \pm \frac{1}{n}$ sehr langsam. Überprüfen Sie dies in einer Tabellenkalkulation und zeigen Sie, dass $c_{1000} \approx 0{,}692647431$.
d) Begründen Sie, weshalb der Mittelwert von c_{1000} und c_{1001} einen besseren Näherungswert für den Grenzwert liefert, als c_{1000} oder c_{1001} allein.

1.3 Klausur- und Abiturtraining

Aufgaben ohne Hilfsmittel

1 Geben Sie für die Folge mit den geforderten Eigenschaften an eine explizite und eine rekursive Darstellung an.

a) Die Folge (a_n) startet mit dem Wert 50. In jedem Schritt halbiert sich der Wert des Folgenglieds.

b) Die Folge (b_n) beschreibt für natürliche n die Summe der ersten n natürlichen Zahlen.

c) Die Folge (c_n) beginnt mit dem Wert 10. In jedem Schritt reduziert sich der Betrag des Folgenglieds um 10 % im Vergleich zum Vorgänger. Zudem ändert sich das Vorzeichen.

2 Gegeben sind die konvergenten Folgen (a_n), (b_n) und (c_n) mit

$a_n = 2 + \frac{n}{n + n^2}$, $b_n = \frac{9n^3 + 2n}{3n^3 - n^2}$, $c_n = (-1)^n \cdot \frac{3}{n} - 1$.

a) Bestimmen Sie die Grenzwerte der Folgen (a_n), (b_n) und (c_n).

b) Erzeugen Sie mithilfe der Folgen (a_n), (b_n) und (c_n) jeweils eine konvergente Folge mit dem geforderten Grenzwert.

① (x_n) mit $\lim\limits_{n\to\infty} x_n = 1$ ② (y_n) mit $\lim\limits_{n\to\infty} y_n = -\frac{1}{2}$ ③ (z_n) mit $\lim\limits_{n\to\infty} z_n = -6$

Aufgaben mit Hilfsmitteln

3 Bei einer Medikamentenstudie erhalten die Probanden zu Beginn 100 mg eines Wirkstoffs. Im Laufe der Zeit baut der Körper diesen Wirkstoff ab, wodurch sich die Konzentration im Blut verringert. Daher erhalten die Probanden wöchentlich eine neue Dosis des Wirkstoffs. Die verabreichte Menge verringert sich dabei wöchentlich um 20 %.

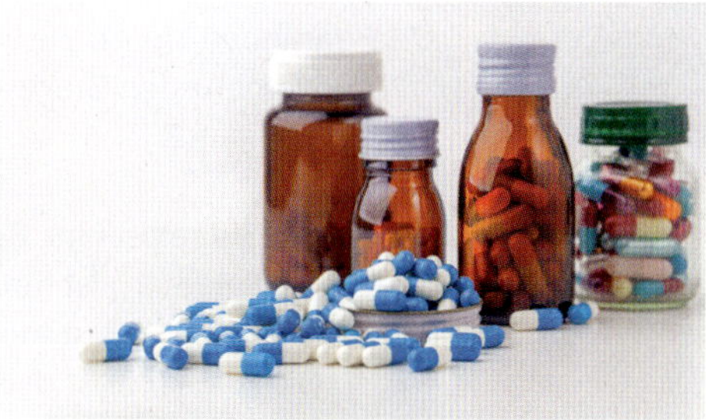

a) Geben Sie eine Folge (a_n) an, mit der die Menge des Wirkstoffs, die ein Probanden nach n Wochen erhält, berechnet werden kann.

b) Berechnen Sie die Folgenglieder a_3 und a_5. Beschreiben Sie die Bedeutung dieser Werte im Sachzusammenhang.

c) Untersuchen Sie die Folge (a_n) auf Monotonie und Beschränktheit.

d) Bestimmen Sie, nach wie vielen Wochen die verabreichte Wirkstoffmenge zum ersten Mal kleiner als 20 mg ist. Zeigen Sie, dass nach 20 Wochen weniger als 2 % der Anfangsdosis von 100 mg verabreicht werden.

e) Begründen Sie, dass die Folge konvergent ist, und geben Sie ihren Grenzwert an.

f) Innerhalb einer Woche werden 50 % des vorhandenen Wirkstoffs im Körper abgebaut. Geben Sie eine Folge (b_n) an, mit der die Menge des Wirkstoffs im Körper eines Probanden nach n Wochen berechnet werden kann, wenn kein weiterer Wirkstoff verabreicht wird. Untersuchen Sie die Folge (b_n) auf Monotonie, Beschränktheit und Konvergenz. Geben Sie, falls vorhanden den Grenzwert der Folge an.

g) Geben Sie eine Folge (c_n) an, die den wöchentlichen Verlauf der Wirkstoffmenge im Körper eines Probanden während der Studie beschreibt. Dabei gibt c_n für $n \geq 0$ die Menge des Wirkstoffs an, die sich zu Beginn der n-ten Woche nach der Verabreichung der wöchentlichen Dosis im Körper eines Probanden befindet. Untersuchen Sie die Folge (c_n) auf Monotonie, Beschränktheit und Konvergenz.

1 Prüfen Sie Ihr neues Fundament

Lösungen
→ S. 364/365

1 Die ungeraden natürlichen Zahlen sollen nacheinander addiert werden.
$a_1 = 1$ und $a_{n+1} = a_n + 2 \cdot n + 1$.
a) Berechnen Sie die ersten fünf Folgenglieder.
b) Geben Sie eine explizite Darstellung an.

2 Betrachten Sie die Folge (a_n) der ungeraden natürlichen Zahlen mit $a_n = 2 \cdot n + 1$.
a) Geben Sie die ersten fünf Folgenglieder an.
b) Formulieren Sie eine rekursive Folgenbeschreibung.

3 Trennen Sie die Folge (a_n) mit $n \geq 1$in zwei Brüche auf. Untersuchen Sie die Folge im Anschluss auf Monotonie und Beschränktheit.
a) $a_n = \frac{n-1}{n}$
b) $a_n = \frac{-8n-3}{4n}$
c) $a_n = \frac{n^3+3}{n^3}$
d) $a_n = \frac{4^n-1}{8^n}$

4 Gegeben ist die Folge (a_n) mit $a_n = \frac{2n}{n-0{,}5}$.
a) Berechnen Sie die ersten acht Folgenglieder.
b) Stellen Sie die Zahlenfolge in einem geeigneten Koordinatensystem graphisch dar.
c) Stellen Sie aufgrund des Graphen eine Vermutung an, gegen welchen Grenzwert die Folge konvergiert.

5 Gegeben sei die Folge (a_n) mit $a_n = \frac{(-1)^n - 1}{n^2}$.
a) Erläutern Sie mithilfe der Definition, dass die Folge den Grenzwert 0 hat.
b) Bestimmen Sie, ab welchem Index die Folgenglieder weniger als 0,01 vom Grenzwert abweichen.

6 Begründen Sie, ob die Folge konvergent oder divergent ist und bestimmen Sie im Falle der Konvergenz den Grenzwert.
a) $a_n = \frac{2}{n^2} + 2$
b) $a_n = \frac{3n^2-3}{n}$
c) $a_n = \frac{1}{n} \cdot n^n$

7 Finden Sie selbst eine Beispielfolge, die die geforderten Eigenschaften hat.
a) Die Folge (a_n) ist monoton fallend und hat den Grenzwert 1.
b) Die Folge (b_n) ist monoton steigend und hat den Grenzwert -20.
c) Die Folge (c_n) ist divergent und nach oben unbeschränkt.
d) Die Folge (d_n) ist konvergent gegen einen beliebigen Grenzwert g_d und hat sowohl positive als auch negative Folgenglieder.

8 Bestimmen Sie den Grenzwert der angegebenen Folge unter Zuhilfenahme der Grenzwertsätze.
a) $a_n = -\frac{3}{n} + 1$
b) $a_n = \frac{2n^4}{2n^2 - 4n^4}$
c) $a_n = \frac{10^{2n}}{1000 \cdot 10^{2n-1} + 2022}$

9 Beurteilen Sie die Aussage und begründen Sie Ihre Entscheidung.
Falls Sie eine Aussage grundsätzlich für falsch halten, genügt die Angabe eines Gegenbeispiels.
a) Die explizite Darstellung einer Folge hat gegenüber der rekursiven Darstellung den Vorteil, dass man den Wert jedes Folgenglieds direkt berechnen kann.
b) Monoton steigende Folgen sind immer nach unten beschränkt und nach oben unbeschränkt.
c) Es gibt keine Folgen, die nach oben und unten beschränkt sind.
d) Alle geometrischen Folgen sind entweder nach oben unbeschränkt oder nach unten unbeschränkt.
e) Nicht jede arithmetische Folge ist beschränkt.

Lösungen → S. 365/366

10 In einem See wird eine Seerose ausgesetzt. Seerosen verdoppeln ihre Anzahl wöchentlich. Nach 20 Wochen ist der See zur Hälfte mit Seerosen bedeckt.

a) Geben Sie eine rekursive und eine explizite Darstellung dieses Wachstums an.
b) Berechnen Sie mit beiden Ausdrücken die ersten 4 Folgenglieder sowie das zwanzigste.
c) Berechnen Sie nun die Folgenglieder für die 21. und 22. Woche.
d) Interpretieren Sie die Ergebnisse und lesen Sie dazu nochmals die Aufgabenstellung vor den ersten Teilaufgaben.

11 a) Ordnen Sie den Zahlenfolgen die passenden Darstellungen zu. Geben Sie anhand der Graphen jeweils eine Vermutung für den Grenzwert an.
① $a_n = -1 - \frac{1}{n}$
② $a_n = 5 - \frac{1}{n}$
③ $a_n = \frac{n+1}{n}$
b) Überprüfen Sie Ihre Vermutungen aus a) anhand der Bildungsvorschrift.

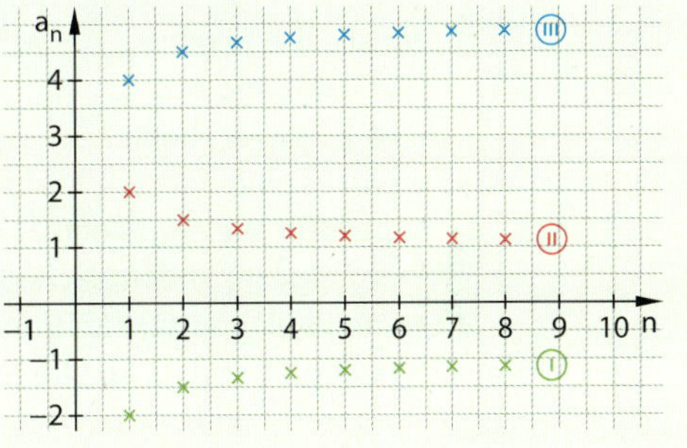

12 Beurteilen Sie die nachfolgenden Aussagen und begründen Sie Ihre Entscheidung. Falls Sie eine Aussage grundsätzlich für falsch halten, genügt die Angabe eines Gegenbeispiels.
a) Alle divergenten Folgen sind monoton steigend oder fallend.
b) Alle nach oben und unten beschränkten Folgen sind konvergent.
c) Das Produkt zweier divergenter Folgen ist immer divergent.
d) Die Summe einer konvergenten und einer divergenten Folge ist immer divergent.
e) Der Quotient zweier konvergenter Folgen ist immer konvergent.
f) Der Quotient zweier divergenter Folgen ist immer divergent.

Wo stehe ich?

	Ich kann …	Aufgabe	Nachschlagen
1.1	… Folgen definieren und rekursive und explizite Darstellungen angeben. … Monotonie und Beschränktheit von Folgen feststellen.	1, 2, 3, 9, 10	S. 11 Beispiel 1, S. 11 Beispiel 2, S. 13 Beispiel 3, S. 13 Beispiel 4
1.2	… Folgen auf Konvergenz untersuchen. … Grenzwerte von Folgen berechnen. … mithilfe der Grenzwertsätze die Grenzwerte komplizierterer Folgen berechnen.	4, 5, 6, 7, 8, 11, 12	S. 17 Beispiel 1, S. 17 Beispiel 2, S. 20 Beispiel 3

Folgen	Eine **Folge** (a_n) ist eine Funktion, die jeder natürlichen Zahl n (meist $n \geq 1$) eine reelle Zahl a_n zuordnet.	Das Kapital nach n Jahren lässt sich mit der Zinsformel berechnen: $K(n) = K(0) \cdot \left(1 + \frac{p}{100}\right)^n = 1000 \cdot (1{,}02)^n$ Hierbei ist p der Zinssatz.
Explizite und rekursive Darstellung	Explizite Darstellung: $a_n = 2^n$ Das n-te Folgenglied ist durch einen Term, der n enthält, gegeben und lässt sich direkt berechnen.	Rekursive Darstellung: $a_1 = 2$ und $a_{n+1} = 2 \cdot a_n$ Das erste Folgenglied ist gegeben und eine Gleichung, mit der zu jedem Folgenglied das nächste Folgenglied berechnet werden kann.
Monotonie einer Folge	Eine Folge (a_n) heißt monoton steigend, wenn für alle $n \in \mathbb{N}$ gilt: $a_{n+1} \geq a_n$. Eine Folge (a_n) heißt monoton fallend, wenn für alle $n \in \mathbb{N}$ gilt: $a_{n+1} \leq a_n$.	$a_n = 3 + n^2$ ist monoton steigend. $a_n = \frac{n^2+n}{n^3}$ ist monoton fallend.
Beschränktheit einer Folge	Eine Folge (a_n) heißt nach oben beschränkt, wenn es eine obere Schranke $S_o \in \mathbb{R}$ gibt, sodass für alle $n \in \mathbb{N}$ gilt: $a_n \leq S_o$. Eine Folge (a_n) heißt nach unten beschränkt, wenn es eine untere Schranke $S_u \in \mathbb{R}$ gibt, sodass für alle $n \in \mathbb{N}$ gilt: $a_n \geq S_u$.	Beispiele: $a_n = \frac{n^2+2}{n^2}$; $S_o = 3$; $S_u = 1$ — $a_n = \frac{2^n-1}{2^n}$; $S_o = 1$; $S_u = 0{,}5$ Beispiele: $a_n = \frac{1}{n}$; $S_o = 1$; $S_u = 0$ — $a_n = 3 - n^2$; $S_u = 2$
Grenzwerte von Folgen	Eine Folge a_n heißt konvergent mit Grenzwert g, wenn für alle $\epsilon > 0$ ein bestimmtes $n_0 \in \mathbb{N}$ existiert, sodass für alle $n \in \mathbb{N}$ mit $n \geq n_0$ gilt: $\lvert a_n - g\rvert < \epsilon$ Anders ausgedrückt: Wenn ab einem bestimmten n_0 der Abstand (Betrag) jedes nachfolgenden Folgeglieds zu g kleiner als jede vorgegebene kleine Zahl ε ist.	Beispiel: $a_n = 3 - \frac{1}{n^2}$ $\lim\limits_{n\to\infty} 3 = 3$ $\lim\limits_{n\to\infty} \left(\frac{1}{n^2}\right) = 0$ $\lim\limits_{n\to\infty} \left(3 - \frac{1}{n^2}\right) = 3$
Grenzwertsätze für Folgen	Gegeben seien die konvergenten Folgen (a_n) und (b_n), die jeweils die Grenzwerte g_a und g_b haben. Dann gelten die **Grenzwertsätze für Folgen:** ① $\lim\limits_{n\to\infty}(a_n + b_n) = \lim\limits_{n\to\infty} a_n + \lim\limits_{n\to\infty} b_n = g_a + g_b$ ② $\lim\limits_{n\to\infty}(a_n - b_n) = \lim\limits_{n\to\infty} a_n - \lim\limits_{n\to\infty} b_n = g_a - g_b$ ③ $\lim\limits_{n\to\infty}(a_n \cdot b_n) = \lim\limits_{n\to\infty} a_n \cdot \lim\limits_{n\to\infty} b_n = g_a \cdot g_b$ ④ $\lim\limits_{n\to\infty}\left(\frac{a_n}{b_n}\right) = \frac{\lim\limits_{n\to\infty} a_n}{\lim\limits_{n\to\infty} b_n} = \frac{g_a}{g_b}$, wobei $g_b \neq 0$	Beispiel: $a_n = \frac{1}{n^2} + \frac{1}{n^3} + \frac{1}{2^n}$ $\lim\limits_{n\to\infty}\left(\frac{1}{n^2} + \frac{1}{n^3} + \frac{1}{2^n}\right) = \lim\limits_{n\to\infty}\frac{1}{n^2} + \lim\limits_{n\to\infty}\frac{1}{n^3} + \lim\limits_{n\to\infty}\frac{1}{2^n} = 0$ Beispiel: $a_n = \frac{-1+2^n}{2^{n+1}}$ $\lim\limits_{n\to\infty}\frac{-1+2^n}{2^{n+1}} = \lim\limits_{n\to\infty}\left(-\frac{1}{2^{n+1}} + \frac{2^n}{2^{n+1}}\right) = \lim\limits_{n\to\infty} -\frac{1}{2^{n+1}} + \lim\limits_{n\to\infty}\frac{2^n}{2^{n+1}} = 0 + \lim\limits_{n\to\infty}\frac{1}{2^1} = \frac{1}{2}$ Beispiel: $a_n = \frac{1-n^2}{3n^2-4n}$ $\lim\limits_{n\to\infty}\left(\frac{1}{n}\cdot\frac{1}{3n-4} - \frac{1}{3-\frac{4}{n}}\right) = \lim\limits_{n\to\infty}\frac{1}{n}\cdot\frac{1}{3n-4} - \lim\limits_{n\to\infty}\frac{1}{3-\frac{4}{n}} = \lim\limits_{n\to\infty}\frac{1}{n}\cdot\lim\limits_{n\to\infty}\frac{1}{3n-4} - \lim\limits_{n\to\infty}\frac{1}{3-\frac{4}{n}} = 0 \cdot 0 - \frac{1}{3} = -\frac{1}{3}$

2

Ganzrationale Funktionen

Nach dem Kapitel können Sie …

- → Graphen ganzrationaler Funktionen als Überlagerungen von Graphen von Potenzfunktionen deuten,
- → Globalverhalten und Symmetrie anhand von Termdarstellungen erkennen und beschreiben,
- → Monotonie und Extrema von Funktionen anhand ihres Graphen erkennen,
- → Nullstellen ganzrationaler Funktionen berechnen.

Lösungen
→ S. 366/367

Lineare und quadratische Funktionen, Potenzfunktionen

1 Skizzieren Sie den Graphen der Funktion f in ein Koordinatensystem. Kontrollieren Sie dann mit einer Mathematik-Software.

a) $f(x) = x + 1$ b) $f(x) = x^2 - 1$ c) $f(x) = -x^3 - 1$ d) $f(x) = x^{-1}$

e) $f(x) = (x + 2)^2 - 2$ f) $f(x) = -\frac{1}{x^2}$ g) $f(x) = x^2 - 2x - 1$ h) $f(x) = x^4$

2 Geben Sie an, welcher Graph zu welcher Funktionsgleichung gehört.

$f(x) = \frac{1}{x^3} - 4$ $g(x) = x^2 - 6x + 5$ $h(x) = -x^3 + 1$ $i(x) = -0{,}5x - 1$

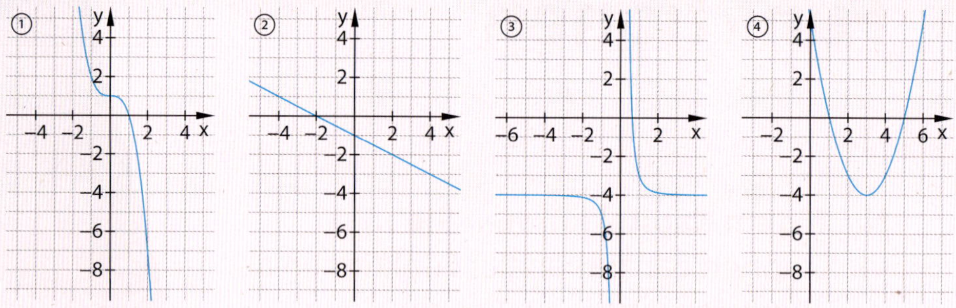

3 Geben Sie zur Funktion f bzw. zu deren Graphen folgende Eigenschaften an: größtmöglicher Definitionsbereich, Wertebereich, Verhalten für $x \to \pm\infty$, Steigen und Fallen, Symmetrieverhalten (achsensymmetrisch zur y-Achse; punktsymmetrisch zum Ursprung).

a) $f(x) = -3x - 4$ b) $f(x) = -2x^2$ c) $f(x) = x^5$ d) $f(x) = -(x + 1)^3$

e) $f(x) = (x - 4)^2 + 2$ f) $f(x) = x^6 + \pi$ g) $f(x) = \frac{1}{x^2}$ h) $f(x) = \sqrt{x + 1}$

4 Geben Sie je zwei Funktionsgleichungen zur Funktion f mit den gegebenen Eigenschaften an.

a) Der Graph einer Potenzfunktion verläuft durch die Punkte $P(-1\,|\,-1)$ und $Q(1\,|\,1)$.

b) Der Graph einer quadratischen Funktion hat den kleinsten Funktionswert 2.

Funktionsgraphen verschieben, spiegeln und strecken

5 Geben Sie zum beschriebenen Graphen eine passende Funktionsgleichung an.

a) Der Graph der Funktion f mit $f(x) = 2x$ wird an der x-Achse gespiegelt und dann um 3 Einheiten nach unten verschoben.

b) Der Graph der Funktion f mit $f(x) = x^2$ wird um 3 Einheiten nach links verschoben.

c) Der Graph der Funktion f mit $f(x) = \frac{1}{x^2}$ wird an der x-Achse gespiegelt und dann um 7 Einheiten nach links verschoben.

d) Der Graph der Funktion f mit $f(x) = \sqrt{x}$ wird um 2 Einheiten nach unten verschoben und dann an der y-Achse gespiegelt.

6 Gegeben ist die Funktion f mit $f(x) = x^3$. Skizzieren Sie die Funktionen f und g und beschreiben Sie die Veränderungen des Graphen der Funktion g im Vergleich zum Graphen der Funktion f.

a) $g(x) = f(x + c)$, wenn $c = 2; -2$

b) $g(x) = d \cdot f(x + d) + d$, wenn $d = 2; -2$

Lösungen
→ S. 367

Gleichungen lösen und Nullstellen ermitteln

7 Lösen Sie die Gleichung.

a) $3x - 4 = 2x + 1$ b) $x^2 + 4{,}2x = 0$ c) $2x^2 = 0{,}18$
d) $x(x^2 - 1) = 0$ e) $(a - 3)(a + 3) \cdot a = 0$ f) $z^2 + 2 = 1$
g) $(k + 4)^2 = 0$ h) $2t + 4 = 2(t + 2)$ i) $2x^2 - 6 = 4x$

8 Ermitteln Sie die Nullstellen der Funktion f.

a) $f(x) = 3(x - 1) + 2$ b) $f(x) = x^4$ c) $f(x) = x^2 + 2$
d) $f(x) = (x + 2)^2 - 4$ e) $f(x) = (x - 2)(x + 5)$ f) $f(x) = -0{,}5x^2 - 2x - 6$
g) $f(x) = x^3 - 8$ h) $f(x) = x^{-2} - 4$ i) $f(x) = x^2 + x + \frac{1}{4}$

9 Geben Sie eine quadratische Gleichung an, die die angegebenen Lösungen hat.

a) $-5; 5$ b) $0; 5$ c) $-6; 2$
d) 8 e) keine Lösung f) $\sqrt{2}$

10 Ermitteln Sie die Nullstellen der Funktion f zunächst rechnerisch ohne und dann grafisch mit einer geeigneten Mathematiksoftware.

a) $f(x) = x^2 - x - 2$ b) $f(x) = (x + 1)^3$ c) $f(x) = \frac{1}{x^3} - 1$

11 Gegeben ist die Funktion f mit $f(x) = -x^4 + b$. Geben Sie an, für welche b die Funktion f

a) genau zwei Nullstellen, b) genau eine Nullstelle, c) keine Nullstelle hat.

Vermischtes

12 Geben Sie an, welche Terme für $\blacksquare$ eingesetzt werden müssen, damit die Gleichung stimmt.

a) $(\blacksquare + y)^2 = x^2 + 2xy + y^2$ b) $4x^2 + 12xy + 9y^2 = (\blacksquare + \blacksquare)^2$
c) $d^2 + 8d + \blacksquare = (\blacksquare + \blacksquare)^2$ d) $(\blacksquare + 2a)(\blacksquare - \blacksquare) = 9b^2 - 4a^2$
e) $64a^2 - 48ab + \blacksquare = (\blacksquare - \blacksquare)^2$ f) $81x^2 - 49y^2 = \blacksquare \cdot \blacksquare$

13 Schreiben Sie die Summe als Produkt.

a) $x^2 - 2x$ b) $y^2 - 4xy + 4x^2$ c) $4z^2 - \frac{1}{4}x^2$ d) $2n^3 + 4n^2$

14 Berechnen Sie den Wert des Terms für $x = 2$ und für $x = -2$.

a) $(-x)^2$ b) $-x^2$ c) $-x^3$ d) $(-x)^3$

15 Gegeben ist die Funktion f mit $f(x) = -x^2 - 4x - 2$. Lösen Sie die Gleichungen $f(x) = 0$, $f(0) = y$ sowie $f(x) = -2$ und interpretieren Sie jeweils das Ergebnis.

16 Eine Parabel enthält die Punkte $P(1\,|\,-3)$, $Q(0\,|\,0)$ und $R(-1\,|\,5)$. Bestimmen Sie die zugehörige Funktionsgleichung $f(x) = ax^2 + bx + c$ mithilfe eines linearen Gleichungssystems.

17 Die Funktionsgleichung einer quadratischen Funktion f mit den Nullstellen x_1 und x_2 kann in der Form $f(x) = a \cdot (x - x_1)(x - x_2)$ dargestellt werden.
Bestimmen Sie eine Gleichung der quadratischen Funktion f, die die angegebenen Bedingungen erfüllt. Geben Sie sie auch in der allgemeinen Form $f(x) = ax^2 + bx + c$ an.

a) f hat die Nullstellen $x_1 = 2$ und $x_2 = -1$, der Graph von f enthält den Punkt $A(0\,|\,6)$.
b) f hat die Nullstellen $x_1 = 0$ und $x_2 = 4$, der Graph von f enthält den Punkt $A(5\,|\,10)$.
c) f hat die Nullstellen $x_1 = -3$ und $x_2 = -5$, der Graph von f enthält den Punkt $A(-1\,|\,-4)$.

2.1 Wiederholung: Funktionen

Die Straße Ffordd Pen Llech in Wales gilt seit 2019 als steilste Straße der Welt. Das Straßenschild weist eine Steigung von rund 40 % aus. Da bergauf fahrende Autos hier Probleme bekommen können, ist sie nur als Einbahnstraße in Abwärtsrichtung befahrbar.
Zeichnen Sie eine Gerade mit gleicher Steigung in ein Koordinatensystem ein und bestimmen Sie eine passende Funktionsgleichung.

Lineare Funktionen

Hinweis

In $f(x) = mx + n$ wird n auch **y-Achsenabschnitt** genannt.

Wissen **Lineare Funktion**

Eine Funktion f mit einer Funktionsgleichung $\mathbf{f(x) = mx + n}$ heißt **lineare Funktion** ($m, n \in \mathbb{R}$). Ihr Graph ist eine **Gerade**, die die y-Achse im Punkt $(\mathbf{0} \mid \mathbf{n})$ schneidet.
Die **Steigung m** gibt die Änderung des Funktionswertes an, wenn der x-Wert um 1 vergrößert wird.

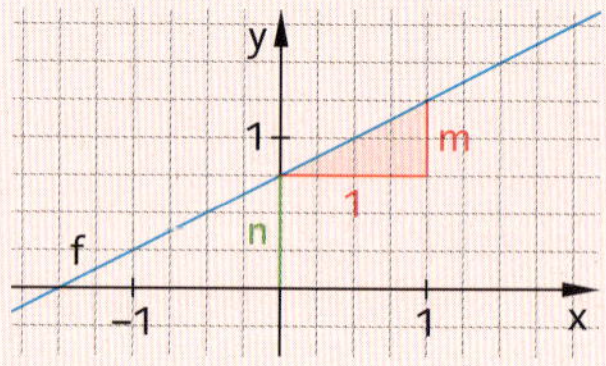

Erinnerung

Mithilfe eines Steigungsdreiecks kann man die Steigung m einer Geraden bestimmen:
$m = \frac{\Delta y}{\Delta x}$.

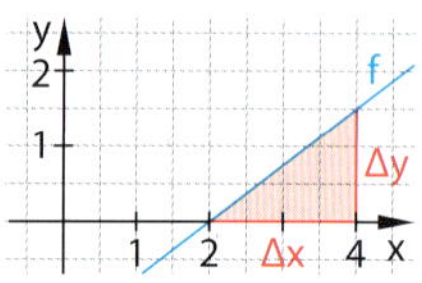

Beispiel 1

a) Bestimmen Sie eine Funktionsgleichung zum abgebildeten Graphen.
b) Prüfen Sie rechnerisch, ob der Punkt A(8 | 5) auf dem Graphen liegt.

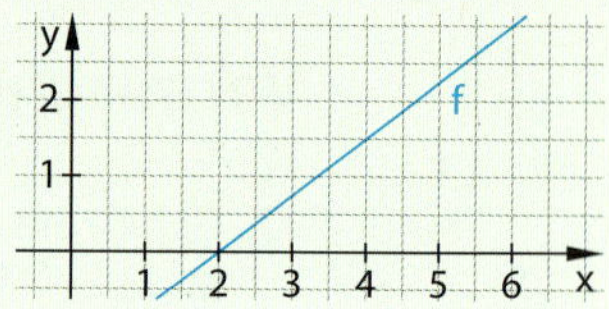

Lösung:

a) Der Graph ist eine Gerade, die Funktionsgleichung lautet also $f(x) = mx + n$.
Lesen Sie zwei Punkte der Geraden ab.
Berechnen Sie m, indem Sie die Differenz ihrer y-Koordinaten durch die Differenz ihrer x-Koordinaten teilen.
Berechnen Sie n, indem Sie die Koordinaten eines Punktes (hier P) in die Funktionsgleichung einsetzen.

Ansatz: $f(x) = mx + n$
Punkte auf der Geraden:
$P(2 \mid 0)$ und $Q(4 \mid 1{,}5)$.
$m = \frac{\Delta y}{\Delta x} = \frac{1{,}5 - 0}{4 - 2} = 0{,}75$

$f(x) = m \cdot x + n$
$0 = 0{,}75 \cdot 2 + n$ also $n = -1{,}5$
$f(x) = 0{,}75x - 1{,}5$

b) Setzen Sie die x-Koordinate von $A(8 \mid 5)$ in die Funktionsgleichung von f ein.
Nur wenn das Ergebnis mit der y-Koordinate übereinstimmt, gehört der Punkt zum Graphen.

Punktprobe mit $A(8 \mid 5)$:
$f(8) = 0{,}75 \cdot 8 - 1{,}5 = 4{,}5 \neq 5$
A liegt nicht auf dem Graphen.

Basisaufgaben

1 Prüfen Sie, ob der Punkt auf dem Graphen der Funktion f liegt.
a) $f(x) = -8x + 7$; $P(1 \mid 1)$
b) $f(x) = \frac{1}{3}x - \frac{2}{9}$; $Q\left(4 \mid \frac{10}{9}\right)$
c) $f(a) = 0{,}3a$; $R(0{,}3 \mid 0{,}09)$

2 Ermitteln Sie die Gleichung der Geraden mit der Steigung m, die durch P verläuft.
a) $m = 2$; $P(0 \mid 5)$
b) $m = -3$; $P(2 \mid 3)$
c) $m = 0{,}5$; $P(-4 \mid 1)$

3 Rechts abgebildet sind die Graphen der linearen Funktionen f, g, h und i. Bestimmen Sie eine Funktionsgleichung für jeden Graphen.

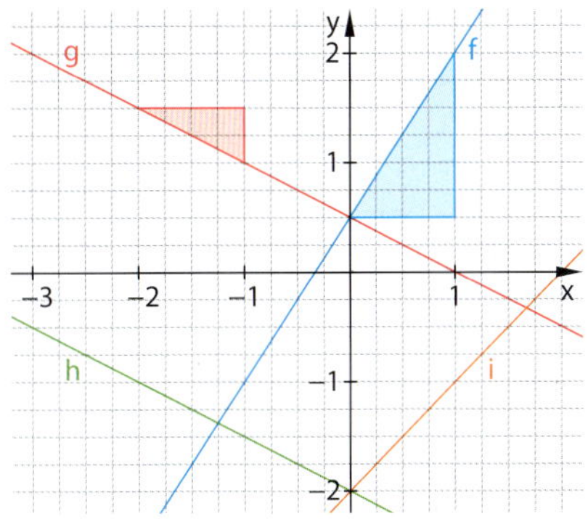

4 Zeichnen Sie die Graphen von f und g mit $f(x) = -3x + 2$ und $g(x) = \frac{4}{5}x - 3$
a) mithilfe des y-Achsenabschnitts und eines Steigungsdreiecks.
b) mithilfe zweier Punkte, die Sie rechnerisch bestimmen.

5 Geben Sie jeweils Funktionsgleichungen zu zwei Geraden an, die
a) durch den Koordinatenursprung gehen,
b) parallel zur x-Achse verlaufen,
c) den gleichen y-Achsenabschnitt haben,
d) parallel zueinander verlaufen.

6 Ermitteln Sie eine Gleichung der Geraden durch die Punkte A und B.
a) $A(0|3)$; $B(1|5)$
b) $A(-2|1)$; $B(1|-3)$
c) $A(-7|2)$; $B(5|2)$

Quadratische Funktionen

Hinweis
Aus $f(x) = ax^2 + bx + c$ lässt sich der Schnittpunkt mit der y-Achse $P(0|c)$ direkt ablesen.

Wissen **Quadratische Funktion**
Eine Funktion f mit $\mathbf{f(x) = ax^2 + bx + c}$ und **Streckfaktor** $\mathbf{a \neq 0}$ heißt **quadratische Funktion** ($a, b, c \in \mathbb{R}$).
Ihr Graph ist eine **Parabel.** Die Funktionsgleichung lässt sich auch in die **Scheitelpunktform** $f(x) = a(x - d)^2 + e$ umschreiben. Aus ihr kann man direkt den **Scheitelpunkt** $\mathbf{S(d|e)}$ ablesen.

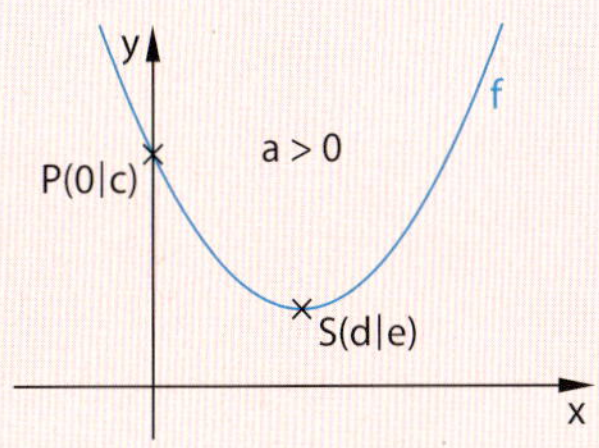

Die Scheitelpunktform eignet sich dazu, die Lage und Form der Parabel zu beschreiben: Gegenüber der **Normalparabel** mit $y = x^2$ ist die Parabel zu $f(x) = a(x - d)^2 + e$ **gestreckt** (falls $|a| > 1$) oder **gestaucht** (falls $|a| < 1$), an der x-Achse **gespiegelt** (falls $a < 0$) und entlang der Koordinatenachsen **verschoben** (um d Einheiten in x-Richtung und e Einheiten in y-Richtung).

Beispiel 2 **Normalparabel stauchen, spiegeln und verschieben**
Die Normalparabel wird mit dem Faktor 0,5 gestaucht, an der x-Achse gespiegelt, um 3 Einheiten nach links und 1 Einheit nach oben verschoben. Geben Sie eine Funktionsgleichung an und skizzieren Sie den Graphen, der entsteht.

Lösung:
Der Ansatz in Scheitelpunktform lautet $f(x) = a(x - d)^2 + e$.
Für den Streckfaktor gilt $a = -0{,}5$, da die Parabel um 0,5 gestaucht und an der x-Achse gespiegelt wird.
Die Verschiebungen um 3 Einheiten nach links und 1 Einheit nach oben führen auf $d = -3$ und $e = 1$. Der Scheitelpunkt der Parabel liegt bei $S(-3|1)$.
Skizzieren Sie von dort aus die nach unten geöffnete, gestauchte Parabel.

$f(x) = -0{,}5(x + 3)^2 + 1$

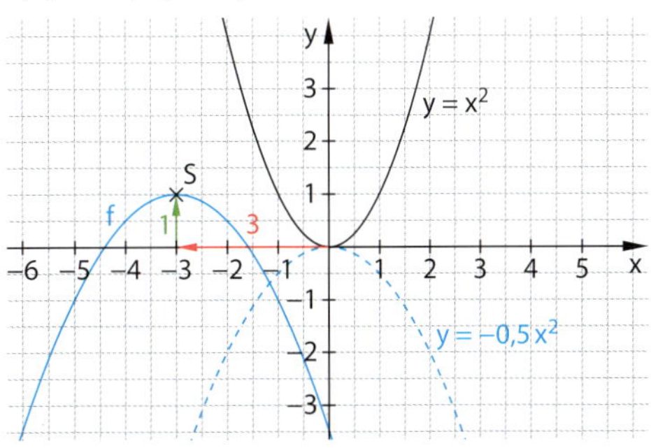

Beispiel 3 **Nullstellen quadratischer Funktionen bestimmen**

Bestimmen Sie rechnerisch die Nullstellen der Funktion f.

a) $f(x) = -2(x-5)^2 + 32$ b) $f(x) = 5x^2 - 10x$ c) $f(x) = 2x^2 - 4x - 6$

Lösung:

a) Stellen Sie nach dem quadratischen Term um und ziehen Sie die Wurzel. Vergessen Sie die negative Lösung nicht.

$-2(x-5)^2 + 32 = 0 \quad |-32 \quad |:(-2)$
$(x-5)^2 = 16 \quad |\sqrt{\ }$
$x - 5 = 4$ oder $x - 5 = -4$
Nullstellen: $x_1 = 9$ und $x_2 = 1$

b) Klammern Sie x aus und berechnen Sie, wann die einzelnen Faktoren null werden.

$5x^2 - 10x = 0 \quad |$x ausklammern
$x(5x - 10) = 0$
$x = 0$ oder $5x - 10 = 0$
Nullstellen: $x_1 = 0$ und $x_2 = 2$

c) Teilen Sie die Gleichung durch den Faktor vor x^2. Wenden Sie die p-q-Formel an und berechnen Sie die Nullstellen.

$2x^2 - 4x - 6 = 0 \quad |:2$
$x^2 - 2x - 3 = 0$
$x_{1,2} = 1 \pm \sqrt{1+3} = 1 \pm 2$
Nullstellen: $x_1 = 3$ und $x_2 = -1$

Hinweis

Die Nullstellen einer Funktion f berechnet man durch Lösen der Gleichung $f(x) = 0$.

Erinnerung

p-q-Formel: Lösungen der Gleichung $x^2 + px + q = 0$ haben die Form $x_{1,2} = -\frac{p}{2} \pm \sqrt{\left(\frac{p}{2}\right)^2 - q}$.

Basisaufgaben

7 Geben Sie eine Funktionsgleichung an und skizzieren Sie den Graphen, der entsteht.

a) Die Normalparabel wird mit dem Faktor 2 gestreckt und um 2 Einheiten nach unten verschoben.

b) Die Normalparabel wird mit dem Faktor $\frac{1}{2}$ gestaucht, um 3 Einheiten nach links und um 2 Einheiten nach oben verschoben.

c) Die Normalparabel wird mit dem Faktor 0,25 gestaucht, an der x-Achse gespiegelt, um 1,5 Einheiten nach rechts und 2,5 Einheiten nach oben verschoben.

Hinweis zu 8

Betrachten Sie zur Ermittlung des Streckfaktors, wie sich der Funktionswert ändert, wenn Sie vom Scheitelpunkt aus eine Einheit nach rechts oder links gehen.

8 a) Ermitteln Sie zu jeder der abgebildeten Parabeln den Scheitelpunkt und den Streckfaktor. Beachten Sie, ob die Parabel nach oben oder unten geöffnet ist. Geben Sie dann die Scheitelpunktform der Parabel an.

b) Erläutern Sie, woran man bei der Funktionsgleichung einer quadratischen Funktion erkennen kann, ob die Parabel nach oben oder nach unten geöffnet ist.

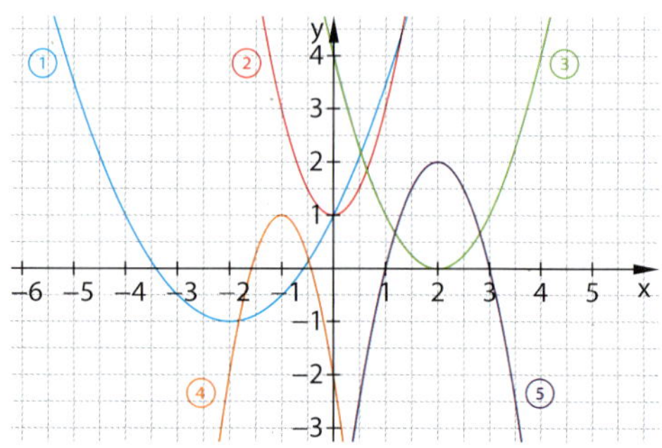

9 Untersuchen Sie die Funktion rechnerisch auf Nullstellen. Kontrollieren Sie Ihr Ergebnis mit einer geeigneten Mathematiksoftware.

a) $f(x) = -x^2 + 16$ b) $f(x) = -x^2 - 16$ c) $f(x) = 7(x+1)^2 - 7$
d) $f(x) = x^2 + 2x$ e) $f(t) = 7t^2 - 8t$ f) $f(x) = x^2 - 8x + 16$
g) $f(x) = 3x^2 - 18x + 24$ h) $f(x) = -2x^2 + 2x - 2$ i) $f(x) = 0{,}5x^2 - 7x - 1$

Lösungen zu 10

-3 3,5 0 -5 4,5 4 5 2 1,5

10 Der Punkt P soll auf dem Graphen der Funktion f liegen. Bestimmen Sie alle möglichen Werte für die fehlende x-Koordinate. Stellen Sie dazu eine Gleichung auf und lösen Sie sie. Kontrollieren Sie Ihr Ergebnis mit einer geeigneten Mathematiksoftware.

a) $f(x) = -2x^2$; P(■ | −50) b) $f(x) = 5x^2 - 20x - 6$; P(■ | −6)
c) $f(x) = 3x^2 + 3x - 8$; P(■ | 10) d) $f(x) = 2(x-3)^2 - 1$; P(■ | 3,5)

Potenzfunktionen

Definition **Potenzfunktion**

Eine Funktion f mit $f(x) = x^n$ und $n \in \mathbb{Z}$, $n \neq 0$ heißt **Potenzfunktion**.

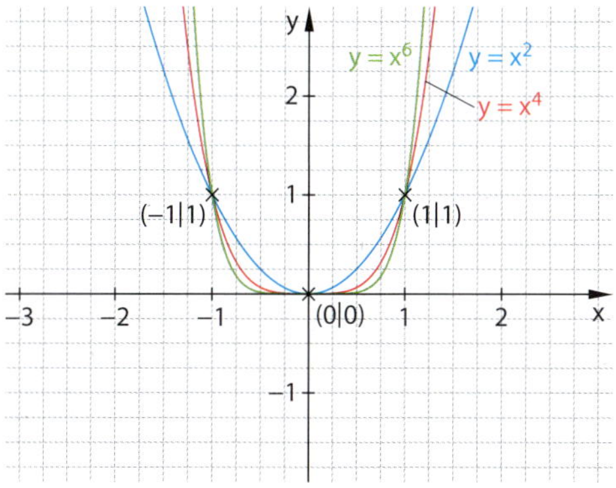

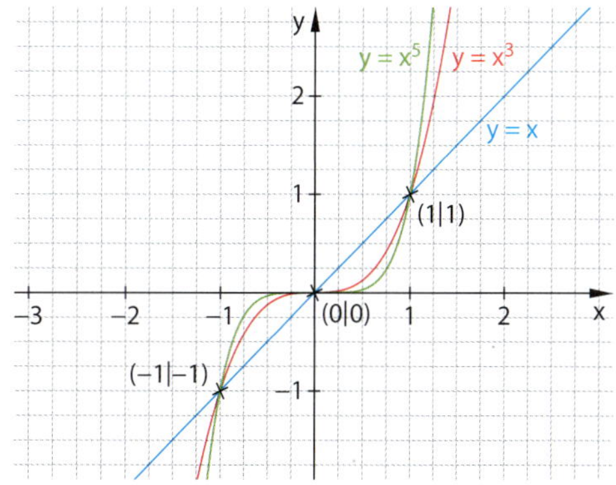

gerade	positive Exponenten	ungerade
$D = \mathbb{R}$	**Definitionsbereich (x-Werte)**	$D = \mathbb{R}$
$W = \mathbb{R}^{\geq 0}$	**Wertebereich (y-Werte)**	$W = \mathbb{R}$
(−1 | 1), (0 | 0), (1 | 1)	**Gemeinsame Punkte**	(−1 | −1), (0 | 0), (1 | 1)
achsensymmetrisch zur y-Achse	**Symmetrie der Graphen**	punktsymmetrisch zum Ursprung
	Monotonie	
streng monoton fallend	für $x < 0$	streng monoton steigend
streng monoton steigend	für $x > 0$	streng monoton steigend

Erinnerung

Potenzen mit negativen Exponenten lassen sich auch mit positiven Exponenten darstellen, indem man den Kehrwert bildet: $x^{-n} = \frac{1}{x^n}$.

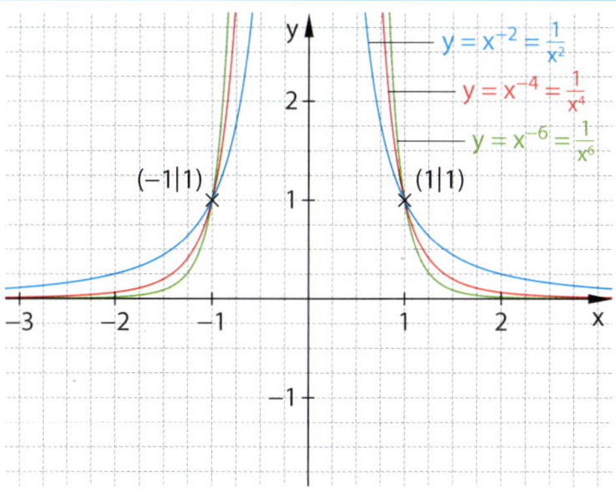

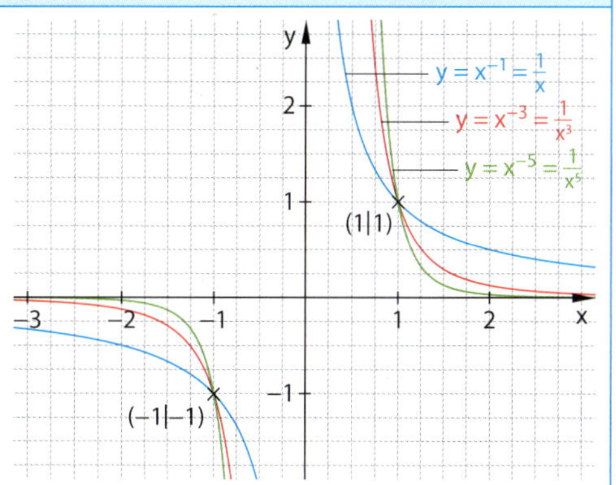

gerade	negative Exponenten	ungerade
$D = \mathbb{R}\backslash\{0\}$	**Definitionsbereich (x-Werte)**	$D = \mathbb{R}\backslash\{0\}$
$W = \mathbb{R}^{>0}$	**Wertebereich (y-Werte)**	$W = \mathbb{R}\backslash\{0\}$
(−1 | 1), (1 | 1)	**Gemeinsame Punkte**	(−1 | −1), (1 | 1)
achsensymmetrisch zur y-Achse	**Symmetrie der Graphen**	punktsymmetrisch zum Ursprung
	Monotonie	
streng monoton steigend	für $x < 0$	streng monoton fallend
streng monoton fallend	für $x > 0$	streng monoton fallend

Beispiel 4

Rechts abgebildet sind die Graphen dreier Potenzfunktionen. Zu jedem Graphen sind zwei Funktionsgleichungen angegeben, von denen nur eine richtig ist.
① Blauer Graph: $f(x) = x^5$ oder $g(x) = x^6$
② Roter Graph: $h(x) = x^{-3}$ oder $i(x) = x^3$
③ Grüner Graph: $r(x) = x^{-3}$ oder $s(x) = x^{-1}$
Ordnen Sie passend zu und begründen Sie Ihre Wahl.

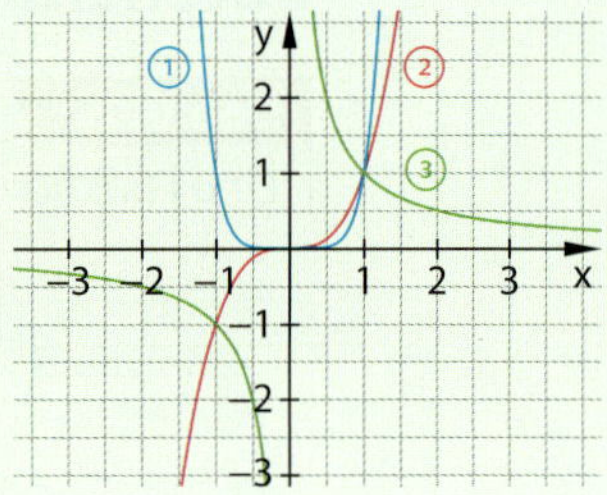

Lösung:

① Für gerade Exponenten sind die Graphen achsensymmetrisch zur y-Achse, für ungerade Exponenten punktsymmetrisch zum Ursprung.

Der blaue Graph ist achsensymmetrisch zur y-Achse, der Exponent muss daher gerade sein. Also ist $g(x) = x^6$ richtig.

② Für negative Exponenten unterteilen sich die Graphen in zwei Äste (Definitionslücke bei $x = 0$). Für positive Exponenten verlaufen die Graphen durch den Ursprung.

Der rote Graph verläuft durch den Ursprung, der Exponent muss daher positiv sein. Also ist $i(x) = x^3$ richtig.

③ Beide Exponenten sind negativ und ungerade, die Form des Graphen passt daher zu beiden Funktionen. Führen Sie eine Punktprobe, z. B. mit $P(2\,|\,0{,}5)$ durch.

$r(2) = (2)^{-3} = \frac{1}{2^3} = \frac{1}{8} \neq 0{,}5$
$s(2) = (2)^{-1} = 0{,}5$
Also ist $s(x) = x^{-1}$ richtig.

Basisaufgaben

11 Von den rechts abgebildeten vier Graphen sind drei Funktionsgleichungen bekannt:
$f(x) = \frac{1}{x}$ $\quad g(x) = x^3$ $\quad h(x) = x^5$

a) Ordnen Sie die Gleichungen einem passenden Graphen zu. Begründen Sie Ihre Wahl.
b) Geben Sie eine passende Funktionsgleichung für den verbleibenden Graphen an.

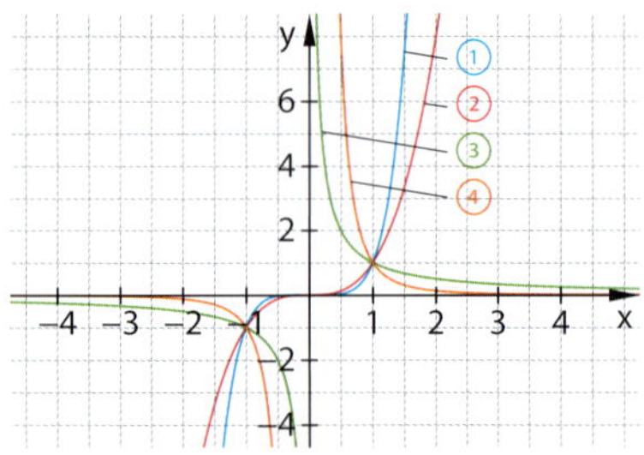

12 Prüfen Sie, ob die Aussage über Potenzfunktionen richtig oder falsch ist. Begründen Sie Ihre Antwort und korrigieren Sie falsche Aussagen.

a) Eine Potenzfunktion mit geradem Exponenten hat keine negativen Funktionswerte.
b) Der Graph einer Potenzfunktion ist achsensymmetrisch zur y-Achse.
c) Bei allen Potenzfunktionen mit ungeraden Exponenten gilt: Jeder y-Wert kann nur durch genau einen x-Wert erreicht werden.
d) Bei allen Potenzfunktionen mit geraden Exponenten gilt: Jeder y-Wert kann durch zwei verschiedene x-Werte erreicht werden.
e) Der Graph einer Potenzfunktion mit negativem Exponenten verhält sich asymptotisch.

Erinnerung

Eine **Asymptote** ist eine Gerade, an die sich ein Funktionsgraph im Unendlichen immer weiter annähert.

13 a) Zeigen Sie, dass die Punkte $A(1\,|\,1)$ und $B(-1\,|\,1)$ auf den Graphen von Potenzfunktionen f und g mit $f(x) = x^4$ und $g(x) = x^{-8}$ liegen.
b) Begründen Sie, dass die Punkte $A(1\,|\,1)$ und $B(-1\,|\,1)$ auf den Graphen von Potenzfunktionen der Form $f(x) = x^n$ mit geraden Exponenten n liegen.
c) Formulieren und begründen Sie eine entsprechende Aussage für Potenzfunktionen der Form $f(x) = x^n$ mit ungeraden Exponenten.

Weiterführende Aufgaben

Hinweis zu 14

Setzt man eine Schnittstelle x in f(x) oder g(x) ein, so erhält man die y-Koordinate des zugehörigen Schnittpunktes von f und g.

14 Schnittpunkte: Lösen Sie die Gleichung $f(x) = g(x)$ und bestimmen Sie, falls vorhanden, die Schnittpunkte der Graphen von f und g.

a) $f(x) = x^2 + 2x$, $g(x) = -2x - 4$
b) $f(x) = 6x^2 - 1$, $g(x) = 3$
c) $f(x) = 0{,}25x^2 + x - 5$, $g(x) = -x - 8$
d) $f(x) = 3x^2 + 1$, $g(x) = 2x^2 + 2x$
e) $f(x) = x^2 - 9$, $g(x) = -x^2 + 5$
f) $f(x) = -0{,}25x^2 - 1$, $g(x) = x^2 + 3$

15 Faktorisierte Form: Hat eine quadratische Funktion f die Nullstellen m und n, so kann man die Funktionsgleichung auch in der faktorisierten Form $f(x) = a(x - m)(x - n)$ schreiben.
a) Geben Sie die Nullstellen der Funktion an.
① $f(x) = (x - 5)(x + 3)$ ② $f(x) = 7(x - 4)(x - 2{,}5)$ ③ $f(x) = -3x(x + 7)$
b) Ermitteln Sie die Nullstellen und damit eine Funktionsgleichung in faktorisierter Form.
① $f(x) = 6x^2 - 5x$ ② $f(x) = x^2 - 10x + 25$ ③ $f(x) = -3x^2 + 12$

16 Stolperstelle: Ben betrachtet die Funktion f mit $f(x) = x^{-1}$. Beschreiben Sie, welche Fehler Ben
a) beim Zeichnen des Graphen,
b) bei seiner rechnerischen Untersuchung zur Symmetrie des Graphen gemacht hat:
$f(1) = (1)^{-1} = 1$ $f(-1) = (-1)^{-1} = -1$
$f(-1) = -f(1)$ → Punktsymmetrisch zum Ursprung

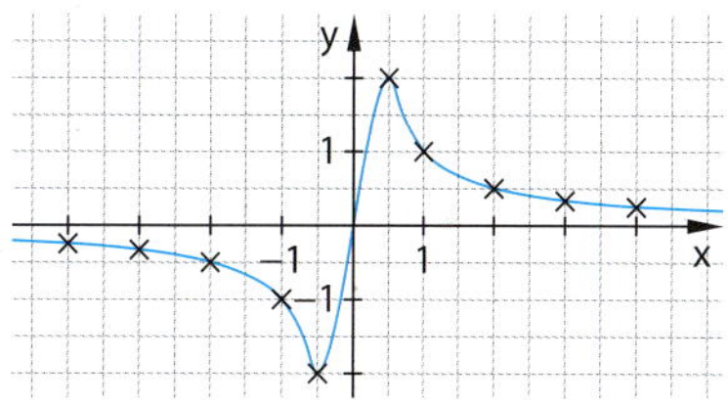

Hinweis zu 17

Verwenden Sie den Tangens des Winkels.

17 Berechnen Sie die Nullstelle der Gerade g mit $g(x) = 3x + 2$. Bestimmen Sie mithilfe eines Steigungsdreiecks den Winkel, unter dem die Gerade g die x-Achse schneidet.

18 a) Zeichnen Sie die Gerade g mit $g(x) = \frac{2}{3}x + 1$ in ein Koordinatensystem ein. Ergänzen Sie eine weitere Gerade s, die g senkrecht in $P(0|1)$ schneidet.
b) Vergleichen Sie die Steigungen von g und s. Erklären Sie, was Ihnen auffällt.
c) Berechnen Sie mithilfe Ihrer Beobachtung die Steigung einer Geraden, die die Gerade h mit $h(x) = 2x$ senkrecht schneidet. Überprüfen Sie Ihr Ergebnis zeichnerisch.

19 Bestimmen Sie für die angegebene Funktion f, für welche Werte von x
① $f(x) > 100$, ② $f(x) < -100$, ③ $-0{,}01 < f(x) < 0{,}01$ gilt.
a) $f(x) = x$ b) $f(x) = x^2$ c) $f(x) = x^3$ d) $f(x) = x^4$
e) $f(x) = \frac{1}{x}$ f) $f(x) = \frac{1}{x^2}$ g) $f(x) = \frac{1}{x^3}$ h) $f(x) = \frac{1}{x^4}$

20 Ausblick: Die Brücke über eine Schlucht soll durch einen Bogen gestützt werden, der durch die Punkte A und B verläuft und dessen Form durch den Graphen von f mit $f(x) = -x^2 + bx + c$ modelliert werden kann.
a) Das Einsetzen der Koordinaten von $A(4|1)$ in f(x) ergibt $1 = -16 + 4b + c$. Setzen Sie ebenso die Koordinaten von B ein und lösen Sie das lineare Gleichungssystem mit den Unbekannten b und c.
b) Berechnen Sie die Koordinaten des Scheitelpunktes der in a) erhaltenen Parabel exakt und überprüfen Sie diese mithilfe der Abbildung.

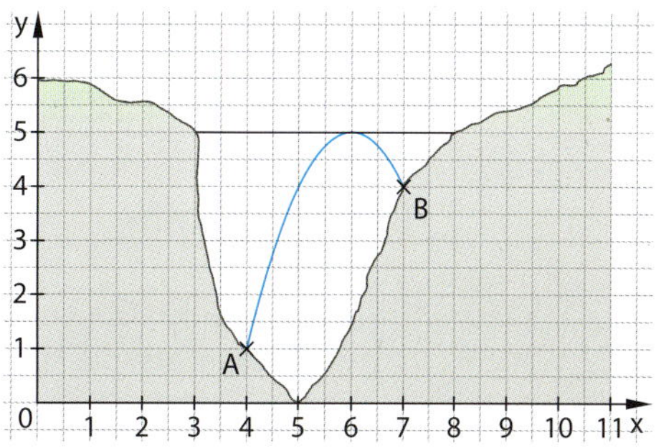

2.2 Ganzrationale Funktionen

Das Bild zeigt die Graphen der Funktionen g und h mit $g(x) = x^3$ und $h(x) = x^2$ und einer Funktion f.
Erläutern Sie, wie der Graph von f aus den Graphen von g und h entsteht, und geben Sie die Funktionsgleichung von f an.

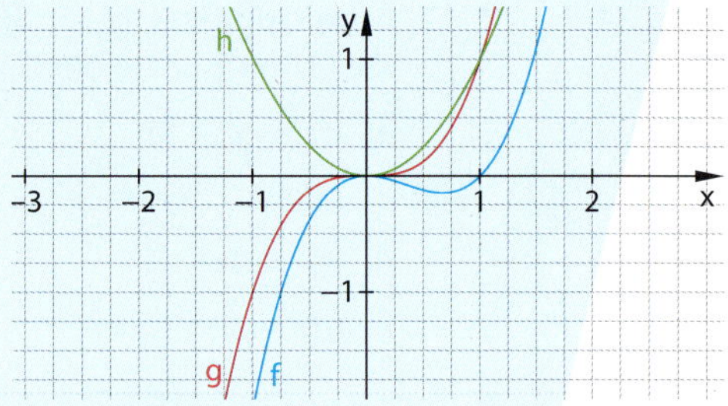

Potenzfunktionen lassen sich addieren oder subtrahieren.
Aus den Funktionen g und h mit $g(x) = x^3$ und $h(x) = x$ lässt sich beispielsweise die Funktion f mit $f(x) = x^3 + x$ bilden, indem für jedes x die zugehörigen y-Werte von g und h addiert werden. Es gilt also: $f(x) = g(x) + h(x)$.

Durch Addition oder Subtraktion von Potenzfunktionen entsteht eine neue Funktionsklasse, die **ganzrationalen Funktionen.**

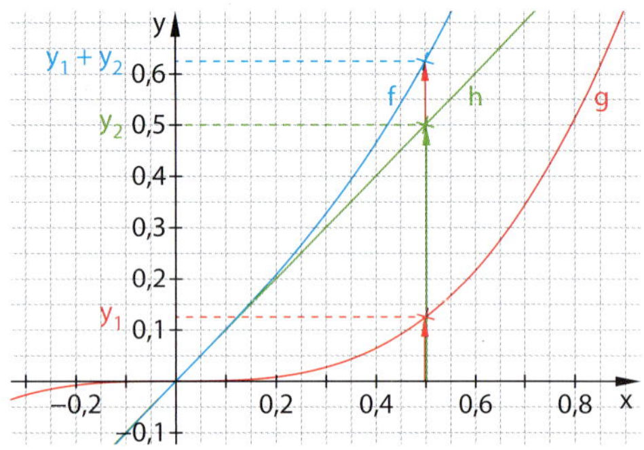

Hinweis

Den Funktionsterm von f nennt man auch **Polynom.** Sind alle Koeffizienten gleich null, so spricht man vom Nullpolynom.

Hinweis

Die ganzrationalen Funktionen mit Grad 0 sind konstante Funktionen, die mit Grad 1 nicht konstante lineare Funktionen und die mit Grad 2 quadratische Funktionen.

Definition **Ganzrationale Funktion, Koeffizient, Grad**

Eine Funktion f mit der Gleichung $f(x) = a_n x^n + a_{n-1} x^{n-1} + \ldots + a_2 x^2 + a_1 x + a_0$ (mit $n \in \mathbb{N}$, $a_0, \ldots, a_n \in \mathbb{R}$) heißt **ganzrationale Funktion.**
Der höchste Exponent n mit $a_n \neq 0$ heißt **Grad** von f; a_0 bis a_n sind die **Koeffizienten.**

Jede Potenzfunktion mit natürlichen Exponenten ist ebenfalls eine ganzrationale Funktion.

Beispiel 1 Geben Sie den Grad und die Koeffizienten der Funktion f mit $f(x) = x^3 - x^2 - 4x + 5$ an. Zeichnen Sie auch den Graphen von f.

Lösung:

Der Grad ist der Exponent der höchsten Potenz von x.

$f(x) = x^3 - x^2 - 4x + 5$
Grad: 3

Die Koeffizienten sind die Vorfaktoren der Potenzen. Achten Sie auf das Vorzeichen. Eine Potenz ohne sichtbaren Vorfaktor hat den Koeffizienten 1 oder –1.

Koeffizienten:
$a_3 = 1, a_2 = -1,$
$a_1 = -4, a_0 = 5$

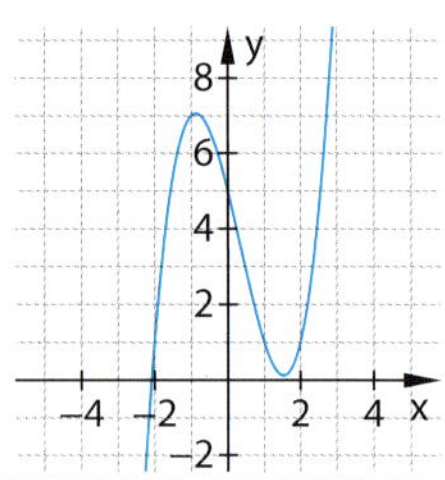

Basisaufgaben

1 Geben Sie den Grad und die Koeffizienten der ganzrationalen Funktion an. Lösen Sie, wenn vorhanden, erst die Klammern auf.

a) $f(x) = -4x^4 + 7x^2$ b) $f(x) = 4x - 2{,}5x^3$ c) $f(x) = 1 + x + x^2$
d) $f(x) = 1 - x$ e) $f(x) = 2x(x^2 - 3)$ f) $f(x) = (2x - 1)(x^3 + 2)$

2 Entscheiden und begründen Sie, ob die Funktion ganzrational ist.

a) $f(x) = 3x^4 - 5x$ b) $f(x) = x^2$ c) $f(x) = \sqrt{x}$ d) $f(x) = 2x^5(1 + x^3)$

3 Prüfen Sie, ob der Punkt P auf dem Graphen von f mit $f(x) = 2x^3 + 3x^2$ liegt. Falls nicht, geben Sie an, ob P oberhalb oder unterhalb des Graphen von f liegt.
a) P(1|5) b) P(−2|3) c) P(4|2) d) P(10|2300)

Hinweis zu 4c und d

Sie können z. B. die Schnittpunkte des Graphen von f mit einer geeigneten Parallele zur x-Achse ermitteln.

4 Ermitteln Sie mit einer geeigneten Mathematiksoftware die fehlenden Koordinaten so, dass die Punkte auf dem Graphen der Funktion f mit $f(x) = -x^4 + x^3$ liegen.
a) P(2| ▒) b) Q(−2| ▒) c) R(▒ |−1) d) S(▒ |−9000)

5 Gegeben sind die Funktionen f, g und h mit $f(x) = 2x^3$, $g(x) = 4x$ und $h(x) = -2x^2$. Geben Sie die Funktionsgleichung der ganzrationalen Funktion, die aus f, g und h entsteht, an. Zeichnen Sie dann ihren Graphen mit einer geeigneten Mathematiksoftware.
a) $i(x) = f(x) + g(x)$
b) $j(x) = f(x) - g(x)$
c) $k(x) = f(x) + h(x)$
d) $l(x) = f(x) - h(x)$
e) $m(x) = f(x) + g(x) - h(x)$
f) $n(x) = 4 \cdot f(x) - 2 \cdot (g(x) - h(x))$

6 Der abgebildete Graph ist aus dem Graphen der Funktion f mit $f(x) = x^3$ durch Verschiebung um eine Einheit nach rechts und vier Einheiten nach unten entstanden. Geben Sie die zugehörige Funktionsgleichung in ausmultiplizierter Form an.

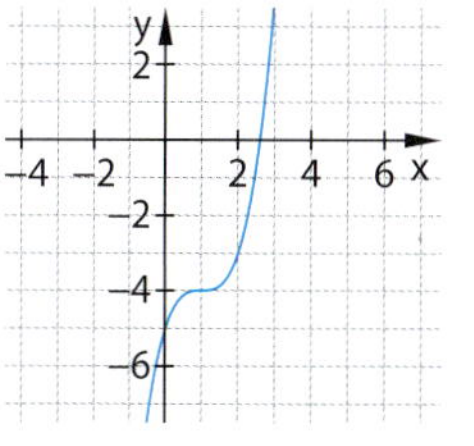

7 a) Der Graph von g geht aus dem Graphen von f mit $f(x) = x^2$ durch Verschiebung um zwei Einheiten nach rechts und eine Einheit nach unten hervor. Geben Sie die Funktionsgleichung von g an und stellen Sie sie ohne Klammern dar. Skizzieren Sie den Graphen von g.
b) Begründen Sie anhand dieses Beispiels, warum Funktionen, deren Graphen durch Verschiebung von Potenzfunktionen entstanden sind, keine Potenzfunktionen mehr sind, sondern ganzrationale Funktionen.

8 Überprüfen Sie, ob die Aussage wahr oder falsch ist. Begründen Sie Ihre Antwort oder geben Sie ein Gegenbeispiel an.
a) Jede Potenzfunktion ist eine ganzrationale Funktion.
b) Alle linearen und quadratischen Funktionen sind ganzrationale Funktionen.
c) Sämtliche Additionen, Subtraktionen, Multiplikationen und Divisionen von Potenzfunktionen mit natürlichen Exponenten führen zu ganzrationalen Funktionen.
d) Additionen und Subtraktionen von ganzrationalen Funktionen ergeben ebenfalls ganzrationale Funktionen.
e) Jede Potenzfunktion, die entlang der x-Achse verschoben wird, ist keine Potenzfunktion mehr, aber eine ganzrationale Funktion.

Hinweis zu 9a

Bei einem Berührpunkt berührt der Graph die x-Achse, ohne sie zu schneiden.

9 Der Graph von g geht aus Verschiebung des abgebildeten Graphen von f hervor. Es gilt $g(x) = f(x - d) + e$. Geben Sie Werte für die Parameter d und e an, sodass der Graph von g
a) genau einen Schnitt- und einen Berührpunkt mit der x-Achse hat,
b) durch den Koordinatenursprung verläuft,
c) die y-Achse in y = 3 schneidet,
d) die x-Achse an der Stelle x = 2 schneidet,
e) durch den Punkt P(−2|1) verläuft.

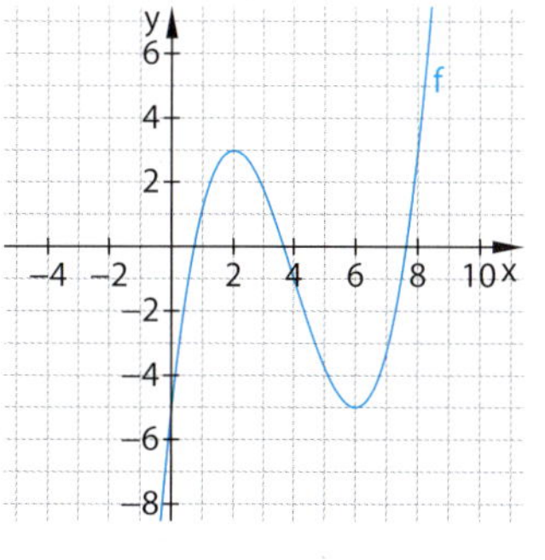

Weiterführende Aufgaben

10 Gegeben sind die Potenzfunktionen f, g und h mit $f(x) = x$, $g(x) = x^2$ und $h(x) = x^3$. Erläutern Sie, wie die Funktion k in ②, ③ und ④ durch Addition oder Subtraktion aus f, g und h entstanden ist.
Beispiel: ① k ist die Summe aus f und g, was man durch Betrachtung der y-Werte erkennen kann. $k(x) = f(x) + g(x) = x + x^2$.

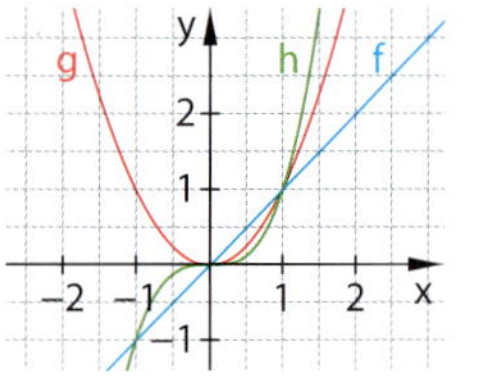

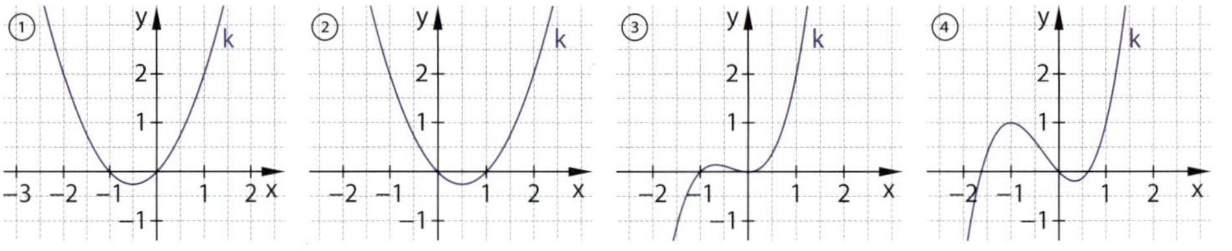

11 **Stolperstelle:** Timo sagt: „Der Grad von $f(x) = 2x^3 - 8x^5 + 5x$ ist 3, weil der erste Exponent 3 ist." Nehmen Sie Stellung.

12 Abgebildet sind die Graphen der Umsatzfunktion U und der Kostenfunktion K eines Herstellers von Spielekonsolen.

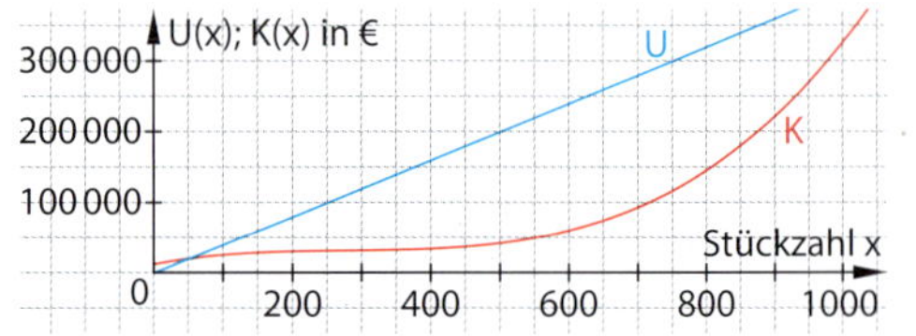

a) Ermitteln Sie, zu welchem Preis der Hersteller die Konsole verkauft.
b) Zeichnen Sie im Heft den Graphen der Gewinnfunktion G mit $G(x) = U(x) - K(x)$ als Überlagerung der Funktionen U und K und bestimmen Sie, ab welcher Stückzahl das Unternehmen einen Gewinn macht.
c) Bestimmen Sie näherungsweise, wie viele Konsolen der Hersteller verkaufen muss, um sein Gewinnziel von 150 000 € zu erreichen.

Hinweis zu 12

Der **Umsatz** bezeichnet die Einnahmen und die **Kosten** die Ausgaben eines Unternehmens.

13 Der Streichholzkarton soll zusammengefaltet werden. Dazu werden an den Ecken Quadrate der Länge x herausgeschnitten.

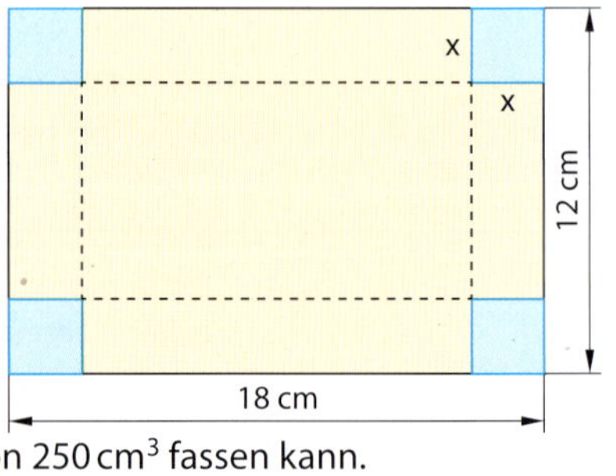

a) Geben Sie einen Funktionsterm an, der das Volumen der Streichholzschachtel beschreibt. Begründen Sie, dass es sich um eine ganzrationale Funktion handelt.
b) Ermitteln Sie das Volumen der Schachtel für eine Schachtelhöhe von 3 cm.
c) Untersuchen Sie, ob die Schachtel ein Volumen von 250 cm^3 fassen kann.

14 Durch einen Quader mit der Breite 2x, der Höhe x und der Tiefe x wurde ein Loch der Breite x und der Höhe 1 LE gebohrt.

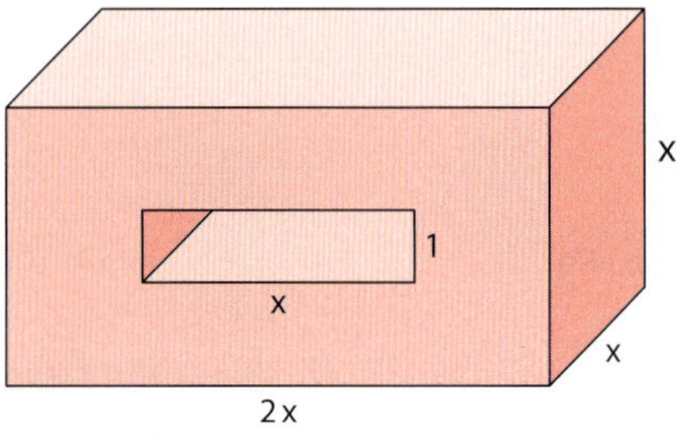

a) Stellen Sie einen Term zur Berechnung des Volumens des Körpers auf.
b) Berechnen Sie das Volumen des Körpers für x = 2, x = 6 und x = 9.
c) Untersuchen Sie, für welche x-Werte der Term aus a) ein positives Ergebnis liefert.
Zeichnen Sie dazu mit einer geeigneten Mathematiksoftware die Graphen zu $g(x) = 2x^3$ und $h(x) = x^2$. Überlegen Sie, für welche dieser x-Werte der Term dennoch kein Volumen beschreibt.

15 Ganzrationale Funktion mit linearem Gleichungssystem bestimmen:
Bestimmen Sie mit einer geeigneten Mathematiksoftware die ganzrationale Funktion dritten Grades, auf deren Graphen die Punkte P, Q, R und S liegen.

Beispiel: P(4|3) Q(−1|−2), R(1|0), S(0|3)
Ansatz $f(x) = ax^3 + bx^2 + cx + d$
Das Einsetzen der Koordinaten der Punkte in die Funktionsgleichung von f liefert ein lineares Gleichungssystem mit vier Gleichungen und vier Unbekannten. Die Computer-Lösung ergibt: $f(x) = x^3 - 4x^2 + 3$.

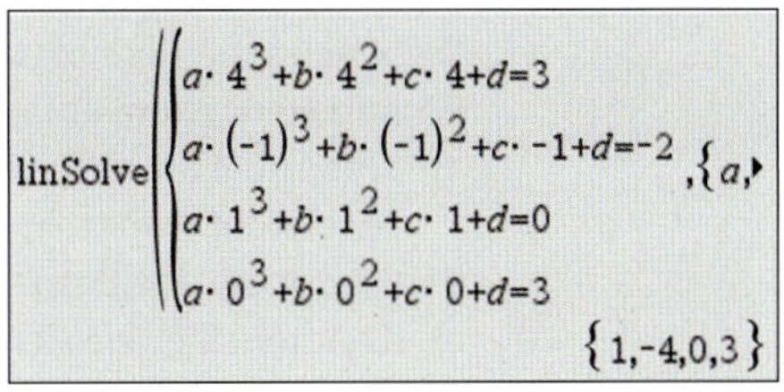

a) P(−1 | 2), Q(0 | 5), R(2 | −1), S(4 | 57)
b) P(0 | 0), Q(−4 | −16), R(1 | 1,5), S(4 | 48)
c) P(3 | 0), Q(−3 | 0), R(5 | 160), S(−5 | −160)
d) P(2 | 1), Q(4 | 15), R(−2 | −3), S(1 | −0,75)

16 Die Preisentwicklung eines Ventilators kann über 12 Monate mithilfe der Durchschnittspreise in den einzelnen Elektrofachgeschäften beobachtet werden. Der Ventilator kostete im Dezember 13,56 € und im folgenden Jahr im März 14,37 €, im August 16,12 € und im Dezember wieder 13,56 €.

a) Bestimmen Sie die Funktionsgleichung einer ganzrationalen Funktion dritten Grades, die die Preisentwicklung modelliert. Stellen Sie dazu ein lineares Gleichungssystem auf und lösen Sie es mit einer geeigneten Mathematiksoftware.
b) Ermitteln Sie, wie hoch nach diesem Modell der Durchschnittspreis im Oktober gewesen sein müsste.

17 Die Flugbahn einer Kugel beim Kugelstoßen verläuft parabelförmig und kann durch eine ganzrationale Funktion zweiten Grades beschrieben werden.

a) Ermitteln Sie die Funktionsgleichung der Flugbahn, wenn die Abwurfhöhe des Athleten 1,60 m, die Wurfweite 8 m beträgt und die Kugel nach einer horizontalen Entfernung von 2 m eine Höhe von 2,40 m erreicht.
b) Bestimmen Sie die maximale Höhe der Kugel.

18 Ausblick: Die Funktion f mit $f(t) = -0{,}08t^3 + 2t^2 - 9t + 90$ beschreibt die Höhe eines Paragliders in Abhängigkeit von der vergangenen Zeit. Dabei beschreibt t die Zeit in Minuten und f(t) die Höhe des Paragliders in Metern.

a) Zeichnen Sie den Graphen von f mit einer geeigneten Mathematiksoftware. Beschreiben Sie, in welchem Intervall die Funktion den Höhenverlauf des Paragliders realistisch beschreiben kann, wenn der Paraglider zum Zeitpunkt $t = 0$ startet.
b) Ermitteln Sie die größte Höhe, die der Paraglider erreicht.
c) Geben Sie an, in welchen Zeitintervallen der Paraglider sinkt und in welchen er steigt.
d) Schätzen Sie ab, nach wie vielen Minuten der Paraglider die höchste Höhenzunahme annimmt.

2.3 Globalverhalten, Monotonie und Extrema

Der Graph der Funktion f mit $f(x) = -\frac{1}{2}x^4 - \frac{2}{3}x^3 + 2x^2$ beschreibt näherungsweise das Höhenprofil einer Vulkaninsel. Die x-Achse beschreibt dabei den Meeresspiegel (1 LE im Koordinatensystem entspricht 100 m).

a) Geben Sie an, an welcher Stelle x der höchste Berg der Insel steht. Ermitteln Sie seine Höhe.

b) Geben Sie den tiefsten Punkt der Insel an.

c) Erläutern Sie, wie sich der Graph für sehr große oder sehr kleine x verhält und wieso die Modellierung der Landschaft durch f nur auf einem Intervall sinnvoll ist.

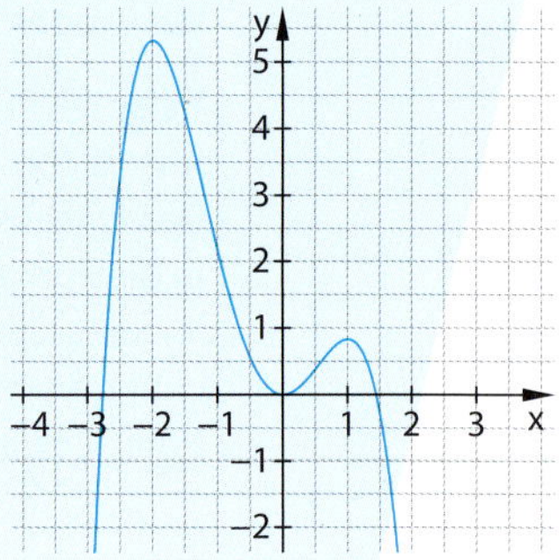

Globalverhalten

Es ist bereits bekannt, dass das Verhalten im Unendlichen (**Globalverhalten**) bei Potenzfunktionen vom Exponenten abhängt:
n gerade: Für $x \to \pm\infty$ gilt $f(x) = x^n \to \infty$.
n ungerade: Für $x \to \infty$ gilt $f(x) = x^n \to \infty$, für $x \to -\infty$ gilt $f(x) = x^n \to -\infty$.

Hinweis

Für $x \to \pm\infty$ bedeutet für $x \to \infty$ und für $x \to -\infty$.

Bei ganzrationalen Funktionen hängt das Verhalten im Unendlichen nur von der höchsten Potenz ab. Die Grafik zeigt die Graphen von f und g mit $f(x) = -\frac{1}{2}x^4 - \frac{1}{3}x^3 + 2x^2 + x - 1$ und $g(x) = -x^4$. Beide Graphen streben für sehr große und sehr kleine x gegen $-\infty$. Die zusätzlichen Summanden und der Faktor $\frac{1}{2}$ bei f wirken sich also nicht auf das Globalverhalten aus.

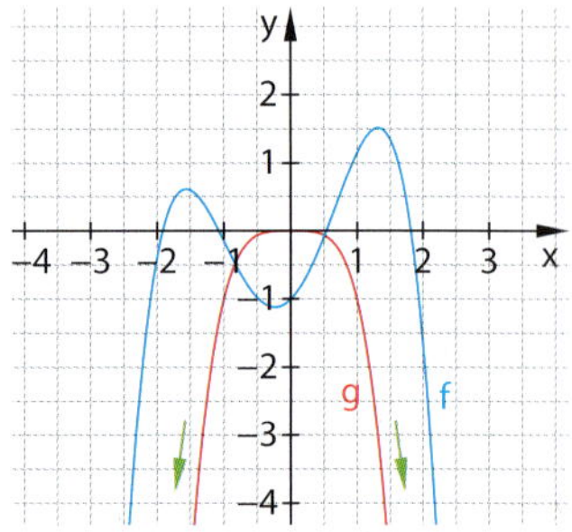

Erinnerung

Je größer der Betrag des Nenners bei konstantem Zähler ist, desto näher ist der Wert eines Bruches bei 0.

Allgemein gilt:
$f(x) = a_n x^n + a_{n-1}x^{n-1} + \ldots + a_1 x + a_0 = a_n x^n \left(1 + \frac{a_{n-1}}{a_n x} + \ldots + \frac{a_1}{a_n x^{n-1}} + \frac{a_0}{a_n x^n}\right).$
Die Terme $\frac{a_{n-1}}{a_n x}, \ldots, \frac{a_1}{a_n x^{n-1}}$ und $\frac{a_0}{a_n x^n}$ haben im Nenner jeweils eine Potenz von x. Wenn x betragsmäßig sehr groß wird, nähern sich diese Terme dem Wert 0 an.
Deshalb gilt für $x \to \pm\infty$: $f(x) \approx a_n x^n \cdot 1 = a_n x^n$

Satz **Globalverhalten ganzrationaler Funktionen**

Der Graph einer ganzrationalen Funktion f mit $f(x) = a_n x^n + a_{n-1}x^{n-1} + \ldots + a_1 x + a_0$ mit $a_n \neq 0$ verhält sich für $x \to \pm\infty$ wie der Graph von g mit $g(x) = a_n x^n$.

Beispiel 1

Gegeben ist die Funktion f mit $f(x) = -2x^5 + 3x^2 - 2$.
Untersuchen Sie rechnerisch das Globalverhalten der Funktion.

Lösung:

Betrachten Sie im Funktionsterm $-2x^5 + 3x^2 - 2$ den Summanden mit der höchsten Potenz.	Summand mit der höchsten Potenz: $-2x^5$ Globalverhalten wie g mit $g(x) = -2x^5$:
Für $x \to \infty$ gilt $x^5 \to \infty$ und für $x \to -\infty$ gilt $x^5 \to -\infty$. Der negative Vorfaktor −2 ändert das Vorzeichen der Funktionswerte.	Für $x \to \infty$ gilt $f(x) \to -\infty$, für $x \to -\infty$ gilt $f(x) \to \infty$.

Basisaufgaben

1 Geben Sie die Funktion g mit $g(x) = a_n x^n$ an, die das gleiche Globalverhalten hat wie f. Kontrollieren Sie anschließend mit einer geeigneten Mathematiksoftware.

a) $f(x) = -3x^2 + 7x$
b) $f(x) = 1 - x + x^3$
c) $f(x) = x^2(3x^4 + x)$
d) $f(x) = 1 + x^3$

2 Geben Sie das Verhalten der Funktion für $x \to \pm\infty$ an.

a) $f(x) = 2x^2 + 5x$
b) $f(x) = 2x^3 - 9x + 1$
c) $f(x) = -x^4 + \frac{4}{3}x$
d) $f(x) = -6x^2 + 5x$
e) $g(x) = -3 + 5x^4$
f) $f(x) = 2x(-x + x^2)$

3 Geben Sie, ohne zu rechnen, das Vorzeichen von $f(10\,000)$ und $f(-10\,000)$ an.

a) $f(x) = -0{,}125x^3 + 1{,}025x + 1$
b) $f(x) = \frac{125}{7}x^5 - \frac{8}{913}x^2 - \frac{12}{25}$
c) $f(x) = -12{,}875x^6$
d) $f(t) = 832t^2 + 999t - 834$

4 Geben Sie bei der Funktion f mit $f(x) = a \cdot x^n$ Werte für a und n so an, dass die Bedingungen erfüllt werden.

a) Für $x \to \infty$ gilt $f(x) \to \infty$, für $x \to -\infty$ gilt $f(x) \to \infty$.
b) Für $x \to \infty$ gilt $f(x) \to -\infty$, für $x \to -\infty$ gilt $f(x) \to \infty$.
c) Für $x \to \infty$ gilt $f(x) \to \infty$, für $x \to -\infty$ gilt $f(x) \to -\infty$.
d) Für $x \to \infty$ gilt $f(x) \to -\infty$, für $x \to -\infty$ gilt $f(x) \to -\infty$.

5 In der Tabelle ist der grafische Verlauf einer ganzrationalen Funktion f mit $f(x) = a_n x^n + a_{n-1}x^{n-1} + \ldots + a_1x + a_0$ und $a_n \neq 0$, $n \geq 2$ für $x \to \infty$ und $x \to -\infty$ angedeutet. Übertragen Sie die Tabelle in Ihr Heft und ergänzen Sie in der oberen Zeile die fehlenden Eigenschaften für n und a_n.

n gerade, $a_n > 0$			
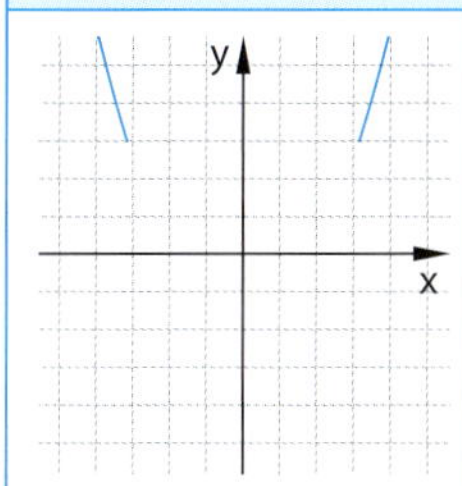	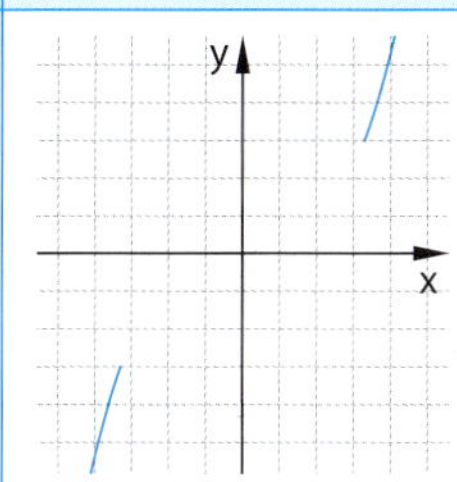	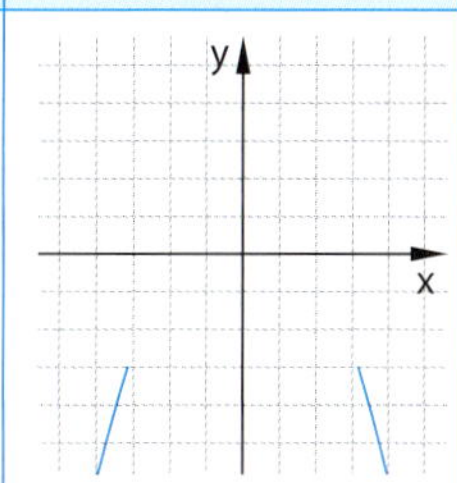	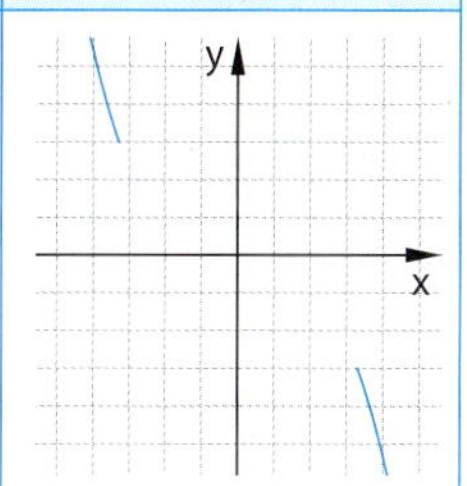

6 Überlegen Sie, welcher Graph zu welcher Funktion gehört. Argumentieren Sie dabei mit dem Verhalten im Unendlichen.

$f(x) = -0{,}5x^3 + 2x^2 - x$
$g(x) = x^4 - 9x^2$
$h(x) = -x^3(x - 3)$
$i(x) = 3x^5 - 10x^3 - 1$

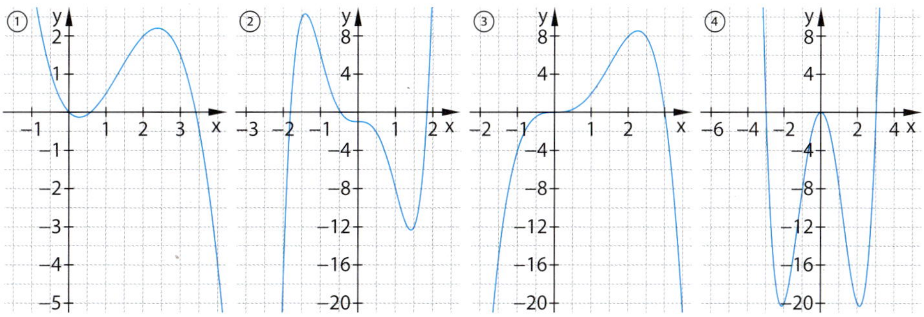

Monotonie und lokale/globale Extrema

Steigt der Graph einer Funktion von links nach rechts, so wachsen die Funktionswerte in diesem Bereich. Fällt der Graph, so werden die Funktionswerte für zunehmende x-Werte kleiner.

Definition **Monotonie**

Eine Funktion f ist auf einem Intervall I

streng monoton steigend, wenn für alle x_1 und x_2 aus I mit $x_1 < x_2$ gilt: $f(x_1) < f(x_2)$,

streng monoton fallend, wenn für alle x_1 und x_2 aus I mit $x_1 < x_2$ gilt: $f(x_1) > f(x_2)$.

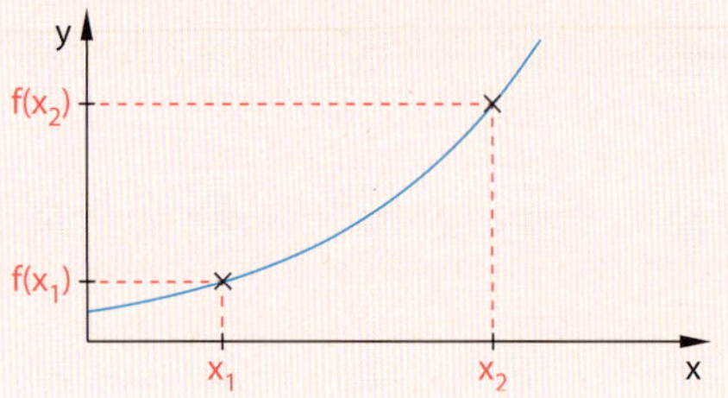

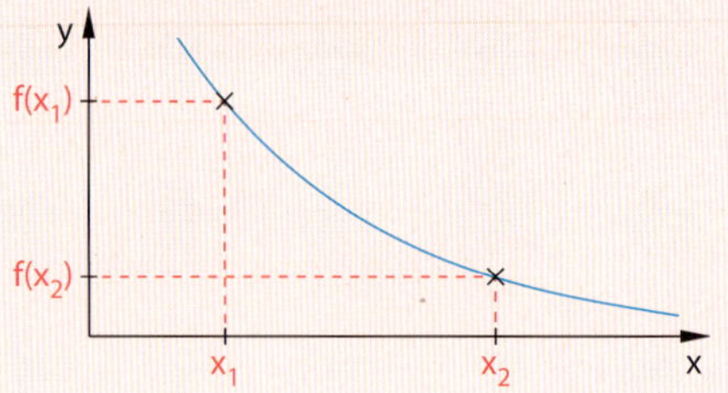

Hinweis

Ändert eine Funktion ihr Verhalten von streng monoton steigend auf streng monoton fallend, liegt an dieser Stelle ein Hochpunkt. Im umgekehrten Fall liegt dort ein Tiefpunkt.

Der unten abgebildete Graph von f ist streng monoton fallend auf den Intervallen $x < -1$ und $1 < x < 2$ und streng monoton steigend auf den Intervallen $-1 < x < 1$ und $x > 2$.

An den Übergangsstellen $x = -1$, $x = 1$ und $x = 2$ liegen die **Hoch- und Tiefpunkte** des Graphen.

Bei $T_1(-1\,|\,-1)$ und $T_2(2\,|\,0{,}69)$ hat der Graph zwei Tiefpunkte, bei $H(1\,|\,1)$ hat er einen Hochpunkt.

Die **lokalen Minima** sind die y-Koordinaten der Tiefpunkte (hier –1 und 0,69), das **lokale Maximum** ist die y-Koordinate des Hochpunktes (hier 1).

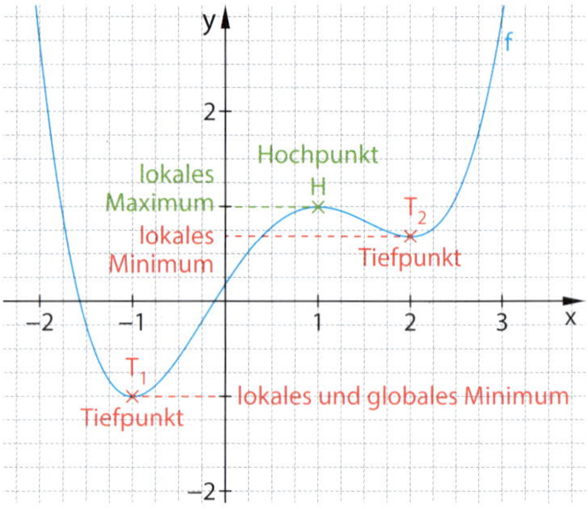

Der größte bzw. kleinste Funktionswert von f im gesamten Definitionsbereich wird als **globales Maximum** bzw. **globales Minimum** von f bezeichnet.
Bei dem abgebildeten Graphen ist das globale Minimum zugleich das kleinste lokale Minimum (hier –1), da es keinen kleineren Funktionswert gibt. Das globale Maximum von f existiert nicht, da die Funktion aufgrund ihres Globalverhaltens $f(x) \to \infty$ für $x \to \pm\infty$ keinen größten Funktionswert hat.

Definition **Hoch- und Tiefpunkt; lokales/globales Maximum und Minimum**

Der Graph einer Funktion f hat an der Stelle x_E einen **Hochpunkt** bzw. **Tiefpunkt,** wenn $f(x_E)$ in einer Umgebung von x_E der größte bzw. kleinste Funktionswert von f ist.
Den Funktionswert $f(x_E)$ nennt man **lokales Maximum** bzw. **lokales Minimum.**

Ist f(x) der größte bzw. kleinste Funktionswert im Definitionsbereich von f, so ist f(x) das **globale Maximum** bzw. **globale Minimum** von **f.**

Hoch- und Tiefpunkte bezeichnet man als **lokale Extrempunkte,** ihre x-Werte als **lokale Extremstellen** und ihre y-Werte als **lokale Extrema.**

Beispiel 2

a) Geben Sie die Intervalle an, auf denen die abgebildete Funktion f streng monoton steigend bzw. fallend ist.
b) Lesen Sie die Hoch- und Tiefpunkte sowie die lokalen Maxima und Minima ab. Erläutern Sie, ob ein globales Maximum oder Minimum existiert. Falls ja, geben Sie es an.

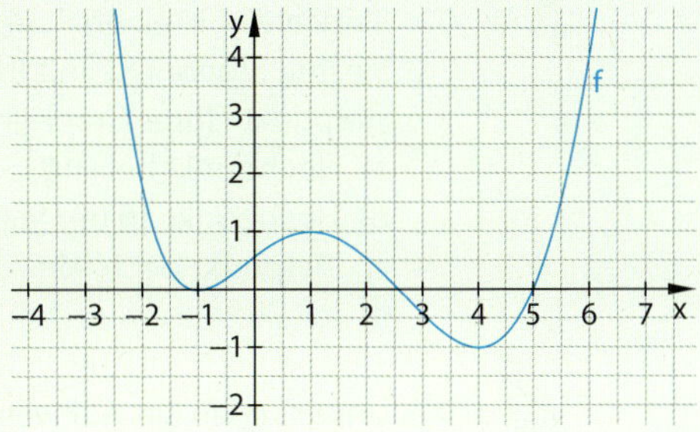

Lösung:

a) Betrachten Sie den Verlauf des Graphen von links nach rechts.

f ist streng monoton fallend für $x < -1$ und für $1 < x < 4$.
f ist streng monoton steigend für $-1 < x < 1$ und für $x > 4$.

b) Bei Hoch- bzw. Tiefpunkten hat f den größten bzw. kleinsten Funktionswert in einer Umgebung (lokal). Da $f(x) \to \infty$ für $x \to \pm\infty$ gilt, gibt es keinen größten Funktionswert auf $\mathbb{R}$. Der kleinste Funktionswert von f ist das kleinere lokale Minimum.

Hochpunkt: $H(1\,|\,1)$
Tiefpunkte: $T_1(-1\,|\,0)$ und $T_2(4\,|\,-1)$
lokales Maximum: $f(1) = 1$
lokale Minima: $f(-1) = 0$ und $f(4) = -1$
Ein globales Maximum existiert nicht.
globales Minimum: -1

Basisaufgaben

Lösungen zu 7

Intervalle

$x < 1$ $x \geq -2$ $x > 1$ $x > 0$ $-2 < x < 1$ $x > 1$ $x < -2$ $x < 0$

7 Geben Sie die Intervalle an, auf denen die Funktion streng monoton steigend bzw. fallend ist. Lesen Sie alle Hoch- und Tiefpunkte sowie die lokalen Maxima und Minima ab. Geben Sie das globale Maximum oder Minimum an, falls es existiert.

a)
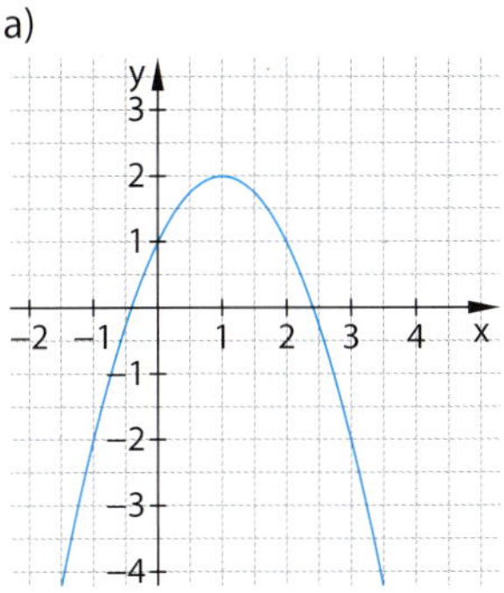

b)
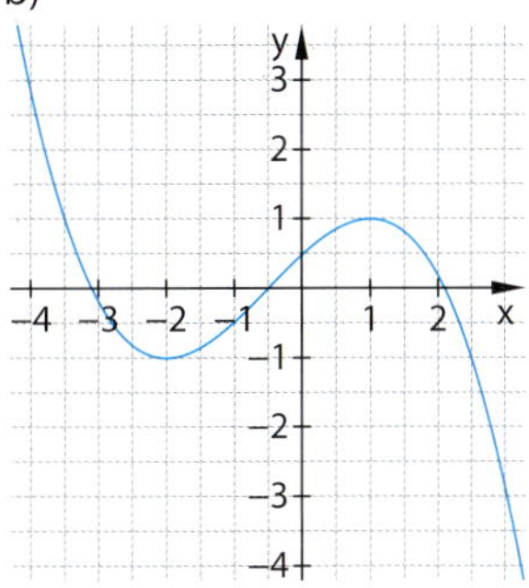

c)
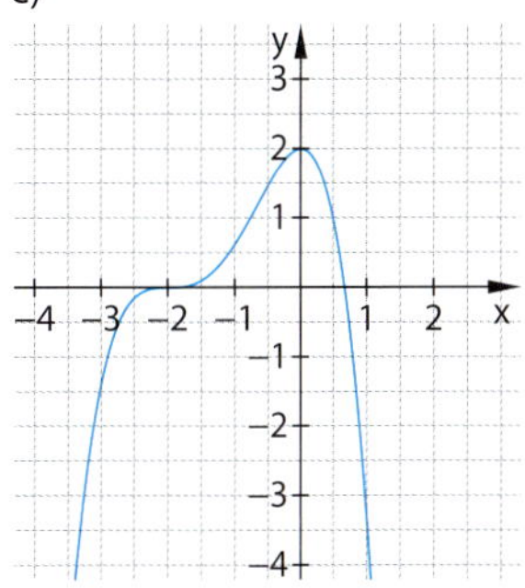

8 Zeichnen Sie den Graphen der Funktion mit einer geeigneten Mathematiksoftware und bestimmen Sie die Hoch- und Tiefpunkte. Geben Sie an, ob ein globales Maximum oder Minimum existiert.

a) $f(x) = \frac{1}{2}x^4 + \frac{3}{2}x^3 - 2x$ b) $f(x) = -x^4 + \frac{21}{2}x^2 + \frac{1}{2}x$ c) $f(x) = x^7 - x^6 - 5x^3 + 2x$

9 Skizzieren Sie den Graphen einer Funktion, die
a) für $x < -2$ streng monoton steigend und für $x > -2$ streng monoton fallend ist,
b) für $x < -2$ und $x > 3$ streng monoton fallend und für $-2 < x < 3$ streng monoton steigend ist.

10 Skizzieren Sie den Graphen einer Funktion, die
a) zwei Hoch- und zwei Tiefpunkte, aber keine globalen Extrema hat,
b) fünf verschiedene Nullstellen hat. Geben Sie die Anzahl der lokalen Extrema an.

11 Skizzieren Sie einen Funktionsgraphen mit den angegebenen Eigenschaften. Vergleichen Sie Ihre Ergebnisse mit Ihrem Nachbarn und geben Sie die Koordinaten aller Hoch- und Tiefpunkte Ihres Graphen an.

a) Hochpunkt bei $H(0|5)$ und Tiefpunkt bei $T(4|-1)$
b) Hochpunkt an der Stelle $x = 1$, lokales Maximum 4 bei $x = 3$
c) Tiefpunkt bei $T(-2|-3)$ und kein globales Minimum
d) lokales Maximum bei $x = 0$ und globales Maximum 0 bei $x = -4$

12 Untersuchen Sie, auf welchen Intervallen die Funktion streng monoton steigend bzw. streng monoton fallend ist. Geben Sie auch alle Hoch- und Tiefpunkte an.

a) $f(x) = 3x - 5$ b) $f(x) = -(x-2)^2 - 6$ c) $f(x) = (x+2)^4 + 1$

13 Geben Sie die Funktionsgleichung einer passenden Funktion f an.

a) f ist streng monoton fallend auf ganz $\mathbb{R}$.
b) f ist für $x < 1$ streng monoton fallend und für $x > 1$ streng monoton steigend.
c) Der Graph von f hat den Hochpunkt $H(-3|-4)$.
d) f hat ein lokales Minimum bei $x = 5$, das globale Minimum ist -1.

Weiterführende Aufgaben

14 Begründen Sie anschaulich, dass eine ganzrationale Funktion keine zwei Hochpunkte haben kann, ohne einen Tiefpunkt dazwischen zu haben, und umgekehrt.

15 **Stolperstelle:** Linda hat einige Eigenschaften aus dem Funktionsgraphen abgelesen.
Erklären Sie, welche Fehler Linda begangen hat.

Hochpunkte: −5,4; 1,8
Tiefpunkt: −3
globales Maximum: (1|1,8)
globales Minimum: −6,8

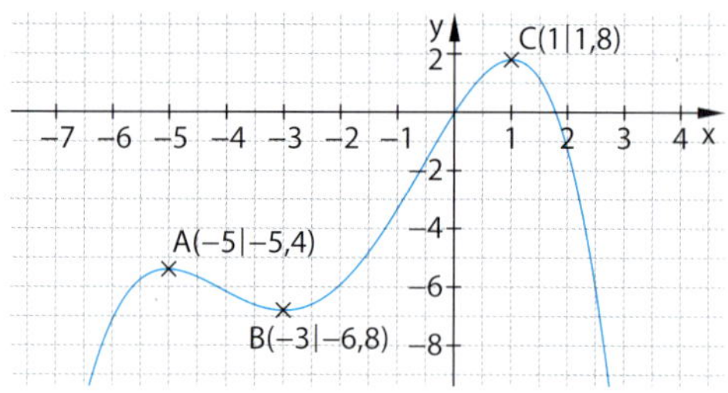

16 Das Bild zeigt den Graphen von f mit $f(x) = -0{,}5x^5 + 2x^4 + 0{,}5x^3 - 8x^2 + 6x - 2$.
Nina sagt: „Die Punkte A, B und C sind die Hoch und Tiefpunkte des Graphen."
Marielle antwortet: „Da fehlt noch mindestens ein lokaler Extrempunkt."
Begründen Sie, weshalb Marielle recht hat und erklären Sie, ob ein Hoch- oder Tiefpunkt fehlt.

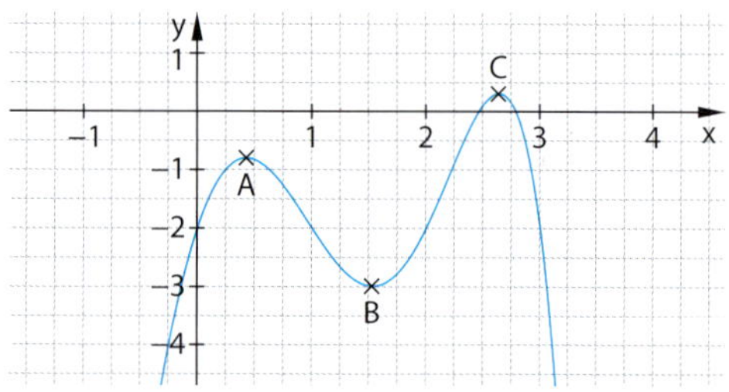

17 Entscheiden und begründen Sie, ob die Aussage über ganzrationale Funktionen stimmt.

a) Um das Globalverhalten anzugeben, betrachtet man immer den ersten Summanden im Funktionsterm.
b) Funktionen mit ungeradem Grad haben für $x \to \infty$ und für $x \to -\infty$ das gleiche Globalverhalten.
c) Wenn eine Funktion dritten Grades für $x \to \infty$ gegen $-\infty$ strebt, dann strebt sie für $x \to -\infty$ gegen ∞.

18 Für eine Funktion f gelte: Für $x \to \infty$ gilt $f(x) \to -\infty$ und für $x \to -\infty$ gilt $f(x) \to \infty$. Geben Sie begründet das Globalverhalten der Funktion g an.
a) $g(x) = 3 \cdot f(x)$ b) $g(x) = -\frac{1}{2} \cdot f(x)$ c) $g(x) = f(x) - 2000$ d) $g(x) = (f(x))^2$

19 Die Anzahl der Besucher in einem Museum wird durch die Funktion f mit
$f(x) = -\frac{55}{72}x^4 + \frac{515}{12}x^3 - \frac{21365}{24}x^2 + \frac{145265}{18}x - \frac{79300}{3}$
in dem Bereich, in dem f(x) nicht negativ ist, modelliert (x: Uhrzeit, f(x): Anzahl der Besucher).

a) Zeichnen Sie den Graphen von f mit einer geeigneten Mathematiksoftware und stellen Sie eine Vermutung über die Öffnungszeiten des Museums auf.
b) Ermitteln Sie den Zeitpunkt, an dem die meisten Besucher im Museum sind, und geben Sie die maximale Anzahl an Besuchern an.
c) Nennen Sie die Uhrzeit, in der die zweite Welle an Besuchern ihren Höhepunkt erreicht.
d) Aus Sicherheitsgründen wird weiteres Sicherheitspersonal geordert, wenn sich mindestens 500 Besucher im Museum befinden. Ermitteln Sie die Zeiträume, in denen zusätzliches Sicherheitspersonal benötigt wird.

20 Lena nimmt um 8 Uhr morgens ein Vitamin-D-Präparat ein. Die Vitamin-D-Konzentration im Blut nach Einnahme dieses Präparats wird durch die Funktion f mit
$f(t) = \frac{97}{499}t^3 - \frac{7}{2}t^2 + \frac{63}{4}t + c$ beschrieben (t in Stunden, f(t) in µg/l).
a) Lenas Vitamin-D-Spiegel zu Einnahmebeginn beträgt 18 µg/l. Bestimmen Sie den Parameter c in der Funktionsgleichung von f so, dass diese den Verlauf von Lenas Vitamin-D-Spiegel beschreibt. Zeichnen Sie den Graphen von f mit einer geeigneten Mathematiksoftware.
b) Bestimmen Sie, wie lange es dauert, bis das Präparat seine maximale Wirkung erreicht. Geben Sie die Höhe der maximalen Vitamin-D-Konzentration an.
c) Geben Sie an, nach wie vielen Stunden der Vitamin-D-Spiegel in Lenas Blut wieder annähernd auf seinen anfänglichen Wert gesunken ist. Leiten Sie daraus eine sinnvolle Angabe für den Definitionsbereich von f ab.
d) Anna nimmt dasselbe Präparat um 10 Uhr morgens ein. Ihr Vitamin-D-Spiegel ist zu Einnahmebeginn um 25 % höher als Lenas. Bestimmen Sie eine geeignete Funktion g, die die Vitamin-D-Konzentration in Annas Blut beschreibt.
Zeichnen Sie den Graphen von g mit einer geeigneten Mathematiksoftware, geben Sie einen sinnvollen Definitionsbereich für g an. Beschreiben Sie die Unterschiede im Verlauf der Graphen von f und g.
e) Bestimmen Sie für beide Mädchen jeweils den Tageszeitraum, in dem sich ihr Vitamin-D-Spiegel im optimalen Bereich von 30-50 µg/l befindet.

21 **Ausblick:** Skizzieren Sie einen passenden Graphen einer ganzrationalen Funktion. Überlegen Sie, welchen Einfluss der Grad auf das Verhalten des Graphen für $x \to \pm\infty$ hat.
a) Grad 2, Tiefpunkt bei $T(-2|-1)$
b) Grad 2, globales Maximum 5 bei $x = -1$
c) Grad 3, Tiefpunkt bei $T(0|0)$, Hochpunkt bei $H(4|1)$
d) Grad 3, lokales Minimum -3 bei $x = 2$
e) Grad 4, Tiefpunkt bei $T(3|0)$, lokales Maximum 3 und globales Maximum 5
f) Grad 4, Hochpunkt bei $H(2|6)$, lokales Minimum bei $x = 4$

2.4 Symmetrie

Zeichnen Sie die Graphen der Funktionen mit einer geeigneten Mathematiksoftware. Untersuchen Sie die Funktionsgraphen auf Symmetrie. Beschreiben Sie einen Zusammenhang zwischen den Funktionsgleichungen und der Symmetrie der Graphen.

① $f(x) = -x^4 + 2x^2 + 1$ ② $f(x) = 2x^5 - 5x^3 + x$ ③ $f(x) = 8x^6 - 6x^5 - 3x^2$

Es ist bereits bekannt, dass der Graph einer Funktion **achsensymmetrisch zur y-Achse** ist, wenn $f(-x) = f(x)$ für alle x gilt.

Erinnerung

$(-x)^2 = (-x) \cdot (-x)$
$= x^2$
$(-x)^3 = (-x) \cdot (-x) \cdot (-x)$
$= x^2 \cdot (-x)$
$= -x^3$

Die Funktion f mit $f(x) = \frac{1}{2}x^2 - 1$ ist achsensymmetrisch zur y-Achse:
$f(-x) = \frac{1}{2}(-x)^2 - 1 = \frac{1}{2}x^2 - 1 = f(x)$

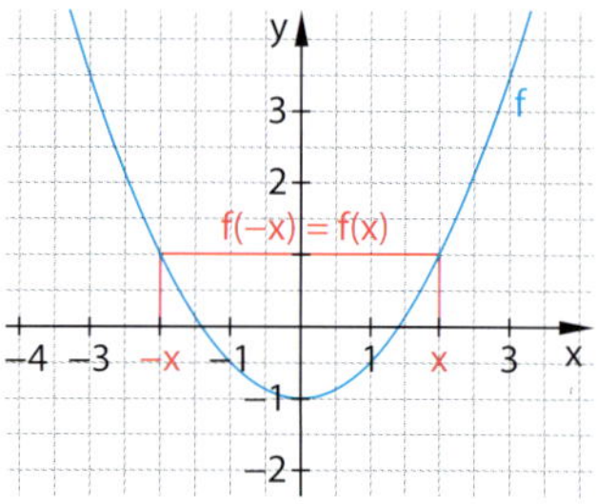

Analog ist der Graph einer Funktion **punktsymmetrisch zum Ursprung,** wenn $f(-x) = -f(x)$ für alle x gilt.

Die Funktion f mit $f(x) = \frac{1}{4}x^3 - \frac{3}{2}x$ ist punktsymmetrisch zum Ursprung:
$f(-x) = \frac{1}{4}(-x)^3 - \frac{3}{2}(-x) = -\frac{1}{4}x^3 + \frac{3}{2}x = -\left(\frac{1}{4}x^3 - \frac{3}{2}x\right) = -f(x)$

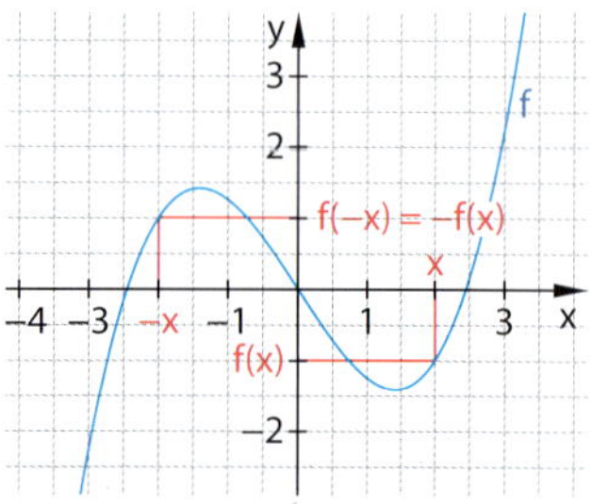

Da $(-x)^n = x^n$ nur für gerade Exponenten gilt, kann für eine ganzrationale Funktion f nur dann $f(-x) = f(x)$ gelten, wenn der Funktionsterm von f nur Potenzen von x mit geraden Exponenten hat. Solche Funktionen heißen **gerade Funktionen.**

Analog gilt $(-x)^n = -x^n$ nur für ungerade Exponenten. Daher kann $f(-x) = -f(x)$ nur dann gelten, wenn der Funktionsterm von f nur Potenzen von x mit ungeraden Exponenten hat. Solche Funktionen heißen **ungerade Funktionen.**

Hinweis

Die Aussage des Satzes bezieht sich auf Funktionsterme in ausmultiplizierter Form.

Satz **Achsensymmetrie zur y-Achse und Punktsymmetrie zum Ursprung**

- Der Graph einer ganzrationalen Funktion f ist genau dann **achsensymmetrisch zur y-Achse**, wenn der Funktionsterm von f nur **gerade Exponenten** hat.
- Der Graph einer ganzrationalen Funktion f ist genau dann **punktsymmetrisch zum Ursprung**, wenn der Funktionsterm von f nur **ungerade Exponenten** hat.

Hinweis

$f(x) = 5x + 3$ hat z. B. einen ungeraden Exponenten wegen $5x = 5x^1$ und einen geraden Exponenten wegen $3 = 3x^0$.

Beispiel 1 **Achsensymmetrie zur y-Achse**

Untersuchen Sie, ob der Graph der Funktion achsensymmetrisch zur y-Achse ist.

a) $f(x) = 8x^4 - x^2$ b) $g(x) = -2x^2 + \frac{1}{2}x^3 + 2$ c) $h(x) = 4x(-2x^3 + 3x) - 1$

Lösung:

a) $f(x) = 8x^4 - x^2$ hat nur gerade Exponenten. Der Graph ist achsensymmetrisch zur y-Achse.

b) $g(x) = -2x^2 + \frac{1}{2}x^3 + 2$ hat gerade und ungerade Exponenten. Der Graph ist nicht achsensymmetrisch zur y-Achse.

c) $h(x) = 4x(-2x^3 + 3x) - 1$
$= -8x^4 + 12x^2 - 1$
hat wegen $-1 = -1x^0$ nur gerade Exponenten. Der Graph ist achsensymmetrisch zur y-Achse.

Beispiel 2 **Punktsymmetrie zum Ursprung**

Untersuchen Sie, ob der Graph der Funktion punktsymmetrisch zum Ursprung ist.

a) $f(x) = x^5 - 6x$ b) $g(x) = x^3 + 2x + 7$ c) $h(x) = -x\left(x^2 + \frac{3}{2}x^4\right)$

Lösung:

a) $f(x) = x^5 - 6x$ hat wegen $6x = 6x^1$ nur ungerade Exponenten. Der Graph ist punktsymmetrisch zum Ursprung.

b) $g(x) = x^3 + 2x + 7$ hat wegen $7 = 7x^0$ auch einen geraden Exponenten. Der Graph ist nicht punktsymmetrisch zum Ursprung.

c) $h(x) = -x\left(x^2 + \frac{3}{2}x^4\right) = -x^3 - \frac{3}{2}x^5$ hat nur ungerade Exponenten. Der Graph ist punktsymmetrisch zum Ursprung.

Basisaufgaben

1 Untersuchen Sie, ob der Graph der Funktion achsensymmetrisch zur y-Achse ist oder nicht. Kontrollieren Sie Ihr Ergebnis, indem Sie den Graphen mit einer geeigneten Mathematiksoftware zeichnen.

a) $f(x) = 1 + 2x + 3x^2$ b) $f(x) = -\frac{1}{3}x^6 + \frac{2}{7}x^2 - 1$ c) $f(x) = 10x^2$
d) $f(x) = -3x^4 + 8$ e) $f(x) = 2x - x^2 + x^4$ f) $f(x) = 1$

2 Untersuchen Sie, ob der Graph der Funktion punktsymmetrisch zum Ursprung ist oder nicht. Kontrollieren Sie Ihr Ergebnis, indem Sie den Graphen mit einer geeigneten Mathematiksoftware zeichnen.

a) $f(x) = -x^7 - x^3$ b) $f(x) = -x^4$ c) $f(x) = x$
d) $f(x) = 2x + 3$ e) $f(x) = 3$ f) $f(x) = x^3 + 2x^5 + 8x^4$

3 Erläutern Sie, ob der zugehörige Funktionsterm gerade oder ungerade Exponenten hat.

a) 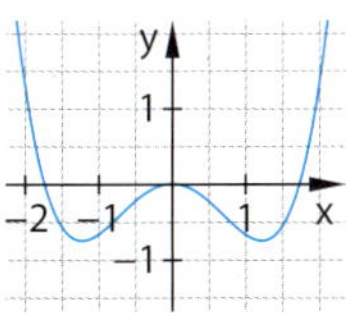

b) 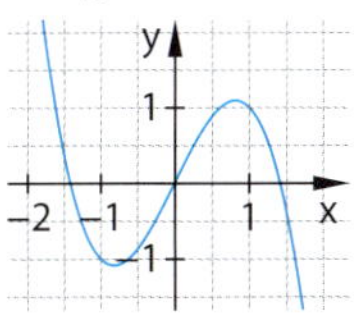

c) 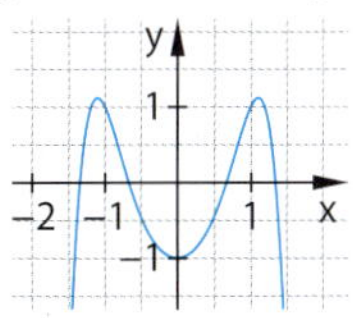

d) 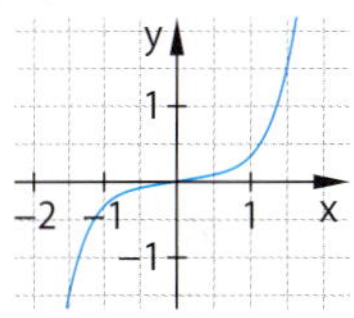

4 Entscheiden Sie, ob der Graph von f achsensymmetrisch zur y-Achse, punktsymmetrisch zum Ursprung oder nichts von beidem ist. Formen Sie zunächst den Funktionsterm um.

a) $f(x) = 2x(3 + x^2)$ b) $f(x) = -2(x^2 + x)$
c) $f(x) = \left(x^3 + \frac{1}{2}x^{-1}\right) \cdot x$ d) $f(x) = (x^2)^3$
e) $f(t) = 4t + 11t^9$ f) $f(x) = r^3x^2 - r(x^4 + x^6)$ mit $r \neq 0$

5 Prüfen Sie rechnerisch, ob der Graph von f achsensymmetrisch zur y-Achse oder punktsymmetrisch zum Ursprung ist, indem Sie $f(-x)$ mit $f(x)$ bzw. $-f(x)$ vergleichen.

a) $f(x) = x(-3x) + 7$ b) $f(x) = (2x^4 - 7)x^2 + 11x^2$
c) $f(x) = 2x + 10x^3$ d) $f(x) = x^3\left(-\frac{2}{7} - 8x^2\right)$
e) $f(x) = x^3(x^3 - 7x)$ f) $f(x) = ax^4 + bx^2 + c$ mit $a \neq 0$

6 Überprüfen Sie, welche Behauptungen über ganzrationale Funktionen vom Grad $n \geq 1$ wahr sind und welche falsch. Korrigieren Sie die falschen Aussagen.

a) Die Koeffizienten haben einen Einfluss auf das Symmetrieverhalten des Graphen.
b) Achsensymmetrische Funktionen haben für $x \to \pm\infty$ das gleiche Globalverhalten.
c) Der Graph jeder achsensymmetrischen Funktion hat mindestens einen Hochpunkt.
d) Der Graph jeder punktsymmetrischen Funktion hat Hoch- und Tiefpunkte.
e) Ist der Graph punktsymmetrisch zum Ursprung, so verläuft er durch den Ursprung.

Weiterführende Aufgaben

7 Tim sagt, dass der Graph zu $f(x) = 3x^3 - 10x^2 + 15x + 10$ punktsymmetrisch zum Ursprung sein muss, da er die Punkte $P(1 \mid 18)$ und $Q(-1 \mid -18)$ enthält. Nehmen Sie dazu Stellung.

⚠ **8** **Stolperstelle:** Leonie sagt: *„Der Graph zu $f(x) = 5x^5 - 7x^3 + 2x - 1$ ist punktsymmetrisch zum Ursprung, da alle Exponenten ungerade sind."* Nehmen Sie Stellung.

9 Ordnen Sie die Graphen den Funktionsgleichungen zu, indem Sie das Symmetrieverhalten und das Globalverhalten analysieren.

$f(x) = 4x^3 - 11x$ $g(x) = -x^4 + 7x^2 - 6x$ $h(x) = -x^4 + 3x^2$ $i(x) = 2x^6 - 4x^4 + x^2$

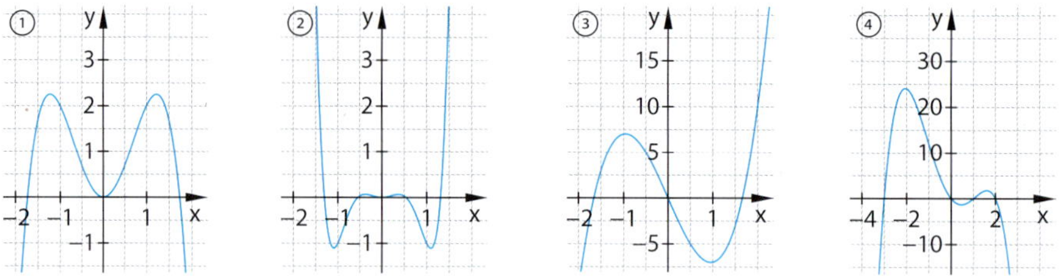

10 Klara sieht den nebenstehenden Graphen, der zum Funktionsterm $f(x) = x^6 - 5x^4 + 5x^2 - 1$ gehört, und stellt fest, dass der Fensterausschnitt nicht optimal gewählt wurde. Bewerten Sie Klaras Aussage unter Betrachtung der Symmetrie und des Globalverhaltens. Stellen Sie den Graphen von f mit einer geeigneten Mathematiksoftware in einem sinnvollen Bereich dar.

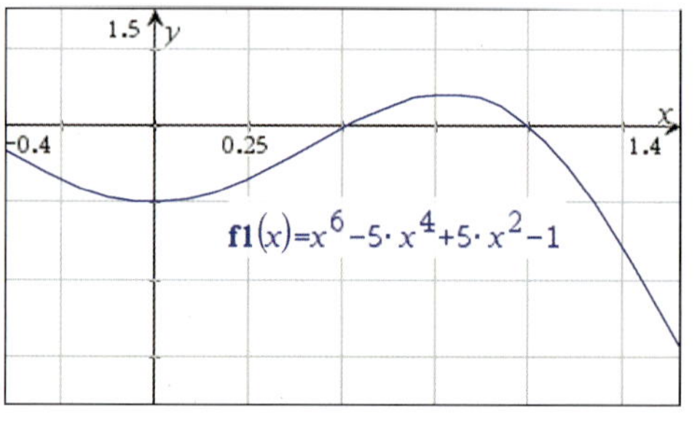

11 Die Flugkurve eines Hochspringers kann vereinfacht mithilfe der Funktion f mit $f(x) = -0{,}6x^2 + 1{,}4x + 1$ dargestellt werden, wobei x die horizontale und f(x) die vertikale Entfernung des Körperschwerpunktes vom Absprungpunkt beschreibt.

a) Bestimmen Sie mithilfe von Symmetrieüberlegungen, in welchem Abstand zum Absprungort sich die Latte befinden sollte.

b) Ermitteln Sie näherungsweise, welche maximale Höhe überquert werden kann.

12 Der Graph der Funktion f mit $f(x) = x^2 + 22x + 129$ geht durch Verschiebung in x-Richtung aus dem Graphen einer Funktion g hervor, die achsensymmetrisch zur y-Achse ist.

a) Bestimmen Sie die Funktionsgleichung von g.

b) Bestimmen Sie, zu welcher Achse der Graph von f symmetrisch ist.

13 **Ausblick:** Sind g und h ganzrationale Funktionen, dann ist die Funktion f mit $f(x) = \frac{g(x)}{h(x)}$ eine **gebrochen-rationale Funktion.**

a) Untersuchen Sie, ob die gebrochen-rationale Funktion f mit $f(x) = \frac{x}{x^2 - 1}$ punktsymmetrisch zum Ursprung oder achsensymmetrisch zur y-Achse ist. Vergleichen Sie mit den Symmetrieregeln für ganzrationale Funktionen.

b) Finden Sie eine Regel für punktsymmetrische gebrochen-rationale Funktionen.

2.5 Nullstellen

Ein junger Delfin springt 1 m weit aus dem Wasser. Nach dem Eintauchen schwimmt er 2 m und springt erneut 1 m weit. Erläutern Sie, warum man den Schwimmverlauf durch f mit $f(x) = -0{,}25x(x-1)(x-3)(x-4)$ modellieren könnte. Erläutern Sie die Bedeutung der x-Achse im Sachzusammenhang und schränken Sie f auf einen geeigneten Definitionsbereich ein.

Nullstellen bestimmen

Die Nullstellen einer Funktion f sind die Schnittstellen ihres Graphen mit der x-Achse. Sie können am Graphen abgelesen oder rechnerisch durch Lösen der Gleichung $f(x) = 0$ bestimmt werden.
Methoden zum Lösen von $f(x) = 0$ sind bereits für lineare und quadratische Funktionen f bekannt. Für ganzrationale Funktionen höheren Grades werden hier nun einige häufig auftretende Fälle untersucht.

Erinnerung

Regel vom Nullprodukt: Ein Produkt ist genau dann 0, wenn einer seiner Faktoren 0 ist.

Ist der Funktionsterm wie in $f(x) = (x-3)(x-1)(x+1)$ ein Produkt, so entsprechen die Nullstellen von f nach der Regel vom Nullprodukt den Nullstellen der einzelnen Faktoren.
Handelt es sich bei den Faktoren um **Linearfaktoren,** also um Terme der Form $(\mathbf{x-a})$, so können deren Nullstellen direkt am Funktionsterm abgelesen werden. Bei f erhält man so die Nullstellen 3, 1 und −1.

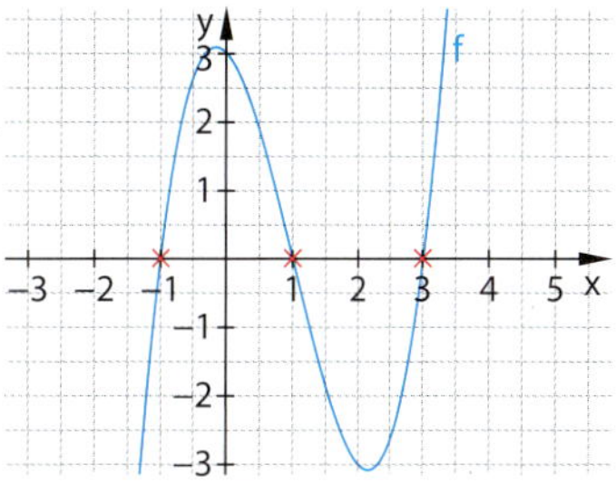

Beispiel 1 **Ablesen an der faktorisierten Form**

Bestimmen Sie die Nullstellen von f mit $f(x) = \frac{1}{2}(x-2)(x+3)(x^2+10)$.

Lösung:
Wenden Sie die Regel vom Nullprodukt an. Lesen Sie die Nullstellen direkt an den Linearfaktoren ab. Setzen Sie die übrigen Faktoren gleich null und lösen Sie die Gleichung.

$\frac{1}{2}(x-2)(x+3)(x^2+10) = 0$
$(x-2)$ ergibt die Nullstelle $x = 2$.
$(x+3)$ ergibt die Nullstelle $x = -3$.
$x^2 + 10 = 0$ hat keine Lösung.
Nullstellen: $x_1 = 2$; $x_2 = -3$

Kommt in jedem Summanden eines Funktionsterms die Variable x vor, so kann x ausgeklammert und die Regel von Nullprodukt angewendet werden. Auf dieselbe Weise kann mit höheren Potenzen von x verfahren werden.

Erinnerung

p-q-Formel:
$x^2 + px + q = 0$
$x_{1/2} = -\frac{p}{2} \pm \sqrt{\left(\frac{p}{2}\right)^2 - q}$

Beispiel 2 **Ausklammern von Potenzen von x**

Bestimmen Sie die Nullstellen von f mit $f(x) = 2x^4 + 4x^3 - 6x^2$.

Lösung:
Klammern Sie x^2 aus.
Nach der Regel vom Nullprodukt muss dann x^2 oder der Term in der Klammer null sein. x^2 ist null für $x = 0$.
Teilen Sie die quadratische Gleichung durch 2 und wenden Sie die p-q-Formel an.

$2x^4 + 4x^3 - 6x^2 = 0$
$x^2(2x^2 + 4x - 6) = 0$
$x^2 = 0$ oder $2x^2 + 4x - 6 = 0 \,|\, : 2$
$x = 0$ oder $x^2 + 2x - 3 = 0$
Nullstellen: $x_1 = 0$; $x_2 = 1$; $x_3 = -3$

Hinweis

Eine Gleichung der Form $ax^4 + bx^2 + c = 0$ heißt **biquadratische Gleichung.**

Die Nullstellen einer ganzrationalen Funktion der Form $f(x) = ax^4 + bx^2 + c$ können bestimmt werden, indem man x^2 durch die Variable u (**Substitution** $u = x^2$) ersetzt.
Dadurch entsteht die quadratische Gleichung $au^2 + bu + c = 0$, die z. B. mithilfe der p-q-Formel gelöst werden kann. Ersetzt man in den Lösungen nun wieder u durch x^2 (**Resubstitution**) und zieht die Wurzel, so erhält man die Nullstellen von f.

Beispiel 3 **Ersetzen von Variablen (Substitution)**

Ermitteln Sie die Nullstellen von f mit $f(x) = -x^4 - 2x^2 + 8$ durch Substitution.

Lösung:

Ersetzen Sie x^2 durch u und x^4 durch u^2.	Substitution: $u = x^2$ also $-u^2 - 2u + 8 = 0$
Es entsteht eine quadratische Gleichung.	$-u^2 - 2u + 8 = 0 \quad \vert:(-1)$
Teilen Sie die Gleichung durch −1.	$u^2 + 2u - 8 = 0$
Wenden Sie die p-q-Formel an.	$u_{1/2} = -1 \pm \sqrt{(-1)^2 - (-8)}$ $u_1 = 2; u_2 = -4$
Ersetzen Sie in den Lösungen u wieder durch x^2 (Resubstitution) und ziehen Sie die positive und negative Wurzel, falls dies möglich ist.	$u_1 = x^2 = 2$ ergibt $x = \sqrt{2}$ oder $x = -\sqrt{2}$. $u_2 = x^2 = -4$ hat keine Lösung. Nullstellen: $x_1 = \sqrt{2}; x_2 = -\sqrt{2}$

Basisaufgaben

1 Bestimmen Sie die Nullstellen der Funktion f mithilfe der Regel vom Nullprodukt.
a) $f(x) = (x-4)(x+5)$ b) $f(x) = (x-1)x$ c) $f(x) = (x-1)(x+5)(x-6)$
d) $f(x) = -4x(x-1)$ e) $f(x) = (2x-1)(3x+1)$ f) $f(x) = (2x^2+9)(3x^2-75x)$

Erinnerung

Zur Kontrolle Ihrer Lösungen können Sie eine Probe machen, indem Sie diese wieder in die Gleichung einsetzen.

2 Bestimmen Sie die Nullstellen der Funktion durch Ausklammern.
a) $f(x) = 2x^2 - 8x$ b) $f(x) = x^4 + x^3 - 6x^2$ c) $f(x) = 3x^4 + 4x^3$
d) $f(x) = 4x^3 + 6x^2 + 2x$ e) $f(x) = 3x^4 - 27x^2$ f) $f(x) = x^3 + 12x^2 + 11x$

3 Bestimmen Sie die Nullstellen der Funktion mittels Substitution.
a) $f(x) = x^4 - 5x^2 + 4$ b) $f(x) = -3x^4 + 30x^2 - 27$ c) $f(x) = 2x^4 - 4x^2 - 30$
d) $f(x) = -4x^4 + 18x^2 - 8$ e) $f(x) = x^4 - 6x^2 - 27$ f) $f(x) = -5x^4 - 30x^2 - 25$

4 Berechnen Sie die Nullstellen der Funktion.
a) $f(x) = 2x^3(5x-1)^2$ b) $f(x) = x^7 - x^4$ c) $f(x) = -2x^4 - 9x^3 + 5x^2$
d) $f(t) = (-t^4 + 16)(3t^2 + 14)$ e) $f(x) = 3x^4 + \frac{4}{15}x^2 - \frac{1}{15}$ f) $f(t) = t^6 - 13t^4 + 36t^2$
g) $f(x) = -2x^5 + 10x^3 - 12x$ h) $f(t) = t^5 - \frac{1}{2}t^4 - \frac{3}{16}t^3$ i) $f(x) = (x+1)^3x(2x^3-16)$

5 Lösen Sie die Gleichung.
a) $0{,}5x^4 - 12{,}5x^2 + 72 = 0$ b) $2x^3 = x^4 - 15x^2$ c) $10x^4 = -50x^2 - 60$
d) $96x = -4x^5 + 40x^3$ e) $3y^3 - 2y = 5y^2$ f) $-4x^3 - x^2 = 3x(3x-2)$

Lösungen zu 5

Lösungsmengen a)–c)

{3; 4}
{−3; 0; 5}
{−4; −3; 3; 4}
{}

6 Ermitteln Sie rechnerisch alle Punkte mit den angegebenen Koordinaten, die auf dem Graphen der Funktion f mit $f(x) = x^4 - 29x^2 + 10$ liegen.
a) P(1 | ▢) b) Q(−2 | ▢) c) S(▢ | −170) d) T(▢ | 262)

7 Bestimmen Sie die Nullstellen der Funktion.
a) $f(x) = (x^8 - x^7)(x^5 + x^2)$ b) $f(x) = (4x^2 - 1)^3(2x^4 - x^6)$
c) $g(x) = (5x^2 + 2)(-2x^4 - 6x^2 - 6)$ d) $h(a) = -3(a^4 - 16)(a^5 - 2a^3 + 4a)$

Linearfaktoren und Anzahl von Nullstellen

Kann ein Funktionsterm als Produkt von Linearfaktoren dargestellt werden, so hat dies den Vorteil, dass daran die Nullstellen der Funktion direkt abgelesen werden können. Es stellt sich die Frage, wie man zu so einer Darstellung kommt.

Kennt man eine Nullstelle x_N der Funktion f, so kann der **zugehörige Linearfaktor** $(\mathbf{x - x_N})$ aus dem Funktionsterm von f abgespalten werden.

$f(x) = 2x^3 - 4x^2 - 2x + 4$

Nullstelle $x_1 = 1$
Abspalten von $(x - 1)$:
$f(x) = (x - 1)(2x^2 - 2x - 4)$

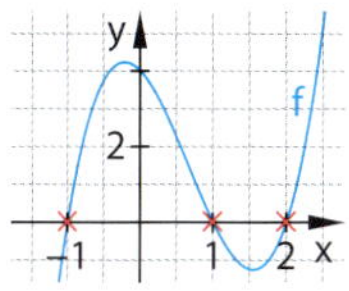

Hinweis
Eine Methode zum Bestimmen des Restterms ist die Polynomdivision (siehe Seite 56).

Hierbei entsteht ein ganzrationaler Restterm, dessen Grad um eins niedriger ist als der Grad von f. Kennt man eine Nullstelle dieses Restterms, kann das Verfahren so lange wiederholt werden, bis der Restterm keine Nullstellen mehr hat.

Restterm: $2x^2 - 2x - 4$ Nullstelle $x_2 = -1$
Abspalten von $(x + 1)$:
$f(x) = (x - 1)(x + 1)(2x - 4)$
Restterm: $2x - 4$ Nullstelle $x_3 = 2$
Abspalten von $(x - 2)$:
$f(x) = 2(x - 1)(x + 1)(x - 2)$

Das Ergebnis ist eine **faktorisierte Form** der Funktionsgleichung von f. Besteht sie wie oben ausschließlich aus Linearfaktoren und einem konstanten Faktor, so heißt sie **Linearfaktordarstellung** von f. Die Funktion f heißt in diesem Fall **vollständig zerlegbar.**

Wissen **Zerlegung in Linearfaktoren**
Ist x_N eine Nullstelle einer ganzrationalen Funktion f, so lässt sich der **zugehörige Linearfaktor** $(x - x_N)$ aus dem Funktionsterm von f abspalten: $f(x) = (x - x_N) \cdot r(x)$
Dabei ist r eine ganzrationale Funktion, deren Grad um eins niedriger ist als der Grad von f.

Da sich beim Abspalten von Linearfaktoren der Grad stets um eins verringert, kann eine ganzrationale Funktion vom Grad n höchstens n Linearfaktoren und n Nullstellen haben.

Satz **Anzahl von Nullstellen**
Eine ganzrationale Funktion f vom Grad n hat **höchstens n Nullstellen.**

Beispielsweise hat die Funktion f mit $f(x) = 3x^3 + 3x$ den Grad 3, aber nur eine Nullstelle, da der Funktionsterm nicht vollständig in Linearfaktoren zerlegbar ist. Die **faktorisierte Form** ist $f(x) = 3x(x^2 + 1)$. Der Term $(x^2 + 1) > 0$ lässt sich nicht weiter in Linearfaktoren zerlegen.

Mithilfe der Linearfaktordarstellung kann die Funktionsgleichung einer ganzrationalen Funktion anhand ihrer Nullstellen rekonstruiert werden.

Beispiel 4 Bestimmen Sie eine ganzrationale Funktion f mit möglichst niedrigem Grad, die die Nullstellen $x_1 = 4$, $x_2 = -3$ und $x_3 = 0$ hat und deren Graph den Punkt $P(1\,|\,24)$ enthält.

Lösung:
Die Nullstellen ergeben die Linearfaktoren $(x - 4)$, $(x + 3)$ und $(x - 0)$. Zusätzlich kann der Funktionsterm einen Faktor a enthalten, da er die Nullstellen nicht verändert.

$f(x) = a(x - 4)(x + 3)(x - 0)$
$\quad = ax(x - 4)(x + 3)$

Ermitteln Sie den Wert von a durch Einsetzen der Koordinaten von P.

$f(1) = a \cdot 1 \cdot (1 - 4) \cdot (1 + 3) = 24$
Es folgt: $a = -2$
$f(x) = -2x(x - 4)(x + 3)$

Basisaufgaben

8 Ordnen Sie die Graphen ① bis ④ den Funktionsgleichungen zu.

$f(x) = x(x-2)(x+1)$ $\qquad$ $g(x) = -3x(x-1)(x-3)$

$h(x) = 2(x-1)(x+1)\left(x-\frac{1}{4}\right)\left(x-\frac{3}{2}\right)$ $\qquad$ $i(x) = -2x(x-2)(x+1)$

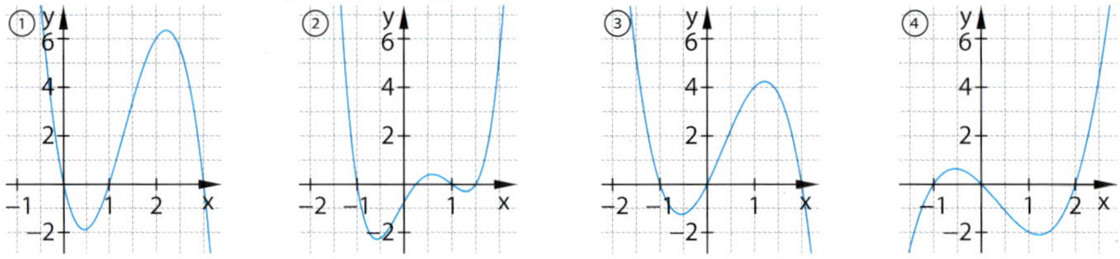

9 Ordnen Sie den Funktionsgleichungen ① bis ③ ihre Linearfaktordarstellung zu. Erläutern Sie Ihr Vorgehen.

① $f(x) = x^3 + 3x^2 - 13x - 15$ $\qquad$ ② $f(x) = x^3 + 3x^2 - 4x - 12$ $\qquad$ ③ $f(x) = x^3 + 5x^2 + 2x - 8$

Ⓐ $f(x) = (x-1)(x+2)(x+4)$ $\qquad$ Ⓑ $f(x) = (x-3)(x+1)(x+5)$ $\qquad$ Ⓒ $f(x) = (x+2)(x-2)(x+3)$

10 a) Ordnen Sie die Graphen ① bis ③ den Funktionsgleichungen von f, g und h zu.
$f(x) = x(x+0{,}5)(x+2)$
$g(x) = 2x(x+0{,}5)(x+2)$
$h(x) = 0{,}5x(x+0{,}5)(x+2)$

b) Erläutern Sie, warum eine ganzrationale Funktion durch ihre Nullstellen nicht eindeutig bestimmt ist.

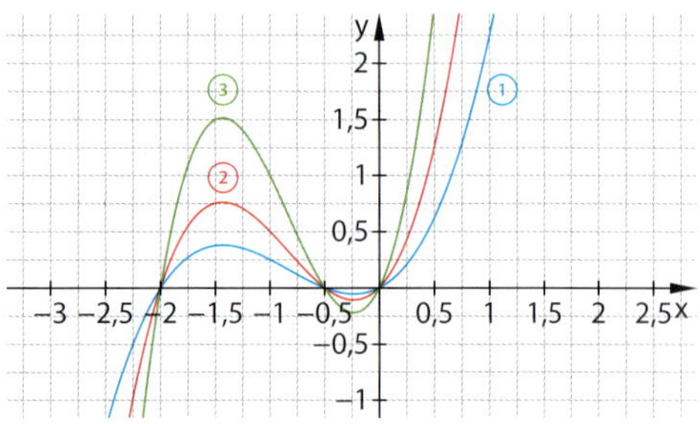

11 Geben Sie eine ganzrationale Funktion mit einem möglichst niedrigen positiven Grad an, sodass die Funktion alle angegebenen Nullstellen hat.

a) $-2; 5$ $\quad$ b) 6 $\quad$ c) $-2; 2$ $\quad$ d) $2; 3; 4$ $\quad$ e) $0; \sqrt{10}$ $\quad$ f) keine

12 Begründen Sie die Aussage oder geben Sie ein geeignetes Gegenbeispiel an.

a) Ist die Funktion f beliebig und $g(x) = 3 \cdot f(x)$, so haben f und g die gleichen Nullstellen.
b) Ganzrationale Funktionen vierten Grades haben immer mehr Nullstellen als ganzrationale Funktionen dritten Grades.
c) Hat eine ganzrationale Funktion n-ten Grades n verschiedene Nullstellen, so ist ihr Funktionsterm vollständig zerlegbar.

13 Ermitteln Sie die Gleichung einer ganzrationalen Funktion mit möglichst niedrigem Grad, die die angegebenen Eigenschaften hat.

a) Nullstellen bei $x_1 = 1$, $x_2 = \frac{4}{5}$ und $x_3 = 2{,}5$; Koeffizient 0,7 bei der höchsten Potenz
b) Nullstellen bei $x_1 = -3$ und $x_2 = 1$; Schnittpunkt mit der y-Achse bei $y = 3$
c) Nullstellen bei $x_1 = 6$, $x_2 = -4$ und $x_3 = 3$; Graph verläuft durch den Punkt $P(2\,|\,3)$

Lösungen zu 14

Nullstellen a)–c)

3 $\quad$ −7 $\quad$ 0 $\quad$ 2 $\quad$ 1 $\quad$ −4

14 Bestimmen Sie alle Nullstellen der Funktion und faktorisieren Sie den Funktionsterm so weit wie möglich.

a) $f(x) = x^2 + 3x - 4$ $\quad$ b) $f(x) = -2x^3 - 8x^2 + 42x$ $\quad$ c) $f(x) = 6x^2 + 24$
d) $f(x) = 4x^4 - 40x^2 + 36$ $\quad$ e) $f(x) = 5x^3 + 5x$ $\quad$ f) $f(x) = (x-1)(2x^2 + 12x - 14)$

Mehrfache Nullstellen

Nullstellen von ganzrationalen Funktionen können einfach oder mehrfach auftreten.
Ist der Funktionsterm so weit wie möglich faktorisiert, lässt sich die **Vielfachheit** einer Nullstelle am Exponenten des zugehörigen Linearfaktors ablesen.

$f(x) = x^3(x-2)(x+4)^2$

$x_1 = 0$ hat die Vielfachheit 3.
$x_2 = 2$ hat die Vielfachheit 1.
$x_3 = -4$ hat die Vielfachheit 2.

Die Vielfachheit einer Nullstelle bestimmt das Verhalten des Graphen an dieser Stelle:

Einfache Nullstelle

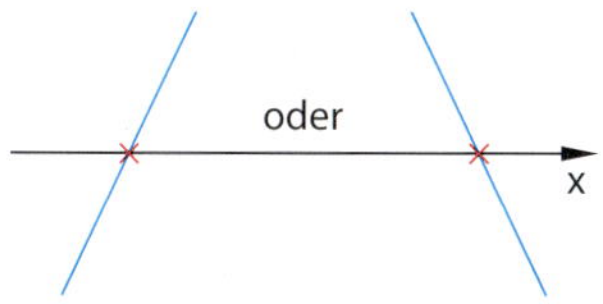

Graph schneidet die x-Achse

Doppelte Nullstelle (vierfache, sechsfache …)

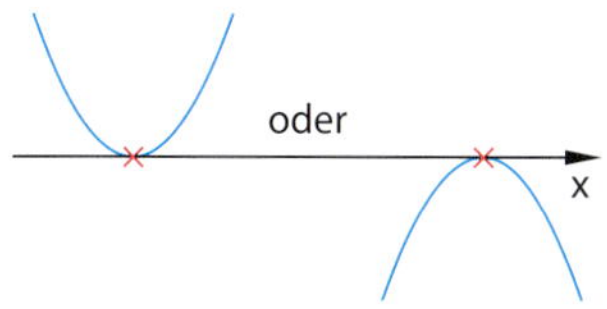

Graph berührt die x-Achse, ohne sie zu schneiden

Dreifache Nullstelle (fünffache, siebenfache …)

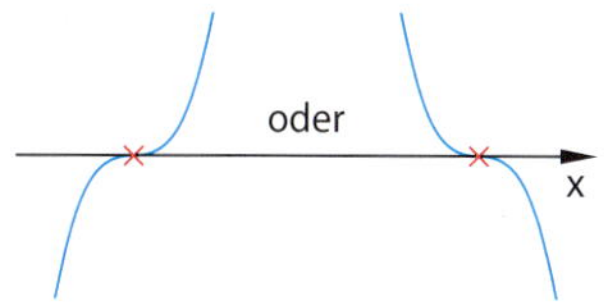

Graph schneidet die x-Achse und schmiegt sich an

Beispiel 5 Gegeben ist der Graph einer ganzrationalen Funktion f sechsten Grades mit einfachen, doppelten und dreifachen Nullstellen.
a) Bestimmen Sie die Nullstellen von f und geben Sie die zugehörigen Vielfachheiten an.
b) Bestimmen Sie mithilfe eines Punktes des Graphen die Funktionsgleichung von f.

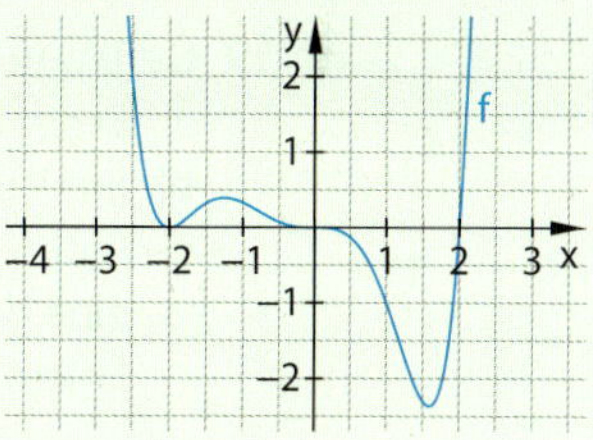

Lösung:

a) Lesen Sie die Nullstellen von f am Graphen ab. Bestimmen Sie anhand des Verhaltens des Graphen an diesen Stellen ihre Vielfachheiten.

Nullstellen: $x_1 = -2$, $x_2 = 0$, $x_3 = 2$
-2 hat die Vielfachheit 2.
0 hat die Vielfachheit 3.
2 hat die Vielfachheit 1.

b) Die Nullstellen und ihre Vielfachheiten ergeben eine Linearfaktordarstellung von f. Wählen Sie einen Punkt, der nicht auf der x-Achse liegt. Ermitteln Sie den Faktor a durch Koordinateneinsetzung.

$f(x) = a \cdot (x+2)^2 x^3 (x-2)$
Punkt des Graphen: $P(1\,|\,-1)$

$f(1) = a \cdot 9 \cdot 1 \cdot (-1) = -1$ Es folgt: $a = \frac{1}{9}$
$f(x) = \frac{1}{9}(x+2)^2 x^3 (x-2)$

Basisaufgaben

15 Bestimmen Sie die Nullstellen von f und geben Sie die Vielfachheiten der Nullstellen an.
a) $f(x) = -\frac{1}{3}(x+2)^2$
b) $f(x) = (x-1)(x-5)^2(x-7)^3$
c) $f(x) = \frac{4}{3}(x-5^2)(x-3)^2$
d) $f(x) = x^2 + 4x + 4$
e) $f(x) = x^2 + 8x - 9$
f) $f(x) = x^3$

16 Eine ganzrationale Funktion vierten Grades soll einfache Nullstellen bei -2 und 3 sowie eine doppelte Nullstelle bei 1 haben. Geben Sie begründet an, welcher der beiden Graphen diese Bedingungen erfüllt.

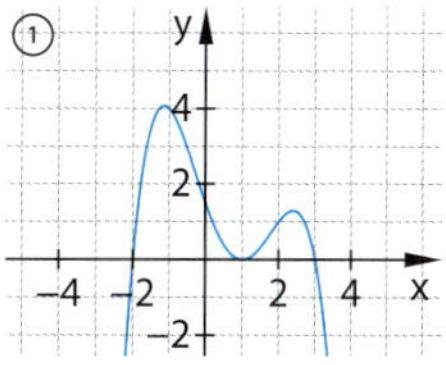

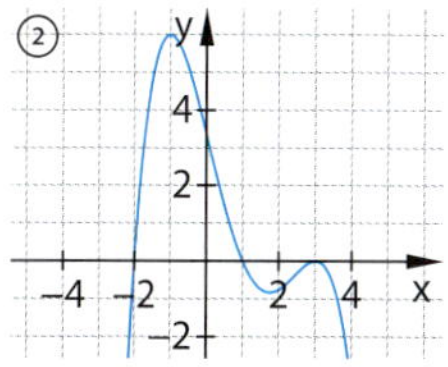

17 Ermitteln Sie die Gleichung einer ganzrationalen Funktion mit möglichst niedrigem Grad, die die angegebenen Nullstellen hat und deren Graph den Punkt P enthält.
a) einfache Nullstelle bei $x = 2$ und doppelte Nullstelle bei $x = 4$; $P(3\,|\,5)$
b) doppelte Nullstelle bei $x = -1$ und dreifache Nullstelle bei $x = 0$; $P(1\,|\,-2)$
c) einfache Nullstelle bei $x = 1$ und vierfache Nullstelle bei $x = -3$; $P(-2\,|\,9)$

18 Geben Sie die Nullstellen der Funktion vom angegebenen Grad und deren Vielfachheiten an. Es kommen nur einfache, doppelte und dreifache Nullstellen vor. Bestimmen Sie mithilfe eines Punktes des Graphen die Funktionsgleichung.

a) Grad 3:
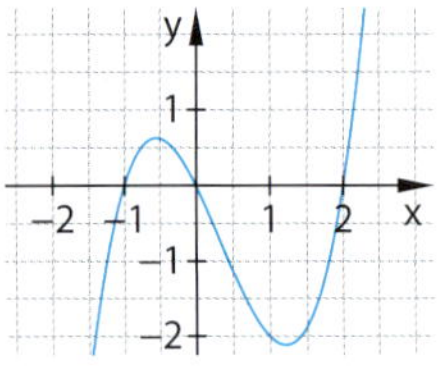

b) Grad 3:
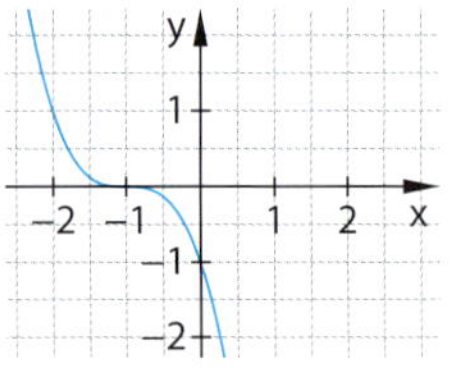

c) Grad 5:
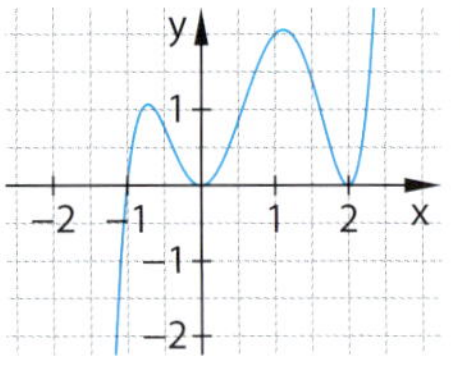

d) Grad 6:
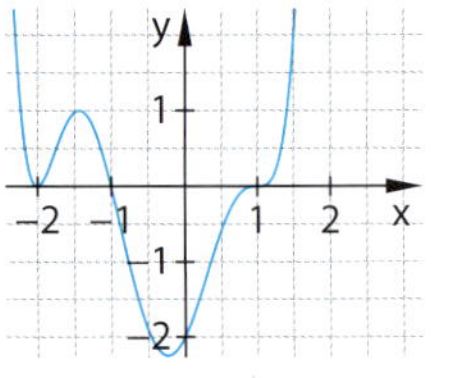

Weiterführende Aufgaben

19 Gegeben sind die Funktionen f und g mit $f(x) = x^3 + 4x^2 - 5$ und $g(x) = 2x^3 + 4x - 5$.
a) Bestimmen Sie alle Stellen, an denen f den Funktionswert −5 hat.
b) Ermitteln Sie die Schnittpunkte der Graphen von f und g.
c) Lösen Sie die Teilaufgaben a) und b), wenn $f(x) = x^3 + 4x^2$ gilt. Erläutern Sie, warum nun eine geeignete Mathematiksoftware nötig ist und dies bei der ursprünglichen Funktion f nicht der Fall war.

20 Ermitteln Sie die Koordinaten aller Schnittpunkte der Funktionen f und g.
a) $f(x) = 4x^4 + x^3 + 2x^2$
$g(x) = x^3 - x^2 + 1$
b) $f(x) = x^2(4x - 10)$
$g(x) = 2x^4 + 20x^2$
c) $f(x) = x^4 + x^3 - 4x^2 + 4$
$g(x) = (x^2 - 3)^2 - 5$

21 **Stolperstelle:** Joshua löst die Gleichung $(x - 3)(x + 1)(x - 1) = 3$, indem er jede Klammer einzeln gleich 3 setzt, und erhält die Lösungen 6, 2 und 4. Erklären Sie seinen Denkfehler und korrigieren Sie die Lösungen.

22 Die Anzahl der Besucher eines Kaufhauses wird in einem bestimmten Intervall durch die Funktion f mit $f(x) = -0{,}5x^3 + 14x^2 - 80x$ näherungsweise beschrieben (x: Uhrzeit in Stunden).
Erläutern Sie, in welchem Zeitraum die Funktion den Sachverhalt beschreiben kann, und ermitteln Sie die Öffnungszeiten des Kaufhauses.

23 Untersuchen Sie die Funktion f auf Nullstellen, auf Symmetrie zur y-Achse und zum Ursprung sowie auf das Verhalten im Unendlichen. Erläutern Sie dabei, weshalb bei Funktionen mit Linearfaktordarstellung das Ausmultiplizieren des Funktionsterms bei der Symmetrieuntersuchung notwendig ist, bei der Untersuchung des Verhaltens im Unendlichen aber nicht unbedingt.
a) $f(x) = 2x^2 - 8x - 10$
b) $f(x) = -4x^3 + 24x^2 - 20x$
c) $f(x) = 2(x - 7)(x + 8)$
d) $f(x) = -x(x - 5)(x - 6)$

24 Ermitteln Sie die Nullstellen von f mit $f(x) = 2x^6 - 18x^3 + 16$ mithilfe einer geeigneten Substitution.

25 Die Flugbahn des Fußballs bei einem Freistoß kann beschrieben werden durch die Funktion f mit $f(x) = -\frac{1}{268}x^3 + \frac{1}{16}x^2$ (x: Entfernung vom Freistoßpunkt in Meter, f(x): Höhe in Meter).

a) Ermitteln Sie, ob der Ball die 2 m hohe Abwehrmauer in einer Entfernung von 9,15 m vom Freistoßschützen überfliegen kann.
b) Bestimmen Sie, ob der Ball das vom Schützen 12 m entfernte und 2,44 m hohe Tor trifft.
c) Berechnen Sie, in welcher Entfernung der Ball wieder auf dem Boden aufkommt.

26 Eine ganzrationale Funktion f hat die Nullstellen −4, −1, 2 und 5.
a) Der Graph von g geht aus Verschiebung des Graphen von f um zwei Einheiten nach links hervor. Der Graph von h geht aus Spiegelung des Graphen von f an der y-Achse hervor. Geben Sie die Nullstellen von g und h an.
b) Entscheiden Sie begründet, ob es bei einer Verschiebung des Graphen von f in y-Richtung möglich ist, die Nullstellen des verschobenen Graphen anzugeben.
c) Diskutieren Sie, wie sich eine Streckung oder Stauchung in x-Richtung auf die Nullstellen von f auswirkt. Formulieren Sie hierzu eine allgemeine Aussage.

27 Beurteilen Sie begründet, ob die Aussage über ganzrationale Funktionen wahr ist.
a) Es gibt quadratische Funktionen mit dreifachen Nullstellen.
b) Eine Funktion dritten Grades kann höchstens eine doppelte Nullstelle haben.
c) Hat eine Funktion vierten Grades genau drei Nullstellen, so ist eine davon doppelt.
d) Ist der Grad der Funktion ungerade, so hat sie mindestens eine Nullstelle.

28 Der Querschnitt eines Bergs kann vereinfacht in einem Intervall durch eine ganzrationale Funktion vierten Grades beschrieben werden. Der Ursprung wird auf das linke Tal gesetzt. Die beiden Täler haben einen Abstand von 4 km zueinander. Bestimmen Sie eine passende Funktion, wenn sich der Gipfel mittig 1600 m über den Tälern befindet.

29 Ermitteln Sie die Gleichung der gesuchten ganzrationalen Funktion.
a) Eine Funktion dritten Grades ist punktsymmetrisch zum Ursprung, hat eine Nullstelle $x = 2$ und als Koeffizienten der höchsten Potenz −1 .
b) Eine verschobene und gespiegelte Normalparabel hat Nullstellen bei $x = \pm 8$ und für $x \to \pm\infty$ gilt $f(x) \to -\infty$.
c) Eine Funktion vierten Grades hat Nullstellen bei −3 , 2, 6 und 7 und schneidet die y-Achse bei 10.

30 **Ausblick:**
a) Zeigen Sie am Beispiel der Funktion f mit $f(x) = (x - a)(x - b)(x - c)$: Hat eine ganzrationale Funktion nur ganzzahlige Nullstellen, so sind diese Teiler des Absolutglieds der ausmultiplizierten Form.
b) Nutzen Sie die Aussage aus a), um durch Probieren Nullstellen der Funktion f mit $f(x) = x^3 - 4x^2 - 11x + 30$ zu finden.
c) Untersuchen Sie, inwieweit man die Aussage aus a) auch auf Funktionen der Form $f(x) = s \cdot (x - a)(x - b)(x - c)$ mit $s \neq 0$ verallgemeinern kann.

Hinweis

Das **Absolutglied** ist der Summand ohne x.

Polynomdivision

Die Abbildung zeigt die Graphen von f und g mit $f(x) = x^3 - 2{,}5x^2 + 0{,}96x + 0{,}54$ und $g(x) = x^2 - 1{,}5x - 0{,}54$.
Beschreiben Sie die Gemeinsamkeiten der Graphen. Multiplizieren Sie den Funktionsterm von g mit $(x - 1)$ und erläutern Sie, was Ihnen auffällt.

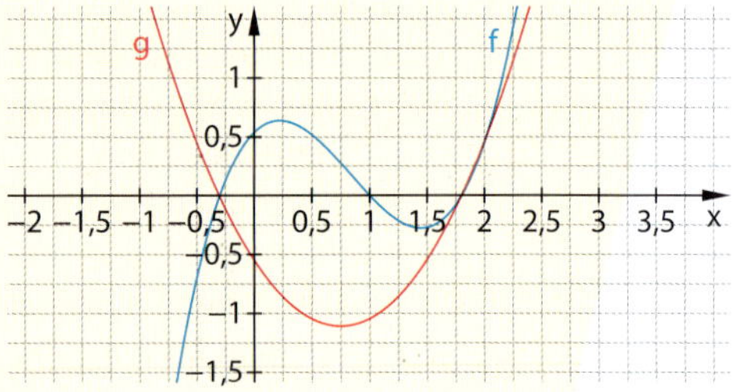

Hinweis

Es gibt allgemeine Lösungsformeln für Gleichungen 3. und 4. Grades, diese sind aber sehr kompliziert. Der Norweger Niels Henrik Abel (1802–1829) hat bewiesen, dass es für Gleichungen vom Grad 5 und höher keine allgemeine Lösungsformel geben kann.

Es ist bereits bekannt, dass sich Nullstellen quadratischer Funktionen mithilfe der p-q-Formel berechnen lassen. Wie aber kann man die Nullstellen von Polynomen dritten oder höheren Grades rechnerisch bestimmen?

In der **Linearfaktordarstellung** (1) kann man die Nullstellen von f direkt ablesen.
Ist die Gleichung in ausmultiplizierter Form (3) gegeben und kennt man eine Nullstelle x_1, so wird durch die Division $f(x) : (x - x_1)$ ein Restterm erzeugt, mit dem man die fehlenden Nullstellen berechnen kann.

(1) $f(x) = (x - 1)(x + 2)(x - 3)$
(2) $f(x) = (x^2 + x + 2)(x - 3)$
(3) $f(x) = x^3 - 2x^2 - 5x + 6$

Wegen
$(x^2 + x + 2) \cdot (x - 3) = x^3 - 2x^2 - 5x + 6$
gilt:
$(x^3 - 2x^2 - 5x + 6) : (x - 3) = x^2 + x + 2$

Wissen **Polynomdivision**

Bei der **Polynomdivision** werden zwei Polynome f und g dividiert. Ist dabei $g(x) = (x - x_N)$ ein Linearfaktor von f, so ergibt die Division $f(x) : (x - x_N)$ ein Polynom r, dessen Grad um 1 niedriger ist als der von f. Es gilt: $f(x) = (x - x_N) \cdot r(x)$

Beispiel 1 Ermitteln Sie die Nullstellen von f mit $f(x) = 3x^3 - 12x^2 - 33x + 90$ mithilfe der Polynomdivision.

Lösung:

Ermitteln Sie eine Nullstelle von f durch systematisches Probieren: 0; 1; –1; 2; –2 …

$f(0) = 90 \neq 0$; $f(1) = 48 \neq 0$;
$f(-1) = 108 \neq 0$; $f(2) = 0$

Bilden Sie den zu dieser Nullstelle gehörenden Linearfaktor.

Nullstelle: $x_1 = 2$ Linearfaktor: $(x - 2)$

Dividieren Sie f(x) durch den Linearfaktor: Teilen Sie den Term $3x^3$ durch x. Es ergibt sich $3x^2$. Multiplizieren Sie dies zurück mit dem Linearfaktor $(x - 2)$. Es ergibt sich $3x^3 - 6x^2$. Subtrahieren Sie diesen Term von $3x^3 - 12x^2$ und ergänzen Sie im Ergebnis den nächsten Summanden von f(x). Setzen Sie das Verfahren mit dem Term $-6x^2 - 33x$ fort.

$$\begin{aligned}
&(3x^3 - 12x^2 - 33x + 90) : (x - 2) = 3x^2 - 6x - 45 \\
&\underline{-(3x^3 - 6x^2)} \\
&\qquad -6x^2 - 33x \\
&\qquad \underline{-(-6x^2 + 12x)} \\
&\qquad\qquad -45x + 90 \\
&\qquad\qquad \underline{-(-45x + 90)} \\
&\qquad\qquad\qquad 0
\end{aligned}$$

Setzen Sie den Restterm gleich null und lösen Sie die quadratische Gleichung.
Die Nullstellen von f lauten $x_1 = 2$, $x_2 = -3$ und $x_3 = 5$.

$3x^2 - 6x - 45 = 0$ | : 3
$x^2 - 2x - 15 = 0$ | p-q-Formel
$x_2 = -3, x_3 = 5$

Aufgaben

1 Führen Sie eine Polynomdivision durch. Tipp: Falls beim linken Term der Summand mit x^2 oder x fehlt, kann man zur besseren Übersicht $0x^2$ bzw. $0x$ ergänzen.

a) $(x^3 + 6x^2 + 3x - 10) : (x + 5)$
b) $(2x^3 - 20x^2 - 18x + 180) : (x - 3)$
c) $(x^3 - 12x + 16) : (x + 4)$
d) $(-3x^3 - 9x^2 - 9x + 496{,}125) : (x - 4{,}5)$
e) $(x^4 - 1) : (x - 1)$
f) $(2x^3 - 5x^2 - 11x - 4) : \left(x + \frac{1}{2}\right)$

2 Es ist eine Nullstelle des Polynoms gegeben. Ermitteln Sie durch Polynomdivision alle Nullstellen von f. Geben Sie, falls möglich, die Funktionsgleichung von f als Produkt von Linearfaktoren an.

a) $f(x) = x^3 + 6x^2 - 7x - 60$; $x_1 = -5$
b) $f(x) = 2x^3 - 38x^2 + 208x - 280$; $x_1 = 10$
c) $f(x) = -x^3 + 5x^2 + 13x + 7$; $x_1 = -1$
d) $f(x) = -2x^3 + 8x^2 - 18x + 72$; $x_1 = 4$

Hinweis

Liegt eine Funktion vierten Grades vor, müssen in der Regel zwei Polynomdivisionen durchgeführt werden.

3 Ermitteln Sie durch Probieren eine Nullstelle von f und berechnen Sie anschließend mit Polynomdivision die restlichen Nullstellen.

a) $f(x) = 2x^3 - 14x^2 + 30x - 18$
b) $f(x) = x^3 - 13x + 12$
c) $f(x) = 0{,}5x^3 - 3{,}5x^2 - 76{,}5x + 247{,}5$
d) $f(x) = x^3 - 7x^2 + 36$
e) $f(x) = x^4 - 6x^3 + 13x^2 - 12x + 4$
f) $f(x) = x^4 - 5x^3 - x^2 + 5x$

4 a) Beschreiben Sie, wie Sie die Nullstellen des abgebildeten Graphen von f mit der Gleichung $f(x) = -x^3 + 3{,}1x^2 + 0{,}2x - 4{,}08$ ermitteln würden.

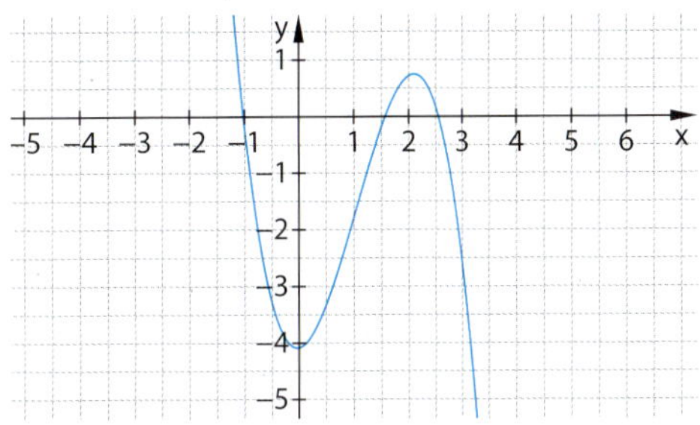

b) Führen Sie die Polynomdivision durch. Beschreiben Sie, was Ihnen auffällt, und versuchen Sie, eine Erklärung zu finden.

c) Ermitteln Sie die Nullstellen von f mit einer geeigneten Mathematiksoftware und erläutern Sie Ihr Ergebnis aus b).

5 Der abgebildete Graph zu $f(x) = -\frac{1}{4}x^4 + \frac{27}{4}x^3 - 55x^2 + 128x$ gibt im Intervall [0; 12] näherungsweise die Beschleunigung in km/h^2 eines Motorradfahrers in Abhängigkeit der gefahrenen Kilometer an. 4 km nach Beobachtungsbeginn beträgt die Beschleunigung 0.

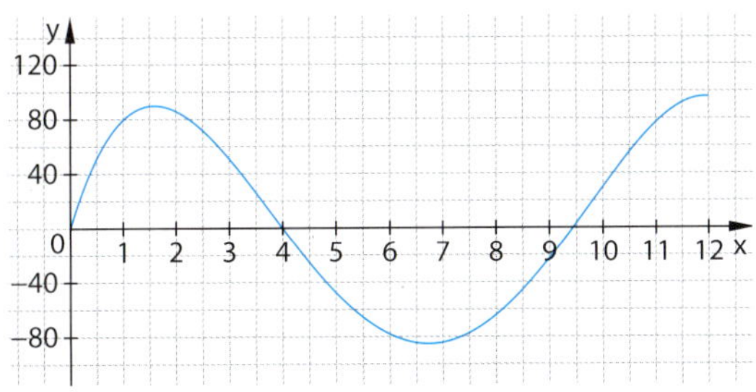

a) Beschreiben Sie die Bedeutung von negativen Funktionswerten im Sachkontext.
b) Erläutern Sie, wie das Fahrverhalten des Motorradfahrers bei den Nullstellen der Funktion ist, und ermitteln Sie die Nullstellen.
c) Stellen Sie eine Vermutung auf, nach wie vielen Kilometern der Motorradfahrer die größte Geschwindigkeit erreicht. Begründen Sie Ihre Vermutung.

6 Beschreiben Sie, bei welcher Art von Gleichungen und auf welche Weise Polynomdivision beim Lösen von Gleichungen hilfreich ist. Zeigen Sie dies an Beispielen.

2.6 Klausur- und Abiturtraining

Aufgaben ohne Hilfsmittel

1 Gegeben sind die Funktionen f und g mit $f(x) = -50x + 2x^3$ und $g(x) = -x(x+3)(x-1)$.
a) Bestimmen Sie die Nullstellen von f und g.
b) Untersuchen Sie das Symmetrieverhalten der Funktionen.
c) Weisen Sie nach, dass sich die Graphen von f und g im Ursprung schneiden.
d) Skizzieren Sie die Graphen von f und g in einem Koordinatensystem.

2 Gegeben ist die Funktion f mit $f(x) = x^6 - 7x^3 - 8$.
a) Bestimmen Sie die Nullstellen von f mithilfe einer geeigneten Substitution.
b) Untersuchen Sie, ob der Graph von f achsensymmetrisch zur y-Achse oder punktsymmetrisch zum Ursprung ist.

3 Entscheiden Sie, ob die folgende Aussage wahr oder falsch ist. Begründen Sie Ihre Entscheidung.
a) Jede ganzrationale Funktion dritten Grades hat genau drei Nullstellen.
b) Jede ganzrationale Funktion vierten Grades hat genau drei lokale Extrema.
c) Wenn der Graph einer Funktion nur einen gemeinsamen Punkt mit der x-Achse hat, dann ist die Funktion linear.
d) Aus den Nullstellen einer ganzrationalen Funktion kann die Funktionsgleichung eindeutig bestimmt werden.
e) Aus drei Punkten kann man die Funktionsgleichung einer ganzrationalen Funktion zweiten Grades eindeutig bestimmen.

4 Gegeben ist die Funktion f mit $f(x) = (x^2 - 4)(x^2 - 9)$.
a) Geben Sie ohne weitere Rechnung die Nullstellen von f an und beschreiben Sie das Symmetrie- und Globalverhalten des Graphen von f.
b) Nun wird für jedes $t \in \mathbb{R}$ die Funktion g mit $g(x) = (x^2 - 4)(x^2 - t)$ betrachtet. Ermitteln Sie alle Werte von t, für die die Funktion g zwei, drei oder vier Nullstellen hat.

5 a) Begründen Sie anschaulich, warum eine ganzrationale Funktion mit einem geraden Grad n mindestens einen lokalen Extrempunkt haben muss.
b) Entscheiden und begründen Sie, ob die Aussage in a) auch für ganzrationale Funktionen mit einem ungeraden Grad n gilt.
c) Untersuchen und begründen Sie, bei welchen Werten für den Grad n eine ganzrationale Funktion mindestens eine Nullstelle haben muss.

6 Das Volumen eines Zylinders mit Radius r und der Höhe 10 cm wird durch die Funktion V beschrieben.
a) Stellen Sie einen Term für $V(r)$ auf und skizzieren Sie den Graphen.
b) Erläutern Sie, welche Bedeutung der Tiefpunkt des Graphen in diesem Sachzusammenhang hat. Begründen Sie, weshalb der Funktionsgraph keinen Hochpunkt haben kann.

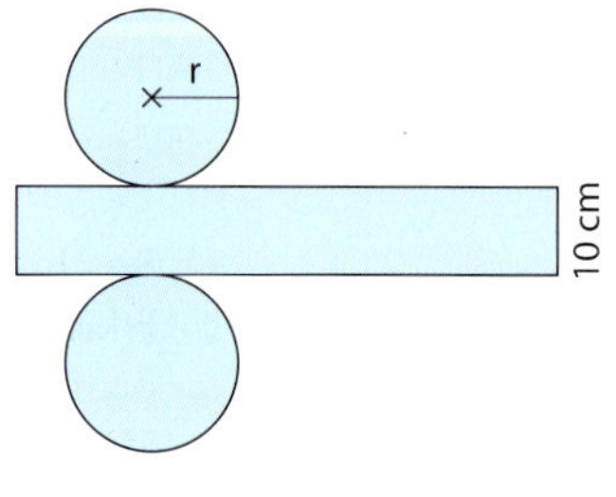

Aufgaben mit Hilfsmitteln

7 Die Abbildung zeigt den Graphen einer ganzrationalen Funktion f.

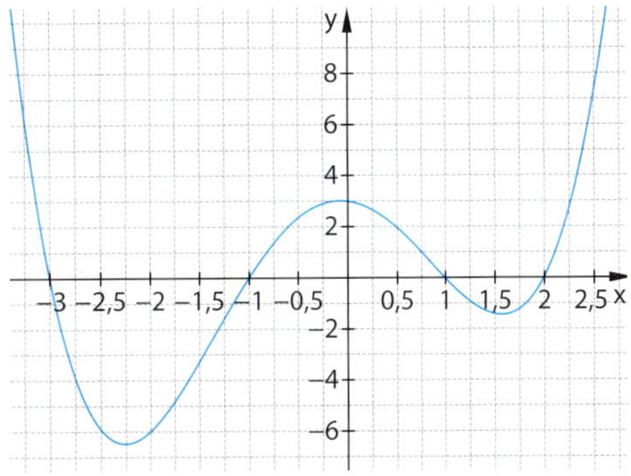

a) Lesen Sie die Nullstellen von f ab. Begründen Sie, dass der Grad von f mindestens 4 ist.

b) f ist eine Funktion vierten Grades und der y-Achsenabschnitt ist ganzzahlig. Ermitteln Sie die Funktionsgleichung in ausmultiplizierter Form.
[Kontrollergebnis: $f(x) = \frac{1}{2}x^4 + \frac{1}{2}x^3 - \frac{7}{2}x^2 - \frac{1}{2}x + 3$]

c) Begründen Sie, dass der Schnittpunkt S des Graphen von f mit der y-Achse kein Hochpunkt ist. Ermitteln Sie mit einer geeigneten Mathematiksoftware die Koordinaten des Hochpunktes.

d) Beschreiben Sie das Monotonieverhalten und geben Sie die entsprechenden Intervalle an, auf denen die Funktion monoton fallend oder steigend ist.

e) Beschreiben Sie das Globalverhalten der Funktion.

8 Der Höhenverlauf eines Heißluftballons wird mit der Funktion f mit $f(t) = -0{,}04t^3 + 0{,}96t^2 - 4{,}68t + 46{,}48$ beschrieben (t: Zeit in Minuten nach Beginn der Beobachtung, f(t): Höhe des Ballons in m).

a) Geben Sie die Höhe des Ballons nach 15 min an.

b) Ermitteln Sie mit einer geeigneten Mathematiksoftware den Zeitpunkt, an dem der Heißluftballon auf dem Boden landet.

c) Bestimmen Sie, wann der Ballon 30 m hoch ist.

d) Zeitgleich mit dem Beobachtungsbeginn wird eine Kameradrohne in die Luft geschickt, die den Ballonfahrer fotografieren soll, wenn sich beide auf gleicher Höhe befinden. Die Höhe der Drohne wird beschrieben durch die Funktion g mit $g(t) = -0{,}5t^2 + 12t$. Ermitteln Sie die Zeitpunkte, an denen die Drohne den Ballonfahrer fotografieren kann.

9 Ein kleiner Industriebetrieb produziert Stifte. Die Gesamtkosten in € für x Stifte können im Intervall [0; 150] durch die Funktion k mit $k(x) = \frac{1}{8000}(x^3 - 180x^2 + 10\,800x + 584\,000)$ beschrieben werden.

a) Zeichnen Sie die Kostenfunktion mit einer geeigneten Mathematiksoftware und beschreiben Sie ihren Verlauf.

b) Das Unternehmen verkauft die Stifte zu einem Stückpreis von 1,40 €. Erstellen Sie eine Funktion g, die den Gewinn des Unternehmens in Abhängigkeit von der verkauften Anzahl an Stiften darstellt. Begründen Sie, ob g eine ganzrationale Funktion ist.

c) Bestimmen Sie, bei welcher Anzahl an verkauften Stiften das Unternehmen den größten Gewinn erwirtschaftet. Interpretieren Sie das Ergebnis.

Lösungen → S. 368

1 Geben Sie den Grad und die Koeffizienten der ganzrationalen Funktion f an.

a) $f(x) = 2x^3 - 3x^2 + 2{,}5$ b) $f(x) = -x^4 + x^3 - 6x$ c) $f(x) = 5 - x + x^2 - x^5$
d) $f(x) = bx^3 - 2x^2 + c - 1$ e) $f(x) = x(x-1)(x+1)$ f) $f(t) = t^2 + 2t - x$

2 Überprüfen Sie, ob die Punkte P und Q auf dem Graphen der Funktion liegen.

a) $f(x) = -x^3 + 5x^2 + 4x + 1$, $P(1\,|\,9)$, $Q(-1\,|\,3)$
b) $f(x) = 2x^5 - x^2 + 7x - 5$, $P(1\,|\,4)$, $Q(-1\,|\,-9)$
c) $f(x) = 6x^3 - 4ax^2 + x + 4a$, $P(1\,|\,-7)$, $Q(-1\,|\,-7)$

3 Bestimmen Sie das Vorzeichen von $f(10^6)$ und $f(-10^5)$, ohne die Funktionswerte genau zu berechnen.

a) $f(x) = 3x^7 - 3x^3 + 10$ b) $f(x) = x^6 + x^5 - 3x^2 - 10^9$
c) $f(x) = 10^{10} - x^2 - x^5$ d) $f(x) = 0{,}01x^4 - \frac{1}{10^6}x^2$
e) $f(x) = -0{,}01x^5 - \frac{1}{10^6}x^3$ f) $f(x) = (x^2 - 1)(x^3 + 1)$

4 Untersuchen Sie das Globalverhalten der Funktion f.

a) $f(x) = 2x^3 - 3x^2 + 2{,}5$ b) $f(x) = -x^4 + x^3 - 6x$
c) $f(x) = 5 - x + x^2 - x^5$ d) $f(a) = a^2 + 2a - x$
e) $f(x) = x(x-1)(x+1)$ f) $f(x) = ax^3 - 2x^2 + b - 1$ $(a < 0)$

5 Untersuchen Sie anhand der Funktionsgleichung, ob der Graph der Funktion f achsensymmetrisch zur y-Achse bzw. punktsymmetrisch zum Ursprung ist.

a) $f(x) = \frac{1}{2}x^3 - 2x$ b) $f(x) = x^2 - x^4$ c) $f(x) = -x^6 + 2x^4 - \sqrt{5}$
d) $f(x) = x$ e) $f(x) = x(x+1)(x-1)$ f) $f(x) = (x^3 + x)(x^3 - x)$

6 Zu jedem der Graphen ① bis ④ gehört genau eine der Funktionsgleichungen. Ordnen Sie die Graphen den Funktionsgleichungen zu. Begründen Sie die Zuordnung allein

a) mithilfe des Verhaltens der Funktion im Unendlichen,
b) mithilfe des Symmetrieverhaltens und weiterer Eigenschaften.

$f(x) = x^6 + 3x^4 - 5x^2$ $g(x) = -x^5 + x^3 + x$ $h(x) = -x^6 - x^2 + x$ $i(x) = x^3 - 4x^2 + 3x$

①
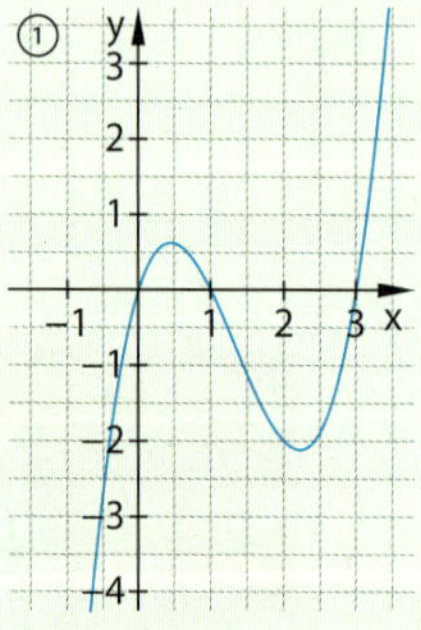

②
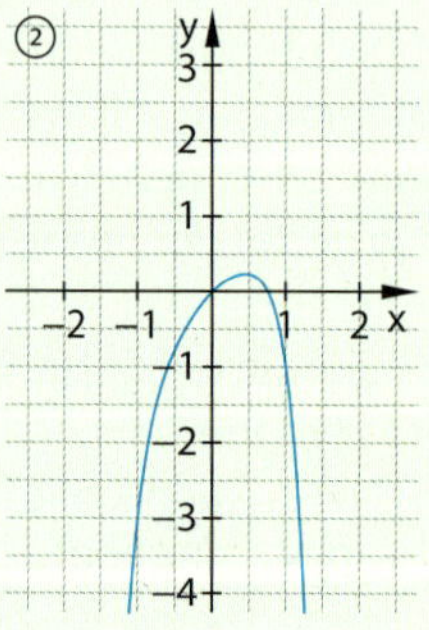

③
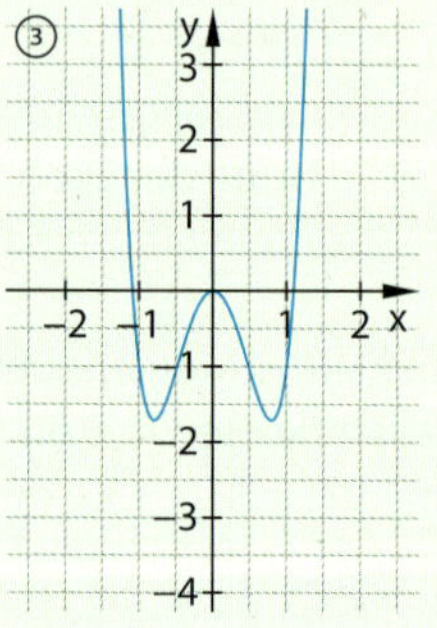

④
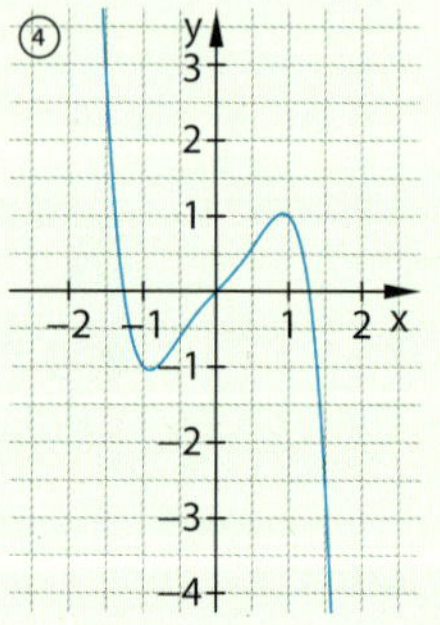

7 a) Geben Sie die Intervalle an, auf denen die abgebildete ganzrationale Funktion 4. Grades streng monoton steigend bzw. fallend ist.
b) Lesen Sie näherungsweise die Hoch- und Tiefpunkte sowie die lokalen Maxima und Minima ab.
c) Erläutern Sie, ob ein globales Maximum oder Minimum existiert. Falls ja, geben Sie es an.

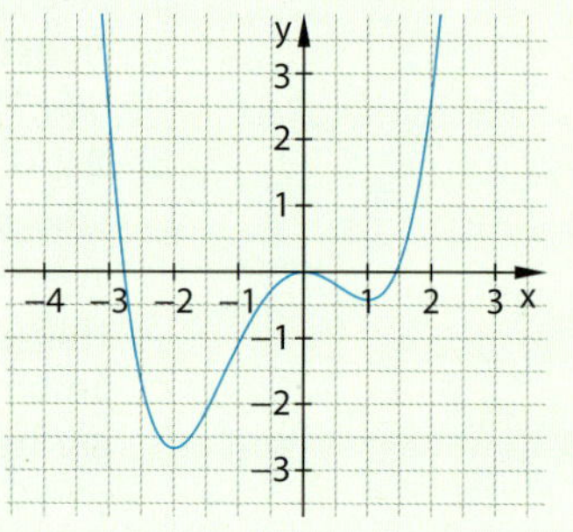

Lösungen → S. 368

8 Berechnen Sie die Nullstellen der Funktion f.

a) $f(x) = (x^2 - 5) \cdot x$ b) $f(x) = 2x^4 - 3x^3 + 2x^2$ c) $f(x) = x(x+1) + x(x+1)$
d) $f(x) = x^3 - 3x^2 + 2x$ e) $f(x) = -x^4 + 5x^2 - 4$ f) $f(x) = x^5 + 8x^3 - 9x$

9 Gegeben ist die ganzrationale Funktion f mit der Gleichung $f(x) = x^3 - 3x^2 + 3x$. Ermitteln Sie die Koordinaten der Schnittpunkte des Graphen von f mit den Koordinatenachsen und geben Sie das Globalverhalten von f an. Geben Sie an, ob der Graph von f punktsymmetrisch zum Ursprung oder achsensymmetrisch zur y-Achse ist.

10 Beurteilen Sie die Aussage.

a) Der Graph einer ganzrationalen Funktion ist entweder achsensymmetrisch zur y-Achse oder punktsymmetrisch zum Ursprung.
b) Jede ganzrationale Funktion dritten Grades hat mindestens eine Nullstelle.
c) Es gibt ganzrationale Funktionen mit dem Grad 3, die eine dreifache Nullstelle haben.

11 Geben Sie – wenn möglich – eine Gleichung einer ganzrationalen Funktion f an, sodass die Funktion nur die angegebenen Nullstellen und den Grad n hat.

a) einfache Nullstellen 2 und −5; $n = 2$
b) einfache Nullstellen 2 und −5; $n = 4$
c) doppelte Nullstelle 2; einfache Nullstelle −5; $n = 3$
d) doppelte Nullstellen 0 und −5; $n = 6$
e) dreifache Nullstelle −2; doppelte Nullstelle π; $n = 7$
f) einfache Nullstellen 2 und −5; $n = 3$

12 Von einer ganzrationalen Funktion vierten Grades ist bekannt, dass ihr Graph achsensymmetrisch zur y-Achse ist, sie die doppelte Nullstelle $x = -\sqrt{2}$ hat und ihr Graph die y-Achse im Punkt $S(0|8)$ schneidet. Ermitteln Sie eine Funktionsgleichung.

Wo stehe ich?

	Ich kann…	Aufgabe	Nachschlagen
2.1	… Graphen zu vorgegebenen Potenzfunktionen zeichnen. … die Nullstellen linearer, quadratischer und Potenzfunktionen berechnen.		S. 30 Beispiel 1, S. 31 Beispiel 2, S. 32 Beispiel 3, S. 34 Beispiel 4
2.2	… den Grad einer ganzrationalen Funktion sicher bestimmen. … die Koeffizienten einer ganzrationalen Funktion mithilfe eines linearen Gleichungssystems bestimmen.	1, 2	S. 36 Beispiel 1
2.3	… ganzrationale Funktionen auf ihr Globalverhalten, ihre Monotonie und ihre Extrema untersuchen.	3, 4, 6, 7, 9	S. 40 Beispiel 1, S. 43 Beispiel 2
2.4	… ganzrationale Funktionen auf ihre Symmetrie untersuchen.	5, 6, 9, 10, 12	S. 46 Beispiel 1, S. 47 Beispiel 2
2.5	… ganzrationale Funktionen auf ihre Nullstellen untersuchen. … mehrfache Nullstellen bei ganzrationalen Funktionen errechnen.	8, 9, 10, 11, 12	S. 49 Beispiel 1, S. 49 Beispiel 2, S. 50 Beispiel 3, S. 51 Beispiel 4, S. 53 Beispiel 5

Ganzrationale Funktionen

Eine Funktion f mit der Gleichung
$f(x) = a_n x^n + a_{n-1} x^{n-1} + \ldots + a_2 x^2 + a_1 x + a_0$
mit $n \in \mathbb{N}$, $a_0, \ldots, a_n \in \mathbb{R}$ und $a_n \neq 0$ heißt **ganzrationale Funktion**. n heißt **Grad** von f.

Die Funktion f mit $f(x) = 0{,}5x^4 - x^2 + 0{,}5$ ist eine ganzrationale Funktion; Grad n = 4.
Koeffizienten:
$a_4 = 0{,}5$; $a_3 = 0$; $a_2 = -1$; $a_1 = 0$; $a_0 = 0{,}5$

Globalverhalten

Der Graph einer ganzrationalen Funktion f mit $f(x) = a_n x^n + a_{n-1} x^{n-1} + \ldots + a_1 x + a_0$ mit $a_n \neq 0$ verhält sich für $x \to \pm\infty$ wie der Graph von g mit $g(x) = a_n x^n$.

$f(x) = 0{,}5x^4 - x^2 + 0{,}5$; $g(x) = 0{,}5x^4$
Für $x \to \infty$ gilt $g(x) \to \infty$, also auch $f(x) \to \infty$.
Für $x \to -\infty$ gilt $g(x) \to \infty$, also auch $f(x) \to \infty$.

Monotonie, lokale und globale Extrema

Die Funktion f ist **streng monoton steigend** bzw. **streng monoton fallend** auf dem Intervall I, wenn für alle x_1 und x_2 aus I mit $x_1 < x_2$ gilt: $f(x_1) < f(x_2)$ bzw. $f(x_1) > f(x_2)$.

Der Graph einer Funktion f hat an der Stelle x_E einen **Hochpunkt** bzw. **Tiefpunkt**, wenn $f(x_E)$ in einer Umgebung von x_E der **größte** bzw. **kleinste** Funktionswert von f ist.
Den Funktionswert $f(x_E)$ nennt man **lokales Maximum** bzw. **lokales Minimum**.
Ist f(x) der **größte** bzw. **kleinste** Funktionswert im Definitionsbereich von f, so ist f(x) ein **globales Maximum** bzw. **globales Minimum** von f.

$f(x) = 0{,}5x^4 - x^2 + 0{,}5$
streng monoton steigend für $-1 < x < 0$ und für $x > 1$,
streng monoton fallend für $x < -1$ und für $0 < x < 1$

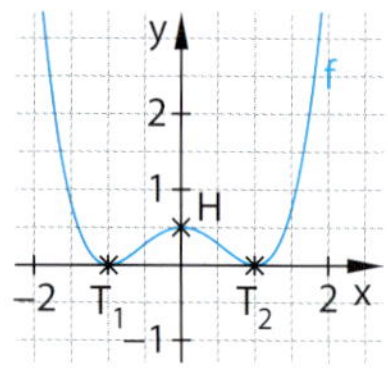

Hochpunkt: $H(0\,|\,0{,}5)$
Tiefpunkte: $T_1(-1\,|\,0)$; $T_2(1\,|\,0)$

$f(0) = 0{,}5$ ist ein lokales Maximum.
Ein globales Maximum existiert nicht.
Das lokale Minimum $f(-1) = f(1) = 0$ ist zugleich ein globales Minimum.

Symmetrieverhalten

Der Graph einer ganzrationalen Funktion f ist genau dann **achsensymmetrisch zur y-Achse** bzw. **punktsymmetrisch zum Ursprung**, wenn der Funktionsterm von f nur **gerade** bzw. nur **ungerade** Exponenten hat.

$f(x) = 0{,}5x^4 - x^2 + 0{,}5$ $\qquad 0{,}5 = 0{,}5x^0$
Nur gerade Exponenten, der Graph (s. o.) ist achsensymmetrisch zur y-Achse.

$g(x) = -0{,}5x^5 + 1{,}5x^3 + 2x$ $\qquad 2x = 2x^1$
Nur ungerade Exponenten, der Graph (s. u.) ist punktsymmetrisch zum Ursprung.

Nullstellen

Methoden zum Ermitteln von Nullstellen:
1. Ablesen aus der faktorisierten Form
2. Ausklammern von Potenzen von x
3. Ersetzen von Variablen (**Substitution**) z. B. bei Funktionsgleichungen der Form $f(x) = ax^4 + bx^2 + c$

Eine ganzrationale Funktion f vom Grad n hat **höchstens n Nullstellen**.

$h(x) = x^4 - 3x^2 - 4$
Substitution $x^2 = u$ also $u^2 - 3u - 4 = 0$
mit p-q-Formel: $u_1 = 4$; $u_2 = -1$
Resubstitution: $u_1 = x^4 = 4$ $\quad x_{1/2} = \pm 2$
$u_2 = x^2 = -1$ keine Lösung
Nullstellen: $x_1 = 2$; $x_2 = -2$

Ist $\mathbf{x_N}$ eine Nullstelle, so lässt sich der **Linearfaktor** $(\mathbf{x - x_N})$ aus dem Funktionsterm von f abspalten: $f(x) = (x - x_N) \cdot r(x)$ mit ganzrationaler Funktion r.
Ist der Funktionsterm so weit wie möglich faktorisiert, gibt der Exponent des Linearfaktors die **Vielfachheit** einer Nullstelle an.
Die Summe der Vielfachheiten aller Nullstellen ist höchstens n.

$f(x) = 0{,}5x^4 - x^2 + 0{,}5 = 0{,}5\,(x-1)^2\,(x+1)^2$
f hat die doppelten Nullstellen 1 und –1. Die Summe der Vielfachheiten ist 4 (Graph s. o.).

$g(x) = -0{,}5x^5 + 1{,}5x^3 + 2x$
$\quad = -0{,}5x\,(x-2)\,(x+2)\,(x^2+1)$
g hat nicht 5, sondern nur die 3 Nullstellen x = 0, x = 2 und x = –2, da sich der Term $(x^2 + 1)$ nicht in Linearfaktoren zerlegen lässt.

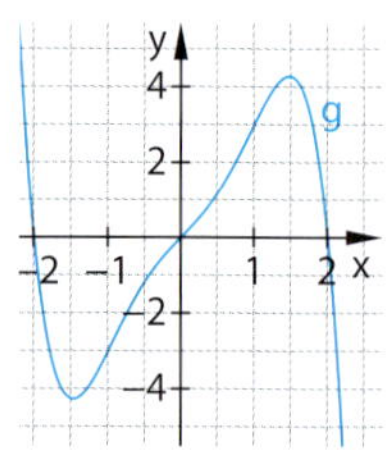

3

Steigung und Ableitung

Nach diesem Kapitel können Sie
- → lokale und mittlere Änderungsraten bestimmen und interpretieren,
- → Funktionen grafisch und rechnerisch ableiten,
- → Funktionen auf Stetigkeit und Differenzierbarkeit untersuchen,
- → Tangentengleichungen, Steigungswinkel und Schnittwinkel von Graphen bestimmen.

Lösungen
→ S. 369

Terme umformen

1 Berechnen Sie den Termwert.

a) $\frac{2}{3} - \frac{1}{6}$ b) $\frac{5}{6} - 2$ c) $0{,}5 - \frac{2}{5}$ d) $\frac{2}{3} - \frac{2}{5}$ e) $\frac{1}{4} - \frac{2}{3}$

f) $\frac{2 \cdot 3^2 - 2 \cdot 2^2}{3 - 2}$ g) $\frac{\frac{1}{2} \cdot 6^2 - \frac{1}{2} \cdot 4^2}{6 - 4}$ h) $\frac{-3 \cdot 2^2 - (-3 \cdot 1^2)}{2 - 1}$ i) $\frac{-\frac{1}{2} \cdot 2^2 - \left(-\frac{1}{2} \cdot 4^2\right)}{2 - 4}$ j) $\frac{2^2 - 5^2}{2 - 5}$

2 Formen Sie den Term so um, dass x im Zähler steht.

a) $\frac{1}{x}$ b) $\frac{2}{3x^2}$ c) $\frac{2x^2}{4x^4}$ d) $\frac{x^{-2}}{3x^2}$ e) $\frac{a}{bx^{-3}}$

3 Schreiben Sie den Term als Potenz.

a) $\sqrt{x}$ b) $\sqrt[3]{x}$ c) $\sqrt[6]{a^3}$ d) $\sqrt[3]{b^2}$ e) $\frac{1}{\sqrt[3]{y^2}}$

4 Kürzen Sie, falls möglich.

a) $\frac{a + 2a^2}{2a^2}$ b) $\frac{xy - 1}{y - 1}$ c) $\frac{3 + 4a^2}{3a^2}$ d) $\frac{2x^3 - x}{2x - x^2}$

5 Begründen Sie, dass die Terme richtig umgeformt wurden.

a) $\frac{x^2 - y^2}{x - y} = x + y \; (x \neq y)$ b) $\frac{(u + 3)^2 - 9}{u} = u + 6 \; (u \neq 0)$ c) $\frac{2xy + y^2}{y} = 2x + y \; (y \neq 0)$

6 Überprüfen Sie, ob die Termumformung korrekt ist. Begründen Sie Ihre Entscheidung und korrigieren Sie falsche Umformungen.

a) $\frac{(2 + x)^2 - 4}{x} = x + 4$ b) $\frac{(1 + x)^2 - 1}{1 + x} = x$ c) $\frac{-4a^2 - (-4 \cdot 2^2)}{a - 2} = -4 \cdot (a + 2)$

Gleichungen lösen

7 Bestimmen Sie die Lösungsmenge der Gleichung.

a) $x - 6 = 3x$ b) $x^2 + 3x = 4$ c) $(x - 2)(x + 2) = 5$ d) $(x - 1)^2 = 3 - x$

e) $x^2 + 3 = 4x - 1$ f) $x^2 - 1 = x - x^2$ g) $3x^2 + 4x = 3 - x^2$ h) $2x^4 - 8 = 24$

8 Lösen Sie die Gleichung und machen Sie die Probe.

a) $2x^3 + 3 = 5$ b) $x^4 + x^2 = 0$ c) $x^3 = 2x^2 - x$ d) $x^5 - x^3 = 0$

Lineare Funktionen

9 Die Abbildung zeigt die Graphen von drei linearen Funktionen. Ermitteln Sie die zugehörigen Funktionsgleichungen und geben Sie jeweils die Nullstelle der Funktion an.

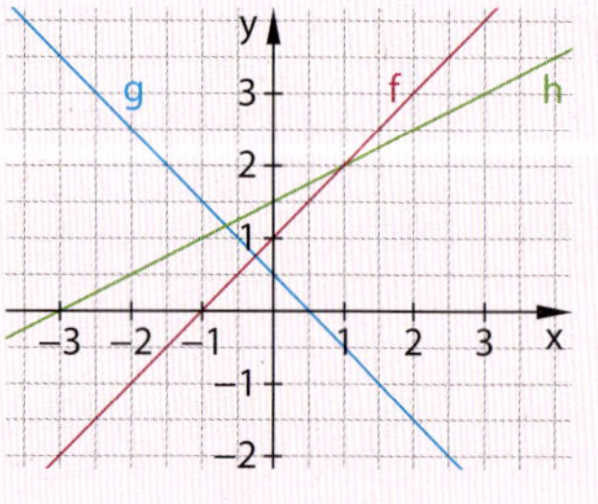

10 Der Graph einer linearen Funktion f enthält die Punkte A und B. Bestimmen Sie die Funktionsgleichung von f.

a) $A(2\,|\,-1)$; $B(3\,|\,-0{,}5)$ b) $A(-3\,|\,1)$; $B(3\,|\,-5)$

c) $A(-2\,|\,-2{,}5)$; $B(4\,|\,-1)$ d) $A(0\,|\,0{,}5)$; $B(1\,|\,2{,}5)$

11 Von einer linearen Funktion f sind die Nullstelle x_0 und ein Punkt des Graphen bekannt. Ermitteln Sie den Funktionsterm von f.

a) $x_0 = 1$ und $(2\,|\,1)$ b) $x_0 = 0$ und $(-2\,|\,2)$ c) $x_0 = 0{,}5$ und $(3\,|\,5)$

d) $x_0 = -3$ und $(-1\,|\,2)$ e) $x_0 = 10$ und $(0\,|\,-5)$ f) $x_0 = -7$ und $(2\,|\,-3)$

Lösungen
→ S. 369/370

Quadratische Funktionen

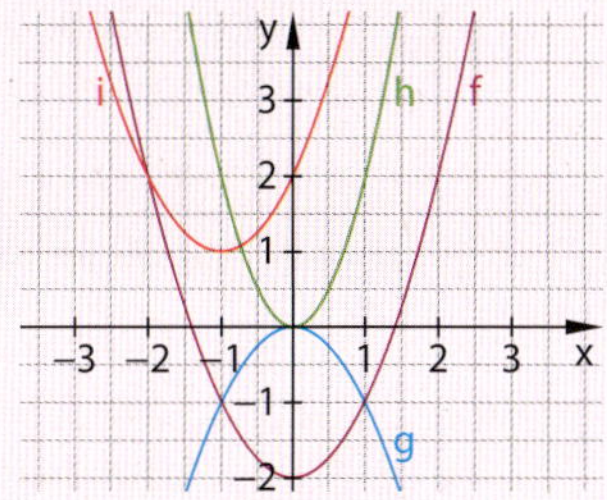

12 Geben Sie zu jeder der abgebildeten Parabeln eine Funktion sowie deren Nullstellen an.

13 Gegeben ist die Funktion f mit $f(x) = x^2 - 2x - 3$.
a) Bestimmen Sie die Schnittpunkte des Graphen von f mit den Koordinatenachsen.
b) Bestimmen Sie alle Schnittpunkte der Graphen von f und g mit $g(x) = -x^2 - 4x + 1$.

14 Beschreiben Sie die Veränderung des Graphen von g gegenüber dem Graphen von f mit $f(x) = x^2$. Geben Sie den Wertebereich, alle Nullstellen und – falls möglich – den größten (kleinsten) Funktionswert von g an.

a) $g(x) = 0{,}5x^2$ b) $g(x) = -3x^2$ c) $g(x) = -x^2 - 1$
d) $g(x) = (x - 2)^2$ e) $g(x) = (x + 2)^2 - 9$ f) $g(x) = x^2 - 4x + 3$

Vermischtes

15 Sara läuft zum 4 km entfernten Nachbarort. Der Weg führt bergauf, da der Nachbarort 80 Meter höher liegt.
a) Berechnen Sie die durchschnittliche Steigung des Wegs.
b) Geben Sie die durchschnittliche Steigung für den Rückweg vom Nachbarort zum Ausgangsort an.

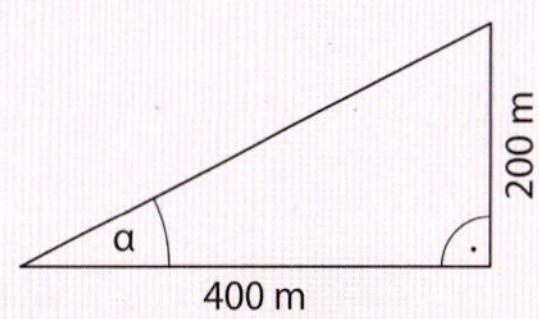

16 Berechnen Sie im abgebildeten Dreieck mithilfe des Tangens die Steigung in Prozent und den Steigungswinkel.

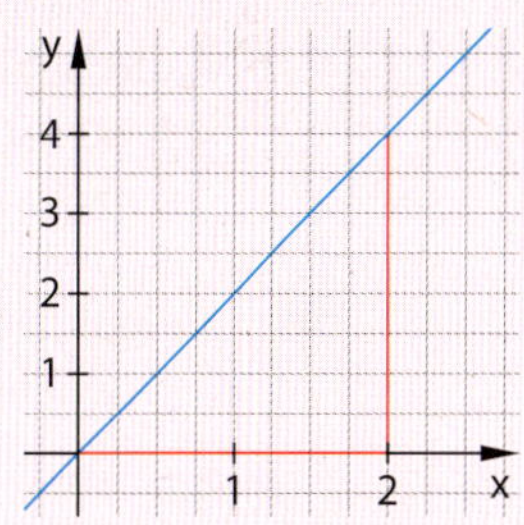

17 Die Abbildung zeigt eine Gerade.
a) Stellen Sie eine passende Geradengleichung auf.
b) Berechnen Sie den Steigungswinkel und die Steigung in Prozent.

18 Frank hat die 24 km bis zum Freibad „ADRIA" in $1\frac{1}{4}$ h mit dem Fahrrad zurückgelegt. Berechnen Sie die Durchschnittsgeschwindigkeit für die gesamte Strecke.

19 a) Zeichnen Sie in ein Koordinatensystem einen Kreis mit dem Mittelpunkt M(0 | 0) und mit dem Durchmesser 6 LE. Zeichnen Sie die Sekante durch die Punkte A(0 | 3) und B(3 | 0) und geben Sie eine Gleichung für diese Sekante an.
b) Zeichnen Sie eine Tangente an den Kreis, die parallel zu dieser Sekante verläuft, und geben Sie ihre Steigung an.

20 Zeichnen Sie die Parabel zur Funktion f mit $f(x) = x^2$ und die Gerade g mit $g(x) = 2x - 1$ in ein gemeinsames Koordinatensystem. Erläutern Sie, dass man hier analog zur Kreistangente von einer Tangente an die Parabel sprechen kann.

21 Zeichnen Sie die Graphen von f und g mit $f(x) = \sin(x)$ und $g(x) = \cos(x)$ für $0 \le x \le 2\pi$. Geben Sie die Nullstellen von f und g sowie die Koordinaten der Schnittpunkte der Graphen von f und g an.

3.1 Mittlere Änderungsrate

Die Tabelle zeigt die Messwerte eines Fahrers auf einer Etappe der Tour de France.

Zeit (in h)	0,5	2	2,5	2,75	3,5
Strecke (in km)	24	56	84,5	96	110

a) Berechnen Sie für die gesamte Strecke und für die einzelnen Zeitabschnitte die Durchschnittsgeschwindigkeit in km/h.

b) Erläutern Sie die berechneten Geschwindigkeiten.

Grafische Deutung von Änderungen

In vielen Situationen spielt das Änderungsverhalten der untersuchten Größe eine wichtige Rolle. Dabei ist es hilfreich, die Zusammenhänge mithilfe von Funktionen und Graphen zu beschreiben, aus denen sich die Änderungen ablesen lassen.

- Ist der Graph fallend, so entspricht diese negative Änderung einer Verringerung der untersuchten Größe.
- Ist der Graph steigend, so entspricht diese positive Änderung einer Zunahme der untersuchten Größe.

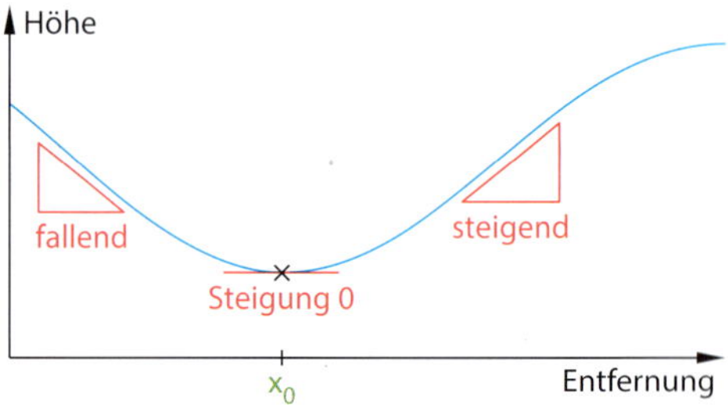

Das Änderungsverhalten kann man auch als Änderungsgraphen darstellen:

- Je steiler es bergab geht, desto kleiner werden die y-Werte des Änderungsgraphen.
- Je steiler es bergauf geht, desto größer werden die y-Werte des Änderungsgraphen.

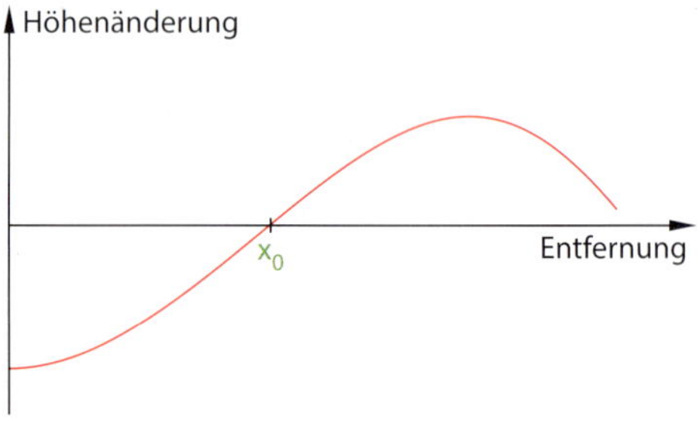

Beispiel 1

Der Graph zeigt die Entwicklung einer Bakterienkultur in Abhängigkeit von der Zeit. Beschreiben Sie die Änderung des Bakterienbestands mit eigenen Worten und skizzieren Sie den zugehörigen Änderungsgraphen.

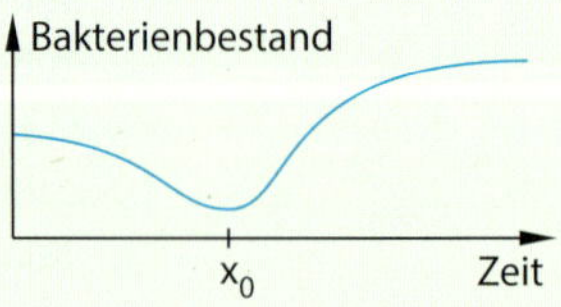

Lösung:

Zu Beginn nimmt der Bestand immer stärker ab, dann wird die Abnahme schwächer. Zum Zeitpunkt x_0 erreicht der Bestand sein Minimum.

Danach steigt er zunächst immer stärker an, dann wird der Anstieg schwächer. Am Ende ändert sich der Bestand nicht mehr.

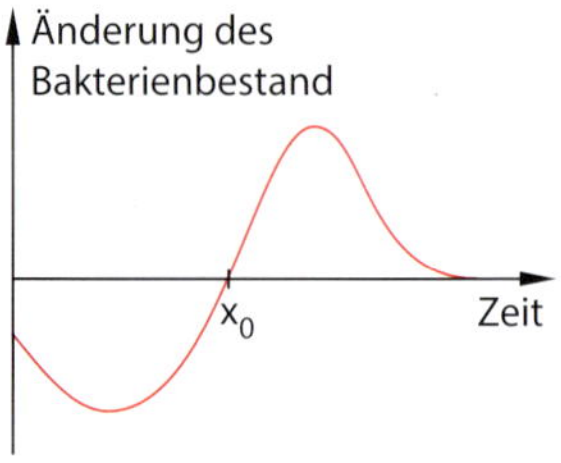

Basisaufgaben

1 Die Graphen ① – ④ zeigen jeweils die Geschwindigkeit eines anfahrenden Autos in Abhängigkeit von der Zeit. Beschreiben Sie die Beschleunigung des Autos mit eigenen Worten und ordnen Sie jedem Graphen den passenden Änderungsgraphen aus Ⓐ – Ⓓ zu.

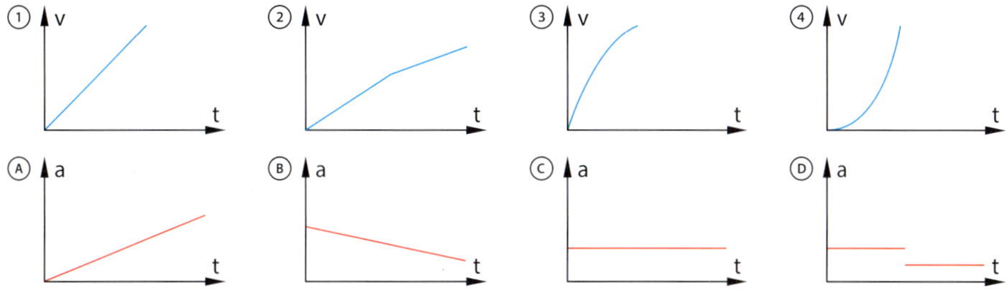

2 Die Abbildung zeigt die Entwicklung der Bevölkerungszahl eines Landes in Abhängigkeit von der Zeit. Beschreiben Sie das Bevölkerungswachstum. Skizzieren Sie einen Graphen, der die Änderung der Bevölkerungszahl abbildet.

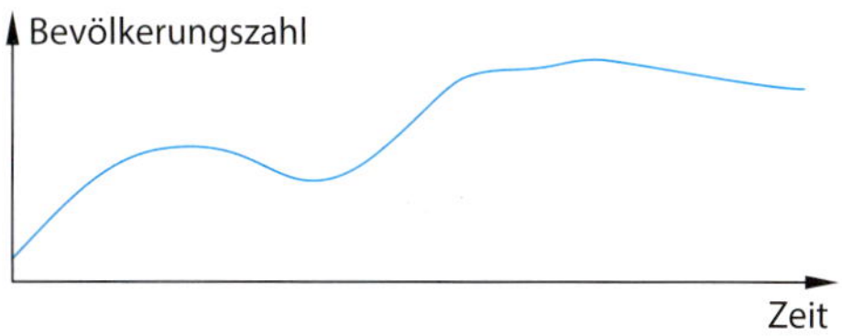

3 Vervollständigen Sie die Tabelle.

Situation	Änderung
Zurückgelegter Weg eines Motorrads	Geschwindigkeit des Motorrads
Höhenprofil einer Straße	
Flughöhe eines Heißluftballons	
	Wasserzuflussrate einer Badewanne
Per Bluetooth übertragene Datenmenge	
	Beschleunigung eines Rennwagens

4 Die Abbildungen zeigen jeweils die Bestandsänderung eines Wolfsrudels in Abhängigkeit von der Zeit. Ordnen Sie jeder Aussage den passenden Graphen zu.

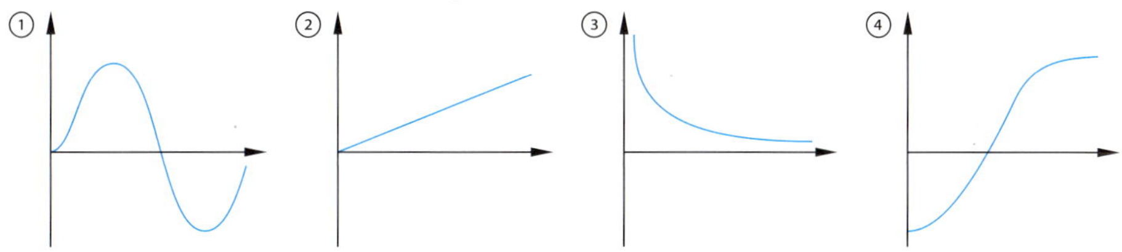

A Der Bestand wächst zunächst, dann verringert er sich.

B Die Zunahme des Bestands verlangsamt sich.

C Der Bestand verringert sich zunächst, dann wächst er.

D Die Population wächst immer schneller.

5 Der Graph zeigt die Geschwindigkeit, mit der ein Heißluftballon zu Beginn seiner Fahrt in Abhängigkeit von der Zeit senkrecht steigt bzw. sinkt.

a) Bestimmen Sie den Zeitpunkt, zu dem der Ballon seine maximale Flughöhe erreicht.

b) Skizzieren Sie den Graphen, der die Höhe des Ballons in Abhängigkeit von der Zeit darstellt.

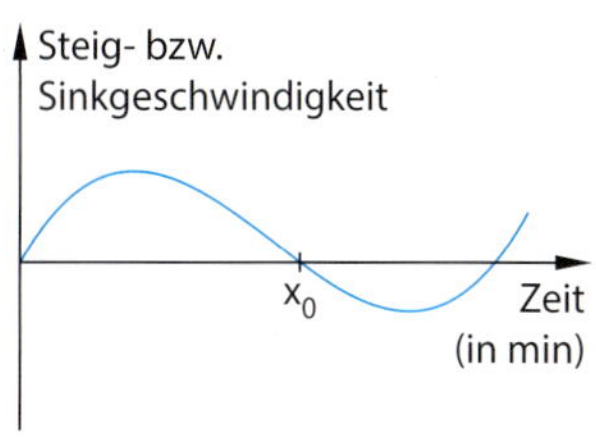

Mittlere Änderungsrate

Die Tabelle zeigt die Höhen einer Wanderstrecke. Aus diesen Angaben kann man die durchschnittliche Steigung der einzelnen Etappen berechnen.
Man dividiert dazu den Höhenunterschied (Etappe 1: 400 m) durch die horizontale Entfernung (Etappe 1: 2000 m). Die durchschnittliche Steigung von Etappe 1 ist also $m = \frac{y_2 - y_1}{x_2 - x_1} = \frac{400}{2000}$.

horizontale Distanz (in km)	0	2	4	6
Höhe (in m)	860	1260	1870	870

Abschnitt	Durchschnittliche Steigung
1. Etappe	$m = \frac{1260 - 860}{2000 - 0} = \frac{400}{2000} = 0{,}2$
2. Etappe	$m = \frac{1870 - 1260}{4000 - 2000} = \frac{610}{2000} = 0{,}305$
3. Etappe	$m = \frac{870 - 1870}{6000 - 4000} = \frac{-1000}{2000} = -0{,}5$

Erinnerung

Steigung einer Geraden durch 2 Punkte:

$m = \frac{\text{y-Unterschied}}{\text{x-Unterschied}}$

Erinnerung

Sekante am Kreis

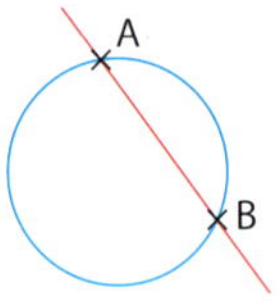

Die horizontale Entfernung ist auf der x-Achse und die Höhe auf der y-Achse eingetragen. Die Punkte wurden geradlinig zu einem Höhenprofil verbunden.
Die durchschnittliche Steigung entspricht der Steigung der **Sekante** vom Anfangs- bis zum Endpunkt jeder Etappe.
Die Steigung an einzelnen Stellen innerhalb der Etappen kann davon mal mehr, mal weniger abweichen, wie das tatsächliche Höhenprofil zeigt.

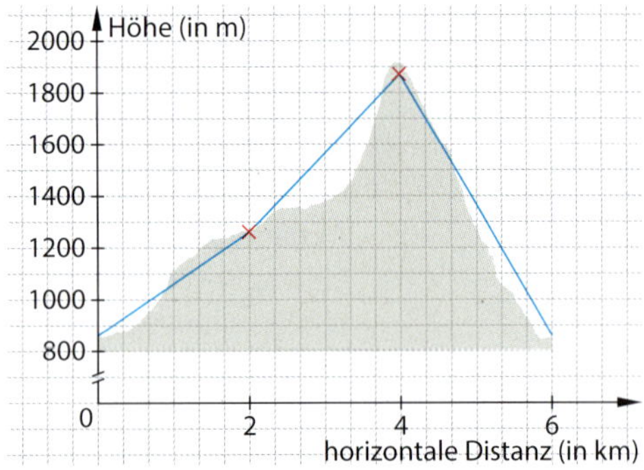

Wissen

Der **Differenzenquotient** $\frac{f(b) - f(a)}{b - a}$ gibt die **mittlere Änderungsrate** der Funktion f im Intervall [a; b] an.

Sie entspricht anschaulich der **Steigung** der **Sekante** durch die Punkte $A(a \mid f(a))$ und $B(b \mid f(b))$.

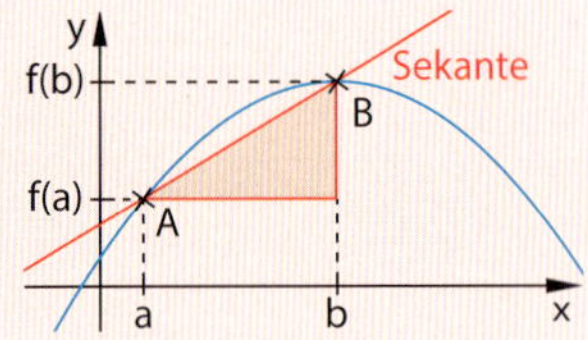

Beispiel 2

Berechnen Sie die mittlere Änderungsrate zu $f(x) = 3x^2 - x$ im Intervall [−1; 2].

Lösung:

Setzen Sie die Intervallgrenzen $a = -1$ und $b = 2$ in den Differenzenquotienten $m = \frac{f(b) - f(a)}{b - a}$ ein und berechnen Sie.

$$m = \frac{f(2) - f(-1)}{2 - (-1)}$$
$$= \frac{(3 \cdot 2^2 - 2) - (3 \cdot (-1)^2 - (-1))}{3} = \frac{10 - 4}{3} = 2$$

Beispiel 3

Die Funktion f mit $f(x) = 2x^2$ beschreibt den zurückgelegten Weg (in m) eines anfahrenden Autos in Abhängigkeit von der Zeit (in s). Berechnen Sie die Durchschnittsgeschwindigkeit des Autos zwischen den Zeitpunkten $x = 1$ und $x = 3$.

Lösung:

Berechnen Sie die Durchschnittsgeschwindigkeit mit dem Differenzenquotienten.
Setzen Sie dazu die Intervallgrenzen $a = 1$ und $b = 3$ in den Differenzenquotienten $m = \frac{f(b) - f(a)}{b - a}$ ein und berechnen Sie.

$$m = \frac{f(3) - f(1)}{3 - 1} = \frac{18 - 2}{2} = 8$$

Das Auto fährt zwischen der 1. und der 3. Sekunde durchschnittlich 8 m/s.

Basisaufgaben

Lösungen zu 6

−4 5 4 1 15 −9 −8 7 −7 0 1

6 Berechnen Sie für die Funktion f die mittlere Änderungsrate in den Intervallen $I = [1; 3]$, $J = [-3; -1]$ und $K = [-1; 2]$.

a) $f(x) = x^2$ b) $f(x) = x^3 + 2x$ c) $f(x) = 2x^2 - x$

7 Die Funktion f mit $f(x) = 2{,}3x^2$ beschreibt den zurückgelegten Weg (in m) eines 100-m-Läufers in Abhängigkeit von der Zeit (in s) nach dem Start. Berechnen Sie die Durchschnittsgeschwindigkeit des Läufers in den ersten beiden Sekunden.

8 Bestimmen Sie zu den Funktionen f und g die Steigung der Sekante im Intervall $[-1; 2]$.

a)

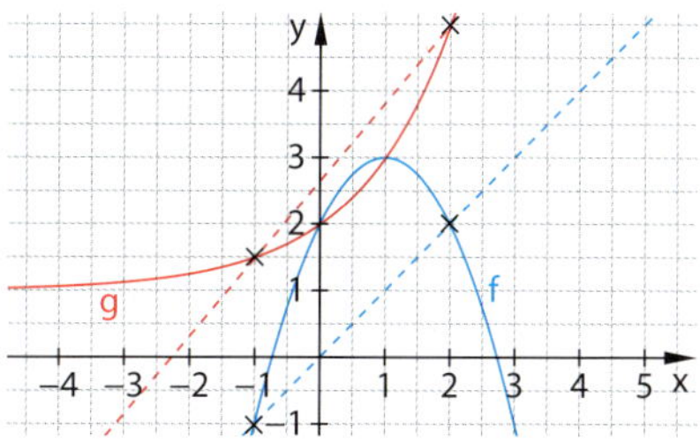

b)

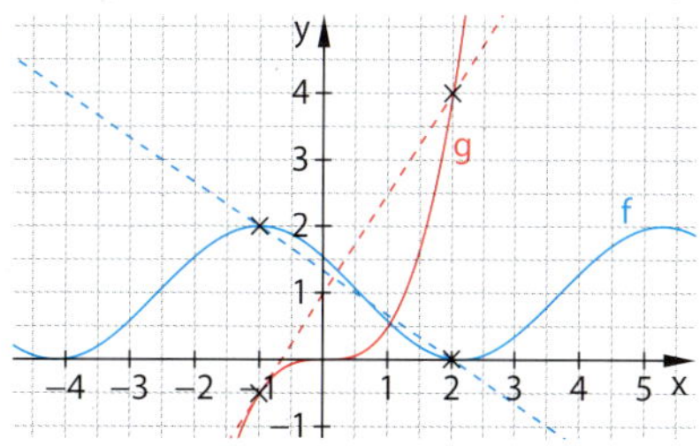

9 a) Betrachten Sie $f(x) = 2x - 3$ und $g(x) = \frac{1}{2}x + 1$. Berechnen Sie zu f und g die Sekantensteigung im Intervall $[2; 6]$. Vergleichen Sie mit den Funktionstermen von f und g.

b) Erklären Sie das Ergebnis aus a), indem Sie die Graphen von f und g skizzieren. Erläutern Sie, dass das Ergebnis aus a) auch für beliebige Intervalle zutrifft.

10 Geben Sie an, was die mittlere Änderungsrate beschreibt. Nennen Sie auch ihre Einheit.

a) vergangene Zeit in s → zurückgelegter Weg in m beim Laufen

b) horizontale Entfernung in m → Höhe in m beim Fahrradfahren

c) Zeit in Tagen → Anzahl der Infizierten bei einer Epidemie

11 Die Tabelle zeigt die Entwicklung des Verbrauchs an Plastiktüten in Deutschland.

Jahr	2000	2012	2015	2016	2017	2018	2019
Verbrauch Plastiktüten in Mrd.	7	6,1	5,6	3,7	2,4	2	1,7

a) Berechnen Sie die mittlere Änderungsrate des Plastiktütenverbrauchs für den Zeitabschnitt von 2000 bis 2012 und interpretieren Sie das Ergebnis im Sachzusammenhang.

b) Berechnen Sie die mittleren Änderungsraten für die übrigen Zeitabschnitte und geben Sie die Zeitabschnitte der stärksten Abnahme an.

c) Recherchieren Sie die Entwicklung des Plastiktütenverbrauchs in den folgenden Jahren und geben Sie Gründe für diese Entwicklung an.

12 Die Tabelle zeigt Messwerte einer Autobahnfahrt. Ermitteln Sie den Abschnitt mit der größten Durchschnittsgeschwindigkeit.

a)

h	0	1,5	3	4,5	6
km	0	120	330	480	660

b)

h	0	1,4	3,8	4,7	6,8
km	0	150	400	520	750

Hinweis

Die CO_2-Konzentration wird in ppm (parts per million) gemessen.

13 Der Graph zeigt die Messwerte einer CO_2-Ampel während einer Unterrichtsstunde.

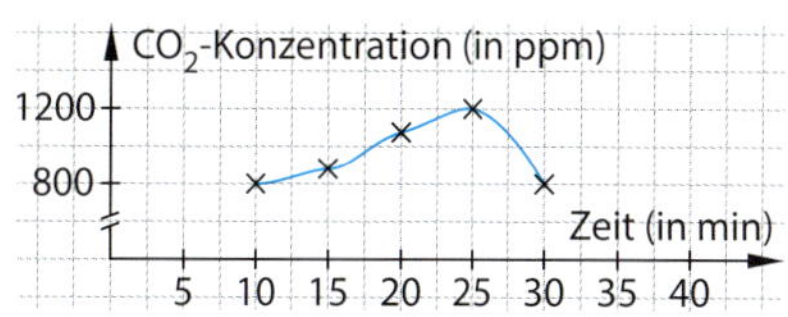

a) Beschreiben Sie den Verlauf der CO_2-Konzentration.

b) Bestimmen Sie die mittlere Änderungsrate der CO_2-Konzentration zwischen der 25. und der 30. Minute.

Weiterführende Aufgaben

14 Der Graph gibt im Intervall [0; 19] in etwa das Profil einer Mountainbiketour wieder.

a) Lesen Sie die Koordinaten der Punkte A–G ab und berechnen Sie die durchschnittliche Steigung zwischen je zwei benachbarten Punkten.

b) Geben Sie an, in welchem Abschnitt die Strecke am steilsten ist.

c) Geben Sie die Bedeutung des Vorzeichens der Steigung für den Fall an, dass das Profil von links nach rechts durchfahren wird.

d) Begründen Sie, in welchem Abschnitt die durchschnittliche Steigung das Profil besonders schlecht wiedergibt.

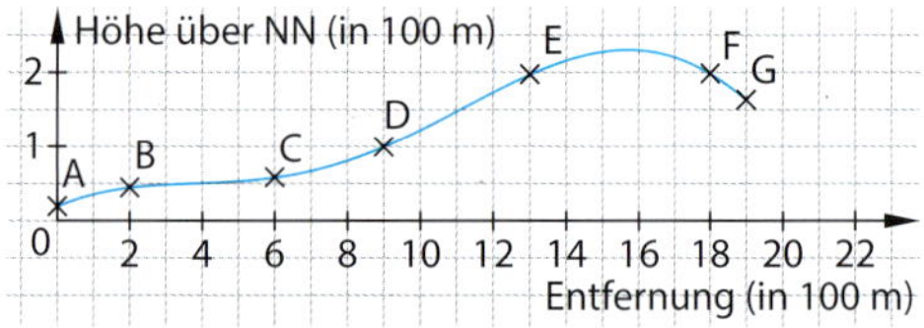

15 **Stolperstelle:** Bei der Berechnung der Sekantensteigung der Funktion f mit $f(x) = x^2$ im Intervall [2; 5] sind die Schüler unterschiedlich vorgegangen.

Pierre: $m = \frac{f(2) - f(5)}{5 - 2}$ Marlene: $m = \frac{f(2) - f(5)}{2 - 5}$ Oskar: $m = \frac{f(5) - f(2)}{2 - 5}$

a) Prüfen Sie, bei welchem der drei Ansätze sich das richtige Ergebnis ergibt.

b) Geben Sie an, wie sich die falschen Ergebnisse zum richtigen Ergebnis verhalten.

c) Erläutern Sie, worauf es beim Aufstellen des Differenzenquotienten ankommt.

16 Gegeben ist die Funktion f mit $f(x) = 2^x$.

a) Zeichnen Sie den Graphen von f für $-2 \le x \le 3$.

b) Zeichnen Sie die Sekanten für [−1; 1] und [−1; 2] ein und lesen Sie ihre Steigung ab.

17 Die Tabelle zeigt die aktiven Covid-19-Infektionen in Deutschland von 2020 bis 2021.

15.08.20	15.09.20	15.10.20	15.11.20	15.12.20	15.01.21	15.02.21	15.03.21	15.04.21	15.05.21
12 288	16 299	54 406	287 852	351 526	335 964	152 121	146 170	278 775	233 703

a) Berechnen Sie die mittlere Änderungsrate der Fallzahlen im Beobachtungszeitraum.

b) Bestimmen Sie den stärksten Anstieg und die stärkste Abnahme der Fallzahlen innerhalb eines Monats. Geben Sie mögliche Gründe für diese Entwicklungen an und recherchieren Sie, wie sich die Fallzahlen in den folgenden Monaten entwickelten.

18 **Ausblick:**

a) Geben Sie einen Zeitraum an, in dem die Verschuldung in der Grafik immer langsamer anstieg (immer stärker anstieg).

b) Skizzieren Sie je einen Graphen, für den gilt: Je weiter nach rechts man den Graphen verfolgt, desto kleiner (größer) werden die mittleren Änderungsraten.

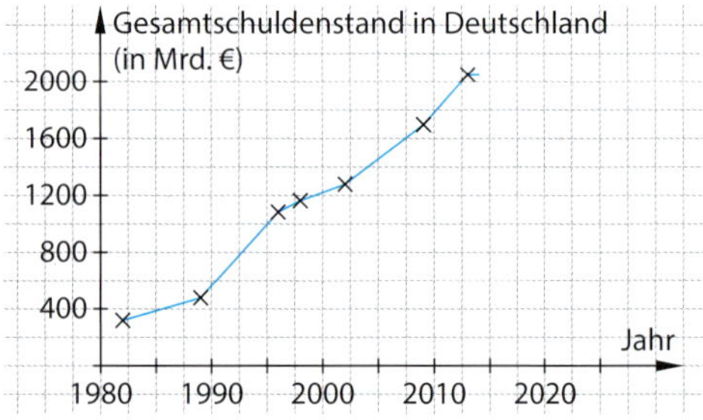

c) Der Graph der Funktion f mit $f(x) = x^3$ beschreibt, von links nach rechts betrachtet, erst eine Rechts- und dann eine Linkskurve. Geben Sie an, wie sich das in den mittleren Änderungsraten ausdrückt.

3.2 Lokale Änderungsrate und Ableitung

Vergleichen Sie die beiden Abbildungen des Graphen zu $f(x) = x^2$.
Verwenden Sie Lineal und Geodreieck und lesen Sie näherungsweise die Steigung des Graphen im Punkt $P(1\,|\,1)$ und im Punkt $Q\left(\frac{1}{2}\,\middle|\,\frac{1}{4}\right)$ ab, indem Sie die Punkte P und Q mit anderen, möglichst nahe gelegenen Punkten auf dem Graphen verbinden.

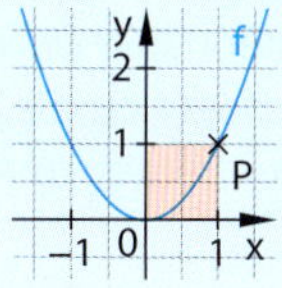

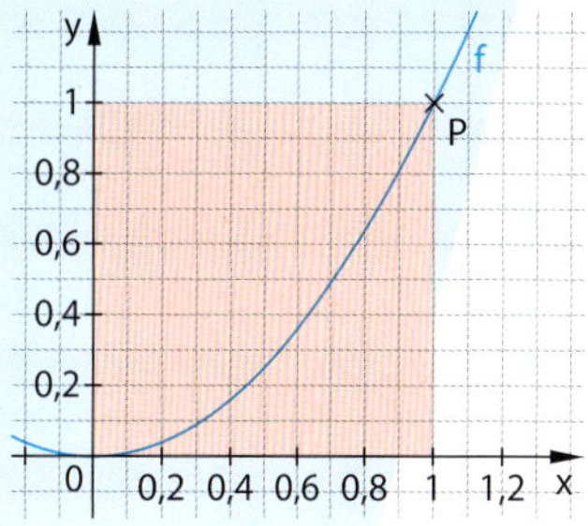

Lokale Änderungsrate

Mit der mittleren Änderungsrate kann man die Durchschnittsgeschwindigkeit in einem Zeitintervall berechnen. Nun soll die Momentangeschwindigkeit zu einem Zeitpunkt bestimmt werden.

Ein startendes Auto legt in t Sekunden die Strecke $s(t) = 2t^2$ in Metern zurück. Die mittlere Änderungsrate im Intervall [1; 2] ist die Durchschnittsgeschwindigkeit im m/s zwischen der ersten und der zweiten Sekunde und beträgt $\frac{s(2) - s(1)}{2 - 1} = \frac{8 - 2}{1} = 6$.

Die **Momentangeschwindigkeit** des Autos genau zum Zeitpunkt $t = 1$ kann man nicht mit dem Differenzenquotienten berechnen, da man nicht durch 0 dividieren darf. Mithilfe immer kleiner werdender Zeitintervalle lassen sich aber Näherungswerte bestimmen.

[1; t]	$\frac{s(t) - s(1)}{t - 1}$
[1; 2]	6
[1; 1,5]	5
[1,1; 1,5]	4,2
[1; 1,01]	4,02
[1; 1,0001]	4,0002

Die **Näherungstabelle** zeigt, dass sich die Durchschnittsgeschwindigkeit in $\frac{m}{s}$ dem Wert 4 annähert. Man kann also vermuten, dass die Momentangeschwindigkeit $4\,\frac{m}{s}$ beträgt.
Die mittlere Änderungsrate entspricht der Steigung der Sekante durch die Punkte P und Q. Wählt man das Intervall für die mittlere Änderungsrate immer kleiner, so bedeutet dies am Graphen, dass der Punkt Q immer näher an den Punkt P heranwandert.
Die Sekanten (grün) nähern sich einer **Tangente** (rot) an.
Die Steigung der Tangente entspricht der Steigung des Graphen im Berührpunkt P und der lokalen Änderungsrate der Funktion.

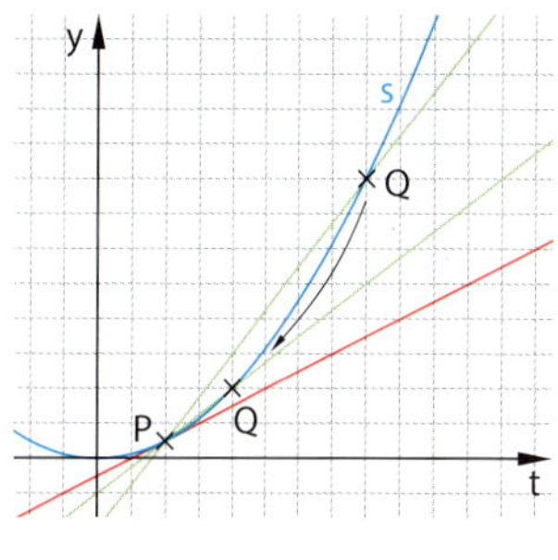

Wissen

Wenn sich der Wert des Differenzenquotienten $\frac{f(x) - f(x_0)}{x - x_0}$ für $x \to x_0$ von beiden Seiten dem gleichen festen Wert annähert, so heißt dieser Wert **Ableitung** $f'(x_0)$. Er gibt die **lokale Änderungsrate** der Funktion f an der Stelle x_0 an.

Die Ableitung $f'(x_0)$ entspricht der **Steigung der Tangente** an den Graphen von f im Punkt $P(x_0\,|\,f(x_0))$.

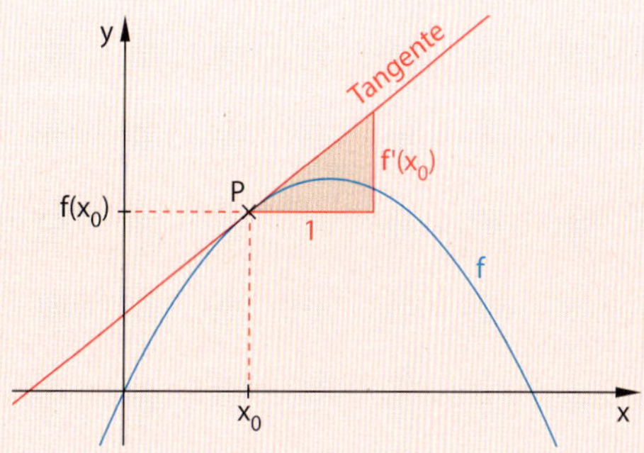

Beispiel 1

Bestimmen Sie näherungsweise die Ableitung der Funktion f mit $f(x) = x^2$ an der Stelle $x_0 = 4$.

Lösung:

Erstellen Sie eine Näherungstabelle. Setzen Sie in den Differenzenquotienten Werte für x ein, die immer näher bei 4 liegen. Die Tabelle zeigt, dass sich die Werte des Differenzenquotienten immer stärker 8 annähern.

[4; x]	$\frac{f(x) - f(x_0)}{x - x_0}$
[4; 5]	$\frac{5^2 - 4^2}{5 - 4} = 9$
[4; 4,1]	$\frac{4{,}1^2 - 4^2}{4{,}1 - 4} = 8{,}1$
[4; 4,01]	$\frac{4{,}01^2 - 4^2}{4{,}01 - 4} = 8{,}01$
[4; 4,001]	$\frac{4{,}001^2 - 4^2}{4{,}001 - 4} = 8{,}001$

Bei einer Annäherung an x_0 von unten erhalten Sie das gleiche Ergebnis.
Also gilt vermutlich $f'(4) \approx 8$.

Basisaufgaben

1 Bestimmen Sie näherungsweise die Ableitung an der Stelle $x_0 = 1$. Stellen Sie dazu eine Näherungstabelle für den Differenzenquotienten auf.

a) $f(x) = x^2$ b) $f(x) = x^3$ c) $f(x) = x^2 + 3$ d) $f(x) = 2x^3 - 1$

2 Bestimmen Sie die Ableitung der Funktion f an der Stelle x_0 mithilfe der Steigung der eingezeichneten Tangente.

a) $x_0 = 0$

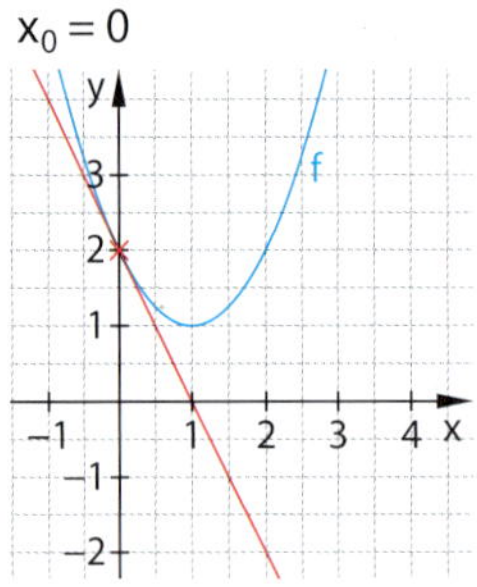

b) $x_0 = 1$

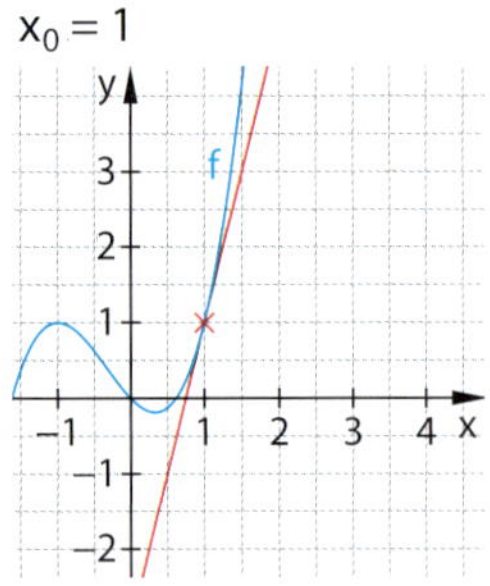

c) $x_0 = \frac{\pi}{2}$

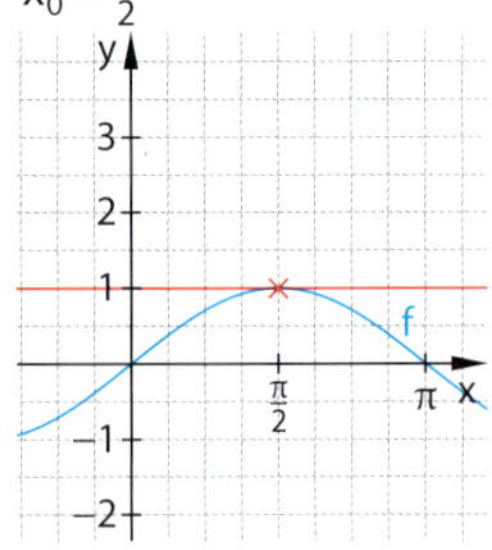

3 a) Zeichnen Sie den Graphen der Funktion f mit $f(x) = -\frac{1}{4}x^2 + 2$ für $0 \le x \le 4$. Zeichnen Sie möglichst exakt die Tangente an der Stelle 1 ein. Lesen Sie ihre Steigung ab.

b) Überprüfen Sie Ihr Ergebnis aus a) mit einer Mathematik-Software.

4 Die Ableitung einer Funktion an einer Stelle ist 0. Beschreiben Sie, wie die Tangente an dieser Stelle aussieht.

5 Die von einem Schlitten zurückgelegte Strecke s (in Metern) wird durch die Funktion s mit $s(t) = \frac{1}{2}t^2$ ($t \ge 0$ in Sekunden) beschrieben.

a) Berechnen Sie die Durchschnittsgeschwindigkeit des Schlittens während der ersten 5 Sekunden und für die Intervalle [4; 5], [4,9; 5] und [4,99; 5].

b) Geben Sie einen Wert für die Momentangeschwindigkeit nach 5 Sekunden an.

c) Bestimmen Sie wie in a) und b) einen Näherungswert für die Momentangeschwindigkeit nach 2 Sekunden und nach 3 Sekunden.

Ableitung an einer Stelle berechnen

Hinweis

Streben Zähler und Nenner für $x \to x_0$ gegen 0, lässt sich keine Aussage über das Verhalten des Bruchs treffen.

Bisher wurde die Ableitung als Grenzwert der Sekantensteigungen näherungsweise ermittelt. Die Ableitung lässt sich exakt berechnen, wenn der Differenzenquotient $\frac{f(x)-f(x_0)}{x-x_0}$ nach Kürzen mit $x - x_0$ kein Bruchterm mehr ist.

Das Kürzen gelingt leichter, wenn man $x - x_0 = h$ setzt (**h-Methode**), also statt $[x_0; x]$ die Intervalle $[x_0; x_0 + h]$ betrachtet. Dann gilt mit $x = x_0 + h$:

$$\frac{f(x)-f(x_0)}{x-x_0} = \frac{f(x_0+h)-f(x_0)}{h}$$

Zur exakten Berechnung der Ableitung an der Stelle x_0 muss man dann den Grenzwert für $h \to 0$ statt für $x \to x_0$ bestimmen.

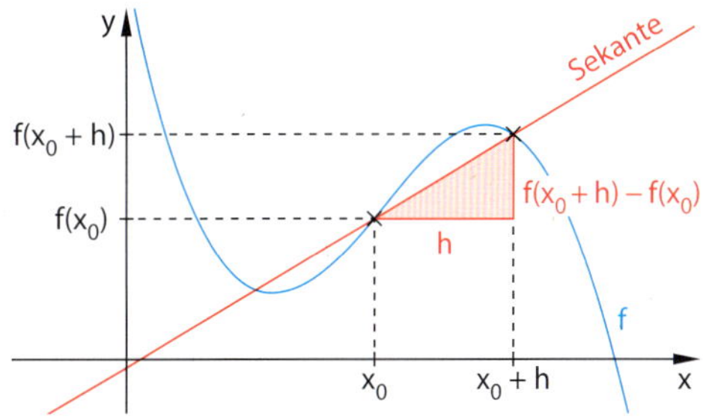

Hinweis

Der Grenzwert des Differenzenquotienten wird als Differenzialquotient bezeichnet.

Wissen **Berechnung der Ableitung mit dem Differenzialquotienten**

Die Ableitung der Funktion f an der Stelle x_0 kann man mit dem **Grenzwert (Limes) des Differenzenquotienten** berechnen. Schreibweise:

$$f'(x_0) = \lim_{h \to 0} \frac{f(x_0+h)-f(x_0)}{h}$$

Beispiel 2

Berechnen Sie mithilfe des Differenzialquotienten die Ableitung der Funktion f mit $f(x) = x^2$ an der Stelle $x_0 = 4$. Überprüfen Sie Ihr Ergebnis grafisch.

Lösung:

Setzen Sie $x_0 = 4$ in den Differenzenquotienten mit h ein und formen Sie ihn für $f(x) = x^2$ so lange um, bis h aus dem Nenner gekürzt werden kann.
Damit lässt sich der Grenzwert für $h \to 0$ ablesen. Er entspricht der Ableitung $f'(4)$.

$$\frac{f(x_0+h)-f(x_0)}{h} = \frac{f(4+h)-f(4)}{h} = \frac{(4+h)^2-4^2}{h}$$

$$= \frac{16+8h+h^2-16}{h} = \frac{8h+h^2}{h} = \frac{h(8+h)}{h}$$

$$= 8 + h$$

$$f'(4) = \lim_{h \to 0} \frac{f(4+h)-f(4)}{h} = \lim_{h \to 0}(8+h) = 8$$

Zeichnen Sie zur Überprüfung den Graphen von f und die Tangente an den Graphen bei $x_0 = 4$ ein. Bestimmen Sie die Steigung der Tangente und vergleichen Sie sie mit Ihrer berechneten Ableitung.

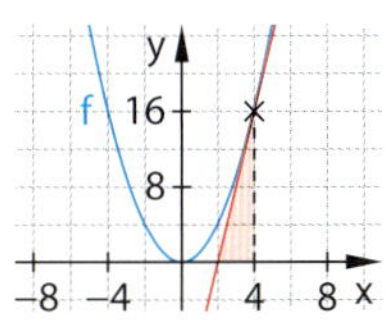

Die Steigung der Tangente entspricht der Ableitung von f.

Beispiel 3

Die beim freien Fall eines Gegenstands zurückgelegte Strecke s (in m) lässt sich näherungsweise durch die Funktion s mit $s(t) = 5t^2$ in Abhängigkeit von der Zeit t (in s) beschreiben. Bestimmen Sie die Momentangeschwindigkeit des Gegenstands zum Zeitpunkt $t_0 = 2$.

Lösung:

Setzen Sie $t_0 = 2$ in den Differenzenquotienten ein und formen Sie ihn für $s(t) = 5t^2$ so lange um, bis h aus dem Nenner gekürzt werden kann. Lesen Sie dann den Grenzwert für $h \to 0$ ab.

$$\frac{s(t_0+h)-s(t_0)}{h} = \frac{s(2+h)-s(2)}{h}$$

$$= \frac{5(2+h)^2 - 5 \cdot 2^2}{h} = \frac{20h+5h^2}{h}$$

$$= 20 + 5h$$

$$s'(2) = \lim_{h \to 0}(20+5h) = 20$$

Die Momentangeschwindigkeit zum Zeitpunkt $t_0 = 2$ beträgt 20 m/s.

Basisaufgaben

Hinweis zu 6

$(a+b)^3 =$
$a^3 + 3a^2b + 3ab^2 + b^3$

6 Berechnen Sie mithilfe des Differenzialquotienten die Ableitung der Funktion f mit $f(x) = x^3$ an der Stelle $x_0 = -2$. Überprüfen Sie Ihr Ergebnis grafisch.

7 Berechnen Sie die Ableitung der Funktion an der Stelle $x_0 = 2$.
a) $f(x) = x^2$ b) $f(x) = 3x^2$ c) $f(x) = -x^2$ d) $f(x) = -\frac{1}{5}x^2 + 1$

Lösungen zu 7

4 −8 12 −4 −0,8

8 Die Fallstrecke eines Fallschirmspringers in Abhängigkeit von der Zeit lässt sich während der Freifallphase durch die Funktion $f(t) = 5t^2$ beschreiben (t: Fallzeit in s; f(t): Fallstrecke in m). Berechnen Sie die Momentangeschwindigkeit des Fallschirmspringers zum Zeitpunkt $t_0 = 5$.

9 Vervollständigen Sie die Tabelle.

Bezeichnung des Terms	grafische Interpretation	Anwendung	Art der Geschwindigkeit
Differenzenquotient	Sekantensteigung		
↓	↓	$\lim\limits_{h \to 0}$ ↓	↓
Ableitung		lokale Änderungsrate	

Weiterführende Aufgaben

10 Bestimmen Sie zu zweit näherungsweise die Ableitung der Funktion f mit $f(x) = \frac{2}{3}x^2$ an der Stelle $x_0 = 6$ mithilfe einer Näherungstabelle. Legen Sie vorher fest, wer für x die Werte 10, 6,5, 6,1 und 6,01 und wer die Werte 2, 5,5, 5,9 und 5,99 einsetzt. Vergleichen Sie Ihre Ergebnisse und formulieren Sie eine Beobachtung.

11 **Stolperstelle:**
Tim soll die mittlere Änderungsrate der Funktion f mit dem abgebildeten Graphen im Intervall [0; 1] bestimmen. Er hat dazu die Tangente an der Stelle x = 1 eingezeichnet und meint: *„Die Tangente hat die Steigung 2, also ist die mittlere Änderungsrate 2."*
Nehmen Sie Stellung.

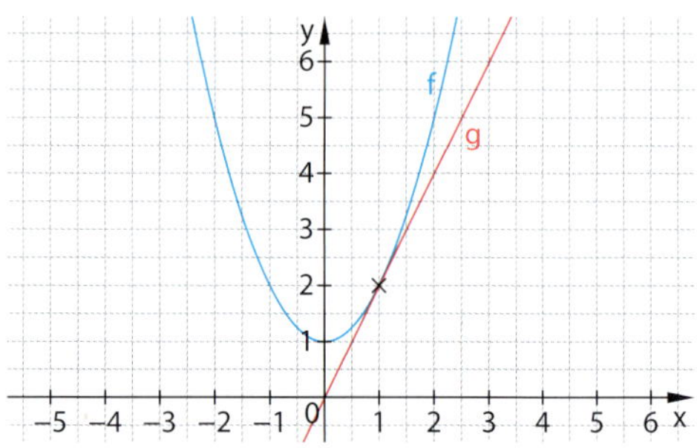

12 a) Ordnen Sie die Steigung an den Punkten A, B, C, D, E und F des abgebildeten Funktionsgraphen der Größe nach.
b) Skizzieren Sie im Intervall [0; 10] den Graphen einer Funktion f mit $f'(7) > f'(3) > f'(5) > f'(9) > f'(1)$ und $f'(5) = 0$.

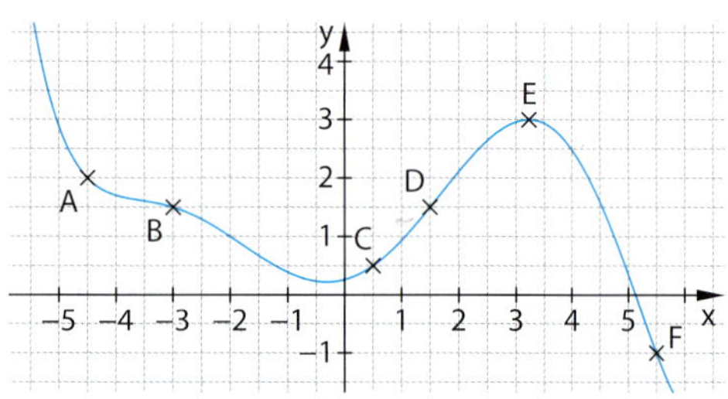

13 Felix hat die Ableitung der Funktion f mit $f(x) = -5x^2$ an der Stelle $x_0 = 1$ bestimmt. Finden Sie den Fehler und korrigieren Sie ihn.

$$f'(1) = \lim_{h \to 0} \frac{f(1+h) - f(1)}{h} = \lim_{h \to 0} \frac{-5 \cdot 1^2 + h - (-5 \cdot 1^2)}{h} = \lim_{h \to 0} \frac{h}{h} = \lim_{h \to 0} 1 = 1$$

14 a) Zeichnen Sie den Graphen zu f mit $f(x) = (x-2)^2$ in ein Koordinatensystem. Zeichnen Sie vom Punkt $A(1\,|\,1)$ des Graphen aus Sekanten zu Punkten mit den x-Koordinaten $x = 1 + h$ für $h = 2$, $h = 1{,}5$, $h = 1$ und $h = 0{,}5$ ein.

b) Zeigen Sie, dass $f(1+h) = 1 - 2h + h^2$ gilt.

c) Zeigen Sie mithilfe des Differenzenquotienten, dass für die Steigungen der Sekanten bei Punkt A gilt: $m_h = -2 + h$

d) Überprüfen Sie die mit der Formel aus c) berechneten Sekantensteigungen anhand Ihrer Zeichnung.

e) Berechnen Sie die Tangentensteigung im Punkt A und zeichnen Sie die Tangente.

15 Durch ein Ventil wird Wasser in ein quaderförmiges Gefäß gefüllt bzw. herausgelassen. Der Graph zeigt das Volumen des Wassers im Gefäß in Abhängigkeit von der Zeit. Beschreiben Sie die Zuflussgeschwindigkeit des Wassers in Worten und skizzieren Sie den Änderungsgraphen.

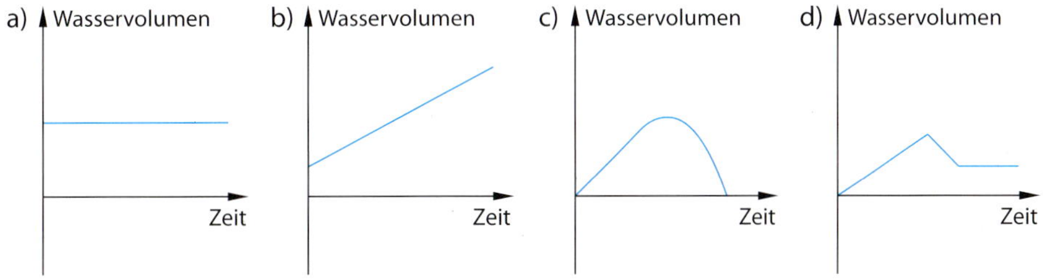

16 Die Abbildung zeigt die zurückgelegte Strecke zweier Läufer (in m) in Abhängigkeit von der Zeit (in min).

a) Beschreiben Sie die Situation.

b) Berechnen Sie die durchschnittliche Geschwindigkeit der beiden Läufer bis zum Zeitpunkt $t = 15$.

c) Nennen Sie einen möglichen Grund dafür, dass Läufer 2 kurz vor $t = 10$ deutlich schneller wird.

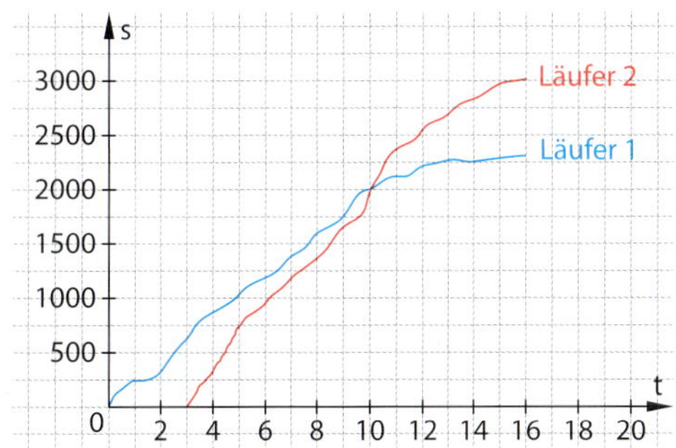

17 Gegeben sind die Funktionen f und g mit $f(x) = -x^2 + 4x$ und $g(x) = -x^3 + 4x^2$.

a) Bestimmen Sie näherungsweise die Steigung der Tangenten an die Graphen von f und g an der Stelle $x_0 = 1$ mithilfe einer Näherungstabelle.

b) Berechnen Sie $f'(1)$ und $g'(1)$ mithilfe der h-Methode und vergleichen Sie mit a).

18 **Ausblick:**

a) Bestimmen Sie für die Betragsfunktion f mit $f(x) = |x^2 - 9|$ den Grenzwert des Differenzenquotienten an der Stelle $x_0 = 3$ mithilfe einer Näherungstabelle. Setzen Sie dabei Werte für $x > 3$ und $x < 3$ ein, um sich der Stelle $x_0 = 3$ von links und von rechts zu nähern.
Beschreiben Sie Ihre Beobachtung.

b) Erläutern Sie, welche Probleme sich beim Zeichnen der Tangente an der Stelle $x_0 = 3$ ergeben.

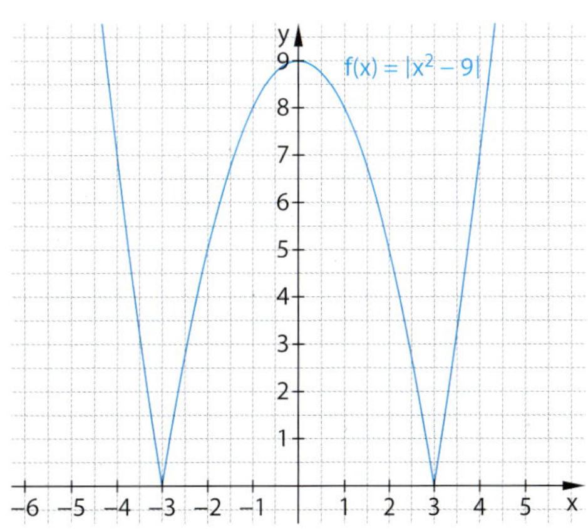

3.3 Ableitungsfunktion

Eine Sprungschanze für Snowboarder soll im gekrümmten Teil durch den Graphen der Funktion f mit $f(x) = \frac{1}{4}x^2$ beschrieben werden. (1 LE entspricht 10 m.)

a) Bestimmen Sie die Steigung der Rampe bei $x = -1$, $x = 0{,}5$, $x = 1$ und $x = 1{,}5$.

b) Geben Sie eine Vermutung für die Steigung von f an einer beliebigen Stelle x an.

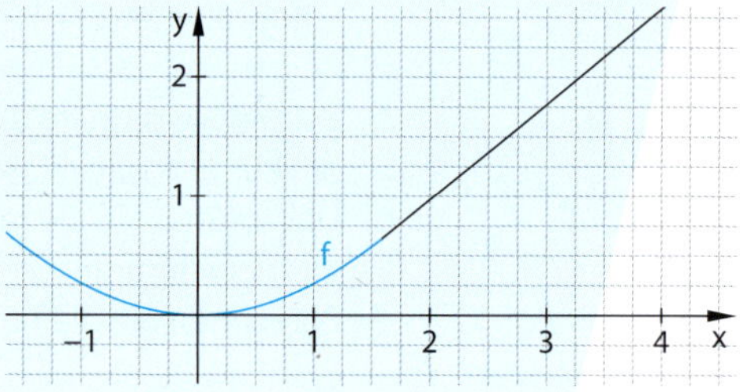

Wenn man den Wert der Ableitung einer Funktion an mehreren Stellen sucht, ist es aufwendig, für jede Stelle einzeln den Differenzenquotienten zu bilden. Berechnet man allgemein für eine beliebige Stelle x die Ableitung, muss man den Differenzenquotienten nur einmal bilden und davon den Grenzwert bestimmen. Dadurch wird jeder Stelle x ihre Ableitung $f'(x)$ zugeordnet. Diese eindeutige Zuordnung heißt **Ableitungsfunktion f'** von f oder kurz Ableitung von f.

Definition

Die **Ableitungsfunktion f'** einer Funktion f ordnet jeder Stelle x die Ableitung $f'(x)$ zu.

Die Ableitungsfunktion f' beschreibt das gesamte Steigungsverhalten des Graphen von f.

Hinweis

Das Berechnen der Ableitungsfunktion nennt man **Ableiten.** Spricht man von **„Ableitung"** ohne Angabe einer Stelle, so ist damit die Ableitungsfunktion gemeint.

Beispiel 1

a) Bestimmen Sie zur Funktion f mit $f(x) = x^2 + 4$ den Term der Ableitungsfunktion f'.

b) Berechnen Sie $f'(3)$ sowie die Steigung der Tangente im Punkt $(-5 \mid f(-5))$ mithilfe der Ableitungsfunktion.

c) Berechnen Sie die Stellen, an denen der Graph von f die Steigung 7 hat.

Lösung:

a) Bilden und vereinfachen Sie den Differenzenquotienten. Verwenden Sie dafür die erste binomische Formel. Bestimmen Sie den Grenzwert des vereinfachten Differenzenquotienten.

$$\frac{f(x+h)-f(x)}{h} = \frac{(x+h)^2+4-(x^2+4)}{h}$$
$$= \frac{x^2+2xh+h^2+4-x^2-4}{h} = \frac{2xh+h^2}{h} = \frac{h(2x+h)}{h}$$
$$= 2x + h$$
$$f'(x) = \lim_{h\to 0} \frac{f(x+h)-f(x)}{h} = \lim_{h\to 0}(2x+h) = 2x$$

b) Setzen Sie $x = 3$ bzw. $x = -5$ in die Gleichung von f' ein.

$f'(3) = 2 \cdot 3 = 6$

Tangentensteigung:

$f'(-5) = 2 \cdot (-5) = -10$

c) Setzen Sie $f'(x) = 7$ und lösen Sie nach x auf.

$f'(x) = 7$

$2x = 7$ also $x = 3{,}5$

Basisaufgaben

1 Bestimmen Sie den Funktionsterm der Ableitungsfunktion mit dem Grenzwert des Differenzenquotienten.

a) $f(x) = 0{,}5x$ b) $f(x) = 2x + 3$ c) $f(x) = x^2 + 5$

d) $f(x) = 3x^2$ e) $f(x) = -x^2 + 7x$ f) $f(x) = 3x^2 - 2x + 4$

2 Bestimmen Sie die Ableitungsfunktion als Grenzwert des Differenzenquotienten von f mit $f(x) = mx + n$. Die Ableitung beschreibt die Steigung des Graphen. Stellen Sie einen Zusammenhang mit dem Steigungsparameter m einer Geraden her.

3 a) Bestimmen Sie die Ableitung zu $f(x) = -2x^2 + 4x$.
b) Berechnen Sie $f'(0)$ und geben Sie die Steigung der Tangente im Punkt $P(2|0)$ an.
c) Ermitteln Sie die x-Werte, für die gilt: $f'(x) = -2$

4 Auch die Ableitung konstanter Funktionen lässt sich mit Differenzenquotienten ermitteln.
a) Zeichnen Sie den Graphen der konstanten Funktion f mit $f(x) = 3$.
b) Geben Sie die Funktionswerte $f(4)$, $f(-7)$ und $f(1000)$ an.
c) Stellen Sie eine Vermutung auf, was die Ableitungsfunktion von f sein könnte.
d) Überprüfen Sie Ihre Vermutung aus c), indem Sie den Grenzwert des Differenzenquotienten bilden.

Hinweis zu 5

$(a + b)^3 = a^3 + 3a^2b + 3ab^2 + b^3$

5 Bestimmen Sie die Ableitungsfunktion der Funktion f mit $f(x) = x^3$ mit dem Grenzwert des Differenzenquotienten.

6 Bestimmen Sie die Stelle x, an der die Graphen der Funktionen f mit $f(x) = 0{,}5x^2 + x - 1$ und g mit $g(x) = x^2 - 1{,}5x + 2$ die gleiche Steigung haben.

7 In 14,80 m Höhe lässt Annika eine Kugel aus dem Fenster fallen. Die Höhe der Kugel zum Zeitpunkt t ist näherungsweise gegeben durch $s(t) = 14{,}8 - 5t^2$ (s in Metern, t in Sekunden).
a) Bestimmen Sie die Funktionsgleichung für die Momentangeschwindigkeit $v(t) = s'(t)$ der Kugel. Begründen Sie, warum $s'(t)$ die Momentangeschwindigkeit beschreibt.
b) Geben Sie an, wie schnell die Kugel nach 1,4 s ist.
c) Berechnen Sie, wann und mit welcher Geschwindigkeit die Kugel am Boden aufprallt.

8 Der Start eines Airbus A320 kann bis zum Abheben von der Rollbahn (ohne Luftwiderstand) durch die Zeit-Weg-Funktion s mit $s(t) = 1{,}5t^2$ modelliert werden (s in Metern, t in Sekunden).

a) Berechnen Sie die Funktionsgleichung der Momentangeschwindigkeit $v(t) = s'(t)$.
b) Geben Sie die Momentangeschwindigkeit nach 10 und nach 20 Sekunden an.
c) Bei einer Geschwindigkeit von ca. 72 m/s hebt der A320 ab. Berechnen Sie, nach wie vielen Sekunden das Flugzeug diese Abhebgeschwindigkeit erreicht.
d) Ermitteln Sie, welche Strecke das Flugzeug bis zum Abheben zurücklegt.

9 Die Funktion f beschreibt die von einem Windrad bis zum Zeitpunkt t (in h) erzeugte Energiemenge in Kilowattstunden (kWh). Die Ableitung f′ mit $f'(t) = 6t^2 - 72t + 216$ beschreibt für $0 \leq t \leq 12$ die Leistung (in kW), die das Windrad zum Zeitpunkt t bereitstellt.

a) Skizzieren Sie den Graphen von f′.
b) Beschreiben Sie den Verlauf des Graphen der Ableitungsfunktion.
c) Bestimmen Sie die Werte $f'(2)$, $f'(4)$ und $f'(10)$ und geben Sie ihre Bedeutung jeweils im Sachzusammenhang an. Interpretieren Sie auch den Wert $f'(6)$ im Sachzusammenhang.

Grafisches Ableiten

Der Funktionswert der Ableitungsfunktion f′ an einer Stelle x entspricht der Steigung des Graphen von f an dieser Stelle.

In den Intervallen, in denen der Graph von f steigt (bzw. fällt), in denen also die Steigung positiv (bzw. negativ) ist, verläuft der Graph von f′ oberhalb (bzw. unterhalb) der x-Achse.

An den Hoch- und Tiefpunkten (hier bei $x = -1$ und $x = 3$) hat der Graph von f eine waagerechte Tangente. Seine Steigung ist dort 0 und f′ hat Nullstellen.

Für $x \geq 3$ wird der Graph von f immer steiler, die Funktionswerte von f′ also immer größer.
Der Graph von f fällt bei $x = 1$ am steilsten ab. An dieser Stelle hat der Graph von f′ einen Tiefpunkt.
Die Tangente bei $x = 4$ hat die Steigung 1,25.
Der Graph von f′ verläuft durch den Punkt L(4 | 1,25).

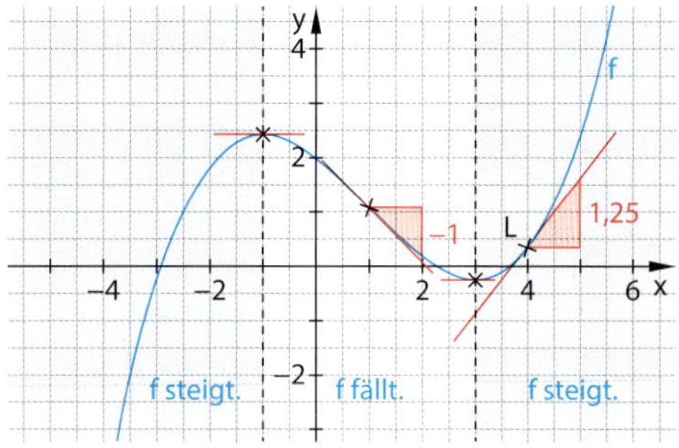

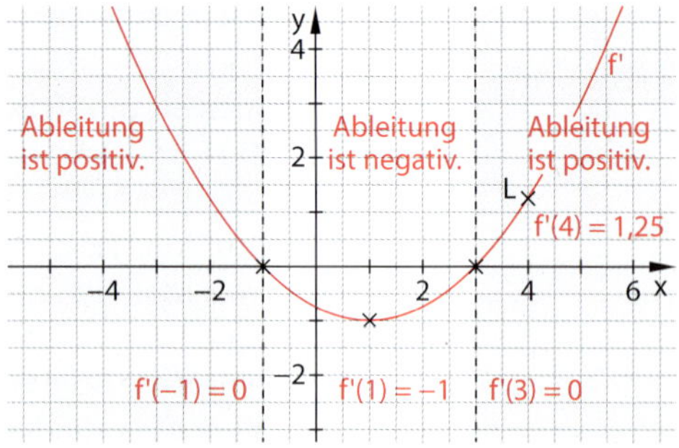

Beispiel 2 Skizzieren Sie zum abgebildeten Graphen von f den Graphen der Ableitungsfunktion f′.
Markieren Sie die Nullstellen von f′ sowie die Intervalle, in denen die Ableitung positiv bzw. negativ ist.

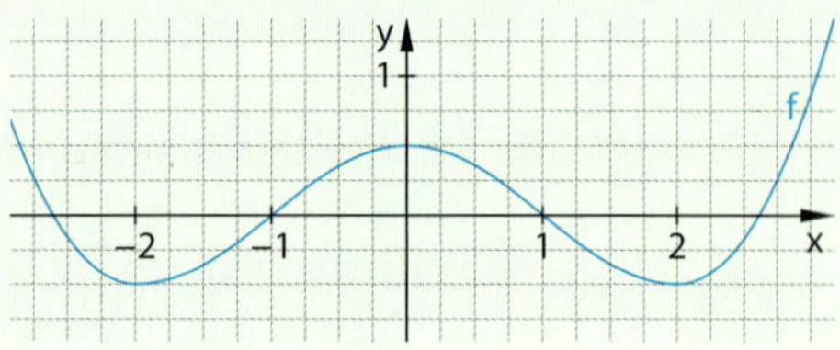

Lösung:
Der Graph von f hat Tiefpunkte bei $x = -2$ und $x = 2$ sowie einen Hochpunkt bei $x = 0$. An diesen Stellen hat f′ daher Nullstellen.

In den Bereichen $x < -2$ und $0 < x < 2$ fällt der Graph von f, hier ist $f'(x)$ negativ.

In den Bereichen $-2 < x < 0$ und $x > 2$ steigt der Graph von f, hier ist $f'(x)$ positiv.

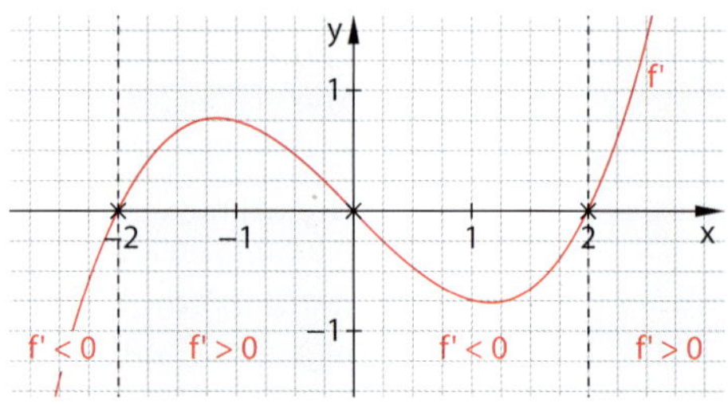

Hinweis
$f' < 0$ ist die Kurzschreibweise für $f'(x) < 0$ für alle x im betrachteten Intervall.

Basisaufgaben

10 Skizzieren Sie den Graphen von f′.

a) 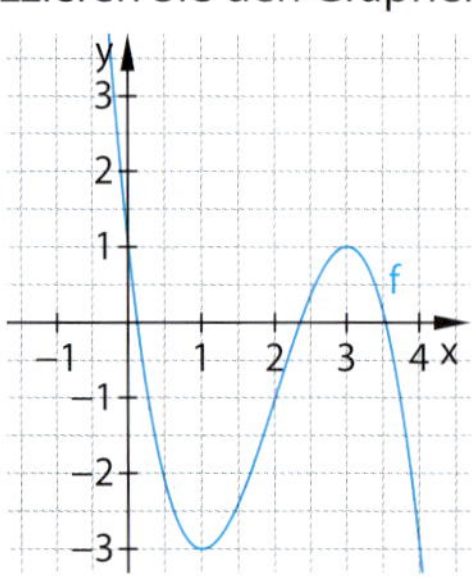

b) 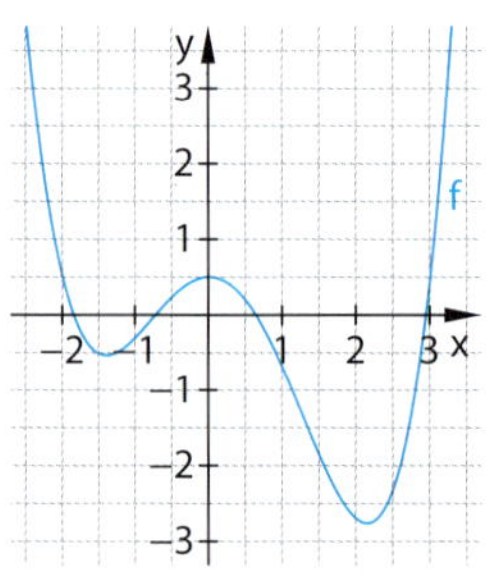

c) 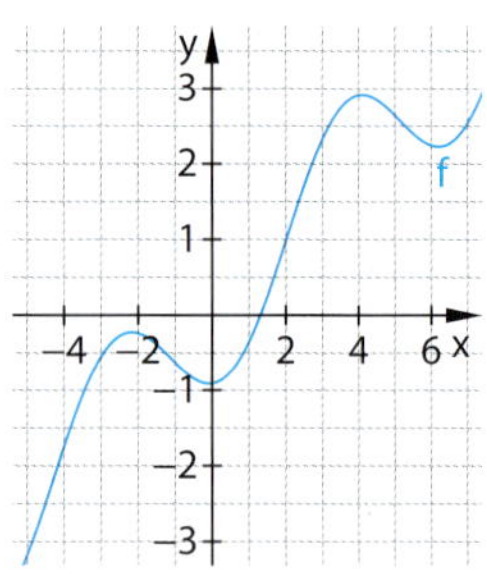

11 a) Notieren Sie möglichst viele Zusammenhänge, die zwischen dem Graphen einer Funktion f und dem ihrer Ableitungsfunktion f′ bestehen.
b) Überprüfen Sie die Graphen von f und g auf die Zusammenhänge aus a) und entscheiden Sie so, ob g die Ableitungsfunktion von f sein kann.

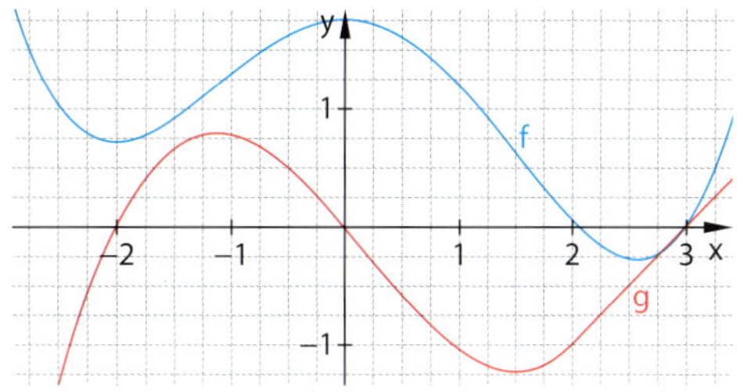

12 Skizzieren Sie die Graphen zu f und f′ und erläutern Sie die Zusammenhänge.
a) $f(x) = x^2 - 4$
b) $f(x) = x^3 - 4x$

13 Schätzen Sie die Tangentensteigungen an den Punkten A bis K. Tragen Sie die diesen Steigungen entsprechenden Punkte des Graphen der Ableitung f′ in ein Koordinatensystem ein und skizzieren Sie so den Graphen der Ableitung von f.

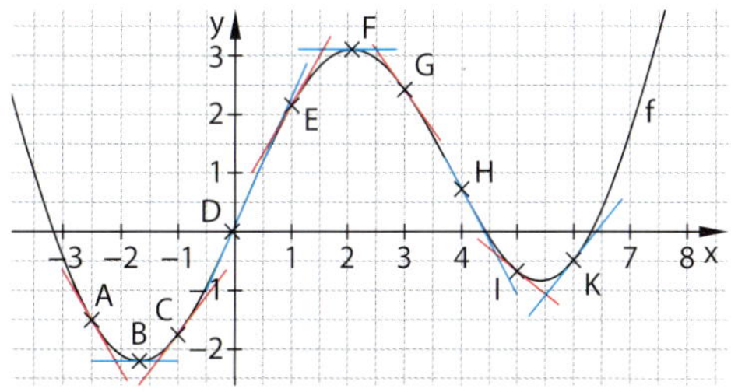

14 Ordnen Sie jeder der Funktionen $f_1, \ldots, f_5$ ihre Ableitung aus den Funktionen $g_1, \ldots, g_5$ zu. Begründen Sie Ihre Entscheidung.

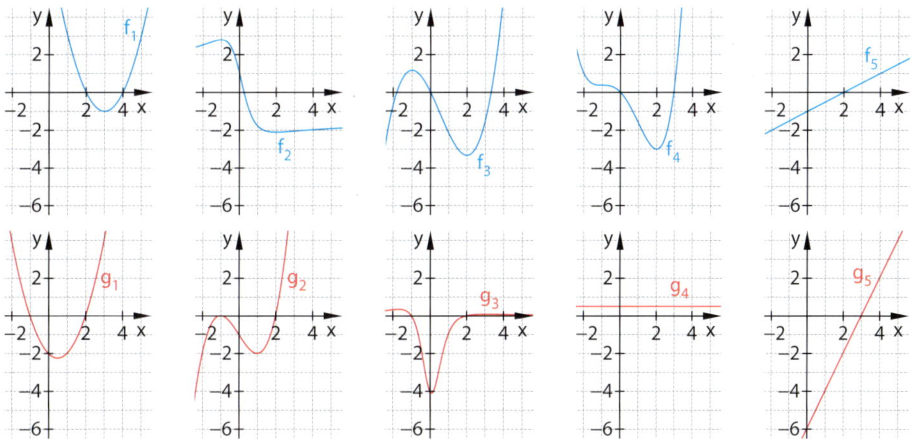

15 Jede der Funktionen f, g, h und k ist die Ableitung einer der anderen drei Funktionen. Ordnen Sie begründet zu.

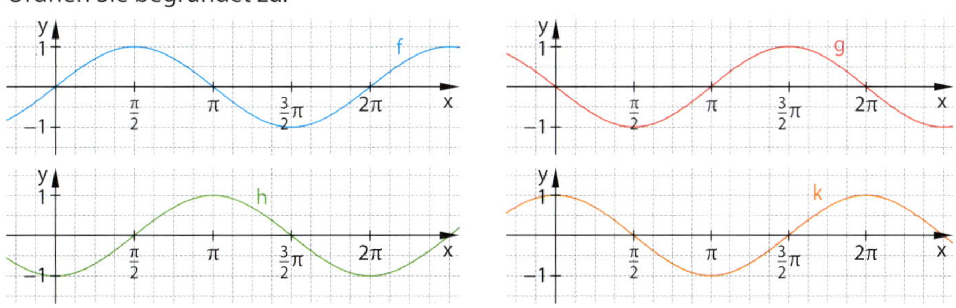

16 Zeichnen Sie den Graphen einer beliebigen Funktion in ein Koordinatensystem. Tauschen Sie untereinander und skizzieren Sie in dasselbe Koordinatensystem den Verlauf des Graphen der Ableitungsfunktion. Überprüfen Sie gegenseitig Ihre Ergebnisse.

Weiterführende Aufgaben

17 Ordnen Sie jeder Eigenschaft des Graphen einer Funktion die zugehörige Eigenschaft des Graphen der Ableitung zu. Legen Sie dazu eine Tabelle an.

Graph der Funktion: fallend; steilster Anstieg; Gerade; Hoch- oder Tiefpunkt; Parallele zur x-Achse; steilster Abfall; steigend

Graph der Ableitung: unterhalb der x-Achse; Parallele zur x-Achse; Tiefpunkt; Schnittpunkt mit der x-Achse; oberhalb der x-Achse; Hochpunkt; x-Achse

18 Abgebildet ist der Graph von f. Prüfen Sie, ob die Aussage über die Ableitungsfunktion f' wahr sein kann.

a) f' hat die Nullstelle $x = -2$.
b) f' hat die Nullstelle $x = -3{,}19$.
c) Der Graph von f' hat bei $x = -0{,}04$ einen Hochpunkt.
d) $f'(x)$ ist für $x > 2{,}14$ negativ.
e) Der Graph von f' hat bei $x = 2{,}14$ einen Tiefpunkt.
f) $f'(-2) < 0$

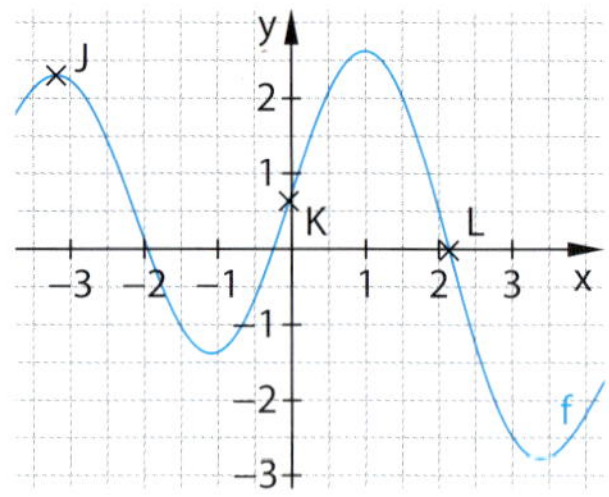

19 Gegeben ist die Funktion f mit $f(x) = \frac{1}{2}x^2 + 6$.

a) Bestimmen Sie die Ableitung als Grenzwert des Differenzenquotienten.
b) Zeichnen Sie die Graphen von f und f' im Bereich $-3 < x < 3$ in ein Koordinatensystem.
c) Zeichnen Sie an den Stellen $x = -2$, $x = 0$ und $x = 1{,}5$ mithilfe von f' Tangenten an den Graphen ein.

20 **Stolperstelle:** Erläutern Sie den Fehler beim Skizzieren des Graphen von f' und korrigieren Sie ihn.

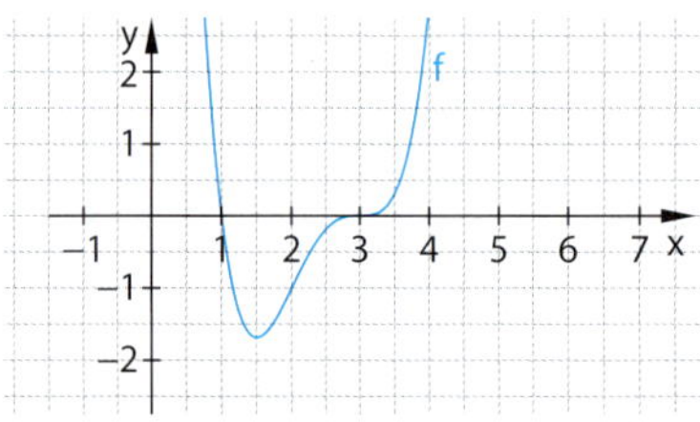

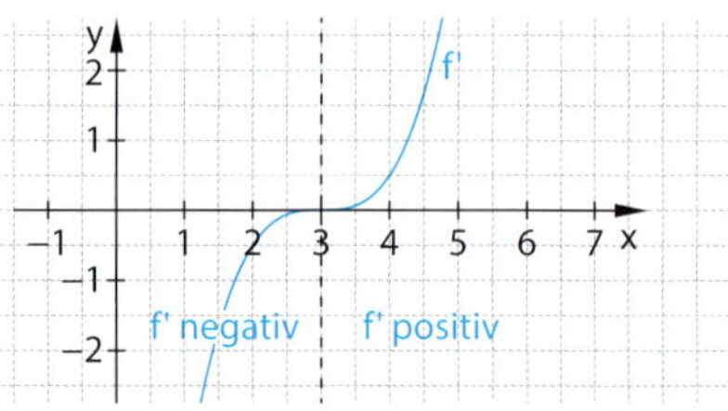

21 Die Rechnung zur Bestimmung der Ableitung von f mit $f(x) = x^2 - 2x$ ist fehlerhaft:

$$\frac{f(x+h)-f(x)}{h} = \frac{(x+h)^2 - 2(x+h) - x^2 - 2x}{h} = \frac{x^2 + 2xh + h^2 - 2x - 2h - x^2 - 2x}{h} = \frac{2xh + h^2 - 2h - 4x}{h}$$

Korrigieren Sie den Fehler und berechnen Sie die Ableitung von f.

22 Die Abbildung zeigt die Graphen einer Funktion f und ihrer Ableitungsfunktion f'.
Benennen Sie die Besonderheit des Graphen von f' an den Punkten A, B und C und erläutern Sie ihre Bedeutung für den Graphen von f.

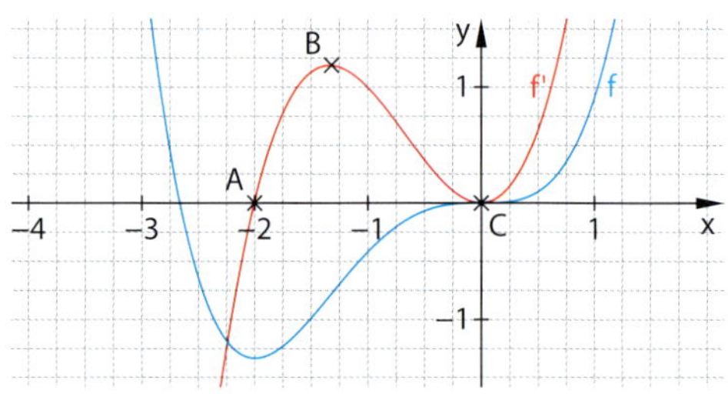

23 Untersuchen Sie an einem Beispiel, wie sich der Graph von f an den Hoch- und Tiefpunkten von f' verhält.

24 Die Abbildung zeigt den Graphen der Funktion f, die für einen Zeitraum von 8 Tagen die Höhe des Wasserstands im Ausgleichsbecken einer Kanalisation beschreibt.

a) Skizzieren Sie den Graphen der Ableitung f′.

b) Es gilt $f'(3) = -0{,}45$. Erklären Sie die Bedeutung dieser Zahl im Sachzusammenhang.

c) Beschreiben Sie den Verlauf des Graphen von f′ im Sachzusammenhang.

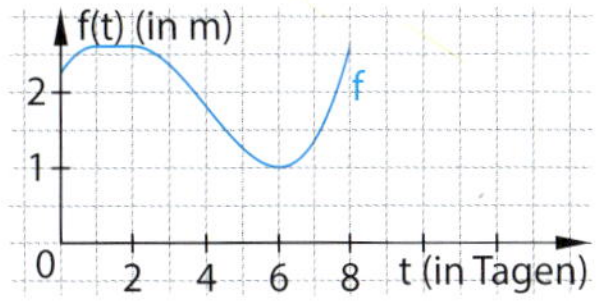

25 Der Graph von f stellt die Anzahl der Infizierten (in 100) während einer Epidemie dar.

a) Interpretieren Sie die Koordinaten des Hochpunktes sowie die Nullstelle im Sachzusammenhang.

b) Skizzieren Sie den Graphen der Ableitung und beschreiben Sie den Verlauf der Infektionsrate.

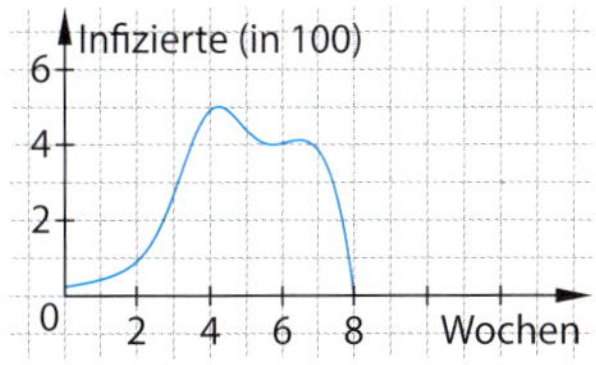

Hinweis zu 26

Knickfrei bedeutet, dass die Gerade und die Parabel an der Übergangsstelle dieselbe Steigung besitzen.

26 Der aus Stücken einer Geraden und einer Parabel knickfrei zusammengesetzte Graph beschreibt den Querschnitt eines 20 m hohen Damms. Die Steigung von g ist 0,8, die Parabel ist der Graph von f mit $f(x) = -\frac{1}{20}x^2 + 20$.

a) Berechnen Sie die Geradengleichung und die Länge des Querschnitts $\overline{CD}$.

b) Auf dem Damm steht ein 2 m hoher Stab. Prüfen Sie, ob man vom Punkt P(25 | 0) die Spitze des Stabs sehen kann.

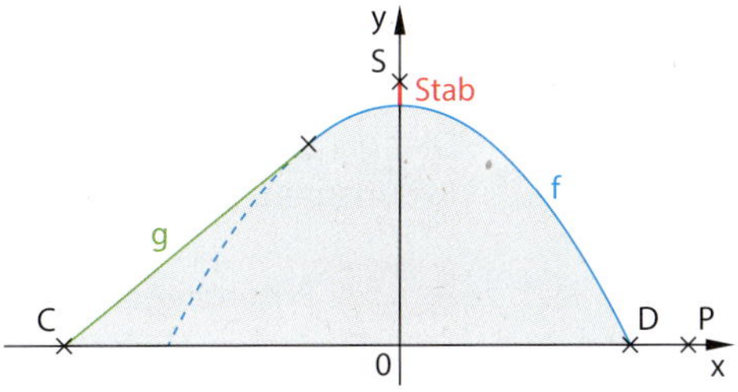

Hinweis zu 27

Anstatt zu teilen, kann man auch immer mit dem Kehrbruch multiplizieren.

$\frac{\frac{5}{9}}{2} = \frac{5}{9} \cdot \frac{1}{2} = \frac{5 \cdot 1}{9 \cdot 2} = \frac{5}{18}$

27 **Ableitung zu $f(x) = \frac{1}{x}$:**

a) Zeigen Sie: Die mittlere Änderungsrate von f mit $f(x) = \frac{1}{x}$ im Intervall [3; 7] beträgt $-\frac{1}{21}$.

b) Zeigen Sie mit den gleichen Rechenschritten wie in a), dass $\frac{f(x+h) - f(x)}{h}$ sich vereinfachen lässt zu $-\frac{1}{x \cdot (x+h)}$.

c) Bestimmen Sie nun die Ableitung von f und die Stellen mit $f'(x) = -\frac{1}{4}$.

28 **Ableitung der Wurzelfunktion:** Ziel der Umformungen des Differenzenquotienten ist, den Faktor h aus dem Nenner zu kürzen, damit der Grenzwert des Nenners nicht 0 ist. Bei der Wurzelfunktion zu $f(x) = \sqrt{x}$ gelingt dies mit einem Trick.

a) Erweitern Sie den Differenzenquotienten $\frac{\sqrt{x+h} - \sqrt{x}}{h}$ mit $\left(\sqrt{x+h} + \sqrt{x}\right)$ und zeigen Sie so, dass gilt: $\frac{\sqrt{x+h} - \sqrt{x}}{h} = \frac{1}{\sqrt{x+h} + \sqrt{x}}$.

b) Bestimmen Sie nun die Ableitung der Wurzelfunktion und berechnen Sie f′(4) und f′(9).

29 Gegeben sind eine beliebige Funktion f und ihre Ableitung f′. Beschreiben Sie begründet, was mit dem Graphen von f′ geschieht, wenn der Graph von f

a) um 3 Einheiten nach oben verschoben wird,

b) um 1 Einheit nach rechts verschoben wird,

c) an der x-Achse gespiegelt wird,

d) an der y-Achse gespiegelt wird.

30 Louis behauptet: „Wenn der Graph von f achsensymmetrisch zur y-Achse ist, dann ist der Graph von f′ punktsymmetrisch zum Ursprung." Nehmen Sie begründet Stellung.

31 **Ausblick:** Gegeben ist die Ableitung einer Funktion f durch $f'(x) = (x-2)^2 - 1$. Skizzieren Sie einen möglichen Verlauf des Graphen von f. Erläutern Sie, weshalb es mehrere Lösungen gibt.

3.4 Ableitung von Potenzfunktionen

Die Tabelle zeigt die Terme einiger Funktionen und ihrer Ableitungen.

a) Vermuten Sie aufgrund der Ableitungen zu $f(x) = x^2$ und $f(x) = x^3$ eine Regel für die Ableitung zu $f(x) = x^n$ für beliebiges $n \in \mathbb{N}$.

b) Prüfen Sie, ob die Ableitungen zu $f(x) = x$, $f(x) = \frac{1}{x}$ und $f(x) = \sqrt{x}$ dieser Regel entsprechen.

f(x)	f'(x)
x	1
x^2	$2x$
x^3	$3x^2$
$\frac{1}{x}$	$-\frac{1}{x^2}$
$\sqrt{x}$	$\frac{1}{2\sqrt{x}}$

Potenzregel für natürliche Exponenten

Es gibt Regeln, die das Ableiten erheblich vereinfachen.
Beim Ableiten von $f(x) = x^3$ oder $f(x) = x^2$ wird der Exponent von f(x) zum Vorfaktor von f'(x). Außerdem verkleinert sich der Exponent um 1.
Dies gilt allgemein für alle Potenzfunktionen mit natürlichen Exponenten.

$f(x) = x^3$
$f'(x) = 3x^2$
$f(x) = x^2$
$f'(x) = 2x^1 = 2x$

Hinweis

Für $f(x) = x$ gilt $f'(x) = 1$.
Für $f(x) = 1$ gilt $f'(x) = 0$.

Erinnerung

$x^1 = x$
$x^0 = 1$ für $x \neq 0$

Satz **Potenzregel für Potenzen mit natürlichen Exponenten**
Die Funktion f mit $f(x) = x^n$ und $n \in \mathbb{N}$, $n > 1$, hat die Ableitung $f'(x) = n \cdot x^{n-1}$.

Auch die Ableitungen zu $f(x) = x$ und $f(x) = 1$ entsprechen für $x \neq 0$ dieser Regel, wie die Rechnungen zeigen.
Für den Fall $x = 0$ lässt sich die Ableitung mithilfe des Differenzenquotienten bestimmen.

$f(x) = x = x^1$
$f'(x) = 1 \cdot x^{1-1} = 1 \cdot x^0 = 1$

$f(x) = 1 = x^0$
$f'(x) = 0 \cdot x^{0-1} = 0 \cdot x^{-1} = 0$

Beispiel 1 Berechnen Sie $f'(-2)$ für die Funktion f mit $f(x) = x^6$.

Lösung:
Beim Ableiten von f wird der Exponent 6 zum Vorfaktor, der Exponent in f' um 1 verkleinert. — $f(x) = x^6$; $f'(x) = 6x^5$
Setzen Sie $x = -2$ in f'(x) ein. — $f'(-2) = 6 \cdot (-2)^5 = 6 \cdot (-32) = -192$

Basisaufgaben

1 Bestimmen Sie die Ableitung der Funktion.
a) $f(x) = x^7$ b) $f(x) = x^9$ c) $h(x) = x^{100}$
d) $f(x) = x^{m+1}$ e) $g(x) = x^{2n}$ f) $v(t) = t^2$

Lösungen zu 2
80 −6 1 0 48 7 −32

2 Bestimmen Sie die Ableitung der Funktion an der Stelle x_0.
a) $f(x) = x^5$; $x_0 = 2$ b) $f(x) = x^2$; $x_0 = -3$ c) $f(x) = x^3$; $x_0 = 4$
d) $f(x) = x^4$; $x_0 = -2$ e) $f(x) = x^7$; $x_0 = -1$ f) $f(x) = x$; $x_0 = 9$

3 Begründen Sie, warum die Potenzregel für die Funktionen f und g mit $f(x) = x^1 = x$ und $g(x) = x^0 = 1$; $g(0) = 1$ an der Stelle $x = 0$ nicht angewendet werden kann. Weisen Sie mithilfe des Differenzenquotienten nach, dass dennoch $f'(x) = 1$ und $g'(x) = 0$ für alle $x \in \mathbb{R}$ gilt.

Potenzregel für rationale Exponenten

Hinweis

Es ist oft praktisch, den Ableitungsstrich direkt an den Term zu schreiben:
$\left[\frac{1}{x}\right]'$ bezeichnet die Ableitung von $\frac{1}{x}$.

Die **Ableitung zu f(x)** $= \frac{1}{x}$ erhält man mit der Potenzregel, wenn man $\frac{1}{x}$ unter Verwendung der Potenzgesetze als x^{-1} schreibt.

Auch die **Ableitung der Wurzelfunktion** mit $f(x) = \sqrt{x}$ lässt sich durch Umschreiben von $\sqrt{x}$ in $x^{\frac{1}{2}}$ auf diese Weise ermitteln.

Allgemein kann die Potenzregel auch auf rationale Exponenten erweitert werden.

$$\left[\frac{1}{x}\right]' = [x^{-1}]' = (-1)\cdot x^{-1-1} = -x^{-2} = -\frac{1}{x^2}$$

$$[\sqrt{x}]' = \left[x^{\frac{1}{2}}\right]' = \frac{1}{2}\cdot x^{\frac{1}{2}-1} = \frac{1}{2}\cdot x^{-\frac{1}{2}} = \frac{1}{2}\cdot\frac{1}{\sqrt{x}} = \frac{1}{2\sqrt{x}}$$

Satz **Potenzregel für Potenzen mit rationalen Exponenten**

Die Funktion f mit $f(x) = x^r$ und $r \in \mathbb{Q}$, $r \neq 0$, hat die Ableitung $f'(x) = r \cdot x^{r-1}$.

Für $r = -1$ ergibt sich: $f(x) = \frac{1}{x}$, $f'(x) = -\frac{1}{x^2}$ für $x \neq 0$

Für $r = \frac{1}{2}$ ergibt sich: $f(x) = \sqrt{x}$, $f'(x) = \frac{1}{2\sqrt{x}}$ für $x > 0$

Jede Funktion, deren Funktionsterm sich als Potenz schreiben lässt, kann mit der Potenzregel abgeleitet werden. Für das Umschreiben in eine Potenz werden die Potenzgesetze verwendet.

Beispiel 2 Bestimmen Sie die Ableitung der Funktion f.

a) $f(x) = x^{-3}$ b) $f(x) = \frac{1}{x^2}$ c) $f(x) = \sqrt[3]{x^2}$ d) $f(x) = \frac{1}{\sqrt{x}}$

Lösung:

Schreiben Sie den Funktionsterm von f mithilfe der Potenzgesetze in eine Potenz um, falls nötig. Wenden Sie dann die Potenzregel an. Achten Sie dabei auf das Vorzeichen.

a) $f(x) = x^{-3}$
$f'(x) = (-3)\cdot x^{-3-1} = -3x^{-4} = -\frac{3}{x^4}$

b) $f(x) = \frac{1}{x^2} = x^{-2}$
$f'(x) = (-2)\cdot x^{-2-1} = -2x^{-3} = -\frac{2}{x^3}$

c) $f(x) = \sqrt[3]{x^2} = x^{\frac{2}{3}}$
$f'(x) = \frac{2}{3}\cdot x^{\frac{2}{3}-1} = \frac{2}{3}\cdot x^{-\frac{1}{3}} = \frac{2}{3\sqrt[3]{x}}$

d) $f(x) = \frac{1}{\sqrt{x}} = x^{-\frac{1}{2}}$
$f'(x) = -\frac{1}{2}\cdot x^{-\frac{1}{2}-1} = -\frac{1}{2}\cdot x^{-\frac{3}{2}} = -\frac{1}{2\sqrt{x^3}}$

Erinnerung

Potenzgesetze
$\frac{1}{a^n} = a^{-n}$; $\frac{1}{a} = a^{-1}$
$\sqrt[n]{a} = a^{\frac{1}{n}}$; $\sqrt{a} = a^{\frac{1}{2}}$
$\sqrt[n]{a^m} = a^{\frac{m}{n}}$
$(m, n \in \mathbb{N}, m, n \geq 1)$

Basisaufgaben

4 Leiten Sie mithilfe der Potenzregel ab.
a) $f(x) = x^{-4}$ b) $f(x) = x^{-1}$ c) $g(x) = x^{-2}$ d) $h(x) = x^{\frac{1}{2}}$ e) $g(x) = x^{\frac{1}{3}}$

5 Formen Sie den Funktionsterm so um, dass x im Zähler steht. Bestimmen Sie dann die Ableitung.
a) $f(x) = \frac{1}{x^2}$ b) $f(x) = \frac{1}{x^5}$ c) $h(x) = \frac{1}{x}$ d) $f(x) = \frac{1}{x^7}$ e) $g(x) = \frac{1}{x^9}$

6 Schreiben Sie den Funktionsterm als Potenz mit der Basis x. Bestimmen Sie dann die Ableitung.
a) $f(x) = \sqrt{x}$ b) $f(x) = \sqrt[3]{x}$ c) $f(x) = \sqrt[4]{x}$ d) $f(x) = \sqrt[5]{x^2}$ e) $f(x) = \frac{1}{\sqrt{x^3}}$

7 Bestimmen Sie die Ableitung der Funktion an der Stelle x_0.
a) $f(x) = \frac{1}{x^4}$; $x_0 = -2$ b) $f(x) = \sqrt{x}$; $x_0 = 2$ c) $h(x) = \frac{1}{x^2}$; $x_0 = \frac{1}{2}$
d) $g(x) = \frac{1}{x^6}$; $x_0 = -1$ e) $f(x) = \sqrt[4]{x^3}$; $x_0 = 16$ f) $f(x) = x^{-\frac{1}{4}}$; $x_0 = 1$

Lösungen zu 7

-4 $\frac{1}{8}$ $\frac{1}{2\sqrt{2}}$ $\frac{3}{8}$ 6 $-\frac{1}{4}$ $-\sqrt{2}$

8 Untersuchen Sie mithilfe der Ableitung der Potenzfunktion f mit $f(x) = x^n$ und $n \in \mathbb{Z}$, $n \neq 1$ und $n \neq 0$, für welche x die Steigung des Graphen positiv, negativ oder null ist. Unterscheiden Sie die Fälle, ob n positiv oder negativ und ob n ungerade oder gerade ist.

Weiterführende Aufgaben

9 Bestimmen Sie alle Stellen, an denen der Graph der Funktion f die Steigung m hat.
a) $f(x) = x^3$; $m = 27$ b) $f(x) = x^7$; $m = 7$ c) $f(x) = \sqrt{x}$; $m = \frac{1}{8}$
d) $f(x) = \frac{1}{x}$; $m = -4$ e) $f(x) = \frac{1}{x^2}$; $m = \frac{1}{4}$ f) $f(x) = \sqrt[3]{x^2}$; $m = \frac{1}{3}$

10 Bestimmen Sie alle Stellen, an denen die Graphen der Funktionen f und g dieselbe Steigung haben, also diejenigen Stellen, an denen ihre Tangenten parallel verlaufen.
a) $f(x) = x$; $g(x) = x^3$ b) $f(x) = x^2$; $g(x) = x^4$ c) $f(x) = x^2$; $g(x) = \frac{1}{x}$
d) $f(x) = x$; $g(x) = \sqrt{x}$ e) $f(x) = \frac{1}{x}$; $g(x) = \frac{1}{x^3}$ f) $f(x) = \frac{1}{x}$; $g(x) = x^3$

Erinnerung
$a^m \cdot a^n = a^{m+n}$

11 **Stolperstelle:** Finden Sie den Fehler beim Ableiten von $f(x) = \frac{1}{x^5}$ und verbessern Sie ihn.
$f'(x) = [x^{-5}]' = -5 \cdot x^{-4} = -\frac{5}{x^4}$

12 Abgebildet sind der Graph von f mit $f(x) = \frac{1}{x}$, die Sekante durch $(0{,}5\,|\,f(0{,}5))$ und $(4\,|\,f(4))$ sowie eine Tangente an den Graphen von f.
Erläutern Sie den in der Abbildung dargestellten Sachverhalt und weisen Sie ihn rechnerisch nach.
Geben Sie die Koordinaten von P an.

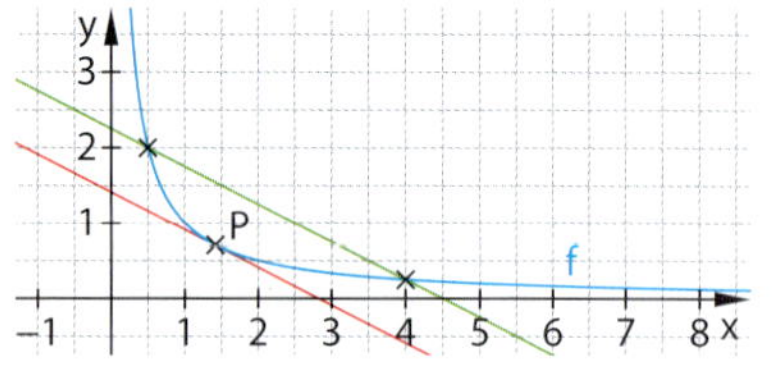

13 Es sei $f(x) = \frac{1}{x}$ und $g(x) = \frac{1}{x^2}$. Zeigen Sie:
a) Es gibt zwei Stellen, an denen der Graph von f die Steigung $m = -1$ hat.
b) Es gibt nur eine Stelle, an der der Graph von g die Steigung $m = -2$ hat.
c) Für jedes $a < 0$ gibt es zwei Stellen, an denen f′ den Funktionswert a hat.
d) Für jedes $a \neq 0$ gibt es genau eine Stelle, an der g′ den Funktionswert a hat.
e) Skizzieren Sie die Graphen von f und g und veranschaulichen Sie daran die Resultate.

14 **Herleitung der Potenzregel:**
a) Es gilt: $(x + h)^4 = x^4 + 4x^3h + 6x^2h^2 + 4xh^3 + h^4 = x^4 + 4x^3h + h^2 \cdot (\ldots)$
Bestimmen Sie den Term in der blauen Klammer. Begründen Sie, warum es möglich ist, h^2 auszuklammern.
b) Zeigen Sie, dass die Funktion f mit $f(x) = x^4$ die Ableitung $f'(x) = 4x^3$ hat. Erläutern Sie dazu die folgende Umformung und führen Sie die Bestimmung des Grenzwerts zu Ende.
$$\lim_{h \to 0} \frac{(x+h)^4 - x^4}{h} = \lim_{h \to 0} \frac{x^4 + 4x^3h + h^2 \cdot (\ldots) - x^4}{h} = \lim_{h \to 0} \frac{4x^3h + h^2 \cdot (\ldots)}{h} = \ldots$$
c) Zeigen Sie, dass die Funktion f mit $f(x) = x^n$ und $n \in \mathbb{N}$ auch für $n > 4$ die Ableitung $f'(x) = nx^{n-1}$ hat. Gehen Sie vor wie in b).
Verwenden Sie die Umformung $(x + h)^n = x^n + nx^{n-1}h + h^2 \cdot (\ldots)$.

15 **Ausblick:** Der Graph der Funktion f entsteht durch Zusammensetzen einzelner Stücke der Graphen der Funktionen f_1 und f_2 mit $f_1(x) = \frac{1}{x^2}$ und $f_2(x) = -x^2 + 2$.
a) Formulieren Sie eine Funktionsvorschrift für f.
b) Stellen Sie Bedingungen dafür auf, dass die zusammengesetzte Kurve an den Anschlusspunkten A und B keinen Knick hat. Überprüfen Sie, ob die Bedingungen erfüllt sind.

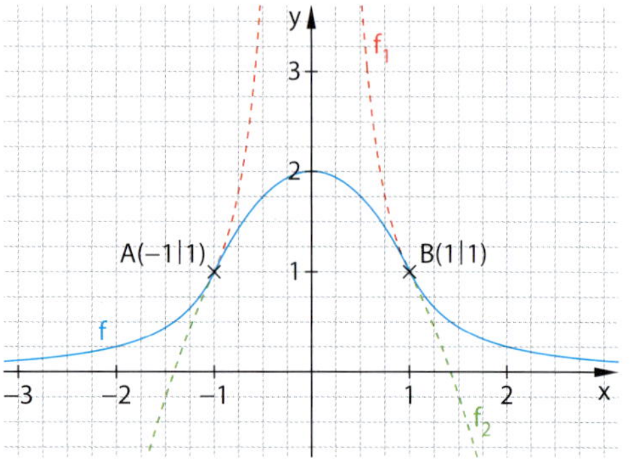

3.5 Ableitung der Sinus- und Kosinusfunktion

Die Auslenkung einer periodischen Schaukelbewegung lässt sich durch eine Sinusfunktion beschreiben. Beim Durchgang durch die Ruhelage ist die Auslenkung Null. Auslenkungen nach links werden positiv und Auslenkungen nach rechts negativ angegeben.

a) Skizzieren Sie einen möglichen zeitlichen Verlauf der Auslenkung bei einer solchen Schaukelbewegung.

b) Auch die Geschwindigkeit einer solchen Bewegung wird durch eine periodische Funktion beschrieben. Finden Sie markante Punkte dieses Funktionsgraphen und skizzieren Sie ihn in das Koordinatensystem aus a).

Erinnerung

Die x-Werte sind im **Bogenmaß** angegeben.

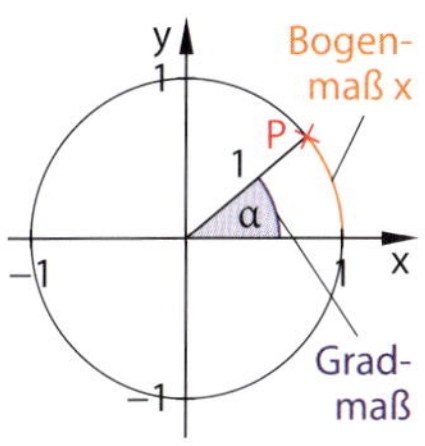

Leitet man die Sinusfunktion f mit $f(x) = \sin(x)$ grafisch ab, so ergeben sich mithilfe der eingezeichneten Tangenten folgende Werte:

x	$-\frac{3}{2}\pi$	$-\pi$	$-\frac{1}{2}\pi$	0	$\frac{1}{2}\pi$	π	$\frac{3}{2}\pi$	2π	$\frac{5}{2}\pi$
f′(x)	0	−1	0	1	0	−1	0	1	0

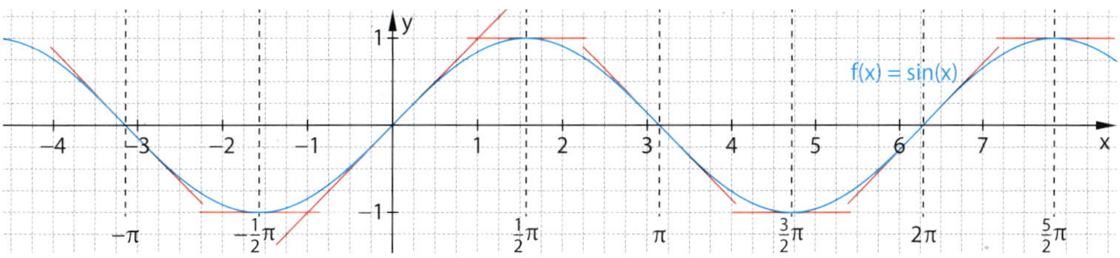

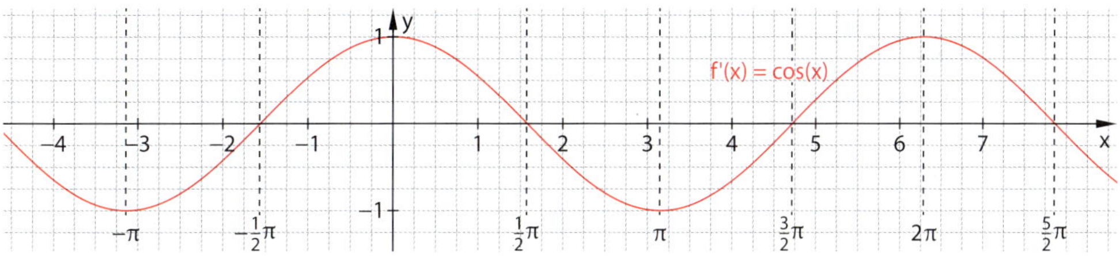

Die Punkte der Ableitung liegen auf dem Graphen der Kosinusfunktion. Tatsächlich gilt:

Satz

Die **Sinusfunktion** f mit $f(x) = \sin(x)$ hat die Ableitung $f'(x) = \cos(x)$.
Die **Kosinusfunktion** f mit $f(x) = \cos(x)$ hat die Ableitung $f'(x) = -\sin(x)$.

Basisaufgaben

Hinweis zu 1

Stellen Sie Ihren Taschenrechner auf das Bogenmaß ein.

1 Ermitteln Sie mithilfe der Steigungsdreiecke der Tangenten Näherungswerte für die Ableitung der Sinusfunktion bei $x = 0{,}3$, $x = 0{,}6$, $x = 0{,}9$ und $x = 1{,}2$. Vergleichen Sie mit den entsprechenden Werten des Kosinus und erklären Sie die Abweichungen.

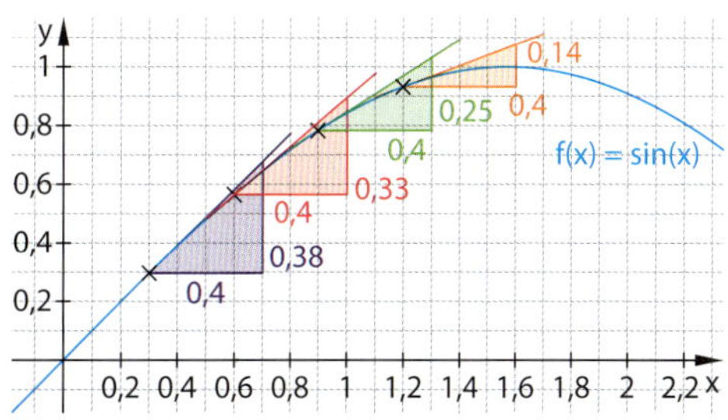

2 Bestimmen Sie die Ableitungen der Sinus- und der Kosinusfunktion an der Stelle x.
a) $x = \frac{\pi}{2}$ b) $x = \pi$ c) $x = 0{,}8$ d) $x = -4$ e) $x = 10$ f) $x = 90$

3 Geben Sie mit Begründung an, welche der Funktionen f, g und h die Sinusfunktion als Ableitung hat.

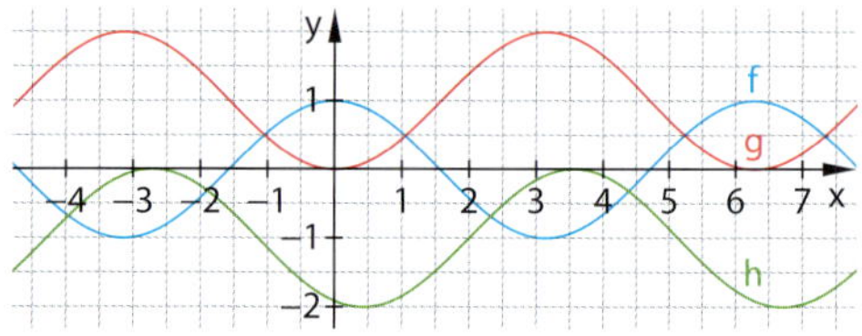

4 Geben Sie alle Intervalle an, in denen die Steigung des Graphen der Sinusfunktion positiv bzw. negativ ist. Begründen Sie mithilfe des Graphen der Kosinusfunktion.

Weiterführende Aufgaben

5 Bestimmen Sie die Stellen x im Intervall $[0; 2\pi]$, an denen die Tangente an den Graphen der Sinusfunktion die angegebene Steigung hat.
a) 1 b) $\frac{1}{2}$ c) −1 d) 0

6 **Stolperstelle:** Nina möchte die Ableitung der Kosinusfunktion an der Stelle $x = \frac{\pi}{2}$ berechnen und wundert sich, dass ihr Taschenrechner $-\sin\left(\frac{\pi}{2}\right) = -0{,}027$ anzeigt. Erklären Sie, warum Nina sich wundert und was sie nicht beachtet hat.

7 Bestimmen Sie die Stellen, an denen die Tangente am Graphen der Kosinusfunktion parallel zur angegebenen Gerade verläuft.
a) Gerade mit $y = -\frac{1}{2}x + 7$
b) Tangente an die Normalparabel im Punkt $P\left(-\frac{1}{2}\middle|\frac{1}{4}\right)$.

8 „Die Ableitung einer periodischen Funktion ist auch periodisch." Nehmen Sie Stellung zu dieser Aussage.

9 Im Punkt B eines Riesenrads ist eine Gondel aufgehängt. Der Radius des Riesenrads beträgt 1 LE und eine Einheit des Drehwinkels im Bogenmaß entspricht einer Zeiteinheit.

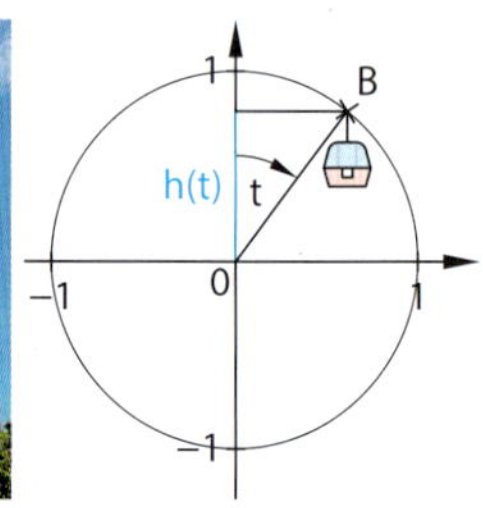

a) Begründen Sie, dass die Höhe von B durch $h(t) = \cos(t)$ gegeben ist.
b) Geben Sie die Ableitungsfunktion $h'(t)$ an und erläutern Sie ihre Bedeutung. Beschreiben Sie das Vorzeichenverhalten von $h'(t)$ im Sachzusammenhang.

Info

Für $x \to 0$ gilt $\sin(x) \to x$.

10 Um den Sinus einer Summe von Winkeln zu bestimmen, verwendet man die **Additionstheoreme**. Eines der Additionstheoreme besagt:
$\sin(\alpha + \beta) = \sin(\alpha) \cdot \cos(\beta) + \sin(\beta) \cdot \cos(\alpha)$. Nutzen Sie dieses Additionstheorem, um die Ableitung der Sinusfunktion mithilfe des Differenzenquotienten herzuleiten.

11 **Ausblick:**
a) Bestimmen Sie anhand anschaulicher Überlegungen die Ableitung von f mit $f(x) = \sin(x - 2)$.
b) Bestimmen Sie grafisch die Ableitung von g mit $g(x) = \sin(2x)$.
c) Stellen Sie eine Vermutung für die Ableitung von h mit $h(x) = \sin(ax + b)$ auf. Prüfen Sie mithilfe einer DGS an eigenen Beispielen.

3.6 Faktor- und Summenregel

Die Tabelle zeigt Ableitungen, die mit dem Differenzenquotienten ermittelt wurden.
Die Funktionsterme enthalten Potenzfunktionen. Beschreiben Sie, wie man die Ableitungen dieser Funktionen direkt aus den Ableitungen der jeweiligen Potenzfunktionen erhalten kann.

f(x)	f′(x)
$2x^2$	$4x$
x^2+4	$2x$
$-x^2+7x$	$-2x+7$
$3x^2-2x+4$	$6x-2$

Faktorregel

Der Graph von f mit $f(x) = 3x^3$ entsteht aus dem Graphen von g mit $g(x) = x^3$ durch eine Streckung in y Richtung mit dem **konstanten Faktor 3.**

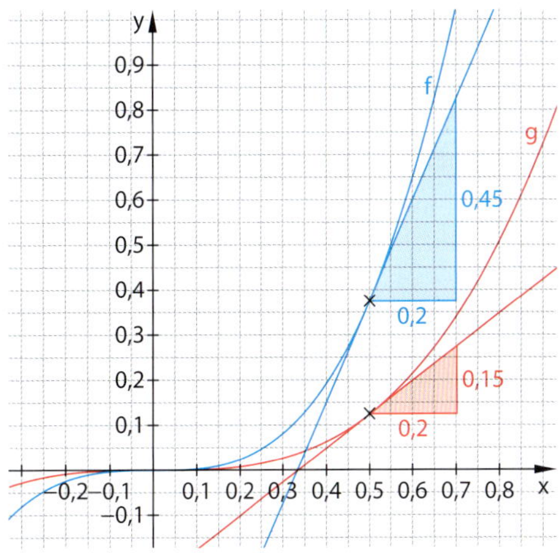

Bei der Streckung des Graphen wird jede beliebige Tangente dreimal so steil, wie man am gestreckten Steigungsdreieck erkennt. Es gilt: $f'(x) = 3 \cdot g'(x)$

Allgemeine Begründung:
Es sei g eine beliebige Funktion, k eine reelle Zahl und $f(x) = k \cdot g(x)$ für alle $x \in D$. Dann gilt für die Sekantensteigung m_f von f:

$$m_f = \frac{f(x+h)-f(x)}{h} = \frac{k \cdot g(x+h) - k \cdot g(x)}{h} = k \cdot \frac{g(x+h)-g(x)}{h} = k \cdot m_g$$

Die Ableitung ist der Grenzwert der Sekantensteigungen:

$$\begin{array}{ll} m_f & = k \cdot m_g \\ \downarrow h \to 0 & \downarrow h \to 0 \\ f'(x) & = k \cdot g'(x) \end{array}$$

Merkregel

Ein konstanter Faktor bleibt beim Ableiten erhalten.

Satz Faktorregel
Für die Funktion f mit $f(x) = k \cdot g(x)$ und der Konstanten $k \in \mathbb{R}$ gilt: $f'(x) = k \cdot g'(x)$

Beispiel 1 Bestimmen Sie die Ableitung zu f, g und h mit $f(x) = -6x^3$, $g(x) = \frac{5}{x}$ und $h(x) = \frac{\sqrt{x}}{5}$.

Lösung:
Schreiben Sie bei g und h den Funktionsterm so um, dass ein konstanter Faktor entsteht.
Leiten Sie den Term ab, der x enthält und fassen Sie die Faktoren zusammen.

$f'(x) = [-6x^3]' = -6 \cdot [x^3]' = -6 \cdot 3x^2 = -18x^2$

$g'(x) = \left[\frac{5}{x}\right]' = \left[5 \cdot \frac{1}{x}\right]' = 5 \cdot \left[\frac{1}{x}\right]' = 5 \cdot \left(-\frac{1}{x^2}\right) = -\frac{5}{x^2}$

$h'(x) = \left[\frac{\sqrt{x}}{5}\right]' = \left[\frac{1}{5} \cdot \sqrt{x}\right]' = \frac{1}{5} \cdot \left[\sqrt{x}\right]' = \frac{1}{5} \cdot \frac{1}{2\sqrt{x}} = \frac{1}{10\sqrt{x}}$

Erinnerung

Wichtige Ableitungen:

f(x)	f′(x)
x^n	$n \cdot x^{n-1}$
$\sin(x)$	$\cos(x)$
$\cos(x)$	$-\sin(x)$
$\frac{1}{x}$	$-\frac{1}{x^2}$
$\sqrt{x}$	$\frac{1}{2\sqrt{x}}$

Basisaufgaben

1 Bestimmen Sie die Ableitungsfunktion.
a) $f(x) = 3x^4$ b) $f(x) = 2\sqrt{x}$ c) $f(x) = \frac{1}{3}x^3$
d) $f(x) = 5\sin(x)$ e) $f(x) = -2 \cdot \frac{1}{x}$ f) $f(x) = \frac{1}{4} \cdot \frac{1}{x^2}$

2 Die Funktion g mit $g(x) = 1$ hat als Ableitungsfunktion $g'(x) = 0$. Erläutern Sie, wie daraus mithilfe der Faktorregel folgt, welche Ableitung konstante Funktionen f mit $f(x) = k$ und $k \subset \mathbb{R}$ haben.

3 Schreiben Sie den Funktionsterm so um, dass ein konstanter Faktor entsteht, und leiten Sie dann ab.

a) $f(x) = \frac{x^4}{2}$ b) $f(x) = \frac{7}{x}$ c) $f(x) = -\frac{3}{x^2}$
d) $f(x) = \frac{\cos(x)}{2}$ e) $f(x) = (3x)^3$ f) $f(x) = \sqrt{9x}$

Lösungen zu 4

24 0 $\frac{1}{2}$ $\frac{1}{12}$ 5 $-\frac{1}{12}$

4 Bestimmen Sie die Ableitung der Funktion an der Stelle x_0.

a) $f(x) = -4x^2;\ x_0 = -3$ b) $f(x) = 3\sin(x);\ x_0 = \frac{\pi}{2}$ c) $f(x) = \frac{3}{x};\ x_0 = 6$
d) $f(x) = \frac{1}{3x};\ x_0 = 2$ e) $f(x) = 8;\ x_0 = 2$ f) $f(x) = 5x;\ x_0 = -9$

5 Bestimmen Sie die Ableitungsfunktion.

a) $f(x) = ax^2$ b) $g(y) = -2y^3$ c) $h(t) = vt$
d) $f(a) = 5ab$ e) $f(x) = k^2$ f) $s(t) = \frac{3}{a\sqrt{t}}$

6 Bestimmen Sie alle Stellen, an denen die Funktion die Steigung m hat.

Beispiel: $f(x) = 4x^3;\ m = 48$
$f'(x) = 12x^2 \Rightarrow 12x^2 = 48 \Rightarrow x^2 = 4$, also $x_1 = 2;\ x_2 = -2$

a) $f(x) = 2x^3;\ m = 6$ b) $f(x) = \frac{3x^4}{2};\ m = 48$ c) $f(x) = \frac{-4}{x};\ m = \frac{1}{9}$
d) $f(x) = \frac{x^2}{5};\ m = 10$ e) $f(x) = 3x;\ m = 3$ f) $f(x) = 5x;\ m = 3$
g) $f(x) = 3\sqrt{x};\ m = 6$ h) $f(x) = 2\sin(x)$ für $0 \le x \le 2\pi;\ m = -2$

Summenregel

Um für f mit $f(x) = \frac{1}{3}x^2 + \frac{1}{2}x$ die Steigung der Tangente bei $x = 2$ zu ermitteln, kann man f als **Summe** der Funktionen g und k mit $g(x) = \frac{1}{3}x^2$ und $k(x) = \frac{1}{2}x$ auffassen:
$f(x) = g(x) + k(x)$

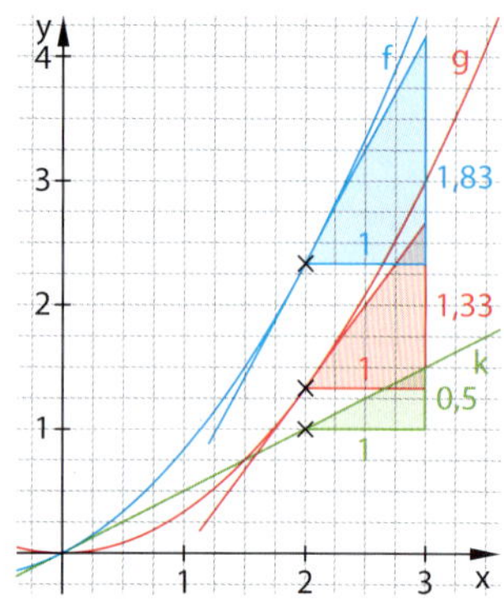

Mit der Faktor- und Potenzregel erhält man $g'(x) = \frac{2}{3}x$ und $k'(x) = \frac{1}{2}$, also $g'(2) = \frac{4}{3} \approx 1{,}33$ und $k'(2) = \frac{1}{2} = 0{,}5$.

Die Abbildung zeigt, dass $f'(2) = g'(2) + k'(2)$ gilt.

Allgemeine Begründung:
Es seien f, g und k Funktionen mit $f(x) = g(x) + k(x)$ für alle $x \in D$. Dann gilt für die Sekantensteigung m_f von f:

$$m_f = \frac{f(x+h) - f(x)}{h} = \frac{[g(x+h) + k(x+h)] - [g(x) + k(x)]}{h} = \frac{g(x+h) - g(x) + k(x+h) - k(x)}{h}$$

$$= \frac{g(x+h) - g(x)}{h} + \frac{k(x+h) - k(x)}{h} = m_g + m_k$$

$$m_f = m_g + m_k$$
$$\downarrow h \to 0 \quad \downarrow h \to 0 \quad \downarrow h \to 0$$

Grenzwerte dürfen summandenweise gebildet werden: $f'(x) = g'(x) + k'(x)$

Satz **Summenregel**
Für die Funktion f mit $f(x) = g(x) + k(x)$ gilt: $f'(x) = g'(x) + k'(x)$

Beispiel 2 Bestimmen Sie die Ableitungsfunktion.

a) $f(x) = x^3 + 7x$ b) $g(x) = 1 + x^2 - \sqrt{x}$

Lösung:
Leiten Sie die Summanden einzeln ab.

a) $f(x) = x^3 + 7x$ $f'(x) = 3x^2 + 7$

b) $g(x) = 1 + x^2 - \sqrt{x}$
$g'(x) = 0 + 2x - \frac{1}{2\sqrt{x}} = 2x - \frac{1}{2\sqrt{x}}$

Basisaufgaben

7 Bestimmen Sie die Ableitung.
a) $f(x) = x^3 + x^2$ b) $f(x) = x^4 - x^3 + 5$ c) $f(x) = x + \cos(x)$
d) $f(x) = x^2 - \frac{1}{x} - 5$ e) $f(x) = 5 + x^4 - \sqrt{x}$ f) $f(x) = \sin(x) + x^{-2}$

8 Bestimmen Sie die Ableitung. Geben Sie die Ableitungsregeln an, die Sie verwenden.
a) $f(x) = 7x^3 - 5x^2 + 9x - 2$ b) $f(x) = 5 - 6x^3$ c) $f(x) = \frac{1}{8}x^4 - \frac{1}{6}x^3 + 5\sqrt{x}$
d) $f(x) = \frac{x^3}{4} - \frac{x^2}{6}$ e) $f(x) = \frac{4}{x} + \frac{3}{x^2}$ f) $f(x) = \sin(x) - \cos(x)$

Lösungen zu 9

−18 2 $7\frac{1}{4}$ 11 5,5 1 $\frac{3}{2}$

9 Bestimmen Sie die Ableitung der Funktion an der Stelle x_0.
a) $f(x) = 3x^4 - 2x^3;\ x_0 = -1$ b) $f(x) = 2x - 6;\ x_0 = 8$ c) $f(x) = \frac{3}{x} + 2x^2;\ x_0 = 2$
d) $f(x) = 3x - 2\sin(x);\ x_0 = 0$ e) $f(x) = \frac{3x^2}{4} - 2\sqrt{x};\ x_0 = 4$ f) $f(x) = \frac{3}{4}\left(x^3 - \frac{1}{2}x^2\right);\ x_0 = 1$

10 Multiplizieren Sie den Funktionsterm aus und bestimmen Sie die Ableitungsfunktion.
a) $f(x) = x(x^2 - 3)$ b) $f(x) = (x - 2)(x + 4)$ c) $f(x) = (x - 3)(x + 3)$
d) $f(x) = 2(x - 9)^2$ e) $f(x) = 4(x^2 + 1)^2(x^2 - 1)$ f) $f(x) = \frac{x^2 + 3}{4} \cdot \frac{8\sqrt{x}}{x^2 + 3}$

Weiterführende Aufgaben

11 Ordnen Sie jedem Funktionsterm A bis G den passenden Ableitungsterm ① bis ⑦ zu.

A $\frac{x^3 + x^6}{3}$ B $\frac{x^2 + x}{x}$ C $\frac{x^2 + x}{x^2}$ D $5x - 2$ E $\frac{2\sqrt{x}}{x}$ F $\frac{4\sqrt{x}}{3}$ G $\sqrt{9x}$

① 5 ② $x^2 + 2x^5$ ③ $\frac{2}{3\sqrt{x}}$ ④ $\frac{3}{2\sqrt{x}}$ ⑤ $-\frac{1}{x^2}$ ⑥ 1 ⑦ $-\frac{1}{\sqrt{x^3}}$

12 Gegeben sind die linearen Funktionen g und k mit $g(x) = 3x + 6$ und $k(x) = 4x - 9$ sowie die Summenfunktion f mit $f(x) = g(x) + k(x)$. Bestimmen Sie $f'(x)$, ohne abzuleiten. Berechnen Sie zur Kontrolle $f'(x)$ mit der Summenregel.

13 **Stolperstelle:** Beschreiben und korrigieren Sie den Fehler.
a) $f(x) = x^2 - 6$
$f'(x) = 2x - 6$
b) $f(x) = a^2 + x$
$f'(x) = 2a + 1$
c) $f(x) = x^2(3x - 1)$
$f'(x) = 2x \cdot 3$

14 Bestimmen Sie die Ableitung und erläutern Sie Ihren Rechenweg.
a) $f(x) = \frac{1}{10}(3x^7 - 5x^2 + 2)$ b) $f(x) = \frac{x^3 + x^2}{3}$
c) $f(x) = \frac{3 - 2x + 2x^2 - x^3}{x},\ x \neq 0$ d) $f(x) = \frac{x^3 - 5x^2 + x - 1}{3x^2},\ x \neq 0$

15 Tom hat Merkregeln aufgeschrieben. Überprüfen und korrigieren Sie sie, falls nötig.
a) *Die Streckung der Funktion mit dem Faktor a in y-Richtung ändert die Ableitung nicht.*
b) *Die Verschiebung des Graphen in y-Richtung verändert die Ableitung nicht.*
c) *Die Ableitung einer Summe erhält man durch Ableiten der Summanden.*
d) *Die Ableitung einer ganzrationalen Funktion mit Grad n hat den Grad (n − 1).*
e) *Der Graph der Ableitung einer quadratischen Funktion ist eine Gerade. Ihre Steigung ist so groß wie der Vorfaktor von x^2.*
f) *Die Ableitungsfunktion einer ganzrationalen Funktion dritten Grades ist eine ganzrationale Funktion vom Grad vier.*

16 Begründen Sie mithilfe der Summenregel: Zwei Funktionen, die sich nur um einen konstanten Summanden unterscheiden, haben die gleiche Ableitungsfunktion.

17 Prüfen Sie am Beispiel $f(x) = x^2 \cdot x^3$, ob die Ableitung eines Produkts zweier Funktionen das Produkt der Ableitungen der beiden Funktionen ist.

18 Bestimmen Sie die Ableitung der Funktion.

a) $f(s) = s^2 - 3sy - 2$
b) $f(x) = ax^3 + bx^2$
c) $f(t) = k - t$
d) $t(x) = mx + n$
e) $s(t) = \frac{g}{2}t^2 - 0{,}3t + 2$
f) $f(x) = ax^4 + bx^3 + cx^2 + dx + e$

19 Gegeben ist die Funktion f mit $f(x) = ax^3 - x^2$. Bestimmen Sie den Wert des Parameters a, sodass die angegebene Bedingung erfüllt ist.

a) Der Graph von f hat an der Stelle $x_0 = -1$ die Steigung −4.
b) Der Graph von f hat an der Stelle $x_0 = \frac{1}{2}$ eine waagerechte Tangente.
c) Der Graph von f verläuft an der Stelle $x_0 = -2$ parallel zur Normalparabel.

Hinweis

Sprechweise:
f'' – „f zwei Strich"
f''' – „f drei Strich"
Für $n \geq 4$ schreibt man $f^{(n)}$.

Wissen **Höhere Ableitungen**

Leitet man die Ableitungsfunktion f' einer Funktion f erneut ab, erhält man die **zweite Ableitung f''**. Die Ableitung der zweiten Ableitung heißt **dritte Ableitung f'''**.

Beispiel: Funktion: $f(x) = x^4$ — erste Ableitung: $f'(x) = 4x^3$
zweite Ableitung: $f''(x) = 12x^2$ — dritte Ableitung: $f'''(x) = 24x$

Leitet man eine Funktion f n-mal ab, erhält man die **n-te Ableitung $f^{(n)}$**.

20 Bestimmen Sie die ersten drei Ableitungen der Funktion f.

a) $f(x) = 3x^4 - 2x^3 + x^2 - 5x - 3$
b) $f(x) = x^2 - 3x + 1$
c) $f(x) = \sin(x)$
d) $f(x) = -\frac{3}{4}x + 5$
e) $f(x) = \frac{1}{x}$
f) $f(x) = \sqrt{x}$

21 Die Funktion f mit $f(t) = 5t^3 - 30t^2 + 60t$ gibt die seit Freitag 0 Uhr gefallene Niederschlagsmenge (in mm) an einem verregneten Wochenende wieder (t in Tagen).

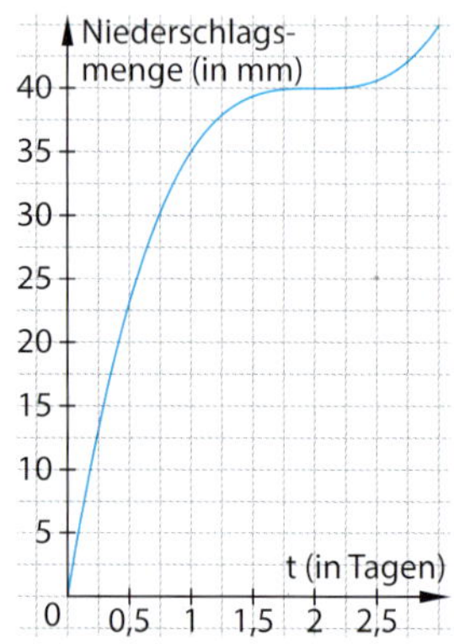

a) Berechnen Sie die Niederschlagsmenge für das Ende des ersten, zweiten und dritten Tages.
b) Berechnen Sie $f'(1)$ und geben Sie die Bedeutung dieser Zahl im Sachkontext an.
c) Weisen Sie rechnerisch nach, dass es am Ende des zweiten Tages eine (sehr kurze) Regenpause gab.
d) Entnehmen Sie der Grafik den Zeitpunkt t mit $0 \leq t \leq 3$, an dem es am stärksten geregnet hat, und berechnen Sie die Stärke dieses Regens in mm/Tag.

22 **Ausblick: Ableiten von Produkten**

Die Ableitung der Funktion f mit $f(x) = x^2 \cdot \sqrt{x}$ entspricht der Funktion g mit $g(x) = 2x \cdot \sqrt{x} + x^2 \cdot \frac{1}{2\sqrt{x}}$.

a) Schreiben Sie den Funktionsterm von f als Potenz und leiten Sie ihn mit der Potenzregel ab. Zeigen Sie mithilfe der Potenzgesetze, dass $f'(x) = g(x)$ gilt.
b) Stellen Sie anhand der Gleichung $f'(x) = g(x)$ eine Regel für das Ableiten von Produkten der Form $f(x) = s(x) \cdot r(x)$ auf.
c) Überprüfen Sie die Regel aus b) am Beispiel der Funktion f mit $f(x) = x^2 \cdot x^3$.

3.7 Stetigkeit und Differenzierbarkeit

Eine Rutsche wird für $x < 0$ durch die Funktion f mit $f(x) = 0{,}15(x-1)^2 + 1$ beschrieben und soll in einem geradlinigen Stück auslaufen. Dieses wird durch eine lineare Funktion g mit der Steigung $-0{,}3$ modelliert. Geben Sie einen Funktionsterm für g an, so dass die Kurvenstücke nahtlos ineinander übergehen.

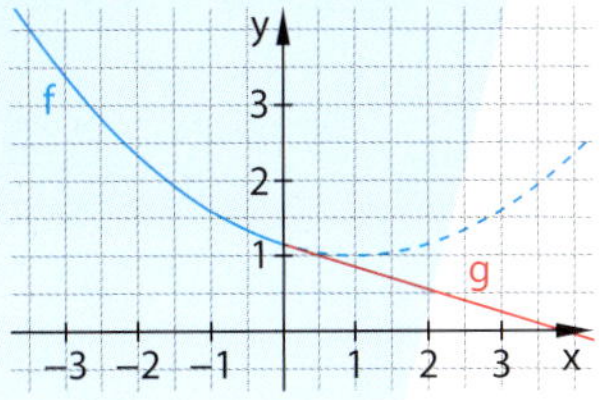

Stetigkeit

Eine Funktion, die für verschiedene Abschnitte ihres Definitionsbereichs aus unterschiedlichen Funktionsvorschriften zusammengesetzt wurde, heißt **abschnittsweise definierte Funktion**. An den **Nahtstellen** kann ihr Graph unterschiedliche Verhaltensweisen zeigen:

$$f(x) = \begin{cases} x^2 + 1, & x \geq 0 \\ -x + 1, & x < 0 \end{cases}$$

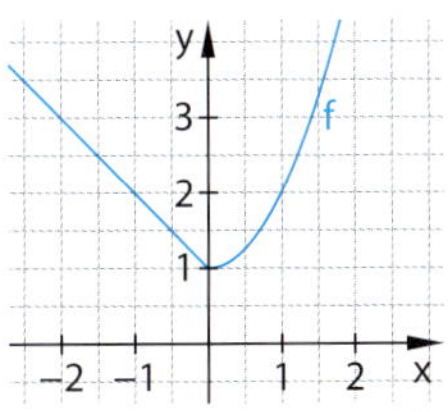

Der Graph von f kann durchgezeichnet werden, ohne den Stift abzusetzen.
Die Funktion f heißt **stetig**.

$$g(x) = \begin{cases} x^2, & x \geq 0 \\ x + 1, & x < 0 \end{cases}$$

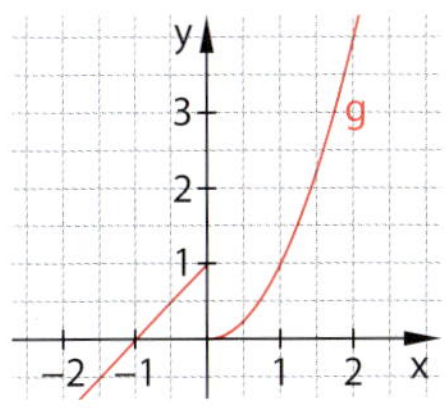

Der Graph von g hat einen Sprung. Beim Zeichnen muss der Stift abgesetzt werden.
g ist nicht stetig an der Stelle $x = 0$

Hinweis

Alle bisher betrachteten Funktionstypen (trigonometrische, ganzrationale und Exponentialfunktionen) sind auf ihrem gesamten Definitionsbereich stetig.

Eine Folge von x-Werten x_n nähert sich für $n \to \infty$ der Nahtstelle x_0 an. Die Funktionswerte $f(x_n)$ können sich dann für $n \to \infty$ einem Wert y nähern. Ist dieser Wert für alle Folgen (x_n) mit $\lim\limits_{n\to\infty} x_n = x_0$ gleich, so heißt **y Grenzwert von f an der Stelle x_0**.

Definition

Eine Funktion f heißt **stetig** an einer Stelle x_0 aus ihrem Definitionsbereich, wenn der Grenzwert von f an der Stelle x_0 existiert und mit dem Funktionswert an der Stelle x_0 übereinstimmt. Es gilt: $\boldsymbol{\lim\limits_{x\to x_0} f(x) = f(x_0)}$

Bei der Untersuchung einer Nahtstelle x_0 ist es günstig, den **linksseitigen Grenzwert** ($x \to x_0$ und $x < x_0$) und den **rechtsseitigen Grenzwert** ($x \to x_0$ und $x > x_0$) zu betrachten.

Beispiel 1

Gegeben ist die Funktion f mit $f(x) = \begin{cases} 2 & \text{für } x < 1 \\ x^2 - 2x + 3 & \text{für } 1 \leq x < 2 \\ 2x & \text{für } x \geq 2 \end{cases}$

Untersuchen Sie f auf Stetigkeit an den Nahtstellen $x = 1$ und $x = 2$.

Lösung:
Ermitteln Sie mithilfe der Funktionsvorschriften links und rechts einer Nahtstelle x_0 die Grenzwerte für $x \to x_0$.
Sind die Grenzwerte identisch und entsprechen dem Funktionswert $f(x_0)$, so ist die Funktion stetig in x_0.

1. Nahtstelle $x = 1$ mit $f(1) = 2$
$x < 1$: $f(x) = 2 \to 2$ für $x \to 1$
$x > 1$: $f(x) = x^2 - 2x + 3 \to 2$ für $x \to 1$
f ist stetig an der Stelle $x = 1$.

2. Nahtstelle $x = 2$ mit $f(2) = 4$
$x < 2$: $f(x) = x^2 - 2x + 3 \to 3$ für $x \to 2$
$x > 2$: $f(x) = 2x \to 4$ für $x \to 2$
f ist nicht stetig an der Stelle $x = 2$.

Basisaufgaben

1 Begründen Sie anhand des Graphen, ob die Funktion f an den Nahtstellen stetig ist.

a) 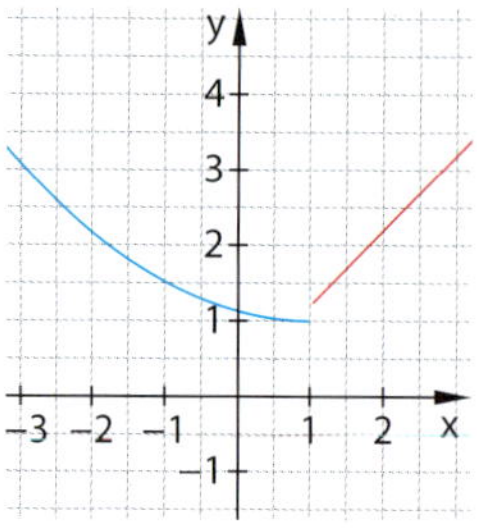
b) 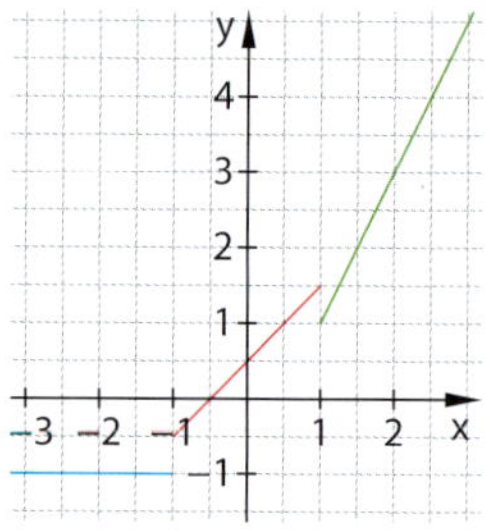
c) 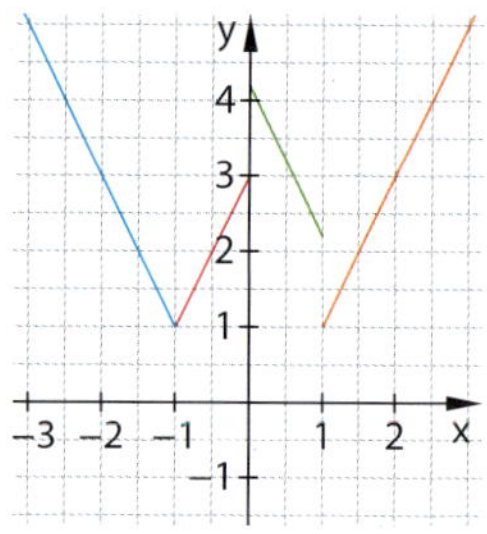

2 Gegeben ist die Funktion f mit $f(x) = \begin{cases} x^2 - 3 & \text{für } x < 0 \\ 2x - 1 & \text{für } 0 \leq x < 1. \\ x^2 & \text{für } x \geq 1 \end{cases}$

a) Bestimmen Sie die Funktionswerte $f(-1)$, $f(0)$, $f(0{,}5)$, $f(1)$ und $f(2)$.
b) Prüfen Sie mit einer Skizze, an welchen ihrer Nahtstellen die Funktion f stetig ist.

3 Prüfen Sie die Funktion f auf Stetigkeit an den Nahtstellen.

a) $f(x) = |x| = \begin{cases} -x & \text{für } x < 0 \\ x & \text{für } x \geq 0 \end{cases}$

b) $f(x) = \begin{cases} 3x^2 - 4x + 5 & \text{für } x \leq 2 \\ x^3 + 2 & \text{für } x > 2 \end{cases}$

c) $f(x) = \begin{cases} \sin(x) & \text{für } x \leq \frac{\pi}{2} \\ -\left(x - \frac{\pi}{2}\right)^2 + 1 & \text{für } x > \frac{\pi}{2} \end{cases}$

d) $f(x) = \begin{cases} 3(x+2)^2 & \text{für } x \leq -2 \\ -0{,}5x^2 + 2 & \text{für } -2 < x \leq 0 \\ x^3 + 2 & \text{für } x > 0 \end{cases}$

Differenzierbarkeit

Bei abschnittsweise definierten Funktionen kann es an den Nahtstellen passieren, dass die Steigung des Graphen bei links- und rechtsseitiger Annäherung nicht gegen denselben Wert strebt. Der Graph hat an dieser Stelle einen „Knick“, es existiert keine Tangente an dieser Stelle und die Ableitung ist dort nicht definiert. Die Funktion ist dort **nicht differenzierbar**.

$f(x) = \begin{cases} 0{,}5x^2 & \text{für } x < 0 \\ 0{,}5x^3 & \text{für } x \geq 0 \end{cases}$

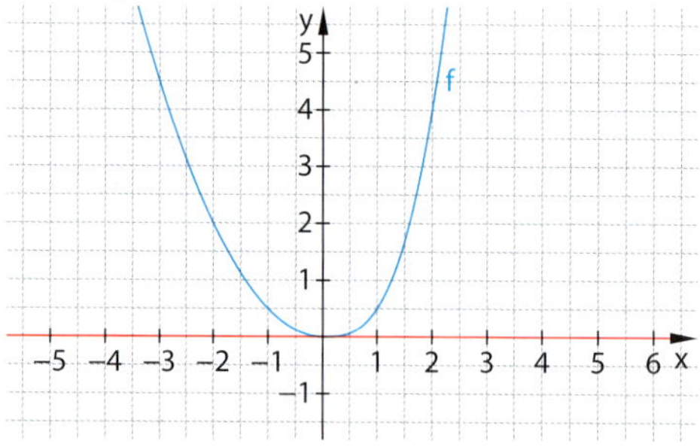

Der Graph von f hat keinen Knick. Es existiert eine (eindeutige) Tangente an den Graphen an der Stelle $x = 0$. Die Funktion f ist somit bei $x = 0$ differenzierbar.

$g(x) = |x| = \begin{cases} -x & \text{für } x < 0 \\ x & \text{für } x \geq 0 \end{cases}$

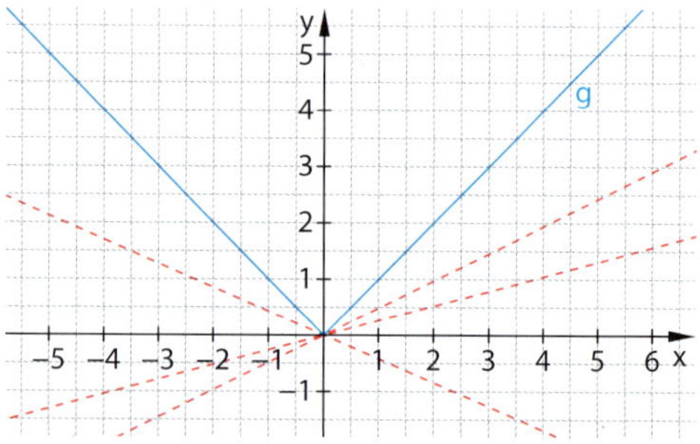

Der Graph von g hat im Punkt $(0|0)$ einen Knick. Es existiert keine Tangente an den Graphen bei $x = 0$. Die Funktion g ist somit bei $x = 0$ nicht differenzierbar.

Hinweis

Gleichbedeutend ist die Schreibweise mit h: f ist bei x_0 differenzierbar, wenn der Grenzwert $\lim\limits_{h \to 0} \frac{f(x_0 + h) - f(x_0)}{h}$ existiert (vergleiche Seite 73).

Wissen

Eine Funktion f heißt an einer Stelle x_0 ihres Definitionsbereichs **differenzierbar**, wenn der Grenzwert des Differenzenquotienten $\lim\limits_{x \to x_0} \frac{f(x) - f(x_0)}{x - x_0}$ an dieser Stelle existiert. Dieser Grenzwert heißt **Differenzialquotient** und entspricht dann der Ableitung $f'(x_0)$.

Die Stetigkeit an einer Stelle x_0 ist eine notwendige Bedingung dafür, dass eine Funktion in x_0 differenzierbar ist. Ist eine abschnittsweise definierte Funktion f stetig an einer Nahtstelle x_0, so genügt es zu zeigen, dass die links- und rechtsseitigen Grenzwerte der Ableitungsfunktion an dieser Stelle übereinstimmen $\left(\lim\limits_{x \to x_0,\, x < x_0} f'(x) = \lim\limits_{x \to x_0,\, x > x_0} f'(x)\right)$.

Beispiel 2 Überprüfen Sie die Funktion an den Nahtstellen auf Differenzierbarkeit.

$$f(x) = \begin{cases} 2x & \text{für } 0 \le x < 1 \\ x^2 - 2x + 3 & \text{für } 1 \le x < 2 \\ 2x - 1 & \text{für } 2 \le x < 3 \end{cases}$$

Lösung:

Betrachten Sie jede Nahtstelle von f einzeln. Überprüfen Sie zunächst, ob f an einer Nahtstelle x_0 stetig ist.

Falls f an der Stelle x_0 nicht stetig ist, ist f dort nicht differenzierbar.

Falls f an der Stelle x_0 stetig ist, bestimmen Sie f′(x) links und rechts von x_0 mit der jeweiligen Funktionsvorschrift.
Stimmen die Grenzwerte von f′ für $x \to x_0$ von links und von rechts überein, so ist f an der Nahtstelle x_0 differenzierbar.

1. Nahtstelle x = 1

f ist stetig in x = 1

$x < 1$: $f'(x) = 2 \to 2$ für $x \to 1$

$x > 1$: $f'(x) = 2x - 2 \to 0$ für $x \to 1$

$\lim\limits_{x \to 1,\, x < 1} f'(x) \neq \lim\limits_{x \to 1,\, x > 1} f'(x)$

f ist nicht differenzierbar an der Stelle x = 1.

2. Nahtstelle x = 2

f ist stetig in x = 2

$x < 2$: $f'(x) = 2x - 2 \to 2$ für $x \to 2$

$x > 2$: $f'(x) = 2 \to 2$ für $x \to 2$

$\lim\limits_{x \to 2,\, x < 2} f'(x) = \lim\limits_{x \to 2,\, x > 2} f'(x) = 2$

f ist differenzierbar an der Stelle x = 2.

Basisaufgaben

4 Begründen Sie anhand des Graphen, an welchen Nahtstellen die Funktion nicht differenzierbar ist.

a)
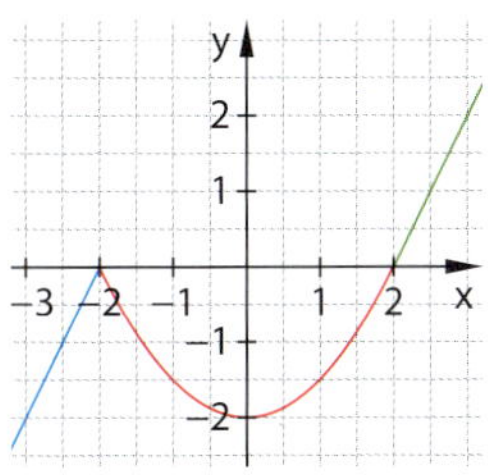

b)
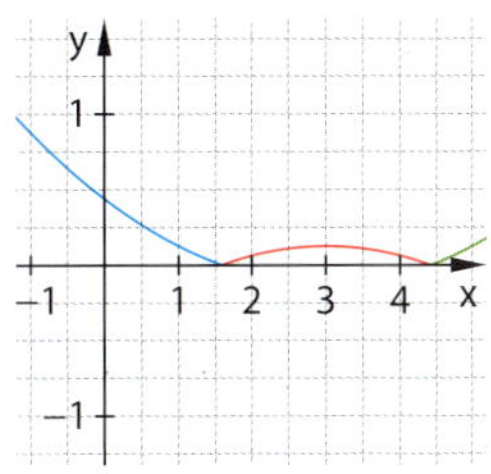

c)
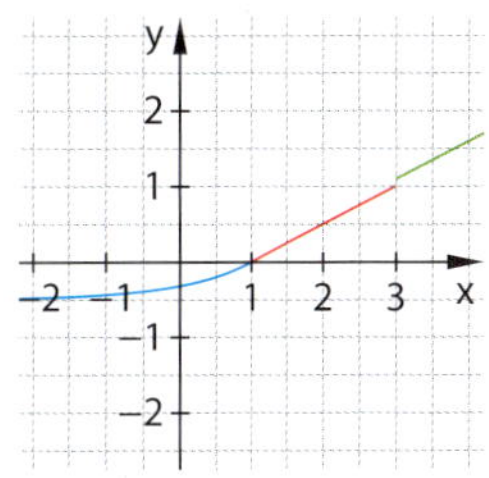

5 Untersuchen Sie die Funktion f auf Differenzierbarkeit an der Nahtstelle.

a) $f(x) = \begin{cases} \cos(x) & \text{für } x < \pi \\ (x - \pi)^2 - 1 & \text{für } x \ge \pi \end{cases}$

b) $f(x) = \begin{cases} \sin(x) & \text{für } x < 0 \\ x & \text{für } x \ge 0 \end{cases}$

c) $f(x) = \begin{cases} \frac{1}{3}x & \text{für } x < 1 \\ \sqrt{x} & \text{für } x \ge 1 \end{cases}$

d) $f(x) = \begin{cases} x^2 - 2x + 2 & \text{für } x < 2 \\ \frac{4}{x} & \text{für } x \ge 2 \end{cases}$

6 Die Funktion f mit $f(x) = \begin{cases} 0{,}5x & \text{für } x < 4 \\ x - 3 & \text{für } x \ge 8 \end{cases}$ ist für $4 \le x < 8$ nicht definiert. Sie wird in diesem Bereich durch g ergänzt. Skizzieren Sie den Graphen der so entstehenden Funktion und prüfen Sie, ob sie an den Nahtstellen differenzierbar ist.

a) $g(x) = \frac{3}{4}x - 1$

b) $g(x) = \frac{1}{16}x^2 + 1$

c) $g(x) = x - 3$

Weiterführende Aufgaben

7 Gegeben ist die Funktion f mit $f(x) = \begin{cases} x^2 + a & \text{für } x < 1 \\ 2x - 2 & \text{für } x \geq 1 \end{cases}$.

a) Skizzieren Sie den Graphen von f für a = 2.
b) Bestimmen Sie den Wert des Parameters a, sodass f an der Nahtstelle stetig ist.

8 **Stolperstelle:** Die Abbildung zeigt den Graphen der Funktion f mit $f(x) = \begin{cases} \frac{1}{3}x^3 & \text{für } x \leq 0 \\ \frac{1}{2}x^2 - 1 & \text{für } x > 0. \end{cases}$

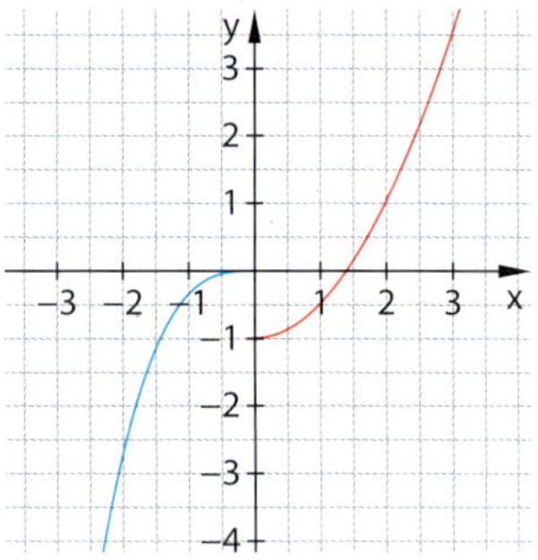

Sophie untersucht die Funktion auf Differenzierbarkeit bei x = 0:
Es gibt zwei Tangenten in x = 0, je nachdem, ob man von links oder rechts kommt. Beide haben die Steigung 0. Also ist f bei x = 0 differenzierbar.
Nehmen Sie Stellung.

9 Louis untersucht die Funktion f mit $f(x) = \frac{1}{x-2}$ auf Stetigkeit: *„Wenn ich den Graphen von f zeichne, muss ich den Stift bei x = 2 absetzen. Also ist f dort nicht stetig."* Nehmen Sie Stellung.

10 Ein Mobilfunkunternehmen bietet einen Vertrag für 9,90 € im Monat an, in dem 5 GB mobiles Datenvolumen enthalten sind. Für 5 € pro GB kann man nach Bedarf zusätzliches Datenvolumen kaufen. Geben Sie den Preis für ein beliebiges Datenvolumen an und begründen Sie, dass die Funktion nicht stetig ist.

11 **Grenzwertberechnung ohne h-Methode:** Ella bestimmt die Ableitung der Funktion f mit $f(x) = -4x^2$ an der Stelle $x_0 = 2$ so:

$$f'(2) = \lim_{x \to 2} \frac{f(x) - f(2)}{x - 2} = \lim_{x \to 2} \frac{-4x^2 - (-4 \cdot 2^2)}{x - 2} = \lim_{x \to 2} \frac{-4(x^2 - 2^2)}{x - 2} = \lim_{x \to 2} \frac{-4(x+2)(x-2)}{x - 2}$$
$$= \lim_{x \to 2} -4(x + 2) = -4(2 + 2) = -16$$

Erklären Sie die einzelnen Rechenschritte von Ella. Bestimmen Sie f'(2) mithilfe der h-Methode und geben Sie begründet an, welcher Weg Ihnen einfacher erscheint.

12 Nehmen Sie Stellung zum Dialog.
Paul: „Laut Steigungsdreieck ist die Steigung zwischen 0,5 und 1,5 gleich 1."
Lisa: „Aber bei A ist sie flacher und bei B steiler als 1. Wie groß ist denn die Steigung in den beiden Punkten?"
Paul: „In einem Punkt kann ich kein Steigungsdreieck zeichnen. Überhaupt: Innerhalb eines Punkts steigt doch gar nichts! Eine Steigung in einem Punkt gibt es doch gar nicht."
Lisa: „Aber man sieht doch, dass die Steigung in jedem Punkt anders ist!"

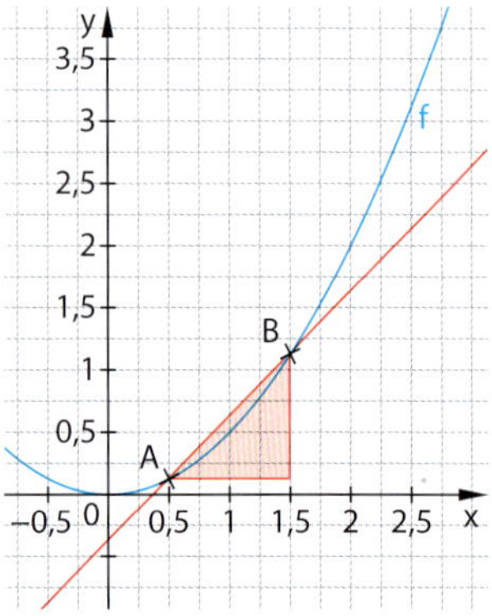

13 Geben Sie den Term einer abschnittsweise definierten Funktion an, die im Punkt $(1|2)$
a) stetig und differenzierbar,
b) stetig, aber nicht differenzierbar,
c) weder stetig noch differenzierbar ist.

14 Untersuchen Sie, für welche Werte von a die Funktion f an der Nahtstelle stetig ist. Geben Sie an, für welche der Werte die Funktion f zusätzlich differenzierbar ist.

a) $f(x) = \begin{cases} x^2 - a & \text{für } x < 1 \\ 2x - 2 & \text{für } x \geq 1 \end{cases}$

b) $f(x) = \begin{cases} -ax + 1 & \text{für } x < 0 \\ \frac{x^2}{a} - 2x + 1 & \text{für } x \geq 0 \end{cases}$

c) $f(x) = \begin{cases} x^2 + a^2x + 2 & \text{für } x < 0 \\ 2ax + 2 & \text{für } x \geq 0 \end{cases}$

d) $f(x) = \begin{cases} ax^2 - ax & \text{für } x < 1 \\ ax - a & \text{für } x \geq 1 \end{cases}$

15 Gesucht ist ein Wert des Parameters a, sodass ein knickfreier Übergang zwischen den Graphen zu $f(x) = x^2$ und $g(x) = x^3 + a$ im Punkt S entsteht.
a) Bestimmen Sie zunächst die Stelle mit gleicher Steigung und ermitteln Sie a so, dass diese Stelle gleicher Steigung auch Schnittstelle der beiden Graphen ist. Geben Sie die Koordinaten von S an.
b) Verfahren Sie ebenso mit den Funktionen
① $f(x) = x^3$ und $g(x) = x^4 + a$,
② $f(x) = x^n$ und $g(x) = x^{n+1} + a$.

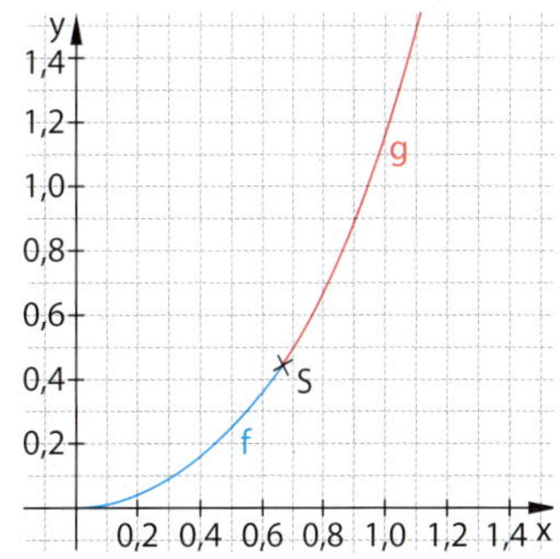

16 Zeigen Sie, dass jede differenzierbare Funktion stetig ist.

17 **Lineare Approximierbarkeit:** Ist eine Funktion an einer Stelle x_0 differenzierbar, lässt sich ihr Graph in der Nähe von x_0 gut durch eine Gerade approximieren.
a) Untersuchen Sie den Graphen zu $f(x) = x^2$ am Punkt $P(1|1)$ mit der Zoom-Funktion eines digitalen Hilfsmittels. Verläuft der Graph dort näherungsweise linear?
b) Sei g mit $g(x) = mx + n$ eine Gerade durch den Punkt P mit der Steigung m. Der x-Wert soll nun um kleine h von $x_0 = 1$ abweichen. Zeigen Sie, dass dann für die Differenz der Funktionswerte von f und g gilt:
$r(h) = f(1 + h) - g(1 + h)$
$= h^2 + (2 - m) \cdot h$.

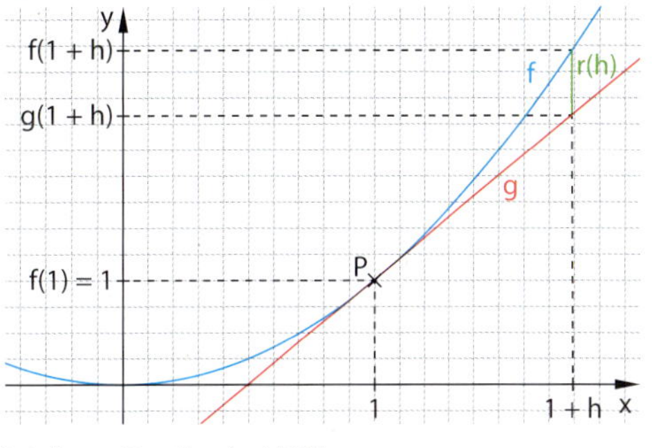

c) Berechnen Sie r(h) und $\frac{r(h)}{h}$ für $h = 0{,}1$; $h = 0{,}01$ und $h = 0{,}001$ für die Fälle ① $m = 1$; ② $m = 2$ und ③ $m = 3$. Vergleichen Sie die drei Fälle.
d) Zeigen Sie, dass $r(h) \to 0$ für $h \to 0$ für alle m gilt, $\frac{r(h)}{h} \to 0$ für $h \to 0$ aber nur für $m = 2$. Wegen $f'(1) = 2$ entspricht dies der Steigung der Tangente in P. Die Tangente ist also die beste lineare Approximation an den Graphen von f in der Nähe von $x_0 = 1$.

18 **Ausblick:** Der britische Mathematiker und Physiker Oliver Heaviside hat die nach ihm benannte **Heaviside-Funktion** H zum Beschreiben physikalischer Vorgänge eingeführt:
$H(x) = \begin{cases} 0 & \text{für } x \leq 0 \\ 1 & \text{für } x > 0 \end{cases}$
a) Zeichnen Sie den Graphen der Heaviside-Funktion.
b) Zeigen Sie, dass H an der Stelle $x = 0$ nicht differenzierbar ist.
c) Zeichnen Sie die Graphen der Funktionen f mit $f(x) = x \cdot H(x)$ und g mit $g(x) = x^2 \cdot H(x)$. Untersuchen Sie mithilfe des Differenzenquotienten, ob f und g an der Stelle $x = 0$ differenzierbar sind.

3.8 Tangenten, Steigungs- und Schnittwinkel

Gegeben sind die Funktion f mit
$f(x) = -\frac{1}{8}x^2 + 3$ sowie drei Geraden:
① $y = -0{,}5x + 3$ ② $y = -0{,}25x + 3$
③ $y = -0{,}5x + 3{,}5$
Untersuchen Sie, welche dieser Geraden die Tangente an den Graphen von f an der Stelle $x = 2$ ist.

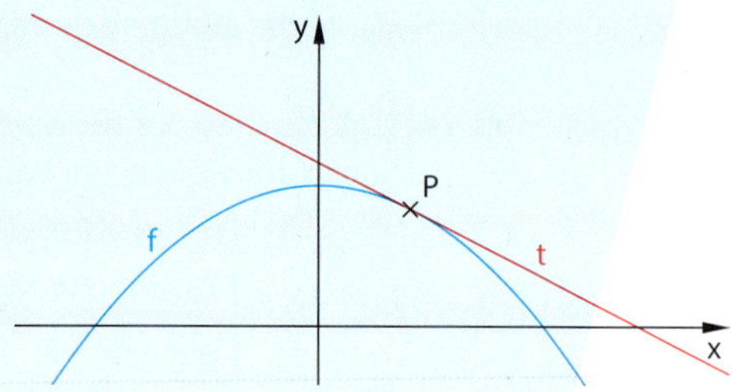

Tangentengleichung

Die Tangente an den Graphen im Punkt $P(x_0 | f(x_0))$ hat die Steigung $m = f'(x_0)$. Mithilfe von P und der Steigung lässt sich die Geradengleichung $t(x) = mx + n$ der Tangente bestimmen.

Wissen

Bestimmen der Gleichung $t(x) = mx + n$ der Tangente t an den Graphen von f im Punkt $P(x_0 | f(x_0))$:
① Steigung $m = f'(x_0)$ berechnen.
② Einsetzen der Koordinaten von P in die Tangentengleichung ergibt $f(x_0) = m \cdot x_0 + n$. Diese Gleichung nach n auflösen und n berechnen.

Beispiel 1 Gegeben ist die Funktion f mit $f(x) = -x^3 + 2x^2 + 4$.
a) Bestimmen Sie die Gleichung der Tangente an den Graphen von f an der Stelle $x_0 = 2$.
b) Bestimmen Sie die Stelle, an der die Tangente die x-Achse schneidet.

Lösung:

a) Bestimmen Sie die Ableitung f'. Die Ableitung an der Stelle $x_0 = 2$ ergibt die Steigung m der Tangente. Berechnen Sie den Funktionswert an der Stelle $x_0 = 2$. Setzen Sie den x-Wert 2, den Funktionswert 4 und $m = -4$ in den Ansatz $t(x) = mx + n$ ein und lösen Sie die Gleichung nach n auf.

Ansatz: $t(x) = mx + n$
① $f'(x) = -3x^2 + 4x$
$m = f'(2) = -4$
② $f(2) = 4$
$4 = -4 \cdot 2 + n$, also $n = 12$

Tangentengleichung: $t(x) = -4x + 12$

b) Die gesuchte Stelle ist die Nullstelle von t. Setzen Sie t(x) gleich null und lösen Sie nach x auf.

$-4x + 12 = 0$, also $x = 3$
Die Tangente schneidet die x-Achse bei $x = 3$.

Basisaufgaben

1 Gegeben ist die Funktion f mit $f(x) = \frac{1}{2}x^2 - 3x + 1$. Bestimmen Sie die Gleichung der Tangente an den Graphen von f im Punkt P.
a) $P(4 | -3)$ b) $P(1 | -1{,}5)$ c) $P(-4 | 21)$ d) $P(0 | 1)$

2 Bestimmen Sie die Gleichung der Tangente an den Graphen der Funktion f im Punkt $P(x_0 | f(x_0))$.
a) $f(x) = 2x^3 - 1;\ x_0 = -1$ b) $f(x) = -x^4 + x^2 + 2;\ x_0 = 1$
c) $f(x) = \frac{1}{3}x^2 + x;\ x_0 = -3$ d) $f(x) = \sin(x);\ x_0 = 3\pi$

3 Bestimmen Sie die Gleichung der Tangente an den Graphen der gegebenen Funktion an der Stelle x_0 und die Schnittpunkte der Tangente mit den Koordinatenachsen. Überprüfen Sie Ihr Ergebnis mit einem Funktionenplotter.

a) $f(x) = -\frac{1}{2}x^2 + \frac{3}{2}$; $x_0 = 1$ b) $g(x) = x^2 - 2x + 1$; $x_0 = 0$

c) $h(x) = x^3 - 4x$; $x_0 = 1$ d) $k(x) = (x+2)^2$; $x_0 = -5$

4 Gegeben ist die Funktion f mit $f(x) = x^3 + 3x$.

a) Bestimmen Sie die Gleichung der Tangente t an den Graphen von f bei $x = -2$.

b) Ermitteln Sie die Gleichung einer zweiten Tangente, welche zu t parallel ist.

5 a) Zeichnen Sie den Graphen von f mit $f(x) = \frac{1}{2}x^2 - 2x$ und die Sekante durch die Punkte $A(0\,|\,f(0))$ und $B(6\,|\,f(6))$.

b) Bestimmen Sie die Steigung der Sekante.

c) Berechnen Sie die Ableitungsfunktion von f.

d) Bestimmen Sie einen Punkt C des Graphen von f, in welchem die Tangente parallel zur Sekante AB verläuft. Ermitteln Sie die Gleichung der Tangente und zeichnen Sie diese.

6 Gegeben ist die Funktion f mit $f(x) = \frac{1}{3}x^3 - \frac{3}{2}x^2$.

a) Bestimmen Sie diejenigen Punkte des Graphen von f, an denen die Tangente von f waagerecht verläuft.

b) Bestimmen Sie die Gleichungen derjenigen Tangenten an den Graphen von f, die parallel zur Geraden h mit $h(x) = -2x + 5$ verlaufen.

c) Eine Tangente an den Graphen von f verläuft durch die Punkte $P\left(0\,\middle|\,\frac{9}{8}\right)$ und $N\left(\frac{1}{2}\,\middle|\,0\right)$. Bestimmen Sie den Berührpunkt der Tangente mit dem Graphen von f und geben Sie die Gleichung der Tangente an.

Steigungs- und Schnittwinkel

Der **Steigungswinkel** des Graphen einer Funktion f an der Stelle x_0 entspricht dem Steigungswinkel der zugehörigen Tangente im Punkt $(x_0\,|\,f(x_0))$.

Der Steigungswinkel der Tangente ist dabei der kleinere der Winkel, den die Tangente mit der x-Achse einschließt. Im abgebildeten Steigungsdreieck ist der Tangens des Steigungswinkels α der Quotient aus der Gegenkathete der Länge $m = f'(x_0)$ und der Ankathete der Länge 1:

$$\tan(\alpha) = \frac{m}{1} = f'(x_0)$$

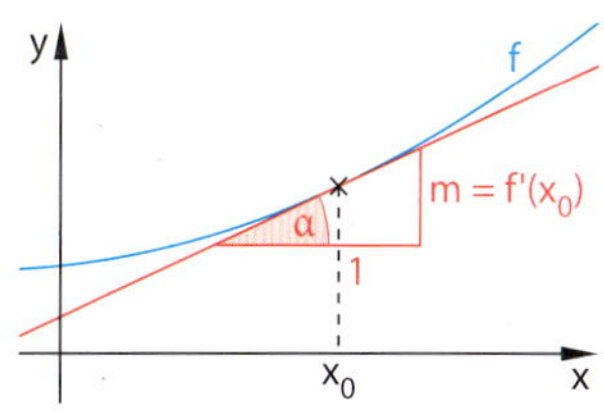

Hinweis

Für negative Steigungen ist der Steigungswinkel ebenfalls negativ, z. B. $g(x) = -x$, $\alpha = -45°$.

Wissen

Für den **Steigungswinkel** α des Graphen einer Funktion f an der Stelle x_0 gilt: $f'(x_0) = \tan(\alpha)$

Beispiel 2 **Steigung und Steigungswinkel**

Gegeben ist die Funktion f mit $f(x) = -\frac{1}{4}x^2 + 5x + 1$.
Bestimmen Sie die Steigung sowie den Steigungswinkel des Graphen an der Stelle $x_0 = 2$.

Lösung:

Bestimmen Sie die Ableitung von f und setzen Sie die Stelle 2 ein. Wenden Sie die Umkehrtaste $\tan^{-1}$ Ihres Taschenrechners auf den Wert $f'(2) = 4$ an.

$f'(x) = -\frac{1}{2}x + 5$, $f'(2) = 4$
$\tan(\alpha) = f'(2) = 4$, also $\alpha \approx 75{,}96°$
Der Graph von f hat an der Stelle $x_0 = 2$ die Steigung 4 und den Steigungswinkel $\alpha \approx 75{,}96°$.

Hinweis

Achten Sie darauf, dass Ihr Taschenrechner auf das Gradmaß (DEG) eingestellt ist.

Hinweis

Für den Schnittwinkel γ gilt: $0 \leq \gamma \leq 90°$.

Schneiden sich die Graphen zweier Funktionen f und g, so entspricht ihr Schnittwinkel dem Schnittwinkel ihrer Tangenten an dieser Stelle.
Beim Schnitt der Tangenten entstehen zwei Winkel γ und δ, die zusammen 180° ergeben. Der kleinere der beiden Winkel (hier γ) wird als **Schnittwinkel** bezeichnet.

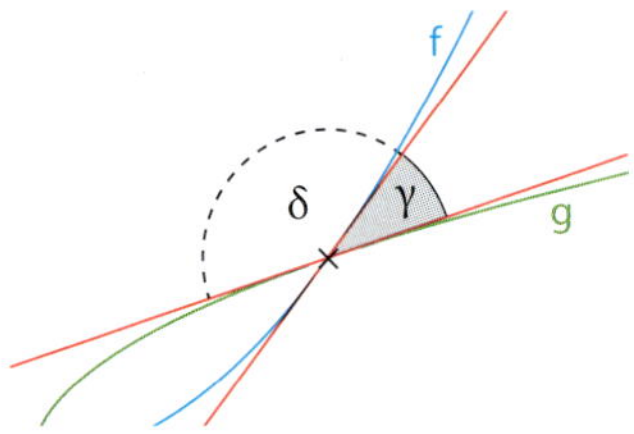

Der Schnittwinkel γ ist die Differenz aus den Steigungswinkel α und β von f und g an dieser Stelle. Da Schnittwinkel (im Gegensatz zu Steigungswinkeln) stets positiv sein müssen, folgt: $\gamma = |\alpha - \beta|$.

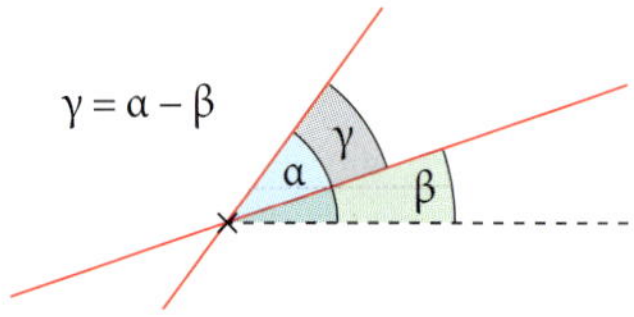

Wissen

Seien f und g Funktionen, deren Graphen sich an der Stelle x_0 schneiden.
Sind α und β die Steigungswinkel von f und g an der Stelle x_0, so ist der **Schnittwinkel** von f und g der kleinere der beiden Winkel $|\alpha - \beta|$ und $180° - |\alpha - \beta|$.

Beispiel 3 **Schnittstelle und Schnittwinkel**

Gegeben seien die Funktionen f und g mit $f(x) = x^2 + x - 5$ und $g(x) = 3x - 2$.
Bestimmen Sie den Schnittwinkel von f und g an der linken Schnittstelle.

Lösung:

Setzen Sie die Funktionsterme von f und g gleich und lösen Sie die Gleichung. Wählen Sie die kleinere der beiden Lösungen.	$x^2 + x - 5 = 3x - 2$ also $x^2 - 2x - 3 = 0$ p-q-Formel: $x_{1/2} = 1 \pm \sqrt{1+3} = 1 \pm 2$ Linke Schnittstelle: -1
Bestimmen Sie die Steigung von f und g an der Stelle −1 und berechnen Sie die zugehörigen Steigungswinkel.	$f'(x) = 2x + 1$; $f'(-1) = -1$ $g'(x) = 3$; $g'(-1) = 3$ $\alpha = \tan^{-1}(-1) = -45°$; $\beta = \tan^{-1}(3) \approx 71{,}57°$
Bilden sie den Betrag der Differenz von α und β und prüfen Sie, ob dieser größer als 90° ist. Ziehen Sie den Winkel von 180° ab.	$\lvert -45° - 71{,}57° \rvert = \lvert -116{,}57° \rvert = 116{,}57° > 90°$ Der gesuchte Schnittwinkel beträgt $\gamma \approx 180° - 116{,}57° = 63{,}43°$.

Basisaufgaben

7 Bestimmen Sie die Steigung und den Steigungswinkel des Graphen von f an der Stelle x_0.

a) $f(x) = 2x^3$; $x_0 = -1$ b) $f(x) = -2\sqrt{x}$; $x_0 = 3$ c) $f(x) = -x^2 - 5x$; $x_0 = 0$
d) $f(x) = -\frac{4}{x}$; $x_0 = -2$ e) $f(x) = (2x+1)^2$; $x_0 = -\frac{1}{2}$ f) $f(x) = 2\sin(x)$; $x_0 = \frac{\pi}{6}$

8 Bestimmen Sie alle Schnittstellen und die zugehörigen Schnittwinkel der Graphen von f und g.

a) $f(x) = x^3 + 2x + 2$, $g(x) = 2 - x^3$
b) $f(x) = -\frac{1}{2}x^2 - 3x + 1$, $g(x) = 2x + 1$
c) $f(x) = \frac{3}{x}$, $g(x) = -1{,}5x + 4{,}5$

9 Gegeben sei die Funktion f mit $f(x) = x^2 + 2x - 3$.

a) Bestimmen Sie die Winkel, unter denen der Graph von f die x-Achse schneidet.
b) Bestimmen Sie den Winkel, unter dem der Graph von f die y-Achse schneidet.
c) Ermitteln Sie die Stelle x_0, an der der Graph von f einen Steigungswinkel von 45° hat.

Weiterführende Aufgaben

10 Untersuchen Sie, welche der Geraden in der Abbildung Tangenten an den Graphen von f mit $f(x) = -\frac{1}{4}x^2 + x$ sind.

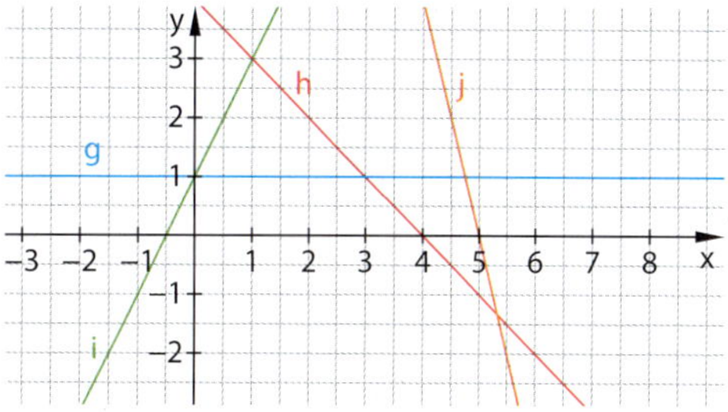

11 **Stolperstelle:** Amy möchte mit $f(2) = -3$ und $f'(2) = 4$ die Gleichung der Tangente an den Graphen von f an der Stelle 2 aufstellen und den Steigungswinkel berechnen. Beschreiben Sie ihre Fehler.

t: $2 = 4 \cdot (-3) + n$, also $n = 14$, also $t(x) = 4x + 14$ $\tan(4) \approx 0{,}07$, also $\alpha \approx 0{,}07°$

12 Der Verlauf einer Kaimauer ist zwischen den Punkten A und B gegeben durch den Graphen zu $f(x) = x^3 - 3x^2 + 4$, zwischen A und N_1 durch die Tangente g_1 an den Graphen von f im Punkt $A\left(-\frac{1}{2}\middle|f\left(-\frac{1}{2}\right)\right)$ und zwischen B und N_2 durch die Tangente g_2 im Punkt B.

a) Ermitteln Sie die Steigung und die Gleichung von g_1.
b) Die Gerade g_2 hat die Steigung $m_2 = -3$. Berechnen Sie die Koordinaten von B und die Gleichung von g_2.
c) N_1 und N_2 sind die Schnittpunkte der beiden Tangenten mit der x-Achse. Berechnen Sie die Koordinaten dieser Punkte.
d) Berechnen Sie den Schnittpunkt S der beiden Tangenten und den Flächeninhalt des Dreiecks N_1N_2S. Sie erhalten damit einen Näherungswert für den Flächeninhalt der Figur.

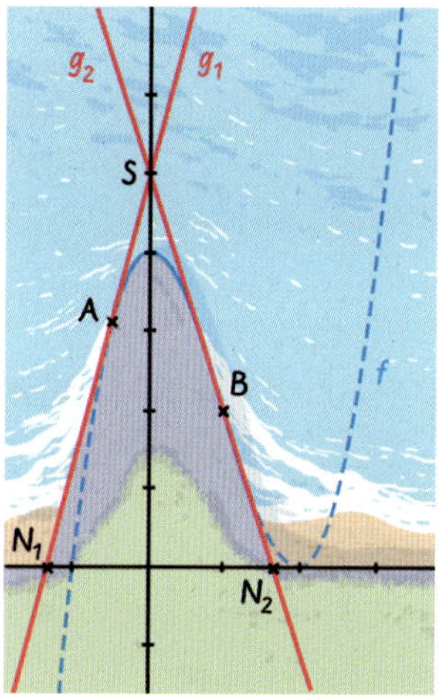

Erinnerung

Ein Dreieck mit Grundseite g und Höhe h hat den Flächeninhalt $A = \frac{g \cdot h}{2}$.

13 Tim möchte seinen ferngesteuerten Rennwagen den abgebildeten Hügel vom linken Fußpunkt aus hinauffahren lassen. Der Wagen hat eine Steigfähigkeit von höchstens 45°. Die Profilkurve des Hügels wird näherungsweise durch die Funktion h mit $h(x) = -\frac{1}{4}x^2 + 3x - 6$ beschrieben (x, h(x) in Metern).

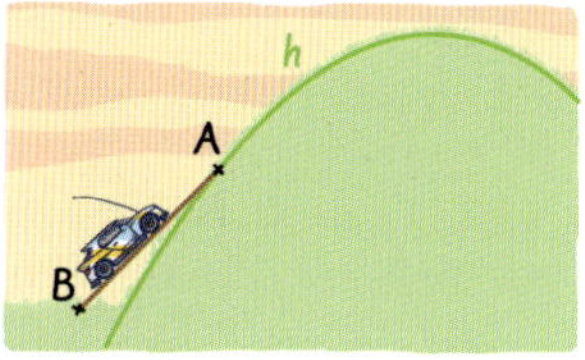

a) Weisen Sie nach, dass der Hügel zu steil für den Rennwagen ist.
b) Tim lehnt ein Brett als Rampe an, so dass dieses den Hügel in 1,5 Metern Höhe vom Boden aus berührt. Prüfen Sie, ob der Wagen es schafft, die Rampe hochzufahren.
c) Bestimmen Sie die niedrigste Höhe, an der Tim die Rampe am Hügel anlehnen muss, damit das Auto den Anstieg noch schafft.
d) Bestimmen Sie, in welcher Entfernung vom linken Fußpunkt des Hügels aus diese Rampe auf den Boden aufgesetzt werden muss, damit das Auto den Anstieg noch schafft.

14 Gegeben ist der parabelförmige Graph der Ableitungsfunktion f′. Entscheiden Sie begründet, ob die Aussage wahr oder falsch ist:
„Zu jeder Tangente t an den Graphen von f gibt es eine weitere Tangente an den Graphen von f, die parallel zu t verläuft."

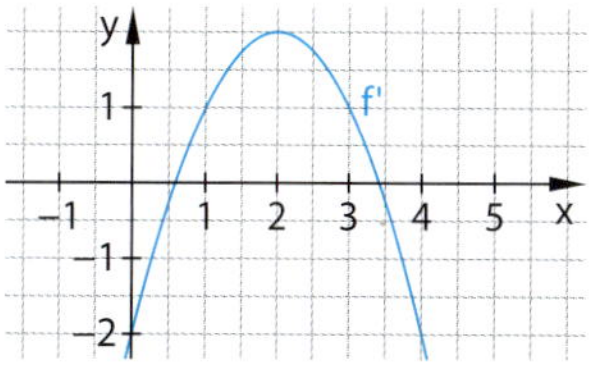

15 Formel für Tangentengleichung:
Zur Bestimmung der Gleichung der Tangente g an den Graphen der Funktion f im Punkt $(x \mid f(x_0))$ gibt es die Formel $t(x) = f'(x_0) \cdot (x - x_0) + f(x_0)$.
Weisen Sie die Gültigkeit der Formel nach, indem Sie den Punkt und die Steigung der Tangente in die allgemeine Form der Geradengleichung einsetzen und nach dem y-Achsenabschnitt n auflösen.

Wissen **Normale**
Die Gerade, die senkrecht zur Tangente an den Graphen einer Funktion f im Punkt $P(x_0 \mid f(x_0))$ verläuft, heißt **Normale** an den Graphen von f im Punkt P.
Für die Steigung der Normalen gilt: $m = -\frac{1}{f'(x_0)}$

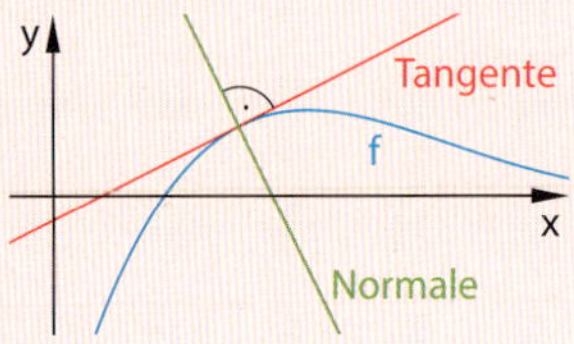

16 Gegeben ist die Funktion f mit $f(x) = (x - 1)^2 - 2$.
a) Bestimmen Sie die Gleichung der Tangente an den Graphen von f an der Stelle $x_0 = 2$.
b) Zeichnen Sie den Graphen von f in ein Koordinatensystem und tragen Sie die Tangente im Punkt $P(2 \mid f(2))$ ein.
c) Zeichnen Sie die Normale an den Graphen von f im Punkt P ein und lesen Sie deren Steigung ab. Vergleichen Sie mit dem Wert, der sich aus $m = -\frac{1}{f'(x_0)}$ ergibt.
d) Stellen Sie die Gleichung der Normalen auf.

17 Bestimmen Sie die Gleichungen der Tangente und der Normalen an der Stelle x_0.
a) $f(x) = x^3 - 2x + 6$; $x_0 = 1$ b) $f(x) = 2x^2 + 6x$; $x_0 = -2$ c) $f(x) = \frac{1}{x} - 6x$; $x_0 = -0{,}5$

18 Formel für Normalengleichung:
Zur Bestimmung der Normalengleichung an den Graphen der Funktion f im Punkt $P(x_0 \mid f(x_0))$ gibt es die Formel $n(x) = -\frac{1}{f'(x_0)} \cdot (x - x_0) + f(x_0)$.
Stellen Sie mithilfe der Formel die Gleichung der Normalen auf.
a) $f(x) = -x^2 + 4$; $x_0 = 2$ b) $f(x) = x^3 + 2x^2$; $x_0 = 1$ c) $f(x) = 0{,}5x^4 - x - 3$; $x_0 = 0$

19 a) Gegeben ist die Funktion f mit $f(x) = -x^3 + 9x^2$. Bestimmen Sie alle Punkte, in denen der Graph die Steigung -9 hat.
b) Bestimmen Sie den Punkt P, in dem die Gerade g mit $g(x) = 15x - 7$ eine Tangente an den Graphen von f ist. Bestimmen Sie auch die Gleichung der Normalen in P.

20 Gegeben ist die Funktion f mit $f(x) = 0{,}5x^2 - 2x$.
a) Ermitteln Sie alle linearen Funktionen g, sodass sich die Graphen von f und g an der Stelle $x_0 = 1$ im Winkel von 40° schneiden.
b) Untersuchen Sie die Graphen von f und g auf weitere Schnittpunkte. Bestimmen Sie die weiteren Schnittwinkel.

21 Gegeben sind die Funktion f mit $f(x) = -\frac{1}{2}x^4 + 4x^2 - 3x - 5$ und die Gerade g mit $g(x) = -3x + 3$.
a) Weisen Sie rechnerisch nach, dass g in zwei Punkten P und Q eine Tangente an den Graphen von f ist. Geben Sie die Koordinaten von P und Q an.
b) Der Graph von f wird um eine Einheit nach links und um a Einheiten nach oben verschoben, sodass die Gerade g wieder in zwei Punkten Tangente an den neuen Graphen ist. Geben Sie a an und begründen Sie Ihre Angabe.

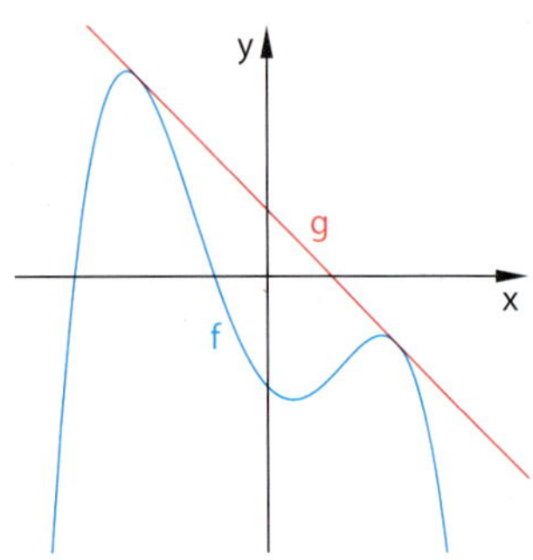

22 Die Abbildung zeigt den Graphen von f mit $f(x) = -x^2 + 4$.

a) Ermitteln Sie die Koordinaten der Punkte A, B und D.

b) Berechnen Sie den Flächeninhalt des Dreiecks ABD.

c) Bestimmen Sie die Gleichungen der Tangenten an den Schnittpunkten A und B des Graphen mit der x-Achse.

d) Berechnen Sie den Schnittpunkt C der beiden Tangenten. Ermitteln Sie auch ihren Schnittwinkel.

e) Zeigen Sie, dass die Flächeninhalte der Dreiecke ABC und ABD zueinander im Verhältnis 2 : 1 stehen.

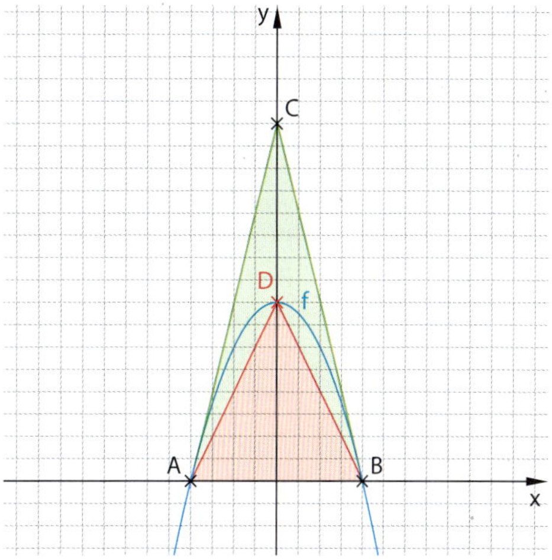

23 Eine Skisprungschanze steht an einem Hang, dessen Profil durch den Graphen von h mit $h(x) = -\frac{2}{5}x^3 + \frac{6}{5}x^2 - \frac{359}{250}x + \frac{9}{10}$ (in 100 m) gegeben ist.
Die Schanze entspricht dem Graphen von s mit $s(x) = -\frac{5}{8}x^5 + \frac{3}{4}x^4 + \frac{1}{2}x^3 - \frac{3}{2}x + \frac{6}{5}$.

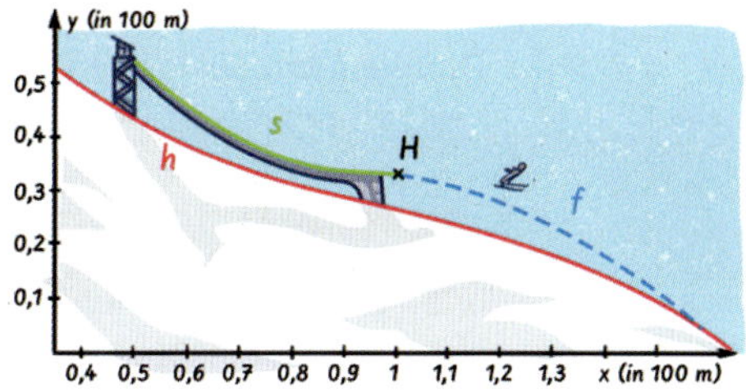

a) Zeigen Sie, dass bei x = 0,8 die Schanze genau so steil ist wie der Hang.

b) Eine Kugel, die die Schanze herunterrollt, würde ohne Erdanziehung ab dem Punkt H(1 | 0,325) geradlinig weiterfliegen. Ermitteln Sie die Gleichung dieser Geraden.

c) Zeigen Sie, dass der Graph von f mit $f(x) = -\frac{3}{5}x^2 + \frac{43}{40}x - \frac{3}{20}$ eine mögliche Flugbahn eines Skispringers beschreibt, indem Sie nachweisen, dass der Graph von f im Punkt H knickfrei an den Graphen von s anschließt.

d) Ermitteln Sie die Steigung sowie den Steigungswinkel der Schanze an ihrem höchsten Punkt bei x = 0,5.

e) Bestimmen Sie den Winkel, unter dem der Skispringer auf dem Hang landet.

24 Eine wellenförmige Wasserrutschbahn ist gegeben durch $f(x) = \frac{1}{2}x + \frac{1}{2}\sin(x)$.

a) Nach der Summenregel setzt sich die Steigung von f aus zwei Summanden zusammen. Da der erste Summand die konstante Steigung 0,5 hat, ist die Steigung dort am größten, wo die Steigung des Sinus am größten ist. Ermitteln Sie die Stellen mit der größten und der kleinsten Steigung für $0 \le x \le 2\pi$ und geben Sie diese Steigungen an.

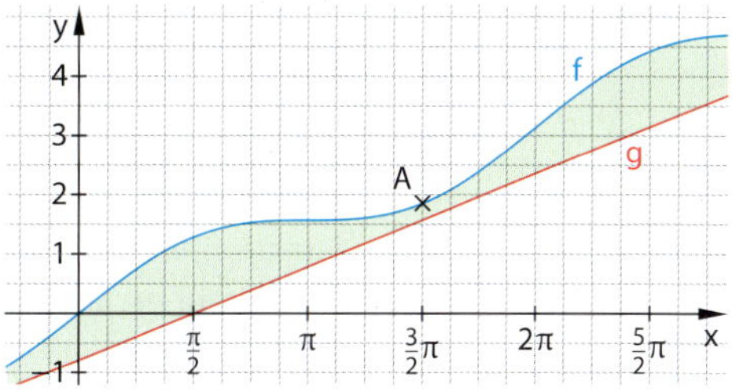

b) Der untere Rand der Rutsche entspricht einer Geraden g, die sich aus der Tangente an den Graphen von f im Punkt $A\left(\frac{3}{2}\pi \middle| f\left(\frac{3}{2}\pi\right)\right)$ durch Verschiebung um 0,3 nach unten ergibt. Ermitteln Sie die Gleichung von g.

25 Ausblick:
Beschreiben Sie, wie dieses Bild entstanden ist.
Erzeugen Sie mithilfe eines geeigneten digitalen Hilfsmittels ähnliche Bilder.

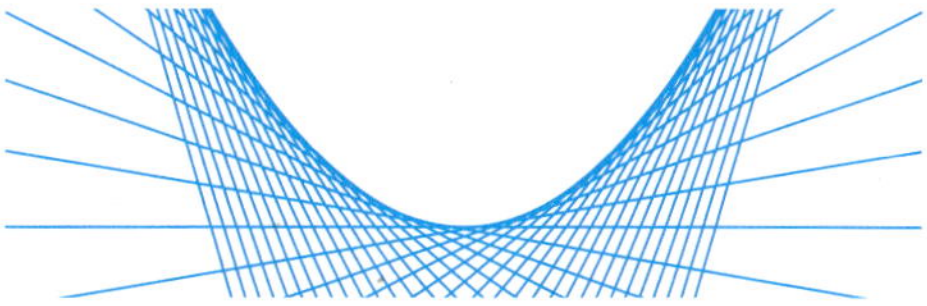

Ableitungen mit einer Mathematik-Software durchführen

a) Erstellen Sie mithilfe einer geeigneten Mathematik-Software eine Übersicht für die Sekantensteigungen im Punkt P(0 | 2) der Funktion f mit $f(x) = \frac{1}{5}x^3 - \frac{3}{2}x^2 + 2x + 2$. Betrachten Sie die Schrittweiten 1, 0,5 und 0,1.

b) Lassen Sie von der Software die Ableitungsfunktion f′ zeichnen und bestimmen Sie damit die Steigung von f an den Stellen 0, 2 und 5.

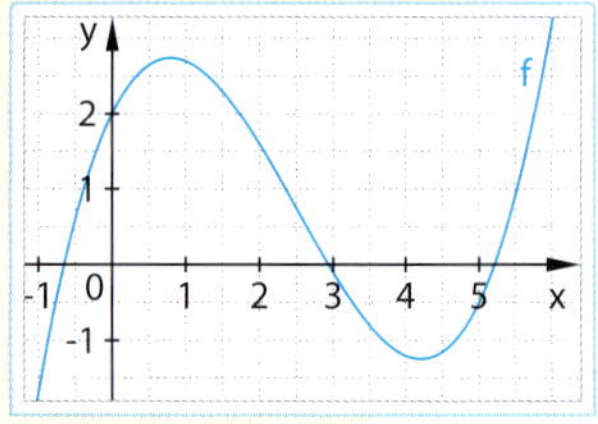

Von der Sekante zur Tangente

Die mittlere Änderungsrate einer Funktion wird an ihrem Graphen durch eine Sekante dargestellt. Wird das betrachtete Intervall immer kleiner, so nähert sich die mittlere Änderungsrate immer mehr der lokalen Änderungsrate an, im Schaubild nähert sich die Sekante immer mehr einer Tangente an. Dieser Übergang lässt sich mit einer Software gut veranschaulichen.

Beispiel 1 Untersuchen Sie die Funktion f mit $f(x) = \frac{1}{4}x^2$ mit einer Mathematik-Software.

a) Ermitteln Sie einen Näherungswert für die Steigung der Tangente an den Graphen von f im Punkt A(2 | 1), indem Sie die Steigungen verschiedener Sekanten betrachten.

b) Überprüfen Sie Ihren Näherungswert aus a), indem Sie die Tangente einzeichnen.

Lösung:

a) Gehen Sie wie folgt vor:

- Erstellen Sie einen Schieberegler. Wählen Sie als Minimalwert und als Schrittweite jeweils 0,1.
- Lassen Sie den Graphen von f zeichnen.
- Erstellen Sie den Punkt A(2 | 1) auf dem Graphen von f.
- Definieren Sie den Punkt B mit der x-Koordinate „x-Wert von A plus Wert des Schiebereglers" und der y-Koordinate „zugehöriger Funktionswert". Der Punkt B liegt auf dem Graphen und lässt sich mithilfe des Schiebereglers verschieben.
- Erstellen Sie die Gerade durch A und B und lassen Sie ihre Steigung angeben. Die verschiedenen Sekantensteigungen lassen vermuten, dass die gesuchte Tangentensteigung den Wert 1 hat.

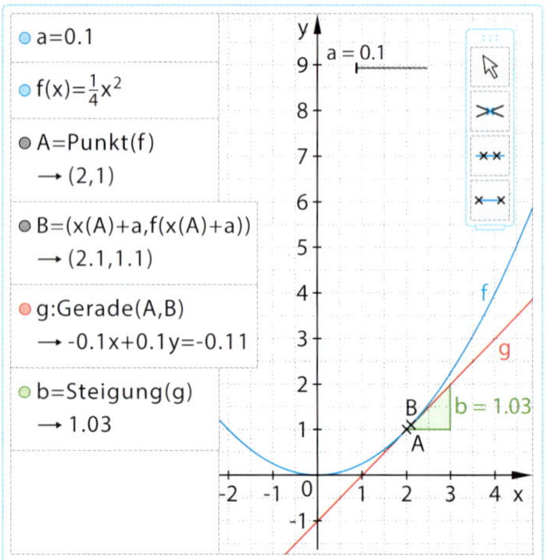

Schieberegler	2	1	0,5	0,1
Sekantensteigung	1,5	1,25	1,13	1,03

Vermuteter Näherungswert: 1

b) Erstellen Sie die Tangente in A an den Graphen von f. Ihre Steigung ist wie vermutet 1.

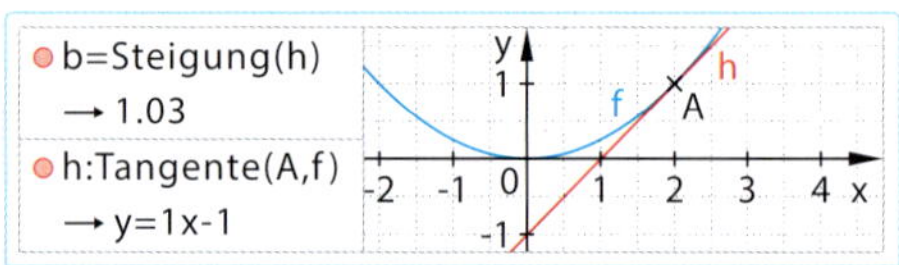

Aufgaben

1 Ermitteln Sie mithilfe eines Schiebereglers in einer Mathematik-Software die mittlere Änderungsrate der Funktion f mit $f(x) = -0{,}1x^2 + x + 2$ in den Intervallen [0; 2], [0; 5] und [0; 10].

2 Zeichnen Sie mit einer Mathematik-Software den Graphen der Funktion f und die Tangente an den Graphen an der Stelle x_0. Geben Sie auch die Tangentengleichung an.

a) $f(x) = 2x^2 + 4x + 1;\ x_0 = 0$ b) $f(x) = -0{,}5x^3 + 2x^2;\ x_0 = 1$

3 Die Funktion f mit der Funktionsgleichung $f(x) = -\frac{500}{27}x^3 + \frac{2000}{3}x^2 - 7500x + 27\,000$ beschreibt näherungsweise die Anzahl der Personen in einem Vergnügungspark um x Uhr.

a) Zeichnen Sie den Graphen von f mit einer Mathematik-Software. Wählen Sie eine geeignete Skalierung für die Achsen.

b) Ermitteln Sie die Öffnungszeiten des Parks. Erläutern Sie, für welche Uhrzeiten die Funktion den Sachverhalt nicht beschreibt.

c) Ermitteln Sie, zwischen welchen vollen Stunden die Besucherzahl am stärksten steigt.

d) Geben Sie an, wann sich die meisten Personen im Park aufhalten. Ermitteln Sie auch die Anzahl der Personen im Park um diese Uhrzeit.

Ableitungsfunktion

Wenn eine Funktion f in eine Mathematik-Software eingegeben ist, erhält man mit dem Befehl „f'(x)" die zugehörige Ableitungsfunktion.

4 Zeichnen Sie mit einer Mathematik-Software die Graphen der Funktion f und ihrer Ableitungsfunktion f'.

a) $f(x) = x^2 - 5x - 3$ b) $f(x) = x^4 - x^2 + x + 2$ c) $f(x) = 0{,}1x^5 - 0{,}5x^3 + 1$

5 Skizzieren Sie den Graphen der Ableitungsfunktion auf Papier. Prüfen Sie dann Ihr Ergebnis, indem Sie den Graphen von f' mit einer Mathematik-Software zeichnen.

a) $f(x) = -0{,}25x^3 - x^2 + x + 2$ b) $f(x) = -0{,}5x^4 + 3x^2 - 1$ c) $f(x) = 2 \cdot \sin(x) + 2$

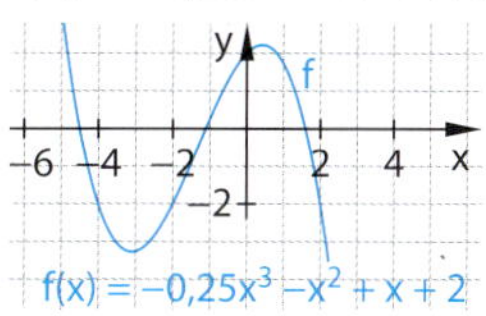

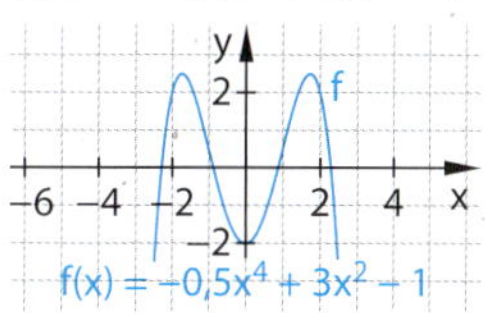

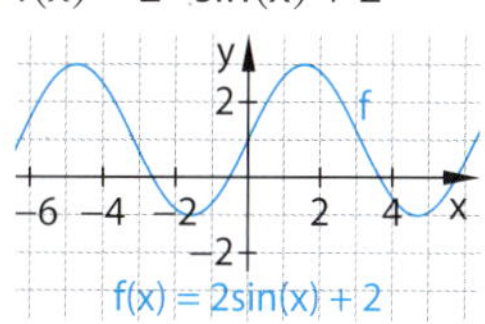

6 Eine Straße im Gebirge kann für $0 \leq x \leq 12$ durch die Funktion f mit $f(x) = -\frac{1}{1080}x^3 + \frac{1}{60}x^2$ modelliert werden. Eine Längeneinheit entspricht 100 m.

a) Zeichnen Sie die Graphen von f und f' sowie den Graphen der Ableitungsfunktion f'' von f'. Bestimmen Sie die Nullstelle von f''.

b) Die Nullstelle von f'' ist die Stelle, an der f die größte Steigung hat. Ermitteln Sie den Wert dieser Steigung.

c) Geben Sie die Gleichung der Tangente an den Graphen von f im steilsten Punkt an. Ermitteln Sie die maximale Steigung der Straße in %.

3.9 Klausur- und Abiturtraining

Aufgaben ohne Hilfsmittel

1 Geben Sie eine Funktion mit dem Definitionsbereich $D = \mathbb{R}$ an, die an der Stelle $x = 3$ stetig, aber nicht differenzierbar ist. Zeigen Sie diese Eigenschaften mithilfe von Grenzwerten.

2 Bestimmen Sie die Ableitungen der Funktionen f, g und h. Vergleichen Sie und begründen Sie Ihre Beobachtung.
$f(x) = -0{,}5x^4 + 4x^2 - x + 1$ $g(x) = -0{,}5x^4 + 4x^2 - x + 8$ $h(x) = -0{,}5x^4 + 4x^2 - x - 2$

3 Gegeben ist die Funktion f mit $f(x) = x(x-2)(x-6)$.
a) Stellen Sie die Gleichung der Tangente an den Graphen von f im Punkt $P(3\,|\,f(3))$ auf.
b) Bestimmen Sie die gemeinsamen Punkte des Graphen von f mit seiner Tangente im Ursprung.

4 Gegeben ist die Funktion f mit $f(x) = x + \sin(x)$.
a) Bestimmen Sie alle x–Werte, für die die Ableitung von f die Werte 0 oder 2 hat.
b) Argumentieren Sie, dass der Graph von f genau eine Nullstelle hat.
c) Begründen Sie, dass die Steigung jeder Tangente an den Graphen von f im Intervall $[0;\,2]$ liegt.
d) Skizzieren Sie mit Hilfe der Ergebnissen aus a) und b) den Graphen der Funktion.

5 a) Berechnen Sie mithilfe des Differenzialquotienten die lokale Änderungsrate der Funktion A mit $A(r) = \pi r^2$ an der Stelle r. Erklären Sie die anschauliche Bedeutung von A und A'.
b) Bestimmen Sie mithilfe der h-Methode die lokale Änderungsrate der Funktion $V(a) = a^3$ an der Stelle a. Erklären Sie das Ergebnis anschaulich.

6 Die Funktion s mit $s(t) = \frac{1}{6}t^3 + \frac{1}{2}t^2$ (t in s, s(t) in m) beschreibt die Bewegung eines Objekts.
a) Berechnen Sie die mittlere Geschwindigkeit innerhalb der ersten 3 Sekunden.
b) Bestimmen Sie die Momentangeschwindigkeit nach 3 Sekunden.
c) Erläutern Sie den Unterschied zwischen den beiden Werten aus a) und b).

7 Die Abbildung zeigt den Graphen von f'. Entscheiden Sie begründet, ob die Aussage wahr oder falsch ist.
a) Der Graph von f hat an drei Stellen waagerechte Tangenten.
b) Der stärkste Anstieg einer Tangente von f ist bei $x = 2$.
c) Der Graph von f verläuft von links oben nach rechts oben und hat in $x = 0$ eine Nullstelle.

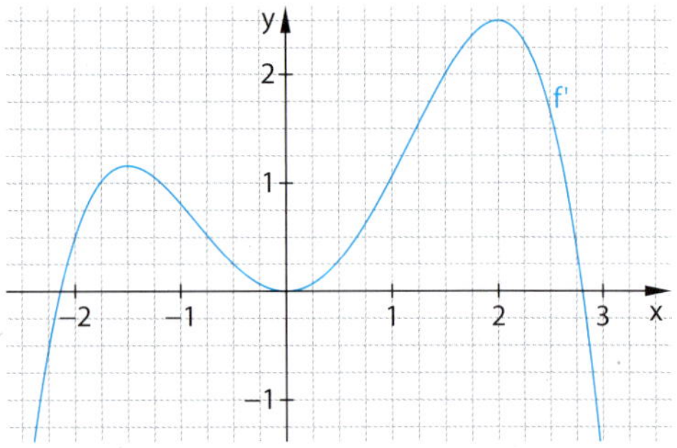

8 Gegeben ist die Funktion f mit $f(x) = x^2 - 4$.
a) Berechnen Sie die Stelle x_0, an der die momentane Änderungsrate identisch mit der mittleren Änderungsrate im Intervall $[-1;\,2]$ ist. Skizzieren Sie die Situation.
b) Betrachten Sie nun das Intervall $[a;\,2]$. Berechnen Sie alle a, für die die Sekante die x-Achse im 45°-Winkel schneidet.
c) Zeigen Sie: Es existiert immer eine Stelle x, in der die Tangente parallel zur Sekante auf dem Intervall $[a;\,b]$ verläuft. Dabei ist x der Mittelwert der Intervallgrenzen.

Aufgaben mit Hilfsmitteln

9 Ein Baumarkt plant ein neues, ungewöhnliches Kinderspielhaus. Die Abbildung zeigt einen Querschnitt des Hauses. Der linke Dachteil kann durch den Graphen der Funktion f mit $f(x) = \frac{2}{3}x^2 + 2x + 3$ im Intervall $\left[-\frac{3}{2}; 0\right]$ beschrieben werden. Für den rechten Teil des Dachs wird der Graph der Funktion g mit $g(x) = \frac{192}{125}x^3 - \frac{72}{25}x^2 + 3$ im Intervall $\left[0; \frac{3}{2}\right]$ verwendet (x, f(x), g(x) in m).

a) Weisen Sie nach, dass der linke Dachteil waagerecht beginnt. Der rechte Dachteil verläuft an seiner tiefsten Stelle waagerecht. Bestimmen Sie die Höhe h des Dachs über dem Erdboden an dieser Stelle.

b) Zeigen Sie, dass der Steigungswinkel des linken Dachteils bei x = 0 ca. 63,43° beträgt. Berechnen Sie auch den Steigungswinkel des rechten Dachteils bei x = 0 und beschreiben Sie, wie man damit den Schnittwinkel der beiden Dachteile bestimmen kann.

c) Das Gefälle eines Dachs ist entscheidend dafür, wie schnell Wasser abfließen kann. Berechnen Sie das mittlere Gefälle des linken und des rechten Dachteils. Zeigen Sie, dass $g'(x) = \frac{576}{125}\left(x^2 - \frac{5}{4}x\right)$ gilt, und bestimmen Sie mithilfe quadratischer Ergänzung die Scheitelpunktform von g'. Begründen Sie, dass Sie aus diesem Funktionsterm ablesen können, an welcher Stelle der rechte Dachteil das größte Gefälle hat.
Geben Sie für diese Stelle den Steigungswinkel des Dachs an.

d) Der Baumarkt hat noch 1,6 m hohe, vorgefertigte Seitenwände vorrätig, die für die schrägen Seitenwände des Hauses verwendet werden sollen. Der Dachvorsprung soll auf beiden Seiten jeweils 0,25 m (waagerecht gemessen) betragen. Berechnen Sie die Breite des Hausbodens. Ermitteln Sie, wie steil dann die Seitenwände sind.

e) Auf halber Dachhöhe soll am linken Dachteil ein 1 Meter langer Fahnenmast senkrecht zur Dachfläche angebracht werden. Untersuchen Sie, ob die Spitze des Fahnenmasts über die Firsthöhe hinausreicht.

10 Der linke und der rechte Rand einer Minigolfbahn werden in der Draufsicht durch die Graphen der Funktionen f und g mit $f(x) = x^3 + x$ und $g(x) = -(x-4)^3 - (x-4)$ beschrieben.

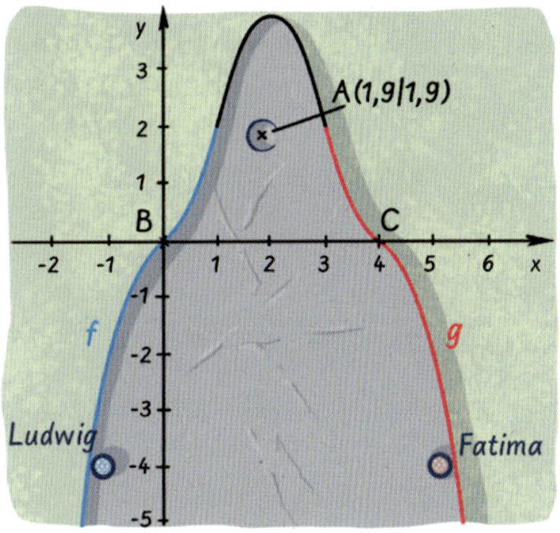

a) Beschreiben Sie, wie der Graph von g aus dem Graphen von f hervorgeht. Begründen Sie damit die Symmetrie der beiden Graphen zur Geraden x = 2.

b) Ermitteln Sie die Gleichung der Parabel, die das Mittelstück im Intervall [1; 3] beschreibt. Beachten Sie dabei, dass die Randlinie an den Nahtstellen knickfrei verlaufen soll.

c) Ludwig hat den Ball so geschlagen, dass er am linken Rand der Bahn am Graphen von f entlangläuft und dann vom Punkt B aus geradlinig weiterrollt. Zeigen Sie, dass der Ball das Loch im Punkt A trifft.

d) Fatimas Ball rollt am rechten Rand der Bahn am Graphen von g entlang und vom Punkt C aus geradlinig weiter. Untersuchen Sie, ob Fatima das Loch im Punkt A trifft. Begründen Sie, dass die Laufbahnen der Kugeln ab den Punkten B bzw. C mit der x-Achse ein gleichschenkliges Dreieck bilden. Ermitteln Sie damit den Schnittpunkt und den Schnittwinkel der beiden Bahnen.

Lösungen → S. 370

1 Der Graph zeigt den Einparkversuch eines Fahrschülers in Abhängigkeit von der Zeit t.

a) Interpretieren Sie den Graphen im Sachzusammenhang.

b) Geben Sie die Zeitpunkte an, an denen die Fahrlehrerin vehement auf die Bremse getreten ist.

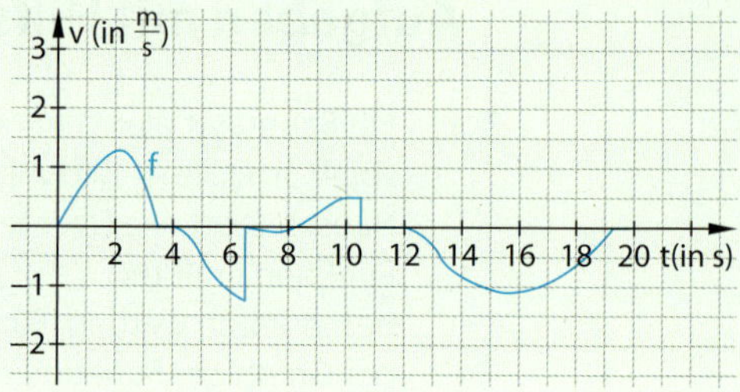

2 Die Bevölkerungszahl der Erde betrug im Jahr 1700 etwa 600 Millionen, im Jahr 1800 etwa 900 Millionen, im Jahr 1900 etwa 1,6 Milliarden Menschen und im Jahr 2000 ca. 6 Milliarden Menschen. Für das Jahr 2100 wird die Erdbevölkerung auf etwa 10 Milliarden Menschen geschätzt.

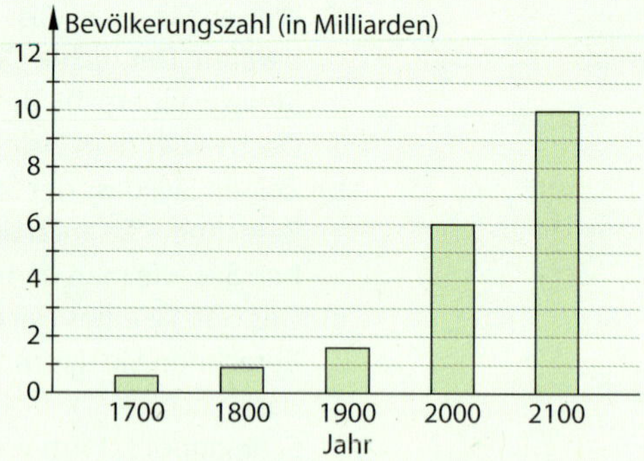

a) Berechnen Sie die mittlere Zuwachsrate der Erdbevölkerung während des gesamten Zeitraums.

b) Ermitteln Sie, in welchem der vier Zeitintervalle die Erdbevölkerung am stärksten (am wenigsten) wuchs.

3 a) Zeichnen Sie den Graphen der Funktion f mit $f(x) = x - x^2$ für $-1 \le x \le 2$.

b) Zeichnen Sie die Sekante zum Differenzenquotienten $\frac{f(1) - f(-1)}{1 - (-1)}$ und geben Sie eine Gleichung dieser Sekante an.

c) Ermitteln Sie die Steigung von f an der Stelle $x_0 = 1$ mit dem Grenzwert des Differenzenquotienten.

d) Geben Sie die Gleichung der Tangente an den Graphen von f an der Stelle $x_0 = 1$ an.

4 Gegeben ist die Funktion f mit $f(x) = \frac{1}{4}x^2$.

a) Ermitteln Sie die mittlere Änderungsrate von f im Intervall [0; 1].

b) Bestimmen Sie die Ableitungsfunktion $f'(x)$ mit dem Grenzwert des Differenzenquotienten.

5 Bestimmen Sie die Ableitung der Funktion f an der Stelle x_0.

a) $f(x) = x^2$; $x_0 = 5$ b) $f(x) = x^3$; $x_0 = \sqrt{2}$ c) $f(x) = 4x^4$; $x_0 = -0{,}5$ d) $f(x) = 2^4$; $x_0 = \pi$

6 Ermitteln Sie zur Funktion f die Ableitung f'. Alle Exponenten sind natürliche Zahlen.

a) $f(x) = x^3$ b) $f(x) = 2x$ c) $f(t) = 3t^2$ d) $f(x) = \frac{1}{3}x^3$

e) $f(x) = \frac{1}{3}x^n$ f) $f(u) = 2u^0$ g) $f(x) = a \cdot x^3$ h) $f(x) = 3^2$

i) $f(x) = x^{n+2}$ j) $f(p) = p^{n-1}$ k) $f(t) = 0{,}5t^{2n}$ l) $f(v) = a^n v^{n+1}$

7 Geben Sie zwei verschiedene Funktionen f mit der Ableitungsfunktion $f'(x) = 5$ an.

8 Der zurückgelegte Weg eines Turmspringers vom 10-m-Brett (freier Fall) lässt sich mit der Funktion s mit $s(t) = 5t^2$ berechnen. Dabei gibt t die Zeit in Sekunden und s den Weg in Metern an.

a) Ermitteln Sie die Momentangeschwindigkeit des Turmspringers nach einer halben Sekunde und nach einer Sekunde.

b) Berechnen Sie die Geschwindigkeit, mit der der Turmspringer in das Wasser eintaucht.

Lösungen
→ S. 370/371

9 Ordnen Sie den Graphen ①–③ den Graphen ihrer Ableitungsfunktionen Ⓐ–Ⓒ zu.

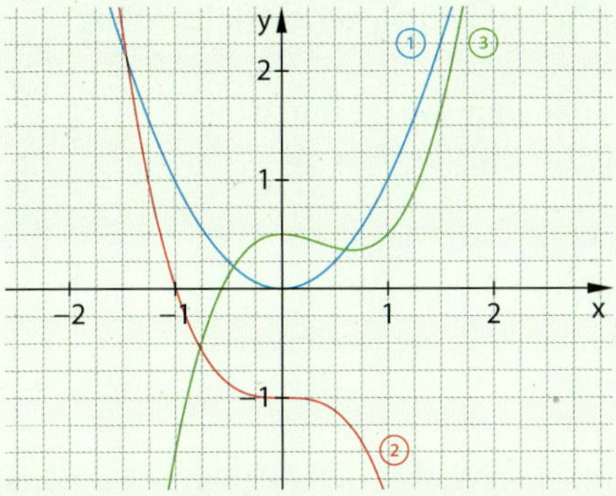

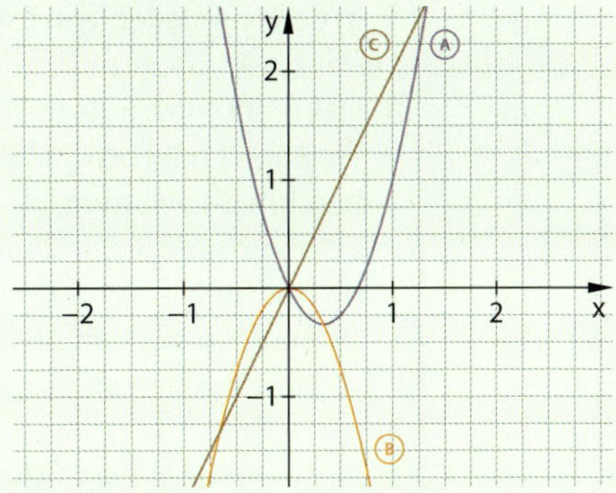

10 Bestimmen Sie die Ableitung der Funktion f.

a) $f(x) = x^{-3}$
b) $f(x) = \frac{-2}{x^2}$
c) $f(t) = \frac{2}{t}$
d) $f(v) = \frac{3}{4v^2}$
e) $f(x) = 3x^3 + 2x^2$
f) $f(x) = \sqrt{x}$
g) $f(t) = t^4 - t + 1$
h) $f(x) = 4 - 2\sin(x)$
i) $f(x) = 2\cos(x)$
j) $f(x) = \frac{1}{x} + \sin(x)$
k) $f(x) = (3 + x)(3 - x)$
l) $f(x) = -(x - 2)(x + 2)$
m) $f(x) = 3x^2 - 4a^2$
n) $f(a) = 3x^2 - 4a^2$
o) $f(x) = 2(x - a)^2$
p) $f(x) = \frac{2(x^2 - 1)}{4x - 4}$

11 Überprüfen Sie, ob die Ableitung f′ richtig ist und korrigieren Sie diese, falls erforderlich.

a) $f(x) = x^3 - \sin\left(\frac{\pi}{6}\right)$ $\quad f'(x) = 3x^2$
b) $f(x) = 2x^{-4}$ $\quad f'(x) = -8x^{-3}$
c) $f(x) = x^{3a}$ $\quad f'(x) = 3x^{3a-1}$
d) $f(x) = -2x^{-2}$ $\quad f'(x) = -4x^{-3}$

12 a) Stellen Sie eine Funktionsgleichung für den Flächeninhalt eines Kreises in Abhängigkeit vom Radius auf.

b) Weisen Sie nach, dass die lokale Änderungsrate des Flächeninhalts eines Kreises in Abhängigkeit vom Radius den Umfang des Kreises angibt.

13 Gegeben ist die Funktion f mit $f(x) = \frac{1}{x}$.

a) Berechnen Sie die Steigung der Sekante durch die Punkte $A(0{,}25 \mid f(0{,}25))$ und $B(4 \mid f(4))$.

b) Ermitteln Sie die Punkte des Graphen von f, in denen die Steigung der Tangente mit der berechneten Sekantensteigung übereinstimmt, und bestimmen Sie jeweils die Gleichung der Tangente.

14 Ermitteln Sie, an welchen Stellen die Tangente an den Graphen der Funktion f mit $f(x) = 0{,}2x^3 - 0{,}3x^2 - 3{,}6x + 2$ parallel zur x-Achse verläuft.

15 Gegeben sei die Funktion f mit $f(x) = 2x^3 - 2x$.

a) Ermitteln Sie die Ableitung an den Stellen $x_1 = -1$, $x_2 = 0$ und $x_3 = 1$.

b) Bestimmen Sie die Gleichungen der Tangenten und der Normalen an den Graphen von f an den Stellen x_1, x_2 und x_3.

c) Begründen Sie, welche der Tangenten aus b) sich schneiden und welche nicht.

d) Erläutern Sie, was aus dem Schnitt zweier Tangenten für die Normalen folgt.

16 Bestimmen Sie $f'(-0{,}5)$ mithilfe der eingezeichneten Tangente t.
Berechnen Sie den Steigungswinkel von f an der Stelle $x_0 = -0{,}5$.

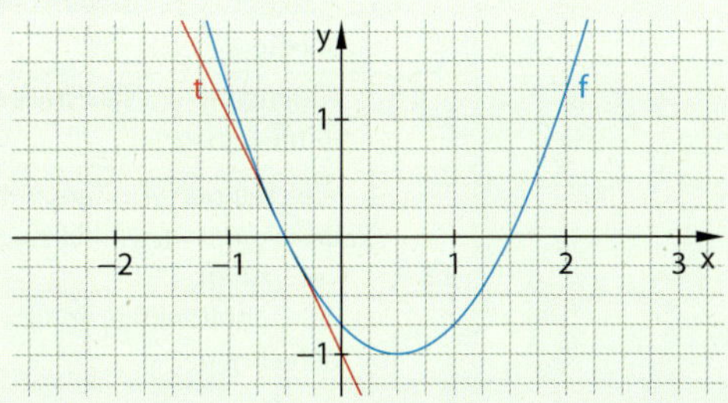

Lösungen → S. 371

17 Bestimmen Sie für die Funktion f mit $f(x) = (x + 0{,}5)(x - 1{,}5)$ die Tangenten an den Graphen in den Nullstellen von f sowie ihre Schnittwinkel mit der x-Achse.

18 Das Profil einer Rutsche kann näherungsweise durch die Funktion f mit $f(x) = 0{,}1x^3 - 0{,}6x^2 + 3{,}2$ für $0 \le x \le 4$ beschrieben werden.

a) Berechnen Sie ihr durchschnittliches Gefälle.

b) Das Gefälle der Rutsche ist bei $x = 2$ am größten. Berechnen Sie ihren Neigungswinkel gegenüber der Horizontalen an dieser Stelle.

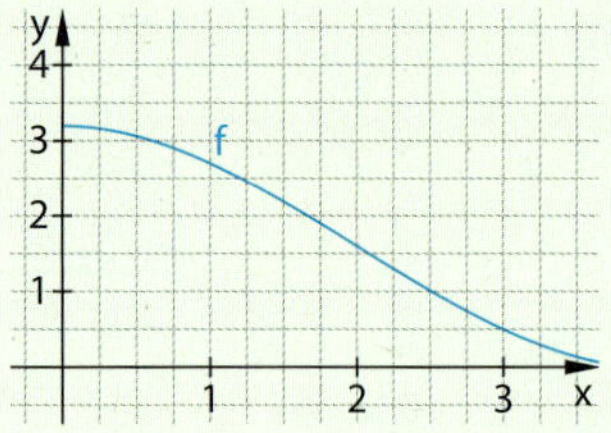

19 Bestimmen Sie die Größe der beiden Winkel, unter denen sich die Graphen der Funktionen f und g mit $f(x) = x^2 - 2x - 3$ und $g(x) = -2x + 1$ schneiden.

20 Die **Signum-Funktion** ist definiert durch $\mathrm{sgn}(x) = \begin{cases} -1 & \text{für } x < 0 \\ 0 & \text{für } x = 0. \\ 1 & \text{für } x > 0 \end{cases}$

Prüfen Sie die Signum-Funktion auf Stetigkeit bei $x = 0$.

21 Untersuchen Sie die Funktion f auf Stetigkeit und Differenzierbarkeit an der Nahtstelle.

a) $f(x) = \begin{cases} x^3 & \text{für } x < 1 \\ 2 - x & \text{für } x \ge 1 \end{cases}$

b) $f(x) = \begin{cases} \sin(x) & \text{für } x < \frac{\pi}{2} \\ 1 & \text{für } x \ge \frac{\pi}{2} \end{cases}$

Wo stehe ich?

	Ich kann...	Aufgabe	Nachschlagen
3.1	... das Änderungsverhalten einer Funktion grafisch deuten. ... die mittlere Änderungsraten berechnen.	1, 2, 4, 18	S. 66 Beispiel 1, S. 68 Beispiel 2, S. 68 Beispiel 3
3.2	... die lokale Änderungsrate bestimmen. ... rechnerisch den Grenzwert des Differenzenquotienten einer Potenzfunktion bilden. ... die Ableitung einer Funktion an einer Stelle berechnen.	3, 16	S. 72 Beispiel 1, S. 73 Beispiel 2, S. 73 Beispiel 3
3.3	... die Ableitungsfunktion mit dem Grenzwert des Differenzenquotienten ermitteln. ... Funktionen grafisch ableiten.	4, 7, 9	S. 76 Beispiel 1, S. 78 Beispiel 2
3.4	... Potenzfunktionen mithilfe der Potenzregel, ableiten.	5, 6	S. 82 Beispiel 1, S. 83 Beispiel 2
3.5	... die Sinus- und Kosinusfunktion ableiten.	10	S. 85 Satz
3.6	... Funktionen mithilfe der Faktorregel und der Summenregel ableiten.	5, 6, 8, 10, 11, 12, 14	S. 87 Beispiel 1, S. 88 Beispiel 2
3.7	... Funktionen an Nahtstellen auf Stetigkeit und Differenzierbarkeit untersuchen.	20, 21	S. 91 Beispiel 1, S. 93 Beispiel 2
3.8	... Gleichungen von Tangenten an einen Graphen bestimmen. ... den Steigungswinkel eines Graphen an einer bestimmten Stelle berechnen. ... den Schnittwinkel von zwei Graphen an einer bestimmten Stelle berechnen.	3, 13, 15, 16, 17, 18, 19	S. 96 Beispiel 1, S. 97 Beispiel 2, S. 98 Beispiel 3

Mittlere Änderungsrate

Der **Differenzenquotient** $\frac{f(b) - f(a)}{b - a}$ gibt die **mittlere Änderungsrate** der Funktion f im Intervall [a; b] an.
Sie entspricht anschaulich der **Steigung m der Sekante** durch die Punkte $A(a \mid f(a))$ und $B(b \mid f(b))$.

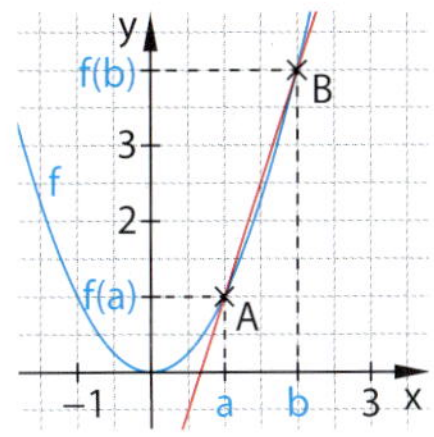

$f(x) = x^2$
mittlere Änderungsrate von f im Intervall [1; 2]:
$\frac{f(2) - f(1)}{2 - 1} = \frac{2^2 - 1^2}{1} = 3$

Lokale Änderungsrate, Steigung und Ableitung

Wenn sich der Wert des Differenzenquotienten $\frac{f(x) - f(x_0)}{x - x_0}$ für $x \to x_0$ einem festen Wert annähert, so heißt dieser Wert **Ableitung** $f'(x_0)$.
Er gibt die **lokale Änderungsrate** der Funktion f an der Stelle x_0 an.

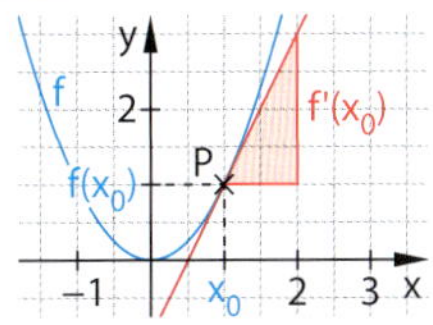

$f(x) = x^2$

Die Ableitung $f'(x_0)$ entspricht der **Steigung der Tangente** an den Graphen von f im Punkt $P(x_0 \mid f(x_0))$.
Die Ableitung der Funktion f an der Stelle x_0 kann man mit dem **Grenzwert (Limes) des Differenzenquotienten** berechnen:

$f'(x) = \lim\limits_{x \to x_0} \frac{f(x) - f(x_0)}{x - x_0}$ oder

$f'(x) = \lim\limits_{h \to 0} \frac{f(x_0) + h - f(x_0)}{h}$

Näherungsweises Bestimmen von $f'(1)$:

x	$\frac{f(x) - f(x_0)}{x - x_0}$
1,1	$\frac{1{,}1^2 - 1^2}{1{,}1 - 1} = 2{,}1$
1,01	$\frac{1{,}01^2 - 1^2}{1{,}01 - 1} = 2{,}01$
1,001	$\frac{1{,}001^2 - 1^2}{1{,}001 - 1} = 2{,}001$

Vermutung: $f'(1) = 2$
Berechnen von $f'(1)$:

$$f'(1) = \lim\limits_{h \to 0} \frac{f(1 + h) - f(1)}{h} = \lim\limits_{h \to 0} \frac{(1 + h)^2 - 1}{h}$$
$$= \lim\limits_{h \to 0} \frac{2h + h^2}{h} = \lim\limits_{h \to 0} (2 + h) = 2$$

Ableitungsfunktion

Die **Ableitungsfunktion f'** zu einer Funktion f ordnet jeder Stelle x ihren Ableitungswert $f'(x)$ zu.

Der Funktionswert $f'(a)$ entspricht der Steigung des Graphen von f an der Stelle a.

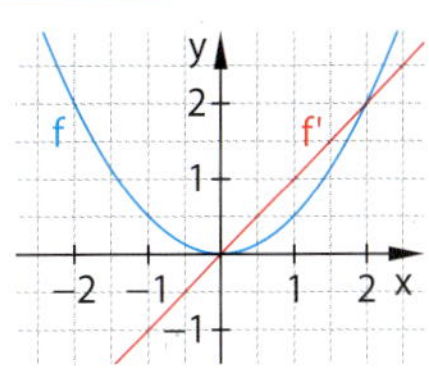

Funktion: $f(x) = 0{,}5x^2$

Ableitungsfunktion:
$f'(x) = x$

Ableitungsregeln

Potenzregel
Die Funktion f mit $f(x) = x^r$, $r \in \mathbb{Q}$, $r \neq 0$, hat die Ableitung $f'(x) = r \cdot x^{r-1}$.

$f(x) = x^5$
$f'(x) = 5x^4$

$s(t) = \sqrt{t}$
$s'(t) = \frac{1}{2\sqrt{t}}$

Faktorregel
Die Funktion f mit $f(x) = k \cdot g(x)$, $k \in \mathbb{R}$, hat die Ableitung $f'(x) = k \cdot g'(x)$.

$f(x) = 3x^2$
$f'(x) = 3 \cdot 2x = 6x$

$s(t) = -2t^4$
$s'(t) = -8t^3$

Summenregel
Für die Funktion f mit $f(x) = g(x) + k(x)$ gilt:
$f'(x) = g'(x) + k'(x)$

$f(x) = x^2 + 4x$
$f'(x) = 2x + 4$

$s(t) = 2t^3 - 3t^2$
$s'(t) = 6t^2 - 6t$

Sinus- und Kosinusfunktion

$f(x) = \sin(x)$
$f'(x) = \cos(x)$

$f(x) = \cos(x)$
$f'(x) = -\sin(x)$

3 Zusammenfassung

Stetigkeit und Differenzierbarkeit

Eine Funktion f heißt **stetig** an einer Stelle x_0 aus ihrem Definitionsbereich, wenn der Grenzwert von f an der Stelle x_0 existiert und dem Funktionswert $f(x_0)$ entspricht.
Es gilt: $\lim\limits_{x \to x_0} f(x) = f(x_0)$.

$f(x) = \begin{cases} x^2 - 2x + 3, & \text{für } x < 2 \\ 2x - 1, & \text{für } x \geq 2 \end{cases}$
Untersuchung der Nahtstelle $x_0 = 2$ mit $f(x_0) = 3$
$x < 2$: $f(x) = x^2 - 2x + 3 \to 3$ für $x \to 2$
$x > 2$: $f(x) = 2x - 1 \to 3$ für $x \to 2$
$\lim\limits_{x \to 2} f(x) = 3 = f(2)$
f ist stetig an der Stelle $x_0 = 2$.

Eine Funktion f heißt an einer Stelle x_0 ihres Definitionsbereichs **differenzierbar**, wenn der Grenzwert des Differenzenquotienten an dieser Stelle existiert. Dieser Grenzwert entspricht dann der Ableitung von f an der Stelle x_0. Es gilt: $\lim\limits_{x \to x_0} \frac{f(x) - f(x_0)}{x - x_0} = f'(x_0)$

$x < 2$: $f'(x) = 2x - 2 \to 2$ für $x \to 2$
$x > 2$: $f'(x) = 2 \to 2$ für $x \to 2$
$\lim\limits_{x \to 2} f'(x) = 2$
f ist differenzierbar an der Stelle $x_0 = 2$.

Tangenten- und Normalengleichung

Tangente an den Graphen von f bei x_0:
$t(x) = m \cdot x + n$ mit $m = f'(x_0)$
Normale an den Graphen von f bei x_0:
$n(x) = m \cdot x + n$ mit $m = -\frac{1}{f'(x_0)}$
Einsetzen von x_0 und $f(x_0)$ ergibt jeweils n.

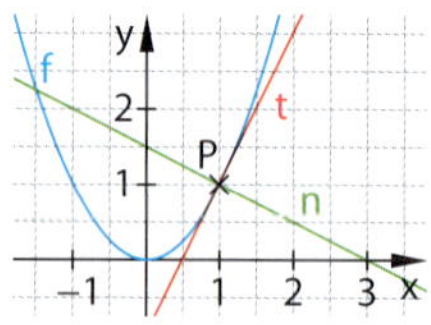

$f(x) = x^2$
Tangente in $P(1|1)$:
$t(x) = 2x - 1$
Normale in $P(1|1)$:
$n(x) = -\frac{1}{2}x + \frac{3}{2}$

Steigung, Steigungs- und Schnittwinkel

Die **Steigung** von f an der Stelle x_0 ist gegeben durch $f'(x_0)$.
Für den **Steigungswinkel** α von f an der Stelle x_0 gilt: $\alpha = \tan^{-1}(f'(x_0))$.

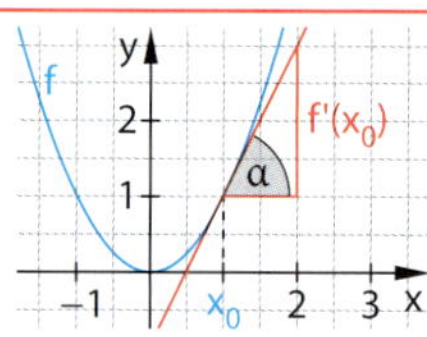

$f(x) = x^2$
Steigung in $x_0 = 1$:
$f'(1) = 2$
Steigungswinkel:
$\alpha = \tan^{-1}(f'(1)) = 63{,}43°$

Der **Schnittwinkel** von f und g an der Stelle x_0 ist der kleinere der beiden Winkel $|\alpha - \beta|$ oder $180° - |\alpha - \beta|$, wobei β der Steigungswinkel von g in x_0 ist.

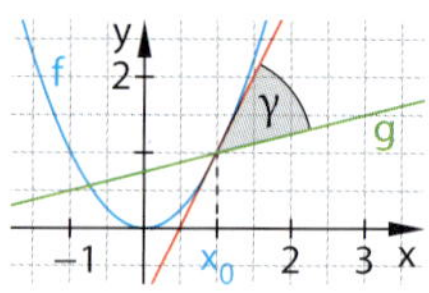

Steigungswinkel von g:
$\beta = \tan^{-1}(g'(1)) = 14{,}04°$
Schnittwinkel f und g:
$\gamma = |\alpha - \beta| = 49{,}39°$

4

Untersuchung ganzrationaler Funktionen

Nach diesem Kapitel können Sie

→ ganzrationale Funktionen und ihre Graphen mithilfe der Ableitungen auf Monotonie und Krümmungsverhalten untersuchen,

→ Extrempunkte, Sattelpunkte und Wendepunkte von Graphen ganzrationaler Funktionen bestimmen.

Lösungen
→ S. 371/372

Monotonie

1 Geben Sie die Bereiche an, in denen der Funktionsgraph steigt bzw. fällt.

a) 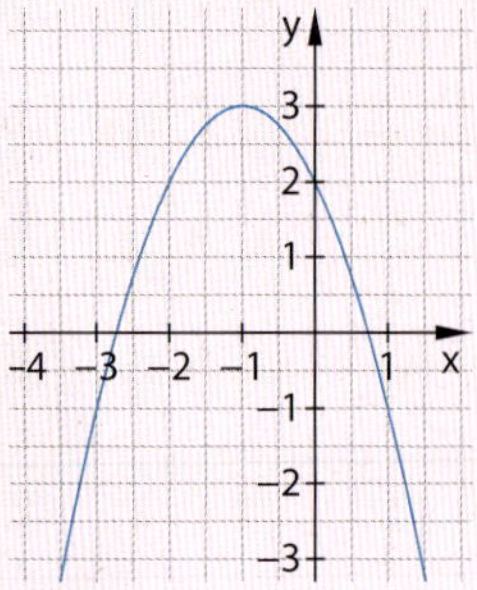

b) 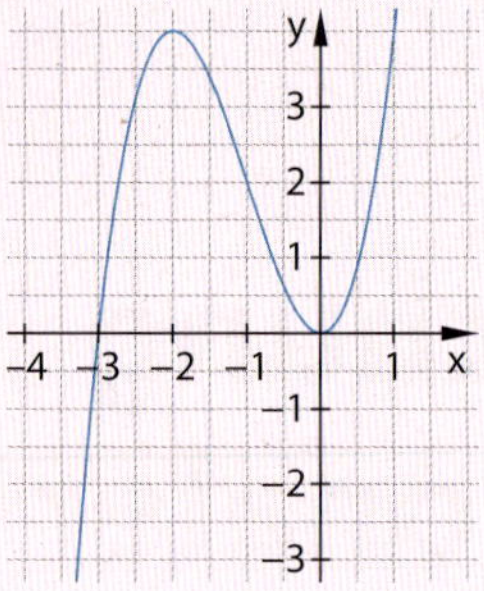

c) 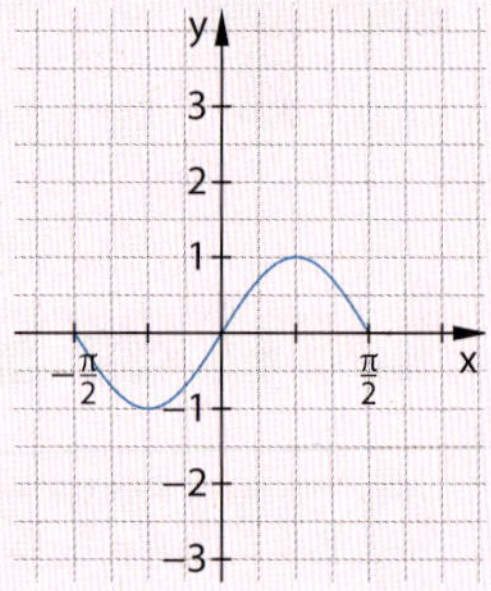

2 Geben Sie die Bereiche der Definitionsmenge an, in denen der Graph der Funktion f steigt bzw. fällt.

a) $f(x) = -\frac{1}{3}x + 3$ b) $f(x) = (x + 3)^2 - \pi$ c) $f(x) = x^4 - 3$
d) $f(x) = -(x - 1)^2 + 3$ e) $f(x) = -x^3 - 3$ f) $f(x) = (x + 3)^3$

3 Geben Sie die Gleichung einer linearen Funktion an, deren Nullstelle bei $x = 1$ liegt und deren Graph von links nach rechts fällt.

4 Zeichnen Sie die Graphen zweier quadratischer Funktionen, die für $x \leq 2$ monoton fallen und für $x > 2$ monoton steigen. Geben Sie jeweils eine passende Funktionsgleichung an.

Größte und kleinste Funktionswerte

5 Geben Sie den größten und den kleinsten Funktionswert von f an, falls möglich.

a) $f(x) = x^2 - 2$ b) $f(x) = -x^2 - 3$ c) $f(x) = x^3$ d) $f(x) = x^4 - 2$

6 Lesen Sie den größten und den kleinsten Funktionswert sowie die zugehörigen x-Werte des dargestellten Funktionsgraphen in den angegebenen Intervallen ab.

a) 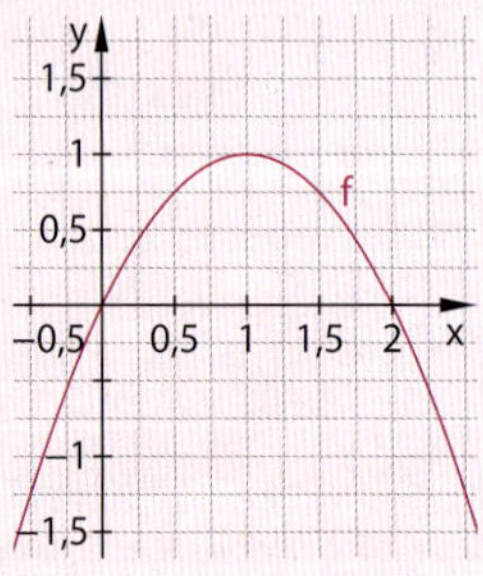

① $0 \leq x \leq 1{,}5$
② $0 \leq x \leq 2$

b) 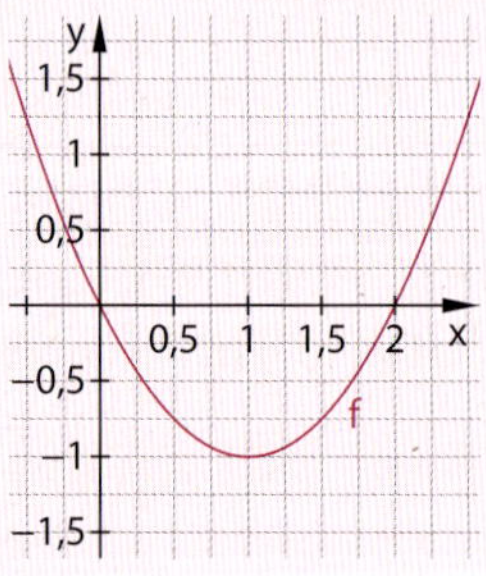

① $-0{,}5 \leq x \leq 2$
② $0 \leq x \leq 1$

c) 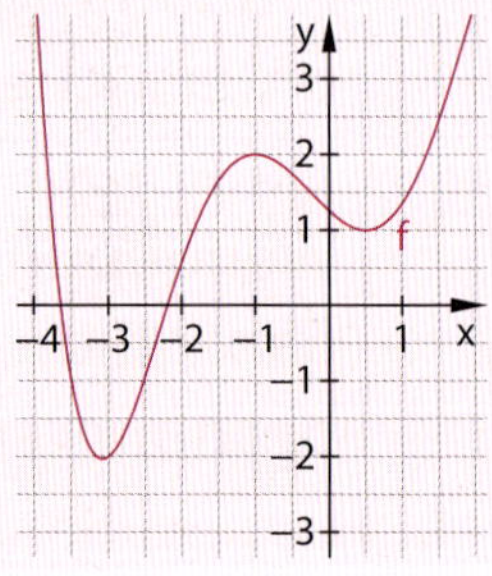

① $-3 \leq x \leq 2$
② $-1{,}5 \leq x \leq 1$

7 Ermitteln Sie den größten und den kleinsten Funktionswert sowie die zugehörigen x-Werte der Funktion f im angegebenen Intervall.

a) $f(x) = -3x - 5;\ 0 \leq x \leq 2$ b) $f(x) = -x^2 + 4;\ -2 \leq x \leq 1$ c) $f(x) = x^2 - 4;\ -2 \leq x \leq -1$

8 Skizzieren Sie den Graphen einer Funktion, der im angegebenen Intervall die angegebenen größten und kleinsten Funktionswerte hat.

a) $0 \leq x \leq 4$, kleinster Wert: 0, größter Wert: 3
b) $-3 < x < 2$, kleinster Wert: −5, größter Wert: 1

Lösungen
→ S. 372/373

Gleichungen lösen und Nullstellen ermitteln

9 Lösen Sie die Gleichung.
a) $4x + 2 = 2x - 4$ b) $x^2 + 5x = 0$ c) $2x^2 = 32$
d) $y(y + 2)(y - 4) = 0$ e) $t^2 - 81 = 0$ f) $s^2 + 5 = 3$

10 Ermitteln Sie die Nullstellen der Funktion f.
a) $f(x) = 2(x + 2) - 1$ b) $f(x) = x^2 - 1$ c) $f(x) = x^2 + 1$
d) $f(x) = x^3$ e) $f(x) = 3(x + 3)(x - 4)$ f) $f(x) = x^2 - 8x + 15$
g) $f(x) = x^2 + 18x + 77$ h) $f(x) = \frac{1}{x}$ i) $f(x) = \sin(x)$

11 Geben Sie eine quadratische Gleichung mit den angegebenen Lösungen an.
a) −2; 2 b) 0; 3 c) −5; 1
d) keine Lösung e) 4 f) 0

12 Gegeben ist die Funktion f mit $f(x) = -x^4 + b$. Geben Sie an, für welche Werte von b die Funktion f
a) genau zwei Nullstellen, b) genau eine Nullstelle, c) keine Nullstelle hat.

Funktionswerte untersuchen

13 Geben Sie alle x-Werte an, für die die Funktionswerte positiv, negativ bzw. null sind.
a) $f(x) = 2x - 5$ b) $f(x) = 2x + 1$ c) $f(x) = x^2 - 1$ d) $f(x) = x^3 + 1$

14 Eine Funktion und ihre Nullstellen sind gegeben. Geben Sie die Bereiche an, in denen die Funktionswerte positiv bzw. negativ sind.
a) $f(x) = 4x - 3;\ x_0 = 0{,}75$ b) $f(x) = -2x - 3;\ x_0 = -1{,}5$ c) $f(x) = 4 - x^2;\ x_1 = 2;\ x_2 = -2$

15 Ermitteln Sie alle x-Werte, sodass für die Funktion f Folgendes gilt.
a) $f(x) = 0{,}5x + 3 < 0$ b) $f(x) = 0{,}5x^2 - 8 < 0$ c) $f(x) = x^3 - x^2 > 0$

16 Berechnen Sie die Koordinaten der Schnittpunkte des Graphen von f mit den Koordinatenachsen.
a) $f(x) = 3 - 7x$ b) $f(x) = x^2 + 3x + 4$ c) $f(x) = 2x^3 - 2x^2 + x$

Vermischtes

17 Berechnen Sie die Ableitung der ganzrationalen Funktion f.
a) $f(x) = x^5 - 3x^3 + 2x$ b) $f(x) = 2x^7 + x^4 + 1$ c) $f(x) = -x^6 + 4x^2 - x$
d) $f(x) = (x + 1)^2$ e) $f(x) = -x^2(x^2 - 4)$ f) $f(x) = (x - 2)(x + 2) + 5x^2$

18 Begründen Sie, dass die Funktion f genau eine Nullstelle hat.
a) $f(x) = x^3 + 3x$ b) $f(x) = \frac{1}{3}x^3 + x^2 + x$ c) $f(x) = -3x^5 - 5x^3$

19 Ermitteln Sie eine Gleichung der Tangente an den Graphen der Funktion f im Punkt $P(1\,|\,f(1))$ und berechnen Sie die Nullstelle der Tangente.
a) $f(x) = -x^3 - 3$ b) $f(x) = (x - 3)^2$ c) $f(x) = x^4 - 3$

20 Bestimmen Sie die Gleichung einer quadratischen Funktion f, die die Nullstellen $x_1 = 2$ und $x_2 = -1$ hat und deren Graph den Punkt $A(0\,|\,6)$ enthält.

4.1 Monotoniekriterium

Gegeben ist der Graph von f mit $f(x) = \frac{1}{3}x^3 - x^2 + 2$.

a) Geben Sie die Bereiche an, in denen der Graph von f monoton steigt bzw. monoton fällt.

b) Untersuchen Sie die Ableitungsfunktion f′ in diesen Bereichen. Beschreiben Sie Ihre Beobachtungen.

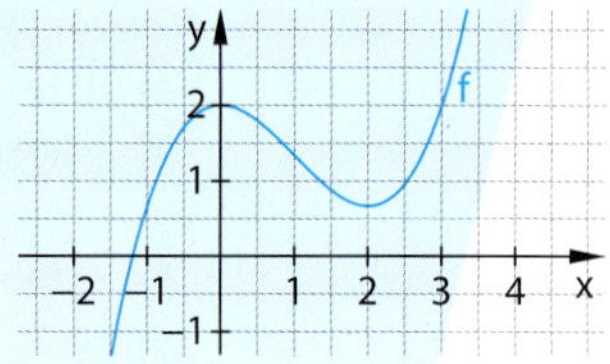

Da die Ableitungsfunktion f′ die Steigung des Graphen der Funktion f beschreibt, kann man das Monotonieverhalten von f mithilfe von f′ untersuchen.
In den Bereichen, in denen die Ableitung f′ positiv ist, ist die Funktion f streng monoton steigend, dort, wo f′ negativ ist, ist die Funktion f streng monoton fallend.

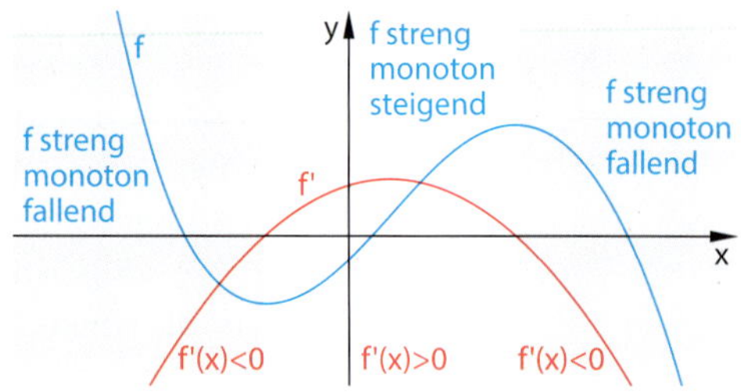

Satz **Monotoniekriterium**

Die Funktion f sei im Intervall I differenzierbar.
- Gilt $\mathbf{f'(x) > 0}$ für alle x aus I, dann ist die Funktion f **streng monoton steigend** auf I.
- Gilt $\mathbf{f'(x) < 0}$ für alle x aus I, dann ist die Funktion f **streng monoton fallend** auf I.

Gilt $f'(x) = 0$ an einzelnen Stellen aus I, kann f trotzdem noch streng monoton steigend oder fallend auf I sein. Siehe dazu Aufgabe 9.

Die Nullstellen der Ableitungsfunktion f′ teilen den Definitionsbereich von f in **Monotonieintervalle** auf. Nur an diesen Nullstellen kann sich das Monotonieverhalten von f ändern. Das Monotonieverhalten auf einem dieser Intervalle lässt sich bestimmen, indem man eine beliebige Teststelle aus dem Inneren dieses Intervalls in f′ einsetzt.

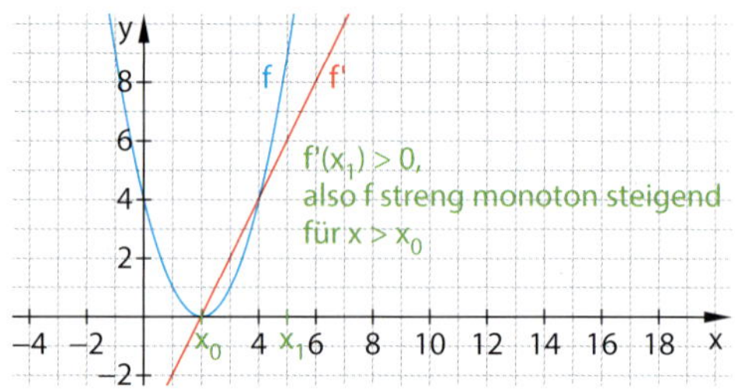

Beispiel 1 Untersuchen Sie die Funktion f mit $f(x) = \frac{1}{3}x^3 - 2x^2 + 3x$ auf Monotonie.

Lösung:

Bilden Sie die Ableitung.

$f(x) = \frac{1}{3}x^3 - 2x^2 + 3x$
$f'(x) = x^2 - 4x + 3$

Berechnen Sie die Nullstellen von f′.
f′ hat zwei Nullstellen. Diese teilen den Definitionsbereich von f in drei Monotonieintervalle auf.
Setzen Sie aus jedem Intervall eine Teststelle (0, 2 und 5) in f′(x) ein.

$x^2 - 4x + 3 = 0$, also $x_1 = 1$ und $x_2 = 3$

$x < 1$: $f'(0) = 0^2 - 4 \cdot 0 + 3 = 3 > 0$
f ist streng monoton steigend für $x < 1$.

$1 < x < 3$: $f'(2) = 2^2 - 4 \cdot 2 + 3 = -1 < 0$
f ist streng monoton fallend für $1 < x < 3$.

Das Vorzeichen des Ergebnisses gibt das Monotonieverhalten von f an.

$x > 3$: $f'(5) = 5^2 - 4 \cdot 5 + 3 = 8 > 0$
f ist streng monoton steigend für $x > 3$.

Das Monotonieverhalten kann auch in einer **Monotonietabelle** festgehalten werden.

	$x < 1$	$1 < x < 3$	$x > 3$
f′(x)	+	−	+
f	↗	↘	↗

Basisaufgaben

1 Geben Sie an, auf welchen Intervallen die dargestellte Funktion streng monoton steigend bzw. streng monoton fallend ist.
Geben Sie auch das Vorzeichen der Ableitung im Inneren dieser Intervalle an.

a) 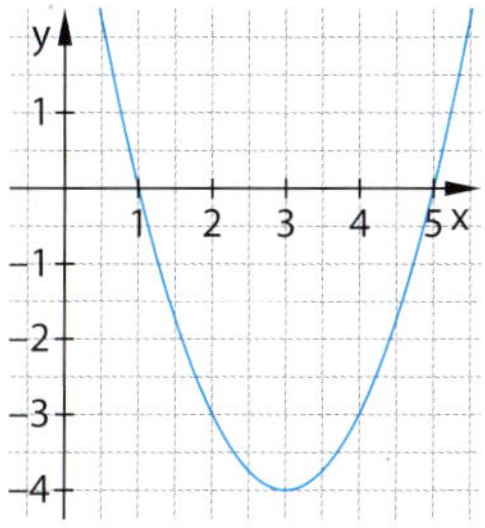

b) 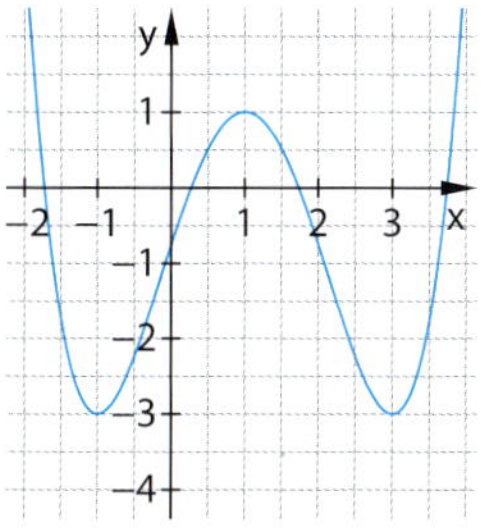

c) 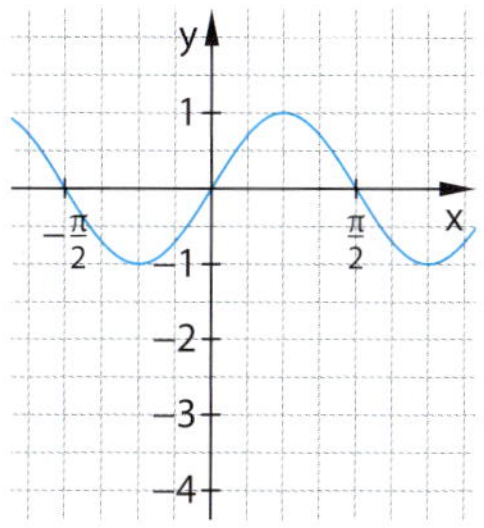

Lösungen zu 2

Monotonieintervalle a)–c)

$x < 0$ $x < -2$ $\mathbb{R}$ $x > 0$ $-2 < x < 4$ $x < 4$ $x > 4$

2 Untersuchen Sie die Funktion mithilfe der Ableitung auf Monotonie.
a) $f(x) = 3x^2 - 4$ b) $f(x) = x^3 - 3x^2 - 24x + 6$ c) $f(x) = x^3 + 2x$
d) $f(x) = -5x$ e) $f(x) = -x^3 + 6x - 12$ f) $f(x) = \frac{1}{9}x^3 - \frac{1}{3}x^2 - \frac{8}{3}x + \frac{26}{9}$

3 Zeichnen Sie mit einer geeigneten Mathematiksoftware den Graphen der Funktion und geben Sie die Monotonieintervalle an. Zeichnen Sie dann den Graphen der Ableitung und überprüfen Sie Ihr Resultat mithilfe der Nullstellen von f'.
a) $f(x) = 3x^4 + 8x^3 - 48x^2 + 3$ b) $f(x) = 0{,}5x^4 - x^3 - 0{,}1x^2 + 1{,}5$

4 Geben Sie eine geeignete Funktion zum angegebenen Monotonieverhalten an. Untersuchen Sie diese Funktion mithilfe ihrer Ableitung auf Monotonie und bestätigen Sie so das Monotonieverhalten.
a) linear und streng monoton steigend auf ganz $\mathbb{R}$
b) für $x < 3$ streng monoton fallend und für $x > 3$ streng monoton steigend
c) für $x < -1$ streng monoton steigend und für $x > -1$ streng monoton fallend

5 Die Abbildungen zeigen den Graphen der Ableitung einer Funktion f.

① 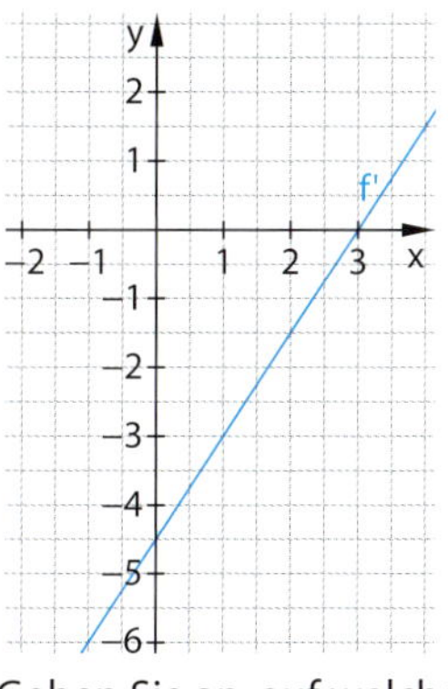

② 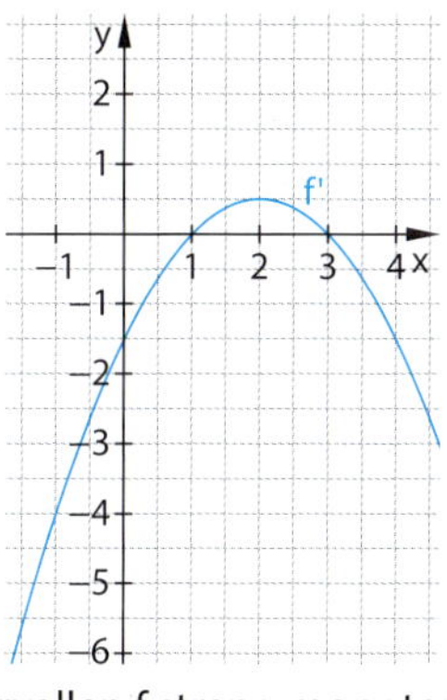

③ 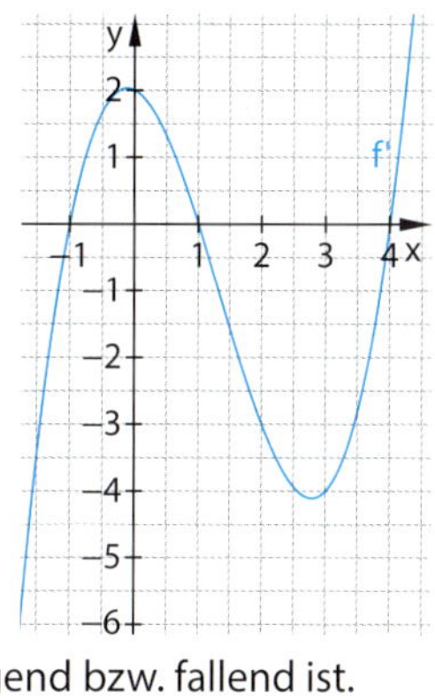

a) Geben Sie an, auf welchen Intervallen f streng monoton steigend bzw. fallend ist.
b) Skizzieren Sie einen möglichen Verlauf des Graphen von f.

6 Der Graph einer Funktion f ist streng monoton fallend auf $\mathbb{R}$ und verläuft durch die Punkte $P(1\,|\,5)$, $Q(3\,|\,2)$ und $R(5\,|\,0)$. Zudem gilt $f'(3) = 0$. Skizzieren Sie einen passenden Graphen.

7 Von einer ganzrationalen Funktion f dritten Grades ist bekannt, dass sie nur eine Nullstelle hat und dass f' für $x < 2$ und für $x > 5$ positiv ist. Außerdem existiert ein Intervall, auf dem f streng monoton fallend ist. Skizzieren Sie einen möglichen Graphen von f.

Weiterführende Aufgaben

8 **Stolperstelle:** Die Abbildung zeigt den Graphen einer Ableitungsfunktion f'.
Ein Schüler sagt: *„f ist streng monoton fallend für x < 0 und streng monoton steigend für x > 0."*
Beurteilen Sie seine Aussage.

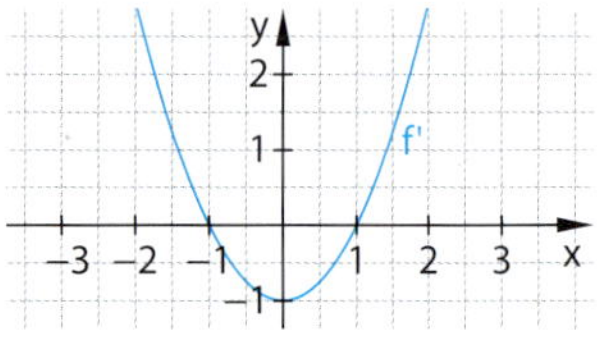

9 Wenn die Ableitung einer Funktion f auf ganz ℝ negativ ist, dann ist f streng monoton fallend. Zeigen Sie anhand der Funktion f mit $f(x) = -x^3$, dass die Umkehrung des Satzes nicht gilt.

10 Gegeben ist der Graph der Ableitung einer Funktion f. Beurteilen Sie begründet, ob die Aussage wahr oder falsch ist. Achtung: Nicht alle Aussagen sind entscheidbar!

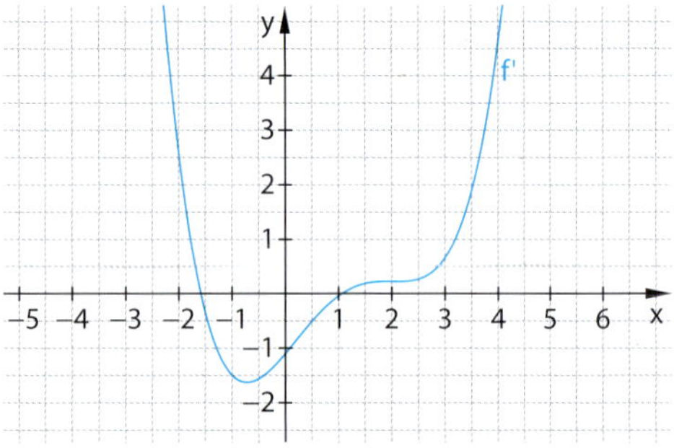

a) An der Stelle 0 steigt der Graph von f.
b) $f'(2) > 0$
c) An der Stelle 2 steigt der Graph von f.
d) f hat eine Nullstelle zwischen −2 und −1.
e) Der Graph von f fällt zwischen −1 und 0,5.
f) $f(2) > 0$

11 **Monotonie und Parameter:**
Gegeben ist eine auf ℝ differenzierbare Funktion f mit dem Parameter $a \in \mathbb{R}$. Bestimmen Sie das Monotonieverhalten von f in Abhängigkeit von a.
a) $f(x) = ax$ b) $f(x) = ax^2$ c) $f(x) = \frac{1}{2}ax^2 - a^2x$

12 Die Funktion f mit $f(x) = 0{,}002x^3 - 0{,}09x^2 + 1{,}35x + 7{,}65$ beschreibt für $0 \le x \le 24$ das Höhenprofil einer Bergetappe bei einem Radrennen. Die Werte auf der x-Achse beschreiben hierbei die horizontale Entfernung vom Start in km, die auf der y-Achse die Höhe über dem Meeresspiegel in 100 m.

a) Berechnen Sie die Steigung, die beim Start zu überwinden ist, in Prozent.
b) Geben Sie an, in welchen Abschnitten des Rennens es bergauf bzw. bergab geht.
c) Ermitteln Sie, welche Höhe man im Ziel erreichen würde, wenn ab einer horizontalen Entfernung von 10 km vom Start die Steigung konstant bliebe.
d) Bestimmen Sie den Steigungswinkel der Strecke nach 10 km.

13 **Ausblick: Monotonie und Definitionslücken**
Konstantin behauptet: *„Die Funktion f mit $f(x) = \frac{1}{x}$ ist streng monoton fallend auf ℝ, da entlang jedes der beiden Hyperbeläste die Funktionswerte immer kleiner werden."*
Widerlegen Sie die Behauptung mit einem Gegenbeispiel. Erläutern Sie, wie es zu dieser Fehlannahme kommen konnte.

4.2 Lokale Extrempunkte und Sattelpunkte

Die Flugbahn einer Kugel wird näherungsweise durch die Funktion f mit $f(x) = -\frac{1}{20}x^2 + x + 1{,}8$ beschrieben.

a) Zeichnen Sie den Graphen von f für $0 \leq x \leq 22$. Lesen Sie den höchsten Punkt der Flugbahn ab.

b) Überlegen Sie, wie sich das Monotonieverhalten von f am höchsten Punkt der Flugbahn ändert. Beschreiben Sie, wie man dies nutzen kann, um mithilfe der Ableitung die Koordinaten des höchsten Punktes zu berechnen.

Die **Hoch- bzw. Tiefpunkte** des Graphen einer Funktion f haben in einer gewissen Umgebung die größten bzw. kleinsten Funktionswerte. Sie heißen auch **lokale Extrempunkte**.
Die x-Koordinaten von Hoch- und Tiefpunkten heißen **lokale Extremstellen**, die y-Koordinaten sind **lokale Maxima** bzw. **lokale Minima**.
Bei einer differenzierbaren Funktion hat der Graph von f in den lokalen Extrempunkten immer eine waagerechte Tangente. Aber nicht jede waagerechte Tangente liegt an einer Extremstelle. Mit den Nullstellen der Ableitungsfunktion f' erhält man alle Stellen, an denen lokale Extrempunkte vorliegen könnten.

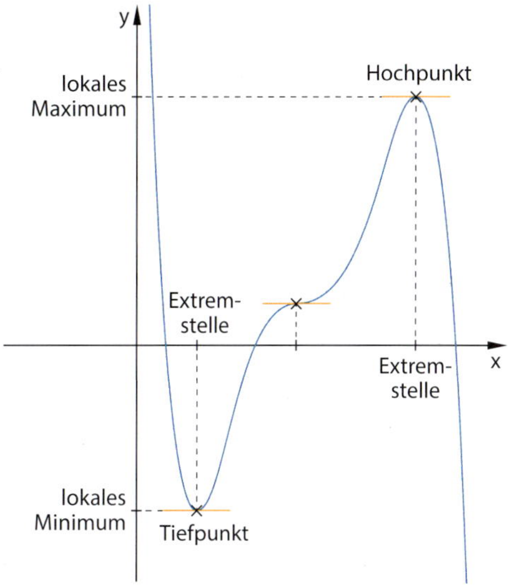

Hinweis

Eine Funktion heißt **differenzierbar**, wenn ihre Ableitung existiert.

Satz **Notwendige Bedingung für lokale Extrempunkte**
Wenn der Graph einer differenzierbaren Funktion f an der Stelle x_E einen **Hochpunkt** oder **Tiefpunkt** hat, dann gilt $\mathbf{f'(x_E) = 0}$.

Hinweis

Notwendige Bedingung bedeutet: Ist diese Bedingung nicht erfüllt, so liegt kein lokaler Extrempunkt vor.

Nur an den Nullstellen der Ableitungsfunktion f' kann es lokale Extrempunkte geben. Ob es sich bei diesen „Kandidaten" wirklich um Extremstellen handelt und ob die zugehörigen Extrempunkte Hoch- oder Tiefpunkte sind, hängt vom Monotonieverhalten des Graphen von f ab.

Die Bilder zeigen, dass die Steigung links von einem Hochpunkt positiv und rechts von ihm negativ ist. An einem Tiefpunkt ist es umgekehrt.

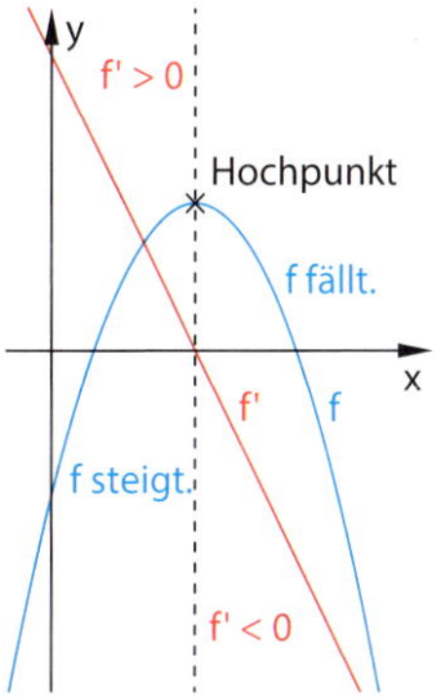

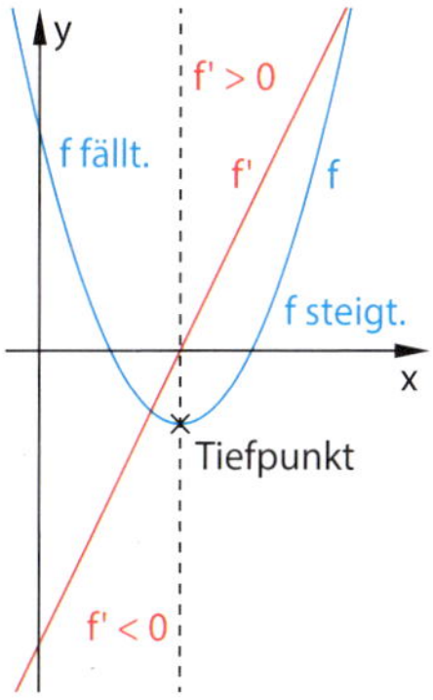

Satz **Hinreichende Bedingung für lokale Extrempunkte (Vorzeichenwechselkriterium)**
- Wenn $\mathbf{f'(x_E) = 0}$ gilt und das **Vorzeichen von f'** an der Stelle $\mathbf{x_E}$ **von + nach – wechselt**, dann hat der Graph der Funktion f an der Stelle $\mathbf{x_E}$ einen **Hochpunkt.**
- Wenn $\mathbf{f'(x_E) = 0}$ gilt und das **Vorzeichen von f'** an der Stelle $\mathbf{x_E}$ **von – nach + wechselt**, dann hat der Graph der Funktion f an der Stelle $\mathbf{x_E}$ einen **Tiefpunkt**.

Hinweis

Hinreichende Bedingung bedeutet: Ist diese Bedingung erfüllt, so liegt immer ein lokaler Extrempunkt vor.

Beispiel 1

Bestimmen Sie die Hoch- und Tiefpunkte des Graphen der Funktion f mit $f(x) = -x^3 - 3x^2 + 1$.

Lösung:

Bilden Sie die Ableitung f'. Die Nullstellen von f' liefern die „Kandidaten" $x_1 = -2$ und $x_2 = 0$ für mögliche Extremstellen.

$f'(x) = -3x^2 - 6x$
$-3x^2 - 6x = 0$
$\Leftrightarrow -3x \cdot (x + 2) = 0$, also $x_1 = -2$ und $x_2 = 0$

Prüfen Sie, ob an den möglichen Extremstellen ein VZW der Ableitung f' stattfindet. Setzen Sie Teststellen aus den Intervallen zwischen den möglichen Extremstellen in f'(x) ein.
Bei $x_1 = -2$ liegt ein Tiefpunkt, bei $x_2 = 0$ ein Hochpunkt.
Setzen Sie die Extremstellen in f(x) ein, um die y-Koordinaten der Extrempunkte zu berechnen.

	$x < -2$	-2	$-2 < x < 0$	0	$x > 0$
Teststelle	-3		-1		1
f'(x)	$-$	0	$+$	0	$-$
Graph von f	↘	→	↗	→	↘

$x = -2$: VZW von $-$ auf $+$, also Tiefpunkt
$f(-2) = -(-8) - 3 \cdot 4 + 1 = -3$ $T(-2\,|\,-3)$
$x = 0$: VZW von $+$ auf $-$, also Hochpunkt
$f(0) = 1$ $H(0\,|\,1)$

Hinweis

VZW ist die Abkürzung für Vorzeichenwechsel.

Basisaufgaben

1 Lesen Sie die Koordinaten der Hoch- und Tiefpunkte des Graphen ab. Geben Sie an, welche Art von Vorzeichenwechsel die Ableitungsfunktion an den Extremstellen hat. Geben Sie außerdem die Koordinaten der globalen Extrempunkte des Graphen von f an, falls diese existieren. Gehen Sie davon aus, dass es im weiteren Verlauf des Graphen keine Änderungen im Monotonieverhalten gibt.

a)
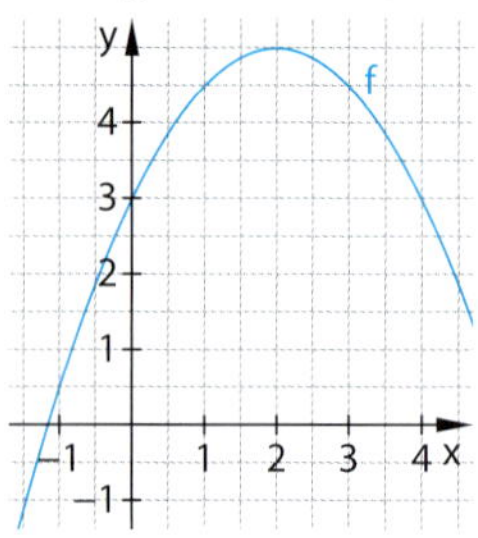

b)
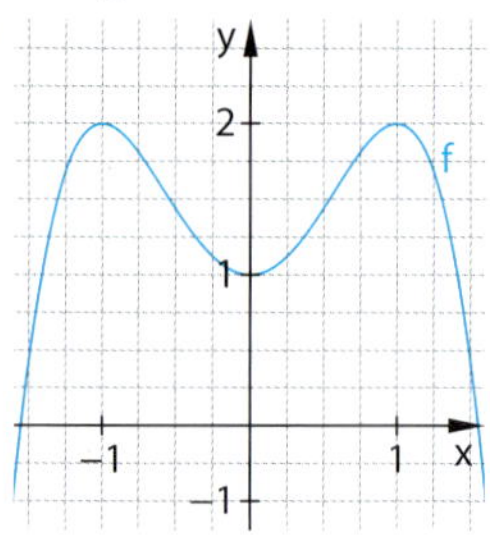

c)
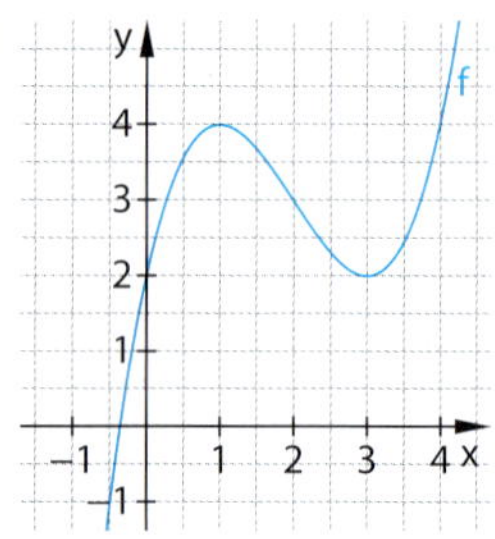

2 Bestimmen Sie die Ableitung der Funktion f und berechnen Sie mit $f'(x) = 0$ die möglichen Extremstellen von f. Überprüfen Sie anschließend mithilfe des Vorzeichenwechselkriteriums, ob an diesen Stellen ein lokales Maximum oder Minimum vorliegt.

a) $f(x) = x^2 - 8x + 15$ b) $f(x) = 2x^3 - 3x^2 - 12x + 4$

Lösungen zu 3

Nullstellen von f'

0 1 −3 5 3 2 0 4

3 Bestimmen Sie die Koordinaten der Hoch- und Tiefpunkte des Graphen von f. Überprüfen Sie Ihre Lösung mit einer geeigneten Mathematiksoftware.

a) $f(x) = 3x^2 + 2$ b) $f(x) = 4x^3 - 6x^2 + 5$

c) $f(x) = x^3 - 9x^2 + 24x - 16$ d) $f(x) = -\frac{1}{2}x^3 + 6x^2 - \frac{45}{2}x + 25$

4 Skizzieren Sie den Graphen einer Funktion f mit den angegebenen Hochpunkten H und Tiefpunkten T. Geben Sie an, in welchen Intervallen f streng monoton steigend bzw. streng monoton fallend ist. Geben Sie auch an, welches Vorzeichen die Ableitung f' jeweils hat.

a) $H(1\,|\,2), T(4\,|\,-1)$ b) $T(2\,|\,-3), H(5\,|\,1)$ c) $H_1(-2\,|\,2), T(1\,|\,1), H_2(4\,|\,6)$

Erinnerung

Extremstelle: x-Wert
Extremwert/Extremum: y-Wert
Extrempunkt: x- und y-Koordinate

5 Gegeben ist der Graph der Ableitung einer Funktion f. Bestimmen Sie die Stellen, an denen der Graph von f Hoch- oder Tiefpunkte hat.

a) 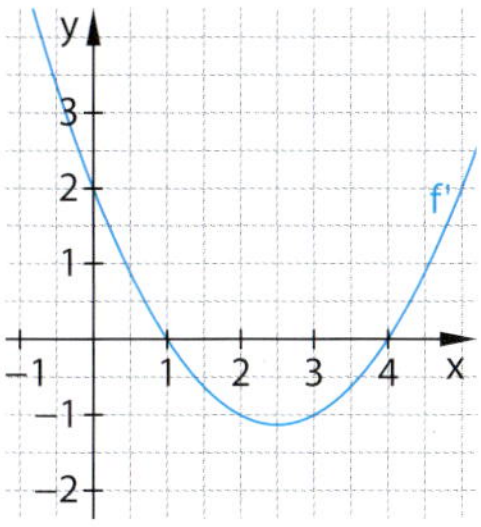

b) 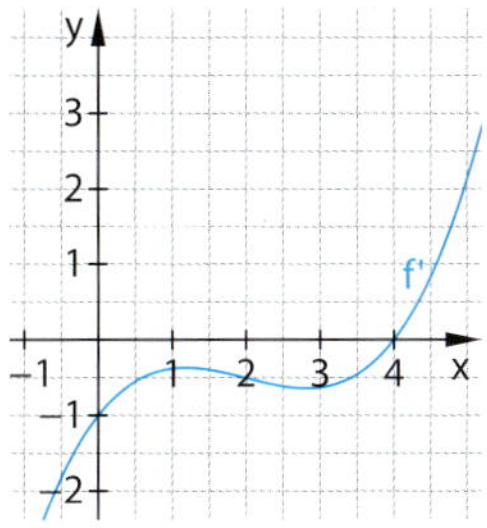

c) 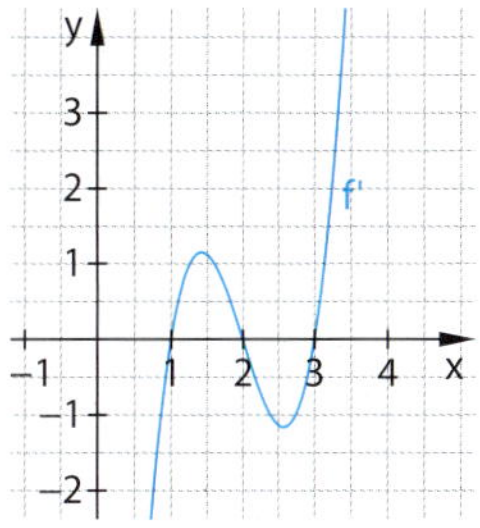

6 Bestimmen Sie zur Funktion Lage und Art der Extrempunkte des Graphen.

a) $f(x) = x^4 - \frac{9}{2}x^2 + 3$ b) $g(x) = -x^3 - x^2 + x + 1$

c) $h(x) = \frac{1}{9}x^4 - \frac{4}{3}x^3 + 4x^2 - 4$ d) $i(x) = \frac{1}{5}x^5 - \frac{1}{2}x^4 - x^3 + 1$

7 Zeigen Sie, dass der Graph der Funktion f an der Stelle $x = 1$ einen lokalen Extrempunkt hat. Untersuchen Sie, ob es sich um einen Hoch- oder Tiefpunkt handelt.

a) $f(x) = x^3 - 3x + 1$ b) $f(x) = -\frac{3}{2}x^4 + 2x^3 - 5$

8 Entscheiden Sie, ob der erste Sachverhalt jeweils eine notwendige, hinreichende oder keine Bedingung für den zweiten Sachverhalt ist.

a) zur Bushaltestelle gehen/Busfahren
b) Regen/nasse Straße
c) Viereck mit vier gleich langen Seiten/Quadrat
d) Viereck mit vier gleich langen Seiten/Raute
e) Dreieck ist gleichschenklig/Innenwinkelsumme 180°
f) $f'(x_0) = 0/x_0$ ist lokale Extremstelle

9 Intervalle als Definitionsbereich – Randextrema:
Ist der Definitionsbereich einer Funktion nicht ganz ℝ, sondern auf ein Intervall eingeschränkt, können dadurch (andere) globale Extrema entstehen.

a) Erläutern Sie anhand der beiden Abbildungen die Auswirkungen einer Einschränkung des Definitionsbereichs auf das Intervall [a; b].

Definitionsbereich: ℝ

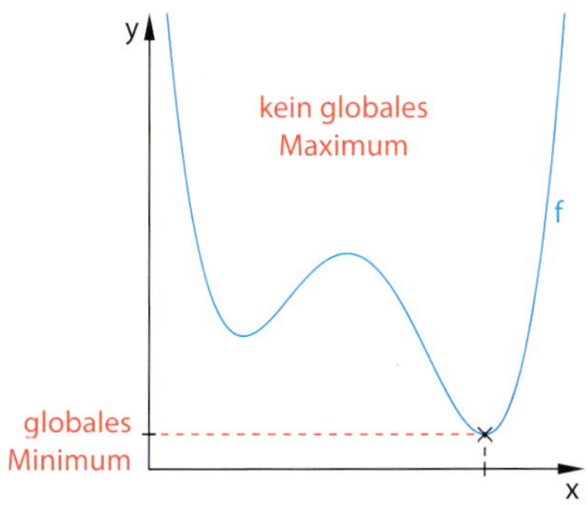

Definitionsbereich: [a; b]

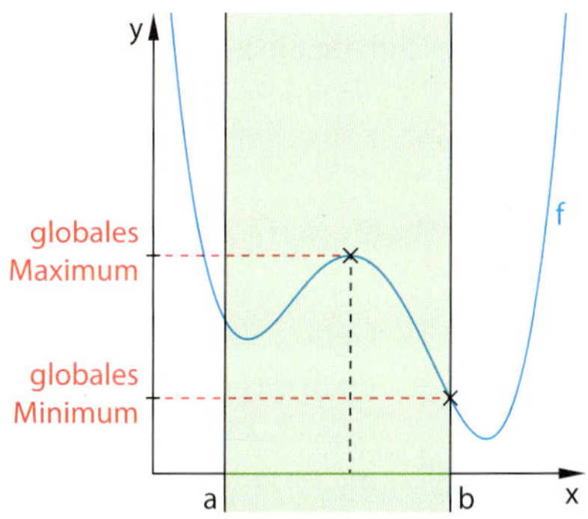

b) Bestimmen Sie erst die lokalen und dann die globalen Extrempunkte des Funktionsgraphen von f mit $f(x) = x^3 - 3x + 2$ auf dem Definitionsbereich $[-2{,}2; 1{,}6]$. Zeichnen Sie den zugehörigen Graphen.

10 Gegeben ist die Funktion f mit $f(x) = -x^3 + 9x^2 - 24x + 22$.

a) Bestimmen Sie alle lokalen Maxima und Minima von f.

b) Begründen Sie, dass f kein globales Maximum oder Minimum auf $\mathbb{R}$ hat.

c) Ermitteln Sie die globalen Maxima und Minima von f auf den Intervallen.

① [0; 6] ② [1; 6] ③ [1,5; 4,5] ④ [2,5; 3,5]

Hinweis

Eine auf einem Intervall streng monoton steigende bzw. fallende Funktion kann im Intervall eine Stelle mit der Steigung 0 (waagerechte Tangente) enthalten, siehe Aufgabe 24.

Sattelpunkte

Wenn f an einer Stelle x_S zwar eine waagerechte Tangente hat $(f'(x_S) = 0)$, sich aber das Monotonieverhalten von f nicht ändert (kein Vorzeichenwechsel von f'), so liegt an dieser Stelle kein Extrempunkt, sondern ein **Sattelpunkt.**

An der Stelle x_S berührt der Graph der Ableitungsfunktion f' die x-Achse, schneidet sie aber nicht.

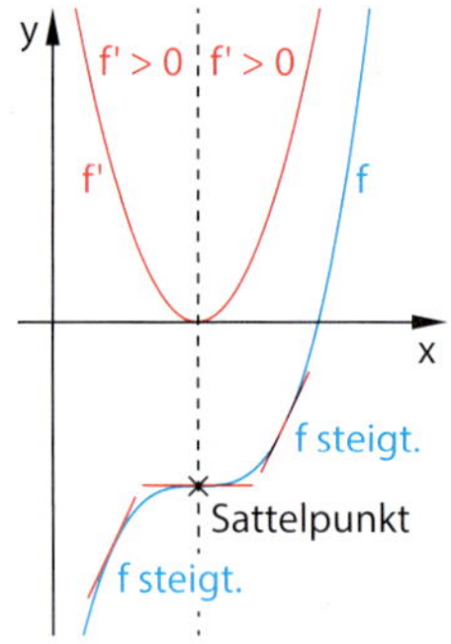

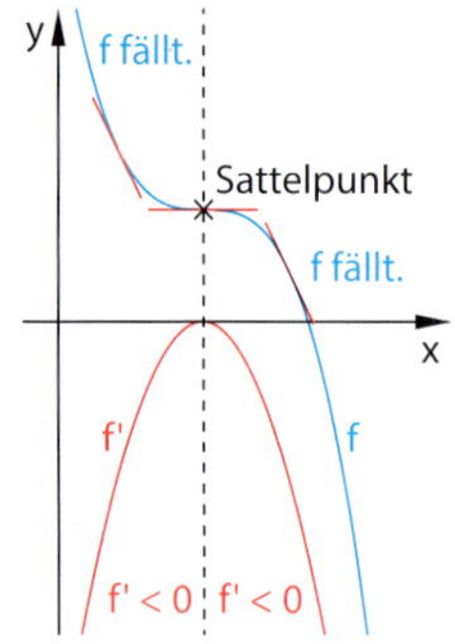

Satz **Hinreichende Bedingung für Sattelpunkte**

Wenn $\mathbf{f'(x_S) = 0}$ gilt und das **Vorzeichen von f'** an der Stelle x_S **nicht** wechselt, dann hat der Graph der Funktion f an der Stelle x_S einen Sattelpunkt.

Beispiel 2

Untersuchen Sie den Graphen der Funktion f mit $f(x) = -x^3 + 3x^2 - 3x + 3$ auf Extrem- und Sattelpunkte.

Lösung:

Bilden Sie die Ableitung f'. Die Nullstellen von f' liefern den „Kandidaten" x = 1 als mögliche Stelle eines Extrem- oder Sattelpunktes.

$f'(x) = -3x^2 + 6x - 3$

$-3x^2 + 6x - 3 = 0$, also $x = 1$

Die Monotonietabelle zeigt, dass bei x = 1 kein VZW der Ableitung f' stattfindet. Also liegt an dieser Stelle ein Sattelpunkt vor. Es gibt keine Extrempunkte.

	x < 1	1	x > 1
Teststelle	0		2
f'(x)	–	0	–
Graph von f	↘	→	↘

Setzen Sie x = 1 in f(x) ein. Geben Sie die Koordinaten des Sattelpunktes S an.

x = 1: kein VZW, also Sattelpunkt

f(1) = 2 S(1 | 2)

Basisaufgaben

11 Geben Sie die Stellen an, an denen der Graph eine waagerechte Tangente hat. Geben Sie auch das Vorzeichen der Ableitung links und rechts von diesen Stellen an. Entscheiden Sie, ob sich an diesen Stellen ein Hochpunkt, Tiefpunkt oder Sattelpunkt befindet.

a)

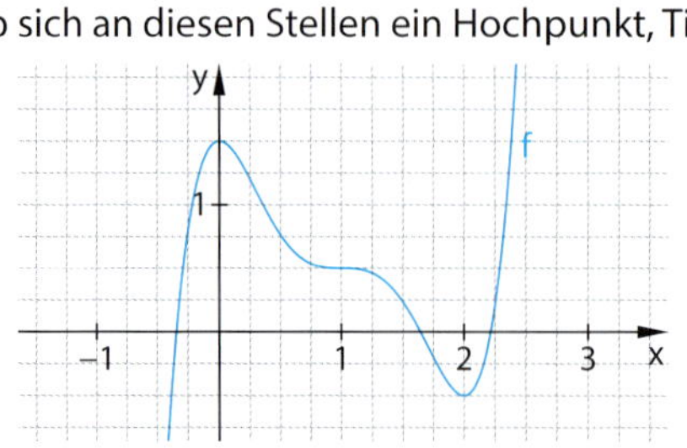

b)

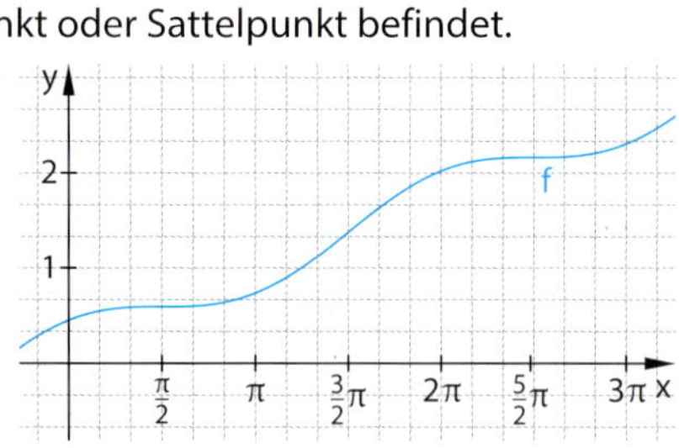

Lösungen zu 12

x-Koordinaten der Extrem- und Sattelpunkte

0 0 3 2 3
−3 0 1
2 2
−1
−2 6 0
0 0 1

12 Untersuchen Sie ohne Hilfsmittel den Graphen der Funktion auf Extrem- und Sattelpunkte. Überprüfen Sie Ihre Ergebnisse mit einer geeigneten Mathematiksoftware.

a) $f(x) = x^2 - 4$
b) $f(x) = \frac{1}{3}x^3 - 2x^2 + 4x$
c) $f(x) = x^3 + 3x^2 + 1$
d) $f(x) = \frac{1}{9}x^3 - x^2 + 3x$
e) $f(t) = t^4 - 2t^2$
f) $f(a) = -a^3 + 3a^2 + 3{,}5$
g) $f(x) = x^5 - 15x^3 - 30$
h) $f(x) = -3x^4 + 4x^3 + 8$

13 Bestimmen Sie Hoch-, Tief- und Sattelpunkte des Graphen der Funktion. Überprüfen Sie Ihre Ergebnisse mit einer geeigneten Mathematiksoftware.

a) $f(x) = \frac{1}{5}x^5 - \frac{4}{3}x^3 + 2$
b) $g(x) = 2x^3 - 6x^2 + 6x + 4$
c) $h(x) = x^3 - 6x^2 + 9x - 4$
d) $i(x) = 5x^4 - 40x^2 + 15$
e) $k(x) = 0{,}25x^3 + 15x - 1$
f) $l(x) = -\frac{1}{20}x^5 + \frac{3}{4}x^3 - 7$

14 Skizzieren Sie den Graphen einer Funktion f mit einem Sattelpunkt bei S(3 | 2). Geben Sie f′(3) sowie das Vorzeichen der Ableitung in der Umgebung von x = 3 an.

a) f ist streng monoton steigend auf ℝ.
b) f ist streng monoton fallend auf ℝ.

15 Zeigen Sie, dass der Graph der Funktion f an der Stelle x_S einen Sattelpunkt hat. Geben Sie die Koordinaten des Sattelpunktes an.

a) $f(x) = x^3 - 3x^2 + 3x + 2;\quad x_S = 1$
b) $f(x) = \frac{1}{8}x^4 - \frac{5}{3}x^3 + 8x^2 - 16x;\quad x_S = 4$

16 Erläutern Sie, welches Monotonieverhalten der Graph einer Funktion links und rechts seiner Hoch-, Tief- und Sattelpunkte hat. Erstellen Sie dazu eine Übersichtstabelle.

Weiterführende Aufgaben

17 Ein Unternehmen stellt täglich ein bestimmtes Produkt in der Stückzahl x her. Die Funktion g mit $g(x) = -20x^3 + 240x^2 - 420x - 760$ gibt den täglichen Gewinn des Unternehmens in Euro an.

a) Berechnen Sie den monatlichen Gewinn des Unternehmens, wenn täglich 5 Stück des Produkts produziert werden.
b) Berechnen Sie die Stückzahl x, für die das Unternehmen maximalen Gewinn erreicht. Geben Sie den maximalen täglichen Gewinn an.

18 **Stolperstelle:** Die Klasse 11c analysiert den Graphen der Funktion f mit $f(x) = -0{,}5x^5 + 2x^4 + 0{,}5x^3 - 8x^2 + 6x - 2$. Nehmen Sie Stellung.

a) Marie: *„Bei x = 0,425 hat f ein globales Maximum."*
b) Gina: *„Die Funktion f besitzt drei lokale Extrema."*
c) Toni: *„Das globale Maximum von f liegt bei 0,314."*
d) Kilian: *„Auf dem Definitionsbereich [0; 4] ist −2,99 das globale Minimum von f."*

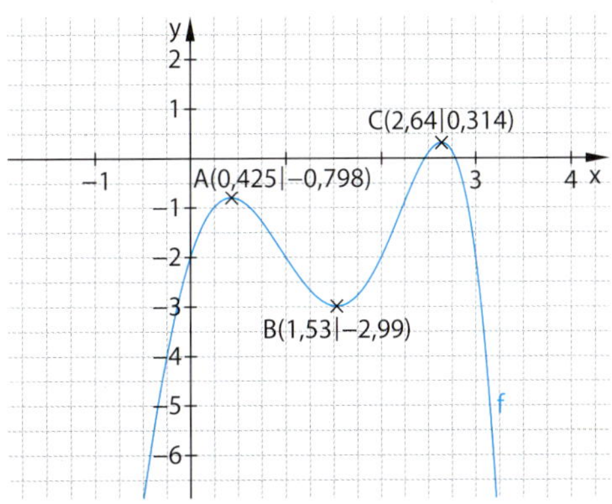

Erinnerung

Einfache, dreifache … Nullstelle: Der Graph schneidet die x-Achse. Zweifache, vierfache … Nullstelle: Der Graph berührt die x-Achse, schneidet sie aber nicht.

19 Beschreiben Sie, wie man an der Art der Nullstelle (einfache, doppelte, dreifache …) der Ableitungsfunktion f′ erkennen kann, ob der Graph einer ganzrationalen Funktion f an dieser Stelle einen lokalen Extrempunkt oder einen Sattelpunkt hat.

20 Begründen Sie die Gültigkeit der Aussage für eine ganzrationale Funktion n-ten Grades.
a) Die Funktion hat höchstens n – 1 lokale Extremstellen.
b) Die Funktion hat höchstens eine Nullstelle mehr als lokale Extremstellen.
c) Hat f eine Nullstelle der Vielfachheit 3, 5, 7 …, so hat der Graph von f dort einen Sattelpunkt.

21 Aus schmalen parallel zum Ufer verlegten Holzlatten soll ein Steg gebaut werden, der eine geschwungene Form aufweist und 1,5 m weit auf das Wasser ragt. Die krummlinigen Ränder des Stegs werden beschrieben durch die Funktionen f und g mit $f(x) = \frac{5}{2}x^3 - 4x^2 + x + 5$ und $g(x) = 2x^3 - 7x^2 + \frac{17}{2}x$ (x und y in Metern). Bestimmen Sie die maximale und minimale Länge der Holzlatten, wenn beim Verlegen der Latten nicht gestückelt werden soll.

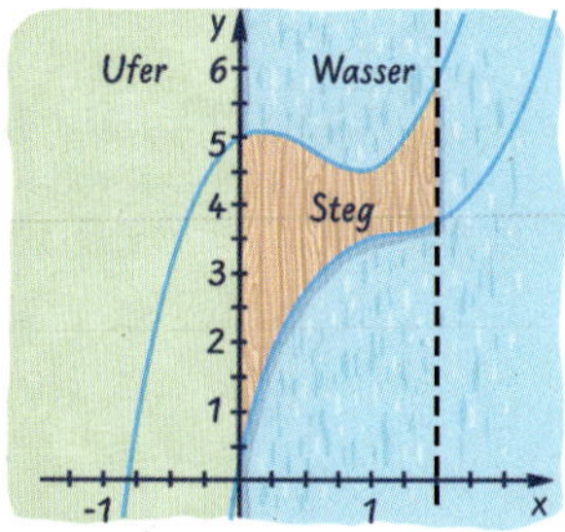

22 Die Kosten für die tägliche Herstellung der Menge x eines Produkts lassen sich durch die Funktion k mit $k(x) = \frac{1}{1500}x^3 - \frac{7}{500}x^2 + \frac{1006}{125}x + 400$ beschreiben. Auf der x-Achse bedeutet dabei eine Einheit 200 hergestellte Stücke, auf der y-Achse ist die Einheit €.
a) Bestimmen Sie die Fixkosten.
b) In der Firma können täglich maximal 40 000 Teile hergestellt werden. Geben Sie den zugehörigen Definitionsbereich für x an.
c) 200 Teile werden jeweils als Einheit für 50 € verkauft. Geben Sie eine Funktion e an, mit der sich die täglichen Einnahmen berechnen lassen.
d) Der Gewinn der Firma berechnet sich aus der Differenz von Einnahmen und Kosten. Geben Sie eine Funktion g an, mit der sich der tägliche Gewinn berechnen lässt.
e) Bestimmen Sie, bei welcher Produktionsmenge der Gewinn maximal ist. Geben Sie den maximalen täglichen Gewinn an.

Hinweis zu a)

Der Begriff der Fixkosten beschreibt diejenigen Kosten, die unab-hängig von der produzierten Stückzahl anfallen, z. B. für Miete.

23 Ein Architekt plant ein Gewächshaus, dessen parabelförmige Bögen aus Stahl die Form des Funktionsgraphen von f mit $f(x) = -0{,}3x^2 + \frac{8}{3}x$ haben, wenn die x-Achse den Erdboden beschreibt (x, f(x) in m).
a) Berechnen Sie die maximale Höhe und die Breite des Gewächshauses.
b) Berechnen Sie den Winkel, den die Stahlbögen mit dem Erdboden bilden.
c) Berechnen Sie, in welcher Höhe die Stahlbögen einen Winkel von 45° mit einer Horizontalen einschließen.

24 Beurteilen Sie folgende Aussage: „Der Graph einer auf ganz ℝ streng monoton steigenden Funktion kann keinen Sattelpunkt haben.“

25 Überprüfen Sie die folgende Aussage: „Eine ganzrationale Funktion, deren Graph achsensymmetrisch zur y-Achse ist, hat an der Stelle x = 0 ein lokales Extremum.“ Begründen Sie dies, falls die Aussage stimmt, oder geben Sie ein Gegenbeispiel an, falls sie nicht stimmt.

26 Ausblick: Parameteraufgaben
a) Gegeben ist die Funktion f mit $f(x) = x^3 + 3x^2 - bx + c$.
① Bestimmen Sie b so, dass x = 1 und x = −3 Extremstellen sind.
② Bestimmen Sie anschließend c so, dass der Tiefpunkt die y-Koordinate −8 hat.
③ Geben Sie an, für welche Werte von b die Funktion f keine Extremstellen hat.
b) Die Funktion f hat die Funktionsgleichung $f(x) = \frac{1}{4}x^4 - \frac{a}{3}x^3 + \frac{1}{2}x^2$ mit $a \in \mathbb{R}$.
① Untersuchen Sie die Funktion f für a = −2 auf Extremstellen und Sattelpunkte.
② Bestimmen Sie a so, dass die Funktion f genau eine Extremstelle hat.
③ Bestimmen Sie a so, dass f die größtmögliche Anzahl von Extremstellen hat.

4.3 Krümmung

Der Graph der Funktion f mit $f(x) = -\frac{1}{20}(x^3 - 9x^2 + 17x - 27)$ stellt den Verlauf einer Straße von oben dar. Ermitteln Sie die Bereiche, in denen der Radfahrer eine Links- bzw. Rechtskurve durchfährt. Beschreiben Sie auch den Graphen der Ableitungsfunktion f′ in diesen Bereichen.

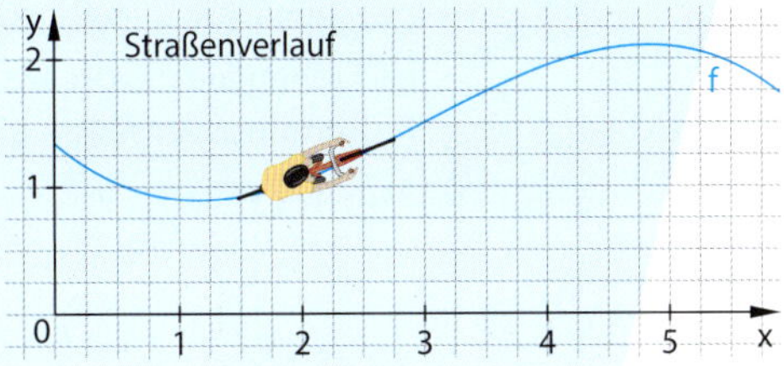

Nimmt in einem Intervall die Steigung eines Graphen von f stetig zu, so beschreibt der Graph von f dort eine Linkskurve. Man spricht daher von einer Linkskrümmung. Umgekehrt ist ein Graph, dessen Steigung kleiner wird, rechtsgekrümmt.

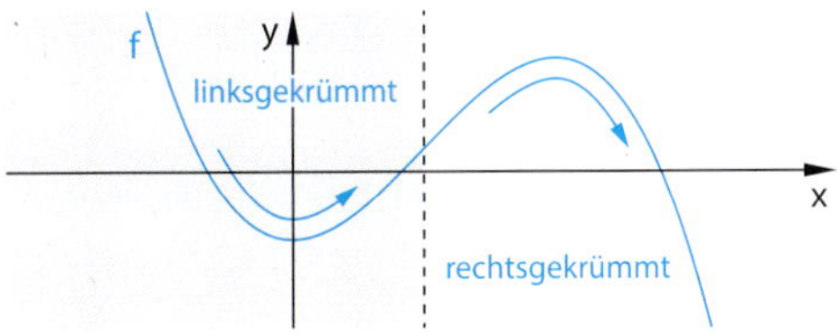

Die Steigung wird durch die Ableitung f′ beschrieben. Bei einer Linkskrümmung des Graphen von f ist die Ableitung f′ streng monoton steigend.
Ist der Graph von f hingegen rechtsgekrümmt, so ist f′ streng monoton fallend.

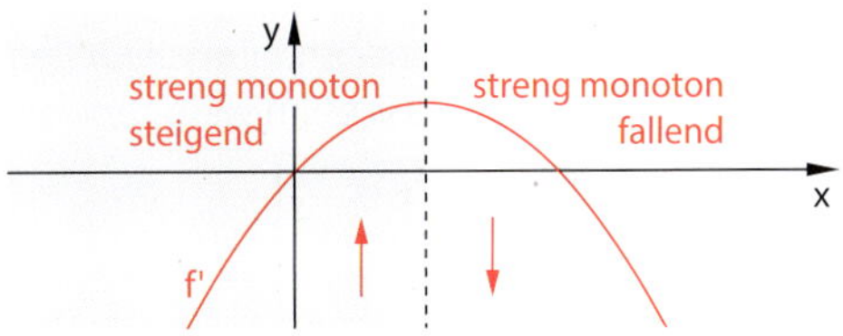

Hinweis

Die Ableitung f′ einer Funktion f wird auch als erste Ableitung bezeichnet.

Die Änderung der Steigung wird durch die Ableitung von f′ beschrieben. Sie heißt **zweite Ableitung f″**.
f′ ist streng monoton steigend bzw. fallend, wenn die Ableitung von f′, also f″, größer als 0 bzw. kleiner als 0 ist.

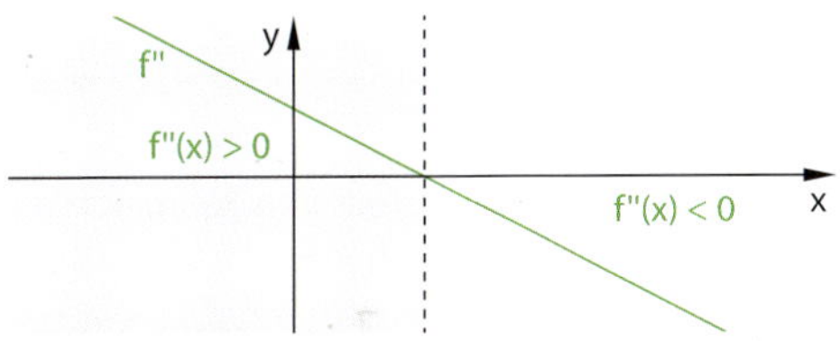

Merkhilfe

f″(x) positiv ⇒ f linksgekrümmt

f″(x) negativ ⇒ f rechtsgekrümmt

Satz Krümmungsverhalten

Es sei f eine im Intervall I zweimal differenzierbare Funktion.
- Gilt $f''(x) > 0$ für alle x aus dem Intervall I, so ist der Graph der Funktion f auf I **linksgekrümmt**, er beschreibt eine **Linkskurve**.
- Gilt $f''(x) < 0$ für alle x aus dem Intervall I, so ist der Graph der Funktion f auf I **rechtsgekrümmt**, er beschreibt eine **Rechtskurve**.

Hinweis

Wie die Monotonie kann auch die Krümmung mithilfe einer Tabelle untersucht werden.

Beispiel 1

Untersuchen Sie den Graphen der Funktion f mit $f(x) = x^3 - 3x^2$ mithilfe der zweiten Ableitung auf sein Krümmungsverhalten.

Lösung:

Bilden Sie die ersten beiden Ableitungen von f. Berechnen Sie die Nullstelle von f″.

$f'(x) = 3x^2 - 6x$ $f''(x) = 6x - 6$
$6x - 6 = 0$, also $x = 1$

Die Nullstelle von f″ teilt den Definitionsbereich von f in zwei Krümmungsintervalle. Setzen Sie auf jedem Intervall eine Teststelle (z. B. 0 und 4) in f″(x) ein. Das Vorzeichen gibt das Krümmungsverhalten von f an.

$x < 1$: $f''(0) = 6 \cdot 0 - 6 = -6 < 0$
Der Graph ist für $x < 1$ rechtsgekrümmt.

$x > 1$: $f''(4) = 6 \cdot 4 - 6 = 18 > 0$
Der Graph ist für $x > 1$ linksgekrümmt.

Basisaufgaben

1 Geben Sie an, auf welchen Intervallen der Graph der Funktion f links- bzw. rechtsgekrümmt ist. Gehen Sie davon aus, dass es im weiteren Verlauf des Graphen keine Änderungen im Krümmungsverhalten gibt.

a) 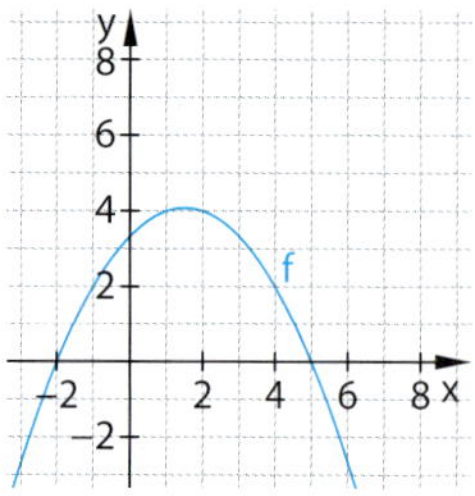

b) 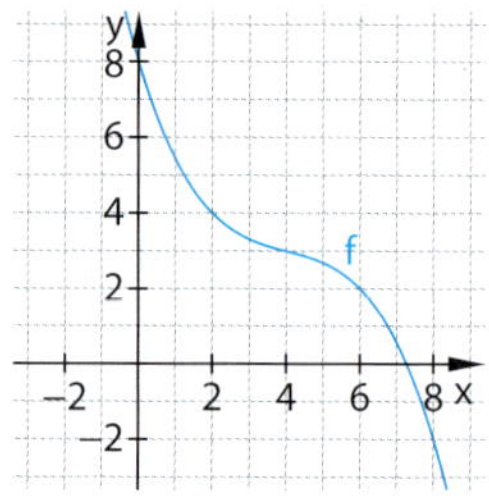

c) 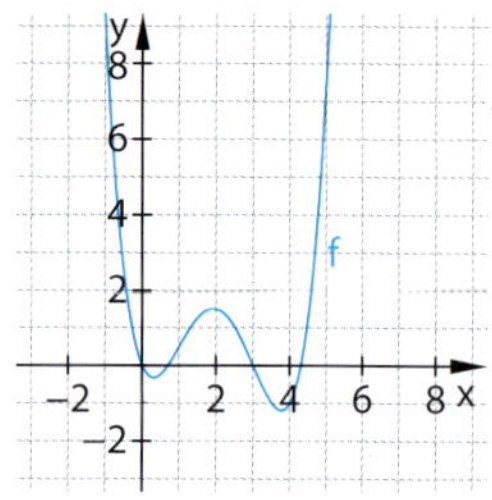

2 Zeichnen Sie einen Funktionsgraphen, der für $x < -4$ sowie $x > 1$ linksgekrümmt und für $-4 < x < 1$ rechtsgekrümmt ist.

3 Die Abbildung zeigt den Graphen der zweiten Ableitung der Funktion f. Geben Sie an, auf welchen Intervallen der Graph von f links- bzw. rechtsgekrümmt ist. Gehen Sie davon aus, dass es im weiteren Verlauf des Graphen keine Änderungen im Krümmungsverhalten gibt.

a) 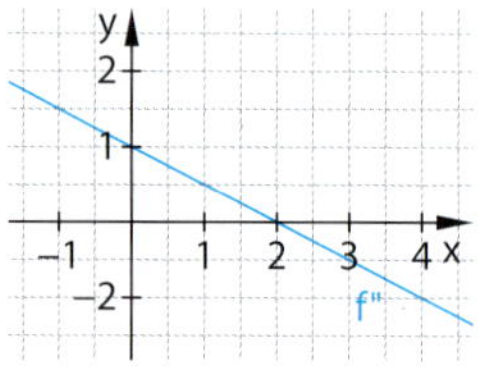

b) 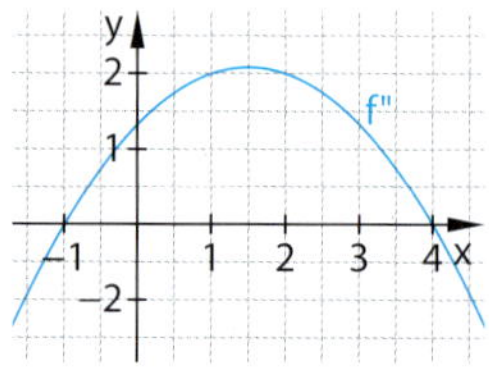

c) 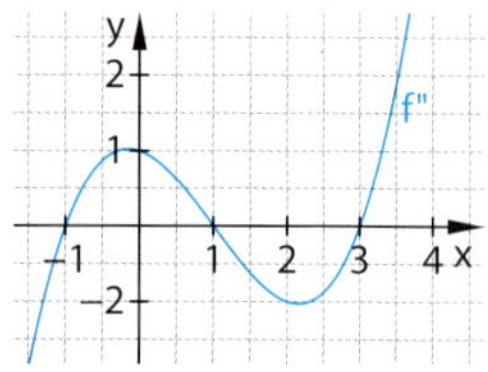

4 Berechnen Sie die erste und zweite Ableitung der Funktion f.

a) $f(x) = x^3 - 2x^2 + 5x - 1$ b) $f(x) = -x^4 - 2x^3 + 8x$ c) $f(x) = 2x^5 - 0{,}4x^4 + 6x^2 - 3x + 0{,}7$

5 Berechnen Sie die Nullstellen der zweiten Ableitung und bestimmen Sie das Krümmungsverhalten des Graphen von f über der Definitionsmenge $\mathbb{R}$.

a) $f(x) = \frac{1}{2}x^3 - 3x^2 + 3x - 6$ b) $f(x) = -\frac{1}{2}x^2 + 7x - 18$ c) $f(x) = \frac{1}{3}x^4 - 2x^2 + 4x$

d) $f(x) = 0{,}25x^5 + 10x - 1$ e) $f(x) = x^4 - 6x$ f) $f(x) = -\frac{1}{3}x^3 - 2x^2 - 5x + 2$

g) $f(x) = -x^2 + 2x + 1$ h) $f(x) = x^3 - 7x^2 + 15x - 9$ i) $f(x) = -\frac{1}{12}x^4 + \frac{1}{3}x^3 + x$

j) $f(x) = -\frac{1}{12}x^4 - \frac{1}{3}x^3 - x^2$ k) $f(x) = x^4 + 3x^3 + 3x^2 + x$ l) $f(x) = \frac{1}{4}x^4 - \frac{2}{3}x^3 + \frac{1}{2}x^2 - 1$

6 Gegeben sind die Graphen von Funktionen und deren erster und zweiter Ableitung. Ordnen Sie begründet zu und erläutern Sie den Zusammenhang zwischen dem Krümmungsverhalten des Graphen von f″, dem Monotonieverhalten von f′ und dem Graphen von f″.

Graphen von f

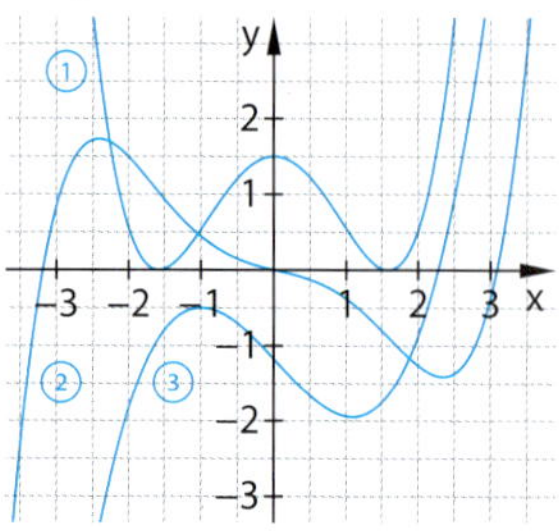

Graphen von f′

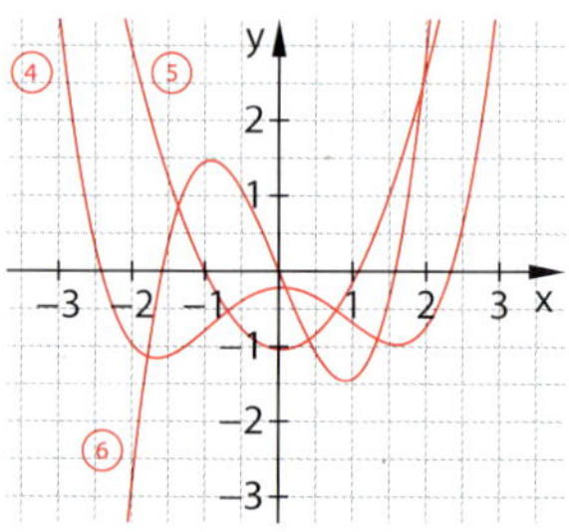

Graphen von f″

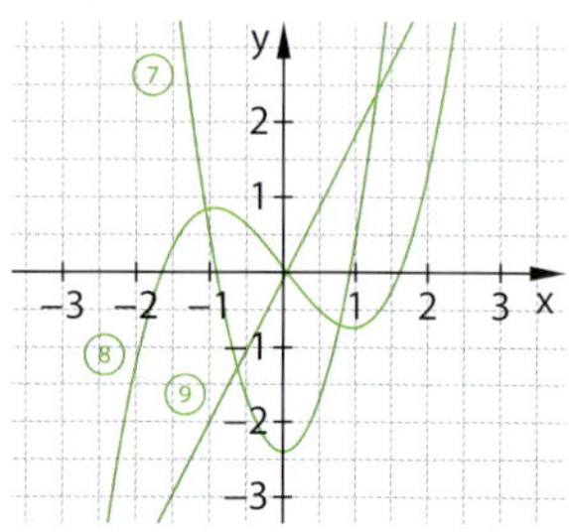

Überprüfen von lokalen Extrempunkten mit der zweiten Ableitung

In der Umgebung eines Hochpunktes ist der Graph einer Funktion f immer rechtsgekrümmt, bei einem Tiefpunkt immer linksgekrümmt. Anstatt einen Vorzeichenwechsel von f′ zu überprüfen, ist es möglich, mithilfe der zweiten Ableitung f″ zu prüfen, ob der Graph an den potentiellen Extremstellen von f eine Linkskrümmung ($f''(x) > 0$) oder eine Rechtskrümmung ($f''(x) < 0$) ausweist.

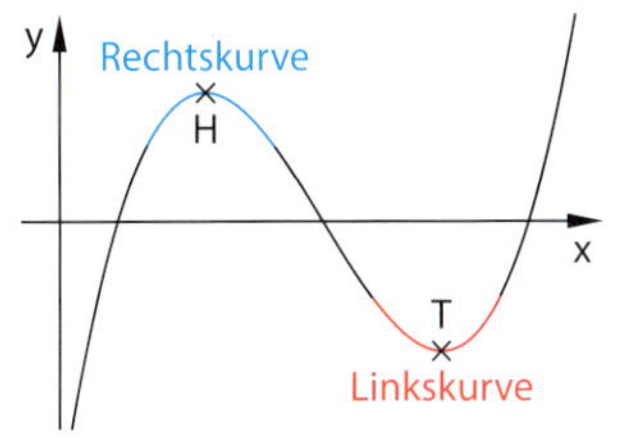

Satz **Hinreichende Bedingung für lokale Extrempunkte mit der zweiten Ableitung**

Es seien f und f′ differenzierbare Funktionen.
- Wenn $\mathbf{f'(x_E) = 0}$ und $\mathbf{f''(x_E) < 0}$ gilt, dann hat der Graph der Funktion f an der Stelle x_E einen **Hochpunkt**.
- Wenn $\mathbf{f'(x_E) = 0}$ und $\mathbf{f''(x_E) > 0}$, gilt, dann hat der Graph der Funktion f an der Stelle x_E einen **Tiefpunkt**.

Ist $f'(x_E) = 0$ und $f''(x_E) = 0$, so lässt sich daraus nicht folgern, dass dort keine lokale Extremstelle vorliegt. In diesem Fall zieht man das Vorzeichenwechselkriterium (VZW) hinzu.

Beispiel 2 Bestimmen Sie die Lage und Art der Extrempunkte des Graphen der Funktion f mit $f(x) = x^3 - 9x^2 + 24x - 18$ mithilfe der zweiten Ableitung.

Lösung:

Bilden Sie die ersten beiden Ableitungen von f.	$f'(x) = 3x^2 - 18x + 24$ $f''(x) = 6x - 18$
Berechnen Sie die Nullstellen von f′. $x_1 = 2$ und $x_2 = 4$ sind die möglichen Extremstellen. Setzen Sie diese Stellen in die zweite Ableitung f″(x) ein. Das Ergebnis ist jeweils ungleich 0. Das Vorzeichen gibt an, ob dort ein Hoch- oder Tiefpunkt liegt.	$3x^2 - 18x + 24 = 0$ also $x_1 = 2$ und $x_2 = 4$ $f''(2) = 6 \cdot 2 - 18 = -6 < 0$ Bei 2 liegt ein Hochpunkt. $f''(4) = 6 \cdot 4 - 18 = 6 > 0$ Bei 4 liegt ein Tiefpunkt.
Die y-Koordinaten des Hochpunktes H und des Tiefpunktes T ergeben sich durch Einsetzen der Extremstellen in f(x).	$f(2) = 2^3 - 9 \cdot 2^2 + 24 \cdot 2 - 18 = 2$ $f(4) = 4^3 - 9 \cdot 4^2 + 24 \cdot 4 - 18 = -2$ $H(2\|2)$ $T(4\|-2)$

Basisaufgaben

Lösungen zu 7

(1|4) (4|−6) (0|2) (4|−2) (2|2) $(0|\frac{12}{5})$ (−2|−4) (2|4) (−2|6) (2|−4) (0|0) (−2|−2) (6|0)

7 Bestimmen Sie die Lage und Art der Extrempunkte des Graphen mithilfe der ersten und zweiten Ableitung von f.

a) $f(x) = -4x^2 + 8x$ b) $f(x) = \frac{1}{8}x^3 - \frac{3}{4}x^2 + 2$ c) $f(x) = \frac{1}{10}x^3 - \frac{3}{10}x^2 + \frac{12}{5}$

d) $f(x) = \frac{1}{8}x^3 - \frac{3}{2}x^2 + \frac{9}{2}x$ e) $f(x) = \frac{1}{9}x^3 - \frac{1}{3}x^2 - \frac{8}{3}x + \frac{26}{9}$ f) $f(x) = \frac{1}{4}x^4 - 2x^2$

8 Gegeben ist die Funktion f mit $f(x) = \frac{1}{2}x^4 - 2x^3 + 8x$.

a) Zeigen Sie, dass der Graph von f im Punkt $(-1|-5{,}5)$ einen Tiefpunkt hat.

b) Untersuchen Sie das Verhalten der Graphen von f′ und f″ an der Stelle $x = 2$.

c) Begründen Sie, dass der Graph von f an der Stelle $x = 2$ einen Sattelpunkt hat, und berechnen Sie die fehlende Koordinate.

Weiterführende Aufgaben

9 Ordnen Sie die drei Graphen begründet den Funktionen f, f′ und f″ zu.

a) 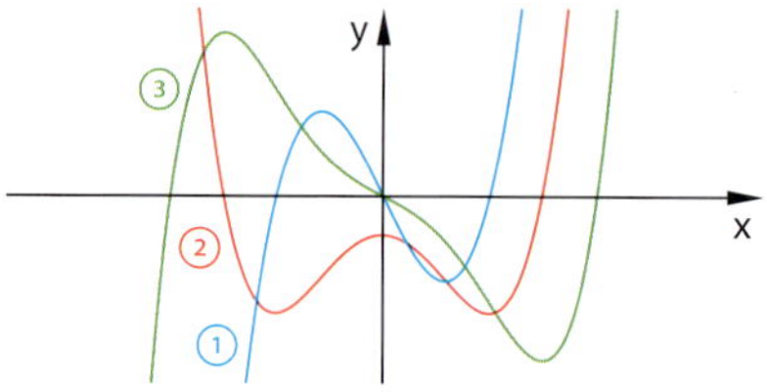

b) 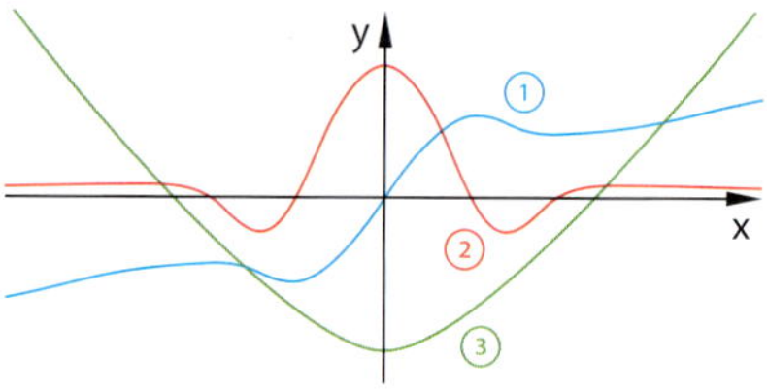

10 Skizzieren Sie einen möglichen Graphen von f.
a) Der Graph von f ist rechtsgekrümmt und hat den Hochpunkt $H(2|4)$.
b) Der Graph von f hat im Punkt $P(-3|2)$ eine waagerechte Tangente und geht in diesem Punkt von einer Links- in eine Rechtskrümmung über.
c) Der Graph von f hat zwei Stellen mit waagerechter Tangente und wechselt nur an einer dieser Stellen seine Krümmung.
d) Der Graph von f ist linksgekrümmt und hat keine Extremstellen.
e) Es gilt $f'(x) < 0$ und $f''(x) > 0$ für alle x.

11 Die Funktion h mit $h(t) = -0{,}03t^3 + 0{,}9t^2 + 4$ beschreibt für $0 \leq t \leq 20$ die Wuchshöhe einer Pflanze. Dabei bezeichnet t die Anzahl der Tage nach Beobachtungsbeginn und h(t) die Höhe der Pflanze in cm.
a) Berechnen Sie die Pflanzenhöhe nach 5 und nach 15 Tagen.
b) Weisen Sie rechnerisch nach, dass die Wachstumsgeschwindigkeit innerhalb der ersten 10 Tage ständig steigt.
c) Für $t > 10$ gilt $h''(t) < 0$. Erläutern Sie dies im Sachzusammenhang.
d) Zeigen Sie, dass die minimale und maximale Pflanzenhöhe zu Beginn und am Ende der Beobachtung angenommen werden, und geben Sie diese an.

Info

In der Physik schreibt man statt s″, v′ und s′ manchmal auch $\ddot{s}$, $\dot{v}$ und $\dot{s}$.

12 **Ableitungen in der Physik:** In der Physik werden Bewegungen durch die Größen s (Weg), v (Geschwindigkeit) und a (Beschleunigung) beschrieben. Die Geschwindigkeit ist die zeitliche Veränderung des Wegs, die Beschleunigung ist die zeitliche Veränderung der Geschwindigkeit. Es gilt also $s''(t) = v'(t) = a(t)$ und $s'(t) = v(t)$.
Erläutern Sie die Bedeutung einer positiven/negativen Beschleunigung für die Geschwindigkeit und den Weg in diesem Sachzusammenhang.

13 **Stolperstelle:** Max untersucht die Funktion f mit $f(x) = x^4 - 8x^3 + 24x^2 - 32x + 15$.
Er sagt: *„Zwar ist f′(2) = 0, aber weil f″(2) = 0 ist, ist 2 keine Extremstelle von f."*
Nehmen Sie Stellung.

14 **Hinreichende und notwendige Bedingungen:** „Die notwendige Bedingung ist nicht hinreichend, die hinreichende ist nicht notwendig." Erläutern Sie diese Aussage, indem Sie die Extremstellen zu $f(x) = x^2$, $g(x) = x^3$ und $h(x) = x^4$ untersuchen.

15 Untersuchen Sie den Funktionsgraphen auf Hoch- und Tiefpunkte. Verwenden Sie, falls nötig, das VZW-Kriterium. Geben Sie auch die Koordinaten der Sattelpunkte an.
a) $f(x) = \frac{1}{4}x^4 + x^3 - \frac{11}{4}$ b) $f(x) = 3x^5 - 5x^3$

16 Bestimmen Sie die Punkte des Graphen mit waagerechter Tangente. Untersuchen Sie, ob diese Punkte Extrempunkte sind.

a) $f(x) = x^4 - 4x^3 + 4x^2$
b) $f(x) = \frac{1}{4}x^3 - \frac{3}{2}x^2 + 8$
c) $f(x) = -\frac{1}{8}x^3 + \frac{3}{2}x$
d) $f(x) = 3x^3 - 27x^2 + 81x - 84$
e) $f(x) = -2x^5 - \frac{5}{4}x^4 + 10x^3$
f) $f(x) = -\frac{3}{8}x^4 + 2x^3 - 3x^2$

17 **Vergleich der hinreichenden Bedingungen für Extrempunkte:**
Bestimmen Sie gemeinsam die Extrempunkte der Graphen der folgenden Funktionen. Legen Sie vorher fest, wer mit der zweiten Ableitung und wer mit dem Vorzeichenwechselkriterium als hinreichender Bedingung arbeitet.

$f(x) = \frac{1}{6}x^3 - \frac{3}{4}x^2 - 2x + 3$ $\quad g(x) = \frac{1}{3}x^3 - 2x^2 + 4x$ $\quad h(x) = x^6 - \frac{3}{2}x^4$

Vergleichen Sie anschließend die Rechenwege. Stellen Sie Vor- und Nachteile der beiden hinreichenden Bedingungen gegenüber.

18 Beim Bau von Straßen, Bahngleisen oder Achterbahnen wird bei der Berechnung der Linienführung immer darauf geachtet, dass Richtungswechsel möglichst kräftearm verlaufen, um eine ruckfreie Fahrdynamik zu erreichen. Hierbei reicht es nicht, dass beim Übergang von z. B. Geraden zu Kurven und umgekehrt die Steigungen identisch sind, d. h. keine „Knicke" auftreten. Damit sich auch die Richtungsänderung nicht abrupt ändert, ist zudem zu fordern, dass auch die Krümmungen der Linien in den Übergangspunkten übereinstimmen. Als Beispiel hierzu sollen zwei gerade Straßenenden durch eine Kurve verbunden werden. Die Straßenenden sind gegeben durch die Geraden $y = 2$ für $x \leq 0$ und $y = -2x + 9$ für $x \geq 4$.

a) Zeigen Sie, dass die Kurve 1, beschrieben durch den Graphen der Funktion f mit $f(x) = -\frac{3}{32}x^3 + \frac{5}{16}x^2 + 2$ für $0 < x < 4$, an den Anschlussstellen zwar keinen Knick aufweist, die Krümmungen aber plötzlich deutlich voneinander abweichen.
b) Gegeben ist eine zweite Funktion g mit $g(x) = a \cdot x^5 - \frac{41}{256}x^4 + \frac{11}{32}x^3 + 2$ für $0 < x < 4$. Bestimmen Sie den Koeffizienten a so, dass die Funktion g die geforderten Eigenschaften erfüllt, und weisen Sie diese nach.
c) Zeichnen Sie die Graphen der beiden Geraden sowie der Funktionen f aus a) und g aus b) mithilfe einer geeigneten Mathematiksoftware in ein gemeinsames Koordinatensystem. Überprüfen Sie damit Ihre Ergebnisse.

19 **Ausblick:** Der Graph einer ganzrationalen Funktion f dritten Grades hat einen Tiefpunkt im Koordinatenursprung.

a) Stellen Sie eine allgemeine Gleichung für f auf und finden Sie eine Bedingung für die Lage des Tiefpunktes im Ursprung.
b) Der Graph von f ist für $x < 1$ linksgekrümmt und für $x > 1$ rechtsgekrümmt. Bestimmen Sie einen möglichen Funktionsterm von f. Zeichnen Sie den zugehörigen Graphen.
c) Geben Sie eine allgemeine Funktionsgleichung an, die alle möglichen Lösungen von b) beschreibt.

4.4 Wendepunkte

Der Graph stellt links das Höhenprofil einer Straße dar und rechts die Draufsicht einer anderen Straße. Die Stelle $x = 3$ hat für den Radfahrer in der jeweiligen Situation unterschiedliche Bedeutungen. Stellen Sie einen Zusammenhang zwischen diesen Bedeutungen her. Erläutern Sie, wie man diese Stelle bei gegebenem Funktionsterm berechnen könnte.

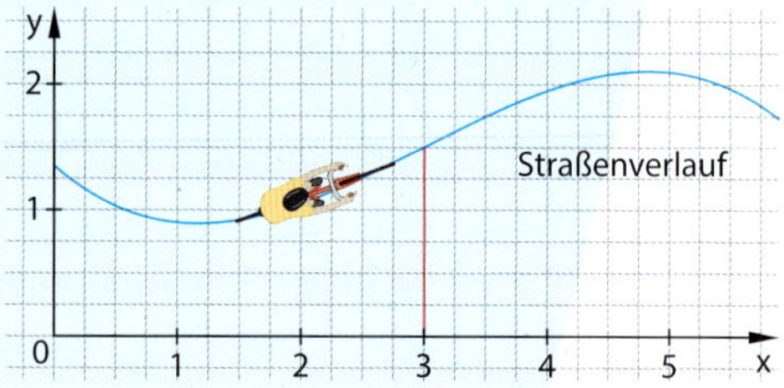

Die Grafik zeigt die Zusammenhänge zwischen den Graphen einer Funktion f und ihren ersten beiden Ableitungsfunktionen f′ und f″.

Die Stellen, an denen sich das Krümmungsverhalten des Graphen ändert, heißen **Wendestellen**.
An diesen Stellen ist die **Steigung des Graphen lokal maximal** (beim Wechsel von Links- zu Rechtskrümmung) bzw. **lokal minimal** (beim Wechsel von Rechts- zu Linkskrümmung).

Eine Wendestelle ist folglich eine lokale Extremstelle der ersten Ableitungsfunktion und damit eine Nullstelle der zweiten Ableitungsfunktion mit Vorzeichenwechsel.

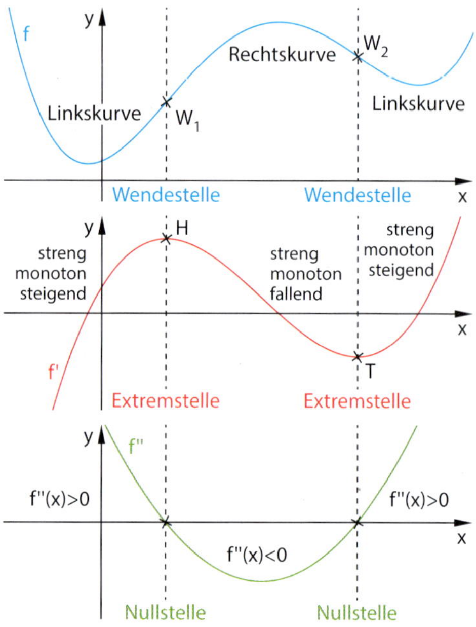

Definition **Wendepunkt**

Ein **Wendepunkt** ist ein Punkt, an dem ein Graph von einer Linkskrümmung in eine Rechtskrümmung übergeht oder umgekehrt.

Ein Sattelpunkt ist ein Wendepunkt, in dem der Graph eine waagerechte Tangente hat.

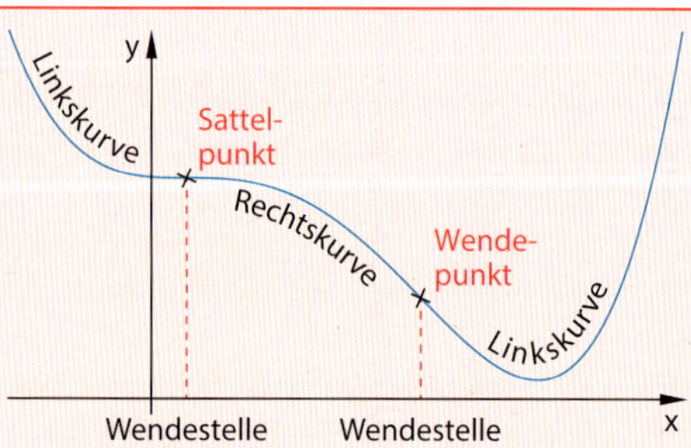

Da eine Wendestelle von f eine lokale Extremstelle der ersten Ableitung f′ ist, ist eine notwendige Bedingung, dass dort die Ableitung von f′, also die zweite Ableitung f″, den Wert 0 hat.

Satz **Notwendige Bedingung für Wendepunkte**

Hat der Graph einer Funktion f an der Stelle x_W einen **Wendepunkt**, dann gilt $\mathbf{f''(x_W) = 0}$.

Da Wendestellen von f lokale Extremstellen von f′ sind, lassen sich die hinreichenden Bedingungen für lokale Extremstellen auf Wendestellen übertragen.

Satz **Hinreichende Bedingung für Wendepunkte mit VZW der zweiten Ableitung**
Wenn $\mathbf{f''(x_W) = 0}$ gilt und das **Vorzeichen von f″** an der Stelle x_W wechselt, dann hat der Graph der Funktion f an der Stelle x_W einen **Wendepunkt**.

Bei einem Vorzeichenwechsel von + nach – geht der Graph von einer Links- in eine Rechtskurve über, bei einem Wechsel von – nach + von einer Rechts- in eine Linkskurve.

Hinweis

Die Ableitung der zweiten Ableitung f″ wird als dritte Ableitung f‴ bezeichnet.

Satz **Hinreichende Bedingung für Wendepunkte mit der dritten Ableitung**
Wenn $\mathbf{f''(x_W) = 0}$ und $\mathbf{f'''(x_W) \neq 0}$ gilt, dann hat der Graph der Funktion f an der Stelle x_W einen **Wendepunkt**.

Beispiel 1 Bestimmen Sie rechnerisch die Koordinaten der Wendepunkte des Graphen von f mit $f(x) = -\frac{1}{16}x^4 + \frac{1}{4}x^3$. Prüfen Sie, ob die Wendepunkte auch Sattelpunkte sind.

Lösung:

Bilden Sie die ersten drei Ableitungen von f.

$f'(x) = -\frac{1}{4}x^3 + \frac{3}{4}x^2$

Die Nullstellen von f″ liefern die „Kandidaten“ für mögliche Wendestellen.
Es gibt zwei Möglichkeiten, diese „Kandidaten“ zu untersuchen.

$f''(x) = -\frac{3}{4}x^2 + \frac{3}{2}x$

$f'''(x) = -\frac{3}{2}x + \frac{3}{2}$

$-\frac{3}{4}x^2 + \frac{3}{2}x = 0$, also $x_1 = 0$ und $x_2 = 2$

1. **Möglichkeit: VZW-Kriterium**
   Erstellen Sie eine Krümmungstabelle und setzen Sie geeignete Teststellen in f″(x) ein.

1. Möglichkeit: VZW-Kriterium

	$x < 0$	0	$0 < x < 2$	2	$x > 2$
Teststelle	–1		1		3
f″(x)	–	0	+	0	–

VZW, also Wendepunkt

2. **Möglichkeit: Einsetzen in f‴(x)**
   Prüfen Sie, ob die Ergebnisse ungleich 0 sind.

2. Möglichkeit: Einsetzen in f‴(x)

$f'''(0) = \frac{3}{2} \neq 0$ Bei 0 liegt ein Wendepunkt.
$f'''(2) = -\frac{3}{2} \neq 0$ Bei 2 liegt ein Wendepunkt.

Einsetzen der Wendestellen in f(x) liefert die y-Koordinaten der Wendepunkte W_1 und W_2.

$f(0) = 0$ $W_1(0\,|\,0)$
$f(2) = 1$ $W_2(2\,|\,1)$

Einsetzen der Wendestellen in f′(x) zeigt, ob die Wendepunkte Sattelpunkte sind.

$f'(0) = 0$ W_1 ist Sattelpunkt.
$f'(2) = 1 \neq 0$ W_2 ist kein Sattelpunkt.

Basisaufgaben

1 Lesen Sie die Koordinaten der Wendepunkte ab. Geben Sie jeweils an, ob es sich um einen Wendepunkt mit lokal minimaler oder lokal maximaler Steigung handelt und ob ein Sattelpunkt vorliegt.

a)
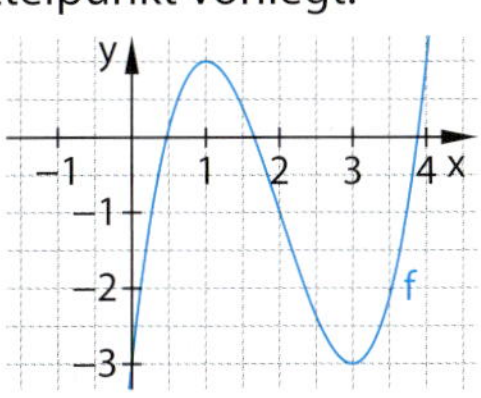

b)
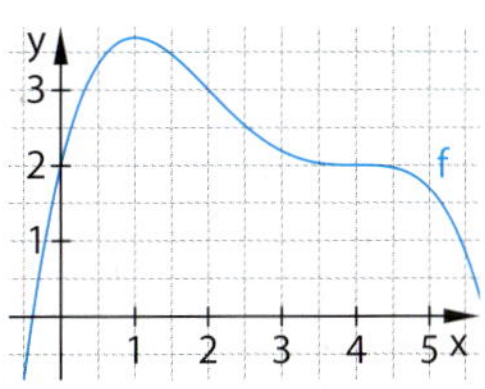

c)
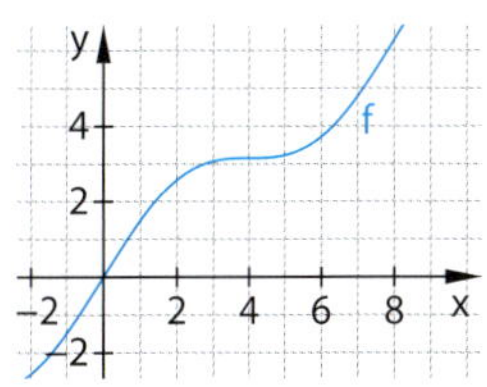

2 Gegeben sind die Graphen der zweiten Ableitung einer Funktion. Treffen Sie Aussagen über die Existenz von Wendestellen sowie über das Krümmungsverhalten des Graphen von f. Gehen Sie davon aus, dass es im weiteren Verlauf des Graphen keine Änderungen im Krümmungsverhalten gibt.

a) 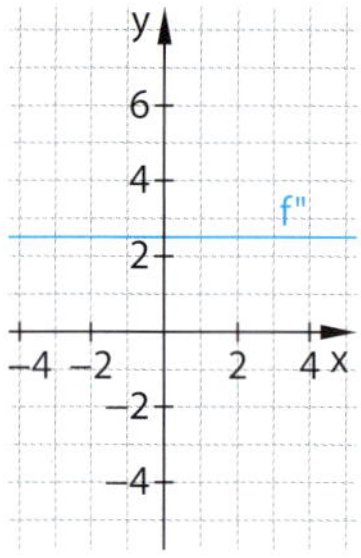

b) 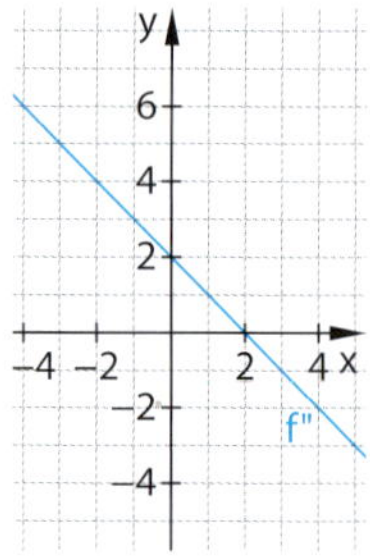

c) 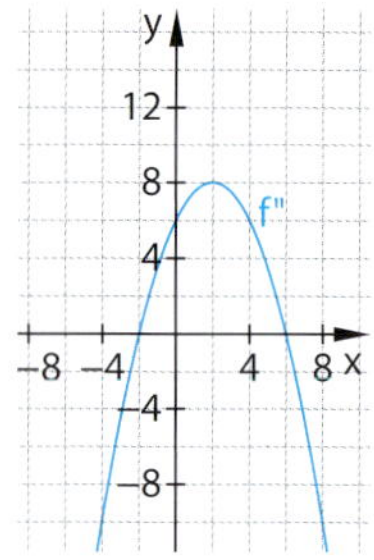

d) 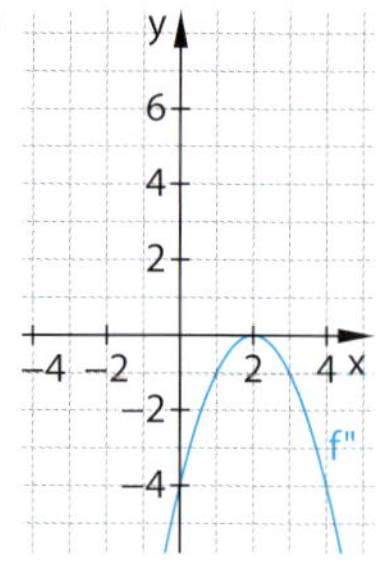

3 Gegeben ist der Graph von f'. Lesen Sie die Wendestellen von f ab und geben Sie an, welcher Krümmungswechsel beim Graphen von f an diesen Stellen vorliegt.

a) 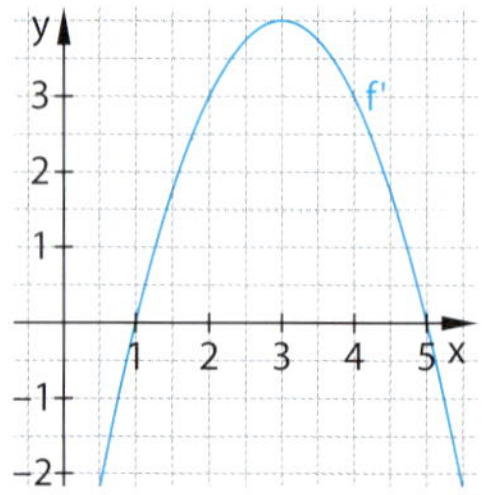

b) 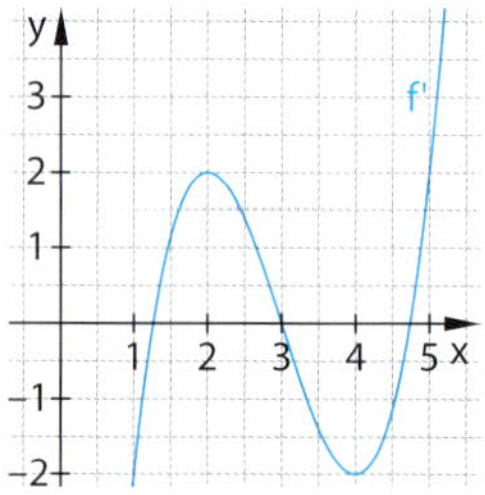

c) 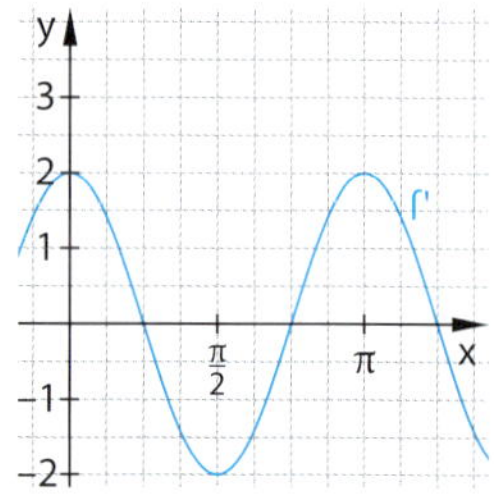

Hinweis

Eine entsprechende Mathematiksoftware kann Wendepunkte von Graphen direkt berechnen und anzeigen.

4 Untersuchen Sie den Graphen der Funktion mit dem Vorzeichenwechselkriterium auf Wendepunkte, ohne einen Taschenrechner zu verwenden. Beschreiben Sie, wie sich das Krümmungsverhalten des Graphen an den Wendestellen ändert. Überprüfen Sie Ihr Ergebnis mit einer geeigneten Mathematiksoftware.

a) $f(x) = x^3 - 3x^2$
b) $f(x) = x^4 - 24x^2 + 8x$
c) $f(x) = x^4 + 24x^2 + 8x$
d) $f(x) = \frac{1}{12}x^4 + \frac{1}{6}x^3 - x^2 + 5x$
e) $f(x) = x^4 - 12x^2 + 4x$
f) $f(x) = 6x^5 - 15x^4 + 10x^3$

5 Gegeben sind die Funktionen f, g, h und k mit den angegebenen Funktionstermen.

$f(x) = x^3 - 6x^2 + 12x + 2$

$g(x) = \frac{1}{2}x^3 + \frac{3}{2}x^2 + \frac{7}{2}x + \frac{3}{2}$

$h(x) = 4x^5 - \frac{10}{2}x^4 - \frac{20}{3}x^3$

$k(x) = x^4 - 8x^3 + 30x^2 + 7$

a) Bestimmen Sie die Koordinaten der Wendepunkte der zugehörigen Graphen. Geben Sie jeweils an, ob es sich um Punkte mit maximaler oder minimaler Steigung handelt.
b) Prüfen Sie, ob die in a) bestimmten Wendepunkte auch Sattelpunkte sind.
c) Überprüfen Sie Ihr Ergebnis mit einer geeigneten Mathematiksoftware.

6 Die Funktion f mit $f(t) = -0{,}32t^3 + 4{,}8t^2 + 18{,}4$ beschreibt den Temperaturverlauf eines Backofens für die ersten 10 Minuten nach dem Einschalten. Hierbei wird t in Minuten und f(t) in Grad Celsius angegeben.

a) Bestimmen Sie den Zeitpunkt, an dem sich die Temperatur am stärksten ändert.
b) Bestimmen Sie für den ermittelten Zeitpunkt die erreichte Temperatur und die Geschwindigkeit, mit der sich die Temperatur ändert.
c) Beschreiben Sie im Sachzusammenhang die Bedeutung des Krümmungsverhaltens vor und nach diesem Zeitpunkt.

Bedeutung von Wendepunkten

In Wendepunkten wird die Änderungsrate einer Funktion bzw. die Steigung des zugehörigen Graphen lokal maximal oder minimal. Damit können Wendepunkte in Anwendungssituationen verschiedene Bedeutungen haben, zum Beispiel:

- steilster Anstieg einer Straße
- größter Zustrom von Besuchern
- stärkste Abnahme von Temperaturen

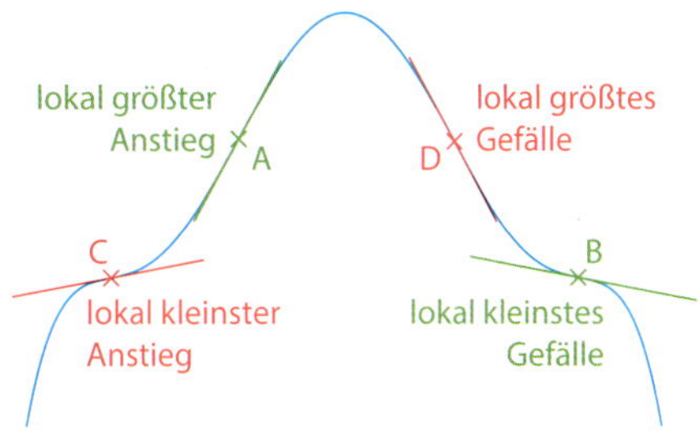

Beispiel 2

Der Verlauf einer Rutsche ist durch die Funktion f mit $f(x) = \frac{1}{16}x^3 - \frac{3}{8}x^2 + 2$ gegeben. Bestimmen Sie die steilste Stelle der Rutsche.

Lösung:

An der steilsten Stelle ist das Gefälle der Rutsche maximal. Die (negative) Steigung des Graphen ist hier also minimal. Bestimmen Sie daher den Wendepunkt des Graphen von f. Die steilste Stelle der Rutsche liegt bei $x = 2$.

$f'(x) = \frac{3}{16}x^2 - \frac{3}{4}x \qquad f''(x) = \frac{3}{8}x - \frac{3}{4}$

Nullstelle von f'': $\frac{3}{8}x - \frac{3}{4} = 0$ also $x = 2$
$f'''(x) = \frac{3}{8} \neq 0$ für alle x, also liegt bei $x = 2$ ein Wendepunkt.

Basisaufgaben

7 Das seitliche Profil eines Hangs wird für $6 \le x \le 24$ durch die Funktion f mit $f(x) = -\frac{1}{400}x^3 + \frac{3}{25}x^2 - \frac{6}{5}x + \frac{18}{5}$ beschrieben. Bestimmen Sie die steilste Stelle des Hangs.

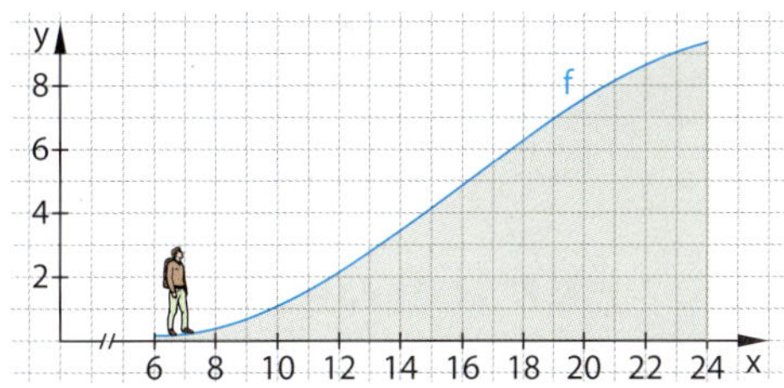

8 Die Funktion f mit $f(t) = -\frac{1}{72}t^3 + \frac{5}{12}t^2 - \frac{8}{3}t + \frac{188}{9}$ beschreibt für $6 \le t \le 20$ den Temperaturverlauf an einem Sommertag. Dabei gibt t die Tageszeit in Stunden und f(t) die Temperatur in Grad Celsius an.

a) Ermitteln Sie den Zeitpunkt, zu dem die Temperatur am stärksten ansteigt.
b) Berechnen Sie den Temperaturanstieg zu diesem Zeitpunkt.

9 Die Funktion h mit
$h(t) = -0{,}0025t^3 + 0{,}12t^2 - 1{,}2t + 3{,}6$
beschreibt näherungsweise den Pegelstand eines Flusses während eines ganzen Tags. Hierbei ist t die Zeit in Stunden nach Mitternacht und h(t) die Höhe des Pegels in Metern. Berechnen Sie, wann der Pegelstand am schnellsten anwächst (fällt), und ermitteln Sie die Änderungsgeschwindigkeiten.

Weiterführende Aufgaben

10 Die Tabelle zeigt verschiedene Strategien, um den Graphen einer Funktion f auf Extrempunkte, Wendepunkte und Sattelpunkte zu untersuchen. Erklären Sie den Aufbau der Tabelle und ersetzen Sie die Platzhalter ■ passend.

	Hochpunkt	Tiefpunkt	Wendepunkt	Sattelpunkt
1. Ableitung	$f'(x_0) = 0$ und f' hat VZW von ■ nach ■ oder	$f'(x_0) = 0$ und f' hat VZW von ■ nach ■ oder		$f'(x_0) =$ ■ und
2. Ableitung	$f''(x_0)$ ■ 0	$f''(x_0)$ ■ 0	$f''(x_0) = 0$ und f'' hat VZW oder	$f''(x_0) =$ ■ und f'' hat VZW oder
3. Ableitung			$f'''(x_0)$ ■ 0	$f'''(x_0)$ ■ 0

11 Gegeben ist die Funktion f mit $f(x) = 5x^7 - 7x^5 + 2$. Zeigen Sie, dass Sie das VZW-Kriterium nutzen müssen, um die Anzahl der Wendestellen zu bestimmen. Untersuchen Sie dann den Verlauf der Graphen von f, f', f'' sowie f''' mithilfe einer Mathematiksoftware. Bestimmen Sie damit auch die Wendepunkte des Graphen von f und lassen Sie diese anzeigen.

12 a) Begründen Sie, wie viele Wendestellen eine ganzrationale Funktion fünften Grades haben kann.

b) Der Graph einer ganzrationalen Funktion ändert viermal sein Krümmungsverhalten. Erklären Sie, welchen Grad diese Funktion mindestens haben muss.

13 Berechnen Sie die Koordinaten der Schnittpunkte des Graphen von f mit den Koordinatenachsen sowie die Koordinaten der Extrem- und Wendepunkte.

a) $f(x) = x^3 + 6x^2 + 9x$
b) $f(x) = x^3 + 3x^2$
c) $f(x) = x^4 - 8x^3 + 18x^2$
d) $f(x) = 3x^4 - 16x^3 + 24x^2$
e) $f(x) = \frac{1}{4}x^4 + 2x^3 + \frac{9}{2}x^2$
f) $f(x) = -\frac{3}{8}x^4 + 2x^3 - 3x^2$

14 **Stolperstelle:** Für eine Funktion f gilt: $f'(5) = 0$, $f''(5) = 0$, $f'''(5) = -4$. Beurteilen Sie die folgenden Aussagen.

Max sagt: *„Um zu prüfen, ob bei x = 5 ein Extremum vorliegt, muss man f' dort auf einen Vorzeichenwechsel untersuchen, da die 2. Ableitung 0 ist."*

Carina sagt: *„Bei x = 5 liegt ein Sattelpunkt, aber weil f'(5) = 0 ist, handelt es sich nicht um einen Wendepunkt."*

Yusuf sagt: *„Der Graph von f' hat bei x = 5 eine waagerechte Tangente, also liegt dort ein Wendepunkt von f'."*

15 Ein Kinosaal wird 35 Minuten vor Filmbeginn geöffnet. Die Funktion B mit $B(t) = \frac{3}{102\,400}t^5 - \frac{3}{1024}t^4 + \frac{5}{64}t^3,\ 0 \le t \le 35$, beschreibt die Anzahl der Besucher im Kinosaal t Minuten nach der Öffnung. Bestimmen Sie, wann der Andrang am größten ist.

Wissen **Wendetangente**

Eine Tangente w an den Wendepunkt eines Graphen heißt **Wendetangente**.

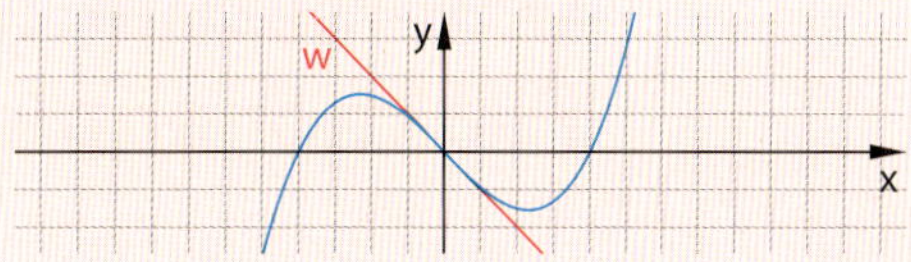

16 Bestimmen Sie die Gleichung der Wendetangente an den Graphen von f.

a) $f(x) = x^3 - 3x$ b) $f(x) = x^3 + 4x + 2$

c) $f(x) = 2x^3 - 6x^2 + 10x$ d) $f(x) = x^3 - 3x^2 + 3x - 5$

17 Bestimmen Sie die Koordinaten der Wende- und Sattelpunkte des Graphen von f sowie die Gleichungen aller Wendetangenten.

a) $f(x) = 7x^5$ b) $f(x) = 2x^8$ c) $f(x) = \frac{1}{4}x^4 - x^3 + 3$ d) $f(x) = \frac{3}{4}x^5 + \frac{15}{4}x^4 + 5x^3$

Erinnerung

Steigungswinkel:

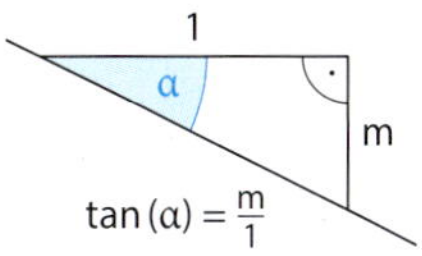

18 Der Graph der Funktion f mit $f(x) = \frac{1}{9}x^3 - \frac{1}{2}x^2 + \frac{3}{2}$ beschreibt für $0 \le x \le 3$ den Verlauf einer Rutschbahn (x, f(x) in m).

a) Skizzieren Sie den Graphen und bestimmen Sie die Stelle, an der die Rutschbahn das größte Gefälle aufweist. Geben Sie das maximale Gefälle der Rutschbahn in Grad an.

b) Luisa schlägt vor, die Rutsche so zu verändern, dass sie ab dem Punkt mit der größten Steigung geradlinig zum Boden verläuft. Ermitteln Sie den Punkt, an dem die Rutsche dann auf den Boden trifft. Überprüfen Sie Ihr Ergebnis mit einer geeigneten Mathematiksoftware.

19 Der Term der ganzrationalen Funktion f vom Grad n hat nur ungerade Exponenten.

a) Zeigen Sie, dass der Graph von f für n = 5 den Wendepunkt W(0 | 0) hat.

b) Untersuchen Sie, für welche n der Graph von f den Wendepunkt W(0 | 0) hat.

20 Die Funktion f mit $f(x) = \frac{1}{9}x^3 - x^2 + \frac{8}{3}x$ beschreibt das Höhenprofil (in 100 m) einer 6 km langen Bergtour (x: horizontale Entfernung vom Startpunkt in km).

a) Bestimmen Sie die durchschnittliche Steigung der Strecke, bevor es bergab geht.

b) Ermitteln Sie, um wie viel Prozent die größte Steigung auf diesem ersten Bergauf-Abschnitt größer ist als die durchschnittliche Steigung.

c) Geben Sie an, über welche horizontale Entfernung die Tour bergab verläuft.

d) Geben Sie an, welcher Höhenunterschied hierbei absolviert wird.

e) Ermitteln Sie, an welcher Stelle der Strecke es am steilsten bergab geht.

f) Berechnen Sie, an welchen Stellen der Strecke die Steigung am größten ist.

21 **Ausblick:** Gegeben ist die Funktionenschar f_a mit $f_a(x) = -\frac{1}{a^2} \cdot x^3 + \frac{3}{a} \cdot x^2$ und $a > 0$.

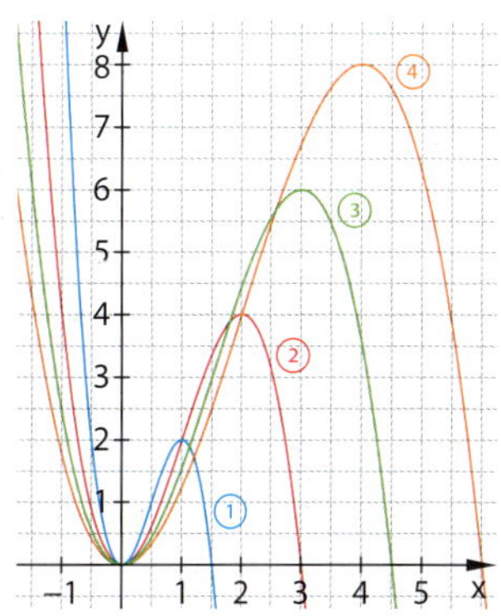

a) Berechnen Sie die Nullstellen von f_a.

b) Geben Sie zu jedem abgebildeten Graphen den passenden Parameter a an.

c) Bestimmen Sie f_a', f_a'' und f_a'''.

d) Bestimmen Sie die Koordinaten der Extrem- und Wendepunkte des Graphen von f_a. Geben Sie die Art der Extrema an.

e) Zeigen Sie, dass alle Wendepunkte auf einer Geraden liegen.

Untersuchung von Funktionen mit DGS oder Funktionenplottern

Mit einer dynamischen Geometrie-Software (DGS) bzw. einem Funktionenplotter können Funktionsgraphen am Computer gezeichnet und beispielsweise auf Nullstellen, lokale Extrempunkte, Sattelpunkte und Wendepunkte untersucht werden. Diese Programme können auch Längen gebogener Strecken berechnen und eignen sich außerdem sehr gut zur Kontrolle von Rechenergebnissen.

Beispiel 1 Der Querschnitt eines Tals in den Bergen kann von Westen nach Osten näherungsweise durch den Graphen von f mit $f(x) = -\frac{1}{600}(3x^4 - 10x^3 - 139{,}5x^2 + 445{,}5x + 600)$ modelliert werden, wobei eine Einheit auf den Achsen 100 m entspricht.

a) Die beiden Gipfel sollen mit einer Seilbahn geradlinig verbunden werden. Berechnen Sie die Länge des dafür benötigten Drahtseils sowie die Steigung der Seilbahn. Gehen Sie davon aus, dass das Seil nicht durchhängt.

b) Eine Snowboard-Piste soll von der Talsohle bis zur steilsten Stelle des östlichen Berghangs entstehen. Ermitteln Sie dafür die steilste Stelle des Berghangs und berechnen Sie die zugehörige Steigung.

c) Die Snowboard-Piste soll auch auf die westliche Talseite ausgedehnt werden, allerdings die maximale Steigung der Ostseite nicht überschreiten. Ermitteln Sie den dafür höchstmöglichen Punkt an der Westseite sowie die Gesamtlänge der Piste.

Lösung:

a) Die Gipfel werden durch die Hochpunkte des Graphen dargestellt. Stellen Sie den Graphen von f mit einer Mathematik-Software dar und lassen Sie die lokalen Extrempunkte berechnen.
Bestimmen Sie die Länge der Seilbahn als den Abstand der Punkte A und C. Legen Sie dann eine Gerade durch die Punkte A und C und lassen Sie ihre Steigung berechnen.

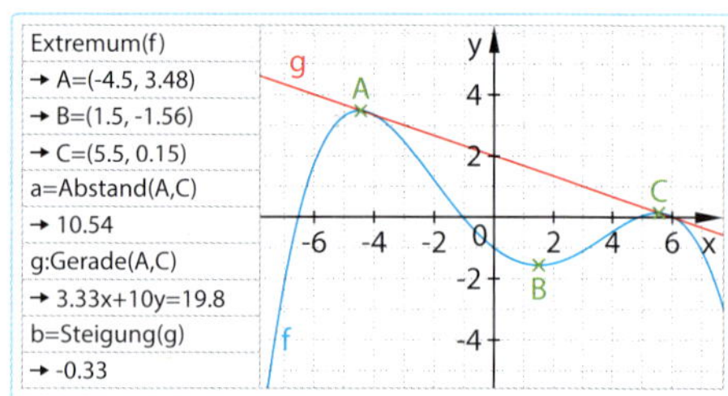

Das Seil muss mindestens 1054 m lang sein, die Steigung beträgt 33 %.

b) In den Wendepunkten verläuft der Graph am steilsten. Ermitteln Sie diese, legen Sie dort Tangenten an den Graphen und bestimmen Sie deren Steigungen. Nur der Wendepunkt $E(3{,}74\,|\,-0{,}63)$ liegt östlich der Talsohle, die Steigung beträgt dort 65 %.

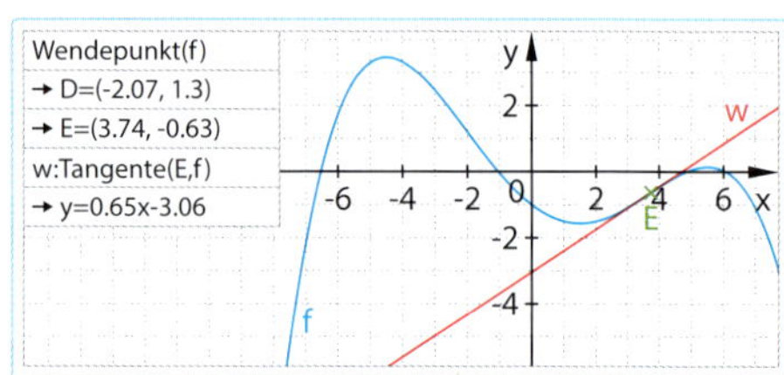

c) Lassen Sie den Graphen der Ableitung f' von f anzeigen. Lösen Sie die Gleichung $f'(x) = -0{,}65$ (die Steigung ist negativ, da der Hang nach Osten hin abfällt). Sie erhalten die Lösung $x = 0{,}2$, der Punkt $F(0{,}2\,|\,-1{,}14)$ liegt auf dem Hang westlich der Talsohle.
Bestimmen Sie mit der Mathematiksoftware die Länge des Graphenabschnitts zwischen E und F.

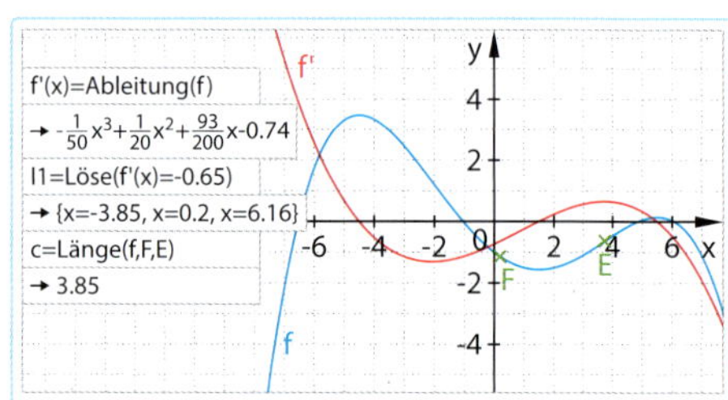

Die Piste ist 385 m lang.

Aufgaben

1 Ein Flusslauf kann in der Draufsicht näherungsweise durch die Funktion f mit $f(x) = \frac{1}{500}(x^5 + 2x^4 - 83x^3 - 116x^2 + 1316x - 568)$ beschrieben werden, wobei eine Einheit auf den Achsen 1000 m entspricht.

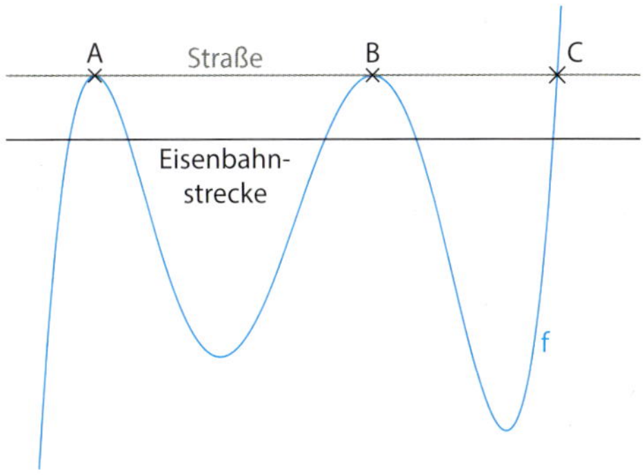

a) An den Punkten A und B sind Badestellen angelegt, die durch eine gerade Straße verbunden sind. Ermitteln Sie die Koordinaten des Punktes C, in dem die Straße den Fluss auf einer Brücke überquert.

Hinweis zu b)

Die Brücken befinden sich an den Schnittpunkten des Graphen von f mit der Eisenbahnstrecke.

b) Parallel zur Straße soll in 2 km Abstand eine Eisenbahnstrecke angelegt werden (siehe Abbildung). Ermitteln Sie die Punkte, an denen die Eisenbahn den Fluss schneidet, und geben Sie die Länge der Eisenbahnstrecken zwischen den Brücken an.

c) Bestimmen Sie die Stellen zwischen A und C mit der größten Entfernung zwischen Eisenbahn und Fluss.

d) Ermitteln Sie die Punkte, an denen der Fluss seine Krümmung ändert, und prüfen Sie, ob diese auf einer Geraden liegen.

2 Auf einem Spielplatz wird eine neue Rutsche gebaut. Diese kann zwischen dem höchsten Punkt A und dem tiefsten Punkt B durch die Funktion f mit $f(x) = \frac{1}{32}(x^5 + 2x^4 - 8x^3 - 8x^2 - 16)$ modelliert werden, wobei eine Einheit auf den Achsen 1 m entspricht:

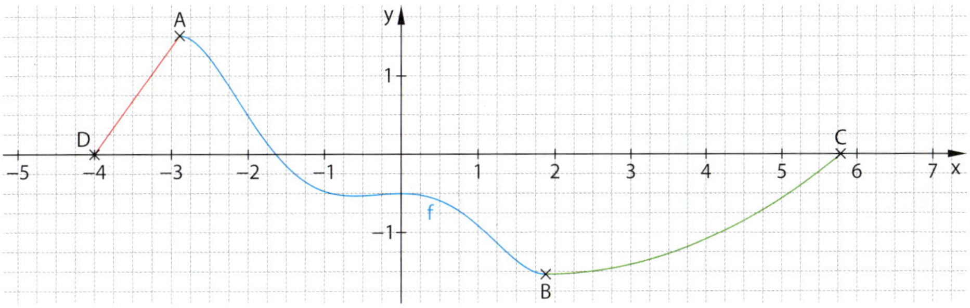

Hinweis

Man kann Funktionen auch abschnittsweise anzeigen lassen, z. B. nur auf einem Intervall [−3; 2]:
Funktion (f, −3, 2)

a) Zum Start A der Rutsche gelangt man vom Punkt D(−4 | 0) aus über eine Leiter. Stellen Sie den Graphen von f sowie den Verlauf der Leiter verschiedenfarbig mithilfe einer DGS dar. Ermitteln Sie die Länge und den Steigungswinkel der Leiter.

b) Ermitteln Sie das mittlere Gefälle der Rutschbahn zwischen den Punkten A und B.

c) Finden Sie die Punkte der Bahn, an denen das Gefälle maximal ist bzw. genau 100 % beträgt.

d) Der Auslauf der Rutsche (von B nach C) soll durch eine Parabel mit dem Scheitelpunkt B und dem Öffnungsfaktor 0,1 modelliert werden. Geben Sie die Gleichung dieser Parabel p an und stellen Sie in einem gemeinsamen Koordinatensystem die Graphen von f und p dar. Begründen Sie, warum der Übergang der Rutschbahn in den Auslauf knickfrei ist.

e) Bestimmen Sie den Punkt, an dem der Auslauf wieder das Ausgangsniveau erreicht. Geben Sie die Länge der Rutsche einschließlich des Auslaufs an.

Hinweis zu 3

Betrachten Sie die Bergkuppe näherungsweise als Kegel.

3 Der Querschnitt eines Geländes von West nach Ost kann näherungsweise durch f mit $f(x) = \frac{1}{600}(3x^4 - 10x^3 - 139{,}5x^2 + 445{,}5x + 600)$ modelliert werden (1 Einheit ≙ 100 m). Für ein Panorama-Restaurant soll der oberhalb der x-Achse liegende Teil des östlichen Berghangs abgetragen und die so entstehende Fläche planiert werden. Schätzen Sie ab, wie viele Kubikmeter Erde dazu ungefähr abgetragen werden müssen.

4.5 Newton-Verfahren

Bestimmen Sie die Nullstellen der Funktion f. Begründen Sie, dass Sie dazu ein Hilfsmittel benötigen.

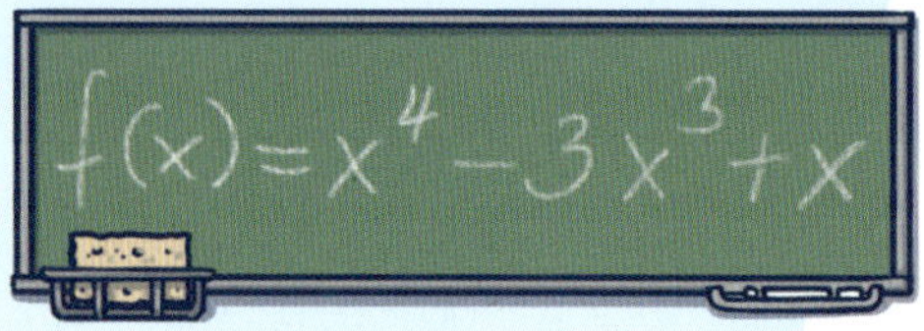

Isaac Newton (1643–1727)

Nicht bei allen Funktionen lassen sich Nullstellen durch Rechenverfahren sofort bestimmen. Isaac Newton gab schon um 1670 ein Verfahren an, mit dem man Nullstellen ganzrationaler Funktionen beliebig genau näherungsweise bestimmen kann.

Man sucht die Nullstelle einer Funktion f, indem man mit einem beliebigen Anfangswert x_0 startet. Im Allgemeinen wird $f(x_0)$ nicht null sein. Aus der Zeichnung erkennt man, dass die Nullstelle x_1 der Tangente im Punkt $P_0(x_0 | f(x_0))$ an den Graphen von f ein besserer Näherungswert für die gesuchte Nullstelle ist als der Anfangswert x_0.
Nun wird x_1 als neuer Anfangswert gewählt. Man erhält die Nullstelle x_2 der Tangente im Punkt $P_1(x_1 | f(x_1))$ an den Graphen G_f als noch besseren Näherungswert für die gesuchte Nullstelle. Dieses Vorgehen lässt sich beliebig oft fortsetzen.

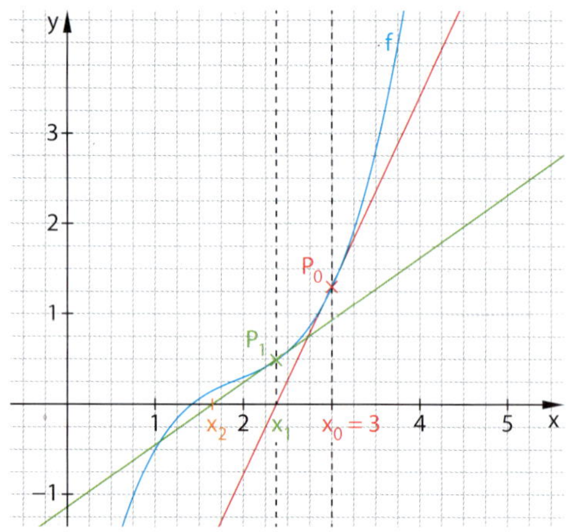

Das Verfahren wird nun auf eine differenzierbare Funktion f verallgemeinert.
Für die Steigung der Tangente im Punkt $P_0(x_0 | f(x_0))$ an den Graphen von f gilt:

$f'(x_0) = m = \frac{f(x_0) - 0}{x_0 - x_1}$.

Auflösen nach x_1 ergibt: $f'(x_0) \cdot (x_0 - x_1) = f(x_0) \Rightarrow x_1 = x_0 - \frac{f(x_0)}{f'(x_0)}$ mit $f'(x_0) \neq 0$

Da nun die Rechenschritte mit sich ändernden Zahlen wiederholt werden, handelt es sich um ein Iterationsverfahren.

Wissen **Newton-Verfahren**

Ist x_n ein Näherungswert einer Nullstelle der Funktion f und $f'(x_n) \neq 0$, dann ist $x_{n+1} = x_n - \frac{f(x_n)}{f'(x_n)}$ im Allgemeinen ein besserer Näherungswert für diese Nullstelle.

Beispiel 1

Bestimmen Sie unter Verwendung eines Tabellenkalkulationsprogramms näherungsweise die Nullstelle der Funktion f mit $f(x) = x^3 + x^2 - 5$. Wählen Sie als Anfangswert 2.

Lösung:

Setzen Sie in Zelle B2 den Anfangswert 2.
Geben Sie dann folgende Formeln ein:
=B2^3+B2^2−5 in Zelle C2,
=3*B2^2+2*B2 in Zelle D2,
=B2−C2/D2 in Zelle E2 und
=E2 in Zelle B3.
Kopieren Sie nun diese Formeln in die jeweils darunter liegenden Zellen.

	A	B	C	D	E
1		x	f(x)=x^3+x^2-5	f'(x)=3x^2+2x	x-f(x)/f'(x)
2	0.	2,00000000	7,00000000	16,00000000	1,56250000
3	1.	1,56250000	1,25610352	10,44921875	1,44228972
4	2.	1,44228972	0,08045018	9,12517835	1,43347343
5	3.	1,43347343	0,00041336	9,03148512	1,43342767
6	4.	1,43342767	0,00000001	9,03099994	1,43342766
7	5.	1,43342766	0,00000000	9,03099993	1,43342766

Der 5. Näherungswert entspricht bis zur 8. Nachkommastelle dem Wert der Nullstelle.

Basisaufgaben

1 Die positive Nullstelle der Funktion f mit $f(x) = x^2 - 2$ soll zeichnerisch bestimmt werden.
a) Beschreiben Sie das Vorgehen mit dem Newton-Verfahren für den Startwert $x_0 = 5$.
b) Setzen Sie Ihre Beschreibung in eine Zeichnung um und ermitteln Sie damit die ersten beiden Näherungswerte auf eine Dezimale genau.

2 Die Nullstelle der Funktion f mit $f(x) = x^5 - 2$ soll näherungsweise berechnet werden.
a) Berechnen Sie mit dem Taschenrechner nach dem Newton-Verfahren die ersten drei Näherungswerte. Wählen Sie als Startwert eine ganze Zahl. Begründen Sie Ihre Wahl.
b) Berechnen Sie die prozentuale Abweichung des dritten Näherungswerts von der Nullstelle $\sqrt[5]{2}$.

3 Begründen Sie, dass die Funktion f mit $f(x) = x^3 + x + 1$ genau eine Nullstelle besitzt. Ermitteln Sie mit einem Funktionenplotter gemäß dem Newton-Verfahren die ersten drei Näherungswerte für die Nullstelle von f mit Anfangswert $x_0 = 1$.

TK
4 Berechnen Sie mit dem Newton-Verfahren unter Verwendung eines Tabellenkalkulationsprogramms die Nullstellen der Funktion.
a) $f(x) = x^3 - 2x + 3$
b) $g(x) = x^4 - 3x - 1$. Begründen Sie auch, dass g genau zwei Nullstellen hat.
c) $h(x) = x^5 - 4x^2 - 2$
d) $k(x) = 0{,}5x^3 + 2x^2 - 1$. Begründen Sie auch, dass k genau drei Nullstellen hat.

Weiterführende Aufgaben

5 a) Ordnen Sie jeder Funktionsgleichung den entsprechenden Graphen zu und begründen Sie Ihre Zuordnung.
$f(x) = -x^3 + x + 2$
$g(x) = 0{,}4x^3 + 0{,}9x^2 - 1{,}2x - 3$
$h(x) = -0{,}6x^5 + 1{,}5x^3 + 2$

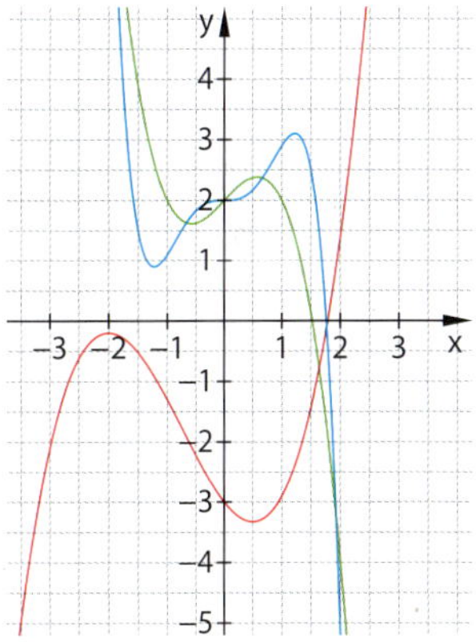

TK
b) Berechnen Sie mit dem Newton-Verfahren unter Verwendung eines Tabellenkalkulationsprogramms die Nullstelle auf zwei Dezimalen genau. Verwenden Sie den Anfangswert $x_0 = 2$.
c) Berechnen Sie mit dem Newton-Verfahren unter Verwendung eines Tabellenkalkulationsprogramms die Schnittstelle der Graphen von g und h.

6 Erläutern Sie sich gegenseitig anhand der Abbildung die Iterationsformel $x_{n+1} = x_n - \frac{f(x_n)}{f'(x_n)}$ des Newton-Verfahrens.

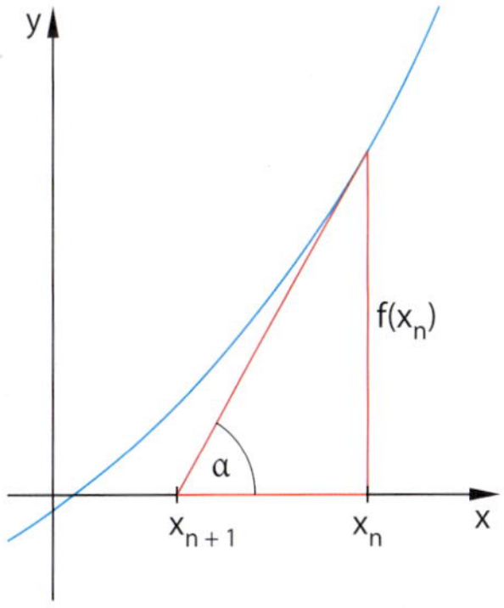

7 Zeichnen Sie die Graphen der Funktionen f und g mit $g(x) = x^3 + 3$ in ein gemeinsames Koordinatensystem. Ermitteln Sie die Koordinaten ihres Schnittpunktes aus der Zeichnung und durch Rechnung mithilfe des Newton-Verfahrens.
a) $f(x) = 0{,}5(x-1)^2$ b) $f(x) = x^2 - 4x + 4$ c) $f(x) = -x^2 - 6x - 9$

8 **Stolperstelle:** Lea will die Nullstelle der Funktion $f(x) = x^3 - 3x + 1$ näherungsweise mit dem Newton-Verfahren bestimmen und erhält dieses Ergebnis:

	A	B	C	D	E
1		x	f(x)=x^3-3x+1	f'(x)=3x^2-3	x-f(x)/f'(x)
2	0.	1,00000000	- 1,00000000	0,0000000000	#DIV/0!
3	1.	#DIV/0!	#DIV/0!	#DIV/0!	#DIV/0!

Erklären Sie, warum das Newton-Verfahren hier versagt.

9 Jan hat versucht, das Newton-Verfahren mit einer dynamischen Geometrie-Software zu veranschaulichen. Er hat die nebenstehende Situation erhalten. Erläutern Sie unter Verwendung der Bezeichnungen in der Abbildung, welches Problem sich hier ergibt.

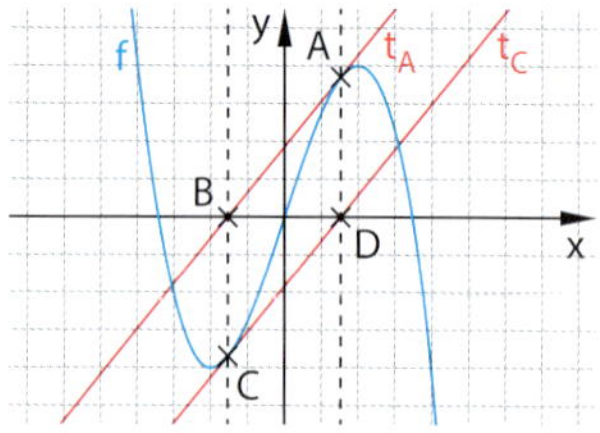

TK **10** Recherchieren Sie die Formel für das Heron-Verfahren. Bestimmen Sie $\sqrt{3}$ näherungsweise erst mit dem Heron-Verfahren und dann mit dem Newton-Verfahren als Nullstelle einer quadratischen Funktion. Vergleichen Sie die Verfahren.

11 Gegeben ist die Funktion f mit $f(x) = x^5 - x^3 - 5x^2 + 3x$.
a) Zeichnen Sie den Graphen der Funktion f.
b) Berechnen Sie mit dem Newton-Verfahren näherungsweise die Nullstellen von f'. Ermitteln Sie damit Näherungswerte für die Koordinaten des Tiefpunktes von f.
c) Ermitteln Sie entsprechend Näherungswerte für die Koordinaten des Wendepunktes.

12 Erläutern Sie das Problem, das bei der Anwendung des Newton-Verfahrens auf die Funktion f mit dem Startwert x_0 auftritt.
a) $f(x) = x^3 - x^2 - x + 3$ mit Startwert $x_0 = 1$
b) $f(x) = -x^3 + 2x - 2$ mit Startwert $x_0 = 0$

13 **Einfluss des Startwerts:** Es soll die Konvergenz beim Newton-Verfahren mithilfe der Funktionen f, g und h untersucht werden:
$f(x) = -x^3 + x + 2$
$g(x) = 0{,}4x^3 + 0{,}9x^2 - 1{,}2x - 3$
$h(x) = -0{,}6x^5 + 1{,}5x^3 + 2$

TK
a) Führen Sie für jede Funktion das Newton-Verfahren mit dem Startwert $x_0 = -2$ durch. Beschreiben Sie das Konvergenzverhalten oder erklären Sie auftretende Fehler.
b) Probieren Sie jeweils drei andere Startwerte aus. Fassen Sie Ihre Beobachtungen zusammen.
c) Spielen Sie das Newton-Verfahren mithilfe einer Mathematik-Software durch, um die Beobachtungen zu erklären.

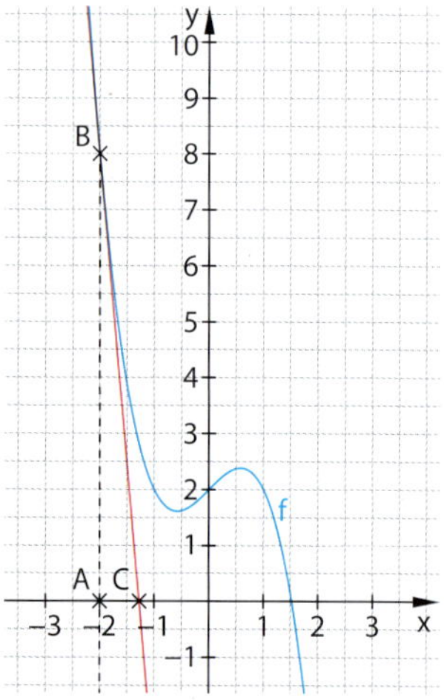

14 Im Pariser Klimaschutzabkommen wird in Artikel 2 das 1,5-Grad-Ziel formuliert. Die Tabelle gibt die Abweichung der globalen Lufttemperatur in °C vom Durchschnitt der Jahre 1850 bis 1900 für die Jahre 2000 bis 2020 an. Die Abbildung zeigt, wie gut die folgende Funktion f den zeitlichen Verlauf der Temperaturzunahme für die Jahre 2000 bis 2020 modelliert:
$f(t) = 0{,}0001t^3 - 0{,}003t^2 + 0{,}045t + 0{,}75$
(t: Anzahl der Jahre ab 2000)

2000	2001	2002	2003	2004	2005	2006	2007	2008	2009	2010
0,69	0,85	0,9	0,9	0,82	0,96	0,93	0,95	0,82	0,95	1,04

2011	2012	2013	2014	2015	2016	2017	2018	2019	2020
0,89	0,93	0,98	1,03	1,18	1,29	1,2	1,12	1,25	1,28

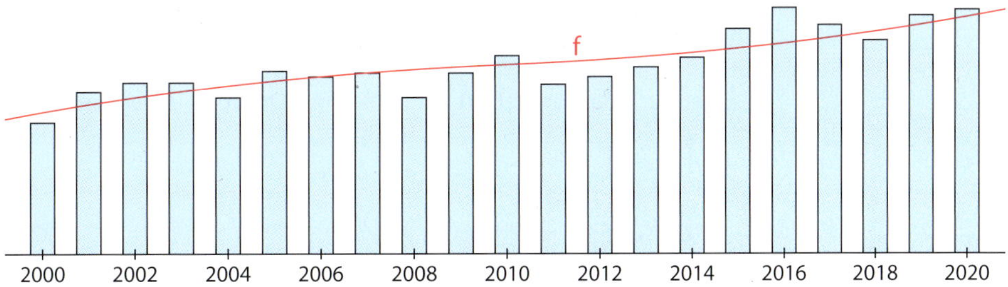

a) Recherchieren Sie, was man unter dem 1,5-Grad-Ziel versteht.
b) Versuchen Sie, mit einer dynamischen Geometrie-Software unter Verwendung von Schiebereglern für die Koeffizienten der angegebenen Funktion eine bessere Modellierung zu erhalten.
c) Ermitteln Sie für die gegebene Funktion und für Ihre Funktion mithilfe des Newton-Verfahrens, wann nach der Modellierung die Temperaturzunahme 1,5 °C erreicht, und vergleichen Sie die Ergebnisse mit Werten aus der Fachliteratur.

Info

Die Einheit Mt CO_2-Äquivalente gibt die Treibhausgas-Emissionen in Megatonnen an.

15 Die Bundesregierung verfolgt mit dem Klimaschutzplan 2050 das Ziel der weitgehenden Treibhausgasneutralität für Deutschland bis Mitte des Jahrhunderts. Das Umwelt-Bundesamt hat für die Treibhausgas-Emissionen folgende Werte veröffentlicht:

Jahr	1990	1995	2000	2005	2010	2015	2020
Mt CO_2-Äquivalente	1249	1121	1042	993	942	904	739

a) Leo hat den Term einer ganzrationalen Funktion vom Grad 6 ermittelt, sodass die sieben Wertepaare näherungsweise auf dem Graphen von f liegen:
$f(t) = -0{,}000023t^6 + 0{,}00051t^5 + 0{,}002t^4 - 0{,}098t^3 + 0{,}56t^2 - 11t + 1042$
Dabei ist t die Anzahl der Jahre ab 2000. Zeigen Sie mit einem Funktionenplotter, dass Leos Funktion den zeitlichen Verlauf der Treibhausgas-Emissionen [in Mt CO_2-Äquivalente] für die Jahre 1990 bis 2020 gut modelliert.

TK
b) Ermitteln Sie mithilfe des Newton-Verfahrens, ob nach dieser Modellierung das Ziel der weitgehenden Treibhausgasneutralität für Deutschland bis Mitte des Jahrhunderts erreicht wird, und beurteilen Sie das Ergebnis.

16 Ausblick:
Recherchieren Sie weitere Verfahren zur näherungsweisen Nullstellenbestimmung (Halbierungsmethode, Regula falsi, Sekantenmethode) und stellen Sie die Verfahren an einem Beispiel dar.

4.6 Klausur- und Abiturtraining

Aufgaben ohne Hilfsmittel

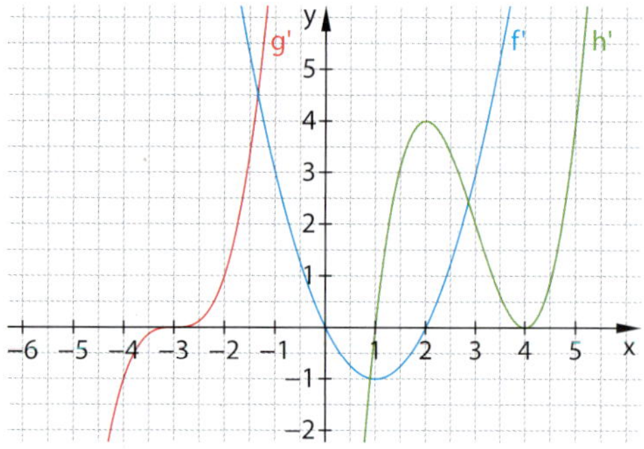

1 Die Abbildung zeigt die Graphen dreier Ableitungsfunktionen f', g' und h'.

a) Beschreiben Sie das Monotonieverhalten der Graphen von f, g und h.

b) Nennen Sie die Extremstellen von f und g sowie die Art der Extrema. Begründen Sie, warum Sie die Extremwerte nicht angeben können.

c) Beschreiben Sie das Krümmungsverhalten der Graphen von f, g und h. Geben Sie jeweils die Wendestellen an.

d) Einer der Graphen gehört zur Funktion f. Ordnen Sie begründet zu.

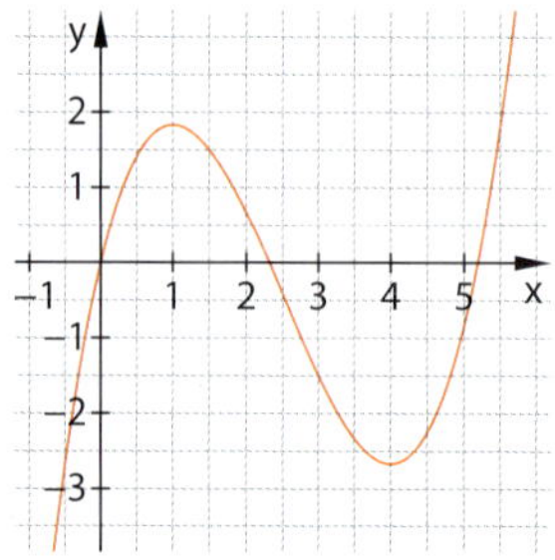

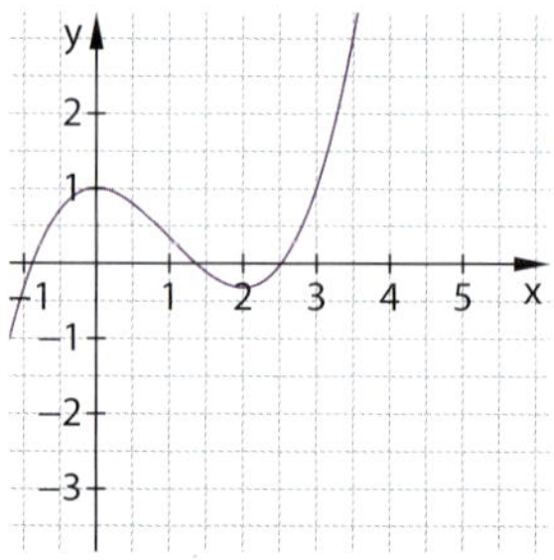

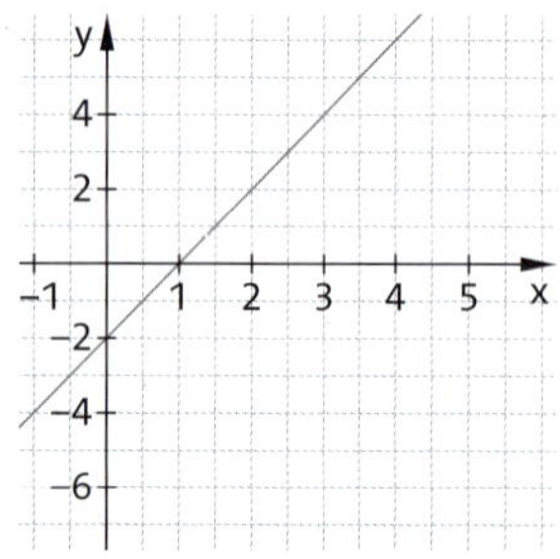

e) Geben Sie an, welchen Grad f mindestens haben muss.

2 Gegeben ist die auf ganz $\mathbb{R}$ definierte Funktion f mit $f(x) = 0{,}2x^4 - \frac{4}{15}x^3 - 0{,}8x^2$.

a) Ermitteln Sie die Nullstellen von f und geben Sie das Verhalten von f für $x \to \pm\infty$ an.

b) Untersuchen Sie das Monotonie-und Krümmungsverhalten des Graphen f von f. Bestimmen Sie Lage und Art der Extrempunkte von f.

c) Bestimmen Sie die Koordinaten der Wendepunkte von f sowie die Gleichungen der Wendetangenten. Begründen Sie, dass sich diese nicht rechtwinklig schneiden.

d) Skizzieren Sie f unter Verwendung der Ergebnisse aus a) – c) in ein geeignetes Koordinatensystem.

e) Beschreiben Sie, wie der Graph der Funktion g mit $g(x) = f(x) + a$ aus dem Graphen von f hervorgeht. Geben Sie alle $a \in \mathbb{R}$ an, für die g keine Nullstelle (genau zwei Nullstellen) hat.

3 Die Aussage ist falsch. Geben Sie ein passendes Gegenbeispiel an.

a) Eine ganzrationale Funktion dritten Grades hat genau 2 Extrempunkte.

b) Eine ganzrationale Funktion vierten Grades hat genau 2 Wendepunkte.

c) Ist f auf dem Intervall I streng monoton steigend, so gilt dort $f'(x) > 0$.

d) Hat f' auf dem Intervall I keine Nullstelle, so hat f keine Extremwerte in I.

e) Hat die Funktion f in $x = 0$ ein Extremum und g ebenfalls, so auch die Funktion $f + g$.

f) Eine Funktion f mit $f''(0) = 0$ hat bei $x = 0$ einen Wendepunkt.

g) Gilt $f'(2) \cdot f''(2) = 0$, so hat f in $x = 2$ einen Sattelpunkt.

h) Die ganzrationale Funktion $f_a(x) = \frac{1}{6} \cdot x^3 + \frac{a}{2} \cdot x^2 + 4x - 1$ hat für $a = 2$ den Wendepunkt mit dem größten Funktionswert.

4 Geben Sie den Term einer ganzrationalen Funktion f an, deren Graph im Punkt $P(1\,|\,5)$

a) eine waagerechte Tangente hat, obwohl P kein Extrempunkt ist,

b) die Krümmung null hat, obwohl P kein Wendepunkt ist.

Aufgaben mit Hilfsmitteln

5 Für einen Kindergarten entwirft ein Architekt eine neue Rutsche. Das Profil der Rutsche wird durch den Graphen der Funktion f mit $f(x) = \frac{4}{27}x^3 - \frac{2}{3}x^2 + 2{,}5$ im Bereich $0 \leq x \leq 3$ beschrieben. Die x-Achse entspricht in diesem Modell dem Boden. (1 LE entspricht 1 m.)

a) Zeigen Sie, dass die Rutsche in einer Höhe von 2,5 m startet, in einer Höhe von 0,5 m endet und sowohl der Anfang als auch das Ende horizontal verlaufen, man also aufrecht sitzen kann.

b) Begründen Sie mithilfe des Satzes von Pythagoras, dass die Rutschstrecke für die Kinder länger als 360 cm ist.

c) Zeigen Sie, dass für die Ableitung f′ gilt $f'(x) = \frac{4}{9}x(x-3)$, und begründen Sie damit, dass sich die Kinder während des Rutschens immer abwärts bewegen.

d) Beschreiben Sie die Bedeutung der Wendestelle im Sachzusammenhang.

e) Laut TÜV-Vorgabe darf das Gefälle der Rutsche höchstens 50° betragen. Überprüfen Sie, ob die Rutsche gebaut werden darf.

f) Überprüfen Sie, ob die Halbierung des maximalen Gefälles, z. B. durch $0{,}5f(x)$, zur Halbierung des maximalen Steigungswinkels führt. Formulieren Sie Ihr Ergebnis in einer allgemeinen Aussage.

6 Der Graph der Funktion f mit $f(x) = -0{,}0042x^4 + 0{,}096x^3 - 0{,}559x^2 + 4{,}879$ beschreibt für $0 \leq x \leq 12$ das Höhenprofil zweier Berge und der Talsohle dazwischen (1 Längeneinheit entspricht 100 m). Eine Pistenraupe will vom linken Berggipfel durch das Tal auf den rechten Berggipfel fahren.

a) Ermitteln Sie den Höhenunterschied zwischen den beiden Berggipfeln.

b) Bergauf kann die Pistenraupe höchstens einen Steigungswinkel von 50° überwinden. Prüfen Sie, ob die Pistenraupe den rechten Berghang erklimmen kann. Prüfen Sie außerdem, ob sie auch wieder zurück auf den linken Berggipfel fahren könnte.

c) Ermitteln Sie die horizontale Entfernung der beiden Punkte, in denen die Berghänge am steilsten verlaufen.

d) Vom Gipfel des linken Bergs aus kann die Fahrerin der Pistenraupe hinter dem rechten Berggipfel eine Skihütte sehen, die 200 m höher liegt als die Talsohle. Sobald die Raupe bergab fährt, wird die Hütte vom rechten Berggipfel verdeckt. Ermitteln Sie die horizontale Entfernung der Skihütte vom linken Berggipfel.

e) Die Pistenraupe startet auf dem linken Berggipfel und fährt mit einer durchschnittlichen Geschwindigkeit von 20 km/h bergab. Berechnen Sie mithilfe der Sekante durch den linken Berggipfel und den tiefsten Punkt im Tal, wann sie näherungsweise die Talsohle erreicht. Vergleichen Sie diesen Wert mit dem tatsächlichen Wert, indem Sie die Länge der Strecke mit einer Mathematiksoftware bestimmen.

Lösungen
→ S. 373/374

1 a) Geben Sie die Intervalle an, auf denen die abgebildete ganzrationale Funktion 4. Grades streng monoton steigend bzw. fallend ist.
b) Lesen Sie näherungsweise die Koordinaten der Extrempunkte ab.
c) Erläutern Sie, ob ein globales Maximum oder Minimum existiert. Falls ja, geben Sie es an.

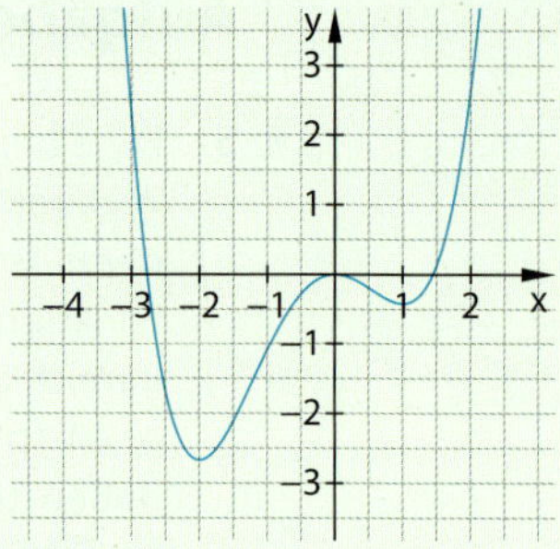

2 Untersuchen Sie das Monotonieverhalten der Funktion f mithilfe der Ableitung.
a) $f(x) = 4x - 0{,}5x^2$ b) $f(x) = x^3 - 3x^2$ c) $f(x) = 2x^4 + 4x^2$

3 Von einer Funktion f ist bekannt:
$f(0) = 1$; $f'(x) > 0$ für $x < -3$ und für $x > 1$; $f'(x) < 0$ für $-3 < x < 1$ Skizzieren Sie einen möglichen Graphen der Funktion f und der zugehörigen Funktion f'.

4 Berechnen Sie die lokalen Extremstellen sowie die zugehörigen lokalen Extrema der Funktion f. Ermitteln Sie dann die globalen Extrema sowie die zugehörigen x-Werte in den angegebenen Intervallen.
a) $f(x) = x^3 + 4x^2 - 3x - 8$ $I_1\colon -4 \le x \le 1$ $I_2\colon -2 \le x \le 0$ $I_3\colon -4 \le x \le 3$
b) $f(x) = -\frac{1}{10}x^3 + \frac{3}{4}x^2$ $I_1\colon -2 \le x \le 8$ $I_2\colon -3 \le x \le 7$ $I_3\colon 0 \le x \le 3$

5 Gegeben ist der Satz: Wenn für eine Funktion $f'(x_m) = 0$ und $f''(x_m) > 0$ gilt, dann hat die Funktion f an der Stelle x_m ein lokales Minimum.
a) Erläutern Sie an diesem Satz, was eine notwendige und was eine hinreichende Bedingung für ein lokales Minimum ist.
b) Formulieren Sie die Umkehrung dieses Satzes und untersuchen Sie, ob die Umkehrung wahr ist.

6 Gegeben ist der Graph der Ableitungsfunktion f'. Beschreiben Sie das Monotonieverhalten von f und geben Sie die Stellen an, an denen der Graph von f einen Hochpunkt, Tiefpunkt bzw. Sattelpunkt hat.

a)
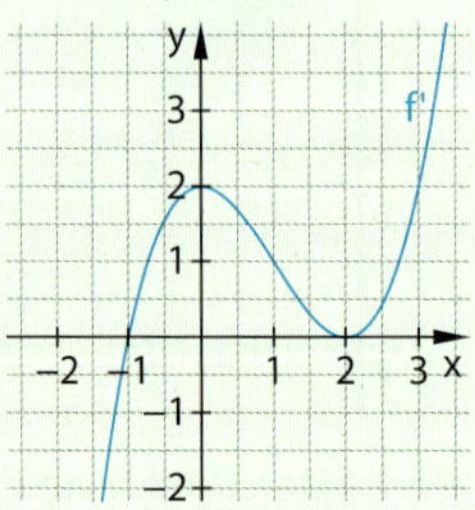

b)
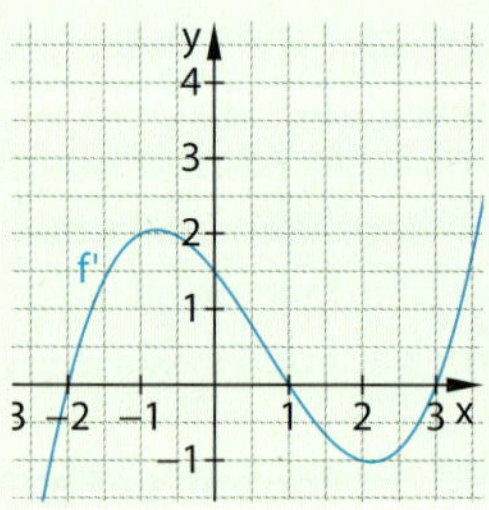

c)
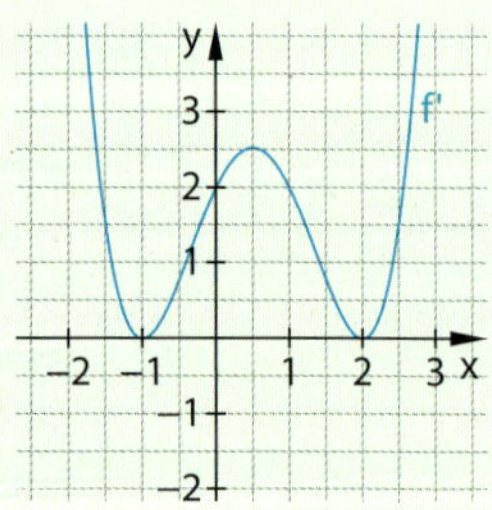

7 Untersuchen Sie, ob es eine Stelle gibt, an der sich die Funktionswerte der Funktionen f und g am wenigsten unterscheiden.
a) $f(x) = x^2 + 2$; $g(x) = -x^2 + 6x - 9$
b) $f(x) = x^3 + x^2 + x + 1$; $g(x) = x^3 - x^2 - x - 1$

8 Bestimmen Sie rechnerisch die Koordinaten der Hoch- und Tiefpunkte sowie der Wende- und Sattelpunkte des Graphen von f. Ermitteln Sie außerdem die Gleichungen aller Wendetangenten und skizzieren Sie den Verlauf des Graphen von f.
a) $f(x) = x^3 - 3x^2$ b) $f(x) = \frac{1}{4}x^4 - x^3 + 3$ c) $f(x) = \frac{1}{3}x^3 - 2x^2 + 3x$
d) $f(x) = \frac{1}{5}x^5 - x^3 - 6$ e) $f(x) = \frac{1}{8}x^3 + \frac{3}{2}x^2 + 6x + 8$ f) $f(x) = x^6 - \frac{1}{2}x + 7$

Lösungen
→ S. 374/375

9 Untersuchen Sie den Graphen der Funktion f auf sein Krümmungsverhalten.
a) $f(x) = -x^4 + 6x^2$ b) $f(x) = x^4 - 8x^3 + 24x^2 + 12x$ c) $f(x) = -x^6 + x + 3$

10 Nebenstehend ist der Graph der zweiten Ableitungsfunktion f'' einer Funktion f dargestellt. Außerdem gilt: $f'(-4) = 1$. Formulieren Sie davon ausgehend Aussagen über
a) lokale Extremstellen der ersten Ableitungsfunktion f' von f,
b) Wendestellen der Funktion f,
c) das Monotonieverhalten von f.

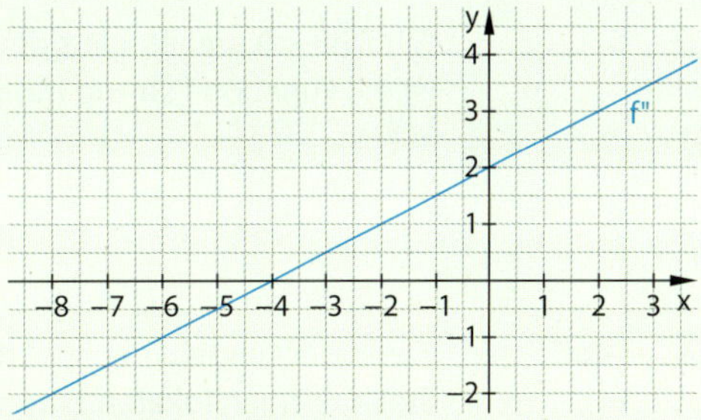

11 Während starker Regenfälle steigt das Wasser in einem Fluss an. Die Wasserhöhe wird durch die Funktion h mit $h(t) = -0{,}0005t^4 + 0{,}05t^2 + 2{,}5$ beschrieben (t: Zeit in Stunden nach Regenbeginn; h(t) : Wasserhöhe in m).
a) Geben Sie die Höhe des normalen (anfänglichen) Wasserstands an und berechnen Sie, wie hoch das Wasser nach 6 Stunden und 15 Minuten steht.
b) Bestimmen Sie, wie lange es dauert, bis der Fluss wieder seine normale Wasserhöhe erreicht. Geben Sie einen sinnvollen Definitionsbereich für h an.
c) Zum Schutz vor Überschwemmungen wurde der Fluss durch eine Mauer begrenzt, die ihn bei normalem Wasserstand um 1,5 Meter überragt. Ermitteln Sie, ob es aufgrund der Regenfälle zu einer Überschwemmung kommt.
d) Bestimmen Sie wie lange es dauert, bis das Wasser seinen Höchststand erreicht hat, und geben Sie diesen an.
e) Berechnen Sie den stärksten Anstieg des Wassers und geben Sie ihn in cm/min an.

12 Die Nullstelle der Funktion f mit $f(x) = 0{,}1x^3 - 0{,}5x - 1$ soll näherungsweise mit dem Newton-Verfahren bestimmt werden.
a) Beschreiben Sie anhand einer Skizze das Vorgehen für den Startwert 4.
b) Berechnen Sie die ersten drei Näherungswerte für den Startwert 4 auf zwei Dezimalen genau.

Wo stehe ich?

	Ich kann…	Aufgabe	Nachschlagen
4.1	… Funktionsgraphen mithilfe der ersten Ableitung auf strenge Monotonie untersuchen.	1, 2, 3, 10	S. 114 Beispiel 1
4.2	… lokale Extrempunkte grafisch und mithilfe der ersten Ableitung bestimmen. … Sattelpunkte mithilfe des Vorzeichenwechselkriteriums bestimmen.	4, 5, 6, 7, 8, 10, 11	S. 118 Beispiel 1 S. 120 Beispiel 2
4.3	… das Krümmungsverhalten eines Graphen mithilfe der zweiten Ableitung analysieren. … lokale Extrempunkte mithilfe der zweiten Ableitung bestimmen.	9	S. 123 Beispiel 1 S. 125 Beispiel 2
4.4	… Funktionsgraphen mit der dritten Ableitung bzw. dem Vorzeichenwechselkriterium auf Wendepunkte untersuchen. … die Bedeutung von Wendepunkten im Sachzusammenhang erkennen.	8, 10, 11	S. 129 Beispiel 1 S. 131 Beispiel 2
4.5	… Näherungswerte für die Nullstellen einer Funktion mit dem Newton-Verfahren bestimmen.	12	S. 136 Beispiel 1

Monotoniekriterium

Gilt **$f'(x) > 0$** für alle x aus dem Intervall I, so ist die Funktion f **streng monoton steigend** auf I.

Gilt **$f'(x) < 0$** für alle x aus dem Intervall I, so ist die Funktion f **streng monoton fallend** auf I.

$f(x) = x^2 - 3x + 1$
$f'(x) = 2x - 3$
$f'(x) = 0$ für $x = 1{,}5$
Für $x < 1{,}5$ ist $f'(x) < 0$ und ist f streng monoton fallend.
Für $x > 1{,}5$ ist $f'(x) > 0$ und ist f streng monoton steigend.

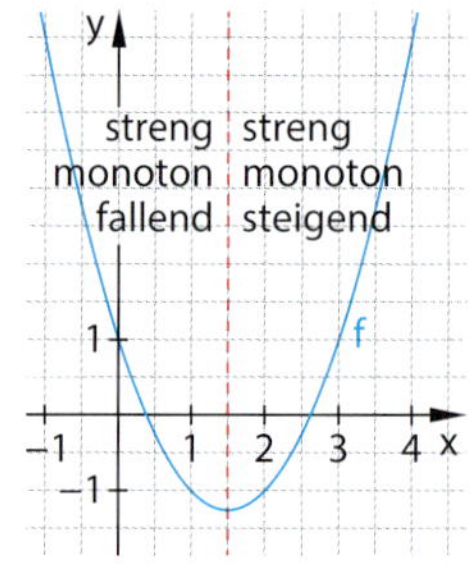

Extrempunkte

Wenn der Graph einer Funktion f an der Stelle x_E einen **lokalen Extrempunkt** hat, dann gilt **$f'(x_E) = 0$**.
Wenn $f'(x_E) = 0$ und $f''(x_E) \neq 0$, so ist x_E eine **lokale Extremstelle** der Funktion f.
Für $f''(x_E) > 0$ bzw. $f''(x_E) < 0$ ist $f(x_E)$ ein lokales Minimum bzw. Maximum.

$f(x) = -1{,}5x^4 + 4x^3 - 3x^2$
$f'(x) = -6x^3 + 12x^2 - 6x = -6x(x-1)^2$
$f'(x) = 0$ also $x_1 = 0$ und $x_2 = 1$
$f''(x) = -18x^2 + 24x - 6$
$f'(0) = 0$ und $f''(0) = -6 < 0$: Hochpunkt bei x_1
$f(0) = 0$, also Hochpunkt $H(0|0)$
$f'(1) = 0$ und $f''(1) = 0$: Für x_2 ist hiermit noch keine Aussage möglich.

Eine hinreichende Bedingung für Extrempunkte ist das **Vorzeichenwechselkriterium:** Wenn $f'(x_E) = 0$ gilt und das Vorzeichen von f' an der Stelle x_E wechselt, dann hat der Graph von f bei x_E einen Extrempunkt.

$f(x) = 3x^2$; $f'(x) = 6x$
$f'(x) = 0$, also $x = 0$
Für $x < 0$ ist $f'(x) < 0$. Für $x > 0$ ist $f'(x) > 0$. An der Stelle $x = 0$ wechselt das Vorzeichen von f' von − nach +, also liegt bei $x = 0$ ein Tiefpunkt.

Krümmung, Wendepunkte, Sattelpunkte

Wenn $f''(x) > 0$ bzw. $f''(x) < 0$ für alle $x \in I$, so ist der Graph der Funktion f in dem Intervall I linksgekrümmt bzw. rechtsgekrümmt.

$f(x) = -1{,}5x^4 + 4x^3 - 3x^2$
$f''(x) = -18x^2 + 24x - 6 = -18\left(x - \frac{1}{3}\right)(x-1)$
$f''(x) = 0$ also $x_1 = \frac{1}{3}$ und $x_2 = 1$
$x \leq \frac{1}{3}$ und $x \geq 1$: rechtsgekrümmt ($f''(x) < 0$)
$\frac{1}{3} \leq x \leq 1$: linksgekrümmt ($f''(x) > 0$)

Der Graph einer Funktion f hat an der Stelle x_W einen **Wendepunkt**, wenn sich die Krümmung des Graphen ändert (Linkskrümmung ↔ Rechtskrümmung).
Ein **Sattelpunkt** ist ein Wendepunkt mit einer waagerechten Tangente.

Wenn der Graph einer Funktion f an der Stelle x_W einen **Wendepunkt** hat, dann gilt **$f''(x_W) = 0$**.

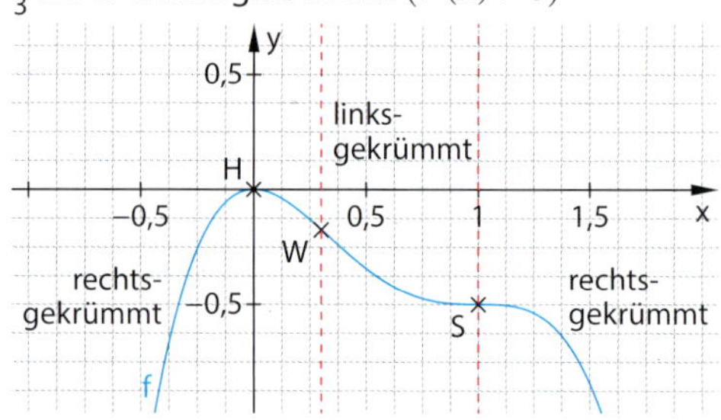

Wenn $f''(x_W) = 0$ und $f'''(x_W) \neq 0$ gilt, dann ist $(x_W | f(x_W))$ ein **Wendepunkt** des Graphen von f.

$f'''(x) = -36x + 24$
$f'''\left(\frac{1}{3}\right) = 12 \neq 0$: Wendepunkt bei x_1
$f\left(\frac{1}{3}\right) = -\frac{11}{54}$, also Wendepunkt $W\left(\frac{1}{3} \middle| -\frac{11}{54}\right)$
$f'''(1) = -12 \neq 0$ und $f'(1) = 0$: Sattelpunkt bei x_2
$f(1) = -0{,}5$, also Sattelpunkt $S(1|-0{,}5)$

Newton-Verfahren

Ist x_n ein Näherungswert einer Nullstelle der Funktion f und $f'(x_n) \neq 0$, dann ist $x_{n+1} = x_n - \frac{f(x_n)}{f'(x_n)}$ im Allgemeinen ein besserer Näherungswert für diese Nullstelle.

$f(x) = x^3 + x^2 - 5$; $f'(x) = 3x^2 + 2x$
$x_0 = 2$
$x_1 = 2 - \frac{f(2)}{f'(2)} \approx 1{,}5625$
$x_2 \approx 1{,}5625 - \frac{f(1{,}5625)}{f'(1{,}5625)} \approx 1{,}4423$ usw.

5

Anwendungen der Differenzialrechnung

Nach diesem Kapitel können Sie …

→ Extremalprobleme mithilfe der Ableitung lösen,

→ aus Eigenschaften in Sachkontexten Bedingungen an Funktionen formulieren und daraus Funktionsterme ermitteln.

Lösungen → S. 375

Lineare Gleichungssysteme

1 Lösen Sie das lineare Gleichungssystem grafisch. Geben Sie die Lösungsmenge an.

a) $\left|\begin{array}{l} y = x - 1 \\ y = -3x + 3 \end{array}\right|$ b) $\left|\begin{array}{l} y = -x + 7 \\ y = 3x - 3 \end{array}\right|$ c) $\left|\begin{array}{r} 1{,}5x + y = 5{,}5 \\ 2x + y = 2 \end{array}\right|$ d) $\left|\begin{array}{l} 1 = \frac{1}{2} - y \\ 3 = x - y \end{array}\right|$

2 Lösen Sie das Gleichungssystem mit dem Gleichsetzungsverfahren.

a) $\left|\begin{array}{l} x + y = 10 \\ x - y = 0 \end{array}\right|$ b) $\left|\begin{array}{l} 8p = 4q - 1 \\ 4p = -4p + 2q \end{array}\right|$ c) $\left|\begin{array}{l} y = 3x + 7 \\ 6x - 2 = y \end{array}\right|$ d) $\left|\begin{array}{l} 9x = 5 + y \\ 9x = 4 + y \end{array}\right|$

3 Stellen Sie eine der Gleichungen um und lösen Sie mit dem Einsetzungsverfahren.

a) $\left|\begin{array}{r} a + b = 5 \\ -2a - 3b = -5 \end{array}\right|$ b) $\left|\begin{array}{l} 8x = 4y - 2 \\ 6y = 3x - 30 \end{array}\right|$ c) $\left|\begin{array}{l} 3y = 6x + 30 \\ 2y = 14x - 10 \end{array}\right|$ d) $\left|\begin{array}{r} 3x + 2y = 6 \\ 3y = 6x + 16 \end{array}\right|$

4 Formen Sie eine Gleichung um und lösen Sie das Gleichungssystem mit dem Additionsverfahren.

a) $\left|\begin{array}{r} 3x - 3y = 18 \\ -9x + 6y = 0 \end{array}\right|$ b) $\left|\begin{array}{l} 2x + 5y = -1 \\ 2x + 4y = 1 \end{array}\right|$ c) $\left|\begin{array}{l} 6p - 3q = 30 \\ 2p - 1{,}5q = 10 \end{array}\right|$ d) $\left|\begin{array}{r} 3a - 2b = 8 \\ 2a - b = 6 \end{array}\right|$

5 Geben Sie möglichst ohne viele Umformungsschritte an, wie viele Lösungen es gibt.

a) $\left|\begin{array}{l} 8y - 4x = 15 \\ 4y - 2x = 7{,}5 \end{array}\right|$ b) $\left|\begin{array}{l} 9x - 2y = 0 \\ 9x = 2y \end{array}\right|$ c) $\left|\begin{array}{l} 3x + y = 7 \\ y = -4x + 8 \end{array}\right|$ d) $\left|\begin{array}{l} 5x + \frac{1}{2}y = 3 \\ y = 7 - 10x \end{array}\right|$

6 Lösen Sie das Zahlenrätsel.

a) Die Summe zweier Zahlen ist 50, ihre Differenz ist 42.
b) Addiert man zum Produkt zweier Zahlen 14, so erhält man 150. Das 39-Fache der ersten Zahl minus 12 ist 300.
c) Das 3-Fache der Summe zweier Zahlen ist 69. Das Quadrat der Summe der beiden Zahlen ist 529.

7 Familie Krauses Stromrechnung betrug in diesem Monat 39,16 € bei einem Verbrauch von 203 kWh. Im letzten Monat waren es 49,40 € bei 267 kWh.
Berechnen Sie die Grundgebühr und den Preis pro kWh.

Ganzrationale Funktionen

8 Geben Sie den Grad und die Koeffizienten der ganzrationalen Funktion f an. Überprüfen Sie, ob die Punkte P und Q auf dem Graphen der Funktion liegen.

a) $f(x) = -x^3 + 5x^2 + 4x + 1$
$P(1 \mid 9), Q(-1 \mid 3)$

b) $f(x) = 2x^5 - x^2 + 7x - 5$
$P(1 \mid 4), Q(-1 \mid -9)$

c) $f(x) = 6x^3 - 4ax^2 + x + 4a$
$P(1 \mid -7), Q(-1 \mid -7)$

9 Beschreiben Sie ohne weitere Rechnung den Globalverlauf des Graphen von f. Geben Sie an, ob der Graph von f punktsymmetrisch zum Ursprung oder achsensymmetrisch zur y-Achse ist.

a) $f(x) = 3x^3 + 7x$ b) $f(x) = -x^5 + 7x^2 - 2x + 3$ c) $f(x) = 2x^4 - 5x^2 + 12$

10 Bestimmen Sie die Nullstellen der Funktion f.

a) $f(x) = (x - 4)(x + 5)$ b) $f(x) = -x(x + 1)(2x - 1)$ c) $f(x) = (x^2 + 9)(2x^2 - x)$
d) $f(x) = 2x^2 - 8x$ e) $f(x) = x^4 + x^3 - 6x^2$ f) $f(x) = 3x^4 + 4x^3$
g) $f(x) = x^4 - 5x^2 + 4$ h) $f(x) = -3x^4 + 30x^2 - 27$ i) $f(x) = 2x^4 - 4x^2 - 30$

Lösungen
→ S. 376

11 a) Stellen Sie jeweils die Funktionsgleichung der verschobenen Normalparabel auf.
① Verschiebung der Normalparabel um 4 Einheiten nach unten und um 7 Einheiten nach links
② Der Scheitelpunkt liegt bei $S(-1{,}5\,|\,3{,}5)$.
③ Der Graph enthält die Punkte $P(-2\,|\,-5{,}25)$, $Q(-1\,|\,-6{,}25)$ und $R(0\,|\,-5{,}25)$.
b) Berechnen Sie die Nullstellen der Funktionen aus a).

12 Auf dem Graphen einer quadratischen Funktion liegen der Scheitelpunkt S und Punkt P. Berechnen Sie die Nullstellen der Funktion.
a) $S(0\,|\,-2)$ und $P(2\,|\,0)$ b) $S(3\,|\,-2)$ und $P(7\,|\,0)$ c) $S(2\,|\,12)$ und $P(1\,|\,9)$

13 Der Brückenbogen mit den gegebenen Maßen hat die Form einer Parabel.
a) Stellen Sie eine Funktionsgleichung der Parabel auf, wenn der Koordinatenursprung ① im Scheitelpunkt, ② links unten am Beginn des Bogens liegt.
b) Berechnen Sie für den Fall ① die Länge der Stützen, die 29 m vom Scheitelpunkt entfernt beginnen.

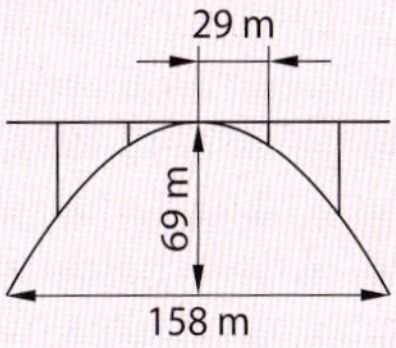

14 Geben Sie an, in welcher Form die Funktionsgleichung angegeben ist. Wandeln Sie sie in die fehlenden beiden Formen um.
a) $f(x) = 2(x-1)^2 - 18$ b) $g(x) = x^2 - 14x + 45$ c) $h(x) = -3(x-4)(x-2)$

15 Die Funktion f mit $f(x) = -0{,}002x^2 + 0{,}6x$ beschreibt die Flugbahn eines Golfballs.
a) Berechnen Sie, wie weit der Golfball fliegt.
b) Berechnen Sie die maximale Höhe des Golfballs während des Flugs.

Figuren und Körper

16 Berechnen Sie den Umfang und den Flächeninhalt der angegebenen Figur.
a) gleichschenkliges Dreieck ABC mit $a = b = 4\,\text{cm}$; $c = 2\,\text{cm}$
b) rechtwinkliges Dreieck ABC mit $\gamma = 90°$; $b = 6\,\text{cm}$; $a = 8\,\text{cm}$
c) Parallelogramm ABCD mit $\alpha = 60°$; $a = 60\,\text{mm}$; $h_a = 25\,\text{mm}$
d) Kreis mit $r = 24\,\text{mm}$

17 Eine Zuckerpackung hat die Form einer quadratischen Pyramide mit einer Grundkantenlänge von 8 cm und einer Höhe von 15 cm. 1 cm³ Zucker wiegt 1,6 g.
a) Berechnen Sie das Volumen der Verpackung.
b) Berechnen Sie die in der Packung maximal enthaltene Masse Zucker.

18 Berechnen Sie das Volumen und den Oberflächeninhalt des zusammengesetzten Körpers. (Alle Angaben in cm.)

a)
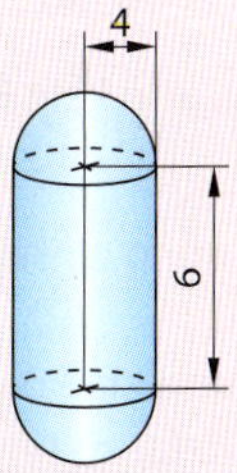

b)
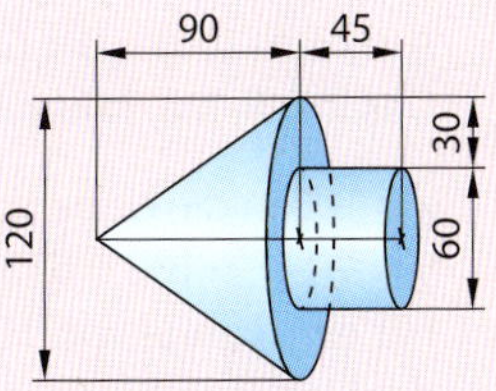

c)
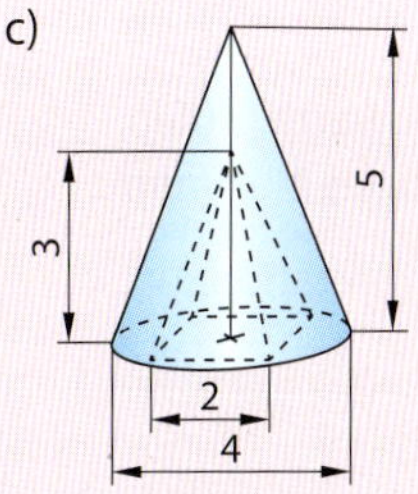

d)
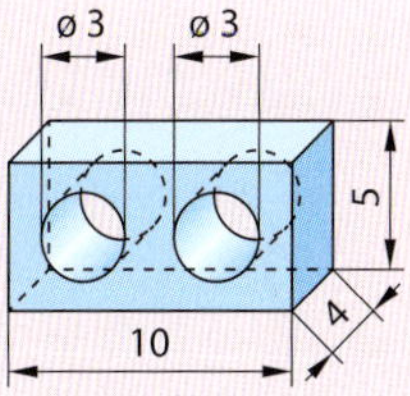

5.1 Extremalprobleme

Aus einem rechteckigen Stück Pappe von der Größe einer DIN-A4-Seite (21 cm × 29,7 cm) soll eine offene Schachtel werden.

a) Stellen Sie eine Funktionsgleichung für das Volumen in Abhängigkeit von x auf.

b) Geben Sie das lokale Maximum der Funktion aus a) an. Erläutern Sie seine Bedeutung im Sachzusammenhang.

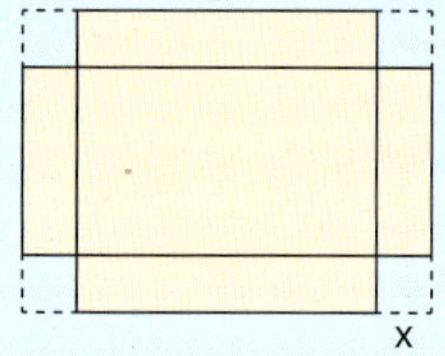

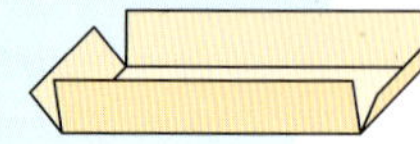

Bei einem Extremalproblem wird der kleinst- oder größtmögliche Wert einer Größe in einem bestimmten Bereich gesucht. Für die Größe wird eine Funktion (**Zielfunktion**) aufgestellt und ihr globales Minimum oder Maximum in einem bestimmten Intervall bestimmt.

Wissen **Lösungsstrategie für Extremalprobleme**

1. Gleichung aufstellen für die **Größe,** die **maximal/minimal** werden soll.
2. **Nebenbedingungen** finden, wenn die Größe von mehreren Variablen abhängt.
3. **Zielfunktion** (mit nur einer Variablen) für die Größe mithilfe der Nebenbedingungen aufstellen und den **Definitionsbereich** angeben.
4. **Lokale Maxima/Minima** der Zielfunktion im Definitionsbereich mithilfe der Ableitungen ermitteln.
5. **Globales Maximum/Minimum** ermitteln. Dazu prüfen, ob die Zielfunktion an den Rändern des Definitionsbereichs größere bzw. kleinere Funktionswerte annimmt.
6. Lösung im **Sachzusammenhang** interpretieren.

Beispiel 1 Ein rechteckiges Spielfeld mit Länge x und Breite y soll von einer 400 m langen, an den kurzen Rechtecksseiten halbkreisförmigen Laufbahn umgeben sein. Bestimmen Sie die Abmessungen, für die das Spielfeld einen maximalen Flächeninhalt hat.

Lösung:

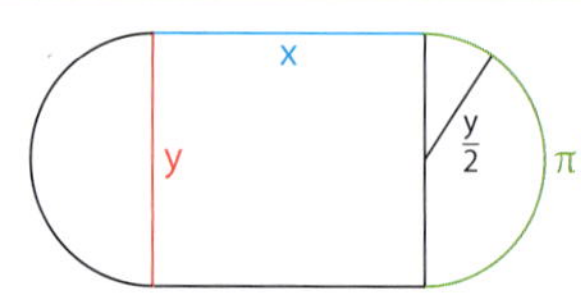

1. Gleichung:

   Flächeninhalt des Spielfelds

   $A = x \cdot y$ (x und y in m)

2. Aufstellen der Nebenbedingung:

   Nebenbedingung (NB):

   $u = 2x + \pi y = 400$ ← Umfang der Laufbahn

   $y = \frac{400}{\pi} - \frac{2}{\pi}x$

3. Zielfunktion und Definitionsbereich:

   NB in Formel einsetzen

   $A(x) = x \cdot \left(\frac{400}{\pi} - \frac{2}{\pi}x\right) = \frac{400}{\pi}x - \frac{2}{\pi}x^2$ mit $0 \le x \le 200$

4. Bestimmung des lokalen Maximums:

   Ableitungen bestimmen: $A'(x) = \frac{400}{\pi} - \frac{4}{\pi}x$ und $A''(x) = -\frac{4}{\pi}$

   Nullstelle von A′ bestimmen: $\frac{400}{\pi} - \frac{4}{\pi}x = 0$ liefert $x = 100$.

   Wegen $A''(100) = -\frac{4}{\pi} < 0$ liegt ein lokales Maximum vor.

   $A(100) = \frac{400}{\pi} \cdot 100^2 - \frac{2}{\pi} \cdot 100^2 \approx 6366{,}2$

5. Randwerte prüfen, globales Maximum:

   $A(0) = A(200) = 0 < 6366{,}2$, also kein Randmaximum

   Das lokale Maximum bei $x = 100$ ist auch globales Maximum.

6. Interpretation:

   $x = 100$ in die Nebenbedingung einsetzen:

   $y = \frac{400}{\pi} - \frac{2}{\pi} \cdot 100 \approx 63{,}7$

   Für eine Länge von 100 m und eine Breite von 63,7 m wird der Flächeninhalt des Spielfelds mit $A \approx 6366{,}2\,m^2$ maximal.

Basisaufgaben

1 Stellen Sie Zielfunktionen mithilfe von Nebenbedingungen auf.
a) Ein Rechteck hat einen Umfang von 28 cm. Drücken Sie seinen Flächeninhalt in Abhängigkeit von einer Seitenlänge x aus.
b) Bei einem Rechteck ist die Seite x doppelt so lang wie die andere Seite y. Drücken Sie den Flächeninhalt in Abhängigkeit von x aus.
c) Geben Sie für einen Würfel das Volumen V in Abhängigkeit von der Gesamtkantenlänge K an und auch umgekehrt K in Abhängigkeit von V.
d) Für einen Quader mit den Kantenlängen a, b und c gilt $a = 2b$ und $b = 2c$. Geben Sie für jede Variable a, b und c eine Formel zur Berechnung des Quadervolumens an, die nur von dieser Variablen abhängt. Also: $V(a) = \ldots, V(b) = \ldots, V(c) = \ldots$

2 Das Produkt zweier nichtnegativer Zahlen soll maximal werden. Es gilt die Nebenbedingung, dass die Summe der beiden Zahlen 20 ist.

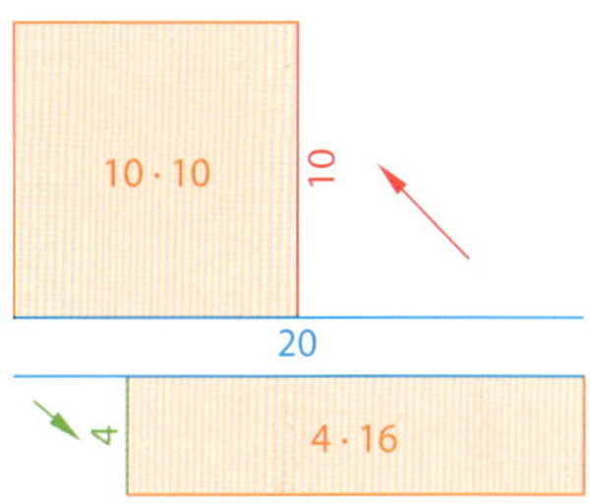

a) Geben Sie einen Term für das Produkt an, das maximal sein soll.
b) Stellen Sie eine Nebenbedingung auf und formen Sie sie nach einer der Variablen um.
c) Ersetzen Sie im Term von a) eine Variable mithilfe der Gleichung aus b). Geben Sie die Zielfunktion und ihren Definitionsbereich an.
d) Bestimmen Sie das lokale Extremum der Zielfunktion im Definitionsbereich mithilfe der Ableitungen. Zeigen Sie, dass es sich um ein lokales Maximum handelt.
e) Prüfen Sie das Verhalten der Zielfunktion an den Rändern des Definitionsbereichs und geben Sie das globale Maximum der Zielfunktion im Definitionsbereich an.
f) Geben Sie die beiden gesuchten Zahlen und den Wert des maximalen Produkts an.

3 Bestimmen Sie die Abmessungen eines Rechtecks mit dem Umfang 1 m, das einen möglichst großen Flächeninhalt hat.

4 Ein Bauer will für seine Kühe an einem Kanal eine möglichst große rechteckige Weide mit einem 200 m langen Zaun abstecken. Das Ufer des Kanals soll dabei eine der Rechtecksseiten sein und braucht nicht mit einem Zaun versehen zu werden.

a) Stellen Sie eine Zielfunktion für den Flächeninhalt der Weide auf.
b) Bestimmen Sie das Maximum der Zielfunktion mithilfe der Ableitungen.
c) Bestimmen Sie das Maximum der Zielfunktion, indem Sie die Lage des Scheitelpunkts der Parabel ohne die Verwendung von Ableitungen ermitteln.
d) Vergleichen Sie den Rechenaufwand der beiden Methoden aus b) und c).
e) Geben Sie die Maße der Weide an, die den Tieren möglichst viel Platz bietet.

Hinweis zu 4c

Die Koordinaten des Scheitelpunkts können Sie durch quadratische Ergänzung oder durch seine Lage bzgl. der Nullstellen ermitteln.

5 Die Größe G hängt von den beiden Variablen a und b ab und berechnet sich mit der Formel $G = 2a^2b + 20$. Zwischen a und b gilt zudem die Bedingung $2a - b = 4$.
a) Stellen Sie die Zielfunktion G(a) auf.
b) Bestimmen Sie die lokalen Maxima und Minima.
c) Bestimmen Sie die globalen Extrema auf dem Intervall [0; 1].

Figuren unter Funktionsgraphen

Extremalprobleme können sich auch im Zusammenhang mit Figuren unter Funktionsgraphen ergeben. Bei solchen Extremalproblemen liegt ein Punkt (oder mehrere Punkte) einer Figur auf dem Graphen einer Funktion. Gesucht werden nun die Koordinaten des Punkts (oder mehrerer Punkte), sodass sich zum Beispiel ein maximaler Flächeninhalt der Figur ergibt.

Beispiel 2 Gegeben ist der Graph der Funktion f mit $f(x) = -\frac{1}{3}x^2 + 3$. Der Punkt $C(a\,|\,f(a))$ wandert auf dem Graphen der Funktion f im ersten Quadranten. Die Punkte A, B, C und D bilden dabei ein Rechteck.

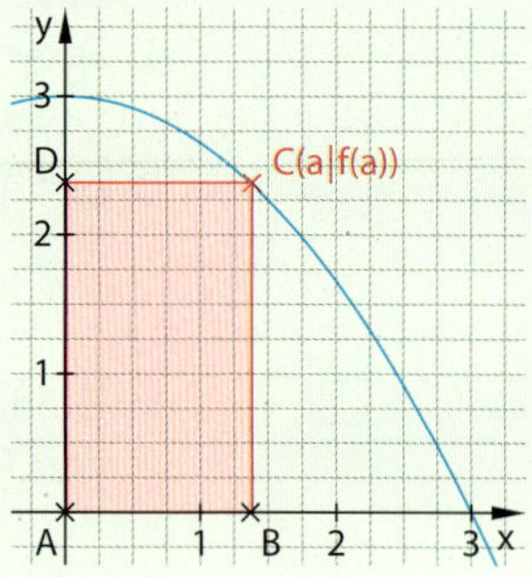

a) Stellen Sie eine Zielfunktion für den Flächeninhalt des Rechtecks auf und geben Sie einen sinnvollen Definitionsbereich an.
b) Bestimmen Sie den Wert für a so, dass der Flächeninhalt des Rechtecks maximal wird, und geben Sie den maximalen Flächeninhalt an.

Lösung:

a) 1. Gleichung: $A = b \cdot h$ — Flächeninhalt Rechteck: Breite mal Höhe

2. Nebenbedingungen: $b = a$ und $h = f(a)$ — Punkt C liegt auf dem Graphen.

3. Zielfunktion und Definitionsbereich:

$A(a) = a \cdot f(a) = a \cdot \left(-\frac{1}{3}a^2 + 3\right) = -\frac{1}{3}a^3 + 3a$

a liegt zwischen der y-Achse und der positiven Nullstelle von f.
$f(x) = -\frac{1}{3}x^2 + 3 = 0$ ergibt $x^2 = 9$
Nullstellen von f: $x_1 = 3$; $x_2 = -3$
Definitionsbereich: $0 \le a \le 3$

b) 4. Lokale Extrema der Zielfunktion:

$A'(a) = -a^2 + 3$, $A''(a) = -2a$
Nullstellen von A': $-a^2 + 3 = 0$
$a^2 = 3$, also $a_1 = \sqrt{3}$, $a_2 = -\sqrt{3}$ — nicht im Definitionsbereich
$A''(\sqrt{3}) = -2\sqrt{3} < 0$, also lokales Maximum bei $\sqrt{3}$
$A(\sqrt{3}) \approx 3{,}464$

5. Randwerte prüfen, globales Maximum:

$A(0) = 0$ und $A(3) = 0$, also kein Randmaximum
Das lokale Maximum 3,464 ist auch das globale Maximum.

6. Interpretation: Für $a = \sqrt{3} \approx 1{,}7$ wird der Flächeninhalt mit $A \approx 3{,}5$ FE maximal.

Basisaufgaben

6 Gegeben ist der Graph der Funktion f mit $f(x) = -0{,}5x^3 + 2x$.
Die Punkte A, B und C mit den Koordinaten $A(0\,|\,0)$, $B(a\,|\,0)$ und $C(a\,|\,f(a))$ bilden im ersten Quadranten des Koordinatensystems ein rechtwinkliges Dreieck.

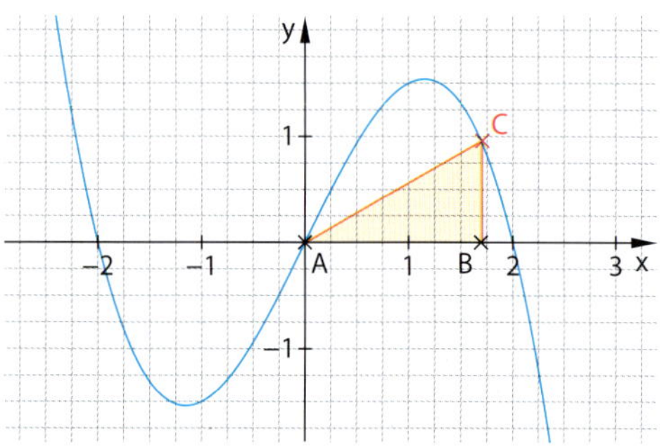

a) Stellen Sie eine Zielfunktion für den Flächeninhalt des Dreiecks auf und geben Sie einen sinnvollen Definitionsbereich an.
b) Ermitteln Sie, für welchen Wert von a der Flächeninhalt des Dreiecks maximal wird, und geben Sie den maximalen Flächeninhalt an.

7 Dem Graphen der Funktion f mit $f(x) = -\frac{1}{2}x^2 + 6$ wird ein gleichschenkliges Dreieck wie in der Abbildung einbeschrieben. Bestimmen Sie den maximalen Flächeninhalt des Dreiecks.

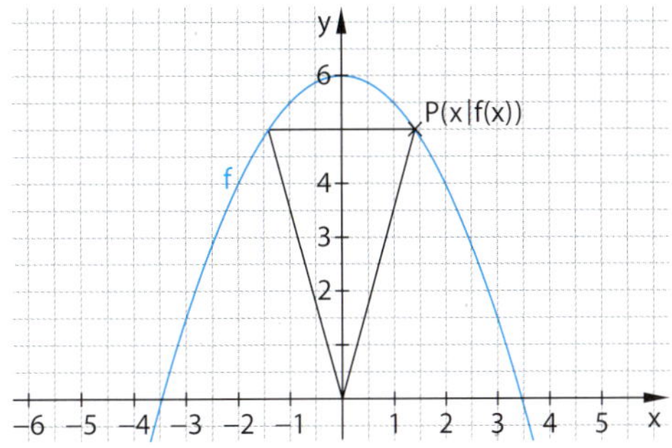

8 Dem Graphen der Funktion f mit $f(x) = -\frac{1}{2}x^2 + 6$ wird ein Rechteck oberhalb der x-Achse einbeschrieben.

a) Fertigen Sie eine Skizze an und stellen Sie einen Term für den Flächeninhalt auf.

b) Bestimmen Sie den maximalen Flächeninhalt des Rechtecks.

Erinnerung

Flächeninhalt eines Trapezes

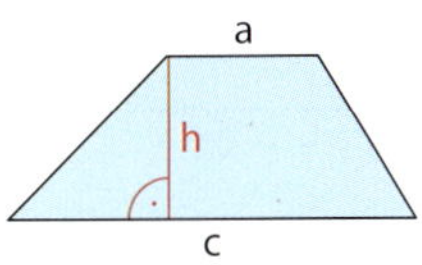

$A_{Trapez} = \frac{a+c}{2} \cdot h$

9 Dem Graphen der Funktion f mit $f(x) = -\frac{1}{2}x^2 + 2$ wird ein symmetrisches Trapez wie in der Abbildung einbeschrieben. Bestimmen Sie den größtmöglichen Flächeninhalt des Trapezes.

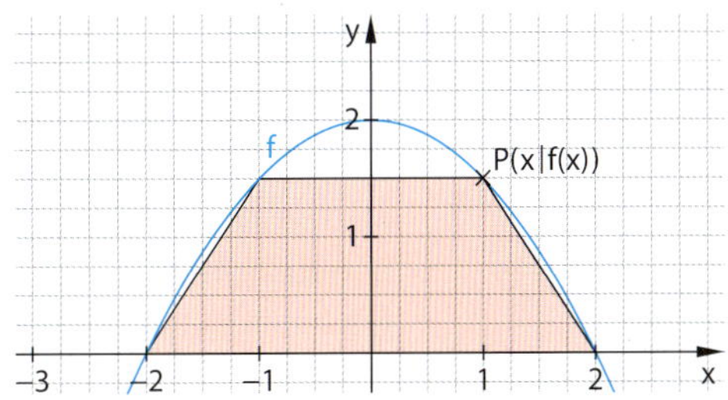

Weiterführende Aufgaben

10 Begründen Sie: Wenn die Zielfunktion eine quadratische Funktion ist und sich die Extremstelle des lokalen Maximums (Minimums) im Definitionsbereich befindet, dann ist das lokale Maximum (Minimum) auch das globale Maximum (Minimum) im Definitionsbereich.

11 Betrachten Sie alle Rechtecke mit dem Flächeninhalt $1\,m^2$.

a) Bestimmen Sie, bei welcher Seitenlänge der Umfang minimal ist.

b) Untersuchen Sie, ob es unter den Rechtecken eines mit maximalem Umfang gibt.

12 Für ein öffentliches Kunstwerk soll aus 36 m Stahlrohr das Kantenmodell eines Quaders mit quadratischer Grundfläche hergestellt werden.

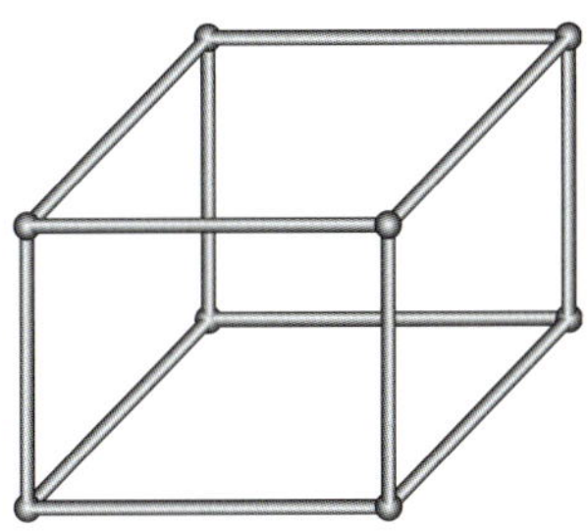

a) Bestimmen Sie die Abmessungen des Quaders so, dass sein Volumen maximal wird.

b) Bestimmen Sie das maximale Volumen, wenn die Kantenlänge der Grundfläche nicht größer als 2,5 m sein darf.

c) Bestimmen Sie das maximale Volumen, wenn die Höhe auf maximal 2 m beschränkt ist.

13 Typische Konservendosen können modellhaft als Zylinder mit einem Volumen von 750 mℓ aufgefasst werden.

a) Bestimmen Sie die Abmessungen einer Dose, die bei diesem vorgegebenen Volumen eine minimale Oberfläche (also einen möglichst geringen Materialverbrauch) aufweist.

b) Erläutern Sie, welche Gründe es in der Praxis geben kann, von diesen Abmessungen abzuweichen.

Hinweis zu 14

Es gilt A(0 | 0). Der Punkt B liegt auf der x-Achse, er hat die gleiche x-Koordinate wie Punkt C.

14 **Stolperstelle:** Gegeben sind die Funktionen f und g mit $f(x) = -\frac{1}{3}x^3 + x^2 + 3x + 3$ und $g(x) = -\frac{1}{3}x^3 + x^2 + 3x$.
Den Graphen beider Funktionen soll wie abgebildet im 1. Quadranten ein Dreieck mit maximalem Flächeninhalt einbeschrieben werden.
Max meint: *„Der eine Graph ist ja nur um 3 Einheiten verschoben. Dann wird der maximale Flächeninhalt beim rechten Dreieck an der gleichen Stelle vorliegen, wie beim linken Dreieck. Nur der maximale Flächeninhalt wird links natürlich größer sein als rechts."*
Nehmen Sie begründet Stellung zu der Aussage.

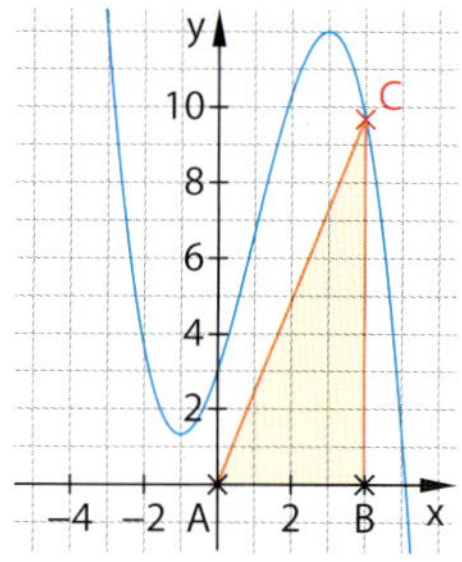

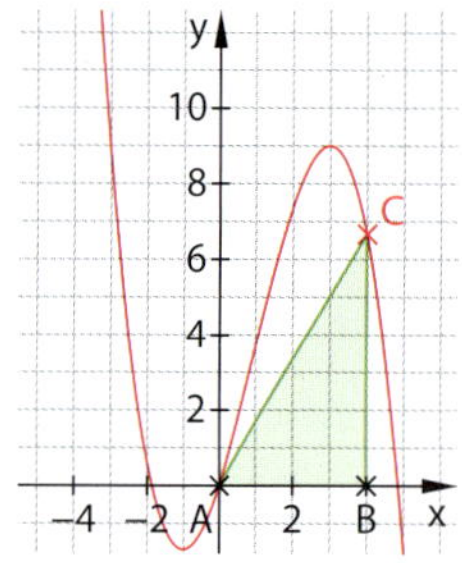

15 Gegeben ist der Graph der Funktion f mit $f(x) = -0{,}1(x + 1)^2 + 5$. Die Punkte A(4 | 0), B(4 | 2,5), C(a | f(a)) und D(a | 0) für $a \leq 4$ bilden oberhalb der x-Achse ein Trapez.
Ermitteln Sie, für welchen Wert von a der Flächeninhalt des Trapezes maximal wird.

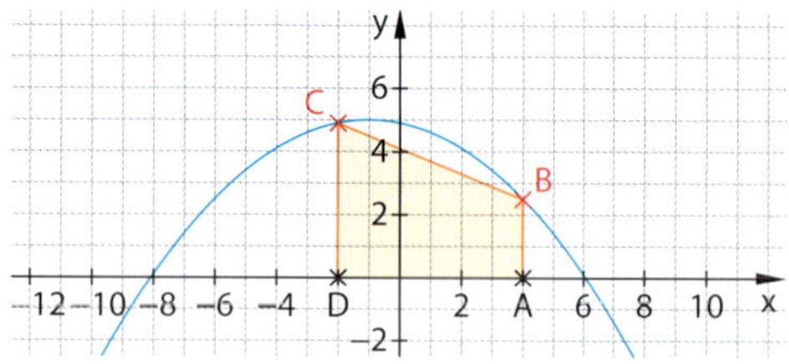

16 Aus einem rechteckigen Blechstück mit den Abmessungen 20 cm × 15 cm soll eine oben offene, zylindrische Blechdose hergestellt werden, die ein möglichst großes Volumen hat.

a) Tom erhält mit der Skizze V mit $V(r) = -2\pi r^3 + 20\pi r^2$ als Zielfunktion und ihr lokales Maximum bei $r \approx 6{,}67$ cm. Erläutern Sie, wie Tom zu seinen Ergebnissen kommt.

b) Erklären Sie, warum die Dose mit r = 6,67 cm nicht hergestellt werden kann.

c) Ermitteln Sie das größtmögliche Volumen der Dose.

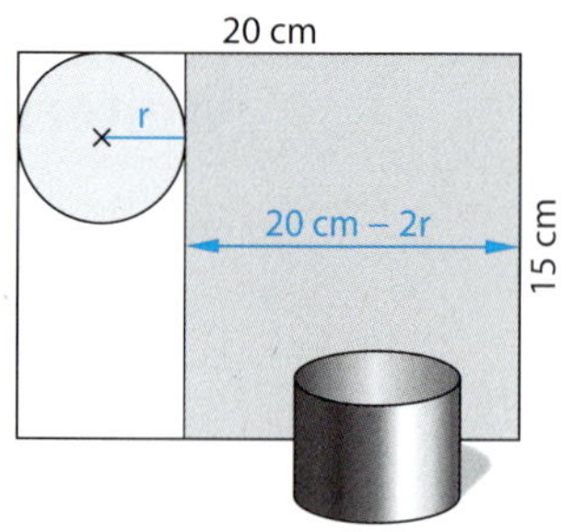

17 Ein Pralinenhersteller möchte eine neue prismenförmige Verpackung für seine Pralinen entwickeln. Die Grundfläche der Verpackung soll die eines gleichseitigen Dreiecks sein.

a) Berechnen Sie den minimalen Materialverbrauch für die Verpackung, wenn die Schachtel ein Volumen von 400 cm³ haben soll.

b) Der Hersteller hat die Möglichkeit, die Verpackungen aus Pappstücken der Größe 600 cm² herzustellen.
Bestimmen Sie die Maße einer Verpackung mit größtmöglichem Volumen, die sich aus jeweils einem Stück Pappe herstellen lässt. Bewerten Sie Ihr gefundenes Ergebnis.

18 In ein gleichschenkliges Dreieck mit Basis g = 3 cm und Höhe h = 7 cm soll ein Rechteck einbeschrieben werden.

a) Berechnen Sie die Maße des Rechtecks mit maximalem Flächeninhalt.

b) Nun soll in eine quadratische Pyramide mit der Grundseite g = 3 cm und Höhe h = 7 cm ein Quader mit maximalem Volumen einbeschrieben werden. Bestimmen Sie die Maße und das Volumen dieses Quaders.

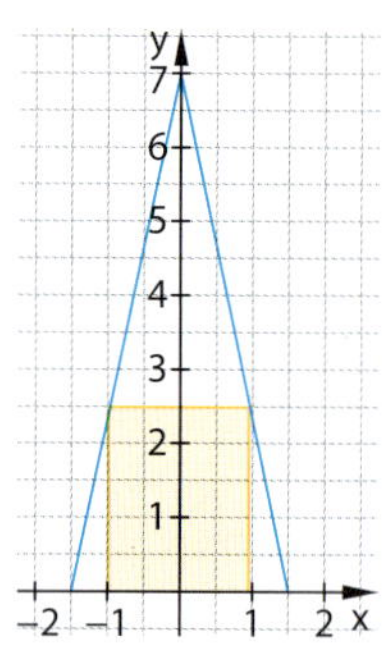

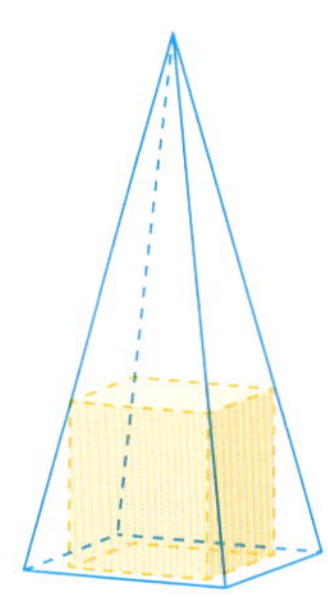

19 Die Tragfähigkeit eines Balkens ist proportional zu seiner Breite b und zum Quadrat seiner Höhe h. Seine Tragfähigkeit T kann deshalb mit der Formel $T = b \cdot h^2$ beschrieben werden.

Bestimmen Sie die optimalen Maße eines Balkens, der aus einem Rundholz mit dem Durchmesser 30 cm geschnitten werden soll und eine möglichst große Tragfähigkeit hat.

20 Eine Firma produziert Schoko-Osterhasen. Hasen aus Edelschokolade werden für 3,50 € pro 100 g verkauft, Hasen aus billiger Schokolade für 0,49 € pro 100 g. Bei der Produktion können beide Schokoladensorten gemischt werden. Der Verkaufspreis richtet sich dann nach den Anteilen beider Sorten.

a) Berechnen Sie, wie teuer ein 100-g-Schokohase mit einem Anteil von 65 % Edelschokolade ist.

b) In den letzten Jahren wurde festgestellt: Erhöht man den Anteil der Edelschokolade, dann werden wegen des steigenden Preises weniger Schokohasen gekauft. Allerdings bleibt die Nachfrage ab einem Anteil von 40 % Edelschokolade konstant, obwohl der Preis steigt. Die Nachfrage n kann mit der folgenden Funktion beschrieben werden:

$n(x) = \begin{cases} -165x + 8000, & 0 \le x < 40 \\ 1400, & 40 \le x \le 100 \end{cases}$, wobei x den Prozentanteil von Edelschokolade und n(x) die verkaufte Anzahl an Schokohasen angibt.

Berechnen Sie, wie viel Umsatz die Firma macht, wenn sie Schokohasen mit einem Anteil von 65 % Edelschokolade herstellt.

c) Ermitteln Sie, wie hoch der Anteil der Edelschokolade bei den Schokohasen sein sollte, damit der Umsatz der Firma maximal wird.

Erinnerung

Für den Abstand zwischen zwei Punkten $P(x_1|y_1)$ und $Q(x_2|y_2)$ gilt: $d = \sqrt{(x_2 - x_1)^2 + (y_2 - y_1)^2}$

21 Abgebildet ist der Graph der Funktion f mit $f(x) = -x^2 + 3$. Der Punkt B liegt auf dem Graphen der Funktion f im 1. Quadranten.
Berechnen Sie die Koordinaten des Punktes B, sodass der Abstand d(A, B) zwischen den Punkten A(0 | 1) und B minimal wird.
Geben Sie den minimalen Abstand an.

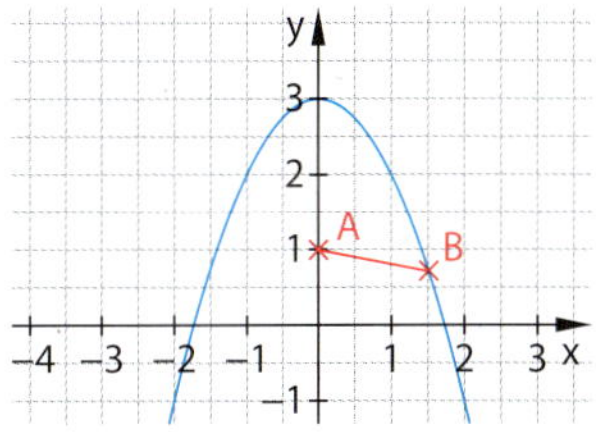

22 **Ausblick:** Ein Spielautomat ist so eingestellt, dass Spieler im Durchschnitt in 1 % der Fälle das 10-Fache ihres Einsatzes ausbezahlt bekommen und in 10 % der Fälle ihren Einsatz zurückbekommen. Der Einsatz pro Spiel beträgt 50 Cent. Im Durchschnitt werden an einem Tag 200 Spiele durchgeführt.

a) Begründen Sie, dass der Term $200 \cdot (-4{,}5 \cdot 0{,}01 + 0 \cdot 0{,}1 + 0{,}5 \cdot 0{,}89)$ den im Mittel zu erwartenden Tagesgewinn des Automaten angibt. Berechnen Sie diesen.

b) Der Automat lässt sich so einstellen, dass die Wahrscheinlichkeit p für die Erstattung des Einsatzes verändert wird. Erklären Sie die Bedeutung der Funktion f mit $f(x, p) = x \cdot (-4{,}5 \cdot 0{,}01 + 0 \cdot p + 0{,}5 \cdot (0{,}99 - p))$.

c) Aus Erfahrung ist bekannt: Erhöht man die Wahrscheinlichkeit p um jeweils 0,01, so erhöht sich die Anzahl der Spiele pro Tag um jeweils 15.
Berechnen Sie die optimale Einstellung des Automaten, um den Tagesgewinn zu maximieren.

5.2 Rekonstruktion von Funktionstermen

Von der Flugbahn eines Balls sind die Punkte A(0|0) und B(4|4) bekannt. Die Flugbahn soll mit einer quadratischen Funktion f mit $f(x) = ax^2 + bx + c$ modelliert werden.

a) Erklären Sie, warum mit diesen Informationen keine eindeutige Lösung bestimmt werden kann.

b) Es ist zusätzlich bekannt, dass B der höchste Punkt der Flugbahn ist.
Ermitteln Sie mithilfe dieser Information die Stelle, an der der Ball auf dem Boden aufkommt.

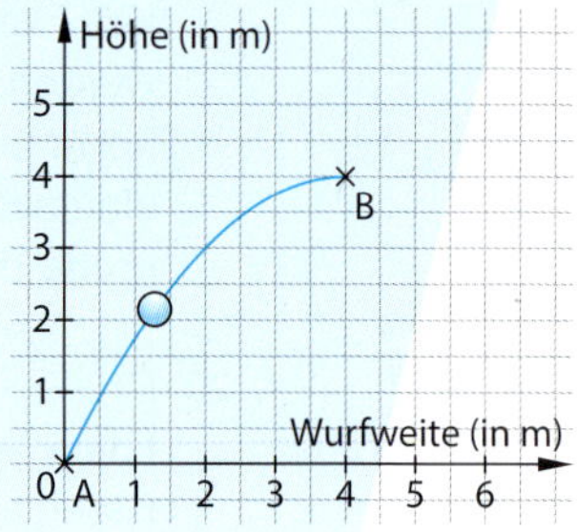

Die Funktionsgleichung einer ganzrationalen Funktion kann aus Informationen über den Graphen bestimmt werden. Dazu werden diese Informationen in Gleichungen übersetzt. Diese Gleichungen bilden ein lineares Gleichungssystem, dessen Lösung die Parameter der gesuchten Funktionsgleichung liefert.

Wissen **Schritte beim Bestimmen von ganzrationalen Funktionen**

① Eigenschaften des Graphen in Bedingungen an die Funktion/Ableitungen übersetzen.
② In die allgemeine Form einsetzen und ein lineares Gleichungssystem aufstellen.
③ Das lineare Gleichungssystem lösen und den ermittelten Funktionsterm angeben.
④ Überprüfen, ob der Funktionsterm die geforderten Eigenschaften erfüllt.

Eigenschaften in Gleichungen übersetzen

Aus charakteristischen Punkten des Graphen einer Funktion f lassen sich Bedingungen an die Funktionsgleichung von f und deren Ableitungen formulieren. Mithilfe eines allgemeinen Ansatzes für ganzrationale Funktionen ergeben sich daraus Gleichungen.

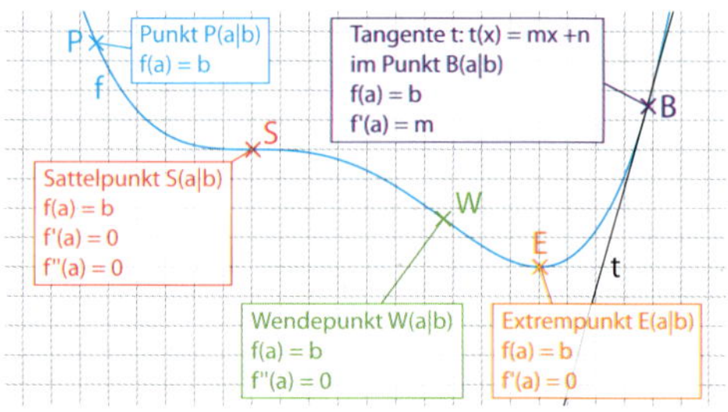

Beispiel 1 Der Graph einer quadratischen Funktion f schneidet die y-Achse bei y = 2. Der Graph der Funktion f verläuft durch den Punkt P(2|6) und hat an der Stelle x = 3 einen lokalen Extrempunkt. Formulieren Sie die Eigenschaften als Gleichungssystem.

Lösung:

① Formulieren Sie die Eigenschaften als Bedingungen an die Funktionsgleichung von f und ihrer Ableitung f'.

(A) verläuft durch P(2|6) $\Rightarrow f(2) = 6$
(B) Schnitt der y-Achse bei 2 $\Rightarrow f(0) = 2$
(C) Extremum bei x = 3 $\Rightarrow f'(3) = 0$

② Stellen Sie als Ansatz die allgemeine Form der Funktionsgleichung von f und ihrer Ableitung f' auf.

Ansatz: $f(x) = ax^2 + bx + c$
$f'(x) = 2ax + b$

③ Setzen Sie die Bedingungen aus ① in die jeweils passende allgemeine Form ein und stellen Sie so ein Gleichungssystem auf.

(A) $f(2) = 6 \Rightarrow a \cdot 2^2 + b \cdot 2 + c = 6$
(B) $f(0) = 2 \Rightarrow$
(C) $f'(3) = 0 \Rightarrow$

$$\left| \begin{array}{r} 4a + 2b + c = 6 \\ c = 2 \\ 6a + b = 0 \end{array} \right|$$

Basisaufgaben

1 Bilden Sie von den ganzrationalen Funktionen 1., 2., 3. und 4. Grades in allgemeiner Darstellung die erste, zweite und dritte Ableitung.

2 Formulieren Sie die Eigenschaft des Graphen als Bedingung an die Funktionsgleichung oder deren Ableitungen.
a) Der Graph einer Funktion f verläuft durch den Punkt $P(7|8)$.
b) Eine Funktion g hat an der Stelle $x = 6$ den Funktionswert -3.
c) Der Graph einer Funktion h hat an der Stelle $x = 2$ einen Hochpunkt.
d) Der Graph einer Funktion i schneidet an der Stelle $x = 4$ die x-Achse.
e) Der Graph einer Funktion j berührt an der Stelle $x = 4$ die x-Achse.
f) Der Graph einer Funktion k hat im Ursprung eine waagerechte Tangente.
g) An der Stelle $x = 7$ hat der Graph einer Funktion m einen Sattelpunkt.

3 Formulieren Sie die Eigenschaften des Graphen von f in Textform.

① $f(7) = 0$ ② $f(-3) = 56$ ③ $f'(5) = 3$ ④ $f'(8) = 0$ ⑤ $f(3) = 0; f'(3) = 0$ ⑥ $f(1) = 1; f'(1) = -1$

⑦ $f(0) = f'(0) = f''(0) = 0$ ⑧ $f(2) = 7; f'(2) = 0; f''(2) = 0$ ⑨ $f(2) = 8; f'(2) = 0; f'(1) = 2$

4 Die Tabelle bezieht sich auf eine ganzrationale Funktion f mit $f(x) = ax^4 + bx^3 + cx^2 + dx + e$. Vervollständigen Sie die Tabelle.

Eigenschaft	Bedingung	Gleichung
Graph verläuft durch $P(0\|-1)$	$f(0) = -1$	$e = -1$
$x = 2$ ist Extremstelle	$f'(2) = 0$	$32a + 12b + 4c + d = 0$
	$f(3) = 1$	
		$a + b + c + d + e = 4$
$x = 3$ ist Nullstelle		
	$f'(3) = 0$	
		$12a + 6b + 2c = 0$
	$f'(1) = 2$	

5 Formulieren Sie die angegebenen Eigenschaften des Graphen als Gleichungssystem.
a) Eine ganzrationale Funktion 3. Grades hat an der Stelle $x = 5$ den Funktionswert 18.
b) Der Graph einer ganzrationalen Funktion 2. Grades verläuft durch $P(-3|4)$.
c) Eine ganzrationale Funktion 4. Grades hat an der Stelle $x = -3$ ein Extremum.
d) Der Graph einer ganzrationalen Funktion 3. Grades verläuft durch den Ursprung und die Stellen $x = -7$ und $x = 7$ sind Extremstellen der Funktion.
e) Der Graph einer ganzrationalen Funktion 4. Grades hat den Hochpunkt $H(-2|7)$.
f) Der Graph einer ganzrationalen Funktion 3. Grades verläuft durch den Punkt $P(5|3)$ und ist punktsymmetrisch zum Ursprung.
g) Eine ganzrationale, zur y-Achse symmetrische Funktion 6. Grades hat bei $x = 2$, $x = 1$, $x = -1$, $x = -2$ Nullstellen und im Punkt $P(0|2)$ ein Extremum.

6 Geben Sie die zu dem Gleichungssystem zugehörigen Eigenschaften des Graphen an.

a) $\left| \begin{array}{rcr} a + b + c &=& 8 \\ 4a + 2b + c &=& 12 \\ 12a + b &=& 0 \end{array} \right|$

b) $\left| \begin{array}{rcr} a + b + c &=& 0 \\ 9a + 3b + c &=& 0 \\ 25a + 5b + c &=& 4 \end{array} \right|$

c) $\left| \begin{array}{rcr} -125a + 25b - 5c + d &=& 4 \\ 12a + 4b + c &=& 0 \\ 18a + 2b &=& 0 \\ d &=& -17 \end{array} \right|$

Funktionsgleichung bestimmen

Die allgemeine Funktionsgleichung einer ganzrationalen Funktion mit Grad n hat n + 1 Parameter. Also müssen mindestens n + 1 Bedingungen in Gleichungen übersetzt werden. Bei symmetrischen Graphen ist diese Zahl geringer.

Funktionsgleichungen zu achsensymmetrischen (bzw. punktsymmetrischen) Graphen haben ausschließlich gerade (bzw. ungerade) Exponenten.

Grad 4 und Achsensymmetrie:
$f(x) = ax^4 + bx^2 + c$
Grad 5 und Punktsymmetrie:
$f(x) = ax^5 + bx^3 + cx$

Beispiel 2 Der Graph einer ganzrationalen Funktion vierten Grades ist achsensymmetrisch und hat einen Wendepunkt bei x = 1. Die Gleichung der zugehörigen Wendetangente lautet y = −4x + 3,5. Bestimmen Sie die Funktionsgleichung.

Lösung:

① Setzen Sie die Wendestelle in die Tangentengleichung ein und ermitteln Sie die y-Koordinate des Wendepunkts W.
Der Graph verläuft durch W (A).
Lesen Sie die Steigung im Wendepunkt an der Tangentengleichung ab (B).
Für W gilt die notwendige Bedingung (C).

Eigenschaften übersetzen:
Wendepunkt $W(1 \mid y_W)$:
$y_W = -4 \cdot 1 + 3{,}5 = -0{,}5$

(A) Punkt $W(1 \mid -0{,}5)$: $f(1) = -0{,}5$
(B) Steigung bei x = 1: $f'(1) = -4$
(C) Wendestelle x = 1: $f''(1) = 0$

② Stellen Sie die allgemeine Form der Funktionsgleichung von f auf. Aufgrund der Symmetrie fallen hier alle ungeraden Exponenten weg. Bilden Sie f′(x) und f″(x).

Setzen Sie die Bedingungen aus ① ein und stellen Sie das lineare Gleichungssystem auf.

In allgemeine Form einsetzen:
$f(x) = ax^4 + bx^2 + c$
$f'(x) = 4ax^3 + 2bx$
$f''(x) = 12ax^2 + 2b$

$$\begin{array}{l} \text{(A) } f(1) = -0{,}5 \\ \text{(B) } f'(1) = -4 \\ \text{(C) } f''(1) = 0 \end{array} \Rightarrow \left| \begin{array}{rcl} a + b + c &=& -0{,}5 \\ 4a + 2b &=& -4 \\ 12a + 2b &=& 0 \end{array} \right|$$

③ Stellen Sie die zweite Gleichung nach einer der Variablen um (hier b).
Setzen Sie den Term für b in (C) ein und ermitteln Sie so a.
Durch Rückeinsetzen von a erhalten Sie b.
Setzen Sie nun die Werte für a und b in (A) ein und bestimmen Sie den Wert für c.
Setzen Sie die Lösung in die allgemeine Form der Funktionsgleichung ein.

Gleichungssystem lösen:
umstellen von (B) $b = -2a - 2$
einsetzen in (C): $12a + 2(-2a - 2) = 0$
$8a - 4 = 0$
$\Rightarrow a = 0{,}5$
rückeinsetzen: $b = -2 \cdot 0{,}5 - 2 = -3$
einsetzen in (A): $0{,}5 + (-3) + c = -0{,}5$
$\Rightarrow c = 2$
Lösung: a = 0,5; b = −3; c = 2
$f(x) = 0{,}5x^4 - 3x^2 + 2$

④ Untersuchen Sie mithilfe von f‴, ob auch die hinreichende Bedingung für die Wendestelle erfüllt ist.

Eigenschaften überprüfen:
$f'''(x) = 12x$
$f'''(1) = 12 \neq 0 \Rightarrow$ Wendepunkt liegt vor.
f erfüllt alle geforderten Eigenschaften.

Basisaufgaben

7 Der Graph einer quadratischen Funktion f schneidet die y-Achse bei y = 2. Der Graph von f verläuft durch den Punkt $P(2 \mid 6)$ und hat an der Stelle x = 3 einen lokalen Extrempunkt. Ermitteln Sie die Funktionsgleichung.

8 Der Graph einer ganzrationalen Funktion dritten Grades verläuft durch den Ursprung und hat an der Stelle $x = -1$ eine Wendestelle. Die Gleichung der zugehörigen Wendetangente lautet $y = -5x - 1$. Bestimmen Sie die Funktionsgleichung.

9 Untersuchen Sie rechnerisch, ob es eine ganzrationale Funktion dritten Grades mit den folgenden Eigenschaften gibt. Falls möglich, geben Sie die Funktionsgleichung an und skizzieren Sie ihren Graphen.

a) Der Graph verläuft durch den Ursprung mit der Steigung -1 und schneidet die x-Achse im Punkt $P(1 | 0)$ mit der Steigung 2.

b) Der Graph hat im Punkt $P(0 | 4)$ ein lokales Minimum. An der Stelle $x = 1$ beträgt die Steigung des Graphen -24 und bei $x = 2{,}5$ liegt eine Wendestelle.

c) Der Graph berührt die x-Achse an der Stelle $x = 2$ und hat einen Wendepunkt $W(0 | 4)$.

d) Der Graph verläuft durch den Punkt $P(1 | 1{,}5)$ und hat dort eine Steigung von $-13{,}5$. Zudem hat der Graph an der Stelle $x = 0$ ein lokales Minimum und bei $x = 5$ eine Wendestelle.

10 Der Steckbrief beschreibt den Graphen einer ganzrationalen Funktion vierten Grades.

a) Bestimmen Sie die passende Funktionsgleichung.

b) Berechnen Sie die Wendepunkte des Graphen dieser Funktion.

11 Der Graph einer ganzrationalen Funktion f fünften Grades ist punktsymmetrisch zum Ursprung. Der Graph hat an der Stelle $x = -2$ eine Nullstelle und verläuft durch den Punkt $P(1 | 24)$. Die Steigung des Graphen an der Stelle $x = 0$ beträgt 36.
Bestimmen Sie die Funktionsgleichung von f.

12 Der Steckbrief beschreibt den Graphen einer ganzrationalen Funktion f dritten Grades.

a) Stellen Sie anhand der Stichpunkte ein lineares Gleichungssystem auf und bestimmen Sie eine passende Funktionsgleichung.

b) Untersuchen Sie die Extremstellen von f und begründen Sie, warum die Skizze auf dem Steckbrief nicht zur Lösung passt.

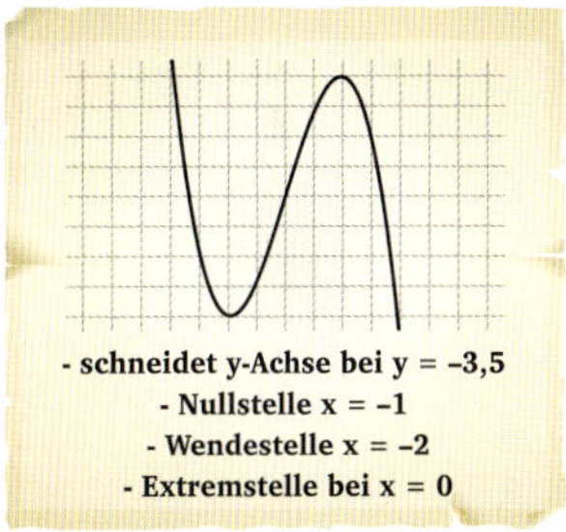

13 Die Abbildung zeigt den Graphen der ganzrationalen Funktion f dritten Grades.
Wählen Sie aus den angegebenen Gleichungen eine ausreichende Anzahl an Gleichungen aus, um die Funktionsgleichung von f zu bestimmen. Stellen Sie das entsprechende lineare Gleichungssystem auf und lösen Sie es. Erläutern Sie, welche Mindestanforderung das Gleichungssystem aufweisen muss.

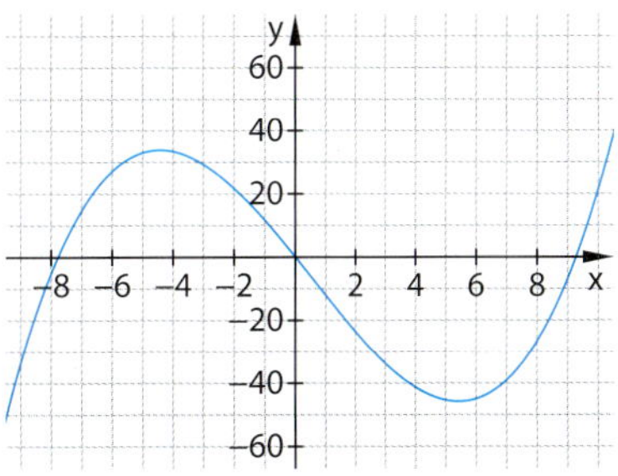

$f(4) = -41{,}25$ $f'(0{,}5) = -12{,}125$ $f'(4) = 0$ $f(-3) = \frac{88}{3}$

$f(1) = -12$ $f(0) = \frac{1}{12}$ $f'(-3) = 0$ $f''(0{,}5) = 0$ $f'(1) = 12$

Gleichungen zu Graphen bestimmen

Nicht immer ist der Grad einer Funktion bekannt. Aber an bestimmten Eigenschaften (Zahl der Nullstellen, Extrempunkte, Globalverhalten) lässt sich der minimale Grad der Funktion ablesen.

Beispiel 3

Lesen Sie am Graphen die Anzahl der Nullstellen, Extrem- und Wendepunkte sowie das Grenzverhalten ab. Begründen Sie, welchen Grad die Funktion mindestens haben muss.

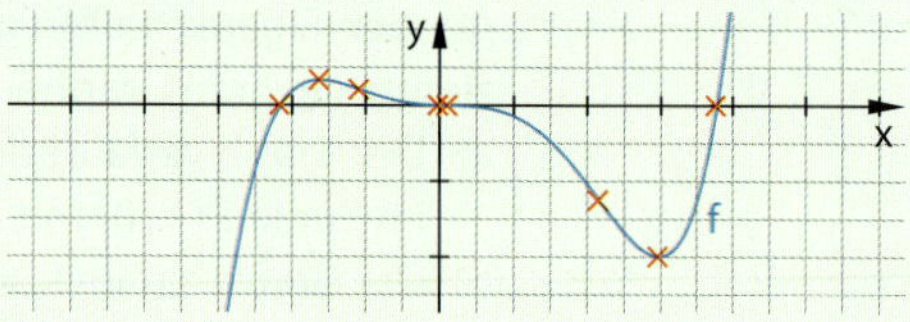

Lösung:

Die Zahl der Nullstellen liefert eine Information über den minimalen Grad von f.
Die Anzahl der lokalen Extrempunkte liefert eine Information über den minimalen Grad von f'. Die Anzahl der Wendepunkte liefert eine Information über den minimalen Grad von f''. Das Globalverhalten zeigt, ob der Grad n gerade oder ungerade ist.

Gesucht ist der Grad n.
3 Nullstellen $\Rightarrow n \geq 3$
2 Extremstellen $\Rightarrow n - 1 \geq 2 \Rightarrow n \geq 3$
3 Wendepunkte $\Rightarrow n - 2 \geq 3 \Rightarrow n \geq 5$
$\lim\limits_{x \to -\infty} f(x) = -\infty$ und $\lim\limits_{x \to +\infty} f(x) = +\infty$
n muss ungerade sein.
Die gesuchte Funktion zu dem Graphen muss mindestens den Grad fünf haben.

Erinnerung

Der Grad einer ganzrationalen Funktion ist mindestens so groß wie die Anzahl ihrer Nullstellen.

Basisaufgaben

14 Auf den Karten sind Eigenschaften von Funktionsgraphen beschrieben. Erklären Sie, welche Rückschlüsse sich jeweils auf den Grad der Funktion ergeben.

① Der Graph schneidet zweimal die x-Achse.

② Der Graph hat drei lokale Extrempunkte.

③ Der Graph hat einen Wendepunkt.

④ Der Graph berührt die x-Achse einmal und schneidet sie ein weiteres Mal.

⑤ Der Graph hat zwei Wendepunkte und er schneidet die x-Achse zweimal.

15 Lesen Sie am Graphen die Anzahl der Nullstellen, Extrem- und Wendepunkte sowie das Grenzverhalten ab. Begründen Sie, welchen Grad die Funktion mindestens haben muss.

a)
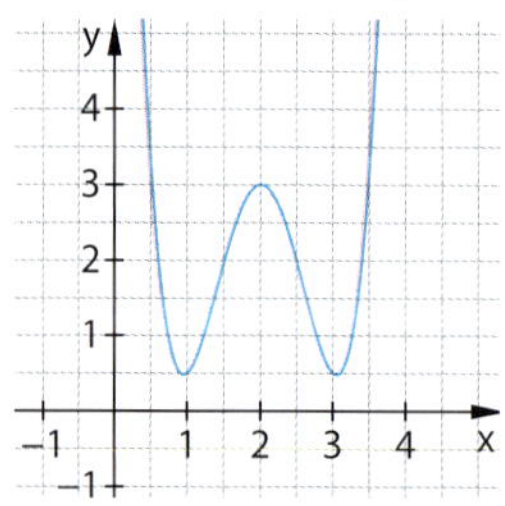

b)
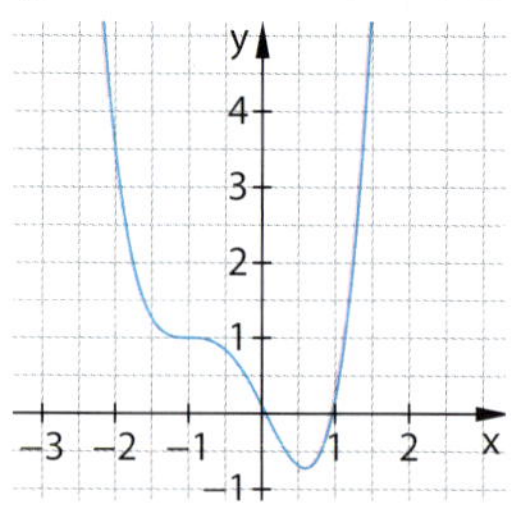

c)
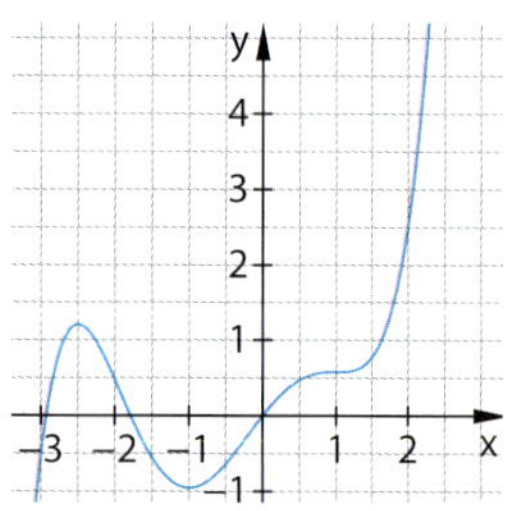

16 Geben Sie jeweils an, welchen Grad eine ganzrationale Funktion mit den angegebenen Eigenschaften mindestens haben muss. Formulieren Sie möglichst viele Bedingungen und entscheiden Sie, ob diese für ein eindeutiges Ergebnis ausreichen.

① Hochpunkt H(1 | 4)

② Tiefpunkt T(3 | −2) und Nullstelle x = 5

③ Graph schneidet die y-Achse bei 8 und berührt die x-Achse bei x = 4

④ Hochpunkt H(−1 | 2) und Tiefpunkt T(1 | −2)

⑤ Wendepunkt W(1 | 3)

⑥ Sattelpunkt S(1 | 3)

⑦ Sattelpunkt S(1 | 3), Graph geht durch den Ursprung

Weiterführende Aufgaben

17 Zum abgebildeten Graphen der Funktion f soll ein Funktionsterm gefunden werden.
a) Begründen Sie, warum die Funktion f mindestens vom Grad vier sein muss.
b) Formulieren Sie eine Steckbriefaufgabe.
c) Bestimmen Sie den Funktionsterm.

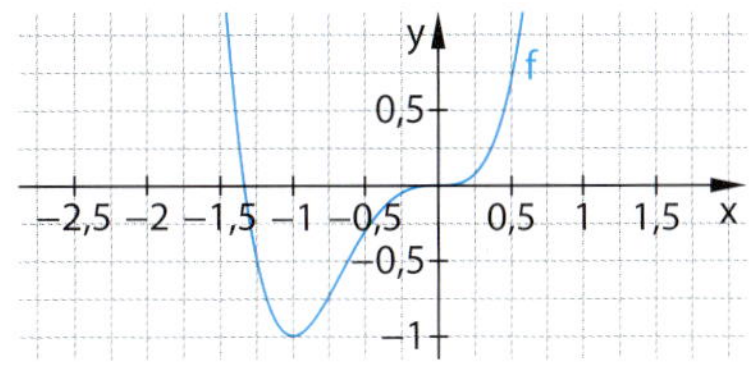

18 Bestimmen Sie eine Funktionsgleichung, die zum Graphen passt.

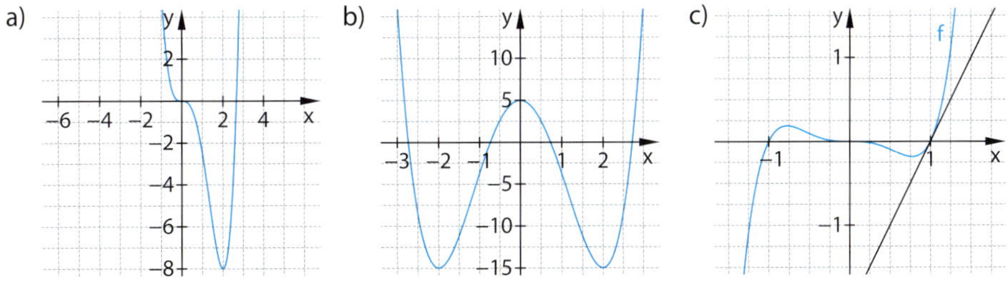

19 **Stolperstelle:** Tina und Joe untersuchen, ob es eine ganzrationale Funktion dritten Grades gibt, deren Graph die y-Achse bei 6 schneidet, einen Wendepunkt W(2|4) und einen Tiefpunkt bei x = 3 hat. Überprüfen Sie ihre Ergebnisse.
a) Tina: *„Drei Punkte reichen nicht aus, um eine Funktion zu bestimmen."*
b) Joe stellt vier Bedingungen auf und erhält f mit $f(x) = -x^3 + 6x^2 - 9x + 6$.

20 Gesucht ist eine ganzrationale Funktion fünften Grades.
a) Zeigen Sie, dass die folgenden Bedingungen an den Graphen nicht ausreichen, um die Funktion eindeutig festzulegen.
b) Ändern Sie die Bedingungen so, dass eine Funktion eindeutig bestimmt werden kann.

punktsymmetrisch zum Ursprung

waagerechte Tangente im Ursprung

Wendepunkt bei x = 3

Tiefpunkt bei $x = 3\sqrt{2}$

21 Gegeben ist die Funktion f mit $f(x) = x^4 - 8x^3 + 18x^2$.
a) Formulieren Sie einen Steckbrief, mit dem die Funktion f aus den gegebenen Bedingungen bestimmt werden kann.
b) Formulieren Sie zur Bestimmung der Funktion f einen Steckbrief, der die Funktionsgleichungen der Tangenten in den Wendepunkten enthält.
c) Beschreiben Sie, wie der Steckbrief aus a) oder b) so variiert werden kann, dass sich die Funktion nicht oder nicht eindeutig bestimmen lässt.

22 Formulieren Sie selbst eine Steckbriefaufgabe, die die angegebene Lösung hat, und stellen Sie die Aufgabe Ihrem Nachbarn.
a) Genau eine Funktion zweiten Grades.
b) Unendlich viele Funktionen zweiten Grades.
c) Genau eine Funktion dritten Grades.

23 **Ausblick:** Der Graph einer ganzrationalen Funktion f dritten Grades schneidet die x-Achse an den Stellen x = −6, x = −1 und x = 2. Darüber hinaus schneidet der Graph die y-Achse bei −6. Stellen Sie das zugehörige Gleichungssystem auf und bestimmen Sie die Funktionsgleichung von f.

5.3 Rekonstruktion in Anwendungen

Interpretieren Sie die Bedeutung der eingezeichneten Punkte des Graphen im angegebenen Kontext.

a) Die Funktion f modelliert die Fahrt eines Autos (t: Zeit in Minuten, f(t): Geschwindigkeit in $\frac{km}{h}$).

b) Die Funktion f modelliert die Anzahl der Kunden in einem Supermarkt (t: Zeit in Stunden nach Ladenöffnung, f(t): Anzahl der Kunden).

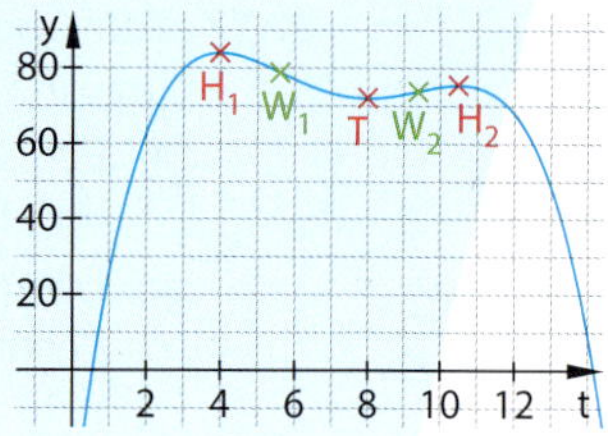

Häufig werden reale Sachverhalte mit ganzrationalen Funktionen modelliert. Je nach Sachkontext haben dabei besondere Punkte der Graphen verschiedene Bedeutungen.

Prozesse modellieren

Wird ein zeitabhängiger Vorgang (hier Prozess) durch eine Funktion f beschrieben, so steht f' für die Geschwindigkeit und f'' für die Beschleunigung.

Beispiel 1 Eine ganzrationale Funktion dritten Grades beschreibt die Höhe eines Heißluftballons. Der Ballon startet vom Boden mit einer Geschwindigkeit von 192 Meter pro Minute nach oben. Nach 8 Minuten erreicht der Ballon seine Maximalhöhe und sinkt danach wieder. Nach 16 Minuten ist die Geschwindigkeit während des Sinkflugs maximal.

a) Bestimmen Sie eine passende Funktionsgleichung.

b) Zeigen Sie, dass der Ballon nach 24 Minuten auf dem Boden landet. Begründen Sie anhand des Graphen, dass die Landung sanft verläuft.

Lösung:

a) Wählen Sie geeignete Einheiten für t und h(t). Da t in Minuten angegeben wird, entspricht h'(t) der Geschwindigkeit in Meter pro Minute. Übersetzen Sie die Daten des Flugs in Bedingungen an die Funktion.
Der Flug startet zum Zeitpunkt t = 0 auf dem Boden (A). Die Geschwindigkeit beim Start entspricht h'(0) (B).
Nach 8 Minuten liegt eine Extremstelle (Maximum) vor, da der Ballon bis dahin steigt und danach wieder sinkt (C).
Nach 16 Minuten liegt eine Wendestelle vor, da die Geschwindigkeit und damit h'(t) extremal ist (D).
Stellen Sie damit ein Gleichungssystem auf und bestimmen Sie die Funktion h.

Ansatz:
$h(t) = at^3 + bt^2 + ct + d$
t: Zeit in Minuten; h(t): Höhe in Metern

Bedingungen:

(A) Startpunkt P(0|0):	$h(0) = 0$
(B) Startgeschwindigkeit:	$h'(0) = 192$
(C) Extremstelle t = 8:	$h'(8) = 0$
(D) Wendestelle t = 16:	$h''(16) = 0$

Gleichungssystem:

$$\left| \begin{array}{rl} d = & 0 \\ c = & 192 \\ 192a + 16b + c = & 0 \\ 96a + 2b \quad = & 0 \end{array} \right| \Rightarrow \begin{array}{l} a = \frac{1}{3}; b = -16; \\ c = 192; d = 0 \end{array}$$

Lösung: $h(t) = \frac{1}{3}t^3 - 16t^2 + 192t$

b) Setzen Sie 24 für t in die Funktionsgleichung aus a) ein und zeigen Sie, dass eine Nullstelle vorliegt. Der Ballon landet somit auf dem Boden. Damit die Landung sanft verläuft, muss sich die Geschwindigkeit möglichst auf null verringern. Bestimmen Sie h' und zeigen Sie, dass h'(24) = 0 ist.

$h(24) = 8 \cdot 24^3 - 16 \cdot 24^2 + 192 \cdot 24 = 0$
$h'(t) = t^2 - 32t + 192$
$h'(24) = 24^2 - 32 \cdot 24 + 192 = 0$

Bei der Landung verringert sich die Geschwindigkeit bis auf null. Die Landung verläuft sanft.

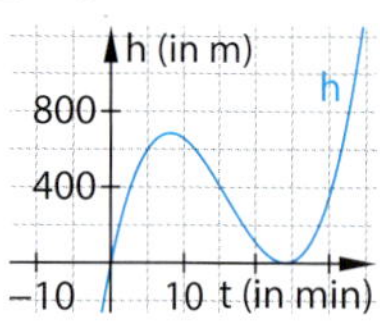

Basisaufgaben

1 An einem Sommertag beträgt die Temperatur um 6 Uhr 22 °C und um 16 Uhr wird die Tageshöchsttemperatur von 32 °C erreicht. Stellen Sie eine geeignete Funktionsgleichung auf und berechnen Sie die Temperatur bei Sonnenuntergang um 22 Uhr.

2 Eine ganzrationale Funktion f dritten Grades beschreibt zu jedem Zeitpunkt die Gesamtmenge an Sauerstoff, die von einer Pflanze seit 6 Uhr produziert worden ist. Um 6 Uhr betragen die Produktion 0 ℓ und die Produktionsrate 0 ℓ/h. Um 14 Uhr wird mit 64 ℓ/h die höchste Produktionsrate erreicht.

a) Bestimmen Sie eine Funktionsgleichung der Funktion f.

b) Berechnen Sie die Sauerstoffmenge, die im Zeitraum von 6 bis 20 Uhr insgesamt produziert wird.

c) Berechnen Sie, in welchen Zeiträumen die Produktionsrate unter 10 ℓ/h liegt.

3 Übertragen Sie die Tabelle in Ihr Heft und ergänzen Sie die inhaltlichen Beschreibungen der jeweiligen Sachsituation.

Zugeordnete Größen	f(t)	f′(t)	Hochpunkt/Tiefpunkt	Wendepunkt
Minute → Zurückgelegter Weg				
Minute → Geschwindigkeit				
Jahr → Bevölkerung einer Stadt				
Tag → Anzahl Grippeerkrankter				
Uhrzeit → Pegelstand eines Flusses				

4 Tom hat auf seiner Fahrradtour zu verschiedenen Zeitpunkten seine Geschwindigkeit auf dem Fahrradcomputer abgelesen.

Zeit in Minuten	0	1	5	8
Geschwindigkeit in $\frac{km}{h}$	0	9,8	11	5,6

a) Ermitteln Sie aus den angegebenen Daten eine ganzrationale Funktion dritten Grades, die die Geschwindigkeit von Tom zum Zeitpunkt t modelliert.

b) Berechnen Sie die durchschnittliche Beschleunigung innerhalb der ersten zwei Minuten der Fahrradtour.

c) Begründen Sie, dass die Funktion aus a) für die Modellierung der Geschwindigkeit während der Fahrradtour nur für einen kleinen Zeitraum geeignet ist.

5 Ein Ufo wurde für einige Minuten von der Luftraumüberwachung verfolgt. Zu Beginn der Beobachtung befand es sich in 4 km Höhe. Es begann zu steigen und wurde dabei immer schneller. Nach 1 Minute und 40 Sekunden wurde das Ufo wieder langsamer und beendete nach 4 Minuten seinen Steigflug. Danach begann es zu sinken.

a) Bestimmen Sie in der Funktionsgleichung von f mit $f(t) = at^4 - \frac{23}{60}t^3 + bt^2 + c$ die fehlenden Parameter a, b und c, sodass die Funktion den Flug des Ufos modelliert.

b) Nach 6 Minuten verschwand das Ufo vom Radar. Überprüfen Sie anhand der Funktion f, ob das Ufo abgestürzt ist.

Randkurven beschreiben

In manchen Fällen sollen Randkurven von Objekten mit dem Graphen einer ganzrationalen Funktion mit vorgegebenem Grad beschrieben werden.

Beispiel 2 Beschreiben Sie die obere Randkurven des abgebildeten Logos mit einer ganzrationalen Funktion vierten Grades. Wählen Sie hierzu eine günstige Lage des Koordinatensystems und lesen Sie geeignete Eigenschaften des Graphen ab.

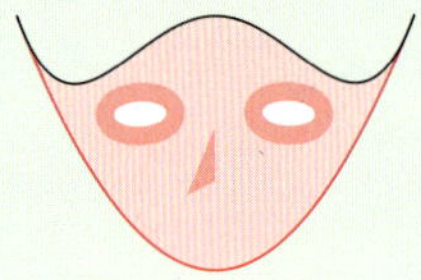

Lösung:
Das Logo ist symmetrisch. Legen Sie die y-Achse in die Mitte, um dies zu nutzen. Legen Sie den Ursprung in den Mittelpunkt der oberen Kurve, um möglichst einfache Bedingungen zu erhalten. Lesen Sie die markanten Punkte ab.

Hochpunkt: $H(0|0)$
Nullstellen: $x_{1/2} = \pm 4$; $x_3 = 0$
Tiefpunkte: T_1, T_2

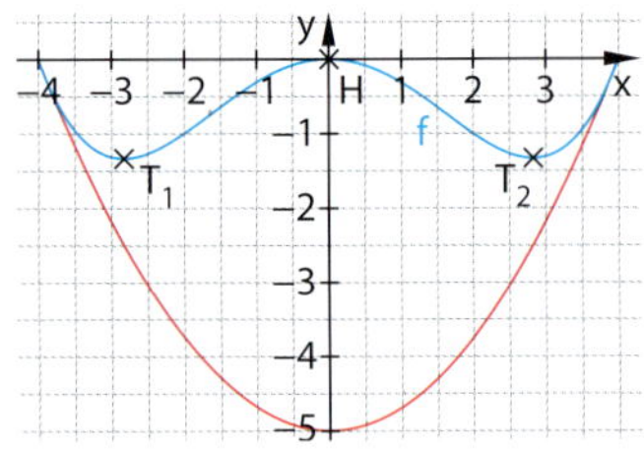

Die obere Randkurve hat drei Extrempunkte. Aufgrund der Achsensymmetrie müssen nur drei Parameter bestimmt werden. Der Hochpunkt und die Nullstellen liefern nur zwei Bedingungen.
Eine dritte Bedingung ergibt sich durch Ablesen eines weiteren Punktes (hier $P(2|1)$).
Stellen Sie ein lineares Gleichungssystem auf und ermitteln Sie die Parameter.

Der Graph von f ist achsensymmetrisch.
Ansatz: $f(x) = ax^4 + bx^2 + c$

$H(0\|0)$	$f(0) = 0 \Leftrightarrow c = 0$
	$f'(0) = 0 \Leftrightarrow 0 = 0$ (nicht hilfreich)
$N_1(-4\|0)$	$f(-4) = 256a + 16b = 0$
$N_2(4\|0)$	$f(4) = 256a + 16b = 0$ (identisch)
$P(2\| -1)$	$f(2) = 16a + 4b = -1$

$$\left|\begin{array}{l} 256a + 16b = 0 \\ 16a + 4b = -1 \end{array}\right| \Rightarrow a = \frac{1}{48}; b = -\frac{1}{3}$$

$$f(x) = \frac{1}{48}x^4 - \frac{1}{3} - x^2$$

Basisaufgaben

6 Für einen Skaterpark soll eine neue Rampe konstruiert werden. Die Rampe soll 3 Meter hoch sein und im höchsten Punkt waagerecht verlaufen. In der Mitte der Rampe soll das Gefälle der Rampe am größten sein.

a) Ermitteln Sie eine ganzrationale Funktion dritten Grades, deren Graph den Verlauf der Rampe modelliert.

b) Zeigen Sie, dass die Rampe waagerecht am Boden abschließt.

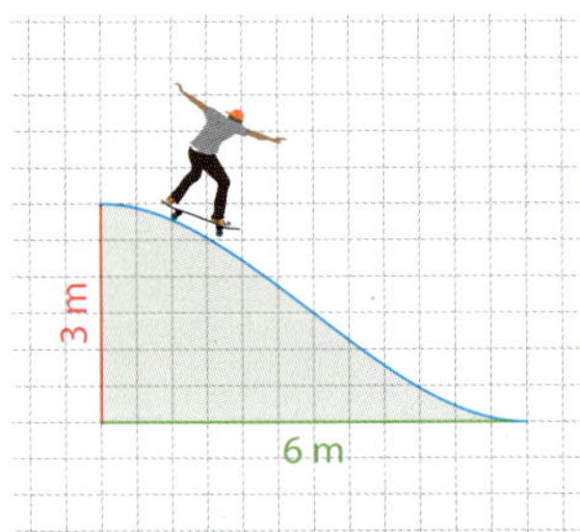

7 Das rosa gefärbte Kunststoffteil der Rutsche soll mit dem Graphen einer Funktion beschrieben werden. Die Rutsche beginnt und endet jeweils waagerecht.

a) Bestimmen Sie eine geeignete ganzrationale Funktion dritten Grades.

b) Berechnen Sie mit dem Ergebnis aus a) die Stelle, an der die Rutsche am steilsten ist, und geben Sie diese Steigung an.

c) Geben Sie den Steigungswinkel an dieser Stelle an.

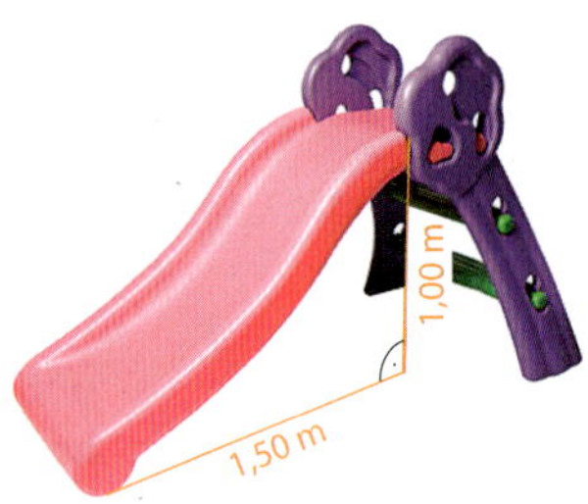

8 Die AOV-AG hat ein neues Logo entwerfen lassen. Ein Kreis mit dem Radius 2, der den Buchstaben O bildet, wird von zwei Funktionen f und g umschlossen. Der Graph der unteren Funktion f, der den Buchstaben V bildet, ist durch $f(x) = \frac{2}{9}x^2 - 2$ gegeben.

a) Ermitteln Sie eine Funktionsgleichung für den oberen Graphen g, der den Buchstaben A bildet.

b) Durch die Wendepunkte von g soll eine waagerechte Strecke verlaufen. Berechnen Sie die Länge der Strecke.

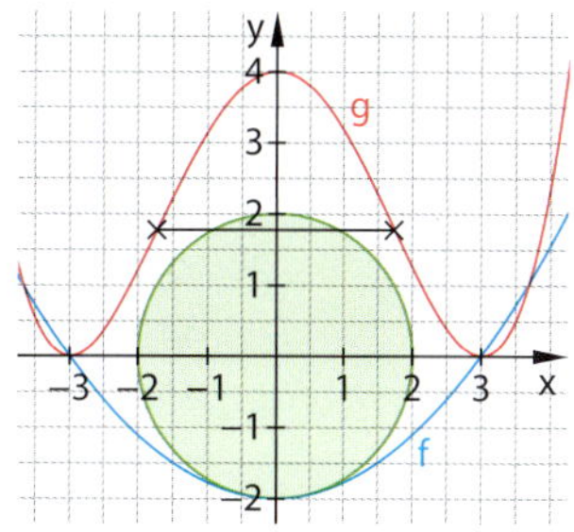

9 Das Copan-Gebäude in São Paulo gilt als eines der größten Wohngebäude der Welt. Die Abbildung zeigt ein grobes Modell des wellenförmigen Grundrisses.

a) Ermitteln Sie eine ganzrationale Funktion f, die die untere Begrenzungslinie im Modell beschreibt.

b) Das Gebäude ist ca. 12 Meter breit. Begründen Sie, dass die Funktion g mit $g(x) = f(x) + 12$ zur Beschreibung der oberen Begrenzungslinie im Modell ungeeignet ist.

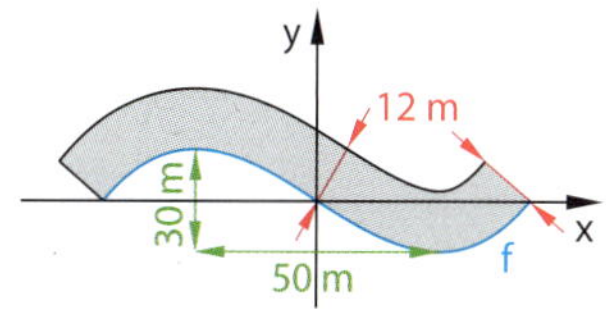

Hinweis

Der Begriff Trassierung beschreibt das Entwerfen geeigneter Linienführungen.

Trassierung

Die Linienführung einer Straße oder eines Gleises – die sogenannte Trasse – lässt sich stückweise durch Funktionsgraphen beschreiben. Dabei gilt:
Der Übergang zwischen den Teilgraphen zweier Funktionen f und g an einer Stelle a heißt **sprungfrei**, wenn $f(a) = g(a)$ gilt. Er heißt **knickfrei**, wenn zusätzlich $f'(a) = g'(a)$ gilt, und **krümmungsruckfrei**, wenn auch noch $f''(a) = g''(a)$ gilt.

Beispiel 3 Bestimmen Sie eine ganzrationale Funktion dritten Grades, deren Graph die beiden Geraden in der Abbildung knickfrei verbindet. Prüfen Sie, ob die Übergänge auch krümmungsruckfrei sind.

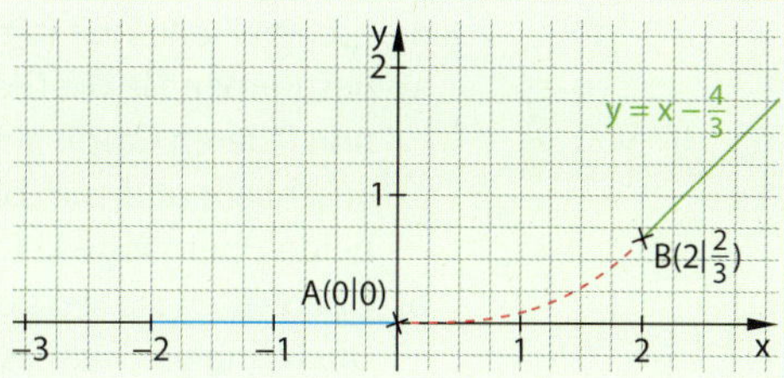

Lösung:

Stellen Sie die allgemeine Funktionsgleichung auf und bilden Sie die Ableitungen.

$f(x) = ax^3 + bx^2 + cx + d$
$f'(x) = 3ax^2 + 2bx + c, \quad f''(x) = 6ax + 2b$

Stellen Sie sämtliche Bedingungen auf. Aus den Verbindungspunkten A(0|0) und $B\left(2\,\middle|\,\frac{2}{3}\right)$ ergeben sich zwei Bedingungen.

sprungfrei:
$f(0) = 0$: $d = 0$
$f(2) = \frac{2}{3}$: $8a + 4b + 2c = \frac{2}{3}$

Ermitteln Sie die Steigungen der beiden Geraden und setzen Sie diese mit f′(0) bzw. f′(2) gleich. Somit sind die Übergänge knickfrei.

knickfrei:
$f'(0) = 0$: $c = 0$
$f'(2) = 1$: $12a + 4b = 1$

Berechnen Sie die Parameter und stellen Sie die Funktionsgleichung auf.

$$\left|\begin{array}{l} 8a + 4b = \frac{2}{3} \\ 12a + 4b = 1 \end{array}\right| \Rightarrow a = \frac{1}{12};\ b = 0$$

$f(x) = \frac{1}{12}x^3$

Prüfen Sie, ob auch die Werte der zweiten Ableitungen an den Verbindungsstellen übereinstimmen.

$f''(0) = 0$, d. h. im Ursprung ruckfrei.
$f''(2) = 1 \neq 0$, d. h. im Punkt B nicht ruckfrei.

Basisaufgaben

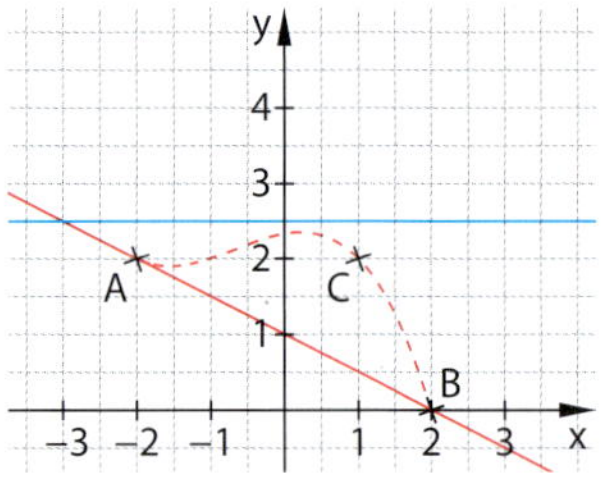

10 Durch das Zentrum eines kleinen Orts im Punkt (0 | 1) verläuft eine Bundesstraße mit starkem Verkehr. Um die Bevölkerung des Orts von Lärm und Abgasen zu entlasten, soll eine Umgehungsstraße gebaut werden, die in den Punkten A und B von der Bundesstraße abzweigt. Dabei darf im Punkt A kein Knick entstehen, während der Anschluss in B unter einem beliebigen Winkel erfolgen kann. Aus Gründen der Geländebeschaffenheit muss die Umgehungsstraße durch den Punkt C verlaufen.

a) Stellen Sie Funktionsgleichungen auf, die den Verlauf der Bundesstraße sowie den der Umgehungsstraße beschreiben.

b) Die Brücke bei (−3 | 2,5) führt die Bundesstraße über einen Kanal (in der Abbildung blau). Die Uferwiesen dienen Erholungszwecken, weshalb die Umgehungsstraße zum Kanal einen Abstand von 0,1 nicht unterschreiten soll. Prüfen Sie, ob der Graph der Funktion aus a) diese Anforderung erfüllt.

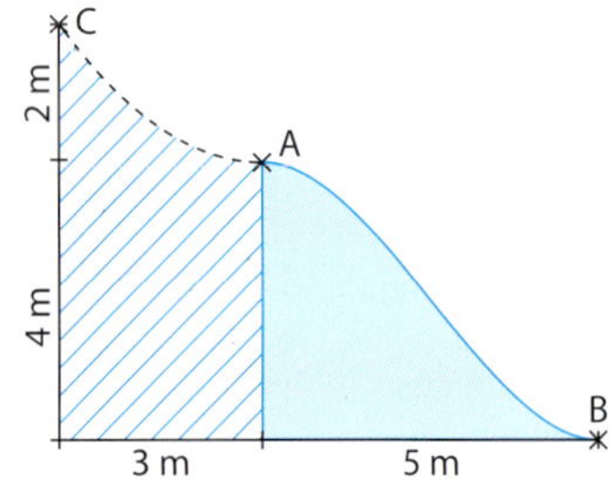

11 Die Rutsche zwischen den Punkten A und B soll durch eine ganzrationale Funktion dritten Grades so modelliert werden, dass sie in A und B waagerecht verläuft.

a) Wählen Sie ein geeignetes Koordinatensystem und bestimmen Sie eine Funktionsgleichung.

b) Die Rutsche soll zwischen A und C so erweitert werden, dass im Punkt A kein Knick entsteht. Bestimmen Sie eine geeignete quadratische Funktion.

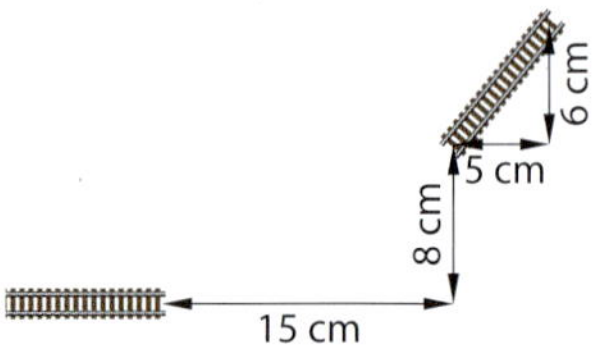

12 Die beiden Gleise sollen durch den Graphen einer quadratischen Funktion f miteinander verbunden werden.

a) Bestimmen Sie die Gleichung der quadratischen Funktion f, deren Graph am waagerechten Gleis knickfrei anschließt und zum oberen Gleis führt. Prüfen Sie, ob beide Übergänge knickfrei sind.

b) Überprüfen Sie, ob sich das obere Gleis vertikal so verschieben lässt, dass beide Übergänge knickfrei sind. Bestimmen Sie die notwendigen Maße.

c) Bestimmen Sie eine ganzrationale Funktion g vom Grad 3, deren Graph die Gleise ohne eine Verschiebung knickfrei miteinander verbindet.

Weiterführende Aufgaben

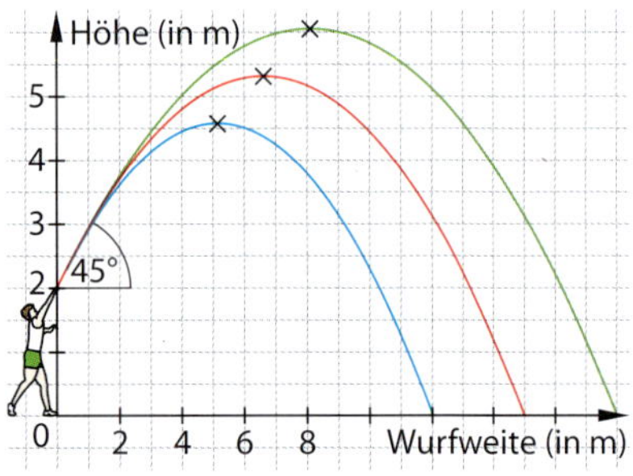

13 Bei einer Wurfparabel wird die maximale Wurfweite immer bei einem Abwurfwinkel von 45° erreicht. Zudem hängt die maximale Wurfweite von der Anfangsgeschwindigkeit der Kugel, also von der Kraft des Sportlers, ab. Ein Kugelstoßer stößt aus einer Höhe von 2 m und unter einem Winkel von 45° die Kugel 12 m (15 m; 18 m) weit. Berechnen Sie jeweils die maximale Höhe der Flugbahn.

14 Stolperstelle: Der Pegelstand eines Flusses soll an einem Tag zwischen 8 Uhr und 19 Uhr mit einer ganzrationalen Funktion 3. Grades modelliert werden. Bis um 10 Uhr sank der Pegel auf 1,8 m und stieg von da an. Um 12:40 Uhr wurde ein maximaler Anstieg des Wassers mit 0,2 m/h beobachtet. Nehmen Sie Stellung zu den Lösungsansätzen.

Marie

Bedingungen:

$f(0) = 1{,}8 \quad f'(0) = 0$

$f''\left(\frac{8}{3}\right) = 0 \quad f'\left(\frac{8}{3}\right) = 0{,}2$

Gleichungssystem:

$$\left| \begin{array}{r} d = 1{,}8 \\ c = 0 \\ 6 \cdot \frac{8}{3}a + 2b = 0 \\ 3 \cdot \left(\frac{8}{3}\right)^2 a + 2 \cdot \frac{8}{3}b + c = 0{,}2 \end{array} \right|$$

Lucy

Bedingungen:

$f(10) = 1{,}8 \quad f'(10) = 0$

$f''(12{,}4) = 0 \quad f'(12{,}4) = 0{,}2$

Gleichungssystem:

$$\left| \begin{array}{r} 10^3 a + 10^2 b + 10c + d = 1{,}8 \\ 3 \cdot 10^2 a + 2 \cdot 10 \cdot b + c = 0 \\ 6 \cdot 12{,}4a + 2b = 0 \\ 3 \cdot 12{,}4^2 a + 2 \cdot 12{,}4 \cdot b + c = 0{,}2 \end{array} \right|$$

15 Ein Unternehmen verkauft neue Modelle seiner beliebten Bluetooth-Kopfhörer. Bei den letzten Modellen wurde beobachtet, dass die Anzahl der Bestellungen im Online-Shop stark vom Verkaufspreis abhängt. Bei einem Verkaufspreis von 20 € war die Anzahl der Bestellungen minimal. Bei einem Preis von 65 € war die Zunahme der Bestellungen am höchsten.

a) Ermitteln Sie b und c, damit die Funktion f mit $f(x) = -\frac{1}{60}x^3 + bx^2 + cx + \frac{3601}{3}$ die Anzahl der Bestellungen im Online-Shop in Abhängigkeit vom Verkaufspreis im Intervall [20; 150] modelliert.

b) Berechnen Sie, bei welchem Preis x die Anzahl der Bestellungen am größten ist. Geben Sie die maximale Anzahl an Bestellungen an.

c) Ermitteln Sie eine Funktion, die den Umsatz des Online-Shops in Abhängigkeit vom Verkaufspreis modelliert. Zeigen Sie, dass der Umsatz bei einem Preis von etwa 120 € maximal ist.

16 Die Hamburger Elbphilharmonie ist seit ihrer Fertigstellung eine bedeutende Touristenattraktion der Stadt. Das Foto zeigt den seitlichen Blick auf das Gebäude. Die Punkte A und B liegen auf einer Höhe von 81,22 Meter. Der Punkt C befindet sich 17 Meter vom linken Gebäuderand auf einer Höhe von 70 Meter.

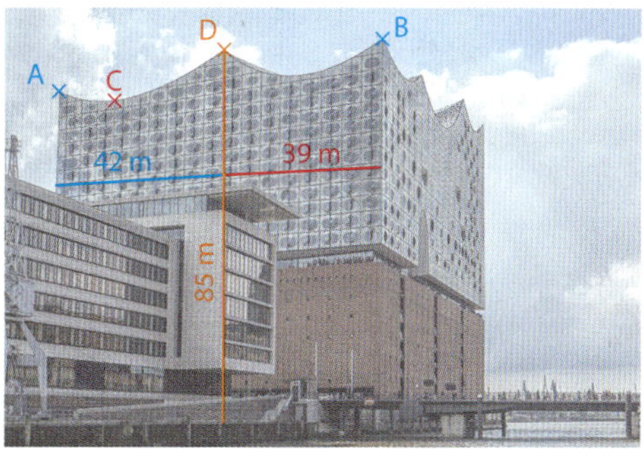

a) Ermitteln Sie die Funktionsgleichung der linken Parabel, durch A, C und D.

b) Der tiefste Punkt der rechten Dachlinie befindet sich auf einer Höhe von 77 Meter. Ermitteln Sie die Funktionsgleichung der rechten Parabel.

17 In der Abbildung sind zwei Straßenstücke dargestellt, die durch ein Kurvenstück verbunden werden sollen.

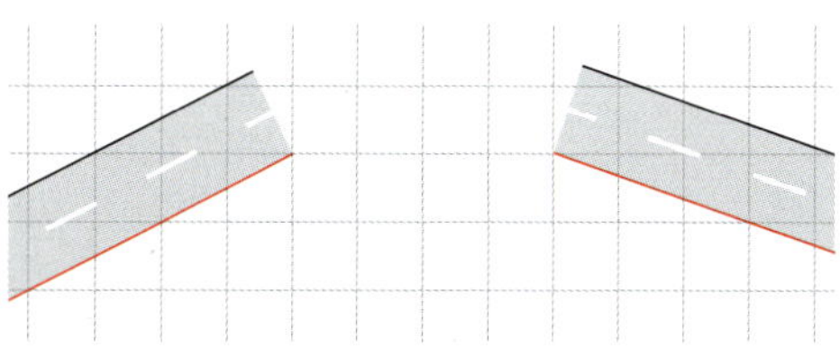

a) Wählen Sie ein geeignetes Koordinatensystem und bestimmen Sie eine quadratische Funktion, deren Graph die beiden roten Fahrbahnränder verbindet. Zeigen Sie, dass mindestens eine der Streckenverbindungen einen Knick hat.

b) Bestimmen Sie eine ganzrationale Funktion mit möglichst geringem Grad, die die Straßenstücke knickfrei verbindet.

18 Das Höhenprofil einer 6 km langen Wanderstrecke lässt sich durch eine ganzrationale Funktion dritten Grades beschreiben (Einheiten auf den Achsen: x-Achse 1 km, y-Achse 100 m). Nach 2 km geht es auf einer Strecke von 2 km nur noch bergab und ausgehend von einer Höhe von 222 m wird ein Höhenunterschied von 44 m überwunden. Anschließend führt die Tour wieder bergauf.

a) Formulieren Sie möglichst viele Bedingungen an Funktionen, deren Graphen das Höhenprofil wiedergeben.

b) Zeigen Sie, dass eine Lösung des sich aus den Bedingungen ergebenden Gleichungssystems auf die Gleichung $f(x) = 0{,}11x^3 - 0{,}99x^2 + 2{,}64x + 0{,}02$ führt.

c) Untersuchen Sie, ob auch die Funktion g mit $g(x) = \frac{1}{9}x^3 - x^2 + \frac{8}{3}x$ zur Beschreibung des Sachverhalts geeignet ist.

d) Bestimmen Sie, auf welchen Streckenabschnitten die Steigung bzw. das Gefälle durchschnittlich am größten ist, wenn zur Modellierung die Funktion g aus c) verwendet wird und jeweils ansteigende bzw. absteigende Streckenabschnitte betrachtet werden.

e) Untersuchen Sie, für welche Werte von a die Funktion g_a mit $g_a(x) = ax^3 - x^2 + \frac{8}{3}x$ genau zwei Extremstellen hat.

19 Im Jahr 2000 ergab eine Zählung, dass in China 1,26 Milliarden Menschen lebten. In jenem Jahr betrug die Wachstumsrate 7,5 Millionen Menschen pro Jahr.
Experten gehen davon aus, dass Chinas Bevölkerungszahl bis zum Jahr 2050 schätzungsweise noch auf 1,4 Milliarden Menschen ansteigen und erst dann ein Maximum erreichen wird.

Hinweis zu 19a

Wählen Sie für das Jahr 2000 $t = 0$.

a) Bestimmen Sie eine ganzrationale Funktion dritten Grades, mit der näherungsweise die Entwicklung der Bevölkerungszahl (in Mrd.) modelliert werden kann.

b) Begründen Sie, dass sich die ermittelte Funktion nicht dazu eignet, die Bevölkerungszahl über das Jahr 2050 hinaus zu modellieren.

c) Indien ist ebenfalls ein bevölkerungsreiches Land. Die Funktion g mit $g(t) = \frac{1}{1000} \cdot (0{,}00076t^3 - 0{,}15t^2 + 16t + 1050)$ mit $0 \le t \le 55$ beschreibt die Bevölkerungsentwicklung Indiens (in Mrd.). Berechnen Sie, wann Indiens Bevölkerung größer als die Chinas ist.

20 **Ausblick:** Um das Wachstumsverhalten einer Nutzpflanze zu untersuchen, wurde eine Pflanze über einen Zeitraum von 17 Wochen nach ihrer Pflanzung beobachtet. Die Tabelle enthält die Messwerte.

Woche seit Pflanzung	0	3	17
Pflanzenhöhe in cm	$\frac{101}{21}$	$\frac{44}{3}$	$\frac{386}{3}$

a) Bestimmen Sie mithilfe des Datenmaterials eine quadratische Funktion f, die die Höhe der Pflanze zum Zeitpunkt t modelliert.

b) Nach 8 Wochen und 4,6 Tagen (also bei $t = \frac{26}{3}$) wurde beobachtet, dass die Pflanze am schnellsten gewachsen ist. Begründen Sie, dass die in a) ermittelte Funktion diese Eigenschaft nicht aufweisen kann.
Ermitteln Sie mit der zusätzlichen Information eine ganzrationale Funktion g, die die Höhe der Pflanze zum Zeitpunkt t modelliert.

c) Ermitteln Sie rechnerisch sowohl für die Funktion aus a) als auch aus b), mit welcher Pflanzenhöhe nach einem halben Jahr zu rechnen ist.

d) Begründen Sie, dass beide Modellierungen für eine langfristige Prognose des Pflanzenwachstums ungeeignet sind.

5.4 Funktionenscharen

Ein Basketballspieler versucht den Korb in 3 m Höhe und 5 m Entfernung zu treffen. Die Wurfhöhe des Balls beträgt 2 m.

a) Bestimmen Sie mit diesen Informationen verschiedene Funktionsgleichungen, die eine mögliche Wurfbahn beschreiben.
b) Nicht alle in a) ermittelten Parabeln sind sinnvolle Wurfbahnen. Geben Sie einschränkende Bedingungen an.
c) Wenn der Abwurf unter einem Winkel von 45° erfolgt, so ist die Wurfbahn eindeutig festgelegt. Bestimmen Sie die Gleichung dieser quadratischen Funktion.

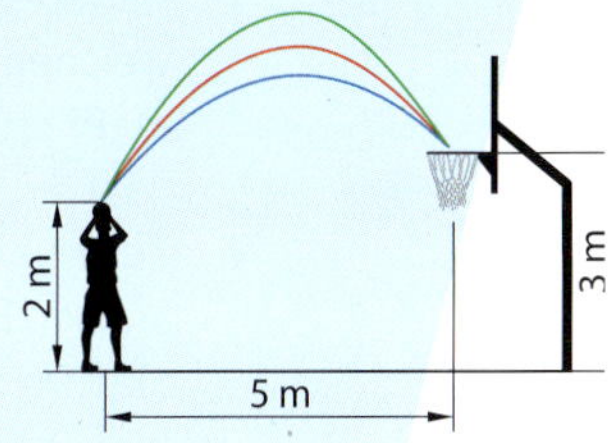

Der „Berliner Bogen" in Hamburg hat eine parabelförmige, 70 m breite Fassade. Um sie zu modellieren, wird ein Koordinatensystem über ein Foto der Fassade gelegt. Aus den Punkten $P(0|0)$ und $Q(70|0)$ ergibt sich ein unterbestimmtes lineares Gleichungssystem. Wählt man a als freien Parameter, so ergibt sich $b = -70a$ und damit die Funktionsgleichung. Man erhält also für jeden Wert von a eine neue Funktion.
Variiert man den Parameter a, so lassen sich die entstehenden Graphen von f_a zur Modellierung nutzen. Für $a = -0{,}03$ beschreibt die Parabel zum Beispiel gut den oberen Fassadebogen des Gebäudes.

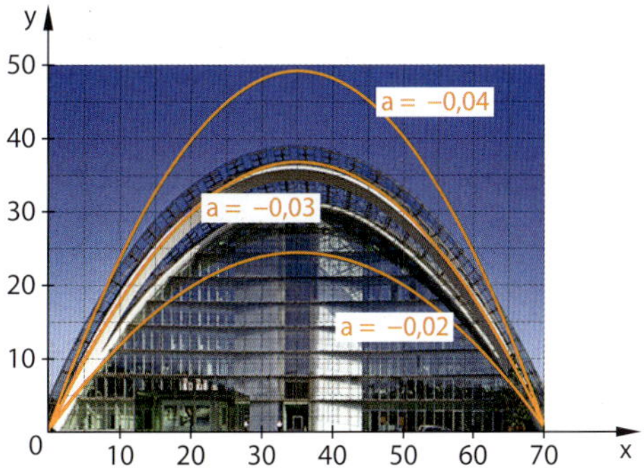

Ansatz: $f(x) = ax^2 + bx + c$

P(0|0): $\left| \quad c = 0 \right|$

Q(70|0): $\left| 4900a + 70b + c = 0 \right|$

Lösung: $f_a(x) = ax^2 - 70ax$

Hinweis
Eine Funktionenschar kann auch von mehreren Parametern abhängen.

Definition Funktionenschar
Ein Funktionsterm kann neben der Variablen x auch einen **Parameter a** enthalten. In diesem Fall ergibt sich für jeden Wert von a eine eigene Funktion. Die Menge all dieser Funktionen heißt **Funktionenschar f_a**.Beim Ableiten wird der Parameter a wie eine konstante Zahl behandelt.

Beispiel 1 Gegeben ist die Funktionenschar f_a mit $f_a(x) = x^3 - 3ax^2, a \neq 0$.
Bestimmen Sie die Nullstellen sowie Extrem- und Wendepunkte von f_a.

Lösung:

Setzen Sie $f_a(x)$ gleich null. Klammern Sie x^2 aus und wenden Sie den Satz vom Nullprodukt an.	**Nullstellen:** $f_a(x) = x^2(x - 3a) = 0$ $x = 0$ oder $x = 3a$ $f_a'(x) = 3x^2 - 6ax \quad f_a''(x) = 6x - 6a$
Beim Ableiten wird a wie eine Konstante behandelt. Bestimmen Sie die Nullstellen von f_a' und setzen Sie diese in $f_a''(x)$ ein. Das Vorzeichen von f_a'' hängt von der Wahl des Parameters a ab. Machen Sie eine Fallunterscheidung und geben Sie für jeden Fall die Hoch- und Tiefpunkte an.	**Extrempunkte:** $f_a'(x) = 3x(x - 2a) = 0$ $x = 0$ mit $f_a''(0) = -6a$ und $x = 2a$ mit $f_a''(2a) = 6a$ Für $a < 0$: $f_a''(0) > 0$ und $f_a''(2a) < 0$ Tiefpunkt $T(0|0)$, Hochpunkt $H_a(2a|-4a^3)$ Für $a > 0$: $f_a''(0) < 0$ und $f_a''(2a) > 0$ Hochpunkt $H(0|0)$, Tiefpunkt $T_a(2a|-4a^3)$
Die Nullstelle von f_a'' liefert für jedes a einen Wendepunkt.	**Wendepunkte:** $f_a''(x) = 6(x - a) = 0$ $x = a$; $f_a'''(a) = 6$; Wendepunkt $W_a(a|-2a^3)$

Basisaufgaben

1 Gegeben ist die Funktionenschar f_a mit $f_a(x) = -x^2 + \frac{x}{a}$ und $a \neq 0$. Bestimmen Sie, für welchen Wert von a der Punkt P auf dem Graphen von f_a liegt.
a) $P(1|0)$ b) $P(2|-3)$ c) $P(-3|-7)$ d) $P(2|-4)$

2 Zeichnen Sie den Graphen von f_a für die gegebenen Werte des Parameters a. Beschreiben Sie den Einfluss von a auf den Verlauf des Graphen.
a) $f_a(x) = ax^3 - a^2x$ $a = -1$ ($a = 0$; $a = 0{,}5$; $a = 1$; $a = 2$)
b) $f_a(x) = 2x^3 + 3(a-1)x^2 - 6ax$ $a = -2$ ($a = -1$; $a = 0$; $a = 1$)

3 Bestimmen Sie anhand der Graphen eine Funktionsgleichung der Funktionenschar f_a.
a)
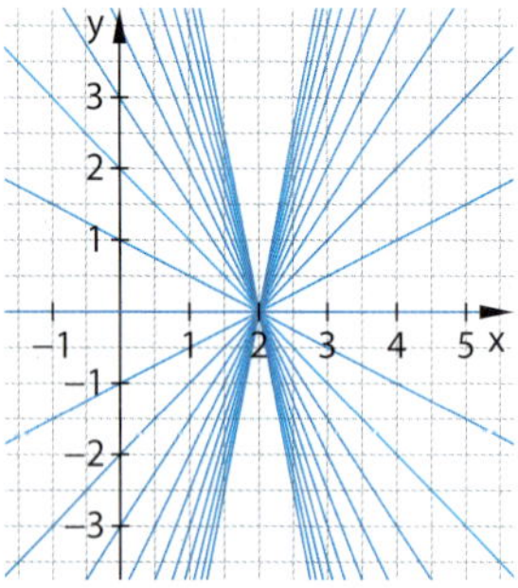

b)
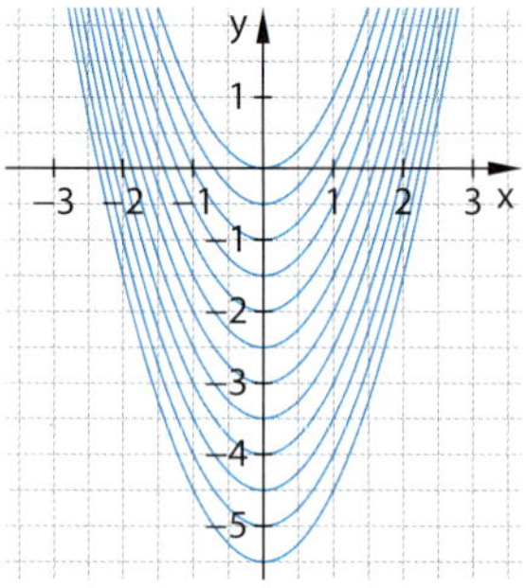

c)
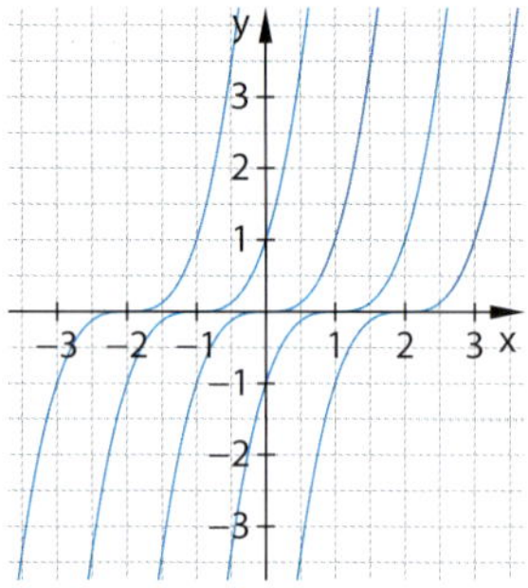

4 Bestimmen Sie die ersten beiden Ableitungen der Funktionenschar.
a) $f_k(x) = kx^2 - 2k^2x + k^3$ b) $f_a(x) = 12a^2x^3 + \frac{a}{x}$
c) $f_b(x) = 7b^2x^3 + 14bx^2 + b$ d) $f_p(x) = 2p\sin(x)$

5 Bestimmen Sie die Steigung der Graphen von f_a an der Stelle x_0.
a) $f_a(x) = ax^2 + 3ax + a^2$; $x_0 = -1$ b) $f_a(x) = (a-2)x^2 + a^2x$; $x_0 = 3$
c) $f_a(x) = \frac{1}{2}ax^4 + a^2x + 2a$; $x_0 = -2$ d) $f_a(x) = 2a^2x^3 + \frac{x}{a}$ $(a \neq 0)$; $x_0 = 2$

6 Untersuchen Sie die Funktionenschar f_a auf Nullstellen, Extrem- und Wendepunkte.
a) $f_a(x) = \frac{1}{4}x^3 - \frac{3}{4}ax^2$ b) $f_a(x) = 2a^2x^3 - 3a^3x^2$
c) $f_a(x) = \frac{1}{4}x^4 - \frac{1}{2}a^2x^2$ d) $f_a(x) = a^2x^4 + 2x^2 - \frac{3}{a^2}$ $(a \neq 0)$

7 Bestimmen Sie den Wert für den Parameter a so, dass der Graph der Funktionenschar f_a an der Stelle x_0 die Steigung m hat.
a) $f_a(x) = -2ax^2 + a^2x - a$ $m = 5$ an der Stelle $x_0 = 1$
b) $f_a(x) = x^3 + 6ax^2 + 12a^2x$ $m = \frac{1}{3}$ an der Stelle $x_0 = a$
c) $f_a(x) = \frac{a^2}{x^2}$ $m = -\frac{1}{2}$ an der Stelle $x_0 = 1$
d) $f_a(x) = 6x^2 - 15ax + 7a^2$ $m = a$ an der Stelle $x_0 = -1$

Hinweis zu 8

Bei der Grenzwertbildung wird a wie eine Konstante behandelt. Beachten Sie das Vorzeichen von a und machen Sie eine Fallunterscheidung.

8 Beschreiben Sie das Globalverhalten der Graphen der Funktionenschar f_a für $x \to \infty$ und $x \to -\infty$ in Abhängigkeit vom Parameter a.
a) $f_a(x) = ax^3 + 4x$ b) $f_a(x) = -a^2x^4 + 2ax^3 + 12x$
c) $f_a(x) = -a^2x^5 - 3x^2$ d) $f_a(x) = a^3x^7 - 3a^3x^3 + ax^2$

9 Bestimmen Sie Werte von a so, dass der Graph der Funktion f_a mit $f_a(x) = x^3 - 2ax^2 + a^2x$
a) den Punkt $P(2|2)$ enthält, b) einen Tiefpunkt an der Stelle $x = -1$ hat,
c) an der Stelle $x = 2$ die Steigung 5 hat, d) an der Stelle $x = 6$ einen Wendepunkt hat,
e) einen Sattelpunkt hat, f) die Nullstellen $x_1 = 0$ und $x_2 = 4$ hat.

Ortskurven

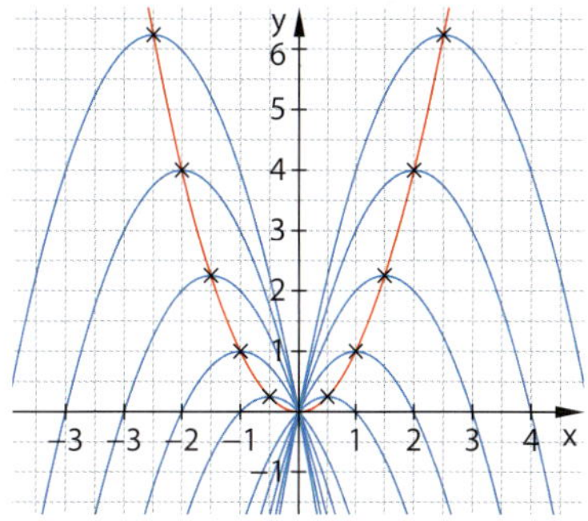

Die Lage der Extrem- und Wendepunkte der Graphen einer Funktionenschar kann vom Parameter der Schar abhängen.

Die Graphen der Funktionenschar f_a mit $f_a(x) = 2ax - x^2$ haben die Hochpunkte $H_a(a\,|\,a^2)$.
Im Koordinatensystem liegen die Hochpunkte alle auf der Parabel p mit $p(x) = x^2$. Diese Parabel legt die Orte der Hochpunkte fest und heißt daher **Ortskurve der Hochpunkte**.

Hinweis zu

$u(a)$ und $v(a)$ beschreiben die x- und die y-Koordinate eines Punkts P_a in Abhängigkeit von einem Parameter a.

Wissen **Ortskurve**

Der Graph, der alle Punkte $P_a(u(a)\,|\,v(a))$ enthält, heißt Ortskurve (Ortslinie) der Punkte.
Eine Gleichung der Ortskurve ergibt sich wie folgt:
① Gleichung der x-Koordinaten $x = u(a)$ nach a auflösen.
② a in der Gleichung der y-Koordinaten $y = v(a)$ durch das Ergebnis aus ① ersetzen.

Beispiel 2

Gegeben ist die Funktionenschar f_a mit $f_a(x) = \frac{1}{2}x^4 - ax^2$ für $a > 0$.
Bestimmen Sie die Gleichung der Ortskurve durch die Tiefpunkte der Graphen von f_a.

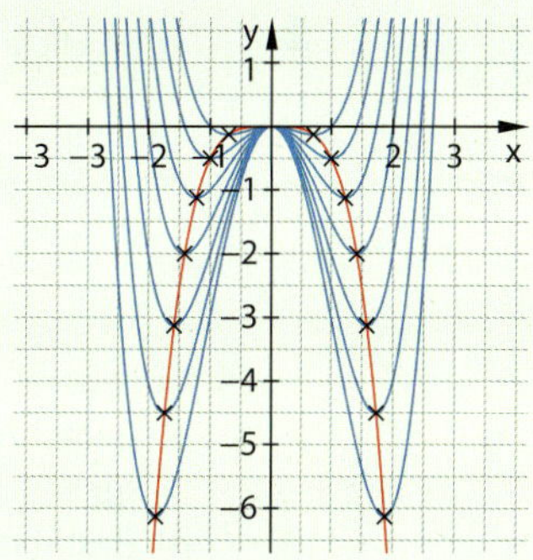

Lösung:

Die Nullstellen der ersten Ableitung sind Kandidaten für die Extremstellen.

$f_a'(x) = 2x^3 - 2ax = 2x\,(x^2 - a)$

Nullstellen von f_a': $x_1 = 0$; $x_2 = \sqrt{a}$; $x_3 = -\sqrt{a}$

Setzen Sie die Nullstellen in die zweite Ableitung ein, um zu prüfen, ob und um welche Art Extremum es sich handelt.

$f_a''(x) = 6x^2 - 2a$
$f_a''(0) = -2a < 0$, da $a > 0$ (Maximum)
$f_a''(-\sqrt{a}) = 4a > 0$, da $a > 0$ (Minimum)
$f_a''(\sqrt{a}) = 4a > 0$, da $a > 0$ (Minimum)

Berechnen Sie die Funktionswerte für die Minima und geben Sie die Tiefpunkte in Abhängigkeit von a an.

Tiefpunkte: $T_1\left(\sqrt{a}\,\middle|\,-\frac{a^2}{2}\right)$; $T_2\left(-\sqrt{a}\,\middle|\,-\frac{a^2}{2}\right)$

Stellen Sie die Gleichung für die x-Koordinate nach a um. Durch Einsetzen in die Gleichung für die y-Koordinate ergibt sich die Gleichung der Ortskurve.

$x = u(a) = \pm\sqrt{a}$ und $y = v(a) = -\frac{a^2}{2}$
$a = x^2$ einsetzen in $v(a)$
$y = v(x^2) = -\frac{(x^2)^2}{2} = -\frac{x^4}{2}$

Gleichung der Ortskurve: $t(x) = -\frac{x^4}{2}$

Basisaufgaben

10 Gegeben ist die Funktionenschar f_a mit $f_a(x) = x^2 - 2ax + 0{,}9a^2$.
a) Bestimmen Sie die Tiefpunkte T_a der Graphen von f_a in Abhängigkeit von a.
b) Bestimmen Sie die Gleichung der Ortskurve durch die Tiefpunkte T_a.

11 Geben Sie eine Gleichung der Ortskurve an, auf der die gekennzeichneten Extrem- bzw. Wendepunkte liegen.

a) b) c)

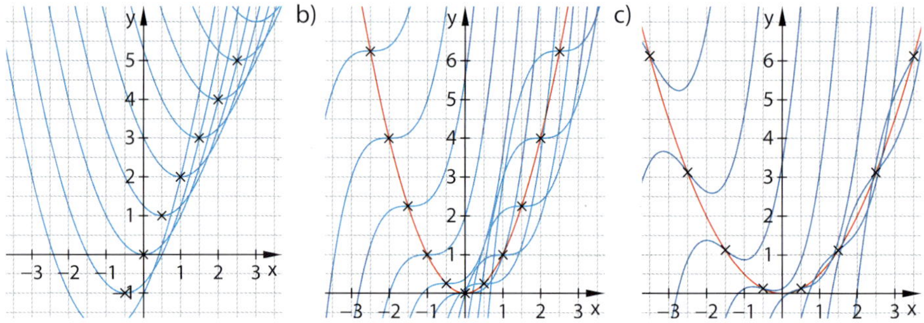

12 Bestimmen Sie die Ortskurve der Punkte.

a) $T_a(a\,|\,2a)$ b) $W_a(2a\,|\,4a^3)$

c) $H_a(a^2\,|\,a)$, $a \geq 0$ d) $S_a\left(\sqrt{a}\,\middle|\,\frac{1}{a+1}\right)$

13 Ermitteln Sie eine Gleichung der Ortskurve durch die charakteristischen Punkte der Graphen der Funktionenschar.

① Hochpunkte der Scharkurven von f_a mit $f_a(x) = -\frac{1}{4}x^4 + a \cdot x^2 - 1$ für $a > 0$

② Wendepunkte der Scharkurven von g_a mit $g_a(x) = \frac{1}{6}x^3 + a \cdot x^2 - a^2 \cdot x$ für $a > 0$

③ Extrempunkte der Scharkurven von h_a mit $h_a(x) = \frac{a}{x} + x$ für $a > 0$

④ Extrempunkte der Scharkurven von k_a mit $k_a(x) = \sqrt{x} - \frac{x}{a}$ für $a > 0$

14 Gegeben ist die Funktionenschar f_a mit $f_a(x) = \left(4 - \frac{a}{2}\right) \cdot x + \left(\frac{1}{4} - \frac{2}{a}\right) \cdot x^2$ für $a \neq 0, a \neq 8$.

a) Berechnen Sie die Koordinaten der Extrempunkte der Graphen der Schar. Geben Sie an, für welche Werte von a es sich um einen Hochpunkt handelt.

b) Bestimmen Sie die Ortskurve der Extrempunkte der Kurvenschar und geben Sie den Wert von a an, für den der Hochpunkt die größte y-Koordinate hat.

Weiterführende Aufgaben

15 Berechnen Sie die gemeinsamen Punkte der Graphen der Funktionenschar f_a.

a) $f_a(x) = -\frac{1}{3}x^3 + \frac{1}{4}ax - 2$ b) $f_a(x) = x^2 + (2a - 4)x - 6a + 5$

c) $f_a(x) = 2x^3 + (4 - 3a)x^2 - 12ax$ d) $f_a(x) = x^3 - 8x^2 + a$

16 Mit einer geeigneten Mathematiksoftware können Funktionen auch mit Parametern definiert und untersucht werden. Untersuchen Sie die Funktionenschar f_a mit $f_a(x) = \frac{x^3}{a^3} - 4ax^2$ mit dieser Software auf Nullstellen, Extrem- und Wendepunkte.

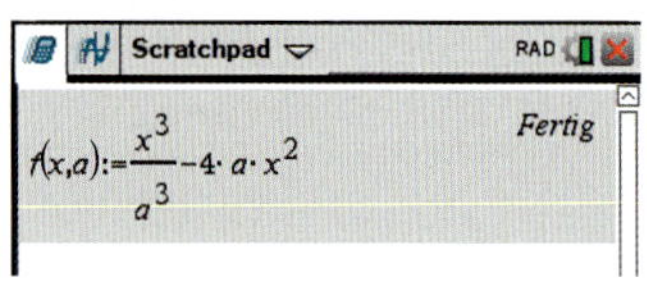

17 **Stolperstelle:** Gegeben ist die Funktionenschar f_a mit $f_a(x) = a^2x^2 + 2a^3x + a^4$. Beschreiben Sie, welche Fehler beim Ableiten gemacht wurden, und bilden Sie die korrekte Ableitungsfunktion.

① $f_a'(x) = 4ax + 6a^2x$

② $f_a'(x) = 2a^2x + 2a^3 + 4a^3$

③ $f_a'(x) = 2ax^2 + 6a^2x + 4a^3$

18 Gegeben sind die folgenden Funktionsterme.

(1) $(x-1)^2$	(2) $(x+2)^2$	(A) x^2+4x+4	(B) $x^2+14x+49$
(3) $(x-2{,}5)^2$	(4) $(x+7)^2$	(C) x^2-2x+1	(D) $x^2-5x+6{,}25$

a) Ordnen Sie jedem der Terme links einen passenden Term auf der rechten Seite zu.
b) Zeichnen Sie die Graphen zu den Termen in ein Koordinatensystem und erläutern Sie ihre Gemeinsamkeiten.
c) Die Graphen aus b) gehören zu einer Funktionenschar f_a.
Ermitteln Sie eine Funktionsgleichung von f_a.
d) Geben Sie die Werte für a an, für die der Graph von f_a die y-Achse bei 36 schneidet.

19 Die Abbildung zeigt Graphen einer Funktionenschar f_a.
a) Ermitteln Sie die Funktionsgleichungen der verschiedenen Parabeln.
b) Ermitteln Sie eine Gleichung der Funktionenschar f_a.

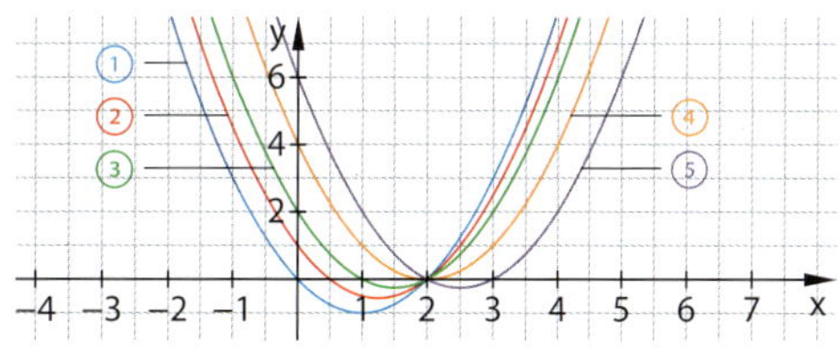

20 Gegeben ist die Funktionenschar f_a mit $f_a(x)=\frac{1}{a^2}x^3-\frac{6}{a}x^2+9x$.
a) Ermitteln Sie Nullstellen, Extrem- und Wendepunkte von f_a.
b) Zeigen Sie, dass alle Graphen von f_a im Wendepunkt W_a die gleiche Steigung haben.
c) Ermitteln Sie die Gleichung der Normalen n_a an den Graphen von f_a im Punkt W_a.

21 Eine Parabel mit der allgemeinen Form $f(x)=ax^2+bx+c$ verläuft durch den Ursprung und hat an der Stelle $x=1$ eine waagerechte Tangente.
Geben Sie die Funktionsgleichung einer Funktionenschar an, deren Graphen die genannten Bedingungen erfüllen.

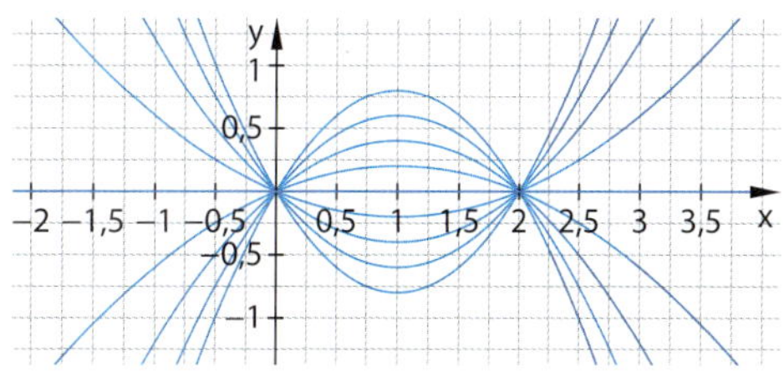

22 Das Bild zeigt Graphen einer Funktionenschar f_a von ganzrationalen Funktionen dritten Grades. Alle Graphen gehen durch den Ursprung und haben einen Extrempunkt in $(2|4)$.
a) Bestimmen Sie die Funktionsgleichung von f_a.
b) Ermitteln Sie, für welche Parameterwerte sich in $(2|4)$ ein Hochpunkt bzw. ein Tiefpunkt ergibt.

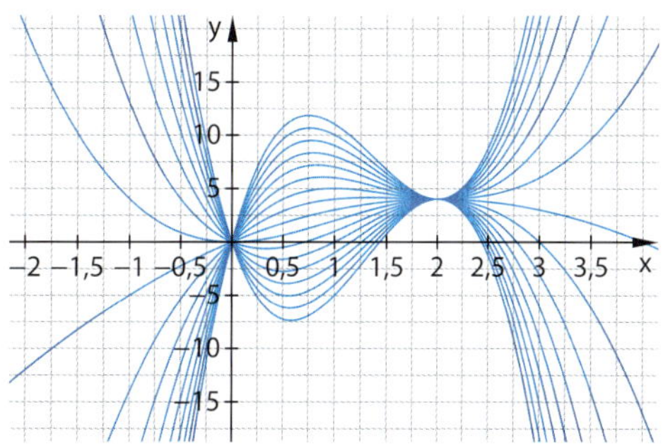

23 Gegeben ist die Funktionenschar f_a mit $f_a(x)=x^3-ax^2+2x$. Gesucht ist ein Wert für a, sodass der Graph von f_a im Punkt $H(2|-2)$ einen Hochpunkt hat. Bewerten Sie die drei Aussagen.
Anabell: *„Dann muss doch nur die Ableitung an der Stelle x = 2 gleich null sein, also a = 3,5."*
Paul: *„Nein, du musst auch prüfen, ob der Hochpunkt die y-Koordinate −2 hat. Aber das stimmt."*
Marie: *„Diese Aufgabe hat überhaupt keine Lösung."*

◐ **24** Der Wert des Parameters a kann Einfluss auf die Anzahl der Extrempunkte der Graphen von f_a haben. Betrachten Sie die Funktionenschar f_a mit $f_a(x) = \frac{1}{4}x^4 - \frac{a}{3}x^3 + \frac{1}{2}x^2$.

a) Zeigen Sie, dass alle Graphen von f_a für $-2 < a < 2$ genau einen Extrempunkt haben.

b) Begründen Sie, dass alle Graphen von f_a entweder einen oder drei Extrempunkte haben.

◐ **25** Gegeben ist die Funktionenschar f_a mit $f_a(x) = -\frac{x^3 - 3ax^2}{144}$. Für bestimmte Werte von a beschreiben die Graphen von f_a zwischen ihren Nullstellen den Querschnitt eines Deichs.

a) Bestimmen Sie den Wert von a so, dass der Deich 15 m breit ist.

b) Bestimmen Sie den Wert von a so, dass die Böschung an der rechten Seite mit 45° auf die Horizontale trifft.

c) Bestimmen Sie den Wert von a so, dass der Deich 6 m hoch ist.

d) Bestimmen Sie die maximale Breite des Deichs, für die der steilste Anstieg des Deichs maximal 30° beträgt.

● e) Zeigen Sie, dass alle Extrempunkte von f_a auf dem Graphen der Funktion g mit $g(x) = -\frac{1}{288}x^3$ liegen.

◐ **26** Die Funktionenschar f_a mit $f_a(x) = 2x^3 - (24 + 0{,}6a)x^2 + (90 + 3{,}6a)x + 35$ modelliert für $0 \le x \le 9$ die Besucherzahl in einem Sportstudio in einem Zeitraum zwischen 8 Uhr und 17 Uhr. Der Scharparameter a gibt im Intervall [0; 20] die an diesem Tag gemessene Höchsttemperatur in °C an.

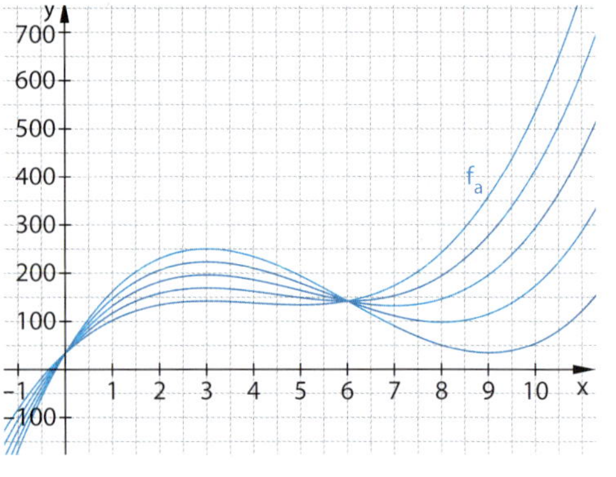

a) Geben Sie die Funktionsgleichung für f_{20} an und berechnen Sie, wie viele Besucher sich an einem Tag mit maximal 20 °C um 10 Uhr im Fitnessstudio befinden.

b) Geben Sie einen Term an, mit dem man in Abhängigkeit von a die Anzahl der Besucher um 10 Uhr berechnet.

c) Zeigen Sie, dass jede Funktion der Funktionenschar f_a an der Stelle $x = 3$ einen lokalen Hochpunkt besitzt. Deuten Sie diese Erkenntnis im Sachzusammenhang.

d) Bestimmen Sie die Koordinaten des lokalen Tiefpunkts von f_a.

e) Bestimmen Sie die Ortskurve, auf der alle lokalen Tiefpunkte von f_a liegen.

f) Nehmen Sie Stellung zu der Aussage „Je wärmer es draußen wird, desto weniger Leute trainieren im Fitnessstudio."

27 Ermitteln Sie, für welche Werte von m die Ursprungsgerade zu $y = mx$ den Graphen der Funktion f mit $f(x) = -\frac{1}{4}x^2 + \frac{5}{2}x - 4$ berührt. Veranschaulichen Sie die Situation zunächst mit einer Skizze.

28 An einen parabelförmigen Wall soll ein Brett angelehnt werden. Der Querschnitt des Walls wird beschrieben durch den Graphen der Funktion f mit $f(x) = -\frac{1}{10}x^2 + 0{,}9$. Das Brett wird in einem Abstand von 2 m vom Fuß des Walls aufgesetzt und auf den Wall gelegt.

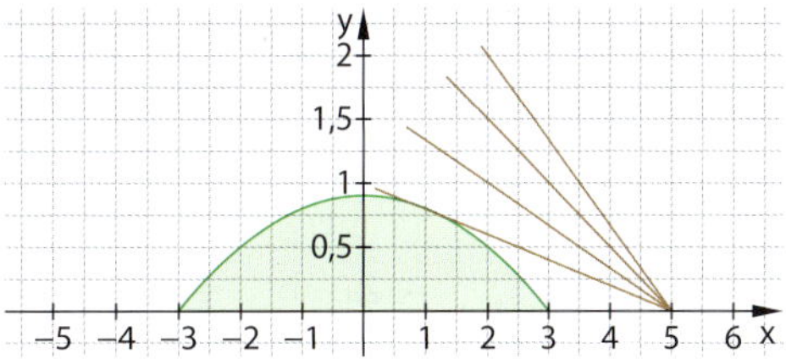

Das Brett verläuft auf einer der Geraden g_k mit $g_k(x) = kx - 5k$.

a) Bestimmen Sie den Wert des Parameters k, für den das Brett aufliegt.

b) Geben Sie den Auflagepunkt an.

29 Gegeben ist eine Funktionenschar f_a mit $f_a(x) = -ax^2 + 10ax - 9a$, $a > 0$.

a) Beschreiben Sie den Einfluss des Parameters a auf die Graphen von f_a.

b) Zeigen Sie, dass alle Graphen dieselben Nullstellen haben, und bestimmen Sie diese.

c) Ermitteln Sie a so, dass der Graph von f_a die Gerade zur Gleichung $y = 1{,}6x$ berührt.

30 Gegeben ist die Funktionenschar f_t mit $f_t(x) = -\frac{1}{t^2}x^3 + \frac{3}{t}x^2$ für $t > 0$.

a) Berechnen Sie die Nullstellen von f_t. Bestimmen Sie f_t', f_t'' und f_t'''.

b) Bestimmen Sie die Extrem- und Wendepunkte der Graphen zu f_t. Beschreiben Sie deren Lage in Abhängigkeit vom Wert des Parameters t.

c) Zeigen Sie, dass alle Extrem- und Wendepunkte auf einer Geraden liegen.

31 Betrachten Sie die Funktionenschar f_c mit $f_c(x) = \left(\frac{1}{c} - \frac{8}{c^2}\right) \cdot x^3 + \left(\frac{12}{c} - \frac{3}{2}\right) \cdot x^2$ für $0 < c < 8$.

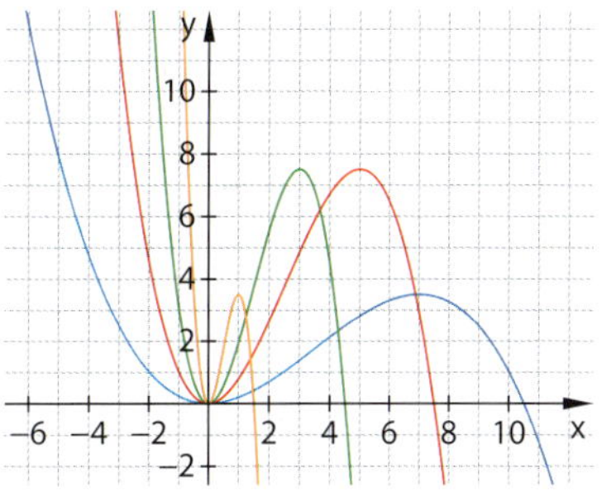

a) Berechnen Sie die Nullstellen von f_c in Abhängigkeit vom Parameter c.

b) Zeigen Sie, dass jeder Graph von f_c den Tiefpunkt $T(0|0)$ hat. Berechnen Sie auch die Koordinaten des Hochpunktes H_c des Graphen von f_c.

c) Bestimmen Sie die Ortskurve der Hochpunkte. Ermitteln Sie den Hochpunkt mit der größten y-Koordinate.

d) Geben Sie die Ortskurve der Wendepunkte der Schar an.

32 Manchmal haben die Graphen Eigenschaften, auf die der Wert des Parameters keinen Einfluss hat. Betrachten Sie die Funktionenschar f_k mit $f_k(x) = \frac{x^3}{k^4} - \frac{3x^2}{k^3}$ für $k > 0$.

a) Zeigen Sie, dass alle Graphen im Ursprung O einen Hochpunkt haben.

b) Berechnen Sie den weiteren Schnittpunkt N_k mit der x-Achse und die Tiefpunkte T_k der Graphen.

c) Zeigen Sie, dass das Dreieck ON_kT_k für alle k den Flächeninhalt 6 hat.

33 **Ausblick:** Für beliebige $a \in \mathbb{R}$ ist die Funktionenschar f_a mit $f_a(x) = s \cdot x + \frac{t}{x}$, $x \neq 0$, gegeben. s und t hängen vom Wert des Parameters a ab. Es gilt $f_a(1) = 1$ und $f_a'(1) = a$.

a) Bestimmen Sie den Funktionsterm von f_a in Abhängigkeit vom Parameter a.

b) Untersuchen Sie, für welche reellen Zahlen a die Funktion f_a Extremstellen hat.

c) Bestimmen Sie, falls möglich, die Ortskurve der Hoch- bzw. der Tiefpunkte.

5.5 Klausur- und Abiturtraining

Aufgaben ohne Hilfsmittel

1 Der Graph einer quadratischen Funktion f hat an der Stelle $x = 2$ die gleiche Steigung wie die Gerade g mit $g(x) = -6x + 5$. Der Punkt $H(-1\,|\,2)$ ist ein Hochpunkt des Graphen von f. Beim Ermitteln einer Funktionsgleichung ergibt sich das lineare Gleichungssystem:

$$\begin{vmatrix} a - b + c = 2 \\ -2a + b \quad = 0 \\ 4a + b \quad = -6 \end{vmatrix}$$

a) Erläutern Sie, wie sich das lineare Gleichungssystem aus den Eigenschaften des Graphen von f ergibt.

b) Lösen Sie das Gleichungssystem und bestimmen Sie eine Funktionsgleichung von f.

2 Der Graph einer achsensymmetrischen Funktion vierten Grades soll bei $x = 2$ eine Wendestelle haben. Ermitteln Sie, welche Beziehung in diesem Fall zwischen den Parametern a und b in der Funktionsgleichung $f(x) = ax^4 + bx^2 + c$ gelten muss.

3 Gesucht ist eine ganzrationale Funktion vierten Grades. Der Graph der gesuchten Funktion ist achsensymmetrisch zur y-Achse. Der Graph besitzt den lokalen Tiefpunkt $T(2\,|\,8)$. Zudem schneidet der Graph die y-Achse im Punkt $P(0\,|\,16)$.

a) Skizzieren Sie den Graphen in einem geeigneten Koordinatensystem.

b) Ermitteln Sie die Funktionsgleichung zum Graphen der Funktion.

c) Weisen Sie rechnerisch nach, dass die Funktion keine Nullstellen hat.

4 Der Graph der Funktion f mit $f(x) = \frac{1}{6}x^2 + \frac{4}{3}$ soll an der Stelle $x = 2$ durch eine Gerade g fortgesetzt werden.

a) Ermitteln Sie eine Geradengleichung so, dass der Übergang der Graphen sowohl sprung- als auch knickfrei ist.

b) Begründen Sie, dass die krümmungsruckfreie Fortsetzung des Graphen einer Funktion f an der Stelle x_0 durch eine lineare Funktion nur dann möglich ist, wenn $f''(x_0) = 0$ gilt.

c) Zeigen Sie, dass der Übergang aus a) nicht krümmungsruckfrei ist.

d) Bestimmen Sie diejenige Stelle, an der der Graph der Funktion h mit $h(x) = x^3 - \frac{2}{3}x^2$ durch eine geeignete Gerade krümmungsruckfrei fortgesetzt werden kann. Ermitteln Sie die Gleichung dieser Gerade.

5 Für $a > 0$ ist die Funktionenschar f_a mit $f_a(x) = -ax^2 + 4ax - 4a + 1$ gegeben.

a) Begründen Sie, dass alle Funktionen der Schar zwei verschiedene Nullstellen haben.

b) Zeigen Sie, dass alle Graphen von f_a einen gemeinsamen Hochpunkt haben. Bestimmen Sie seine Koordinaten.

c) Bestimmen Sie einen Wert von a so, dass die Tangente an den Graphen von f_a im Punkt $(1\,|\,f_a(1))$ die y-Achse bei -2 schneidet.

6 Der Graph einer ganzrationalen Funktion dritten Gerades hat im Ursprung einen lokalen Tiefpunkt. Der Wendepunkt des Graphen liegt im Punkt $P(-5\,|\,250)$.

a) Bestimmen Sie die Funktionsgleichung.

b) Der Graph gehört zur Funktionenschar f_a mit $f_a(x) = x^3 + (12 - 0{,}75a)x^2 - (60 + 15a)x$. Bestimmen Sie den Scharparameter a zur Funktionsgleichung aus a).

c) Bestimmen Sie, für welches a der Graph von f_a punktsymmetrisch zum Ursprung ist.

d) Berechnen Sie die Wendestelle der Graphen der Funktionenschar f_a.

Aufgaben mit Hilfsmitteln

7 Auf einer Messe für Kinderspielzeug wird eine modulare Murmelbahn präsentiert. In einem Bauteil durchläuft die Kugel eine Tal-Berg-Fahrt. Wählt man als eine Längeneinheit 10 cm, kann die Profillinie des Bauteils im Längsschnitt mit dem Graphen einer ganzrationalen Funktion dritten Grades für $0 \leq x \leq 4$ beschrieben werden. Die Kugel startet im Punkt A in einer Höhe von 30 cm und rollt zunächst bergab. Nach einer horizontalen Entfernung von 20 cm erreicht sie den Punkt B, den tiefsten Punkt des Tals. Von dort geht es leicht bergauf über einen Hügel. Im Punkt $C(3 \mid 1)$ ist der Anstieg des Hügels am stärksten.

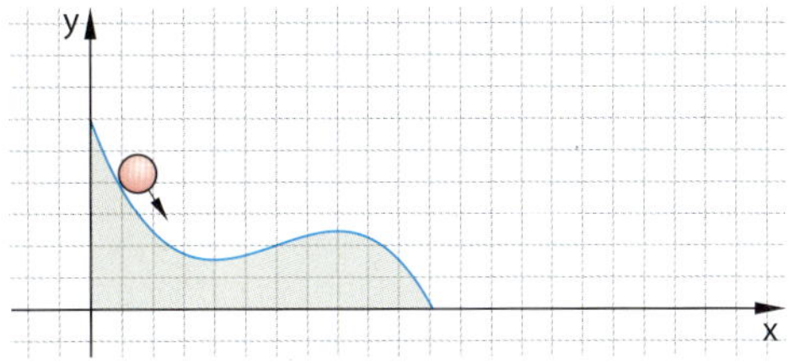

a) Bestimmen Sie eine passende Funktionsgleichung.
b) Ermitteln Sie den höchsten Punkt des Hügels.
Geben Sie die horizontale Entfernung dieses Punktes zum Punkt A an.

Das Bauteil wird ans Ende einer Bahn auf den Boden gestellt. Die Kugel kommt also mit einer bestimmten Geschwindigkeit im Punkt A an. Ist diese Geschwindigkeit zu hoch, verlässt sie im Punkt C die Bahn und geht tangential in eine parabelförmige Flugbahn über.

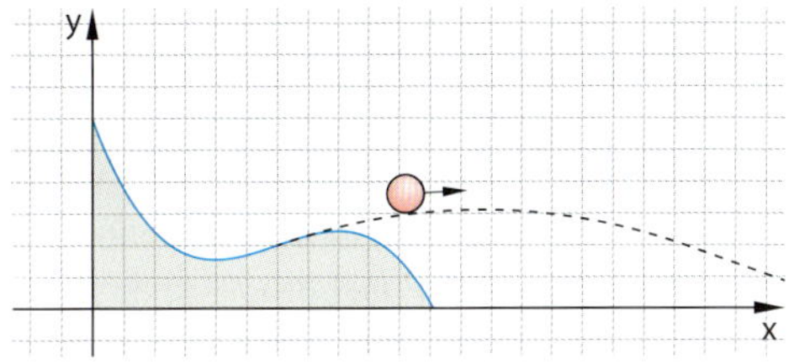

c) Die Flugbahn kann mit einer quadratischen Funktion beschrieben werden, deren Graph durch den Punkt C mit derselben Steigung wie der Graph von f verläuft. Bestimmen Sie eine passende Funktionsgleichung, wenn an der Stelle $x = \frac{19}{3}$ die maximale Höhe der Flugbahn erreicht wird.
d) Ermitteln Sie, an welcher Stelle die Kugel auf dem Boden auftritt.

8 Gegeben ist die Funktionenschar f_a mit $f_a(x) = \frac{1}{4}x^3 - \frac{3}{2}x^2 + \frac{3a}{2}x + 7 - 3a$ für $a \in \mathbb{R}$.
a) Untersuchen Sie, für welche Werte von a die Funktion f_a Extremstellen hat, und geben Sie diese gegebenenfalls an.
Geben Sie für $a = 0$ auch die konkreten Extrempunkte an.
b) Zeigen Sie, dass alle Graphen der Schar einen gemeinsamen Wendepunkt W haben, und geben Sie die Koordinaten von W an.
Bestimmen Sie den Wert von a, für den W ein Sattelpunkt ist.
c) Leiten Sie eine Gleichung der Wendetangenten t_a der Graphen zu f_a her.
[Kontrollergebnis: $t_a(x) = \left(\frac{3a}{2} - 3\right) \cdot x + 9 - 3a$]
d) Die Wendetangenten t_a bilden für $a < 2$ mit den Achsen ein Dreieck.
Bestimmen Sie a so, dass
① das Dreieck gleichschenklig ist,
② der Flächeninhalt des Dreiecks minimal ist.

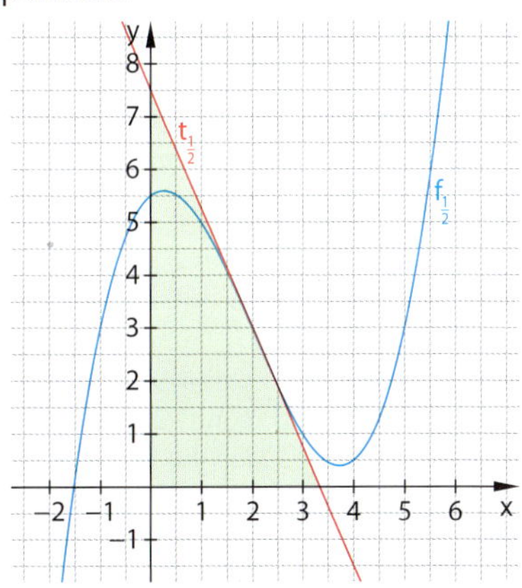

Lösungen
→ S. 376/377

1 Die Zahl 10 soll so in zwei Summanden zerlegt werden, dass
a) das Produkt,
b) die Summe der Quadrate,
c) die Differenz der Quadrate,
d) die Differenz der dritten Potenzen
der beiden Summanden einen maximalen oder minimalen Wert annimmt.
Ermitteln Sie – falls möglich – die Summanden.

2 Ein quaderförmiges Bassin soll eine rechteckige Grundfläche mit dem Seitenlängenverhältnis 2 : 1 und ein Fassungsvermögen von $32\,m^3$ haben. Die Abmessungen sollen so gewählt werden, dass beim Auskleiden des Bassins innen möglichst wenig Folie benötigt wird.
a) Fertigen Sie eine Skizze vom Bassin an, tragen Sie gegebene Informationen mithilfe von Variablen ein und stellen Sie eine Zielfunktion auf.
b) Ermitteln Sie die Abmessungen.

3 Die Abbildung zeigt den Graphen der Funktion f mit $f(x) = -\frac{1}{8}x^3 + 2x$.
Der Punkt $A(a\,|\,f(a))$ des Graphen bildet mit dem Koordinatenursprung und dem Punkt $B(a\,|\,0)$ im ersten Quadranten ein rechtwinkliges Dreieck.
a) Stellen Sie eine Zielfunktion auf, die den Flächeninhalt des Dreiecks in Abhängigkeit von a bestimmt.
Geben Sie einen sinnvollen Definitionsbereich an.
b) Bestimmen Sie den Wert von a, für den der Flächeninhalt maximal wird, und geben Sie den maximalen Flächeninhalt an.

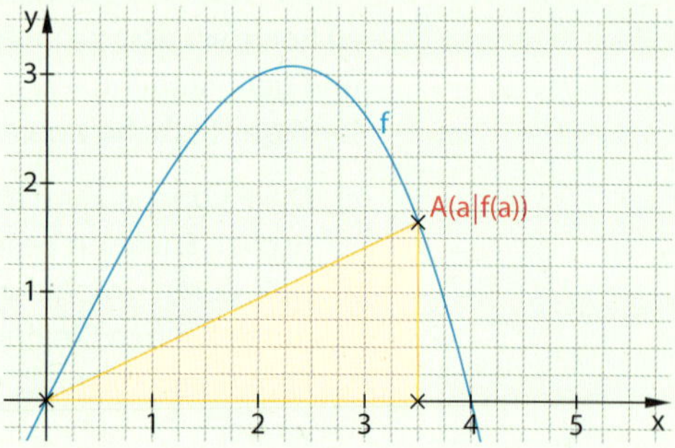

4 Formulieren Sie die Bedingungen als Gleichungen.
a) Eine ganzrationale Funktion dritten Grades hat an der Stelle $x = 5$ den Wert 18.
b) Der Graph einer ganzrationalen Funktion dritten Grades schneidet die y-Achse bei 3.
c) Der Graph einer ganzrationalen Funktion vierten Grades berührt die x-Achse an der Stelle $x = 5$.
d) Der Graph einer ganzrationalen Funktion dritten Grades hat im Punkt $A(3\,|\,-1)$ die Steigung 4.
e) Der Graph der Ableitungsfunktion einer ganzrationalen Funktion vierten Grades hat im Punkt $B(2\,|\,1)$ eine waagerechte Tangente.

5 Bestimmen Sie eine passende Funktionsgleichung der ganzrationalen Funktion.

Funktion dritten Grades:

① Der Graph durchläuft den Ursprung mit der Steigung −1 und schneidet die x-Achse im Punkt $P(1\,|\,0)$ mit der Steigung 2.

② Der Graph berührt die x-Achse im Ursprung. Die Tangente am Graphen im Punkt $A(3\,|\,0)$ ist parallel zur Geraden mit der Gleichung $y = 5x$.

Funktion vierten Grades:

③ Der Graph hat im Ursprung einen Wendepunkt mit einer waagerechten Tangente und im Punkt $P(5\,|\,5)$ einen Extrempunkt.

④ Der Graph ist symmetrisch zur y-Achse, verläuft durch den Punkt $P(0\,|\,3)$ und hat im Punkt $Q(3\,|\,0)$ ein lokales Minimum.

Lösungen → S. 377

6 Bei einem Indoor-Leichtathletikwettkampf wird eine Kugel aus einer Höhe von 2,20 m unter einem Winkel von 45° abgeworfen und landet 20,52 m entfernt. Modellieren Sie die Flugbahn mit einer quadratischen Funktion. Bestimmen Sie die minimale Höhe der Halle.

7 Eine ganzrationale Funktion dritten Grades soll in W(0|4) einen Wendepunkt und an der Stelle x = 1 einen Extrempunkt haben. Gesucht ist eine passende Funktionsgleichung.
a) Geben Sie alle Lösungen mithilfe einer Funktionsgleichung mit einem Parameter an.
b) Geben Sie eine weitere Bedingung an, sodass eine eindeutige Lösung entsteht.
c) Als zusätzliche Bedingung wird gefordert, dass sich ein weiterer Extrempunkt der Funktion an der Stelle x = −2 befindet. Ermitteln Sie, ob es hierfür eine Lösung gibt.

8 Bestimmen Sie eine ganzrationale Funktion dritten Grades, deren Graph durch den Punkt P(0|5) verläuft, dort die Steigung 2 und im Punkt Q(1|11) einen Wendepunkt hat. Untersuchen Sie die Funktion anschließend auf Extrem- und weitere Wendepunkte.

9 Das Eingangsportal einer neuen Mall soll durch den Graphen einer Funktion f_a mit $f_a(x) = \frac{x^4}{a^2} - 2x^2 + a^2$ (x in Meter, a > 0) modelliert werden. Dabei befindet sich der Eingang zwischen den Nullstellen der Funktion f_a.

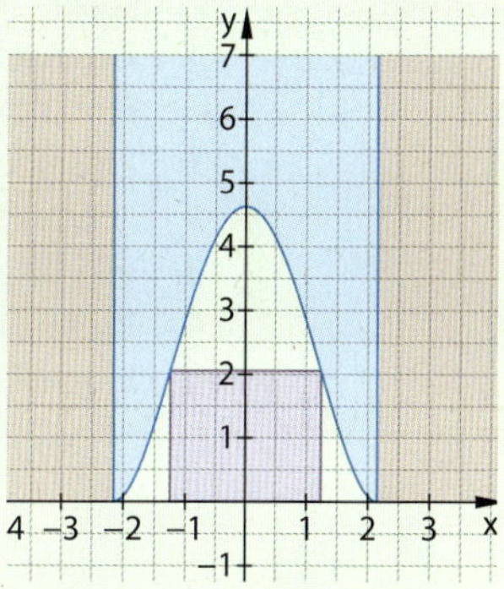

a) Bestimmen Sie a so, dass der Abstand der beiden Nullstellen 6 m beträgt. Zeichnen Sie für den ermittelten Wert von a den Graphen der Funktion.
b) Bestimmen Sie den Wert für a so, dass die Höhe des Eingangsportals 8 m beträgt.
c) In das Portal soll ein rechteckiges Eingangstor eingebaut werden, das genau in Höhe der Wendepunkte abschließt. Bestimmen Sie den Wert für a so, dass die Höhe des Tors 2,50 m beträgt.
d) Prüfen Sie, ob die Portalkurve mit einem Graphen von f_a so modelliert werden kann, dass das Tor zwischen den Wendepunkten eine quadratische Fläche hat. Wenn ja, bestimmen Sie den entsprechenden Wert für den Parameter a.

10 Der Ort im Punkt A soll möglichst glatt an eine Bahntrasse angebunden werden. Der Verlauf des neuen Streckenstücks wird mit einer ganzrationalen Funktion modelliert.

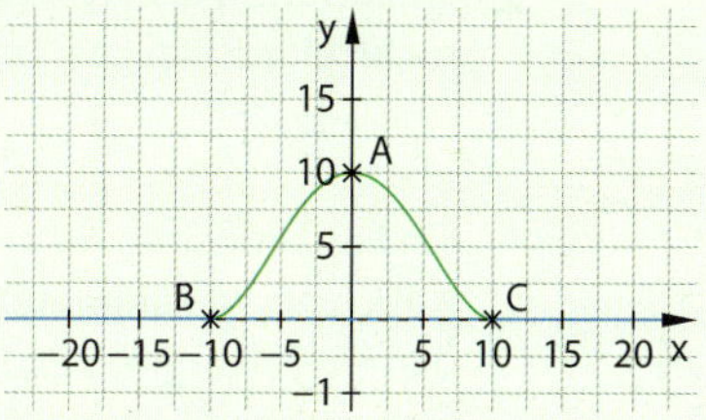

a) Ermitteln Sie eine Funktion f vom Grad 4.
b) Ermitteln Sie eine Funktion g vom Grad 6.
c) Vergleichen Sie die Modelle aus a) und b).

Wo stehe ich?

	Ich kann...	Aufgabe	Nachschlagen
5.1	... Extremalprobleme lösen.	1, 2, 3, 6	S. 148 Beispiel 1, S. 150 Beispiel 2
5.2	... Funktionsterme rekonstruieren. ... Funktionsgleichungen bestimmen.	2, 3, 4, 5, 6, 7, 8	S. 154 Beispiel 1, S. 156 Beispiel 2, S. 158 Beispiel 3
5.3	... die Rekonstruktion von Funktionen in der Praxis anwenden.	8, 9, 10	S. 160 Beispiel 1, S. 162 Beispiel 2, S. 163 Beispiel 3
5.4	... Funktionenscharen untersuchen.	9	S. 167 Beispiel 1, S. 169 Beispiel 2

Extremalprobleme

Lösungsstrategie:
1. Gleichung für die Größe aufstellen
2. Nebenbedingungen finden
3. Zielfunktion aufstellen und Definitionsbereich angeben
4. Lokale Extrema der Zielfunktion im Definitionsbereich bestimmen
5. Globale Extrema der Zielfunktion ermitteln
6. Lösung im Kontext interpretieren

$f(x) = -\frac{1}{3}x^2 + 3$
Gesucht ist a, sodass der Flächeninhalt des Rechtecks ABCD mit Eckpunkt $C(a\,|\,f(a))$ maximal wird.

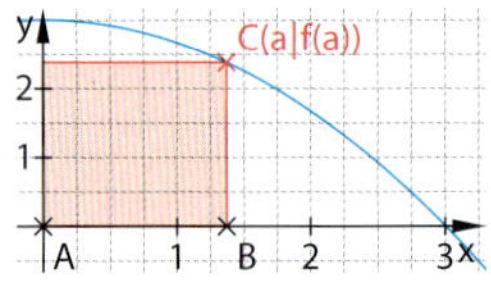

1. $A = b \cdot h$ (Breite · Höhe)
2. $b = a$; $h = f(a)$
3. $A(a) = a \cdot f(a) = -\frac{1}{3}a^3 + 3a$; $0 \le a \le 3$
4. Lokales Maximum von A bei $a = \sqrt{3}$
5. Randwerte: $A(0) = A(3) = 0 < A(\sqrt{3})$
6. Flächeninhalt ist maximal für $a = \sqrt{3}$

Rekonstruktion von Funktionstermen

Schritte zur Bestimmung der ganzrationalen Funktion:
1. Eigenschaften in Bedingungen an die Funktion/Ableitung übersetzen
2. Einsetzen in die allgemeine Form und LGS aufstellen
3. LGS lösen und Funktionsterm angeben
4. Prüfen, ob der Funktionsterm die Eigenschaften erfüllt

Gesucht ist die quadratische Funktion f mit y-Achsenabschnitt 2 und lokalem Extremum bei $x = 3$, deren Graph den Punkt $(2\,|\,6)$ enthält.
1. $f(0) = 2$; $f(2) = 6$; $f'(3) = 0$
2. $f(x) = ax^2 + bx + c$; $f'(x) = 2ax + b$
   $f(0) = 2 \Rightarrow c = 2$
   $f(2) = 6 \Rightarrow 4a + 2b + c = 6$
   $f'(3) = 0 \Rightarrow 6a + b = 0$
3. Lösung: $a = -0{,}5$; $b = 3$; $c = 2$
   $f(x) = -0{,}5x^2 + 3x + 2$
4. $f''(3) = -1 \neq 0 \Rightarrow$ lok. Extremum bei 3

Trassierung

Die Graphen von f und g gehen an der Stelle x_0 unter der angegebenen Bedingung sprung-/knick- bzw. ruckfrei ineinander über:
sprungfrei: $f(x_0) = g(x_0)$
knickfrei: zusätzlich $f'(x_0) = g'(x_0)$
ruckfrei: zusätzlich $f''(x_0) = g''(x_0)$

$f(x) = \frac{1}{12}x^3$ $\quad g(x) = x - \frac{4}{3}$ $\quad x_0 = 2$
$f'(x) = \frac{1}{4}x^2$; $f''(x) = \frac{1}{2}x$;
$g'(x) = 1$; $g''(x) = 0$
$f(2) = \frac{2}{3} = g(2)$, also sprungfrei
$f'(2) = 1 = g'(2)$, also knickfrei
$f''(2) = 1 \neq 0 = g''(2)$, also nicht ruckfrei

Funktionenscharen

Ein Funktionsterm kann neben der Variablen x auch einen Parameter a enthalten. In diesem Fall ergibt sich für jeden Wert von a eine eigene Funktion. Die Menge aller dieser Funktionen heißt **Funktionenschar f_a**. Beim Ableiten wird der Parameter a wie eine konstante Zahl behandelt.
Der Graph, der alle Punkte $P_a(u(a)\,|\,v(a))$ enthält, heißt **Ortskurve (Ortslinie)** der Punkte. Eine Gleichung der Ortskurve ergibt sich wie folgt:
① Gleichung der x-Koordinaten $x = u(a)$ nach a auflösen.
② a in der Gleichung der y-Koordinaten $y = v(a)$ durch das Ergebnis aus ① ersetzen.

$f_a(x) = \frac{1}{2}x^4 - ax^2$ für $a > 0$
$f_a'(x) = 2x^3 - 2ax = 2x(x^2 - a)$
$f_a''(x) = 6x^2 - 2a$

Nullstellen von f_a': $x_1 = 0$; $x_{2/3} = \pm\sqrt{a}$
$f_a''(0) = -2a < 0$, $f_a(0) = 0$ $\quad H(0\,|\,0)$
$f_a''(\sqrt{a}) = f_a''(-\sqrt{a}) = 4a > 0$
$f_a(\pm\sqrt{a}) = -\frac{a^2}{2}$ $\quad T\left(\pm\sqrt{a}\,\middle|\,-\frac{a^2}{2}\right)$

Ortskurve der Tiefpunkte bestimmen:
① $x = \pm\sqrt{a}$ nach a auflösen: $a = x^2$
② In $y = -\frac{a^2}{2}$ einsetzen: $y = -\frac{x^4}{2}$

Gleichung der Ortskurve der Tiefpunkte:
$t(x) = -\frac{x^4}{2}$

6

Integralrechnung

Nach diesem Kapitel können Sie …

- → aus Änderungsraten Gesamteffekte und Bestände rekonstruieren,
- → Stammfunktionen bestimmen,
- → den Zusammenhang zwischen Differenzieren und Integrieren angeben,
- → Flächeninhalte krummlinig begrenzter Flächen berechnen,
- → uneigentliche Integrale berechnen,
- → Volumina von Rotationskörpern bestimmen.

Lösungen
→ S. 377/378

Funktionen und ihre Ableitungen

1 Bestimmen Sie die Nullstellen der Funktion f.

a) $f(x) = 2x^2 - 4x - \frac{5}{2}$ b) $f(x) = \left(x + \frac{\pi}{4}\right)(x^2 - 4x + 4)$ c) $f(a) = 3a^3 + 4a^2$

d) $f(x) = x^3 - 3x^2 + 4x$ e) $f(x) = x^4 - 5x^2 + 4$ f) $f(c) = c^4 + 5c^2 - 6$

2 Gegeben sind die Funktionen f und g durch $f(x) = -x^2 + 4x + 4$ und $g(x) = -x + 4$.

a) Berechnen Sie die Koordinaten der Schnittpunkte der Graphen von f und g.

b) Zeichnen Sie die Funktionsgraphen und schraffieren Sie die Fläche, die von den Graphen beider Funktionen eingeschlossen wird.

3 Bestimmen Sie die Ableitungsfunktion f'.

a) $f(x) = (x - 3)(x + 5)$ b) $f(x) = 2(x - 4)^2 + 5$ c) $f(x) = (5x)^2$

d) $f(x) = 2x - \frac{1}{x}$ e) $f(x) = \sqrt{x}$ f) $f(x) = x^{\frac{1}{3}}$

g) $f(u) = 2u + u^{\frac{1}{3}}$ h) $f(x) = a \cdot x^5 + \frac{a}{x^{-3}}$ i) $f(a) = a \cdot x^5 + \frac{a}{x^{-3}}$

4 Finden Sie heraus, welche der Funktionen $g_1, \ldots, g_5$ Ableitung zu welcher der Funktionen $f_1, \ldots, f_5$ ist. Begründen Sie Ihre Zuordnung.

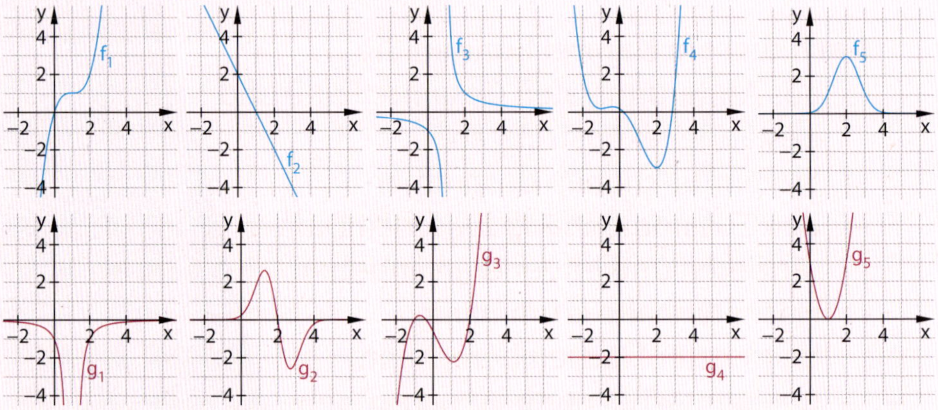

5 Eine Funktion f beschreibt das Verhalten einer Größe im Intervall $a \leq x \leq b$. Geben Sie die Bedeutung des Wertes von $f'(x)$ an, wenn

a) x die Zeit in s und f(x) eine zurückgelegte Strecke in m angibt,

b) x die Zeit in s und f(x) die Geschwindigkeit in m/s angibt,

c) x die Zeit in Jahren und f(x) die Bevölkerungszahl eines Landes angibt,

d) x die Weglänge in km und f(x) den Kraftstoffinhalt in einem Pkw-Tank in ℓ angibt.

6 Die Tabelle zeigt gemessene Temperaturen an einem Sommertag. Der Temperaturverlauf zwischen 6 und 21 Uhr soll mithilfe der Funktion f mit $f(x) = -0{,}015x^3 + 0{,}4x^2 - 1{,}4x + 11$ modelliert werden.

Uhrzeit	6:00	9:00	12:00	15:00	18:00	21:00
Temperatur	14 °C	20 °C	26 °C	30 °C	28 °C	19 °C

a) Zeichen Sie den Graphen von f mit einem digitalen Hilfsmittel. Lesen Sie am Graphen die Temperaturen um 10 Uhr und um 20 Uhr ab.

b) Berechnen Sie für die dreistündigen Zeiträume der Tabelle die mittleren Temperaturänderungen pro Stunde.

c) Erläutern Sie, welche Aussagen Sie anhand der Tabelle bzw. des Graphen über die Tageshöchsttemperatur machen können.

Lösungen
→ S. 378

7 Die Funktion g mit $g(x) = -20x^3 + 240x^2 - 420x - 760$ gibt den täglichen Gewinn eines Unternehmens in Euro an, wenn das Produkt in der Stückzahl x verkauft wird.

a) Geben Sie den Gewinn des Unternehmens in einem Monat mit 30 Tagen an, wenn täglich eine Stückzahl von $x = 5$ ($x = 10$) produziert wird.
b) Bestimmen Sie, für welche Stückzahl x der Gewinn g(x) bei einer Erhöhung der Produktionsmenge maximal ansteigt.
c) Berechnen Sie die Stückzahl x, für die das Unternehmen maximalen Gewinn erreicht.

Flächeninhalte berechnen

8 Die Abbildung zeigt den Querschnitt einer Treppe. Die Treppenstufen sind jeweils 15 cm hoch und 25 cm tief.

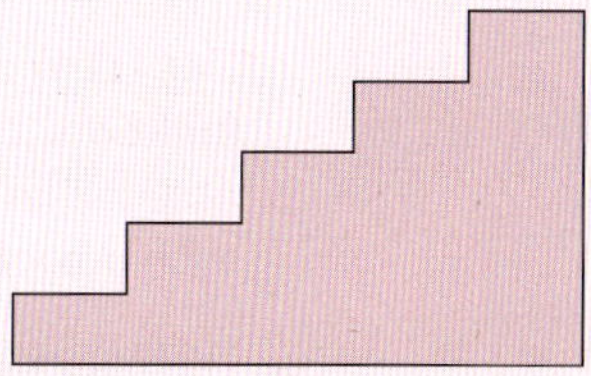

a) Geben Sie einen Term an, mit dem man den Flächeninhalt des Querschnitts dieser Treppe berechnen kann.
b) Berechnen Sie diesen Flächeninhalt (in m^2).

9 Die Bilder ①, ② und ③ zeigen verschiedene Möglichkeiten, den Inhalt der Fläche, den der Graph der Sinusfunktion f mit $f(x) = \frac{\pi}{2}\sin(x)$ im Intervall $[0; \pi]$ mit der x-Achse einschließt, näherungsweise zu bestimmen. Berechnen Sie diese Näherungswerte.

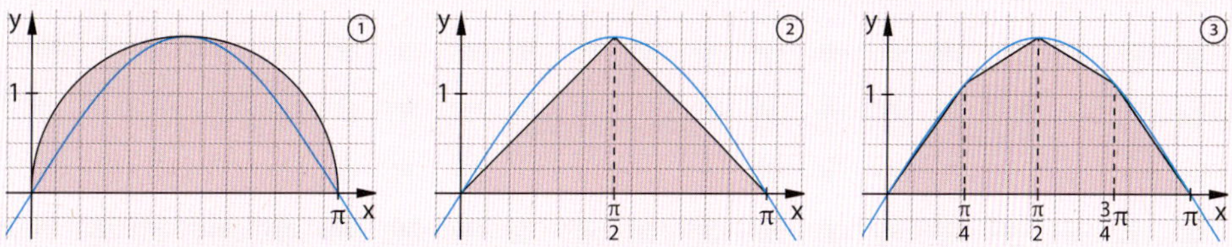

Vermischtes

10 Überprüfen Sie die Summenformeln an drei Beispielen.
a) $1 + 2 + 3 + \ldots + n = \frac{n(n+1)}{2}$
b) $1^2 + 2^2 + 3^2 + \ldots + n^2 = \frac{n(n+1)(2n+1)}{6}$

11 Bestimmen Sie, wie sich der Term für $x \to \infty$ verhält. Geben Sie einen Grenzwert an, falls dieser existiert.
a) $3 + \frac{1}{x}$
b) $\frac{4}{5} - \frac{4}{x} + \frac{2}{x^2}$
c) $\frac{1}{\sqrt{x} + 1}$
d) $\sqrt{x} - \frac{1}{\sqrt{x}}$
e) $\frac{x^2 - x + 6}{2x^2}$
f) $\frac{1}{\left(2 - \frac{1}{x}\right)}$
g) $\frac{x(x+1)}{2}$
h) $\frac{1}{\sqrt{x + \frac{1}{x}}}$

12 Die vordere und hintere Seitenfläche des abgebildeten Bauteils sind Halbkreise. Mittig ist eine Nut ausgefräst. Berechnen Sie das Volumen dieses Bauteils.

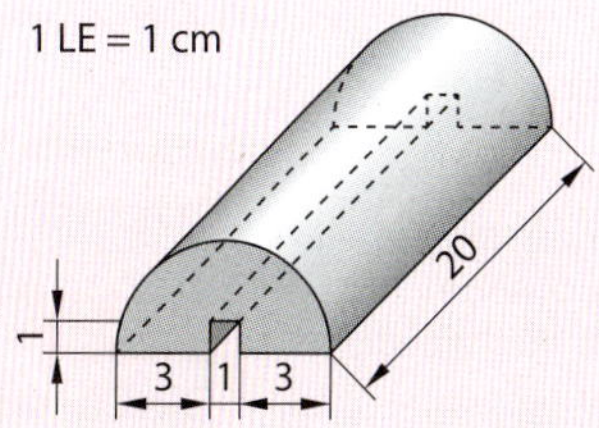

13 Zeichnen Sie den Graphen von f. Beschreiben Sie den Körper, der bei Rotation des Graphen von f um die x-Achse entsteht.
a) $f(x) = 4$ im Intervall $0 \le x \le 3$
b) $f(x) = 0{,}5x - 1$ im Intervall $2 \le x \le 4$

6.1 Rekonstruktion aus Änderungsraten

Ein Fahrstuhl beginnt seine Fahrt im Erdgeschoss, hält im 2. Stock, fährt weiter in den 3. Stock und nach einem kurzem Stopp direkt in die Tiefgarage. Die Abbildung zeigt den zeitlichen Verlauf der Geschwindigkeit in idealisierter Form.

Bestimmen Sie, wie hoch der 2. Stock über dem Erdgeschoss und wie tief die Tiefgarage unter dem Erdgeschoss liegt.

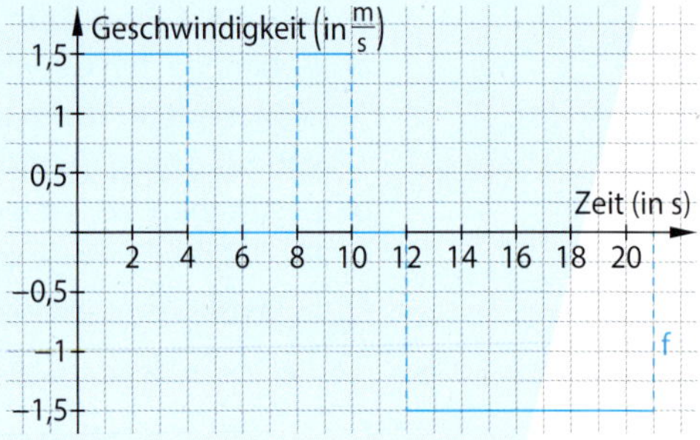

Eine Funktion F, die den zeitlichen Verlauf einer Größe beschreibt, nennt man **Bestandsfunktion.** Ihre Ableitung f = F′ ist die momentane Änderungsrate des Bestandes. Durch Ableiten lässt sich leicht aus dem Bestand die **momentane Änderungsrate** bestimmen. Aber auch umgekehrt lässt sich aus der Änderungsrate der Bestand „rekonstruieren".

Ein Pumpspeicherwerk speichert elektrische Energie, indem Wasser in ein Speicherbecken hinaufgepumpt wird. Dieses Wasser lässt man später wieder ab und erzeugt über Turbinen elektrischen Strom. Für die Änderung des Wasservolumens im Speicherbecken gilt:

Im Pumpenbetrieb:	120 m³/min Wasserzufluss
Im Turbinenbetrieb:	200 m³/min Wasserabfluss

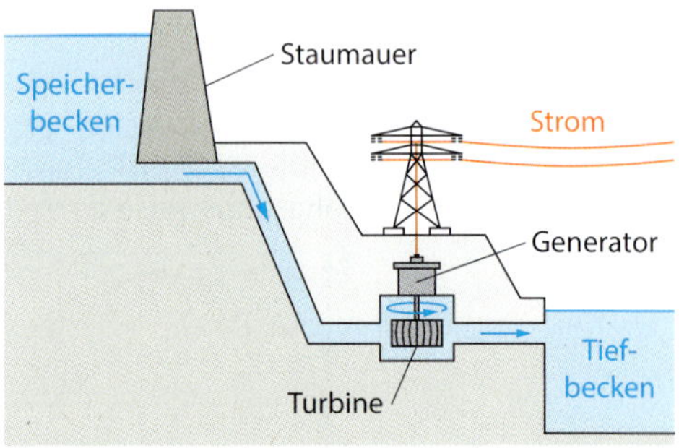

Der **Bestand** entspricht in dieser Situation der **Wassermenge** im Speicherbecken und die **Änderungsrate** dem **Wasserzufluss bzw. -abfluss pro Zeit**. Die Änderungsrate ist jeweils konstant.

Hinweis

Die Änderungsrate hat die Einheit **m³/min**, die x-Achse hat die Einheit min. Bestandsänderungen haben also die Einheit **min · m³/min = m³**

60 min Pumpbetrieb bewirken eine Bestandszunahme von
60 min · 120 m³/min = 7200 m³ Wasser.

30 min Turbinenbetrieb bewirken eine Bestandsabnahme von
30 min · 200 m³/min = 6000 m³ Wasser.

Bilanz: +7200 m³ – 6000 m³ = 1200 m³ Die Wassermenge im Speicher nimmt insgesamt um 1200 m³ zu.

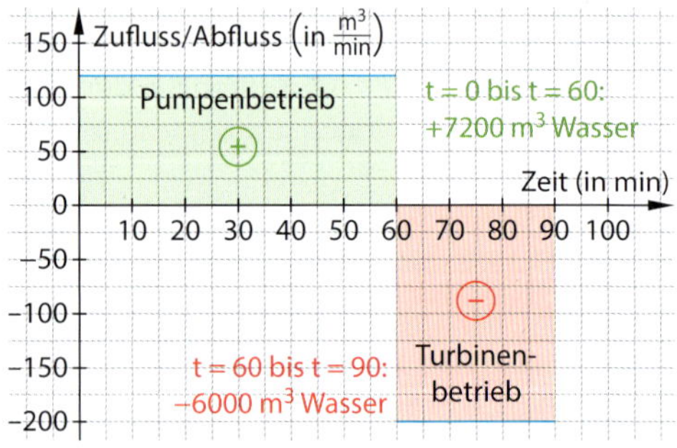

Hinweis

Auch bei Änderungsraten, die nicht stückweise konstant sind, gibt die Flächenbilanz die Bestandsänderung wieder; siehe Aufgabe 11.

Die Wassermenge für Zufluss und Abfluss entspricht jeweils genau dem Inhalt der Fläche zwischen dem Graphen und der x-Achse. Die Gesamtänderung der Wassermenge im Becken entspricht der **Flächenbilanz.** In sie geht die Fläche oberhalb der x-Achse positiv und die Fläche unterhalb negativ ein (**orientierter Flächeninhalt**).

Wissen **Zu- und Abnahme eines Bestandes als Flächenbilanz**

Die **Zu- und Abnahme eines Bestandes F** in einem Zeitintervall entspricht der Flächenbilanz zwischen dem Graphen der Änderungsrate f und der x-Achse. Flächen oberhalb der x-Achse gehen positiv und Flächen unterhalb der x-Achse negativ in die Bilanz ein.

Für konstante oder lineare Änderungsraten lassen sich die Inhalte der Flächen leicht berechnen, da sie die Form von Rechtecken, Dreiecken oder Trapezen haben.

Um den Bestand zu einem konkreten Zeitpunkt angeben zu können, muss bekannt sein, welchen Wert der Bestand zu Beginn des Intervalls hatte. Erst durch diesen „Startwert" und die ermittelte Zu- bzw. Abnahme ist der Bestand rekonstruierbar.

Beispiel 1 Der Graph beschreibt die Änderungsrate der Wassermenge in einem Wasserbecken.

a) Berechnen Sie, wie sich die Wassermenge im Becken nach 50 min insgesamt geändert hat.

b) Zu Beginn ist das Becken bereits mit 35 m^3 Wasser gefüllt. Berechnen Sie die Wassermenge im Becken nach 50 min.

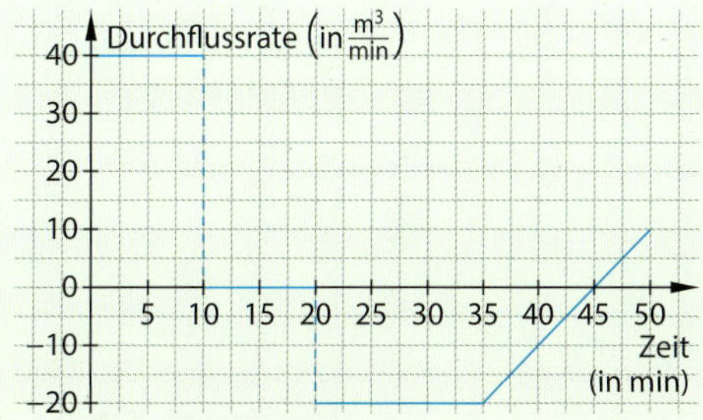

Lösung:

a) Gesucht ist die Flächenbilanz zwischen dem Graphen der Änderungsratenfunktion und der x-Achse.
Berechnen Sie dazu die Flächeninhalte der Rechtecke und Dreiecke A_1, A_2, A_3 und A_4.

Berücksichtigen Sie in der Gesamtbilanz die positive und die negative Orientierung (Zufluss oberhalb der x-Achse, Abfluss unterhalb der x-Achse).

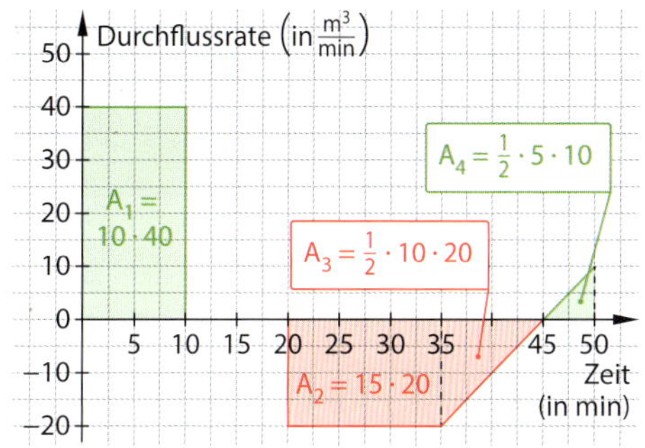

$A_1 - A_2 - A_3 + A_4 = 400 - 300 - 100 + 25 = 25$
Nach 50 min enthält das Becken 25 m^3 mehr Wasser.

b) Verrechnen Sie die Änderung der Wassermenge innerhalb der 50 min mit der Wassermenge zu Beginn.

$35\,m^3 + 25\,m^3 = 60\,m^3$
Nach 50 min sind 60 m^3 Wasser im Becken.

Basisaufgaben

1 Das Diagramm zeigt den Wasserzufluss/-abfluss im Speicherbecken eines Pumpspeicherkraftwerks.

a) Berechnen Sie, wie sich die Wassermenge am Ende des Vorgangs verändert hat.

b) Bestimmen Sie ein Intervall, in dem die Bestandsänderung positiv ist (negativ ist; null ist).

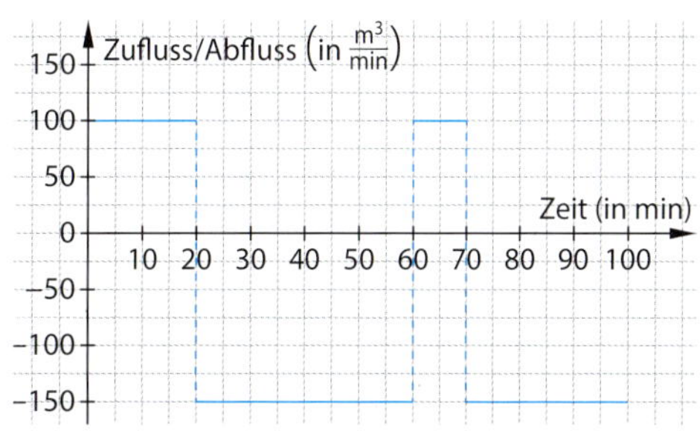

2 Erläutern Sie den Unterschied zwischen Flächeninhalt und Flächenbilanz. Geben Sie an, unter welchen Bedingungen die Flächenbilanz dem Flächeninhalt entspricht.

3 Zeichnen Sie den Graphen einer Änderungsratenfunktion mit Bestandsänderung null.

4 In einem Öltank befinden sich 800 Liter Öl. Die Abbildung zeigt die Änderungsrate der Ölmenge in den nächsten 10 Minuten. Bestimmen Sie, wie viel Öl sich nach diesen 10 Minuten im Tank befindet.

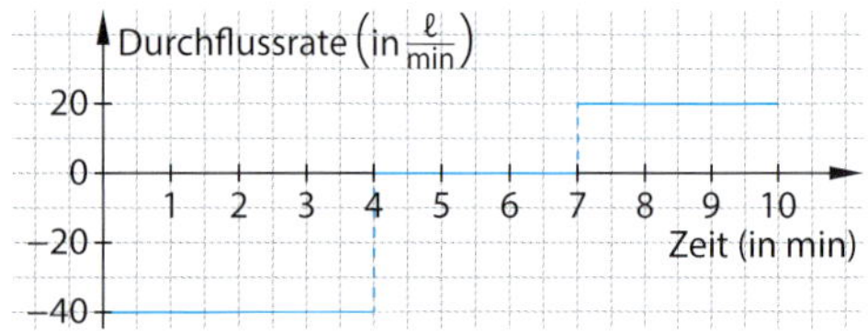

5 a) Erläutern Sie die Situation, die durch den Graphen dargestellt wird.
① Autofahrt ② freier Fall ③ Bevölkerungswachstum ④ Benzinverbrauch

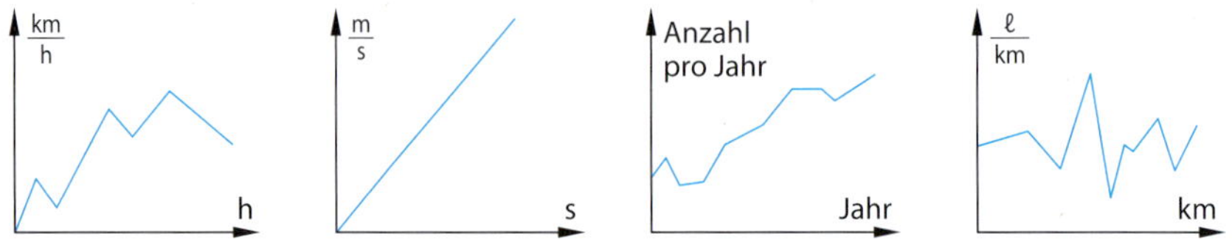

b) Bestimmen Sie die Bedeutung des Flächeninhalts zwischen Graph und x-Achse.

6 Die Abbildungen zeigen den zeitlichen Verlauf der Geschwindigkeit v für drei Aufzüge.

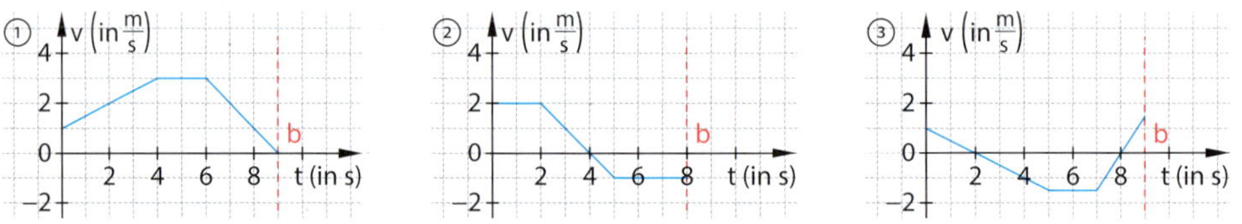

a) Beschreiben Sie die Bewegungsabläufe in wenigen Sätzen.
b) Berechnen Sie jeweils die Flächenbilanz im Intervall [0; b].
c) Geben Sie jeweils die Bedeutung des Flächeninhalts und der Flächenbilanz an.

7 In einer Abfüllanlage laufen leere Flaschen über ein Fließband, das unterschiedlich schnell laufen kann, in eine Lagerhalle. Die Abbildung zeigt die Änderungsrate f als Anzahl der Flaschen pro Minute. Zum Zeitpunkt $t = 0$ lagern bereits 2800 Flaschen in der Halle.

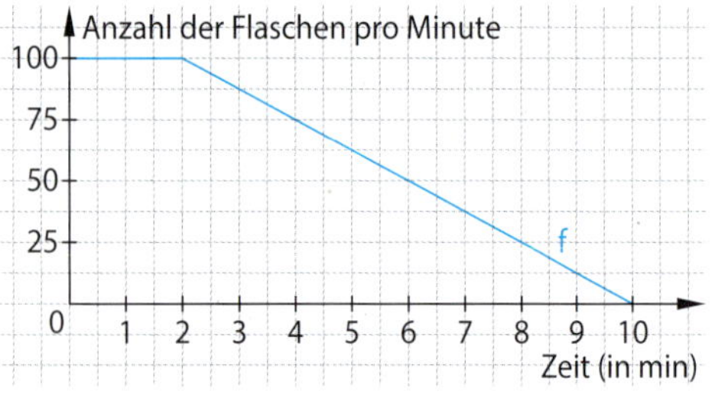

a) Berechnen Sie, wie viele Flaschen sich nach $t = 1$ min (2 min; 6 min; 10 min) in der Lagerhalle befinden.
b) Berechnen Sie, wie viele Flaschen weniger in die Lagerhalle gelangen, wenn die Geschwindigkeit des Fließbands von Beginn an gleichmäßig von 100 Flaschen/min auf 0 Flaschen/min reduziert wird.

8 Beurteilen Sie die Aussage.
a) Ist die Änderungsrate positiv und konstant, so nimmt der Bestand gleichmäßig zu.
b) Wechselt die Änderungsrate das Vorzeichen von + nach −, so hat der Bestand ein Minimum.
c) Je kleiner die positive Änderungsrate ist, desto langsamer nimmt der Bestand zu.
d) Je kleiner die negative Änderungsrate ist, desto langsamer nimmt der Bestand ab.

Weiterführende Aufgaben

9 Gegeben sind die Graphen von drei Änderungsraten f und drei Beständen F. Ordnen Sie die Graphen begründet einander zu.

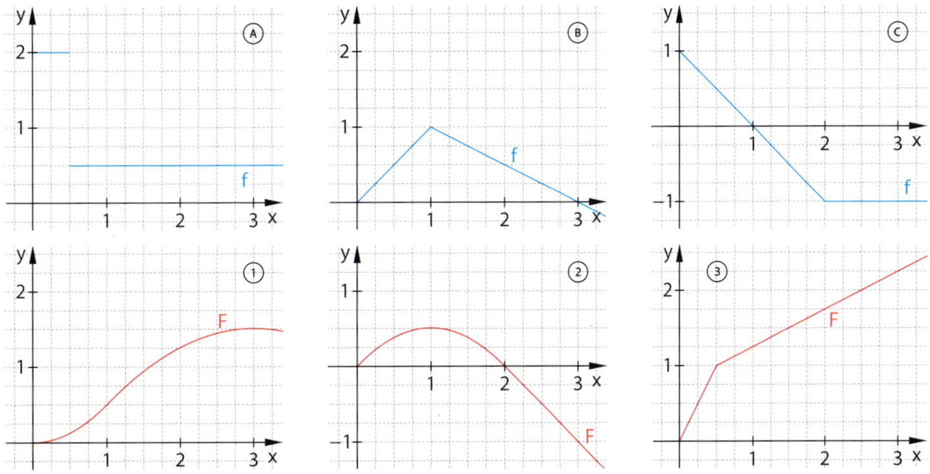

10 **Stolperstelle:** Ein Pumpspeicherwerk läuft 10 Minuten im Pumpbetrieb (Zufluss $120\,m^3/min$) und anschließend 15 Minuten im Turbinenbetrieb (Abfluss $200\,m^3/min$). Marina sagt: *„Das kann doch gar nicht stimmen! Dann wären ja $-1800\,m^3$ Wasser im Becken, die Zahl kann doch nicht negativ sein!“* Nehmen Sie Stellung.

11 Die Bestandsänderung bei einer stückweise konstanten Änderungsrate f entspricht der Flächenbilanz zwischen dem Graphen von f und der x-Achse (s. Seite 182). Begründen Sie mithilfe der Abbildung, dass sich dies auf beliebige Änderungsraten übertragen lässt.

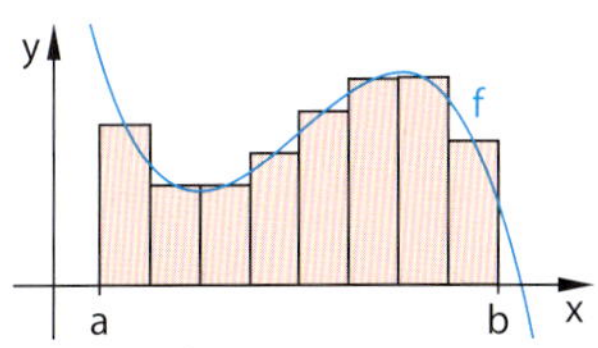

12 Der Graph beschreibt die Wachstumsgeschwindigkeit einer Pflanze, die zu Beginn 0 mm hoch ist.

a) Skizzieren Sie den Graphen der Funktion, die die Höhe der Pflanze in Abhängigkeit der Zeit angibt.

b) Wie hoch ist die Pflanze nach 120 Tagen? Nähern Sie sich dem Wert durch Flächenberechnungen.

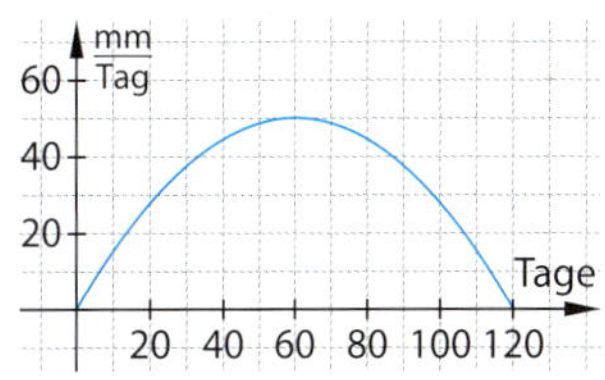

13 Auf einem Streckenflug notiert sich der Copilot die Verbrauchsanzeige des Durchflussmessers in einzelnen Flugphasen. Interpretieren Sie die Flugphasen (Steigen, Sinken, Horizontalflug) und schätzen Sie den Gesamtverbrauch während des Fluges geeignet ab. Beschreiben Sie Unsicherheiten und Schwierigkeiten bei dieser Schätzung.

Zeit t in Minuten	0	5	7	8	20	23	27	30
Durchfluss in Liter/Minute	0,7	0,3	0,5	0,3	0,2	0,4	0,1	Landung

14 **Ausblick:** Im Bild ist die Bestandsänderung unter dem Graphen einer proportionalen Änderungsratenfunktion mit der Funktionsgleichung $f(t) = a \cdot t$ durch Dreiecke dargestellt.
Ermitteln Sie die Funktionsgleichung der Bestandsfunktion F.
Bezeichnen Sie den Anfangsbestand bei $t = 0$ mit F_0.

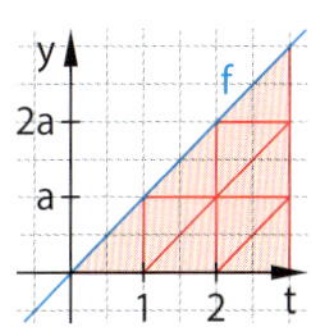

6.2 Bestimmtes Integral

Die zurückgelegte Strecke s eines Formel-1-Autos in den ersten 5 Sekunden nach dem Start soll näherungsweise bestimmt werden. Erklären Sie die Rechnung:

$s = 1 \cdot f(1) + 1 \cdot f(2) + 1 \cdot f(3) + 1 \cdot f(4) + 1 \cdot f(5)$
$\quad = 1 \cdot 15 + 1 \cdot 28 + 1 \cdot 39 + 1 \cdot 48 + 1 \cdot 56 = 186$

Wie könnte man die Näherung verbessern?

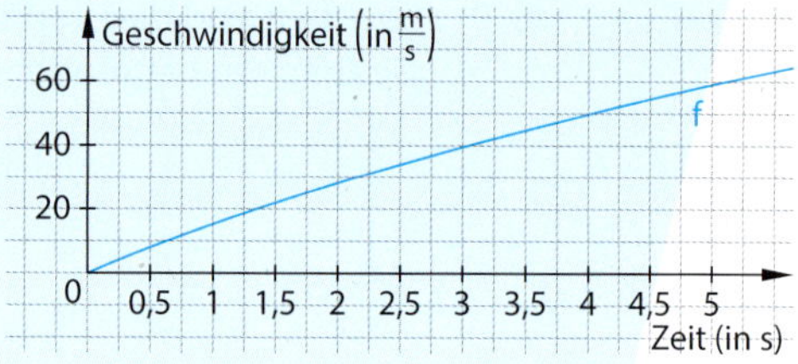

Auch bei einer nicht geradlinigen Änderungsrate entspricht die Zu- oder Abnahme des Bestandes dem Inhalt der Fläche zwischen dem Funktionsgraphen der Änderungsrate und der x-Achse. Wie dieser Flächeninhalt bestimmt werden kann, soll nun untersucht werden.

Flächen zwischen Graph und x-Achse näherungsweise bestimmen

Hinweis

Wird die **Unter**- bzw. **Obersumme** aus den Flächeninhalten von n Rechtecken gebildet, so bezeichnet man sie mit $\mathbf{U_n}$ bzw. $\mathbf{O_n}$.

Die krummlinig begrenzte Fläche zwischen dem Funktionsgraphen und der x-Achse kann durch eine Folge von Rechtecken angenähert werden. Ihr Flächeninhalt ist größer als der Flächeninhalt aller blauen (**Untersumme**) und kleiner als der Flächeninhalt aller roten Rechtecke (**Obersumme**).

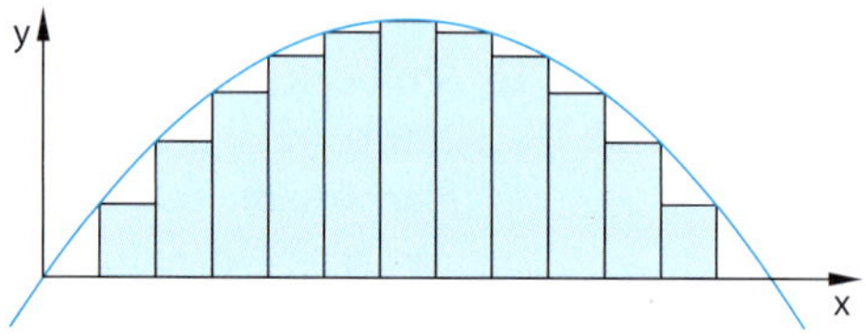

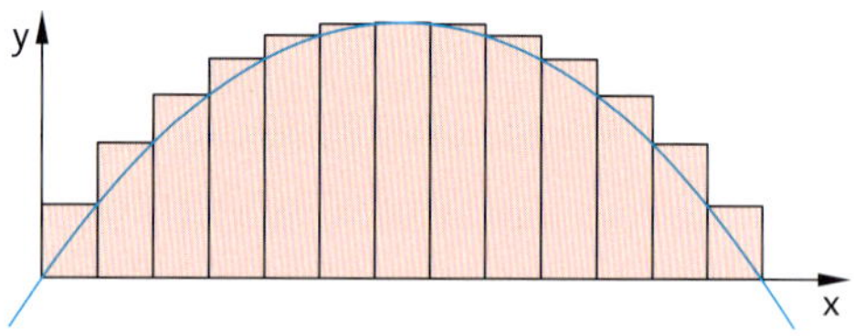

Für die Untersumme multipliziert man für jedes Rechteck die Rechteckbreite mit dem kleinsten Funktionswert im zugehörigen Teilintervall und addiert die Produkte.

Entsprechend wählt man für die Obersumme jeweils den größten Funktionswert.

Beispiel 1 Nähern Sie den Inhalt der Fläche zwischen dem Graphen der Funktion f mit $f(x) = x^2$ und der x-Achse im Intervall [0; 2] durch vier gleich breite Rechtecke von unten und von oben an. Berechnen Sie die Untersumme U_4 und die Obersumme O_4.

Lösung:

Bei vier gleich breiten Rechtecken hat jedes Rechteck die Breite 0,5.

Bei der Untersumme liegen die Rechtecke vollständig unter dem Graphen. Die Höhe jedes Rechtecks ist bei der Untersumme U_4 der kleinste Funktionswert im zugehörigen Teilintervall. Da der Funktionsgraph im gesamten Bereich steigt, wird der kleinste Funktionswert stets am linken Rand des Teilintervalls angenommen.

Bei der Obersumme O_4 ist die Höhe jedes Rechtecks der größte Funktionswert im zugehörigen Teilintervall. Hier wird dieser Funktionswert stets am rechten Rand des Teilintervalls angenommen.

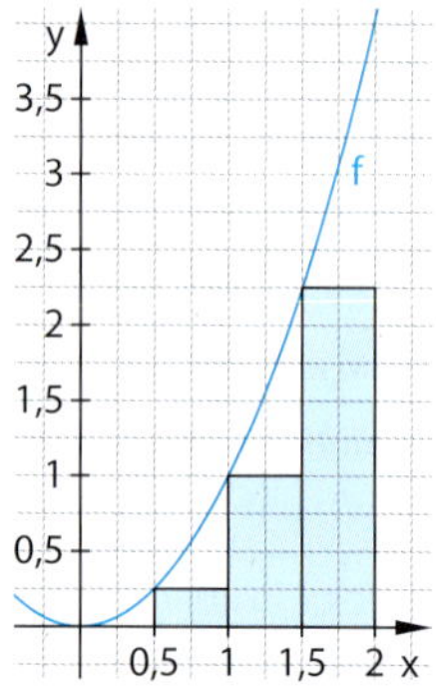

$U_4 = \frac{1}{2} \cdot 0^2 + \frac{1}{2} \cdot \left(\frac{1}{2}\right)^2 + \frac{1}{2} \cdot 1^2 + \frac{1}{2} \cdot \left(\frac{3}{2}\right)^2 = 1{,}75$

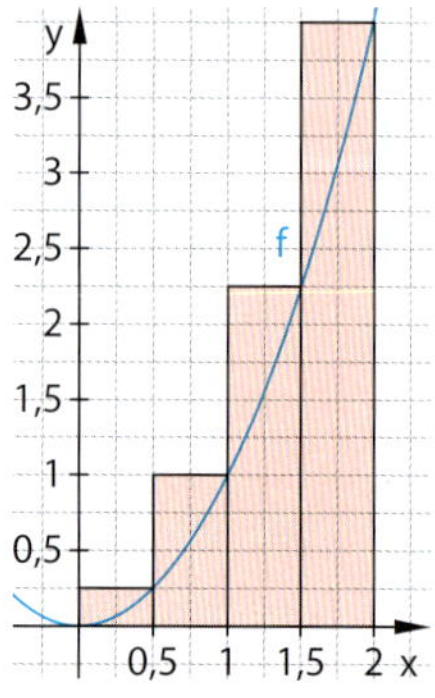

$O_4 = \frac{1}{2} \cdot \left(\frac{1}{2}\right)^2 + \frac{1}{2} \cdot 1^2 + \frac{1}{2} \cdot \left(\frac{3}{2}\right)^2 + \frac{1}{2} \cdot 2^2 = 3{,}75$

Basisaufgaben

1 Schätzen Sie die Fläche zwischen dem Graphen der Funktion f und der x-Achse
a) durch Kästchenzählen,
b) mithilfe der eingezeichneten Dreiecksfläche ab.

a)
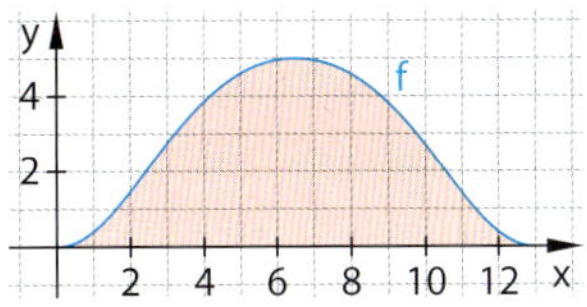

b)
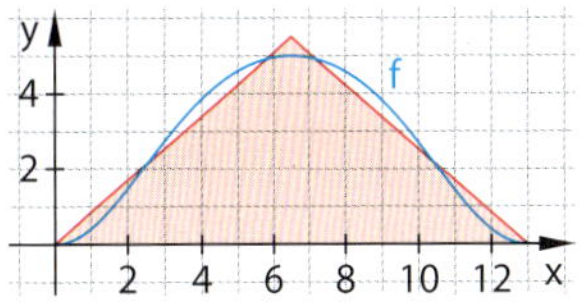

2 Zur näherungsweisen Berechnung des Inhalts der Fläche unter dem Graphen im Intervall [0; 5] wurden Rechtecke der Breite 1 eingezeichnet.
a) Bestimmen Sie diesen Näherungswert.
b) Zeigen Sie, dass sich die Näherung verbessert, wenn man entsprechende Rechtecke der Breite 0,5 einzeichnet.
c) Beschreiben Sie, wie man immer bessere Näherungswerte erhalten kann.

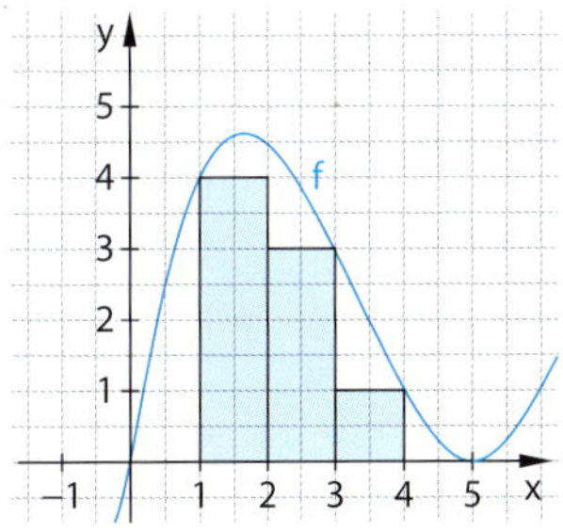

3 Untersucht wird die Funktion f mit $f(x) = x^3$ im Intervall [0; 3].
a) Berechnen Sie die Unter- und Obersummen mit 3 (mit 6) gleich breiten Rechtecken.
b) Geben Sie mithilfe der Ergebnisse aus a) eine untere und obere Grenze für den Inhalt der Fläche zwischen dem Graphen von f und der x-Achse an.

4 Gegeben ist die Funktion f mit $f(x) = -\frac{1}{8}x^2 + 5$.
a) Berechnen Sie die in den Bildern dargestellte Unter- und Obersumme.
b) Berechnen Sie die Unter- und Obersumme im Intervall [0; 5] mit 10 gleich breiten Rechtecken.

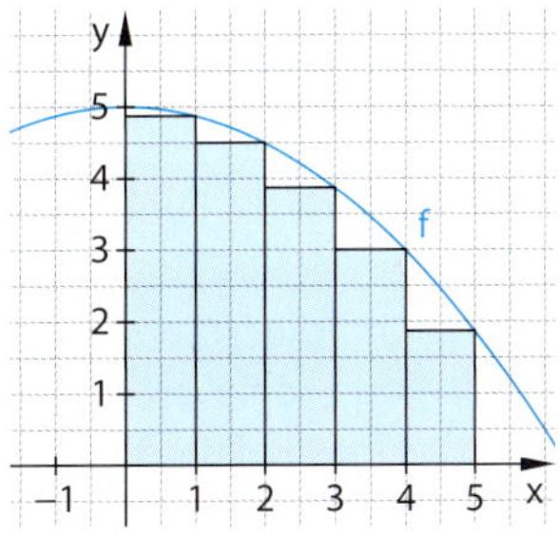

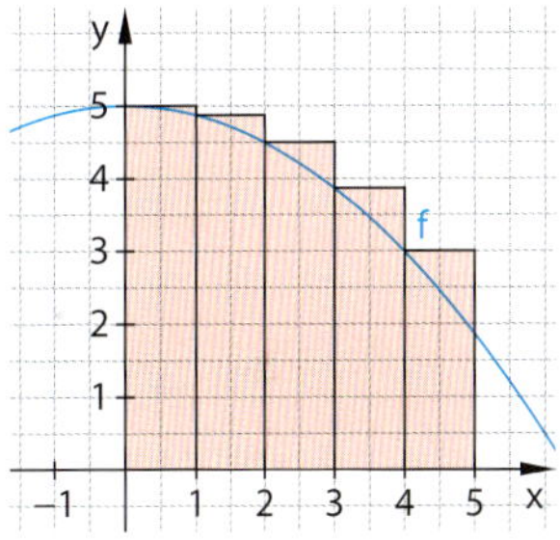

Hinweis
Die Summe von Produkten aus der Streifenbreite und einem Funktionswert im Teilintervall bezeichnet man als **Produktsumme.** Unter- und Obersumme sind spezielle Produktsummen.

5 **Vergleich verschiedener Produktsummen:**
William schätzt die Fläche unter dem Graphen der Funktion f mit $f(x) = 0{,}2x^2 + 1$ im Intervall [0; 8] mithilfe der eingezeichneten Rechtecke ab. Er berechnet den Flächeninhalt der Rechtecke mit der Produktsumme
$2 \cdot f(1) + 2 \cdot f(3) + 2 \cdot f(5) + 2 \cdot f(7)$.
a) Berechnen Sie den Wert der Produktsumme. Erläutern Sie, wie William die Breiten und Höhen der Rechtecke gewählt hat.
b) Berechnen Sie die Unter- und Obersumme für vier gleich breite Rechteckstreifen im Intervall [0; 8].
c) Welcher der Werte aus a) und b) nähert den Inhalt A der Fläche zwischen dem Graphen von f und der x-Achse am besten an? Begründen Sie.
d) Erläutern Sie, welchen Vorteil es hat, den Wert von Unter- und Obersumme zu kennen. Welche Aussage über den Flächeninhalt A können Sie dann treffen?

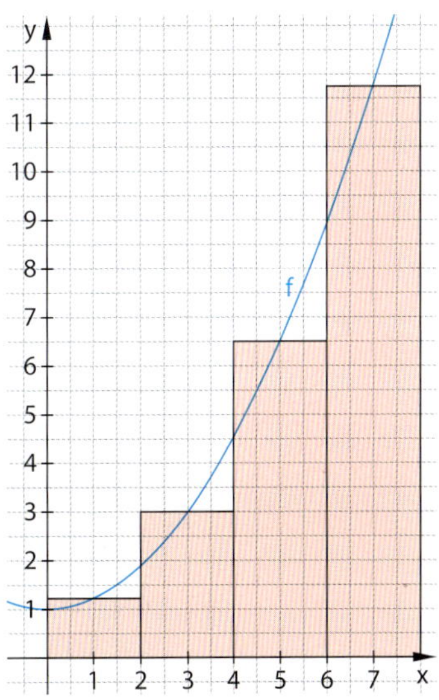

Das bestimmte Integral als Grenzwert von Ober- und Untersummen

Man kann den Inhalt der Fläche zwischen dem Funktionsgraphen und der x-Achse durch eine Annäherung mit n gleich breiten Rechtecken beliebig genau bestimmen, indem man die Anzahl n der Rechtecke immer größer und damit ihre Breite immer kleiner werden lässt.

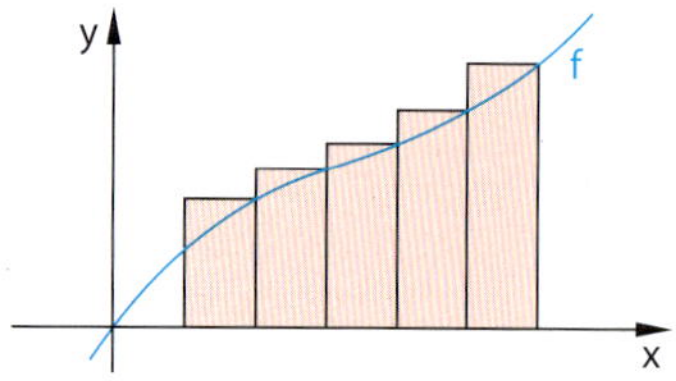

Hinweis

Es gibt Funktionen, bei denen die Grenzwerte von Ober- und Untersumme nicht übereinstimmen oder nicht existieren; siehe Aufgabe 30.

Durch eine Verfeinerung der Einteilung wird die Obersumme O_n kleiner und die Untersumme U_n größer. Im Allgemeinen streben die Ober- und Untersumme für $n \to \infty$ gegen den gleichen Grenzwert. Dieser Grenzwert entspricht bei Funktionen mit nicht-negativen Funktionswerten dem Flächeninhalt zwischen dem Funktionsgraphen und der x-Achse.

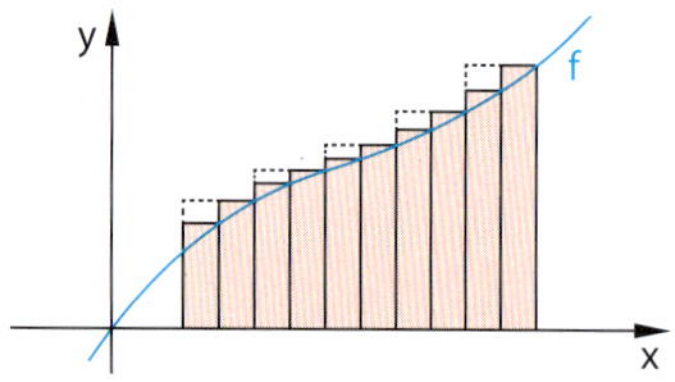

Hinweis

Man kann das Integral auch als Grenzwert einer beliebigen **Produktsumme** definieren.

Definition **Das bestimmte Integral als Grenzwert von Ober- und Untersummen**

Wenn die Ober- und Untersummen einer Funktion f auf dem Intervall [a; b] einen gemeinsamen Grenzwert haben $\left(\lim\limits_{n\to\infty} O_n = \lim\limits_{n\to\infty} U_n\right)$, so heißt die Funktion integrierbar. Der gemeinsame Grenzwert heißt dann **bestimmtes Integral** von f in den Grenzen von a bis b.

Schreibweise: $\int_a^b f(x)\,dx$

- obere Integrationsgrenze: b
- untere Integrationsgrenze: a
- Integrationsvariable: x
- Integrand: f(x)

Beispiel 2 Gegeben ist die Funktion f mit $f(x) = x^2$ auf dem Intervall [0; 2].

a) Teilen Sie das Intervall [0; 2] in n gleich große Teilintervalle ein und berechnen Sie die Obersumme O_n und die Untersumme U_n in Abhängigkeit von n.

b) Bestimmen Sie den Grenzwert der Obersummen und Untersummen für $n \to \infty$ und stellen Sie ihn als Integral dar.

Lösung:

a) Addieren Sie jeweils die Flächeninhalte der n Rechtecke. Ihre Breite ist $\frac{2}{n}$.
Bei der Obersumme entspricht die Höhe dem Funktionswert an den rechten Intervallrändern $1 \cdot \frac{2}{n}, 2 \cdot \frac{2}{n}, \ldots, n \cdot \frac{2}{n}$.
Klammern Sie $\frac{2}{n}$ und $\frac{2^2}{n^2}$ aus. Wenden Sie auf den Ausdruck in Klammern die Summenformel aus der Randspalte an. Fassen Sie zusammen.
Leiten Sie analog die Formel für U_n her.

$$O_n = \frac{2}{n} \cdot f\left(1 \cdot \frac{2}{n}\right) + \frac{2}{n} \cdot f\left(2 \cdot \frac{2}{n}\right) + \ldots + \frac{2}{n} \cdot f\left(n \cdot \frac{2}{n}\right)$$
$$= \frac{2}{n} \cdot \left(f\left(1 \cdot \frac{2}{n}\right) + f\left(2 \cdot \frac{2}{n}\right) + \ldots + f\left(n \cdot \frac{2}{n}\right)\right)$$
$$= \frac{2}{n} \cdot \left(1^2 \cdot \frac{2^2}{n^2} + 2^2 \cdot \frac{2^2}{n^2} + \ldots + n^2 \cdot \frac{2^2}{n^2}\right)$$
$$= \frac{2}{n} \cdot \frac{2^2}{n^2} \cdot (1^2 + 2^2 + \ldots + n^2)$$
$$= \frac{8}{n^3} \cdot \left(\frac{n(n+1)(2n+1)}{6}\right)$$
$$= \frac{8}{n^3} \cdot \left(\frac{2n^3}{6} + \frac{3n^2}{6} + \frac{n}{6}\right) = \frac{8}{3} + \frac{4}{n} + \frac{4}{3n^2}$$

$$U_n = \frac{2}{n} \cdot \left(f\left(0 \cdot \frac{2}{n}\right) + f\left(1 \cdot \frac{2}{n}\right) + \ldots + f\left(n - 1 \cdot \frac{2}{n}\right)\right)$$
$$= \ldots = \frac{8}{3} - \frac{4}{n} + \frac{4}{3n^2}$$

Hinweis

Summenformel für Quadratzahlen:
$1^2 + 2^2 + \ldots + n^2 = \frac{n \cdot (n+1) \cdot (2n+1)}{6}$

b) Bilden Sie die Grenzwerte für $n \to \infty$. Die Terme $-\frac{4}{n}, \frac{4}{n}$ und $\frac{4}{3n^2}$ nähern sich 0 an, da die Nenner gegen unendlich streben. Die Grenzwerte von O_n und U_n sind gleich und entsprechen dem Integral.

$$\lim_{n\to\infty} O_n = \lim_{n\to\infty}\left(\frac{8}{3} + \frac{4}{n} + \frac{4}{3n^2}\right) = \frac{8}{3}$$
$$\lim_{n\to\infty} U_n = \lim_{n\to\infty}\left(\frac{8}{3} - \frac{4}{n} + \frac{4}{3n^2}\right) = \frac{8}{3}$$
$$\int_0^2 x^2\,dx = \frac{8}{3}$$

Basisaufgaben

Hinweis zu 6a

$1^2 + 2^2 + \ldots + n^2 = \frac{n \cdot (n+1) \cdot (2n+1)}{6}$

6 a) Zeigen Sie, dass gilt: $1^2 + 2^2 + \ldots + (n-1)^2 = \frac{(n-1) \cdot n \cdot (2n-1)}{6}$

b) Leiten Sie den Term für U_n aus Beispiel 2 ausführlich her.

Hinweis zu 7

$1 + 2 + 3 + \ldots + n = \frac{n \cdot (n+1)}{2}$

7 Gegeben ist die Funktion f mit $f(x) = \frac{1}{3}x$.

a) Berechnen Sie den Wert der Obersumme O_8 im Intervall $[0; 4]$.

b) Berechnen Sie den Wert der Obersumme O_n mit $n > 0$ im Intervall $[0; 4]$.

c) Zeigen Sie, dass der Grenzwert von O_n für $n \to \infty$ dem Flächeninhalt der Dreiecksfläche unter dem Graphen von f entspricht.

8 Gegeben ist die Funktion f mit $f(x) = 6x^2$ im Intervall $[0; 1]$.

a) Berechnen Sie die Obersumme O_n und Untersumme U_n in Abhängigkeit von n $(n > 0)$.

b) Berechnen Sie O_n und U_n für $n = 10$, $n = 100$ und $n = 1000$.

c) Ermitteln Sie den Grenzwert von O_n und U_n für $n \to \infty$. Schreiben Sie ihn als Integral.

Hinweis zu 9b

$1^3 + 2^3 + 3^3 + \ldots + n^3 = \frac{n^2 (n+1)^2}{4}$

9 Berechnen Sie mithilfe von Ober- und Untersummen den Inhalt der Fläche, die der Graph von f über dem Intervall I mit der x-Achse einschließt.

a) $f(x) = x$; $I = [0; 2]$ b) $f(x) = x^3$; $I = [0; 3]$ c) $f(x) = 3x^2$; $I = [0; a]$ mit $a > 0$

Integral als Flächenbilanz

Bei der Berechnung von Obersumme (bzw. Untersumme) wird bei jedem Rechteckstreifen der größte (bzw. kleinste) Funktionswert mit der Streifenbreite multipliziert. Bei negativen Funktionswerten sind die Produkte negativ und gehen negativ in die Obersumme (bzw. Untersumme) ein. Das bestimmte Integral stellt also eine Flächenbilanz dar.

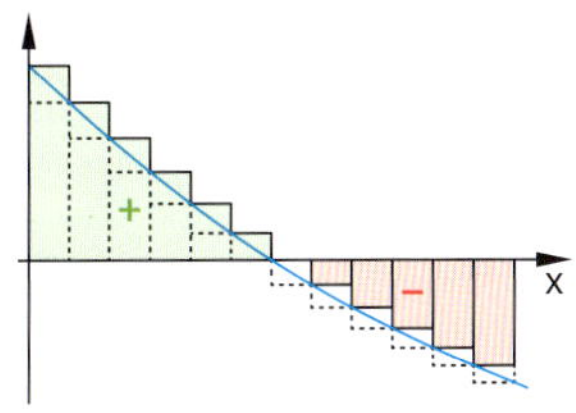

Satz **Das bestimmte Integral als Flächenbilanz**

Das **bestimmte Integral** $\int_a^b f(x)\,dx$ gibt die **Flächenbilanz** zwischen dem Graphen von f und der x-Achse auf dem Intervall [a; b] an. Die Inhalte von Flächen oberhalb der x-Achse werden positiv, die Inhalte von Flächen unterhalb der x-Achse negativ bilanziert.

Beispiel 3 Skizzieren Sie den Graphen der Funktion f mit $f(x) = \frac{1}{2}x - 1$ im Intervall $[-1; 4]$ und bestimmen Sie den Wert des Integrals $\int_{-1}^{4} \left(\frac{1}{2}x - 1\right) dx$.

Lösung:

Teilen Sie die Fläche zwischen dem Graphen und der x-Achse in eine Fläche (rot) unterhalb und eine Fläche (grün) oberhalb der x-Achse ein.

Berechnen Sie die Flächeninhalte der Teilflächen. Der Flächeninhalt des roten Dreiecks geht mit einem negativen Vorzeichen in die Flächenbilanz ein, da es unterhalb der x-Achse liegt. Der Flächeninhalt des grünen Dreiecks wird positiv bilanziert.

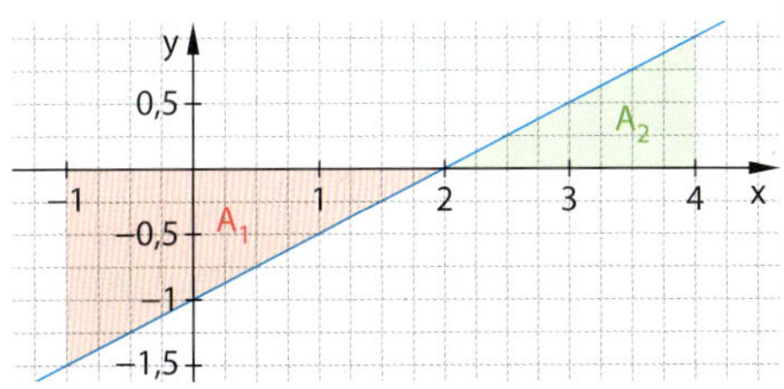

$A_1 = \frac{1}{2} \cdot 3 \cdot 1{,}5 = 2{,}25$; $A_2 = \frac{1}{2} \cdot 2 \cdot 1 = 1$

$\int_{-1}^{4} \left(\frac{1}{2}x - 1\right) dx = -A_1 + A_2 = -2{,}25 + 1 = -1{,}25$

Basisaufgaben

10 a) Geben Sie die Flächenbilanz der farbigen Fläche in Integralschreibweise an.

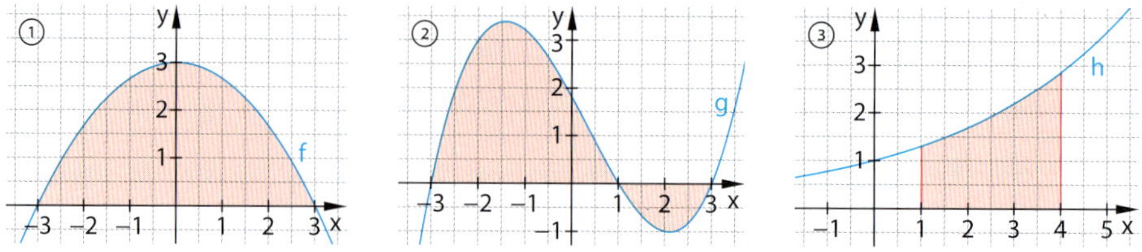

b) Erläutern Sie, in welchen Fällen das Integral gleichzeitig den gesamten Inhalt der farbigen Fläche beschreibt.

Lösungen zu 11

13,5 6 5 12 7,5

11 Zeichnen Sie den Graphen von f mit $f(x) = \frac{1}{3}x + 1$ im Intervall [−6; 6] und bestimmen Sie den Wert des Integrals.

a) $\int_{-3}^{3} f(x)\,dx$ b) $\int_{-3}^{6} f(x)\,dx$ c) $\int_{-6}^{6} f(x)\,dx$ d) $\int_{3}^{6} f(x)\,dx$

12 Berechnen Sie für die durch ihren Graphen gegebene Funktion f das Integral $\int_{a}^{b} f(x)\,dx$.

a)

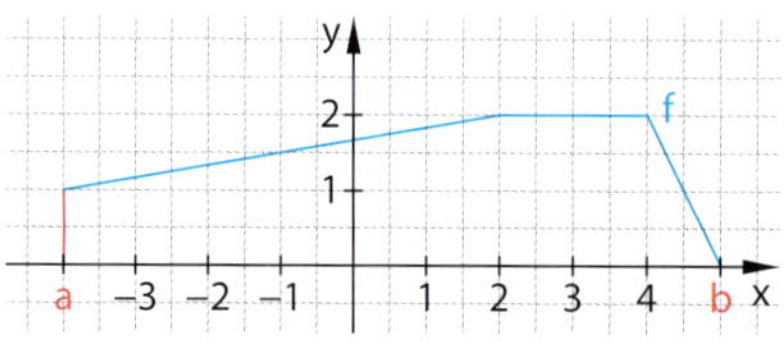

b)

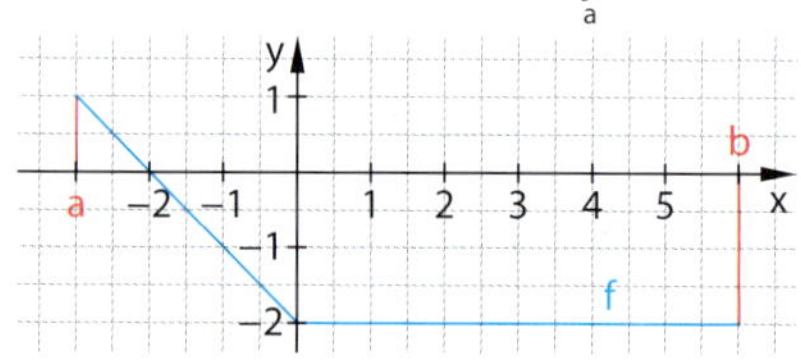

13 Skizzieren und berechnen Sie mithilfe von Dreiecks- und Rechtecksflächen.

a) $\int_{0}^{3} \frac{1}{4}x\,dx$ b) $\int_{-1}^{2} -0{,}5\,dx$ c) $\int_{0}^{3} \left(\frac{1}{2}x - 1\right)dx$ d) $\int_{-3}^{3} -7t\,dt$

14 Entscheiden Sie anhand des Graphenverlaufs, ob das Integral positiv, negativ oder null ist.

a) $\int_{-3}^{5} -x^2\,dx$ b) $\int_{0}^{4} 2u^3\,du$ c) $\int_{-2}^{1} 2x^3\,dx$ d) $\int_{-10}^{10} 4x^5\,dx$

Weiterführende Aufgaben

15 Die Funktion f ist auf dem Intervall [a; b] streng monoton steigend. Die Abbildung zeigt den Graphen von f sowie Säulen der Obersumme O_5 und der Untersumme U_5.

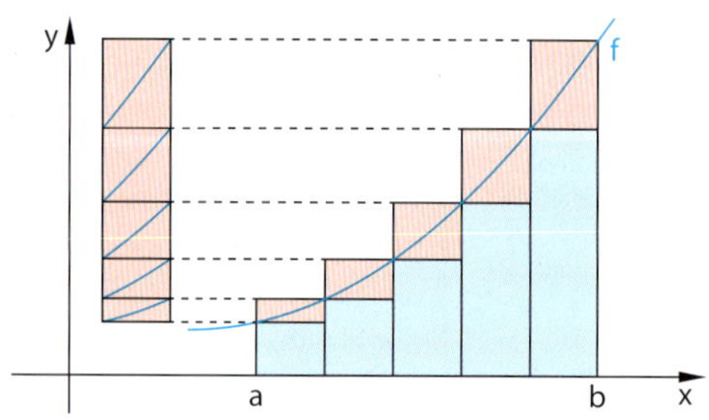

a) Begründen Sie mithilfe der Abbildung, dass der Unterschied zwischen der Obersumme O_n und der Untersumme U_n gleich $\frac{b-a}{n} \cdot (f(b) - f(a))$ ist und für wachsende n gegen null strebt.

b) Untersuchen Sie analog den Fall, dass f streng monoton fallend auf [a; b] ist.

16 **Stolperstelle:** Anne meint: *„Wenn ich die Obersumme bilden will, wähle ich für die Höhe eines Rechtecks immer den Funktionswert am rechten Rand des Teilintervalls."*

a) Prüfen Sie die Aussage am Beispiel der Funktion f mit $f(x) = -x^2 + 9$ im Intervall [0; 3].

b) Überlegen Sie, unter welchen Voraussetzungen Anne recht hat.

TK **17** Berechnen Sie mithilfe einer Tabellenkalkulation für die Funktion f mit $f(x) = x^2$ die Obersummen O_n über dem Intervall $[0; 1]$ für verschiedene n.

D4 | =D3+1/$D$1*C4

	A	B	C	D
1	f(x)=	x^2	n=	200
2	i	Stelle	f(Stelle)	Summe
3	1	0,005	0,000025	0,0000001
4	2	0,010	0,000100	0,0000006
5	3	0,015	0,000225	0,0000018
6	4	0,020	0,000400	0,0000038

TK **18** Gegeben ist die Funktion f mit $f(x) = \sqrt{1 - x^2}$ auf dem Intervall $[0; 1]$.

a) Berechnen Sie mithilfe einer Tabellenkalkulation die Untersumme U_n und die Obersumme O_n für $n = 100$, $n = 500$ und $n = 1000$.

b) Multiplizieren Sie die Ergebnisse aus a) mit 4. Welcher bekannten Zahl nähern sich die Werte der Unter- und Obersumme an?

19 Begründen Sie anschaulich anhand einer Skizze die Aussage über eine Funktion f für $a > 0$.

a) Ist f punktsymmetrisch zum Koordinatenursprung, so gilt: $\int_{-a}^{a} f(x)\,dx = 0$

b) Ist f achsensymmetrisch zur y-Achse, so gilt: $\int_{-a}^{a} f(x)\,dx = 2 \cdot \int_{0}^{a} f(x)\,dx$

20 **Additivität von Integralen:** Begründen Sie anhand einer Skizze, dass für $a < b < c$ gilt:

$$\int_a^b f(x)\,dx + \int_b^c f(x)\,dx = \int_a^c f(x)\,dx$$

21 Berechnen Sie für $f(x) = 2x - 3$ das Integral.

a) $\int_2^4 f(x)\,dx$

b) $\int_2^{2,5} f(x)\,dx + \int_{2,5}^4 f(x)\,dx$

c) $\int_2^9 f(x)\,dx - \int_4^9 f(x)\,dx$

22 Sind M das globale Maximum und m das globale Minimum einer Funktion f auf dem Intervall $[a; b]$, so gilt: $m(b-a) \le \int_a^b f(x)\,dx \le M(b-a)$

Begründen Sie diese Eigenschaft anschaulich mit geeigneten Skizzen. Unterscheiden Sie die Fälle, dass f auf $[a; b]$

① positiv ist, ② negativ ist, ③ sowohl positive als auch negative Funktionswerte hat.

23 Mit der Funktion v mit $v(t) = 10t$ lässt sich die Geschwindigkeit eines frei fallenden Objekts zu einem beliebigen Zeitpunkt t näherungsweise berechnen.

a) Erläutern Sie die Bedeutung der Fläche zwischen dem Graphen von v und der t-Achse.

b) Berechnen Sie $\int_0^4 v(t)\,dt$ und interpretieren Sie das Ergebnis im Sachzusammenhang.

c) Schreiben Sie die Strecke, die der fallende Körper zwischen der 3. und 5. Sekunde zurücklegt, als Integral und berechnen Sie dieses.

24 Das Diagramm zeigt das Füllen und Entleeren eines Wasserbassins.

a) Bestimmen Sie näherungsweise, wie viel Wasser im dargestellten Zeitraum insgesamt in das Bassin hinein- und wie viel wieder hinausgeflossen ist.

b) Stellen Sie die Gesamtänderung der Wassermenge in Liter als Integral dar.

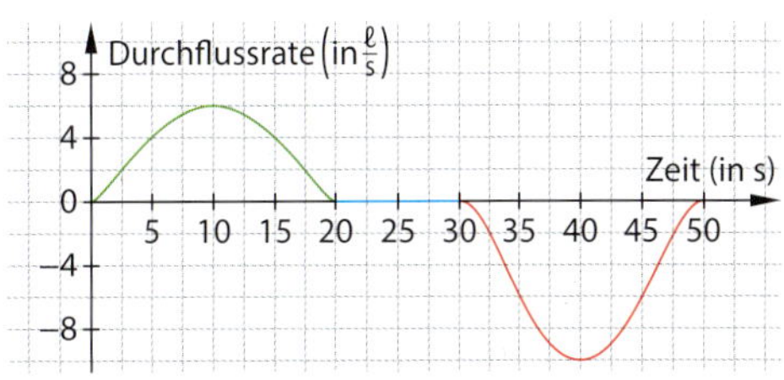

25 Nutzen Sie für diese Aufgabe eine geeignete Mathematiksoftware.
a) Bestimmen Sie O_{50} und O_{100} zur Funktion f mit $f(x) = x^4$ auf dem Intervall [0; 1].
b) Stellen Sie zur Funktion f und dem Intervall [0; 1] den Term der Untersumme U_n auf und bestimmen Sie U_{15}, U_{50} und U_{100}.
c) Bestimmen Sie U_{10}, O_{10}, U_{100} und O_{100} zu g mit $g(x) = \sqrt{x}$ auf [0; 1] und [0; 2].
d) Ermitteln Sie die Grenzwerte der Ober- und Untersummen aus a) – c) für $n \to \infty$.

26 Beim Öffnen eines Wehrs verändert sich die Durchflussgeschwindigkeit des Wassers. Während des Öffnungsvorgangs kann diese mit der Funktion d mit $d(t) = \frac{1}{2}t^2$ beschrieben werden (d(t) in $\frac{m^3}{s}$ und t in s). Der Öffnungsvorgang dauert insgesamt 8 s.

a) Berechnen Sie die Durchflussgeschwindigkeit nach 2 s, 4 s und 8 s.
b) Schätzen Sie die während des Öffnungsvorgangs durchgeflossene Wassermenge sinnvoll ab.
c) Berechnen Sie die exakte Menge des durchgeflossenen Wassers.

27 Bestimmen Sie eine reelle Zahl k, für die $\int_k^{4k} x\,dx = 15$ gilt.

28 Janina berechnet das Integral $\int_{-2}^{2} (4 - x^2)\,dx$ als Grenzwert der Obersummen und Untersummen und erhält in beiden Fällen den Wert $\frac{32}{3}$. Jan hat gehört, dass man auch beliebige Produktsummen $\Delta x \cdot f(x_1) + \Delta x \cdot f(x_2) + \ldots + \Delta x \cdot f(x_n)$ verwenden kann (n: Anzahl der Rechteckstreifen, Δx: Streifenbreite, $f(x_i)$: Funktionswert am linken Rand des i-ten Intervalls).

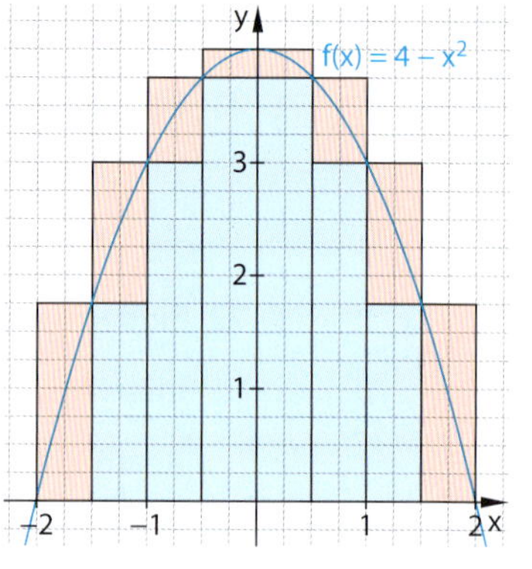

a) Begründen Sie, ohne zu rechnen, dass für jedes n die Produktsumme von Jan zwischen der Ober-und Untersumme liegt.
b) Erläutern Sie, dass Jan den gleichen Grenzwert wie Janina erhält.

29 Paula ist unzufrieden mit der Güte der Näherung durch Ober- oder Untersummen. Sie entwickelt eine Formel, die sie **„Trapezsumme"** nennt:

$$T_n = \Delta x \cdot \left(\frac{f(x_0) + f(x_1)}{2}\right) + \Delta x \cdot \left(\frac{f(x_1) + f(x_2)}{2}\right) + \ldots + \Delta x \cdot \left(\frac{f(x_{n-1}) + f(x_n)}{2}\right)$$

Δx: Breite eines Trapezstreifens $x_0, x_1, x_2, \ldots, x_n$: Grenzen der n Teilintervalle
a) Erläutern Sie Paulas Vorgehen und den Begriff „Trapezsumme".
b) Ist die Funktion f auf dem Intervall monoton steigend oder fallend, so erhält man T_n aus den Werten der Obersumme O_n und der Untersumme U_n. Begründen Sie diese Aussage.

Hinweis zu 30

In jedem noch so kleinen Intervall [a; b] mit a < b gibt es sowohl rationale als auch irrationale Zahlen.

30 **Ausblick:** Es gibt Fälle, bei denen die Grenzwerte von Ober- und Untersumme existieren, aber nicht gleich sind. Betrachten Sie die Funktion f mit $f(x) = \begin{cases} 1 & \text{für x rational} \\ 0 & \text{für x irrational} \end{cases}$ im Intervall [0; 1].
a) Berechnen Sie die Ober- und Untersumme für n = 5, für n = 10 und für beliebiges n.
b) Bilden Sie die Grenzwerte für $n \to \infty$. Erläutern Sie, was daraus für das Integral $\int_0^1 f(x)\,dx$ folgt.

6.3 Stammfunktionen

In der Tabelle sind Funktionsterme für Funktionen f und für ihre Ableitungsfunktionen f' aufgelistet. Leider sind nicht mehr alle Terme lesbar.

f	$\frac{1}{2}x^3 + 5x$			$2x^5 - x$		
f'		$x^2 + 2x$	$\frac{1}{2}x^3 + 2x^2 - 1$		$\frac{1}{x^2}$	$\frac{1}{2\sqrt{x}}$

a) Bestimmen Sie die fehlenden Terme für f und f'.
b) Sind Ihre Ergebnisse immer eindeutig?

Zu einer Bestandsfunktion F erhält man die Funktion der Änderungsrate f = F' durch Ableiten von F. Ist umgekehrt f gegeben, sucht man eine Funktion F, für die f = F' gilt. Eine solche Funktion F nennt man **Stammfunktion** von f.

Definition **Stammfunktion**
Eine Funktion F heißt **Stammfunktion** zur Funktion f, wenn für jede Stelle x gilt: F'(x) = f(x).

Stammfunktionen sind nicht eindeutig. Ist F eine Stammfunktion von f, so ist auch G mit G(x) = F(x) + C eine Stammfunktion von f, da die Konstante C beim Ableiten wegfällt. Man erhält durch die Addition einer Konstanten alle Stammfunktionen der Funktion f.

Hinweis
Die Menge aller Stammfunktionen zu f wird als **unbestimmtes Integral** $\int f(x)\,dx$ bezeichnet.

Satz **Gesamtheit aller Stammfunktionen**
Ist F eine Stammfunktion zu einer Funktion f, so sind alle Stammfunktionen von f gegeben durch F(x) + C mit $C \in \mathbb{R}$.

Stammfunktionen grafisch bestimmen

Der Zusammenhang zwischen den Graphen einer Funktion f und ihrer Ableitung f' ist bereits bekannt. Er lässt sich auf die Graphen von f und einer Stammfunktion F übertragen. Der Funktionswert von f = F' gibt die Steigung des Graphen von F an dieser Stelle an.

Beispiel 1
Skizzieren Sie zum abgebildeten Graphen von f den Graphen einer Stammfunktion F. Markieren Sie die Intervalle, in denen der Graph von F steigt bzw. fällt.

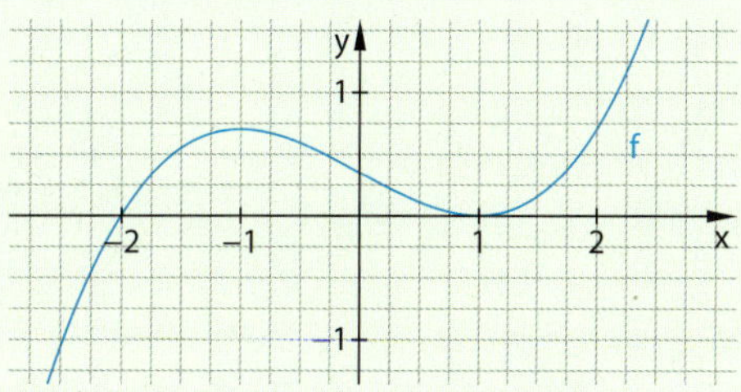

Hinweis
Der Graph der Stammfunktion ist nicht eindeutig, er kann nach oben oder unten verschoben sein. Dies hängt von der Wahl des Ausgangspunktes ab.

Lösung:
Im Bereich x < −2 ist f(x) negativ. Hier fällt der Graph von F.
In den Bereichen −2 < x < 1 und x > 1 ist f(x) positiv. Hier steigt der Graph von F.

Bei den Nullstellen von f gibt es beim Graphen von F eine waagerechte Tangente:
x = −2 : Vorzeichenwechsel von − nach + bei f, daher liegt dort ein Tiefpunkt von F.
x = 1: kein Vorzeichenwechsel bei f, daher liegt dort ein Sattelpunkt von F.

Wählen Sie sich einen beliebigen Punkt (hier P(−2|− 1)) und skizzieren Sie eine Kurve mit den ermittelten Eigenschaften.

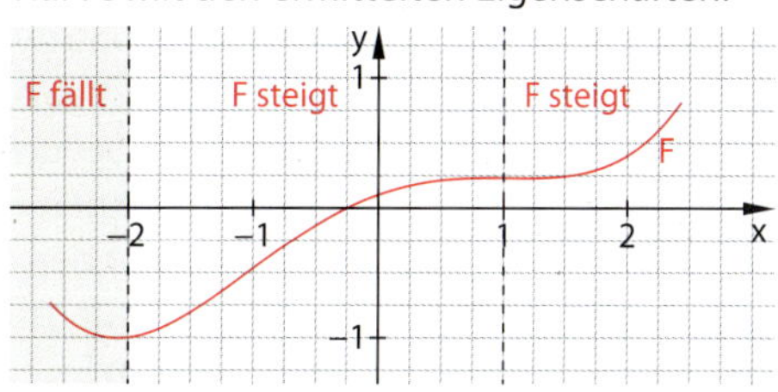

Basisaufgaben

1 Die Graphen ① bis ④ zeigen Stammfunktionen zu den Funktionen f, g, h und i. Ordnen Sie passend zu. Begründen und erläutern Sie die Zusammenhänge zwischen dem Graphen einer Funktion und ihrer Stammfunktion.

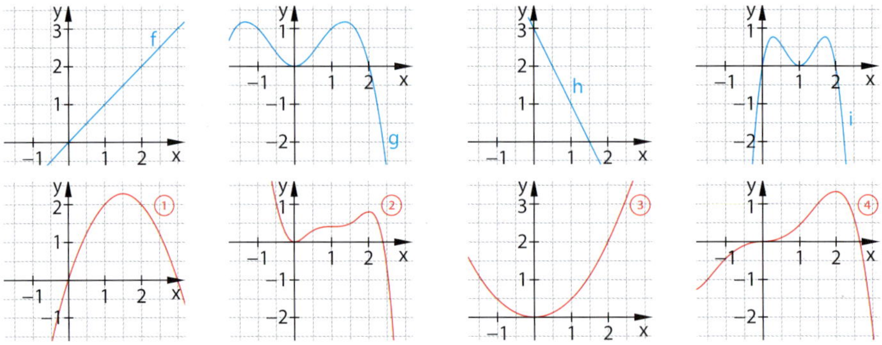

2 Ordnen Sie die Eigenschaften der Graphen von einer Funktion und ihrer Stammfunktion einander zu. Legen Sie dazu eine Tabelle an.

Graph der Funktion	Graph der Stammfunktion
Tiefpunkt	fallend
unterhalb der x-Achse	steilster Anstieg
parallel zur x-Achse	Gerade
oberhalb der x-Achse	Hoch- oder Tiefpunkt
Schnittpunkt mit der x-Achse	parallel zur x-Achse
Hochpunkt	steilster Abfall
entlang der x-Achse	steigend

3 Skizzieren Sie zum Graphen von f den Graphen einer Stammfunktion F.

a) 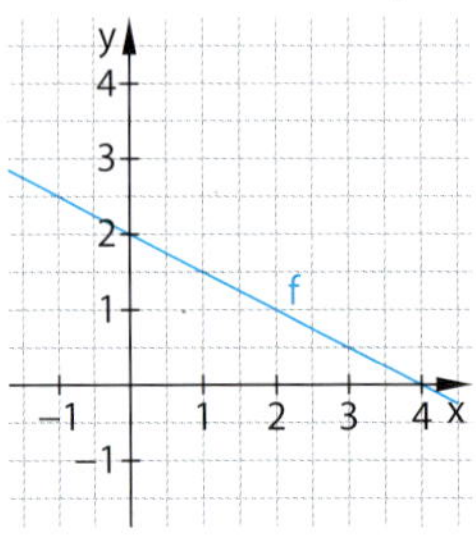

b) 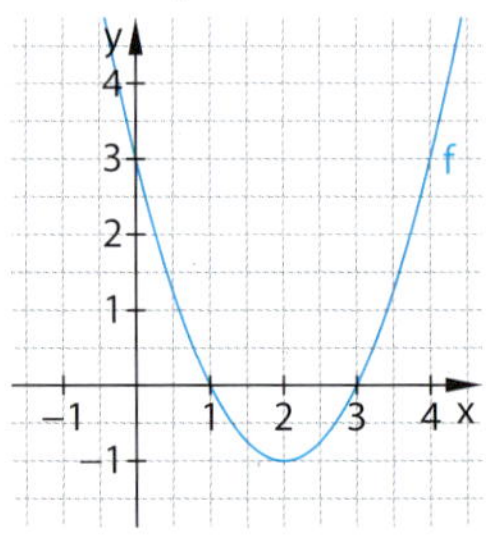

c) 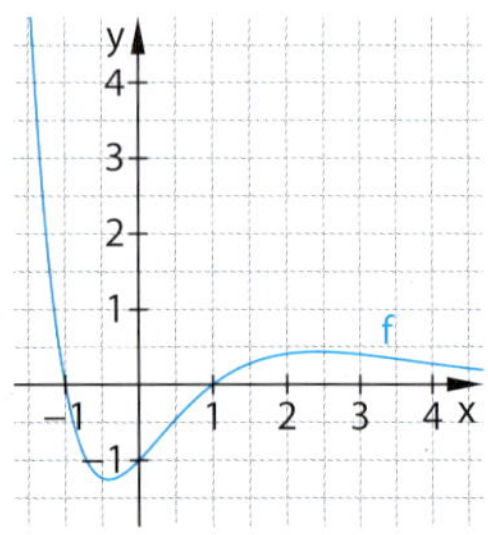

4 Bilden Sie eine Dreiergruppe und skizzieren Sie Graphen wie angegeben. Der dritte Schüler soll den ersten Graphen nicht sehen. Vergleichen Sie den Graphen des ersten und des dritten Schülers.

a) Ein Schüler gibt den Graphen einer Funktion f und einen Anfangswert F(0) vor. Ein zweiter Schüler skizziert dazu eine Stammfunktion F und der dritte Schüler zu dieser Funktion F die Ableitungsfunktion F′.

b) Ein Schüler gibt den Graphen einer Funktion F_1 vor. Ein zweiter Schüler skizziert dazu die Ableitungsfunktion f und der dritte Schüler zu dieser Funktion f eine Stammfunktion F_2.

Stammfunktionen rechnerisch bestimmen

Das Ableiten der Funktion F mit $F(x) = \frac{1}{2}x^2$ ergibt die Funktion f mit $f(x) = x$. Damit erhält man umgekehrt sofort eine Stammfunktion zu $f(x) = x$, nämlich $F(x) = \frac{1}{2}x^2$. Auf dieselbe Weise ergeben sich weitere wichtige Stammfunktionen:

Hinweis

Zur konstanten Funktion f mit $f(x) = c$ ist F mit $F(x) = cx$ eine Stammfunktion.

Wissen **Elementare Stammfunktionen**

Die Tabelle zeigt Stammfunktionen F zu elementaren Funktionen f. Es gilt $F'(x) = f(x)$.

f(x)	1	x	$\frac{1}{x^2}$	$\frac{1}{\sqrt{x}}$	$\sin(x)$	$\cos(x)$
F(x)	x	$\frac{1}{2}x^2$	$-\frac{1}{x}$	$2\sqrt{x}$	$-\cos(x)$	$\sin(x)$

Beispiel 2 Gegeben ist die Funktion f mit $f(x) = x^2$.

a) Weisen Sie nach, dass F mit $F(x) = \frac{1}{3}x^3$ eine Stammfunktion zu f ist.
b) Geben Sie alle Stammfunktionen zu f an.
c) Ermitteln Sie diejenige Stammfunktion zu f, deren Graph durch den Punkt $(-2\,|\,1)$ geht.

Lösung:

a) Leiten Sie F(x) ab und zeigen Sie, dass sich f(x) ergibt.

$\left[\frac{1}{3}x^3\right]' = \frac{1}{3} \cdot 3x^2 = x^2$

Also ist F eine Stammfunktion zu f.

b) Addieren Sie eine Konstante C, um alle Stammfunktionen zu erhalten.

$F(x) = \frac{1}{3}x^3 + C$

c) Setzen Sie -2 für x im Term von b) ein und den Term gleich 1. Lösen Sie die Gleichung nach C auf und setzen Sie das Ergebnis für C in die allgemeine Stammfunktion ein.

$F(-2) = \frac{1}{3} \cdot (-2)^3 + C = -\frac{8}{3} + C$

$-\frac{8}{3} + C = 1$, also $C = \frac{11}{3}$

$F(x) = \frac{1}{3}x^3 + \frac{11}{3}$

Hinweis

Schreibweise als unbestimmtes Integral:
$\int x^2\,dx = \frac{1}{3}x^3 + C$

Basisaufgaben

5 Zeigen Sie durch Ableiten, dass F eine Stammfunktion von f ist.

	a)	b)	c)	d)	e)
f(x)	$4x$	$12x^2 - 4x + 3$	$-\frac{8}{x^2} - \frac{1}{2\sqrt{x}}$	$\frac{1}{x^2} - \frac{2}{x^3}$	$x^{\frac{2}{3}}$
F(x)	$2x^2 - 5$	$4x^3 - 2x^2 + 3x$	$\frac{8}{x} - \sqrt{x}$	$1 - \frac{1}{x} + \frac{1}{x^2}$	$\frac{3}{5}x^{\frac{5}{3}}$

6 Gegeben ist die Funktion f mit $f(x) = \frac{1}{x^2} + 3x + 4x^3$.

a) Weisen Sie nach, dass F mit $F(x) = -\frac{1}{x} + \frac{3}{2}x^2 + x^4$ eine Stammfunktion zu f ist.
b) Geben Sie alle Stammfunktionen zu f an.
c) Bestimmen Sie die Stammfunktion zu f, deren Graph durch den Punkt $P(1\,|\,0)$ verläuft.
d) Bestimmen Sie die Stammfunktion zu f, deren Graph durch den Punkt $Q(0\,|\,1)$ verläuft.

7 Gegeben ist die Funktion f mit $f(x) = 3x^2 - 6x + 3$.

a) Zeigen Sie, dass F mit $F(x) = x^3 - 3x^2 + 3x - 1984$ eine Stammfunktion zu f ist.
b) Geben Sie eine Stammfunktion zu f an, deren Graph durch den Punkt $(-1\,|\,-4)$ verläuft.
c) Geben Sie eine Stammfunktion zu f an, die $x = 0$ $(x = 1)$ als Nullstelle hat.
d) Geben Sie eine Stammfunktion zu f an, die den y-Achsenabschnitt π hat.

Regeln zum Bestimmen der Stammfunktion

Da das Bestimmen einer Stammfunktion die Umkehrung des Differenzierens ist, erhöht sich bei einer Stammfunktion zu einer Potenzfunktion f mit $f(x) = x^r$ der Exponent um 1 und es wird zudem durch den „neuen" Exponenten r + 1 dividiert.
Durch Umkehrung weiterer Ableitungsregeln erhält man die Regeln für Stammfunktionen:

Satz **Regeln für Stammfunktionen**

Sind G und H Stammfunktionen von g bzw. h, so gilt:

	Funktion	**Stammfunktion**
Faktorregel ($k \in \mathbb{R}$)	$f(x) = k \cdot g(x)$	$F(x) = k \cdot G(x)$
Summenregel	$f(x) = g(x) + h(x)$	$F(x) = G(x) + H(x)$
Potenzregel ($r \in \mathbb{Q}, r \neq -1$)	$f(x) = x^r$	$F(x) = \frac{1}{r+1} \cdot x^{r+1}$

Hinweis

Die Stammfunktion zu $f(x) = \frac{1}{x} = x^{-1}$ kann nicht mithilfe der Potenzregel bestimmt werden, da man ansonsten durch null teilen müsste.

Beispiel 3 Bestimmen Sie mithilfe der Regeln eine Stammfunktion zur Funktion f.

a) $f(x) = \frac{1}{x^3}$ b) $f(x) = 15x^4 - 8x^3 + 2$ c) $f(x) = \sqrt{x}$

Lösung:

a) Schreiben Sie den Funktionsterm als Potenz und wenden Sie die Potenzregel an. Der Exponent −3 wird um 1 erhöht und der Faktor $\frac{1}{-3+1}$ ergänzt.

$f(x) = \frac{1}{x^3} = x^{-3}$

$F(x) = \frac{1}{-3+1}x^{-3+1} = -\frac{1}{2}x^{-2} = -\frac{1}{2x^2}$

b) Bestimmen Sie zu jedem Summanden einzeln eine Stammfunktion. Behalten Sie die Faktoren bei.

$F(x) = 15 \cdot \frac{1}{4+1} \cdot x^{4+1} - 8 \cdot \frac{1}{3+1} \cdot x^{3+1} + 2x$
$= 3x^5 - 2x^4 + 2x$

c) Schreiben Sie den Funktionsterm als Potenz. Wenden Sie die Potenzregel an.

$f(x) = \sqrt{x} = x^{\frac{1}{2}}$

$F(x) = \frac{1}{\frac{1}{2}+1}x^{\frac{1}{2}+1} = \frac{2}{3}x^{\frac{3}{2}} = \frac{2}{3}\sqrt{x^3}$

Wie auch beim Ableiten von Funktionenscharen, werden beim Bilden von Stammfunktionen Parameter wie Konstanten behandelt.

Beispiel 4 **Stammfunktionen von Funktionenscharen**

Bestimmen Sie eine Stammfunktion F_a zur Funktionenschar f_a mit $f_a(x) = -5ax^4 - ax^2 + 3$.

Lösung:

Wenden Sie die Faktor- und Summenregel an. Der Parameter a wird wie eine Konstante behandelt.

$F_a(x) = -5a \cdot \frac{1}{4+1}x^{4+1} - a \cdot \frac{1}{2+1}x^{2+1} + 3x$
$= -ax^5 - \frac{a}{3}x^3 + 3x$

Erinnerung

$\frac{1}{x^n} = x^{-n}$

$\sqrt[n]{x^m} = x^{\frac{m}{n}}$

Basisaufgaben

8 Bestimmen Sie eine Stammfunktion zur Funktion f. Überprüfen Sie durch Ableiten.
a) $f(x) = x^2$ b) $f(x) = x^5$ c) $f(x) = \frac{1}{x^4}$ d) $f(x) = \frac{1}{x^6}$
e) $f(x) = \sqrt{x}$ f) $f(x) = \frac{1}{\sqrt{x}}$ g) $f(x) = \sqrt{x^3}$ h) $f(x) = \sqrt[3]{x^2}$

Lösungen zu 9

$\frac{x^3}{3} + c$
$\frac{1}{6}x^3 - 2x^2 + 7x + c$
$\frac{x^4}{2} + 4x + c$
$-\frac{x^6}{2} + c$
$-\frac{1}{2}x^5 + 2x^3 - 2x^2 + c$

9 Ermitteln Sie eine Stammfunktion zur Funktion f. Überprüfen Sie durch Ableiten.
a) $f(x) = -3x^5$ b) $f(x) = 2x^3 + 4$ c) $f(x) = \frac{1}{2}x^2 - 4x + 7$ d) $f(x) = -\frac{5}{2}x^4 + 6x^2 - 4x$

10 Bestimmen Sie mit einem digitalen Hilfsmittel eine Stammfunktion zu f.
a) $f(x) = x^4 + 7x^2 - 2$ b) $f(x) = (\cos(x))^2$ c) $f(x) = (x^2 - 2)^2$ d) $f(x) = \frac{x}{x^2+1}$

11 Bestimmen Sie alle Stammfunktionen zur gegebenen Funktion.
a) $f(x) = x^3$ b) $g(x) = 2x - 4$ c) $h(x) = \frac{3}{x^2} - \frac{1}{2\sqrt{x}}$ d) $f(x) = 2x^3 - \frac{1}{x^2}$

12 Bestimmen Sie die Stammfunktion von f, deren Graph durch den Punkt P(1 | 2) verläuft.
a) $f(x) = -2x + 2$ b) $f(x) = -3x^2 + 2x$ c) $f(x) = \frac{2}{x^2}$ d) $f(x) = \frac{1}{\sqrt{x}} - x$

13 Bestimmen Sie eine Stammfunktion zur gegebenen Funktionenschar f_a.
a) $f_a(x) = 3ax^2 - 6a^2x + 3a^3$ b) $f_a(x) = \frac{x^2}{a} - \frac{a}{x^2} + \sqrt{ax}$ mit $a > 0$

14 Bestimmen Sie zur gegebenen Funktion eine Stammfunktion.
a) $f(x) = x^{2n}$ b) $t(x) = mx + b$ c) $g(a) = ab^2$ d) $f(x) = a \cdot \cos(x) + b$

Weiterführende Aufgaben

15 Die Abbildung zeigt den Graphen einer Funktion f. Bestimmen Sie die Stellen aus ① bis ⑥, an denen der Graph einer beliebigen Stammfunktion F von f
a) fällt,
b) stärker als an den anderen Stellen aus ① bis ⑥ steigt,
c) parallel zur x-Achse verläuft,
d) einen Tiefpunkt hat,
e) einen Wendepunkt hat.

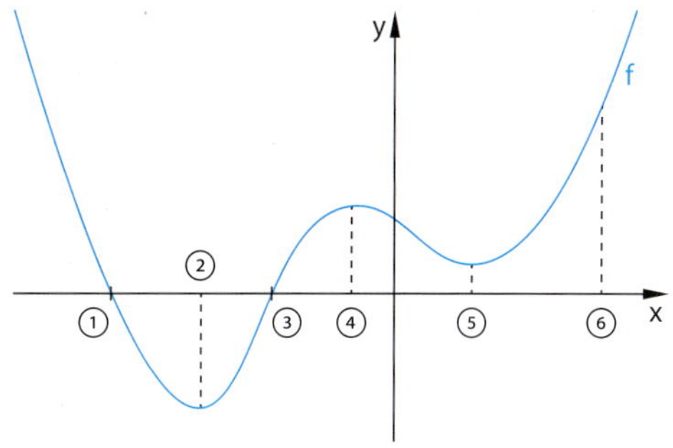

16 **Stolperstelle:** Beschreiben Sie, welche Fehler beim Bilden einer Stammfunktion gemacht wurden, und korrigieren Sie diese.

$f(x) = (2x + 1)^2$
$F(x) = \frac{1}{3}(2x + 1)^3$

$f(x) = x^{-3}$
$F(x) = -\frac{1}{4}x^{-4}$

$f(x) = x^5 + x^4 + x^3$
$F(x) = 6x^6 + 5x^5 + 4x^4$

$f(x) = \frac{1}{x^4}$
$F(x) = \frac{1}{5x^5}$

17 Begründen oder widerlegen Sie die Aussage.
a) Haben zwei Funktionen eine gleiche Stammfunktion, dann sind sie gleich.
b) Die Ableitungsfunktion einer Stammfunktion F zu f entspricht immer der Funktion f.
c) Eine Stammfunktion der Ableitungsfunktion f' von f entspricht immer der Funktion f.
d) Ist F eine Stammfunktion von f, dann ist die Funktion G mit $G(x) = F(x) - F(0)$ eine Stammfunktion von f, deren Graph durch den Koordinatenursprung geht.

18 **Gesamtheit aller Stammfunktionen:** Seien F_1 und F_2 Stammfunktionen einer Funktion f. Leiten Sie die Differenz von F_1 und F_2 ab. Erklären Sie anschließend, wie man aus dem Ergebnis folgern kann, dass sich F_1 und F_2 lediglich um eine Konstante unterscheiden.

19 **Ausblick:** Während eines Regenschauers füllt sich ein Becken mit Wasser. Zu Beginn befinden sich darin 200 ℓ Wasser. Die Zunahme des Wassers in Liter pro Minute lässt sich innerhalb der ersten 5 Minuten durch die Funktion f mit $f(t) = 25 - t^2$ beschreiben (t in Minuten).
Aldo meint: „Die Wasserzunahme entspricht der Fläche unter dem Graphen von f im Intervall [0; 5]. Die kann ich mit dem Grenzwert der Ober- und Untersumme berechnen."
Zeynep entgegnet: „Das ist viel zu aufwendig. Das geht mit einer Stammfunktion viel einfacher."
Nehmen Sie Stellung und bestimmen Sie die Wassermenge nach 5 Minuten.

6.4 Hauptsatz der Differenzial- und Integralrechnung

Gegeben ist die Funktion f mit $f(x) = x$.

a) Der Graph von f schließt über dem Intervall $[0; x]$ Dreiecke mit der x-Achse ein. Begründen Sie, dass für ihre Flächeninhalte $F(x) = \frac{1}{2}x^2$ gilt.

b) Zeigen Sie, dass F eine Stammfunktion von f ist.

c) Begründen Sie, dass $\int_a^b f(x)\,dx = F(b) - F(a)$ gilt.

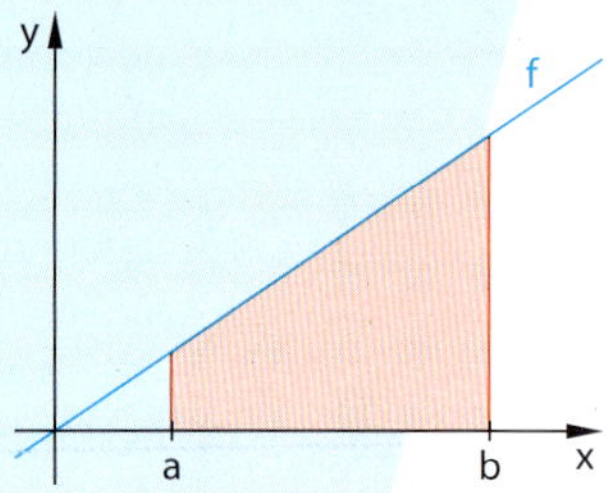

Hinweis

Das Integral wird auch für den Fall $a \geq b$ definiert:

$\int_a^b f(x)\,dx = -\int_b^a f(x)\,dx$

$\int_a^a f(x)\,dx = 0$

Auch in diesem Fall gilt der Hauptsatz.

Fasst man eine Stammfunktion F einer Funktion f als Bestandsfunktion auf, so stellt $f = F'$ die momentane Änderungsrate dar. Das bestimmte Integral $\int_a^b f(x)\,dx$ gibt nach Abschnitt 6.2 die Flächenbilanz zwischen dem Graphen von f und der x-Achse auf dem Intervall $[a; b]$ an, und nach Abschnitt 6.1 entspricht dies der Bestandsänderung $F(b) - F(a)$. Integrale lassen sich also mithilfe von Stammfunktionen berechnen.

Satz Hauptsatz der Differenzial- und Integralrechnung

Ist F eine beliebige Stammfunktion einer auf einem Intervall $[a; b]$ stetigen Funktion f, so gilt:

$$\int_a^b f(x)\,dx = F(b) - F(a)$$

Hinweis

Da x das Funktionsargument von F_a ist, wählt man als Integrationsvariable einen anderen Buchstaben (hier: t).

Hinweis

Diese Argumentation setzt voraus, dass f streng monoton steigend und $h > 0$ ist. Für streng monoton fallendes f oder $h < 0$ funktioniert der Beweis analog.

Beweis:

Die Funktion $F_a(x)$ gebe für $x \in [a; b]$ die Flächenbilanz zwischen dem Graphen von f und der x-Achse auf dem Intervall $[a; x]$ an.

Es gilt also $F_a(x) = \int_a^x f(t)\,dt$.

F_a ist eine Stammfunktion von f, also $F_a' = f$. Um das zu sehen, betrachtet man $\frac{F_a(x+h) - F_a(x)}{h}$.

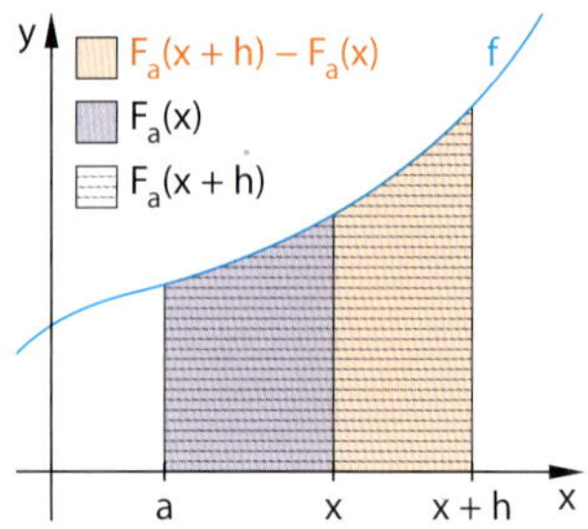

Im Bild sind die Flächenstücke $F_a(x)$ und $F_a(x+h)$ dargestellt. Die Differenz $F_a(x+h) - F_a(x)$ ist der Inhalt der gelben Fläche. Dieser Inhalt kann durch Rechtecke der Breite h mit den Höhen $f(x)$ bzw. $f(x+h)$ nach unten und oben abgeschätzt werden:

$f(x) \cdot h \leq F_a(x+h) - F_a(x) \leq f(x+h) \cdot h \quad |:h$

$f(x) \leq \frac{F_a(x+h) - F_a(x)}{h} \leq f(x+h)$

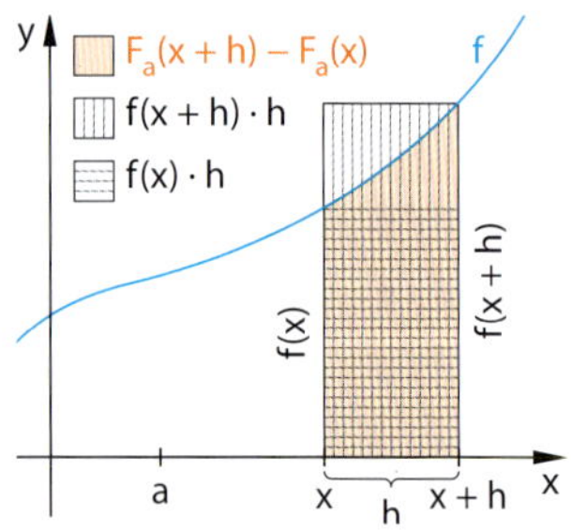

Durch den Grenzübergang $h \to 0$ ergibt sich:

$\lim_{h \to 0} f(x) \leq \lim_{h \to 0} \frac{F_a(x+h) - F_a(x)}{h} \leq \lim_{h \to 0} f(x+h)$

Da f stetig ist, gilt $\lim_{h \to 0} f(x+h) = f(x)$.

Also folgt $f(x) \leq F_a'(x) \leq f(x)$ und somit $F_a'(x) = f(x)$.

Die Funktion F_a ist also eine Stammfunktion von f und unterscheidet sich daher von jeder anderen Stammfunktion F nur durch eine additive Konstante C, also: $F_a(x) = F(x) + C$.

Wegen $F_a(a) = 0$ gilt: $\int_a^b f(x)\,dx = F_a(b) = F_a(b) - F_a(a) = (F(b) + C) - (F(a) + C) = F(b) - F(a)$

Beispiel 1 Das Bild zeigt den Graphen der Funktion f mit $f(x) = -\frac{1}{4}x^2 + \frac{3}{2}x + 1$.

a) Berechnen Sie das Integral $\int_2^5 f(x)\,dx$.

b) Geben Sie den Inhalt der gefärbten Fläche an.

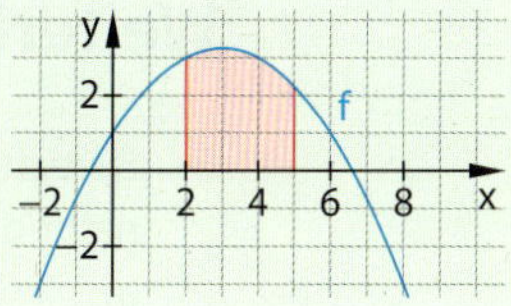

Lösung:

a) Bestimmen Sie eine Stammfunktion F zu f. Wenden Sie anschließend den Hauptsatz an. Setzen Sie dazu die Integrationsgrenzen in die Stammfunktion ein.

$F(x) = -\frac{1}{12}x^3 + \frac{3}{4}x^2 + x$

$\int_2^5 \left(-\frac{1}{4}x^2 + \frac{3}{2}x + 1\right)dx = \left[-\frac{1}{12}x^3 + \frac{3}{4}x^2 + x\right]_2^5$

$= -\frac{5^3}{12} + \frac{3 \cdot 5^2}{4} + 5 - \left(-\frac{2^3}{12} + \frac{3 \cdot 2^2}{4} + 2\right) = 9$

b) Der Flächeninhalt entspricht dem Integral aus a), da der Graph in diesem Bereich oberhalb der x-Achse verläuft.

$A = \int_2^5 f(x)\,dx = 9\text{ FE}$

Hinweis

Häufig verwendet man als Zwischenschritt die folgende Schreibweise:
$\int_a^b f(x)dx = [F(x)]_a^b$
$= F(b) - F(a)$

Basisaufgaben

Lösungen zu 1

3,5 1,2 18 7 −4 13,5 3,25 4 −22

1 Berechnen Sie das Integral.

a) $\int_0^2 (x^3 - 4x)\,dx$ b) $\int_1^2 (x^4 - 6x^2 + 9)\,dx$ c) $\int_{-2}^4 3\,dx$ d) $\int_{-2}^0 3(x - 2x^2)\,dx$

e) $\int_1^2 \left(\frac{5}{x^2} + 11\right)dx$ f) $\int_0^1 6\left(x + \sqrt{x}\right)dx$ g) $\int_1^9 \frac{1}{\sqrt{x}}dx$ h) $\int_1^2 \left(x^3 - \frac{1}{x^2}\right)dx$

2 Berechnen Sie den Flächeninhalt der markierten Fläche.

a)

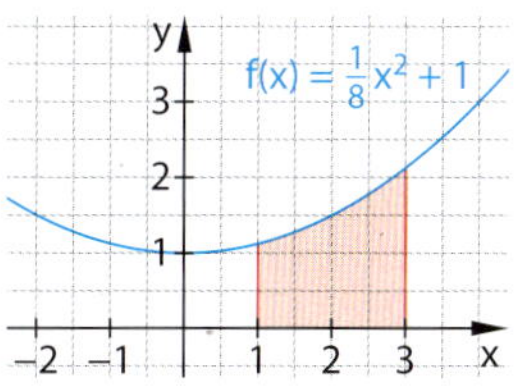

b)

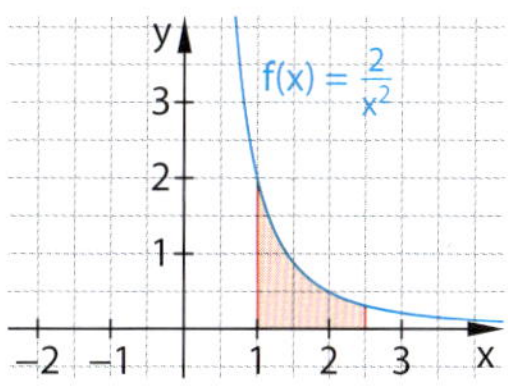

3 Mit manchen digitalen Hilfsmitteln kann man den Wert eines bestimmten Integrals berechnen. Dies ist besonders hilfreich, wenn man keine Stammfunktionen bestimmen kann. Berechnen Sie das Integral mit einem digitalen Hilfsmittel.

a) $\int_{-1}^1 \sqrt{1 - x^2}\,dx$ b) $\int_0^{100} 2^{-x^2}\,dx$ c) $\int_{-5}^{10} (4x - 5)^3\,dx$ d) $\int_0^{2\pi} \sin(x)\,dx$

4 Geben Sie zwei verschiedene Stammfunktionen zu f mit $f(x) = 2x - 4$ an. Berechnen Sie mit jeder dieser Stammfunktionen das Integral $\int_{-5}^2 f(x)\,dx$. Beschreiben Sie Ihre Beobachtungen und diskutieren Sie diese mit Ihrem Nachbarn.

5 Gegeben ist die Funktion f mit $f(x) = -\frac{1}{2}x + 5$.

a) Skizzieren Sie den Graphen von f und berechnen Sie elementargeometrisch den Flächeninhalt des Trapezes, das zwischen dem Graphen von f und der x-Achse über dem Intervall [2; 6] entsteht.

b) Bestimmen Sie eine Stammfunktion F zu f und weisen Sie nach, dass die Aussage des Hauptsatzes stimmt.

Weiterführende Aufgaben

6 Berechnen Sie das Integral im markierten Bereich und erläutern Sie, warum das Integral nicht dem Flächeninhalt der gefärbten Fläche entspricht.

a) 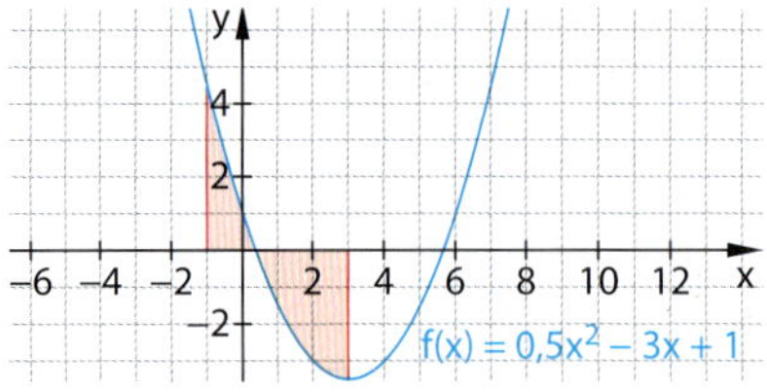

b) 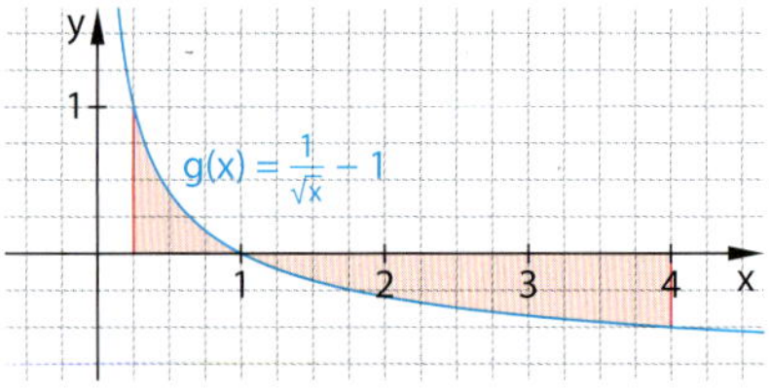

7 **Stolperstelle:** Überprüfen Sie die drei Rechnungen. Begründen Sie, welche Rechnungen fehlerlos durchgeführt wurden. $\int_{-2}^{-1}\left(-\frac{3}{2}x^2 - 4x\right)dx = \left[-\frac{1}{2}x^3 - 2x^2\right]_{-2}^{-1} = \ldots$

$\ldots = \frac{1}{2} + 2 + \frac{1}{2}\cdot 8 - 2\cdot 4$
$= -\frac{3}{2}$
$= -1{,}5$

$\ldots = -\frac{1}{2}\cdot(-1)^3 - 2\cdot(-1)^2$
$+\frac{1}{2}\cdot(-2)^3 - 2\cdot(-2)^2$
$= -\frac{13}{2} = -6{,}5$

$\ldots = \frac{1}{2} - 2 - 4 + 8$
$= \frac{5}{2}$
$= 2{,}5$

Wissen **Rechenregeln für bestimmte Integrale**

Für Funktionen f und g und a, b, c, k ∈ ℝ gilt:

① $\int_a^b f(x)\,dx = -\int_b^a f(x)\,dx$ ② $\int_a^a f(x)\,dx = 0$ ③ $\int_a^b f(x)\,dx + \int_b^c f(x)\,dx = \int_a^c f(x)\,dx$

④ $\int_a^b k\cdot f(x)\,dx = k\cdot\int_a^b f(x)\,dx$ ⑤ $\int_a^b (f(x) + g(x))\,dx = \int_a^b f(x)\,dx + \int_a^b g(x)\,dx$

8 Weisen Sie die Rechenregeln für bestimmte Integrale mithilfe des Hauptsatzes nach.

Beispiel: ① $\int_a^b f(x)\,dx = F(b) - F(a) = -(F(a) - F(b)) = -\int_b^a f(x)\,dx$

9 Vereinfachen Sie den Ausdruck zunächst mithilfe der Rechenregeln für bestimmte Integrale und berechnen Sie anschließend seinen Wert. Geben Sie die Regeln an, die Sie verwenden.

a) $\int_{-2}^{3}(3x^2 - 2x)\,dx + \int_{3}^{4}(3x^2 - 2x)\,dx$
b) $\int_{1}^{5}(x^2 - 6x)\,dx + 1{,}5\cdot\int_{1}^{5}4x\,dx$
c) $\int_{0}^{2}\frac{1}{2}x^3\,dx + \int_{2}^{0}x^3\,dx - \frac{5}{2}\cdot\int_{2}^{0}x^3\,dx$
d) $2\cdot\int_{2}^{-1}x^7\,dx - 5\cdot\int_{1}^{2}x^4\,dx + \int_{-1}^{2}x^4\cdot(5 + 2x^3)\,dx$

Erinnerung

Parameter im Funktionsterm werden wie Konstanten behandelt.

10 **Integrale mit Parametern:** Berechnen Sie das Integral mit dem Hauptsatz.

Beispiel: $\int_1^3 ax^2\,dx = a\cdot\int_1^3 x^2\,dx = a\cdot\left[\frac{1}{3}x^3\right]_1^3 = a\cdot\left(\frac{1}{3}\cdot 3^3 - \frac{1}{3}\cdot 1^3\right) = a\cdot\left(9 - \frac{1}{3}\right) = \frac{26}{3}a$

a) $\int_{-1}^{1}(ax^3 - ax)\,dx$ b) $\int_{-b}^{b}(x^3 - x)\,dx$ c) $\int_{1}^{2}\frac{c}{x^2}\,dx$ d) $\int_{0}^{k}(kx - x^2)\,dx$

11 Bestimmen Sie den Wert von $a > 0$ so, dass die Fläche zwischen dem Graphen der Funktion f mit $f(x) = ax + 4$ und der x-Achse über dem Intervall [2; 4] den Inhalt 10 FE hat.

12 Bestimmen Sie einen Wert für den Parameter so, dass die Gleichung erfüllt ist.

a) $\int_0^k (x^2 + 1)\,dx = \frac{4}{3};\ k > 0$ b) $\int_4^k \frac{3}{\sqrt{x}}\,dx = 18$

Hinweis

dx wird Differenzial genannt.

13 **Integrationsvariable:** Das Symbol dx innerhalb eines Integrals gibt an, nach welcher Variable im Funktionsterm integriert wird. Berechnen Sie das Integral.

Beispiel: $\int_0^1 (kx^2 + xk^2)\,dk = \left[\frac{1}{2}k^2 \cdot x^2 + x \cdot \frac{1}{3}k^3\right]_0^1 = \frac{1}{2}x^2 + \frac{1}{3}x$

a) $\int_0^1 (x + c)\,dc$ b) $\int_0^2 (at^2 + a^3t)\,dt$ c) $\int_0^2 (at^2 + a^3t)\,da$ d) $\int_{-1}^1 \frac{5k}{\sqrt{5t+2}}\,dk$

Hinweis zu 14

Jede Potenzfunktion f mit $f(x) = x^n$ ist für $x \geq 0$ umkehrbar. Die Umkehrfunktion ist f^{-1} mit $f^{-1}(x) = \sqrt[n]{x}\ (x \geq 0)$.

14 Die Funktion f mit $f(x) = x^2$ ist für $x \geq 0$ umkehrbar. Der Graph der Umkehrfunktion f^{-1} mit $f^{-1}(x) = \sqrt{x}$ ergibt sich durch Spiegelung an der Winkelhalbierenden y = x.

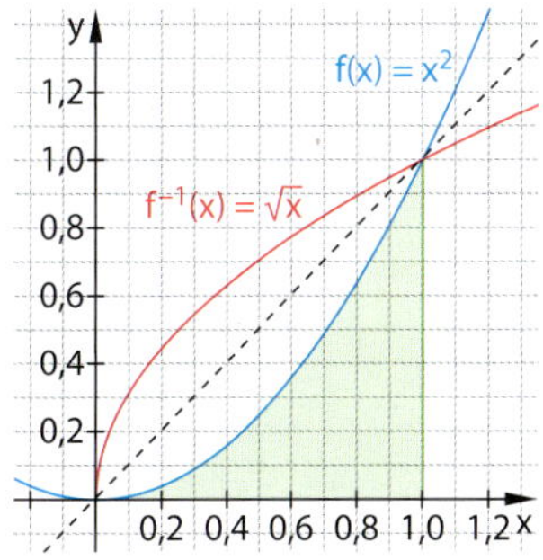

a) Ermitteln Sie den Wert des Integrals $\int_0^1 \sqrt{x}\,dx$ mithilfe des Inhalts der gefärbten Fläche.

b) Wiederholen Sie das Vorgehen aus a) für die Integrale $\int_0^1 \sqrt[3]{x}\,dx$ und $\int_0^1 \sqrt[4]{x}\,dx$.

c) Formulieren Sie mithilfe Ihrer Ergebnisse eine Vermutung für den Wert des Integrals $\int_0^1 \sqrt[n]{x}\,dx$ für eine beliebige natürliche Zahl n > 2.

d) Überprüfen Sie Ihre Vermutung aus c), indem Sie $\int_0^1 \sqrt[n]{x}\,dx$ mit dem Hauptsatz berechnen.

15 **Ausblick:** Der (arithmetische) Mittelwert einer Reihe von Zahlen ist bekanntlich die Summe dieser Zahlen dividiert durch ihre Anzahl. Dies lässt sich auf die Funktionswerte einer Funktion f über einem Intervall [a; b] übertragen. Für positive Funktionen gibt es ein flächengleiches Rechteck der Breite b – a, dessen Höhe gleich dem **Mittelwert $\overline{m}$ der Funktionswerte** ist.

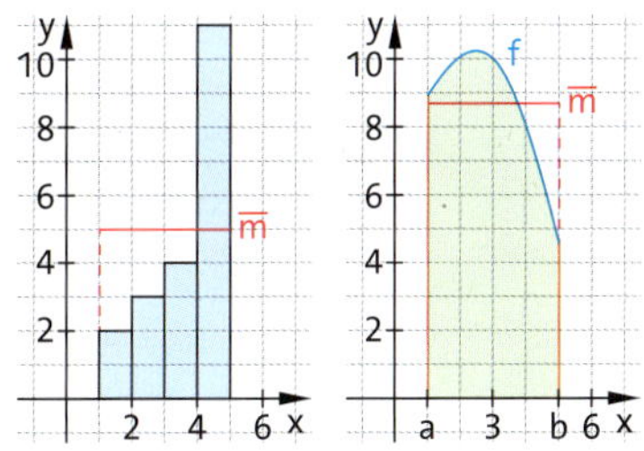

a) Begründen Sie, dass sich für den Mittelwert $\overline{m} = \frac{1}{b-a}\int_a^b f(x)\,dx$ ergibt.

b) Die Formel aus a) gilt für beliebige Funktionen. Berechnen Sie jeweils den Mittelwert der Funktion f über dem angegebenen Intervall.

① $f(x) = -\frac{1}{8}x + 2;\ [-2; 4]$ ② $f(x) = -x^2 + \frac{1}{3}x - 5;\ [0; 3]$

③ $f(x) = \sqrt{x} - x;\ [0; 1]$ ④ $f(x) = (x + 1)^3;\ [-2; 0]$

c) Das Profil einer Skateboardrampe kann mit dem Graphen der Funktion f mit $f(x) = 1 - \sqrt{x}$ beschrieben werden. Berechnen Sie die durchschnittliche Höhe dieser Rampe.

d) Ein Quader mit der gleichen Grundfläche soll das gleiche Volumen wie die Rampe haben. Geben Sie begründet die Höhe des Quaders an.

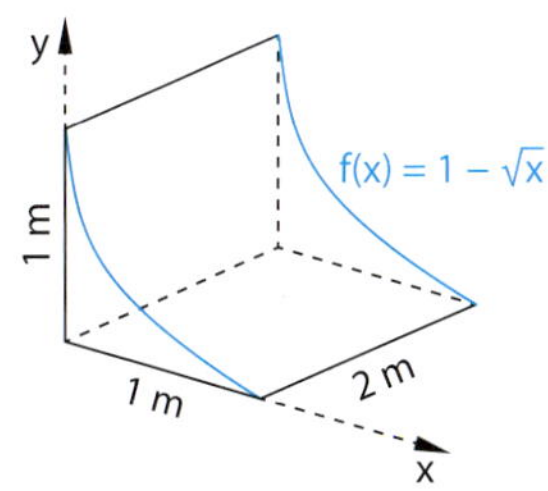

6.5 Bestandsänderungen und Bestandsfunktionen

Die Funktion f mit $f(t) = 0{,}03t^2 - 0{,}6t + 3$ beschreibt in der ersten Woche näherungsweise die Änderungsrate der Höhe einer Pflanze (t in Tagen, f(t) in cm/Tag).

a) Bestimmen Sie, um wie viel die Pflanze in den ersten 3 Tagen gewachsen ist.
b) Bestimmen Sie eine Funktion, die die Höhe der Pflanze nach t Tagen angibt, wenn sie zu Beginn der Beobachtung bereits eine Höhe von 30 cm hatte.

Ist die Änderungsrate f einer Bestandsfunktion bekannt, lassen sich Zu- oder Abnahmen des Bestandes mit Integralen bestimmen. Da die Bestandsfunktion eine der Stammfunktionen von f ist, lässt sich der Bestand zu jedem beliebigen Zeitpunkt berechnen, falls er zu einem Zeitpunkt bekannt ist.

Beispiel 1 Die Geschwindigkeit, mit der die Anzahl der Nutzer einer App wächst, lässt sich in der Anfangszeit durch $f(t) = t^4$ beschreiben (t in Wochen, f(t) in 1 pro Woche).

a) Bestimmen Sie die Zunahme der Anzahl der Nutzer von der 3. bis zur 5. Woche.
b) Bestimmen Sie, wie lange es dauert, bis die Nutzeranzahl um 1000 zugenommen hat.
c) Bestimmen Sie die Bestandsfunktion F für die Anzahl der Nutzer, wenn zu Beginn 100 Personen die App nutzen.

Lösung:

a) Die Geschwindigkeit gibt die Änderungsrate des Bestandes an. Die Bestandsänderung ergibt sich mit dem Integral von f in den Grenzen 3 bis 5.

$$\int_3^5 f(t)\,dt = \int_3^5 t^4\,dt = \left[\tfrac{1}{5}t^5\right]_3^5 = 576{,}4$$

Die Nutzerzahl nimmt um etwa 576 zu.

b) x sei die gesuchte Zeit in Wochen. Berechnen Sie das Integral von f in den Grenzen 0 bis x und setzen Sie das Ergebnis gleich 1000. Lösen Sie die Gleichung nach x auf.

$$\int_0^x f(t)\,dt = \left[\tfrac{1}{5}t^5\right]_0^x = \tfrac{1}{5}x^5 - 0$$

$$\tfrac{1}{5}x^5 = 1000$$

$$x^5 = 5000,\text{ also } x = \sqrt[5]{5000} \approx 5{,}49$$

Nach etwa 5,5 Wochen hat die Anzahl der Nutzer um 1000 zugenommen.

c) F ist eine Stammfunktion der Änderungsrate f. Bestimmen Sie alle Stammfunktionen und mithilfe des Anfangsbestandes die Konstante C.

$$F(t) = \tfrac{1}{5}t^5 + C$$

$$F(0) = 0 + C = 100,\text{ also } C = 100$$

$$F(t) = \tfrac{1}{5}t^5 + 100$$

Basisaufgaben

1 Gegeben ist die Änderungsrate f eines Bestandes. Bestimmen Sie die Zu- bzw. Abnahme des Bestandes im angegebenen Zeitraum.

a) $f(t) = 10t$ (t in s, f(t) in m/s) Zeitraum: 2.–4. Sekunde
b) $f(t) = 3t^2 - 2$ (t in h, f(t) in m^3/h) Zeitraum: 3.–10. Stunde
c) $f(t) = 1 - t$ (t in Tagen, f(t) in 1/Tag) Zeitraum: 6.–12. Tag

2 Gegeben ist die Änderungsrate f eines Bestandes. Ermitteln Sie die Zeit, nach der die Zu- oder Abnahme des Bestandes erreicht wird.

a) $f(t) = 0{,}8t$ (t in min, f(t) in m/min) Zunahme um 40 m
b) $f(t) = -100$ (t in h, f(t) in km/h) Abnahme um 50 km
c) $f(t) = 2t + 10$ (t in Jahren, f(t) in cm/Jahr) Zunahme um 75 cm

3 Bestimmen Sie die Bestandsfunktion F zur Änderungsrate f unter der gegebenen Voraussetzung.

a) $f(t) = -\frac{1}{8}t^2 + t$ (t in h, f(t) in °C/h) Die Anfangstemperatur beträgt 32 °C.

b) $f(t) = -0{,}02t$ (t in s, f(t) in ℓ/s) Der Anfangsbestand beträgt 7 Liter.

c) $f(t) = \frac{4}{\sqrt{8t}}$ (t in s, f(t) in cm/s) Nach 18 Sekunden beträgt der zurückgelegte Weg 21 cm.

4 Die Funktion b mit $b(t) = \frac{1}{150}t^3 + \frac{1}{50}t + \frac{27}{4}$ beschreibt für $0 \le t \le 30$ die Anzahl an Besuchern, die pro Minute in ein Stadion strömen (t in Minuten). Zu Beginn der Beobachtung befinden sich bereits 500 Zuschauer im Stadion. Geben Sie eine Funktion B an, die für $0 \le t \le 30$ die Besucherzahl im Stadion beschreibt.

5 In den letzten acht Wochen einer Grippewelle lässt sich die Änderungsrate der Anzahl der infizierten Personen durch $f(t) = \frac{1}{8}t - 1$ beschreiben (t in Wochen, f(t) in 1000 Infizierte pro Woche).

a) Bestimmen Sie die Abnahme der Anzahl der Infizierten von der 2. bis zur 6. Woche.

b) Bestimmen Sie, wie lange es dauert, bis die Anzahl der Infizierten um 3000 abgenommen hat.

c) Bestimmen Sie die Bestandsfunktion F für die Anzahl der Infizierten, wenn nach 2 Wochen genau 10 000 Personen infiziert waren.

6 Beschreiben Sie die Bedeutung des Integrals $\int_0^{10} f(t)\,dt$, wenn

a) t die Zeit in h und f(t) eine positive Geschwindigkeit in km/h angibt,

b) t die Zeit in Jahren und f(t) ein Bevölkerungswachstum in Bewohner/Jahr angibt,

c) t die Zeit in s und f(t) eine Beschleunigung in m/s^2 angibt.

Weiterführende Aufgaben

7 Die Funktion f im linken Bild gibt die Änderungsrate einer Hasenpopulation an.

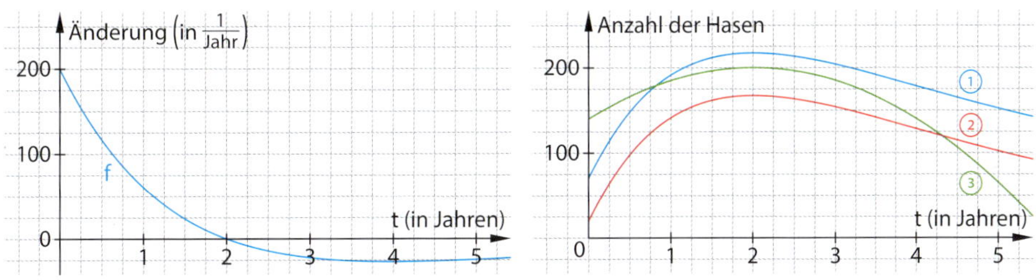

a) Begründen Sie, dass die Funktion des Hasenbestands eine Stammfunktion von f ist.

b) Überprüfen Sie, ob die Graphen ①, ② oder ③ den Hasenbestand beschreiben könnten.

8 **Stolperstelle:** Eine Pflanze ist zu Beginn 21 cm hoch, ihr Wachstum in cm/Tag wird am Anfang durch $f(t) = 1 + 0{,}2t$ beschrieben. Korrigieren Sie den Fehler in der Schülerlösung.

a) Tina berechnet die Höhe der Pflanze nach 10 Tagen:

$f(10) = 1 + 0{,}2 \cdot 10 = 3$ *Nach 10 Tagen ist die Pflanze 3 cm hoch.*

b) Ahmet berechnet das durchschnittliche Höhenwachstum in den ersten 10 Tagen:

$\frac{1}{10-0}\int_0^{10}(1 + 0{,}2t)\,dt = 2$ *Das durchschnittliche Wachstum beträgt 2 cm in 10 Tagen.*

9 Eine Draisine fährt auf einem geradlinigen Gleisabschnitt. Der Geschwindigkeitsverlauf innerhalb der ersten 70 Sekunden wird durch den Graphen der Funktion v mit $v(t) = \frac{1}{3000}t^3 - \frac{1}{30}t^2 + \frac{4}{5}t$ beschrieben.

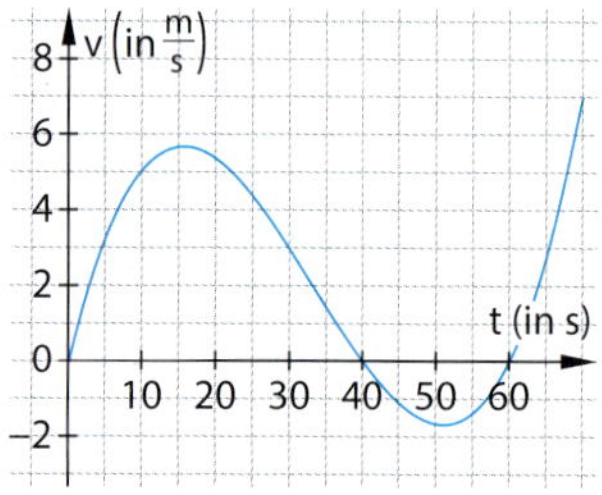

a) Berechnen Sie die Entfernung der Draisine vom Startpunkt nach 40 s und nach 60 s.
Erklären Sie mithilfe des Graphen, warum die Entfernung nach 60 s kleiner ist als nach 40 s.

b) Berechnen Sie die Fahrstrecke, die die Draisine nach 40 s und nach 60 s gefahren ist. Erläutern Sie den Unterschied zu Aufgabenteil a).

10 Bei einer Verkehrszählung an einer Bundesstraße wurden an einem Werktag ab 6 Uhr morgens die stadteinwärts fahrenden Fahrzeuge pro Minute registriert.
Der Fahrzeugstrom wird für diesen Zeitraum modellhaft durch die Funktion f mit $f(x) = \frac{1}{10^{10}}x^5 - \frac{1}{130000}x^3 + \frac{1}{6}x + 6$ dargestellt.

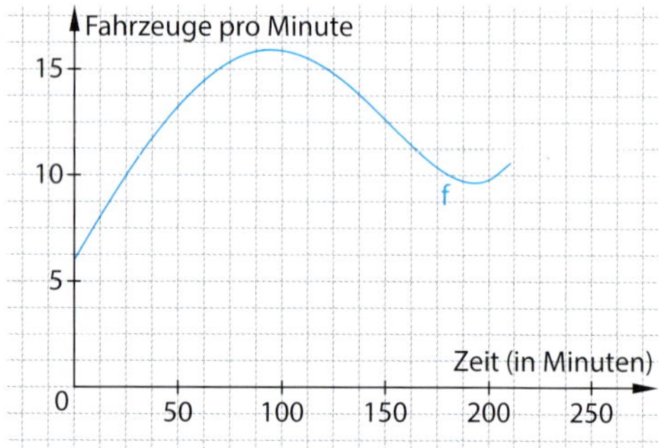

a) Geben Sie näherungsweise die Uhrzeit mit der höchsten Verkehrsdichte an.

b) Berechnen Sie die Anzahl der Fahrzeuge, die zwischen 6 Uhr und 9 Uhr den Messpunkt passieren.

c) Berechnen Sie den durchschnittlichen Fahrzeugstrom pro Minute zwischen 6 Uhr und 8 Uhr.

d) Bestimmen Sie eine Funktion für die Anzahl der gezählten Fahrzeuge.

11 Die Funktion F beschreibt die zunehmende Anzahl an Läusen auf einer Pflanze in Abhängigkeit von der Zeit t in Wochen. Beschreiben Sie die Bedeutung der folgenden Ausdrücke im Sachzusammenhang, es gilt f = F'.

a) $F(0)$ b) t mit $F(t) = 1000$ c) $f(10)$ d) $\int_0^{10} f(t)\,dt$ e) $F(0) + \int_0^{9} f(t)\,dt$ f) t mit $f(t) = 500$

Hinweis zu 12

Die Änderungsrate ergibt sich aus der Differenz zwischen der Anzahl täglich neuinfizierter und bereinigter Computer.

12 Ein Computervirus verbreitet sich innerhalb einiger Wochen weltweit. Durch geeignete Antivirensoftware gelingt es, die infizierten Computer zu bereinigen.
Der Graph der Funktion f mit $f(t) = -\frac{1}{10000}t^3 + \frac{3}{250}t^2$ beschreibt die Änderungsrate der befallenen Computer. Zu Beginn ist kein Computer infiziert.

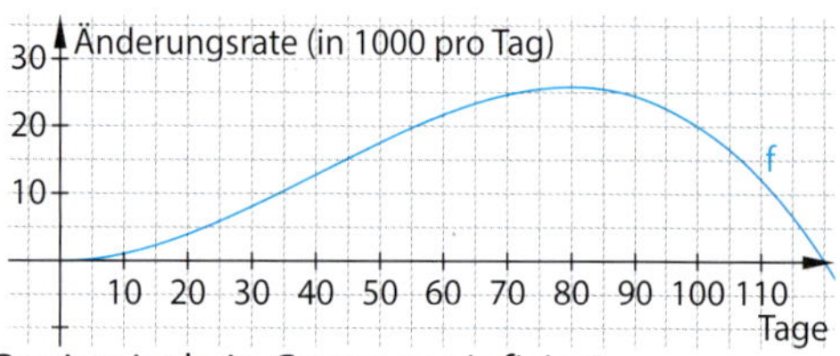

a) Interpretieren Sie den zeitlichen Verlauf der Änderungsrate.

b) Skizzieren Sie den zeitlichen Verlauf der Anzahl an infizierten Computern.

c) Bestimmen Sie eine Funktion, die die Anzahl der infizierten Computer angibt.

d) Bestimmen Sie, wann die maximale Anzahl infizierter Computer erreicht wird.

e) Geben Sie einen Zeitraum an, für den das Modell realistische Werte liefert.

13 **Ausblick:** Gegeben ist die Funktion f mit $f(x) = \frac{1}{x^2}$. Berechnen Sie das Integral $\int_1^k f(x)\,dx$ für k = 10, k = 100, k = 1000 … Stellen Sie eine Vermutung auf, welchen Wert dieses Integral hat, wenn k beliebig groß wird. Wiederholen Sie das Vorgehen für die Funktionen g mit $g(x) = \frac{1}{x^3}$ und h mit $h(x) = \frac{1}{\sqrt{x}}$. Beschreiben Sie Ihre Beobachtungen.

6.6 Flächenberechnungen

Der Graph der Funktion f mit $f(x) = x^3 - 4x$ und die x-Achse schließen im Intervall [−2; 2] eine Fläche von 8 FE ein. Berechnen Sie $\int_{-2}^{2} f(x)\,dx$ und vergleichen Sie den Wert mit dem Flächeninhalt.
Vergleichen Sie die Werte der Integrale und der Flächeninhalte für die Intervalle [−2; 0] und [0; 2].
Beschreiben Sie, was Ihnen auffällt.

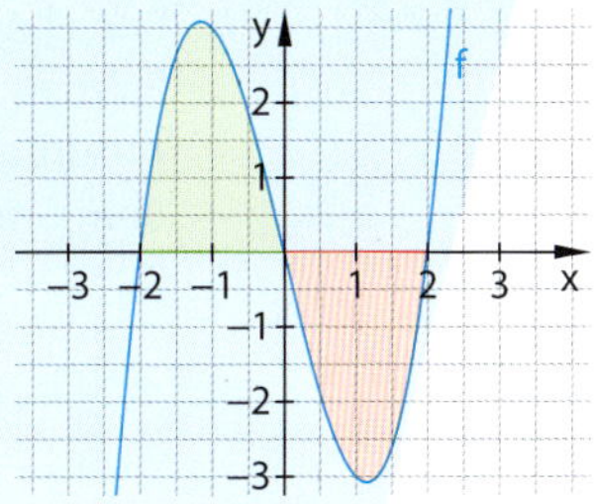

Fläche zwischen Graph und x-Achse

Das bestimmte Integral gibt die Flächenbilanz zwischen dem Graphen von f und der x-Achse auf einem Intervall an. Um den tatsächlichen Flächeninhalt zu bestimmen, muss man berücksichtigen, ob die Flächenanteile oberhalb oder unterhalb der x-Achse liegen.

$f(x) \geq 0$

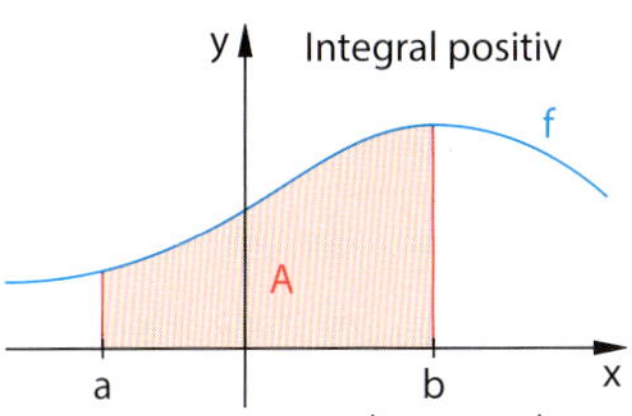

$A = \int_a^b f(x)\,dx = \left|\int_a^b f(x)\,dx\right|$

$f(x) \leq 0$

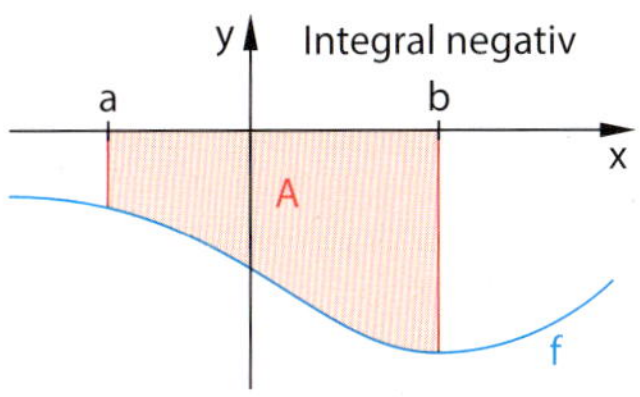

$A = -\int_a^b f(x)\,dx = \left|\int_a^b f(x)\,dx\right|$

f hat eine Nullstelle

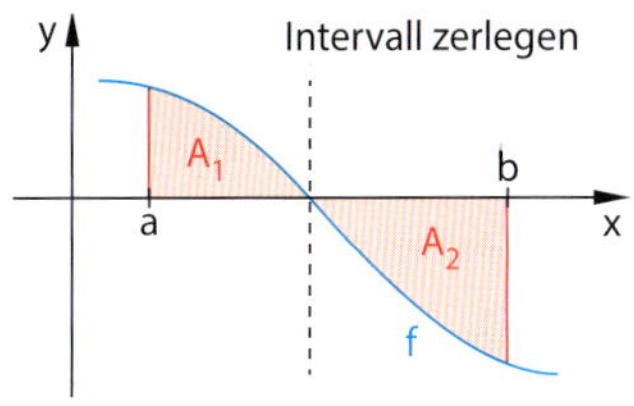

$A = A_1 + A_2$

Wissen **Fläche zwischen Graph und x-Achse**

Sind $x_1 < x_2$ die Nullstellen der Funktion f auf einem Intervall [a; b], so gilt für den Inhalt der Fläche zwischen Graph und x-Achse über dem Intervall [a; b]:

$$A = \left|\int_a^{x_1} f(x)\,dx\right| + \left|\int_{x_1}^{x_2} f(x)\,dx\right| + \left|\int_{x_2}^{b} f(x)\,dx\right|$$

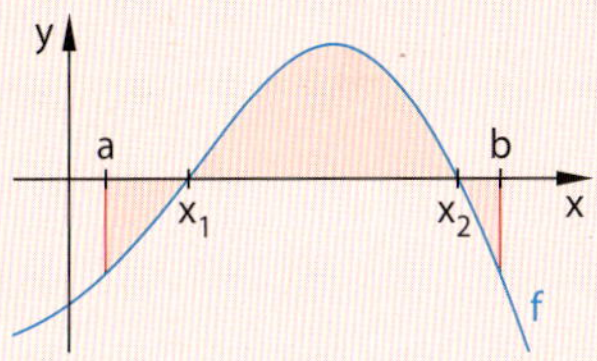

Beispiel 1 Berechnen Sie den Inhalt der Fläche zwischen dem Graphen der Funktion f mit $f(x) = \frac{1}{2}x^3 - 2x^2 + \frac{3}{2}x$ und der x-Achse im Intervall [−1; 2].

Lösung:

Bestimmen Sie die Nullstellen von f.
Im betrachteten Intervall liegen die Nullstellen $x_1 = 0$ und $x_2 = 1$, sodass 3 Teilflächen entstehen.

Nullstellen: $x_1 = 0$, $x_2 = 1$ und $x_3 = 3$
Stammfunktion: $F(x) = \frac{1}{8}x^4 - \frac{2}{3}x^3 + \frac{3}{4}x^2$

Bestimmen Sie eine Stammfunktion F von f und berechnen Sie die drei Teilintegrale.

$\int_{-1}^{0} f(x)\,dx \approx -1{,}54$; $\int_{0}^{1} f(x)\,dx \approx 0{,}21$; $\int_{1}^{2} f(x)\,dx \approx -0{,}54$

Der Inhalt der Gesamtfläche ist die Summe der Beträge der Integrale.

Flächeninhalt:
$A \approx |-1{,}54| + |0{,}21| + |-0{,}54| = 2{,}29$ FE

Basisaufgaben

1 Berechnen Sie den Wert der Integrale mithilfe der Flächeninhalte aus der Grafik. Erläutern Sie, welche Ausdrücke geeignet sind, den Inhalt der Fläche zwischen dem Graphen von f und der x-Achse auf dem Intervall [1; 6] zu berechnen.

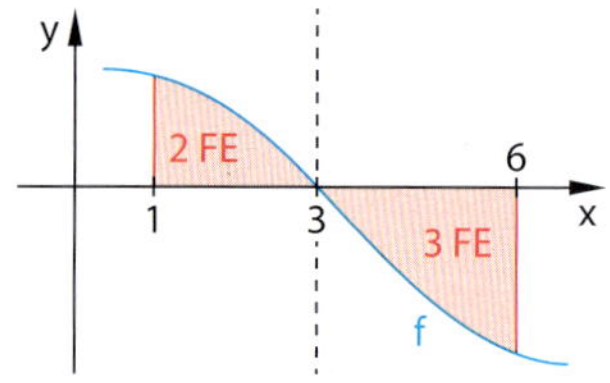

① $\left|\int_1^3 f(x)\,dx\right| + \left|\int_3^6 f(x)\,dx\right|$ ② $\int_1^3 f(x)\,dx + \int_3^6 f(x)\,dx$

③ $\int_1^6 f(x)\,dx$ ④ $\int_1^3 f(x)\,dx - \int_3^6 f(x)\,dx$

2 Lesen Sie die Nullstellen der Funktion und die Intervallgrenzen ab und berechnen Sie den Inhalt der farbigen Fläche.

a) $f(x) = -\frac{1}{2}x^2 + 2$

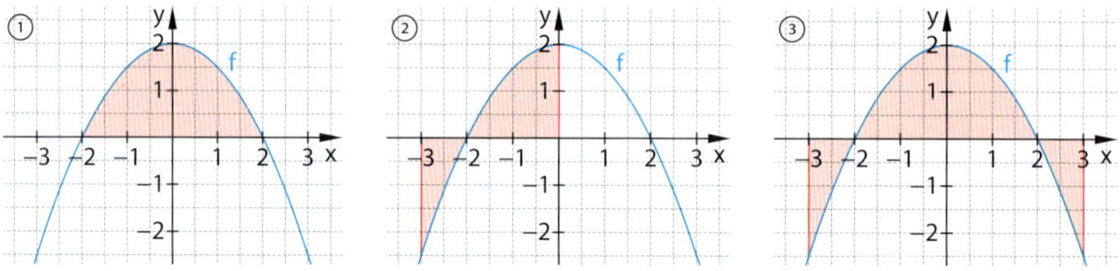

b) $g(x) = \frac{1}{2}x^3 + \frac{1}{2}x^2 - x$

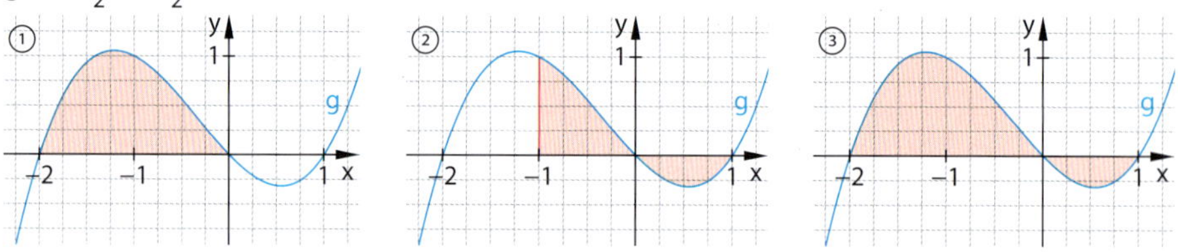

Lösungen zu 3

Flächeninhalte

36 10,13 1,33 3,2 1 8 2

3 Berechnen Sie die Nullstellen der Funktion. Berechnen Sie anschließend den Inhalt der Fläche, die der Graph mit der x-Achse einschließt.

a) $f(x) = x^3 - 4x^2 + 4x$ b) $f(x) = 1{,}5x^3 - 4{,}5x^2$ c) $f(x) = \frac{5}{9}x^4 - 5x^2$
d) $f(x) = -\frac{1}{6}x^4 + \frac{1}{2}x^2 + \frac{2}{3}$ e) $f(x) = 6x^3(x^2 - 1)$ f) $f(x) = 6x\,(x^2 - 1)^2$

4 Berechnen Sie den Inhalt der Fläche zwischen dem Graphen von f und der x-Achse im Intervall I.

a) $f(x) = x^3 - 6x^2 + 8x \quad I = [0;4]$ b) $f(x) = 0{,}5(x-4)\,(x^3 - 2x^2) \quad I = [0;4]$
c) $f(x) = \sqrt{x} - 1 \quad I = [0;4]$ d) $f(x) = \frac{1}{x^2} + 1 \quad I = \left[-2;-\frac{1}{2}\right]$
e) $f(x) = \frac{1}{\sqrt{x}} - 1 \quad I = [0{,}25;4]$ f) $f(x) = \frac{4x-4}{x-1} \quad I = [-9;-6]$

5 Die Graphen der Funktionen f mit $f(x) = \frac{1}{2}x^2 - 3x + \frac{5}{2}$ und g mit $g(x) = -\frac{1}{2}x^2 + 3x - \frac{5}{2}$ formen auf dem Intervall [0; 5] die abgebildete Figur. Berechnen Sie ihren Flächeninhalt.

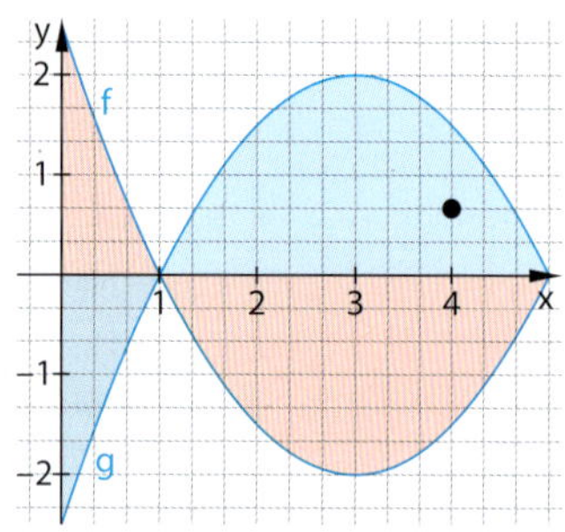

6 Der Graph der Funktion f mit $f(x) = 2x^3 - 8x$ schließt mit der x-Achse zwei Flächenstücke ein. Zeigen Sie durch Berechnung eines Integrals, dass diese Flächen gleich groß sind.

Fläche zwischen zwei Graphen

Mithilfe des Integrals können auch Flächen zwischen zwei Funktionsgraphen berechnet werden. Der einfachste Fall liegt vor, wenn beide Graphen oberhalb der x-Achse verlaufen und ein Graph überall oberhalb des anderen liegt. Man betrachtet die Flächen unter den Graphen von f und g. Von der größeren Fläche muss die kleinere abgezogen werden.

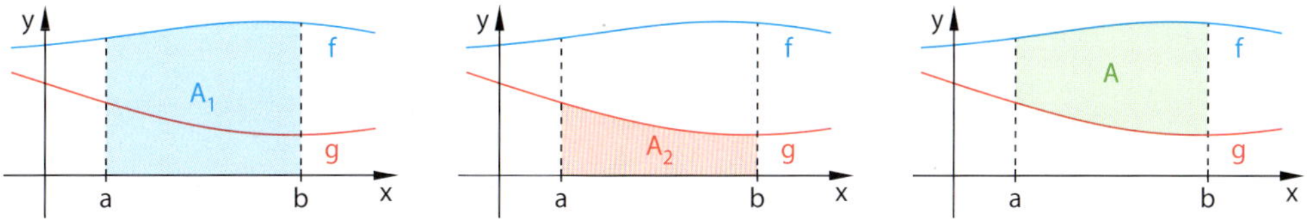

$$A = A_1 - A_2 = \int_a^b f(x)dx - \int_a^b g(x)dx = \int_a^b (f(x) - g(x))dx$$

Fälle, bei denen Flächen ganz oder teilweise unterhalb der x-Achse liegen, können auf diesen Fall zurückgeführt werden. Dazu hebt man beide Graphen so weit an, dass sie oberhalb der x-Achse liegen, d. h., man addiert eine hinreichend große Konstante c:

$$A = \int_a^b (f(x) + c)dx - \int_a^b (g(x) + c)dx = \int_a^b (f(x) + c) - (g(x) + c)dx = \int_a^b (f(x) - g(x))dx$$

Der Inhalt der Fläche zwischen den Graphen von f und g ergibt sich durch Integration der **Differenzfunktion h** mit $h(x) = f(x) - g(x)$. Die Schnittstellen der Funktionen sind Nullstellen von h und teilen das betrachtete Intervall in Teilintervalle. Da die Funktion h auch negative Werte liefern kann, müssen zur Flächenberechnung wieder Beträge gesetzt werden.

Wissen **Fläche zwischen Funktionsgraphen**

Sind $x_1 < x_2$ die Schnittstellen der Funktionen f und g auf einem Intervall [a; b], so gilt für den Inhalt der Fläche zwischen den Graphen über dem Intervall [a; b]:

$$A = \left|\int_a^{x_1} (f(x) - g(x))dx\right| + \left|\int_{x_1}^{x_2} (f(x) - g(x))dx\right| + \left|\int_{x_2}^{b} (f(x) - g(x))dx\right|$$

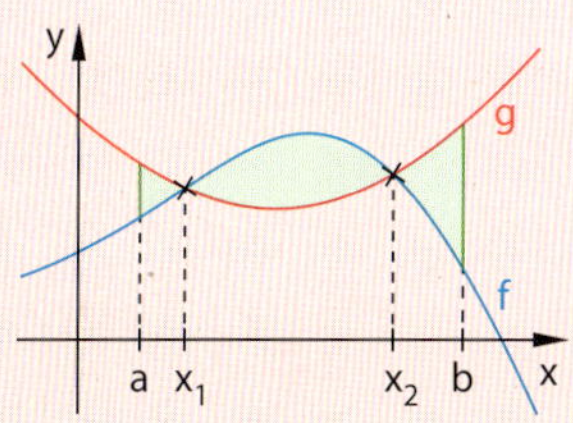

Hinweis

Die von den Graphen von f und g eingeschlossene Fläche besteht aus den Teilflächen, die durch die Schnittstellen von f und g begrenzt werden:

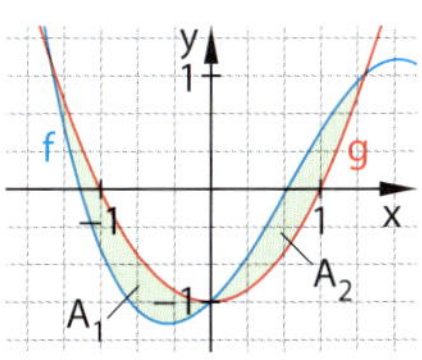

Beispiel 2 Berechnen Sie den Inhalt der Fläche, die von den Graphen von f mit $f(x) = -\frac{1}{2}x^3 + x^2 + x - 1$ und g mit $g(x) = x^2 - 1$ eingeschlossen wird.

Lösung:

Bilden Sie die Differenzfunktion h mit $h(x) = f(x) - g(x)$ und bestimmen Sie ihre Nullstellen. Diese entsprechen den Schnittstellen von f und g.

$h(x) = f(x) - g(x) = -\frac{1}{2}x^3 + x$

Nullstellen von h: $-\frac{1}{2}x(x^2 - 2) = 0$

$x_1 = -\sqrt{2}$; $x_2 = 0$ und $x_3 = \sqrt{2}$

Bestimmen Sie eine Stammfunktion von h.

Stammfunktion von h: $H(x) = -\frac{1}{8}x^4 + \frac{1}{2}x^2$

Berechnen Sie die Integrale der Differenzfunktion zwischen den Schnittstellen von f und g.

$$\int_{-\sqrt{2}}^{0} h(x)dx = \left[-\frac{1}{8}x^4 + \frac{1}{2}x^2\right]_{-\sqrt{2}}^{0} = -\frac{1}{2}$$

$$\int_{0}^{\sqrt{2}} h(x)dx = \left[-\frac{1}{8}x^4 + \frac{1}{2}x^2\right]_{0}^{\sqrt{2}} = \frac{1}{2}$$

Der Inhalt der Gesamtfläche ist die Summe der Beträge der Integrale.

Flächeninhalt:
$A = A_1 + A_2 = \left|-\frac{1}{2}\right| + \left|\frac{1}{2}\right| = 1$ FE

Basisaufgaben

7 Lesen Sie die Schnittstellen der Funktionsgraphen ab und berechnen Sie den Inhalt der farbigen Fläche zwischen den Graphen der Funktionen.

a) $f(x) = -\frac{1}{16}x^3 + \frac{1}{8}x^2 + \frac{3}{2}x + 1$ und $g(x) = \frac{1}{32}x^3 - \frac{1}{16}x^2 - \frac{3}{4}x + 1$

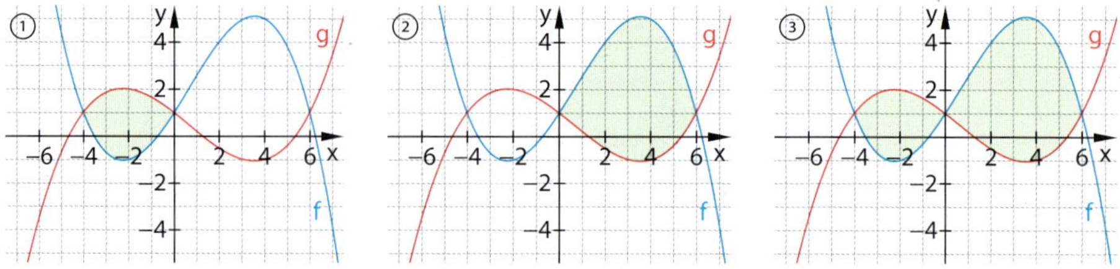

b) $f(x) = \frac{1}{16}x^3 - \frac{3}{4}x^2 + \frac{9}{4}x$ und $g(x) = -\frac{1}{4}x^2 + \frac{3}{2}x$

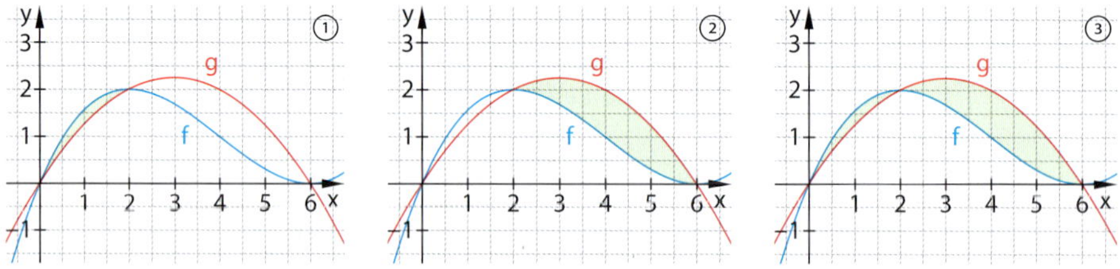

8 Berechnen Sie den Inhalt der Fläche, die von den Graphen der Funktionen f und g eingeschlossen wird.

a) $f(x) = -\frac{1}{4}x^2 + 2$ $\quad g(x) = \frac{1}{2}x$

b) $f(x) = -0{,}5x^2 + x + 1{,}5$ $\quad g(x) = x - 3$

c) $f(x) = \frac{1}{5}x^2 + 4$ $\quad g(x) = x + 4$

d) $f(x) = -\frac{1}{2}x^2 + x + 3$ $\quad g(x) = -x + 3$

9 Berechnen Sie den Inhalt der Fläche zwischen den Graphen der Funktionen f und g auf dem Intervall I.

a) $f(x) = x^3 - x^2 - 2$ $\quad g(x) = x^3 - 2x^2 + x$ $\quad I = [-2; 3]$

b) $f(x) = x^3 - 5x^2 + 7x - 3$ $\quad g(x) = x - 3$ $\quad I = [0; 3]$

c) $f(x) = -x^2 - 2x + 2$ $\quad g(x) = x^2 + 4x + 2$ $\quad I = [-2; 1]$

d) $f(x) = (x^2 - 2)^2$ $\quad g(x) = x^2$ $\quad I = [-2; 1]$

10 Zeigen Sie, dass der Graph von f mit $f(x) = x^3 - 6x^2 + \frac{19}{2}x - 2$ und die Gerade g mit $g(x) = \frac{3}{2}x - 2$ zwei gleich große Flächenstücke einschließen.

11 Berechnen Sie den Inhalt der abgebildeten Fläche zwischen den Graphen von f mit $f(x) = \frac{1}{2}x^2 - 3x + \frac{5}{2}$ und g mit $g(x) = -\frac{1}{2}x^2 + 3x - \frac{5}{2}$ auf dem Intervall [0; 5]. Vergleichen Sie Ihr Ergebnis mit dem aus Aufgabe 5.

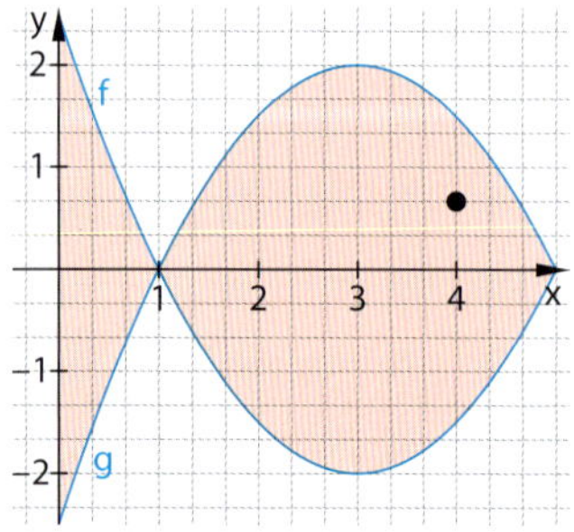

12 Die Graphen der Funktionen f mit $f(x) = x^4 - 3{,}75x^2 + 6$ und g mit $g(x) = x^4 - 3x^2 + 3$ formen auf dem Intervall [−2; 2] eine Figur. Berechnen Sie den Flächeninhalt dieser Figur.

13 Skizzieren Sie die Graphen der Funktionen f mit $f(x) = -\frac{1}{4}x^2 + 2$ und g mit $g(x) = |x| - 1$ in einem gemeinsamen Koordinatensystem. Berechnen Sie den Inhalt der von den beiden Graphen eingeschlossenen Fläche. Nutzen Sie dazu die Eigenschaften der Graphen geschickt aus.

Weiterführende Aufgaben

Hinweis zu 14

Zeichnen Sie die Graphen mit einem digitalen Hilfsmittel, um eine bessere Vorstellung zu bekommen.

14 Berechnen Sie den Inhalt der beschriebenen Fläche A.

a) A wird vom Graphen von f mit $f(x) = -x^2 + 4x - 3$ und der x-Achse begrenzt.

b) A wird von den Graphen von f mit $f(x) = -x^2 + 4x - 1$ und g mit $g(x) = x - 1$ begrenzt.

c) A wird im ersten Quadranten vom Graphen von f mit $f(x) = -\frac{1}{4}x^2 + x + 3$ begrenzt.

d) A wird im ersten Quadranten von den Graphen von f mit $f(x) = x^3 + 2x^2$ und g mit $g(x) = x + 2$ begrenzt.

e) A wird von den Graphen von f mit $f(x) = -x^2 + 4x + 1$ und g mit $g(x) = -2x + 9$ und der y-Achse begrenzt.

f) A wird von den Graphen von f mit $f(x) = \sin(x)$ und g mit $g(x) = x$ und der Geraden $x = \pi$ begrenzt.

g) A wird von den Graphen von f mit $f(x) = 2 - 0{,}5\,(x-1)^2$ und g mit $g(x) = 6 - x$, der x-Achse und der y-Achse begrenzt.

15 **Stolperstelle:** Zu den Funktionen f und g mit $f(x) = \frac{1}{3}x^3 - 3x^2 + 8x$ und $g(x) = \frac{1}{3}x^2$ soll die von den Graphen eingeschlossene Fläche berechnet werden.
Holger: *„Ich habe von 0 bis 4 integriert und erhalte $\frac{128}{9}$ FE, also rund 14,2 FE."*
Luise: *„Es gibt aber noch eine Schnittstelle bei 6. Daher habe ich von 0 bis 6 integriert und erhalte 12 FE."*
Emre: *„Das kann gar nicht sein, denn dann hätte das größere Flächenstück den kleineren Inhalt. Stattdessen muss man ..."*
Diskutieren Sie das Vorgehen der Schüler.
Vervollständigen Sie Emres Aussage und berechnen Sie den Flächeninhalt.

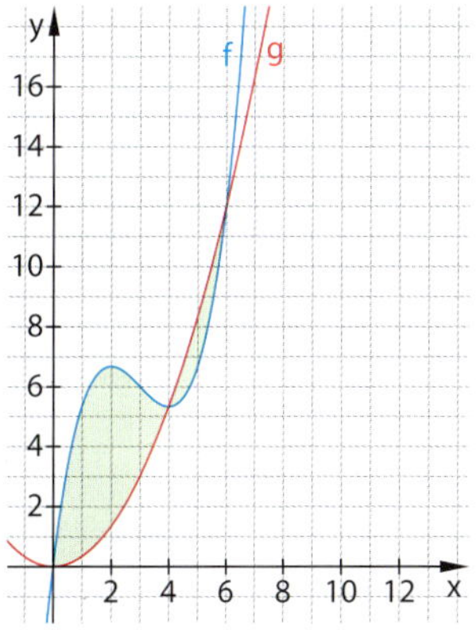

16 Gegeben ist die Funktion f mit $f(x) = -x^2 + 4x + 6$ und die Gerade g, die durch die Punkte $A(-2\,|\,f(-2))$ und $B(4\,|\,f(4))$ verläuft.

a) Skizzieren Sie den Graphen von f sowie die Gerade g.

b) Bestimmen Sie die Gleichung von g und berechnen Sie den Inhalt des Flächenstücks, das vom Graphen von f und der Geraden g eingeschlossen wird.

17 Die Graphen der Funktionen f mit $f(x) = -\frac{1}{286}x^4 - \frac{1}{15}x^2 + 2$ und g mit $g(x) = \frac{1}{15}x^2 - 3$ schließen eine Fläche ein.
Beschreiben Sie deren Form und berechnen Sie ihren Flächeninhalt.

18 Berechnen Sie den Inhalt der Fläche, die von dem Graphen von f, der Geraden g, der x-Achse und der eingezeichneten Vertikalen eingeschlossen wird.

a) $f(x) = 0{,}1x^2 - 1{,}4x + 6{,}3;\ g(x) = x$

b) $f(x) = -0{,}25x^2 + 0{,}5x + 3{,}75;\ g(x) = 4$

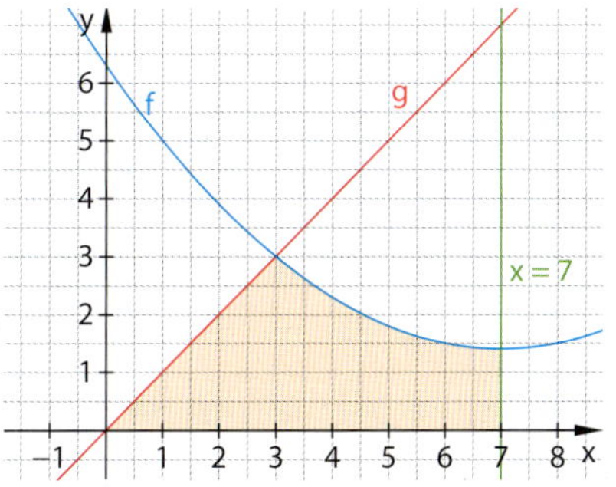

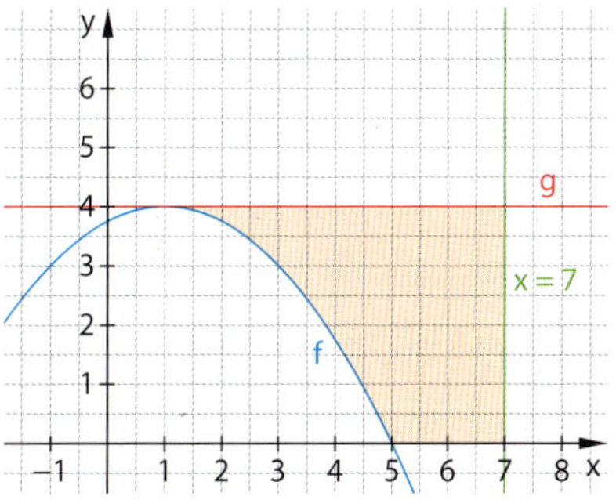

19 Der Graph der Funktion f mit $f(x) = \frac{1}{9}(x^2 - 2x - 8)(x^2 - 2x - 2)$ schließt mit der x-Achse das in der Abbildung blau dargestellte Flächenstück ein.

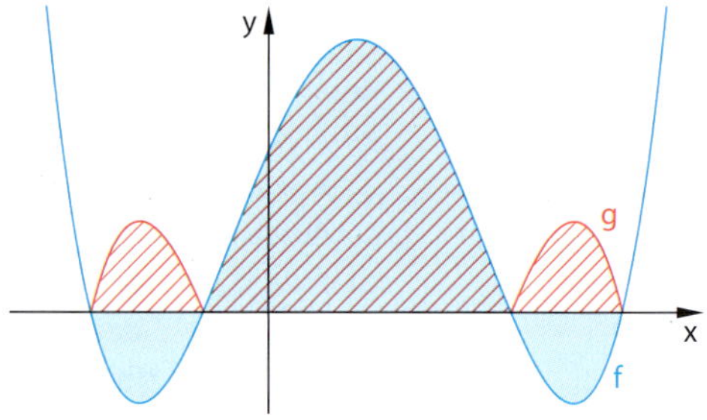

a) Berechnen Sie die Nullstellen der Funktion f.

b) Bestimmen Sie den Inhalt des blauen Flächenstücks.

c) Der Graph der Funktion g mit $g(x) = |f(x)|$ schließt ein gleich großes (rot schraffiertes) Flächenstück mit der x-Achse ein. Berechnen Sie mit einem digitalen Hilfsmittel den Flächeninhalt.

d) Vergleichen Sie die Rechenwege und benennen Sie Vor- und Nachteile.

20 Die nördliche und südliche Uferlinie des Baldeneysees in Essen können in einem bestimmten Bereich näherungsweise durch die Funktionen f mit $f(x) = -0{,}25x^2 + 0{,}55$ und g mit $g(x) = -0{,}1x^4$ modelliert werden (Längeneinheit 1 km).

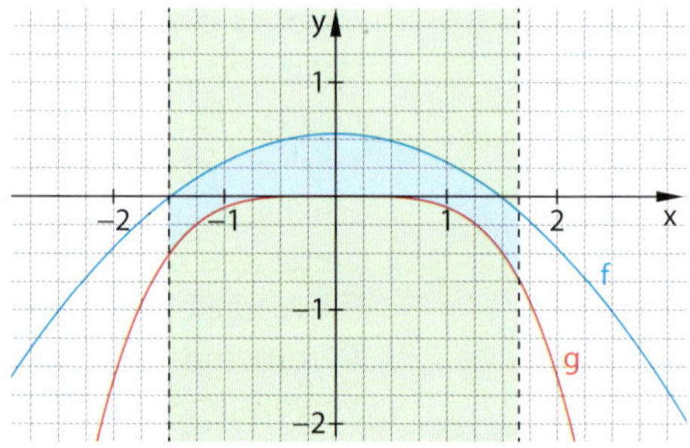

Berechnen Sie mithilfe der Funktionen f und g näherungsweise den Flächeninhalt der Wasseroberfläche des Sees im Bereich $-1{,}5 \le x \le 1{,}65$.

21 Beim Bau von Fußgängertunneln werden oft Fertigbetonteile verwendet. Hier ist ein solches Segment mit parabelförmigem Querschnitt und 2 Meter Tiefe abgebildet. Der Querschnitt des Segments kann mithilfe zweier quadratischer Funktionen f und g modelliert werden.

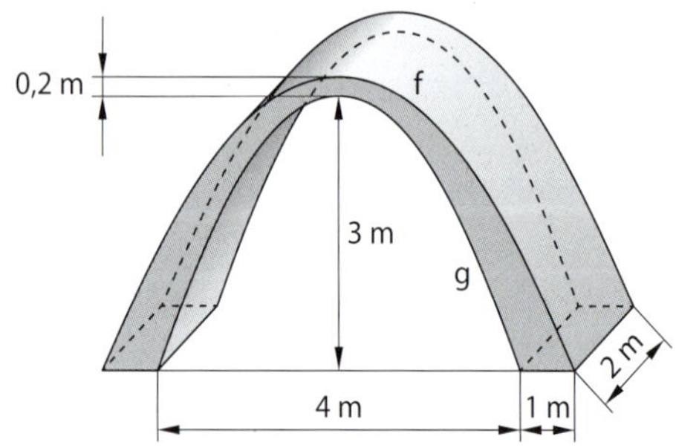

a) Bestimmen Sie eine Funktionsvorschrift für den inneren Parabelbogen.

b) Berechnen Sie das Luftvolumen eines Tunnels, der aus 12 Segmenten besteht.

c) Bestimmen Sie die Masse eines Fertigungssegments, wenn der Beton eine Dichte von $2{,}2\,\frac{g}{cm^3}$ hat.

Hinweis zu 21c

Für die Masse m eines Körpers mit der Dichte ρ und einem Volumen V gilt: $m = \rho \cdot V$

22 Der Graph der Funktion f schließt im Intervall $I = [1; 3]$ mit der x-Achse die Fläche A ein.

a) Bestimmen Sie c so, dass die Gerade $x = c$ die Fläche A halbiert, wenn $f(x) = \frac{1}{2}x^2$ ist.

b) Bestimmen Sie c so, dass die Gerade $y = c$ die Fläche A halbiert, wenn $f(x) = \frac{1}{3}x^2$ ist.

c) Ermitteln Sie, für welches m die Gerade $y = mx$ die Fläche A halbiert, wenn $f(x) = x^2 + 2$ ist.

23 Der Graph von f mit $f(x) = 2 - ax^2$ und $a > 0$ schließt mit der x-Achse eine Fläche ein. Bestimmen Sie a so, dass die Fläche $\frac{16}{3}$ FE groß ist.

24 Flächen zwischen drei Funktionsgraphen:
Die Graphen der Funktionen f mit $f(x) = -\sin(x)$, g mit $g(x) = x^2$ und h mit $h(x) = -x^2 + \pi x$ schließen auf dem Intervall $I = [0; \pi]$ die farbig dargestellte Fläche ein.

a) Geben Sie alle Schnittstellen der Funktionen im Intervall I an.
b) Zerlegen Sie die Fläche in geeignete Teilflächen und geben Sie die entsprechenden Intervalle an.
c) Berechnen Sie die Flächeninhalte der Teilflächen sowie den Gesamtflächeninhalt.

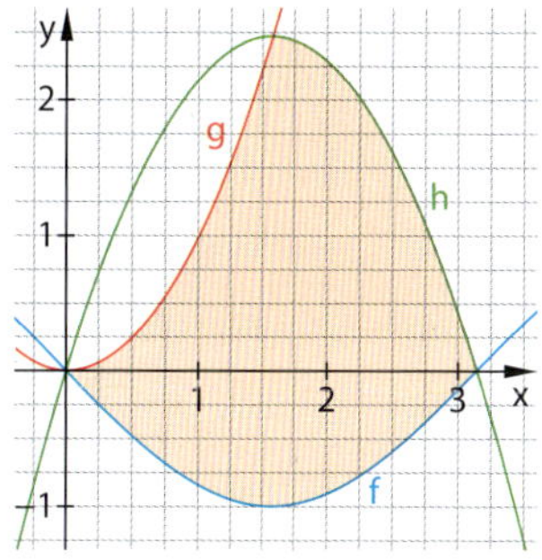

25 Berechnen Sie den Inhalt der Fläche, die von den Graphen der Funktionen f, g und h auf dem Intervall I eingeschlossen wird.

a) $f(x) = -x^2 + 4x$	$g(x) = x^2 - 4x + 8$	$h(x) = 5x$	$I = [0; 2]$
b) $f(x) = x^3$	$g(x) = 8x^2$	$h(x) = -2x + 3$	$I = [0; 1]$
c) $f(x) = \sqrt{x}$	$g(x) = x^2 - 10x + 26$	$h(x) = \frac{1}{5}x$	$I = [0; 5]$

26 Gegeben ist die Funktion f mit $f(x) = \frac{1}{5}x^3 - 2x$.

a) Bestimmen Sie die Schnittstellen des Graphen von f mit den Koordinatenachsen.
b) Bestimmen Sie alle Hoch-, Tief- und Wendepunkte des Graphen von f.
c) Bestimmen Sie die Gleichung der Tangente an den Graphen von f an der Stelle $x = -2$.
d) Zeigen Sie, dass die Tangente aus c) den Graphen von f im Punkt $P(4 | f(4))$ schneidet.
e) Skizzieren Sie den Graphen von f sowie die Tangente aus c).
f) Der Graph von f und die Tangente aus c) schließen eine Fläche ein. Bestimmen Sie den Flächeninhalt.

27 Gegeben ist die Funktion f mit $f(x) = \frac{1}{9}x^3 - \frac{4}{3}x$.

a) Zeichnen Sie den Graphen von f und geben Sie seine wesentlichen Eigenschaften an.
b) Die Tangente im Hochpunkt $H(x_0 | f(x_0))$ schneidet den Graphen in einem weiteren Punkt $P(x_1 | f(x_1))$. Zeigen Sie, dass $x_1 = -2x_0$ ist.
c) Der Graph von f und die Tangente aus b) schließen eine Fläche ein. Berechnen Sie deren Flächeninhalt.

28 a) Bestimmen Sie eine reelle Zahl a und eine Stammfunktion F zu f mit $f(x) = \frac{1}{2}x^2 + a$, sodass F die Nullstellen −3, 0 und 3 hat.
b) Zeigen Sie, dass die Fläche zwischen dem Graphen von f mit $f(x) = \frac{1}{2}x^2 - \frac{3}{2}$ und der x-Achse im Intervall [0; 3] den Inhalt $2\sqrt{3}$ FE hat. Geben Sie ohne Integralberechnung den Inhalt der Fläche zwischen dem Graphen von f und der x-Achse im Intervall [−3; 3] an.

29 Ausblick: Als Belohnung für gute Dienste möchte der König seinem Hofnarren ein 100 m breites Grundstück am Meer schenken. Die Küste kann ungefähr mit dem Graphen der Funktion f mit $f(x) = -\frac{1}{5}x^3 + x^2 + 2$ beschrieben werden (Längeneinheit 100 m).

a) Bestimmen Sie die Lage des (grünen) Grundstücks, wenn der Flächeninhalt möglichst groß sein soll.
b) Der König überlegt, dem Narren sogar die Hälfte seiner Länderei zu übertragen. Zeigen Sie, dass das gesamte Gebiet durch die Grenze $x = 2{,}9$ in zwei gleich große Teile geteilt wird.

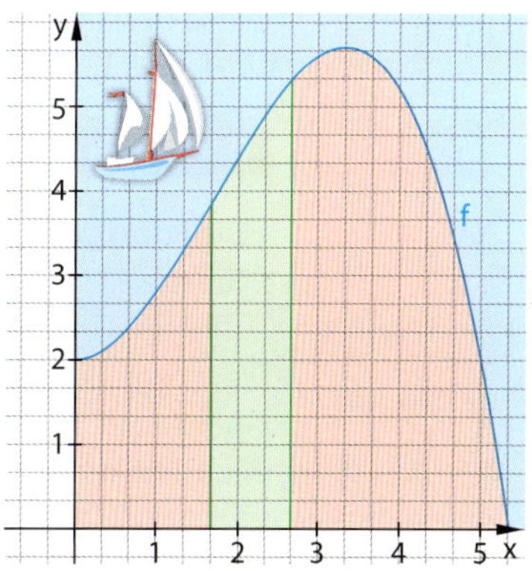

6.7 Integralfunktion

Die Abbildung zeigt den Graphen der Funktion f mit $f(t) = \frac{1}{3}t^3 - 2t^2 + 3t + 1$.

a) Berechnen Sie den Flächeninhalt, den der Graph von f im Intervall [1; 4] mit der t-Achse einschließt.

b) Geben Sie die Funktion $F_1(x)$ an, mit der für $x > 1$ der Flächeninhalt im Intervall [1; x] berechnet werden kann.

c) Berechnen Sie mithilfe der Funktion F_1 aus b) den Flächeninhalt, den der Graph von f im Intervall [1; 5] mit der t-Achse einschließt.

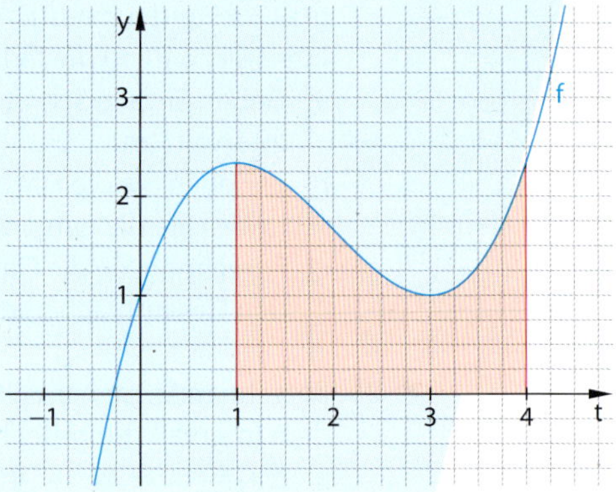

Hinweis

Wenn x die obere Grenze angibt, muss man die Integrationsvariable anders (z. B. mit t) bezeichnen.

Wenn bei einem bestimmten Integral $\int_a^x f(t)\,dt$ die obere Grenze nicht festgelegt ist, sondern als Variable aufgefasst wird, dann entsteht eine von x abhängige Funktion I_a, die man als **Integralfunktion** zur unteren Grenze a bezeichnet.

Mit $f(t) = 2 - \frac{1}{2}t$ gilt z. B. für a = 0 und a = 2:

$$I_0(x) = \int_0^x f(t)\,dt = \left[2t - \frac{1}{4}t^2\right]_0^x = 2x - \frac{1}{4}x^2$$

$$I_2(x) = \int_2^x f(t)\,dt = \left[2t - \frac{1}{4}t^2\right]_2^x = 2x - \frac{1}{4}x^2 - 3$$

$I_0(x)$ gibt für jedes x die Flächenbilanz zwischen dem Graphen von f und der t-Achse von der unteren Grenze 0 bis zur variablen Stelle x an. Also ist $I_0(2) = 3$ der Inhalt der gelben Fläche.

Bei I_2 wird die Fläche ab der Integrationsgrenze 2 betrachtet. Die gelbe Fläche geht also für $x > 2$ nicht in die Flächenbilanz ein. Das heißt, $I_2(x)$ ist um 3 kleiner als $I_0(x)$.

Für $x < 2$ gilt $\int_2^x f(t)\,dt = -\int_x^2 f(t)\,dt$, daher ist $I_2(x)$ für $x < 2$ negativ, obwohl f(x) positiv ist.

Für $x > 4$ liegt die Fläche unterhalb der x-Achse und geht negativ in die Flächenbilanz ein. I_0 und I_2 sind für $x > 4$ monoton fallend.

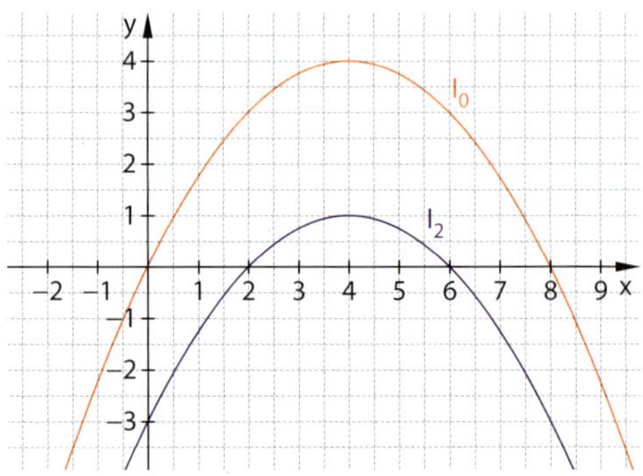

Hinweis

Auch für $x < a$ ist die Integralfunktion I_a definiert, denn es gilt:
$\int_a^x f(t)\,dt = -\int_x^a f(t)\,dt$

Definition **Integralfunktion**

Die Funktion I_a mit $I_a(x) = \int_a^x f(t)\,dt$ heißt **Integralfunktion** der Funktion f zur unteren Grenze a.

Die Integralfunktion I_a gibt für $x > a$ die Flächenbilanz zwischen dem Graphen von f und der x-Achse auf dem Intervall [a; x] an. Für $x < a$ gibt sie die Flächenbilanz auf dem Intervall [x; a] mit umgekehrtem Vorzeichen an.

Für das Beispiel $f(t) = 2 - \frac{1}{2}t$ kann man leicht nachrechnen, dass $I_0'(x) = f(x)$ und $I_2'(x) = f(x)$ gilt. I_0 und I_2 sind also Stammfunktionen von f.

Satz **Integralfunktion als Stammfunktion**

Ist die Funktion f stetig, dann ist die Integralfunktion I_a mit $I_a(x) = \int_a^x f(t)\,dt$ für jede reelle Zahl a eine Stammfunktion von f.

Dieser Satz wird im Beweis des Hauptsatzes der Differenzial- und Integralrechnung auf Seite 198 gezeigt. Ist umgekehrt bereits bekannt, dass die Funktion f eine Stammfunktion F hat, so folgt der Satz direkt aus dem Hauptsatz:

Wegen $I_a(x) = \int_a^x f(t)\,dt = F(x) - F(a)$ gilt: $I_a'(x) = F'(x) - 0 = f(x)$, da F(a) konstant ist.

Beispiel 1 Gegeben ist die Funktion f mit $f(x) = x^2 - 2$.

a) Berechnen Sie die Integralfunktion I_{-3} zur unteren Grenze $a = -3$.

b) Berechnen Sie $I_{-3}(1)$ und geben Sie die Bedeutung dieses Werts an.

c) Zeigen Sie, dass I_{-3} eine Stammfunktion von f ist.

Lösung:

a) Bestimmen Sie eine Stammfunktion von f und stellen Sie das Integral mit den Grenzen −3 und x auf. Als Integrationsvariable darf dabei nicht ebenfalls x gewählt werden. Gebräuchlich ist t.

$$I_{-3}(x) = \int_{-3}^{x} (t^2 - 2)\,dt = \left[\tfrac{1}{3}t^3 - 2t\right]_{-3}^{x}$$
$$= \tfrac{1}{3}x^3 - 2x - \left(-\tfrac{27}{3} + 6\right)$$
$$= \tfrac{1}{3}x^3 - 2x + 3$$

b) Setzen Sie 1 in die Funktionsgleichung von I_{-3} ein und berechnen Sie den Funktionswert.

$I_{-3}(1) = \frac{1}{3} \cdot 1^3 - 2 \cdot 1 + 3 = \frac{4}{3}$

Die Flächenbilanz von f über dem Intervall [−3; 1] beträgt $\frac{4}{3}$ FE.

c) Leiten Sie I_{-3} ab und prüfen Sie, ob sich der Funktionsterm von f ergibt.

$I_{-3}'(x) = \left[\frac{1}{3}x^3 - 2x + 3\right]' = x^2 - 2 = f(x)$

I_{-3} ist also eine Stammfunktion von f.

Basisaufgaben

1 Bestimmen Sie die Integralfunktion zur unteren Grenze a.

a) $f(x) = 2x - 1;\quad a = 3$

b) $f(x) = x^3 - x;\quad a = -1$

c) $f(x) = \frac{1}{\sqrt{x}};\quad a = \frac{1}{2}$

d) $f(x) = 2\sin(x);\quad a = 0$

2 Berechnen Sie zur Funktion f mit $f(x) = -x^2 + 4x - 1$ die Integralfunktionen I_0, I_3 und I_{-3}. Beschreiben Sie den Zusammenhang ihrer Graphen.

Erinnerung

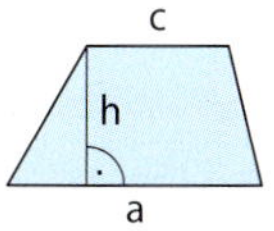

Flächeninhalt Trapez:
$A = \frac{(a + c) \cdot h}{2}$

3 Gegeben ist die Funktion f mit der Gleichung $f(x) = 0{,}5x - 1$.

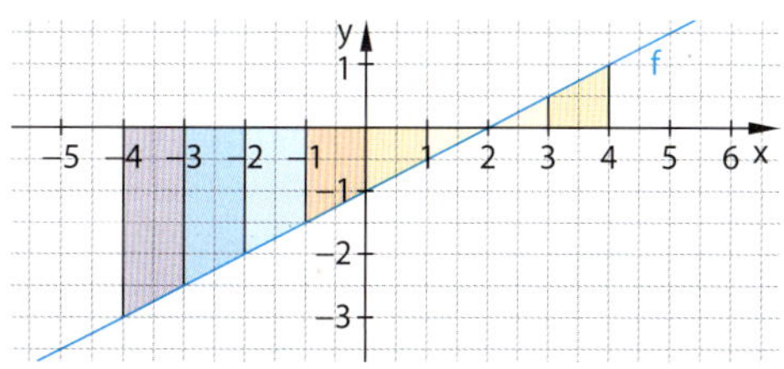

a) Berechnen Sie geometrisch die Flächenbilanz zwischen dem Graphen von f und der x-Achse auf dem Intervall [0; x] für x = 1, x = 2, x = 3 und x = 4.

b) Berechnen Sie wie in a) die Flächenbilanz auf dem Intervall [x; 0] für x = −1, x = −2, x = −3 und x = −4.

c) Berechnen Sie die Integralfunktion I_0 von f.

d) Berechnen Sie $I_0(x)$ für alle ganzzahligen x zwischen 4 und −4 und vergleichen Sie mit den Flächenbilanzen in a) und b). Erläutern Sie Übereinstimmungen und Unterschiede.

4 Begründen Sie, dass jede Integralfunktion I_a mit $I_a(x) = \int_a^x f(t)\,dt$ mindestens eine Nullstelle hat.

5 Zeichnen Sie mit einem geeigneten Hilfsmittel die angegebene Integralfunktion zur Funktion f. Bestimmen Sie die Funktionswerte der Integralfunktion für x = −2 und x = 2.

a) $f(x) = \frac{1}{100}x^2$; I_{-5} b) $f(x) = 2^{-x}$; I_0

c) $f(x) = \frac{1}{4}\cos(x) - \frac{1}{4}$; $I_{-2\pi}$ d) $f(x) = x - 4$; I_2

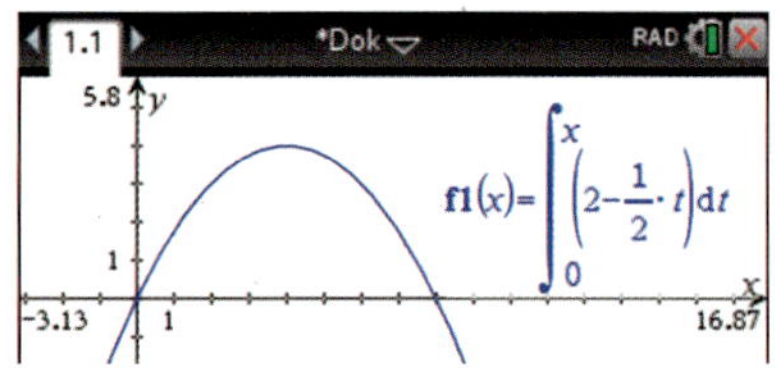

6 Digitale Hilfsmittel, wie zum Beispiel Computeralgebrasysteme, können neben dem Graphen und einzelner Funktionswerte auch Funktionsterme von Integralfunktionen ermitteln. Bestimmen Sie die Funktionsterme zu den Integralfunktionen aus Aufgabe 5.

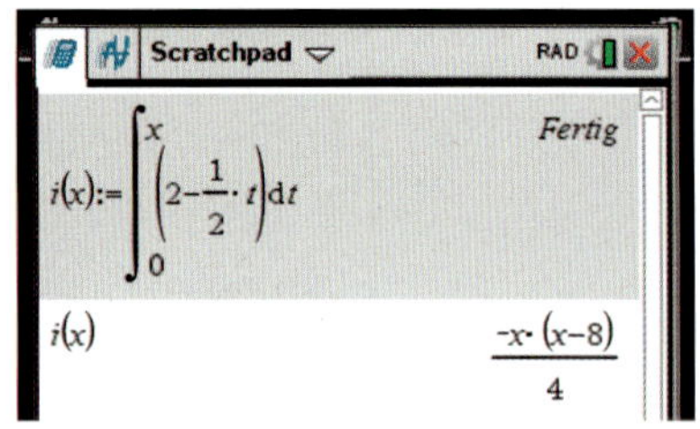

7 a) Zeichnen Sie den Graphen der Integralfunktion I_0 zur dargestellten Funktion f für $0 \leq x \leq 9$.

b) Beschreiben Sie den Verlauf des Graphen der Integralfunktion I_5 von f.

c) f(t) beschreibt die Geschwindigkeit eines Fahrrads in Meter pro Sekunde in Abhängigkeit von der Zeit t in Sekunden. Geben Sie die Bedeutung von $I_0(9)$ und $I_5(9)$ im Sachzusammenhang an.

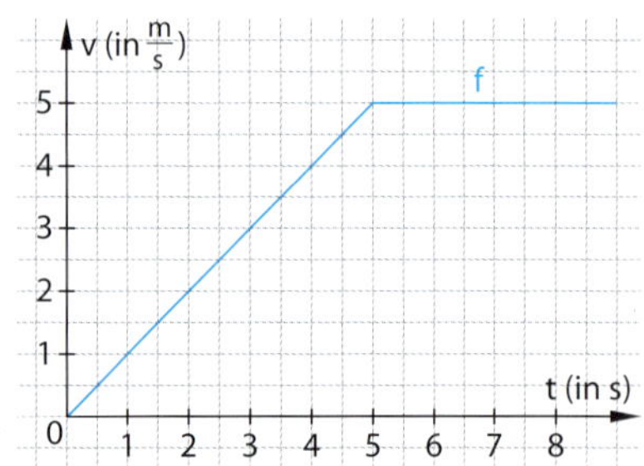

Weiterführende Aufgaben

8 Skizzieren Sie näherungsweise den Graphen der Integralfunktion I_0 mit $I_0(x) = \int_0^x \frac{2}{t^2+1}\,dt$ im Bereich $-2{,}5 \leq x \leq 2{,}5$.

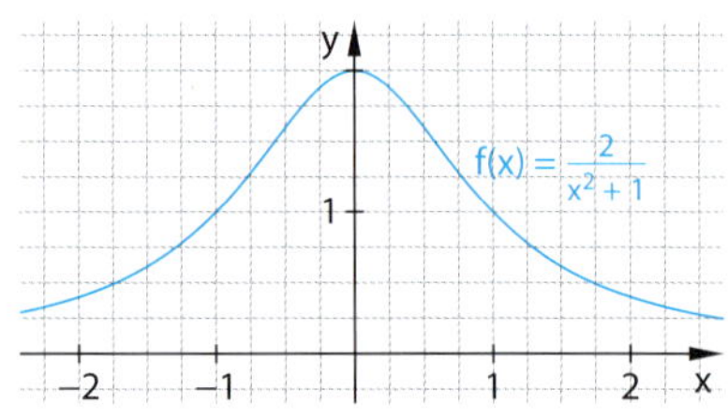

9 **Stolperstelle:** Sven bestimmt die Integralfunktion I_2 zur Funktion f mit $f(x) = x^2$. Überprüfen Sie die Rechnung und diskutieren Sie Svens Vorgehen.

$$I_2(x) = \int_2^x x^2\,dt = [x^2 \cdot t]_2^x = x^3 - 2x^2$$

10 Lea kann keine Stammfunktion zur Funktion f mit $f(x) = 2^x$ finden. Elli meint: „Die Integralfunktion I_0 mit $I_0(x) = \int_0^x 2^t\,dt$ ist eine Stammfunktion von f."

a) Nehmen Sie Stellung zur Aussage von Elli.

b) Zeichnen Sie den Graphen von I_0 mit einem digitalen Hilfsmittel und bestimmen Sie $I_0(5)$ und $I_0(-5)$.

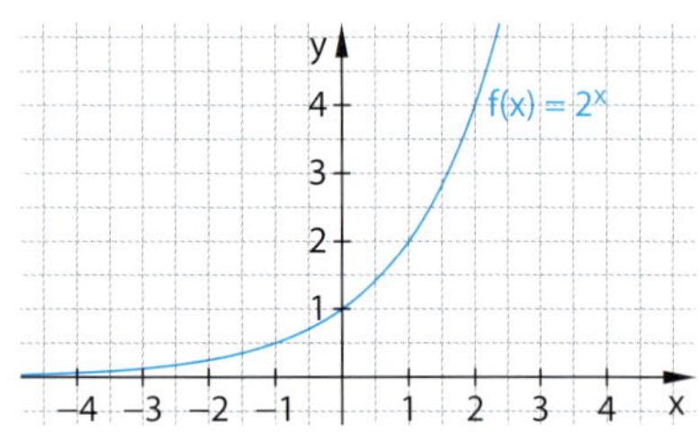

11 Eigenschaften von Integralfunktionen:

a) Begründen Sie mithilfe einer Skizze.

① Für jede punktsymmetrische Funktion f gilt: $I_{-a}(a) = 0$ für alle $a > 0$.

② Für jede zur y-Achse achsensymmetrische Funktion f gilt: $I_{-a}(a) = 2 \cdot I_0(a)$ für alle $a > 0$.

③ Für jede Funktion f gilt: $I_a(b) + I_b(c) = I_a(c)$ für alle $a < b < c$.

b) Beweisen Sie, dass die Aussagen in ① und ② für alle $a \in \mathbb{R}$ gelten.

12 Gegeben ist die Funktion f mit $f(x) = \frac{1}{x}$ und $x > 0$. Überprüfen Sie mithilfe der Abbildung die angegebene Eigenschaft der Integralfunktion I_1 von f.

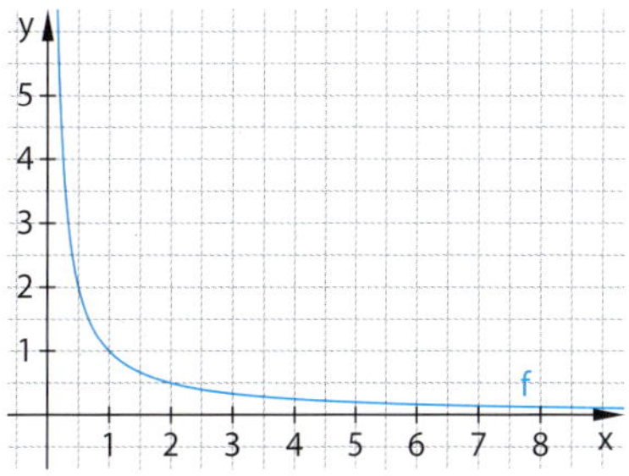

a) $I_1(1) = 0$

b) $I_1(x)$ ist für $0 < x < 1$ negativ und für $x > 1$ positiv.

c) I_1 ist streng monoton steigend für $x > 0$.

d) Skizzieren Sie den Graphen von I_1 und überprüfen Sie so die Eigenschaften in a) – c).

13 Die Funktion f beschreibt die Zuflussgeschwindigkeit beim Auffüllen eines Swimmingpools.

a) Erläutern Sie, was die Integralfunktion I_0 mit $I_0(x) = \int_0^x f(t)\,dt$ in diesem Fall angibt.

b) Die Bestandsfunktion F gibt die Wassermenge im Pool an. Begründen Sie anschaulich, dass für F gilt: $F(x) = F(0) + \int_0^x f(t)\,dt$

c) Wenn F differenzierbar ist, gilt $F' = f$. Leiten Sie die Gleichung in b) mit dem Hauptsatz der Differenzial- und Integralrechnung her.

14 Die Funktion F beschreibt einen Bestand und ihre Ableitungsfunktion $f = F'$ die Änderungsrate. Erläutern Sie den Zusammenhang zwischen der Bestandsfunktion F, einer Integralfunktion von f und einer Stammfunktion von f.

15 Integralfunktion, die keine Stammfunktion ist:

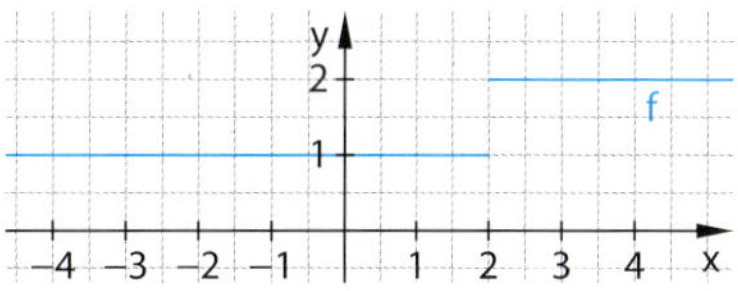

a) Zeichnen Sie für die Funktion f mit
$$f(x) = \begin{cases} 2 & \text{für } x \geq 2 \\ 1 & \text{für } x < 2 \end{cases}$$
den Graphen der Integralfunktion I_0.

b) Begründen Sie, dass I_0 nicht im gesamten Definitionsbereich eine Stammfunktion von f ist.

16 Ausblick: Stammfunktion, die keine Integralfunktion ist

Gegeben ist die Funktion f mit $f(x) = x$.

a) Zeigen Sie, dass die Funktion F mit $F(x) = \frac{1}{2}x^2 + c$ für jedes $c \in \mathbb{R}$ eine Stammfunktion von f ist.

b) Begründen Sie, dass die Funktion F für $c > 0$ keine Integralfunktion zu f ist.

c) Zeigen Sie, dass es für $c \leq 0$ zu f mindestens eine Integralfunktion I_a mit $I_a = F$ gibt, und bestimmen Sie die möglichen Werte für a in Abhängigkeit von c.

6.8 Uneigentliche Integrale

Das Flächenstück A zwischen dem Graphen von f mit $f(x) = 2^{-x}$ und dem positiven Teil der x-Achse ist nach rechts unbegrenzt. Der Flächeninhalt kann mit einer Reihe von Rechtecken abgeschätzt werden.

a) Berechnen Sie den Flächeninhalt der ersten 5 Rechtecke.
b) Geben Sie mithilfe der Abbildung eine obere Grenze für die Summe aller Rechtecke an.
c) Was können Sie über den Flächeninhalt von A folgern?

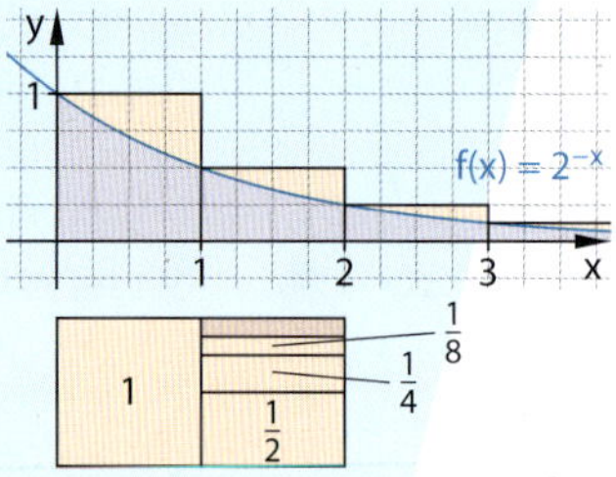

Bei den bisherigen Flächenberechnungen mithilfe der Integralrechnung war sowohl das Integrationsintervall als auch die zu integrierende Funktion (der Integrand) auf dem Intervall beschränkt. So entstanden endliche Flächen. Aber auch unendlich ausgedehnte Flächen können einen endlichen Inhalt haben. Ist der Integrand unbeschränkt oder ist eine der Integrationsgrenzen ∞, −∞ oder eine Definitionslücke, so spricht man von einem **uneigentlichen Integral**.

Unbeschränktes Integrationsintervall

Die Fläche zwischen dem Graphen von f mit $f(x) = \frac{1}{x^3}$ für $x \geq 1$ und der x-Achse ist nach rechts unbegrenzt. Man kann zunächst den Flächeninhalt bis zu einer beliebigen oberen Grenze $u \geq 1$ berechnen. Anschließend wird der Grenzwert für $u \to \infty$ gebildet.
Man erhält in diesem Beispiel einen endlichen Wert, nämlich $\frac{1}{2}$. Die Fläche hat also einen endlichen Inhalt, obwohl sie nach rechts unendlich ausgedehnt ist.

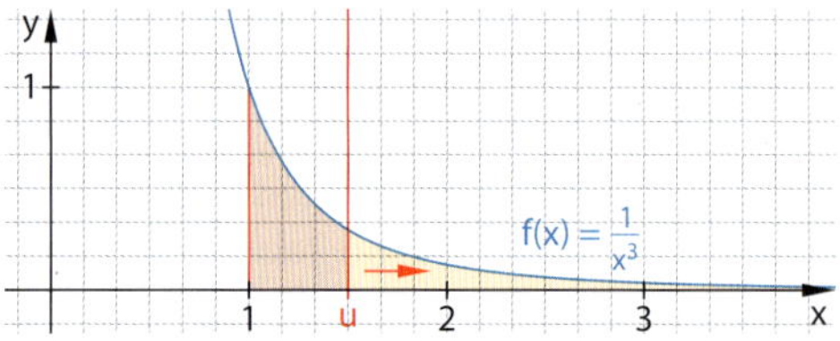

$$\int_1^u \frac{1}{x^3}\,dx = \left[-\frac{1}{2x^2}\right]_1^u = -\frac{1}{2u^2} + \frac{1}{2}$$

Für $u \to \infty$ gilt: $-\frac{1}{2u^2} + \frac{1}{2} \to \frac{1}{2}$

Hinweis

Ist die untere Integrationsgrenze $-\infty$, so untersucht man den Grenzwert $\lim\limits_{u \to -\infty} \int_u^b f(x)\,dx$ (s. Aufgabe 10).

Definition **Uneigentliches Integral 1. Art**

Falls für $u > a$ der Grenzwert $\lim\limits_{u \to \infty} \int_a^u f(x)\,dx$ existiert, so heißt $\int_a^\infty f(x)\,dx$ uneigentliches **Integral 1. Art** und sein Wert entspricht dem Grenzwert.

Beispiel 1 Berechnen Sie das uneigentliche Integral, falls es existiert.

a) $\int_1^\infty \frac{1}{x^2}\,dx$

b) $\int_1^\infty \sqrt{x}\,dx$

Lösung:
Ersetzen Sie die Integrationsgrenze ∞ durch eine Variable (z. B. u). Bestimmen Sie eine Stammfunktion und berechnen Sie das Integral. Bilden Sie den Grenzwert für $u \to \infty$.

a) Stammfunktion: $F(x) = -x^{-1} = -\frac{1}{x}$

Für $u > 1$ gilt: $\int_1^u \frac{1}{x^2}\,dx = \left[-\frac{1}{x}\right]_1^u = -\frac{1}{u} + 1$

Für $u \to \infty$ gilt $-\frac{1}{u} + 1 \to 1$, also:

$\int_1^\infty \frac{1}{x^2}\,dx = 1$

b) Stammfunktion: $F(x) = \frac{2}{3}x^{\frac{3}{2}} = \frac{2}{3}\sqrt{x^3}$

Für $u > 1$ gilt: $\int_1^u \sqrt{x}\,dx = \left[\frac{2}{3}\sqrt{x^3}\right]_1^u = \frac{2}{3}\sqrt{u^3} - \frac{2}{3}$

Für $u \to \infty$ gilt $\frac{2}{3}\sqrt{u^3} - \frac{2}{3} \to \infty$, also existiert $\int_1^\infty \sqrt{x}\,dx$ nicht.

Hinweis

Grenzwerte sind reelle Zahlen.
∞ und -∞ sind also keine Grenzwerte.

Basisaufgaben

1 Berechnen Sie das uneigentliche Integral, falls es existiert.

a) $\int_1^{\infty} \frac{1}{x^4}\,dx$ b) $\int_1^{\infty} \frac{2}{x^2}\,dx$ c) $\int_0^{\infty} 2x\,dx$ d) $\int_3^{\infty} \frac{1}{x^5}\,dx$

e) $\int_2^{\infty} \frac{3}{x^6}\,dx$ f) $\int_1^{\infty} \frac{1}{\sqrt{t}}\,dt$ g) $\int_4^{\infty} \frac{1}{\sqrt{x^3}}\,dx$ h) $\int_5^{\infty} \left(\frac{1}{x^3} - \frac{1}{x^2}\right) dx$

2 Die Funktion F mit $F(x) = \frac{1}{1 - x^2}$ ist eine Stammfunktion von f mit $f(x) = \frac{2x}{(1 - x^2)^2}$. Berechnen Sie das Integral $\int_3^{\infty} \frac{2x}{(1 - x^2)^2}\,dx$.

3 Manche digitalen Hilfsmittel können Integrale, aber keine uneigentlichen Integrale bestimmen. Berechnen Sie mit einem digitalen Hilfsmittel das Integral $\int_1^{n} f(x)\,dx$ für n = 10 (n = 100; n = 1000). Stellen Sie eine Vermutung auf, ob die eingeschlossene Fläche für $n \to \infty$ einen endlichen Inhalt hat. Prüfen Sie Ihre Vermutung, indem Sie ohne Hilfsmittel rechnen.

a) $f(x) = \frac{1}{\sqrt{2x}}$ b) $f(x) = \frac{2}{x^3}$

4 Mit manchen digitalen Hilfsmitteln können uneigentliche Integrale direkt eingegeben und bestimmt werden. Bestimmen Sie mit einem solchen Hilfsmittel das uneigentliche Integral, sofern es existiert.

a) $\int_3^{\infty} \frac{1}{(x-2)^5}\,dx$ b) $\int_2^{\infty} \frac{1}{(\sqrt{x}-1)^4}\,dx$ c) $\int_4^{\infty} \frac{2}{\sqrt{x^2-2}}\,dx$

d) $\int_4^{\infty} \frac{2}{\sqrt{x^3-2}}\,dx$ e) $\int_1^{\infty} 2^x\,dx$ f) $\int_1^{\infty} 0{,}5^x\,dx$

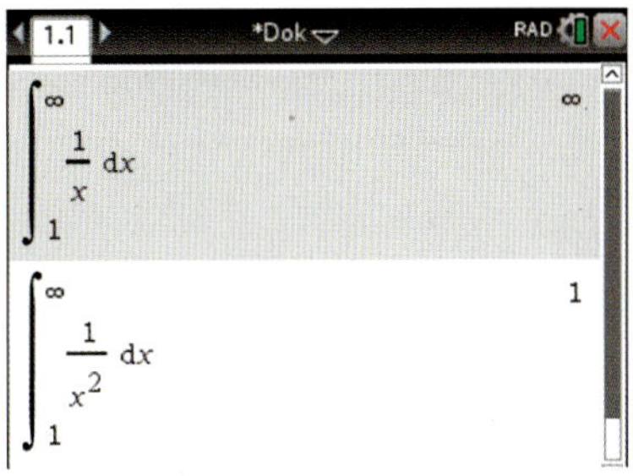

Unbeschränkter Integrand

Die Fläche zwischen dem Graphen von f mit $f(x) = \frac{1}{\sqrt{x}}$, x > 0, und der x-Achse ist auf dem Intervall [0; 4] unbegrenzt, da die Funktionswerte von f für $x \to 0$ unendlich groß werden. Wie im letzten Abschnitt kann man zunächst den Flächeninhalt bis zu einer beliebigen Grenze 0 < u < 4 berechnen. Anschließend wird der Grenzwert für $u \to 0$ gebildet. Man erhält in diesem Beispiel einen endlichen Wert. Die Fläche hat also einen endlichen Inhalt, obwohl sie nach oben unendlich ausgedehnt ist.

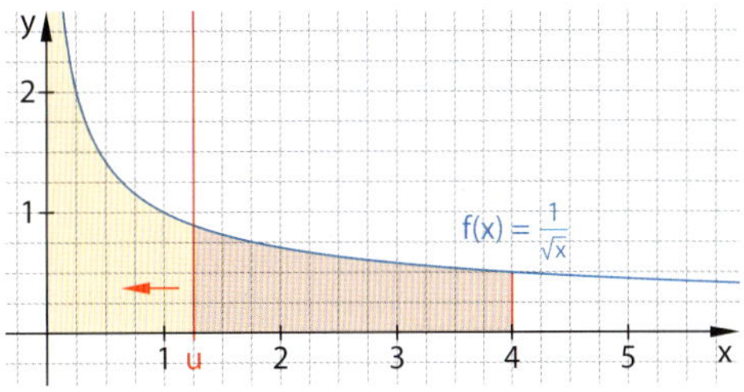

$\int_u^4 \frac{1}{\sqrt{x}}\,dx = [2\sqrt{x}]_u^4 = 4 - 2\sqrt{u}$

Für $u \to 0$ gilt: $4 - 2\sqrt{u} \to 4$

Hinweis

Ist der Integrand bei der oberen Integrationsgrenze x = b nicht definiert, untersucht man den Grenzwert $\lim\limits_{u \to b} \int_a^u f(x)\,dx$ für u < b (s. Aufgabe 10).

Definition **Uneigentliches Integral 2. Art**

Sei x = a eine Definitionslücke einer Funktion f. Falls für u > a der Grenzwert $\lim\limits_{u \to a} \int_u^b f(x)\,dx$ existiert, so heißt $\int_a^b f(x)\,dx$ **uneigentliches Integral 2. Art** und sein Wert entspricht dem Grenzwert.

Beispiel 2 Berechnen Sie das uneigentliche Integral, falls es existiert.

a) $\int_0^3 \frac{1}{\sqrt{x}}\,dx$ b) $\int_0^2 \frac{1}{x^2}\,dx$

Lösung:
In beiden Teilaufgaben ist die untere Integrationsgrenze eine Definitionslücke des Integranden. Ersetzen Sie diese Grenze durch eine Variable (z. B. u). Bestimmen Sie eine Stammfunktion und berechnen Sie das Integral. Bilden Sie den Grenzwert, bei dem u gegen die kritische Grenze strebt.

a) Für $u > 0$ gilt:
$\int_u^3 \frac{1}{\sqrt{x}}\,dx = \left[2\sqrt{x}\right]_u^3 = 2\sqrt{3} - 2\sqrt{u}$
Für $u \to 0$ gilt $2\sqrt{3} - 2\sqrt{u} \to 2\sqrt{3}$, also:
$\int_0^3 \frac{1}{\sqrt{x}}\,dx = 2\sqrt{3}$

b) Für $u > 0$ gilt:
$\int_u^2 \frac{1}{x^2}\,dx = \left[-\frac{1}{x}\right]_u^2 = -\frac{1}{2} + \frac{1}{u}$
Für $u \to 0$ gilt $-\frac{1}{2} + \frac{1}{u} \to \infty$, also
existiert $\int_0^2 \frac{1}{x^2}\,dx$ nicht.

Basisaufgaben

5 Berechnen Sie das uneigentliche Integral, falls es existiert.

a) $\int_0^1 \frac{1}{\sqrt{x}}\,dx$ b) $\int_0^4 \frac{1}{x^3}\,dx$ c) $\int_0^3 \frac{1}{\sqrt[3]{x}}\,dx$ d) $\int_0^2 \frac{1}{\sqrt[3]{x^2}}\,dx$

6 Die Funktion F mit $F(x) = -\frac{1}{8(2x-6)^4}$ ist eine Stammfunktion von f mit $f(x) = \frac{1}{(2x-6)^5}$. Berechnen Sie das Integral $\int_3^7 f(x)\,dx$.

7 Der Graph der Funktion f mit $f(x) = \frac{3}{2\sqrt{x}}$ schließt mit der x-Achse über dem Intervall $[u; 6]$ eine Fläche ein. Ermitteln Sie den Inhalt der Fläche für ein beliebiges u mit $0 < u < 6$. Untersuchen Sie, wie sich dieser Inhalt verhält, wenn sich u dem Wert 0 annähert.

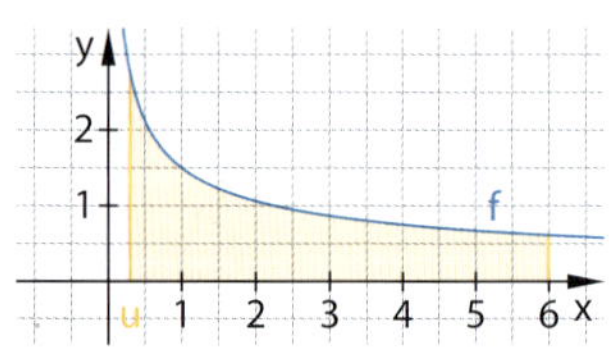

8 Prüfen Sie, ob der Inhalt der Fläche zwischen dem Graphen von f mit $f(x) = \sqrt{x} - \frac{1}{\sqrt{x}}$ über dem Intervall $I = [0; 1]$ und der x-Achse endlich ist. Berechnen Sie ggf. den Flächeninhalt.

9 Mit manchen digitalen Hilfsmitteln können uneigentliche Integrale, bei denen der Integrand an einer Integrationsgrenze nicht definiert ist, direkt eingegeben und bestimmt werden. Bestimmen Sie mit einem solchen Hilfsmittel das uneigentliche Integral, sofern es existiert.

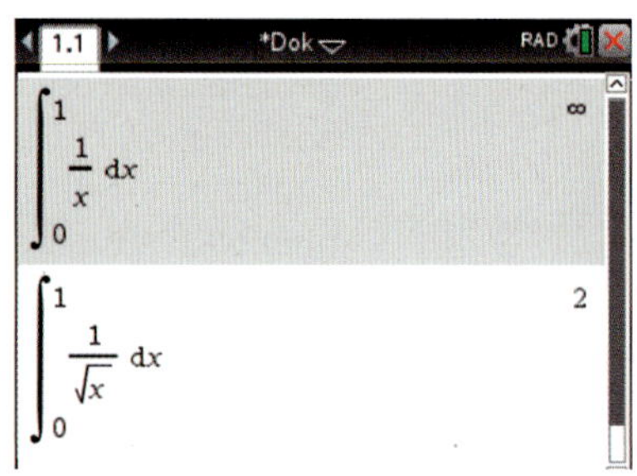

a) $\int_2^4 \frac{1}{(x-2)^5}\,dx$ b) $\int_2^3 \frac{1}{\sqrt[3]{x-2}}\,dx$

c) $\int_0^{\frac{\pi}{2}} \frac{2}{\sqrt{\cos(x)}}\,dx$ d) $\int_4^8 \frac{2}{\sqrt{\sqrt{x}-2}}\,dx$

Weiterführende Aufgaben

Hinweis zu 10

Zur Funktion f mit $f(x) = \frac{1}{\sqrt{-x}}$ ist die Funktion F mit $F(x) = -2\sqrt{-x}$ eine Stammfunktion. Beachten Sie auch die Hinweise auf den Seiten 216 und 217.

10 Bestimmen Sie das uneigentliche Integral, sofern es existiert.

a) $\int_{-\infty}^{-1} \frac{1}{x^2}dx$ b) $\int_{-\infty}^{-2} \frac{1}{\sqrt{-x}}dx$ c) $\int_{-2}^{0} \frac{1}{x^4}dx$ d) $\int_{-5}^{0} \frac{1}{\sqrt{-5x}}dx$

11 Die Abbildung zeigt den Graphen der Funktion f mit $f(x) = \frac{1}{x^2+1}$.
Eine Stammfunktion von f ist F mit $F(x) = \arctan(x)$, also die Umkehrfunktion der Tangensfunktion. Berechnen Sie den Flächeninhalt der Fläche, die der Graph von f auf ganz ℝ mit der x-Achse einschließt, indem Sie das Intervall aufteilen und zwei Grenzwertbetrachtungen durchführen.

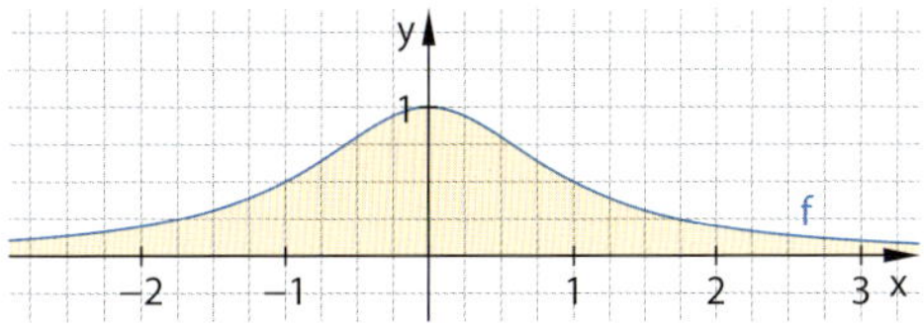

12 **Stolperstelle:** Jan rechnet: $\int_{-2}^{2} \frac{1}{x^2}dx = \left[-\frac{1}{x}\right]_{-2}^{2} = -\frac{1}{2} - \frac{1}{2} = -1$

Michelle sagt: *„Das kann ja gar nicht sein, denn $\int_{0}^{2} \frac{1}{x^2}dx$ ist ja schon unendlich groß."*

Beschreiben Sie Jans Fehler.

Hinweis zu 13b

Zur Funktion f mit $f(x) = \frac{1}{(x-2)^2}$ ist die Funktion F mit $F(x) = -\frac{1}{x-2}$ eine Stammfunktion.

13 Prüfen Sie, ob das Integral existiert. Achten Sie dabei auf Definitionslücken innerhalb des Integrationsbereichs. Teilen Sie gegebenenfalls das Integral in mehrere Teilintegrale auf.

a) $\int_{-2}^{2} \frac{1}{x^4}dx$ b) $\int_{1}^{3} \frac{1}{(x-2)^2}dx$

14 Die Abbildung zeigt den Graphen der Funktion f mit $f(x) = \frac{1}{x}$ und einbeschriebene Rechtecke.

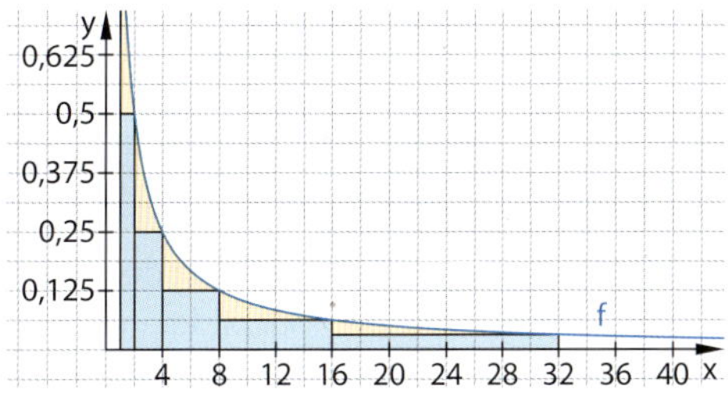

a) Beschreiben Sie, nach welcher Vorschrift die Rechtecke unter dem Graphen gebildet werden.
b) Erläutern Sie, dass die Fläche unter dem Graphen von f größer ist als die Summe der unendlich vielen Rechtecksflächen.
c) Leiten Sie aus diesem Ergebnis eine Aussage über das uneigentliche Integral $\int_{1}^{\infty} \frac{1}{x}dx$ ab.

15 a) Erläutern Sie anschaulich, dass das Integral $\int_{0}^{u} \sin(x)dx$ sich für wachsende u nicht auf einen bestimmten Wert stabilisiert.

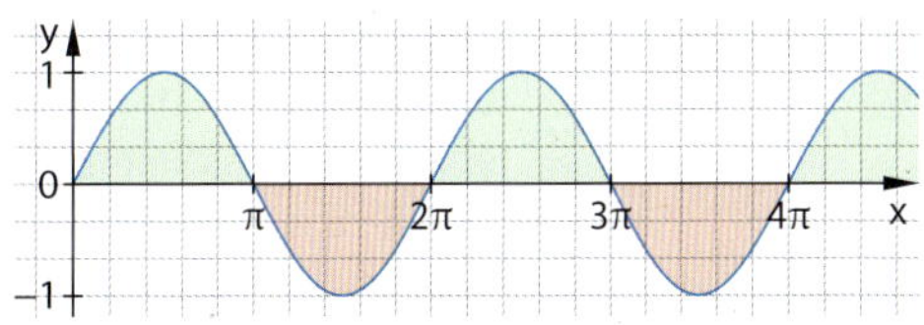

b) Berechnen Sie das Integral $\int_{0}^{2\pi n} \sin(x)dx$ für n = 1 und begründen Sie, dass sich für beliebiges n ∈ ℕ immer der gleiche Wert ergibt.
c) Berechnen Sie $\int_{0}^{\pi + 2\pi n} \sin(x)dx$ für beliebiges n ∈ ℕ.
d) Begründen Sie mithilfe der Ergebnisse aus b) und c), dass $\int_{0}^{\infty} \sin(x)dx$ nicht existiert.

● **16** Zeichnen Sie den Graphen der Funktion f mit $f(x) = \frac{1}{\sqrt{\sin(x)}}$ mit einem digitalen Hilfsmittel. Geben Sie den Definitionsbereich an. Bestimmen Sie mit dem Hilfsmittel einen möglichst großen Teilbereich des Intervalls $[0; 3\pi]$, in dem der Graph von f und die x-Achse eine endliche Fläche einschließen. Berechnen Sie den Inhalt dieser Fläche.

◐ **17** Von der Erdoberfläche aus soll ein Satellit aus dem Schwerefeld der Erde transportiert werden. Nach dem Newtonschen Gravitationsgesetz ist die für diese Mission erforderliche Arbeit gegeben durch

$$W = \int_R^\infty \gamma \cdot \frac{M \cdot m}{r^2} dr.$$

Hierbei ist $\gamma = 6{,}67 \cdot 10^{-11} \frac{m^3}{kg \cdot s^2}$ die Gravitationskonstante, $M = 5{,}97 \cdot 10^{24}$ kg die Erdmasse, $R = 6{,}38 \cdot 10^6$ m der Erdradius und m = 500 kg die Masse des Satelliten. Zur Vereinfachung wird die Masse m als konstant angenommen. Berechnen Sie W.

● **18** Ein Maulwurf und ein Ferkel fahren einen Berg hinab und bremsen so, dass ihre Geschwindigkeiten in $\frac{m}{s}$ ab dem Zeitpunkt t = 1 mit $m(t) = \frac{1}{t^2}$ und $f(t) = \frac{1}{\sqrt{t}}$ beschrieben werden können (t in s). Beide Tiere werden unendlich lange bremsen müssen und irgendwann beliebig langsam fahren. Berechnen Sie die Bremswege beider Tiere.

● **19** Gegeben ist die Funktionenschar f_a mit $f_a(x) = \frac{1}{x^a}$ und $a > 0, a \neq 1$. Der Graph von f_a schließt mit den Koordinatenachsen die abgebildeten Flächen A und B ein. Untersuchen Sie, für welche Werte von a die Flächen A bzw. B endlich sind, und geben Sie in diesem Fall den Flächeninhalt in Abhängigkeit von a an.

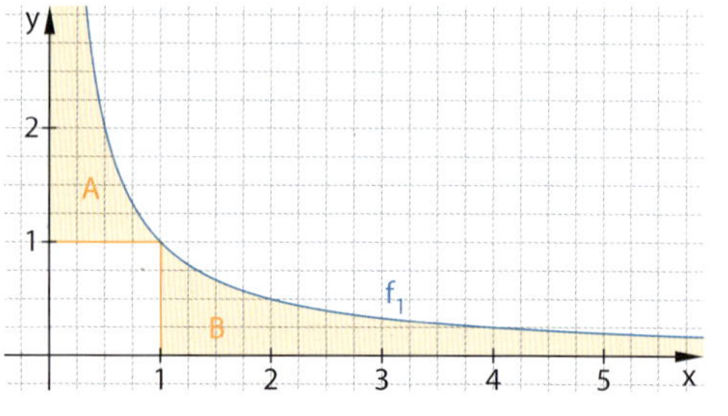

● **20** **Ausblick:** Der Graph einer stückweise linearen und für $0 \le x < b$ mit $b \approx 1{,}39$ definierten Funktion f setzt sich aus unendlich vielen gleichschenkligen Dreiecken zusammen. Dabei hat das n-te Dreieck die Höhe n und die Breite $\frac{1}{n \cdot 2^{n-1}}$.

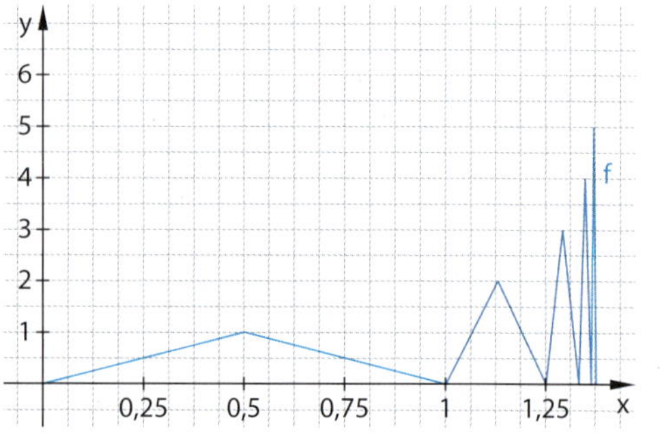

a) Zeigen Sie, dass die Funktion f unbeschränkt ist, also f(x) mit wachsendem x beliebig groß wird.

b) Beweisen Sie anschaulich: $\frac{1}{2} + \frac{1}{4} + \frac{1}{8} + \frac{1}{16} + \ldots \le 1$

c) Zeigen Sie, dass das uneigentliche Integral $\int_0^b f(x)\,dx$ existiert.

6.9 Rotationskörper

Wenn der Graph der Funktion f mit $f(x) = \frac{1}{4}x$ im Intervall [0; 3] um die x-Achse rotiert, so entsteht ein Kegel der Höhe h = 3 mit einem Radius von $r = \frac{3}{4}$.

a) Berechnen Sie das Volumen mithilfe der bekannten Formel für das Kegelvolumen.

b) Dem Kegel werden nun Zylinderscheiben der Dicke 0,5 einbeschrieben. Berechnen Sie das Volumen der Zylinderscheiben als Näherung des Kegelvolumens.

c) Erläutern Sie eine mögliche Vorgehensweise bei der Berechnung, um die Genauigkeit immer weiter zu erhöhen.

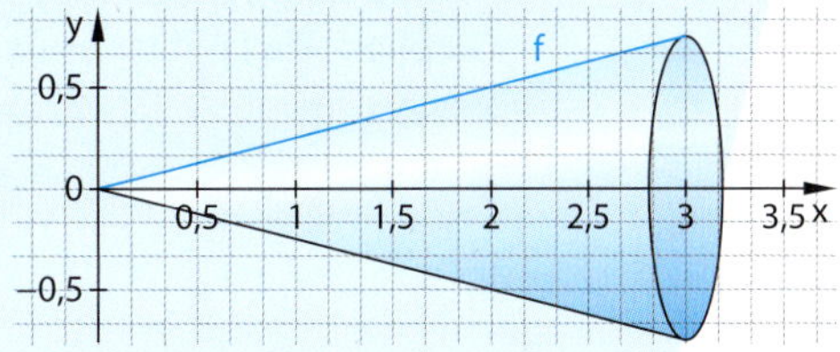

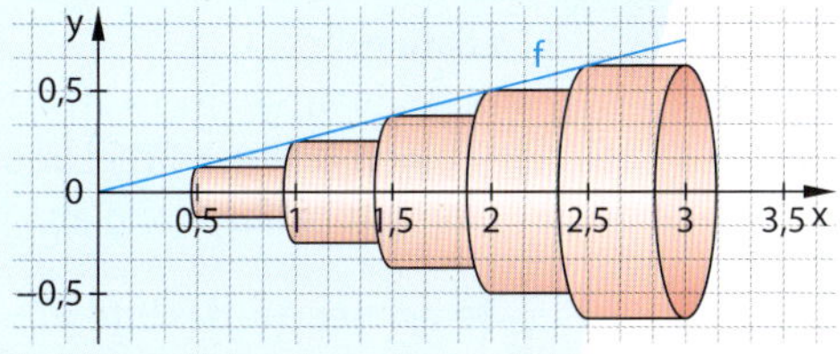

Wenn der Graph einer stetigen Funktion im Intervall [a; b] um die x-Achse rotiert, dann entsteht ein rotationssymmetrischer Körper, kurz **Rotationskörper**.

Zur Bestimmung des Volumens solcher Rotationskörper nähert man – wie bei der Flächenberechnung – den Funktionsgraphen durch eine Treppenfunktion an. Dadurch ergeben sich Rechtecke, mit denen die Fläche unter dem Graphen angenähert wird. Bei der Rotation dieser Rechtecke entstehen Zylinderscheiben, die wiederum das Volumen des Rotationskörpers annähern.

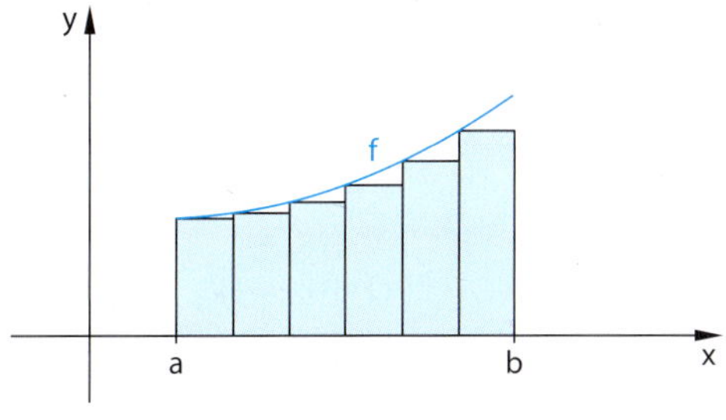

Jede Zylinderscheibe hat eine Höhe Δx und einen von der Stelle x abhängigen Radius f(x). Das Volumen des Rotationskörpers kann also durch die Summe von Zylindervolumina der Form $V_i = \pi \cdot [f(x_i)]^2 \cdot \Delta x$ angenähert werden. Bei einer Unterteilung in n Zylinderscheiben ergibt sich ein Gesamtvolumen von:

$$V = \pi \cdot (f(x_1))^2 \cdot \frac{b-a}{n} + \dots + \pi \cdot (f(x_n))^2 \cdot \frac{b-a}{n}$$

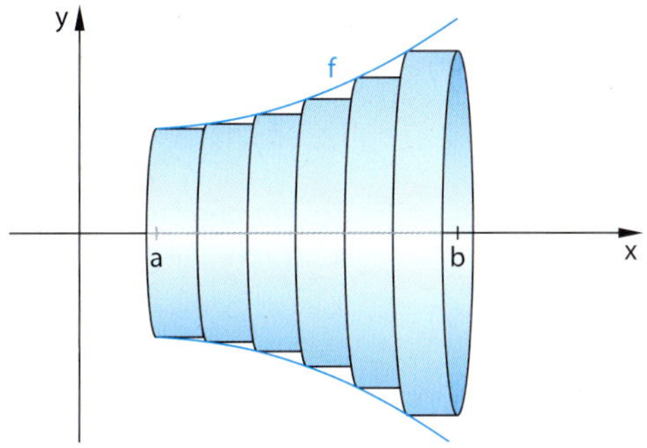

Beim Grenzübergang $n \to \infty$ ergibt sich analog zur Flächenberechnung ein Integral, welches das Volumen des Rotationskörpers angibt.

Wissen **Volumen eines Rotationskörpers**

Rotiert der Graph einer stetigen Funktion f im Intervall [a; b] um die x-Achse, so entsteht ein **Rotationskörper**. Für das Volumen dieses Körpers gilt:

$$V = \pi \cdot \int_a^b (f(x))^2\,dx$$

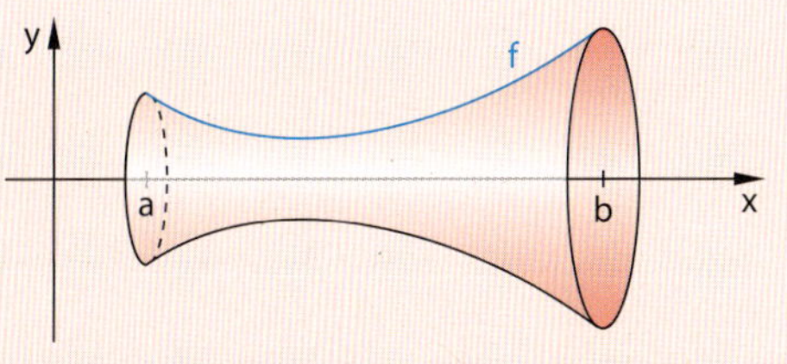

Beispiel 1 Berechnen Sie das Volumen des Rotationskörpers, der durch Rotation des Graphen von f mit $f(x) = \frac{1}{8}x^2 + 1$ um die x-Achse im Intervall $[-2; 2]$ entsteht.

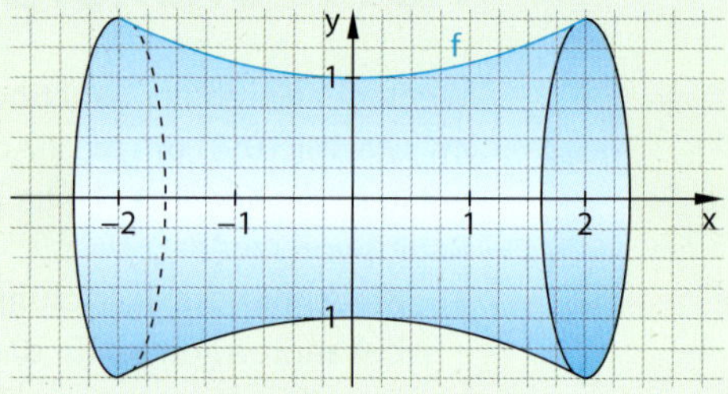

Lösung:

Berechnen Sie $g(x) = (f(x))^2$ mithilfe der 1. binomischen Formel und geben Sie eine Stammfunktion von g an.

$$(f(x))^2 = \frac{1}{64}x^4 + \frac{1}{4}x^2 + 1$$

$$G(x) = \frac{1}{320}x^5 + \frac{1}{12}x^3 + x$$

Berechnen Sie das Integral $\int_{-2}^{2} (f(x))^2\,dx$.

$$\int_{-2}^{2} (f(x))^2\,dx = \left[\frac{1}{320}x^5 + \frac{1}{12}x^3 + x\right]_{-2}^{2}$$

Multiplizieren Sie das Ergebnis mit π.

$$= \frac{32}{320} + \frac{8}{12} + 2 - \left(-\frac{32}{320} - \frac{8}{12} - 2\right) = \frac{83}{15}$$

Das Volumen beträgt rund 17,38 VE.

$$V = \pi \cdot \frac{83}{15} \approx 17{,}38 \text{ VE}$$

Basisaufgaben

1 Berechnen Sie für den Rotationskörper, der durch Rotation des Graphen von f um die x-Achse im Intervall I entsteht, das Volumen als Vielfaches von π.

a) $f(x) = 3$ $I = [0; 4]$
b) $f(x) = \frac{1}{4}x$ $I = [0; 2]$
c) $f(x) = \frac{1}{4}x$ $I = [2; 4]$
d) $f(x) = x^2$ $I = [0; 3]$
e) $f(x) = -x^2 + 4$ $I = [0; 2]$
f) $f(x) = \sqrt{x + 1}$ $I = [-1; 2]$

2 Gegeben ist eine quadratische Funktion f, die zwei Nullstellen hat. Durch Rotation des Parabelbogens von f zwischen diesen Nullstellen um die x-Achse entsteht ein Körper. Berechnen Sie sein Volumen.

a) $f(x) = x^2 - 4$
b) $f(x) = x^2 - x$
c) $f(x) = x^2 - 4x + 3$
d) $f(x) = -\frac{1}{4}x^2 + 1$

3 Bestimmen Sie das Volumen des abgebildeten Rotationskörpers.

a) $f(x) = \sqrt{16 - x^2}$; $I = [0; 4]$

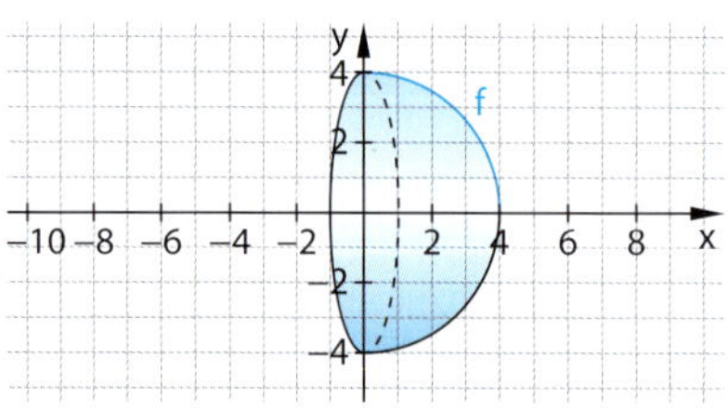

b) $f(x) = 2x - \frac{1}{4}x^2$; $I = [0; 4]$

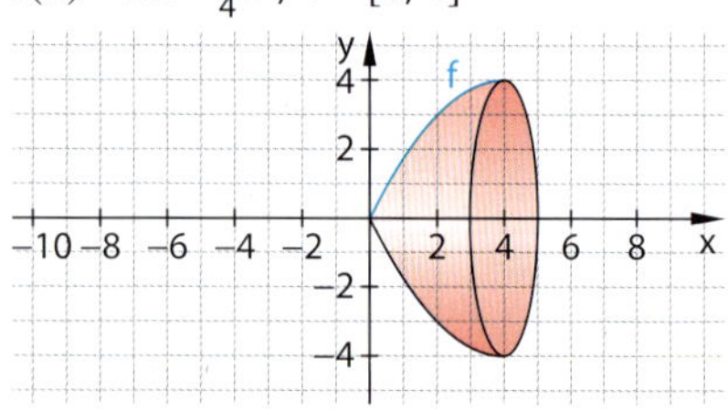

c) $f(x) = \frac{1}{x}$; $I = [1; 4]$

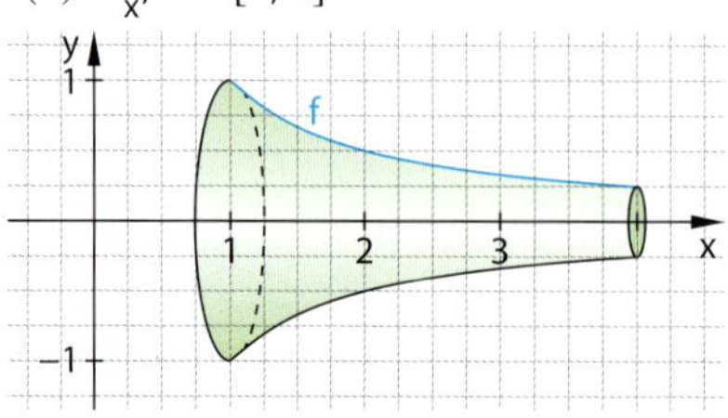

d) $f(x) = \frac{1}{8}x^2 + 2$; $I = [-2; 2]$

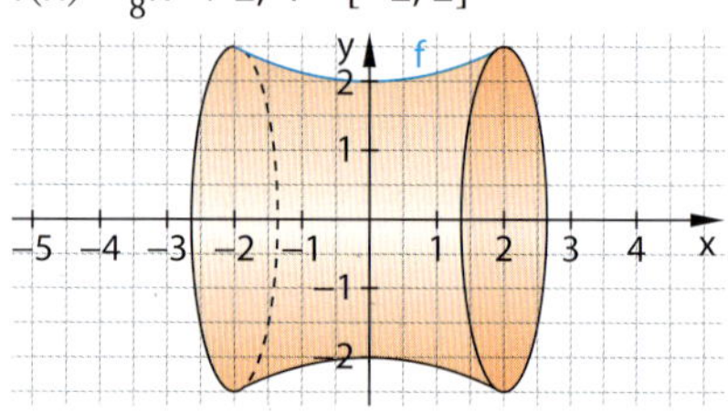

Weiterführende Aufgaben

4 Weisen Sie durch Integration die bekannte Formel zur Berechnung des Körpervolumens nach.

a)
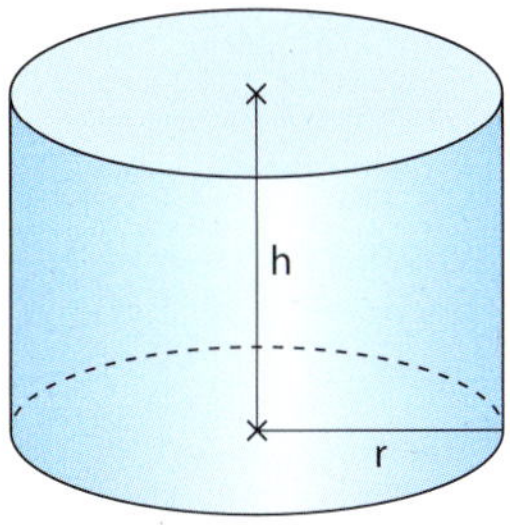

$V = \pi r^2 h$

b)
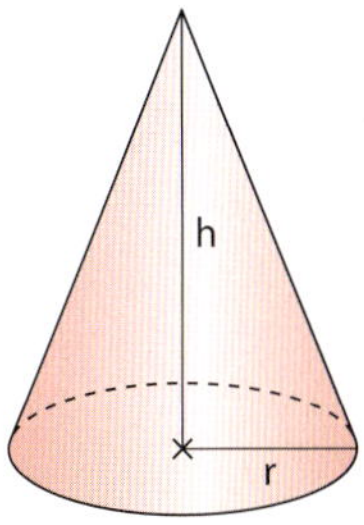

$V = \frac{1}{3}\pi r^2 h$

c)
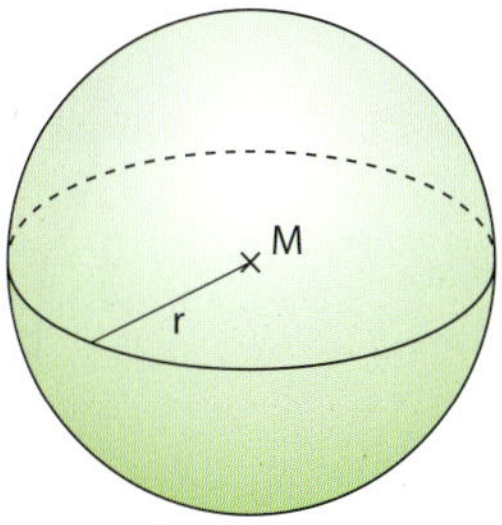

$V = \frac{4}{3}\pi r^3$

5 Berechnen Sie mit einem digitalen Hilfsmittel das Volumen des Rotationskörpers, der durch Rotation des Graphen von f um die x-Achse im Intervall I entsteht.

a) $f(x) = \frac{1}{3}x + 2$ $I = [-1; 4]$
b) $f(x) = x^4 - 2x^2 + 1$ $I = [-1; 1]$
c) $f(x) = \sin(x)$ $I = [0; \pi]$
d) $f(x) = x^3 + \frac{2}{\sqrt{x}}$ $I = [1; 2]$

6 Die Außenhülle eines Kühlturms wird modelliert durch Rotation des Graphen von f mit $f(x) = \sqrt{0{,}05x^2 + 4x + 320}$ im Bereich $0 \leq x \leq 100$ um die x-Achse. Eine Längeneinheit entspricht einem Meter.
Berechnen Sie das Volumen des Kühlturms.

7 Ein Football ist etwa 28 cm lang, 16 cm hoch und lässt sich durch Rotation einer Funktion f der Form $f(x) = ax^2 + b$ modellieren.
a) Bestimmen Sie eine geeignete Funktionsgleichung von f.
b) Berechnen Sie das Volumen des Footballs.

8 Ein Fass ist 1 m lang, sein Durchmesser beträgt in der Mitte 80 cm und am Rand 60 cm.
a) Bestimmen Sie die Gleichung einer quadratischen Funktion, mit deren Graphen das Fass durch Rotation modelliert werden kann.
b) Berechnen Sie das Fassungsvermögen des Fasses.

9 Die drei abgebildeten Sektgläser lassen sich als Rotationskörper der Funktionen f, g und h auffassen mit $f(x) = \sqrt{\frac{4}{3}x}$, $g(x) = \frac{1}{3}x$ und $h(x) = \frac{1}{36}x^2$. Alle Gläser sind ohne Stiel und Fuß 12 cm hoch und haben am oberen Rand einen Durchmesser von 8 cm.

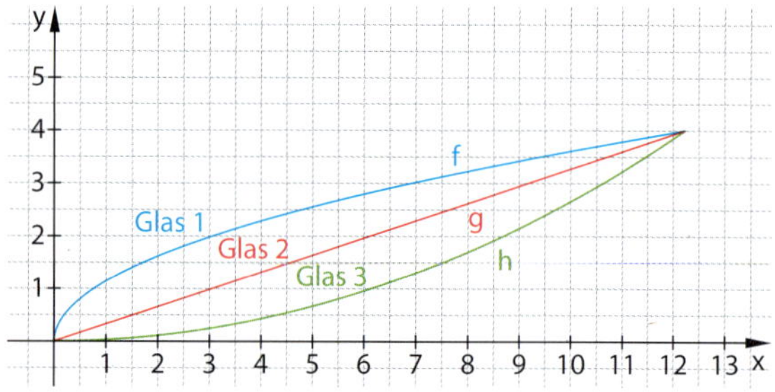

a) Berechnen Sie das maximale Fassungsvermögen der drei Gläser.
b) Berechnen Sie für jedes Glas das Volumen bei halber Füllhöhe.
c) Berechnen Sie für jedes Glas die Füllhöhe, wenn sie mit dem halben Maximalvolumen gefüllt sind.
d) Ermitteln Sie, bis zu welcher Höhe Glas 1 gefüllt werden muss, damit 80 cm³ Flüssigkeit enthalten sind.
e) Bei einem Fest werden Gläser der Form 1 mit einem Orangensaft-Sekt-Mix gefüllt. Bei Variante A werden erst 3 cm Orangensaft und anschließend 3 cm Sekt eingefüllt. Bei Variante B ist es umgekehrt. Bestimmen Sie für beide Varianten den Sektanteil und geben Sie das Mischungsverhältnis an.

10 **Stolperstelle:** Die Graphen der Funktionen f und g schließen im Intervall [a; b] eine Fläche ein. Durch Rotation dieser Fläche um die x-Achse entsteht ein Körper. Um das Volumen zu berechnen, wählt Elsa den Ansatz:

$$V = \pi \cdot \int_a^b (f(x) - g(x))^2 dx$$

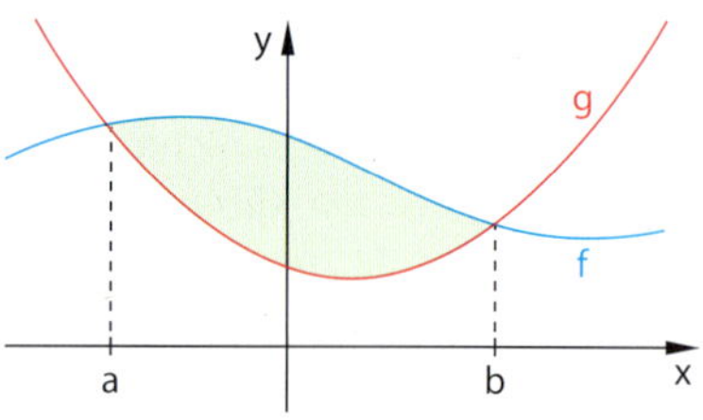

a) Begründen Sie, dass dieser Ansatz zu einem falschen Ergebnis führt.
b) Geben Sie eine korrekte Formel für dieses Volumen an.

11 Die Graphen der Funktionen f und g schließen eine Fläche ein. Berechnen Sie das Volumen des Körpers, der durch Rotation dieser Fläche um die x-Achse entsteht.

a) $f(x) = -x^2 - 2x + 8$ $\quad g(x) = x^2 + 4$
b) $f(x) = x^2 + x + 1$ $\quad g(x) = -x^2 + x + 3$
c) $f(x) = \frac{1}{4}x^3 - x^2 - x + 6$ $\quad g(x) = -x + 6$
d) $f(x) = \frac{1}{8}x^3 + 1$ $\quad g(x) = \frac{1}{2}x^2 + 1$

12 Durch Rotation des Graphen der Funktion f mit $f(x) = 2 + \frac{1}{10^n}x^n$ um die x-Achse über dem Intervall [0; 10] entsteht das Modell einer Vase. Die Öffnung soll mit einem Winkel von 45° nach außen geneigt sein. Bestimmen Sie das geeignete n, skizzieren Sie den zugehörigen Graphen und berechnen Sie das Volumen dieser Vase.

13 **Unbeschränkte Körper:** Die Fläche unter dem Graphen der Funktion f mit $f(x) = \frac{1}{x}$ für $x \geq 1$ ist unendlich groß. Zeigen Sie, dass der bei Rotation um die x-Achse entstehende Körper jedoch ein endliches Volumen hat. Geben Sie dieses Volumen an.

14 Durch die Rotation des Graphen der Funktion f mit $f(x) = \frac{1}{2}\sqrt{x}$ um die x-Achse im Intervall [0; 4] entsteht ein Rotationskörper mit einem Volumen von $V = 2\pi$.

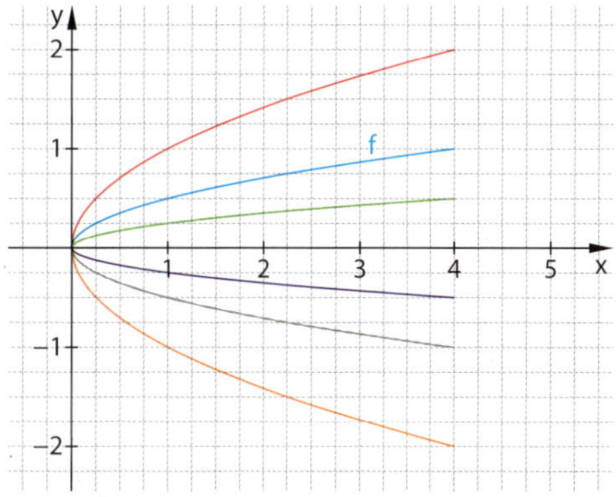

a) Ersetzen Sie f(x) durch $2 \cdot f(x)$ bzw. $\frac{1}{2} \cdot f(x)$ und berechnen Sie das Volumen der Rotationskörper, die sich daraus ergeben. Beschreiben Sie die Veränderungen des Volumens.

b) Wie verändert sich das Volumen, wenn f(x) durch $-f(x)$, $-2 \cdot f(x)$ oder $-\frac{1}{2} \cdot f(x)$ ersetzt wird?

c) Lia behauptet: „Wenn ich das Volumen V eines Rotationskörpers zu einer Funktion f auf einem Intervall [a; b] kenne, kann ich das Volumen des Rotationskörpers zu g mit $g(x) = c \cdot f(x)$ $(c \neq 0)$ einfach berechnen". Geben Sie eine Formel für dieses Volumen an.

Hinweis zu 15

Hier wurde das Koordinatensystem um 90° gedreht.

15 Ein mit Sand gefüllter kleiner Luftballon wird auf den Boden gestellt und nimmt die Form des abgebildeten Rotationskörpers an. Der Rand der Querschnittsfläche wird durch die Funktion f mit $f(x) = \frac{1}{6}x^3 - \frac{5}{2}x^2 + 5x + 3$ beschrieben.

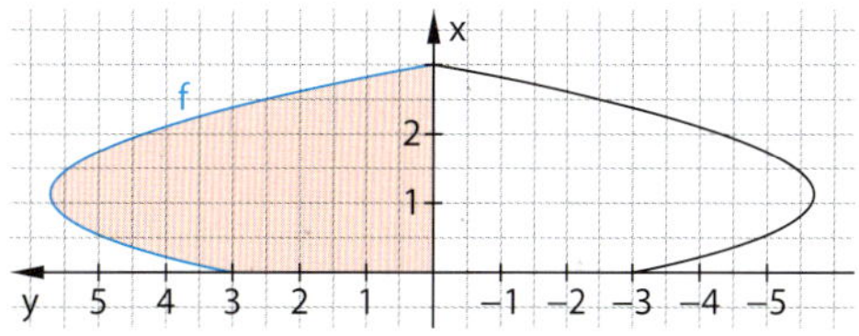

a) Berechnen Sie den maximalen Durchmesser des Körpers.

b) Bestimmen Sie das Volumen des Rotationskörpers.

c) Der Wert $\overline{m} = \frac{1}{b-a} \cdot \int_a^b f(x)\,dx$ ist der Mittelwert einer Funktion f auf dem Intervall [a; b]. Er gibt den durchschnittlichen Funktionswert der Funktion auf dem Intervall an. Berechnen Sie den mittleren Durchmesser des Ballons.

d) Bestimmen Sie das Volumen eines Zylinders mit der Höhe 3, dessen Durchmesser dem mittleren Durchmesser des Ballons entspricht. Vergleichen Sie mit dem Ergebnis aus b).

Hinweis zu 16

Das Integral $\int_{-r}^{r} \sqrt{r^2 - x^2}\,dx$ beschreibt den Flächeninhalt eines Halbkreises mit Radius r.

16 Ein **Torus** entsteht durch Rotation eines Kreises mit dem Radius r in einem Abstand R um die x-Achse. Die obere und untere Begrenzungslinie dieses Kreises werden beschrieben durch die Funktionen $f_o(x) = R + \sqrt{r^2 - x^2}$ und $f_u(x) = R - \sqrt{r^2 - x^2}$. Zeigen Sie, dass der Torus das Volumen $V = 2\pi^2 r^2 R$ hat.

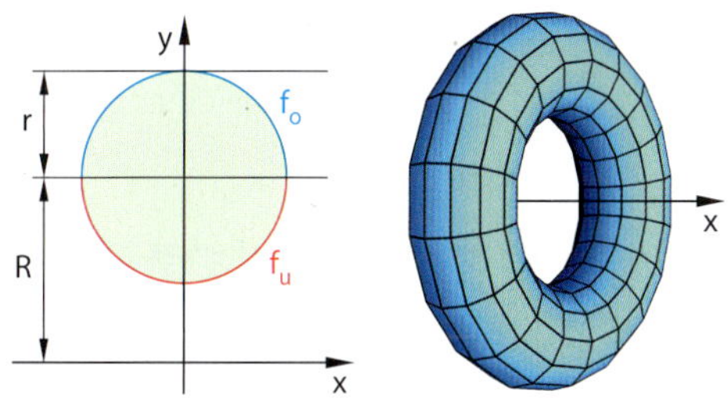

17 **Ausblick: Rotation um die y-Achse**

Die Abbildung zeigt ein Paraboloid, das durch Rotation des Graphen von f mit $f(x) = \frac{1}{3}x^2$ um die y-Achse entstanden ist. Berechnen Sie das Volumen dieses Körpers, indem Sie die Umkehrfunktion von f nutzen.

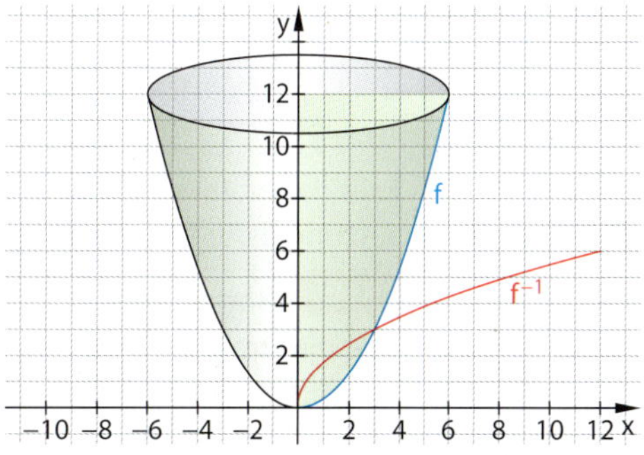

Bogenlängen

Der direkte Weg von A nach B ist durch zwei Seen versperrt. Bestimmen Sie die Länge der Luftlinie von A nach B.
Der eingezeichnete Weg ist natürlich länger. Beschreiben Sie ein Verfahren, um auch diese Länge näherungsweise zu bestimmen.
Geben Sie einen Näherungswert an.

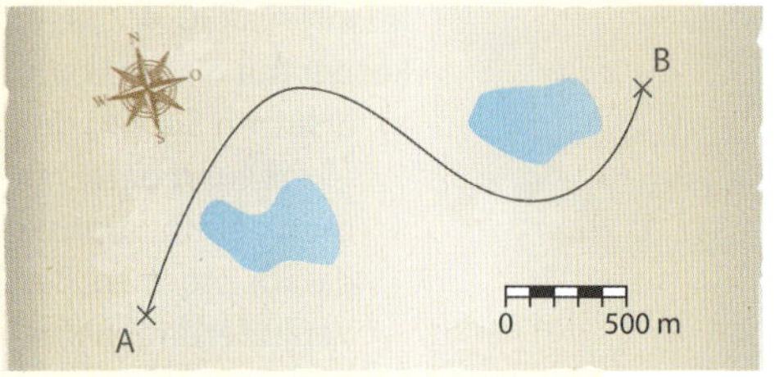

Es gibt Sachsituationen, in denen nicht die Fläche unterhalb eines Graphen gesucht wird, sondern die Länge eines Graphen auf einem bestimmten Intervall, die **Bogenlänge**.

Im Falle einer linearen Funktion f mit $f(x) = mx + c$ ergibt sich die Länge auf einem Intervall $[a; b]$ mithilfe des Satzes des Pythagoras:

$l = \sqrt{\Delta x^2 + \Delta y^2}$

Die Änderung in y-Richtung Δy lässt sich mithilfe der Steigung berechnen: $\Delta y = m \cdot \Delta x$.
Damit ergibt sich für die Länge der Strecke:

$l = \sqrt{\Delta x^2 + \Delta y^2} = \sqrt{\Delta x^2 + m^2 \Delta x^2} = \Delta x \sqrt{1 + m^2}$

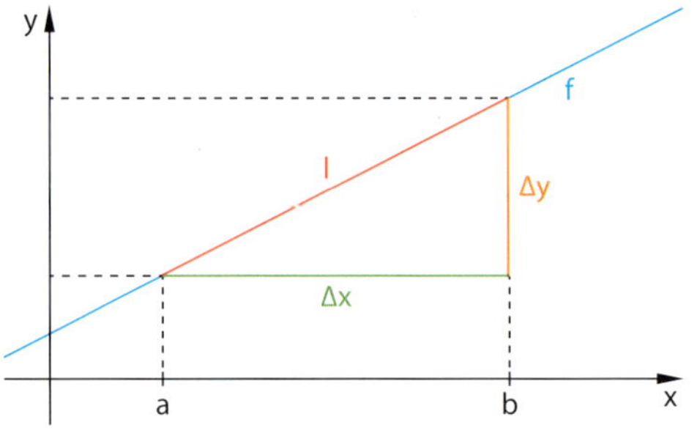

Die Bogenlänge einer krummlinigen Kurve kann näherungsweise durch die Länge eines Streckenzuges bestimmt werden. Dazu wird das Intervall in n Abschnitte der Breite $\Delta x = \frac{b-a}{n}$ aufgeteilt. Der Wert der Summe

$\Delta x \sqrt{1 + m_1^2} + \Delta x \sqrt{1 + m_2^2} + \ldots + \Delta x \sqrt{1 + m_n^2}$

gibt die Länge eines Streckenzuges aus n Strecken an.

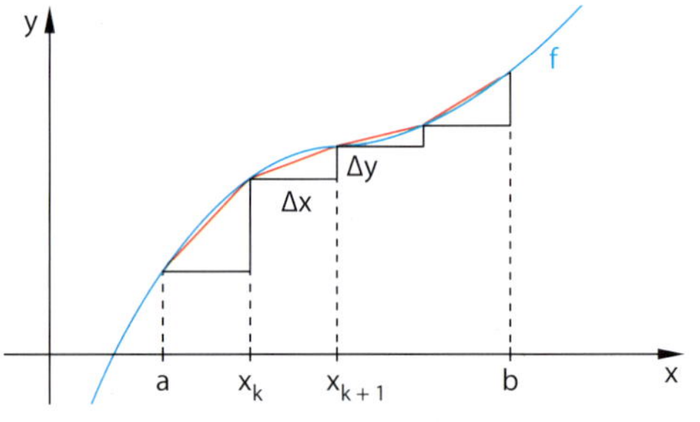

Dabei ist m_i die Sekantensteigung im Intervall $[x_i; x_i + \Delta x]$ und es gilt: $m_i = \frac{f(x_i + \Delta x) - f(x_i)}{\Delta x}$.
Nun wird die Anzahl der Abschnitte beliebig vergrößert, sodass die Breite Δx immer kleiner wird. Beim Grenzübergang werden aus den Sekantensteigungen Tangentensteigungen und aus der Summe wird ein Integral.

$$m_2 = \frac{f(x_2 + \Delta x) - f(x_2)}{\Delta x} \xrightarrow[\Delta x \to 0]{} f'(x_2)$$

$$\Delta x \sqrt{1 + m_1^2} + \Delta x \sqrt{1 + m_2^2} + \ldots + \Delta x \sqrt{1 + m_n^2} \xrightarrow[\Delta x \to 0]{} \int_a^b \sqrt{1 + (f'(x))^2}\, dx$$

Falls das Integral existiert, so gibt es die Bogenlänge der Funktion auf dem Intervall an. Voraussetzung dafür ist, dass $f'(x)$ auf dem Intervall existiert, also f dort differenzierbar ist.

Satz **Bogenlänge**

Ist die Funktion f auf dem Intervall $[a; b]$ differenzierbar, so hat der Bogen des Graphen auf diesem Intervall die Bogenlänge:

$$l = \int_a^b \sqrt{1 + (f'(x))^2}\, dx$$

Hinweis

Beim Berechnen von Bogenlängen treten häufig Funktionen auf, zu denen ohne weitere Integrationsverfahren keine Stammfunktion bestimmt werden kann. Mit digitalen Hilfsmitteln lassen sich die Werte solcher Integrale näherungsweise bestimmen.

Beispiel 1 Berechnen Sie die Länge des Bogens zur Funktion f mit $f(x) = \frac{2}{3}\sqrt{x^3}$ auf dem Intervall [1; 3].

Lösung:

Bestimmen Sie die Ableitung von f. $f(x) = \frac{2}{3}x^{\frac{3}{2}};\quad f'(x) = x^{\frac{1}{2}} = \sqrt{x}$

Setzen Sie das Ergebnis in die Formel ein. $l = \int_1^3 \sqrt{1 + (\sqrt{x})^2}\,dx = \int_1^3 \sqrt{1 + x}\,dx$

Mit einem digitalen Hilfsmittel lässt sich ermitteln, dass die Funktion G mit $G(x) = \frac{2}{3}\sqrt{(1 + x)^3}$ eine Stammfunktion zu $g(x) = \sqrt{1 + x}$ ist.
Berechnen Sie damit das Integral.

$= \left[\frac{2}{3}\sqrt{(1 + x)^3}\right]_1^3 = \frac{2}{3}\sqrt{4^3} - \frac{2}{3}\sqrt{2^3} \approx 3{,}45$

Die Länge des Bogens beträgt ca. 3,45 LE.

Aufgaben

1 Berechnen Sie mit einem digitalen Hilfsmittel die Länge des Bogens zur Funktion f auf dem Intervall I.

a) $f(x) = x^2 - 2x$ $\quad I = [1; 3]$
b) $f(x) = x^2 + 4x - 1$ $\quad I = [-2; 0]$
c) $f(x) = x^3$ $\quad I = [-1; 1]$
d) $f(x) = x^3$ $\quad I = [-1; 0]$
e) $f(x) = \sin(x)$ $\quad I = [0; \pi]$
f) $f(x) = \sin(2x)$ $\quad I = \left[0; \frac{\pi}{2}\right]$

2 Gegeben ist die Funktion f mit $f(x) = \sqrt{1 - x^2}$.
a) Berechnen Sie die Bogenlänge l auf dem Intervall I = [0; 1].
b) Berechnen Sie $2 \cdot l$ und vergleichen Sie das Ergebnis mit Ihnen bekannten Zahlen.
c) Zeichnen Sie den Graphen und begründen Sie die Vermutung aus b).

3 Der Fußgängertunnel aus Fertigbetonsegmenten aus Aufgabe 21 auf Seite 210 soll von innen vollständig angestrichen werden. Die begrenzenden Funktionen sind f mit $f(x) = -\frac{32}{90}x^2 + \frac{32}{10}$ und g mit $g(x) = -\frac{3}{4}x^2 + 3$ (1 LE = 1 m), wenn der Koordinatenursprung in der Mitte des Tunnelbodens liegt. Der Tunnel besteht aus 12 solcher Segmente. Berechnen Sie die notwendige Farbmenge, wenn 0,5 Liter/m² benötigt werden.

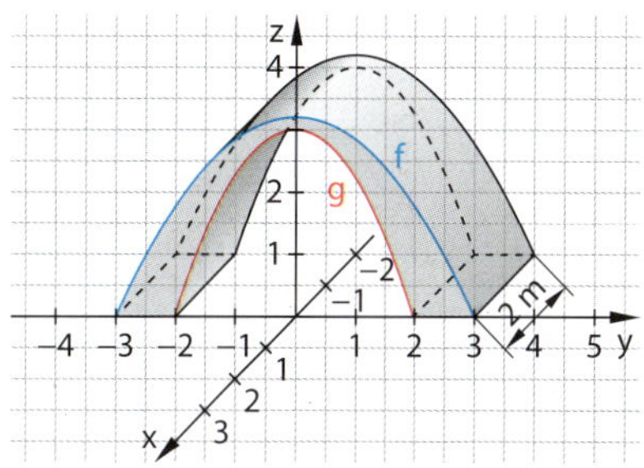

4 Der krummlinige Teil einer Skaterbahn lässt sich durch den Graphen der Funktion f mit $f(x) = -\frac{1}{32}x^3 + \frac{3}{8}x^2 - \frac{9}{8}x + 1$ beschreiben. Berechnen Sie die Länge des krummlinigen Weges.

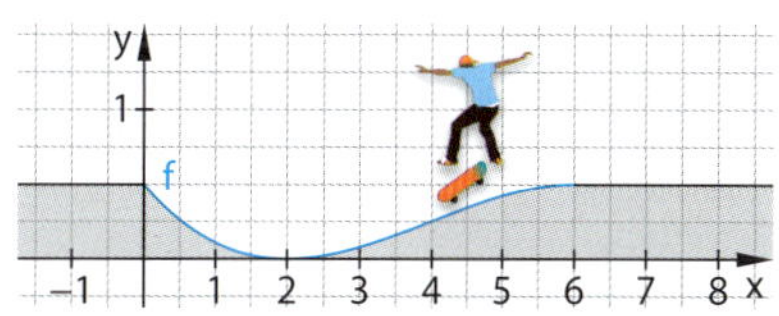

5 Der Bogen einer parabelförmigen Brücke lässt sich durch den Graphen der Funktion f mit $f(x) = -\frac{5}{512}x^2 + \frac{32}{5}$ beschreiben, wobei die Fahrbahn auf der Höhe der x-Achse verläuft und x und f(x) in Meter angegeben werden.
a) Berechnen Sie die Spannweite der Brücke.
b) Ermitteln Sie, um wie viel Prozent der Parabelbogen länger als die Spannweite der Brücke ist.

6.10 Klausur- und Abiturtraining

Aufgaben ohne Hilfsmittel

1 In der Abbildung sind die Graphen der Funktionen f mit $f(x) = \frac{1}{3}x^2$ und g mit $g(x) = 3$ dargestellt.

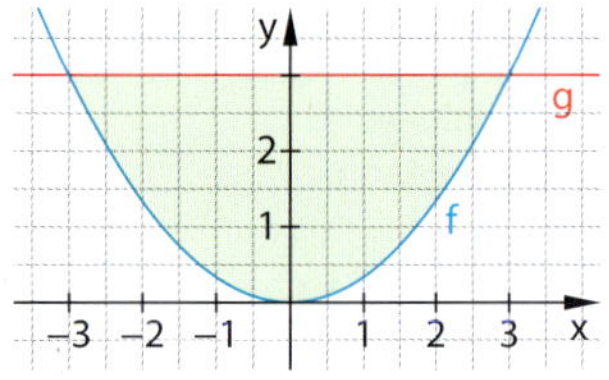

a) Berechnen Sie den Inhalt des eingeschlossenen Flächenstücks.

b) Das Flächenstück hat die Höhe h und die Breite b. Zeigen Sie, dass der Flächeninhalt auch mit der Formel $A = \frac{2}{3} \cdot b \cdot h$ berechnet werden kann.

c) Zeigen Sie, dass die Formel aus b) auch für die Parabel f_a mit $f_a(x) = a \cdot x^2$ und die Gerade g_h mit $g_h(x) = h$ gilt.

2 Das Rechteck ABCD mit A(2 | 0), B(2 | 2), C(−2 | 2) und D(−2 | 0) wird durch den Graphen der Funktion f mit $f(x) = -\frac{1}{8}x^4 + 2$ in zwei Teilflächen zerlegt.

a) Skizzieren Sie diese Vorgaben in einem geeigneten Koordinatensystem.

b) Berechnen Sie den Inhalt der Fläche, die der Graph von f mit der x-Achse einschließt.

c) Geben Sie an, wie viel Prozent die Fläche aus b) von dem Rechteck ABCD einnimmt.

3 Die Funktion f mit $f(x) = \frac{1}{9}x^4 - \frac{6}{5}x^2 + \frac{9}{5}$ hat die Nullstellen $x_{1,2} = \pm 3$ und $x_{3,4} = \pm a$. Der Funktionsgraph ist in der Abbildung dargestellt.

a) Berechnen Sie $\int_{-3}^{3} f(x)dx$ und interpretieren Sie das Ergebnis geometrisch.

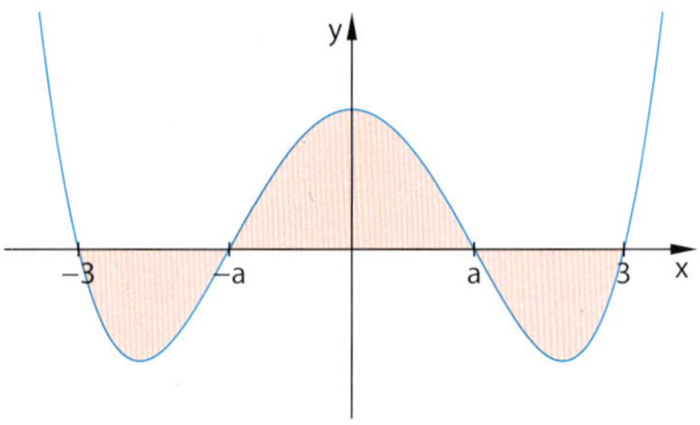

b) Es gilt $\int_{0}^{a} f(x)dx = \frac{432}{625}\sqrt{5}$ (ein Nachweis wird nicht verlangt). Geben Sie unter Verwendung dieser Information den Inhalt der roten Fläche an.

4 Gegeben ist die Funktion f mit der Gleichung $f(x) = -\frac{1}{2}x^4 + 8$.

a) Berechnen Sie die Nullstellen von f.

b) Begründen Sie mithilfe der Lage des Graphen von f im Koordinatensystem, dass gilt: $\int_{-2}^{2} f(x)dx > 0$

c) Bestimmen Sie $a \in \mathbb{R}$ so, dass gilt: $\int_{-2}^{2} \left(-\frac{1}{2}x^4 + a\right) dx = 0$

5 Für jeden Wert von a > 0 ist eine Funktion f_a gegeben durch $f_a(x) = -ax^2 + a$.

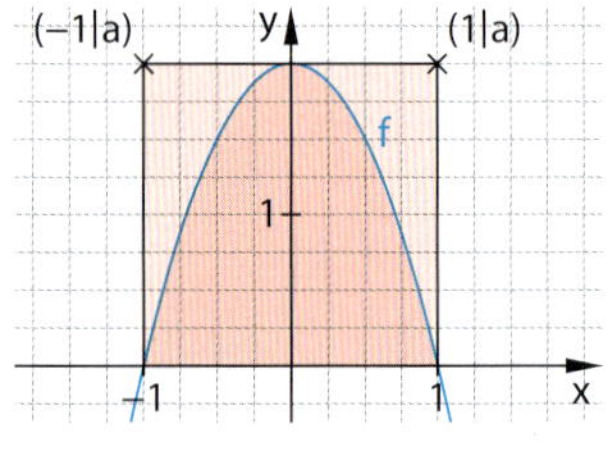

a) Berechnen Sie den Inhalt der Fläche, die der Graph von f_a mit der x-Achse einschließt.

b) Ermitteln Sie den Wert von a, für den der Flächeninhalt aus a) den Wert 4 annimmt.

c) Das Rechteck mit den Eckpunkten A(1 | 0), B(1 | a), C(−1 | a) und D(−1 | 0) wird durch den Graphen von f_a in zwei Teilstücke zerlegt. Berechnen Sie das Verhältnis, in dem die beiden Flächeninhalte zueinander stehen.

Aufgaben mit Hilfsmitteln

6 Die Firma Korbgeflecht hat sich das abgebildete Logo entwerfen lassen. In einem geeigneten Koordinatensystem wird das Logo begrenzt von den Graphen der Funktionen f und g mit

$f(x) = \frac{3}{80}x^3 - \frac{27}{80}x$ und $g(x) = \frac{3}{80}x^3 + \frac{3}{32}x^2 - \frac{27}{80}x - \frac{75}{32}$.

a) Zeigen Sie rechnerisch, dass das Logo über dem Intervall $[-5; 5]$ definiert ist.

b) Berechnen Sie mithilfe der Differenzfunktion d mit $d(x) = f(x) - g(x)$ die Länge des längsten Querschnitts in y-Richtung.

c) Die Firma möchte das Logo im Eingangsbereich des Hauptgebäudes anbringen. Dazu sollen die oben angegebenen x-Werte in Dezimeter gewählt werden. Die Produktionskosten für einen Quadratmeter betragen 60 €. Berechnen Sie die Kosten für die Herstellung des Logos.

7 Die Abbildung zeigt den Querschnitt eines künstlich angelegten Wasserkanals, dessen Böschungen beschrieben werden durch die Funktionen f und g mit

$f(x) = \frac{1}{2}x^3 + \frac{3}{2}x^2$ über $[-2; 0]$ und

$g(x) = \frac{1}{3}x^2$ über $[0; 3]$. Alle Längenangaben sind in Meter angegeben.

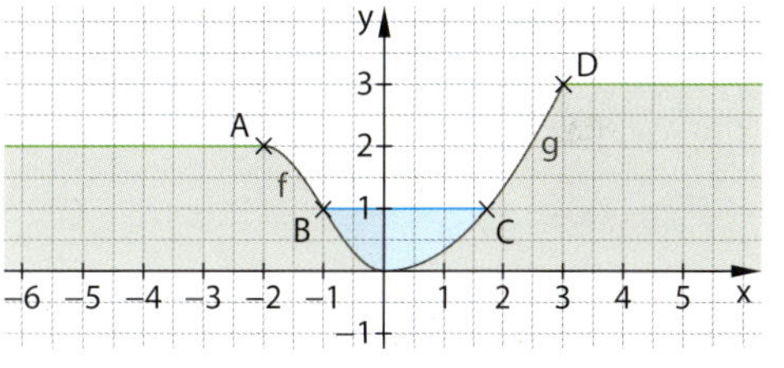

a) An der tiefsten Stelle ist das Wasser 1 m tief. Bestimmen Sie die Entfernung zwischen den Punkten B und C.

b) Berechnen Sie die blau eingefärbte Querschnittsfläche des Wassers.

c) Bestimmen Sie, wie viele Kubikmeter Wasser der Kanal pro Meter Länge fassen kann.

d) Der 120 m lange Kanal wird nicht mehr benötigt und soll so mit Erde aufgefüllt werden, dass die Verbindung der Punkte A und D eine gerade Linie ergibt. Berechnen Sie, wie viele Kubikmeter Erde hierzu benötigt werden.

8 Die Abbildung zeigt eine symmetrische Rampe. An der höchsten Stelle ist die Rampe 1 m breit. Die rechte Begrenzungslinie wird durch den Graphen einer ganzrationalen Funktion 3. Grades beschrieben. Im Punkt $(1 \mid 1)$ beträgt seine Steigung $m = -1{,}5$ und seine Tangente im Punkt $(3 \mid 0)$ verläuft waagerecht.

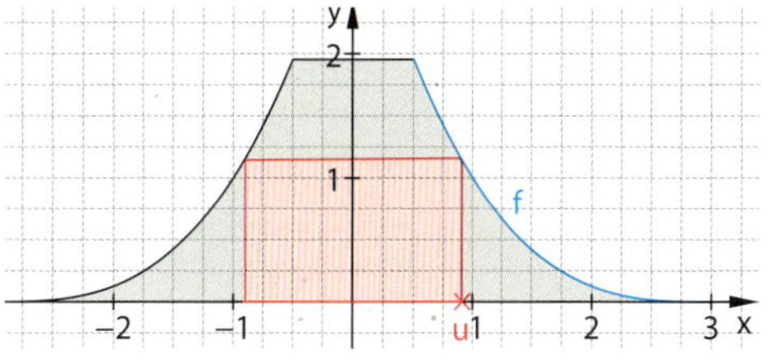

a) Weisen Sie nach, dass sich die Funktion f mit $f(x) = -\frac{1}{8}x^3 + \frac{9}{8}x^2 - \frac{27}{8}x + \frac{27}{8}$ im Bereich $0{,}5 \leq x \leq 3$ für die Modellierung der rechten Begrenzungslinie eignet.

b) Auf der vorderen Seitenfläche möchte ein Sponsor ein rechteckiges Plakat anbringen (siehe Abbildung). Für eine optimale Werbewirksamkeit sollte der Flächeninhalt des Rechtecks möglichst groß sein.
Berechnen Sie, für welchen Wert von u der Flächeninhalt maximal ist, und geben Sie diesen an. Stellen Sie hierzu zunächst eine geeignete Zielfunktion A(u) auf und zeigen Sie, dass $A'(0{,}75) = A'(3) = 0$ gilt.

c) Die hintere Seitenfläche der Rampe soll mit einer Spezialfarbe angestrichen werden. Ein Eimer dieser Farbe reicht laut Hersteller für ca. $1{,}3\,m^2$. Entscheiden Sie, ob drei Eimer der Farbe ausreichen.

Lösungen
→ S. 379

1 Ein Gefäß mit 10 Liter Fassungsvermögen ist zu Beobachtungsbeginn zur Hälfte mit Wasser gefüllt. Zu- und Abfluss werden über ein Ventil gesteuert. Die Änderungsrate von Zu- und Abfluss in Liter pro Minute wird durch das Diagramm veranschaulicht.

a) Beschreiben Sie den Vorgang für $0 \le t \le 4$.

b) Ermitteln Sie das Wasservolumen in dem Gefäß nach vier Minuten.

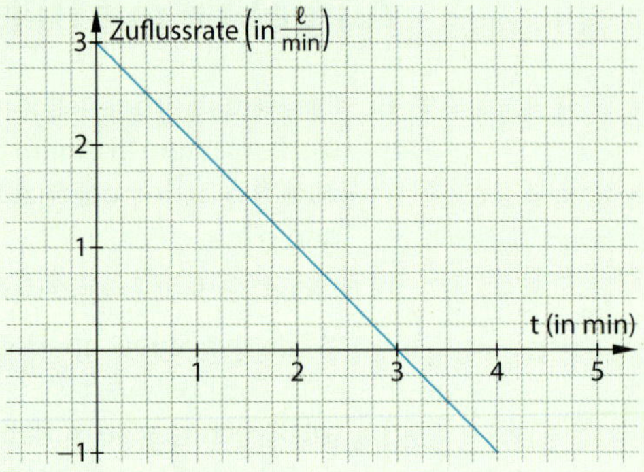

2 Einer der beiden Graphen A und B gehört zu einer Funktion f, der andere zu einer ihrer Stammfunktionen. Beurteilen Sie, welcher der zwei Graphen die Stammfunktion darstellt.

a)
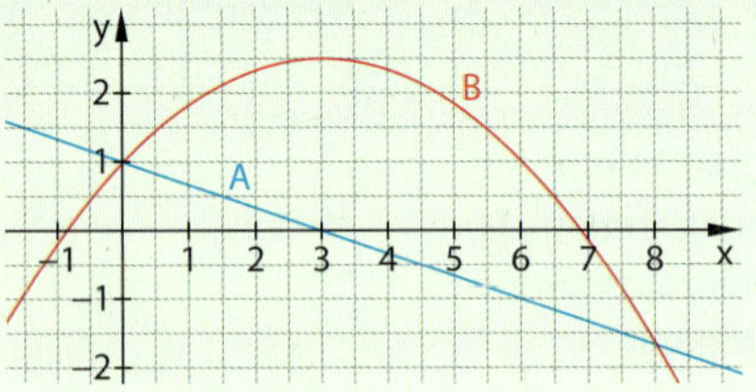

b)
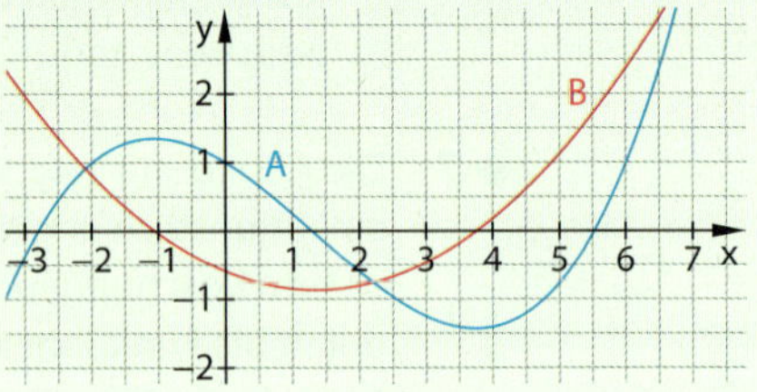

3 Der Flächeninhalt der Fläche, die der Graph von f mit $f(x) = x + 1$ und die x-Achse im Intervall $0 \le x \le 5$ einschließen, kann durch Rechtecksummen angenähert werden.

a) Berechnen Sie den Flächeninhalt der dargestellten Obersumme O_5.

b) Ermitteln Sie einen Term für die Obersumme O_n in Abhängigkeit von n für $n \in \mathbb{N}, n > 0$.

c) Zeigen Sie, dass der Grenzwert von O_n für $n \to \infty$ dem Flächeninhalt der Trapezfläche unter dem Graphen von f entspricht.

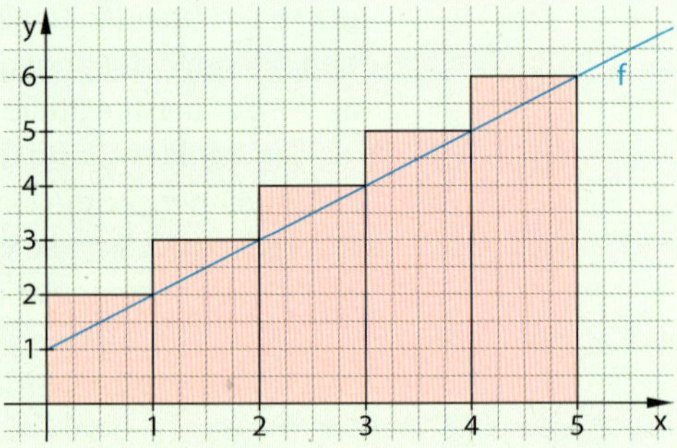

Hinweis zu 3b

$1 + 2 + 3 + \ldots + n = \frac{n \cdot (n+1)}{2}$

4 Veranschaulichen Sie das bestimmte Integral in einer Zeichnung. Interpretieren Sie das bestimmte Integral als Flächenbilanz.

a) $\int_{-1}^{2} (x^2 + 0{,}5)\,dx$ b) $\int_{0}^{2} (1 - x^2)\,dx$ c) $\int_{-\pi}^{\pi} \sin(2x)\,dx$

5 Ermitteln Sie eine Stammfunktion von f.

a) $f(x) = 2x + 1$ b) $f(x) = \frac{1}{4}x^3 - 2$ c) $f(x) = \sin(x) + 3$

d) $f(x) = 3x^{-2}$ e) $f_a(t) = a \cdot t^2$ f) $f(x) = (3 - 5)^5$

g) $f(x) = x \cdot (2x - 3)$ h) $f(x) = -\frac{1}{4x^3}$ i) $f(x) = \frac{1}{(2x)^2}$

j) $f(x) = 2\sqrt{x}$ k) $f(x) = -\frac{1}{\sqrt{x}}$ l) $f(x) = \sqrt{2x}$

6 Berechnen Sie diejenige Stammfunktion von f, deren Graph durch den angegebenen Punkt P verläuft.

a) $f(x) = 2 - 2x$ $P(1\,|\,0)$ b) $f(x) = 2x^3 - 7x$ $P(2\,|\,-2)$

c) $f(x) = \cos(x)$ $P(3\pi\,|\,2)$ d) $f(x) = \frac{-1}{x^2}$ $P(-1\,|\,-2)$

Lösungen
→ S. 379/380

7 Weisen Sie durch Differenzieren nach, dass die Funktion F eine Stammfunktion der Funktion f ist.

	a)	b)	c)	d)	e)
f(x) =	$x^4 - 1$	$-\cos(x)$	$-2x - 2x^{-3}$	$-\frac{1}{\sqrt{x^3}}$	$-\frac{4}{(2x)^3}$
F(x) =	$\frac{x^5}{5} - x$	$1 - \sin(x)$	$x^{-2} - x^2$	$\frac{2}{\sqrt{x}}$	$\frac{1}{(2x)^2}$

8 Berechnen Sie das Integral.

a) $\int_{-1}^{5}(2 - 2x)\,dx$ b) $\int_{-3}^{0}6\left(x^2 - \frac{1}{3}\right)dx$ c) $\int_{1}^{2}2x\cdot(x^2 - 1)\,dx$ d) $\int_{1}^{4}\left(\frac{1}{\sqrt{x}} + \frac{1}{x^2}\right)dx$

9 Gegeben sind die Funktionen f mit $f(x) = \frac{1}{50}x^3 - \frac{2}{5}x^2 + 2x$ und g mit $g(x) = -\frac{1}{10}x^2 + x$. Berechnen Sie die beschriebenen Flächeninhalte.

a) Fläche A_1, die der Graph von f mit der x-Achse einschließt

b) Fläche A_2, die die Graphen von f und g einschließen

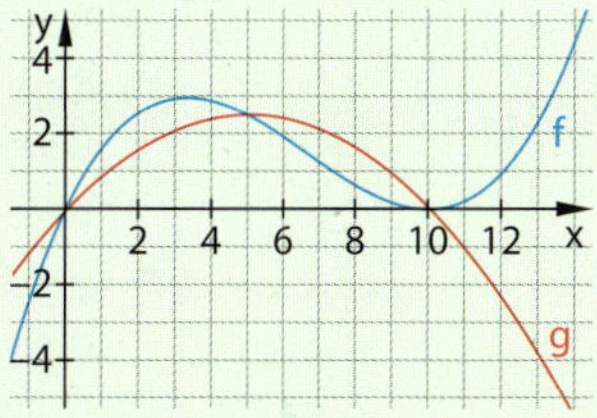

10 Schaut man von oben auf den kleinen Teich in Nachbars Garten, so kann man den nebenstehenden Umriss sehen. Die Uferbegrenzungen können durch die Funktionen f und g modelliert werden:
$f(x) = -0{,}2\cdot(x^3 - 5x^2)$ für $0 \le x \le 5$ und
$g(x) = 0{,}6\cdot x\cdot(x - 5)$ für $0 \le x \le 5$. Eine LE entspricht 1 m.
Der Teich ist künstlich angelegt und hat eine Tiefe von durchgängig 0,80 m.
Berechnen Sie, wie viel Wasser der Teich enthält.

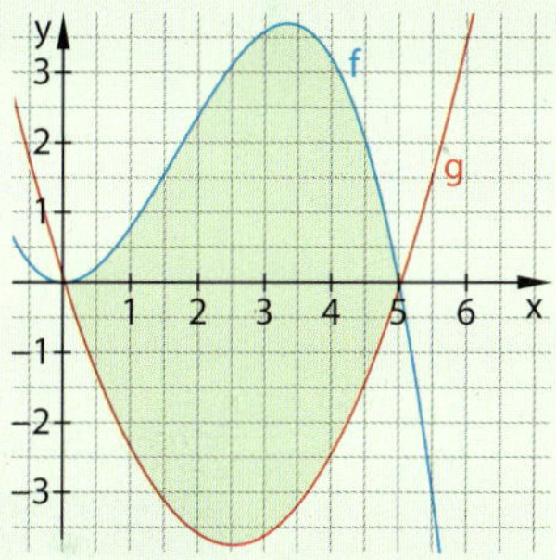

Hinweis zu 11

Die Leistung entspricht der Energie pro Zeit.

11 Stromzähler ermitteln in vielen Haushalten die verbrauchte elektrische Energie, die in Kilowattstunden (kWh) angegeben wird. Je schneller sich die sichtbare Aluminiumdrehscheibe dreht, desto größer ist die momentan dem Stromkreis entnommene Leistung P.

a) Berechnen Sie die Energie, die eine Energiesparlampe mit 5 W Leistung im Dauerbetrieb innerhalb einer Woche verbraucht.

b) Der zeitliche Verlauf der elektrischen Leistung P (in kW) wird durch die Funktion mit

$$P(t) = -\frac{3}{51200}t^4 + \frac{11}{3200}t^3 - \frac{53}{800}t^2 + \frac{21}{50}t + \frac{1}{10}$$ (t: Zeit in den 24 Stunden nach Mitternacht)

beschrieben. Ermitteln Sie die Energie, die während eines Tages entnommen wird.

c) Begründen Sie anschaulich, warum ein Stromzähler als „analoger Integrierer" bezeichnet werden kann.

12 Entscheiden Sie, ob die Aussage über Integralfunktionen wahr ist.

a) $I_a(a) = 0$ für eine beliebige reelle Zahl a.

b) Jede Integralfunktion ist eine Stammfunktion.

c) Jede Stammfunktion ist eine Integralfunktion.

d) Es gibt Integralfunktionen mit mehr als einer Nullstelle.

Lösungen
→ S. 380

13 Gegeben ist die Funktion f mit $f(x) = x - 2$.

a) Ermitteln Sie die Integralfunktion I_0 zu f.

b) Zeigen Sie, dass I_0 eine Stammfunktion von f ist.

c) Bestimmen Sie alle möglichen Werte für a, sodass gilt: $I_a(x) = \frac{1}{2}x^2 - 2x - 6$

14 Berechnen Sie – falls möglich – das uneigentliche Integral.

a) $\int_2^{\infty} \frac{2}{x^4}\,dx$ b) $\int_{-\infty}^{-1} \frac{3}{x^5}\,dx$ c) $\int_0^{3} \frac{1}{x^3}\,dx$ d) $\int_0^{3} \left(x^2 - \frac{1}{\sqrt{x}}\right)dx$

15 Die Fläche, die vom Graphen der Funktion f mit $f(x) = -\frac{1}{3}x + 2$ und der x-Achse im Intervall [1; 4] eingeschlossen wird, rotiert um die x-Achse.

a) Beschreiben Sie, welcher Körper dabei entsteht.

b) Berechnen Sie das Volumen des Körpers mit der Formel aus einem Tafelwerk.

c) Berechnen Sie das Volumen mittels Integration.

d) Weisen Sie die allgemeine Volumenformel für Körper dieser Art mittels Integration nach.
Nutzen Sie dazu die untere Grafik.

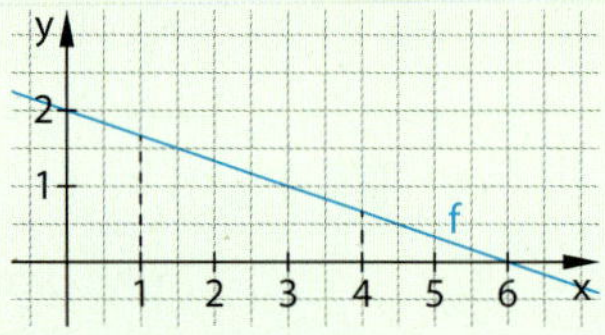

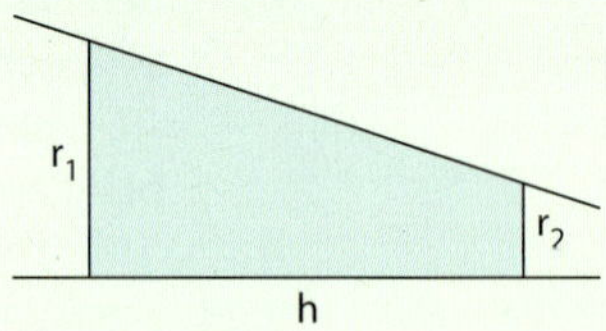

Wo stehe ich?

	Ich kann…	Aufgabe	Nachschlagen
6.1	… Bestandsänderungen aus Änderungsraten rekonstruieren.	1	S. 183 Beispiel 1
6.2	… Flächeninhalte unter Funktionsgraphen mithilfe von Rechtecken annähern und mit dem Grenzwert von Ober- und Untersummen bestimmen. … das bestimmte Integral als Flächenbilanz deuten.	3, 4	S. 186 Beispiel 1 S. 188 Beispiel 2 S. 189 Beispiel 3
6.3	… Stammfunktionen grafisch und mithilfe von Faktor-, Summen- und Potenzregel rechnerisch bestimmen.	2, 5, 6, 7	S. 193 Beispiel 1 S. 195 Beispiel 2 S. 196 Beispiel 3 S. 196 Beispiel 4
6.4	… den Hauptsatz der Differential- und Integralrechnung als Beziehung zwischen Ableitungs- und Integralbegriff erläutern. … bestimmte Integrale mithilfe von Stammfunktionen berechnen.	8	S. 199 Beispiel 1
6.5	… Bestände und Bestandsfunktionen mithilfe von Integralen und Stammfunktionen aus Änderungsraten bestimmen.	11	S. 202 Beispiel 1
6.6	… Inhalte von Flächen zwischen Funktionsgraph und x-Achse berechnen. … Inhalte von Flächen zwischen Funktionsgraphen berechnen.	9, 10	S. 205 Beispiel 1 S. 207 Beispiel 2
6.7	… Integralfunktionen bestimmen und deren Verbindung zu Stammfunktionen aufzeigen.	12, 13	S. 213 Beispiel 1
6.8	… uneigentliche Intergrale mit unbeschränkten Integrationsintervallen oder unbeschränkten Integranden berechnen.	14	S. 216 Beispiel 1 S. 218 Beispiel 2
6.9	… das Volumen von Körpern bestimmen, die durch Rotation von Funktionsgraphen um die x-Achse entstehen.	15	S. 222 Beispiel 1

Stammfunktion

Eine Funktion F heißt **Stammfunktion** zur Funktion f, wenn für jede Stelle x gilt:
$F'(x) = f(x)$.
Alle Stammfunktionen von f sind gegeben durch $F(x) + C$ mit $C \in \mathbb{R}$.

$f(x) = x^2$
$F(x) = \frac{1}{3}x^3$ $\quad F'(x) = \frac{1}{3} \cdot 3x^2 = x^2 = f(x)$
Also ist F eine Stammfunktion von f.

Alle Stammfunktionen von f: $F(x) = \frac{1}{3}x^3 + C$

Regeln für Stammfunktionen

Funktion	Stammfunktion	Funktion	Stammfunktion
$f(x) = x^r \; (r \in \mathbb{Q}, r \neq -1)$	$F(x) = \frac{1}{r+1} \cdot x^{r+1}$	$f(x) = x = x^1$	$F(x) = \frac{1}{2}x^2$
		$f(x) = \frac{1}{x^2} = x^{-2}$	$F(x) = -1 \cdot x^{-1} = -\frac{1}{x}$
		$f(x) = \frac{1}{\sqrt{x}} = x^{-\frac{1}{2}}$	$F(x) = 2 \cdot x^{\frac{1}{2}} = 2\sqrt{x}$

G und H seien Stammfunktionen von g bzw. h.

Faktorregel:

$f(x) = k \cdot g(x)$ mit $k \in \mathbb{R}$	$F(x) = k \cdot G(x)$	$f(x) = 3x^4$	$F(x) = 3 \cdot \frac{1}{5}x^5$

Summenregel:

$f(x) = g(x) + h(x)$	$F(x) = G(x) + H(x)$	$f(x) = x^{-3} + x$	$F(x) = -\frac{1}{2}x^{-2} + \frac{1}{2}x^2$

Bestimmtes Integral

Das **bestimmte Integral** $\int_a^b f(x)\,dx$ gibt die **Flächenbilanz** zwischen dem Graphen von f und der x-Achse auf dem Intervall [a; b] an.

Ist F eine beliebige Stammfunktion einer stetigen Funktion f, so gilt der **Hauptsatz der Differenzial- und Integralrechnung:**

$$\int_a^b f(x)\,dx = F(b) - F(a)$$

$f(x) = \frac{1}{2}x^2 - x; \quad I = [1; 3]$

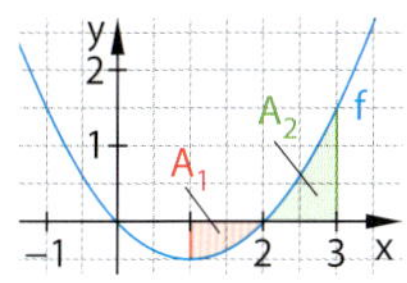

$\int_1^3 f(x)\,dx = -A_1 + A_2$

Stammfunktion von f:
$F(x) = \frac{1}{6}x^3 - \frac{1}{2}x^2$

$$\int_1^3 \left(\tfrac{1}{2}x^2 - x\right) dx = \left[\tfrac{1}{6}x^3 - \tfrac{1}{2}x^2\right]_1^3$$
$$= \tfrac{1}{6} \cdot 3^3 - \tfrac{1}{2} \cdot 3^2 - \left(\tfrac{1}{6} \cdot 1^3 - \tfrac{1}{2} \cdot 1^2\right) = \tfrac{1}{3}$$

Flächenberechnungen

Sind $x_1 < x_2$ die Nullstellen der Funktion f auf einem Intervall [a; b], so gilt für den Flächeninhalt der **Fläche zwischen Graph und x-Achse:**

$$A = \left|\int_a^{x_1} f(x)\,dx\right| + \left|\int_{x_1}^{x_2} f(x)\,dx\right| + \left|\int_{x_2}^{b} f(x)\,dx\right|$$

$f(x) = \frac{1}{2}x^2 - x$

Intervall: $I = [1; 3]$

Nullstelle: $x = 2$

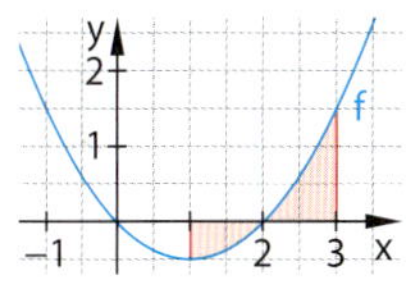

$$A = \left|\int_1^2 \left(\tfrac{1}{2}x^2 - x\right) dx\right| + \left|\int_2^3 \left(\tfrac{1}{2}x^2 - x\right) dx\right| = \tfrac{1}{3} + \tfrac{2}{3} = 1$$

Sind $x_1 < x_2$ die Schnittstellen der Funktionen f und g auf einem Intervall [a; b], so gilt für den Flächeninhalt der **Fläche zwischen den Graphen:**

$$A = \left|\int_a^{x_1} h(x)\,dx\right| + \left|\int_{x_1}^{x_2} h(x)\,dx\right| + \left|\int_{x_2}^{b} h(x)\,dx\right|$$

mit $h(x) = f(x) - g(x)$ (**Differenzfunktion**)

$g(x) = -x + 2$
$h(x) = f(x) - g(x)$
$\quad = \frac{1}{2}x^2 - 2$

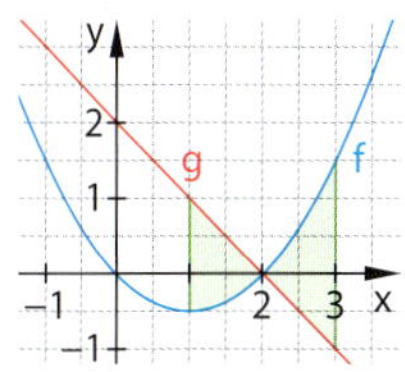

Schnittstelle von f und g in $I = [1; 3]$: $x = 2$

$$A = \left|\int_1^2 h(x)\,dx\right| + \left|\int_2^3 h(x)\,dx\right| = \tfrac{5}{6} + \tfrac{7}{6} = 2$$

Integralfunktion	Die Funktion I_a mit $I_a(x) = \int_a^x f(t)\,dt$ heißt **Integralfunktion** der Funktion f zur unteren Grenze a. Ist die Funktion f stetig, so ist I_a für jedes a eine Stammfunktion von f.	$f(x) = x^2 - 2$ $I_{-3}(x) = \int_{-3}^{x} (t^2 - 2)\,dt = \left[\frac{1}{3}t^3 - 2t\right]_{-3}^{x}$ $= \frac{1}{3}x^3 - 2x + 3$
Uneigentliche Integrale	Wenn die folgenden Grenzwerte existieren, dann stellen sie den Wert des **uneigentlichen Integrals** dar: 1. Art: $\int_a^\infty f(x)\,dx = \lim\limits_{u \to \infty} \int_a^u f(x)\,dx$ 2. Art: $\int_a^b f(x)\,dx = \lim\limits_{u \to a} \int_u^b f(x)\,dx$, falls x = a eine Definitionslücke von f ist.	$f(x) = \frac{1}{x^2}$ $F(x) = -\frac{1}{x}$ $\int_1^u \frac{1}{x^2}\,dx = \left[-\frac{1}{x}\right]_1^u = -\frac{1}{u} + 1 \to 1$ für $u \to \infty$, also $\int_1^\infty \frac{1}{x^2}\,dx = 1$ $\int_u^2 \frac{1}{x^2}\,dx = \left[-\frac{1}{x}\right]_u^2 = -\frac{1}{2} + \frac{1}{u} \to \infty$ für $u \to 0$, also existiert $\int_0^2 \frac{1}{x^2}\,dx$ nicht.
Rotationskörper	Rotiert der Graph einer stetigen Funktion f im Intervall [a; b] um die x-Achse, so entsteht ein **Rotationskörper**. Für sein Volumen gilt: $V = \pi \cdot \int_a^b (f(x))^2\,dx$	$f(x) = \frac{1}{8}x^2 + 1$ $(f(x))^2 = \frac{1}{64}x^4 + \frac{1}{4}x^2 + 1$ $V = \pi \cdot \int_{-2}^{2} \left(\frac{1}{64}x^4 + \frac{1}{4}x^2 + 1\right) dx = \pi \cdot \frac{83}{15} \approx 17{,}38$

7

Exponentialfunktionen und Wachstum

Nach diesem Kapitel können Sie …

→ Eigenschaften der Exponentialfunktion zur Basis e beschreiben und diese ableiten,

→ Exponentialgleichungen lösen,

→ Wachstums- und Zerfallsprozesse mithilfe von Exponentialfunktionen beschreiben und untersuchen,

→ begrenzte und logistische Wachstumsvorgänge untersuchen,

→ Wachstumsvorgänge mit Differenzialgleichungen beschreiben.

Lösungen
→ S. 380

Exponentielles Wachstum erkennen und beschreiben

1 Die Tabelle beschreibt einen exponentiellen Vorgang. Ergänzen Sie fehlende Werte.

a)

n	0	1	2	3	5
B(n)	2	6	18		

b)

n	0	1	3	5	7
B(n)	800	400			

2 Prüfen Sie, ob lineares oder exponentielles Wachstum vorliegt.

a)

n	1	2	3	5	7
B(n)	2	4	6	10	14

b)

n	1	2	3	4	6
B(n)	$\frac{1}{2}$	$\frac{1}{4}$	$\frac{1}{8}$	$\frac{1}{16}$	$\frac{1}{64}$

3 Entscheiden Sie, ob exponentielles Wachstum vorliegt, und geben Sie gegebenenfalls den Wachstumsfaktor an.
a) Der Wert eines Autos nimmt jährlich um 20 % des Vorjahreswertes ab.
b) Johanna spart monatlich 50 €.
c) Eine Nachricht wird von jedem Empfänger an 7 weitere Personen geschickt.
d) Eine spezielle Algenkultur (15 g) verdoppelt ihre Masse alle zwei Tage.

4 1980 lebten 4,4 Milliarden Menschen auf der Erde und es wurde eine jährliche Bevölkerungszunahme von ca. 1,7 % prognostiziert.
a) Berechnen Sie die prognostizierte Bevölkerung für die Jahre 2000, 2017 und 2018.
b) Tatsächlich lebten 2000 6,1 Milliarden, 2017 7,5 Milliarden und 2018 7,6 Milliarden Menschen. Vergleichen Sie die Angabe mit der Prognose.
c) Geben Sie die prozentuale Bevölkerungszunahme von 2017 zu 2018 an.

Exponentialfunktionen und Exponentialgleichungen

5 Ordnen Sie jedem Funktionsgraphen die passende Funktionsgleichung zu.
$f(x) = 2^x$ $g(x) = 3{,}1^x$ $h(x) = 1{,}3^x$
$j(x) = 0{,}2^x$ $k(x) = \left(\frac{1}{2}\right)^x$ $l(x) = \left(\frac{3}{4}\right)^x$

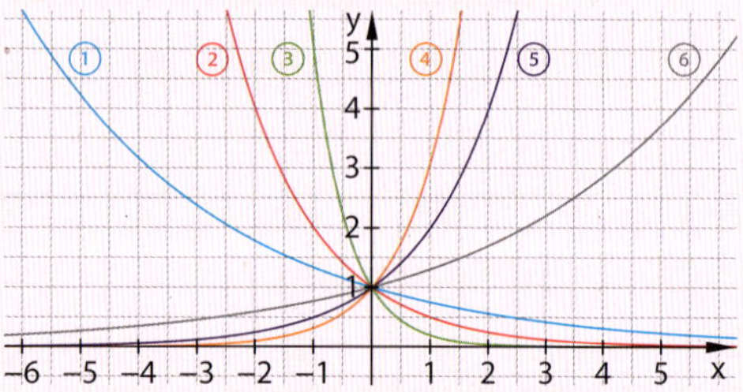

6 Lesen Sie an der Funktionsgleichung ab, ob der Graph von f steigend oder fallend ist. Geben Sie den Schnittpunkt mit der y-Achse an.
a) $f(x) = 2 \cdot 3^x$ b) $f(x) = 4 \cdot 0{,}7^x$ c) $f(x) = (-3) \cdot 2^x$ d) $f(x) = (-0{,}2) \cdot \left(\frac{1}{3}\right)^x$

7 Ermitteln Sie den Logarithmus ohne Hilfsmittel.
a) $\log_2(32)$ b) $\lg(1000)$ c) $\log_7(1)$ d) $\log_4\left(\frac{1}{16}\right)$

8 Lösen Sie die Exponentialgleichung. Runden Sie das Ergebnis auf Hundertstel.
a) $2^x = 128$ b) $10^x = 350$ c) $1{,}1^x - 150 = 70$ d) $4 + 0{,}9^x = 25$
e) $3 \cdot 1{,}2^x = 270$ f) $\frac{12}{2^x} = 4$ g) $5 : 2{,}2^x = 1$ h) $3^x = -2$

Hinweis zu 9b

Bringen Sie die exponentiellen Terme auf eine Seite der Gleichung und wenden Sie die Potenzgesetze an.

9 Gegeben sind die zwei Exponentialfunktionen f und g mit $f(x) = 1{,}5^x$ und $g(x) = 0{,}5 \cdot 2^x$.
a) Zeichnen Sie beide Graphen und lesen Sie die Koordinaten des Schnittpunkts ab.
b) Bestimmen Sie rechnerisch die Koordinaten des Schnittpunkts der Graphen von f und g und vergleichen Sie mit a).

Lösungen
→ S. 380/381

10 Der Graph von g ergibt sich durch eine Spiegelung des Graphen von f an der y-Achse. Geben Sie eine Funktionsgleichung von g an.

a) $f(x) = 3^x$ b) $f(x) = \left(\frac{1}{5}\right)^x$ c) $f(x) = 0{,}25^x$ d) $f(x) = 1{,}5^x$

Exponentielle Bestandsfunktionen bestimmen

11 Ermitteln Sie eine exponentielle Bestandsfunktion zum Anfangswert a, deren Graph durch den Punkt P verläuft.
a) $a = 1500$; $P(1\,|\,750)$
b) $a = 1{,}6$; $P(5\,|\,4{,}8)$
c) $a = 32$; $P(3\,|\,4)$
d) $a = 2{,}4$; $P(0{,}5\,|\,3{,}6)$

12 Ermitteln Sie rechnerisch den Funktionsterm der Exponentialfunktion $f(x) = a \cdot b^x$, deren Graph durch die Punkte A und B verläuft.
a) $A(0\,|\,5)$ und $B(1\,|\,7{,}5)$
b) $A(2\,|\,75)$ und $B(6\,|\,46875)$
c) $A(-3\,|\,16)$ und $B(2\,|\,0{,}5)$

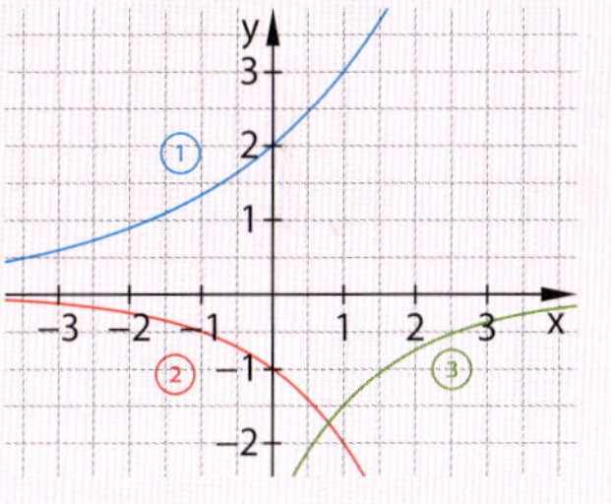

13 Die Abbildung zeigt Graphen zu Exponentialfunktionen der Form $f(x) = a \cdot b^x$. Bestimmen Sie passende Funktionsgleichungen.

14 Entscheiden Sie, ob die Wertetabelle zu einer Exponentialfunktion f der Form $f(x) = a \cdot b^x$ gehört. Wenn ja, geben Sie eine Funktionsgleichung an.

a)

x	−3	1	3	7
f(x)	0,5	8	32	512

b)

x	0	1	2	5
f(x)	2	3	4	7

c)

x	−4	−1	1	3
f(x)	6250	50	2	0,08

15 Radioaktive Strahlung kann man durch Bleiplatten abschirmen. Bei solchen Platten wird die Intensität von Gammastrahlen pro 15 mm Dicke um 50 % reduziert. Ermitteln Sie, auf welchen Teil ihres ursprünglichen Wertes die Strahlungsintensität nach Durchgang durch eine 60 mm starke Bleiplatte sinkt.

16 Eine Bakterienkultur besteht anfangs aus 150 Bakterien. Unter Laborbedingungen wächst die Kultur exponentiell um 20 % pro Stunde. Stellen Sie eine Funktionsgleichung auf, die den Wachstumsprozess in Abhängigkeit von der Zeiteinheit t beschreibt.
a) t in Stunden b) t in Minuten c) t in Tagen

Vermischtes

17 Lösen Sie die Gleichung.
a) $\frac{1}{2}x + 3 = \frac{7}{2x}$ b) $\frac{3}{x-2} = \frac{4}{x+3}$ c) $x^3 + 6x^2 = -9x$ d) $|x+1| = \frac{1}{4}$

18 Stellen Sie die Gleichung nach den angegebenen Variablen um.
a) $v = \frac{s}{t}$ (s; t) b) $V = \pi r^2 h$ (r mit $r > 0$) c) $\frac{B}{G} = \frac{b-f}{f}$ (B; b) d) $A = \frac{a+c}{2} \cdot h$ (a; h)

19 Formulieren Sie für folgenden Sachverhalt eine Zielfunktion mit nur einer Variablen:
Die Zahl 8 soll so in zwei Summanden zerlegt werden, dass das Produkt der Summanden (die Summe der Quadrate der Summanden) einen Extremwert annimmt.

7.1 Natürliche Exponentialfunktion

Eine Bakterienkultur vermehrt sich exponentiell. Die Funktion f mit $f(x) = 3^x$ gibt die Anzahl der Bakterien nach x Tagen an. Bestimmen Sie mit einer Mathematik-Software die momentane Änderungsrate zu den Zeitpunkten $x = 0$, $x = 1$ und $x = 2$. Vergleichen Sie die Ergebnisse mit den Funktionswerten von f.

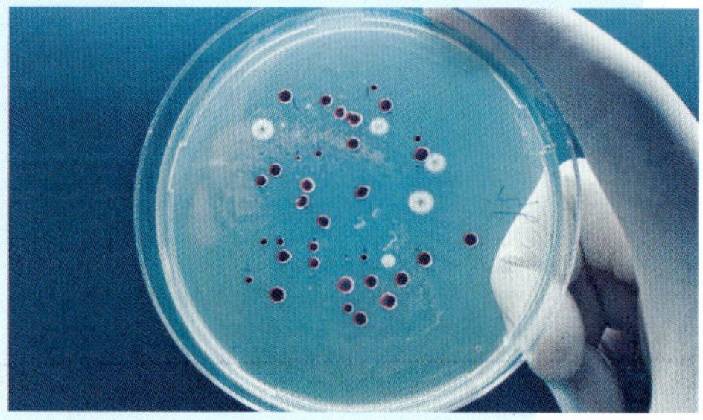

Gesucht ist eine Regel zur Ableitung von Exponentialfunktionen wie f mit $f(x) = 2^x$. Wenn man f grafisch ableitet, liegt die Vermutung nahe, dass f′ ebenfalls eine Exponentialfunktion ist.

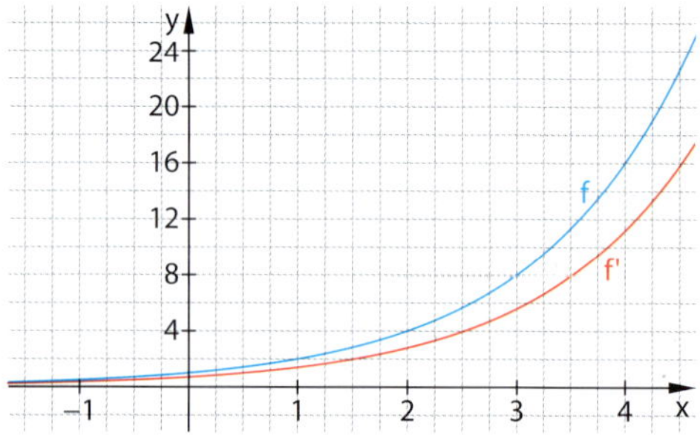

Mithilfe des Differenzialquotienten $\lim\limits_{h \to 0}\left(\frac{f(x+h) - f(x)}{h}\right)$ lassen sich die Funktionswerte der Ableitung an verschiedenen Stellen berechnen. Man stellt fest, dass das Verhältnis von $f'(x)$ und $f(x)$ stets konstant ist. Es gilt: $\frac{f'(x)}{f(x)} = f'(0)$.

x	f(x)	f′(x)	$\frac{f'(x)}{f(x)}$
–1	0,5	0,3466	0,693
0	1	0,693	0,693
1	2	1,386	0,693
2	4	2,773	0,693

Diesen Zusammenhang kann man für beliebige Exponentialfunktionen f mit $f(x) = a^x$ herleiten:

$$f'(0) = \lim_{h \to 0} \frac{a^{0+h} - a^0}{h} = \lim_{h \to 0} \frac{a^h - 1}{h}$$

$$f'(x) = \lim_{h \to 0} \frac{a^{x+h} - a^x}{h} = \lim_{h \to 0} \frac{a^x \cdot a^h - a^x}{h} = \lim_{h \to 0} \frac{a^x(a^h - 1)}{h} = a^x \cdot \lim_{h \to 0} \frac{a^h - 1}{h} = a^x \cdot f'(0)$$

Info

Leonhard Euler, 1707–1783, Schweizer Mathematiker

Die Tabelle zeigt die Funktionswerte $f'(0)$ für unterschiedliche Basen a. Die Werte lassen vermuten, dass es eine Basis a gibt, für die $f'(0) = 1$ ist und damit $f'(x) = f(x)$ für alle x gilt.
Diese Basis existiert tatsächlich, sie liegt zwischen 2,71 und 2,72 und heißt **eulersche Zahl e**.

a^x	f′(0)
2^x	0,693
$2{,}7^x$	0,993
$2{,}71^x$	0,9969
$2{,}72^x$	1,0006
$2{,}8^x$	1,030

e ist eine irrationale Zahl, also eine unendlich lange Dezimalzahl, die nicht periodisch ist.

Hinweis

Der Graph zu $f(x) = e^x$ nähert sich für $x \to -\infty$ asymptomatisch der x-Achse, ohne diese zu berühren.

Wissen

Die Funktion f mit $f(x) = e^x$ heißt **natürliche Exponentialfunktion** (oder **e-Funktion**).
Die Basis $e \approx 2{,}71828$ heißt **eulersche Zahl**.
f′ mit $f'(x) = e^x$ ist die Ableitungsfunktion und F mit $F(x) = e^x$ ist eine Stammfunktion von f.

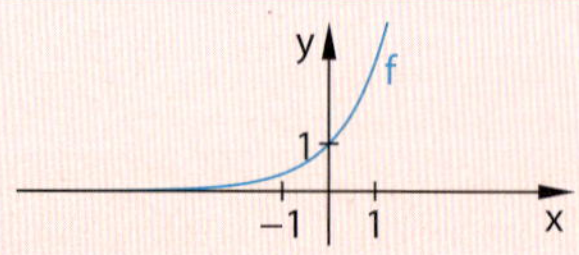

Basisaufgaben

Hinweis

Zur Berechnung von Werten von e^x gibt es auf vielen Taschenrechnern eine Taste, meist e^x oder $e^{\blacksquare}$.

1 Die Zeichnung zeigt den Graphen der natürlichen Exponentialfunktion f mit $f(x) = e^x$.

a) Berechnen Sie die Funktionswerte von f für $x = 2$, $x = 1$, $x = 0$, $x = -1$ und $x = -2$ mit dem Taschenrechner.

b) Geben Sie den Definitions- und Wertebereich an. Beschreiben Sie das Verhalten der Funktionswerte für $x \to -\infty$ und $x \to \infty$.

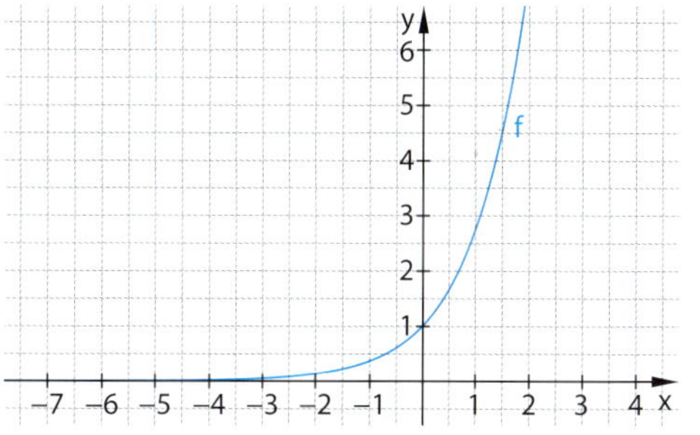

c) Geben Sie das Monotonie- und Krümmungsverhalten des Graphen von f an.

2 Erstellen Sie in einer Mathematik-Software einen Schieberegler für a und plotten Sie den Graphen von f mit $f(x) = a^x$. Lassen Sie den Graphen von f′ anzeigen und verändern Sie a so lange, bis die Graphen von f und f′ übereinstimmen.

3 a) Begründen Sie mithilfe der Ableitungen das Monotonie- und Krümmungsverhalten des Graphen von f mit $f(x) = e^x$.

b) Begründen Sie mithilfe der Ableitungen, dass der Graph von f keine lokalen Extrempunkte und keine Wendepunkte hat.

4 Bestimmen Sie die erste und zweite Ableitung der Funktion f.

a) $f(x) = 5e^x$
b) $f(x) = e^x + 7$
c) $f(t) = -3e^t$
d) $f(x) = 8 - e^x$
e) $f(x) = 3e^x - 8x^2 + 2e^x - 4x$
f) $f(x) = -\frac{1}{4}(e^x - \sin(x))$

5 Bestimmen Sie eine Stammfunktion zur Funktion f.

a) $f(x) = 2e^x$
b) $f(x) = 3 + e^x$
c) $f(t) = e^t - 4$
d) $f(x) = 4e^x$

6 Skizzieren Sie in ein Koordinatensystem die Graphen der e-Funktion sowie einer an der x-Achse und einer an der y-Achse gespiegelten e-Funktion. Geben Sie auch die Funktionsterme der gespiegelten Graphen an.

7 Gegeben sind die Funktionen f, g, h und j mit $f(x) = e^x$, $g(x) = e^{-x}$, $h(x) = -e^x$ und $j(x) = -e^{-x}$.

a) Skizzieren Sie die Graphen in ein Koordinatensystem.

b) Bestimmen Sie anhand der Zeichnung gemeinsame Punkte. Weisen Sie diese auch rechnerisch nach.

c) Geben Sie für jede Funktion ihre Asymptote an.

8 Ordnen Sie die Graphen ① bis ⑤ den Funktionsgleichungen zu.

$f(x) = e^x$

$g(x) = -0{,}5e^{1{,}5x}$

$h(x) = 2e^{-x}$

$i(x) = -0{,}5e^{3x}$

$j(x) = -0{,}5e^{-x}$

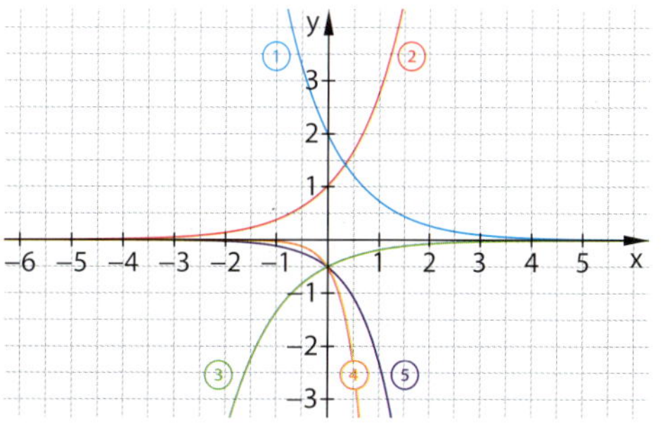

Ableitung und Stammfunktion

Die Ableitung der natürlichen Exponentialfunktion f mit $f(x) = e^x$ ist mit der Grundfunktion identisch. Die Funktion g mit $g(x) = e^{x-2}$ ergibt sich durch Verschiebung und die Funktion h mit $h(x) = e^{2x}$ durch Stauchung des Graphen von f in x-Richtung. Die Ableitungen von g und h lassen sich allerdings nicht ohne Weiteres bestimmen.

Beim Verschieben eines Funktionsgraphen in x-Richtung verändert sich die Steigung der eingezeichneten Tangente nicht, weil diese ebenfalls nur verschoben wird. Es gilt also
$g'(x) = f'(x-2)$.

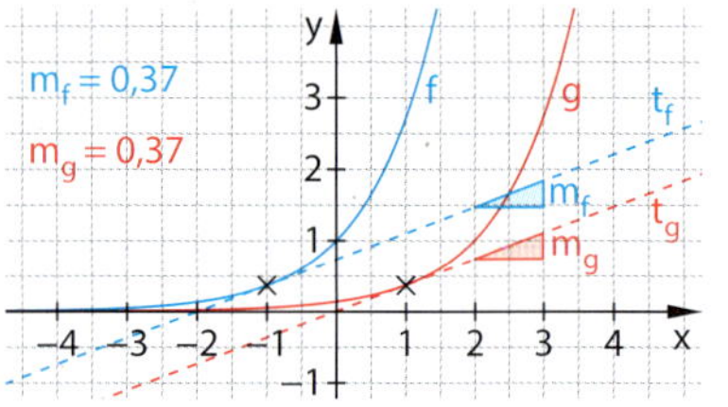

Anders ist es beim Stauchen und Strecken.
Der Graph von h entsteht aus dem Graphen von f durch Stauchung in x-Richtung. Die Steigung jeder Tangente wird dabei um den Faktor 2 erhöht. Die Steigung von h an der Stelle x ist doppelt so groß wie die von f an der Stelle 2x.
Es gilt also $h'(x) = 2 \cdot f'(2x)$.

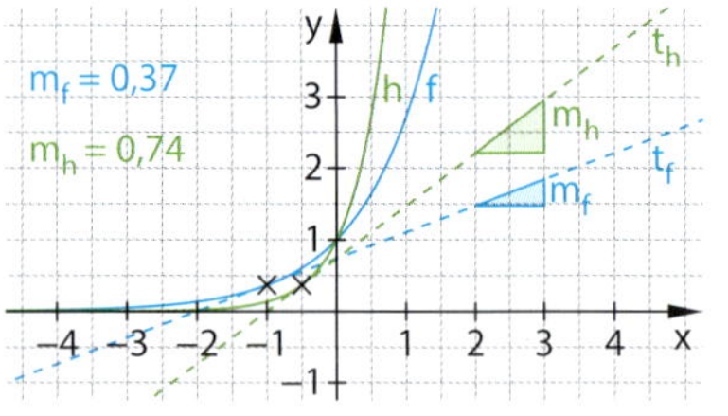

Mithilfe dieser Erkenntnis lässt sich eine allgemeine Regel zum Ableiten von Exponentialfunktionen formulieren. Damit ergibt sich auch eine Regel für Stammfunktionen.

Satz **Ableitung und Stammfunktion zu $f(x) = e^{ax+b}$**

Für die Funktion f mit $f(x) = e^{ax+b}$ mit $a \neq 0$ gilt:

Ableitung: $f'(x) = a \cdot e^{ax+b}$ **Stammfunktion:** $F(x) = \frac{1}{a} \cdot e^{ax+b}$

Beispiel 1 Gegeben ist die Funktion f mit $f(x) = 5e^{-2x+7}$

a) Bestimmen Sie die erste und die zweite Ableitung der Funktion f.
b) Bestimmen Sie eine Stammfunktion von f.

Lösung:

a) Schreiben Sie den Funktionsterm ab und multiplizieren Sie diesen mit dem Faktor −2 des linearen Terms.

$f(x) = 5e^{-2x+7}$
$f'(x) = (-2) \cdot 5e^{-2x+7} = -10e^{-2x+7}$
$f''(x) = (-2) \cdot (-10e^{-2x+7}) = 20e^{-2x+7}$

b) Schreiben Sie den Funktionsterm ab und teilen Sie durch die Ableitung des linearen Terms.

$f(x) = 5e^{-2x+7}$
$F(x) = \frac{1}{-2} \cdot 5e^{-2x+7} = -2{,}5e^{-2x+7}$

Basisaufgaben

9 Bestimmen Sie die erste und zweite Ableitung der Funktion f.

a) $f(x) = e^{5x}$ b) $f(x) = 4e^{0,5x} + 8$ c) $f(t) = -e^{3t-5}$ d) $f(x) = \frac{1}{2}e^{3+4x} - 2$
e) $f(x) = 1 - 2e^{\frac{1}{2}x+2}$ f) $f(x) = -3e^{-x+4} - 9$ g) $f(x) = \frac{1}{2}(e^{-x} + e^x)$ h) $f(x) = \frac{4-10e^{2+4x}}{10}$

10 Bestimmen Sie eine Stammfunktion zur Funktion f.

a) $f(x) = e^{-3x} + 1$ b) $f(x) = 6e^{2x}$ c) $f(t) = -e^{-t-1}$ d) $f(x) = \frac{1}{3}e^{1-\frac{1}{4}x} + 2$
e) $f(x) = 2 - 3e^{\frac{3}{5}x+1}$ f) $f(x) = -4e^{2x-2} - 2$ g) $f(x) = -\frac{1}{3}(e^{-x} + e^x)$ h) $f(t) = e^{2+5t} - e^2$

Weiterführende Aufgaben

Erinnerung

Die Gerade mit der Steigung m und die Gerade mit der Steigung $-\frac{1}{m}$ stehen senkrecht zueinander.

11 Gegeben ist die natürliche Exponentialfunktion f mit $f(x) = e^x$.

a) Begründen Sie, dass an jeder Stelle die Tangentensteigung des Graphen gleich dem Funktionswert ist.

b) Bestimmen Sie die Gleichung der Tangente bei x = 0 und x = 1.

c) Ermitteln Sie die Gleichung der Normalen bei x = 1 (im Bild grün).

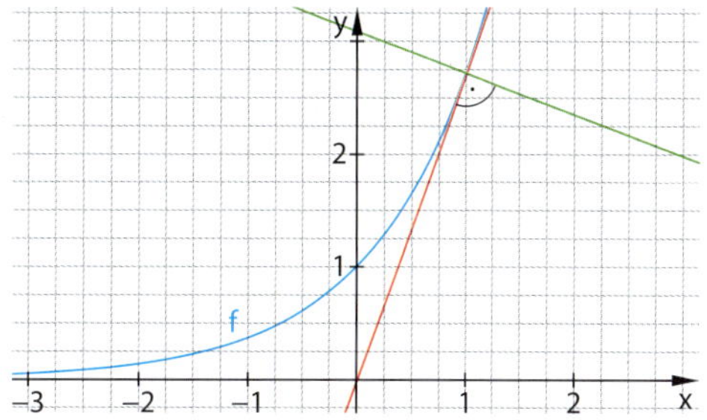

12 Der Verlauf einer Straße wird durch die Funktion f mit $f(x) = e^x$ beschrieben. Die Straße endet bisher im Dorf P mit den Koordinaten P(1 | e). Ein anschließender neuer Straßenabschnitt soll durch eine ganzrationale Funktion zweiten Grades modelliert werden. Er schließt an die bisherige Straße knickfrei an. An der Stelle x = 4 hat der Straßenabschnitt seinen nördlichsten Punkt erreicht. Ermitteln Sie die Funktionsgleichung, welche den neuen Straßenabschnitt modelliert.

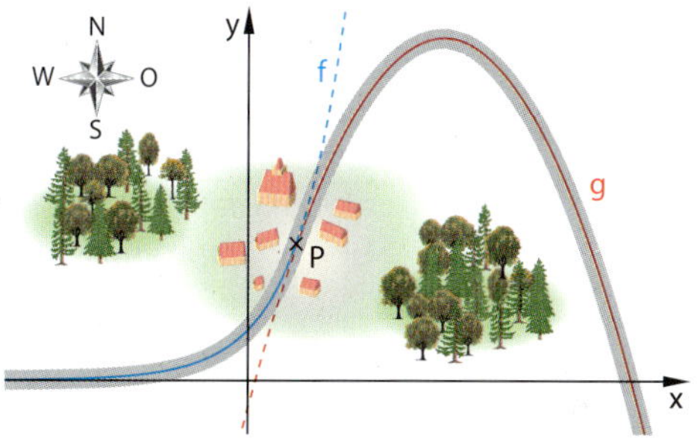

⚠ **13** **Stolperstelle:** Irene bestimmt die Ableitung f′ und eine Stammfunktion F einer Exponentialfunktion f. *$f(x) = 3e^{4x}$, $f'(x) = 12x \cdot e^{4x-1}$, $F(x) = \frac{3}{4x+1}e^{4x+1}$*

a) Erklären Sie, wo Irenes Denkfehler liegt.

b) Geben Sie die richtige Ableitung und eine richtige Stammfunktion von f an.

14 Bestimmen Sie die Ableitung. Schreiben Sie den Quotienten als Potenz mit Exponent −1.

Beispiel: $f(x) = \frac{1}{e^{2x-3}} = (e^{2x-3})^{-1} = e^{-2x+3}$ $\quad f'(x) = -2e^{-2x+3}$

a) $f(x) = \frac{1}{e^x}$ b) $f(x) = \frac{1}{e^{4x-7}}$ c) $f(x) = -\frac{6}{e^{1-x}}$ d) $f(x) = \frac{3}{4e^{-0,5x+0,1}}$

15 Gegeben ist die Funktion f mit $f(x) = e^{ax+b}$ $(a \neq 0, b \in \mathbb{R})$.
Zeigen Sie, dass der Graph von f weder Nullstellen, noch Extrem- oder Wendepunkte hat.

16 Gegeben ist die Funktion f mit $f(x) = 5e^{2x+3}$.

a) Bestimmen Sie die ersten drei Ableitungen.

b) Beschreiben Sie, wie sich der Funktionsterm beim Ableiten verändert. Geben Sie die Funktionsgleichung der 10. Ableitung von f an.

17 Bestimmen Sie die Gleichung der Tangente an den Graphen der Funktion f mit $f(x) = 2e^{-x+3}$ im Punkt P(4 | f(4)). Berechnen Sie den Flächeninhalt des Dreiecks, das von der Tangente und den Koordinatenachsen eingeschlossen wird.

18 Geben Sie für die Funktion f mit $f(x) = c \cdot e^{ax}$ in Abhängigkeit von den Parametern a und c jeweils den Definitions- und Wertebereich, das Monotonie- und Krümmungsverhalten sowie das Verhalten der Funktionswerte für $x \to -\infty$ und $x \to \infty$ an.

19 Erläutern Sie, wie der Graph der Funktion f mit $f(x) = c \cdot e^{ax+b} + d$ $(a, c \neq 0)$ aus dem Graphen der natürlichen Exponentialfunktion hervorgeht.

20 Die Zeichnung zeigt den Graphen der Funktion f mit $f(x) = 4e^{-2x}$. Aus diesem geht der Graph der Funktion g durch
① Spiegelung an der x-Achse,
② Spiegelung an der y-Achse,
③ Spiegelung an beiden Achsen hervor.

a) Bestimmen Sie für alle drei Fälle die Funktionsgleichung von g.
b) Berechnen Sie die Steigung des Graphen von f am Schnittpunkt mit der y-Achse.
c) Geben Sie ohne weitere Rechnung die Steigung der Graphen, die bei den Spiegelungen ① bis ③ entstehen, an der Stelle $x = 0$ an.

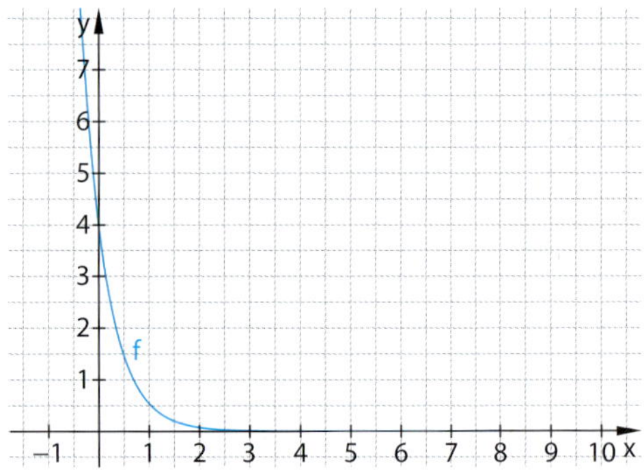

21 Bestimmen Sie die Parameter der Funktion f mit $f(x) = c \cdot e^{ax}$ so, dass der Graph die angegebenen Eigenschaften erfüllt.
a) Der Graph von f verläuft durch den Punkt $P(0\,|\,-4)$ mit einer Steigung von -1.
b) Der Graph von f verläuft durch den Punkt $Q(3\,|\,7)$ mit einer Steigung von 3,5.

22 Bestimmen Sie das Integral.

a) $\int_0^2 2e^{5x+8}\,dx$ b) $\int_0^3 (8e^{4-2x} + 3)\,dx$ c) $\int_1^3 \frac{e^{\frac{x}{3}}}{3}\,dx$

d) $\int_1^3 \frac{1}{e^{-3x+5}}\,dx$ e) $\int_2^4 (-2e^{4x-5} + x^2)\,dx$ f) $\int_2^3 (a^2e^{bt-2} - 3t^2)\,dt$

23 Abgebildet ist der Graph der Funktion f mit $f(x) = -2{,}3e^{-0{,}1x+2} + 1$.
Der Graph von f, die Tangente an den Graphen von f im Punkt $P(0\,|\,f(0))$ und die x-Achse schließen eine Fläche ein.
Bestimmen Sie die Gleichung der Tangente und berechnen Sie den Inhalt dieser Fläche.
Hinweis: Die Nullstelle von f liegt bei $x \approx 28{,}33$.

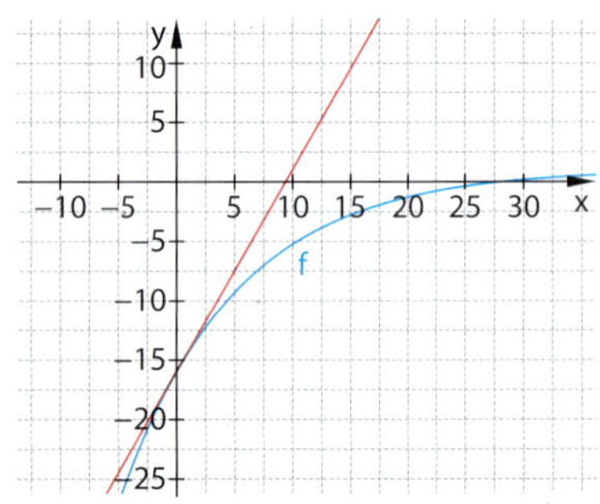

24 Der Graph der Funktion f mit $f(x) = 0{,}4e^{-2x+1{,}5}$ schließt im ersten Quadranten mit der x-Achse im Intervall $[0; k]$ eine Fläche ein.
a) Ermitteln Sie den Inhalt der Fläche für $k = 0{,}75$.
b) Ermitteln Sie den Inhalt der Fläche für beliebiges $k \in \mathbb{R}$. Untersuchen Sie, wie sich dieser Inhalt für größer werdendes k verhält.

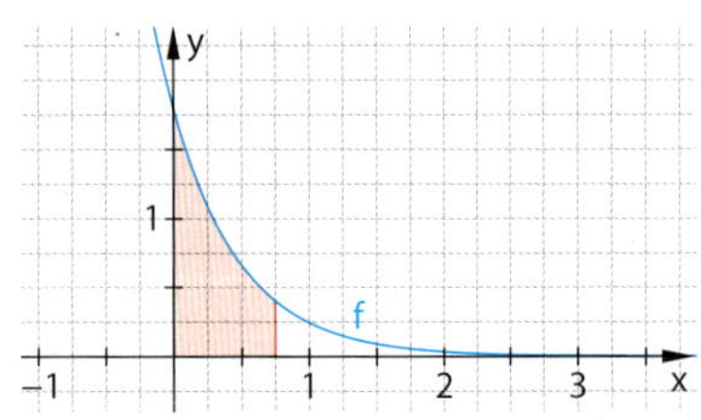

25 Ausblick:
a) Es gilt $e = \lim\limits_{n \to \infty} \left(1 + \frac{1}{n}\right)^n$, d.h. für große $n \in \mathbb{N}$ nähert sich der Term der eulerschen Zahl $e \approx 2{,}71828$ an. Weisen Sie dies mithilfe einer Näherungstabelle nach.
b) Gleichungen, in denen eine Funktion und ihre Ableitungen vorkommen, nennt man **Differenzialgleichungen.** Zeigen Sie, dass alle Funktionen der Form $f(x) = c \cdot e^x$ mit $c \in \mathbb{R}$ die Differenzialgleichung $f'(x) = f(x)$ erfüllen.
c) Ermitteln Sie eine Funktion f, die die Differenzialgleichung $f'(x) = f(x)$ erfüllt und deren Graph die y-Achse im Punkt $(0\,|\,-3)$ schneidet.

Die eulersche Zahl e

Die eulersche Zahl ist nach dem Schweizer Mathematiker Leonhard Euler (1707 – 1783) benannt, der als Erster einige wichtige Eigenschaften der Zahl beweisen konnte. Entdeckt wurde e aber schon vor Euler von anderen Mathematikern wie John Napier oder Jakob Bernoulli.

Im Jahr 1748 berechnete Leonhard Euler die ersten 23 Nachkommastellen von e. Inzwischen sind über 30 Billionen Nachkommastellen bekannt. Zur Berechnung von e können unterschiedliche Formeln verwendet werden.

Als Definition wird häufig die Formel $e = \sum_{n=0}^{\infty} \frac{1}{n!} = \frac{1}{0!} + \frac{1}{1!} + \frac{1}{2!} + \frac{1}{3!} + \frac{1}{4!} + \ldots$ verwendet, die sich gut für Berechnungen mit dem Computer eignet. Dabei bedeutet $\sum_{n=0}^{\infty} \frac{1}{n!}$, dass die Summe aus den Brüchen $\frac{1}{n!}$ für jede natürliche Zahl n gebildet wird. n! („n Fakultät") ist dabei das Produkt der ersten n natürlichen Zahlen, es gilt 0! = 1.

Aufgaben

1 a) Berechnen Sie $\frac{1}{0!} + \frac{1}{1!} + \frac{1}{2!} + \frac{1}{3!}$ und $\frac{1}{0!} + \frac{1}{1!} + \frac{1}{2!} + \frac{1}{3!} + \frac{1}{4!}$.
b) Auf drei Nachkommastellen genau gilt $e \approx 2{,}718$. Bestimmen Sie die Zahl k, für die gilt: $\frac{1}{0!} + \frac{1}{1!} + \frac{1}{2!} + \frac{1}{3!} + \ldots + \frac{1}{k!} \approx 2{,}718$.

2 a) Berechnen Sie den Wert des Terms $\left(1 + \frac{1}{n}\right)^n$ für unterschiedliche Werte von n.
b) Ermitteln Sie mit einer geeigneten Software oder einem Taschenrechner $\lim_{n \to \infty} \left(1 + \frac{1}{n}\right)^n$.
c) Zeichnen Sie mit einem Funktionenplotter die Funktionen f und g_n mit $f(x) = e^x$ und $g_n(x) = \left(1 + \frac{x}{n}\right)^n$ mit einem Schieberegler für n. Wählen Sie immer größere Werte für n und beschreiben Sie Ihre Beobachtung.

Hinweis zu 3

Subfakultät:
$!n = n!\left(1 - \frac{1}{1!} + \frac{1}{2!} - \frac{1}{3!} \pm \ldots + (-1)^n \frac{1}{n!}\right)$

3 Die folgenden Formeln liefern verschiedene Darstellungsmöglichkeiten für e. Berechnen Sie mit jeder Formel einige Näherungswerte von e und vergleichen Sie.

① $e = \lim_{n \to \infty} \frac{n}{\sqrt[n]{n!}}$ ② $e = \sqrt[1]{\frac{2}{1}} \cdot \sqrt[2]{\frac{4}{3}} \cdot \sqrt[4]{\frac{6 \cdot 8}{5 \cdot 7}} \cdot \sqrt[8]{\frac{10 \cdot 12 \cdot 14 \cdot 16}{9 \cdot 11 \cdot 13 \cdot 15}} \ldots$ ③ $e = \lim_{n \to \infty} \frac{n!}{!n}$

4 **Kettenbruchentwicklung:** Die eulersche Zahl lässt sich auch als Kettenbruch darstellen.

$$2 + \cfrac{1}{1 + \cfrac{1}{2 + \cfrac{1}{1 + \cfrac{1}{1 + \cfrac{1}{4 + \cfrac{1}{1 + \cfrac{1}{1 + \cfrac{1}{6 + \ldots}}}}}}}}$$

a) Beschreiben Sie den Aufbau des Kettenbruchs.
b) Es gilt: $2{,}718281\ldots = 2 + 0{,}718281\ldots = 2 + \frac{1}{1{,}39221\ldots} = 2 + \frac{1}{1 + 0{,}39221\ldots} = \ldots$ Setzen Sie die Darstellung um 4 Schritte fort.
c) Berechnen Sie die ersten 5 Näherungswerte aus der Kettenbruchdarstellung $\left(2 + \frac{1}{1}, 2 + \frac{1}{1 + \frac{1}{2}}, \ldots\right)$ und vergleichen Sie mit dem exakten Wert von e.

5 Zeigen Sie: $\frac{1}{e} = \lim\limits_{n \to \infty} \left(1 - \frac{1}{n}\right)^n$

(Hinweis: Verwenden Sie die Beziehung $\left(\frac{k}{k+1}\right)^k = \left(\frac{k}{k+1}\right)^{k+1} \frac{k+1}{k}$.)

6 Beweis der Irrationalität von e:
Vollziehen Sie den Beweis der Irrationalität von e nach. Erläutern Sie die einzelnen Beweisschritte und ergänzen Sie fehlende Begründungen.
(Hinweis: Für jede natürliche Zahl m gilt $\sum\limits_{k=1}^{\infty} \frac{1}{m^k} = \frac{1}{m-1}$.)

① *Wäre e rational, dann gäbe es natürliche Zahlen p, q mit* $e = \frac{p}{q}$.

② *Dann folgt:* $e = \frac{p}{q} = \sum\limits_{n=0}^{\infty} \frac{1}{n!} = \sum\limits_{n=0}^{q} \frac{1}{n!} + \sum\limits_{n=q+1}^{\infty} \frac{1}{n!}$

③ *Äquivalenzumformungen:*

$$\frac{p}{q} - \sum_{n=0}^{q} \frac{1}{n!} = \sum_{n=q+1}^{\infty} \frac{1}{n!}$$

$$\Leftrightarrow p(q-1)! - \sum_{n=0}^{q} \frac{q!}{n!} = \sum_{n=q+1}^{\infty} \frac{q!}{n!} = \frac{1}{q+1} + \frac{1}{(q+1)(q+2)} + \frac{1}{(q+1)(q+2)(q+3)} + \ldots$$

$$< \frac{1}{q+1} + \frac{1}{(q+1)^2} + \frac{1}{(q+1)^3} + \ldots = \frac{1}{q}$$

④ *Für* $n < q$ *ist* $\frac{q!}{n!}$ *stets eine natürliche Zahl, also ist* $p(q-1)! - \sum\limits_{n=0}^{q} \frac{q!}{n!}$ *eine ganze Zahl.*
Andererseits ist $0 < \frac{1}{q} < 1$. *Das ist ein Widerspruch. Also ist e nicht rational.*

7 Momentane Verzinsung: Felix schlägt folgende Konditionen vor, um ein Startkapital von 1 € anzulegen: Für ein Jahr beträgt der Zinssatz 100 %. Wird das Kapital schon nach einem halben (Viertel-, ...) Jahr abgehoben, so wird das Kapital mit einem Zinssatz von 50 % (von 25 %, ...) verzinst.

a) Berechnen Sie das Kapital nach einem Jahr, wenn zwischendurch kein Geld abgehoben wird.

b) Felix überlegt, sein Geld nach einem Halbjahr abzuheben und sofort für das zweite Halbjahr wieder einzuzahlen, für das es erneut mit 50 % verzinst wird. Beschreiben Sie den Vorteil seines Vorgehens und berechnen Sie das Kapital am Ende des Jahres.

c) Prüfen Sie, ob Felix es schaffen könnte, innerhalb eines Jahres Millionär zu werden, wenn er noch öfter Geld abhebt und wieder einzahlt. Berechnen Sie für verschiedene Verzinsungsintervalle das Kapital am Ende des Jahres.

d) Interpretieren Sie den Term $\lim\limits_{n \to \infty} \left(1 + \frac{1}{n}\right)^n$ im Sachzusammenhang.

8 Die eulersche Zahl in der Stochastik:
Es sollen n Kugeln zufällig auf n leere Gefäße verteilt werden. Gesucht ist die Wahrscheinlichkeit, dass das erste Gefäß leer bleibt.

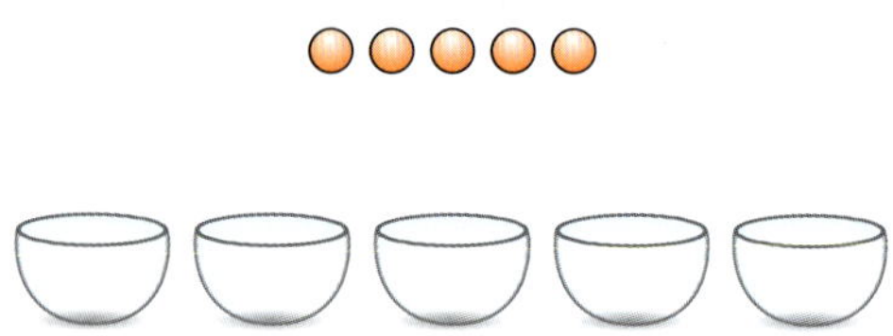

a) Bestimmen Sie diese Wahrscheinlichkeit für n = 2 und n = 3 mithilfe eines Baumdiagramms.

b) Leiten Sie eine Formel für die Wahrscheinlichkeit, dass das erste Gefäß leer bleibt, in Abhängigkeit von n her.

c) Die Anzahl n der Kugeln und Gefäße wird beliebig groß. Beschreiben Sie die Wahrscheinlichkeit dafür, dass das erste Gefäß leer bleibt, mithilfe von e.

9 Forschungsauftrag:
Recherchieren Sie zur 37-Prozent-Regel. Erklären Sie die Regel an einem eigenen Beispiel und geben Sie den Zusammenhang zur eulerschen Zahl e an.

7.2 Kettenregel

Anna meint: „Die Ableitung der e-Funktion ist wieder die e-Funktion, also gilt für f mit $f(x) = e^{2x}$ auch $f'(x) = e^{2x}$." Leo widerspricht: „Ich habe die Graphen von f und f' geplottet. Sie sind unterschiedlich." Finden Sie einen Zusammenhang zwischen den Graphen von f und f'. Erklären Sie anschaulich, warum Anna nicht recht hat.

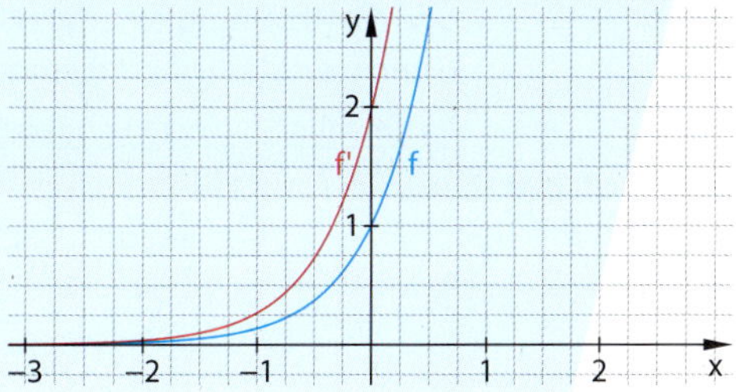

Verkettung von Funktionen

Man kann zwei Funktionen u und v zu einer Funktion f verketten, in dem man sie hintereinander ausführt: $f(x) = u(v(x))$

$u(x) = 3x$; $v(x) = e^x$
$f(x) = u(v(x)) = 3 \cdot (e^x) = 3e^x$

Definition

Die Funktion f mit $f(x) = u(v(x))$ heißt **Verkettung** der Funktionen u und v. Dabei heißt u **äußere Funktion** und v **innere Funktion**.

Hinweis

Für die verkettete Funktion f mit $f(x) = u(v(x))$ schreibt man auch $f = u \circ v$.

Beim Verketten zweier Funktionen ist die Reihenfolge im Allgemeinen nicht vertauschbar.

Beispiel 1

a) Bilden Sie die möglichen Verkettungen von u und v mit $u(x) = \sin(x)$ und $v(x) = x^2 + 1$.
b) Bestimmen Sie für f mit $f(x) = e^{5x-2}$ Funktionen u und v, sodass $f(x) = u(v(x))$ gilt.

Lösung:

a) Setzen Sie den Funktionsterm von v für x im Funktionsterm von u ein und umgekehrt.

$u(x) = \sin(x)$; $v(x) = x^2 + 1$
$f(x) = u(v(x)) = u(x^2 + 1) = \sin(x^2 + 1)$
$g(x) = v(u(x)) = v(\sin(x)) = (\sin(x))^2 + 1$

b) Bei e^{5x-2} wird erst der Term $5x - 2$ berechnet und dann als Exponent von e eingesetzt. Also kann man zu $5x - 2$ die innere Funktion v und zum Einsetzen in die e-Funktion die äußere Funktion u wählen.

$v(x) = 5x - 2$; $u(x) = e^x$

Dann gilt: $f(x) = u(v(x)) = u(5x - 2) = e^{5x-2}$

Hinweis

Die Wahl von u und v ist nicht eindeutig. Möglich ist z. B. auch: $v(x) = 5x$, $u(x) = e^{x-2}$

Basisaufgaben

1 Bilden Sie die Verkettungen f mit $f(x) = u(v(x))$ und g mit $g(x) = v(u(x))$.
a) $u(x) = x - 4$ $v(x) = x^2$
b) $u(x) = e^x$ $v(x) = x + 9$
c) $u(x) = \cos(x)$ $v(x) = 3x + 7$
d) $u(x) = \frac{1}{x^2 + 1}$ $v(x) = 1 - x$

2 Bestimmen Sie Funktionen u und v so, dass $f(x) = u(v(x))$ gilt.
a) $f(x) = (x + 5)^3$
b) $f(x) = e^{(x^2)}$
c) $f(x) = \frac{1}{4x - 1}$
d) $f(x) = 2\sin(0{,}5x + 1)$

3 Bestimmen Sie Funktionen u und v so, dass $f(x) = u(v(x))$ gilt. Finden Sie zwei verschiedene Möglichkeiten.
a) $f(x) = \frac{1}{2x^2 + 4}$
b) $f(x) = 1 - e^{3x^2 - x}$
c) $f(x) = 2(x + 4)^2 + 4$

Kettenregel

Um die Ableitung einer verketteten Funktion f mit $f(x) = u(v(x))$ zu bestimmen, wird der Grenzwert des Differenzenquotienten gebildet. Es gilt:

$$\frac{f(x+h)-f(x)}{h} = \frac{u(v(x+h))-u(v(x))}{h}$$

$$= \frac{u(v(x+h))-u(v(x))}{v(x+h)-v(x)} \cdot \frac{v(x+h)-v(x)}{h}$$

Erweitern mit $d = v(x+h) - v(x)$, also $v(x+h) = v(x) + d$ (vorausgesetzt, dass $v(x+h) - v(x) \neq 0$ gilt).

$$= \frac{u(v(x)+d)-u(v(x))}{d} \cdot \frac{v(x+h)-v(x)}{h}$$

Für den Grenzwert $h \to 0$ gilt $d = v(x+h) - v(x) \to 0$, wenn v' existiert.

$h \to 0$; $h \to 0$, $d \to 0$; $h \to 0$

$$f'(x) = u'(v(x)) \cdot v'(x)$$

Hinweis

Die Kettenregel lässt sich auch ohne die Voraussetzung $v(x+h) - v(x) \neq 0$ zeigen.

Satz **Kettenregel**

Haben die Funktionen u und v die Ableitungen u' und v', dann hat die Verkettung f mit $f(x) = u(v(x))$ die Ableitung $f'(x) = u'(v(x)) \cdot v'(x)$.

Merkhilfe

$[u(■)]' = u(■)' \cdot ■'$
„äußere Ableitung mal innere Ableitung"
Man spricht auch vom Nachdifferenzieren mit der Ableitung der inneren Funktion.

Für verkettete Funktionen der Form $f(x) = e^{v(x)}$ gilt insbesondere: $f'(x) = e^{v(x)} \cdot v'(x)$

Beispiel 2

Berechnen Sie die Ableitung von f mit $f(x) = e^{x^2+3}$.

Lösung:

Die Funktion f ist die Verkettung der e-Funktion und einer ganzrationalen Funktion. Wählen Sie v mit $v(x) = x^2 + 3$ als innere Funktion und u mit $u(x) = e^x$ als äußere Funktion. Bestimmen Sie u', v' und dann mit der Kettenregel f'.

$v(x) = x^2 + 3$; $v'(x) = 2x$
$u(x) = e^x$; $u'(x) = e^x$

$$f'(x) = u'(v(x)) \cdot v'(x) = e^{v(x)} \cdot v'(x) = e^{x^2+3} \cdot 2x$$

Basisaufgaben

4 Vervollständigen Sie die Tabelle.

$f(x) = u(v(x))$	$v(x)$	$u(x)$	$v'(x)$	$u'(x)$	$f'(x) = u'(v(x)) \cdot v'(x)$
$(4x-2)^3$	$4x-2$	x^3	4	$3x^2$	$3(4x-2)^2 \cdot 4$
$(-7x^2+5)^4$					
e^{-2x+5}					
	x^2+3x	e^{2x}			

5 Berechnen Sie die Ableitung von f.
a) $f(x) = e^{3x+1}$ b) $f(x) = e^{-x^2+2}$ c) $f(x) = e^{5x^3}$

6 Bestimmen Sie die Ableitung mithilfe der Kettenregel.
a) $f(x) = 6e^{3x}$ b) $f(x) = \frac{1}{2}e^{3+4x} - 2$ c) $f(x) = -e^{-4x-2x^3}$
d) $f(t) = e^{4t^6-5t^4+t-2}$ e) $f(x) = 2e^{(x+1)^2}$ f) $f(x) = 0{,}4e^{(x+2)(x-3)}$

7 Berechnen Sie die Ableitung von f.
a) $f(x) = 4(\sin(x))^2$ b) $f(x) = 3\cos(3x^2+4)$ c) $f(x) = \sin(e^x)$

Lineare Kettenregel für Stammfunktionen

Durch das Übertragen der Kettenregel lassen sich auch zu weiteren Funktionen Stammfunktionen finden. Im Folgenden wird die Funktion f mit $f(x) = (5x + 8)^2$ untersucht, die sich aus einer linearen Funktion und der Quadratfunktion zusammensetzt.

Da G mit $G(x) = \frac{1}{3}x^3$ eine Stammfunktion zu g mit $g(x) = x^2$ ist, ergibt sich eine Vermutung für eine Stammfunktion F zu f. Beim Überprüfen durch Ableiten von F ergibt die Kettenregel jedoch zusätzlich den Faktor 5. Damit dieser wegfällt, muss man bei der Stammfunktion den Faktor $\frac{1}{5}$ ergänzen.

$f(x) = (5x + 8)^2$

Vermutung: $F(x) = \frac{1}{3}(5x + 8)^3$

Überprüfen:

$F'(x) = 3 \cdot \frac{1}{3}(5x + 8)^{3-1} \cdot 5$

$\quad = 5 \cdot (5x + 8)^2 = 5 \cdot f(x)$

Ableitung der inneren Funktion

Ergebnis: $F(x) = \frac{1}{5} \cdot \frac{1}{3}(5x + 8)^3 = \frac{1}{15}(5x + 8)^3$

Satz

Ist G eine Stammfunktion der Funktion g, so gilt für $a, b \in \mathbb{R}$:
Die Funktion F mit $F(x) = \frac{1}{a} \cdot G(ax + b)$ ist eine Stammfunktion von f mit $f(x) = g(ax + b)$.

Beispiel 3

Bestimmen Sie eine Stammfunktion zu Funktion f mit $f(x) = (6x + 5)^3$.

Lösung:

Wenden Sie die lineare Kettenregel an.
Mit der Potenzregel ergibt sich eine Stammfunktion G der äußeren Funktion g.
Setzen Sie 6x + 5 in G ein und ergänzen Sie den Faktor $\frac{1}{6}$.

$f(x) = g(6x + 5)$ mit $g(x) = x^3$

Stammfunktion von g: $G(x) = \frac{1}{4}x^4$

$F(x) = \frac{1}{6} \cdot G(6x + 5)$

$\quad = \frac{1}{6} \cdot \frac{1}{4} \cdot (6x + 5)^4$

$\quad = \frac{1}{24}(6x + 5)^4$

Basisaufgaben

8 Bestimmen Sie mithilfe der linearen Kettenregel eine Stammfunktion zu f. Überprüfen Sie Ihr Ergebnis durch Ableiten.

a) $f(x) = (3x + 1)^2$ b) $f(x) = \frac{3}{(2x + 7)^2}$ c) $f(x) = \sqrt{6x - 5}$ d) $f(x) = 3\sin(12x + 7)$

9 Berechnen Sie das Integral.

a) $\int_{-1}^{1} (4x - 2)^3\,dx$ b) $\int_{0}^{2\pi} \cos(2x + 1)\,dx$ c) $\int_{1}^{3} \sqrt{3x + 1}\,dx$ d) $\int_{0,5}^{1} \frac{2}{(5x - 2)^3}\,dx$

10 Der Graph der Funktion g mit $g(x) = \sin(3(x + 1))$ entsteht durch Streckung und Verschiebung des Graphen von f mit $f(x) = \sin(x)$ in x-Richtung.
Berechnen Sie für f und g den Inhalt der Fläche zwischen Graph und x-Achse im Intervall $[0; 2\pi]$.

11 Bestimmen Sie zur Funktion f diejenige Stammfunktion F, die die angegebene Bedingung erfüllt.

a) $f(x) = e^{0,5x}$ $F(0) = 2$ b) $f(x) = \left(\frac{1}{4}x - 8\right)^3$ $F(36) = -3$

c) $f(t) = \sqrt{1 + 2t}$ $F(0) = 7$ d) $f(t) = -2\sin\left(\frac{\pi}{8} \cdot t\right)$ $F(20) = 4$

Weiterführende Aufgaben

12 **Lineare Kettenregel:** Gegeben sind die Funktionen f mit $f(x) = u(v(x))$, u und v mit $v(x) = ax + b$.
a) Zeigen Sie, dass in diesem Spezialfall $f'(x) = a \cdot u'(ax + b)$ gilt.
b) Formulieren Sie mit dem Ergebnis aus a) eine Regel für die Ableitung von f mit $f(x) = e^{ax+b}$.
c) Geben Sie die Ableitung von f mit $f(x) = e^{4x+13}$ an.

13 a) Bestimmen Sie die Ableitung von f mit $f(x) = (6 - 5x)^2$ sowohl mit der Kettenregel als auch durch Ausmultiplizieren und Ableiten der Summanden.
b) Wählen Sie begründet eine Methode aus, um die Funktion g mit $g(x) = (6 - 5x)^4$ abzuleiten.

14 Gegeben sind die Funktionen u und v mit $u(x) = 2x - 1$ und $v(x) = \frac{1}{2}x + \frac{1}{2}$.
a) Zeigen Sie, dass $u(v(x)) = x$ ist.
b) Geben Sie vier weitere Funktionspaare mit dieser Eigenschaft an.
c) Untersuchen Sie für die Funktionspaare aus b), was sich für $v(u(x))$ ergibt.

15 Zur Funktion f mit $f(x) = (6x^2 - 1)^3$ sollen Moritz und Kim Funktionen u und v bestimmen, sodass $f(x) = u(v(x))$ gilt.
Moritz: *$u(x) = (x - 1)^3$ und $v(x) = 6x^2$*   Kim: *$u(x) = x^3$ und $v(x) = 6x^2 - 1$*
a) Überprüfen Sie, ob die Lösungen von Moritz und Kim richtig sind.
b) Leiten Sie f ab. Geben Sie an, welche äußere und innere Funktion Sie dabei verwenden.

16 Bestimmen Sie die Ableitung der Funktion.
a) $f(t) = (at^2 + 6)^2$ b) $g(a) = (at^2 + 6)^2$ c) $h(t) = \sin(\omega t + \varphi)$

17 **Stolperstelle:** Beschreiben und korrigieren Sie die Fehler.
a) Franz, Mara und Jonah haben die Funktion f mit $f(x) = (x^4 + x^2)^3$ abgeleitet.
Franz: *$f'(x) = 3(x^4 + x^2)^2$*   Mara: *$f'(x) = 3(4x^3 + 2x)^2$*
Jonah: *$f'(x) = 3(x^4 + x^2)^2 \cdot 4x^3 + 2x$*
b) Amanda leitet die Funktion f mit $f(x) = e^{2x^3 - 4x}$ ab: *$f'(x) = e^{6x^2 - 4}$*

18 Bestimmen Sie die Gleichungen der Tangente an den Graphen der Funktion f und der zugehörigen Normalen an der Stelle x_0.
a) $f(x) = 2e^{8x+3}$ $x_0 = -0{,}5$ b) $f(x) = \left(\frac{1}{4}x + 2\right)^4$ $x_0 = -12$
c) $f(x) = 5e^{6x} - 3e^{3x}$ $x_0 = -\frac{1}{3}$ d) $f(x) = e^{-x^2}$ $x_0 = 1$

19 **Funktionenscharen:** Gegeben ist die Funktionenschar f_a mit $f_a(x) = e^{a^2 x} - e^a$.
a) Geben Sie den Schnittpunkt der Graphen von f_a mit der y-Achse an.
b) Zeigen Sie, dass $x = \frac{1}{a}$ Nullstelle von f_a ist.
c) Geben Sie die Ableitung f_a' an. Beschreiben Sie, wie der Graph der Ableitung aus dem Graphen von f_a hervorgeht.
d) Bestimmen Sie die Gleichung der Tangente an den Graphen von f_a an der Stelle $x = 0$.

20 **Ausblick:** Man kann auch drei Funktionen verketten.
a) Stellen Sie eine Vermutung für die Ableitung von f mit $f(x) = \left(e^{x^2 + 7x}\right)^3$ auf und prüfen Sie sie mit einer Mathematik-Software.
b) Stellen Sie eine Formel für die Ableitung einer Funktion f mit $f(x) = u(v(w(x)))$ auf.
c) Bestimmen Sie die Ableitung der Funktion f mit $f(x) = \sin\left(e^{5x^2 + 3}\right)$.

7.3 Natürlicher Logarithmus

Die Abbildung zeigt die Graphen von f und g mit $f(x) = e^x$ und $g(x) = 3$.
Lesen Sie näherungsweise die Lösung der Gleichung $e^x = 3$ ab. Verbessern Sie Ihren Näherungswert, indem Sie unterschiedliche Werte für x in e^x einsetzen.

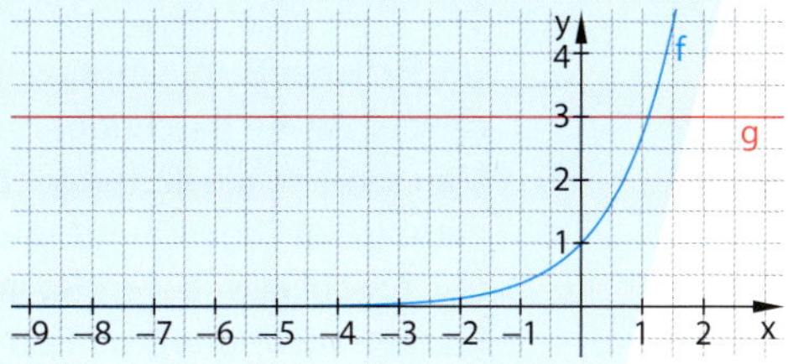

Das Logarithmieren mit der Basis b kehrt das Potenzieren mit der Basis b um.	Gleichung: Lösung:	$10^x = 1000$ $x = \log_{10}(1000) = 3$
Auch zur Basis e gibt es einen Logarithmus, der das Potenzieren mit der Basis e umkehrt.	Gleichung: Lösung:	$e^x = 8$ $x = \log_e(8) \approx 2{,}08$

Wissen

Der **natürliche Logarithmus** ist der Logarithmus zur Basis e. Man schreibt: $\log_e(a) = \ln(a)$ (mit $a > 0$). Dabei steht ln für logarithmus naturalis. Es gilt $e^{\ln(a)} = a$ und $\ln(e^a) = a$.
Weiter gelten für alle $a, b, r \in \mathbb{R}$ mit $a, b > 0$ die Logarithmusgesetze:
① $\ln(a^r) = r \cdot \ln(a)$ ② $\ln(a \cdot b) = \ln(a) + \ln(b)$ ③ $\ln(a : b) = \ln(a) - \ln(b)$

Hinweis

$\ln(e) = 1$
$\ln(1) = 0$

Beispiel 1 Vereinfachen Sie den Term.

a) $\ln\left(\frac{1}{e}\right)$ b) $e^{2 \cdot \ln(6)}$ c) $\ln\left(\sqrt{e} \cdot e^x\right)$

Lösung:

a) Schreiben Sie $\frac{1}{e}$ als Potenz. Wenden Sie dann die Regel $\ln(a^r) = r \cdot \ln(a)$ an.

$\frac{1}{e} = e^{-1}$, also $\ln\left(\frac{1}{e}\right) = \ln(e^{-1})$
$= -1 \cdot \ln(e) = -1$, denn $\ln(e) = 1$

b) Wenden Sie das Potenzgesetz für Produkte und $e^{\ln(a)} = a$ an.

$e^{2 \cdot \ln(6)} = \left(e^{\ln(6)}\right)^2 = 6^2 = 36$

c) Wenden Sie das Logarithmusgesetz ② an, schreiben Sie die Wurzel als Potenz und vereinfachen Sie.

$\ln\left(\sqrt{e} \cdot e^x\right) = \ln\left(\sqrt{e}\right) + \ln(e^x)$
$= \ln\left(e^{\frac{1}{2}}\right) + \ln(e^x)$
$= \frac{1}{2} + x$

Basisaufgaben

Lösungen zu 1

8, 1, −2, 16, 1,5, 1, 5, 5, $\frac{1}{3}$, −6e, ln(5)

1 Vereinfachen Sie den Term.
a) $e^{\ln(1)}$ b) $\ln(e)$ c) $\ln(e^5)$ d) $e^{2 \cdot \ln(4)}$ e) $3e^{-\ln(2)}$
f) $\ln(e^2 \cdot e^3)$ g) $\ln\left(\frac{1}{e^2}\right)$ h) $\ln\left(\sqrt[3]{e}\right)$ i) $-2e^{\ln(3)+1}$ j) $-\ln\left(\frac{1}{5}\right)$

2 Entscheiden Sie begründet, ob der Term definiert ist. Falls ja, berechnen Sie den Wert. Nutzen Sie den Taschenrechner, falls nötig.
a) $\ln(2)$ b) $\ln(0)$ c) $\ln(-1)$ d) $e^{3 \cdot \ln(0{,}5)}$ e) $\ln\left(\frac{\sqrt{e}}{e}\right)$

3 Begründen Sie.
a) $\ln(-1)$ ist nicht definiert. b) Es gilt: $\ln\left(\frac{1}{2}\right) = -\ln(2)$

Basiswechsel – Exponentialfunktionen mit allgemeiner Basis ableiten

Um Exponentialfunktionen mit beliebigen Basen ableiten zu können, werden diese mit Potenzen zur Basis e beschrieben.

Man schreibt die Basis (hier 2) mithilfe des natürlichen Logarithmus und der e-Funktion um. Anschließend wendet man das Gesetz für das Potenzieren von Potenzen an.

$2^x = \left(e^{\ln(2)}\right)^x \quad (\text{denn } 2 = e^{\ln(2)})$
$\quad = e^{\ln(2) \cdot x}$

Satz **Exponentialfunktionen mit Basis e darstellen**
Jede Exponentialfunktion mit beliebiger Basis lässt sich als eine Exponentialfunktion mit der Basis e schreiben: $f(x) = b^x = e^{\ln(b) \cdot x}$

Wendet man die Kettenregel auf die Darstellung mit der Basis e an, so ergibt sich eine Ableitungsregel für Exponentialfunktionen mit beliebiger Basis.

$f(x) = b^x = e^{\ln(b) \cdot x}$
$f'(x) = \ln(b) \cdot e^{\ln(b) \cdot x}$
$\quad = \ln(b) \cdot b^x$

Satz **Ableitung der Funktion f mit $f(x) = b^x$**
Die Funktion f mit $f(x) = b^x$ und $b \in \mathbb{R}$, $b > 0$ hat die Ableitung $f'(x) = \ln(b) \cdot b^x$.

Beispiel 2 Gegeben ist die Funktion f mit $f(x) = 3 \cdot 5^x$
a) Bestimmen Sie die Ableitung der Funktion f.
b) Stellen Sie die Funktionsgleichung von f mit der Basis e dar.
c) Bestimmen Sie die Ableitung von f mit der Darstellung aus b) und überprüfen Sie das Ergebnis von a).

Lösung:
a) Schreiben Sie den Term ab und multiplizieren Sie ihn mit dem ln der Basis.
$f(x) = 3 \cdot 5^x$
$f(x) = \ln(5) \cdot 3 \cdot 5^x \approx 4{,}83 \cdot 5^x$

b) Ersetzen Sie 5 durch $e^{\ln(5)}$ und wenden Sie das Potenzgesetz an.
$f(x) = 3 \cdot \left(e^{\ln(5)}\right)^x$
$\quad = 3 \cdot e^{\ln(5) \cdot x}$

c) Wenden Sie die Kettenregel an. ln(5) wird als Faktor vorgezogen.
Mit b) ergibt sich die Ableitung aus a).
$f'(x) = \ln(5) \cdot 3 \cdot e^{\ln(5) \cdot x}$
$= \underbrace{\ln(5) \cdot 3}_{\approx 4{,}83} \cdot 5^x$

Basisaufgaben

4 Bestimmen Sie die Ableitung der Funktion.
a) $f(x) = 2^x$ b) $f(x) = -3^x$ c) $f(x) = -0{,}5^x$ d) $f(x) = -4 \cdot 3{,}2^x$
e) $f(x) = \left(\frac{1}{2}\right)^x$ f) $f(x) = 4 \cdot \left(\frac{1}{3}\right)^x$ g) $f(x) = \frac{1}{7} \cdot 3^x + 13$ h) $f(x) = -\frac{6}{5} \cdot 0{,}25^x$

5 Schreiben Sie die Exponentialfunktion als Funktion mit der Basis e. Leiten Sie sie anschließend mithilfe der Kettenregel ab.
a) $f(x) = 2^x$ b) $f(x) = 2 \cdot 6^x$ c) $f(x) = 3^{2x}$ d) $f(x) = 1{,}5 \cdot 2^{4x-3}$

6 Gegeben ist die Exponentialfunktion f mit $f(x) = 2{,}5^x$. Bestimmen Sie die Gleichung der Tangente an den Graphen von f an der gegebenen Stelle bzw. im gegebenen Punkt.
a) $x = -4$ b) $P(1 \mid 2{,}5)$ c) $Q(4 \mid f(4))$ d) $R(-2 \mid f(-2))$

Exponentialgleichung

Um die nebenstehende Exponentialgleichung zu lösen, wendet man zuerst auf beiden Seiten den natürlichen Logarithmus an. Anschließend lässt sich die Gleichung nach x umstellen.

$$e^{2x} = 5 \quad | \ln$$
$$\ln(e^{2x}) = \ln(5)$$
$$2x = \ln(5) \quad |:2$$
$$x = \frac{\ln(5)}{2} \approx 0{,}8$$

Beispiel 3 Lösen Sie die Gleichung.

a) $2e^{3x-2} - 4 = 6$ b) $e^{2x}(x^2 - 4) = 0$ c) $xe^{-x} + e^{-x} = 0$

Lösung:

a) Stellen Sie die Gleichung nach dem Exponentialterm um. Wenden Sie auf beiden Seiten den natürlichen Logarithmus an und lösen Sie nach x auf.

$$2e^{3x-2} - 4 = 6 \quad |+4 \quad |:2$$
$$e^{3x-2} = 5 \quad |\ln$$
$$3x - 2 = \ln(5) \quad |+2 \quad |:3$$
Lösung: $x = \frac{\ln(5)+2}{3} \approx 1{,}2$

b) Setzen Sie jeden Faktor einzeln gleich 0. Für $e^{2x} = 0$ gibt es keine Lösung. Der Graph der e-Funktion nähert sich der x-Achse an, berührt diese aber nie. Die Gleichung $x^2 - 4 = 0$ liefert zwei Lösungen.

$$e^{2x}(x^2 - 4) = 0$$
$e^{2x} = 0$ hat keine Lösung
$$x^2 - 4 = 0 \quad |+4$$
$$x^2 = 4 \quad |\sqrt{\ }$$
Lösungen: $x_1 = 2, x_2 = -2$

c) Klammern Sie den Exponentialterm aus. Setzen Sie jeden Faktor gleich 0. Für $e^{-x} = 0$ gibt es keine Lösung. Die Gleichung $x + 1 = 0$ liefert eine Lösung.

$$xe^{-x} + e^{-x} = 0$$
$$e^{-x}(x + 1) = 0 \quad |e^{-x} \neq 0$$
$$x + 1 = 0 \quad |-1$$
Lösung: $x = -1$

Erinnerung

Regel vom Nullprodukt: Ein Produkt ist genau dann 0, wenn einer der Faktoren 0 ist.

Basisaufgaben

7 Lösen Sie die Gleichung. Geben Sie die Lösung mithilfe des ln an.

a) $e^x = 7$ b) $4e^x = 8$ c) $2e^x - 6 = 0$ d) $3e^t - 8 = 4$
e) $4e^{-x} - 2 = 2$ f) $e^{2x-4} = 5$ g) $3e^{2x-7} = 6$ h) $3e^{4x-5} - 3 = 6$
i) $5e^{3x+2} - 5 = 10$ j) $11e^{-8x+4} = 22$ k) $e^8 + e^x = 142$ l) $e^4 \cdot e^x = e^8$

8 Entscheiden Sie, ob die Exponentialgleichung lösbar ist.

a) $5e^{5x} - 2 = 0$ b) $6e^{4x} = -3$ c) $-3e^{2x} = -10$ d) $(10e^{-5x} + 10) = 0$

9 Lösen Sie die Gleichung mit der Regel vom Nullprodukt. Klammern Sie aus, falls nötig.

a) $xe^x = 0$ b) $e^{3x}(x^2 - 9) = 0$ c) $e^{-2x}(x^3 + 1) = 0$ d) $-2(e^{2x} - 6)x^3 = 0$
e) $x^2(5 - e^{3x}) = 0$ f) $xe^x - e^x = 0$ g) $x - xe^x = 0$ h) $4e^{-3x} - x^2e^{-3x} = 0$

Lösungen zu 9

2, −1, 3, $\frac{\ln(5)}{3}$, 0, −3, $\ln(4)$, 0, 1, −2, $\frac{\ln(6)}{2}$, 0, 0

10 Bestimmen Sie die Lösungsmenge der Gleichung.

a) $e^{x-4} = e^{2x}$ b) $e^{2x} + 3e^{2x} = 12$ c) $5e^{-3x} = 3e^{-3x} + 8$ d) $(e^{2x} - 1)(x^4 - 1) = 0$
e) $-e^{-x-1} + 2 = 0$ f) $4e^{-x} + 2 = -2$ g) $3e^{2x-7} = -3e^{2x-7}$ h) $2e^{5x-3} = e^{5x-3} + 4$

11 Geben Sie eine Exponentialgleichung an, die

a) keine Lösung hat, b) (genau) eine Lösung hat, c) drei Lösungen hat.

12 Ordnen Sie die Gleichungen den Lösungen zu, ohne schriftlich zu rechnen.

① $e^x = e$ ② $-3e^x = 0$ ③ $x \cdot e^{4x} = 0$

Ⓐ keine Lösung Ⓑ $x = 0$ Ⓒ $x = 1$

Weiterführende Aufgaben

13 Bestimmen Sie, für welche x die Ungleichung gilt. Schätzen Sie zunächst.

a) $e^x > 1\,000\,000$ b) $e^x < \frac{1}{1\,000\,000}$

c) $e^{-x} < 10^{-9}$ d) $-e^x > -1000$

14 **Stolperstelle:** Erläutern Sie die Fehler von Amira, Bruno und Carla. Bestimmen Sie die richtigen Ergebnisse.

Amira:

$\ln(e^3 \cdot e^x) = \ln(e^3) \cdot \ln(e^x)$
$= 3x$

Bruno:

$5 + e^x = 8 \quad |\ln$
$\ln(5) + \ln(e^x) = \ln(8) \quad |-\ln(5)$
$x = \ln(8) - \ln(5)$

Carla:

$f(x) = 5^x$
$f'(x) = x \cdot 5^{x-1}$

15 **Beweis der Logarithmusgesetze:**

a) Die Karte zeigt den Beweis eines Logarithmusgesetzes für den ln. Beschreiben Sie das Vorgehen.

b) Weisen Sie die Gültigkeit der anderen beiden Logarithmusgesetze für den ln nach.

$$\ln(a \cdot b) = \ln\left(e^{\ln(a)} \cdot e^{\ln(b)}\right) = \ln\left(e^{\ln(a) + \ln(b)}\right) = \ln(a) + \ln(b)$$

16 Bestimmen Sie alle x mit $\ln(x) < 0$.

17 Bestätigen Sie mithilfe der Ableitungsformel $f'(x) = \ln(b) \cdot b^x$ für $f(x) = b^x$, dass für die Ableitung von $f(x) = e^x$ gilt: $f'(x) = e^x$. Überprüfen Sie außerdem, ob es andere Exponentialfunktionen der Form $f(x) = b^x$ gibt, die abgeleitet wieder sich selbst ergeben.

18 In Abschnitt 7.1 wurde für die Ableitung der Funktion f mit $f(x) = b^x$, $b > 0$, die Formel $f'(x) = f'(0) \cdot b^x$ angegeben.

a) Beweisen Sie, dass diese Formel mit der Formel $f'(x) = \ln(b) \cdot b^x$ identisch ist.

b) Geben Sie an, durch welche der beiden Ableitungsformeln man die Ableitung von $f(x) = b^x$ explizit angeben kann.

19 **Exponentialgleichungen mit allgemeiner Basis:**

a) Erläutern Sie, wie die Gleichung $2^x = 10$ rechts gelöst wird.

b) Lösen Sie ebenso die angegebene Gleichung.

① $3^x = 8$ ② $0{,}9^x = 0{,}5$ ③ $5 \cdot 2^t = 3$ ④ $1 = 4 - 6^{2x}$

c) Diskutieren Sie mögliche Wege, die Gleichung aus a) zu lösen.

$$2^x = 10$$
$$\ln(2^x) = \ln(10)$$
$$x \cdot \ln(2) = \ln(10)$$
$$x = \frac{\ln(10)}{\ln(2)} \approx 3{,}32$$

20 **Substitution:** Gesucht ist die Lösungsmenge der Gleichung $e^{4x} - 3e^{2x} - 4 = 0$.

a) Bringen Sie den Term auf der linken Seite in die Form $(e^u)^2 + be^u + c$

b) Substituieren Sie e^u mit z und ermitteln Sie mit der Lösungsformel alle Lösungen für z.

c) Beim Rücksubstituieren ergeben sich zwei Exponentialgleichungen der Form $e^{2x} = z_1$ und $e^{2x} = z_2$. Lösen Sie diese mit dem natürlichen Logarithmus nach x auf.

d) Geben Sie alle ermittelten Lösungen als Menge an.

21 Bestimmen Sie die Lösungsmenge der Gleichung. Häufig ist eine Substitution hilfreich.

a) $e^{2x} - 9e^x + 20 = 0$ b) $-e^{2x} = 4e^x - 21$ c) $\sqrt{6e^{2x} - e^{4x}} = 3$

d) $(e^{4x} - 2)^2 = e^{8x}$ e) $\sqrt{e^{4x}} = -4e^x + 12$ f) $\ln(x - 2) = 5$

22 Gegeben ist die Funktion f mit $f(x) = e^{2x} - 5e^x + 6$.

a) Berechnen Sie die Nullstellen von f.

b) Die Funktion hat einen Tiefpunkt T. Bestimmen Sie die Koordinaten von T.

23 Tina hat „bewiesen", dass $0{,}1 < 0{,}01$ gilt.
Finden Sie den Fehler in Tinas Beweis.

Es gilt: $1 < 2 \quad | \cdot \ln(0{,}1)$
$1 \cdot \ln(0{,}1) = \ln(0{,}1) < 2 \cdot \ln(0{,}1) = \ln(0{,}1^2)$
Also: $\ln(0{,}1) < \ln(0{,}01) \quad | e^{\blacksquare}$
$0{,}1 < 0{,}01$

24 E-Coli-Bakterien teilen sich unter optimalen Bedingungen alle 20 Minuten. In einer Bakterienkultur befinden sich zu Beginn 100 Bakterien.

a) Stellen Sie eine Funktionsgleichung auf, die die Anzahl der Bakterien t Stunden nach Beobachtungsbeginn modelliert.

b) Weisen Sie nach, dass auch die Funktion g mit $g(t) = 100 \cdot e^{\ln(8) \cdot t}$ die Anzahl der Bakterien t Stunden nach Beobachtungsbeginn modelliert.

c) Ermitteln Sie rechnerisch den Zeitpunkt seit Beobachtungsbeginn, an dem die Bakterienkultur aus 100 000 000 Bakterien besteht.

25 Der Landeanflug eines Flugzeugs wird annähernd durch den Graphen der Funktion f mit $f(x) = 10 \cdot e^{-0{,}02x} - a$ beschrieben (x und f(x) in 100 m).

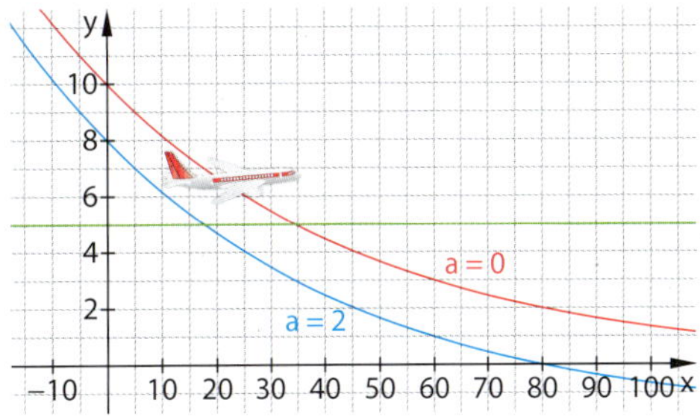

a) Spätestens beim Erreichen der Höhe von 500 m muss das Fahrwerk ausgefahren werden. Geben Sie für a = 0 die Koordinaten des Punktes an, an dem dies geschehen muss.

b) Der ideale Landewinkel eines Flugzeugs beträgt 3° zum Boden. Bestimmen Sie die Stelle, an der das Flugzeug demnach den Boden berühren sollte.

c) Bestimmen Sie a so, dass das Flugzeug an der in b) ermittelten Stelle landet.

26 Ein Superheld und sein Erzrivale liefern sich ein finales Duell. Der Held fliegt von einem Dach herunter und feuert an der günstigsten Stelle seine Betäubungswaffe ab. Die Flugbahn des Helden kann durch den Graphen der Funktion f mit $f(x) = 30e^{-0{,}1x} + 52$ beschrieben werden. Der Schurke befindet sich im Punkt P(30 | 52).

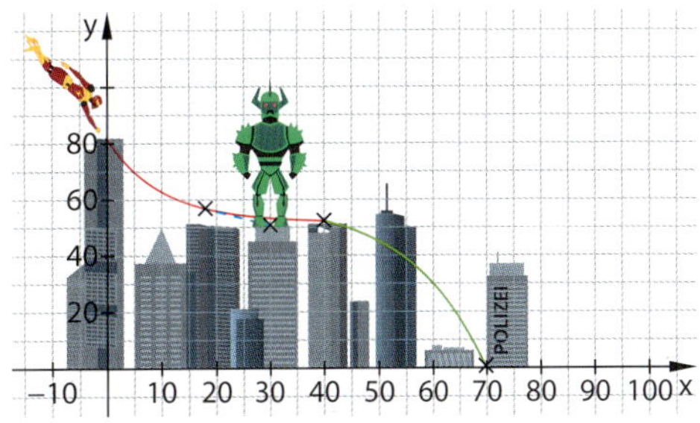

a) Das Projektil der Waffe wird entlang der Flugrichtung des Helden abgefeuert und fliegt geradlinig weiter. Stellen Sie eine Funktionsgleichung auf, die den Weg des Projektils beschreibt.

b) Zeigen Sie, dass der Held seine Waffe in einer Höhe von 56,06 m betätigen sollte.

c) Der Schurke konnte dem Schuss ausweichen. Der Held kann den Schurken jedoch im Flug fangen und landet mit ihm auf einer Turmspitze im Punkt Q(40 | 52,55). Von dort fliegen beide ins Polizeirevier im Punkt R(70 | 0). Bestimmen Sie eine Funktionsgleichung vom Typ $g(x) = b \cdot a^x + 60$, die den Weg beschreibt.

27 Ausblick: Dekadischer Logarithmus und Anzahl von Stellen großer Zahlen

a) Geben Sie an, wie viele Stellen 10^n hat. Drücken Sie die Zahl mithilfe des dekadischen Logarithmus $\lg = \log_{10}$ aus.

b) Geben Sie an, wie viele Stellen eine beliebige Zahl a mit $10^n \le a < 10^{n+1}$ hat. Erläutern Sie den Zusammenhang mit dem dekadischen Logarithmus lg(a).

c) Erläutern Sie, wie man die Anzahl von Stellen einer Zahl bestimmen kann. Geben Sie an, wie viele Stellen die Zahlen 100^{99}, 2^{100} und $9^{(9^9)}$ haben.

7.4 Natürliche Logarithmusfunktion

In der Abbildung wurde der Graph der Funktion f mit $f(x) = e^x$ an der Geraden $y = x$ gespiegelt. Beschreiben Sie den entstandenen Graphen und erläutern Sie, wie man die zugehörige Funktionsgleichung bestimmen kann.

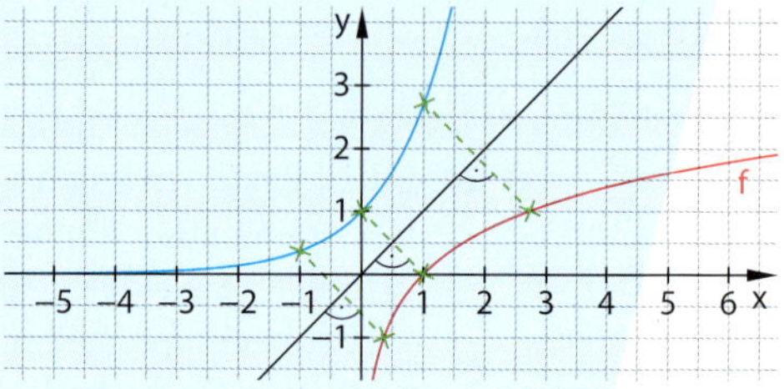

Die natürliche Exponentialfunktion f mit $f(x) = e^x$ ist auf ganz $\mathbb{R}$ streng monoton steigend und daher umkehrbar. Um einem Funktionswert seinen Ausgangswert zuzuordnen, wendet man den natürlichen Logarithmus an: $\ln(e^x) = x$. Daher heißt die Umkehrfunktion der e-Funktion **natürliche Logarithmusfunktion**.

Wissen

Die Funktion f mit $f(x) = \ln(x)$ und $x > 0$ heißt **natürliche Logarithmusfunktion**. Sie ist die Umkehrfunktion der natürlichen Exponentialfunktion mit $y = e^x$. Es gilt $\ln(e^x) = e^{\ln(x)} = x$.

- **Definitionsbereich:** $D = \mathbb{R}^+$
- **Wertebereich:** $W = \mathbb{R}$
- **Wichtige Punkte:** $(1\,|\,0)$, $(e\,|\,1)$
- **Verlauf des Graphen:** streng monoton steigend
  Für $x \to \infty$ gilt $f(x) \to \infty$.
  Für $x \to 0$, $x > 0$, gilt $f(x) \to -\infty$.

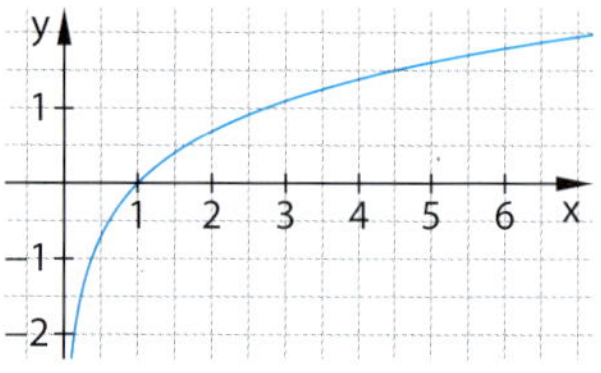

Beispiel 1

Geben Sie den Definitionsbereich der Funktion f mit $f(x) = \ln(2x)$ an und bestimmen Sie die Nullstelle von f. Beschreiben Sie, wie der Graph von f aus dem Graphen der natürlichen Logarithmusfunktion hervorgeht, und skizzieren Sie ihn.

Lösung:

Die Funktion ist definiert für $2x > 0$. Bestimmen Sie daraus den Definitionsbereich.

$2x = 0$ für $x = 0$
$2x > 0$ für $x > 0$
$D = \mathbb{R}^+$

Es gilt $\ln(1) = 0$. Lösen Sie daher die Gleichung $2x = 1$. Prüfen Sie, ob die Lösung im Definitionsbereich von f liegt.

$2x = 1 \Leftrightarrow x = \frac{1}{2}$
$\frac{1}{2} > 0$, also $\frac{1}{2} \in D$, also Nullstelle von f: $x = \frac{1}{2}$

Der Graph entsteht aus dem Graphen der natürlichen Logarithmusfunktion durch eine Streckung um $\frac{1}{2}$ in x-Richtung. Da man den Funktionsterm umformen kann zu $f(x) = \ln(x) + \ln(2)$, entspricht dies einer Verschiebung des Graphen um $\ln(2)$ Einheiten nach oben.
Skizzieren Sie damit den Graphen.

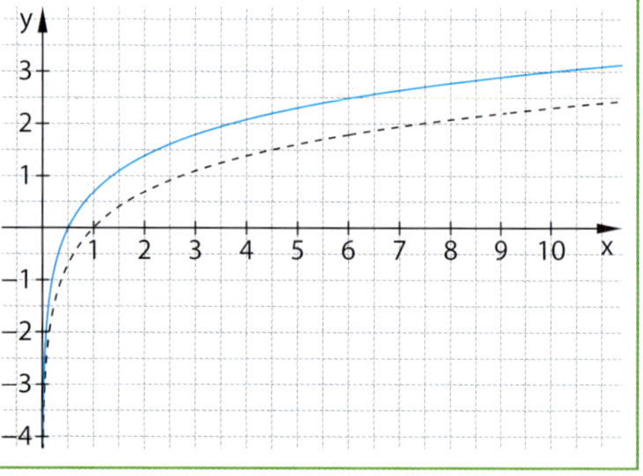

Basisaufgaben

Hinweis
Es gilt $\ln(x^n) = n \cdot \ln(x)$.

1 Geben Sie den Definitionsbereich von f an und bestimmen Sie die Nullstellen. Beschreiben Sie außerdem, wie der Graph von f aus dem Graphen der natürlichen Logarithmusfunktion hervorgeht, und skizzieren Sie ihn anschließend.

a) $f(x) = \ln(x) - 2$ b) $f(x) = \ln(x - 3)$ c) $f(x) = \ln(3 \cdot x)$ d) $f(x) = 4 \cdot \ln(x)$
e) $f(x) = \ln(-x)$ f) $f(x) = -\ln(x)$ g) $f(x) = \ln\left(\frac{1}{x}\right)$ h) $f(x) = \ln(x^2)$

2 Ordnen Sie die Funktionsgleichungen auf den Kärtchen den Graphen ① bis ④ zu. Zwei Funktionsgleichungen bleiben übrig.

$f(x) = -\frac{1}{2} \cdot \ln(x)$ $g(x) = \ln(x^4)$ $h(x) = 4 \cdot \ln(x)$
$j(x) = -\frac{1}{2} \cdot \ln(x + 2) + 4$
$i(x) = \ln(x - 2) - 3$ $k(x) = \ln(x^3) + 6$

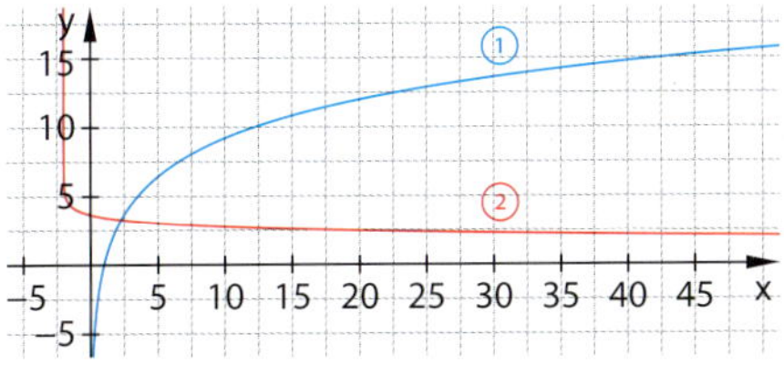

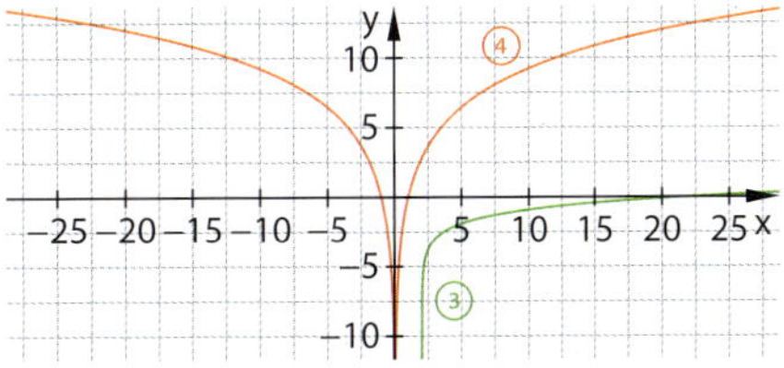

3 Zeichnen Sie den Graphen der natürlichen Logarithmusfunktion für $0 < x \leq 10$.

4 Stellen Sie die Eigenschaften der natürlichen Exponentialfunktion und der natürlichen Logarithmusfunktion in einer Tabelle gegenüber und vergleichen Sie sie.

Ableitung und Stammfunktionen

Erinnerung
Kettenregel für die e-Funktion:
Für $f(x) = e^{v(x)}$ gilt $f'(x) = e^{v(x)} \cdot v'(x)$

Leitet man beide Seiten der Gleichung $e^{\ln(x)} = x$ ab und wendet auf der linken Seite die Kettenregel an, erhält man die Ableitung der natürlichen Logarithmusfunktion.

$$[e^{\ln(x)}]' = [x]'$$
$$e^{\ln(x)} \cdot [\ln(x)]' = 1$$
$$x \cdot [\ln(x)]' = 1$$
$$[\ln(x)]' = \frac{1}{x}$$

Wissen
Die natürliche Logarithmusfunktion f mit $f(x) = \ln(x)$ und $x > 0$ hat die Ableitung $f'(x) = \frac{1}{x}$.

Daraus folgt, dass die natürliche Logarithmusfunktion eine Stammfunktion zu der Potenzfunktion f mit $f(x) = \frac{1}{x}$ für $x > 0$ ist, zu der man bisher keine Stammfunktion angeben konnte. Dies gilt auch für $x < 0$, wenn man x bei $\ln(x)$ in Betragsstriche setzt.

Die Funktion F mit $F(x) = \ln(|x|)$ hat für alle $x \neq 0$ die Ableitung $F'(x) = \frac{1}{x}$.
Für $x > 0$ wurde dies wegen $\ln(|x|) = \ln(x)$ bereits gezeigt.
Für $x < 0$ ergibt es sich mithilfe der Kettenregel:
$[\ln(|x|)]' = [\ln(-x)]' = \frac{1}{-x} \cdot (-1) = \frac{1}{x}$

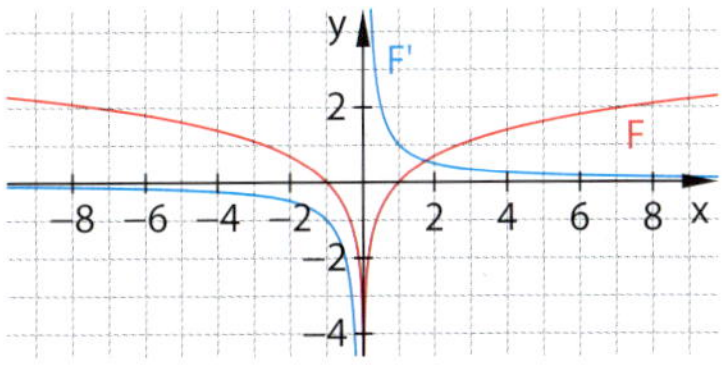

Satz **Stammfunktion zu $f(x) = \frac{1}{x}$**
Die Funktion F mit $F(x) = \ln(|x|)$ ist eine Stammfunktion der Funktion f mit $f(x) = \frac{1}{x}$ und $x \neq 0$.

Beispiel 2

Leiten Sie die Funktion f mit $f(x) = \ln(x^2 + 1)$ ab.

Lösung:

Wenden Sie die allgemeine Kettenregel an. Wählen Sie u mit $u(x) = \ln(x)$ als äußere Funktion und wenden Sie die Regel aus dem Satz zur Ableitung an.

$u(x) = \ln(x) \qquad u'(x) = \frac{1}{x}$

$v(x) = x^2 + 1 \qquad v'(x) = 2x$

$f'(x) = u'(v(x)) \cdot v'(x)$

$= \frac{1}{x^2+1} \cdot 2x = \frac{2x}{x^2+1}$

Beispiel 3

Berechnen Sie das Integral. a) $\int_3^6 \left(\frac{2}{3x} + 5\right) dx$ b) $\int_{-3}^{-1} -\frac{1}{2x} dx$

Lösung:

a) Klammern Sie den Term $\frac{1}{x}$ aus.
Da die Integrationsgrenzen positiv sind, können Sie F mit $F(x) = \ln(x)$ als Stammfunktion zu $f(x) = \frac{1}{x}$ verwenden.

$\int_3^6 \left(\frac{2}{3x} + 5\right) dx = \int_3^6 \left(\frac{2}{3} \cdot \frac{1}{x} + 5\right) dx$

$= \left[\frac{2}{3}\ln(x) + 5x\right]_3^6$

$= \frac{2}{3}\ln(6) + 30 - \left(\frac{2}{3}\ln(3) + 15\right) \approx 15{,}46$

b) Klammern Sie den Term $\frac{1}{x}$ aus.
Achten Sie bei der Stammfunktion auf die Betragsstriche, da die Integrationsgrenzen negativ sind.

$\int_{-3}^{-1} -\frac{1}{2x} dx = \int_{-3}^{-1} -\frac{1}{2} \cdot \frac{1}{x} dx$

$= \left[-\frac{1}{2} \cdot \ln(|x|)\right]_{-3}^{-1}$

$= -\frac{1}{2}\ln(|-1|) - \left(-\frac{1}{2}\ln(|-3|)\right) \approx 0{,}549$

Hinweis

Für $x > 0$ ist F mit $F(x) = \ln(x)$ eine Stammfunktion zu $f(x) = \frac{1}{x}$, man kann also die Betragsstriche beim ln weglassen.

Basisaufgaben

5 Leiten Sie die Funktion f ab.

a) $f(x) = \ln(7x + 5)$ b) $f(x) = \ln(x^2 - 7x)$
c) $f(x) = \ln(x^3 + 2x) + x^2$ d) $f(x) = \ln(x^3 + x^2)$

6 Leiten Sie die Funktion f ab.

a) $f(x) = \ln(\sin(x))$ b) $f(x) = \sin(\ln(x))$ c) $f(x) = \ln(e^x)$ d) $f(x) = \ln(\sqrt{x})$
e) $f(x) = \sqrt{\ln(x)}$ f) $f(x) = \frac{1}{\ln(x)}$ g) $f(x) = \ln\left(\frac{1}{x}\right)$ h) $f(x) = \ln(\cos(x))$

7 Gegeben ist die natürliche Logarithmusfunktion f mit $f(x) = \ln(x)$.

a) Zeigen Sie, dass der Graph von f weder Extrem- noch Wendepunkte hat.
b) Begründen Sie rechnerisch das Monotonie- und Krümmungsverhalten von f.

8 Bestimmen Sie die Gleichung der Tangente und der Normale an den Graphen von f mit $f(x) = \ln(x)$ an der Nullstelle.

9 Berechnen Sie das Integral.

a) $\int_1^e \left(\frac{5}{x} + 11\right) dx$ b) $\int_2^4 \frac{1}{2x} dx$ c) $\int_{-7}^{-4} \frac{2}{9x} dx$ d) $\int_{-15}^{-2} \left(\frac{1}{6x} - x\right) dx$

10 Berechnen Sie das Integral mithilfe der linearen Kettenregel für Stammfunktionen.

a) $\int_4^{10} \frac{1}{x-3} dx$ b) $\int_5^{12} \frac{1}{3t-6} dt$ c) $\int_{\frac{9}{7}}^{\frac{e}{7}+\frac{8}{7}} \frac{2}{7x-8} dx$ d) $\int_1^5 \left(\frac{10}{6x+1} + e^{-x}\right) dx$

Weiterführende Aufgaben

11 Der Graph der Funktion f mit $f(x) = \ln(x)$ wächst sehr langsam. In einem Koordinatensystem mit der Längeneinheit 1 cm liegt ein Punkt des Graphen 25 cm über der x-Achse. Berechnen Sie, wie weit er von der y-Achse entfernt ist, und vergleichen Sie mit der Entfernung zwischen Erde und Mond (ca. 384 400 km).

12 **Stolperstelle:** Farin bestimmt den Term der Umkehrfunktion von f mit $f(x) = \ln(x) + 1$. Erklären Sie Farins Fehler und bestimmen Sie den richtigen Term: *Die Funktion f ist die um 1 nach oben verschobene ln-Funktion. Also gilt für die Umkehrfunktion $f^{-1}(x) = e^x - 1$.*

13 Finden Sie zwei Graphenpaare von Funktion und Ableitungsfunktion. Begründen Sie.

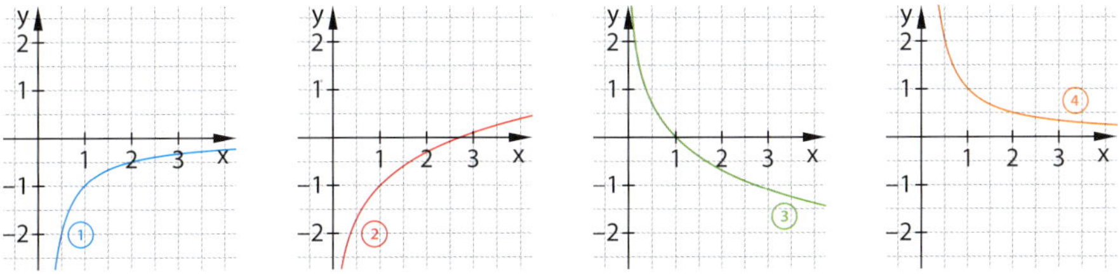

14 Berechnen Sie den Inhalt der farbigen Fläche zwischen den Graphen zu f mit $f(x) = \frac{4}{x}$ und g mit $g(x) = x$ sowie der x-Achse im Bereich $0 \leq x \leq 7$ exakt.

15 Berechnen Sie das Integral. Teilen Sie dazu den Bruch in mehrere Brüche auf.

Beispiel: $\int_1^2 \frac{x^2+2}{x}\,dx = \int_1^2 \left(\frac{x^2}{x} + \frac{2}{x}\right) dx = \int_1^2 \left(x + 2 \cdot \frac{1}{x}\right) dx = \left[\frac{1}{2}x^2 + 2 \cdot \ln(x)\right]_1^2 \approx 2{,}89$

a) $\int_{0,5}^{3,2} \frac{x^3-5}{x}\,dx$ b) $\int_4^6 \frac{2x^3-5x^2+x-1}{x^2}\,dx$ c) $\int_{-5}^{-3} \frac{2x^3-7x^2}{5x^3}\,dx$ d) $\int_6^{e+5} \frac{x-4}{x-5}\,dx$

16 Gegeben ist die Funktion f mit $f(x) = -0{,}75e \cdot \ln(x) + 3$.

a) Bestimmen Sie die Tangente an der Stelle $x = e$.

b) Die Tangente aus a) und die Koordinatenachsen bilden ein rechtwinkliges Dreieck. Zeigen Sie, dass die Hypotenuse dieses Dreiecks 5 LE lang ist.

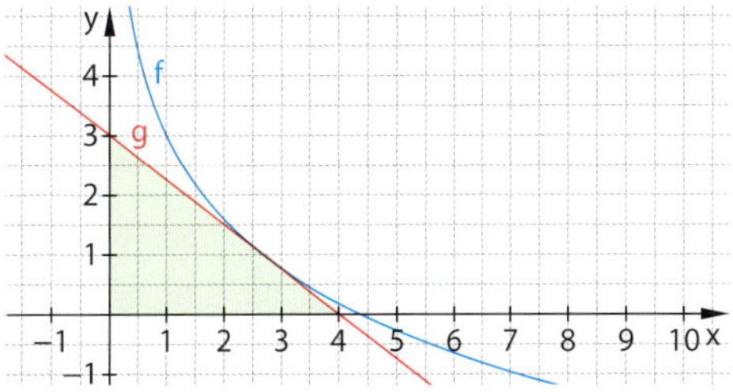

17 Gegeben ist die Funktion f mit $f(x) = \ln(ax)$ und dem reellen Parameter $a > 0$.

a) Zeigen Sie, dass der Wert von a keinen Einfluss auf die Ableitung von f hat.

b) Stellen Sie den Graphen von f für verschiedene Werte von a mit einer Mathematik-Software dar. Untersuchen Sie den Einfluss von a auf die Gestalt des Graphen.

c) Begründen Sie mithilfe der Logarithmusgesetze Ihre Ergebnisse aus a) und b).

18 Der Luftdruck nimmt mit zunehmender Höhe ab. Die Funktion f mit $f(x) = 1013{,}25 \cdot e^{-0{,}000129 \cdot x}$ beschreibt näherungsweise den Luftdruck in hPa (Hektopascal) in einer Höhe von x Metern über dem Meeresspiegel.

a) Ermitteln Sie die Umkehrfunktion zu f, die die Höhe über dem Meeresspiegel in Abhängigkeit vom vorherrschenden Luftdruck beschreibt.

b) Berechnen Sie, auf welcher Höhe über dem Meeresspiegel ein Luftdruck von 750 hPa herrscht.

19 Gegeben sind die Funktionen f mit $f(x) = \ln(x)$ und g mit $g(x) = -\ln\left(\frac{1}{x}\right)$.

a) Zeigen Sie, dass beide Funktionen identisch sind.

b) Bilden Sie die Ableitung der Funktion g.

c) Geben Sie mit möglichst wenig Rechenaufwand eine Ableitung der Funktion h mit $h(x) = \ln\left(\frac{1}{2x^3}\right)$ an. Beschreiben Sie Ihr Vorgehen.

20 a) Ermitteln Sie, für welches a die Funktion f mit $f(x) = \ln(x^a)$ an der Stelle $x = 3$ die Steigung 4 hat.

b) Berechnen Sie den Wert von $a \in \mathbb{R}$ mit $a \leq -0{,}5$, für den der abgebildete Graph der Funktion f mit $f(x) = -\frac{1}{x}$ mit der x-Achse im Intervall $[a; -0{,}5]$ eine Fläche von 2,5 FE einschließt.

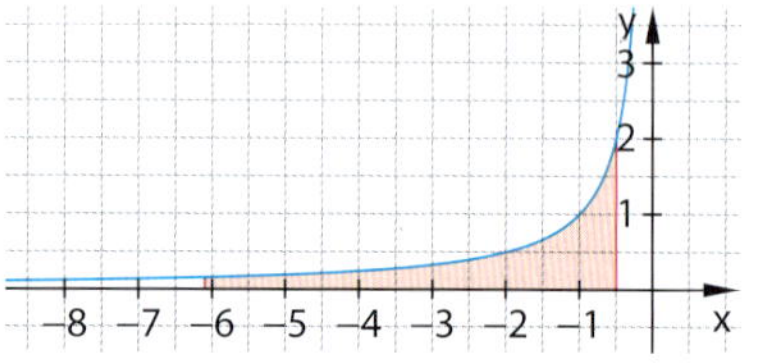

c) Untersuchen Sie, für welche Werte von $a \in \mathbb{R}$ der Graph der Funktion f mit $f(x) = \frac{a}{x}$ mit der x-Achse im Intervall $[1; 2]$ eine Fläche von 5,545 FE einschließt.

21 Gegeben ist die Funktionenschar f_a mit $f_a(x) = a \cdot \ln(x^2 + a)$ und $a \neq 0$.

a) Bestimmen Sie den Definitionsbereich von f_a in Abhängigkeit von a.

b) Ermitteln Sie, für welche a die Funktion f_a Nullstellen hat, und geben Sie diese an.

c) Untersuchen Sie, für welche Werte von a der Graph von f_a Extrempunkte oder Wendepunkte hat, und berechnen Sie diese.

d) Zeichnen Sie mithilfe einer geeigneten Mathematiksoftware verschiedene Graphen von f_a. Beschreiben Sie, welche von a abhängigen verschiedenen Typen von Graphen erkennbar sind.

22 Eine Funktion g sei auf einem Intervall differenzierbar und ungleich 0.

a) Zeigen Sie, dass für die Funktion f mit $f(x) = \ln(|g(x)|)$ gilt: $f'(x) = \frac{g'(x)}{g(x)}$.

b) Berechnen Sie die Integrale mithilfe von a).

① $\int_0^1 \frac{8}{4x+5}\,dx$ ② $\int_{-\frac{\pi}{3}}^{\frac{\pi}{3}} \frac{\sin(x)}{\cos(x)}\,dx$ ③ $\int_2^4 \frac{e^x - 3x^2}{e^x - x^3}\,dx$ ④ $\int_{-2}^{2} \frac{3x}{(x+3)(x-3)}\,dx$

23 Ausblick: Eine Reihe ist eine Summe unendlich vieler Summanden.

a) Zeigen Sie durch Umformen und Anwenden der Logarithmusgesetze, dass die Summe $\sum_{n=2}^{4} \ln\left(1 - \frac{1}{n^2}\right) = \ln\left(1 - \frac{1}{2^2}\right) + \ln\left(1 - \frac{1}{3^2}\right) + \ln\left(1 - \frac{1}{4^2}\right)$ den Wert $\ln\left(\frac{5}{8}\right)$ ergibt.

b) Berechnen Sie wie in a) die folgenden Summen: $\sum_{n=2}^{6} \ln\left(1 - \frac{1}{n^2}\right)$ und $\sum_{n=2}^{8} \ln\left(1 - \frac{1}{n^2}\right)$

c) Beschreiben Sie, wie sich der Wert verändert, und geben Sie ohne Rechnung den Wert für $\sum_{n=2}^{10} \ln\left(1 - \frac{1}{n^2}\right)$ und $\sum_{n=2}^{12} \ln\left(1 - \frac{1}{n^2}\right)$ an.

d) Begründen Sie, dass die unendliche Reihe $\sum_{n=2}^{\infty} \ln\left(1 - \frac{1}{n^2}\right)$ den Wert $\ln\left(\frac{1}{2}\right)$ hat.

7.5 Exponentielles Wachstum

Eine Population von 500 Meerschweinchen wächst jedes Jahr um 20 %. Stellen Sie eine Funktionsgleichung auf, die das Wachstum beschreibt. Begründen Sie, ob man damit sinnvoll die Zahl der Meerschweinchen nach beliebig vielen Jahren bestimmen kann.

Viele Wachstumsvorgänge im Alltag lassen sich durch Exponentialfunktionen beschreiben. Da man jede Potenz auch als Potenz mit der Basis e schreiben kann, lassen sich alle Exponentialfunktionen auf die natürliche Exponentialfunktion zurückführen. Damit lassen sich die Wachstumsgeschwindigkeiten verschiedener Vorgänge einfacher vergleichen.

Wegen $a = e^{\ln(a)}$ erhält man für eine Exponentialfunktion f mit $f(x) = b \cdot a^x$ die Darstellungsform $f(x) = b \cdot e^{k \cdot x}$ mit $k = \ln(a)$.
Damit lassen sich allgemeine Formeln für die Verdopplungs- bzw. Halbwertszeit herleiten, also die Zeit, in der sich ein Bestand verdoppelt bzw. halbiert:

Verdopplungszeit T_V
$f(T_V) = b \cdot e^{k \cdot T_V} = 2b$

$\Leftrightarrow T_V = \frac{\ln(2)}{k}$

Halbwertszeit T_H
$f(T_H) = b \cdot e^{k \cdot T_H} = \frac{1}{2}b$

$\Leftrightarrow T_H = \frac{\ln\left(\frac{1}{2}\right)}{k}$

Hinweis

Mit den Logarithmusgesetzen ergibt sich: $T_H = -\frac{\ln(2)}{k}$

Wissen

Die Funktion f mit $f(t) = b \cdot e^{k \cdot t}$ und $k \neq 0$ beschreibt einen exponentiellen Wachstumsprozess eines Bestandes. $b = f(0)$ ist der **Anfangsbestand** zum Zeitpunkt $t = 0$ und k die **Wachstumskonstante**.

exponentielle Zunahme: $k > 0$

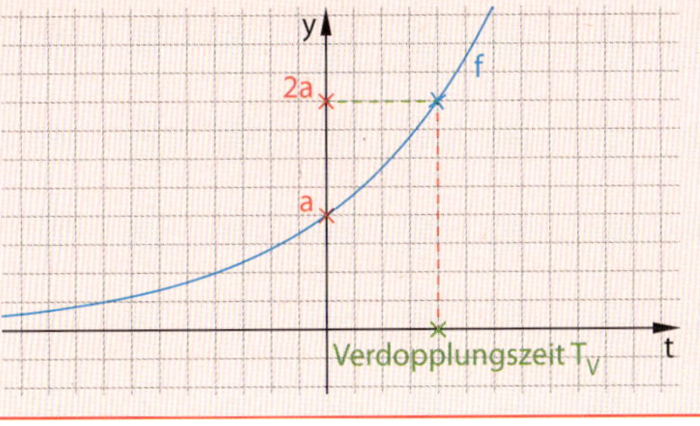

exponentielle Abnahme: $k < 0$

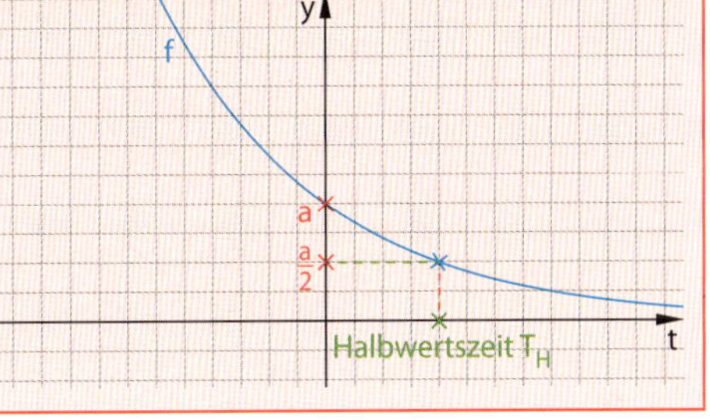

Beispiel 1

Die Funktion f mit $f(t) = 1000 \cdot 1{,}15^t$ beschreibt die Zahl der Tiere auf einer Insel nach t Jahren.
a) Bestimmen Sie den Bestand nach 7 Monaten.
b) Bestimmen Sie den Zeitpunkt t, zu dem der Bestand von 5000 Tieren erreicht wird.
c) Berechnen Sie die Verdopplungszeit und interpretieren Sie den Wert.

Hinweis zu a)

Sie können den Bestand auch mit der gegebenen Funktionsgleichung berechnen.

Lösung:
a) Führen Sie die Funktion zunächst auf die e-Funktion zurück. $f(t) = 1000 \cdot e^{\ln(1{,}15) \cdot t} \approx 1000 \cdot e^{0{,}14t}$
Setzen Sie dann $t = \frac{7}{12}$ in den Funktionsterm ein und berechnen Sie. $f\left(\frac{7}{12}\right) = 1000 \cdot e^{0{,}14 \cdot \frac{7}{12}} \approx 1085$

b) Setzen Sie in der Funktionsgleichung 5000 für f(t) ein und lösen Sie die Gleichung nach t auf.

$5000 = 1000 \cdot e^{0{,}14t} \quad |:1000$
$5 = e^{0{,}14t} \quad |\ln$
$\ln(5) = 0{,}14t \quad |:0{,}14$
$t = \frac{\ln(5)}{0{,}14} \approx 11{,}5$, also Zeitpunkt 11,5 Jahre

c) Setzen Sie den Wachstumsfaktor $k = 0{,}14$ in die Formel für T_V ein und interpretieren Sie das Ergebnis.

$T_V = \frac{\ln(2)}{k} = \frac{\ln(2)}{0{,}14} \approx 4{,}95$
Alle 4,95 Jahre verdoppelt sich die Anzahl der Tiere auf der Insel.

Beispiel 2 Einem Patienten werden 5 mg eines Medikaments verabreicht. Das Medikament wird vom Körper exponentiell abgebaut. Stellen Sie eine Funktionsgleichung mit der Basis e auf, die die Menge des Medikaments im Blut des Patienten beschreibt, wenn
a) die Menge des Medikamentes im Blut pro Stunde um 15 % abnimmt,
b) nach 2 Stunden noch 3,2 mg im Blut sind.

Lösung:

a) Bestimmen Sie den Wachstumsfaktor a. Berechnen Sie die Wachstumskonstante k als ln(a). Setzen Sie k und den Anfangsbestand $b = f(0)$ in die allgemeine Funktionsgleichung ein.

Wachstumsfaktor: $a = 1 - 0{,}15 = 0{,}85$
Wachstumskonstante: $k = \ln(0{,}85) \approx -0{,}163$
Anfangsbestand: $b = f(0) = 5$
$f(t) = 5e^{-0{,}163t}$

b) Setzen Sie die Angaben $t = 2$ und $f(t) = 3{,}2$ und den Anfangsbestand $b = 5$ in die allgemeine Funktionsgleichung ein. Lösen Sie die Gleichung nach k auf.

$3{,}2 = 5 \cdot e^{k \cdot 2} \quad |:5$
$0{,}64 = e^{k \cdot 2} \quad |\ln$
$\ln(0{,}64) = k \cdot 2 \quad |:2$
$k = \frac{\ln(0{,}64)}{2} \approx -0{,}223$
$f(t) = 5e^{-0{,}223t}$

Basisaufgaben

1 Entscheiden Sie, ob eine exponentielle Zu- oder Abnahme vorliegt. Geben Sie den Anfangsbestand an und berechnen Sie den Bestand zum gegebenen Zeitpunkt t.

a) $f(t) = 3 \cdot e^{0{,}65 \cdot t}$; $t = 4$
b) $f(t) = 25 \cdot e^{-0{,}2 \cdot t}$; $t = 3{,}5$
c) $f(t) = 4 \cdot e^{2{,}7 \cdot t}$; $t = 3$
d) $f(t) = 2{,}7 \cdot e^{1{,}2 \cdot t}$; $t = 0{,}5$

2 a) Ordnen Sie den Wachstumsfunktionen f, g, h und i die Graphen ①–④ zu.

$f(t) = 2 \cdot e^{0{,}087 \cdot t}$ $g(t) = 2 \cdot e^{-0{,}231 \cdot t}$

$h(t) = 2 \cdot e^{-0{,}116 \cdot t}$ $i(t) = 2 \cdot e^{0{,}139 \cdot t}$

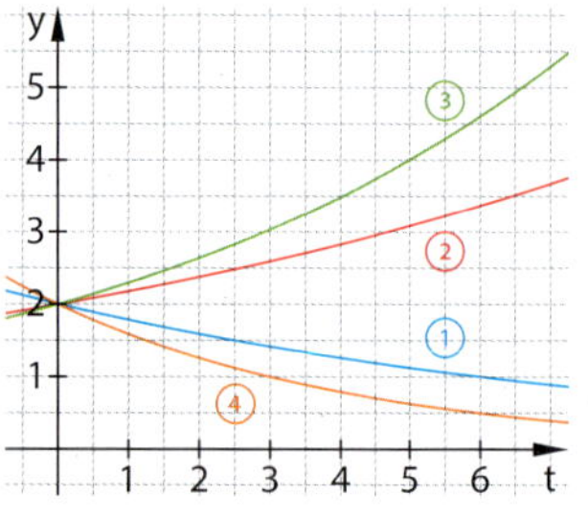

b) Lesen Sie zu den Wachstumsfunktionen aus a) die Verdopplungs- bzw. die Halbwertszeit aus dem Graphen ab. Berechnen Sie die Werte und vergleichen Sie.

3 Ein Patient erhält 7,5 mg eines Narkosemittels, von dem stündlich 14 % abgebaut werden.
a) Bestimmen Sie eine Funktion f mit $f(t) = b \cdot e^{k \cdot t}$, welche die Menge des Narkosemittels im Blut nach t Stunden beschreibt.
b) Bestimmen Sie die Menge des Mittels im Blut nach 5 Stunden und nach 40 Minuten.
c) Bestimmen Sie den Zeitpunkt t, zu dem die Menge an Narkosemittel unter 1 mg fällt.
d) Berechnen Sie die Halbwertszeit und deuten Sie diese im Sachzusammenhang.

4 In einem großen Garten sind 1,5 m^2 Unkraut. 10 Tage später sind es bereits 2 m^2.
a) Stellen Sie eine Funktionsgleichung zur Situation auf.
b) Bestimmen Sie die Größe der von Unkraut bewachsenen Fläche nach 14 Tagen.
c) Berechnen Sie, nach wie vielen Tagen 3 m^2 von Unkraut bewachsen sein werden.
d) Bestimmen Sie die Verdopplungszeit und deuten Sie diese im Sachzusammenhang.

5 Beschreiben Sie den exponentiellen Wachstumsprozess durch eine Funktionsgleichung mit der Basis e.

a) Zu Beginn sind es 100 Zellen, die Anzahl verdreifacht sich jede Stunde.

b) Eine Algenfläche von 5 m^2 vergrößert sich jeden Tag um 16 %.

c) Der Wert eines 20 000 € teuren Neuwagens sinkt jährlich um 20 %.

d) Anfangs 13 cm hoch, nach 22 Tagen 48 cm hoch

e) 4000 im Jahr 2010 und 500 im Jahr 2019

f) 1 Bakterie um 12 Uhr, Verdopplungszeit 3 Stunden

g) Zu Beginn sind es 200 mg, alle zwei Tage halbiert sich die Menge.

Wachstumsgeschwindigkeit

Häufig interessiert man sich bei einem exponentiellen Wachstumsvorgang dafür, wie sich ein Bestand zu einem bestimmten Zeitpunkt verändert. Dazu berechnet man die Änderungsrate.

Wissen

Beschreibt die Funktion f mit $f(t) = b \cdot e^{k \cdot t}$ das exponentielle Wachstum eines Bestandes, so gibt $f'(t)$ die **Wachstumsgeschwindigkeit** zum Zeitpunkt t an.
Es gilt $f'(t) = b \cdot k \cdot e^{k \cdot t} = k \cdot f(t)$. Die Wachstumsgeschwindigkeit ist proportional zum Bestand und verhält sich somit auch exponentiell.

Beispiel 3 Die Vermehrung einer Bakterienkultur lässt sich durch die Funktion f mit $f(t) = 50e^{0{,}15t}$ beschreiben (t: Zeit in Stunden, f(t): Anzahl der Bakterien in Tausend).
a) Bestimmen Sie die Wachstumsgeschwindigkeit nach 4 Stunden.
b) Ermitteln Sie den Zeitpunkt, zu dem der Bestand um 15 000 Bakterien pro Stunde wächst.

Lösung:

a) Bestimmen Sie die erste Ableitung f′(t) und setzen Sie den Zeitpunkt t = 4 ein. Beachten Sie, dass f(t) die Anzahl in Tausend angibt.

$f'(t) = 50 \cdot 0{,}15 \cdot e^{0{,}15t} = 7{,}5e^{0{,}15t}$
$f'(4) = 7{,}5 \cdot e^{0{,}15 \cdot 4} \approx 13{,}666$
Die Wachstumsgeschwindigkeit beträgt nach 4 h etwa 13 666 Bakterien pro Stunde.

b) Setzen Sie die erste Ableitung f′(t) mit 15 gleich und lösen Sie die Gleichung nach t auf.

$15 = 7{,}5e^{0{,}15t} \quad |:7{,}5 \;|\ln$
$\ln(2) = 0{,}15t \quad |:0{,}15$
$t = \frac{\ln(2)}{0{,}15} \approx 4{,}62$
Der Zeitpunkt ist nach etwa 4,62 Stunden.

Beispiel 4 Die Wachstumsgeschwindigkeit einer Hefekultur lässt sich durch $f(t) = 3e^{0{,}3t}$ beschreiben (t in Tagen, f(t) in g pro Tag). Bestimmen Sie die absolute Zunahme der Hefekultur vom 3. Tag bis zum 7. Tag.

Lösung:

Die Wachstumsgeschwindigkeit gibt die Änderungsrate des Bestands an. Die Bestandsänderung ergibt sich mit dem Integral von f in den Grenzen 3 bis 7.

$\int_3^7 f(t)\,dt = \int_3^7 3e^{0{,}3t}\,dt$
$= [10e^{0{,}3t}]_3^7 \approx 57{,}07$
Die Hefekultur nimmt um etwa 57,07 g zu.

Basisaufgaben

6 Die Funktion f beschreibt einen Wachstumsprozess. Bestimmen Sie die Wachstumsgeschwindigkeit zum Zeitpunkt t.

a) $f(t) = 12e^{0,7 \cdot t}$ $t = 3$
b) $f(t) = 100e^{1,2 \cdot t}$ $t = 5,5$
c) $f(t) = 0,2e^{1,8 \cdot t}$ $t = 0,75$
d) $f(t) = e^{0,7 \cdot t}$ $t = 0$

7 Der Bestand einer Pilzkultur in Millionen lässt sich durch die Funktion f mit $f(t) = 7,5e^{0,3t}$ beschreiben. Dabei gibt t die Zeit in Wochen an.

a) Bestimmen Sie die Wachstumsgeschwindigkeit nach fünf Wochen und nach drei Tagen.
b) Bestimmen Sie den Zeitpunkt, zu dem sich die Pilzkultur mit einer Geschwindigkeit von 10 Millionen Pilzen pro Woche ausbreitet.
c) Ermitteln Sie die durchschnittliche Wachstumsgeschwindigkeit in der ersten Woche.

8 Ein Bestand vermehrt sich mit einer Wachstumsgeschwindigkeit f mit $f(t) = 10e^{0,1t}$.

a) Bestimmen Sie die Wachstumsgeschwindigkeit zum Zeitpunkt $t = 10$ und $t = 20$.
b) Bestimmen Sie die absolute Bestandsänderung in den Intervallen [1; 15] und [15; 20].
c) Begründen Sie, dass der Bestand durch die Funktion F mit $F(t) = 100e^{0,1t}$ beschrieben wird, wenn der Bestand exponentiell wächst.

9 Die Funktion f beschreibt die exponentiell zunehmende Anzahl an Läusen auf einer Pflanze in Abhängigkeit von der Zeit t in Wochen. Beschreiben Sie die Bedeutung der folgenden Ausdrücke im Sachzusammenhang.

a) $f(0)$
b) t mit $f(t) = 1000$
c) $f'(10)$
d) $\int_0^{10} f'(t)\,dt$
e) $f(0) + \int_0^{9} f'(t)\,dt$
f) t mit $f'(t) = 500$
g) $\frac{\int_5^{25} f'(t)\,dt}{20}$
h) $\frac{f(25) - f(5)}{20}$

Weiterführende Aufgaben

10 Die Verdopplungszeit T_V bei einem exponentiellen Wachstumsprozess gilt unabhängig vom Zeitpunkt.

a) Begründen Sie in diesem Zusammenhang die Gleichung $f(t + T_V) = 2 \cdot f(t)$.
b) Formulieren Sie eine analoge Gleichung für die Halbwertszeit T_H.
c) Begründen oder widerlegen Sie: Bei exponentiellem Wachstum haben der Wachstumsprozess und die zugehörige Wachstumsgeschwindigkeit die gleiche Verdopplungszeit.

11 **Stolperstelle:** Eine Pflanze ist zu Beginn 21 cm hoch. Sie wächst nach Zugabe eines besonderen Düngers um 10 % pro Tag. Erläutern Sie die Fehler.

a) *„In 5 Tagen beträgt die Zunahme 5 · 10 % = 50 %, also sind 5 Tage die Verdopplungszeit."*
b) Das Wachstum in cm/Tag wird durch $f(t) = 2 \cdot e^{0,095t}$ beschrieben.
$f(10) = 2 \cdot e^{0,095 \cdot 10} \approx 5,17$ Nach 10 Tagen ist die Pflanze 5,17 cm hoch.

12 Das Sumatra-Nashorn ist vom Aussterben bedroht: Im Jahr 2000 gab es noch etwa 300 Sumatra-Nashörner, 2019 waren es nur noch rund 80.

a) Stellen Sie eine Funktionsgleichung zur Situation auf.
b) Berechnen Sie, wie groß nach diesem Modell die Population der Sumatra-Nashörner 2030 sein wird. Bestimmen Sie auch die Wachstumsgeschwindigkeit zu diesem Zeitpunkt.
c) Beurteilen Sie, ob die Ergebnisse aus b) realistisch sind.

13 Bei einem exponentiellem Wachstumsprozess sind die Bestände $f(2) = 4{,}1$ und $f(6) = 30{,}1$ bekannt.

a) Die Karten zeigen Tims Weg zur Bestimmung der zugehörigen Funktionsgleichung. Bringen Sie die Schritte in eine sinnvolle Reihenfolge und begründen Sie die einzelnen Schritte.

① $a \cdot e^{k \cdot 6} = 30{,}1$; $a \cdot e^{k \cdot 2} = 4{,}1$

② $f(t) = a \cdot e^{0{,}498t}$

③ $f(t) = 1{,}517 \cdot e^{0{,}498t}$

④ $e^{k \cdot 4} = \frac{30{,}1}{4{,}1} \approx 7{,}341$

⑤ $k = \frac{\ln(7{,}341)}{4} \approx 0{,}498$

⑥ $30{,}1 = a \cdot e^{0{,}498 \cdot 6}$; $a \approx 1{,}517$

b) Carolin: *„Als Ansatz wähle ich $f(t) = 4{,}1 \cdot e^{k \cdot (t-2)}$. Dann setze ich $t = 6$ und $f(t) = 30{,}1$ ein und löse nach k auf."* Zeigen Sie, dass auch Carolin $k = 0{,}498$ erhält.

c) Erläutern Sie, warum die Funktionsgleichungen aus a) und b) äquivalent sind.

d) Bestimmen Sie mit der Methode von Tim oder von Carolin jeweils eine exponentielle Wachstumsfunktion.

① $f(3) = 23{,}7$; $f(6) = 225$ ② $f(2) = 4{,}4$; $f(4) = 48{,}6$ ③ $f(1) = 4{,}9$; $f(10) = 29{,}5$

e) Manche digitale Hilfsmittel können auch nichtlineare Gleichungssysteme lösen. Überprüfen Sie mit einem solchen Hilfsmittel Ihre Ergebnisse aus d).

14 Bei der Reaktorkatastrophe von Tschernobyl 1986 trat Cäsium-137 in großen Mengen aus. Pro Jahr nimmt die Strahlung von Cäsium-137 um ca. 2,28 % ab.

a) Stellen Sie eine Funktionsgleichung zur Situation auf.

b) Berechnen Sie die Halbwertszeit von Cäsium-137.

c) Berechnen Sie, wann von 100 g Cäsium-137 nur noch 25 g übrig sind.

d) Berechnen Sie die Zerfallsgeschwindigkeit von 100 g Cäsium-137 nach 25 Jahren.

15 Im Jahr 1935 wurden in Australien 102 Aga-Kröten zur Schädlingsbekämpfung ausgesetzt. Ihr Bestand wächst jährlich um 20 %.

a) Berechnen Sie den Bestand 1, 2 und 10 Jahre nach dem Aussetzen der Kröten.

b) Berechnen Sie, in welchem Jahr es etwa eine Million Aga-Kröten in Australien gab.

c) Berechnen Sie die Verdopplungszeit des Bestandes.

d) Berechnen Sie, wie viele Kröten man 1935 hätte aussetzen müssen, um erst im Jahr 2000 eine Million Kröten in Australien zu haben.

e) Berechnen Sie die Wachstumsgeschwindigkeit des Bestandes nach 10 Jahren und nach 80 Jahren. Beurteilen Sie das Ergebnis im Sachzusammenhang.

16 Im Jahr 2012 lebten 1 410 000 Menschen in München, 567 000 in Essen und 598 000 in Stuttgart. Von 2012 bis 2021 wuchs die Bevölkerung in München um rund 10,7 %, in Essen nur um rund 3,8 % und in Stuttgart um 1,8 %.

a) Bestimmen Sie die Wachstumsgeschwindigkeiten der Bevölkerungszahlen im Jahr 2021.

b) Bestimmen Sie das Jahr, in dem München um 100 000 Bürger und Bürgerinnen pro Jahr wächst. Beurteilen Sie das Ergebnis im Sachzusammenhang.

c) Beurteilen Sie, ob man aus den Angaben die Einwohnerzahl Münchens 2100 treffend vorhersagen kann.

Hinweis zu 17

Die **prozentuale Wachstumsrate** gibt an, um wie viel Prozent sich der Funktionswert in einer Zeiteinheit ändert.

17 Beschreiben Sie Ihrem Nachbarn eine passende Sachsituation, in der die Funktion f einen exponentiellen Wachstumsprozess modelliert. Verwenden Sie dabei die Begriffe „prozentuale Wachstumsrate" und „Halbwerts- oder Verdopplungszeit".

a) $f(x) = 350 \cdot e^{-0{,}2x}$ b) $f(x) = 3{,}5 \cdot e^{0{,}2x}$

Hinweis zu 18

Einheit des Luftdrucks:
1 hPa (Hektopascal)

18 Der Luftdruck nimmt mit der Höhe ab. Die Änderungsrate wird durch die Funktion f mit $f(x) = -124{,}6 \cdot e^{-0{,}123x}$ beschrieben (x: Höhe über dem Meeresspiegel in km, f(x): Luftdruck in hPa/km).

a) Bestimmen Sie, um wie viel hPa der Luftdruck abnimmt, wenn man sich vom Meeresspiegel aus in 3000 m Höhe begibt.

b) Der Luftdruck in 100 m Höhe über dem Meeresspiegel beträgt 1000,62 hPa. Ermitteln Sie eine Funktion, die den Luftdruck in Abhängigkeit von der Höhe angibt.

c) Prüfen Sie, ob der Luftdruck exponentiell mit der Höhe abnimmt.

19 Im „Internet der Dinge" gab es 2009 etwa 6,5 Milliarden mit dem Internet verbundene Geräte weltweit. Die Tabelle zeigt die Entwicklung in den folgenden Jahren.

Jahr	2012	2014	2016	2018	2020
Geräte in Milliarden	8,7	14,2	22,9	34,8	50,1

a) Erläutern Sie den Begriff „Internet der Dinge". Recherchieren Sie gegebenenfalls.

b) Zeigen Sie, dass näherungsweise ein exponentielles Wachstum vorliegt, und stellen Sie eine passende Wachstumsfunktion auf.

c) Recherchieren Sie, wie Sie mit einer Mathematik-Software eine exponentielle Regression durchführen können. Bestimmen Sie damit eine Funktionsgleichung zu den Daten und vergleichen Sie mit Ihrem Ergebnis aus b).

d) Stellen Sie eine Vermutung auf, wie lange sich das exponentielle Wachstum noch fortsetzen wird, und begründen Sie Ihre Einschätzung.

20 In Smartphones sind oft Lithium-Ionen-Akkus verbaut. Die Akkus verlieren im Durchschnitt nach 2 Jahren die Hälfte ihrer Kapazität, wenn sie stets zu 100 % aufgeladen werden.

a) Ermitteln Sie eine Funktionsgleichung, die die zeitliche Veränderung der Kapazität eines Akkus beschreibt, wenn dieser stets voll aufgeladen wird.

b) Bestimmen Sie, wann das Smartphone nur noch zu 30 % geladen werden kann.

c) Beim optimierten Laden wird das Handy bei jedem Ladevorgang nur teilweise aufgeladen. Dadurch büßt der Akku erst nach 3 Jahren die Hälfte seiner Kapazität ein. Der Akku eines gebrauchten Smartphones weist nur noch 80 % seiner ursprünglichen Kapazität auf und wird von nun an nur noch optimiert geladen. Entscheiden Sie begründet, welche der Funktionsgleichungen den Sachverhalt beschreibt.

① $g(t) = 80 \cdot e^{\frac{\ln(0{,}5)}{1095} \cdot t}$ ② $g(t) = 100 \cdot e^{\frac{\ln(0{,}5)}{1095} \cdot t}$ ③ $g(t) = 80 \cdot e^{-0{,}000633 \cdot t}$

d) Berechnen Sie, wann ein Akku, der immer vollständig aufgeladen wird, und ein Akku, der stets optimiert geladen wird, die gleiche Kapazität haben.

21 Ausblick: Die Wachstumsgeschwindigkeit einer Läusepopulation aus 1000 Läusen wächst pro Tag immer ① um 500 Läuse, ② um 5 % der aktuellen Läusepopulation.

a) Stellen Sie für beide Wachstumsprozesse eine Gleichung für die Größe der Läusepopulation auf.

b) Untersuchen Sie, zu welchem Zeitpunkt die Populationen gleich groß sind und zu welchem Zeitpunkt die Wachstumsgeschwindigkeiten gleich groß sind.

c) Erläutern Sie, dass der Wachstumsprozess ① oder ② die Gleichung $f'(t) = k \cdot f(t)$ mit einer Konstanten k erfüllt. Bestimmen Sie den passenden Wert für k.

d) Untersuchen Sie, welcher Funktionstyp allgemein die Gleichung aus c) erfüllt.

7.6 Begrenztes Wachstum

Die Grafik zeigt den Absatz an Smartphones in Deutschland in den Jahren seit 2009.

a) Beschreiben Sie den Verlauf in eigenen Worten. Gehen Sie dabei insbesondere auf Unterschiede zu bisherigen Wachstumsmodellen ein.

b) Nennen Sie inhaltliche Gründe, warum sich der Absatz scheinbar einer Grenze annähert.

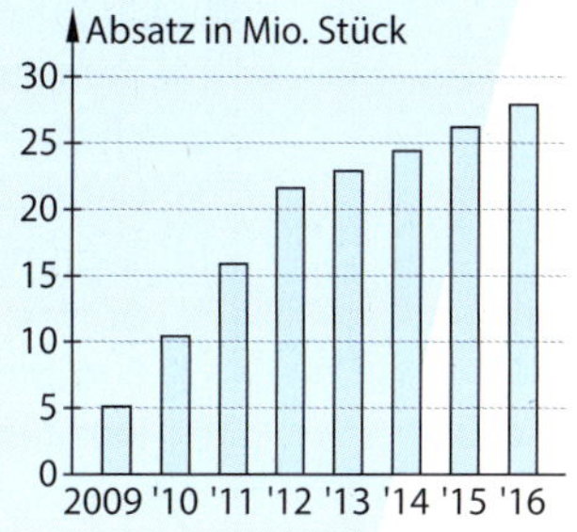

Viele Wachstumsprozesse sind nicht unbegrenzt. Vielmehr gibt es eine natürliche Grenze, welche nicht über- oder unterschritten werden kann. In solchen Fällen spricht man von einem **begrenzten Wachstum.**

Beispielsweise erwärmt sich 2 °C kalter Orangensaft bei einer Raumtemperatur von 21 °C zwar immer weiter, kann aber nicht wärmer als 21 °C werden.
Die Tabelle zeigt, dass die Differenz $d(t)$ zwischen der Raumtemperatur 21 °C und der Safttemperatur $f(t)$ zu Beginn 19 °C beträgt und sich dann in jeder Minute um den Faktor 0,87 ändert. Die Temperaturdifferenz nimmt also exponentiell ab.
Für die Temperaturdifferenz gilt:
$d(t) = 19 \cdot 0{,}87^t = 19 \cdot e^{\ln(0{,}87) \cdot t} \approx 19\,e^{-0{,}139t}$

Für die Safttemperatur folgt:
$f(t) = 21 - d(t) \approx 21 - 19e^{-0{,}139t}$

Die Safttemperatur nähert sich der **Grenze** von 21 °C beliebig dicht von unten an, ohne sie zu erreichen. Man sagt, sie nähert sich der Grenze **asymptotisch.**
Dabei wird die Wachstumsgeschwindigkeit immer geringer, sie strebt gegen 0.

Zeit t in min	0	1	2	3	4
Temperatur f(t) in °C	2	4,5	6,7	8,5	10,1
Differenz in °C d(t) = 21 – f(t)	19	16,5	14,3	12,5	10,9

·0,87 ·0,87 ·0,87 ·0,87

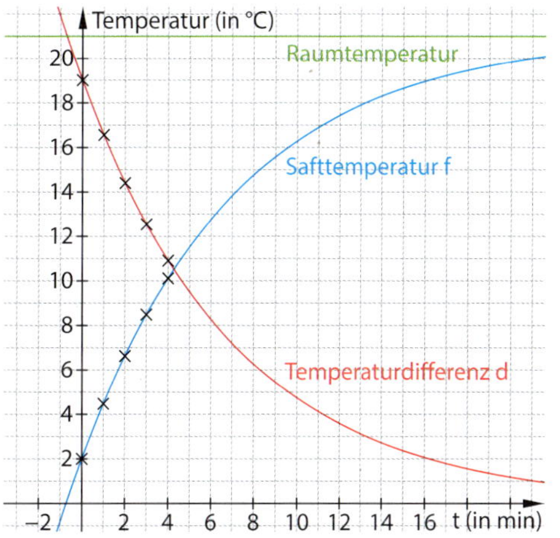

Beim begrenzten Wachstum nimmt die Differenz $d(t)$ zwischen der Grenze S und dem Bestand $f(t)$ exponentiell ab, sodass $d(t) = (S - f(0)) \cdot e^{-k \cdot t}$ mit $k > 0$ gilt.
Aus $d(t) = S - f(t)$ folgt für den Bestand $f(t) = S - \mathbf{d(t)} = S - (S - f(0)) \cdot e^{-k \cdot t}$.

Wissen **Begrenztes Wachstum**

Die Funktion f mit $f(t) = S - (S - a) \cdot e^{-k \cdot t}$ und $k > 0$ beschreibt einen begrenzten Wachstumsprozess eines Bestands.
$a = f(0)$ ist der **Anfangsbestand** zum Zeitpunkt $t = 0$. Der Graph von f nähert sich **asymptotisch** einer **Grenze** S an.
$a > S$: **begrenzte Abnahme** (Annäherung von oben)
$a < S$: **begrenzte Zunahme** (Annäherung von unten)

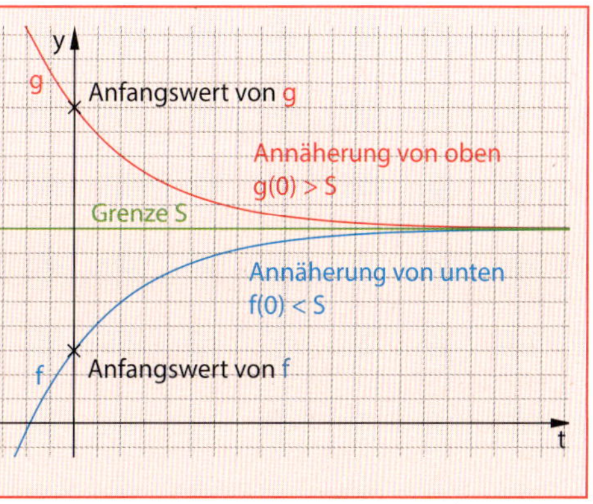

Beispiel 1 **Werte bei Funktion zu begrenztem Wachstum bestimmen**

Die Temperatur von Wasser in einem Glas in Abhängigkeit der Zeit t in Minuten lässt sich durch die Funktion f mit $f(t) = 35 - 20e^{-0,15t}$ beschreiben.

a) Geben Sie die Grenze und die Anfangstemperatur an.

b) Begründen Sie anhand des Funktionsterms, dass die Temperatur stets kleiner ist als die Grenze, sich aber asymptotisch der Grenze nähert.

c) Bestimmen Sie den Zeitpunkt, zu dem die Wassertemperatur 20 °C erreicht.

d) Bestimmen Sie den Zeitpunkt, an dem die Wachstumsgeschwindigkeit $0,75\,\frac{°C}{min}$ ist.

Lösung:

a) Die Grenze S und die Anfangstemperatur a ergeben sich durch einen Vergleich der allgemeinen mit der hier konkret vorgegebenen Funktionsgleichung.

$f(t) = S - (S - a) \cdot e^{-k \cdot t}$
$f(t) = 35 - 20 \cdot e^{-0,15 \cdot t}$ $S = 35$
$20 = S - a = 35 - a$, also $a = 15$
Grenze der Temperatur: 35 °C
Anfangstemperatur: 15 °C

b) Der Ausdruck $d(t) = 20 \cdot e^{-0,15 \cdot t}$ beschreibt die Differenz zwischen der Grenze S und der Temperatur f(t). Die Differenz d(t) ist immer positiv und sie nimmt exponentiell ab.

$f(t) = \underbrace{35}_{\text{Grenze}} - \underbrace{20 \cdot e^{-0,15t}}_{\text{exponentiell abnehmende Diferenz zur Grenze}}$

Da die Differenz d(t) von der Grenze S subtrahiert wird, ist die Temperatur f(t) stets kleiner als die Grenze. d(t) strebt für $t \to \infty$ gegen 0 und f(t) gegen S.

c) Setzen Sie in der Funktionsgleichung 20 für f(t) ein und lösen Sie die Gleichung nach t auf.

$20 = 35 - 20e^{-0,15t}$ $|-35$ $|:(-20)$
$0,75 = e^{-0,15t}$ $|\ln$ $|:(-0,15)$
$t = \frac{\ln(0,75)}{-0,15} \approx 1,92$

Der Zeitpunkt ist etwa 1,92 min (1 min 55 s).

d) Bestimmen Sie für die Wachstumsgeschwindigkeit die erste Ableitung f′(t) und setzen Sie sie gleich 0,75. Lösen Sie die Gleichung nach t auf.

$f'(t) = -20 \cdot (-0,15) \cdot e^{-0,15t} = 3e^{-0,15t}$
$0,75 = 3e^{-0,15t}$ $|:3$
$0,25 = e^{-0,15t}$ $|\ln$ $|:(-0,15)$
$t = \frac{\ln(0,25)}{-0,15} \approx 9,24$

Der Zeitpunkt ist etwa 9,24 min (9 min 14 s).

Beispiel 2 **Funktion zu begrenztem Wachstum aufstellen**

Ein heißes Mikrowellenessen kommt mit 85 °C aus der Mikrowelle. Im Raum herrschen 23 °C. Nach 5 Minuten ist das Essen noch 65 °C warm.
Stellen Sie eine Funktion auf, welche den Wachstumsprozess beschreibt.

Lösung:

Die Raumtemperatur liefert die Grenze S = 23 und die Anfangstemperatur a = 85. Wenn Sie die Werte S = 23 und a = 85 in die allgemeine Funktionsgleichung einsetzen, erhalten Sie $f(t) = 23 + 62 \cdot e^{-k \cdot t}$.

allgemein: $f(t) = S - (S - a) \cdot e^{-k \cdot t}$
t: Zeit in Minuten   f(t): Temperatur in °C
$f(t) = 23 - (23 - 85) \cdot e^{-k \cdot t} = 23 + 62e^{-k \cdot t}$

Setzen Sie in diese Gleichung die Angaben t = 5 und f(t) = 65 ein und lösen Sie die Gleichung nach k auf.

$65 = 23 + 62e^{-k \cdot 5}$ $|-23$ $|:62$
$\frac{21}{31} = e^{-k \cdot 5}$ $|\ln$
$\ln\left(\frac{21}{31}\right) = -k \cdot 5$ $|:(-5)$
$k = \frac{\ln\left(\frac{21}{31}\right)}{-5} \approx 0,078$
$f(t) = 23 + 62e^{-0,078t}$

Basisaufgaben

1 Entscheiden Sie, ob die Gleichung eine begrenzte Zu- oder Abnahme beschreibt. Geben Sie die Grenze und den Anfangsbestand an. Berechnen Sie den Bestand zum angegebenen Zeitpunkt t.

a) $f(t) = 10 - 4 \cdot e^{-0{,}5t}; t = 6$ b) $f(t) = 5 + 30e^{-0{,}06t}; t = 8$ c) $f(t) = 7 - (7 - 2)e^{-0{,}1t}; t = 1$

2 Ordnen Sie den Wachstumsfunktionen f, g, h und i die Graphen ①–④ zu.

$f(t) = 20 + 10e^{-0{,}05t}$ $g(t) = 20 - 20e^{-0{,}05t}$

$h(t) = 20 - 10e^{-0{,}05t}$ $i(t) = 20 + 20e^{-0{,}05t}$

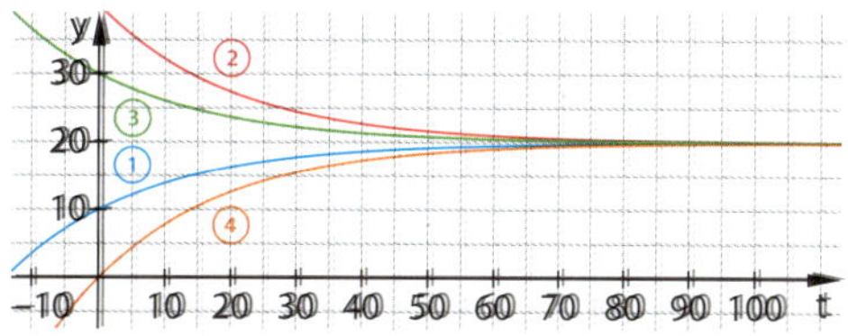

3 Die Funktion f mit $f(t) = 2000 - 1100e^{-0{,}1t}$ beschreibt den Tierbestand in einem Gebiet in Abhängigkeit von der Zeit t in Wochen.

a) Geben Sie die Grenze und den Anfangsbestand dieses Wachstumsprozesses an und deuten Sie diese im Sachzusammenhang.

b) Begründen Sie anhand des Funktionsterms, dass der Tierbestand stetig zunimmt und sich asymptotisch der Grenze nähert.

c) Bestimmen Sie den Zeitpunkt t, an dem der Tierbestand
① über 1500 Tiere steigt, ② um 50 Tiere/Monat zunimmt.

4 Beurteilen Sie, welche Art von Wachstum in der Situation vorliegt.

a) Anzahl der geimpften Personen in Deutschland während der Corona-Pandemie
b) Entwicklung eines Kapitals auf dem Sparbuch bei konstanten Zinsen
c) Höhe des Wasserstands in einem Regenfass bei gleichmäßig starkem Regen
d) Temperatur einer heißen Flüssigkeit beim Abkühlen in einem Kühlschrank
e) Entwicklung eines Vermögens bei konstanten monatlichen Ausgaben und ohne weitere Einnahmen

5 Eine Herde Wildpferde hat sich innerhalb von 5 Jahren von 200 auf 250 Tiere vergrößert. Da in der Natur kein unbegrenztes Wachstum möglich ist, soll angenommen werden, dass eine Anzahl von 1000 Tieren nie überschritten wird. Bestimmen Sie die Bestandsfunktion für die Anzahl der Tiere in der Herde.

a) Geben Sie an, wie viele Tiere nach 10 (nach 15) Jahren zu erwarten sind.
b) Geben Sie an, wann 95 % der Maximalanzahl erreicht sind.
c) Berechnen Sie, wie schnell die Anzahl der Tiere nach 8 Jahren anwächst.

6 Eine Tasse Tee mit einer Temperatur von 95 °C kühlt bei einer Zimmertemperatur von 20 °C innerhalb einer Viertelstunde auf 45 °C ab.

a) Bestimmen Sie eine Funktionsgleichung für eine Funktion f, die die Temperatur in Abhängigkeit von der Zeit t in Minuten beschreibt. Skizzieren Sie den Graphen von f.
b) Berechnen Sie die Temperatur nach 5 Minuten, nach 10 Minuten, nach einer halben und nach einer Stunde.
c) Untersuchen Sie, wie schnell die Temperatur nach 20 Minuten sinkt.
d) Bestimmen Sie den Zeitpunkt, an dem die Temperatur sich um 1 °C/min verändert.

Weiterführende Aufgaben

7 Die Graphen von f und g beschreiben begrenzte Wachstumsprozesse.

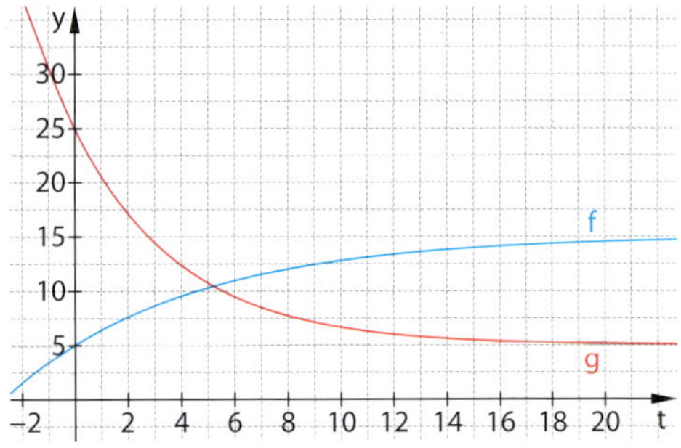

a) Beschreiben Sie bei beiden Graphen den zeitlichen Verlauf des Bestands. Verwenden Sie die Begriffe Anfangsbestand, Grenze und asymptotisch.

b) Nennen Sie zu jedem Graphen einen passenden Sachkontext.

c) Skizzieren Sie zu jedem Graphen im Heft die Wachstumsgeschwindigkeit.

8 **Stolperstelle:** Tim und Maike sprechen über einen begrenzten Wachstumsprozess, der durch die Gleichung $f(t) = 20 + 7e^{-0{,}04t}$ beschrieben wird. Beschreiben und korrigieren Sie die Fehler von Tim und Maike.

Tim:
„Die Grenze ist bei $S = 20$ und wird von unten angenähert, da der Anfangsbestand bei $a = 7$ ist."

Maike:
„Es handelt sich um eine begrenzte Abnahme. Für die Halbwertszeit ergibt sich $T_H = \frac{\ln(0{,}5)}{-0{,}04} \approx 17{,}33$."

9 Beurteilen Sie die Aussage über begrenztes Wachstum.

a) Der Anfangsbestand ist immer größer als 0.

b) Die Wachstumsgeschwindigkeit nähert sich mit zunehmender Zeit asymptotisch der Grenze S.

c) Je näher der Bestand an der Grenze liegt, desto weniger ändert sich der Bestand pro Zeiteinheit.

d) Die Wachstumsgeschwindigkeit ist bei begrenzter Zunahme immer positiv und bei begrenzter Abnahme immer negativ.

e) Jede Änderungsrate eines begrenzten Wachstumsmodells hat eine Halbwertszeit.

f) Der Bestand und die Änderungsrate sind bei einer Annäherung an die Grenze von oben proportional zueinander.

Hinweis

Mischtemperaturen ergeben sich aus den Anteilen, z. B. für $\frac{4}{5}$ Kaffee 50 °C und $\frac{1}{5}$ Milch 10 °C:
$\frac{4}{5} \cdot 50\,°C + \frac{1}{5} \cdot 10\,°C = 42\,°C$

10 Frisch gebrühter Kaffee hat eine Temperatur von 85 °C und kalte Milch aus dem Kühlschrank hat eine Temperatur von 8 °C. Bei einer Raumtemperatur von 20 °C nimmt die Temperaturdifferenz von Kaffee- bzw. Milchkaffeetemperatur zur Raumtemperatur pro Minute um etwa 15 % ab.

a) Peter trinkt seinen Milchkaffee mit $\frac{2}{3}$ Kaffee und $\frac{1}{3}$ Milch. Er möchte ihn in 5 Minuten trinken. Entscheiden Sie, bei welcher der beiden Varianten der Milchkaffee in 5 Minuten kälter ist.

① Er kann den Kaffee und die Milch sofort mischen und dann abkühlen lassen.

② Er kann den Kaffee erst abkühlen lassen und dann den kälteren Kaffee mit der Milch mischen.

b) Maik mischt immer sofort Kaffee und Milch im gleichen Verhältnis wie Peter. Untersuchen Sie, wie lange Maik warten muss, damit die Milchkaffeetemperatur 40 °C beträgt.

c) Carla mischt im gleichen Verhältnis immer direkt vor dem Trinken. Untersuchen Sie, wann sie die Milch hinzugeben muss, damit der Milchkaffee 40 °C hat.

11 Ein Onlineshop bietet drei Bonussysteme für die Anzahl an Bestellungen an.

① 5 Punkte für jeden Einkauf

② 1 Punkt für den ersten Einkauf, 2 Punkte für den zweiten Einkauf, 3 Punkte für den dritten Einkauf, …

③ 0,1 Punkte für den ersten Einkauf, Verdopplung der Gesamtpunktzahl bei jedem weiteren Einkauf.

a) Begründen Sie, bei welchem Bonussystem für die Punktzahl P in Abhängigkeit von n Einkäufen $P(n) = \frac{n \cdot (n+1)}{2}$ gilt. Bestimmen Sie entsprechende Funktionsgleichungen für die anderen beiden Bonussysteme.

b) Bei einem alternativen Bonussystem berechnet sich die Gesamtpunktzahl nach n Einkäufen mit $P(n) = 64 \cdot \left(1 - \frac{1}{2^n}\right)$. Beschreiben Sie die Veränderung der Punktzahl in Abhängigkeit von der Anzahl der Einkäufe.

c) Begründen Sie, bei welchem der vier Bonussysteme lineares, exponentielles bzw. begrenztes Wachstum vorliegt. Geben Sie im letzten Fall auch die Grenze an.

d) Die Kunden müssen sich bei der Registrierung für eines der Bonussysteme entscheiden. Untersuchen Sie, ab wie vielen Einkäufen sich welches Bonussystem für die Kunden rechnet. Skizzieren Sie hierfür die Graphen der in a) ermittelten Funktionen.

12 In einem gut klimatisierten Raum mit konstant 18 °C Umgebungstemperatur wird am Morgen eine Leiche entdeckt. Der Gerichtsmediziner misst eine Körperkerntemperatur von 23,5 °C. Eine Stunde später misst er wieder, dann sind es 20,8 °C. Ein gesunder Mensch hat eine Körperkerntemperatur von 36,8 °C. Ermitteln Sie, wann die Person gestorben ist.

13 Ein Wasserbehälter mit einem Fassungsvermögen von 3000 Litern ist randvoll gefüllt. Durch ein Leck auf der Höhe der 1000-Liter-Markierung nimmt das Volumen im Behälter ab. Die Abnahmegeschwindigkeit in Abhängigkeit von der Zeit t in Minuten kann dabei durch die Funktion f mit $f(t) = -60e^{-0{,}03t}$ beschrieben werden (f(t) in Liter/min).

a) Deuten Sie den Ausdruck $\int_0^5 f(t)dt = -278{,}6$ im Sachzusammenhang.

b) Berechnen Sie die Wassermenge, die zwischen der 2. und 10. Minute ausläuft.

c) Ermitteln Sie eine Funktion, die das Wasservolumen zur Zeit t beschreibt.

d) Bestimmen Sie den Zeitpunkt, zu dem sich das Volumen halbiert hat.

e) Erläutern Sie das asymptotische Verhalten der Abnahmegeschwindigkeit und der Volumenfunktion anhand der Funktionsgleichungen. Prüfen Sie für jede der beiden Funktionsgleichungen, ob sie begrenztes Wachstum beschreiben, und geben Sie gegebenenfalls die Grenze und den Anfangswert bei t = 0 an.

TK **14** **Ausblick:** Die Bevölkerungszahl in einem Land mit 60 Mio. Einwohner sinkt im Jahr um 1,5 %, allerdings nimmt das Land auch 500 000 Einwanderer pro Jahr auf.

B3 =B2*$D$2+$D$4

	A	B	C	D
1	Jahr	Bevölkerung (in Mio)		Rückgang
2	1	60		0,985
3	2	59,6		Zuwanderung
4	3	59,206		0,5
5	4	58,81791		
6	5	58,43564135		
7	6	58,05910673		
8	7	[illegible]		

a) Erklären Sie die Formel in Zelle B3.

b) Erstellen Sie eine Tabellenkalkulation und stellen Sie die Entwicklung grafisch dar.

c) Beschreiben Sie die Entwicklung anhand der Grafik.

d) Untersuchen Sie, wie viele Einwanderer das Land aufnehmen müsste, damit die Bevölkerungszahl konstant bleibt.

e) Bestimmen Sie die Gleichung einer Modellfunktion, die die Entwicklung beschreibt. Nehmen Sie kritisch Stellung zur Modellierung mit einer stufenlosen Funktion.

7.7 Differenzialgleichungen

Frank meint, er kennt alle der etwa 200 Staaten der Erde. 8 Minuten lang nennt er so viele wie möglich. Malte protokolliert die Anzahl der genannten Staaten pro Minute in einer Tabelle.

Minute	1	2	3	4	5	6	7	8
$\frac{\text{Staaten}}{\text{Minute}}$	33	28	23	19	16	13	11	10

a) Begründen Sie, inwieweit man die Daten der Tabelle als Änderungsrate deuten kann.
b) Erläutern Sie, inwieweit die Änderungsrate von der Zeit oder von der Anzahl der genannten bzw. der noch nicht genannten Staaten abhängt.

In vielen Sachzusammenhängen wie beispielsweise der Ausbreitung einer Grippewelle hängt die Ausbreitungsgeschwindigkeit vor allem von der Anzahl der Erkrankten ab. Somit ergeben sich Anforderungen an eine gesuchte Funktion, die den Zusammenhang zwischen der Funktion und einer ihrer Ableitungen beschreibt. Solche Zusammenhänge werden in einer **Differenzialgleichung** beschrieben.
Beim Lösen von Differenzialgleichungen ist es das Ziel, eine Funktion (oder eine Funktionenschar) zu finden, welche die Differenzialgleichung erfüllt.

Die Differenzialgleichung $f'(x) = -2 \cdot f(x)$ drückt beispielsweise aus, dass die Änderungsrate immer das (−2)-Fache des Funktionswerts ist. Ein solcher Zusammenhang besteht bei manchen Exponentialfunktionen.

Die Funktion f mit $f(x) = e^{-2x}$ ist eine Lösung der Differenzialgleichung $f'(x) = -2 \cdot f(x)$.

Für $f(x) = e^{-2x}$ gilt:
$f'(x) = -2 \cdot e^{-2x} = -2 \cdot f(x)$

Allgemein ist auch jede Funktion f mit $f(x) = c \cdot e^{-2x}$ und $c \in \mathbb{R}$ eine Lösung dieser Differenzialgleichung.

Für $f(x) = c \cdot e^{-2x}$ gilt:
$f'(x) = -2 \cdot c \cdot e^{-2x} = -2 \cdot f(x)$

In der Regel enthält die allgemeine Lösung einen Parameter und stellt eine Funktionenschar dar. Durch Vorgabe eines **Anfangswerts** erhält man nur eine Funktion als Lösung.

Anfangswert: $f(0) = 5$:
$f(0) = c \cdot e^{-2 \cdot 0} = 5$, also $c = 5$
Lösung für Anfangswert $f(0) = 5$:
$f(x) = 5 \cdot e^{-2x}$

Hinweis
Wenn man bei einer Differenzialgleichung für die gesuchte Funktion den Funktionswert an einer Stelle vorgibt, spricht man von einem **Anfangswertproblem**.

Wissen
Eine Gleichung, die einen Zusammenhang zwischen einer Funktion und ihrer ersten Ableitung oder einer höheren Ableitungen beschreibt, nennt man **Differenzialgleichung**. Lösungen von Differenzialgleichungen sind Funktionen.

Beispiel 1 Gegeben ist die Differenzialgleichung $f'(x) + (f(x))^2 = 0$.
a) Zeigen Sie, dass die Funktion f mit $f(x) = \frac{1}{x+a}$ und $x \neq -a$ für jedes $a \in \mathbb{R}$ Lösung der Differenzialgleichung ist.
b) Bestimmen Sie die Lösung, wenn $f(0) = 0{,}1$ gilt.

Lösung:
a) Bestimmen Sie die Ableitung von f. Setzen Sie die Terme von f(x) und f′(x) in $f'(x) + (f(x))^2 = 0$ ein und prüfen Sie, ob die Gleichung für alle x erfüllt ist.

$f'(x) = -\frac{1}{(x+a)^2}$
$-\frac{1}{(x+a)^2} + \left(\frac{1}{x+a}\right)^2 = 0$ | Klammer auflösen
$-\frac{1}{(x+a)^2} + \frac{1}{(x+a)^2} = 0$ (gilt allgemein)

b) Setzen Sie den Anfangswert $f(0) = 0{,}1$ in $f(x) = \frac{1}{x+a}$ ein und lösen Sie nach a auf.

$f(0) = \frac{1}{0+a} = 0{,}1$ also $a = 10$.
Damit folgt $f(x) = \frac{1}{x+10}$.

Basisaufgaben

1 Prüfen Sie, ob die Funktion Lösung der Differenzialgleichung ist.

a) $f'(x) = 4 \cdot f(x)$; $f(x) = e^{4x} + 1$
b) $g'(x) = -2 \cdot g(x)$; $g(x) = \frac{1}{e^{2x}}$
c) $h(x) + h''(x) = 0$; $h(x) = \cos(x)$
d) $(k(x))^2 = k'(x)$; $k(x) = -\frac{1}{x+a}$

2 Zeigen Sie, dass die Funktion f für jedes $a \in \mathbb{R}$ Lösung der Differenzialgleichung ist. Bestimmen Sie anschließend die Lösung für den gegebenen Anfangswert.

a) $f'(x) - 3 \cdot f(x) = 0$; $f(x) = a \cdot e^{3x}$; $f(0) = -2$
b) $f'(x) = 9 - f(x)$; $f(x) = a \cdot e^{-x} + 9$; $f(0) = 10$
c) $f(x) + f''(x) = 0$; $f(x) = \sin(x + a)$; $f(0) = 1$
d) $2 \cdot f'(x) = \frac{1}{f(x)}$; $f(x) = \sqrt{x + a}$; $f(1) = 2$

3 Die Gleichungen auf den Kärtchen sind zum Teil unvollständig notiert. Vervollständigen Sie die Gleichungen und ordnen Sie immer drei Gleichungen einander zu.

① $f(x) = -2e^x$ ② $f(x) = e^{-2x}$ ④ $f''(x) = ■$ ⑤ $f'(x) = -2e^x$ ⑦ $f'(x) = ■ \cdot f(x)$ ⑧ $f(x) - f'(x) = ■$

③ $f(x) = \sin(x - 2)$ ⑥ $f'(x) = ■ \cdot e^{-2x}$ ⑨ $■ + f''(x) = 0$

4 Taschenrechner mit CAS (Computeralgebrasystem) können die Lösungsmengen von Differenzialgleichungen bestimmen. Der Screenshot zeigt die Lösung von zwei Differenzialgleichungen.

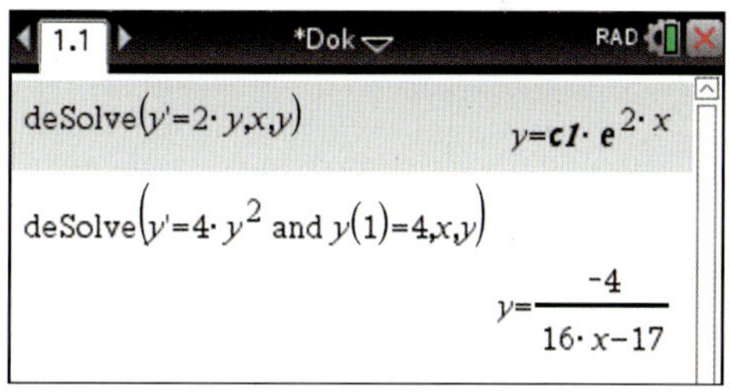

a) Notieren Sie die Differenzialgleichungen und erläutern Sie die Syntax der Taschenrechnereingabe.
b) Zeigen Sie ohne CAS, dass die Lösungen die Differenzialgleichungen erfüllen.
c) Lösen Sie die Differenzialgleichung mit einem CAS.

① $f'(x) = 4 \cdot f(x)^2$; $f(1) = 4$
② $f'(x) = 2 \cdot f''(x)$; $f(0) = 1$ und $f(1) = 2$
③ $f'(x) = -2 \cdot f(x)^2$; $f(0) = 1$
④ $f''(x) = -4 \cdot f(x)$

Differenzialgleichungen exponentiellen und begrenzten Wachstums

Bei den bekannten Wachstumsmodellen bestehen Beziehungen zwischen der Wachstumsgeschwindigkeit f' und dem Bestand f. Daraus ergeben sich Differenzialgleichungen, die charakteristisch für das jeweilige Wachstumsmodell sind.

exponentielles Wachstum:
Der Bestand wächst umso stärker, je größer der Bestand ist. Die Wachstumsgeschwindigkeit f'(t) ist proportional zum Bestand f(t). Die Wachstumskonstante k entspricht dem Proportionalitätsfaktor.

Differenzialgleichung: $f'(t) = k \cdot f(t)$
Allgemeine Lösung: $f(t) = a \cdot e^{k \cdot t}$
Ableiten zeigt, dass f Lösung ist:
$f'(t) = a \cdot k \cdot e^{k \cdot t} = k \cdot f(t)$
$a = f(0)$ ist der Anfangsbestand.

begrenztes Wachstum:
Der Bestand wächst umso stärker, je weiter der Bestand noch von der Grenze entfernt ist. Die Wachstumsgeschwindigkeit f'(t) ist proportional zur Differenz zwischen der Grenze S und dem Bestand f(t), also zu $S - f(t)$.

Differenzialgleichung: $f'(t) = k \cdot (S - f(t))$
Allgemeine Lösung: $f(t) = S - c \cdot e^{-k \cdot t}$
Ableiten zeigt, dass f Lösung ist:
$f'(t) = -c \cdot (-k \cdot e^{-k \cdot t}) = k \cdot c \cdot e^{-k \cdot t} = k(S - f(t))$

Aus $f(0) = S - c$ folgt $c = S - f(0)$. Aus dem Anfangsbestand kann man c ermitteln.

Hinweis
Man kann zeigen, dass die angegebenen allgemeinen Lösungen die einzigen Lösungen der Differenzialgleichungen sind.

Wissen **Differenzialgleichungen bei exponentiellem und begrenztem Wachstum**

	exponentielles Wachstum		begrenztes Wachstum	
Differenzialgleichung:	$f'(t) = k \cdot f(t)$	$(k \neq 0)$	$f'(t) = k \cdot (S - f(t))$	$(k > 0)$
Lösung:	$f(t) = a \cdot e^{k \cdot t}$	$a = f(0)$	$f(t) = S - c \cdot e^{-k \cdot t}$	$c = S - f(0)$

Beispiel 2 **Differenzialgleichung zu Funktionsgleichung aufstellen**

Gegeben sind die Funktionen f und g mit $f(t) = 4e^{-0,2t}$ und $g(t) = 7 + 2e^{-0,1t}$.

a) Geben Sie zu den Funktionen f und g jeweils eine passende Differenzialgleichung an.

b) Zeigen Sie, dass g Lösung der zugehörigen Differenzialgleichung aus a) ist.

Lösung:

a) $f(t) = 4e^{-0,2t}$ entspricht dem Funktionstyp $f(t) = a \cdot e^{k \cdot t}$ des exponentiellen Wachstums. Es gilt $k = -0,2$.

Differenzialgleichung für exponentielles Wachstum: $f'(t) = k \cdot f(t)$
Einsetzen von k ergibt: $f'(t) = -0,2 \cdot f(t)$

$g(t) = 7 + 2e^{-0,1t}$ entspricht dem Funktionstyp $g(t) = S - c \cdot e^{-k \cdot t}$ des begrenzten Wachstums. Es gilt $S = 7$ und $k = 0,1$.

Differenzialgleichung für begrenztes Wachstum: $g'(t) = k \cdot (S - g(t))$
Einsetzen von S und k ergibt:
$g'(t) = 0,1 \cdot (7 - g(t))$

b) Bestimmen Sie die Ableitung von g mit der Kettenregel. Zeigen Sie, dass $g'(t)$ der rechten Seite $0,1 \cdot (7 - g(t))$ der Differenzialgleichung entspricht.

$g'(t) = 2 \cdot (-0,1) \cdot e^{-0,1t} = -0,2e^{-0,1t}$

$0,1 \cdot (7 - g(t)) = 0,1 \cdot (7 - (7 + 2e^{-0,1t}))$
$= 0,1 \cdot (-2e^{-0,1t}) = -0,2e^{-0,1t}$

Beispiel 3 **Funktionsgleichung zu Differenzialgleichung aufstellen**

Einem Patienten werden pro Minute konstant 2 ml eines Medikaments injiziert. Gleichzeitig baut der Körper das Medikament ab, wobei die momentane Abbaurate (in ml/min) zu jeder Zeit 5 % der aktuell im Körper vorhandenen Menge (in ml) beträgt. Zu Beginn bekommt der Patient zusätzlich 5 ml verabreicht.

a) Zeigen Sie, dass die Sachsituation durch $f'(t) = 0,05 \cdot (40 - f(t))$ beschrieben werden kann.

b) Bestimmen Sie die Änderungsrate der Menge des Medikaments im Körper, wenn genau 10 ml im Körper sind.

c) Stellen Sie eine Funktionsgleichung auf, welche die Menge des Medikaments im Körper des Patienten (in ml) in Abhängigkeit von der Zeit t (in min) beschreibt.

Lösung:

a) Die Änderungsrate (in ml/min) ergibt sich aus den konstant zugeführten 2 ml. Außerdem werden 5 % = 0,05 des aktuellen Bestands (in ml) subtrahiert.

konstante Zufuhr: 2 ml/min
Abbaurate: 5 % des aktuellen Bestands
$f'(t) = 2 - 0,05 \cdot f(t)$

Klammern Sie in der Gleichung 0,05 aus.

$f'(t) = 0,05 \cdot (40 - f(t))$

b) Setzen Sie $f(t) = 10$ in die Differenzialgleichung ein.

$f'(t) = 0,05 \cdot (40 - 10) = 0,05 \cdot 30 = 1,5$
Die Änderungsrate ist 1,5 ml/min.

c) $f'(t) = 0,05 \cdot (40 - f(t))$ entspricht dem Differenzialgleichungstyp $f'(t) = k \cdot (S - f(t))$ des begrenzten Wachstums. Es gilt $S = 40$ und $k = 0,05$.

Lösung der Differenzialgleichung bei begrenztem Wachstum:
$f(t) = S - c \cdot e^{-k \cdot t}$ mit $c = S - f(0)$

Der Anfangswert $f(0) = 5$ ergibt sich aus der Anfangsmenge von 5 ml.

Einsetzen von $S = 40$, $k = 0,05$ und $f(0) = 5$:
$c = 40 - 5 = 35$, also $f(t) = 40 - 35e^{-0,05t}$

Basisaufgaben

5 Geben Sie die Differenzialgleichung zur Funktion f an. Überlegen Sie zunächst, ob f exponentielles oder begrenztes Wachstum beschreibt.
a) $f(t) = 3e^{0,2t}$ b) $f(t) = 24 - 20e^{-0,25t}$ c) $f(t) = 100 + 200e^{-0,05t}$ d) $f(t) = 1,4e^{-0,02t}$

6 Gegeben sind eine Differenzialgleichung und ein Anfangswert.

① $f'(t) = 0,75 \cdot f(t)$, $f(0) = 15$
② $g'(t) = -1,2 \cdot g(t)$, $g(0) = 100$
③ $h'(t) = 0,5 \cdot (10 - h(t))$, $h(0) = 1$
④ $k'(t) = 0,5 \cdot (10 - k(t))$, $k(0) = 20$

a) Bestimmen Sie die Funktion mit dem gegebenem Anfangswert, die Lösung der Differenzialgleichung ist.
b) Zeigen Sie durch Ableiten, dass die Funktion aus a) die Differenzialgleichung erfüllt.

7 Zeigen Sie durch Ableiten, dass die Funktion f die Differenzialgleichung $f'(t) = k \cdot (S - f(t))$ für begrenztes Wachstum erfüllt, und bestimmen Sie die Werte von k und S. Geben Sie zusätzlich drei weitere Funktionen an, die die gleiche Differenzialgleichung erfüllen.
a) $f(t) = 20 + 30e^{-0,3t}$ b) $f(t) = 40 - 35e^{-0,05t}$ c) $f(t) = 100 - 100e^{-0,1t}$

8 Eine mit Schimmel bedeckte Fläche hat zu Beobachtungsbeginn einen Flächeninhalt von $15\,cm^2$. Die Ausbreitungsgeschwindigkeit (in cm^2/Woche) beträgt immer 10 % des aktuell bedeckten Flächeninhalts (in cm^2).
a) Stellen Sie für diese Sachsituation eine passende Differenzialgleichung auf.
b) Bestimmen Sie die Ausbreitungsgeschwindigkeit bei einer bedeckten Fläche von $100\,cm^2$.
c) Geben Sie die explizite Funktionsgleichung einer Funktion f an, welche den Flächeninhalt der bedeckten Fläche in Abhängigkeit von der Zeit t beschreibt.
d) Zeigen Sie durch Ableiten von f, dass f die Differenzialgleichung aus a) erfüllt.

9 Eine Person nimmt 6 mg eines Vitaminpräparats zu sich. Die Menge des Präparats im Körper in Abhängigkeit von der Zeit in Stunden kann durch die Funktion f mit $f(t) = 6e^{-0,25t}$ beschrieben werden.

a) Weisen Sie rechnerisch nach, dass die Funktion f die Differenzialgleichung $f'(t) = k \cdot f(t)$ erfüllt, und geben Sie den passenden Wert von k an.
b) Beschreiben Sie die Bedeutung der Differenzialgleichung in eigenen Worten.
c) Bestimmen Sie die Abbaugeschwindigkeit des Präparats
① zu den Zeitpunkten t = 2 und t = 5, ② wenn f(t) = 5 bzw. wenn f(t) = 2 ist.

10 Einem Patienten werden nach einer Operation 40 ml eines Schmerzmittels verabreicht. Das Mittel wird im Körper abgebaut, wobei die momentane Abbaurate (in ml/h) jeweils 25 % der aktuell im Körper vorhandenen Menge (in ml) beträgt. Zusätzlich werden dem Patienten über einen Zugang konstant weitere 2 ml pro Stunde verabreicht.
a) Stellen Sie die Sachsituation durch eine Differenzialgleichung dar und bringen Sie diese in die Form der Differenzialgleichung des begrenzten Wachstums.
b) Begründen Sie, dass die Menge des Medikaments im Körper zu jeder Zeit abnimmt.
c) Bestimmen Sie die Änderungsrate der Schmerzmittelmenge im Körper (in ml/h), wenn ① 40 ml, ② 20 ml und ③ 10 ml des Medikaments im Körper sind.
d) Geben Sie die Lösung der Differenzialgleichung an, die die Schmerzmittelmenge im Körper beschreibt. Machen Sie eine Probe, indem Sie die Lösungsfunktion ableiten.

Weiterführende Aufgaben

11 Eine von einer Bakterienkultur bedeckte Fläche ist 3 cm^2 groß. Die Ausbreitungsgeschwindigkeit wird durch die Funktion f mit $f(t) = 1{,}2e^{0{,}4t}$ beschrieben (t in Tagen, f(t) in cm^2/Tag).

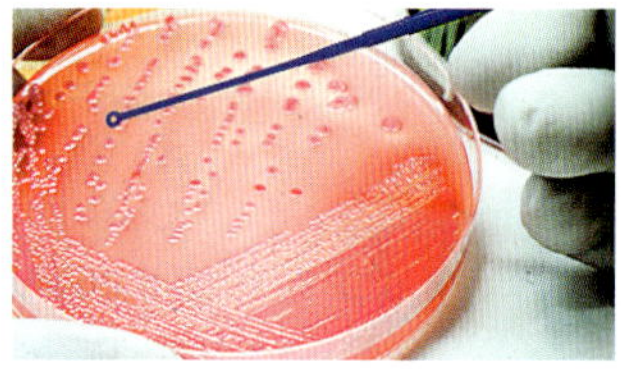

a) Beschreiben Sie die Bedeutung von $f(2) = 2{,}67$ im Sachzusammenhang.
b) Bestimmen Sie die Ausbreitungsgeschwindigkeit und den Flächeninhalt der bedeckten Fläche nach 7 Tagen.
c) Bestimmen Sie den Flächeninhalt der bedeckten Fläche in Abhängigkeit von der Zeit und zeigen Sie, dass er proportional zur Ausbreitungsgeschwindigkeit ist.

12 In lebenden Organismen ist der Anteil am radioaktiven Kohlenstoffisotop C14 nahezu konstant. Nach dem Tod wird der C14-Anteil mit einer Halbwertzeit von 5730 Jahren abgebaut.
a) Der Anteil an C14 in toten Organismen in Abhängigkeit von der Zeit t in Jahren lässt sich durch eine Funktion f mit $f(t) = 100e^{k \cdot t}$ beschreiben. Bestimmen Sie k.
b) Geben Sie die passende Differenzialgleichung an.
c) In der berühmten Alpen-Mumie Ötzi betrug beim Fund 1991 der C14-Anteil 53,35 %. Bestimmen Sie in etwa das Jahr, in dem Ötzi verstarb.
d) Ermitteln Sie den Anteil an C14 in einem 1 Mio. Jahre alten Dinosaurierknochen.

13 Ein Tank mit einem Volumen von 100 Liter ist mit reinem Wasser gefüllt. Durch ein Rohr fließen pro Minute 3 Liter Salzwasser hinzu, welches pro Liter 2 g Salz enthält. Gleichzeitig fließt die entstandene Salzmischung mit gleicher Geschwindigkeit am anderen Ende aus dem Tank. Es soll angenommen werden, dass der Tank immer sofort gleichmäßig durchgemischt ist. Gesucht ist eine Funktion B, die die Salzmenge (in g) zur Zeit t (in min) im Tank angibt.

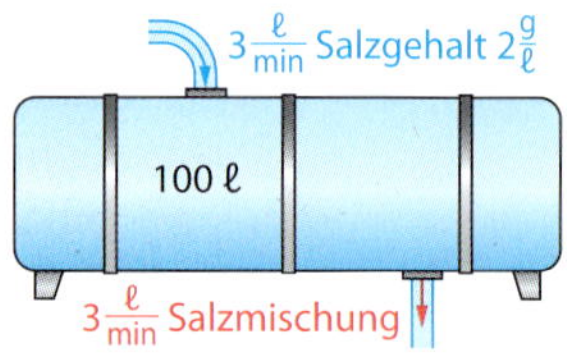

a) Begründen Sie, dass die Differenzialgleichung $B'(t) = 6 - \frac{3}{100} \cdot B(t)$ gilt.
b) Zeigen Sie, dass $B(t) = 200 - c \cdot e^{-0{,}03t}$ die Gleichung aus a) für jedes $c \in \mathbb{R}$ erfüllt.
c) Zur Zeit t = 0 ist kein Salz im Tank. Bestimmen Sie c so, dass B(0) = 0 gilt.
d) Erläutern Sie die zeitliche Entwicklung von B(t) im Sachzusammenhang.

14 **Stolperstelle:** Eine Bakterienpopulation von 2000 Bakterien wächst um 8 % pro Tag.
Marko behauptet: „*Dann gilt die Differenzialgleichung $f'(t) = 0{,}08 \cdot f(t)$.*"
Emely widerspricht „*Mit $k = \ln(1{,}08) \approx 0{,}077$ folgt die Funktionsgleichung $f(t) = 2000 \cdot e^{0{,}077t}$.*"
a) Entscheiden Sie begründet, wer von beiden recht hat.
b) Erklären Sie, welcher Fehler von Marko oder Emely gemacht wurde. Korrigieren Sie die Funktionsgleichung oder die Differenzialgleichung.

15 Betrachtet wird ein Wachstumsprozess mit einem Anfangsbestand von f(0) = 2.
a) Erklären Sie den Unterschied zwischen den beiden Beschreibungen ① und ②.

① Ein Bestand von wächst pro Minute um 3 %.

② Die Wachstumsgeschwindigkeit in 1/min beträgt zu jeder Zeit 3 % des aktuellen Bestands.

b) Bestimmen Sie für beide Fälle aus a) eine Funktionsgleichung für den Bestand f(t).
c) Zeigen Sie, dass die Funktionswerte in den Fällen ① und ② für $0 \le t \le 100$ um weniger als 5 % voneinander abweichen.
d) Untersuchen Sie die Abweichungen der Funktionswerte für $0 \le t \le 100$, wenn man in den Beschreibungen ① und ② von 30 % statt von 3 % ausgeht.

16 Überprüfen Sie durch Ableiten, ob die Funktion f eine Differenzialgleichung der Form ① $f'(t) = k \cdot f(t)$ mit $k \neq 0$ oder ② $f'(t) = k \cdot (S - f(t))$ mit $k > 0$ erfüllt, und geben Sie gegebenenfalls die Werte von k und S an.
a) $f(t) = 20 + 25e^{-0,1t}$ b) $f(t) = 15 - 8e^{0,5t}$ c) $f(t) = 15e^{-0,2t}$ d) $f(t) = 25e^{0,5t^2}$

17 **Richtungsfelder:** Die Differenzialgleichung $f'(x) = -x \cdot f(x)$ kann man als $f'(x) = -x \cdot y$ schreiben und damit für beliebige Punkte $(x|y)$ die Steigung berechnen. Für $P(1|2)$ erhält man z. B. $f'(2) = -1 \cdot 2 = -2$. Trägt man bei P ein kurzes Geradenstück mit Steigung -2 ein und für weitere Punkte $(x|y)$ entsprechende Geradenstücke, erhält man das abgebildete Richtungsfeld.

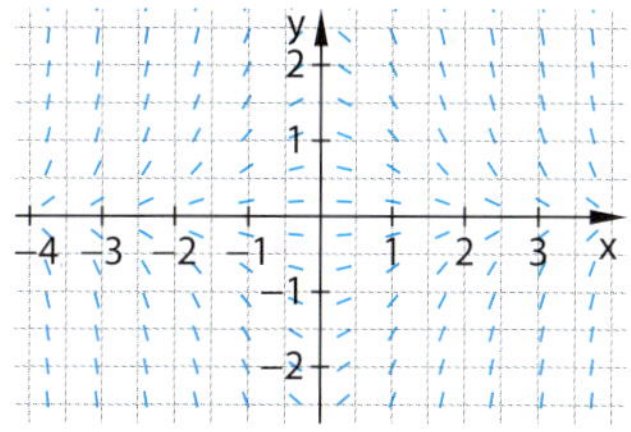

a) Berechnen Sie die Steigungen für die x- und y-Werte von -2 bis 2 (Abstand 0,5) und vergleichen Sie mit dem den entsprechenden Geradenstücken im Richtungsfeld.
b) Zeichnen Sie die Graphen zu $f(x) = 2e^{-\frac{x^2}{2}}$ bzw. $f(x) = \sqrt{1 + x^2}$ mit einer Mathematiksoftware.
Entscheiden Sie, welcher Graph zum Verlauf des Richtungsfelds passt.
c) Zeigen Sie, dass die gewählte Funktion aus b) die Differenzialgleichung erfüllt.
d) Skizzieren Sie ein Richtungsfeld zur Differenzialgleichung $f'(x) = \frac{x}{f(x)}$. Prüfen Sie, ob einer der Graphen aus b) zu diesem Richtungsfeld passt und ob die zugehörige Funktion die Differenzialgleichung erfüllt.

18 Die Abbildungen zeigen Richtungsfelder von Wachstumsvorgängen.

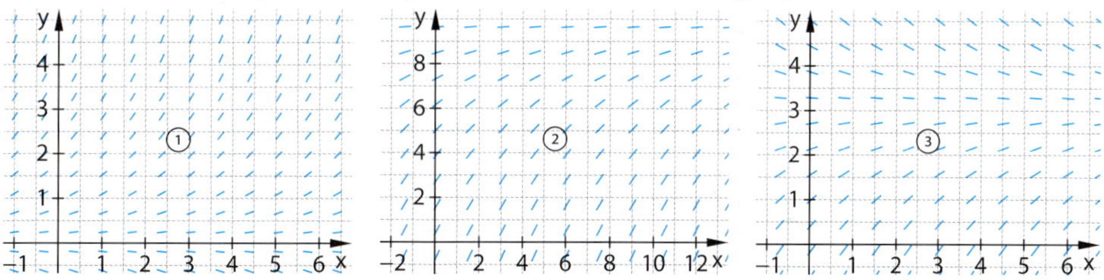

a) Ordnen Sie die Richtungsfelder exponentiellem bzw. begrenztem Wachstum zu.
b) Geben Sie im Fall eines begrenzten Wachstums ungefähr den Wert der Grenze S an.
c) Erläutern Sie anhand des Richtungsfeldes, warum man der Differenzialgleichung bei einem begrenzten Wachstum nicht entnehmen kann, ob eine Annäherung an die Grenze S von oben oder von unten vorliegt.

19 **Ausblick:** Differenzialgleichungen lassen sich auch in **Phasendiagrammen** darstellen. Bei ihnen wird die Änderungsrate y' in Abhängigkeit des Bestandes y dargestellt.

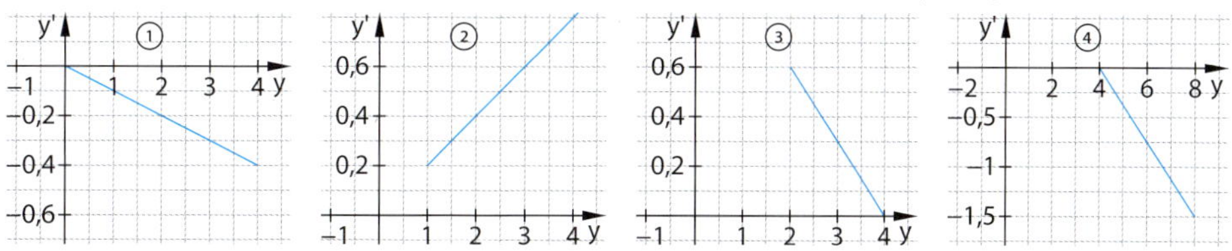

a) Ordnen Sie die Phasendiagramme einem exponentiellem oder einem begrenzten Wachstumsmodell zu.
b) Entscheiden Sie bei den exponentiellen Wachstumsmodellen, ob eine exponentielle Zu- oder Abnahme vorliegt. Entscheiden Sie im Falle eines begrenzten Wachstumsmodells, ob die Annäherung an die Grenze von oben oder von unten erfolgt. Geben Sie jeweils auch den Anfangsbestand bei $t = 0$ an.
c) Stellen Sie zu jedem Phasendiagramm die zugehörige Differenzialgleichung auf.

7.8 Logistisches Wachstum

Über 100 Jahre wurden die Bevölkerungszahlen eines Landes aufgezeichnet. Dabei scheinen sich die Werte einer Grenze von S = 100 Mio. anzunähern.

a) Modellieren Sie die Werte im Intervall [0; 40] mit einem exponentiellen und im Intervall [40; 100] mit einem begrenzten Wachstumsmodell.

b) Formulieren Sie (proportionale) Zusammenhänge zwischen der Änderungsrate und dem Bestand mit eigenen Worten.

Zeit	0	20	40	60	80	100
Einwohner in Mio.	4	14	45,5	82	94,5	98,7

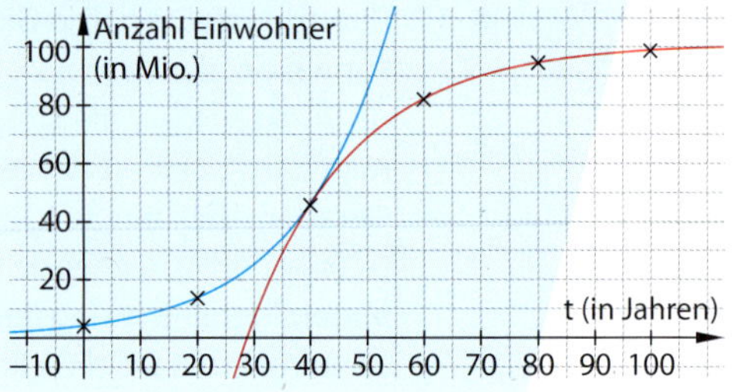

Auf einer abgelegenen Insel mit 500 Einwohnern erkrankt eine Person an einer ansteckenden Krankheit. Die Grafik zeigt die Entwicklung der Anzahl der Erkrankten in Abhängigkeit von der Zeit in Wochen.

Zu Beginn steigt die Zahl der Erkrankten exponentiell an und die Änderungsrate ist in etwa proportional zum Bestand.
Es gilt: $f'(t) = k_A \cdot f(t)$
Mit zunehmender Zeit wird das Wachstum abgebremst und die Zahl der Erkrankten nähert sich der Grenze von S = 500 Personen an. Die Änderungsrate ist in etwa proportional zur Differenz von Grenze und Bestand.
Es gilt: $f'(t) = k_E \cdot (S - f(t))$
Insgesamt ist die Änderungsrate proportional zum Produkt aus Bestand und der Differenz von Grenze und Bestand, es gilt also:
$f'(t) = k \cdot f(t) \cdot (S - f(t))$
Bei einem solchen Wachstumsprozess spricht man von **logistischem Wachstum**.

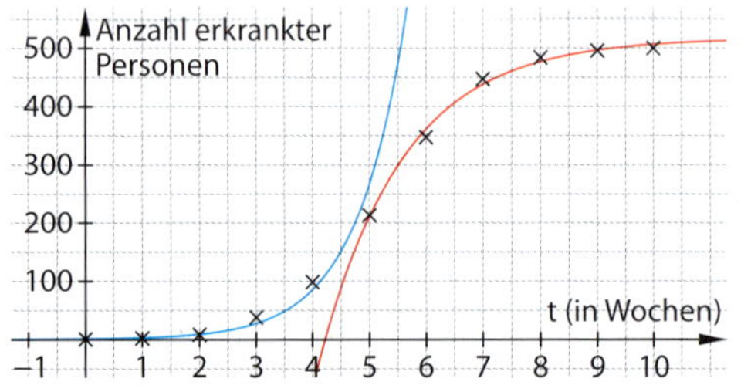

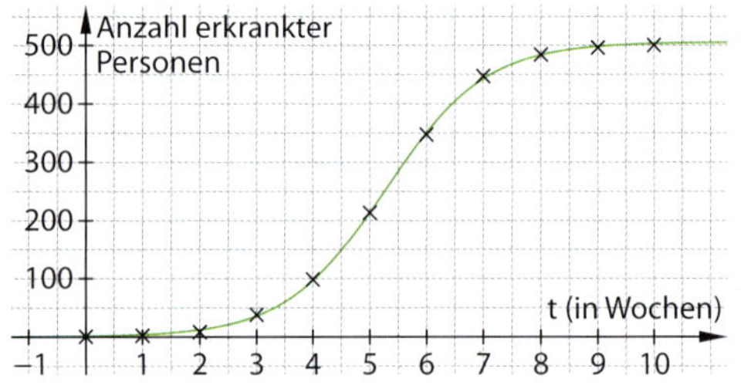

Hinweis

Dass die Funktion f die Differenzialgleichung löst, wird in Aufgabe 16 an einem Beispiel gezeigt.

Die Differenzialgleichung wird von einer Funktion f mit $f(t) = \frac{S}{1 + c \cdot e^{-k \cdot S \cdot t}}$ gelöst. Aus $f(0) = \frac{S}{1 + c}$ folgt $c = \frac{S}{f(0)} - 1$.
Für $t \to \infty$ strebt $e^{-k \cdot S \cdot t}$ gegen 0 und der Bestand f(t) gegen die Grenze S.
Alle Funktionswerte von f liegen zwischen 0 und der positiven Grenze S.
Die Wachstumsgeschwindigkeit f' ist für alle t positiv. Sie ist maximal bei der Wendestelle t_w von f. Dort ist der Bestand halb so groß wie die Grenze S.

Wissen **Logistisches Wachstum**

Die Gleichung $f(t) = \frac{S}{1 + c \cdot e^{-k \cdot S \cdot t}}$ mit $c = \frac{S}{f(0)} - 1$

und $S > 0$, $c > 0$, $k > 0$ beschreibt einen logistischen Wachstumsprozess eines Bestands mit der **Grenze** S.
Für f gilt die **Differenzialgleichung**:
$f'(t) = k \cdot f(t) \cdot (S - f(t))$

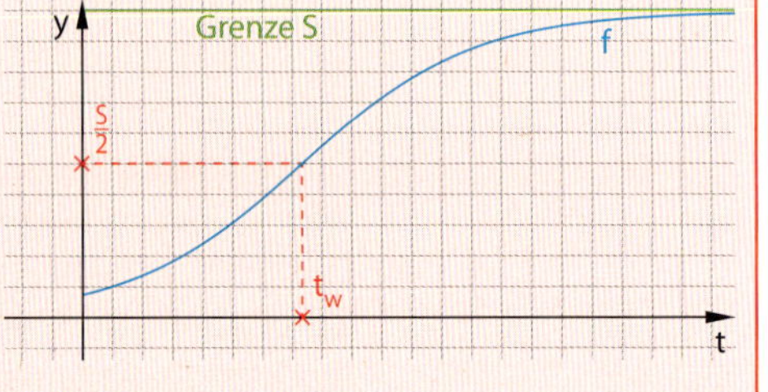

Beim **Wendepunkt** $\left(t_w \middle| \frac{S}{2}\right)$ eines logistischen Wachstums ist der Bestand halb so groß wie die Grenze S.

Beispiel 1 **Mit Funktion zu logistischem Wachstum umgehen**

Eine Bakterienkultur breitet sich auf einer begrenzten Fläche aus. Das logistische Wachstumsmodell f mit $f(t) = \frac{200}{1 + 99 \cdot e^{-0{,}02 \cdot t}}$ beschreibt den bedeckten Flächeninhalt (in cm^2) in Abhängigkeit von der Zeit t in Tagen.

a) Berechnen Sie den Anfangsbestand und den Grenzwert.
b) Geben Sie die zugehörige Differenzialgleichung an.
c) Bestimmen Sie den Zeitpunkt mit maximaler Änderungsrate und die entsprechende maximale Änderungsrate.

Lösung:

a) Setzen Sie t = 0 in die Gleichung von f ein.
Der Term $e^{-0{,}02 \cdot t}$ geht für $t \to \infty$ gegen 0. Damit ergibt sich für die Grenze $S = \lim\limits_{t \to \infty} f(t) = 200$.

$f(0) = \frac{200}{1 + 99 \cdot e^{-0{,}02 \cdot 0}} = \frac{200}{1 + 99} = 2$

Anfangsbestand: $2\,cm^2$

$S = \lim\limits_{t \to \infty} \frac{200}{1 + 99 \cdot e^{-0{,}02 \cdot t}} = \frac{200}{1 + 99 \cdot 0} = 200$

Grenzwert: $200\,cm^2$

b) Die Grenze S = 200 folgt aus a). Der Wert von k ergibt sich aus dem Exponenten der Gleichung eines logistischen Wachstumsmodells. Damit kann die Differenzialgleichung angegeben werden.

$e^{-k \cdot S \cdot t} = e^{-0{,}02 \cdot t}$ also $k \cdot S = 0{,}02$

$k \cdot 200 = 0{,}02$

$k = \frac{0{,}02}{200} = 0{,}0001$

Damit folgt die Differenzialgleichung:

$f'(t) = 0{,}0001 \cdot f(t) \cdot (200 - f(t))$

c) Die maximale Änderungsrate wird im Wendepunkt erreicht. Für die Wendestelle t_w gilt $f(t_w) = 100$. Setzen Sie f(t) gleich 100 und stellen Sie nach t um. Da der Bestand bekannt ist, können Sie die Änderungsrate durch Einsetzen in die Differenzialgleichung bestimmen.

$f(t) = \frac{200}{2} = 100$ also $\frac{200}{1 + 99 \cdot e^{-0{,}02 \cdot t}} = 100$

$200 = 100 + 9900 \cdot e^{-0{,}02 \cdot t} \quad |-100\,|:9900$

$\frac{1}{99} = e^{-0{,}02 \cdot t}$ also $t = -50 \ln\left(\frac{1}{99}\right) \approx 229{,}75$

$f(t_w) = 100$ also

$f'(t_w) = 0{,}0001 \cdot 100 \cdot (200 - 100) = 1$

Maximale Änderungsrate: $1\,\frac{cm^2}{Tag}$ am 230. Tag.

Beispiel 2 **Funktion zu logistischem Wachstum aufstellen**

Stellen Sie das Blumenwachstum mit einer logistischen Wachstumsfunktion f dar.

a) Eine Blume ist bei Auspflanzung 5 cm hoch und wächst in 2 Wochen auf 7,5 cm. Sie kann höchstens 15 cm hoch werden.
b) Eine Blume ist zu Beginn 4 cm hoch und wächst gemäß der Differenzialgleichung $f'(t) = 0{,}03 \cdot f(t) \cdot (20 - f(t))$.

Lösung:

a) Setzen Sie S = 15 und f(0) = 5 in die allgemeine Funktionsgleichung ein. Setzen Sie f(2) = 7,5 und stellen Sie die Gleichung nach $e^{-k \cdot 15 \cdot 2}$ um. Wenden Sie den ln an und stellen Sie nach k um. Damit ergibt sich eine Funktionsgleichung.

$c = \frac{15}{5} - 1 = 2$ also $f(t) = \frac{15}{1 + 2 \cdot e^{-k \cdot 15 \cdot t}}$

$\frac{15}{1 + 2 \cdot e^{-k \cdot 15 \cdot 2}} = 7{,}5$ (nach e^{-30k} umstellen)

$e^{-30k} = 0{,}5 \qquad -30k = \ln(0{,}5)$

$k = \frac{-\ln(0{,}5)}{30} \approx 0{,}023$, also $k \cdot S \approx 0{,}347$

$f(t) = \frac{15}{1 + 2 \cdot e^{-0{,}347t}}$ (t in Wochen, f(t) in cm)

b) Lesen Sie k = 0,03 und S = 20 aus der Differenzialgleichung ab. Zusätzlich ist f(0) = 4 gegeben. Berechnen Sie daraus c. Setzen Sie die Parameter in die allgemeine Funktionsgleichung ein.

$c = \frac{S}{f(0)} - 1 = \frac{20}{4} - 1 = 4$

$k \cdot S = 0{,}03 \cdot 20 = 0{,}6$

$f(t) = \frac{20}{1 + 4 \cdot e^{-0{,}6t}}$ (t in Wochen, f(t) in cm)

Basisaufgaben

1 Bestimmen Sie die Grenze S sowie den Anfangsbestand a und geben Sie die zugehörige Differenzialgleichung an.

a) $f(t) = \frac{100}{1 + 2 \cdot e^{-0{,}1 \cdot t}}$ b) $g(t) = \frac{1000}{1 + 499 \cdot e^{-0{,}2 \cdot t}}$ c) $h(t) = \frac{450}{3 + 147e^{-0{,}3 \cdot t}}$

2 Gegeben sind Informationen über ein logistisches Wachstumsmodell.

① $f(0) = 10$; $S = 200$; $t_w = 5$ ② $f(0) = 250$; $S = 1000$; $t_w = 10$ ③ $f(0) = 200$, $S = 400$

a) Skizzieren Sie den Graphen des logistischen Wachstumsprozesses mit den genannten Eigenschaften für $t \geq 0$.
b) Bestimmen Sie für ① und ② die zugehörige Differenzialgleichung.

3 Auf einem Dorfteich breiten sich Seealgen aus. Der Flächeninhalt der bedeckten Fläche in Abhängigkeit von der Zeit kann durch die Funktion f mit $f(t) = \frac{500}{1 + 141{,}857 \cdot e^{-0{,}5315 \cdot t}}$ (t in Wochen, f(t) in m^2) beschrieben werden.

a) Begründen Sie, warum die Beschreibung der Sachsituation durch logistisches Wachstum sinnvoll ist.
b) Bestimmen Sie den Flächeninhalt der bedeckten Oberfläche bei Beobachtungsbeginn sowie nach 10 Wochen.
c) Untersuchen Sie, ab welchem Zeitpunkt mehr als 300 m^2 der Oberfläche bedeckt sein werden.
d) Bestimmen Sie den Zeitpunkt, an dem die Ausbreitungsgeschwindigkeit maximal ist.

4 Drei Schülerinnen eines Mathematikkurses planen ein Experiment, in dem sie die Ausbreitung eines Gerüchts in einer Schule mit 1200 Schülern analysieren. Nach einer Stunde kennen bereits 15 Personen das Gerücht.

a) Erläutern Sie, warum bei der Ausbreitung des Gerüchts von einem logistischen Wachstumsmodell ausgegangen werden kann.
b) Stellen Sie eine logistische Wachstumsfunktion auf, welche die Ausbreitung des Gerüchts modelliert.
c) Untersuchen Sie, nach welcher Zeit sich das Gerücht am schnellsten verbreitet.
d) Untersuchen Sie, ab wann mehr als 1150 Schüler das Gerücht kennen.
e) Bestimmen Sie mit einem digitalen Hilfsmittel die Zeitpunkte, zu denen die Ausbreitungsgeschwindigkeit 100 Schüler pro Stunde beträgt. Erklären Sie, warum es zwei solche Zeitpunkte gibt.

5 Abgebildet sind vier Graphen der Funktionsschar f_k mit $f_k(x) = \frac{10}{1 + 9 \cdot e^{-k \cdot 10 \cdot x}}$.

Die Werte für k sind $k = 0{,}2$; $k = 0{,}4$; $k = 0{,}6$ und $k = 0{,}8$.

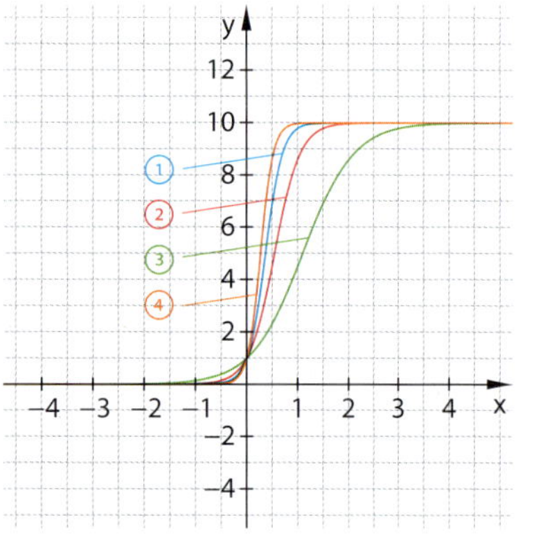

a) Begründen Sie, welcher Graph zu welchem Wert von k passt.
b) Stellen Sie passende Differenzialgleichungen auf und berechnen Sie damit die Steigungen der Graphen in ihren Wendepunkten.
c) Formulieren Sie einen Zusammenhang zwischen den Steigungen aus b) und den Werten von k.

6 In einem Bergdorf leben 600 Menschen. Nach einer Infektion eines Bewohners breitet sich eine Krankheit epidemieartig aus. Nach nur 4 Tagen sind bereits 12 Menschen erkrankt.

a) Bestimmen Sie die Gleichung einer Funktion f, welche die Anzahl der Erkrankten in Abhängigkeit der Zeit t in Tagen modelliert.
b) Bestimmen Sie die Anzahl der Erkrankten nach 8 Tagen.
c) Untersuchen Sie, wann 500 Bewohner infiziert sind.
d) Bestimmen Sie die Änderungsrate von f nach 10, nach 12 und nach 15 Tagen.
e) Bestimmen Sie die Änderungsrate, wenn insgesamt 150 bzw. 450 Menschen infiziert sind.

7 Gegeben ist die Differenzialgleichung eines logistischen Wachstumsmodells sowie der Anfangsbestand.

① $f'(x) = 0{,}03 \cdot f(x) \cdot (100 - f(x))$ $f(0) = 10$	② $g'(x) = 0{,}5 \cdot g(x) \cdot (300 - g(x))$ $g(0) = 20$	③ $h'(x) = 0{,}25 \cdot h(x) \cdot (75 - h(x))$ $h(0) = 10$

a) Bestimmen Sie anhand der Differenzialgleichung die Änderungsrate im Wendepunkt.
b) Stellen Sie die zugehörige Funktionsgleichung des Bestandes auf.

Weiterführende Aufgaben

8 Gegeben ist die logistische Wachstumsfunktion f mit $f(t) = \frac{250}{1 + 249 \cdot e^{-0{,}1 \cdot t}}$.

a) Bestimmen Sie f(0) und beschreiben Sie das Verhalten von f(t) für $t \to \infty$ und $t \to -\infty$.
b) Begründen Sie, dass f(t) für alle t positiv ist.
c) Begründen Sie, dass $f'(t) > 0$ für alle t gilt,
① anhand der Differenzialgleichung,
② anhand des Terms der Änderungsrate.
d) Begründen Sie anhand der bisherigen Ergebnisse in dieser Aufgabe, dass f keine Nullstellen und keine Extremstellen hat.
e) Überprüfen Sie die Ergebnisse von a) bis d) mit einem digitalen Hilfsmittel.

9 Eine zentrale Eigenschaft logistischen Wachstums mit der Grenze S ist, dass der Wendepunkt immer den y-Wert $y = f(t_W) = \frac{S}{2}$ hat.

a) Zeigen Sie ausgehend von $f'(t) = k \cdot f(t) \cdot (S - f(t))$, dass für die zweite Ableitung die Differenzialgleichung $f''(t) = k \cdot f'(t) \cdot (S - 2 \cdot f(t))$ gilt.
b) Leiten Sie die Eigenschaft über den Wendepunkt rechnerisch aus dem Ergebnis von a) ab.
c) Die Abbildung zeigt das Phasendiagramm eines logistischen Wachstumsmodells. Begründen Sie die Eigenschaft über den Wendepunkt mithilfe des Phasendiagramms.
d) Begründen Sie mithilfe der bisherigen Ergebnisse dieser Aufgabe, dass der Graph eines logistischen Wachstumsmodells punktsymmetrisch zum Wendepunkt ist.

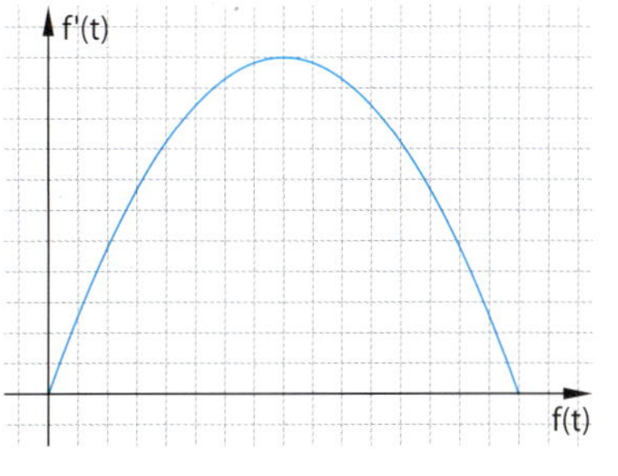

Hinweis zu 9c

Ein Phasendiagramm beschreibt den Verlauf einer Änderungsrate y' in Abhängigkeit vom Bestand y.

10 Zeigen Sie durch Termumformungen, dass die beiden Funktionsgleichungen äquivalent zur logistischen Wachstumsfunktion g mit $g(t) = \frac{S}{1+\left(\frac{S}{g(0)}-1\right)\cdot e^{-k\cdot S\cdot t}}$ sind.

① $g(t) = \frac{g(0)\cdot S}{g(0)+(S-g(0))\cdot e^{-k\cdot S\cdot t}}$

② $g(t) = \frac{g(0)\cdot S\cdot e^{k\cdot S\cdot t}}{g(0)\cdot e^{k\cdot S\cdot t}+S-g(0)}$

11 Von einem logistischen Wachstumsprozess ist der Anfangswert f(0) = 10 bekannt. Die Zeichnung zeigt den Graphen der Änderungsrate f′. Zusätzlich wurde der Flächeninhalt unter dem Graphen von f′ im Intervall [0; ∞) bestimmt. Das Maximum der Änderungsrate wird im Punkt A angenommen.

a) Bestimmen Sie die Grenze S und skizzieren sie den Graphen der zugehörigen Wachstumsfunktion f.

b) Bestimmen Sie eine Funktionsgleichung der Funktion f.

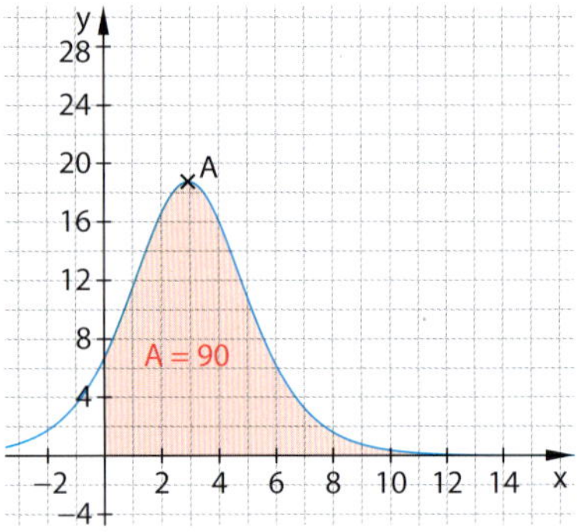

12 **Stolperstelle:** In einem Experiment wird das Wachstum einer Hefekultur (in cm³) in Abhängigkeit von der Zeit t in Tagen alle 2 Tage protokolliert. In einem Kurs wird über den Ansatz zur Auswertung und Eigenschaften des Modells diskutiert.

Tage (t)	0	2	4	6	8	10	12	14	16
Hefekultur (cm³)	50	116	225	345	429	471	489	495	499

a) Erklären Sie, welche Fehler die Schüler gemacht haben.

b) Korrigieren Sie die Ideen der Schüler.

Stefan: *„Da das Wachstum am Ende sehr langsam verläuft, müssen wir ein begrenztes Modell wählen."*

Maria: *„Wir können einen logistischen Ansatz mit $f(t) = \frac{500}{1+50\cdot e^{-k}\cdot 500\cdot t}$ wählen."*

Jonas: *„Nach 16 Wochen scheint die Grenze so gut wie erreicht, also liegt der Wendepunkt etwa bei t = 8."*

Christina: *„Aufgrund der Grenze S = 500 gilt $\int_0^\infty f'(t)\,dt = 500$."*

13 Die Abbildung zeigt den Verlauf der Verkaufszahlen von Smartphones in Deutschland. Dazu meldete eine Zeitung, dass der Smartphone-Markt in Deutschland gesättigt sei.

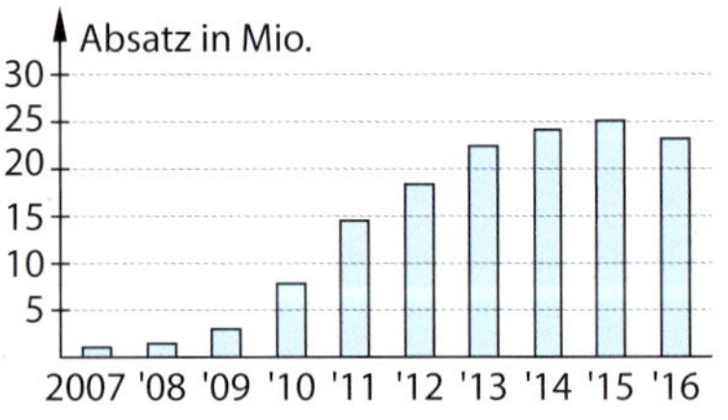

a) Begründen Sie, dass der Zeitraum von 2007 bis 2015 in etwa mit einem logistischen Wachstumsmodell modelliert werden kann. Geben Sie begründet eine mögliche Grenze S an.

b) Modellieren Sie den Zeitraum von 2007 (t = 0) bis 2015 mit zwei logistischen Wachstumsmodellen, indem Sie neben dem Startwert und der Grenze S = 25,5 den Datenwert aus dem Jahr ① 2010 und ② 2013 hinzuziehen.

c) Untersuchen Sie, ob bei beiden Modellierungen aus Aufgabenteil b) der Wendepunkt im Verlauf des Jahres 2011 erreicht wurde.

d) Untersuchen Sie, welche der beiden logistischen Modellierungen ① und ② aus b) die Werte aus der Abbildung besser modelliert. Erläutern Sie Ihr Vorgehen.

e) Nehmen Sie Stellung zur Meldung der Zeitung.

14 Agrarforscher untersuchten das Wachstum einer Maissorte in einer Wachstumsperiode:

Tage	5	8	17	24	41	50	74	83	100
Höhe in cm	7	9	22	38	82	112	255	303	305

a) Stellen Sie die Daten in einem Koordinatensystem dar und entscheiden Sie, um welche Wachstumsart es sich handelt.
b) Nutzen Sie ein digitales Hilfsmittel zur Bestimmung einer Bestandsfunktion mithilfe einer geeigneten Regression.
c) Geben Sie den Anfangsbestand und die Grenze dieses Wachstums an.
d) Bestimmen Sie, nach wie vielen Tagen der Mais am schnellsten gewachsen ist.
e) Berechnen Sie die Wachstumsgeschwindigkeit nach 60 Tagen.

15 Die Abbildung zeigt die Entwicklung des Anteils der erneuerbaren Energien am Stromverbrauch in Deutschland nach Daten des Statistischen Bundesamtes. Bis zum Jahr 2025 soll sich dieser Anteil weiter erhöhen und einen Wert zwischen 40 % und 45 % erreichen.

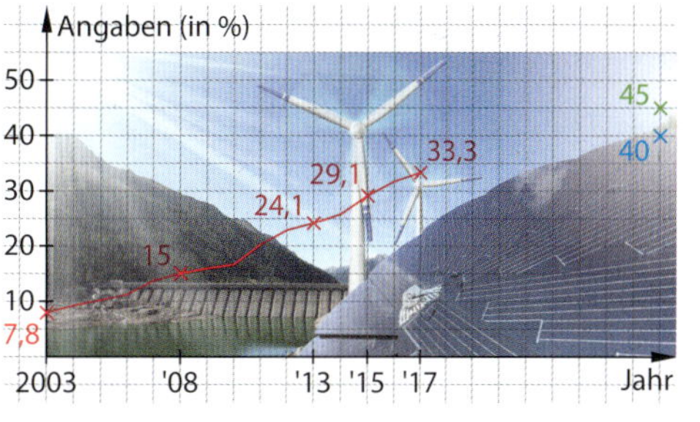

a) Diskutieren Sie, ob ein lineares oder ein logistisches Wachstumsmodell diese Entwicklung grundsätzlich sinnvoller modelliert.
b) Führen Sie mit einem digitalen Hilfsmittel eine logistische Regression der Daten sowohl für die untere als auch für die obere Grenze der Zielvorgabe für das Jahr 2025 durch.
c) Interpretieren Sie die Regressionsgleichungen mit Blick auf die langfristige Entwicklung des Anteils der erneuerbaren Energien am Stromverbrauch in Deutschland.

Hinweis zu 16b

Die Produktregel wird in Kapitel 8 ausführlich behandelt. Sie besagt, dass die Ableitung einer Funktion vom Typ $h(x) = f(x) \cdot g(x)$ gegeben ist durch $h'(x) = f'(x) \cdot g(x) + f(x) \cdot g'(x)$.

16 Die Funktion f mit $f(t) = \frac{4}{1 + 3 \cdot e^{-0{,}5 \cdot t}}$ beschreibt einen logistischen Wachstumsprozess.

a) Begründen Sie, dass f die Differenzialgleichung $f'(t) = 0{,}125 \cdot f(t) \cdot (4 - f(t))$ erfüllt.
b) Weisen Sie mithilfe der Produkt- und Kettenregel nach, dass für die Änderungsrate $f'(t) = \frac{6 \cdot e^{-0{,}5 \cdot t}}{(1 + 3 \cdot e^{-0{,}5 \cdot t})^2}$ gilt.
c) Zeigen Sie durch Termumformungen, dass f(t) die Differenzialgleichung aus a) erfüllt. Bringen Sie dazu den Faktor $(4 - f(t))$ zunächst auf einen Hauptnenner.

17 **Ausblick:** Die Funktion f mit $f(t) = \frac{S}{1 + c_1 \cdot e^{-k_1 \cdot S \cdot t}}$ beschreibt ein logistisches Wachstumsmodell. Betrachten Sie nun die Funktion g mit $g(t) = S - f(t)$.

a) Beschreiben Sie die inhaltliche Bedeutung von g, falls f
① die Ausbreitung einer Krankheit und
② die Ausbreitung eines Gerüchtes beschreibt.
Erklären Sie, warum das von g beschriebene Modell logistischer Zerfall genannt wird.
b) Zeigen Sie, dass die Funktion g durch eine Gleichung der Form $g(t) = \frac{S}{1 + c_2 \cdot e^{k_2 \cdot S \cdot t}}$ beschrieben werden kann.
c) Vergleichen Sie die Parameter k_1 und k_2 sowie die Parameter c_1 und c_2.
d) Stellen Sie eine Differenzialgleichung für den logistischen Zerfall auf.

7.9 Klausur- und Abiturtraining

Aufgaben ohne Hilfsmittel

1 Die Abbildung zeigt vier Funktionsgraphen.

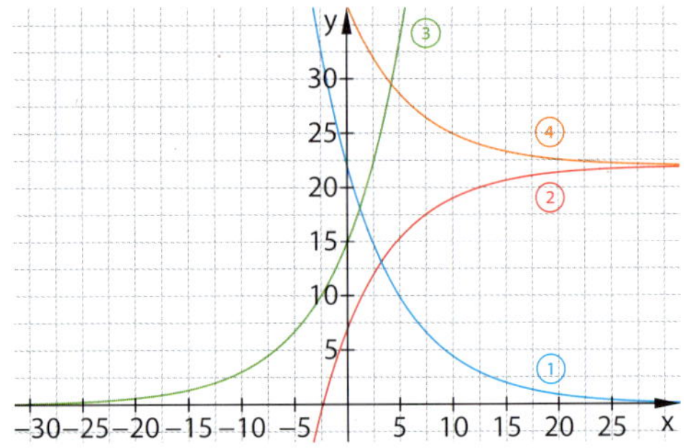

a) Ordnen Sie den Funktionsgraphen passende Funktionsterme zu.
(A) $15 \cdot e^{0,16t}$ (B) $22 \cdot e^{-0,16t}$
(C) $22 - 15 \cdot e^{-0,16t}$ (D) $22 + 15 \cdot e^{-0,16t}$

b) Ein Liter Flüssigkeit wird aus dem Kühlschrank genommen und in einen Raum mit einer Temperatur von 22 °C gestellt. Dadurch erwärmt sich die Flüssigkeit und die Temperaturdifferenz zur Umgebung nimmt pro Minute um 15 % ab. Die Funktion f beschreibt den Temperaturverlauf. Entscheiden Sie, welcher Funktionsterm (A) – (D) und welcher der Graphen ① – ④ sich für diese Modellierung eignet. Begründen Sie Ihre Entscheidung anhand des Monotonieverhaltens und des asymptotischen Verhaltens des Graphen von f.

c) Beschreiben Sie die Bedeutung der folgenden Ausdrücke im Sachzusammenhang.
① $f(0)$ ② $f'(10)$ ③ $\frac{f(15) - f(5)}{10}$ ④ t mit $f'(t) = 0,5$

2 Gegeben sind die Funktionen f_1 mit $f_1(t) = 100 \cdot e^{-0,2 \cdot t}$ und f_2 mit $f_2(t) = 100 - 50 \cdot e^{-0,4 \cdot t}$.
Die Graphen A und B zeigen die Graphen der Ableitungsfunktionen.

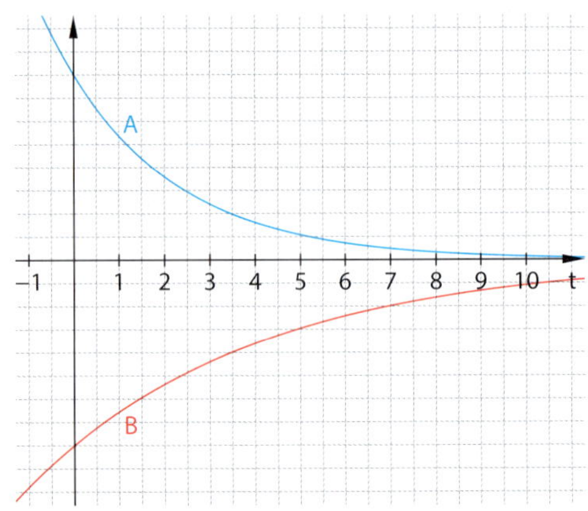

a) Bestimmen Sie die Ableitungsfunktionen der beiden Funktionen f_1 und f_2.

b) Ordnen Sie den Graphen A und B die passende Ableitungsfunktion zu und skalieren Sie die y-Achse.

c) Geben Sie begründet an, welche der Gleichungen zu f_1 bzw. zu f_2 gehört.

① $f'(t) = -0,2 \cdot f(t)$ ② $f'(t) = 0,2 \cdot f(t)$ ③ $f'(t) = 0,4 \cdot (100 - f(t))$ ④ $f'(t) = -0,4 \cdot (100 - f(t))$

d) Zeigen Sie, dass es einen Bestand y gibt, sodass die Funktionen f_1 und f_2 bei Erreichen dieses Bestandes die betragsmäßig gleiche momentane Änderungsrate haben.

3 Gegeben ist die logistische Wachstumsfunktion f mit $f(x) = \frac{200}{1 + 199 \cdot e^{-0,5 \cdot x}}$.

a) Begründen Sie, dass die Funktion f die Differenzialgleichung $f'(x) = k \cdot f(x) \cdot (200 - f(x))$ mit $k = 0,0025$ erfüllt.

b) Bestimmen Sie die Gleichung der Tangente an den Graphen von f an der Stelle $x = 0$.

c) Zeigen Sie, dass die maximale Änderungsrate der Funktion f den Wert $f'(x_W) = 25$ hat.

Aufgaben mit Hilfsmitteln

4 Im Durchschnitt konsumiert jede erwachsene Person in Deutschland täglich etwa 200 mg Koffein. Koffein regt den Kreislauf an und hat eine belebende Wirkung. In zu hoher Dosis kann es jedoch auch zu Nebenwirkungen kommen. Nach der Einnahme gelangt Koffein in den Blutkreislauf und wird vom Körper abgebaut. Dabei halbiert sich etwa alle drei Stunden die Dosis im Körper. Eine Tasse Kaffee enthält 120 mg. Die Funktion f beschreibt den Verlauf die Koffeinmenge im Blut nach dem Konsum einer Tasse Kaffee (t: Zeit in Stunden; f(t): Koffeinmenge im Blut in mg).

a) Stellen Sie eine Funktionsgleichung der Form $f(t) = a \cdot e^{k \cdot t}$ für die Funktion f auf.
[Kontrollergebnis: $f(t) = 120e^{\frac{\ln\left(\frac{1}{2}\right)}{3}t}$]

b) Bestimmen Sie die Koffeinmenge nach 4 Stunden.
Ermitteln Sie den Zeitpunkt, an dem $\frac{2}{3}$ des Koffeins abgebaut wurden.
Bestimmen Sie, wann die Koffeinmenge im Körper um 10 mg pro Stunde abnimmt.

c) Ab einer Koffeindosis von 1,82 mg pro kg Körpergewicht kann es bei Jugendlichen zu Herzrasen und damit zu Schlaflosigkeit kommen. Julian (70 kg) möchte gern um 22 Uhr ruhig schlafen, ohne auf seinen 500-ml-Energydrink mit einem Koffeingehalt von 180 mg zu verzichten.
Bestimmen Sie, wann er spätestens seinen Energydrink trinken sollte.
Ermitteln Sie, wie viele Stunden vor dem Schlafen er sich die gleiche Menge an Schwarztee mit einem Koffeingehalt von 154 mg erlauben könnte.

d) Ermitteln Sie unabhängig vom Sachzusammenhang den kleinsten ganzzahligen Wert für a, sodass die Fläche zwischen dem Graphen von f und der x-Achse auf dem Intervall [0; a] einen Inhalt von 500 FE überschreitet.

5 Die Darstellung zeigt die Entwicklung der Anzahl von Biogasanlagen sowie ihrer installierten Leistung in Gigawatt für den Zeitraum von 2007 bis 2016.

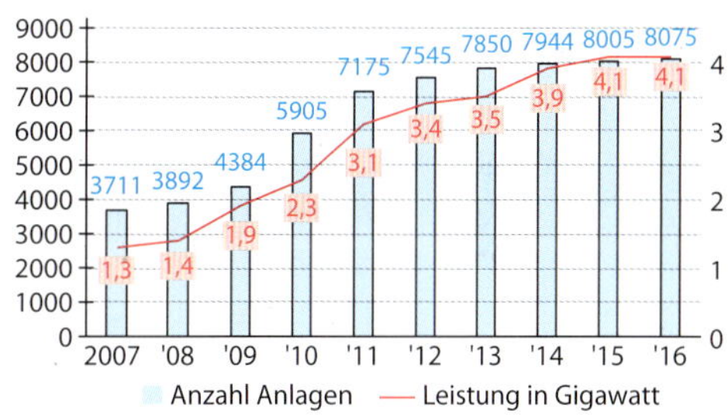

a) Stellen Sie die Entwicklung der installierten Leistung von 2007 (t = 0) bis 2011 anhand der Daten aus 2007 und 2011 mit einem exponentiellen Wachstumsmodell f dar.
(Kontrollergebnis: $f(t) = 1{,}3 \cdot e^{0{,}217 \cdot t}$)
Bestimmen Sie die größte prozentuale Abweichung zwischen den tatsächlichen Daten und den Werten der Modellfunktion f zwischen 2007 und 2011.

b) Ab 2011 soll die installierte Leistung durch eine begrenzte Wachstumsfunktion g mit einer Grenze S = 4,2 modelliert werden. Der Graph von g soll im Jahr 2011 stetig und knickfrei an den Graphen von f anschließen.
Bestimmen Sie die Gleichung der Funktion g mithilfe der Daten aus 2011 und 2015.

c) Die Daten für die Anzahl der Anlagen ab 2007 (t = 0) soll anhand eines logistischen Wachstumsmodells h mit einer Grenze S = 8100 modelliert werden.
Nehmen Sie zusätzlich die Daten aus 2011 und bestimmen Sie daraus die Funktionsgleichung.

d) Bestimmen Sie die Koordinaten des Wendepunktes der Funktion h sowie die Änderungsrate der Funktion h in diesem Punkt. Vergleichen Sie die Informationen über den Wendepunkt mit den Daten aus der Abbildung.

e) Unabhängig vom Sachzusammenhang wird eine logistische Wachstumsfunktion f betrachtet. Dabei bezeichnet m_w die maximale Änderungsrate der Wachstumsfunktion. Beweisen Sie, dass $k = \frac{4 \cdot m_w}{S^2}$ gilt.

Lösungen → S. 381

1 Bestimmen Sie die erste und zweite Ableitung der Funktion f.

a) $f(x) = -3e^x$ b) $f(x) = -\frac{1}{2}e^{2x}$ c) $f(t) = 4e^{-t+1}$ d) $f(x) = 8 + 5e^x$

e) $f(x) = 4e^{\frac{1}{2}x}$ f) $f(x) = -5e^{5x+3}$ g) $f(t) = -4e^{-2t}$ h) $f(x) = e^x - e^{-2x}$

2 Bestimmen Sie eine Stammfunktion zur Funktion f.

a) $f(x) = 3e^x$ b) $f(x) = 3e^x + 5$ c) $f(t) = -5e^t$ d) $f(x) = 6 - \frac{2}{3}e^x$

e) $f(x) = -e^{-x+2}$ f) $f(x) = -e^{3x} + 5$ g) $f(t) = 3e^{2t+5}$ h) $f(x) = \frac{1}{2e} \cdot (e^x - e^{-x})$

3 Schreiben Sie die Exponentialfunktion als Funktion mit der Basis e und leiten Sie sie anschließend mit der Kettenregel ab.

a) $f(x) = 3^x$ b) $f(x) = -3 \cdot 5^x$ c) $f(t) = -4 \cdot \left(\frac{1}{2}\right)^t$ d) $f(x) = 3 \cdot 2^{5x+1}$

4 Bestimmen Sie die Lösungsmenge der Gleichung.

a) $e^{2x+3} = e^{x-1}$ b) $-3e^{3x} + 5e^{3x} = 12$

c) $-3e^{-3x} + 9 = 6e^{-3x}$ d) $(e^{2x} - 2) \cdot (x^4 + 1) = 0$

e) $e^{2x+3} - 2 = 0$ f) $5e^{4x+1} = -5e^{4x+1}$

5 Gegeben ist die Funktion f mit $f(x) = 2e^x$.

a) Ermitteln Sie die fehlende Koordinate des Punktes $P(x\,|\,4)$ auf dem Graphen von f.

b) Überprüfen Sie, an welcher Stelle der Graph von f den Graphen von g mit $g(x) = 2$ schneidet.

c) Bestimmen Sie rechnerisch den Schnittpunkt des Graphen von f mit dem Graphen von h mit $h(x) = 3e^{2x}$.

6 Gegeben ist die Funktion f mit $f(x) = 4e^{3x} - 5x$.

a) Untersuchen Sie die Funktion f auf Extrem- und Wendepunkte.

b) Begründen Sie, dass der Graph einer Funktion der Form $f(x) = a \cdot e^{b \cdot x} + c \cdot x$ mit $a, b \neq 0$ keine Wendepunkte besitzt.

7 Beschreiben Sie den exponentiellen Wachstumsprozess durch eine Funktion mit der Basis e.

a) Herr G. Bauer legt 10 000 € zu einem Zinssatz von 5 % pro Jahr an.

b) Ein Ball fällt aus einer Höhe von 3 m auf den Boden und springt nach jedem Aufprall auf 80 % der letzten Höhe zurück.

c) Radioaktives Actinium 225 zerfällt täglich um 6,7 %. Zu Beginn der Beobachtung sind 200 g vorhanden.

8 Die Beleuchtungsstärke in einem See nimmt mit zunehmender Tiefe x nach der Funktionsgleichung $f(x) = 4000 \cdot 0{,}8^x$ ab (x in Meter, f(x) in Lux). An der Oberfläche werden 4000 Lux gemessen.

a) Erklären Sie, warum die Änderungsrate in jeder Tiefe negativ ist.

b) Bestimmen Sie die Änderungsrate in einer Tiefe von x = 5 m und x = 20 m.

c) Bestimmen Sie die mittlere Änderungsrate im Intervall [5; 20].

d) Bestimmen Sie die Tiefe, in der die Beleuchtungsstärke mit einer Änderungsrate von 5 Lux/Meter abnimmt.

Lösungen
→ S. 382

9 Die Tabelle zeigt die Vermehrung einer Bakterienkultur in Tagen.

Tage	0	1	2	3	4	5
Bakterien in Tausend	10	13,5	18,2	24,6	33,2	44,8

a) Weisen Sie nach, dass näherungsweise exponentielles Wachstum vorliegt.

b) Stellen Sie eine passende Wachstumsfunktion f mit $f(t) = a \cdot e^{k \cdot t}$ auf, die die Vermehrung der Bakterien beschreibt (t in Tagen; f(t) Anzahl der Bakterien in Tausend).

c) Untersuchen Sie, wie viele Bakterien es nach 2 Wochen gibt.

d) Bestimmen Sie, wie lange es dauert, bis sich die Anzahl der Bakterien verdoppelt hat.

e) Ermitteln Sie den Zeitpunkt, an dem es 100 000 Bakterien gibt.

10 Ein Patient bekommt 100 mg eines Medikaments verabreicht. Der Abbau des Medikaments im Körper kann näherungsweise durch die Funktion f mit $f(t) = 100 \cdot e^{-0,15 \cdot t}$ beschrieben werden (t: Zeit in Stunden, f(t): Menge des Medikaments im Körper in mg).

a) Berechnen Sie die Halbwertszeit und deuten Sie diesen Wert im Sachzusammenhang.

b) Ermitteln Sie, wie viel Prozent des Medikaments pro Stunde abgebaut werden.

c) Untersuchen Sie, mit welcher Geschwindigkeit das Medikament 4 Stunden nach Einnahme abgebaut wird.

d) Bestimmen Sie den Zeitpunkt t, an dem die Menge des Medikaments
① 25 mg beträgt, ② um 7 mg pro Stunde abnimmt.

11 Eine Arena bietet Platz für 12 500 Zuschauer. Vor und während einem zweistündigen ausverkauften Konzert wird die Besucheranzahl in der Arena durch die Funktion f mit $f(t) = 12\,500 - 125 \cdot e^{-0,05 \cdot t}$ modelliert. Die Variable t wird dabei in Minuten angegeben und das Konzert beginnt zum Zeitpunkt t = 0.

a) Geben Sie einen geeigneten Definitionsbereich für die Funktion f an.

b) Geben Sie an, wie viele Plätze zu Konzertbeginn leer bleiben.

c) Um Gedränge bei den Einlasskontrollen zu vermeiden, gibt es mehrere Kontrollpunkte. Sobald der Besucherstrom nur noch 15 Besucher pro Minute beträgt, wird nur noch ein Kontrollpunkt benötigt. Berechnen Sie diesen Zeitpunkt.

12 Auf den Karten sind drei verschiedene Wachstumsvorgänge beschrieben.

① Die Verzinsung eines Startkapitals wird durch die Funktion K mit $K(t) = 500 \cdot e^{0,05t}$ beschrieben (t: Zeit in Jahren).

② Die Funktion f mit $f(t) = 30 - 35 \cdot e^{-0,1 \cdot t}$ beschreibt die Temperatur einer Tiefkühlspeise beim Auftauen (t: Zeit in Minuten).

③ Die Entwicklung einer Tierpopulation wird durch die Funktion $B(t) = \frac{3000}{10 + 290 \cdot e^{-0,5 \cdot t}}$ beschrieben (t: Zeit in Jahren).

a) Geben Sie für jeden Wachstumsvorgang eine Differenzialgleichung an, die diesen beschreibt.

b) Weisen Sie durch Einsetzen nach, dass die Funktionen zu ① und ② die in a) ermittelten Differenzialgleichungen lösen.

Lösungen → S. 382

13 Ordnen Sie jeder Differenzialgleichung eine Funktion, die diese löst, zu. Weisen Sie durch Einsetzen nach, dass die Funktion tatsächlich eine Lösung der Differenzialgleichung ist.

Differenzialgleichung		Funktionen f	
① $f'(x) = 2 \cdot f(x)$	② $f''(x) + f(x) = 0$	Ⓐ $f(x) = \sqrt{x-1}$	Ⓑ $f(x) = e^{2x-1}$
③ $f'(x) = \frac{1}{2 \cdot f(x)}$	④ $f'(x) = 3 - f(x)$	Ⓒ $f(x) = 2e^{-x} + 3$	Ⓓ $f(x) = \sin(x)$

14 Die Funktion f mit $f(t) = \frac{2}{2+8e^{-t}}$ (t: Zeit in Stunden) beschreibt die CO_2-Produktion einer Hefekultur in $\frac{ml}{h}$.

a) Bestimmen Sie die maximale Produktionsleistung dieser Hefekultur.
b) Bestimmen Sie den Zeitpunkt, an dem die CO_2-Produktion am stärksten ansteigt.
c) Berechnen Sie den Anstieg der CO_2-Produktion zu Beginn der Messung ($t = 0$) und zwei Stunden danach.
d) Berechnen Sie den durchschnittlichen Produktionsanstieg innerhalb der ersten zwei Stunden.
e) Zeigen Sie, dass F mit $F(t) = \ln(e^t + 4)$ eine Stammfunktion von f ist, und berechnen Sie, wie viel CO_2 in den ersten beiden Stunden von der Hefekultur freigesetzt wird.

15 Bestimmen Sie die Ableitungsfunktion von f.

a) $f(x) = \ln(2x - 1)$ b) $f(x) = \ln(2x^2 + 4)$ c) $f(x) = \ln(\cos(x))$ d) $f(x) = \ln(2 + \sin(x))$

16 Berechnen Sie das Integral.

a) $\int_1^e \left(\frac{2}{x} - 4\right)dx$ b) $\int_{\frac{1}{2}}^{2e} \frac{1}{2x}dx$ c) $\int_{-5}^{-1} \frac{4}{6x}dx$ d) $\int_2^6 \left(x - \frac{1}{4x}\right)dx$

Wo stehe ich?

	Ich kann…	Aufgabe	Nachschlagen
7.1	… Eigenschaften von Exponentialfunktionen zur Basis e beschreiben. … zu Funktionen vom Typ $f(x) = e^{ax+b}$ Ableitungen und Stammfunktionen bestimmen.	1, 2, 6	S. 240 Beispiel 1
7.2	… die Kettenregel anwenden.	3, 14	S. 245 Beispiel 1 S. 246 Beispiel 2 S. 247 Beispiel 3
7.3	… mit dem natürlichen Logarithmus rechnen. … Exponentialgleichungen lösen.	4, 5	S. 249 Beispiel 1 S. 250 Beispiel 2 S. 251 Beispiel 3
7.4	… den Zusammenhang zwischen den Funktionen ln(x) und 1/x beschreiben.	15, 16	S. 254 Beispiel 1 S. 256 Beispiel 2 S. 256 Beispiel 3
7.5	… Sachaufgaben, die auf exponentielles Wachstum führen, lösen.	7, 8, 9, 10	S. 259 Beispiel 1 S. 260 Beispiel 2 S. 261 Beispiel 3 S. 261 Beispiel 4
7.6	… Sachaufgaben, die auf begrenztes Wachstum führen, lösen.	11	S. 266 Beispiel 1 S. 266 Beispiel 2
7.7	… Beispiele für Differenzialgleichungen und deren Lösungen angeben und erklären.	12, 13	S. 270 Beispiel 1 S. 272 Beispiel 2 S. 272 Beispiel 3
7.8	… Sachaufgaben, die auf logistisches Wachstum führen, lösen.	14	S. 277 Beispiel 1 S. 277 Beispiel 2

Natürliche Exponentialfunktion

Die Exponentialfunktion f mit $f(x) = e^x$ mit der Basis $e \approx 2{,}71828$ (**eulersche Zahl**) heißt **natürliche Exponentialfunktion**.
Für ihre Ableitung gilt $f'(x) = e^x$.

f mit $f(x) = e^x$
$D_f = \mathbb{R}$; $f(0) = 1$
$\lim\limits_{x \to \infty} f(x) = \infty$
$\lim\limits_{x \to -\infty} f(x) = 0$

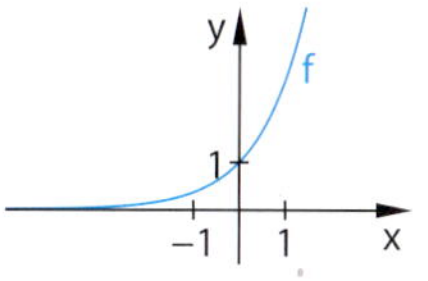

Kettenregel

Haben die Funktionen u und v die Ableitungen u′ und v′, dann hat die Verkettung f mit $f(x) = u(v(x))$ die Ableitung $f'(x) = u'(v(x)) \cdot v'(x)$.

$f(x) = e^{x^2 + 3}$
$v(x) = x^2 + 3$; $v'(x) = 2x$
$u(x) = e^x$; $u'(x) = e^x$
$f'(x) = u'(v(x)) \cdot v'(x)$
$= e^{v(x)} \cdot v'(x)$
$= e^{x^2 + 3} \cdot 2x$

Natürlicher Logarithmus

Der **natürliche Logarithmus** ist der Logarithmus zur Basis e. Für $\log_e(a)$ mit $a \in \mathbb{R}$, $a > 0$ schreibt man $\ln(a)$.
Für alle $a > 0$ gilt: $a^x = e^{\ln(a) \cdot x}$

Das Anwenden von ln macht das Potenzieren mit e rückgängig. Das kann man nutzen, um Exponentialgleichungen zu lösen.

Gleichung: $e^x = a$ Lösung: $x = \ln(a)$

$e^x = 4$ hat die Lösung $x = \ln(4) \approx 1{,}39$

$f(x) = 3 \cdot 5^x = 3 \cdot e^{\ln(5) \cdot x}$
$f'(x) = 3 \cdot \ln(5) \cdot e^{\ln(5) \cdot x} = 3 \cdot \ln(5) \cdot 5^x$

$2e^{3x - 2} - 4 = 6 \quad | +4 \; | :2$
$e^{3x - 2} = 5 \quad | \ln$
$3x - 2 = \ln(5) \quad | +2 \; | :3$

Lösung: $x = \frac{\ln(5) + 2}{3} \approx 1{,}2$

Natürliche Logarithmusfunktion

Die **natürliche Logarithmusfunktion f** mit $f(x) = \ln(x)$ und $x > 0$ hat die Ableitung $f'(x) = \frac{1}{x}$.

Zur Funktion f mit $f(x) = \frac{1}{x}$ und $x \neq 0$ ist F mit $F(x) = \ln(|x|)$ eine Stammfunktion.

Exponentielles Wachstum

Die Funktion f mit $f(t) = b \cdot e^{k \cdot t}$ und $k \neq 0$ beschreibt einen exponentiellen Wachstumsprozess eines Bestandes.
$b = f(0)$ ist der **Anfangsbestand** zum Zeitpunkt $t = 0$ und k die **Wachstumskonstante**.
$k > 0$: **exponentielle Zunahme** mit **Verdopplungszeit** $T_V = \frac{\ln(2)}{k}$
$k < 0$: **exponentielle Abnahme** mit **Halbwertszeit** $T_H = \frac{\ln\left(\frac{1}{2}\right)}{k}$

f mit $f(t) = 1000e^{0{,}14t}$ beschreibt eine Tierpopulation in Abhängigkeit von der Zeit t in Jahren.
Bestand nach drei Jahren:
$f(3) = 1000 \cdot e^{0{,}14 \cdot 3} \approx 1522$

Zeitpunkt, zu dem es 5000 Tiere gibt:
$5000 = 1000e^{0{,}14t}$
$t = \frac{\ln(5)}{0{,}14} \approx 11{,}5$
Verdopplungszeit: $T_v = \frac{\ln(2)}{k} = \frac{\ln(2)}{0{,}14} \approx 4{,}95$

7 Zusammenfassung

Begrenztes Wachstum

Die Funktion f mit $f(t) = S - (S - a) \cdot e^{-k \cdot t}$ und $k > 0$ beschreibt einen begrenzten Wachstumsprozess eines Bestands.
$a = f(0)$ ist der **Anfangsbestand** zum Zeitpunkt $t = 0$. Der Graph von f nähert sich **asymptotisch** einer **Grenze** S an.
$a > S$: **begrenzte Abnahme**
$a < S$: **begrenzte Zunahme**

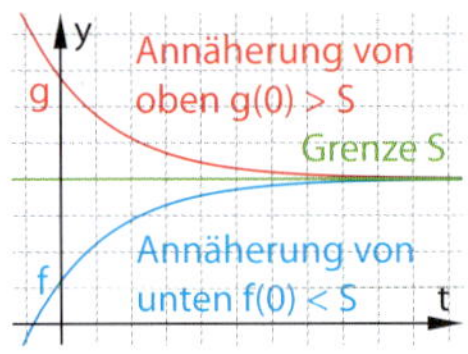

f mit $f(t) = 35 - 20e^{-0,15t}$ beschreibt die Temperatur von Wasser in Abhängigkeit von der Zeit t in Minuten.

$$f(t) = \underbrace{35}_{\text{Grenze}} - \underbrace{20 \cdot e^{-0,15 \cdot t}}_{\text{exponentiell abnehmende Differenz zur Grenze}}$$

$f'(t) = -20 \cdot (-0,15) \cdot e^{-0,15} = 3e^{-0,15t}$ beschreibt die Wachstumsgeschwindigkeit zum Zeitpunkt t.

Differenzialgleichungen

Eine Gleichung, die einen Zusammenhang zwischen einer Funktion und ihrer ersten Ableitung oder höheren Ableitungen beschreibt, nennt man **Differenzialgleichung (DGL)**. Lösungen von Differenzialgleichungen sind Funktionen.

Differenzialgleichung $f'(x) + (f(x))^2 = 0$
Funktion f_a mit $f_a(x) = \frac{1}{x+a}$ und $x \neq -a$ ist für jedes $a \in \mathbb{R}$ Lösung der Differenzialgleichung.
Für den Anfangswert $f(0) = 0,1$ ergibt sich $a = 10$ und damit $f(x) = \frac{1}{x+10}$.

Logistisches Wachstum

Die Gleichung $f(t) = \frac{S}{1 + c \cdot e^{-k \cdot S \cdot t}}$ mit $c = \frac{S}{f(0)} - 1$ und $S > 0$, $c > 0$, $k > 0$ beschreibt einen logistischen Wachstumsprozess eines Bestands mit **Anfangsbestand f(0)** und der **Grenze S.**
f erfüllt die **Differenzialgleichung**:
$f'(t) = k \cdot f(t) \cdot (S - f(t))$

Der **Wendepunkt** eines logistischen Wachstums hat die Koordinaten $\left(t_W \middle| \frac{S}{2}\right)$.

f mit $f(t) = \frac{200}{1 + 99 \cdot e^{-0,02 \cdot t}}$ beschreibt den bedeckten Flächeninhalt (in cm^2) einer Bakterienkultur auf einer begrenzten Fläche.
Differenzialgleichung:
$f'(t) = 0,0001 \cdot f(t) \cdot (200 - f(t))$
Maximale Änderungsrate an der Wendestelle t_W: $f(t) = \frac{200}{2} = 100$ also $\frac{200}{1 + 99 \cdot e^{-0,02 \cdot t}} = 100$

Umstellen ergibt Wendestelle bei $t = 229,75$.
Aus der DGL ergibt sich die Änderungsrate in t_W: $f'(229,75) = 0,0001 \cdot 100 \cdot (200 - 100) = 1$

8

Untersuchung weiterer Funktionstypen

Nach diesem Kapitel können Sie

→ gebrochen-rationale Funktionen ableiten und hinsichtlich ihrer Eigenschaften untersuchen,

→ Verknüpfungen ganzrationaler Funktionen mit Exponential-, Logarithmus- und Wurzelfunktionen untersuchen,

→ Integrale durch partielle Integration oder Substitution berechnen.

Lösungen
→ S. 382/383

Exponential- und Logarithmusgleichungen

1 Lösen Sie die Gleichung und geben Sie die Lösung mithilfe des ln an.
a) $e^x = 5$ b) $40 = 8e^{2x}$ c) $5e^{3x-1} = 4e^{2x}$

2 Lösen Sie die Gleichung mit dem Satz vom Nullprodukt.
a) $xe^x = 0$ b) $e^{2x}(x^2 - 100) = 0$ c) $9e^{2x} - x^2 e^{2x} + 7 = 7$

3 Lösen Sie die Logarithmusgleichung.
a) $\ln(x) = 5$ b) $\ln(x^2 - 1) = 2$ c) $\ln(6x) - 2 = \ln(3x^2)$

Exponentialfunktionen untersuchen

4 Bestimmen Sie die Steigung des Graphen der Funktion f an der Stelle x_0.
a) $f(x) = 4e^x - 3$; $x_0 = 0$ b) $f(x) = e^{2x} - 3e^{-x}$; $x_0 = -1$
c) $f(x) = \frac{1}{2} \cdot 4^x - \pi$; $x_0 = 1$ d) $f(x) = 0{,}5 \cdot 2^{3x-2}$; $x_0 = 0{,}5$

5 Ermitteln Sie die Gleichung der Tangente am Graphen der Funktion f an der Stelle x_0.
a) $f(x) = e^x + e^{-x}$; $x_0 = 1$ b) $f(x) = \frac{1}{e^{3x}} + 5$; $x_0 = \frac{1}{3}$
c) $f(x) = \frac{1}{2} \cdot 3^{-2x}$; $x_0 = 0$ d) $f(x) = -\frac{1}{5} \cdot 0{,}25^x + \frac{6}{5}$; $x_0 = -2$

6 Berechnen Sie den Inhalt der Fläche zwischen dem Graphen der Funktion f und der x-Achse auf dem Intervall I.
a) $f(x) = \frac{1}{2}e^{-2x} + 1$; $I = [-1; 2]$ b) $f(x) = e^{\frac{x}{2}} - e^{-\frac{x}{2}}$; $I = [-2; 2]$
c) $f(x) = 3^x$; $I = [1; 2]$ d) $f(x) = 4^{-\frac{x}{2}} - 4$; $I = [-2; 0]$

Hinweis

Unter der Halbwertszeit T versteht man die Zeit, nach der die Hälfte der vorhandenen Menge zerfallen ist.

7 Der radioaktive Zerfall des Elements Radium lässt sich annähernd durch die Funktion m mit $m(t) = m_0 \cdot e^{-0{,}0004t}$ beschreiben. Dabei bedeutet m_0 die zu Beginn vorhandene Masse (in Gramm) und t die Zeit (in Jahren).
a) Ermitteln Sie die Zeitdauer, nach der von 1 g Radium 0,1 g zerfallen sind, sowie die Halbwertszeit T.
b) Berechnen Sie die Zerfallsgeschwindigkeit von 1 g Radium zum Zeitpunkt von $t_1 = 10$ (Jahren) und $t_2 = 1000$ (Jahren).

8 Die Wachstumsgeschwindigkeit einer Bakterienkultur wird durch die Funktion f mit $f(t) = 2 \cdot e^{0{,}2t}$ beschrieben (t in Stunden; f(t): Anzahl der Bakterien in Tausend).
a) Berechnen Sie den Zeitpunkt t, an dem der Bestand um 5000 Bakterien zunimmt.
b) Berechnen Sie, um wie viele Bakterien diese Bakterienkultur von der 3. bis zur 6. Stunde wächst.

Logarithmusfunktionen untersuchen

9 Bestimmen Sie die Steigung des Graphen der Funktion f an der Stelle x_0.
a) $f(x) = 3\ln(x) + 7$; $x_0 = 3$ b) $f(x) = \ln(x^2) - 4\ln(x)$; $x_0 = 1$
c) $f(x) = \ln(x^2 + 1)$; $x_0 = 2$ d) $f(x) = 2\ln(e + x^2)$; $x_0 = \sqrt{e}$

10 Ermitteln Sie die Gleichung der Tangente an den Graphen der Funktion f an der Stelle x_0.
a) $f(x) = \ln(x^3)$; $x_0 = 1$ b) $f(x) = \ln(x^2 + 1)$; $x_0 = 1$
c) $f(x) = \ln(x) - \ln(x^2)$; $x_0 = 1$ d) $f(x) = \ln(2x - 1)$; $x_0 = 1$

Lösungen → S. 383/384

Funktionenscharen untersuchen

11 Gegeben ist die Funktionenschar f_a mit $f_a(x) = x^3 - a \cdot x^2$ mit $a, x \in \mathbb{R}$.
a) Bestimmen Sie die Nullstellen von f_a sowie die erste und zweite Ableitung.
b) Untersuchen Sie die Graphen von f_a auf Extrempunkte und ermitteln Sie gegebenenfalls deren Koordinaten. Unterscheiden Sie die Fälle $a < 0$, $a = 0$ und $a > 0$.
c) Bestimmen Sie die Koordinaten des Wendepunkts der Graphen von f_a.
d) Skizzieren Sie Graphen für verschiedene Parameter und beschreiben Sie den Einfluss des Parameters a.

12 Ermitteln Sie Null-, Extrem- und Wendestellen der Funktionenschar und geben Sie die zugehörigen Parameterbereiche an.
a) $f_a(x) = x^2 + x - a$ b) $f_a(x) = e^{x-a} + a$ c) $f_a(x) = ax^3 - x$ d) $f_a(x) = x^4 + ax^2$

13 Vom Graphen einer ganzrationalen Funktion 3. Grades sind die Punkte $P_1(-1|2)$, $P_2(0|-1)$ und $P_3(1|0)$ gegeben.
a) Bestimmen Sie die Schar aller ganzrationalen Funktionen, deren Graphen durch diese Punkte gehen.
b) Einer dieser Graphen hat im Punkt P_2 einen Tiefpunkt. Ermitteln Sie für diesen Fall den zugehörigen Parameterwert.
c) Der Graph einer dieser Funktionen schließt im Intervall $[1; 2]$ mit der x-Achse eine Fläche vollständig ein. Ermitteln Sie den zugehörigen Parameterwert sowie den Flächeninhalt.

Vermischtes

14 Bestimmen Sie eine ganzrationale Funktion vom Grad n, deren Graph die angegebenen Eigenschaften erfüllt.
a) $n = 4$; Graph ist symmetrisch zur y-Achse; Tiefpunkt $T(2|-9)$; Hochpunkt $H(0|7)$
b) $n = 3$; Hochpunkt $H(-2|1)$, Tiefpunkt $T(0|-2)$; Wendepunkt $W(-1|-0{,}5)$
c) $n = 3$; Nullstellen $x_{1,2} = -3$ und $x_3 = 2$; Anstieg von -2 an der Nullstelle x_3; Tiefpunkt $T(-3|0)$

15 Geben Sie für die Funktion f mit $f(x) = a \cdot x^n$ ($a, n \neq 0$; $n \in \mathbb{N}$; $a \in \mathbb{R}$) Werte für a und n an, sodass die Bedingungen erfüllt werden.
a) Für $x \to \infty$ gilt $f(x) \to \infty$ und für $x \to -\infty$ gilt $f(x) \to \infty$.
b) Für $x \to \infty$ gilt $f(x) \to -\infty$ und für $x \to -\infty$ gilt $f(x) \to \infty$.
c) Für $x \to \infty$ gilt $f(x) \to \infty$ und für $x \to -\infty$ gilt $f(x) \to -\infty$.
d) Für $x \to \infty$ gilt $f(x) \to -\infty$ und für $x \to -\infty$ gilt $f(x) \to -\infty$.

16 Skizzieren Sie für ausgewählte Beispiele Graphen der Funktionen f mit $f(x) = a \cdot \sin(bx + c)$. Erklären Sie den Einfluss der Parameter a, $b \neq 0$ und c im Vergleich zu g mit $g(x) = \sin(x)$.

17 Berechnen Sie das Integral.
a) $\int_0^1 x^2 - e^{-x}\,dx$ b) $\int_{-1}^1 e^{5x-5} - 2x\,dx$ c) $\int_{-1}^2 3e^{4-2x}\,dx$
d) $\int_2^4 \frac{1}{x+2}\,dx$ e) $\int_{-1}^1 \frac{1}{3x+6}\,dx$ f) $\int_0^5 \frac{4}{3+x}\,dx$

8.1 Produktregel

Die Funktion f mit $f(x) = x^2$ lässt sich auch als Produkt darstellen: $f(x) = x \cdot x$
Leiten Sie die Faktoren einzeln ab und bilden Sie das Produkt. Überprüfen Sie, ob das Ergebnis mit der Ableitung von f übereinstimmt.

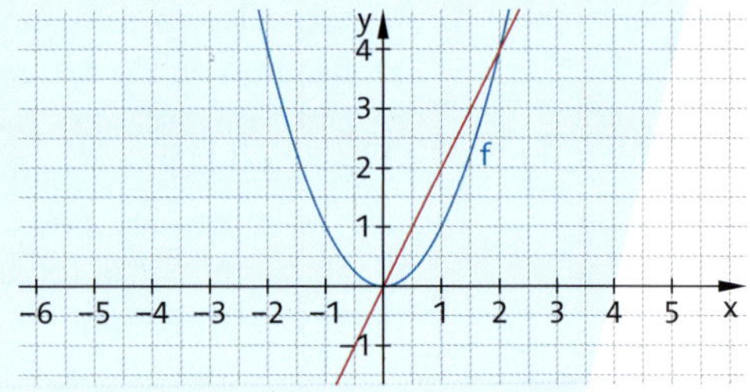

Summen von Funktionen kann man summandenweise ableiten. Dieses Vorgehen funktioniert bei Produkten von Funktionen nicht.

$u(x) = x^2$; $v(x) = 3x + 5$
$f(x) = u(x) \cdot v(x) = 3x^3 + 5x^2$
$f'(x) = 9x^2 + 10x \neq 2x \cdot 3 = 6x = u'(x) \cdot v'(x)$

Mit dem Grenzwert des Differenzenquotienten lässt sich eine allgemeine Regel für die Ableitung von Produkten von Funktionen finden. Für eine Funktion f mit $f(x) = u(x) \cdot v(x)$ mit differenzierbaren Funktionen u und v gilt:

$$\begin{aligned} f'(x) &= \lim_{h \to 0} \frac{f(x+h) - f(x)}{h} \\ &= \lim_{h \to 0} \frac{u(x+h) \cdot v(x+h) - u(x) \cdot v(x)}{h} \\ &= \lim_{h \to 0} \frac{u(x+h) \cdot v(x+h) - u(x) \cdot v(x+h) + u(x) \cdot v(x+h) - u(x) \cdot v(x)}{h} \\ &= \lim_{h \to 0} \left(\frac{u(x+h) - u(x)}{h} \cdot v(x+h) + u(x) \cdot \frac{v(x+h) - v(x)}{h} \right) \\ f'(x) &= u'(x) \cdot v(x) + u(x) \cdot v'(x) \end{aligned}$$

Diese Ergänzung ermöglicht es, die Differenzenquotienten von u und v zu bilden, ohne den Wert des Differenzenquotienten von f zu ändern.

Satz
Haben die Funktionen u und v die Ableitungen u' und v', so hat die Funktion f mit $f(x) = u(x) \cdot v(x)$ die Ableitung $f'(x) = u'(x) \cdot v(x) + u(x) \cdot v'(x)$.

Merkhilfe
$(u \cdot v)' = u' \cdot v + u \cdot v'$

Beispiel 1
Berechnen Sie die Ableitung der Funktion f mit der Produktregel.
a) $f(x) = x^2 \cdot (3x + 5)$ b) $f(x) = x^2 \cdot e^{4x-3}$

Lösung:
a) Leiten Sie die Faktoren $u(x) = x^2$ und $v(x) = 3x + 5$ des Funktionsterms einzeln ab.
Wenden Sie dann die Formel der Produktregel an. Vereinfachen Sie den Term so weit wie möglich.

$u(x) = x^2$ $v(x) = (3x + 5)$
$u'(x) = 2x$ $v'(x) = 3$

$$\begin{aligned} f'(x) &= u'(x) \cdot v(x) + u(x) \cdot v'(x) \\ &= 2x \cdot (3x + 5) + x^2 \cdot 3 \\ &= 6x^2 + 10x + 3x^2 \\ &= 9x^2 + 10x \end{aligned}$$

b) Leiten Sie beide Faktoren des Funktionsterms ab. Wenden Sie beim Ableiten des zweiten Faktors die Kettenregel an. Berechnen Sie dann die Ableitung von f mit der Produktregel und vereinfachen Sie den Term.

$u(x) = x^2$ $v(x) = e^{4x-3}$
$u'(x) = 2x$ $v'(x) = 4e^{4x-3}$

$$\begin{aligned} f'(x) &= 2x \cdot e^{4x-3} + x^2 \cdot 4e^{4x-3} \\ &= (2x + 4x^2) \cdot e^{4x-3} \end{aligned}$$

Hinweis zu a)
Die Funktion kann man auch ohne Produktregel ableiten, indem man den Funktionsterm ausmultipliziert.

Basisaufgaben

1 Vervollständigen Sie die Ableitung der Funktion f.

a) $f(x) = x^3 \cdot (4x + 3)$
$f'(x) = ■ \cdot (4x + 3) + x^3 \cdot ■$

b) $f(x) = 2x \cdot \sin(x)$
$f'(x) = ■ \cdot \sin(x) + 2x \cdot ■$

c) $f(x) = 2(x^3 + 1) \cdot e^x$
$f'(x) = ■ \cdot e^x + 2(x^3 + 1) \cdot ■$

d) $f(x) = (x^2 + 1) \cdot \cos(x)$
$f'(x) = ■ \cdot \cos(x) + (x^2 + 1) \cdot ■$

e) $f(x) = -3e^x \cdot (1 - 5x)$
$f'(x) = ■ \cdot (1 - 5x) + (-3e^x) \cdot ■$

f) $f(x) = e^x \cdot \sin(x)$
$f'(x) = ■ \cdot \sin(x) + e^x \cdot ■$

2 Bestimmen Sie die Ableitung der Funktion mit der Produktregel.

a) $f(x) = (2x^3 + 5) \cdot x^2$
b) $f(x) = (x^2 - 5) \cdot (2x + 1)$
c) $f(x) = (x^2 - 1) \cdot (x^2 + 1)$
d) $f(x) = (2x^3 - 3x^2 + x) \cdot (3x + 5)$
e) $f(t) = (3t^3 + t^2) \cdot e^t$
f) $f(t) = e^t \cdot (2t + 1) + e^t$

3 Bestimmen Sie die Ableitung der Funktion mit der Produkt- und Kettenregel.

a) $f(x) = 4x \cdot \sin(7x)$
b) $f(x) = (x^2 - 3)^3 \cdot (x^2 + 1)^2$
c) $f(x) = \sin(x^2 + 1) \cdot e^{3x}$
d) $f(x) = (\sin(x) + \cos(x))^2 \cdot e^{2x-3}$

4 In einigen Fällen können Produkte auch ohne die Produktregel abgeleitet werden.

a) Bestimmen Sie die erste Ableitung zuerst mit der Produktregel und anschließend ohne die Produktregel. Fassen Sie für den zweiten Weg den Funktionsterm zusammen. Entscheiden Sie jeweils, welcher Weg günstiger ist.
① $f(x) = x \cdot (x + 2)$
② $f(x) = x^2 \cdot x^8$
③ $f(x) = (1 - x^4) \cdot (x - 3x^4)$
④ $f(x) = (x^3 - x^4)(x^4 + x^3)$

b) Bilden Sie vier Funktionsterme mit Produkten, von denen man zwei ohne die Produktregel ableiten kann und zwei nicht. Tauschen Sie untereinander und bestimmen Sie die Ableitungen der Funktionen.

Hinweis zu 5
Für die Produktfunktion $f \cdot g$ gilt die Definition:
$(f \cdot g)(x) = f(x) \cdot g(x)$

5 Die Abbildung zeigt die Graphen der Funktionen f und g sowie zwei ihrer Tangenten.

a) Maria behauptet, dass sie mithilfe der Zeichnung die Steigung von $f \cdot g$ an der Stelle $x_0 = 2$ angeben kann.
Sie berechnet:
$(f \cdot g)'(2) = 0 \cdot (-3{,}5) + 2 \cdot (-3) = -6$
Erklären Sie Marias Rechnung.

b) Ermitteln Sie auf dieselbe Weise die Steigung von $f \cdot g$ an der Stelle $x_0 = -1$.

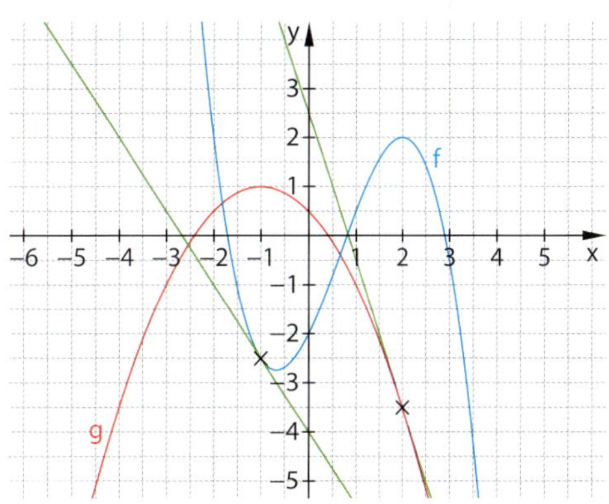

Weiterführende Aufgaben

6 Gegeben sei eine differenzierbare Funktion f und $a \in \mathbb{R}$. Zeigen Sie, dass die Faktorregel $(a \cdot f(x))' = a \cdot f'(x)$ ein Spezialfall der Produktregel ist.

7 **Stolperstelle:** Fiona und Nick leiten die Funktion f mit $f(x) = \sin(x) \cdot e^{2x}$ ab. Erklären Sie ihre Fehler und bestimmen Sie die korrekte Ableitung von f.
Fiona: $f'(x) = \cos(x) \cdot 2e^{2x} + \sin(x) \cdot e^{2x} = e^{2x} \cdot (2\sin(x) + \cos(x))$
Nick: $f'(x) = \cos(x) \cdot e^{2x} - \sin(x) \cdot 2e^{2x} = e^{2x} \cdot (\cos(x) - 2\sin(x))$

8 Gegeben ist die Funktion f mit $f(x) = (6 - 5x)^2$.

a) Bestimmen Sie die Ableitungsfunktion von f
① mit der Kettenregel, ② mit der Produktregel,
③ durch Ausmultiplizieren und Ableiten der Summanden.

b) Vergleichen Sie die Ergebnisse und die drei Vorgehensweisen aus a).

9 Leiten Sie die Funktion f ab ($a, b, c \in \mathbb{R}$).

a) $f(x) = x^3 \cdot (ax + b)$
b) $f(x) = e^{-ax^2} \cdot (bx + c)$
c) $f(x) = (ax + b) \cdot e^{cx}$
d) $f(x) = (ax + b)\sin(cx)$

10 Bestimmen Sie die Gleichung der Tangente an den Graphen der Funktion f an der Stelle x_0.

a) $f(x) = 3xe^{-x}$; $x_0 = 0$
b) $f(x) = e^x(x^2 - 1)$; $x_0 = 1$
c) $f(x) = \sin(x) \cdot \cos(x)$; $x_0 = 0$
d) $f(x) = e^{(x^2)} \cdot (x^2 + 1) + x$; $x_0 = -1$

11 a) Beurteilen Sie die Aussage: „Haben die Graphen der Funktionen g und h an der Stelle x_0 eine waagerechte Tangente, dann gilt dies auch für die Funktion f mit $f(x) = g(x) \cdot h(x)$."

b) Formulieren Sie die Umkehrung dieser Aussage und entscheiden Sie, ob diese gilt. Begründen Sie oder geben Sie ein Gegenbeispiel an.

Hinweis zu 12

Es gilt:
$\sin^2(x) + \cos^2(x) = 1$

12 Betrachten Sie die Funktionen f, g und h. Geben Sie an, welcher Zusammenhang zwischen diesen Funktionen besteht.

a) $f(x) = 1 - 2\cos^2(x)$
$g(x) = -\sin(x) \cdot \cos(x)$
$h(x) = -\cos^2(x) + \sin^2(x)$

b) $f(x) = \sin^2(x) + x$
$g(x) = (\sin(x) + \cos(x))^2$
$h(x) = 2 \cdot \cos(x) \cdot \sin(x) + 1$

13 a) Die Funktion f mit $f(x) = (x - 5)^3 \cdot (x^2 + 1)$ hat eine dreifache Nullstelle bei $x = 5$. Zeigen Sie durch Ableiten, dass 5 eine doppelte Nullstelle von f', eine einfache Nullstelle von f'' und keine Nullstelle von f''' ist.

b) Die ganzrationale Funktion g hat eine dreifache Nullstelle bei $x = a$. Formulieren Sie ohne weitere Rechnung Aussagen über die Bedeutung von a für g' und g''.

c) Es sei $h(x) = (x - 3)^n \cdot r(x)$ mit $r(3) \neq 0$. Hier ist also 3 eine n-fache Nullstelle von h. Zeigen Sie durch Ableiten, dass 3 dann eine $(n - 1)$-fache Nullstelle von h' ist.

14 Gegeben ist eine Funktion f, die beliebig oft differenzierbar ist.

a) Zeigen Sie, dass der Graph der Funktion g mit $g(x) = x^2 \cdot f(x)$ im Ursprung eine waagerechte Tangente hat.

b) Bestimmen Sie ohne ausführliche Rechnung eine Stelle x_0, an der der Graph der Funktion g mit $g(x) = x^2 \cdot e^x \cdot f(x)$ eine waagerechte Tangente hat.

c) Zeigen Sie, dass der Graph der Funktion g mit $g(x) = (\sin(x) - 1) \cdot f(x)$ an jeder Stelle $x_k = \frac{\pi}{2} + 2k\pi$ ($k \in \mathbb{Z}$) eine waagerechte Tangente hat.

15 Durch zweifaches Anwenden der Produktregel lässt sich auch eine Ableitungsregel für Produkte mit drei Faktoren finden.

a) Bestimmen Sie die erste Ableitung der Funktion f.
① $f(x) = x^2 \cdot (3x - 4)e^x$ ② $f(x) = \sin(x) \cdot x^2 \cdot \cos(x)$

b) Formulieren Sie eine Ableitungsregel für die Funktion f mit $f(x) = u(x) \cdot v(x) \cdot w(x)$.

16 **Ausblick:**

a) Bestimmen Sie mithilfe des Differenzenquotienten die Ableitung von f mit $f(x) = \frac{1}{x}$.

b) Bestimmen Sie mithilfe der Produktregel die Ableitung von g mit $g(x) = \frac{3x + 1}{x}$.

c) Bestimmen Sie mithilfe der Produktregel die Ableitung von h mit $h(x) = \frac{1}{x^2}$.

8.2 Quotientenregel

a) Begründen Sie, dass $f(x) = (6x^2 + 3x)^{-1}$ gilt. Zeigen Sie mithilfe der Kettenregel, dass die angegebene Ableitung $f'(x)$ richtig ist.
b) Ergänzen Sie bei $g'(x)$ die fehlenden Terme im Heft.

$f(x) = \frac{1}{6x^2 + 3x}$

$f'(x) = -\frac{12x + 3}{(6x^2 + 3x)^2}$

$g(x) = \frac{1}{x^3 + 4x - 5}$

$g'(x) = -\frac{■}{(■)^2}$

Die Ableitung eines Quotienten entspricht nicht dem Quotienten der Ableitungen von Zähler und Nenner.

$p(x) = 2,\ q(x) = x$

$\left(\frac{p(x)}{q(x)}\right)' = -\frac{2}{x^2} \neq 0 = \frac{0}{1} = \frac{p'(x)}{q'(x)}$

Mit der Produktregel lässt sich aber eine allgemeine Ableitungsregel für Quotienten herleiten. Dazu formt man die Funktionsgleichung in ein Produkt um und leitet dann beide Seiten der Gleichung ab. Die entstehende Gleichung löst man dann wieder nach $f'(x)$ auf.

$f(x) = \frac{p(x)}{q(x)} \Leftrightarrow f(x) \cdot q(x) = p(x)$

Ableiten:
$(f(x) \cdot q(x))' = f'(x)q(x) + f(x)q'(x) = p'(x)$

f(x) einsetzen:
$f'(x)q(x) + \frac{p(x)}{q(x)}q'(x) = p'(x) \quad | \cdot q(x)$

$\Leftrightarrow f'(x)(q(x))^2 + p(x)q'(x) = p'(x)q(x)$

$\Leftrightarrow f'(x) = \frac{p'(x)q(x) - p(x)q'(x)}{(q(x))^2}$

Satz

Wenn die Funktionen p und q in einem Intervall I differenzierbar sind und für alle $x \in I$ gilt $q(x) \neq 0$, dann ist auch die Funktion f mit $f(x) = \frac{p(x)}{q(x)}$ in I differenzierbar und es gilt:

$f'(x) = \frac{p'(x)q(x) - p(x)q'(x)}{(q(x))^2}$ für alle $x \in I$

Merkhilfe

$\left(\frac{p}{q}\right)' = \frac{p'q - pq'}{q^2}$

Beispiel 1

Bestimmen Sie die Ableitung der Funktion f mit $f(x) = \frac{3x}{2x + 1}$.

Lösung:

Bestimmen Sie die Zähler- und Nennerfunktion von f und bilden Sie deren Ableitungen.

Zähler: $p(x) = 3x$, $p'(x) = 3$
Nenner: $q(x) = 2x + 1$, $q'(x) = 2$

Setzen Sie dann die Funktionsterme in die Formel der Quotientenregel ein und vereinfachen Sie.

$f'(x) = \frac{p'(x)q(x) - p(x)q'(x)}{(q(x))^2}$

$= \frac{3 \cdot (2x + 1) - 3x \cdot 2}{(2x + 1)^2} = \frac{3}{(2x + 1)^2}$

Basisaufgaben

1 Bestimmen Sie die Ableitung der Funktion f mit der Quotientenregel.

a) $f(x) = \frac{2x}{x - 1}$ b) $f(x) = \frac{-4x}{3x + 2}$ c) $f(x) = \frac{2x + 1}{5x}$ d) $f(x) = \frac{3x + 1}{2x - 4}$

e) $f(x) = \frac{x}{x^2 - 1}$ f) $f(x) = \frac{-2x^2}{3x + 1}$ g) $f(x) = \frac{3x^2 + 1}{7x}$ h) $f(x) = \frac{4x + 1}{2x^2 - 5}$

2 Bestimmen Sie die Ableitung der Funktion f.

a) $f(x) = \frac{3x}{2x - 5}$ b) $f(x) = \frac{e^x}{x - 1}$ c) $f(x) = \frac{1}{5x - x^2}$ d) $f(x) = \frac{e^{4x}}{x^2 + 1}$

e) $f(x) = \frac{8(4 + 3x)^2}{3(2x - 1)}$ f) $f(x) = \frac{x^2 + 1}{x^2 - 1}$ g) $f(x) = \frac{e^x + x}{x^2}$ h) $f(x) = \frac{\sqrt{x}}{1 - 2x^2}$

Weiterführende Aufgaben

3 Gegeben sind die Funktionen f und g mit $f(x) = \frac{(x-1)^2}{x}$ und $g(x) = \frac{(x+1)^2}{x}$.

a) Berechnen Sie die Ableitungen von f und g.

b) Interpretieren Sie das Ergebnis in Bezug auf die gegenseitige Lage der Graphen von f und g.

c) Weisen Sie die gegenseitige Lage der Graphen von f und g durch Umformen der Funktionsterme f(x) und g(x) nach.

4 **Stolperstelle:** Meltem, Noah, Célia und Juri leiten die Funktion f mit $f(x) = \frac{3x^2+1}{7x}$ ab.

Meltem: $f'(x) = \frac{3 \cdot 2x}{7} = \frac{6}{7}x$

Célia: $f'(x) = \frac{3 \cdot 2x \cdot 7x - (3x^2+1) \cdot 7}{7x^2} = \frac{21x^2 - 7}{7x^2} = \frac{3x^2 - 1}{x^2}$

Noah: $f'(x) = \frac{(3x^2+1) \cdot 7x - 3 \cdot 2x \cdot 7}{(7x)^2} = \frac{21x^3 - 35x}{49x^2} = \frac{3x^2 - 5}{7x}$

Juri: $f'(x) = \frac{(3x^2+1) \cdot 7 - 3 \cdot 2x \cdot 7x}{(7x)^2} = \frac{7 - 21x^2}{49x^2} = \frac{1 - 3x^2}{7x^2}$

Erklären Sie die Fehler und bestimmen Sie die richtige Ableitung.

5 Bestimmen Sie, für welchen Parameterwert der Graph der Funktion f_a die angegebene Steigung besitzt. Kontrollieren Sie Ihr Ergebnis mit einer Mathematik-Software.

a) $f_a(x) = \frac{ax}{x+1}$, $f_a'(-2) = 2$ b) $f_a(x) = \frac{x^2 - a}{x-1}$, $f_a'(2) = 0$ c) $f_a(x) = \frac{x}{x^2 - a}$, $f_a'(1) = 0$

6 **Ableitung der Tangensfunktion:** Zeigen Sie dass die Funktion f mit $f(x) = \tan(x) = \frac{\sin(x)}{\cos(x)}$ die Ableitung $f'(x) = \frac{1}{(\cos(x))^2}$ hat.

7 Berechnen Sie die Ableitung von f.

a) $f(x) = \frac{\sin(x)}{x}$ b) $f(x) = \frac{x}{\cos(x)}$ c) $f(x) = \frac{1+\cos(x)}{1-\cos(x)}$ d) $f(x) = \frac{x \cdot \sin(x)}{1+\cos(x)}$

8 Doro behauptet, dass man die Quotientenregel nicht braucht, wenn man die Ableitung von $\frac{1}{x}$, die Produktregel und die Kettenregel kennt.

a) Begründen Sie Doros Aussage.

b) Differenzieren Sie ohne Anwenden der Quotientenregel die Funktionen f, g, h und k mit $f(x) = \frac{3x}{x-2}$, $g(x) = \frac{2x-1}{3x}$, $h(x) = \frac{3x^2}{x^2+4}$ und $k(x) = \frac{2x^2-3}{3x^2+2}$.

9 a) Gegeben sei eine auf einem Intervall I differenzierbare Funktion v mit $v(x) \neq 0$ für alle $x \in I$. Zeigen Sie mithilfe der Kettenregel, dass die Funktion f mit $f(x) = \frac{1}{v(x)}$ die Ableitung $f'(x) = -\frac{v'(x)}{(v(x))^2}$ hat.

b) Bestimmen Sie mithilfe der Formel aus a) die Ableitung der Funktion f.

① $f(x) = \frac{1}{2x^4 - 4x}$ ② $f(x) = \frac{1}{\sqrt{x}}$ ③ $f(x) = \frac{1}{e^x + x^2}$

10 Beweisen Sie die Quotientenregel mithilfe der Produktregel und der Regel von Aufgabe 9a.

11 **Ausblick:** Gegeben ist die Funktion f mit $f(x) = \frac{4x}{x^2+1}$.

a) Bestimmen Sie den maximalen Definitionsbereich sowie alle Nullstellen der Funktion.

b) Untersuchen Sie das Verhalten der Funktionswerte von f an den Rändern des Definitionsbereichs.

c) Untersuchen Sie das Symmetrieverhalten und das Monotonieverhalten des Graphen von f.

d) Bestimmen Sie die Hoch-, Tief- und Wendepunkte des Graphen von f.

e) Geben Sie die Gleichungen der Wendetangente und der Normalen bei der mittleren der drei Wendestellen an.

8.3 Produktintegration

Gegeben ist die Funktion F mit $F(x) = x^2 \cdot e^x$.

a) Bestimmen Sie die Ableitungsfunktion $f = F'$ und schreiben Sie f(x) als Produkt.

b) Bilden Sie die Stammfunktionen zu den Einzelfaktoren in der Funktionsgleichung von f.

c) Zeigen Sie, dass das Produkt der Stammfunktionen aus b) keine Stammfunktion von f ist.

Stammfunktionen von Produkten von Funktionen lassen sich nicht mit den bekannten Integrationsregeln bestimmen. Da jedoch das Bestimmen von Stammfunktionen die Umkehrung des Ableitens ist, kann aus der Produktregel eine Regel zur Produktintegration abgeleitet werden.

Erinnerung

$\int f(x)\,dx$ bezeichnet die Menge aller Stammfunktionen von f. Ist F eine Stammfunktion von f, dann gilt:

$\int f(x)\,dx = F(x) + C$

Da die Terme auf der linken und rechten Seite der Produktregel gleich sind, gilt dies auch für ihre Stammfunktionen.

$$(u(x) \cdot v(x))' = u'(x) \cdot v(x) + u(x) \cdot v'(x)$$

↓ Stammfunktion bilden ↓

Bildet man auf beiden Seiten der Gleichung die Stammfunktionen und

$$\int (u(x)v(x))'\,dx = \int (u'(x)v(x) + u(x)v'(x))\,dx$$

subtrahiert $\int u(x)v'(x)dx$, so erhält man

$$u(x)v(x) = \int u'(x)v(x)dx + \int u(x)v'(x)\,dx$$

eine Regel zur Bestimmung der Stammfunktionen des Produktes $u'(x) \cdot v(x)$.

$$\int u'(x)v(x)\,dx = u(x)v(x) - \int u(x)v'(x)\,dx$$

Ist die Stammfunktion von $u(x) \cdot v'(x)$ bekannt, so kann mithilfe dieser Regel nun auch die Stammfunktion von $u'(x) \cdot v(x)$ bestimmt werden.

Merke

$\int u' \cdot v = u \cdot v - \int u \cdot v'$

Wissen

Ist f eine Funktion mit $f(x) = u'(x) \cdot v(x)$, so gilt für die Menge aller Stammfunktionen von f:

$$\int f(x)\,dx = \int u'(x) \cdot v(x)\,dx = u(x) \cdot v(x) - \int u(x) \cdot v'(x)\,dx$$

Bei der Anwendung der Regel ist es von entscheidender Bedeutung, welcher der Faktoren als u'(x) und welcher als v(x) gewählt wird. Obwohl die Wahl theoretisch frei ist, kann sie in einem ungünstigen Fall zu einem Term $u(x) \cdot v'(x)$ führen, dessen Stammfunktion mit den bekannten Integrationsregeln nicht bestimmbar ist.

Die Wahl von u'(x) und v(x) sollte daher immer so erfolgen, dass zum einen die Stammfunktion u von u' bekannt ist und sich zum anderen der Term $u(x) \cdot v'(x)$ möglichst vereinfacht.

Beispiel 1 **Einfache Anwendung der Produktintegration**

Bestimmen Sie alle Stammfunktionen von f mit $f(x) = x \cdot e^x$.

Lösung:

Wählen Sie u'(x) und v(x) und bestimmen Sie u(x) und v'(x).

$u'(x) = e^x$ $\quad u(x) = e^x$

$v(x) = x$ $\quad v'(x) = 1$

Wenden Sie die Formel zur Produktintegration an.
Vereinfachen Sie so weit wie möglich und bestimmen Sie die Stammfunktion von e^x.
Ergänzen Sie im Ergebnis die Integrationskonstante C.

$$\int x \cdot e^x\,dx = e^x \cdot x - \int e^x \cdot 1\,dx$$
$$= xe^x - \int e^x\,dx$$
$$= xe^x - e^x + C$$

Hinweis

In Rechnungen wird die Integrationskonstante C oft weggelassen und erst im Endergebnis ergänzt.

Nicht immer jedoch lässt sich die Stammfunktion von $u(x) \cdot v'(x)$ direkt bestimmen und es ist eine erneute Anwendung der Regel zur Produktintegration notwendig.

Beispiel 2 **Mehrfache Anwendung der Produktintegration**

Bestimmen Sie alle Stammfunktionen von f mit $f(x) = x^2 \cdot e^x$.

Lösung:

Wählen Sie u'(x) und v(x) und bestimmen Sie u(x) und v'(x).	$u'(x) = e^x$ $v(x) = x^2$	$u(x) = e^x$ $v'(x) = 2x$
Wenden Sie die Formel zur Produktintegration an und vereinfachen Sie so weit wie möglich.	$\int x^2 \cdot e^x dx = e^x \cdot x^2 - \int e^x \cdot 2x\,dx$ $= x^2e^x - 2\int xe^x dx$	
Bestimmen Sie in einer separaten Rechnung eine Stammfunktion von xe^x wie in Beispiel 1.	$\int xe^x dx = xe^x - \int e^x dx = xe^x - e^x$	
Setzen Sie das Ergebnis wieder in die Formel ein. Vereinfachen Sie den Term und ergänzen Sie die Integrationskonstante C.	$\int x^2 \cdot e^x dx = x^2e^x - 2(xe^x - e^x) + C$ $= x^2e^x - 2xe^x + 2e^x + C$	

Basisaufgaben

1 Im Beispiel 1 wurden bei der Produktintegration $v(x) = x$ und $u'(x) = e^x$ gewählt. Entscheiden Sie begründet, ob auch die Wahl $v(x) = e^x$ und $u'(x) = x$ zum Ergebnis geführt hätte. Nutzen Sie Ihre Überlegungen bei den folgenden Aufgaben.

2 Bestimmen Sie eine Stammfunktion von f mittels Produktintegration. Überprüfen Sie Ihr Ergebnis, indem Sie die gefundene Stammfunktion ableiten.

a) $f(x) = e^x \cdot (x + 1)$ b) $f(x) = x \cdot \ln(x)$ c) $f(x) = x \cdot \sin(x)$
d) $f(x) = (x + 1) \cdot \cos(x)$ e) $f(x) = (2x - 1) \cdot e^x$ f) $f(x) = \frac{x}{e^x}$

3 Bestimmen Sie eine Stammfunktion von f durch mehrfache Anwendung der Produktintegration. Überprüfen Sie Ihr Ergebnis, indem Sie die gefundene Stammfunktion ableiten.

a) $f(x) = 3x^2 \cdot e^{-x}$ b) $f(x) = x^3 \cdot e^x$ c) $f(x) = e^x \cdot (x^2 + 1)$
d) $f(x) = e^{-2x} \cdot (1 - x^2)$ e) $f(x) = x^2 \cdot \cos(x)$ f) $f(x) = x^3 \cdot \sin(x)$

4 Bestimmen Sie eine Stammfunktion zur Funktion f mit $f(x) = 2x^2(x - 3)$ einmal mit und einmal ohne Produktintegration. Vergleichen Sie Ihre Rechenwege.

5 Gegeben sei eine Funktion f und $a \in \mathbb{R}$. Weisen Sie nach, dass die Faktorregel beim Integrieren $\int a \cdot f(x)\,dx = a \cdot \int f(x)\,dx$ ein Spezialfall der Regel zur Produktintegration ist.

6 Bestimmen Sie mithilfe der Regel zur Produktintegration eine Stammfunktion von f mit $f(x) = x^n \cdot \ln(x)$, $n \in \mathbb{N}$.

7 Ermitteln Sie zunächst eine Stammfunktion und berechnen Sie anschließend das bestimmte Integral.

a) $\int_0^3 3(x + 5) \cdot e^{4x} dx$ b) $\int_{-2}^0 2x \cdot e^{3x-2} dx$ c) $\int_0^\pi 2x \cdot \sin(x)\,dx$
d) $\int_{-1}^1 3x \cdot e^{-x} dx$ e) $\int_1^{e^2} 2x \cdot \ln(x)\,dx$ f) $\int_{-\pi/2}^{\pi/2} \pi x \cdot \cos(x)\,dx$

Weiterführende Aufgaben

8 Produktintegration führt wieder zum Ausgangsintegral:
In manchen Fällen ergibt sich nach Anwendung der Regel zur Produktintegration das ursprüngliche Integral. Durch geschicktes Umstellen kann jedoch trotzdem eine Stammfunktion ermittelt werden.
Beispiel:

$$\int \sin(x)\cdot\cos(x)\,dx = \sin^2(x) - \int \cos(x)\cdot\sin(x)\,dx \quad \Big| + \int \cos(x)\cdot\sin(x)\,dx$$

$$2\int \sin(x)\cdot\cos(x)\,dx = \sin^2(x) \quad \Big| :2$$

$$\int \sin(x)\cdot\cos(x)\,dx = \tfrac{1}{2}\sin^2(x) + C$$

Bestimmen Sie das Integral.

a) $\int e^x\cdot\sin(x)\,dx$ b) $\int \cos^2(x)\,dx$ c) $\int e^{-x}\cdot\cos(x)\,dx$

9 Gegeben sei eine Funktion f und ihre Stammfunktion F. Bestimmen Sie alle Stammfunktionen der Funktion g mit $g(x) = f(x)\cdot F(x)$.

10 Stammfunktion von ln(x): Zeigen Sie, dass F mit $F(x) = x\cdot\ln(x) - x$ eine Stammfunktion von f mit $f(x) = \ln(x)$ ist, indem Sie $f(x) = 1\cdot\ln(x)$ schreiben und die Produktintegration anwenden.

Hinweis
Es gilt:
$\ln(x^r) = r\cdot\ln(x)$

11 Bestimmen Sie eine Stammfunktion von f.

a) $f(x) = (\ln(x))^2$ b) $f(x) = \ln(2x-1)$ c) $f(x) = \ln(x^2)$

12 Bestimmen Sie eine Stammfunktion von f_a mit $f_a(x) = (\ln(x) - a)\cdot\ln(x)$, $a \in \mathbb{R}$.

13 Stolperstelle: Finden Sie den Fehler in der Rechnung und korrigieren Sie ihn.

$$\int x^2\cdot e^{-x}dx = -x^2\cdot e^{-x} - \int -2x\cdot e^{-x}dx = -x^2\cdot e^{-x} - \left(-2x\cdot e^{-x} - \int 2e^{-x}dx\right)$$
$$= -x^2\cdot e^{-x} - (-2x\cdot e^{-x} - (-2e^{-x})) = -x^2e^{-x} + 2xe^{-x} + 2e^{-x}$$

14 Der Graph der Funktion f mit $f(x) = (1-x^2)e^x$ schließt mit der x-Achse ein Flächenstück ein. Berechnen Sie den Flächeninhalt dieses Flächenstücks.

15 Gegeben sind die Funktionen f und g mit $f(x) = x^2e^{-x}$ und $g(x) = xe^{-x^2}$.

a) Zeigen Sie, dass G mit $G(x) = -\frac{1}{2}e^{-x^2}$ eine Stammfunktion von g ist.

b) Lesen Sie aus der Zeichnung die Schnittstellen der Graphen von f und g ab und berechnen Sie damit die Koordinaten der Schnittpunkte.

c) Die Graphen von f und g schließen im 1. Quadranten eine Fläche ein. Berechnen Sie den Inhalt dieses Flächenstücks.

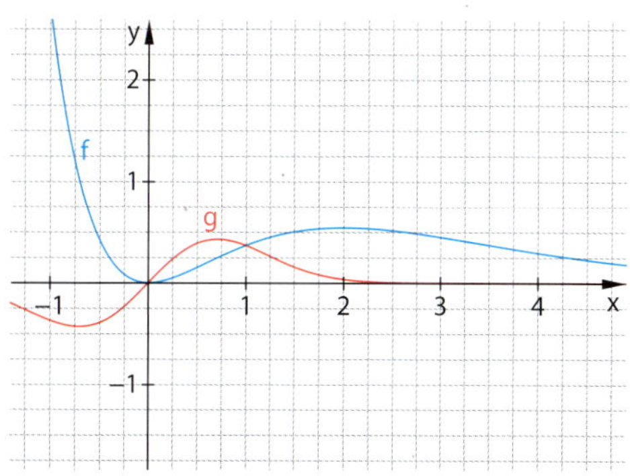

d) Überprüfen Sie, ob das nach rechts unbegrenzte Flächenstück, das die Graphen von f und g einschließen, einen endlichen Flächeninhalt hat. Geben Sie gegebenenfalls diesen Flächeninhalt an.

16 Berechnen Sie den Mittelwert der Funktionswerte von f auf dem angegebenen Intervall.

a) $f(x) = x^2(1-\ln(x))$; $I = [2; 4]$ b) $f(x) = (6x^2-2)\ln(x)$; $I = [1; e]$

17 Die Abbildung zeigt einen Architekturentwurf für die Fassade einer Ausstellungshalle. Für diesen Entwurf werden die Graphen der unten angegebenen Funktionen f, g und h verwendet.

$f(x) = 2 \cdot \ln(6 + 2x)$ für $-2{,}5 \le x \le 0$

$g(x) = 2 \cdot \ln(6 - 2x)$ für $0 \le x \le 2{,}5$

$h(x) = 6 - \frac{1}{2}\left(e^{1+\frac{3}{4}x} + e^{1-\frac{3}{4}x}\right)$ für $-1{,}5 \le x \le 1{,}5$

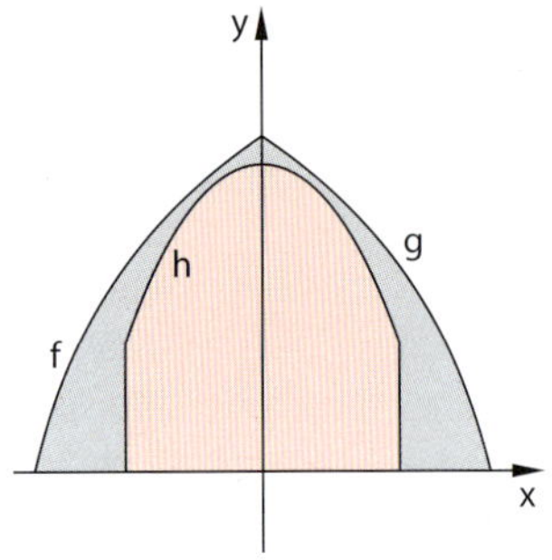

Legen Sie einen sinnvollen Maßstab fest und berechnen Sie die Flächeninhalte der grauen Wandfläche und des braunen Eingangstors.

18 Eine Keramikfirma beauftragt einen Designer, eine große Tonamphore für die Neugestaltung eines Schlossparks zu entwerfen. Der Designer schlägt eine Form vor, deren Innenvolumen durch Rotation des Graphen der Funktion f mit $f(x) = \sin(x) + r$ im Intervall $[0; 2\pi]$ um die x-Achse entsteht.
Wählt man im Koordinatensystem die Einheit dm, so ist die Amphore demnach 2π dm hoch und hat einen inneren Bodendurchmesser von 2r dm.
Ermitteln Sie, wie groß der innere Bodendurchmesser der Amphore sein muss, wenn die Amphore ein Innenvolumen von 90 Litern haben soll.

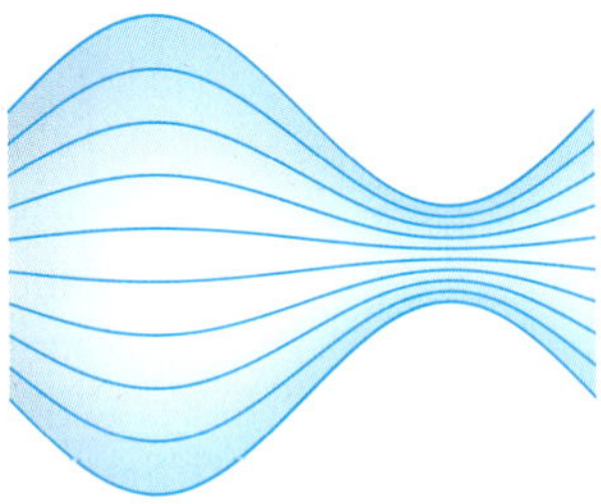

Hinweis

1 Liter = 1 dm^3

19 Fast jedes Jahr breitet sich von Asien aus eine Grippeepidemie aus. Der Krankenstand wird in Personen pro 100 Einwohner angegeben.
Die Änderungsrate des Krankenstands wird durch die Funktion f mit $f(t) = (3{,}6 - 1{,}2t) \cdot e^t$ modelliert.
Dabei wird die Zeit t in Tagen gemessen, und t = 0 entspricht dem 10. Februar.

a) Die Abbildung zeigt den Graphen von f. Interpretieren Sie seinen Verlauf im Sachzusammenhang.
b) Ermitteln Sie eine Stammfunktion F von f.
c) Vergleichen Sie die absolute Zunahme des Krankenstands in der Zeit vom 10. Februar bis zum Höchststand mit der Zunahme vom 7. bis zum 10. Februar.
d) Interpretieren Sie den Term $\frac{1}{3}\int_{s}^{s+3} f(t)\,dt$ im Sachzusammenhang.

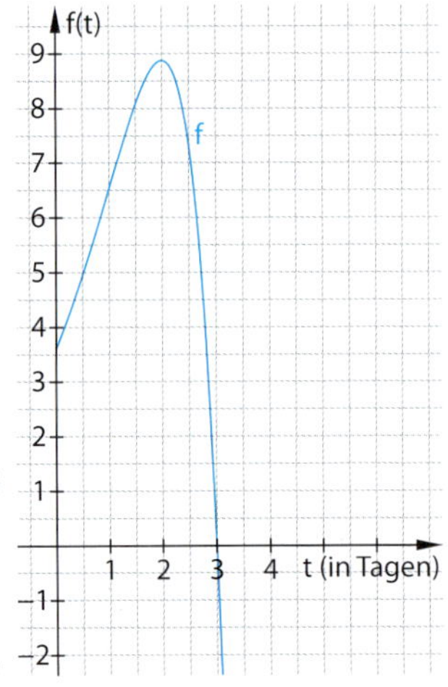

20 **Ausblick:** Gegeben ist die Funktion f mit $f(x) = \frac{\ln(x)}{x}$.
a) Geben Sie den Definitionsbereich von f an. Untersuchen Sie den Verlauf des Graphen von f an den Rändern des Definitionsbereichs mithilfe einer Näherungstabelle.
b) Untersuchen Sie f auf Nullstellen und Extrema und skizzieren Sie den Graphen.
c) Bestimmen Sie den Inhalt der Fläche, welche der Graph von f zwischen der Nullstelle und der lokalen Extremstelle einschließt.
d) Der Graph von f schließt mit der x-Achse ein nach rechts unbegrenztes Flächenstück ein. Zeigen Sie, dass das Flächenstück keinen endlichen Flächeninhalt hat.
e) Durch Rotation des Flächenstücks aus c) um die x-Achse entsteht ein Körper. Berechnen Sie sein Volumen.

8.4 Integration durch Substitution

Ergänzen Sie die fehlenden Terme mithilfe der Kettenregel für Ableitungen.

a) $f(x) = e^{\sin(x)}$
$f'(x) = e^{\sin(x)} \cdot$ ■

b) $f(x) = (x^2 - 1)^4$
$f'(x) = 4(x^2 - 1)^3 \cdot$ ■

c) $f(x) =$ ■
$f'(x) = e^{x^2} \cdot 2x$

d) $f(x) =$ ■
$f'(x) = 3(x^4 - 5)^2 \cdot 4x^3$

Mit der Kettenregel kann man die Ableitung einer verketteten Funktion bestimmen. Man kann die Regel auch umgekehrt nutzen, um eine Stammfunktion der Ableitungsfunktion zu erhalten. Ist U eine Stammfunktion einer Funktion u, dann gilt für die Ableitung einer Funktion F mit $F(x) = U(v(x))$ nach der Kettenregel: $F'(x) = U'(v(x)) \cdot v'(x) = u(v(x)) \cdot v'(x)$
F ist also eine Stammfunktion der Funktion f mit $f(x) = u(v(x)) \cdot v'(x)$.

Erinnerung

lineare Kettenregel für Stammfunktionen:
Ist G eine Stammfunktion der Funktion g, so ist die Funktion F mit $F(x) = \frac{1}{a}G(ax + b)$ und $a, b \in \mathbb{R}$ eine Stammfunktion von f mit $f(x) = g(ax + b)$.

Satz **Kettenregel für Stammfunktionen**
Ist U eine Stammfunktion einer äußeren Funktion u und v eine innere Funktion, so gilt:
Die Funktion F mit $\mathbf{F(x) = U(v(x))}$ ist eine Stammfunktion von f mit $\mathbf{f(x) = u(v(x)) \cdot v'(x)}$.

Mithilfe dieses Satzes kann man die innere Funktion aus dem Integranden eines Integrals entfernen, wenn die Ableitung der inneren Funktion dort als Faktor auftritt (Substitution $v(x) = z$):

$$\int_a^b u(v(x)) \cdot v'(x)dx = [U(v(x))]_a^b = U(v(b)) - U(v(a)) = [U(z)]_{v(a)}^{v(b)} = \int_{v(a)}^{v(b)} u(z)\,dz$$

Satz **Substitutionsformel**
Für die Integration einer verketten Funktion gilt: $\displaystyle\int_a^b \mathbf{u(v(x)) \cdot v'(x)\,dx} = \int_{v(a)}^{v(b)} \mathbf{u(z)\,dz}$

Beispiel 1 **Stammfunktion bestimmen**
Bestimmen Sie eine Stammfunktion der Funktion f mit $f(x) = 6x(2x^2 - 1)^3$.

Lösung:
Prüfen Sie, ob die Ableitung $v'(x) = 4x$ der inneren Funktion v als Faktor im Funktionsterm von f auftritt. Dies ist der Fall, da man 6x in $\frac{3}{2} \cdot 4x$ zerlegen kann.
Bestimmen Sie eine Stammfunktion U der äußeren Funktion u und bilden Sie $U(v(x))$.

$v(x) = 2x^2 - 1$ $\quad$ $v'(x) = 4x$
$f(x) = \frac{3}{2}(2x^2 - 1)^3 \cdot 4x$
$f(x) = u(v(x)) \cdot v'(x)$
$u(x) = \frac{3}{2}x^3$ $\quad$ $U(x) = \frac{3}{8}x^4$
$F(x) = U(v(x)) = \frac{3}{8}(2x^2 - 1)^4$

Beispiel 2 **Bestimmtes Integral mit der Substitutionsformel berechnen**
Berechnen Sie das Integral $\int_1^2 xe^{-x^2}dx$ mit der Substitutionsformel.

Lösung:
Die Ableitung $v'(x) = -2x$ der inneren Funktion v im Exponenten tritt im Integranden als Faktor auf, da man x in $-\frac{1}{2} \cdot (-2x)$ zerlegen kann. Ziehen Sie $-\frac{1}{2}$ vor das Integral und wenden Sie die Substitutionsformel an. Berechnen Sie dafür die neuen Integrationsgrenzen v(1) und v(2).

$v(x) = -x^2$ $\quad$ $v'(x) = -2x$
$u(z) = e^z$
$v(1) = -1^2 = -1$ $\quad$ $v(2) = -2^2 = -4$
$\int_1^2 xe^{-x^2}dx = \int_1^2 -\frac{1}{2}e^{-x^2} \cdot (-2x)\,dx$
$= -\frac{1}{2}\int_1^2 e^{-x^2} \cdot (-2x)\,dx = -\frac{1}{2}\int_{-1}^{-4} e^z dz$
$= -\frac{1}{2}[e^z]_{-1}^{-4} = -\frac{1}{2}(e^{-4} - e^{-1}) \approx 0{,}175$

Basisaufgaben

1 Bestimmen Sie eine Stammfunktion der Funktion f. Kontrollieren Sie durch Ableiten.
a) $f(x) = 3x^2 e^{x^3-1}$ b) $f(x) = 9x^2(x^3+2)^2$ c) $f(x) = \sin(x) \cdot (\cos(x))^3$ d) $f(x) = \frac{x}{\sqrt{1+x^2}}$

2 Berechnen Sie das Integral mit der Substitutionsformel.
a) $\int_{-2}^{0} (x-1)e^{\frac{1}{2}x^2 - x}\,dx$ b) $\int_{1}^{4} \frac{e^{\sqrt{x}}}{\sqrt{x}}\,dx$ c) $\int_{0}^{1} \frac{20}{(4x+1)^2}\,dx$ d) $\int_{-1}^{2} (x^4 - x^2)(6x^3 - 3x)\,dx$

3 Berechnen Sie das Integral $\int_{0}^{\sqrt{\frac{\pi}{2}}} x\cos(x^2)\,dx$ ①, indem Sie zuerst eine Stammfunktion zu $f(x) = x\cos(x^2)$ bestimmen, und ② mit der Substitutionsformel. Erläutern Sie, welche der beiden Methoden Sie einfacher finden.

Substitution der Integrationsvariablen

Satz **Integration durch Substitution der Integrationsvariablen**

Wenn $v(\alpha) = a$ und $v(\beta) = b$ ist, gilt: $\int_{a}^{b} \mathbf{f(x)\,dx} = \int_{\alpha}^{\beta} \mathbf{f(v(t)) \cdot v'(t)\,dt}$

Beispiel 3

Berechnen Sie das Integral $\int_{0}^{\frac{1}{2}} \frac{1}{\sqrt{1-x^2}}\,dx$ mit der Substitution $x = \sin(t)$.

Lösung:

Mit der Substitution $x = \sin(t)$ lässt sich der Integrand vereinfachen.

$x = v(t) = \sin(t)$ $v'(t) = \cos(t)$

Wenden Sie die Formel an: Bestimmen Sie die neuen Integrationsgrenzen, ersetzen Sie im Integranden x durch sin(t) und ergänzen Sie den Faktor cos(t).

$v(\alpha) = 0$ gilt z. B. für $\alpha = 0$

$v(\beta) = \frac{1}{2}$ gilt z. B. für $\beta = \frac{\pi}{6}$

$$\int_{0}^{\frac{1}{2}} \frac{1}{\sqrt{1-x^2}}\,dx = \int_{0}^{\frac{\pi}{6}} \frac{1}{\sqrt{1-(\sin(t))^2}} \cdot \cos(t)\,dt$$

Verwenden Sie $(\sin(t))^2 + (\cos(t))^2 = 1$.

$$= \int_{0}^{\frac{\pi}{6}} \frac{1}{\sqrt{(\cos(t))^2}} \cdot \cos(t)\,dt$$

Im Intervall $\left[0; \frac{\pi}{6}\right]$ ist cos(t) positiv, sodass $\sqrt{(\cos(t))^2} = \cos(t)$ und $\sqrt{(\cos(t))^2} \neq 0$ gilt.

$$= \int_{0}^{\frac{\pi}{6}} \frac{1}{\cos(t)} \cdot \cos(t)\,dt = \int_{0}^{\frac{\pi}{6}} 1\,dt = \frac{\pi}{6} \approx 0{,}524$$

Hinweis

Hier wird der Integrand durch eine eventuell überraschende Substitution stark vereinfacht. Erfahrung und Intuition können helfen, geeignete Substitutionen zu finden.

Basisaufgaben

Hinweis zu 4c

Verwenden Sie die Beziehung $(\sin(t))^2 + (\cos(t))^2 = 1$

4 Berechnen Sie das Integral mit der angegebenen Substitution.
a) $\int_{-1}^{1} \frac{x-5}{x+2}\,dx;\ x = t-2$ b) $\int_{1}^{2} xe^{-x^2}\,dx;\ x = \sqrt{-t}$ c) $\int_{-\frac{1}{2}}^{0} \frac{12}{\sqrt{1-x^2}}\,dx;\ x = \cos(t)$

5 a) Berechnen Sie das Integral $\int_{1}^{4} x\,dx$ ohne Substitution.
b) Berechnen Sie $\int_{1}^{4} x\,dx$ mit der Substitution $x = t^2$. Wählen Sie für die Integrationsgrenzen einmal positive und einmal negative Zahlen und vergleichen Sie die Ergebnisse.

Weiterführende Aufgaben

6 Logarithmische Integration: Sei v eine differenzierbare Funktion. Dann ist zu der Funktion f mit $f(x) = \frac{v'(x)}{v(x)}$ die Funktion F mit $F(x) = \ln(|v(x)|)$ eine Stammfunktion, wenn $v(x) \neq 0$ gilt.

a) Begründen Sie diese Regel. Verwenden Sie dabei die Tatsache, dass die Funktion U mit $U(x) = \ln(|x|)$ eine Stammfunktion zu $u(x) = \frac{1}{x}$ für $x \neq 0$ ist.

b) Bestimmen Sie eine Stammfunktion zur Funktion f.

① $f(x) = \frac{2e^{2x}}{e^{2x}+7}$ ② $f(x) = \frac{4x}{x^2+5}$ ③ $f(x) = \frac{1}{5x+2}$ ④ $f(x) = \frac{\sin(x)}{\cos(x)-1}$

Erinnerung

Zu f mit $f(x) = \ln(x)$ ist F mit $F(x) = x\ln(x) - x$ eine Stammfunktion.

7 Berechnen Sie das Integral.

a) $\int_0^2 \frac{9x^2}{(x^3+1)^3}\,dx$ b) $\int_{-2}^{-1} \ln(5z+11)\,dz$ c) $\int_e^{e^2} \frac{\ln(x)}{x}\,dx$ d) $\int_1^2 \frac{\cos(\pi t)}{\sin(\pi t)-2}\,dt$

e) $\int_{-1}^0 \frac{e^x - e^{-x}}{e^x + e^{-x}}\,dx$ f) $\int_0^{\frac{\pi}{4}} \tan(x)\,dx$ g) $\int_2^3 \frac{x}{\sqrt{x-1}}\,dx$ mit $x = t+1$

8 Stolperstelle: Bei der Berechnung des Integrals $\int_0^1 \frac{6}{\sqrt{4-x^2}}\,dx$ verwendet Vanessa die Substitution $x = 2\sin(t)$ und die Grenzen 0 und $\frac{5\pi}{6}$, da $2\sin(0) = 0$ und $2\sin\left(\frac{5\pi}{6}\right) = 1$ ist:

$$\int_1^0 \frac{6}{\sqrt{4-x^2}}\,dx = \int_0^{\frac{5\pi}{6}} \frac{6}{\sqrt{4-(2\sin(t))^2}} \cdot 2\cos(t)\,dt = \int_0^{\frac{5\pi}{6}} \frac{6}{2\sqrt{\cos(t)^2}} \cdot 2\cos(t)\,dt = \int_0^{\frac{5\pi}{6}} 6\,dt = 5\pi$$

Jacqueline wählt als obere Grenze $\frac{\pi}{6}$, da auch $2\sin\left(\frac{\pi}{6}\right) = 1$ gilt, und erhält als Ergebnis π. Erläutern Sie, welchen Fehler Vanessa oder Jacqueline gemacht hat.

9 a) Begründen Sie, dass der Graph der Funktion f mit $f(x) = \sqrt{r^2 - x^2}$ mit $r > 0$ und die x-Achse einen Halbkreis mit dem Radius r bilden.

b) Erläutern Sie ohne Berechnung, welchen Wert der Term $2 \cdot \int_{-r}^{r} \sqrt{r^2 - x^2}\,dx$ hat.

c) Berechnen Sie $2 \cdot \int_{-r}^{r} \sqrt{r^2 - x^2}\,dx$ mit der Substitution $x = r\sin(t)$. Verwenden Sie auch die Regel zur Produktintegration.

10 Ein Baum ist zu Beginn $(t = 0)$ einen Meter hoch. Seine Wachstumsgeschwindigkeit in Meter pro Jahr ist gegeben durch $f(t) = \frac{0{,}4t}{(0{,}01t^2+1)^2}$ (t: Zeit in Jahren).

a) Bestimmen Sie die Baumhöhe nach 50 Jahren.

b) Ermitteln Sie, nach welcher Zeit der Baum 5 m hoch ist.

c) Berechnen Sie das uneigentliche Integral $\int_0^\infty f(t)\,dt$ und interpretieren Sie das Ergebnis im Sachzusammenhang.

Hinweis

Die Kosinusfunktion lässt sich im Intervall $[0; \pi]$ umkehren. Die Umkehrfunktion arccos ist definiert für $x \in [-1; 1]$ und es gilt $\cos(\arccos(x)) = x$.

11 Ausblick: Gegeben ist die Funktion f mit $f(x) = -\frac{1}{\sqrt{1-x^2}}$.

a) Bestimmen Sie eine Stammfunktion von f mit der Substitution $x = \cos(t)$. Berechnen Sie dazu das Integral $\int_a^b f(x)\,dx$ in Abhängigkeit von a und b mit $a, b \in]-1; 1[$.

b) Ist g^{-1} die Umkehrfunktion einer Funktion g, dann gilt $g^{-1}(g(x)) = g(g^{-1}(x)) = x$. Zeigen Sie mit der Kettenregel für Ableitungen, dass für die Ableitung von g^{-1} gilt: $g^{-1\prime}(x) = \frac{1}{g'(g^{-1}(x))}$.

c) Überprüfen Sie Ihr Ergebnis von a) mit der Regel in b). Verwenden Sie auch die Beziehung $(\sin(x))^2 + (\cos(x))^2 = 1$.

8.5 Verknüpfungen mit Exponentialfunktionen

Gegeben sind die Funktionen f, g und h mit $g(x) = e^x$, $h(x) = x^2$ und $f(x) = g(x) \cdot h(x)$.

a) Skizzieren Sie den Graphen von f für $-2 < x < 2$.

b) Begründen Sie, ob f eine Nullstelle hat.

c) Stellen Sie eine begründete Vermutung auf, wie sich der Graph von f für $x \to \pm\infty$ verhält.

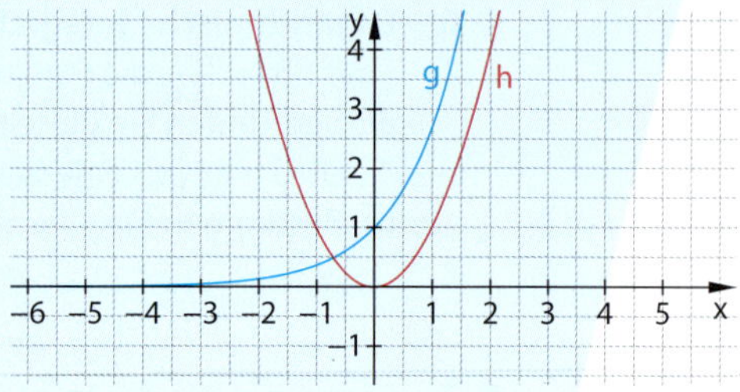

Die Graphen von Funktionen mit Gleichungen der Form $f(x) = a \cdot e^{bx+c} + d$ haben weder Extrem- noch Wendepunkte. Die Graphen ganzrationaler Funktionen haben keine Asymptoten. Verknüpft man diese beiden Funktionstypen, so können sich Funktionen ergeben, deren Graphen Extrempunkte, Wendepunkte und Asymptoten haben.

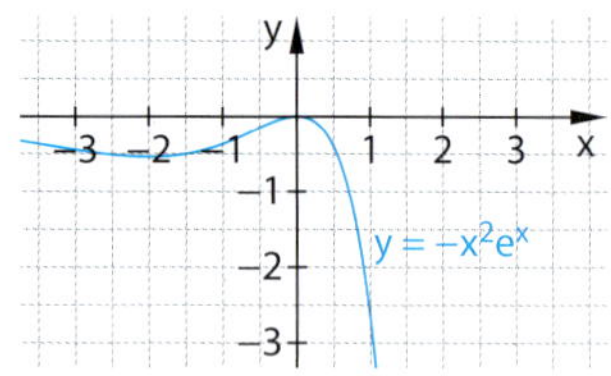

Charakteristische Punkte ermitteln

Beispiel 1

Untersuchen Sie die Funktion f mit $f(x) = 3xe^{-2x}$ auf Nullstellen, Extrempunkte und Wendepunkte.

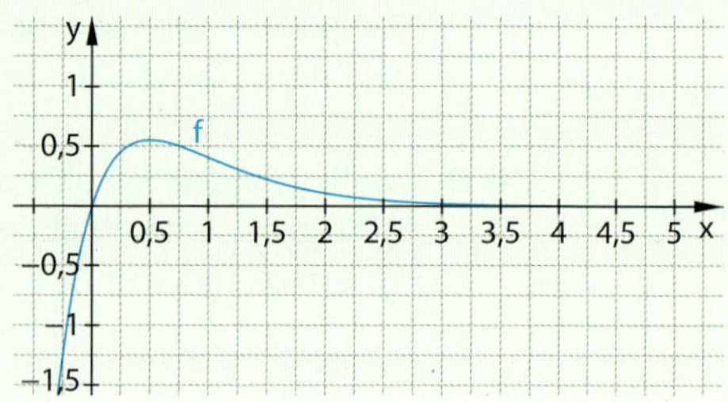

Lösung:

Nullstellen: Setzen Sie $f(x) = 0$. Prüfen Sie, für welche x die einzelnen Faktoren 0 werden. Da die e-Funktion keine Nullstelle hat, gilt $e^{-2x} \neq 0$.

$$3xe^{-2x} = 0 \quad | \, e^{-2x} \neq 0$$
$$3x = 0 \quad | :3$$
$$x = 0$$

Nullstelle: $x = 0$

Extrempunkte: Leiten Sie die Funktion zweimal ab.

$$f(x) = 3x \cdot e^{-2x}$$
$$f'(x) = 3 \cdot e^{-2x} + 3x \cdot (-2e^{-2x}) = e^{-2x}(3 - 6x)$$
$$f''(x) = -2e^{-2x} \cdot (3 - 6x) + e^{-2x} \cdot (-6)$$
$$= e^{-2x}(-2 \cdot (3 - 6x) - 6)$$
$$= e^{-2x}(12x - 12)$$

Setzen Sie $f'(x) = 0$.

$$e^{-2x}(3 - 6x) = 0 \quad | \, e^{-2x} \neq 0$$
$$3 - 6x = 0 \quad | -3 \quad | :(-6)$$
$$x = 0{,}5$$

Bestimmen Sie den y-Wert durch Einsetzen in f(x) und die Art des Extrempunktes durch Einsetzen in f″(x).

$f(0{,}5) \approx 0{,}55$
$f''(0{,}5) \approx -2{,}21 < 0$,
also Hochpunkt $H(0{,}5 \mid 0{,}55)$

Wendepunkte: Setzen Sie $f''(x) = 0$.

$$e^{-2x}(12x - 12) = 0 \quad | \, e^{-2x} \neq 0$$
$$12x - 12 = 0 \quad | +12 \quad | :12$$
$$x = 1$$

Prüfen Sie, ob an der Stelle 1 ein VZW bei f″ vorliegt.	$e^{-2x} > 0$ für alle x, $12x - 12 < 0$ für $x < 1$ und $12x - 12 > 0$ für $x > 1$, also hat f″ VZW bei $x = 1$, also Wendepunkt
Berechnen Sie die y-Koordinate von W.	$f(1) \approx 0{,}41$, also $W(1\,|\,0{,}41)$

Basisaufgaben

1 Bestimmen Sie die Nullstellen der Funktion f.
a) $f(x) = 2xe^{11x-22}$ b) $f(x) = (x+2)e^{-\frac{1}{3}x}$ c) $f(x) = -\frac{1}{2}(3x+7)e^{8x-8}$
d) $f(x) = xe^x - 4e^x$ e) $f(x) = 2xe^{8x} + e^{8x}$ f) $f(t) = (t^3 - 27)e^{-t-1}$
g) $f(x) = x^2e^{2x+1} - 9e^{2x+1}$ h) $f(x) = (2x^2 + 10x + 8)e^{-2x}$ i) $f(x) = x^2e^x - 8xe^x + 12e^x$

Lösungen zu 2
−1 2 0
−2 3
0 −0,5
2
−3 1

2 Untersuchen Sie die Funktion f auf Extremstellen.
a) $f(x) = xe^x$ b) $f(x) = -xe^{2x}$ c) $f(x) = 2x^2e^x$
d) $f(x) = x^2e^{-x} - 2$ e) $f(x) = 2e^{-x^2+4x}$ f) $f(x) = -3e^{x^3-27x}$

3 Bestimmen Sie die Wendestellen der Funktion f.
a) $f(x) = xe^x$ b) $f(x) = e^x - 8x^2 + 11x - 9$ c) $f(x) = xe^{-x} - e^{-x}$

4 Bestimmen Sie die Nullstellen der Funktion sowie die Koordinaten der Extrem- und Wendepunkte des Graphen von f.
a) $f(x) = (x-1)e^x$ b) $f(x) = (x-1)^2e^x$ c) $f(x) = e^{1-x^2}$

5 Bestimmen Sie die Gleichungen der Wendetangenten an den Graphen von f.
a) $f(x) = (x^2 - 2x)e^{0,5x}$ b) $f(x) = (x+1)e^{-2x}$ c) $f(x) = xe^{-0,5x^2}$

6 Prüfen Sie rechnerisch, ob die Graphen der Funktionen f und g mit $f(x) = x^2e^x + 1$ und $g(x) = x^3e^{-x^2}$ Sattelpunkte haben. Geben Sie ggf. deren Koordinaten an.

7 Bestimmen Sie eine Stammfunktion zur Funktion f.
a) $f(x) = 4x^2 - x - 2e^{3x-4}$ b) $f(t) = \frac{1}{3}t^3 - 5 + e^{\frac{2}{5}t-3}$ c) $f(x) = 2x^3 - 4e^{\frac{2}{3}-\frac{4}{5}x}$

8 Bestimmen Sie den Inhalt der Fläche, die der rechts abgebildete Graph von f mit $f(x) = 2e^{0,5x} - 6$ mit den Koordinatenachsen einschließt.

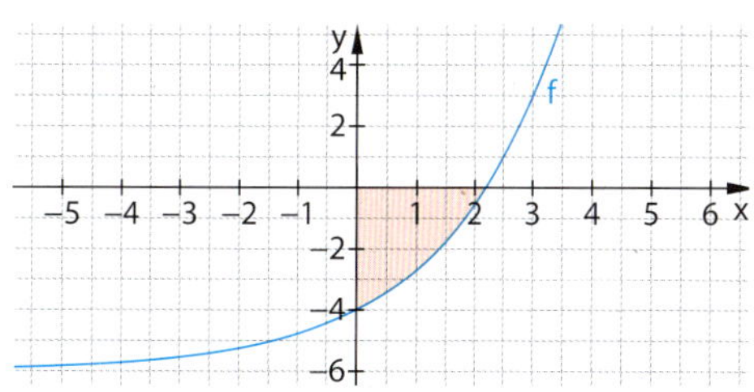

9 Zeigen Sie, dass die Funktion F mit $F(x) = x^2e^{5x} - 9$ eine Stammfunktion zur Funktion f mit $f(x) = (5x^2 + 2x)e^{5x}$ ist. Bestimmen Sie anschließend den Inhalt der Fläche, die der Graph von f im Intervall [0; 1] mit der x-Achse einschließt.

10 Die Graphen der Funktionen f und g mit $f(x) = x^2 - 6x - e^{0,5x}$ und $g(x) = 6 - e^{0,5x} - x$ schließen ein Flächenstück ein. Berechnen Sie den Flächeninhalt dieses Flächenstücks.

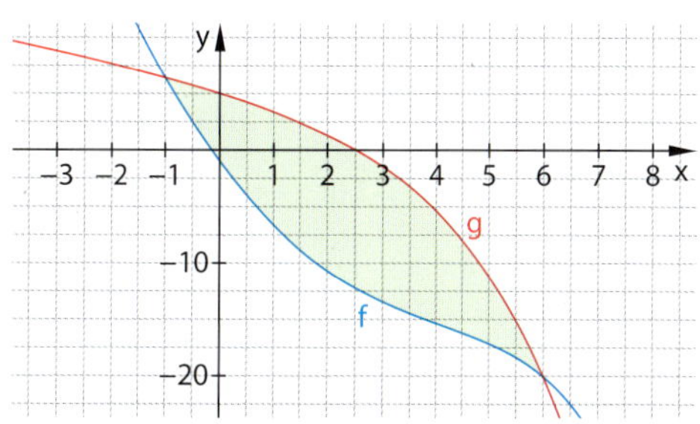

Verhalten im Unendlichen – globaler Verlauf

Erinnerung

Für $x \to \infty$ gilt $e^x \to \infty$.
Für $x \to -\infty$ gilt $e^x \to 0$.

Für f mit $f(x) = \frac{x^2}{e^x}$ gilt $\lim\limits_{x \to -\infty} f(x) = \infty$, da der Zähler gegen ∞ strebt und der Nenner gegen 0. Für $x \to \infty$ lässt sich der Grenzwert auf diese Weise nicht bestimmen, denn dann streben Zähler und Nenner gegen ∞. Im Allgemeinen kann man „∞ durch ∞" nicht berechnen. Am Graphen erkennt man jedoch, dass $\lim\limits_{x \to \infty} f(x) = 0$ gilt. Die x-Achse ist für $x \to \infty$ eine **waagerechte Asymptote**.

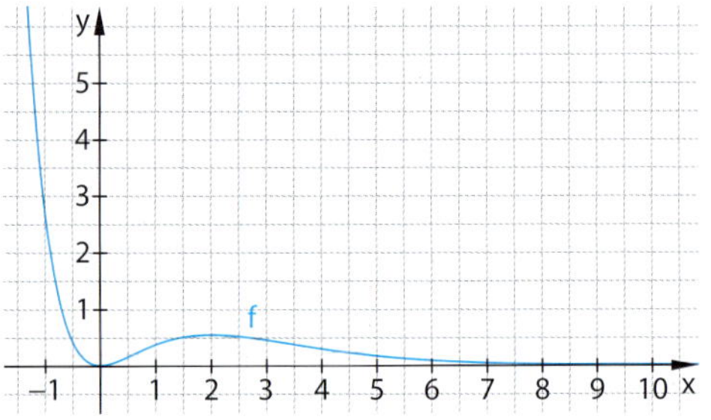

Allgemein können bei Verknüpfungen mit Exponentialfunktionen im Unendlichen Produkte wie „0 · ∞" oder Quotienten wie „∞ : ∞" entstehen. In solchen Fällen setzt sich die Exponentialfunktion gegenüber jeder Potenzfunktion und damit auch gegenüber jeder ganzrationalen Funktion durch. Das Verhalten im Unendlichen wird also vom Verhalten der Exponentialfunktion bestimmt.

Hinweis

Zur Veranschaulichung siehe Aufgaben 20 bis 22.

Satz **Verhalten im Unendlichen**

Es gilt für alle $n \in \mathbb{N}$: $\lim\limits_{x \to \infty} \frac{x^n}{e^x} = 0$ und $\lim\limits_{x \to -\infty} (x^n \cdot e^x) = 0$

Beispiel 2 Bestimmen Sie das Verhalten der Funktionswerte für $x \to \infty$ und $x \to -\infty$. Geben Sie die Gleichung einer waagerechten Asymptote an, falls vorhanden. Skizzieren Sie den Graphen der Funktion und gegebenenfalls die Asymptote.

a) $f(x) = (x^2 - x + 8)e^x$ b) $g(x) = xe^{-2x} + 3$

Lösung:

a) Für $x \to \infty$ streben beide Faktoren gegen ∞, also strebt auch das Produkt gegen ∞.
Für $x \to -\infty$ gilt $\lim\limits_{x \to -\infty} (x^n \cdot e^x) = 0$, also $\lim\limits_{x \to -\infty} (x^2 \cdot e^x) = 0$.
Außerdem verhält sich $x^2 - x + 8$ genauso wie x^2. Daher strebt auch f(x) gegen 0 und die x-Achse ist eine waagerechte Asymptote.

$$\lim_{x \to \infty} \big(\underbrace{(x^2 - x + 8)}_{\infty} \cdot \underbrace{e^x}_{\infty}\big) = \infty$$

$$\lim_{x \to -\infty} \big(\underbrace{(x^2 - x + 8)}_{\infty} \cdot \underbrace{e^x}_{0}\big) = 0$$

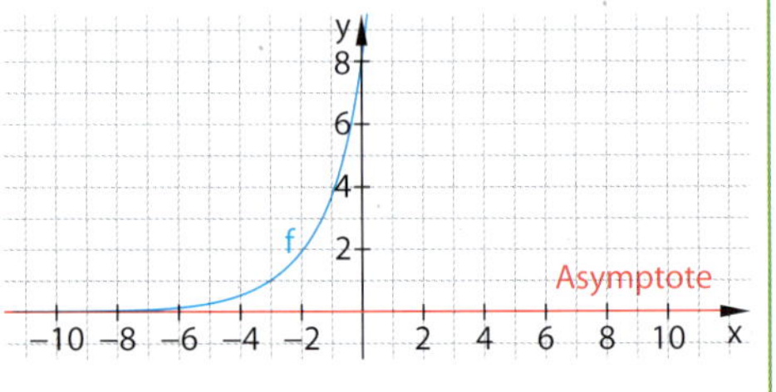

b) Für $x \to \infty$ strebt der Exponent $-2x$ gegen $-\infty$ und somit e^{-2x} gegen 0. Dieser Exponentialterm dominiert gegenüber x. Da zum Produkt noch 3 addiert wird, ist der Grenzwert 3.
Es gibt eine waagerechte Asymptote (y = 3) für $x \to \infty$.

Für $x \to -\infty$ strebt der Exponent $-2x$ und somit auch e^{-2x} gegen ∞. Beide Faktoren werden betragsmäßig beliebig groß, so auch ihr Produkt. Das Vorzeichen ist negativ („– mal + gleich –"). Die Addition von 3 hat keinen Einfluss.

$$\lim_{x \to \infty} (\underbrace{x}_{\infty} \cdot \underbrace{e^{-2x}}_{0} + 3) = 3$$

$$\lim_{x \to -\infty} (\underbrace{x}_{-\infty} \cdot \underbrace{e^{-2x}}_{\infty} + 3) = -\infty$$

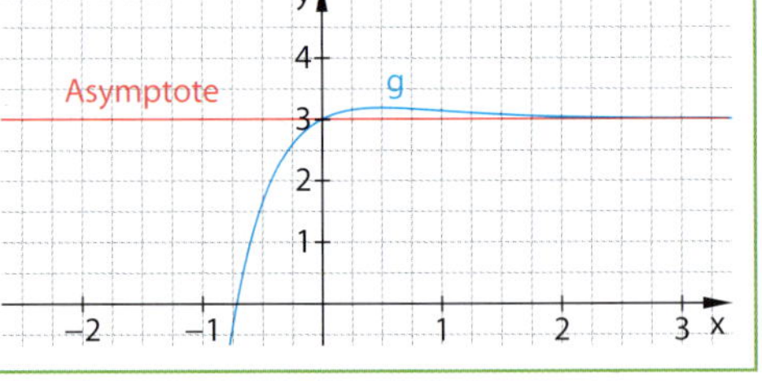

Basisaufgaben

11 Bestimmen Sie das Verhalten der Funktion f für $x \to \infty$ und $x \to -\infty$.

a) $f(x) = e^x + 4$ b) $f(x) = xe^{-x}$ c) $f(x) = -2x^3e^{2x}$ d) $f(x) = \frac{x^2 - x}{e^x}$

e) $f(x) = x^2e^{-x}$ f) $f(x) = -\frac{x^4}{e^{(x^2)}}$ g) $f(x) = e^{3x-4}(x - 6x^2)$ h) $f(x) = e^x(x^3 - 6x^2) + 4$

12 Untersuchen Sie, ob der Graph von f für $x \to \infty$ oder $x \to -\infty$ eine waagerechte Asymptote hat. Geben Sie in diesem Fall ihre Gleichung an.

a) $f(x) = xe^x$ b) $f(x) = 5 + x^2e^x$ c) $f(x) = \frac{x}{e^{2x-1}}$ d) $f(x) = \frac{x}{e^x}$

13 Bestimmen Sie einige Funktionswerte und das Verhalten für $x \to \infty$ und $x \to -\infty$. Skizzieren Sie damit den Verlauf des Graphen.

a) $f(x) = -2x + e^{-x}$ b) $f(x) = e^{2x+3} + x^3$ c) $f(x) = x^2 + 1 + e^{0,5x}$

d) $f(x) = -x^2e^{-2x-1}$ e) $f(x) = 3(x + 1)e^{-0,1x+2}$ f) $f(x) = \frac{x^2}{e^x}$

14 a) Zeichnen Sie mit einem Funktionenplotter die Graphen von f, g und h mit $f(x) = e^x$, $g(x) = x^2$ und $h(x) = f(x) - g(x)$. Bestimmen Sie grafisch den Grenzwert von h für $x \to \infty$.

b) Versuchen Sie, den Grenzwert aus a) rechnerisch zu bestimmen, und erklären Sie das dabei auftretende Problem.

15 Gegeben sind die Funktionen f und g mit $f(x) = x$ und $g(x) = e^x$. Aus f und g setzen sich die Funktionen h bis k zusammen. Ordnen Sie ihre Funktionsgleichungen den Graphen ① bis ④ zu.

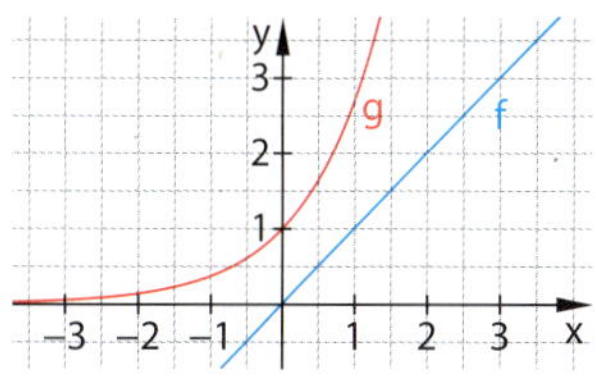

$h(x) = xe^x$ $i(x) = e^x - x$ $j(x) = x + e^x$ $k(x) = \frac{x}{e^x}$

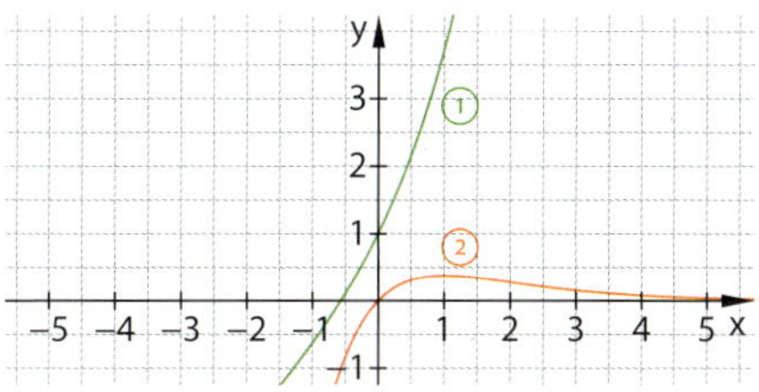

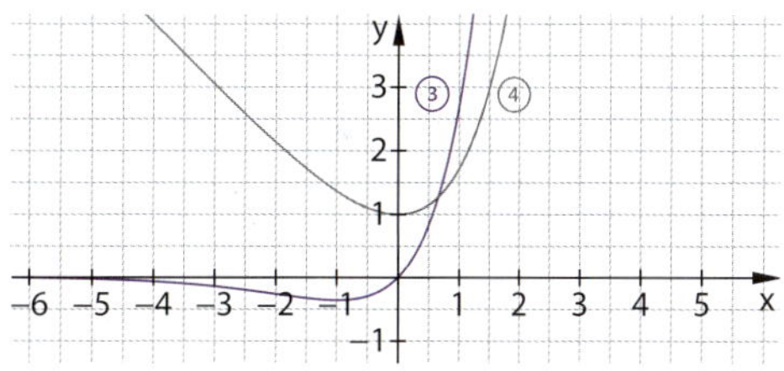

16 Abgebildet sind die Graphen von f, g und h mit $f(x) = e^{-x}$, $g(x) = e^{x-2}$ und $h(x) = x - 2$. Skizzieren Sie die Graphen der angegebenen Funktion. Geben Sie auch das Verhalten für $x \to \pm\infty$ an.

a) $f(x) + g(x)$ b) $f(x) + h(x)$

c) $f(x) - g(x)$

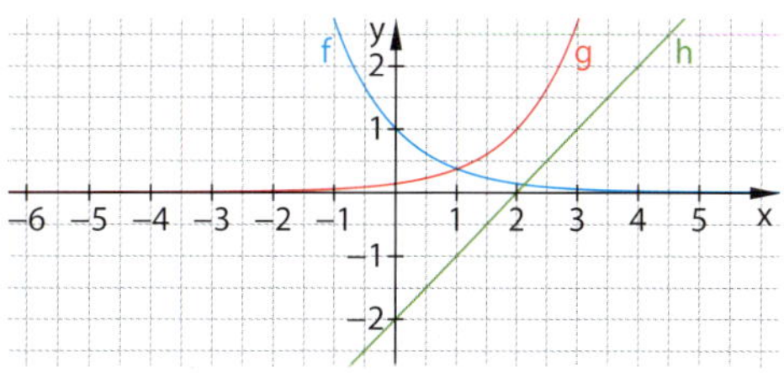

17 Abgebildet sind die Graphen zu $f(x) = e^{-0,5x}$ und $g(x) = x^3$. Begründen Sie, ob die Aussage über die Funktion h mit $h(x) = f(x) \cdot g(x)$ wahr oder falsch ist.

a) h hat keine Nullstellen.

b) h(x) strebt für $x \to \infty$ gegen 0, da die e-Funktion im Fall „$\infty \cdot 0$" dominiert.

c) $\lim_{x \to -\infty} h(x) = \infty$

d) $h(1) > 0$

e) Es gibt genau ein x mit $h(x) = f(x)$ und genau ein x mit $h(x) = g(x)$.

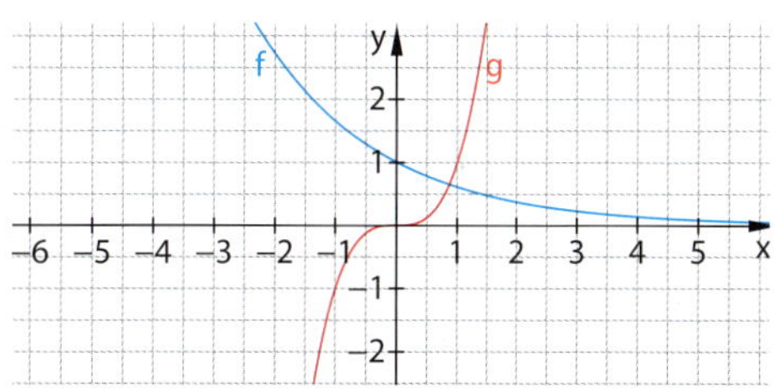

Extremwertaufgaben

Verknüpfte Exponentialfunktionen können auch im Zusammenhang mit Extremwertaufgaben auftauchen. Das Vorgehen ist hierbei dasselbe wie bei ganzrationalen Funktionen.

Beispiel 3 Gegeben ist der Graph der Funktion f mit $f(x) = xe^{2-x}$. Der Punkt C liegt auf dem Graphen von f und bildet mit den Punkten A, B und D ein Rechteck.

a) Stellen Sie eine Zielfunktion für den Flächeninhalt des Rechtecks auf und geben Sie einen sinnvollen Definitionsbereich an.

b) Bestimmen Sie a so, dass der Flächeninhalt des Rechtecks maximal wird, und geben Sie den maximalen Flächeninhalt an.

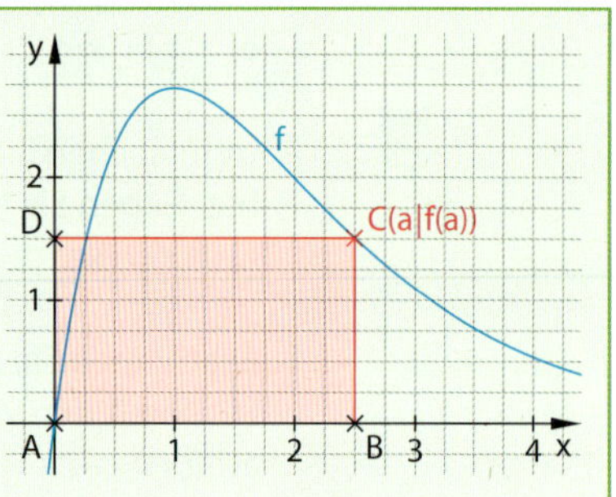

Lösung:

a) 1. Gleichung: $A = b \cdot h$ — Flächeninhalt Rechteck: Breite mal Höhe

2. Nebenbedingungen: $b = a$ und $h = f(a)$ — Punkt C liegt auf dem Graphen.

3. Zielfunktion: $A(a) = a \cdot f(a) = a \cdot (ae^{2-a}) = a^2 \cdot e^{2-a}$

Definitionsbereich D_A: die nicht-negative x-Achse also $D_A = \mathbb{R}^{\geq 0}$

b) 4. Lokale Extrema der Zielfunktion:

$A'(a) = 2a \cdot e^{2-a} + a^2 \cdot (-e^{2-a}) = (-a^2 + 2a) \cdot e^{2-a}$

$A''(a) = (-2a + 2) \cdot e^{2-a} + (-a^2 + 2a) \cdot (-e^{2-a})$

$= (a^2 - 4a + 2) \cdot e^{2-a}$

Nullstellen von A': $(-a^2 + 2a) \cdot e^{2-a} = 0$

$-a^2 + 2a = a \cdot (-a + 2) = 0$ $a_1 = 0; a_2 = 2$

$A''(0) = 2e^2 > 0$, also lokales Minimum bei 0

$A''(2) = -2 < 0$, also lokales Maximum bei 2

$A(2) = 4$

5. Randwerte prüfen: $A(0) = 0$ und $A(a) \to 0$ für $a \to \infty$, also kein Randmaximum

Globales Maximum: Das lokale Maximum 4 ist auch das globale Maximum.

6. Interpretation: Für $a = 2$ wird der Flächeninhalt mit $A = 4$ FE maximal.

Basisaufgaben

18 Gegeben ist die Funktion f mit $f(x) = -xe^{0,1x}$. Für $u < 0$ bilden die Punkte $A(0|0)$, $B(u|0)$ und $C(u|f(u))$ ein rechtwinkliges Dreieck. Bestimmen Sie den Wert von u, für den der Flächeninhalt des Dreiecks ABC maximal wird.

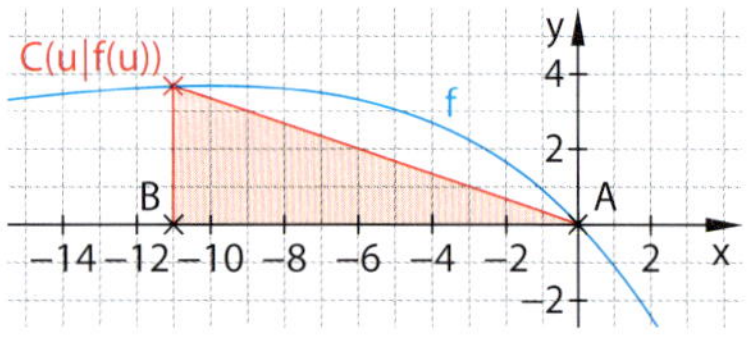

19 Die Gerade $x = u$ schneidet den Graphen der Funktion f mit $f(x) = 4xe^{-x}$ im Punkt $P(u|f(u))$. Der Ursprung O bildet mit den Punkten P und $Q(u|0)$ ein rechtwinkliges Dreieck. Bestimmen Sie u so, dass das Dreieck OPQ einen maximalen Flächeninhalt hat.

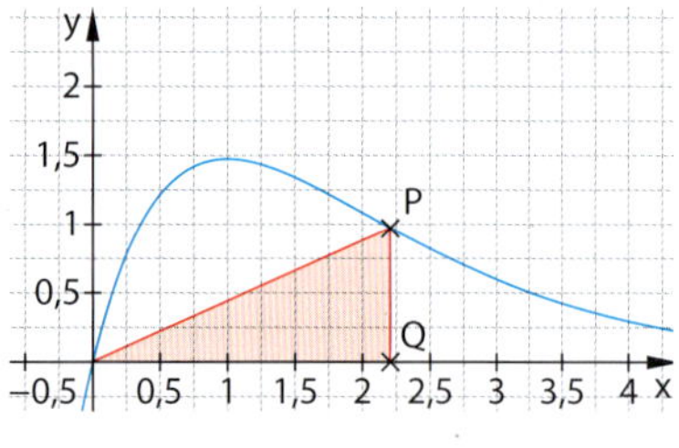

Weiterführende Aufgaben

20 Gegeben sind die Funktionen f_n und g mit $f_n(x) = x^n$ und $g(x) = e^x$.

a) Zeichnen Sie mithilfe eines Funktionenplotters die Graphen der Funktionen f_2 und g. Zeigen Sie damit, dass der Graph von g für $x > 0$ oberhalb des Graphen von f_2 verläuft.

b) Plotten Sie die Graphen der Funktionen f_3 und g. Untersuchen Sie, für welche x-Werte $(x > 0)$ der Graph von g oberhalb des Graphen von f_3 verläuft. Skalieren Sie dazu die Achsen des Koordinatensystems im Verhältnis 1 : 20.

c) Untersuchen Sie den Zusammenhang auch für größere Werte von n. Erläutern Sie Ihre Beobachtungen und den Begriff „Dominanz der e-Funktion".

21 Vervollständigen Sie die Tabelle, indem Sie das Verhalten der Funktionswerte für $x \to \pm\infty$ in Abhängigkeit von n eintragen. Untersuchen Sie dazu die Funktionen für unterschiedliche Werte von n mithilfe einer Mathematik-Software.

	$x \to \infty$, n gerade	$x \to -\infty$, n gerade	$x \to \infty$, n ungerade	$x \to -\infty$, n ungerade
$f(x) = x^n \cdot e^x$				
$g(x) = x^n \cdot e^{-x} = \frac{x^n}{e^x}$				
$h(x) = e^x - x^n$				

22 Gegeben ist die Funktion f mit $f(x) = \frac{x^2}{e^x}$.

a) Zeigen Sie, dass für alle x gilt: $f(2x) = \frac{4}{e^x} \cdot f(x)$

b) Beschreiben Sie das Verhalten des Faktors $\frac{4}{e^x}$ für große x. Begründen Sie damit, dass $f(x) \to 0$ für $x \to \infty$ gilt.

23 Untersuchen Sie den Graphen der Funktion f auf Symmetrie, Nullstellen, Extrema, Wendepunkte und Verhalten im Unendlichen.

a) $f(x) = e^{-x^2}$ b) $f(x) = x \cdot e^{-x^2}$ c) $f(x) = x^2 \cdot e^{-x^2}$

24 **Stolperstelle:** Erklären und korrigieren Sie die Fehler.

a) $\lim\limits_{x \to \infty} (\underbrace{e^{-x}}_{0} + \underbrace{3x^4}_{\infty}) = 0$ b) $\lim\limits_{x \to \infty} \underbrace{-3x^2}_{-\infty} \cdot \underbrace{e^x}_{\infty} = \infty$ c) $\lim\limits_{x \to -\infty} (\underbrace{e^{2x+3}}_{0} + 1) = 0$ d) $\lim\limits_{x \to \infty} \frac{2}{e^x} = \infty$ ($e^x \to \infty$)

25 Untersuchen Sie das Verhalten der Funktionswerte für $x \to \infty$ und $x \to -\infty$. Geben Sie die Gleichung einer waagerechten Asymptote an, wenn es eine gibt. Bestimmen Sie die Nullstellen, Extrempunkte und Wendepunkte des Graphen. Skizzieren Sie anschließend den den Verlauf des Graphen.

a) $f(x) = 4xe^{-x}$ b) $f(x) = (2x - 1)e^{x+3}$ c) $f(x) = -xe^{-x+2}$
d) $f(x) = x^2e^{0,5x}$ e) $f(x) = (x^2 - 1)e^{-x}$ f) $f(x) = -(2x - 2)e^{-x-1}$

26 **Verknüpfungen mit trigonometrischen Funktionen:**
Untersuchen Sie die Funktion f auf Nullstellen und Symmetrie und bestimmen Sie die Extremstellen von f. Begründen Sie, dass es Stellen a gibt, für die $f(a) = a$ bzw. $f(a) = -a$ gilt. Stellen Sie eine Vermutung darüber auf, wie sich die Funktionswerte für $x \to -\infty$ bzw. $x \to \infty$ verhalten, und überprüfen Sie Ihre Vermutung mithilfe eines Funktionenplotters.

a) $f(x) = x \cdot \sin(x)$ b) $f(x) = x \cdot \cos(x)$ c) $f(x) = e^x \cdot \sin(x)$

27 Gegeben ist die Funktion f mit $f(x) = e^{-x^2}$. Für $u > 0$ bilden die Punkte $A(u|0)$, $B(u|f(u))$, $C(-u|f(-u))$ und $D(-u|0)$ ein Rechteck. Bestimmen Sie den Wert von u, für den der Flächeninhalt des Rechtecks ABCD maximal wird.

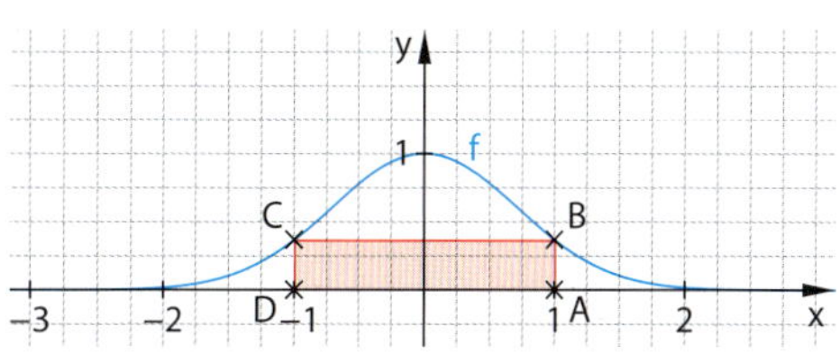

28 Gegeben ist die Funktion f mit $f(x) = (x^2 + 1)e^{-x}$.

a) Untersuchen Sie f auf Null-, Extrem- und Wendestellen. Bestimmen Sie die Gleichungen aller Wendetangenten von f.

b) Zeigen Sie, dass der Graph von f genau einen Punkt mit dem Graphen der Funktion g mit $g(x) = e^{-x}$ gemeinsam hat. Begründen Sie, dass sich die Graphen der beiden Funktionen in diesem Punkt berühren.

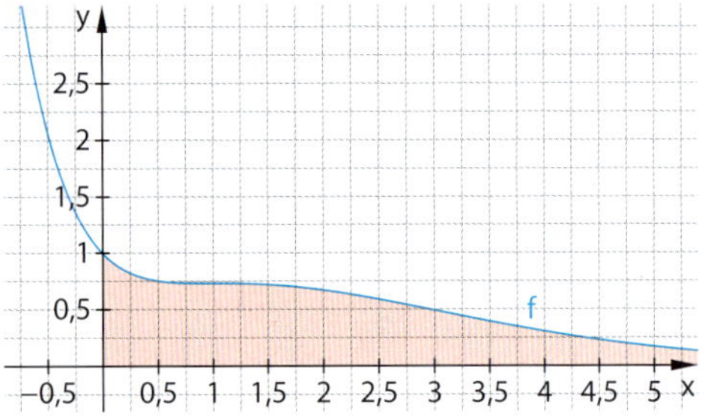

c) Bestimmen Sie eine Stammfunktion F zur Funktion f.

d) Der Graph von f schließt mit der x-Achse und der y-Achse ein nach rechts offenes Flächenstück ein. Zeigen Sie, dass dieses Flächenstück einen endlichen Inhalt hat, und geben Sie diesen Flächeninhalt an.

29 Gegeben ist die Funktion f mit $f(x) = 2xe^{-x^2}$.

a) Berechnen Sie die Nullstellen von f. Bestimmen Sie den Grenzwert $\lim\limits_{x \to \infty} f(x)$.

b) Zeigen Sie, dass F mit $F(x) = -e^{-x^2}$ eine Stammfunktion zu f ist. Berechnen Sie $\int_0^3 f(x)\,dx$.

c) Die Gleichung x = a beschreibt eine Gerade, die parallel zur y-Achse durch den Punkt (a | 0) verläuft. Diese Gerade, der Graph von f und die x-Achse schließen eine Fläche ein.
Bestimmen Sie den Inhalt der Fläche in Abhängigkeit von a. Geben Sie an, wie sich der Flächeninhalt für $a \to \infty$ verhält.

30 Durch den Graphen der Funktion f mit der Gleichung $f(x) = -0{,}5xe^{0{,}1x+2} + 2$ kann eine Sprungschanze für Motorräder dargestellt werden. Dabei gibt x die horizontale Länge und f(x) die Höhe der Schanze an (beide Angaben in Meter).

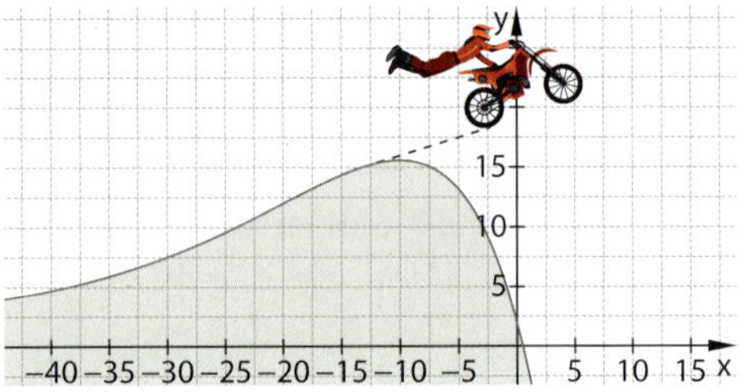

a) Berechnen Sie die maximale Höhe der Schanze.

b) Berechnen Sie die Koordinaten des Punkts, an dem die Steigung der Schanze am größten ist.

c) An der Stelle x = −13 springt der Motorradfahrer ab und bewegt sich für eine Weile näherungsweise auf einer Bahn, die durch die Tangente an der Absprungstelle beschrieben werden kann. Geben Sie die Gleichung dieser Tangente an.

31 Gegeben ist die Funktion f durch $f(x) = x^2e^{-x+2}$.

a) Untersuchen Sie f in Bezug auf Nullstellen und Extrempunkte. Zeigen Sie, dass der Graph von f zwei Wendepunkte hat. Skizzieren Sie den Graphen von f.

b) Weisen Sie nach, dass die Funktion F mit $F(x) = (-x^2 - 2x - 2)e^{-x+2}$ eine Stammfunktion von f ist.

c) Die Gerade g verläuft durch den Hochpunkt des Graphen von f und hat die Steigung m = −2. Der Graph von f und die Gerade g schließen mit der x-Achse zwischen ihren Nullstellen eine Fläche ein. Berechnen Sie den Inhalt dieser Fläche.

d) Untersuchen Sie ohne erneute Rechnung die Funktion F auf Monotonie, Extrem- und Wendestellen.

32 Das Querschnittsprofil eines Geländes kann im Intervall $0 \leq x \leq 6000$ durch die Funktion f mit $f(x) = 300 + 4xe^{-0{,}001x}$ dargestellt werden. Dabei gibt x die horizontale Länge und f(x) die Höhe des Querschnittsprofils jeweils in Meter an.

a) Bestimmen Sie die maximale Höhe des Geländes.

b) Ermitteln Sie die Stelle mit der größten Steigung sowie die Stelle mit dem maximalen Gefälle. Untersuchen Sie auch die Randbereiche des Graphen.

c) Bestimmen Sie eine Stammfunktion zu f und geben Sie den Inhalt der Querschnittsfläche des Geländes im Intervall [0; 6000] an.

33 In einem Freizeitpark soll eine Achterbahn gebaut werden. Der Verlauf des Endabschnitts der Achterbahn kann im Intervall [0; 40] durch den Graphen der Funktion f mit $f(x) = (4x + 8)\,e^{-0{,}125x}$ dargestellt werden. Dabei gibt x die horizontale Länge und f(x) die Höhe des Endabschnittes der Achterbahn jeweils in m an.

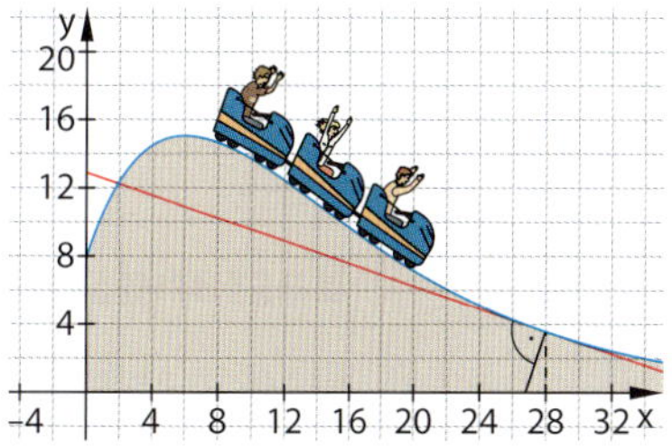

a) Ermitteln Sie die Gesamthöhe des Endabschnitts.

b) Wenn das maximale Gefälle größer als 40° ist, wird Kindern, die kleiner als 100 cm sind, das Fahren der Achterbahn ohne Eltern nicht gestattet. Prüfen Sie, ob diese Bedingung im Endabschnitt erfüllt ist.

c) Die Seitenfläche des Endabschnitts wird beidseitig gestrichen. Berechnen Sie die Gesamtfläche, die gestrichen werden muss.

d) Aufgrund der Statik der Bahn muss eine Stütze aufgestellt werden, die an der Stelle x = 28 senkrecht zur Bahnkurve steht und am Boden verankert wird. Bestimmen Sie die Koordinaten des Punktes, an dem sich der Bodenpunkt der Stütze befindet, und geben Sie die Länge der Stütze an.

Erinnerung

Für den Abstand zwischen zwei Punkten $P(x_1|y_1)$ und $Q(x_2|y_2)$ gilt:
$d = \sqrt{(x_2 - x_1)^2 + (y_2 - y_1)^2}$

34 Der Vogelschutzverein VoSchu möchte als Vereinslogo das stilisierte Seitenbild eines Wiedehopfs benutzen. Dabei soll im Intervall [−6; −0,2] der Graph von f mit $f(x) = (-15x - 10)\,e^{3x}$ die obere und der Graph von g mit $g(x) = -10e^x$ die untere Kurve des Bildes darstellen (Längeneinheit cm). Die Federhaube soll bei Berechnungen nicht berücksichtigt werden.

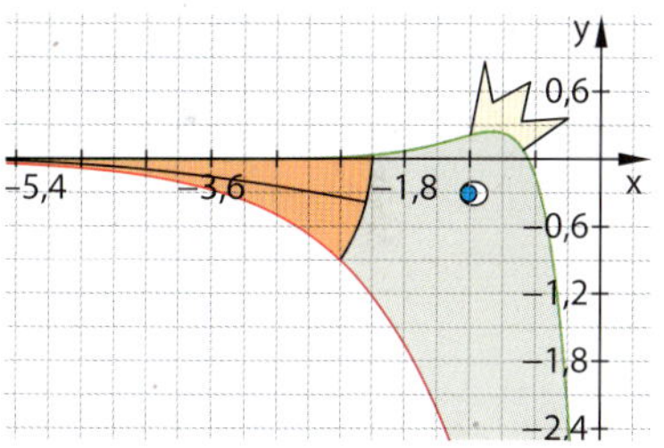

a) Berechnen Sie die waagerechte Länge auf der Höhe y = 0 von der Schnabelspitze bis zum Hinterkopf des Wiedehopfs.

b) Das Auge des Wiedehopfs soll genau 0,3 cm senkrecht unterhalb der Stelle angesetzt werden, an der die Steigung der oberen Kurve am höchsten ist. Berechnen Sie die Koordinaten dieses Punktes.

c) Bestimmen Sie eine Stammfunktion von f.

d) Bestimmen Sie den Flächeninhalt des Vereinslogos, wenn das Logo unten durch die Gerade $y = f(-0{,}2)$ begrenzt wird.

35 **Ausblick:** Gegeben ist die Funktion f mit $f(x) = \frac{e^x}{x}$.

a) Bestimmen Sie den Definitionsbereich von f.

b) Untersuchen Sie das Grenzwertverhalten von f(x) für $x \to \pm\infty$ und in der Umgebung von x = 0 mithilfe einer Näherungstabelle.

c) Berechnen Sie die Nullstellen, Extrempunkte und Wendepunkte.

d) Skizzieren Sie den Graphen von f.

8.6 Bestände und Änderungsraten bei zusammengesetzten Funktionen

Der abgebildete Graph von f mit $f(t) = 2{,}64te^{-0{,}091t}$ gibt für eine Dauer von 60 Sekunden den Geschwindigkeitsverlauf eines Läufers in m/s an; Zeit t in s.
Erläutern Sie den Geschwindigkeitsverlauf.
Berechnen Sie, nach wie vielen Sekunden der Läufer seine maximale Geschwindigkeit erreicht, und geben Sie diese an.

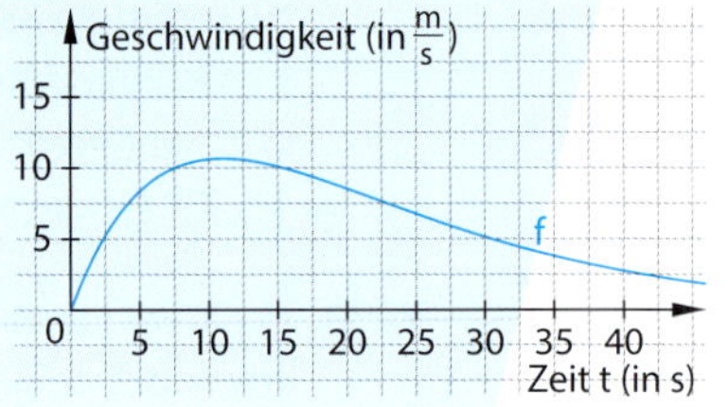

Bestandsfunktionen

Die zeitliche Entwicklung einer Größe lässt sich häufig durch eine Bestandsfunktion beschreiben, deren Funktionsterm eine Exponentialfunktion enthält. Dies ist beispielsweise bei vielen Wachstumsvorgängen der Fall. Durch die Darstellung des Graphen einer Bestandsfunktion kann man wie im folgenden Beispiel den Sachverhalt veranschaulichen und den mathematischen Eigenschaften der Funktion die Bedeutung im konkreten Sachverhalt gegenüberstellen.

Hinweis

Bei einem Rechts-Links-Wendepunkt (Übergang von Rechts- zu Linkskurve) ist die Änderungsrate lokal minimal ($f'' = 0$; $f''' > 0$). Bei einem Links-Rechts-Wendepunkt (Übergang von Links- zu Rechtskurve) ist die Änderungsrate lokal maximal ($f'' = 0$; $f''' < 0$).

Zeitliche Entwicklung eines Hasenbestands

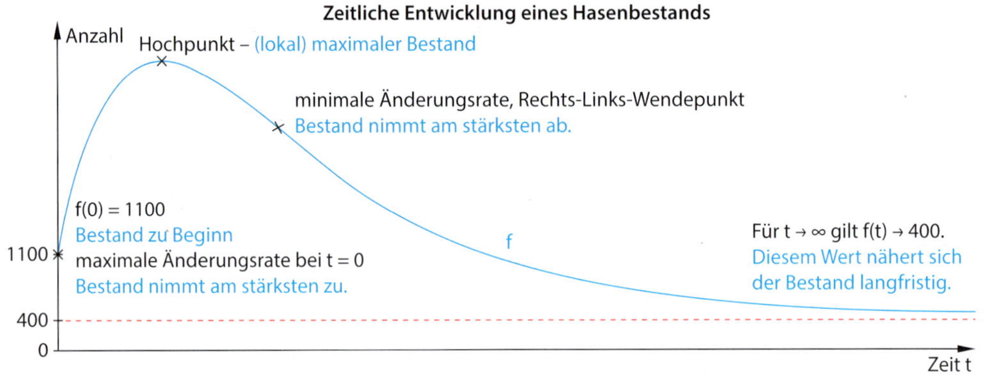

Hinweis

Ist Y die Einheit einer Bestandsfunktion f(t) und X die Einheit der Zeit t, so gilt:
Einheit der Änderungsrate f′: Y/X
Einheit von f″: Y/X^2

Allgemein gilt:

Eigenschaft Funktion/Graph	Bedeutung für den Bestand
y-Achsenabschnitt	Anfangsbestand zum Zeitpunkt t = 0
f(t)	Bestand zum Zeitpunkt t
Nullstelle	Bestand gleich null
f′(t) positiv/negativ	Zunahme/Abnahme des Bestands
f″(t) positiv/negativ	Zunahme/Abnahme der Änderungsrate
f(t) maximal, z. B. Hochpunkt	maximaler Bestand
f(t) minimal, z. B. Tiefpunkt	minimaler Bestand
f′(t) maximal, z. B. Links-Rechts-Wendepunkt	maximale Änderungsrate, Bestand nimmt am stärksten zu (falls $f'(t) > 0$) oder am geringsten ab (falls $f'(t) < 0$)
f′(t) minimal, z. B. Rechts-Links-Wendepunkt	minimale Änderungsrate, Bestand nimmt am geringsten zu (falls $f'(t) > 0$) oder am stärksten ab (falls $f'(t) < 0$)
Grenzwert von f(t) für $t \to \infty$	Langfristige Entwicklung des Bestands

Mathematische Funktionen können Sachverhalte nur in einem bestimmten Intervall realistisch beschreiben. Deshalb sollten die Ergebnisse stets auf den Sachzusammenhang übertragen und interpretiert werden.

Beispiel 1 Die Funktion f mit $f(t) = 0{,}5te^{-0{,}05t+2} - 1$ beschreibt den Temperaturverlauf eines Getränks im Zeitraum $0 \le t \le 300$, das sich in einer Umgebung mit einer Temperatur von −1 °C befindet, kurz erwärmt wird und danach wieder abkühlt. t gibt die Zeit in Minuten und f(t) die Temperatur in °C an.

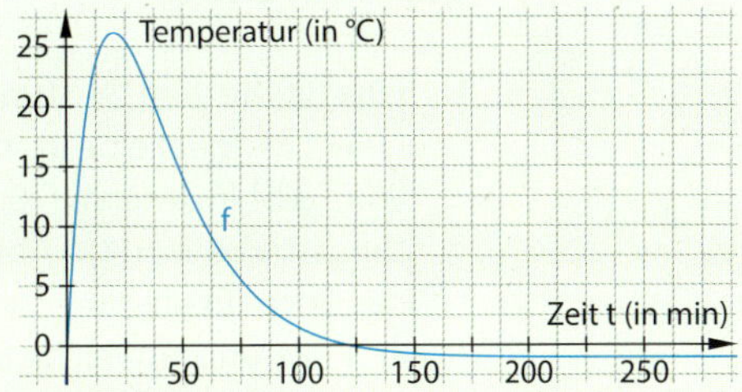

a) Geben Sie die Temperatur des Getränks nach einer Stunde an.
b) Bestimmen Sie den Zeitraum, in dem die Temperatur über 20 °C liegt.
c) Berechnen Sie die maximale Temperatur des Getränks.
d) Ermitteln Sie die Zeitpunkte, an denen die Temperatur am stärksten zu- bzw. abnimmt.

Lösung:

a) Wandeln Sie die Stunden in Minuten um. Berechnen Sie den Funktionswert.

$f(60) = 30 \cdot e^{-1} - 1 \approx 10{,}04$
Das Getränk hat nach einer Stunde eine Temperatur von 10,04 °C.

b) Setzen Sie f(t) = 20. Bestimmen Sie die Lösungen der Gleichung mit einem digitalen Hilfsmittel.

$20 = 0{,}5te^{-0{,}05t+2} - 1$
$t_1 \approx 8{,}85; \quad t_2 \approx 38$

Berechnen Sie den Funktionswert an einer Teststelle im Intervall [8,85; 38], um zu zeigen, dass die Temperatur über 20 °C liegt.

$f(10) \approx 21{,}4 > 20$
Zwischen 8,85 und 38 Minuten liegt die Temperatur über 20 °C.

c) Leiten Sie die Funktion f zweimal ab.

$f'(t) = \frac{1}{40}e^{-0{,}05t+2}(-t+20)$
$f''(t) = \frac{1}{800}e^{-0{,}05t+2}(t-40)$

Setzen Sie f′(t) = 0, um die Extremstellen zu bestimmen.

$\frac{1}{40}e^{-0{,}05t+2}(-t+20) = 0 \mid : e^{-0{,}05t+2} \neq 0$
$-t + 20 = 0$, also $t = 20$

Bestimmen Sie die Art des Extrempunkts durch Einsetzen in f″(t) und den y-Wert durch Einsetzen in f(t).

$f''(20) < 0$, also Hochpunkt bei $t = 20$
$f(20) \approx 26{,}2$

Untersuchen Sie, ob es an den Rändern des Definitionsbereichs größere Funktionswerte gibt.

Randwerte: $f(0) = -1 \quad f(300) \approx -1$
Die größte Temperatur beträgt etwa 26,2 °C.

d) Setzen Sie f″(t) = 0, um die Wendestellen zu bestimmen.

$\frac{1}{800}e^{-0{,}05t+2}(t-40) = 0 \mid : e^{-0{,}05t+2} \neq 0$
$t - 40 = 0$, also $t = 40$

Ermitteln Sie f‴ und damit die Art des Wendepunkts.

$f'''(t) = \frac{1}{16000}e^{-0{,}05t+2}(-t+60)$
$f'''(40) > 0$

Die Temperatur nimmt am stärksten ab, wenn die Änderungsrate f′ minimal und negativ ist.

Bei t = 40 liegt ein Rechts-Links-Wendepunkt, dort ist die Änderungsrate lokal minimal und wegen $f'(40) = -0{,}5$ negativ.

Bestimmen Sie zum Vergleich auch die Änderungsrate an den Rändern des Definitionsbereichs. Da es keinen Links-Rechts-Wendepunkt gibt, ist die Änderungsrate an einem der Ränder maximal.

Randwerte: $f'(0) \approx 3{,}7 \quad f'(300) \approx 0$
Zu Beginn bei t = 0 ist die Änderungsrate maximal und positiv, d. h. die Temperatur nimmt am stärksten zu, nach 40 Minuten nimmt sie am stärksten ab.

Basisaufgaben

1 Eine Blume wird 24 Stunden lang von einer Lichtquelle bestrahlt. Der Graph von f gibt im Intervall [0; 24] die Beleuchtungsstärke in Lux in Abhängigkeit von der Uhrzeit t an.

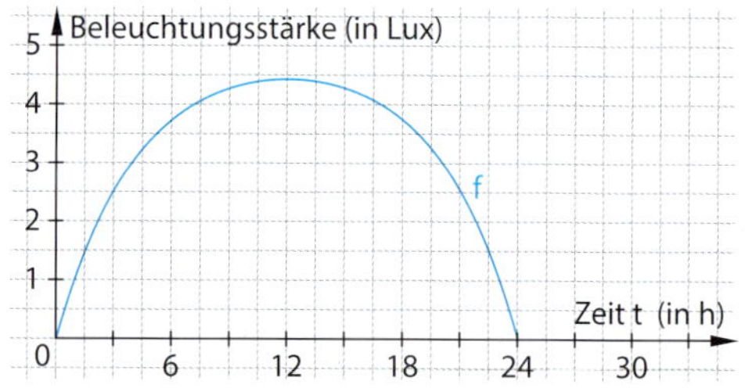

a) Erklären Sie, welche Bedeutung die Nullstellen vom Graphen von f im Sachzusammenhang haben.

b) Geben Sie an, wie viele Stunden nach Beobachtungsbeginn die Beleuchtungsstärke maximal wird.

c) Ermitteln Sie mithilfe des Graphen, zu welchem Zeitpunkt die Zunahme der Beleuchtungsstärke am höchsten ist und wann sie am stärksten abnimmt.

2 Die Funktion f mit $f(t) = -2te^{-0{,}5t} + 5$ beschreibt vereinfacht den Höhenverlauf einer Drohne. $t \geq 0$ gibt die Zeit in s nach Beobachtungsbeginn und f(t) die Höhe in m an.

a) Bestimmen Sie die Anfangshöhe der Drohne.

b) Die Drohne verliert nach einer kurzzeitigen Störung an Höhe und steigt anschließend wieder. Berechnen Sie den Zeitpunkt der minimalen Höhe.

c) Die Funktion f hat eine Wendestelle. Bestimmen Sie diese. Entscheiden Sie, ob es sich um einen Rechts-Links-Wendepunkt oder um einen Links-Rechts-Wendepunkt handelt. Beschreiben Sie die Bedeutung der Wendestelle im Sachzusammenhang.

3 Die Funktion f mit $f(t) = -0{,}025\,(t-4)^3 \cdot e^{-0{,}3t+1{,}2} + 20$ beschreibt für $0 \leq t \leq 60$ den Temperaturverlauf eines Zimmers innerhalb einer Stunde (t Zeit in min, f(t) Temperatur in °C).

a) Ermitteln Sie die Zimmertemperatur für $t = 0$.

b) Geben Sie die maximale und die minimale Temperatur des Zimmers an.

c) Bestimmen Sie den Zeitpunkt, an dem die Temperatur am schnellsten steigt.

d) Ermitteln Sie mithilfe einer Näherungstabelle den Wert, dem sich die Temperatur langfristig nähert, wenn die Funktion f die Temperatur für alle $t \geq 0$ beschreibt.

4 Die normale Körpertemperatur eines gesunden Menschen liegt bei 36,5 °C.
Die Funktion f mit $f(t) = te^{-0{,}1t} + 36{,}5$ beschreibt modellhaft den Verlauf einer Fieberkurve bei einem Erkrankten. Dabei ist t die Zeit in Stunden nach Ausbruch der Krankheit und f(t) die Körpertemperatur in Grad Celsius. Der Graph von f ist in der Abbildung dargestellt.

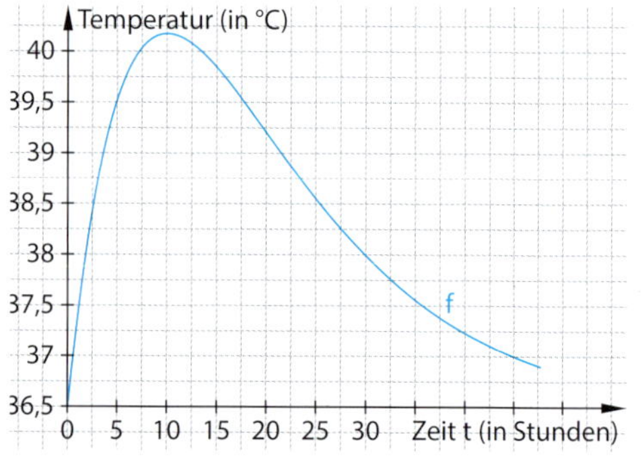

a) Beschreiben Sie die Entwicklung der Körpertemperatur innerhalb der ersten 48 Stunden nach Ausbruch der Krankheit.

b) Berechnen Sie den Zeitpunkt innerhalb der ersten 48 Stunden, an dem die Temperatur am höchsten ist. Geben Sie diese Temperatur an.

c) Bestimmen Sie den Zeitpunkt innerhalb der ersten 48 Stunden, an dem die Körpertemperatur am stärksten abnimmt, und berechnen Sie, um wie viel Grad pro Stunde die Temperatur zu diesem Zeitpunkt abnimmt.

d) Ermitteln Sie, wann die Körpertemperatur in den ersten 48 Stunden am stärksten zunimmt.

Rekonstruktion aus Änderungsraten

Hinweis

Änderungsraten erkennt man daran, dass zu ihnen Einheiten pro Zeitraum gehören (z. B. Liter pro Minute, Anzahl pro Tag, km/h).

Durch die Funktion der Änderungsrate einer Bestandsfunktion kann man Informationen über das Verhalten der Funktionswerte und den Verlauf der Bestandsfunktion gewinnen. Auch im Sachkontext können Rückschlüsse von der Änderungsrate auf den Bestand nützlich sein.

Mithilfe des Graphen einer Änderungsrate f kann man wie im folgenden Beispiel den mathematischen Eigenschaften der Änderungsrate die Bedeutung für den Bestand im konkreten Sachkontext gegenüberstellen.

Änderungsrate eines Hasenbestands

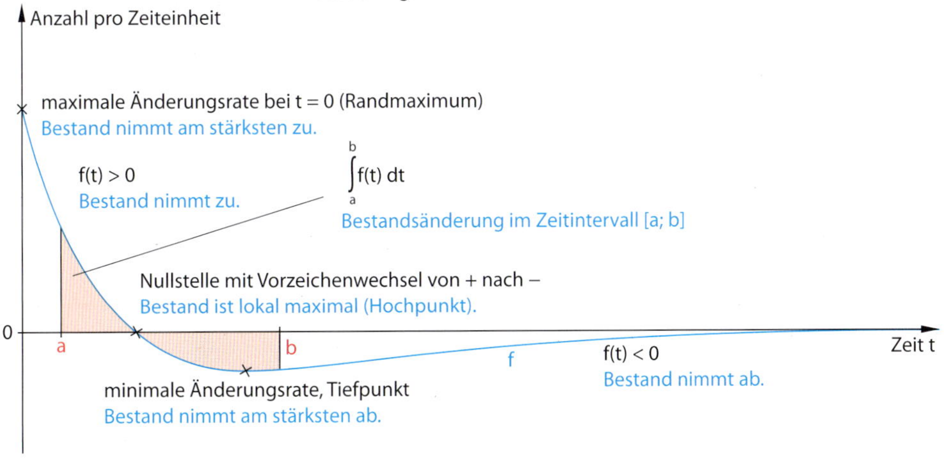

Hinweis

Bei einer Nullstelle der Änderungsrate mit VZW von + nach – hat der Bestand einen Hochpunkt, bei einer Nullstelle mit VZW von – nach + hat der Bestand einen Tiefpunkt.

Beispiel 2 Aus einem Schwimmbecken wird Wasser abgelassen, bevor es wieder gefüllt wird. Die Zuflussrate des Wassers wird in den ersten 60 Minuten durch $f(t) = (t-5)\,e^{-0{,}1t}$ mit der Zeit t in min und f(t) in m^3/min beschrieben.

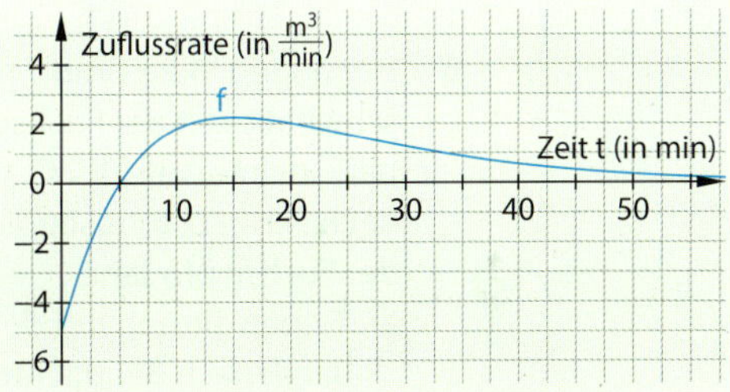

a) Bestimmen Sie den Zeitpunkt, an dem die Wassermenge im Becken minimal ist.

b) Berechnen Sie, nach wie vielen Minuten die Wassermenge am stärksten zunimmt.

c) Erläutern Sie, welche Bedeutung $\int_0^5 f(t)dt \approx -10{,}65$ im Sachkontext hat, und geben Sie die Einheit von –10,65 an.

d) Zu Beginn befinden sich 11 m^3 Wasser im Becken. Bestimmen Sie eine Funktionsgleichung für die Wassermenge V(t) im Becken.
Hinweis: $F(t) = (-10t-50)\,e^{-0{,}1t}$ beschreibt eine Stammfunktion von f.

Lösung:

a) Berechnen Sie die Nullstelle von f.

$(t-5)\cdot e^{-0{,}1t} = 0 \mid : e^{-0{,}1t} \neq 0$
$t - 5 = 0$, also $t = 5$

Zeigen Sie, dass die Wassermenge bei der Nullstelle t = 5 minimal ist, indem Sie das Vorzeichen der Änderungsrate f(t) für t < 5 und t > 5 untersuchen.

Für t < 5 nimmt die Wassermenge wegen f(t) < 0 ab, für t > 5 nimmt sie wegen f(t) > 0 zu.
Nach 5 min ist die Wassermenge minimal.

b) Leiten Sie die Funktion f zweimal ab.

$f'(t) = e^{-0{,}1t}(-0{,}1t + 1{,}5)$
$f''(t) = e^{-0{,}1t}(0{,}01t - 0{,}25)$

Setzen Sie $f'(t) = 0$, um die Extremstellen der Änderungsrate zu bestimmen. Bestimmen Sie die Art der Extremstelle durch Einsetzen in $f''(t)$.

$$e^{-0,1t}(-0,1t + 1,5) = 0 \quad | \; e^{-0,1t} \neq 0$$
$$-0,1t + 1,5 = 0 \quad | -1,5 \quad | : (-0,1)$$
$$t = 15$$

$f''(15) < 0$, also Hochpunkt bei $t = 15$

Die Wassermenge nimmt am stärksten zu, wenn die Änderungsrate f maximal und positiv ist. Untersuchen Sie, ob es an den Rändern des Definitionsbereichs größere Funktionswerte gibt.

$f(15) \approx 2,23$
Randwerte: $f(0) = -5$; $f(60) \approx 0,14$
Nach 15 min nimmt die Wassermenge im Becken am stärksten zu.

c) Da f die Änderungsrate des Bestands ist, gibt das Integral die Bestandsänderung innerhalb der Integrationsgrenzen an. Die Einheit ergibt sich aus denen von f und der Zeit: $m^3/min \cdot min = m^3$

Der Term $\int_0^5 f(t)\,dt \approx -10,65$ gibt an, dass die Wassermenge im Becken in den ersten 5 min um $10,65\,m^3$ abnimmt.

d) Die Funktion V(t) der Wassermenge in m^3 ist eine Stammfunktion von f. Alle Stammfunktionen sind durch $F(t) + C$ gegeben. Bestimmen Sie C so, dass die Anfangsmenge $11\,m^3$ berücksichtigt wird, also $V(0) = 11$ gilt.

$$V(t) = F(t) + C = (-10t - 50)e^{-0,1t} + C$$
$$V(0) = 11$$
$$(-10 \cdot 0 - 50)e^{-0,1 \cdot 0} + C = 11$$
$$-50 \cdot 1 + C = 11 \quad | +50$$
$$C = 61$$
$$V(t) = (-10t - 50)e^{-0,1t} + 61$$

Basisaufgaben

5 Der abgebildete Graph zeigt die Wachstumsgeschwindigkeit der Fuchspopulation in einem Naturpark im Intervall [0; 24]. t gibt die Zeit in Jahren nach Beobachtungsbeginn an und f(t) die Anzahl der Füchse pro Jahr.

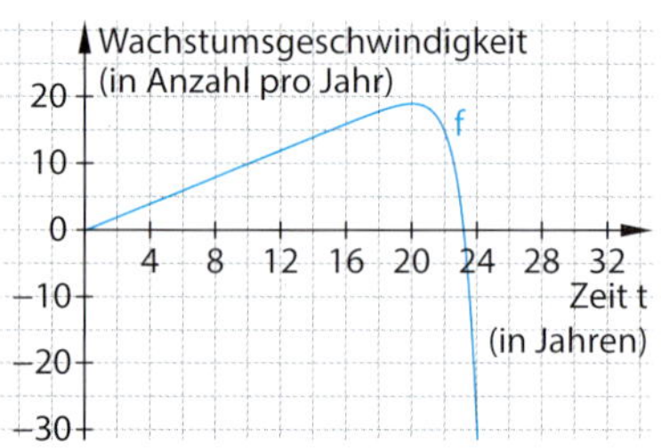

a) Geben Sie anhand des Graphen an, wie viele Jahre nach Beobachtungsbeginn die Fuchspopulation am stärksten zunimmt.
b) Lesen Sie aus dem Graphen den Zeitraum ab, in dem die Anzahl der Füchse abnimmt.
c) Geben Sie die Bedeutung der Nullstelle bei $t \approx 23$ für den Sachkontext an.
d) Es gilt $\int_0^{24} f(t)\,dt \approx 233$. Erläutern Sie, welche Bedeutung dies für die Fuchspopulation hat.

6 Die Funktion k mit $k(t) = (t^2 - 7t)\,e^{-0,25t}$ beschreibt die Änderungsrate des Kontostands eines Unternehmens in 1000 Euro/Monat in Abhängigkeit von der Zeit in Monaten in einem Zeitraum von vier Jahren. Zu Beginn beträgt der Kontostand –11 000 Euro.

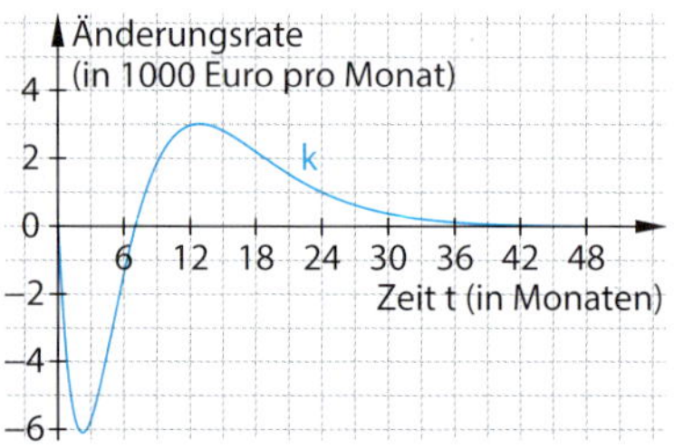

a) Berechnen Sie, in welchem Zeitraum der Kontostand niedriger wird und zu welchem Zeitpunkt er am niedrigsten ist.
b) Lesen Sie am Graphen näherungsweise ab, zu welchen Zeitpunkten der Kontostand am stärksten abnimmt bzw. zunimmt und wie hoch die Änderungsraten zu diesen Zeitpunkten sind.
c) Bestimmen Sie eine Funktionsgleichung für den Kontostand K(t) des Unternehmens. Zeigen Sie hierzu, dass $F(t) = (-4t^2 - 4t - 16)\,e^{-0,25t}$ eine Stammfunktion von k beschreibt.

7 Die Wasserzuflussrate in einem See wird in den ersten 13 Monaten nach Beobachtungsbeginn annähernd durch die Funktion f mit $f(t) = (t^2 - 1) \cdot e^{-t}$ dargestellt (t in Monaten nach Beobachtungsbeginn, f(t) in 1000 m^3/Monat).

a) Berechnen Sie die Wasserzuflussrate 4 Monate nach Beobachtungsbeginn.

b) Ermitteln Sie die Zeiträume, in denen die Wassermenge im See geringer wird. Geben Sie die Zeitpunkte an, an denen die Wassermenge lokal minimal bzw. maximal ist.

c) Bestimmen Sie, nach wie vielen Monaten die Wassermenge im See am stärksten zunimmt bzw. abnimmt.

d) Berechnen Sie $\int_0^{13} f(t)\,dt$ und geben Sie in Worten die Bedeutung dieser Zahl im Sachzusammenhang wieder.

Weiterführende Aufgaben

8 Eine unerwünschte Gewichtszunahme direkt nach einer Diät bezeichnet man als Jojo-Effekt. Die Funktion f mit $f(t) = -0{,}125\,t^2 e^{-0{,}1t} + 60$ beschreibt für t in Tagen und f(t) in kg den Gewichtsverlauf einer Person nach Diätbeginn bei $t = 0$.

a) Ermitteln Sie das Anfangsgewicht der Person.

b) Bestimmen Sie, wie viel Gewicht die Person nach 23 Tagen verloren hat.

c) Berechnen Sie den Zeitpunkt, an dem die Person das niedrigste Gewicht erreicht, und geben Sie dieses Gewicht an.

d) Beurteilen Sie die Aussage: *„Das Integral $\int_0^{10} f(t)\,dt$ gibt die gesamte Gewichtsabnahme in den ersten 10 Tagen an.“*

9 Ein Medikament, das in Tablettenform verabreicht wird, wird in unterschiedlichen Wirkstoffdosierungen produziert. In den ersten 24 Stunden nach Einnahme einer Tablette kann die Wirkstoffkonzentration des Medikaments im Blut eines Patienten näherungsweise durch $f(t) = 2{,}5te^{-0{,}2t}$ beschrieben werden. Dabei gibt t die Zeit seit der Einnahme in Stunden und f(t) die Wirkstoffkonzentration im Blut in Milligramm pro Liter an.

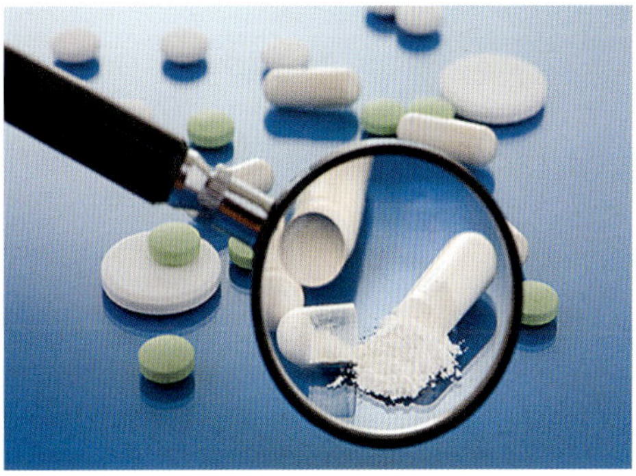

a) Berechnen Sie die Wirkstoffkonzentration im Blut des Patienten nach 3 Stunden.

b) Bestimmen Sie die maximale Wirkstoffkonzentration im Blut des Patienten.

c) Das Medikament ist nur wirksam, wenn die Konzentration im Blut mindestens 1,5 mg pro Liter beträgt. Zeigen Sie, dass für eine durchgehende Wirksamkeit spätestens nach 16 Stunden und 36 Minuten eine neue Verabreichung erfolgen muss.

d) Berechnen Sie den Zeitpunkt, an dem die Konzentration am stärksten abnimmt.

e) Eine neuere Untersuchung hat gezeigt, dass im Gegensatz zum oben angegebenen Modell die Konzentration ab dem in d) berechneten Zeitpunkt weiter konstant abnimmt. Berechnen Sie den Zeitpunkt, zu dem nach diesem neuen Modell kein Wirkstoff mehr im Blut vorhanden ist.

⚠ ◐ **10** **Stolperstelle:** Die Funktion f beschreibt die momentane Änderungsrate einer Menge in kg/Tag in Abhängigkeit von der Zeit t in Tagen. F ist eine Stammfunktion von f und F(0) gibt die Anfangsmenge an. Ordnen Sie jeder Beschreibung A bis C einen passenden Term der Terme ① bis ⑤ zu.

A: Gewicht nach 2 Tagen

B: momentane Änderungsrate nach 2 Tagen

C: Differenz zwischen dem Gewicht nach 2 Tagen und dem Anfangsgewicht

① $f(2)$

② $\int_0^2 F(t)\,dt$

③ $f(2) - f(0)$

④ $\int_0^2 f(t)\,dt$

⑤ $F(2)$

◐ **11** Die Funktion f mit $f(t) = 1{,}25e^{0{,}5t} + 1{,}25t^2 - 10t + 20$ beschreibt die Datenübertragungsrate in MB/s (Megabyte pro Sekunde) in Abhängigkeit von der Zeit t in Sekunden, die beim Herunterladen einer Datei gemessen wird. Die Übertragung dauert 14 Sekunden.

a) Geben Sie die Übertragungsrate am Anfang sowie nach 4 Sekunden an.
b) Zeigen Sie, dass die Datenübertragungsrate in den ersten 2,92 Sekunden ab- und danach wieder zunimmt. Geben Sie die minimale Datenübertragungsrate an.
c) Überprüfen Sie, ob ein USB-Stick mit einem freien Speicherplatz von 4 GB (Gigabyte) ausreicht, um die gesamte Datei zu speichern.
d) Ermitteln Sie die durchschnittliche Übertragungsrate in den ersten 10 Sekunden.

● **12** Die Änderungsrate einer Bakterienpopulation kann mittels einer Funktion vom Typ $f(t) = at^2e^{bt}$ mit $a, b \in \mathbb{R}$ modelliert werden (t: Zeit in Tagen nach Beobachtungsbeginn, f(t): Anzahl der Bakterien pro Tag). Dabei wurde nach 8 Tagen eine Änderungsrate von 16 Bakterien pro Tag und nach 12 Tagen eine Änderungsrate von 6 Bakterien pro Tag festgestellt.

a) Stellen Sie ein Gleichungssystem auf und ermitteln Sie damit die Parameter a und b.
b) Bestimmen Sie eine Stammfunktion von f.
c) Bestimmen Sie die Funktion, die die Bakterienpopulation in Abhängigkeit von t beschreibt, wenn zu Beginn der Beobachtung 11 Bakterien zu sehen waren.

Erinnerung

$\ln\left(\frac{u}{v}\right) = \ln(u) - \ln(v).$

● **13** **Ausblick:** Die Große Hungersnot in Irland war die Folge mehrerer Missernten von Kartoffeln, dem damaligen Hauptnahrungsmittel der Iren. Die Bevölkerung, die 1845 etwa 8 Millionen Einwohner betrug, sank in Folge der Hungersnöte so stark, dass sich das Land bis heute nicht davon erholen konnte.

Die Bevölkerungsentwicklung Irlands seit 1845 kann annähernd durch die Funktion f mit $f(t) = 8 - \frac{1}{10000}t^2e^{-0{,}02t + 3{,}5}$ modelliert werden. t gibt die Zeit in Jahren nach 1845 und f(t) die Bevölkerungszahl in Millionen an.

a) Bestimmen Sie die Bevölkerungszahl Irlands im Jahr 2019. Geben Sie das Ergebnis auch als Anteil an der ursprünglichen Bevölkerungszahl im Jahr 1845 an.
b) Ermitteln Sie die niedrigste Bevölkerungszahl Irlands seit 1845.
c) Ermitteln Sie die mittlere Bevölkerungsänderung in der Abnahmephase von 1845 bis 1945 sowie in der Anstiegsphase von 1945 bis 2019.
d) Aufgrund des Bevölkerungsschubs der letzten Jahre ist anzunehmen, dass sich ab 2019 die Einwohnerzahl so entwickelt, dass schon im Jahr 2020 die 5-Millionen-Marke erreicht wird. Bestimmen Sie eine Funktion vom Typ $g(t) = ae^{kt}$, die den weiteren Verlauf ab 2019 beschreibt.

8.7 Scharen verknüpfter Exponentialfunktionen

Die Konzentration eines Wirkstoffs im Blut eines Menschen lässt sich näherungsweise durch den Graph einer Funktion beschreiben. Man weiß, dass der Wirkstoff vor einer Stunde verabreicht wurde, aktuell eine Konzentration von 2 $\frac{\mu g}{\ell}$ hat und noch mit 1 $\frac{\mu g}{\ell}$ pro Stunde ansteigt.

a) Bestimmen Sie eine quadratische Funktion g, deren Graph die obigen Bedingungen erfüllt.
b) Bestimmen Sie eine Funktion f der Form $f(x) = (ax + b)e^{cx}$ mit den obigen Eigenschaften.
c) Beschreiben Sie, welche Funktion den Sachverhalt besser beschreibt.

Zusammengesetzte Funktionen bestimmen

Auch bei zusammengesetzten Funktionen lassen sich Funktionsgleichungen aus Informationen über den Funktionsgraphen bestimmen. Aus den Bedingungen ergibt sich ein System von Gleichungen. Häufig handelt es sich jedoch nicht um ein lineares Gleichungssystem, sodass andere Lösungsmethoden genutzt werden müssen.

Beispiel 1 Bestimmen Sie die Funktionsgleichung einer Funktion f mit $f(x) = ax \cdot e^{-bx}$, deren Graph durch den Punkt A(1 | 2) mit der Steigung m = −1 verläuft.

Lösung:

Stellen Sie die allgemeine Funktionsgleichung auf und bestimmen Sie die Ableitung.

Ansatz:

$$f(x) = ax \cdot e^{-bx}$$
$$f'(x) = a \cdot e^{-bx} + ax \cdot (-b) \cdot e^{-bx} = (a - abx)e^{-bx} = (1 - bx) \cdot ae^{-bx}$$

Stellen Sie anhand der Bedingungen und des Ansatzes zwei Gleichungen auf.

Gleichungen aufstellen:

Punkt A(1 | 2): $f(1) = ae^{-b} = 2$ (I)
Steigung: $f'(1) = (1 - b) \cdot ae^{-b} = -1$ (II)

Teilen Sie Gleichung I durch Gleichung II, um eine Variable zu eliminieren und b zu ermitteln.
Setzen Sie b in Gleichung I ein und ermitteln Sie so den Parameter a.

Parameter bestimmen:

$$\frac{ae^{-b}}{(1-b) \cdot ae^{-b}} = \frac{2}{-1} \Leftrightarrow \frac{1}{1-b} = -2 \Leftrightarrow b = \frac{3}{2}$$
$$ae^{-\frac{3}{2}} = 2 \Leftrightarrow a = 2e^{\frac{3}{2}}$$
$$f(x) = 2e^{\frac{3}{2}} \cdot x \cdot e^{-\frac{3}{2}x} = 2x \cdot e^{-\frac{3}{2}x + \frac{3}{2}}$$

Basisaufgaben

1 Bestimmen Sie die Funktionsgleichung einer Funktion f mit $f(x) = ae^{bx}$, deren Graph durch die Punkte P und Q verläuft.

a) P(0 | 1) und Q(1 | e)   b) P(1 | 1) und Q(2 | 5)   c) P(−2 | 0,5) und Q(1 | 2)

2 Bestimmen Sie die Funktionsgleichung einer Funktion f mit $f(x) = ax \cdot e^{bx}$, deren Graph im Punkt P die Steigung m hat.

a) $P\left(-1 \middle| \frac{1}{e}\right)$; m = 0   b) P(1 | 3); m = 2   c) P(0,5 | e); m = 4e

d) $P(1 | 2\sqrt{e})$; $m = 3\sqrt{e}$ e) P(1 | e); m = 2e   f) $P\left(2 \middle| \frac{1}{e^4}\right)$; $m = -\frac{3}{2e^4}$

3 Die Funktionsgleichung des abgebildeten Graphen ist von der Form $f(x) = ae^{bx}$ oder $f(x) = ax \cdot e^{bx}$. Bestimmen Sie die Funktionsgleichung.

a)

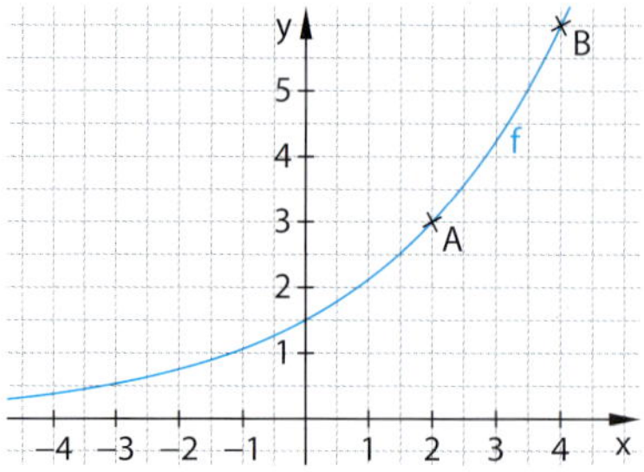

b)

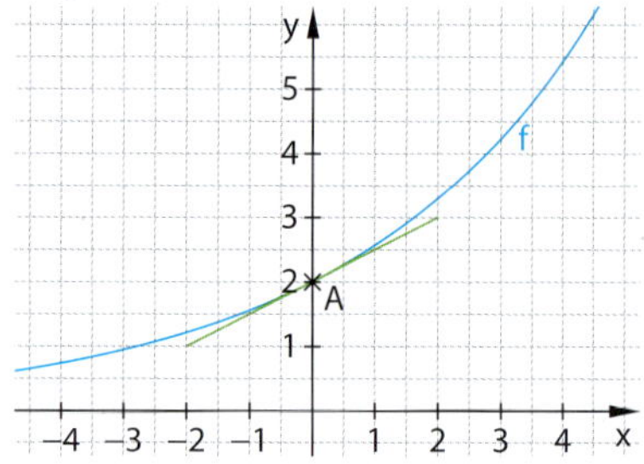

c)

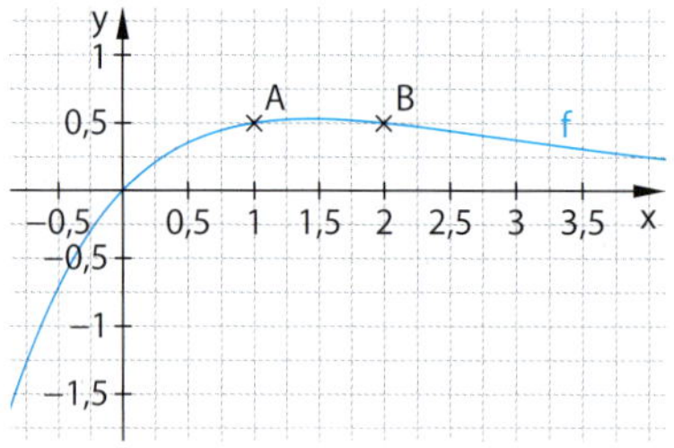

d)

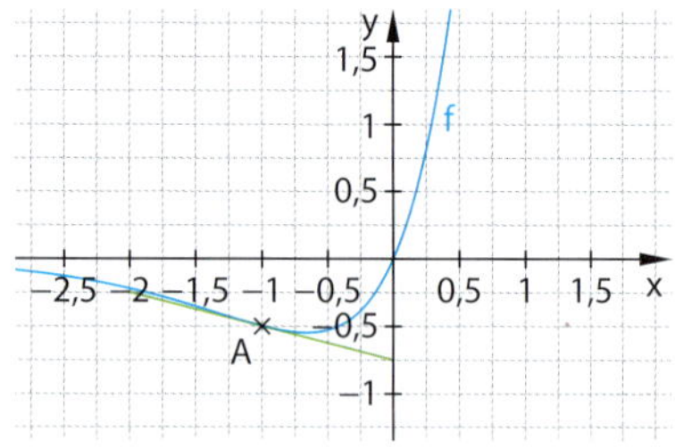

4 Bestimmen Sie die Funktionsgleichung der Funktion f mit folgenden Eigenschaften.

a) Der Graph der Funktion f mit $f(x) = (a + 1)\,e^{-bx}$ hat im Punkt $P(1\,|\,e)$ die Steigung $-2e$.

b) Der Graph der Funktion f mit $f(x) = ae^{bx}$ berührt die Gerade mit der Gleichung $y = 2x - 1$ an der Stelle $x = 1$.

c) Der Graph der Funktion f mit $f(x) = e^{ax^2 - x} + b$ hat im Punkt $P(0{,}5\,|\,e^{-0{,}25})$ einen Tiefpunkt.

d) Der Graph der Funktion f mit $f(x) = (a - x) \cdot e^{bx}$ schneidet die x-Achse bei $x = 3$ und hat an der Stelle $x = 1$ eine waagerechte Tangente.

Parametervariation – Scharen zusammengesetzter Funktionen

Aus einer Schar lässt sich eine geeignete Funktion herausfiltern, wenn eine bestimmte Eigenschaft gefordert ist.

Beispiel 2 Gegeben ist die Funktionenschar f_a mit $f_a(x) = (x + a) \cdot e^{-x}$, $a \in \mathbb{R}$.

a) Bestimmen Sie eine Stammfunktion von f_a.

b) Der Graph von f_a schließt für $x \geq 0$ mit der x-Achse ein nach rechts unbeschränktes Flächenstück ein. Bestimmen Sie a so, dass der Flächeninhalt dieses Stücks 2 FE beträgt.

Lösung:

a) Wenden Sie die Produktintegration an. Wählen Sie $u'(x) = e^{-x}$ und $v(x) = x + a$.

$$\int (x + a) \cdot e^{-x}\,dx = -e^{-x} \cdot (x + a) - \int -e^{-x}\,dx$$
$$= -e^{-x} \cdot (x + a) - e^{-x}$$
$$= (-x - a - 1) \cdot e^{-x}$$

b) Berechnen Sie zunächst die Nullstelle mithilfe der Regel vom Nullprodukt.

$f_a(x) = (x + a) \cdot e^{-x} = 0 \quad (e^{-x} \neq 0)$

Einzige Nullstelle bei $x = -a$.

Berechnen Sie das bestimmte Integral zwischen der Nullstelle $-a$ und einem Wert $u > -a$.

Bestimmen Sie den Grenzwert für $u \to \infty$.

Ermitteln Sie anschließend a so, dass der Grenzwert 2 ergibt.

$$\int_{-a}^{u} f(x)\,dx = \left[(-x - a - 1) \cdot e^{-x}\right]_{-a}^{u}$$
$$= (-u - a - 1) \cdot e^{-u} - (-1) \cdot e^{a}$$
$$\xrightarrow{u \to \infty} e^{a}$$

$e^a = 2$ für $a = \ln(2) \approx 0{,}6931$

Der Flächeninhalt beträgt 2 FE für $a = \ln(2)$.

Basisaufgaben

5 Gegeben ist die Funktionenschar f_a mit $f_a(x) = \left(\frac{x}{a} - 1\right) \cdot e^{a-x}$, $a > 0$.

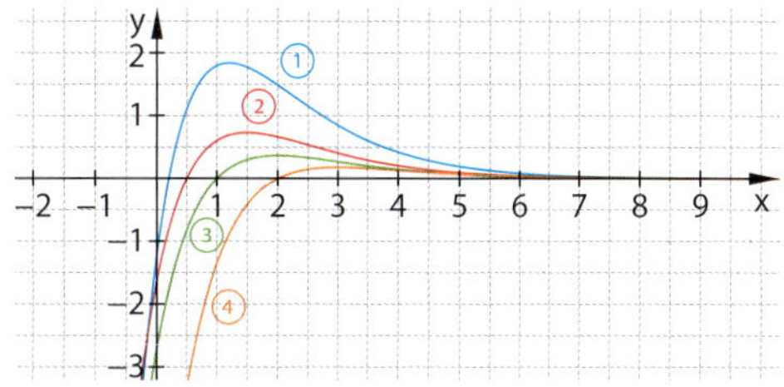

a) Abgebildet sind die Graphen von $f_{0,2}$; $f_{0,5}$; f_1 und f_2. Ordnen Sie die Graphen den entsprechenden Werten von a zu.
b) Berechnen Sie die Nullstellen von f_a.
c) Bestimmen Sie a so, dass der Hochpunkt von f_a die y-Koordinate 1 hat.
d) Bestimmen Sie eine Stammfunktion F_a zu f_a.
e) Für $a = 1$ schließt der Graph von f_1 mit den beiden Koordinatenachsen ein Flächenstück ein. Berechnen Sie seinen Flächeninhalt.

6 Gegeben ist die Funktionenschar f_a mit $f_a(x) = (x^2 - ax) \cdot e^{-x}$, $a > 0$.
a) Bestimmen Sie die Nullstellen und die Extremstellen von f_a in Abhängigkeit von a.
b) Bestimmen Sie eine Schar F_a mit Stammfunktionen von f_a.
c) Der Graph von f_a schließt zwischen seinen Nullstellen ein Flächenstück mit der x-Achse ein. Berechnen Sie den Inhalt dieses Flächenstücks in Abhängigkeit von a.
d) Der Graph von f_a schließt für $x > a$ mit der x-Achse ein nach rechts offenes Flächenstück ein. Bestimmen Sie a so, dass der Flächeninhalt des Stücks $\frac{3}{e}$ FE beträgt.

Weiterführende Aufgaben

7 Nach Betriebsunfällen in einer Chemiefabrik kommt es immer wieder zu einer erhöhten Schadstoffkonzentration in einem nahegelegenen See. Sie kann in den ersten Wochen mithilfe der Funktionenschar f_a mit $f_a(x) = 10a \cdot x \cdot e^{-0{,}5x}$ modelliert werden (x: Anzahl der Wochen nach dem Unfall, f(x): Konzentration in $\frac{mg}{\ell}$). Der Parameter $a > 0$ hängt dabei von der Schwere des Unfalls ab.

a) Zeigen Sie, dass unabhängig von der Schwere des Unfalls die höchste Schadstoffkonzentration nach 2 Wochen erreicht wird.
b) Wenn die Schadstoffkonzentration $25\,\frac{mg}{\ell}$ überschreitet, muss eine besondere Warnung an die Bevölkerung gegeben werden. Bestimmen Sie den Wert von a, ab dem eine solche Warnung notwendig wird.
c) Bestimmen Sie eine Schar mit Stammfunktion von f_a.
d) Die mittlere Schadstoffkonzentration über einem Zeitintervall [c; d] lässt sich mit $\frac{1}{d-c} \cdot \int_c^d f_a(x)\,dx$ ermitteln.
Berechnen Sie die mittlere Schadstoffkonzentration für die ersten 5 Wochen nach einem Unfall in Abhängigkeit von a.
e) Berechnen Sie den Zeitpunkt, zu dem die Schadstoffkonzentration am stärksten abnimmt.
f) Es wird angenommen, dass ab dem Zeitpunkt der stärksten Abnahme die Schadstoffkonzentration mit gleicher Geschwindigkeit linear abnimmt.
Berechnen Sie, wann die Schadstoffkonzentration nach diesem Modell auf null zurückgegangen ist.

⚠ ◐ **8** **Stolperstelle:** Sven untersucht die Funktion f mit $f(x) = -5x \cdot e^{-2x}$ und findet eine Wendestelle bei $x = 1$. Er folgert, dass der Graph an dieser Stelle am stärksten abfällt. Prüfen Sie, ob Sven recht hat.

◐ **9** Gegeben ist f_k mit $f_k(x) = k \cdot e^x - e^{2x}$, $k > 0$.

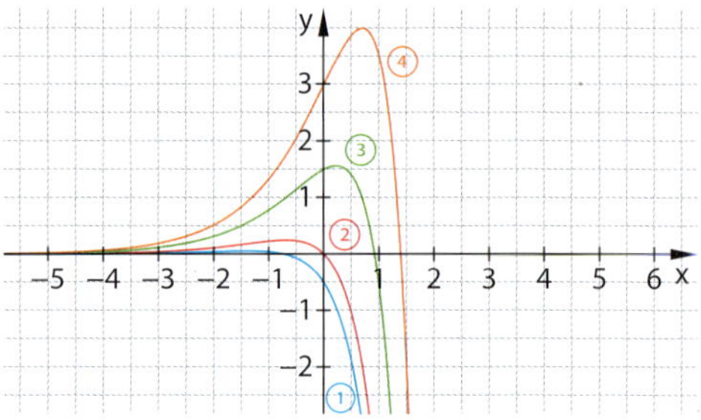

a) Bestimmen Sie rechnerisch die Nullstellen sowie die Extrem- und Wendepunkte in Abhängigkeit von k. Geben Sie an, für welche Werte von k es keine Nullstellen, Extrem- oder Wendepunkte gibt.
b) Abgebildet sind Graphen von f_k. Geben Sie begründet die zugehörigen Werte von k an.
c) Geben Sie die n-te Ableitung von f_k an.
d) Bestimmen Sie die Gleichungen der Ortskurven der Extrem- und Wendepunkte.
e) Ermitteln Sie eine Stammfunktion von f_k.
f) Berechnen Sie den Inhalt der Fläche, die der Graph von f_4 im ersten Quadranten mit den Koordinatenachsen einschließt.
g) Der Graph von f_k schließt mit der x-Achse ein nach links unbegrenztes Flächenstück ein. Zeigen Sie, dass der Flächeninhalt endlich ist, und geben Sie diesen an.

◐ **10** Gegeben ist die Funktionenschar f_a mit $f_a(x) = (x + a) \cdot e^{-ax}$, $a > 0$.
a) Bestimmen Sie die Nullstellen von f_a in Abhängigkeit von a.
b) Bestimmen Sie die Extrem- und Wendepunkte des Graphen von f_a.
c) Zeigen Sie, dass sich die Graphen von f_a und f'_a an der Stelle $x_s = \frac{1 - a - a^2}{1 + a}$ schneiden.
d) Bestimmen Sie den Wert von a so, dass der Schnittpunkt der Graphen von f_a und f'_a auf der y-Achse liegt.
e) Ermitteln Sie eine Stammfunktion $F_{0,5}$ zur Funktion $f_{0,5}$.
f) Zeigen Sie, dass der Graph von $f_{0,5}$ im ersten Quadranten mit den Koordinatenachsen ein Flächenstück mit endlichem Flächeninhalt einschließt, und geben Sie diesen an.
g) Die Graphen von $f_{0,5}$ und $f'_{0,5}$ schließen ein nach rechts unbegrenztes Flächenstück ein. Zeigen Sie, dass der Flächeninhalt endlich ist, und geben Sie diesen an.

◐ **11** **Kettenlinie:** Eine durchhängende Kette bildet eine Kettenlinie. Sie wird durch Funktionen der Form $f_{a,b}(x) = \frac{a}{2}(e^{bx} + e^{-bx})$ mit $a, b > 0$ beschrieben, wobei der tiefste Punkte der Kettenlinie die Koordinaten $(0 | a)$ hat.
Bestimmen Sie die Werte von a und b, wenn die Pfosten der Kette einen Abstand von 2 m und eine Höhe von 70 cm haben. Im tiefsten Punkt hängt die Kette 15 cm über dem Boden.

Hinweis zu 11 und 12

Bringen Sie die Gleichung $e^b + e^b = c$ in die Form $(e^b)^2 - ce^b + 1 = 0$ und substituieren Sie $z = e^b$.

◐ **12** Bei einer Hängebrücke sind die 80 m hohen Pylonen 250 m voneinander entfernt. Das Tragkabel hängt in der Mitte 38 m über der Fahrbahn und lässt sich näherungsweise durch den Graphen der Funktion f mit $f(x) = a(e^{bx} + e^{-bx})$ beschreiben.
a) Bestimmen Sie die Parameter a und b.
b) Zwischen dem Tragkabel und der Fahrbahn sind in regelmäßigen Abständen vertikale Tragseile befestigt. Berechnen Sie die Länge der vertikalen Tragseile, die sich in 20 m Entfernung von den Pylonen befinden.
c) Berechnen Sie, unter welchem Winkel die Tragkabel auf die Pylone stoßen.

Erinnerung

$\tan(\alpha) = f'(x_0)$

13 Der „Gateway Arch" ist Teil des Jefferson National Expansion Memorial in St. Louis, Missouri. Es ist ein Stahlbogen in der Gestalt einer umgekehrten Kettenlinie, in dem sogar Aufzüge fahren. Die äußere Randkurve ist 180 m hoch und an der Basis 180 m breit. Die innere Randkurve ist 175 m hoch und 150 m breit. Die Funktionsgleichungen der Randkurven haben die Form $f(x) = b - \frac{a}{2}\left(e^{\frac{x}{a}} + e^{-\frac{x}{a}}\right)$.

a) Weisen Sie nach, dass für die äußere Randkurve näherungsweise $a \approx 36{,}47$ und $b \approx 216{,}47$ und für die innere Randkurve näherungsweise $a \approx 28{,}14$ und $b \approx 203{,}14$ gilt.

b) Im Inneren des Bogens soll eine 70 m breite Flagge aufgehängt werden, die bis zum Boden reicht. Berechnen Sie, wie lang die Flagge mindestens sein muss.

c) Die Fläche zwischen den Randkurven dient dem Wind als Angriffsfläche. Berechnen Sie den Inhalt dieser Fläche.

14 Archäologen untersuchen die Reste eines etwa 70 m langen und 10 m hohen Walls. Für jedes $0 \le k \le 7$ ist der Graph der Funktionenschar f_k mit $f_k(x) = 8k^2xe^{-2x^2-k}$ im Bereich $0 \le x \le 2$ das Profil eines Querschnitts durch den Damm.
Mit wachsendem k bewegt man sich in Längsrichtung des Damms, im oberen Bild also auf den Betrachter zu.
Eine Längeneinheit entspricht 10 m.

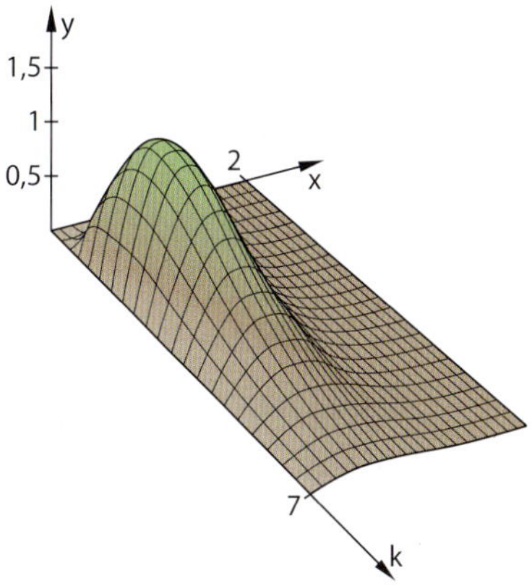

a) Diskutieren Sie für allgemeines $k > 0$ die Funktionenschar f_k in Bezug auf Nullstellen, Verhalten für $x \to \infty$, Extrem- und Wendepunkte. Beschränken Sie sich dabei auf $0 \le x \le 2$.

b) Skizzieren Sie die Graphen von f_2 und f_5 in ein Koordinatensystem mit $0 \le x \le 2$. Berechnen Sie dazu auch $f_2(2)$ und $f_5(2)$.

c) $H_k\left(\frac{1}{2}\middle|4k^2e^{-k-\frac{1}{2}}\right)$ ist der Hochpunkt des Graphen von f_k.
Berechnen Sie, für welches k man die höchste Stelle des Walls erhält, und geben Sie an, wie hoch der Wall hier ist.

d) Das Bild rechts zeigt den Graphen von f_2.
Die Archäologen vermuten, dass die rechte Teilfläche des abfallenden Walls im Originalzustand ein Trapez mit einer oberen Breite von 5 m (0,5 LE) war. Das Material, das oben weggebrochen ist, bildete infolge die Abflachung am Fuße des Walls. Das Trapez müsste somit denselben Flächeninhalt wie die jetzige rechte Profilhälfte (bis $x = 2$) des Walls gehabt haben. Berechnen Sie ausgehend von dieser Vermutung die Koordinaten des Punktes F.

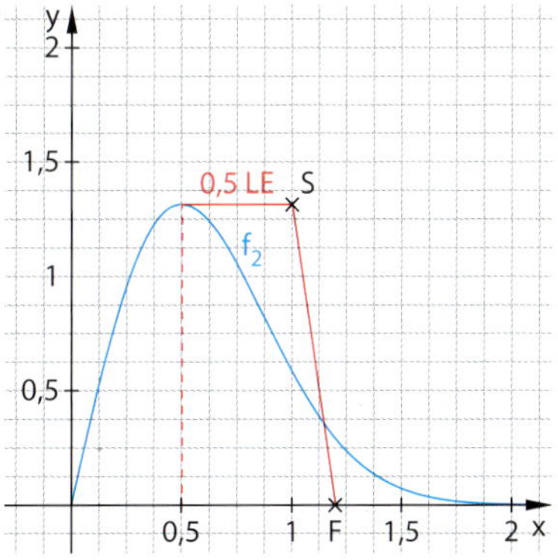

15 **Ausblick:** Gegeben ist die Funktionenschar f_a mit $f_a(x) = \frac{ae^x}{(a-x)^2}$, $a \neq 0$.

a) Geben Sie den Definitionsbereich von f_a an. Ermitteln Sie das Verhalten der Funktionswerte an den Rändern des Definitionsbereichs in Abhängigkeit von a.

b) Ermitteln Sie in Abhängigkeit von a die Art und Lage des Extrempunkts von f_a.

c) Skizzieren Sie die Graphen von f_{-1} und f_1.

8.8 Verknüpfungen mit Logarithmusfunktionen untersuchen

Die Abbildung zeigt die Graphen von f und g mit $f(x) = x$ und $g(x) = \ln(x)$. Stellen Sie anschauliche Überlegungen zum Verhalten im Unendlichen von h mit $h(x) = \frac{\ln(x)}{x}$ an. Nutzen Sie dabei $\lim\limits_{x\to\infty}\left(\frac{x}{e^x}\right) = 0$.

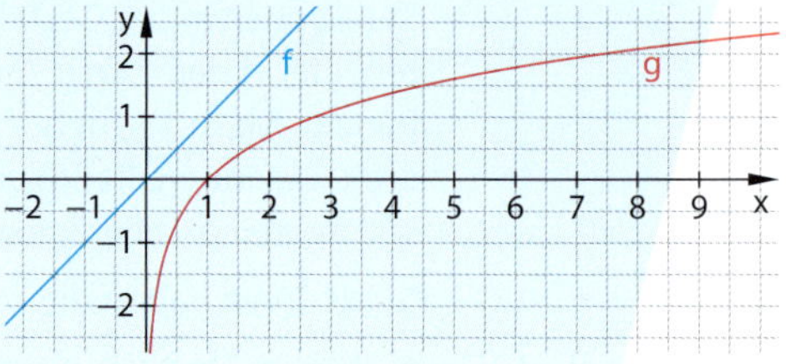

Die Graphen von Funktionen mit Gleichungen der Form $f(x) = a \cdot \ln(b(x - c)) + d$ haben weder lokale Extrem- noch Wendepunkte. Verknüpft man diese Funktionstypen mit ganzrationalen Funktionen, so können sich Funktionen ergeben, deren Graphen Extrem- und Wendepunkte haben.
Da Logarithmusfunktionen nur für nichtnegative reelle Zahlen definiert sind, sind Verknüpfungen mit Logarithmusfunktionen im Allgemeinen nicht auf ganz $\mathbb{R}$ definiert.

Beispiel 1

Bestimmen Sie den Definitionsbereich und die Nullstellen der Funktion f mit $f(x) = (x^2 - 4x) \cdot \ln(x^2 - 9)$.

Lösung:

Die Funktion ist für $x^2 - 9 > 0$ definiert. Bestimmen Sie den Definitionsbereich.

Der Graph von $y = x^2 - 9$ ist eine nach oben geöffnete Parabel, die Nullstellen sind -3 und 3, also ist $x^2 - 9 > 0$ für $x < -3$ und $x > 3$.
$D_f = \mathbb{R}\setminus[-3; 3]$

Lösen Sie die Gleichung $f(x) = 0$ mit dem Satz vom Nullprodukt. Prüfen Sie, ob die Lösungen im Definitionsbereich von f liegen.

$(x^2 - 4x)\ln(x^2 - 9) = 0$
Fall 1: $x^2 - 4x = x(x - 4) = 0 \Rightarrow x_1 = 0, x_2 = 4$
Fall 2: $\ln(x^2 - 9) = 0 \Rightarrow x^2 - 9 = 1$
$\Rightarrow x_3 = -\sqrt{10} \approx -3{,}16,\ x_4 = \sqrt{10} \approx 3{,}16$
x_2, x_3 und x_4 liegen im Definitionsbereich, also hat f die Nullstellen $-\sqrt{10}$, $\sqrt{10}$ und 4.

Beispiel 2

Bestimmen Sie den Definitionsbereich sowie die Koordinaten der Extrem- und Wendepunkte des Graphen der Funktion f mit $f(x) = x^2 \cdot \ln(2x)$.

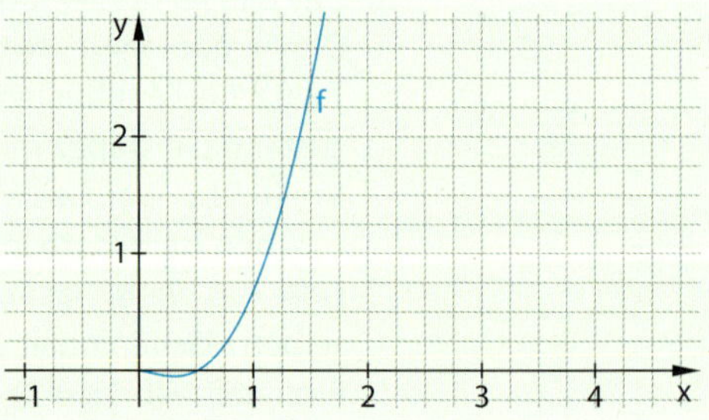

Lösung:

Bestimmen Sie zunächst den Definitionsbereich von f.

$2x = 0$ für $x = 0$, also $2x > 0$ für $x > 0$
$D = \mathbb{R}^+$

Extrempunkte: Leiten Sie f zweimal ab.

$f'(x) = 2x \cdot \ln(2x) + x^2 \cdot 2 \cdot \frac{1}{2x}$
$= 2x\ln(2x) + x = x(2\ln(2x) + 1)$
$f''(x) = 1 \cdot (2\ln(2x) + 1) + x \cdot 2 \cdot 2 \cdot \frac{1}{2x}$
$= 2\ln(2x) + 1 + 2 = 2\ln(2x) + 3$

Lösen Sie die Gleichung $f'(x) = 0$ mit dem Satz vom Nullprodukt.	$x(2\ln(2x) + 1) = 0$ Fall 1: $x = 0$, also $x_1 = 0$ Fall 2: $2\ln(2x) + 1 = 0 \mid -1; :2$ $\Leftrightarrow \ln(2x) = -0{,}5 \quad \mid e^{()}$ $\Leftrightarrow 2x = e^{-0{,}5} \quad \mid :2$ $\Leftrightarrow x = 0{,}5e^{-0{,}5} \approx 0{,}30$, also $x_2 \approx 0{,}30$
Prüfen Sie, ob die Lösungen im Definitionsbereich von f liegen. Bestimmen Sie den y-Wert durch Einsetzen in f(x) und die Art des Extrempunktes durch Einsetzen in f″(x).	Nur x_2 liegt im Definitionsbereich von f. Also ist nur bei x_2 ein möglicher Extrempunkt. $f(0{,}3) \approx -0{,}05$; $f''(0{,}3) \approx 1{,}98 > 0$, also Tiefpunkt: $\approx T(0{,}3 \mid -0{,}05)$
<u>Wendepunkte:</u> Lösen Sie die Gleichung $f''(x) = 0$. Da die ln-Funktion streng monoton steigend ist, ist auch f″ streng monoton steigend. Also liegt an der Nullstelle ein VZW vor und damit ein Wendepunkt. Bestimmen Sie seine y-Koordinate durch Einsetzen in f(x).	$2\ln(2x) + 3 = 0 \quad \mid -3; :2; e^{()}$ $\Leftrightarrow 2x = e^{-1{,}5} \quad \mid :2$ $\Leftrightarrow x = 0{,}5e^{-1{,}5} \approx 0{,}11 \in D$ $f(0{,}11) \approx -0{,}02$ Wendepunkt $W(0{,}11 \mid -0{,}02)$

Basisaufgaben

1 Bestimmen Sie den Definitionsbereich und die Nullstellen von f.
a) $f(x) = (x-2) \cdot \ln(x)$
b) $f(x) = x^2 \cdot \ln(x)$
c) $f(x) = x \cdot \ln(2x-1)$
d) $f(x) = (2x^2 - x) \cdot \ln(1-x)$
e) $f(x) = (x^2+1) \cdot \ln(2x)$
f) $f(x) = (x^2 + x) \cdot \ln(-x^2 + 4x - 3)$

2 Bestimmen Sie die Extrempunkte des Graphen der Funktion f.
a) $f(x) = \frac{1}{2}x \cdot \ln(x)$
b) $f(x) = x^2 \cdot \ln\left(\frac{x}{3}\right)$
c) $f(x) = x - \ln(x+3)$
d) $f(x) = \ln(x)^2 - \ln(x)$

3 Bestimmen Sie die Extrem- und Wendepunkte des Graphen der Funktion f.
a) $f(x) = \frac{2}{x} + \ln(x)$
b) $f(x) = \ln(-x) - \frac{1}{x}$
c) $f(x) = \ln(x) + \frac{1}{2}x^2$
d) $f(x) = (\ln(x) - 1)^2$

Erinnerung

Die Funktion F mit $F(x) = x \cdot \ln(x) - x$ ist eine Stammfunktion von f mit $f(x) = \ln(x)$.

4 Bestimmen Sie eine Stammfunktion zur Funktion f.
a) $f(x) = \ln(2x) + 1$
b) $f(x) = \ln(x^2) + x^2$
c) $f(x) = \ln(8x - 4)$
d) $f(x) = 3\ln(3x) - 3x$
e) $f(x) = 4x \cdot \ln(x)$
f) $f(x) = x^2 \cdot \ln(x)$

5 Bestimmen Sie den Inhalt der Fläche, die der Graph von f mit $f(x) = \frac{1}{2}\ln(2x+3)$ im zweiten Quadranten mit den Koordinatenachsen einschließt.

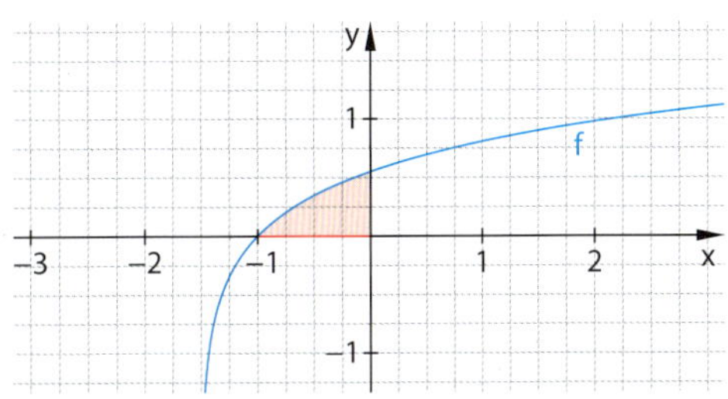

Verhalten an den Definitionsrändern – globaler Verlauf

$x \to 0$:

Bei der Funktion f mit $f(x) = x \cdot \ln(x)$ kann man das Verhalten der Funktionswerte für $x \to 0, x > 0$ schwer beurteilen, da x gegen 0 und ln(x) gegen $-\infty$ strebt. Anhand einer Wertetabelle oder des Graphen kann man jedoch erkennen, dass x dominiert und f(x) somit gegen 0 strebt.

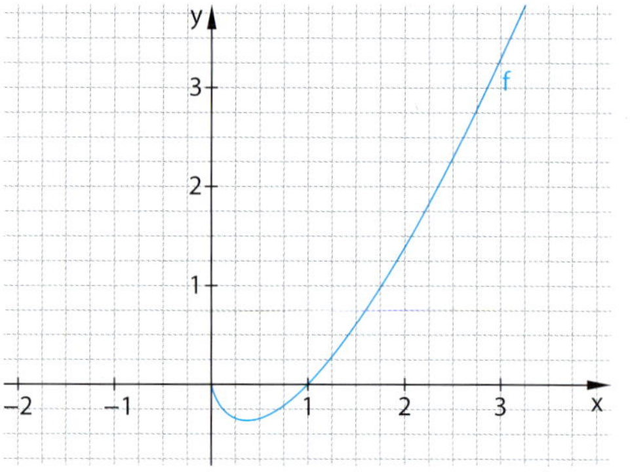

$x \to \infty$:

Bei der Funktion g mit $g(x) = \frac{\ln(x)}{x}$ kann man das Verhalten der Funktionswerte für $x \to \infty$ schwer beurteilen, da $\frac{1}{x}$ gegen 0 und ln(x) gegen ∞ strebt. Anhand einer Wertetabelle oder des Graphen kann man jedoch erkennen, dass $\frac{1}{x}$ dominiert und g(x) somit gegen 0 strebt.

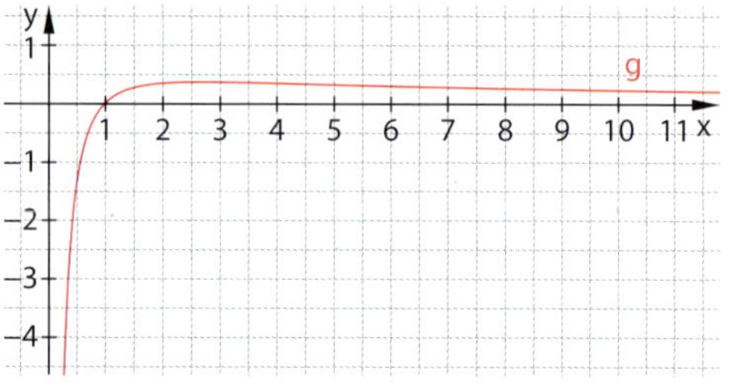

Diese beiden Grenzwerte kann man auf Verknüpfungen der ln-Funktion mit allgemeinen Potenzfunktionen verallgemeinern.

Merkhilfe

Der natürliche Logarithmus unterliegt gegen jede Potenzfunktion.

Wissen

Für alle $n \in \mathbb{N}$ gilt: $\lim\limits_{\substack{x \to 0 \\ x > 0}} (x^n \cdot \ln(x)) = 0$ und $\lim\limits_{x \to \infty} \left(\frac{\ln(x)}{x^n}\right) = 0$

Beispiel 3 Bestimmen Sie den Definitionsbereich der Funktion sowie das Verhalten der Funktionswerte an den Rändern des Definitionsbereichs.

a) $f(x) = 5x^4 \cdot \ln(x)$ b) $f(x) = 2x \cdot \ln(x) - x$

Lösung:

a) Bestimmen Sie den Definitionsbereich. Untersuchen Sie die Funktionswerte für $x \to 0, x > 0$, und für $x \to \infty$. Wenden Sie den obigen Satz an.

$D_f = \mathbb{R}^+$

$\lim\limits_{\substack{x \to 0 \\ x > 0}} (5x^4 \cdot \ln(x)) = 0$

$\lim\limits_{x \to \infty} (5x^4 \cdot \ln(x)) = \infty$

b) Bestimmen Sie den Definitionsbereich. Untersuchen Sie die Funktionswerte für $x \to 0, x > 0$, und für $x \to \infty$. Der Fall „$\infty - \infty$" ist nicht entscheidbar. Formen Sie den Funktionsterm um.

$D_f = \mathbb{R}^+$

$\lim\limits_{\substack{x \to 0 \\ x > 0}} (\underbrace{2x \cdot \ln(x)}_{0} - \underbrace{x}_{0}) = 0$

$\lim\limits_{x \to \infty} (\underbrace{2x \cdot \ln(x)}_{\infty} - \underbrace{x}_{\infty}) = \lim\limits_{x \to \infty} (\underbrace{x}_{\infty} \cdot \underbrace{(2\ln(x) - 1)}_{\infty})$

$= \infty$

Basisaufgaben

6 Bestimmen Sie das Verhalten der Funktionswerte von f für $x \to 0, x > 0$, und $x \to \infty$.

a) $f(x) = e^{x \cdot \ln(x)}$ b) $f(x) = \frac{\ln(x^2) - 1}{x}$

7 Bestimmen Sie den Definitionsbereich der Funktion f und geben Sie das Verhalten der Funktionswerte von f an den Rändern des Definitionsbereichs an.

a) $f(x) = \ln(3x + 12)$ b) $f(x) = \frac{1}{3}x \cdot \ln(x - 1)$

c) $f(x) = x^4 \cdot \ln(2x - 10)$ d) $f(x) = \frac{\ln(x)}{x^7}$

e) $f(x) = x \cdot \ln(-4x - x^2)$ f) $f(x) = x \cdot \ln(4x + x^2)$

8 Abgebildet sind die Graphen der Funktionen f, g, h und i. Ordnen Sie die angegebenen Funktionsgleichungen den Graphen ① bis ④ anhand des Verhaltens ihrer Funktionswerte für $x \to 0, x > 0$, und $x \to \infty$ zu.

$f(x) = x \cdot \ln(x)$	$g(x) = x^2 + \ln(x)$	$h(x) = \frac{\ln(x)}{x}$	$i(x) = x - \ln(x)$

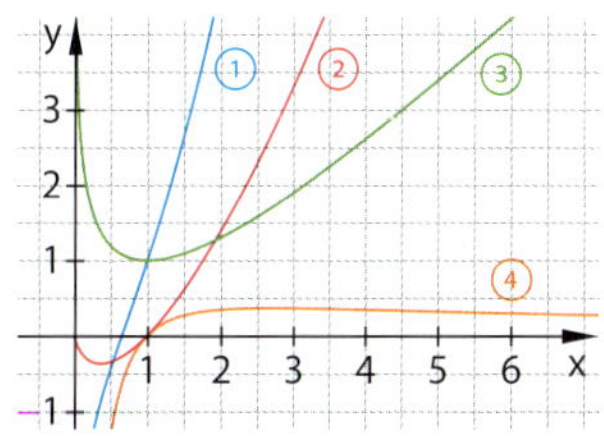

Weiterführende Aufgaben

9 Bestimmen Sie den Definitionsbereich der Funktion.

a) $f(x) = \sqrt{\ln(x - 2)}$ b) $f(x) = \sqrt{\ln(x^2)}$ c) $f(x) = \ln(2 - \sqrt{x})$ d) $f(x) = \sqrt{-\ln(x)}$

10 **Stolperstelle:** Marvin hat die Funktion f mit $f(x) = \ln(x^2 + 3x)$ auf lokale Extremstellen untersucht. Beurteilen Sie Marvins Ergebnis.

Ableitung: $f'(x) = \frac{2x + 3}{x^2 + 3x}$ *Notw. Bed.:* $f'(x) = 0 \Rightarrow 2x + 3 = 0 \Leftrightarrow x = -1{,}5$

Hinr. Bed.: $f'(-2) = \frac{-1}{-2} = \frac{1}{2}; f'(-1) = \frac{1}{-2} = -\frac{1}{2}$

Ergebnis: Da ein Vorzeichenwechsel von + nach − vorliegt, hat der Graph von f an der Stelle x = −1,5 einen lokalen Hochpunkt.

11 Für den natürlichen Logarithmus gilt die Rechenregel $\ln(a^r) = r \cdot \ln(a)$.

a) Plotten Sie die Graphen von f und g mit $f(x) = x \cdot \ln(x^3)$ und $g(x) = 3x \cdot \ln(x)$. Erklären Sie Ihre Beobachtung.

b) Plotten Sie die Graphen von f und g mit $f(x) = x \cdot \ln(x^4)$ und $g(x) = 4x \cdot \ln(x)$. Erklären Sie Ihre Beobachtung und begründen Sie, dass die Funktionsterme von f und g nicht äquivalent sind.

12 Gegeben ist die Funktion f mit $f(x) = x^2 \cdot \ln(x) - x^2$. Die Abbildung zeigt den Graphen von f.

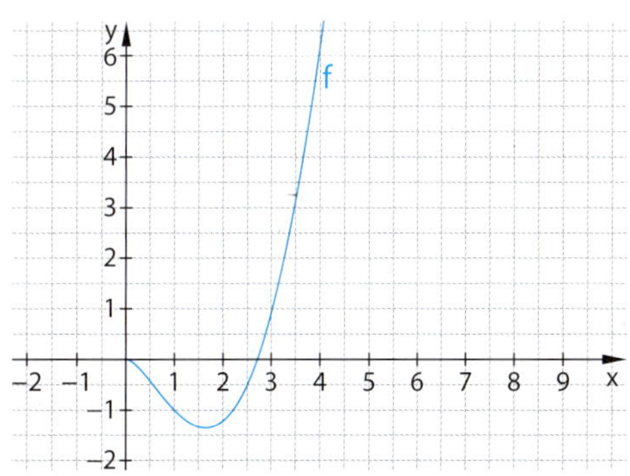

a) Geben Sie den Definitionsbereich von f an und untersuchen Sie rechnerisch das Verhalten von f(x) an den Rändern des Definitionsbereichs.

b) Bestimmen Sie die Koordinaten des Extrempunkts sowie des Wendepunkts des Graphen von f.

c) Die Graphen von f und f′ schneiden sich im Punkt S(1 | −1). Bestimmen Sie ihren Schnittwinkel im Punkt S.

d) Bestimmen Sie eine Stammfunktion F von f.

e) Der Graph von f und die Tangente an den Graphen von f im Punkt S schließen über dem Intervall]0; 1] ein nach links offenes Flächenstück ein. Berechnen Sie dessen Inhalt.

f) Die Funktion F hat die Nullstelle d. Untersuchen Sie den Grenzwert $\lim\limits_{c \to 0} \int_c^d f(x)\,dx$ und interpretieren Sie das Ergebnis geometrisch.

13 Abgebildet sind die Graphen der Funktionen f und g mit $f(x) = \ln^2(x)$ und $g(x) = \ln(x)$.

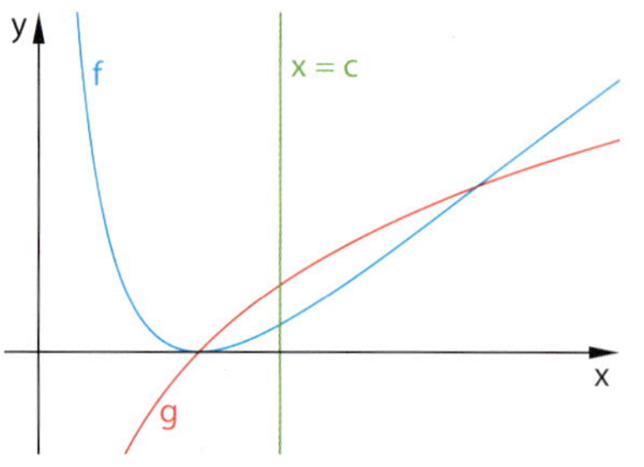

a) Bestimmen Sie die Koordinaten der beiden Schnittpunkte der Graphen von f und g.

b) Die Graphen von f und g schneiden zwischen ihren Schnittpunkten aus der Parallelen $x = c$ zur y-Achse eine Strecke aus. Berechnen Sie, für welchen Wert von c diese Strecke am längsten ist, und geben Sie die maximale Länge an.

c) Bestimmen Sie alle Stammfunktionen F von f. Ermitteln Sie anschließend diejenige Stammfunktion $\tilde{F}$ von f, für die $\tilde{F}(1) = 0$ gilt.

d) Zeigen Sie, dass das nach oben offene Flächenstück, das der Graph von f mit den beiden Koordinatenachsen einschließt, einen endlichen Flächeninhalt besitzt. Geben Sie diesen Flächeninhalt an.

e) Berechnen Sie den Flächeninhalt des Flächenstücks, das von den Graphen von f und g eingeschlossen wird.

f) Bestimmen Sie die Gleichung der Tangente t an den Graphen von f an der Stelle $\frac{1}{e}$ sowie die Gleichung derjenigen Tangente an den Graphen von g, die zu t senkrecht ist.

14 In einer Stadt wird ein moderner Stahlbogen gebaut, dessen oberer und unterer Rand durch $f(x) = -3x \cdot \ln(0{,}025x)$ und $g(x) = -2x \cdot \ln(0{,}025x)$ dargestellt wird. Die Längeneinheit ist 1 m.

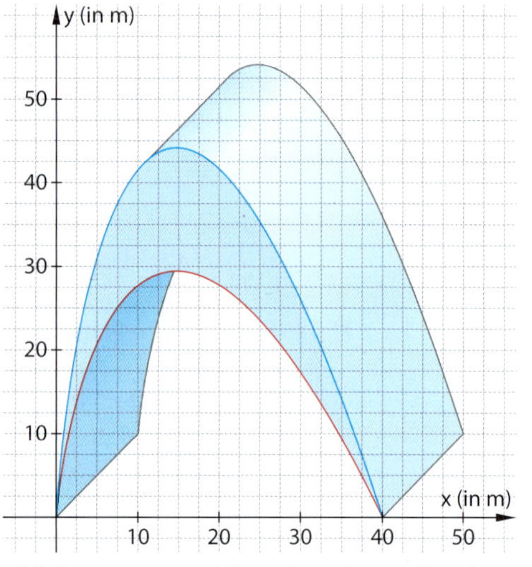

a) Zeigen Sie, dass die obere und die untere Randfunktion die gleichen Null- und Extremstellen haben, und bestimmen Sie diese.

b) Zeigen Sie, dass die Graphen beider Randfunktionen Rechtskurven sind.

c) Überprüfen Sie, ob der maximale Abstand zwischen dem oberen und unteren Rand des Bogens genau halb so groß ist wie die Innenhöhe des Bogens.

d) An den Stellen $x_1 = 5$ und $x_2 = 25$ sollen zwei Stützen tangential an den oberen Rand angebracht werden. Bestimmen Sie die Funktionsgleichungen der Tangenten.

15 Gegeben ist die Funktion f mit $f(x) = x \cdot \ln\left((2x + 1)^2\right)$.

a) Bestimmen Sie den Definitionsbereich und die Nullstellen von f. Untersuchen Sie das Verhalten der Funktionswerte an den Rändern des Definitionsbereichs.

b) Der Graph von f hat genau einen Extrempunkt. Zeigen Sie, dass sich dieser im Ursprung befindet, und bestimmen Sie seine Art.

c) Skizzieren Sie den Verlauf des Graphen von f.

16 **Ausblick:** Gegeben sind die Funktionen f und g mit $f(x) = \ln(x)\sin(x)$ und $g(x) = \ln(\sin(x))$.

a) Begründen Sie, welche der beiden Funktionen periodisch ist. Geben Sie dann die Definitionsbereiche der Funktionen an.

b) Untersuchen Sie den Graphen von g auf Extrempunkte. Achten Sie auf die Definitionsbereiche von g und g'.

c) Begründen Sie anschaulich, dass der Graph von f unendlich viele Extrempunkte haben muss.

8.9 Verknüpfungen mit Wurzelfunktionen untersuchen

Die Abbildung zeigt die Graphen der Funktionen f, g und h mit $f(x) = 3 - x^2$, $g(x) = \sqrt{x} - 1$ und $h(x) = (3 - x^2) \cdot (\sqrt{x} - 1)$. Vergleichen Sie die Eigenschaften der Graphen der drei Funktionen hinsichtlich Definitionsbereich, Nullstellen und Extrempunkten. Untersuchen Sie auch den Verlauf des Graphen von h an den Rändern des Definitionsbereichs.

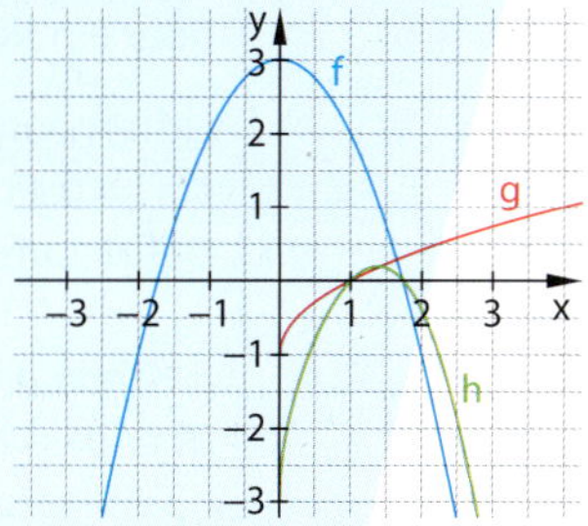

Hinweis

Die Punkte an den Rändern des Definitionsbereichs können auch als Hoch- oder Tiefpunkte aufgefasst werden.

Die Graphen von Funktionen mit Gleichungen der Form $f(x) = a\sqrt{b(x - c)} + d$ haben weder lokale Extrem- noch Wendepunkte. Verknüpft man diese Funktionstypen mit ganzrationalen Funktionen, so können sich Funktionen ergeben, deren Graphen Extrem- und Wendepunkte haben.
Da Wurzelfunktionen nur für nichtnegative reelle Zahlen definiert sind, sind Verknüpfungen mit Wurzelfunktionen im Allgemeinen nicht auf ganz $\mathbb{R}$ definiert.

Beispiel 1

Bestimmen Sie den Definitionsbereich und die Nullstellen der Funktion f mit $f(x) = (x^2 - 1)\sqrt{-2x - 6}$.

Lösung:

Setzen Sie den Radikanden gleich null. Leiten Sie daraus ab, wann $-2x - 6 \geq 0$ gilt. So erhalten Sie den Definitionsbereich.

$-2x - 6 = 0 \Leftrightarrow x = -3$; $-2x - 6 < 0$ für $x < -3$, also ist die Wurzel definiert für $x \leq -3$.
Also ist $D_f =]-\infty; -3]$.

Lösen Sie die Gleichung $f(x) = 0$ mit dem Satz vom Nullprodukt. Prüfen Sie, ob die Lösungen im Definitionsbereich von f liegen.

$(x^2 - 1)\sqrt{-2x - 6} = 0$
Fall 1: $x^2 - 1 = 0$, also $x_1 = -1$, $x_2 = 1$
Fall 2: $\sqrt{-2x - 6} = 0$, also $x_3 = -3$
Nur x_3 liegt im Definitionsbereich. Also ist $x_3 = -3$ die einzige Nullstelle von f.

Beispiel 2

Gegeben ist die Funktion f mit $f(x) = (x^2 - x)\sqrt{x}$.
Bestimmen Sie den Definitionsbereich von f, f′ und f″ sowie die Koordinaten der Extrem- und Wendepunkte von f.

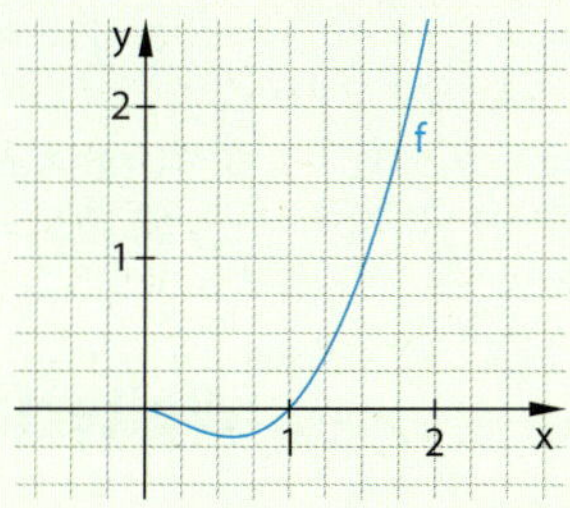

Lösung:

Ableitungen: Leiten Sie die Funktion f mit der Produktregel ab.

$$f'(x) = (2x - 1) \cdot \sqrt{x} + (x^2 - x) \cdot \frac{1}{2\sqrt{x}} = \frac{5x^2 - 3x}{2\sqrt{x}}$$

Bilden Sie dann mit der Quotientenregel die zweite Ableitung f″ und vereinfachen Sie den Term.

$$f''(x) = \frac{(10x - 3) \cdot 2\sqrt{x} - (5x^2 - 3x) \cdot \frac{1}{\sqrt{x}}}{4x} = \frac{15x^2 - 3x}{4x\sqrt{x}}$$

Definitionsbereiche: Schließen Sie die Werte x aus, für die ein Radikand negativ oder ein Nenner 0 werden würde.	f: $\sqrt{x}$ ist definiert für $x \geq 0$, also $D_f = \mathbb{R}_0^+$ f′ und f″: $\sqrt{x}$ ist definiert für $x \geq 0$, der Nenner wird 0 für $x = 0$, also $D_{f'} = D_{f''} = \mathbb{R}^+$
Extrempunkte: Lösen Sie die Gleichung $f'(x) = 0$. Prüfen Sie, ob die Lösungen im Definitionsbereich von f′ liegen.	$f'(x) = 0$ für $5x^2 - 3x = x(5x - 3) = 0$, also $x_1 = 0$, $x_2 = \frac{3}{5}$ Nur x_2 liegt in $D_{f'}$.
Bestimmen Sie die Art des Extrempunktes über das Vorzeichen von f″ und die y-Koordinate durch Einsetzen von x_2 in f(x).	$f''(0{,}6) = 1{,}94 > 0$, also Tiefpunkt $f(0{,}6) \approx -0{,}19$ $\approx T(0{,}6 \mid -0{,}19)$
Wendepunkte: Lösen Sie die Gleichung $f''(x) = 0$. Prüfen Sie, ob die Lösungen im Definitionsbereich von f″ liegen. Prüfen Sie, ob f″ in x_2 einen VZW hat. Schlussfolgern Sie auf den Wendepunkt und bestimmen Sie seine y-Koordinate durch Einsetzen von x_2 in f(x).	$f''(x) = 0$ für $15x^2 - 3x = 3x(5x - 1) = 0$, also $x_1 = 0$, $x_2 = \frac{1}{5}$ Nur x_2 liegt in $D_{f''}$. Der Nenner ist immer > 0, der Zähler wechselt bei x_2 das Vorzeichen. Also liegt in x_2 ein Wendepunkt von f. $f\left(\frac{1}{5}\right) \approx -0{,}07$, also $W(0{,}2 \mid -0{,}07)$

Basisaufgaben

1 Bestimmen Sie den Definitionsbereich und die Nullstellen von f.

a) $f(x) = x \cdot \sqrt{x - 2}$ b) $f(x) = (x - 5) \cdot \sqrt{3 - x}$ c) $f(x) = (x^2 - 4) \cdot \sqrt{3 + x}$

d) $f(x) = \sqrt{(4 - x)(x - 2)}$ e) $f(x) = \sqrt{(x - 2)(3 - x)}$ f) $f(x) = \sqrt{x^2 - 13x + 22}$

2 Bestimmen Sie die erste und zweite Ableitung der Funktion und fassen Sie diese so weit wie möglich zusammen. Geben Sie den Definitionsbereich von f und f′ an.

a) $f(x) = \sqrt{5 - x}$ b) $f(x) = x \cdot \sqrt{9 - x^2}$ c) $f(x) = (x^2 - 1) \cdot \sqrt{6 - x}$

3 Weisen Sie rechnerisch nach, dass die Funktion f mit $f(x) = \sqrt{2 - x}$ weder Extrem- noch Wendestellen hat.

4 Bestimmen Sie die Extrempunkte des Graphen von f.

a) $f(x) = (x - 5) \cdot \sqrt{3 - x}$ b) $f(x) = (x^2 - 4) \cdot \sqrt{x}$ c) $f(x) = x \cdot \sqrt{9 - x^2}$

5 Untersuchen Sie den Graphen von f auf Extrem- und Wendepunkte.

a) $f(x) = x \cdot \sqrt{x - 4}$ b) $f(x) = (x^3 - 16x) \cdot \sqrt{x}$ c) $f(x) = x \cdot \sqrt{16 - x^2}$

Weiterführende Aufgaben

6 Gegeben ist die Funktion f mit $f(x) = 2x \cdot \sqrt{1 - x^2}$.

a) Bestimmen Sie den Definitionsbereich und die Nullstellen von f.

b) Untersuchen Sie den Graphen von f auf Symmetrie, Extrem- und Wendepunkte.

c) Skizzieren Sie den Graphen von f.

7 **Stolperstelle:** Svetlana untersucht die Funktion f mit $f(x) = \frac{x - 4}{\sqrt{x^2 - 4x + 4}}$ auf Extrema:

$f'(x) = \frac{2x - 4}{(x^2 - 4x + 4)\sqrt{x^2 - 4x + 4}}$, $2x - 4 = 0$ für $x = 2$, also Extremum bei $x = 2$.

Nehmen Sie Stellung.

8 Gegeben ist die Funktion f mit $f(x) = x \cdot \sqrt{1-x}$.
a) Bestimmen Sie den Definitionsbereich sowie die Nullstellen von f.
b) Berechnen Sie die Koordinaten des Hochpunktes des Graphen von f.
c) Untersuchen Sie das Verhalten der Funktionswerte von f an den Rändern des Definitionsbereichs.
d) Skizzieren Sie den Graphen von f.

9 Gegeben sei eine Funktion f mit $f(x) = u(v(x))$, wobei $u'(x) \neq 0$ für alle $x \in D_f$.
a) Zeigen Sie, dass f an der Stelle x_0 einen Extremwert hat, wenn $v'(x_0) = 0$ und $v''(x_0) \neq 0$ gilt.
b) Zeigen Sie, dass die Funktion f mit $f(x) = \sqrt{x^2 + 2x + 3}$ die obige Bedingung erfüllt, und bestimmen Sie mithilfe von a) den Extremwert von f.

10 Gegeben ist die Funktion f mit $f(x) = \sqrt{x+4} + \sqrt{4-x}$.
a) Untersuchen Sie den Graphen von f auf Symmetrie, Monotonie und Extrempunkte.
b) Geben Sie den Wertebereich von f an.
c) Untersuchen Sie das Verhalten von f′ für $x \to 4$ und für $x \to -4$.
d) Skizzieren Sie den Graphen von f.

11 Gegeben ist die Funktionenschar $f_{a;b}$ mit $f_{a;b}(x) = \sqrt{(x-a)(b-x)}$ mit $a \geq 0$ und $b > a$.
a) Begründen Sie, dass die Graphen von $f_{a;b}$ genau einen Hochpunkt haben, und geben Sie seine Koordinaten an.
b) Plotten Sie Graphen der Funktionenschar mit einer Mathematik-Software und beschreiben Sie die Graphen in Abhängigkeit von a und b.

12 Gegeben ist die Funktionenschar f_a mit $f_a(x) = \frac{1}{10}\sqrt{x}\left(\sqrt{x} - a\right)$ mit $a \geq 0$.
a) Bestimmen Sie jeweils den maximalen Definitionsbereich von f_a und f'_a.
b) Geben Sie $\lim\limits_{x \to 0} f'_a(x)$ an. Treffen Sie damit eine Aussage über den Graphen von f_a.

Erinnerung

Für den Abstand zwischen zwei Punkten $P(x_1|y_1)$ und $Q(x_2|y_2)$ gilt:
$d = \sqrt{(x_2 - x_1)^2 + (y_2 - y_1)^2}$

13 Die Abbildung zeigt den Graphen der Funktion f mit $f(x) = -x^2 + 4$.
Berechnen Sie den kürzesten Abstand des Punktes A(5|3) zum Graphen von f.
Stellen Sie zunächst einen Term für eine Funktion auf, die den Abstand zwischen A und einem beliebigen Punkt des Graphen angibt.

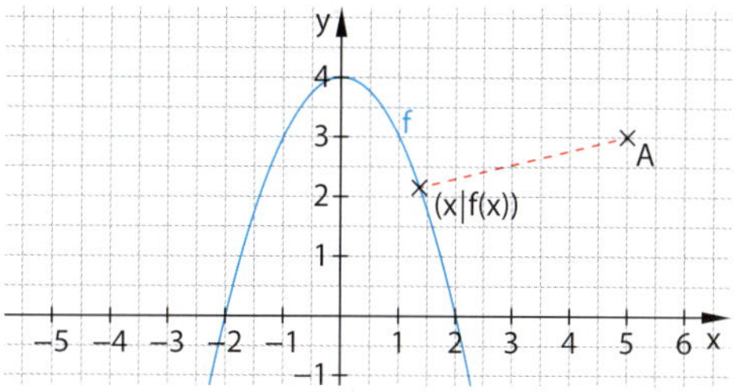

14 **Verknüpfungen von Wurzelfunktionen mit weiteren Funktionstypen:**
Geben Sie den Definitionsbereich der Funktion f an. Untersuchen Sie f auf Nullstellen, Extrem- und Wendepunkte. Ermitteln Sie das Verhalten der Funktionswerte an den Rändern des Definitionsbereichs und skizzieren Sie den Verlauf des Graphen.
a) $f(x) = \sqrt{x} \cdot e^{-x}$
b) $f(x) = x \cdot e^{-\sqrt{x}}$
c) $f(x) = \frac{e^x}{\sqrt{x}}$
d) $f(x) = \sqrt{2-x} \cdot e^{-x}$
e) $f(x) = \frac{1}{\sqrt{x^2 - 9}}$
f) $f(x) = \frac{\sqrt{x^2 - 4x + 4}}{\sqrt{x^2 - 4}}$

15 Bestimmen Sie die erste und zweite Ableitung der Funktion f mit $f(x) = \sqrt{\sqrt{2 - 3x}}$. Zeigen Sie, dass der Graph von f weder Extrem- noch Wendepunkte hat.

16 **Ausblick:** Untersuchen Sie die Funktion f mit $f(x) = (\sin(x))^{\frac{2}{3}}$ auf Monotonie, Symmetrie, Extrem- und Wendepunkte. Skizzieren Sie den Graphen und überprüfen Sie Ihr Ergebnis mit einer Mathematik-Software.

8.10 Gebrochen-rationale Funktionen

Die Abbildung zeigt den Graphen der Funktion f mit $f(x) = \frac{x+1}{x-1}$.

a) Geben Sie den Definitionsbereich von f an.

b) Untersuchen Sie mithilfe von geeigneten Näherungstabellen das Verhalten der Funktionswerte von f an den Rändern des Definitionsbereichs. Überprüfen Sie Ihre Ergebnisse anhand des abgebildeten Graphen von f.

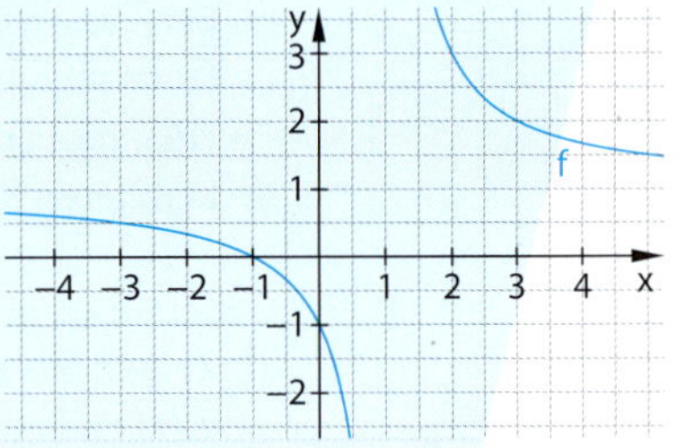

Es ist bereits bekannt, dass sich bei der Addition/Subtraktion sowie Multiplikation von ganzrationalen Funktionen wieder eine ganzrationale Funktion ergibt.

Dividiert man allerdings zwei ganzrationale Funktionsterme, so kann das Ergebnis sowohl ein ganzrationaler als auch ein nicht ganzrationaler Term sein.

$\frac{x^2-4}{x+2} = \frac{(x-2)(x+2)}{x+2} = x - 2$ ganzrational

$\frac{x^2-4}{x} = \frac{x^2}{x} - \frac{4}{x} = x - \frac{4}{x}$ nicht ganzrational

Info

Eine Funktion, bei der Zähler und Nenner höchstens den Grad 2 haben und deren Term vollständig gekürzt ist, heißt **einfache gebrochen-rationale Funktion**.

Definition **Gebrochen-rationale Funktionen**

Sind p und q ganzrationale Funktionen und hat q mindestens den Grad 1, so nennt man die Funktion f mit $f(x) = \frac{p(x)}{q(x)}$ eine **gebrochen-rationale Funktion**.

Die Funktion f ist an den Nullstellen ihres Nenners q nicht definiert, diese heißen **Definitionslücken** von f. Die Nullstellen des Zählers p einer einfachen gebrochen-rationalen Funktion f sind die **Nullstellen** der Funktion f.

Bei der Untersuchung der Definitionsmenge einer Funktion ist im Folgenden stets die maximale Definitionsmenge gemeint, soweit nicht anders angegeben.

Beispiel 1 Bestimmen Sie die Definitionsmenge und die Nullstellen der Funktion f.

a) $f(x) = \frac{(x-1)(2x+3)}{(x+1)(x-4)}$

b) $f(x) = \frac{x^2-16}{x^2+5x}$

Lösung:

a) **Definitionsmenge:** Setzen Sie den Nenner gleich null. Die Nullstellen des Nenners sind die Definitionslücken von f.

Definitionsmenge: $(x+1)(x-4) = 0$
Lösungen: $x_1 = -1$, $x_2 = 4$, also
$D = \mathbb{R}\setminus\{-1; 4\}$

Nullstellen: Setzen Sie den Zähler gleich null. Die Nullstellen des Zählers sind die Nullstellen von f, da f einfach gebrochen-rational ist.

Nullstellen: $(x-1)(2x+3) = 0$
Lösungen: $x_1 = 1$, $x_2 = -1{,}5$
$x_1 \in D$ und $x_2 \in D$, also sind $x_1 = 1$ und $x_2 = -1{,}5$ die Nullstellen der Funktion.

b) **Definitionsmenge:** Lösen Sie die Gleichung durch Faktorisieren.

Definitionsmenge: $x^2 + 5x = x(x+5) = 0$
Lösungen: $x_1 = 0$, $x_2 = -5$, also
$D = \mathbb{R}\setminus\{-5; 0\}$

Nullstellen: Faktorisieren Sie den Zähler mithilfe der 3. binomischen Formel. Die Nullstellen des Zählers sind die Nullstellen der einfachen gebrochen-rationalen Funktion f.

Nullstellen: $x^2 - 16 = (x-4)(x+4) = 0$
Lösungen: $x_1 = 4$, $x_2 = -4$
Nullstellen von f: $x = 4$ und $x = -4$

Basisaufgaben

1 Geben Sie die Definitionsmenge und die Nullstellen der Funktion f an.
a) $f(x) = \frac{x-1}{x+1}$ b) $f(x) = \frac{3x+5}{2x-1}$ c) $f(x) = \frac{x-2}{(x-1)(x+2)}$
d) $f(x) = \frac{(x+3)(x-2)}{x(x+4)}$ e) $f(x) = \frac{2x+5}{(x-2)(7-x)}$ f) $f(x) = \frac{(2x-2)(2x+1)}{(3x-4)(4x-3)}$
g) $f(x) = \frac{x(0{,}5x+0{,}4)}{0{,}2x-1}$ h) $f(x) = \frac{(6x-3)(2x+5)}{(2x-4)(4x-10)}$ i) $f(x) = \frac{(x+3)(x-1)}{(6-3x)(4x-8)}$

2 Den Funktionsterm einer elementaren gebrochen-rationalen Funktion $x \mapsto \frac{a}{x-b} + x$ kann man auch in der Form $\frac{cx+d}{x-b}$ schreiben. Diskutieren Sie die Vor- und Nachteile der jeweiligen Darstellungsform. Gehen Sie auf die Bestimmung der Nullstellen und Asymptoten ein.

3 Bestimmen Sie die Definitionsmenge und die Nullstellen der Funktion f, sofern vorhanden.
a) $f(x) = \frac{x^2-x}{2x+3}$ b) $f(x) = \frac{x-2}{x^2+1}$ c) $f(x) = \frac{x^2+4x+4}{x-2}$
d) $f(x) = \frac{x^2-25}{x+3}$ e) $f(x) = \frac{2x^2-3x+7}{x^2-2x+1}$ f) $f(x) = \frac{9x^2-6x+9}{6x+2x^2}$
g) $f(x) = \frac{2x^2-8x}{3x+12}$ h) $f(x) = \frac{7x^2+9}{2x^2-4x+3}$ i) $f(x) = \frac{2x^2-1}{4x-6x^2-3}$

4 Geben Sie einen Term einer gebrochen-rationalen Funktion mit der gegebenen Definitionsmenge und genau den gegebenen Nullstellen an.
a) $D = \mathbb{R}\setminus\{-1\}; x = 3$ b) $D = \mathbb{R}\setminus\{2; 4\}; x = 0{,}5$
c) $D = \mathbb{R}\setminus\{-2\}; x_1 = 1; x_2 = 6$ d) $D = \mathbb{R}\setminus\{-1; 0\}; x = 10$
e) $D = \mathbb{R}; x_1 = 4; x_2 = -4$ f) $D = \mathbb{R}\setminus\{1; 3\}; x_1 = 0; x_2 = 2{,}5$

Polstellen und senkrechte Asymptoten

Die Graphen echt gebrochen-rationaler Funktionen sind häufig durch asymptotisches Verhalten gekennzeichnet.

Die Funktiozn f mit $f(x) = \frac{x+2}{(x-1)(x+2)}$ hat die Definitionslücken 1 und −2. Das Verhalten der Funktionswerte in der Umgebung der Definitionslücken unterscheidet sich jedoch stark.

An der Stelle 1 hat der Graph von f eine senkrechte Asymptote, die den Graphen in zwei Äste unterteilt. An der Stelle −2 hingegen scheint nur ein Punkt des Graphen zu fehlen.

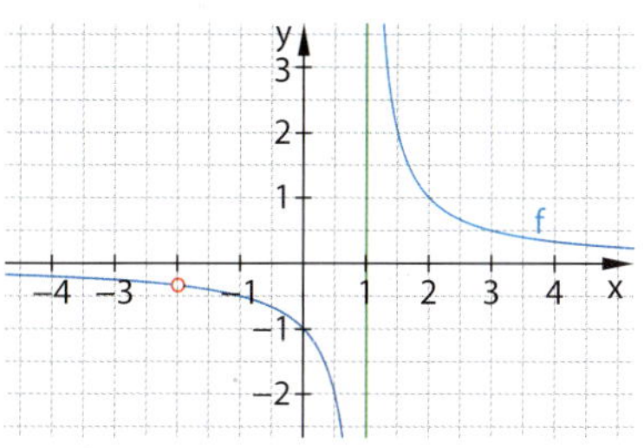

Definition **Polstelle**

Sei x_0 eine Definitionslücke einer gebrochen-rationalen Funktion f.
Streben die Funktionswerte f(x) für x gegen x_0 sowohl linksseitig als auch rechtsseitig gegen ±∞, also $\lim\limits_{\substack{x\to x_0\\x<x_0}} f(x) = \pm\infty$ und $\lim\limits_{\substack{x\to x_0\\x>x_0}} f(x) = \pm\infty$, so nennt man x_0 eine **Polstelle** von f.

Der Graph hat in diesem Fall eine **senkrechte Asymptote** mit der Gleichung $x = x_0$.

Polstelle mit Vorzeichenwechsel: links- und rechtsseitiger Grenzwert sind verschieden:
$\lim\limits_{\substack{x\to x_0\\x<x_0}} f(x) = -\infty$; $\lim\limits_{\substack{x\to x_0\\x>x_0}} f(x) = \infty$ oder $\lim\limits_{\substack{x\to x_0\\x<x_0}} f(x) = \infty$; $\lim\limits_{\substack{x\to x_0\\x>x_0}} f(x) = -\infty$

Polstelle ohne Vorzeichenwechsel: links- und rechtsseitiger Grenzwert sind gleich:
$\lim\limits_{\substack{x\to x_0\\x<x_0}} f(x) = \lim\limits_{\substack{x\to x_0\\x>x_0}} f(x) = \infty$ oder $\lim\limits_{\substack{x\to x_0\\x<x_0}} f(x) = \lim\limits_{\substack{x\to x_0\\x>x_0}} f(x) = -\infty$

Jede Nullstelle des Nenners einer einfachen gebrochen-rationalen Funktion ist eine Polstelle.

Beispiel 2 Geben Sie die Definitionsmenge an und untersuchen Sie f auf Polstellen. Bestimmen Sie das Verhalten der Funktionswerte in der Nähe der Polstellen. Geben Sie die links- und rechtsseitigen Grenzwerte sowie Gleichungen der senkrechten Asymptoten an.

a) $f(x) = \frac{x-1}{x^2-6x+9}$ b) $f(x) = \frac{(x+5)(x-5)}{x^2+6x+8}$

Lösung:

a) Bestimmen Sie die Nennernullstellen mithilfe der 2. binomischen Formel.

$x^2 - 6x + 9 = (x-3)^2 = 0$
Lösung: $x = 3$
Also ist $D = \mathbb{R}\setminus\{3\}$.

Setzen Sie die Definitionslücke in den Zähler ein. Untersuchen Sie das Vorzeichen des Funktionsterms links und rechts der Polstelle.

$3 - 1 = 2 \neq 0$, also Polstelle bei $x = 3$
Der Nenner $(x-3)^2$ ist auf ganz D positiv. Der Zähler $x - 1$ ist für $x > 1$ ebenfalls immer positiv. Also ist auch der Funktionsterm für $x > 1$ stets positiv.

Geben Sie damit die Grenzwerte und die Art der Polstelle an.

Es gilt $\lim\limits_{\substack{x \to 3 \\ x < 3}} f(x) = +\infty$ und $\lim\limits_{\substack{x \to 3 \\ x > 3}} f(x) = +\infty$,
3 ist also eine Polstelle ohne VZW.

Notieren Sie eine Gleichung der Asymptote.

Asymptote: $x = 3$

b) Ermitteln Sie die Nennernullstellen mit der Lösungsformel für quadratische Gleichungen.

$x^2 + 6x + 8 = 0$
Lösungen: $x_{1/2} = \frac{-6 \pm \sqrt{6^2 - 4 \cdot 1 \cdot 8}}{2 \cdot 1}$
$x_1 = -2$, $x_2 = -4$; also ist $D = \mathbb{R}\setminus\{-4; -2\}$.

Schreiben Sie den Nenner in faktorisierter Form und geben Sie die beiden Polstellen an.
Bestimmen Sie das Verhalten links und rechts der Polstellen.

$f(x) = \frac{(x+5)(x-5)}{(x+2)(x+4)}$
Die Polstellen sind $x = -2$ und $x = -4$. Der Zähler ist für $-5 < x < 5$ negativ. Der Nenner ist für $x < -4$ und $x > -2$ positiv, da in diesen Fällen beide Faktoren das gleiche Vorzeichen haben. Für $-4 < x < -2$ ist der Nenner negativ. Also ist der Wert des Funktionsterms für $-5 < x < -4$ und $-2 < x < 5$ negativ und für $-4 < x < -2$ positiv. Damit findet an beiden Polstellen ein VZW statt.
$\lim\limits_{\substack{x \to -4 \\ x < -4}} f(x) = -\infty$ und $\lim\limits_{\substack{x \to -4 \\ x > -4}} f(x) = +\infty$,
$\lim\limits_{\substack{x \to -2 \\ x < -2}} f(x) = +\infty$ und $\lim\limits_{\substack{x \to -2 \\ x > -2}} f(x) = -\infty$,

Geben Sie Gleichungen der Asymptoten an.

Asymptoten: $x = -4$ und $x = -2$

Basisaufgaben

5 Geben Sie den Definitionsbereich der Funktion f an. Untersuchen Sie die Funktion f auf Polstellen. Geben Sie die links- und rechtsseitigen Grenzwerte sowie Gleichungen der senkrechten Asymptoten an, falls vorhanden.

a) $f(x) = \frac{x-1}{2x-1}$ b) $f(x) = \frac{x+2}{(x-1)^2}$ c) $f(x) = \frac{x+3}{(x-1)(x+2)}$

d) $f(x) = \frac{x+1}{x^2+1}$ e) $f(x) = \frac{x+4}{x^2-1}$ f) $f(x) = \frac{x+1}{1+(x+1)^2}$

6 Entscheiden Sie, ob die angegebenen Stellen Polstellen der Funktion f sind oder nicht.

a) $f(x) = \frac{x+3}{(2x-4)(x+1)}$; $a = -1$, $b = -2$ b) $f(x) = \frac{2x+12}{(x+5)(x-2)}$; $a = 5$, $b = 2$

c) $f(x) = \frac{x-2}{3x^2+9x+6}$; $a = -1$, $b = -2$ d) $f(x) = \frac{x^2+x-2}{(x^2-x+1)(x+4)}$; $a = 1$, $b = -4$

7 a) Zeichen Sie die Graphen der Funktionen $x \mapsto \frac{1}{x}$ und $x \mapsto \frac{1}{x^2}$ mit einem Funktionenplotter. Beschreiben Sie die Polstellen.

b) Zeichnen Sie die Graphen der Funktionen $x \mapsto \frac{1}{x-a}$, $a \in \mathbb{R}$, und $x \mapsto \frac{1}{(x-a)^2}$, $a \in \mathbb{R}$, mit einem Funktionenplotter. Verwenden Sie Schieberegler für a und beschreiben Sie den Einfluss von a auf die Gestalt des Graphen.

c) Wiederholen Sie a) für $x \mapsto \frac{x^2}{x}$ und $x \mapsto \frac{x}{x^2}$.

d) Wiederholen Sie b) für $x \mapsto \frac{x^2}{x-a}$, $a \in \mathbb{R}$, und $x \mapsto \frac{1}{(x-a)^2}$, $a \in \mathbb{R}$.

Waagerechte Asymptoten

Erinnerung

$\lim\limits_{x\to\pm\infty} \frac{a}{x} = 0$

$\lim\limits_{x\to\pm\infty} \frac{a}{x^2} = 0$

$\lim\limits_{x\to\pm\infty} \frac{a}{x+b} = 0$

Der Graph der elementaren gebrochen-rationalen Funktion f mit $f(x) = \frac{1}{x} + 3$ hat die waagerechte Asymptote $y = 3$, denn es gilt $\lim\limits_{x\to+\infty} \left(\frac{1}{x} + 3\right) = 3$ und $\lim\limits_{x\to-\infty} \left(\frac{1}{x} + 3\right) = 3$, da der Nenner des ersten Summanden für $x \to \pm\infty$ gegen $\pm\infty$ geht und somit der Bruch gegen null.

Der Funktionsterm von f lässt sich auch als Bruch schreiben: $\frac{1}{x} + 3 = \frac{1}{x} + \frac{3x}{x} = \frac{1+3x}{x}$. In dieser Darstellung streben für $x \to \pm\infty$ sowohl Zähler als auch Nenner gegen unendlich.

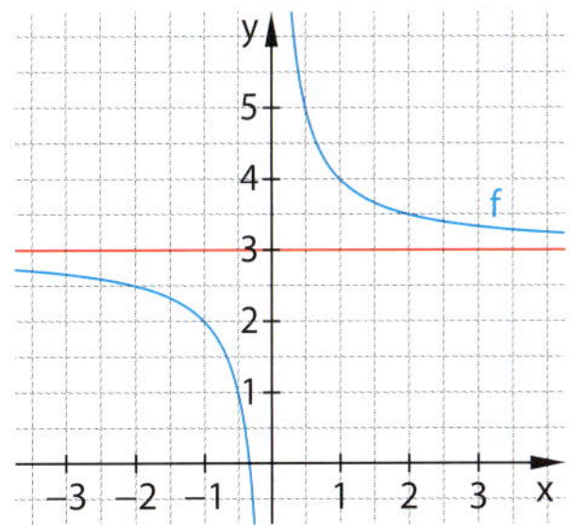

Das bedeutet umgekehrt aber nicht, dass gebrochen-rationale Funktionen, in denen Zähler und Nenner gegen unendlich streben, immer eine waagerechte Asymptote haben. Bei der Funktion g mit $g(x) = \frac{3x^2-5}{x}$ gehen Zähler und Nenner für $x \to \infty$ gegen unendlich, aber es gilt

$$\lim_{x\to\infty} \frac{3x^2-5}{x} = \lim_{x\to\infty} \left(\underbrace{3x}_{\to\infty} - \underbrace{\frac{5}{x}}_{\to 0}\right) = \infty$$

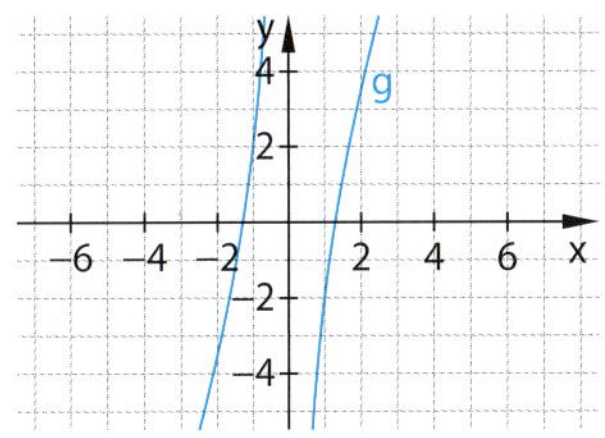

Bei f haben Zähler und Nenner den gleichen Grad, bei g ist der Zählergrad größer als der Nennergrad. Hat der Zähler einer Funktion einen kleineren Grad als der Nenner, so ist die x-Achse eine waagerechte Asymptote. Damit gibt es insgesamt drei Fälle für das Vorliegen waagerechter Asymptoten:

Wissen

Für eine gebrochen-rationale Funktion f gilt:

Zählergrad < Nennergrad
$\lim\limits_{x\to\pm\infty} f(x) = 0$
Der Graph hat die x-Achse als waagerechte Asymptote.

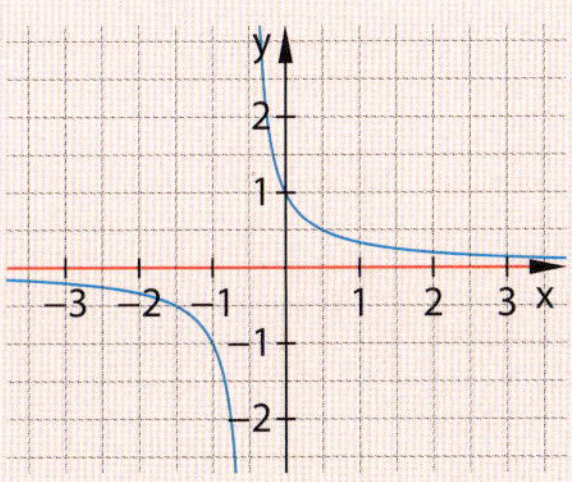

Zählergrad = Nennergrad
$\lim\limits_{x\to\pm\infty} f(x) = a,\ a \neq 0$
Der Graph hat die Gerade $y = a$ als waagerechte Asymptote.

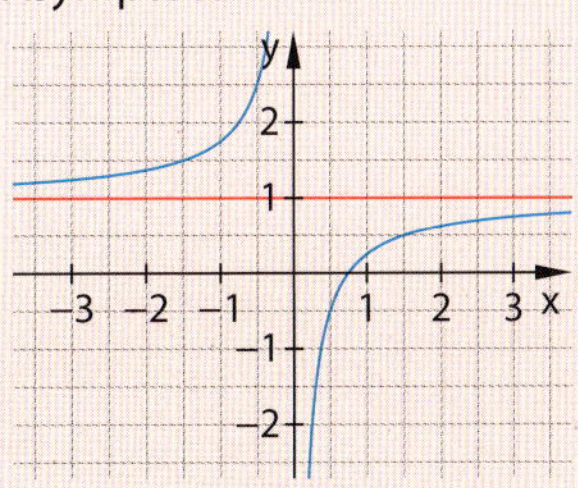

Zählergrad > Nennergrad
$\lim\limits_{x\to\pm\infty} f(x) = \pm\infty$
Der Graph hat keine waagerechte Asymptote.

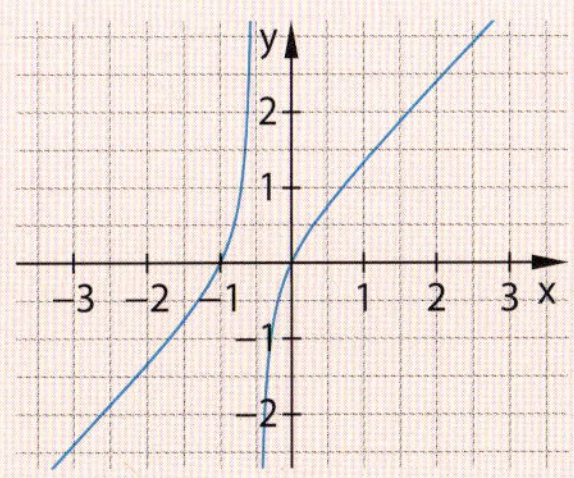

Hinweis

Für die weitere Charakterisierung des Falls „Zählergrad > Nennergrad" siehe Aufgabe 5.

Eine Gleichung der Asymptote bestimmt man, indem man mit der höchsten Potenz von x, die im Nenner auftaucht, kürzt. Dann wird der Grenzwert für $x \to \infty$ bzw. für $x \to -\infty$ gebildet.

Beispiel 3 Untersuchen Sie das Verhalten des Graphen der Funktion im Unendlichen und geben Sie ggf. eine Gleichung der waagerechten Asymptote an.

a) $f(x) = \frac{2x+3}{x^2-1}$ b) $f(x) = \frac{(4x+1)(x-3)}{(2x-1)(x+5)}$ c) $f(x) = \frac{3x^2+2x}{x+1}$

Lösung:

a) Vergleichen Sie Zählergrad (ZG) und Nennergrad (NG).
Da der Nennergrad größer ist als der Zählergrad, ist die x-Achse die waagerechte Asymptote.

ZG = 1, NG = 2; ZG < NG
Die x-Achse ist waagerechte Asymptote.

$$\lim_{x\to\pm\infty} \frac{2x+3}{x^2-1} = 0$$

Asymptote: $y = 0$

b) Vergleichen Sie Zählergrad und Nennergrad.
Multiplizieren Sie die Funktionsterme aus. Die höchste Nennerpotenz ist x^2.
Dividieren Sie also alle Summanden in Zähler und Nenner durch x^2. Bilden Sie den Grenzwert und geben Sie eine Gleichung der waagerechten Asymptote an.

ZG = 2, NG = 2; ZG = NG
Es gibt eine waagerechte Asymptote.

$$\lim_{x\to\pm\infty} \frac{(4x+1)(x-3)}{(2x-1)(x+5)} = \lim_{x\to\pm\infty} \frac{4x^2-11x-3}{2x^2+9x-5}$$

$$= \lim_{x\to\pm\infty} \frac{4-\overbrace{\frac{11}{x}-\frac{3}{x^2}}^{\to 0}}{2+\underbrace{\frac{9}{x}-\frac{5}{x^2}}_{\to 0}} = \frac{4}{2} = 2$$

Asymptote: $y = 2$

c) Vergleichen Sie Zählergrad und Nennergrad.
Die höchste Nennerpotenz ist x.
Dividieren Sie also alle Summanden in Zähler und Nenner durch x.
Bilden Sie den Grenzwert.

ZG = 2, NG = 1; ZG > NG
Es gibt keine waagerechte Asymptote.

$$\lim_{x\to\infty} \frac{3x^2+2x}{x+1} = \lim_{x\to\infty} \frac{\overbrace{3x+2}^{\to\infty}}{1+\underbrace{\frac{1}{x}}_{\to 0}} = \infty \text{ und}$$

$$\lim_{x\to-\infty} \frac{3x^2+2x}{x+1} = \lim_{x\to-\infty} \frac{\overbrace{3x+2}^{\to-\infty}}{1+\underbrace{\frac{1}{x}}_{\to 0}} = -\infty$$

Basisaufgaben

8 Untersuchen Sie das Verhalten des Graphen der Funktion im Unendlichen und geben Sie ggf. eine Gleichung der waagerechten Asymptote an.

a) $f(x) = \frac{3}{x^2}$ b) $f(x) = \frac{-2x+1}{x^2}$ c) $f(x) = \frac{3x+5}{2x-1}$ d) $f(x) = \frac{3x^2}{4x+3}$

e) $f(x) = \frac{-5}{2x^2-1}$ f) $f(x) = \frac{5x^2+2x-5}{2x^2-1}$ g) $f(x) = \frac{-2x^2+4x}{2x+3}$ h) $f(x) = \frac{(x-1)^2}{x^2+1}$

9 Ordnen Sie den Graphen jeweils einen passenden Term zu. Begründen Sie Ihre Wahl mithilfe des Verhaltens im Unendlichen.

① $f(x) = \frac{-3}{3x-2}$ ② $f(x) = \frac{-3x^2-4}{2x^2-2}$ ③ $f(x) = \frac{-x^2-x+13}{2x+4}$ ④ $f(x) = \frac{2x^2+7}{2+x^2}$

A
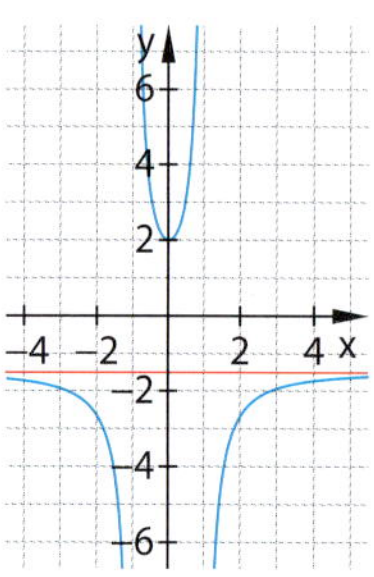

B
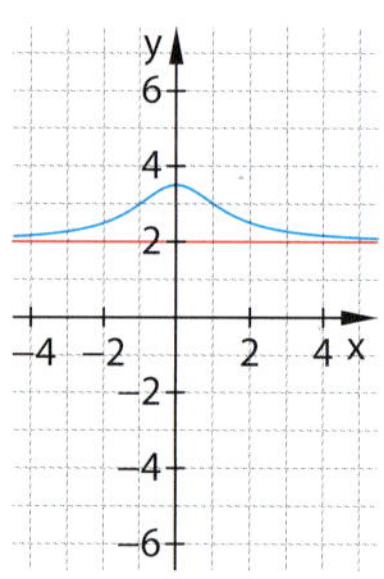

C
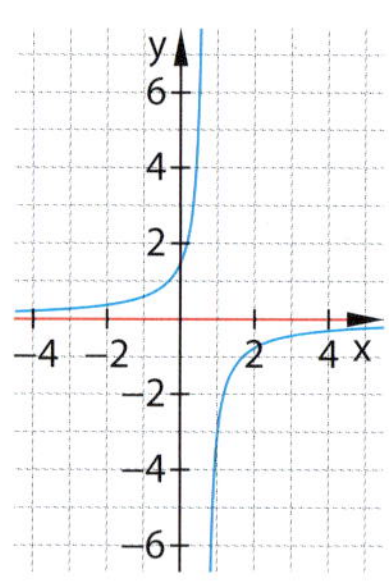

D
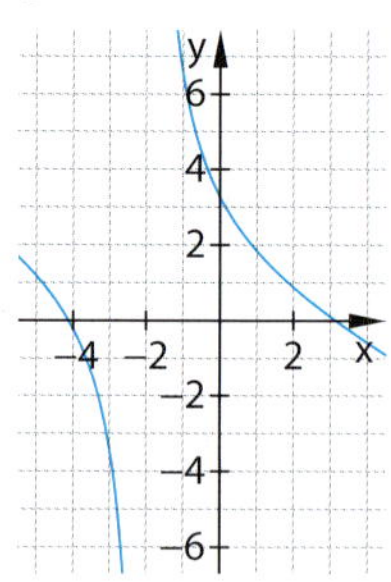

10 Geben Sie die Polstellen und die Gleichungen der waagerechten Asymptoten an.

a) $f(x) = \frac{2}{x-4}$ b) $f(x) = \frac{3x-2}{x+1}$ c) $f(x) = \frac{x+1}{(x-2)(x-1)}$

d) $f(x) = \frac{x+3}{x^2-5x+6}$ e) $f(x) = \frac{3x^2-4x}{5-2x^2}$ f) $f(x) = \frac{(2x-1)(2x+1)}{0{,}7x+0{,}1x^2}$

11 Geben Sie zu den gegebenen Asymptoten zwei passende Funktionsterme an. Überprüfen Sie Ihre Angabe mit einem Funktionenplotter.

a) $x = 4, y = 0$ b) $x = 7, y = -4$ c) $x = -5, x = 1, y = 0$ d) $x = -3, x = 3, y = 3$

12 Wenn der Zählergrad einer gebrochen-rationalen Funktion größer als der Nennergrad ist, können 4 Fälle auftreten. Nennen Sie diese Fälle und finden Sie mithilfe einer Software je ein Beispiel für jeden dieser Fälle.

Schräge Asymptoten

Der Graph von f mit $f(x) = \frac{0{,}5x^3+x^2+2}{x^2}$ scheint sich für $x \to \pm\infty$ der Geraden $y = 0{,}5x + 1$ anzunähern. Eine Umformung des Terms in die Summenform bestätigt dies:

$\frac{0{,}5x^3+x^2+2}{x^2} = \frac{0{,}5x^3}{x^2} + \frac{x^2}{x^2} + \frac{2}{x^2} = 0{,}5x + 1 + \frac{2}{x^2}$

Für $x \to \pm\infty$ geht der Summand $\frac{2}{x^2}$ gegen null, der Funktionswert unterscheidet sich für betragsmäßig große Werte von x also immer weniger vom Wert von $0{,}5x + 1$.

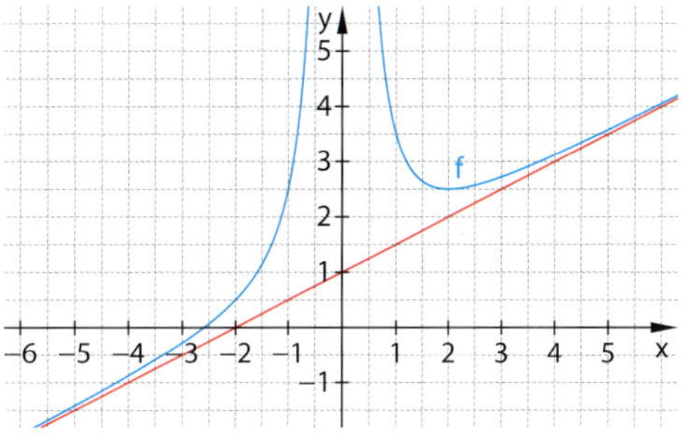

Satz

Ist bei einer gebrochen-rationalen Funktion f mit $f(x) = \frac{p(x)}{q(x)}$ der **Grad des Zählers p um 1 größer als der Grad des Nenners q**, so nähert sich der Graph von f für $x \to \pm\infty$ einer **schrägen Asymptote** mit der Gleichung $y = mx + t\ (m \neq 0)$ an.

Beispiel 4 Bestimmen Sie eine Gleichung der schrägen Asymptote des Graphen von f.

a) $f(x) = 2x + 3 + \frac{1}{x^2-1}$ b) $f(x) = \frac{3x^2+5x+3}{2x}$

Lösung:

a) Für sehr große oder sehr kleine x geht der Bruch im Funktionsterm gegen null. Bestimmen Sie damit den Grenzwert und daraus die Gleichung der Asymptote.

$\frac{1}{x^2-1} \to 0$ für $x \to \pm\infty$

$\lim\limits_{x\to\pm\infty}\left(2x + 3 + \frac{1}{x^2-1}\right) = \lim\limits_{x\to\pm\infty}(2x+3)$

$y = 2x + 3$

b) Formen Sie den Funktionsterm in die Summenform um. Lesen Sie die Gleichung der Asymptote ab.

$\frac{3x^2+5x+3}{2x} = \frac{3x^2}{2x} + \frac{5x}{2x} + \frac{3}{2x}$

$= 1{,}5x + 2{,}5 + \frac{3}{2x}$

$y = 1{,}5x + 2{,}5$

Basisaufgaben

13 Bestimmen Sie eine Gleichung der schrägen Asymptote des Graphen der Funktion f.

a) $f(x) = x + \frac{1}{x}$ b) $f(x) = \frac{2}{x-1} + 2x$ c) $f(x) = 3x + \frac{2}{x^2-3} + 1$

14 Entscheiden Sie anhand des Funktionsterms, ob der Graph der Funktion eine schräge Asymptote hat. Falls ja, bestimmen Sie eine Gleichung der schrägen Asymptote.

a) $f(x) = \frac{x^2+2}{x^2}$ b) $f(x) = \frac{x^2+2}{x}$ c) $f(x) = \frac{x+2}{x^2}$ d) $f(x) = \frac{4x^2+2}{x}$

Lösungen zu 6

$y = 2x$ $y = x$

$y = 3x + 1$

$y = 3x$

15 Geben Sie die Definitionsmenge der Funktion f an und bestimmen Sie eine Gleichung der schrägen Asymptote des Graphen von f.

a) $f(x) = \frac{3x^2+1}{x}$ b) $f(x) = \frac{-7x^2+6x-13}{3x}$ c) $f(x) = \frac{-2(x+2)(x+3)}{x}$

d) $f(x) = \frac{x^2+5x+3}{2x}$ e) $f(x) = \frac{(x^2-4)+5}{x}$ f) $f(x) = \frac{x^2+2x+3}{x}$

16 Arbeiten Sie zu zweit. Stellen Sie den Term einer Funktion mit den gegebenen Asymptoten auf. Überprüfen Sie gegenseitig Ihre Wahl mit einem Funktionenplotter.

a) $x = 4, y = x$ b) $x = 7, y = 2x - 3$

c) $x = 0, y = -5x + 1$ d) $x = -5, y = -2x$

Gebrochen-rationale Funktionen mit der Ableitung untersuchen

Wie ganzrationale Funktionen kann man auch gebrochen-rationale Funktionen mithilfe ihrer Ableitungen auf Eigenschaften wie Monotonie und Krümmung sowie auf Extrem- und Wendepunkte untersuchen.

Beispiel 5 Untersuchen Sie das Monotonie- und Krümmungsverhalten des Graphen der Funktion f mit $f(x) = \frac{3}{x^2+1}$. Bestimmen Sie dabei die Koordinaten der Extrempunkte und der Wendepunkte des Graphen von f.

Lösung:

Bestimmen Sie den Definitionsbereich und die erste und zweite Ableitung von f. Berechnen Sie die Nullstelle von f′.	$D = \mathbb{R}$ $f'(x) = -\frac{6x}{(x^2+1)^2}$; $f''(x) = \frac{18x^2-6}{(x^2+1)^3}$ $f'(x) = 0$ für $6x = 0$, also Nullstelle $x = 0$
Bestimmen Sie das Vorzeichen von f′ rechts und links der Nullstelle. Folgern Sie auf das Monotonieverhalten und die Art des Extrempunktes. Berechnen Sie dessen Koordinaten.	$f'(x) > 0$ für $x < 0$; $f'(x) < 0$ für $x > 0$ f ist für $x \leq 0$ streng monoton steigend und für $x \geq 0$ streng monoton fallend. $f(0) = 3$; Hochpunkt: $H(0\mid 3)$
Berechnen Sie die Nullstellen von f″.	$f''(x) = 0$ für $18x^2 - 6 = 0$, also Nullstellen $x_1 = -\frac{1}{\sqrt{3}}$ und $x_2 = \frac{1}{\sqrt{3}}$
Bestimmen Sie das Vorzeichen von f″ rechts und links der Nullstellen.	$f''(x) > 0$ für $x < -\frac{1}{\sqrt{3}}$ und für $x > \frac{1}{\sqrt{3}}$ $f''(x) < 0$ für $-\frac{1}{\sqrt{3}} < x < \frac{1}{\sqrt{3}}$
Folgern Sie auf das Krümmungsverhalten des Graphen von f.	Der Graph von f ist für $x \leq -\frac{1}{\sqrt{3}}$ und für $x \geq \frac{1}{\sqrt{3}}$ linksgekrümmt und für $-\frac{1}{\sqrt{3}} \leq x \leq \frac{1}{\sqrt{3}}$ rechtsgekrümmt.
Berechnen Sie die Koordinaten der Wendepunkte.	$f\left(-\frac{1}{\sqrt{3}}\right) = \frac{9}{4}$; $f\left(\frac{1}{\sqrt{3}}\right) = \frac{9}{4}$ Wendepunkte: $W_1\left(-\frac{1}{\sqrt{3}}\middle|\frac{9}{4}\right)$; $W_2\left(\frac{1}{\sqrt{3}}\middle|\frac{9}{4}\right)$

Basisaufgaben

17 Untersuchen Sie das Monotonieverhalten der Funktion f mithilfe ihrer Ableitung.

a) $f(x) = \frac{1}{x+1}$ b) $f(x) = \frac{-3}{x-2}$ c) $f(x) = \frac{4}{2x-6}$ d) $f(x) = \frac{x}{x-1}$

18 Untersuchen Sie die Funktion mit einer geeigneten Software auf Extrempunkte.
a) $f(x) = \frac{-x}{2x^2+1}$ b) $f(x) = \frac{3x}{2x^2+5}$ c) $f(x) = \frac{1}{x-3}$ d) $f(x) = \frac{3x}{5x^2+1}$

19 Bestimmen Sie das Krümmungsverhalten des Graphen von f.
a) $f(x) = \frac{1}{x^2+4}$ b) $f(x) = \frac{-2}{x^2+1}$ c) $f(x) = \frac{2}{4x^2+1}$ d) $f(x) = \frac{2x}{x^2+1}$

20 Untersuchen Sie die Funktion f auf Wendepunkte und bestimmen Sie gegebenenfalls deren Koordinaten. Stellen Sie jeweils die Gleichung der Wendetangente auf und entscheiden Sie, ob es sich bei dem Wendepunkt um einen Sattelpunkt handelt.
a) $f(x) = \frac{1}{x^2+2}$ b) $f(x) = \frac{1}{x-2}$ c) $f(x) = \frac{x}{x^2+2}$ d) $f(x) = \frac{2x}{x^2+1}$

21 Untersuchen Sie das Monotonie- und Krümmungsverhalten des Graphen der Funktion f mit $f(x) = \frac{x}{x^2+3}$. Bestimmen Sie dabei die Koordinaten der Extrempunkte und der Wendepunkte des Graphen und stellen Sie die Gleichungen der Wendetangenten auf. Überprüfen Sie Ihre Ergebnisse mit einer Mathematik-Software.

Weiterführende Aufgaben

22 Formen Sie den Funktionsterm geeignet um, falls nötig, und geben Sie die Definitionsmenge, die Nullstellen und die Gleichungen der Asymptoten an.
a) $f(x) = \frac{1}{x+1}$ b) $f(x) = \frac{-2}{x+1}$ c) $f(x) = \frac{1}{x+1} - 2$ d) $f(x) = \frac{1}{x+1} - 2x$
e) $f(x) = x - 1 + \frac{1}{x}$ f) $f(x) = x + \frac{1}{x+2}$ g) $f(x) = \frac{1}{x+1} - x + 1$ h) $f(x) = \frac{1}{x^2+1} + x - 1$

23 Die Kärtchen zeigen Funktionsterme.
a) Ordnen Sie äquivalente Terme einander zu. Zwei Kärtchen bleiben übrig.
b) Geben Sie jeweils eine Gleichung für jede Asymptote an.

A $\frac{x+1}{x-2}$	① $\frac{x(x-2)}{2(x-3)(x-4)}$	B $\frac{-x^2+4x+3}{x-1}$	② $\frac{x}{x-2} + \frac{1}{x-2}$	C $2x + 3 - \frac{4}{x}$	③ $\frac{x}{x-2} - \frac{1}{2}$
D $\frac{x^2-2x}{2x^2-14x+24}$	④ $\frac{2x^2+3x-4}{x}$	E $\frac{x^2-9}{x-2}$	⑤ $-x + 3 + \frac{6}{x-1}$	F $x + \frac{1}{x-2}$	⑥ $x + 2 - \frac{5}{x-2}$

24 **Stolperstelle:** Nehmen Sie Stellung.
a) Karim: *„Die Asymptote des Graphen von f mit $f(x) = \frac{6x^2-13}{6x}$ ist $y = 1$, denn für $x \to \infty$ kommt unendlich durch unendlich raus, das ist gekürzt 1."*
b) Mara: *„Den Term von f mit $f(x) = \frac{-7x^2+6x-13}{3x}$ kann ich zu $f(x) = \frac{-7}{3}x + \frac{6x-13}{3x}$ umformen. Also ist $y = \frac{-7}{3}x$ die schräge Asymptote."*
c) Leon: *„Wegen $\lim\limits_{x\to\infty} \frac{x^2+5}{2x-2} = \infty$ und $\lim\limits_{x\to-\infty} \frac{x^2+5}{2x-2} = -\infty$ hat die Funktion f mit $f(x) = \frac{x^2+5}{2x-2}$ zwei Asymptoten."*

25 Gegeben ist die Funktion f mit $f(x) = \frac{1}{x+2} - \frac{1}{x+4}$.
a) Geben Sie die Definitionsmenge von f an.
b) Zeigen Sie, dass der Funktionsterm von f äquivalent zu $\frac{2}{x^2+6x+8}$ und $\frac{2}{(x+4)(x+2)}$ ist.
c) Geben Sie die Achsenschnittpunkte sowie Gleichungen der Asymptoten an.
d) Bestimmen Sie, ab welchem Wert von x sich die Funktionswerte von f und der waagerechten Asymptote um weniger als 0,01 unterscheiden.

26 Geben Sie die Definitionsmenge in Abhängigkeit von $a \neq 0$ an und ermitteln Sie Gleichungen der Asymptoten.
a) $f(x) = \frac{-x^2+6x+4}{ax}$ b) $f(x) = \frac{ax+3}{x-a}$ c) $f(x) = \frac{2x+5}{x^2+a}$ d) $f(x) = \frac{x^2-4a}{x^2+2ax+a^2}$

27 Geben Sie den Definitionsbereich der Funktion f mit $f(x) = \frac{ax^2 + ax + 3}{x + 1}$ an. Untersuchen Sie mithilfe einer Mathematik-Software, welche Asymptoten der Graph von f in Abhängigkeit von a besitzt. Nutzen Sie einen Schieberegler.

28 Untersuchen Sie das Verhalten der Funktion für $x \to \infty$ und $x \to -\infty$. Geben Sie eine Gleichung der zugehörigen Asymptote an und begründen Sie, ob sich der Graph der Asymptote jeweils von oben oder von unten annähert.

a) $f(x) = \frac{2x^2 + 1}{x}$ b) $f(x) = \frac{1 - 3x^2}{x^2}$ c) $f(x) = \frac{x^3 - 1}{x^2}$ d) $f(x) = \frac{x}{x + 1}$

e) $f(x) = \frac{x + 1}{x - 1}$ f) $f(x) = \frac{2x^2 + 1}{2x^2 - 1}$ g) $f(x) = \frac{x^3 - 4x^2 - 1}{2x^2}$ h) $f(x) = \frac{4x^2 - 1}{2x - 1}$

29 Der Graph gehört zur Funktion f mit $f(x) = \frac{\sin(x)}{\cos(x^2)}$. Jonas behauptet:
„Da der Zählergrad kleiner ist als der Nennergrad, ist die x-Achse waagerechte Asymptote, auch wenn man das im Bild noch nicht sieht.“
Nehmen Sie Stellung.

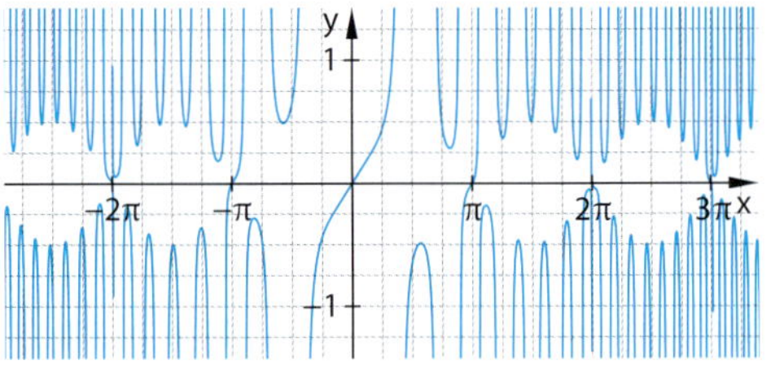

30 a) Ordnen Sie jedem rechts abgebildeten Graphen den zugehörigen Funktionsterm zu.

$f(x) = \frac{3x + 2}{2x + 1}$

$g(x) = \frac{8x}{x^2 + 4}$

$h(x) = \frac{5x}{x^2 - 4}$

$k(x) = \frac{4x^2}{4x + 2}$

b) Bestimmen Sie die Koordinaten der vier auftretenden Extrempunkte.

c) Bestimmen Sie das Verhalten der Funktionen an den Rändern ihrer Definitionsmengen.

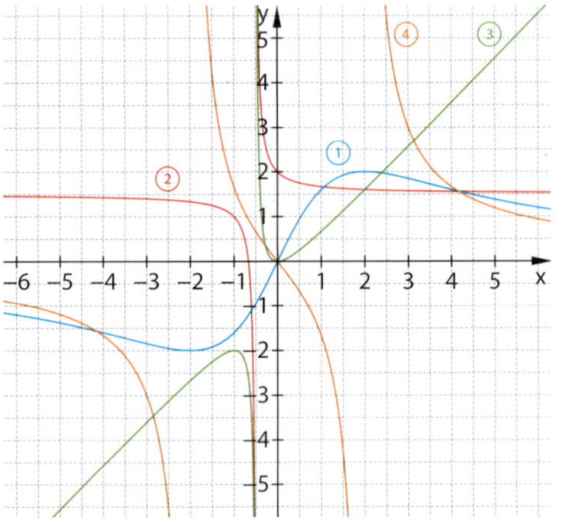

31 Gegeben ist die Funktion f mit $f(x) = \frac{x^2 - 8}{x^2 - 4}$.

a) Geben Sie den maximalen Definitionsbereich D und die Nullstellen von f an. Untersuchen Sie den Graphen von f auf Symmetrie. Ermitteln Sie das Verhalten von f an den Rändern des Definitionsbereichs und geben Sie die Gleichungen der Asymptoten an.

b) Ermitteln Sie Art und Lage des Extrempunktes des Graphen von f.

c) Untersuchen Sie den Graphen von f auf Wendepunkte.

32 Gegeben ist die Funktion f mit $f(x) = \frac{(x^2 - 1)(x - 1)}{(4x + 12)(x + 1)}$.

a) Bestimmen Sie den maximalen Definitionsbereich D sowie die Nullstellen von f.

b) Zeigen Sie, dass sich f auch durch $f(x) = \frac{1}{4}x - \frac{5}{4} + \frac{4}{x + 3}$ darstellen lässt.

c) Untersuchen Sie das Verhalten von f an den Rändern des Definitionsbereichs und geben Sie die Gleichungen der Asymptoten an.

d) Berechnen Sie die Ableitung von f und bestimmen Sie damit das Monotonieverhalten von f.

e) Ermitteln Sie die Koordinaten der Extrempunkte des Graphen von f.

f) Zeichnen Sie den Graphen von f unter Verwendung der Erkenntnisse aus a) – e).

33 Eine Schmerztablette zeigt nur Wirkung, wenn die Konzentration des Wirkstoffs im Blut mindestens 2 mg/ℓ beträgt. Die Funktion k mit $k(t) = \frac{at}{t^2 + b}$ modelliert die Konzentration (in mg/ℓ) in Abhängigkeit von der Zeit t (in h) seit der Einnahme der Tablette.

a) Die Wirkung der Tablette setzt nach einer halben Stunde ein und verschwindet nach vier Stunden. Ermitteln Sie die Werte der Parameter a und b.
b) Ermitteln Sie den Zeitpunkt der höchsten Konzentration.
c) Berechnen Sie die momentane Änderungsrate der Konzentration zu Beginn und den Zeitpunkt der stärksten Abnahme der momentanen Änderungsrate.
d) Fünf Stunden nach Einnahme der Tablette nimmt der Patient eine zweite ein. Geben Sie einen Term einer Funktion k_2 an, die die Konzentration nach der zweiten Einnahme modelliert.

34 Für die Gravitationskraft F (in N) auf einen Körper der Masse 1 kg in der Höhe h > 0 (in m) über der Erdoberfläche gilt: $F(h) = \frac{3{,}99 \cdot 10^{14}}{(6{,}37 \cdot 10^6 + h)^2}$

a) Begründen Sie, dass die Gravitationskraft auf einen Körper der Masse 1 kg in der Nähe der Erdoberfläche näherungsweise 9,81 N beträgt.
b) Untersuchen Sie das Verhalten von F im Unendlichen und erläutern Sie Ihr Ergebnis im Sachzusammenhang.

35 Messungen haben ergeben, dass der Energiebedarf E eines Wellensittichs in Abhängigkeit von seiner Fluggeschwindigkeit v > 0 näherungsweise durch $E(v) = \frac{(v - 20)^2 + 2100}{25v}$ beschrieben werden kann. Dabei wird E in Joule pro g Körpermasse pro km Flugstrecke gemessen und die Geschwindigkeit in km/h.

a) Formen Sie den Funktionsterm in die Summenform um und untersuchen Sie das Verhalten der Funktion für $v \to 0$ und $v \to \infty$.
b) Geben Sie eine Gleichung für jede Asymptote an.
c) Plotten Sie den Graphen im Bereich $0 < v \leq 120$ und ermitteln Sie grafisch, für welche Geschwindigkeit der Energiebedarf minimal ist. Berechnen Sie, wie viel Prozent des Energiebedarfs der maximalen Geschwindigkeit von 120 km/h dies entspricht.

36 Geben Sie die Gleichung der schrägen Asymptote des Graphen der Funktion f mit $f(x) = \frac{ax^2 + bx + c}{dx}$ an.

37 **Ausblick:** Gegeben ist die gebrochen-rationale Funktion $f(x) = \frac{x^3 + 4x + 1}{2x}$, $D = \mathbb{R}\setminus\{0\}$.

a) Plotten Sie den Graphen von f sowie den der Funktion g mit $g(x) = 0{,}5x^2 + 2$.
b) Zeigen Sie, dass sich die Graphen von f und g für $x \to \pm\infty$ beliebig nahe annähern.
c) Bestimmen Sie eine Gleichung der Funktion, an deren Graph sich der Graph der Funktion $h(x) = \frac{-x^3 + 2x^2 - 4}{2x}$ annähert.

8.11 Scharen weiterer verknüpfter Funktionen

Der Wasserstrahl eines Springbrunnens wird modelliert durch die Funktionen f_a mit $f_a(x) = -ax \cdot \ln(x)$, $a > 0$ (x: horizontale Entfernung von der Düse in m, $f_a(x)$: Höhe in m). Der Parameter a wird durch Justierung der Düse festgelegt, welche sich im Koordinatenursprung befindet.

a) Bestimmen Sie den höchsten Punkt des Wasserstrahls in Abhängigkeit von a.

b) Bestimmen Sie den Parameter a so, dass das Wasser genau 2 Meter in die Höhe spritzt.

Im Folgenden werden Scharen verknüpfter Logarithmus- und Wurzelfunktionen sowie gebrochen-rationaler Funktionen untersucht.

Beispiel 1 Gegeben ist die Funktionenschar f_a mit $f_a(x) = x \cdot (a - \ln(x))$, $a \in \mathbb{R}$.

a) Bestimmen Sie den Definitionsbereich sowie die Nullstellen von f_a.

b) Ermitteln Sie die Koordinaten der Extrem- und Wendepunkte der Schar.

c) Die Scharkurven schließen mit der x-Achse eine Fläche ein. Ermitteln Sie den Inhalt dieser Fläche in Abhängigkeit von a. Untersuchen Sie, für welchen Wert von a die Fläche den Inhalt 2 FE hat.

Lösung:

a) Geben Sie den Definitionsbereich an.

$D_{f_a} =]0; \infty[$

Setzen Sie $f_a(x) = 0$ und wenden Sie die Regel vom Nullprodukt an.

$x \cdot (a - \ln(x)) = 0$

$x_1 = 0 \quad \text{und} \quad \ln(x) = a \Rightarrow x_2 = e^a$

b) Leiten Sie die Funktionenschar zweimal nach x ab.

$f_a'(x) = (a - \ln(x)) + x \cdot \left(-\frac{1}{x}\right)$

$= a - 1 - \ln(x)$

$f_a''(x) = -\frac{1}{x}$

Setzen Sie $f_a'(x) = 0$.

$a - 1 - \ln(x) = 0 \quad | + \ln(x)$

$a - 1 = \ln(x) \quad | \, e^{()}$

$x = e^{a-1}$

Bestimmen Sie den y-Wert durch Einsetzen in $f_a(x)$ und die Art des Extrempunkts durch Einsetzen in $f_a''(x) = 0$.

$f_a(e^{a-1}) = e^{a-1} \cdot (a - (a-1)) = e^{a-1}$

$f_a''(e^{a+1}) = -\frac{1}{e^{a-1}} < 0$

also Hochpunkt bei $H(e^{a-1} \mid e^{a-1})$

Setzen Sie $f_a''(x) = 0$.

$f_a''(x) = -\frac{1}{x} \neq 0$, also keine Wendepunkte

c) Bestimmen Sie mithilfe der Produktintegration eine Stammfunktion F_a von f_a. Wählen Sie hierzu $u'(x) = x$ und $v(x) = a - \ln(x)$.

$F_a(x) = \int x \cdot (a - \ln(x))\,dx$

$= \frac{1}{2}x^2 \cdot (a - \ln(x)) - \int \frac{1}{2}x^2 \cdot \left(-\frac{1}{x}\right) dx$

$= \frac{1}{2}x^2(a - \ln(x)) + \frac{1}{4}x^2$

Berechnen Sie das bestimmte Integral von f_a zwischen den Nullstellen von f_a.

$A(a) = \int_0^{e^a} f_a(x)\,dx = [F_a(x)]_0^{e^a} = F_a(e^a) - F_a(0)$

$= \frac{1}{2}e^{2a}(a - \ln(e^a)) + \frac{1}{4}e^a = \frac{1}{4}e^{2a}$

Setzen Sie A(a) gleich 2 und lösen Sie die Gleichung nach a auf.

$A(a) = \frac{1}{4}e^{2a} = 2$ für $a = \frac{\ln(8)}{2} \approx 1{,}04$

Basisaufgaben

1 Bestimmen Sie den Definitionsbereich und die Nullstellen von f_a in Abhängigkeit von a.

a) $f_a(x) = 2\ln(ax - 1),\ a > 0$
b) $f_a(x) = x \cdot \sqrt{a^2 - x^2}$
c) $f_a(x) = \sqrt{-x^2 - ax},\ a \geq 0$
d) $f_a(x) = \frac{3x - a}{(x+a)^2 - 1}$

Erinnerung

Die Funktion f mit $f(x) = \ln(x)$ hat die Stammfunktion F mit $F(x) = x \cdot \ln(x) - x$

2 Bestimmen Sie die Ableitungsfunktion sowie eine Stammfunktion der Funktionenschar.

a) $f_a(x) = \frac{1}{a}\sqrt{4ax - a^2},\ a \neq 0$
b) $f_a(x) = \ln\left(\frac{x}{a} + a\right),\ a \neq 0$
c) $f_c(x) = \frac{2c - cx}{x^2}$
d) $g_a(x) = \ln(x^2 - a^2)$

Erinnerung

$\ln(u \cdot v) = \ln(u) + \ln(v)$

3 Abgebildet sind Kurven der Schar f_a mit $f_a(x) = x \cdot \ln(x^2 - a),\ a \in \mathbb{R}$.
Ordnen Sie die Graphen begründet den Werten von a zu. Bestimmen Sie den Wert von a für den übriggebliebenen Graphen.

a = 8   a = 0   a = −2

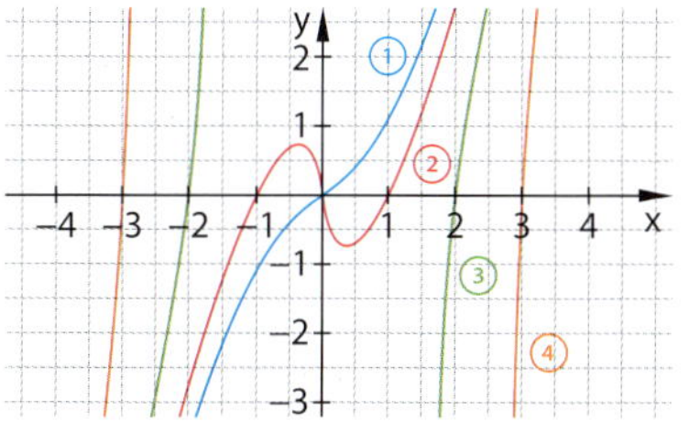

4 Gegeben ist die Funktionenschar f_a mit $f_a(x) = (x^2 - a) \cdot \ln(x)$. Bestimmen Sie alle Werte von a, so dass die angegebene Bedingung erfüllt ist.

a) f_a hat genau eine Nullstelle.
b) f_a hat einen Extremwert bei $x = 1$.
c) $P(e\,|\,1)$ liegt auf dem Graphen von f_a.
d) Für $x \to 0,\ x > 0$ gilt $f_a(x) \to \infty$.

Weiterführende Aufgaben

5 Gegeben ist die Funktionenschar f_a mit $f_a(x) = a \cdot \ln(x^2 + a^2),\ a > 0$.

a) Geben Sie den Definitionsbereich von f_a begründet an.
b) Untersuchen Sie, für welche Werte von a die Funktion f_a Nullstellen besitzt, und berechnen Sie diese Nullstellen.
c) Bestimmen Sie die Koordinaten des Extrempunkts sowie der Wendepunkte des Graphen von f_a.
d) Leiten Sie die Gleichungen der Wendetangenten her. Berechnen Sie, für welchen Wert von a die Wendetangenten durch den Ursprung verlaufen.

6 **Stolperstelle:** Die Abbildung zeigt Graphen der Schar f_a mit $f_a(x) = (ax^2 - 1) \cdot \ln(ax),\ a > 0$.
Es soll die Anzahl der Nullstellen von f_a bestimmt werden.

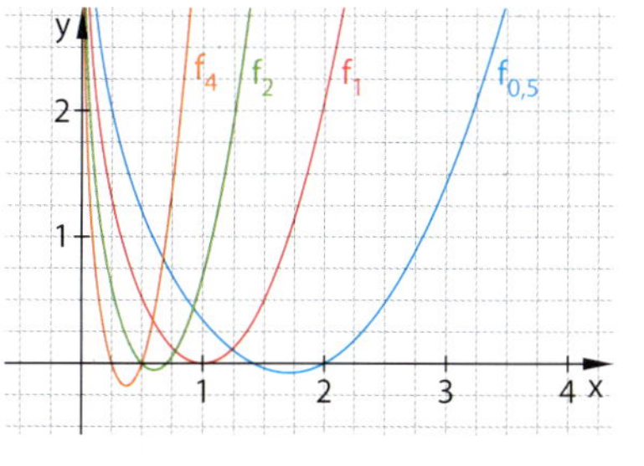

Elif: *„$(ax^2 - 1) \cdot \ln(ax)$ wird null, wenn $ax^2 = 1$ oder $ax = 1$ gilt. Das ergibt die drei Nullstellen $x_{1/2} = \pm\sqrt{\frac{1}{a}}$ und $x_3 = \frac{1}{a}$."*

Finn: *„Das kann aber nicht stimmen! Man sieht doch, dass der Graph von f_1 die x-Achse nur an einer Stelle berührt. Die anderen Graphen schneiden die x-Achse zudem an zwei, und nicht an drei Stellen."*

Nehmen Sie Stellung zu den Aussagen der Schüler.

7 Gegeben ist die Funktionenschar f_a mit $f_a(x) = ax \cdot \ln(ax)$ mit $a > 0$.

a) Geben Sie den Definitionsbereich sowie die Nullstelle von f_a an.

b) Bestimmen Sie die Koordinaten des Tiefpunkts T_a des Graphen von f_a und zeigen Sie, dass der Graph von f_a keine Wendepunkte hat.

c) Bestimmen Sie eine Stammfunktion F_2 von f_2.

d) Der Graph von f_a schneidet die x-Achse im Punkt S_a. Leiten Sie eine Gleichung der Tangente t_a an den Graphen von f_a im Punkt S_a her.

e) Die Tangente t_a schließt mit den Koordinatenachsen ein Dreieck ein. Zeigen Sie, dass der Graph von f_a dieses Dreieck in zwei flächengleiche Teile zerlegt.

8 Gegeben ist die Funktionenschar f_a mit $f_a(x) = x - 2a\sqrt{x}$ mit $a > 0$.

a) Geben Sie den Definitionsbereich von f_a an.

b) Bestimmen Sie die Nullstellen von f_a in Abhängigkeit von a.

c) Bestimmen Sie die erste und zweite Ableitung von f_a und geben Sie den Definitionsbereich von f_a' an.

d) Ermitteln Sie die Art und Lage der Extrempunkte von f_a in Abhängigkeit von a. Zeigen Sie, dass alle Extrempunkte der Kurvenschar auf einer Geraden liegen.

e) Begründen Sie, dass kein Graph der Schar einen Wendepunkt hat.

f) Bestimmen Sie eine Stammfunktion F_a von f_a. Berechnen Sie in Abhängigkeit von a den Inhalt der Fläche, die vom Graphen von f_a und der x-Achse eingeschlossen wird.

9 Gegeben ist die Funktionenschar f_a mit $f_a(x) = \ln^2(ax) - 2\ln(ax)$ mit $a > 0$.
Die Abbildung zeigt den Graphen von f_1 mit dem Wendepunkt W_1 und der zugehörigen Wendetangente t_1.

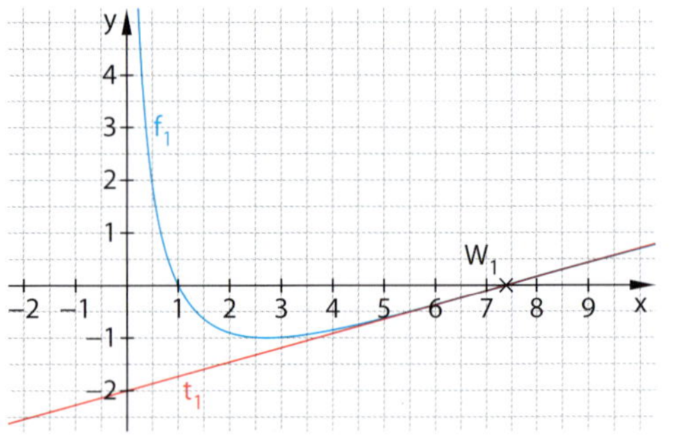

a) Geben Sie den Definitionsbereich von f_a an und untersuchen Sie das Verhalten von f_a an den Rändern des Definitionsbereichs.

b) Berechnen Sie die Nullstellen von f_a.

c) Bestimmen Sie die Koordinaten des Extrem- und Wendepunkts des Graphen von f_a.

d) Bestimmen Sie die Gleichung der Wendetangente t_a.

e) Ermitteln Sie eine Stammfunktion F_1 von f_1.

f) Berechnen Sie den Inhalt des Flächenstücks, das der Graph von f_1 mit der x-Achse einschließt.

g) Der Graph von f_1 und die Wendetangente t_1 schließen mit der y-Achse ein nach oben offenes Flächenstück ein. Zeigen Sie, dass dieses Flächenstück einen endlichen Flächeninhalt hat, und geben Sie diesen an.

10 Gegeben ist die Funktionenschar f_a mit $f_a(x) = \frac{1}{ax+1} + ax, a \neq 0$.

a) Bestimmen Sie den Definitionsbereich sowie alle Asymptoten von f_a.

b) Zeigen Sie, dass kein Graph der Schar einen Punkt mit der x-Achse gemeinsam hat.

c) Bestimmen die Koordinaten der Hoch- und Tiefpunkte der Graphen von f_a.

d) Bestimmen Sie alle Werte von a, für die der Hoch- und Tiefpunkt einen Abstand von $4\sqrt{2}$ LE zueinander haben.

e) Ermitteln Sie eine Stammfunktion F_a von f_a.

f) Im Punkt $(1 | f_a(1))$ wird eine Tangente t_a an den Graphen von f_a angelegt.
Ermitteln Sie die Gleichung von t_a und bestimmen Sie alle Werte von a, für die t_a eine Ursprungsgerade ist.

11 Bestimmen Sie die Polstellen sowie die Gleichungen aller Asymptoten der gebrochen-rationalen Funktionenscharen in Abhängigkeit von a.

a) $f_a(x) = \frac{a^2 - x^2}{ax}, a \neq 0$
b) $f_a(x) = \frac{-2ax^2 + 2x + 1}{ax - 1}, a \neq 0$
c) $f_a(x) = \frac{2ax^2 + ax + a}{x}, a \neq 0$
d) $f_a(x) = \frac{-2ax^2 + 4x + 2a^3}{x^2 - a^2}$

12 Gegeben ist die Funktionenschar f_a mit $f_a(x) = (\ln(x) + a)^2$ mit $a \in \mathbb{R}$.

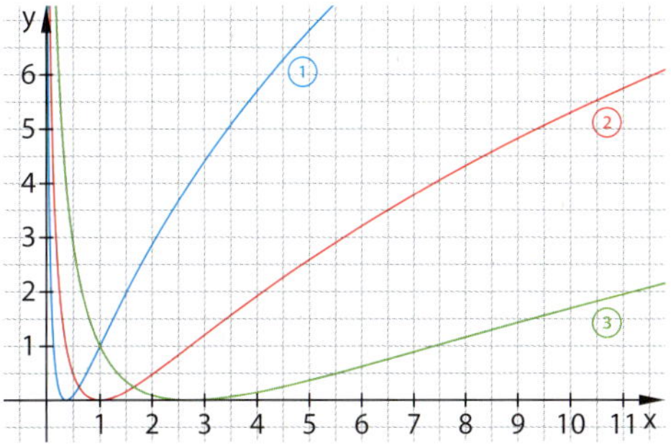

a) In der Abbildung sind die Graphen von f_a für a = 1, a = 0 und a = −1 dargestellt. Ordnen Sie die Graphen den Werten von a begründet zu.
b) Untersuchen Sie f_a auf Nullstellen, Extrempunkte, Wendepunkte und das Verhalten an den Rändern des Definitionsbereichs.
c) Begründen Sie, dass alle Extrempunkte und alle Wendepunkte der Kurvenschar jeweils auf einer Geraden liegen.
d) Bestimmen Sie eine Stammfunktion F_1 von f_1.
e) Berechnen Sie den Flächeninhalt der Fläche, die der Graph von f_1 mit der x-Achse über dem Intervall $[e; e^2]$ einschließt.

13 Die abgebildeten Körper entstehen durch Rotation der Flächen unter den Graphen der Funktionenschar f_a um die x-Achse. f_a ist gegeben durch $f_a(x) = \frac{4x}{a^2} \cdot \sqrt{a^2 - 2x}$ für $a \geq 0$. (Längeneinheit: 1 Zentimeter)

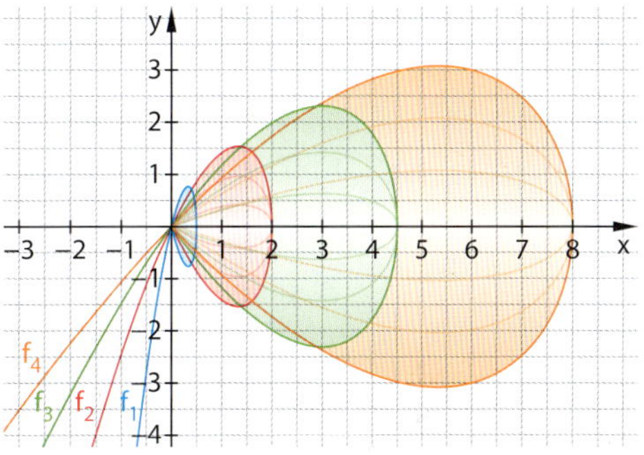

a) Ermitteln Sie diejenige Scharfunktion, für die der maximale vertikale Durchmesser des Körpers 2 cm beträgt.
b) Bestimmen Sie eine Stammfunktion F_a von f_a.
c) Bestimmen Sie in Abhängigkeit von a den Inhalt A(a) der Fläche, die der Graph von f_a mit der x-Achse einschließt.
d) Ermitteln Sie den Wert von a, für die die Fläche A(a) den Inhalt 24,3 cm² hat.
e) Bestimmen Sie das Volumen V(a) des Körpers in Abhängigkeit von a.

14 **Ausblick:** Gegeben ist die Funktionenschar f_a mit $f_a(x) = -\ln(a - e^{-x})$, $a > 0$.

a) Bestimmen Sie für f_a den Definitionsbereich, die Nullstellen und die Asymptoten.
b) Zeigen Sie, dass alle Graphen von f_a aus dem Graphen von f_1 durch Verschiebung hervorgehen.
c) Genau ein Graph der Funktionenschar f_a verläuft durch den Ursprung O(0|0). Bestimmen Sie den zugehörigen Wert von a und die Tangente an diesen Graphen von f_a im Punkt O(0|0).
d) Der Graph von f_1, die Gerade x = 1, die x-Achse und die y-Achse schließen eine (nach oben nicht begrenzte) Fläche ein.
Zeigen Sie mithilfe der Ungleichung $1 - e^{-x} \geq \frac{x}{2}$ für $0 \leq x \leq 1$, dass diese Fläche einen endlichen Inhalt besitzt.
e) Beweisen Sie die in d) benutzte Ungleichung.

8.12 Klausur- und Abiturtraining

Aufgaben ohne Hilfsmittel

1 Gegeben sind die Funktion f und ihre Ableitungsfunktion f':
$f(x) = x^2 \cdot e^{-x}$ und $f'(x) = (2x - x^2) \cdot e^{-x}$

a) Bestimmen Sie die zweite Ableitung von f und leiten Sie die Koordinaten der Extrempunkte des Graphen von f her.

b) Bestimmen Sie eine Stammfunktion F zur Funktion f.

c) Begründen Sie mithilfe der bisherigen Ergebnisse, dass der Graph jeder Stammfunktion F zu f den Sattelpunkt $S(0 \mid F(0))$ hat.

d) Der Graph von f schließt mit der x-Achse ein nach rechts offenes Flächenstück ein. Berechnen Sie seinen Flächeninhalt.

e) Die Ableitungsfunktion f' schließt zwischen ihren Nullstellen ein Flächenstück mit der x-Achse ein. Berechnen Sie den Inhalt dieser Fläche.

2 Gegeben ist die Funktion f mit $f(x) = \frac{1}{2}(x-2) \cdot e^{-2x}$.

a) Bestimmen Sie die erste Ableitung f' und geben Sie alle Nullstellen von f und f' an.

b) Beschreiben Sie das Verhalten des Graphen von f für $x \to \infty$ und $x \to -\infty$.

c) Bestimmen Sie eine Stammfunktion F zu f, für die $F(1{,}5) = 3$ gilt.

3 Gegeben ist die Funktionenschar f_a mit $f_a(x) = \frac{1}{a} \cdot e^{-\frac{x}{a}}$ für $a > 0$.

a) Zeigen Sie, dass die Tangente an den Graphen von f_a im Punkt $B(0 \mid f_a(0))$ die Gleichung $t_a(x) = -\frac{1}{a^2} \cdot (x - a)$ hat.

b) Zeigen Sie, dass der Flächeninhalt des Dreiecks, das die Tangente t_a mit den Achsen einschließt, unabhängig von a ist.

c) Berechnen Sie $\int_0^a f_a(x)\,dx$.

d) Untersuchen Sie, ob das nach rechts offene Flächenstück, das der Graph von f_a mit den Achsen einschließt, einen endlichen Flächeninhalt hat, und geben Sie diesen gegebenenfalls an.

e) Berechnen Sie den Schnittpunkt der Graphen zu $a = 0{,}5$ und $a = 1$.

4 Gegeben ist die gebrochen-rationale Funktion f mit $f(x) = \frac{4x^2 + 1}{x}$.

a) Geben Sie den Definitionsbereich von f an.

b) Bestimmen Sie die Polstellen sowie die Gleichungen aller Asymptoten von f.

c) Zeigen Sie, dass der Graph von f bei $H(-0{,}5 \mid -4)$ einen Hochpunkt und $T(0{,}5 \mid 4)$ einen Tiefpunkt hat.

d) Geben Sie begründet das Verhalten der Funktionswerte an den Rändern des Definitionsbereichs an.

5 Abgebildet sind Graphen der Funktionenschar f_a mit $f_a(x) = a \cdot x - \sqrt{x^3}$, $a > 0$.

a) Ermitteln Sie Werte von a, die zu den abgebildeten Graphen gehören.

b) Zeigen Sie, dass der Hochpunkt von f_a die Koordinaten $H_a\left(\frac{4}{9}a^2 \,\middle|\, \frac{4}{27}a^3\right)$ hat.

c) Bestimmen Sie die Gleichung der Ortskurve der Hochpunkte der Graphen von f_a.

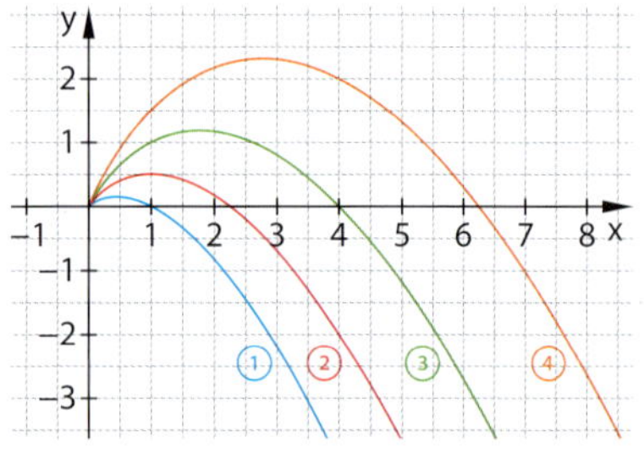

Aufgaben mit Hilfsmitteln

6 Die Funktion f mit $f(t) = 15t \cdot e^{-0{,}2t}$ beschreibt die Entwicklung des Wirkstoffgehalts im Blut eines Patienten nach der Einnahme eines Medikaments. Dabei ist t die Zeit in Stunden und f(t) die Wirkstoffmenge in mg pro Liter Blut.

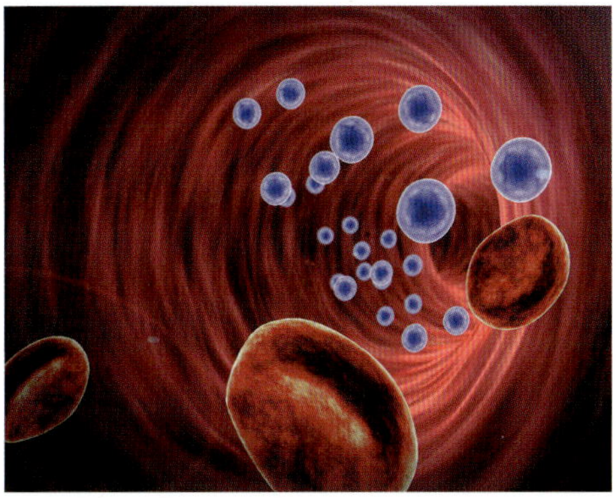

a) Das Medikament beginnt ab einer Konzentration von 7,5 mg pro Liter Blut zu wirken.
   ① Zeigen Sie, dass das Medikament bereits nach 34 Minuten Wirkung zeigt.
   ② Zeigen Sie, dass nach rund 0,78 Stunden und nach rund 15,84 Stunden die Wirkstoffmenge 10 mg pro Liter beträgt.
   ③ Bestimmen Sie den Zeitpunkt, zu dem der Wirkstoffgehalt maximal ist, und geben Sie den maximalen Wirkstoffgehalt an.
   ④ Beschreiben Sie das asymptotische Verhalten des Graphen von f für $t \to \infty$ und interpretieren Sie das Ergebnis im Sachzusammenhang.

b) Die mittlere Wirkstoffmenge in einem Zeitintervall [a; b] lässt sich berechnen als
$$\frac{1}{b-a} \cdot \int_a^b f(t)\,dt.$$
   ① Bestimmen Sie eine Stammfunktion F von f.
   ② Berechnen Sie die mittlere Wirkstoffmenge in den ersten 20 Stunden.

c) Bestimmen Sie den Zeitpunkt, zu dem die Wirkstoffmenge am stärksten abnimmt, und geben Sie an, mit welcher Geschwindigkeit die Wirkstoffmenge zu diesem Zeitpunkt abnimmt.

d) In einem abgewandelten Modell wird angenommen, dass ab der Wendestelle die Wendetangente den linearen Abbau der Wirkstoffmenge beschreibt. Berechnen Sie, wann nach diesem Modell der Wirkstoff vollständig abgebaut ist.

7 Gegeben ist die Funktionenschar f_a mit $f_a(x) = (\ln(x))^2 - 2a \cdot \ln(x)$, $a \in \mathbb{R}$.

a) Geben Sie den Definitionsbereich von f_a an und untersuchen Sie das Verhalten von $f_a(x)$ an den Rändern des Definitionsbereichs.

b) Berechnen Sie die Nullstellen von f_a und geben Sie an, für welchen Wert von a es nur eine Nullstelle gibt.

c) Berechnen Sie die Koordinaten der Tiefpunkte T_a der Graphen von f_a.
Alle Tiefpunkte T_a liegen auf dem Graphen einer Funktion g. Ermitteln Sie eine Funktionsgleichung von g.

d) Bestimmen Sie die Werte von a, für die der Wendepunkt W_a des Graphen von f_a auf der x-Achse liegt.

Im Folgenden sei a = 1.

e) Zeigen Sie, dass F_1 mit $F_1(x) = x \cdot (\ln(x) - 2)^2$ eine Stammfunktion zu f_1 ist.

f) Der Graph von f_1 schließt mit der x-Achse ein Flächenstück ein. Berechnen Sie den Flächeninhalt.

g) Leiten Sie eine Gleichung der Wendetangente t_1 an den Graphen von f_1 her.

h) Der Graph von f_1 und die Wendetangente t_1 schließen mit der y-Achse ein nach oben offenes Flächenstück ein. Berechnen Sie seinen Flächeninhalt.

Lösungen
→ S. 384/385

1 Bestimmen Sie erste und zweite Ableitung sowie eine Stammfunktion der Funktion.

a) $f(x) = 2x \cdot e^x$ b) $f(x) = (1 - x^2) \cdot e^{2x}$ c) $f(t) = (t^2 - t) \cdot e^{-0,5t}$

d) $f(x) = \frac{x}{e^x}$ e) $f_a(x) = ax^2 \cdot e^{-2ax}$ f) $f_a(x) = (\ln(x) - a) \cdot \ln(x)$

2 Ermitteln Sie die Nullstellen sowie die Extrem- und Wendepunkte der Funktion f.

a) $f(x) = (x^2 - 1) \cdot e^{x-1}$ b) $f(x) = (x - 1)^2 \cdot e^x$

c) $f(t) = (t + 1) \cdot (t - 2) \cdot e^{2t}$ d) $f(t) = 4t \cdot e^{-2t}$

e) $f(x) = x^3 \cdot \ln(x)$ f) $f(x) = 8x^2 \cdot \sqrt{1 - 2x}$

3 Untersuchen Sie, ob der Graph von f für $x \to \infty$ oder $x \to -\infty$ eine waagerechte Asymptote hat. Geben Sie in diesem Fall ihre Gleichung an.

a) $f(x) = x \cdot e^{-2x}$ b) $f(x) = x^2 \cdot e^{-x} + 1$ c) $f(t) = e^{-t^2} - 2$ d) $f(x) = e^{3x} + x$

4 Gegeben ist die Funktion f mit $f(x) = 4(x - 1) \cdot e^{-(x-1)}$

a) Geben Sie die Nullstellen von f an.
b) Bestimmen Sie das Verhalten von f für betragsmäßig große Zahlen.
c) Geben Sie das Monotonieverhalten von f durch Ermitteln der Extrempunkte an.
d) Bestimmen Sie die Gleichung der Wendetangente von f.
e) Prüfen Sie den Graphen von f auf Achsensymmetrie zur y-Achse und Punktsymmetrie zum Ursprung.
f) Ermitteln Sie eine Stammfunktion F zu f. Bestimmen Sie den Inhalt der Fläche zwischen dem Graphen von f und der x-Achse über dem Intervall [1; 5].

5 Die Funktion f mit $f(t) = (t - 3)^2 \cdot e^{-\frac{t}{4}}$ sei für $0 \le t \le 15$ ein Modell für die Wachstumsgeschwindigkeit einer Bakterienkultur. Dabei beschreibt t die Zeit in Stunden. Die Wachstumsgeschwindigkeit wird in Tausend pro Stunde angegeben. Zum Beobachtungsbeginn (Zeitpunkt t = 0) waren 2000 Bakterien vorhanden.

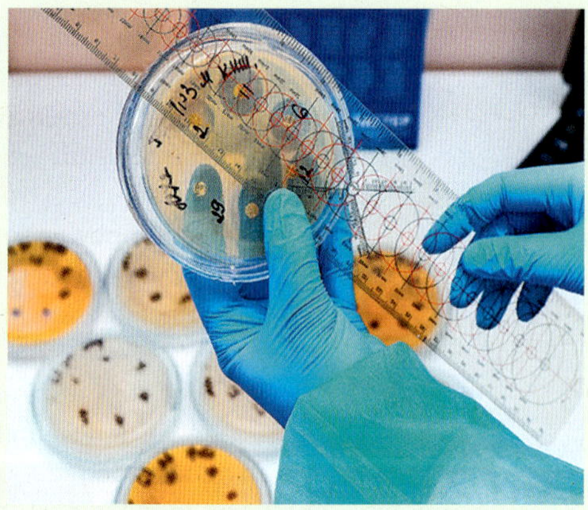

a) Ermitteln Sie die Extrem- und Wendepunkte von f im Intervall $0 \le t \le 15$.
b) Zeichnen Sie den Graphen von f im angegebenen Intervall.
c) Untersuchen Sie den Wahrheitsgehalt folgender Aussagen.
A: Im Zeitraum $0 \le t \le 3$ nimmt die Anzahl der Bakterien ab.
B: Für t = 3 ist die Bakterienanzahl gleich null.
C: Zum Zeitpunkt t = 11 ist die Bakterienanzahl am größten.
d) Ermitteln Sie näherungsweise die Bakterienanzahl fünf Stunden nach Beobachtungsbeginn.

6 Der rechte obere Eckpunkt $P(u\,|\,f(u))$ des abgebildeten Rechtecks liegt auf dem Graphen der Funktion f mit $f(x) = (x + 1{,}5) \cdot e^{-x}$, $x > 0$.
Geben Sie den Flächeninhalt A(u) dieser Rechtecke in Abhängigkeit von u an.
Bestimmen Sie u so, dass der Flächeninhalt maximal wird.

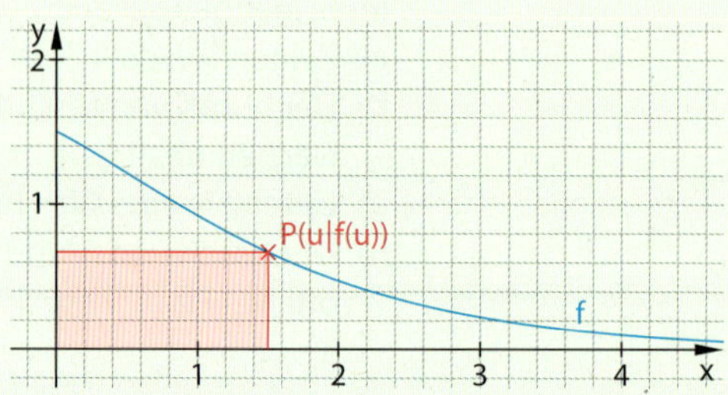

Lösungen
→ S. 385/386

7 Gegeben sei eine zusammengesetzte Funktion f mit $f(x) = a \cdot x \cdot e^{1-bx}$.
Ermitteln Sie die Werte der Parameter a und b, sodass
a) f den Hochpunkt $H(1\,|\,5)$ hat,
b) f den Tiefpunkt $T(-1\,|\,-2)$ hat.

8 Gegeben ist die Funktionenschar f_a mit $f_a(x) = 2x - a \cdot e^x$ $(a \neq 0)$.
a) Untersuchen Sie f_a in Abhängigkeit von a auf Extrem- und Wendestellen.
b) Bestimmen Sie a so, dass der Hochpunkt auf der x-Achse liegt.
c) Ermitteln Sie die Gleichung der Ortskurve der Hochpunkte von f_a.
d) Geben Sie die Koordinaten des Hochpunkts aus b) sowie die Koordinaten des Hochpunkts für a = 0,1 an. Begründen Sie mithilfe der Grenzwerte $\lim\limits_{x \to \pm\infty} f_a(x)$, dass die Anzahl der Nullstellen von a abhängt.

9 Das Laden eines Smartphoneakkus lässt sich durch die Funktionenschar mit der Gleichung $L(t) = 100 - 80e^{-k \cdot t}$ mit $k > 0$ beschreiben. Hierbei ist L(t) der Ladezustand in Prozent zum Zeitpunkt t in Stunden.

a) Begründen Sie anhand des Funktionsterms, dass sich der Ladestand mit wachsendem t 100 % nähert.
b) Beschreiben Sie, wie sich die Ladegeschwindigkeit mit wachsendem t ändert.
c) Bestimmen Sie, für welche Werte von k der Ladestand 1,5 Stunden nach Beginn des Ladevorgangs größer als 60 % ist.
d) Der voll aufgeladene Akku ist ohne Benutzung nach 12 Stunden auf 75 % gesunken. Stellen Sie für den exponentiellen Entladevorgang eine Funktionsgleichung auf.

10 Gegeben ist die Funktion f mit $f(x) = \frac{x^2 - 3x + 7}{x - 1}$.
a) Geben Sie den Definitionsbereich von f an und bestimmen Sie die Polstellen von f.
b) Ermitteln Sie die Gleichungen aller Asymptoten von f.
c) Bestimmen Sie die Art und Lage der Extrempunkte des Graphen von f. Zeigen Sie, dass er keine Wendepunkte hat.
d) Skizzieren Sie den Graphen von f. Zeichnen Sie auch alle Asymptoten ein.

11 Gegeben ist die Funktion f mit $f(x) = 2 \cdot (\ln(x))^2 - 2$.
a) Zeigen Sie, dass der Graph von f im Punkt $W(e\,|\,0)$ einen Wendepunkt hat, und leiten Sie die Gleichung der zugehörigen Wendetangente her.
b) Zeigen Sie, dass F mit $F(x) = 2x \cdot (\ln(x) - 1)^2$ eine Stammfunktion zu f ist.
c) Die Wendetangente und der Graph von f begrenzen mit der y-Achse ein nach oben offenes Flächenstück. Zeigen Sie, dass dieses Flächenstück einen endlichen Flächeninhalt hat, und geben Sie diesen an.
d) Das Flächenstück aus c) schneidet aus den Parallelen x = c zur y-Achse Strecken aus. Zeigen Sie, dass es kein c gibt, sodass die Länge dieser Strecke maximal wird.

12 Gegeben ist die Funktionenschar f_a mit $f_a(x) = ax \cdot \ln(ax^2)$, $a > 0$.
a) Geben Sie den Definitionsbereich von f_a an und berechnen Sie die Nullstellen von f_a.
b) Bestimmen Sie die Koordinaten der Extrempunkte des Graphen von f_a und zeigen Sie, dass es keine Wendepunkte gibt.
c) Bestimmen Sie die Gleichung der Ortskurve der Extrempunkte.
d) Zeigen Sie, dass F_a mit $F_a(x) = \frac{1}{2}ax^2 \cdot (\ln(ax^2) - 1)$ eine Stammfunktion zu f_a ist.
e) Der Graph von f_a schließt mit der positiven x-Achse ein Flächenstück ein. Zeigen Sie, dass der Flächeninhalt nicht vom Parameter a abhängt.

Lösungen
→ S.386/387

13 Geben Sie die Definitionsmenge, die Nullstellen und die Polstellen der Funktion f an.

a) $f(x)=\frac{2x+5}{2x-3}$ b) $f(x)=\frac{(x+4)(x-3)}{x(x+1)}$ c) $f(x)=\frac{x-2}{(x-1)(x+2)}$

d) $f(x)=\frac{(1-x)(x-2)}{x(x-1)}$ e) $f(x)=\frac{(x+2)^2}{x^2-9}$ f) $f(x)=\frac{(x+3)(x-2)}{(2+x)(4x-6)}$

14 Begründen Sie mithilfe von Zähler- und Nennergrad, ob der Graph der Funktion f eine waagerechte oder schräge Asymptote besitzt. Bestimmen Sie dann rechnerisch das Verhalten des Graphen von f im Unendlichen und geben Sie die Gleichung der Asymptote an.

a) $f(x)=\frac{3x+2}{2x^2-3}$ b) $f(x)=\frac{5x^2+3x-4}{-2x^2+1}$ c) $f(x)=\frac{3(x-1)^2}{x^2+1}$ d) $f(x)=\frac{3x^2-2x+5}{4x}$

15 Untersuchen Sie das Verhalten der Funktion f für $x\to\infty$ und $x\to-\infty$. Geben Sie die Gleichung der zugehörigen Asymptote an.

a) $f(x)=\frac{3x^2+2}{x}$ b) $f(x)=\frac{2-5x^2}{x^2}$ c) $f(x)=\frac{2x^2-1}{2x^2+1}$ d) $f(x)=\frac{9x^2-4}{3x}$

16 Die ganzrationalen Funktionen p und q haben höchstens den Grad 2. Beurteilen Sie die Aussage über die gebrochen-rationale Funktion f mit $f(x)=\frac{p(x)}{q(x)}$.

a) Ist x_1 eine Nullstelle der Nennerfunktion p, so hat f dort einen Vorzeichenwechsel.

b) Ist x_2 eine Polstelle der Funktion f, so hat der Graph von f die senkrechte Asymptote $x=x_2$.

17 Bestimmen Sie das Monotonie- und Krümmungsverhalten und berechnen Sie die Koordinaten der Extrem- und Wendepunkte des Graphen von f.

a) $f(x)=\frac{2x}{x^2+1}$ b) $f(x)=\frac{4(x+1)^2}{x^2}$

18 Geben Sie die Definitionsmenge und die Nullstelle von f an und untersuchen Sie das Verhalten von f an den Rändern der Definitionsmenge. Bestimmen Sie die Koordinaten lokaler Extrem- und Wendepunkte und skizzieren Sie den Graphen von f.

a) $f(x)=-2\sqrt{2x-5}$ b) $f(x)=\frac{1}{2\sqrt{x^2-1}}$ c) $f(x)=\frac{4\sqrt{x}}{e^x}$ d) $f(x)=2e^x\sqrt{1-x}$

Wo stehe ich?

	Ich kann...	Aufgabe	Nachschlagen
8.1	... Produkte von Funktionen mit der Produktregel ableiten.	1, 2	S. 292 Beispiel 1
8.2	... Quotienten von Funktionen mit der Quotientenregel ableiten.	17	S. 295 Beispiel 1
8.3	... Produkte von Funktionen integrieren.	1, 4	S. 297 Beispiel 1 S. 298 Beispiel 2
8.5	... charakteristische Punkte von verknüpften Exponentialfunktionen bestimmen und ihren Verlauf im Unendlichen untersuchen. ... Extremalprobleme mit verknüpften Exponentialfunktionen lösen.	2, 3, 6	S. 304 Beispiel 1 S. 306 Beispiel 2 S. 308 Beispiel 3
8.6	... Vorgänge mithilfe verknüpfter Exponentialfunktionen beschreiben.	5, 9	S. 313 Beispiel 1 S. 315 Beispiel 2
8.7	... Scharen verknüpfter Exponentialfunktionen untersuchen.	7, 8, 9	S. 319 Beispiel 1 S. 320 Beispiel 2
8.8	... Verknüpfungen mit Logarithmusfunktionen untersuchen.	2, 11	S. 324 Beispiel 1 S. 324 Beispiel 2 S. 326 Beispiel 3
8.9	... Verknüpfungen mit Wurzelfunktionen untersuchen.	2, 18	S. 329 Beispiel 1 S. 329 Beispiel 2
8.10	... Nullstellen und Definitionslücken einfacher gebrochen-rationaler Funktionen bestimmen. ... Polstellen und Gleichungen senkrechter Asymptoten bestimmen ... waagerechte und schräge Asymptoten bestimmen. ... Eigenschaften mithilfe von Ableitungen bestimmen.	10, 13, 14, 15, 16, 17	S. 332 Beispiel 1 S. 334 Beispiel 2 S. 336 Beispiel 3 S. 337 Beispiel 4 S. 338 Beispiel 5
8.11	... Scharen verknüpfter Funktionen untersuchen.	12	S. 342 Beispiel 1

Produktregel

Haben die Funktionen u und v die Ableitungen u′ und v′, so hat die Funktion f mit $f(x) = u(x) \cdot v(x)$ die Ableitung
$f'(x) = u'(x) \cdot v(x) + u(x) \cdot v'(x)$.

$f(x) = x^2 \cdot e^{4x-3}$

$u(x) = x^2 \qquad v(x) = e^{4x-3}$

$u'(x) = 2x \qquad v'(x) = 4e^{4x-3}$

$f'(x) = 2x \cdot e^{4x-3} + x^2 \cdot 4e^{4x-3}$
$= (2x + 4x^2) \cdot e^{4x-3}$

Regel zur Produktintegration

Ist f eine Funktion mit $f(x) = u'(x) \cdot v(x)$, so gilt für die Menge aller Stammfunktionen von f:

$$\int u'(x) \cdot v(x)\,dx = u(x) \cdot v(x) - \int u(x) \cdot v'(x)\,dx$$

$f(x) = x \cdot e^x$

$u'(x) = e^x \qquad v(x) = x$

$u(x) = e^x \qquad v'(x) = 1$

$$\int x \cdot e^x\,dx = x \cdot e^x - \int 1 \cdot e^x\,dx = xe^x - e^x + C$$

Verknüpfte Exponentialfunktionen

Beim Verhalten der Funktionswerte für $x \to \infty$ und $x \to -\infty$ setzt sich in nicht eindeutigen Fällen eine Exponentialfunktion gegenüber jeder Potenzfunktion und daher auch gegenüber jeder ganzrationalen Funktion durch.

Für $x \to \infty$ gilt: $x^n \cdot e^{-x} \to 0$

Für $x \to -\infty$ gilt: $x^n \cdot e^x \to 0$ $(n \in \mathbb{N})$

$f(x) = xe^{-2x} + 3$

$\lim\limits_{x \to \infty} (\underbrace{x}_{\infty} \cdot \underbrace{e^{-2x}}_{0} + 3) = 3$

$\lim\limits_{x \to -\infty} (\underbrace{x}_{-\infty} \cdot \underbrace{e^{-2x}}_{\infty} + 3) = -\infty$

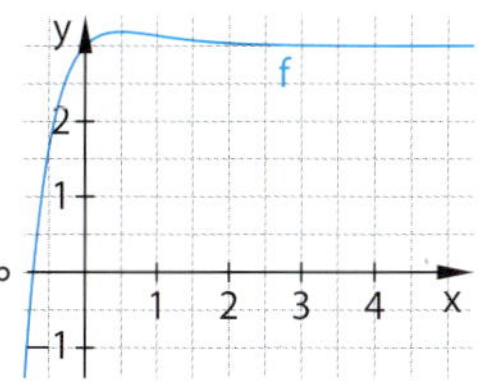

Der Graph von f hat eine waagerechte Asymptote mit der Gleichung x = 3.

Verknüpfte Logarithmusfunktionen

Beim Verhalten der Funktionswerte für $x \to 0$, $x > 0$ und $x \to \infty$ setzt sich in nicht eindeutigen Fällen eine Potenzfunktion und daher auch eine ganzrationale Funktion gegenüber einer Logarithmusfunktion durch.

Für $x \to 0, x > 0$ gilt: $x^n \cdot \ln(x) \to 0$

Für $x \to \infty$ gilt: $x^{-n} \cdot \ln(x) \to 0$ $(n \in \mathbb{N})$

$f(x) = 2x \cdot \ln(x) - x$

$D_f = \mathbb{R}^{>0}$

$\lim\limits_{x \to 0} (\underbrace{2x \cdot \ln(x)}_{0} - \underbrace{x}_{0}) = 0$

$\lim\limits_{x \to \infty} (\underbrace{2x \cdot \ln(x)}_{\infty} - \underbrace{x}_{\infty})$

$= \lim\limits_{x \to \infty} (\underbrace{x}_{\infty} \cdot \underbrace{(2\ln(x) - 1)}_{\infty}) = \infty$

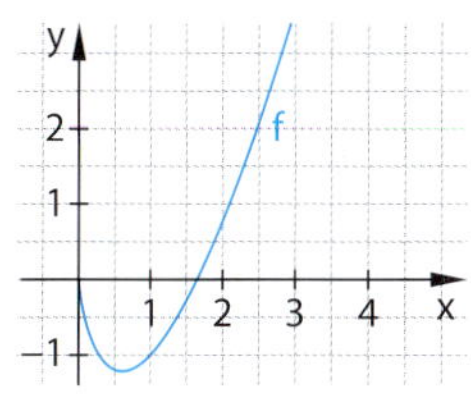

Bestände und Änderungsraten

Bei Bestandsfunktionen und den Funktionen ihrer Änderungsraten kann man ihren mathematischen Eigenschaften die Bedeutung für den Bestand im konkreten Sachkontext gegenüberstellen.

Zeitliche Entwicklung eines Hasenbestands

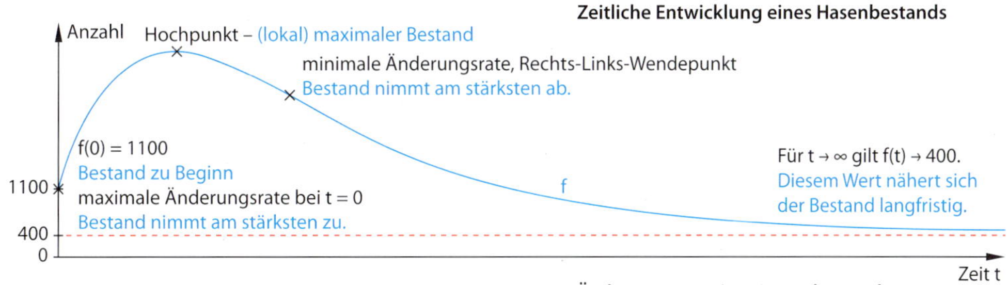

Änderungsrate eines Hasenbestands

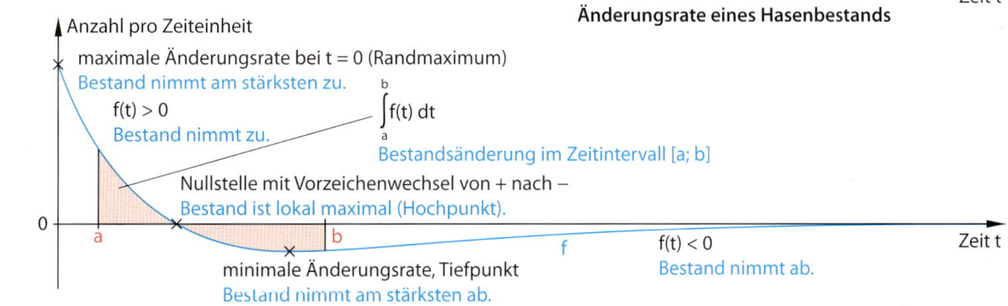

Quotientenregel

Wenn die Funktionen p und q in einem Intervall I differenzierbar sind und für alle $x \in I$ gilt $q(x) \neq 0$, dann ist auch die Funktion f mit $f(x) = \frac{p(x)}{q(x)}$ in I differenzierbar und es gilt:

$$f'(x) = \frac{p'(x)q(x) - p(x)q'(x)}{(q(x))^2} \text{ für alle } x \in I$$

$f(x) = \frac{3x}{2x+1}$

Zähler: $p(x) = 3x$, $p'(x) = 3$

Nenner: $q(x) = 2x + 1$, $q'(x) = 2$

$$f'(x) = \frac{p'(x)q(x) - p(x)q'(x)}{(q(x))^2}$$

$$= \frac{3 \cdot (2x+1) - 3x \cdot 2}{(2x+1)^2} = \frac{3}{(2x+1)^2}$$

Gebrochen-rationale Funktionen

Eine **gebrochen-rationale Funktion** f ist eine Funktion der Form $f(x) = \frac{p(x)}{q(x)}$, wobei p und q ganzrationale Funktionen sind (q mindestens vom Grad 1).
Die Nullstellen des Nenners q heißen **Definitionslücken** von f.

$f(x) = \frac{x^2 - x - 2}{x^2 - 4x + 3} = \frac{(x+1)(x-2)}{(x-3)(x-1)}$

Definitionslücken: $(x-3)(x-1) = 0$
Also $x_1 = 3$ und $x_2 = 1$.

Die Nullstellen des Zählers p, die keine Nullstellen des Nenners q sind, sind die **Nullstellen** der Funktion f. Bei einer einfachen Nullstelle schneidet der Graph die x-Achse (Vorzeichenwechsel), bei einer doppelten Nullstelle berührt er die x-Achse, ohne sie zu schneiden.

Nullstellen: $(x+1)(x-2) = 0$
Lösungen: $x_3 = -1$, $x_4 = 2$. Beide Nullstellen sind einfache Nullstellen: Der Graph schneidet dort jeweils die x-Achse.

Eine **Polstelle** von f ist eine Definitionslücke x_0 von f mit $\lim\limits_{\substack{x \to x_0 \\ x < x_0}} f(x) = \pm\infty$ und $\lim\limits_{\substack{x \to x_0 \\ x > x_0}} f(x) = \pm\infty$.
Der Graph von f hat dann eine **senkrechte Asymptote** mit der Gleichung $x = x_0$.
Jede Nullstelle des Nenners einer einfachen gebrochen-rationalen Funktion ist eine Polstelle der Funktion.

Polstellen: Die Funktion hat Polstellen an ihren Definitionslücken $x_1 = 3$ und $x_2 = 1$. Beide Polstellen sind einfache Nullstellen des Nenners, also Polstellen mit Vorzeichenwechsel.

Senkrechte Asymptoten: $x = 3$ und $x = 1$

Im vollständig gekürzten Term von f ist eine
- einfache Nullstelle des Nenners eine Polstelle **mit Vorzeichenwechsel**,
- doppelte Nullstelle des Nenners eine Polstelle **ohne Vorzeichenwechsel**.

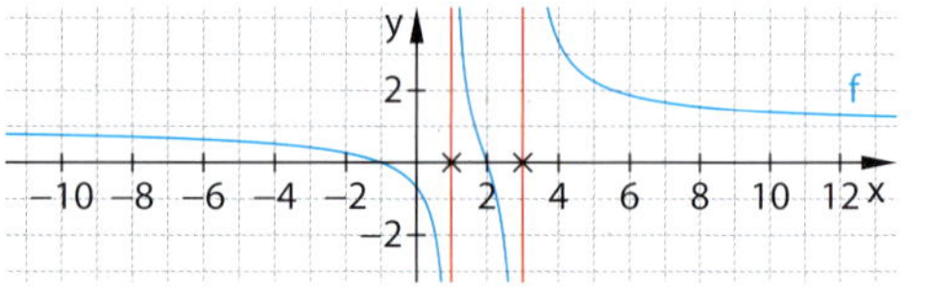

Waagerechte und schräge Asymptoten

Für eine gebrochen-rationale Funktion f gilt:
- Zählergrad < Nennergrad: Der Graph hat die x-Achse als waagerechte Asymptote.
- Zählergrad = Nennergrad: $\lim\limits_{x \to \pm\infty} f(x) = a \neq 0$, der Graph hat die waagerechte Asymptote $y = a$.
- Zählergrad > Nennergrad: $\lim\limits_{x \to \pm\infty} f(x) = \pm\infty$

Ist der Grad des Zählers um 1 größer als der Grad des Nenners, so hat der Graph von f eine schräge Asymptote.

$f(x) = \frac{x}{x^2+1}$ $\quad$ ZG = 1 < 2 = NG
waagerechte Asymptote $y = 0$

$g(x) = \frac{x+1}{x+2}$ $\quad$ ZG = 1 = NG
waagerechte Asymptote $y = 1$

$h(x) = \frac{x^2+1}{2x} = \frac{1}{2}x + \frac{1}{2x}$ $\quad$ ZG = 2 = 1 + NG
schräge Asymptote $y = 0{,}5x$

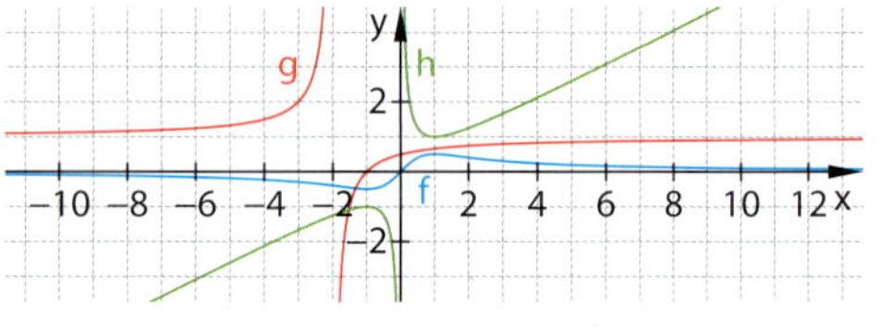

9

Vorbereitung auf die schriftliche Prüfung

In diesem Kapitel finden Sie Hinweise und Aufgaben zur Vorbereitung auf die Abiturprüfung.

9.1 Grundlegende Aufgaben

Mit den folgenden Aufgaben können Sie Ihre Grundkenntnisse überprüfen und trainieren. Eine Abiturprüfung enthält Aufgaben aus den drei Bereichen Analysis, Analytische Geometrie und Stochastik. Hier finden Sie Aufgaben aus dem Bereich **Analysis**.

1 Gegeben ist die Ableitungsfunktion f' mit $f'(x) = -x^2 + 12x - 32$, $x \in \mathbb{R}$.

a) Berechnen Sie die Nullstellen der Funktion f'.

b) Die Abbildung zeigt den Graphen von f'. Skizzieren Sie in Ihrem Heft den Graphen einer möglichen Ausgangsfunktion f.

c) Gegeben ist die Ableitungsfunktion g' mit $g'(x) = f'(x) - 5$. Entscheiden Sie begründet, ob der Graph einer möglichen Ausgangsfunktion mindestens einen lokalen Extrempunkt besitzt.

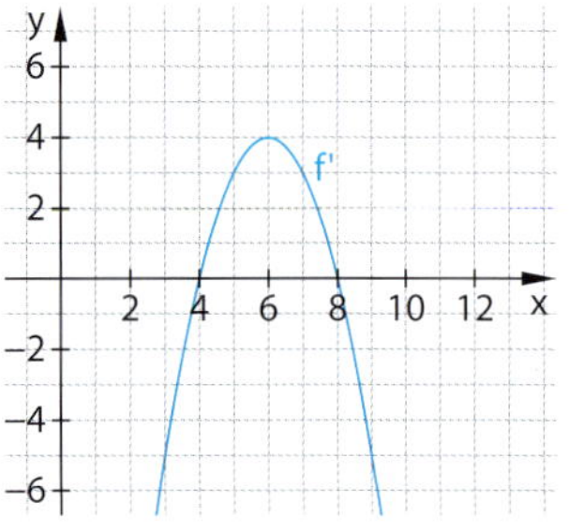

2 Gegeben ist die Funktion f mit $f(x) = -2 \cdot e^x$, $x \in \mathbb{R}$.

a) Bestimmen Sie die Ableitungsfunktion f' und treffen Sie mit ihrer Hilfe eine Aussage über das Monotonieverhalten von f.

b) Die Tangente an den Graphen von f im Schnittpunkt mit der y-Achse begrenzt mit den Koordinatenachsen ein Dreieck.
Weisen Sie nach, dass dieses Dreieck einen Flächeninhalt von 1 FE hat.

3 Gegeben ist die Funktion f mit $f(x) = (x^2 - 17) \cdot e^x$.

a) Zeigen Sie, dass die Funktion F mit $F(x) = (x^2 - 2x - 15) \cdot e^x$ eine Stammfunktion der Funktion f ist.

b) Bestimmen Sie einen Wert für u, sodass gilt: $\int_0^u f(x)\,dx = 15$

4 Die Abbildung zeigt den Graphen der Funktion f mit $f(x) = \frac{1}{6}x^3 + \frac{1}{2}x^2 - \frac{3}{2}x$.

a) Weisen Sie rechnerisch nach, dass der Graph von f in $H\left(-3\,\middle|\,\frac{9}{2}\right)$ einen Hochpunkt und in $T\left(1\,\middle|\,-\frac{5}{6}\right)$ einen Tiefpunkt hat.

b) Begründen Sie, dass der Graph einer ganzrationalen Funktion dritten Grades stets genau einen Wendepunkt hat.

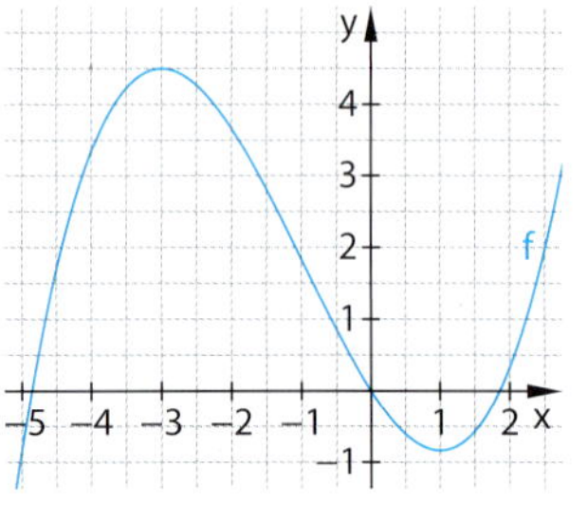

c) Entscheiden Sie begründet, bei welchem der abgebildeten Graphen es sich nicht um den Graphen einer Stammfunktion von f handeln kann.

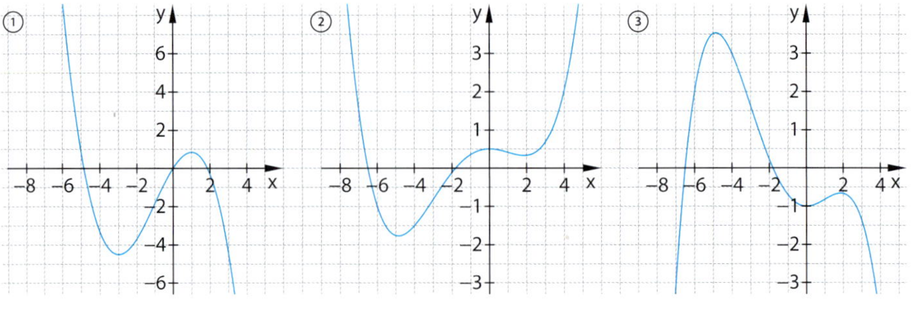

5 Ein Tank enthält zu Beginn der Beobachtung 20 m^3 Wasser. Für die anschließenden 6 Stunden gibt die Funktion f mit $f(t) = -(t-2)(t-4)$ die Zu-/Abflussrate in m^3/h an.

a) Begründen Sie anhand des Funktionsterms von f, dass im Zeitraum [2; 4] ein Zufluss von Wasser stattfindet.

b) Begründen Sie anhand der Abbildung des Graphen von f, dass in den ersten 2 Stunden weniger als 8 m^3 abfließen.

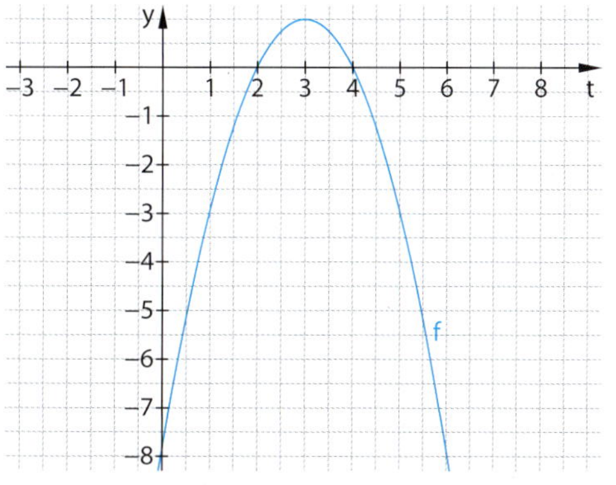

c) Geben Sie an, welche der Aussagen wahr ist:

① Bei t = 3 hat der Wasserstand im Tank ein Maximum.

② Bei t = 2 hat der Wasserstand im Tank ein lokales Minimum.

d) Geben Sie einen Term an, mit dem das Wasservolumen im Tank nach 3 Stunden berechnet werden kann.

6 Die ganzrationale Funktion f dritten Grades ist punktsymmetrisch zum Ursprung. Die Tangente t an den Graphen von f im Punkt $B(1 \mid 0)$ hat die Gleichung $t(x) = 2x - 2$.

a) Bestimmen Sie eine Funktionsgleichung von f.

b) Bestimmen Sie die Gleichung der Wendetangente des Graphen von f.

7 Die Abbildung zeigt den Graphen der Funktion f mit $f(x) = 3x - x^3$.

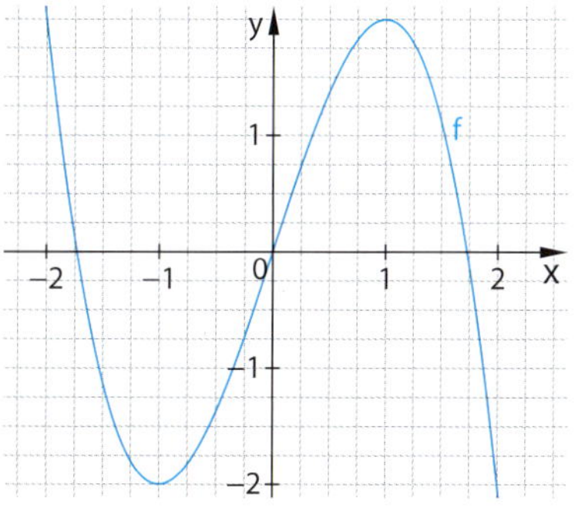

a) Leiten Sie her, dass die Funktion f die Nullstellen $x_1 = -\sqrt{3}$, $x_2 = 0$ und $x_3 = \sqrt{3}$ hat.

b) Berechnen Sie $A = \int_0^{\sqrt{3}} f(x)\,dx$ und erläutern Sie die geometrische Bedeutung der Zahl A.

c) Erläutern Sie, dass der Inhalt der Fläche, die vom Graphen von f mit der x-Achse eingeschlossen wird, $2 \cdot A$ beträgt.

8 Gegeben ist die Funktion f mit $f(x) = (x - x^2) \cdot e^{-x}$. Die Abbildung zeigt den Graphen von f.

a) Zeigen Sie, dass die Funktion F mit $F(x) = (x^2 + x + 1) \cdot e^{-x}$ eine Stammfunktion zu f ist.

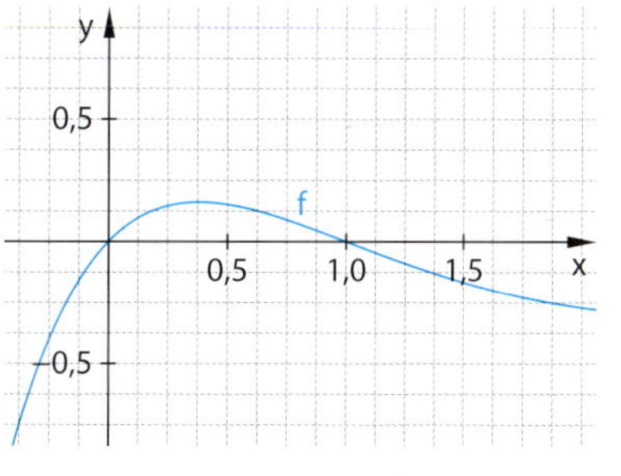

b) Berechnen Sie den Inhalt der Fläche, die der Graph von f zwischen seinen Nullstellen mit der x-Achse einschließt.

c) Geben Sie die Extremstellen von F an und erläutern Sie ohne weitere Berechnungen, um was für eine Art von Extremum es sich handelt.

9 Gegeben ist die Funktion f mit $f(x) = 5 \cdot e^{\frac{x}{5}} - 2$.

a) Berechnen Sie die Nullstelle der Funktion f.
Ermitteln Sie die Steigung der Tangente an den Graphen von f im Punkt $P(0 \mid 3)$.

b) Zeigen Sie, dass diese Tangente mit den Koordinatenachsen ein gleichschenkliges Dreieck einschließt.

c) Zeigen Sie, dass der Graph von f weder Extrempunkte noch Wendepunkte hat.

10 Gegeben sind die Parabeln f_a mit $f_a(x) = 4a \cdot x - 2x^2$ für $a > 0$.

a) Ermitteln Sie die Gleichung der Ortskurve der Hochpunkte des Graphen von f_a.

b) Bestimmen Sie a so, dass der Hochpunkt des Graphen von f_a die y-Koordinate 162 hat.

c) Berechnen Sie den Inhalt des Flächenstücks, das der Graph von f_a mit der x-Achse einschließt.

d) Berechnen Sie a so, dass das Flächenstück aus c) den Inhalt 72 FE hat.

11 Gegeben ist die Funktion f mit $f(x) = (3x - 15) \cdot e^x$.

a) Ermitteln Sie eine Stammfunktion F von f.

b) Berechnen Sie die Lösung der Gleichung $\int_0^u f(x)\,dx = 18$.

c) Begründen Sie, dass das Integral aus b) nicht den Inhalt der Fläche angibt, die der Graph von f und die x-Achse im Intervall [0; u] einschließen, wobei u die Lösung aus b) ist. Geben Sie einen Term an, mit dem dieser Flächeninhalt berechnet werden kann.

12 Gegeben ist die Funktion f mit $f(x) = (2x - 4) \cdot e^{-x}$.

a) Bestimmen Sie das Verhalten der Funktion f für $x \to \pm\infty$.

b) Zeigen Sie, dass f bei $x = 3$ ein globales Maximum annimmt.

c) Bestimmen Sie die Gleichung der Tangente an den Graphen von f im Punkt $P(4 \mid 4e^{-4})$.

d) Zeigen Sie, dass F mit $F(x) = -f(x) - 2e^{-x}$ eine Stammfunktion von f ist.

e) Es sei a die Nullstelle von f. Der Graph von f, die x-Achse und die Gerade $x = a$ schließen ein nach rechts unbeschränktes Flächenstück ein. Zeigen Sie, dass dieses Flächenstück einen endlichen Inhalt hat.

13 Gegeben ist die Funktionenschar f_a mit $f_a(x) = (x^2 - 2x - a + 2) \cdot e^x$.

a) Zeigen Sie, dass für die Ableitung gilt $f_a'(x) = (x^2 - a) \cdot e^x$.

b) Zeigen Sie, dass die Graphen von f_a für $a < 0$ streng monoton steigend sind.

c) Zeigen Sie, dass für $a > 0$ alle Tiefpunkte der Graphen von f_a auf dem Graphen von h mit $h(x) = (2 - 2x)e^x$ liegen.

14 Gegeben ist die in $\mathbb{R}$ definierte Funktion f mit $f(x) = (3x - 1) \cdot e^{-x}$.

a) Zeigen Sie, dass $x = \frac{1}{3}$ die einzige Nullstelle von f ist, und geben Sie das Vorzeichenverhalten von f(x) an.

b) Bestimmen Sie das Verhalten des Graphen von f für $x \to \infty$.

c) Begründen Sie anhand der bisherigen Resultate, dass der Graph von f einen Hochpunkt hat, und geben Sie an, ob sich dieser rechts oder links der Nullstelle befindet.

15 Gegeben sind die Funktionen f und g mit $f(x) = -2 \cdot e^x$, $g(x) = -\frac{1}{2} \cdot e^{-x} - \frac{3}{2}$, $x \in \mathbb{R}$.

a) Bestimmen Sie die Ableitungsfunktionen f′ und g′ und treffen Sie mit ihrer Hilfe eine Aussage über das Monotonieverhalten von f und g.

b) Die Tangente an den Graphen von f im Schnittpunkt mit der y-Achse begrenzt mit den Koordinatenachsen ein Dreieck.
Weisen Sie nach, dass dieses Dreieck einen Flächeninhalt von 1 FE hat.

c) Zeigen Sie, dass sich die Graphen von f und g auf der y-Achse rechtwinklig schneiden.

16 Gegeben ist die Funktion f mit $f(x) = \frac{4}{x-1}$.

a) Begründen Sie, dass $x = 1$ eine Asymptote des Graphen von f ist.

b) Geben Sie ohne weitere Rechnung die Gleichung einer weiteren Asymptote des Graphen von f an. Begründen Sie Ihre Wahl.

c) Bestimmen Sie eine Stammfunktion F von f. Ermitteln Sie, für welchen Wert von $u > 2$ die Fläche, die vom Graphen von f und der x-Achse über dem Intervall [2; u] eingeschlossen wird, den Inhalt 4 FE hat.

17 Gegeben ist die Funktion f mit $f(x) = (2x^5 - 3)^2$.

a) Leiten Sie f mit der Kettenregel ab.

b) Begründen Sie ohne weitere Rechnung: Nullstellen von f sind auch Nullstellen von f'.

c) Wandeln Sie den Term von f mit der binomischen Formel in eine Summe um und leiten Sie diese ab. Vergleichen Sie mit dem Ergebnis aus a).

18 Gegeben ist die Funktion f mit $f(x) = \ln(3x)$.

a) Bestimmen Sie die erste Ableitung von f mit der Kettenregel.

b) Zeigen Sie mithilfe von a), dass es ein $k \in \mathbb{R}$ gibt mit $\ln(3x) = \ln(x) + k$ für alle $x > 0$.

c) Bestimmen Sie den Wert von k, ohne dabei ein Logarithmusgesetz zu verwenden.

19 Gegeben ist für $a \in \mathbb{R}$ mit $a > 0$ die Funktionenschar f_a mit $f_a(x) = a(-3x^2 + 12x - 9)$.

a) Berechnen Sie die Nullstellen von f_a.

b) Zeigen Sie, dass für den Inhalt der Fläche zwischen dem Graphen von f_a und der x-Achse gilt: $A_a = 4a$

c) Zeigen Sie mithilfe von b), dass das Flächenstück, das von den Graphen von f_a und f_{a+1} eingeschlossen wird, für alle a den gleichen Inhalt hat.

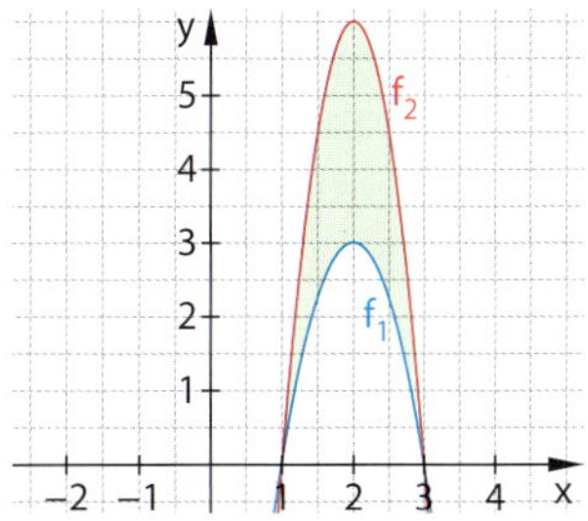

20 Der Graph der Funktion f mit $f(x) = x \cdot e^{1-x}$ verläuft durch den Ursprung. Betrachtet werden Dreiecke OAB mit $O(0|0)$, $A(a|0)$ und $B(a|f(a))$ mit $a > 0$.

a) Zeigen Sie, dass für den Flächeninhalt dieser Dreiecke gilt: $A(a) = \frac{1}{2}a^2 \cdot e^{1-a}$

b) Bestimmen Sie das a, für das dieser Flächeninhalt maximal ist.

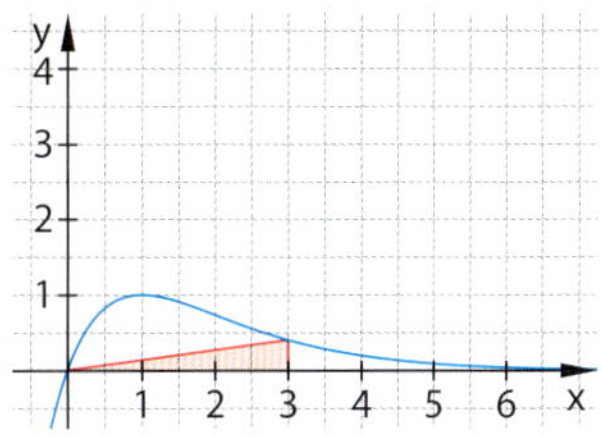

21 Gegeben ist die Funktion f mit der Gleichung $f(x) = (x - 2) \cdot e^{2-x}$.

a) Zeigen Sie, dass durch F mit $F(x) = (1 - x) \cdot e^{2-x}$ eine Stammfunktion zu f gegeben ist.

b) Bestimmen Sie die Nullstelle von f und berechnen Sie den Inhalt der sich ins Unendlich erstreckenden Fläche, die rechts von der Nullstelle zwischen dem Graphen und der x-Achse liegt.

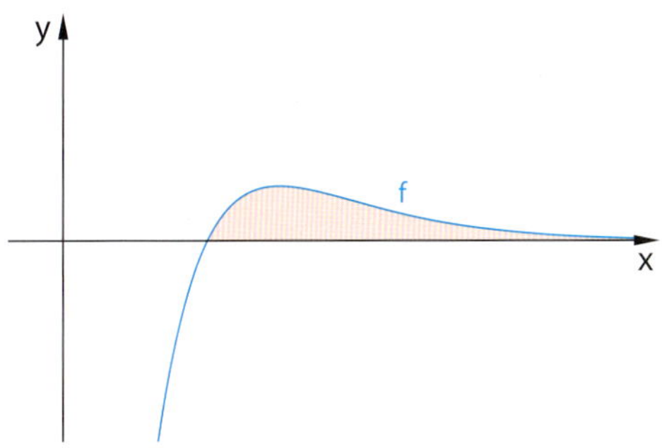

22 Die Abbildung zeigt die Graphen von f und g mit $f(x) = e^{(x-2)} + e^{(2-x)} - 3$ und $g(x) = e^{(x-2)} - 3$.

a) Zeigen Sie, dass f und g keinen Schnittpunkt haben, und übertragen Sie die Graphen von f und g in ein Koordinatensystem in Ihrem Heft.

b) F sei die Integralfunktion mit $F(x) = \int_0^x f(t)\,dt$.

Skizzieren Sie den Graphen von F in das Koordinatensystem.

c) Berechnen Sie $\lim\limits_{x\to\infty} \int_0^x (f(t) - g(t))\,dt$.

Schraffieren Sie in Ihrer Skizze die durch diesen Grenzwert berechnete Fläche.

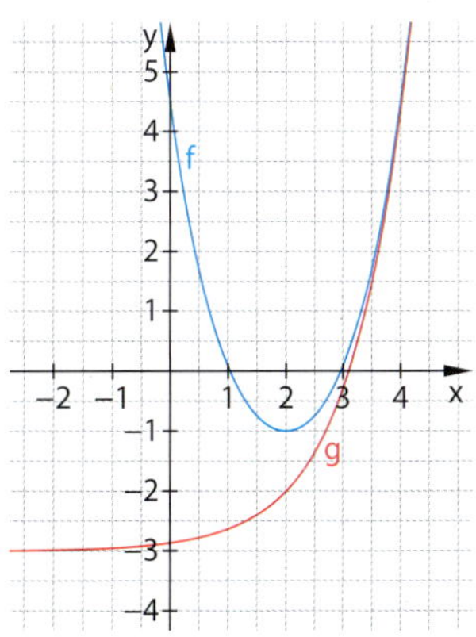

9.2 Prüfungsähnliche Aufgaben

Bei der Bearbeitung der folgenden Aufgaben können Taschenrechner sowie Formelsammlungen verwendet werden. Der Lösungsweg sollte vollständig nachvollziehbar dokumentiert werden. Die Dokumentation geht in die Bewertung ein. Alle hier gestellten Aufgaben sind aus dem Bereich **Analysis**. Aufgaben zu den Bereichen Lineare Algebra, Analytische Geometrie und Stochastik finden Sie im Band 2.

1 Download

Der Graph der Funktion f mit $f(t) = -\frac{1}{8}t^3 + \frac{3}{4}t^2$ beschreibt zwischen seinen Nullstellen die Übertragungsrate während eines Downloads einer App. Dabei gibt t die Zeit in Sekunden an und f(t) die Downloadgeschwindigkeit in Megabyte pro Sekunde $\left(\frac{\text{MB}}{\text{s}}\right)$.

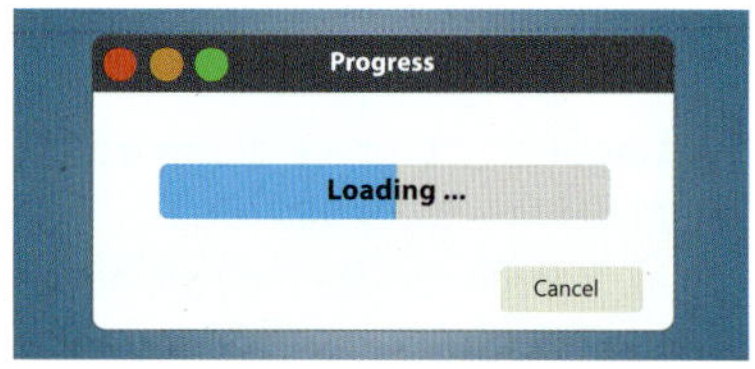

a) Bestimmen Sie die Gesamtdauer des Downloads und die Downloadgeschwindigkeit nach 2 Sekunden.
Berechnen Sie den Zeitpunkt mit der höchsten Übertragungsrate.
Zeigen Sie, dass f bei t = 2 eine Wendestelle hat, und erklären Sie ihre Bedeutung im Sachzusammenhang.

b) Berechnen Sie, wie viele Megabyte insgesamt heruntergeladen werden.
Zeigen Sie, dass nach 2 Sekunden erst weniger als 12,5 % und nach 5 Sekunden bereits über 85 % der Daten heruntergeladen sind.

c) Aufgrund eines technischen Fehlers wird die Übertragungsrate ab t = 2 angegeben durch die Gerade g_1 durch den Wendepunkt von f und P(6 | 0). Berechnen Sie, um wie viel Prozent der Gesamtdownload durch diesen Fehler verringert wird.

Unabhängig vom Sachzusammenhang werden nun die auf ganz ℝ definierten Funktionen f und h mit $f(x) = -\frac{1}{8}x^3 + \frac{3}{4}x^2$ und $h(x) = -\frac{1}{8}x^3 + \frac{3}{2}x$ betrachtet.

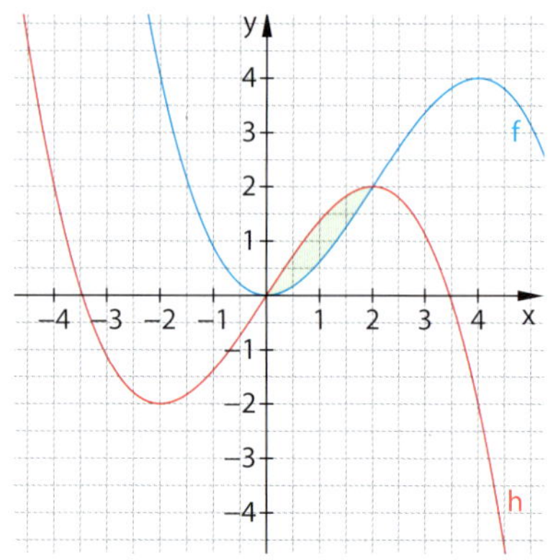

d) Die Graphen von f und h schließen wie abgebildet eine Fläche A ein. Berechnen Sie ihren Inhalt.
Bestimmen Sie die Stelle, an der die Fläche A die größtmögliche vertikale Ausdehnung hat, und geben Sie diese an.
g_2 sei die Gerade durch die Schnittpunkte von f und h. Berechnen Sie, in welchem Verhältnis g_2 die Fläche A teilt.

e) Zeigen Sie, dass f und h zur Funktionenschar $f_a(x) = -\frac{1}{8}(x-a)^3 + \frac{3}{2}(x-a) + a$ gehören, und weisen Sie nach, dass für alle $a \in \mathbb{R}$ der Wendepunkt von f_a auf g_2 liegt.
Für $a \in \mathbb{R}$ sei t_a die Tangente an den Graphen von f_a im Schnittpunkt mit der y-Achse. Zeigen Sie, dass t_a die Steigung $m_a = -\frac{3}{8}a^2 + \frac{3}{2}$ hat.
Ermitteln Sie Werte für a, sodass t_a senkrecht zu t_0 verläuft.
Begründen Sie, dass keine Tangente t_a senkrecht zu t_2 verläuft.

2 Firmenlogo

Ein neues Logo soll das Firmenhochhaus schmücken. Das symmetrische Logo wird im Koordinatensystem entworfen: 1 Längeneinheit entspricht 1 m.
Der Bogen von $E(1|0)$ nach $B(3|0)$ ist Teil der Parabel zu $g(x) = x^2 - 4x + 3$.

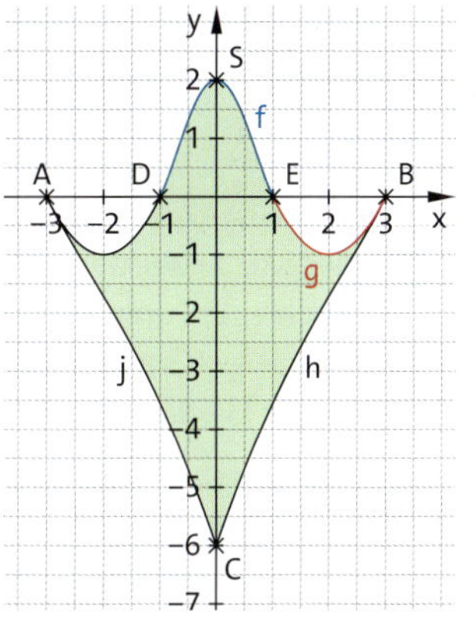

a) Berechnen Sie die Nullstellen von g und die Steigung $g'(3)$. Begründen Sie: $g'(1) = -g'(3)$
Der Bogen von $A(-3|0)$ nach $D(-1|0)$ ist Teil des Graphen einer Funktion g_1. Geben Sie eine Gleichung von g_1 an.

b) Die in der Abbildung dargestellte blaue Randkurve ist der Graph einer ganzrationalen Funktion f vierten Grades. Ihr Graph ist symmetrisch zur y-Achse, verläuft durch $S(0|2)$ und schließt im Punkt E knickfrei an den Graphen von g an. Ermitteln Sie eine Funktionsgleichung von f.
[Kontrollergebnis: $f(x) = x^4 - 3x^2 + 2$]

c) Die Funktion h, deren Graph den rechten Teil des Logos begrenzt, gehört zur Funktionenschar h_k mit $h_k(x) = 2k(x-3)^2 + \frac{2}{e^3}e^x - 2$ mit $k < 0$.
Zeigen Sie, dass die Graphen aller Funktionen dieser Schar im Punkt B die gleiche Steigung haben wie der Graph von g.
Zeigen Sie, dass das Flächenstück, das durch die y-Achse, die Graphen von f und g sowie durch den Graphen von h_k begrenzt wird, den Inhalt $A_k = \frac{58}{15} - 18k + \frac{2}{e^2}$ hat.
Für die Funktion h, deren Graph abgebildet ist, gilt $k = -\frac{1+2e^3}{9e^3}$.
Weisen Sie rechnerisch nach, dass der Graph von h die y-Achse in $C(0|-6)$ schneidet.
Die für das Auftragen des Logos benötigte Spezialfarbe kostet pro Liter 189 € und reicht für eine Fläche von 3 m². Berechnen Sie den Flächeninhalt des Logos und untersuchen Sie, ob ein Budget von 1200 € ausreicht, um genug Farbe für das Logo zu kaufen.

d) Die Funktion f gehört zur Schar f_a mit $f_a(x) = a \cdot \left(x^4 - \left(2 + \frac{1}{a}\right)x^2 + \left(1 + \frac{1}{a}\right)\right)$, $a > 0$.
Zeigen Sie, dass alle Graphen dieser Schar achsensymmetrisch zur y-Achse sind und im Punkt E knickfrei an den Graphen von g anschließen.
Geben Sie an, für welchen Wert des Parameters a gilt: $f_a = f$.
Die blaue Randkurve des Logos wird nun durch den Graphen von f_a ersetzt. Ermitteln Sie denjenigen Wert von a, für den der Flächeninhalt des Logos dem Inhalt der Fläche entspricht, die von den Graphen von h und j mit der x-Achse eingeschlossen wird.

Unabhängig vom Sachzusammenhang wird die Funktionenschar r_k mit $r_k(x) = kx^2 + e^x$, $k < 0$ betrachtet.

e) Zeigen Sie, dass $W_k(\ln(-2k) | k(\ln(-2k))^2 - 2k)$ der Wendepunkt von r_k ist. Begründen Sie, dass die Steigung des Graphen von r_k in W_k ein lokales Minimum hat.

f) Zeigen Sie, dass die Wendepunkte W_k, $k < 0$ auf dem Graphen der Funktion w mit $w(x) = e^x\left(1 - \frac{1}{2}x^2\right)$ liegen.
Ermitteln Sie denjenigen Wert von $k < 0$, für den der Wendepunkt W_k den kleinsten Abstand zum Ursprung hat. Nutzen Sie hierzu die Information, dass die Funktion d mit $d(x) = \sqrt{x^2 + (w(x))^2}$ bei $x \approx -0{,}47$ ein globales Minimum hat.

3 Pandemie

Die Tabelle zeigt für die Freitage ab dem 11. Sept. 2020 die durch 3000 dividierte Anzahl der zu dem Zeitpunkt in Nordrhein-Westfalen an Corona Erkrankten.

0	1	2	3	4	5	6	7	8	9	10	11	12	13
0,98	1,24	1,68	2,32	3,12	4,78	7,37	13,31	18,65	21,86	23,85	22,99	21,2	21,27

In der Skizze wurden die Messwerte für die Wochen 0 bis 7 durch eine Funktion f der Form $f(x) = c \cdot e^{kx}$ approximiert, deren Graph durch die Punkte $(0|0{,}98)$ und $(7|13{,}31)$ verläuft (x: Anzahl der Wochen).

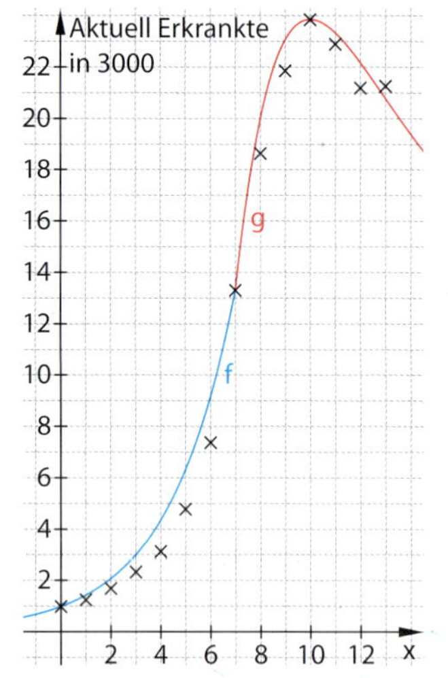

a) Geben Sie die Anzahl der an Corona Erkrankten in der 10. Woche an.
Ermitteln Sie eine Gleichung der Funktion f.
Beurteilen Sie anhand der Abbildung, wie sich in dieser Zeitspanne der wöchentliche Wachstumsfaktor der realen Werte zu dem der Funktion f verhält.
Geben Sie die mittlere Änderungsrate im Intervall $[0; 7]$ an.
Schätzen Sie mithilfe der Funktion f, ab welcher Woche man bei fortlaufendem exponentiellen Wachstum mit über 1 Mio. Erkrankten hätte rechnen müssen.

b) Durch einen Teillockdown im November 2020 wurde das exponentielle Wachstum beendet. Die Messwerte ab der 7. Woche können durch die Funktion g mit $g(x) = 26{,}77(x^2 - 7x)e^{-\frac{13}{30}x} + 13{,}31$ angenähert werden (siehe Abbildung).
Weisen Sie rechnerisch nach, dass der Graph von g an der Stelle $x = 7$ nicht knickfrei an den Graphen von f anschließt.
Berechnen Sie das lokale Maximum von g.
Ermitteln Sie das Verhalten von g(x) für $x \to \infty$. Begründen Sie, dass die Funktion g nicht dazu geeignet ist, einen wirklich erfolgreichen Lockdown zu modellieren.

c) Die Krankenkassen rechnen mit durchschnittlichen Kosten von K Euro pro Woche und pro erkrankter Person. Stellen Sie einen Term auf, mit dem die Gesamtkosten der Krankenkassen für die 12 Wochen berechnet werden können.

Unabhängig vom Sachzusammenhang ist nun eine Funktionenschar p_a gegeben durch $p_a(x) = 2(x^2 - ax + a)e^{-x}$, $a \in \mathbb{R}$.

d) Weisen Sie rechnerisch nach, dass für $a \neq 2$ die lokalen Extrempunkte von p_a die Koordinaten $E_a(2|(8-2a)e^{-2})$ und $F_a(a|2ae^{-a})$ haben.
Ermitteln, für welche $a \neq 2$ es sich bei E_a und F_a um Hoch- oder Tiefpunkte handelt.
Ermitteln Sie die Werte von a, für die E_a oder F_a auf der Winkelhalbierenden des Koordinatensystems liegen.

e) Ermitteln Sie das globale Maximum von p_4 mit $p_4(x) = 2(x^2 - 4x + 4)e^{-x}$ für $x \geq 0$.

f) Die Senkrechten zu den Koordinatenachsen durch den Punkt $F_a(a|2ae^{-a})$ schließen für $a \geq 0$ mit den Koordinatenachsen ein Rechteck ein. Berechnen Sie, für welches $a \geq 0$ dieses Rechteck einen maximalen Inhalt hat, und geben Sie diesen an.

4 Feinstaub an Neujahr

Die Luftbelastung mit gesundheitsgefährdendem Feinstaub ist vielerorts am ersten Tag des neuen Jahres so hoch wie sonst im ganzen Jahr nicht.
So wurde in der „Millenniumsnacht" am 1. Januar 2000 in Dresden mit mehr als $2000\,\frac{\mu g}{m^3}$ der höchste jemals in Sachsen gemessene Wert erreicht. Normal war zu dieser Zeit in Dresden eine ständige Belastung von $35\,\frac{\mu g}{m^3}$.

Für die ersten zwei Stunden des Jahres 2000 kann die Feinstaubkonzentration durch die Funktion f mit $f(t) = 300t \cdot e^{-0{,}05t} + 35$ modelliert werden. Dabei gibt t die Zeit in Minuten seit Mitternacht an und f(t) die Feinstaubkonzentration in $\frac{\mu g}{m^3}$. Nach zwei Stunden erfolgt der weitere Abbau näherungsweise linear.

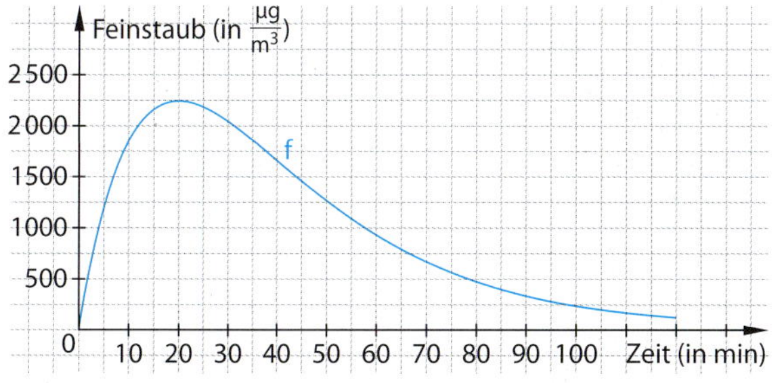

a) Berechnen Sie die Feinstaubkonzentration 10 Minuten nach dem Jahreswechsel.
Berechnen Sie $f'(5)$ und interpretieren Sie das Ergebnis im Sachzusammenhang.
[Kontrollergebnis: $f'(t) = (300 - 15t) \cdot e^{-0{,}05t}$]

b) Berechnen Sie die maximale Feinstaubkonzentration in der Luft sowie den zugehörigen Zeitpunkt.
Bestimmen Sie den Zeitpunkt, zu dem der Feinstaub am stärksten reduziert wird, und geben Sie auch die zugehörige Abbaugeschwindigkeit an.

c) Zeigen Sie, dass die Funktion F mit $F(t) = (-6000t - 120\,000) \cdot e^{-0{,}05t} + 35t$ eine Stammfunktion zu f ist.
Begründen Sie, dass der Wert des Terms $\frac{1}{b-a} \cdot \int_a^b f(t)\,dt$ der mittleren Feinstaubkonzentration im Zeitintervall [a; b] entspricht.
Berechnen Sie die mittlere Feinstaubkonzentration für die Zeit von 0:00 Uhr bis 2:00 Uhr.

d) Der lineare Abbau nach 2 Stunden wird näherungsweise durch die Tangente g an den Graphen von f im Punkt $(120\,|\,f(120))$ beschrieben. Bestimmen Sie die Gleichung der Tangente g. Zeigen Sie, dass die Feinstaubkonzentration 144 Minuten nach dem Jahreswechsel wieder genauso hoch ist wie um Mitternacht, nämlich $35\,\frac{\mu g}{m^3}$.
Berechnen Sie $\frac{1}{144} \cdot \left(\int_0^{120} f(t)\,dt + \int_{120}^{144} g(t)\,dt \right)$. Interpretieren Sie das Ergebnis im Sachzusammenhang.

e) Das Modell soll auf eine andere Stadt übertragen werden, von der nur wenige Messergebnisse vorliegen. Da die Grundbelastung vernachlässigbar gering ist, wird die Konzentration des Feinstaubs in der Luft hier durch eine Funktion h der folgenden Form beschrieben: $h(t) = at \cdot e^{-bt}$ mit $a > 0$ und $b > 0$. Wieder ist t die Zeit in Minuten nach dem Jahreswechsel; h(t) wird in der Einheit $\frac{\mu g}{m^3}$ gemessen.
Bestimmen Sie die Konstanten a und b, wenn die Feinstaubkonzentration genau 40 Minuten nach dem Jahreswechsel maximal ist und hier einen Wert von $1200\,\frac{\mu g}{m^3}$ erreicht.

5 Abkühlung

Der Abkühlungsprozess von Flüssigkeiten kann mithilfe exponentieller Funktionen modelliert werden. In einem Versuch wird heißes Wasser mit einer Temperatur von 85 °C in eine Umgebung mit 30 °C gebracht. Nach 30 Minuten wird im Wasser eine Temperatur von 48 °C gemessen.

a) Sie können davon ausgehen, dass die Temperaturdifferenz mit der Zeit exponentiell abnimmt. Ermitteln Sie mithilfe des Messwerts eine Funktion f, die den Verlauf der Wassertemperatur in Abhängigkeit von der Zeit t (in Minuten) modellhaft beschreibt.
[Kontrollergebnis: $f(t) = 30 + 55e^{-0{,}037t}$]
Bestimmen Sie damit die Wassertemperatur nach einer Stunde und den Zeitpunkt, an dem eine Temperatur von 40 °C erreicht wird.
Im Versuch wird nach einer Stunde eine Temperatur von 36 °C gemessen. Geben Sie die prozentuale Abweichung dieses Messwerts vom mit f errechneten Wert an.

b) Bestimmen Sie die Geschwindigkeit, mit der die Temperatur nach 45 Minuten abnimmt. Ermitteln Sie den Zeitpunkt, an dem die Temperatur mit einer Geschwindigkeit von einem Grad pro Minute abnimmt.
Zeigen Sie, dass sich der Graph der Ableitungsfunktion f′ für $t \to \infty$ asymptotisch der t-Achse annähert. Deuten Sie dies im Sachzusammenhang.

Unabhängig vom Sachzusammenhang wird nun die Funktion g mit $g(x) = (x^2 - 1) \cdot e^{-x}$ betrachtet.

c) Beschreiben Sie das Verhalten der Funktionswerte von g für $x \to \infty$ und für $x \to -\infty$.
Bestimmen Sie mithilfe der Produktintegration eine Stammfunktion G von g.
[Kontrollergebnis: $G(x) = -(x + 1)^2 e^{-x}$]
Berechnen Sie den Inhalt der Fläche, die der Graph von g mit der x-Achse einschließt.
Der Graph von g, die x-Achse und die Senkrechte $x = 1$ schließen eine nach rechts unbegrenzte Fläche ein. Zeigen Sie, dass diese Fläche einen endlichen Inhalt hat, und geben Sie diesen an.

d) Ermitteln Sie die Gleichung einer ganzrationalen Funktion h zweiten Grades, welche die gleichen Nullstellen wie g hat und in der positiven Nullstelle die Steigung 2 hat.
[Kontrollergebnis: $h(x) = x^2 - 1$]
Berechnen Sie den Inhalt der Fläche, die von den Graphen von g und h sowie der x-Achse eingeschlossen wird (siehe Abbildung).
Berechnen Sie das Volumen des Körpers, der durch Rotation des Graphen von h im Intervall $[-1; 1]$ um die x-Achse entsteht.

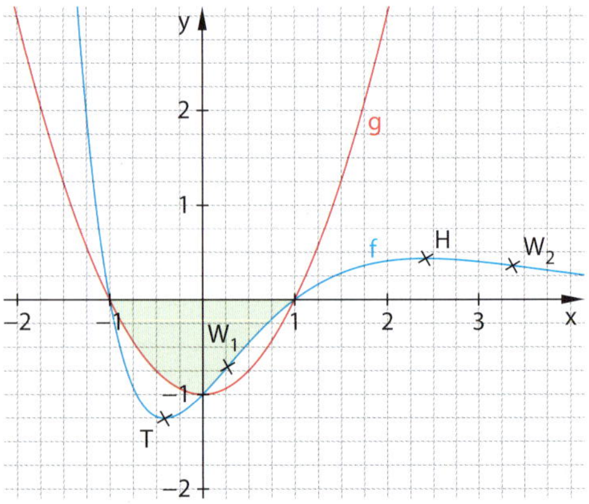

10

Anhang

Lösungen zu

→ Ihr Fundament

→ Prüfen Sie Ihr neues Fundament

Bildnachweis

Stichwortverzeichnis

Lösungen zu Kapitel 1: Folgen und Grenzwerte

Ihr Fundament (S. 8/9)

S. 8, 1.
a) $3^5 \cdot 3^2 = 3^7$
b) $11^2 \cdot 2^2 = (11 \cdot 2)^2 = 22^2$
c) 5^{-12}
d) $(3^3)^3 : 3^2 = 3^9 : 3^2 = 3^7$
e) $\frac{3}{2^2}$
f) 5^{-2}
g) $1\ (x \neq 0)$
h) $1\ (a \neq 0)$

S. 8, 2.
a) 20^{3s} b) $(xy)^{2t}$ c) $(a^2 - b^2)^x$ d) $(zu)^{4t}$
e) x^{3+b} f) z^{2n+1} g) b^{2x-1} h) x^{4k}
i) $a^{k(k+1)}$ j) $b^{(s^2)}$

S. 8, 3.
a) b^2 b) x^4 c) $\frac{1}{y} = y^{-1}$ d) b^2
e) a f) $\frac{1}{a^2}$ g) $\frac{v^4}{u^2}$ h) 2

S. 8, 4.
a) 8 b) 243 c) $\approx 7{,}73$ d) $\approx 2{,}31$ e) $\approx 1{,}04$

S. 8, 5.
a) $17^2 = 289$ b) $3^3 = 27$ c) $6^2 = 36$
d) $10^2 \cdot 2^2 = 20^2 = 400$ e) 6

S. 8, 6.
a) $B(n) = 200 \cdot 1{,}3^n$; $B(4) = 571{,}22 \approx 571$
b) $B(n) = 100 \cdot 0{,}85^n$; $B(4) = 52{,}20$

S. 8, 7.
a)

n	0	1	2	3	6
B(n)	30	54	97,2	174,96	1020

b)

n	0	1	2	3	6
B(n)	140	70	35	17,5	2,1875

S. 8, 8.
a) rekursiv: $B(n+1) = B(n) \cdot 1{,}05$ mit $B(0) = 171{,}4$
explizit: $B(n) = 171{,}4 \cdot 1{,}05^n$
b) rekursiv: $B(n+1) = B(n) - 5$ mit $B(0) = 25$
explizit: $B(n) = -5n + 25$

S. 8, 9.
a) ja, $B(n) = B(0) \cdot 1{,}035^n$ b) nein, linear
c) ja, $B(n) = B(0) \cdot 1{,}04^n$ d) nein
e) ja, $B(n) = B(0) \cdot 1{,}008^n$ f) nein, linear

S. 9, 10.
a) $B(1) = 304{,}05$ € b) $B(3) \approx 312{,}31$ €
c) $B(7) \approx 329{,}52$ € d) $B(19) \approx 387{,}05$ €
e) $B(35) \approx 479{,}68$ €

S. 9, 11.
a) rund 3 % b) rund 4,5 % c) rund 1,5 %

S. 9, 12.
a) 2091,36 €
b) K_{alt} steht für das Ausgangskapital, K_{neu} für das neue Kapital nach n Jahren, p für den Zinssatz. In jedem Jahr wird das bis dahin vorhandene Kapital mit dem Faktor $1 + \frac{p}{100}$ multipliziert.
c) 1912,48 €

S. 9, 13.
S. 190, 1.
a) Im fünften Schritt sind es 32 Rechtecke, im siebenten Schritt sind es 128 Rechtecke.
b) $f(x) = 2^x$ ist die Formel, für $f(100) = 2^{100}$ ergibt sich $\approx 126\,765\,060 \cdot 10^{22}$.

S. 9, 14.
a) $1^2 = 1$; $10^2 = 100$; $100^2 = 10\,000$
Der Term kann beliebig groß werden, da für $n > 1$ gilt $n^2 > n$. Der Term kann nicht beliebig klein werden, da ein Quadrat nie negativ wird.
b) $\sin(1) \approx 0{,}02$; $\sin(10) \approx 0{,}17$; $\sin(100) \approx 0{,}98$
Der Term kann weder beliebig groß noch beliebig klein werden, da der Sinus nur Werte von −1 bis 1 annimmt.
c) $\frac{3}{1-2} = -3$; $\frac{3}{10-2} = 0{,}375$; $\frac{3}{100-2} = \frac{3}{98} \approx 0{,}03$
Der Term kann beliebig groß und beliebig klein werden, da der Betrag des Nenners beliebig klein wird, wenn n nahe genug an 2 liegt, und man für $n > 2$ einen positiven und für $n < 2$ einen negativen Nenner erhält.
d) $1^3 - 1 = 0$; $10^3 - 10 = 990$; $100^3 - 100 = 999\,900$
Für $n > 2$ gilt $n^3 > 2n$, also $n^3 - n > n$, also kann der Term beliebig groß werden, wenn n groß genug gewählt wird. Analog kann der Term beliebig klein werden, da für $n < -2$ gilt: $n^3 < 2n$, also $n^3 - n < n$
e) $\left(\frac{1}{4}\right)^1 = \frac{1}{4}$; $\left(\frac{1}{4}\right)^{10} = \frac{1}{1\,048\,576} \approx 9{,}5 \cdot 10^{-7}$;
$\left(\frac{1}{4}\right)^{100} \approx 6{,}2 \cdot 10^{-61}$
Der Term kann beliebig groß werden, wenn $n < 0$ beliebig klein gewählt wird, denn dann wird der Nenner in $\left(\frac{1}{4}\right)^n = \frac{1}{4^n}$ beliebig klein. Der Term kann nicht beliebig klein werden, da die Potenz einer positiven Zahl nie negativ wird.

S. 9, 15.
a) lineare Funktion
b) Sinusfunktion

Prüfen Sie Ihr neues Fundament (S. 24/25)

S. 24, 1.
a) $a_1 = 1$; $a_2 = 4$; $a_3 = 9$; $a_4 = 16$; $a_5 = 25$
b) $a_n = n^2$

S. 24, 2.
a) $a_0 = 1$; $a_1 = 3$; $a_2 = 5$; $a_3 = 7$; $a_4 = 9$
b) $a_0 = 1$; $a_{n+1} = a_n + 2$

S. 24, 3.

a) $a_n = 1 - \frac{1}{n}$;

Monotonie:

$a_{n+1} - a_n = 1 - \frac{1}{n+1} - 1 + \frac{1}{n} = -\frac{1}{n+1} + \frac{1}{n} > 0$. Somit folgt $a_{n+1} \geq a_n$, die Folge ist monoton steigend.

Beschränktheit: $S_o = 1$; $S_u = 0$, die Folge ist also nach oben und unten beschränkt.

b) $a_n = -2 - \frac{3}{4n}$;

Monotonie:

$a_{n+1} - a_n = -2 - \frac{3}{4(n+1)} + 2 + \frac{3}{4n} = -\frac{3}{4(n+1)} + \frac{3}{4n} > 0$.

Somit folgt $a_{n+1} \geq a_n$, die Folge ist monoton steigend.

Beschränktheit: $S_o = -2$; $S_u = -2{,}75$, die Folge ist also nach oben und unten beschränkt.

c) $a_n = 1 + \frac{3}{n^3}$;

Monotonie:

$a_{n+1} - a_n = 1 + \frac{3}{(n+1)^3} - 1 - \frac{3}{n^3} = \frac{3}{(n+1)^3} - \frac{3}{n^3} < 0$.

Somit folgt $a_{n+1} \leq a_n$, die Folge ist monoton fallend.

Beschränktheit: $S_o = 4$; $S_u = 1$, die Folge ist also nach oben und unten beschränkt.

d) $a_n = \frac{1}{2^n} - \frac{1}{8^n}$;

Monotonie:

$a_{n+1} - a_n = \frac{1}{2^{n+1}} - \frac{1}{8^{n+1}} - \frac{1}{2^n} + \frac{1}{8^n} = -\frac{1}{2^{n+1}} + 7 \cdot \frac{1}{8^{n+1}}$
$= \frac{-4^{n+1} + 7}{8^{n+1}} < 0$ für $n \geq 1$.

Somit folgt $a_{n+1} \leq a_n$, die Folge ist monoton fallend.

Beschränktheit: $S_o = \frac{3}{8}$; $S_u = 0$, die Folge ist also nach oben und unten beschränkt.

S. 24, 4.

a) $a_1 = 4$; $a_2 = \frac{8}{3}$; $a_3 = \frac{12}{5}$; $a_4 = \frac{16}{7}$; $a_5 = \frac{20}{9}$; $a_6 = \frac{24}{11}$; $a_7 = \frac{28}{13}$; $a_8 = \frac{32}{15}$

b)

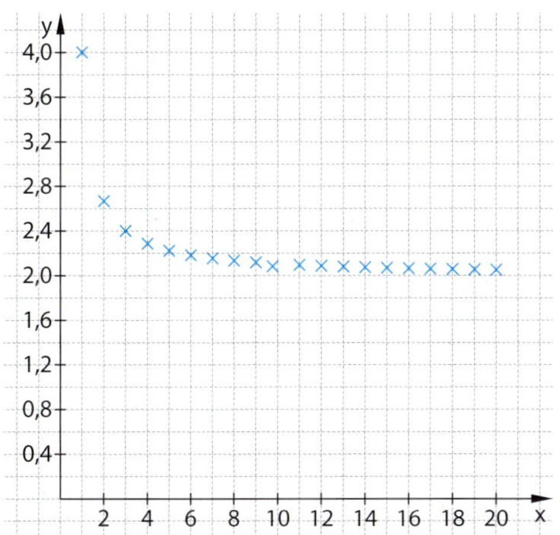

c) Vermutlich beträgt der Grenzwert 2

S. 24, 5.

a) Für jedes $\varepsilon > 0$ gilt:

$\left|\frac{(-1)^n - 1}{n^2} - 0\right| \leq \left|\frac{2}{n^2}\right| < \varepsilon$ für $n > \sqrt{\frac{2}{\varepsilon}}$

b) $\left|\frac{(-1)^n - 1}{n^2}\right| < 0{,}01$; für jedes gerade n ist die Ungleichung erfüllt. Wenn n ungerade, so folgt

$\left|\frac{(-1)^n - 1}{n^2}\right| = \frac{2}{n^2} < 0{,}01$; $n > \sqrt{200} \approx 14{,}1$

Der gesuchte Index ist n = 14, da 14 gerade ist.

S. 24, 6.

a) Konvergent, da beschränkt und monoton fallend. Grenzwert ist 2

b) Divergent, da monoton steigend und unbeschränkt.

c) Divergent, da monoton steigend und unbeschränkt.

S. 24, 7.

a) (a_n) mit $a_n = 1 + \frac{1}{n}$

b) (b_n) mit $b_n = -20 - \frac{1}{n}$

c) (c_n) mit $c_n = n$

d) (d_n) mit $d_n = (-1)^n \cdot \frac{1}{n} + g_d$

S. 24, 8.

a) Nutzen Sie den ersten Grenzwertsatz. Man erhält 1 als Grenzwert.

b) Nutzen Sie den vierten und zweiten Grenzwertsatz. Man erhält $-\frac{1}{2}$ als Grenzwert.

c) Nutzen Sie den vierten und ersten Grenzwertsatz. Man erhält $\frac{1}{100}$ als Grenzwert.

S. 24, 9.

a) Ja, in der rekursiven Darstellung sind die Informationen zur Berechnung eines Folgenglieds versteckt, in der expliziten Darstellung sind sie direkt sichtbar.

b) Nein, als Gegenbeispiel betrachte man die Folge (a_n) mit $a_n = -\frac{1}{n}$.

c) Die Folge (a_n) mit $a_n = 1 + \frac{1}{n}$ ist nach oben und unten beschränkt.

d) Nein, die geometrische Folge (a_n) mit $a_n = 0{,}5^n$ ist nach oben und unten beschränkt.

e) Stimmt. Die arithmetische Folge (a_n) mit $a_n = 1 + 2n$ ist nach oben nicht beschränkt.

S. 25, 10.

a) Explizite Darstellung: $a_n = 2^n$, wobei n die Wochenanzahl ist.
Rekursive Darstellung: $a_{n+1} = 2 \cdot a_n$ mit $a_0 = 1$

b) $a_0 = 1$; $a_1 = 2$; $a_2 = 4$; $a_3 = 8$; $a_4 = 16$; $a_{20} = 1048576$

c) $a_{21} = 2^{21} = 2097152$; $a_{22} = 2^{22} = 4194304$

d) Die Ergebnisse zeigen, dass unbeschränktes Wachstum vorliegt, der Teich ist jedoch ein beschränktes Gebiet, sodass er nach 21 Wochen vollständig mit Seerosen bedeckt ist. Die Modellierung kann für n > 21 nicht stimmen.

S. 25, 11.

a) ① – (I), $\lim\limits_{n \to \infty} \left(-1 - \frac{1}{n}\right) = -1$; ② – (III), $\lim\limits_{n \to \infty} \left(5 - \frac{1}{n}\right) = 5$; ③ – (II), $\lim\limits_{n \to \infty} \left(\frac{n+1}{n}\right) = 1$

b) ① Der Term $\frac{1}{n}$ wird für große n immer kleiner, übrig bleibt −1.
② Der Term $\frac{1}{n}$ wird für große n immer kleiner, übrig bleibt 5.
③ Es ist $\frac{n+1}{n} = \frac{n}{n} + \frac{1}{n} = 1 + \frac{1}{n}$. Der Term wird für große n immer kleiner, übrig bleibt 1.

S. 25, 12.

a) Falsch, die Folge (a_n) mit $a_n = (-1)^n$ ist divergent, aber weder monoton steigend noch monoton fallend.

b) Falsch, die Folge (a_n) mit $a_n = (-1)^n$ ist nach oben und unten beschränkt, aber nicht konvergent.

c) Falsch, das Produkt der Folgen (a_n) mit $a_n = (-1)^n$ und (b_n) mit $b_n = (-1)^n$ ist konvergent, denn es gilt
$a_n \cdot b_n = (-1)^n \cdot (-1)^n = (-1)^{2n} = ((-1)^2)^n = 1^n = 1$
Und diese konstante Folge ist konvergent.

d) Wahr. Wäre die Summenfolge (s_n) einer konvergenten Folge (a_n) und einer divergenten Folge (b_n) konvergent, dann müsste die Differenzfolge von (s_n) und (a_n) nach dem zweiten Grenzwertsatz konvergent sein. Diese Differenzfolge entspricht aber (b_n), sodass sich ein Widerspruch ergibt.

e) Falsch, das stimmt nicht, wenn die Folge im Nenner gegen 0 konvergiert. Die Folge (a_n) mit $a_n = 1$ konvergiert gegen 1 und die Folge (b_n) mit $b_n = \frac{1}{n}$ konvergiert gegen 0, aber der Quotient ist divergent, denn es gilt: $\frac{a_n}{b_n} = \frac{1}{\frac{1}{n}} = n$.

f) Falsch, die Folgen (a_n) mit $a_n = n$ und (b_n) mit $b_n = n$ sind divergent, aber der Quotient ist konvergent, denn es gilt: $\frac{a_n}{b_n} = \frac{n}{n} = 1$.

Lösungen zu Kapitel 2: Ganzrationale Funktionen

Ihr Fundament (S. 28/29)

S. 28, 1.

a)
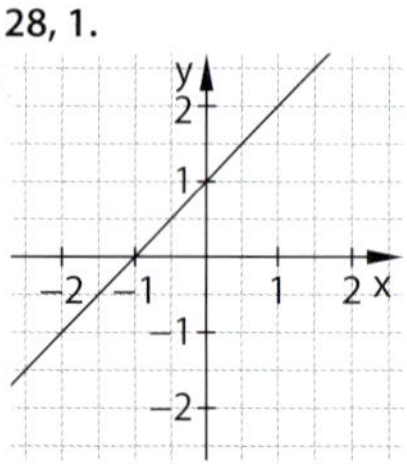

b)
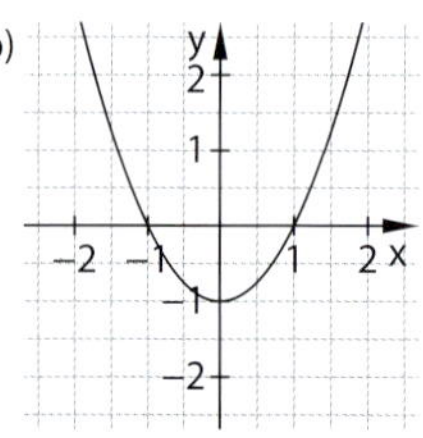

c)
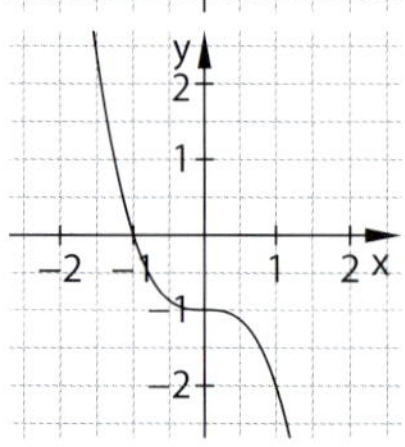

d)
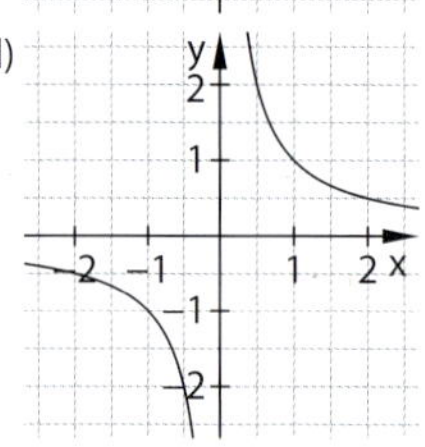

e)
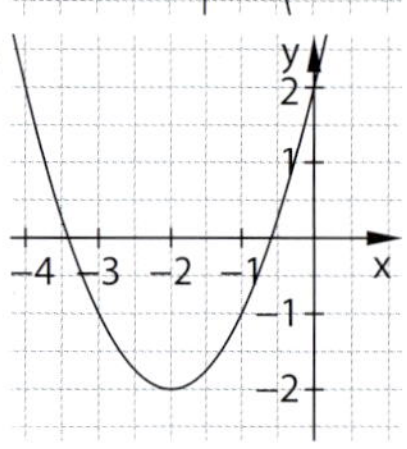

f)
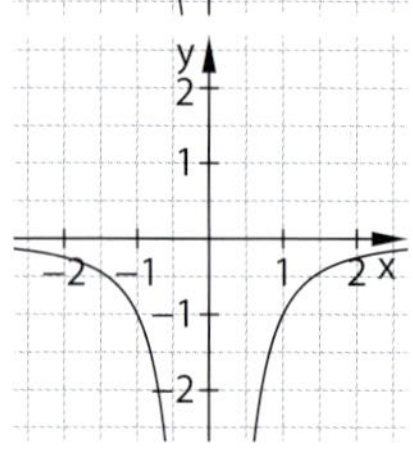

g)
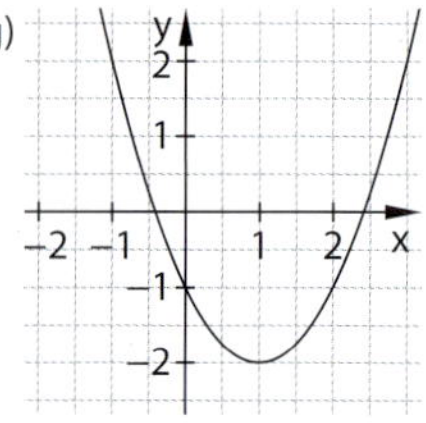

h)
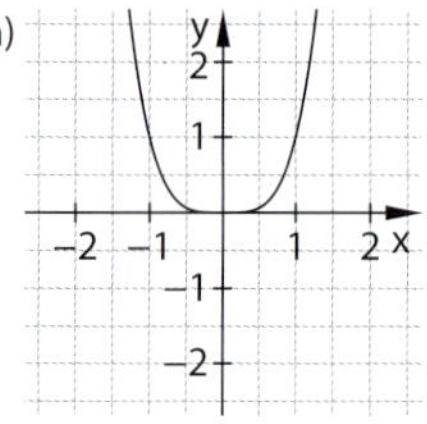

S. 28, 2.

① gehört zu h (x). ② gehört zu i (x).
③ gehört zu f (x). ④ gehört zu g (x).

S. 28, 3.

a) DB: $x \in \mathbb{R}$ WB: $y \in \mathbb{R}$
Wenn $x \to -\infty$, so $y \to +\infty$.
Wenn $x \to +\infty$, so $y \to -\infty$.
Der Graph fällt für alle $x \in \mathbb{R}$.
Der Graph ist weder achsensymmetrisch zur y-Achse noch punktsymmetrisch zum Ursprung.

b) DB: $x \in \mathbb{R}$ WB: $y \in \mathbb{R}$ mit $y \le 0$
Wenn $x \to \pm\infty$, so $y \to -\infty$.
Der Graph steigt für alle $x < 0$, er fällt für alle $x > 0$.
Der Graph ist achsensymmetrisch zur y-Achse.

c) DB: $x \in \mathbb{R}$ WB: $y \in \mathbb{R}$
Wenn $x \to -\infty$, so $y \to -\infty$.
Wenn $x \to +\infty$, so $y \to +\infty$.
Der Graph steigt für alle $x \in \mathbb{R}$.
Der Graph ist punktsymmetrisch zum Ursprung.

d) DB: $x \in \mathbb{R}$ WB: $y \in \mathbb{R}$
Wenn $x \to -\infty$, so $y \to +\infty$.
Wenn $x \to +\infty$, so $y \to -\infty$.
Der Graph fällt für alle $x \in \mathbb{R}$.
Der Graph ist weder achsensymmetrisch zur y-Achse noch punktsymmetrisch zum Ursprung.

e) DB: $x \in \mathbb{R}$ WB: $y \in \mathbb{R}$ mit $y \ge 2$
Wenn $x \to \pm\infty$, so $y \to +\infty$.
Der Graph fällt für alle $x < 4$, er steigt für alle $x > 4$.
Der Graph ist weder achsensymmetrisch zur y-Achse noch punktsymmetrisch zum Ursprung.

f) DB: $x \in \mathbb{R}$ WB: $y \in \mathbb{R}$ mit $y \ge \pi$
Wenn $x \to \pm\infty$, so $y \to +\infty$.
Der Graph fällt für alle $x < 0$, er steigt für alle $x > 0$.
Der Graph ist achsensymmetrisch zur y-Achse.

g) DB: $x \in \mathbb{R}$ mit $x \neq 0$ WB: $y \in \mathbb{R}$ mit $y > 0$
Wenn $x \to \pm\infty$, so $y \to 0$.
Der Graph steigt für alle $x < 0$ und für alle $x > 0$.
Der Graph ist achsensymmetrisch zur y-Achse.

h) DB: $x \in \mathbb{R}$ mit $x \ge 1$ WB: $y \in \mathbb{R}$ mit $y \ge 0$
Wenn $x \to +\infty$, so $y \to +\infty$.
Der Graph steigt für alle $x \ge 1$.
Der Graph ist weder achsensymmetrisch zur y-Achse noch punktsymmetrisch zum Ursprung.

S. 28, 4.

Beispiele:

a) $f(x) = x^3$; $f(x) = x^7$

b) $f(x) = x^2 + 2$; $f(x) = (x + 1)^2 + 2$

S. 28, 5.

a) $g(x) = -2x - 3$ b) $g(x) = (x+3)^2$

c) $g(x) = -\frac{1}{(x+7)^2}$ d) $g(x) = \sqrt{-x} - 2$

S. 28, 6.

a) $g(x) = (x+2)^3$

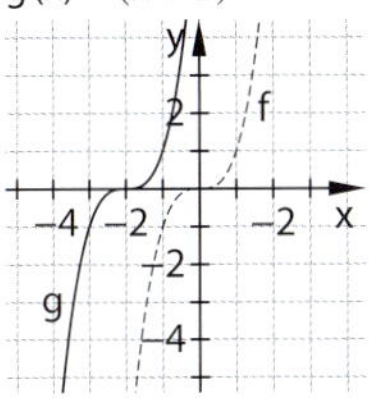

Der Graph von f wird um 2 Einheiten nach links verschoben.

$g(x) = (x-2)^3$

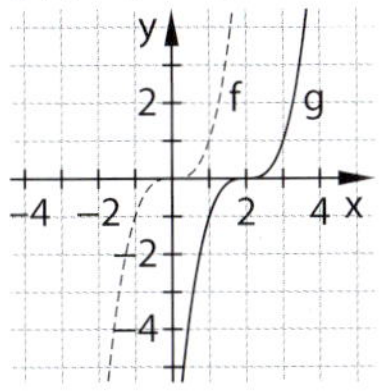

Der Graph von f wird um 2 Einheiten nach rechts verschoben.

b) $g(x) = 2(x+2)^3 + 2$

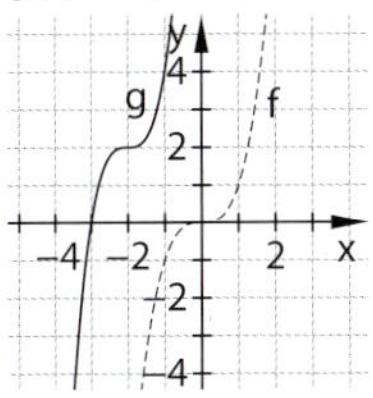

Der Graph von f wird mit dem Faktor 2 gestreckt, um 2 Einheiten nach oben und um 2 Einheiten nach links verschoben.

$g(x) = -2(x-2)^3 - 2$

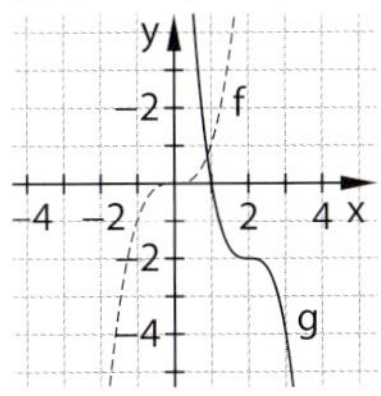

Der Graph von f wird mit dem Faktor $|-2|$ gestreckt, an der x-Achse gespiegelt, um 2 Einheiten nach unten und um 2 Einheiten nach nach rechts verschoben.

S. 29, 7.

a) $x = 5$ b) $x_1 = 0; x_2 = -4{,}2$

c) $x_1 = 0{,}3; x_2 = -0{,}3$ d) $x_1 = 0; x_2 = 1; x_3 = -1$

e) $a_1 = 0; a_2 = 3; a_3 = -3$ f) keine Lösung

g) $k = -4$ h) alle reellen Zahlen

i) $x_1 = -1; x_2 = 3$

S. 29, 8.

a) $x_0 = \frac{1}{3}$ b) $x_0 = 0$

c) keine Nullstelle d) $x_1 = 0; x_2 = -4$

e) $x_1 = -5; x_2 = 2$ f) keine Nullstelle

g) $x_0 = 2$ h) $x_1 = \frac{1}{2}; x_2 = -\frac{1}{2}$

i) $x_0 = -\frac{1}{2}$

S. 29, 9.

Beispiele:

a) $0 = x^2 - 25$ b) $0 = x^2 - 5x$

c) $0 = (x+6)(x-2)$ d) $0 = (x-8)^2$

e) $x^2 = -1$ f) $0 = \left(x - \sqrt{2}\right)^2$

S. 29, 10.

a) $x_1 = -1; x_2 = 2$ b) $x_0 = -1$ c) $x_0 = 1$

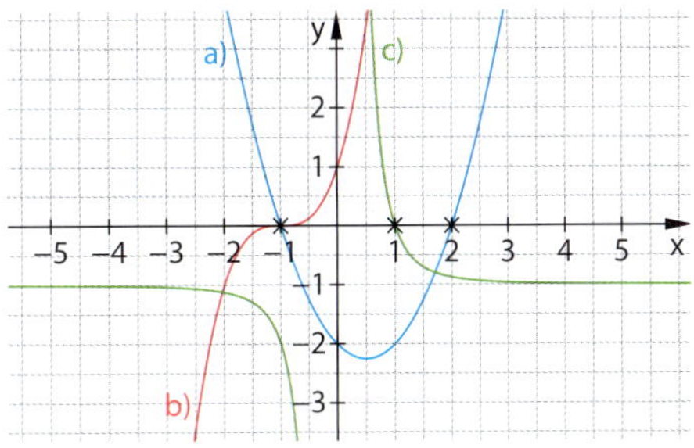

S. 29, 11.

a) $b > 0$ b) $b = 0$ c) $b < 0$

S. 29, 12.

Jeweils von links nach rechts:

a) x b) 2x; 3y

c) 16; d; 4 d) 3b; 3b; 2a

e) $9b^2$; 8a; 3b f) $(9x - 7y); (9x + 7y)$

S. 29, 13.

a) $x(x-2)$ b) $(y-2x)(y-2x)$

c) $\left(2z - \frac{1}{2}x\right)\left(2z + \frac{1}{2}x\right)$ d) $2n^2(n+2)$

S. 29, 14.

	a)	b)	c)	d)
x = 2	4	−4	−8	−8
x = −2	4	−4	8	8

S. 29, 15.

$f(x) = 0$:

$-x^2 - 4x - 2 = 0$

$x_1 = -2 + \sqrt{2} \approx -0{,}59$

$x_2 = -2 - \sqrt{2} \approx -3{,}41$

x_1 und x_2 sind die Nullstellen der Funktion f, also die Stellen, an denen der Graph von f die x-Achse schneidet.

$f(0) = y$:

$y = -2$

Der Graph der Funktion f schneidet die y-Achse im Punkt $S_y(0|-2)$.

$f(x) = -2$:

$-x^2 - 4x - 2 = -2$

$x_1 = 0$

$x_2 = -4$

Der Graph von f wird an den Stellen $x_1 = 0$ und $x_2 = -4$ von der Geraden mit der Gleichung $y = -2$ geschnitten.

S. 29, 16.

$$\left|\begin{array}{r} a + b = 3 \\ c = 0 \\ a - b = 5 \end{array}\right| \Rightarrow \left|\begin{array}{l} a = 1 \\ c = 0 \\ b = -4 \end{array}\right|; f(x) = x^2 - 4x$$

S. 29, 17.

a) $f(x) = -3(x-2)(x+1) = -3x^2 + 3x + 6$

b) $f(x) = 2x(x-4) = 2x^2 - 8x$

c) $f(x) = -\frac{1}{2}(x+3)(x+5) = -\frac{1}{2}x^2 - 4x - \frac{15}{2}$

Prüfen Sie Ihr neues Fundament (S. 60/61)

S. 60, 1.

	Grad	a_5	a_4	a_3	a_2	a_1	a_0
a)	3			2	−3	0	2,5
b)	4		−1	1	0	−6	0
c)	5	−1	0	0	1	−1	5
d)	3			b	−2	0	c − 1
e)	3			1	0	−1	0
f)	2				1	2	−x

S. 60, 2.

a) $f(1) = 9, f(-1) = 3$
P und Q liegen auf dem Graphen von f.
b) $f(1) = 3, f(-1) = -15$
P und Q liegen nicht auf dem Graphen von f.
c) $f(1) = 7, f(-1) = -7$
P liegt nicht auf dem Graphen von f, Q schon.

S. 60, 3.

	a)	b)	c)	d)	e)	f)
Vorzeichen von $f(10^6)$	+	+	−	+	−	+
Vorzeichen von $f(-10^5)$	−	+	+	+	+	−

S. 60, 4.

a) Für $x \to +\infty$ gilt $f(x) \to +\infty$.
Für $x \to -\infty$ gilt $f(x) \to -\infty$.
b) Für $x \to +\infty$ gilt $f(x) \to -\infty$.
Für $x \to -\infty$ gilt $f(x) \to -\infty$.
c) Für $x \to +\infty$ gilt $f(x) \to -\infty$.
Für $x \to -\infty$ gilt $f(x) \to +\infty$.
d) Für $a \to +\infty$ gilt $f(a) \to +\infty$.
Für $a \to -\infty$ gilt $f(a) \to +\infty$.
e) Für $x \to +\infty$ gilt $f(x) \to +\infty$.
Für $x \to -\infty$ gilt $f(x) \to -\infty$.
f) Für $x \to +\infty$ gilt $f(x) \to -\infty$.
Für $x \to -\infty$ gilt $f(x) \to +\infty$.

S. 60, 5.

a) punktsymmetrisch zum Ursprung
b) achsensymmetrisch zur y-Achse
c) achsensymmetrisch zur y-Achse
d) punktsymmetrisch zum Ursprung
e) punktsymmetrisch zum Ursprung
f) achsensymmetrisch zur y-Achse

S. 60, 6.

① gehört zu i(x).
a) Für $x \to -\infty$ gilt $i(x) - \infty$.
Für $x \to +\infty$ gilt $i(x) + \infty$.
b) Es liegt keine Symmetrie vor, also nur ① oder ② möglich. Die Nullstellen von ① passen nur zu i(x), daher kommt ② nicht infrage.

② gehört zu h(x).
a) für $x \to \pm\infty$ gilt $h(x) \to -\infty$.
b) Es liegt keine Symmetrie h(x) vor, also nur ① oder ② möglich. Die Nullstellen von ① passen nur zu i(x), daher kommt nur ② infrage.

③ gehört zu f(x).
a) Für $x \to \pm\infty$ gilt $f(x) \to +\infty$.
b) Die Funktion ist gerade und der Graph ist achsensymmetrisch zur y-Achse.

④ gehört zu g(x).
a) Für $x \to -\infty$ gilt $g(x) \to +\infty$.
Für $x \to +\infty$ gilt $g(x) \to -\infty$.
b) Die Funktion ist ungerade und der Graph ist punktsymmetrisch zum Ursprung.

S. 60, 7.

a) streng monoton steigend für $-2 < x < 0$ und $x > 1$, streng monoton fallend für $x < -2$ und $0 < x < 1$.
b) $H(0|0), T_1(-2|-2{,}7), T_2(1|-0{,}4)$
lokales Maximum: 0, lokale Minima: −2,7 und −0,4
c) Das globale Minimum ist das kleinere lokale Minimum: −2,7. Ein globales Maximum existiert nicht, da $f(x) \to \infty$ für $x \to \pm\infty$.

S. 61, 8.

a) $-\sqrt{5}; 0; \sqrt{5}$ b) 0 c) 0; −1
d) 0; 1; 2 e) −2; −1; 1; 2 f) −1; 0; 1

S. 61, 9.

Wegen $f(0) = 0$ ist $S(0|0)$ sowohl ein Schnittpunkt mit der y-Achse als auch mit der x-Achse.
$x^3 - 3x^2 + 3x = x(x^2 - 3x + 3)$
Da $x^2 - 3x + 3 = 0$ keine Lösung hat, gibt es keine weiteren Schnittpunkte mit der x-Achse.
Für $x \to -\infty$ gilt $f(x) \to -\infty$. Für $x \to +\infty$ gilt $f(x) \to +\infty$.
Der Graph von f ist weder punktsymmetrisch zum Ursprung noch achsensymmetrisch zur y-Achse.

S. 61, 10.

a) Die Aussage ist falsch, denn der Graph von f mit $f(x) = (x-2)^2 + 1$ ist weder achsensymmetrisch zur y-Achse noch punktsymmetrisch zum Ursprung.
b) Die Aussage ist wahr, denn aufgrund des Globalverhaltens muss der Graph mindestens einmal die x-Achse schneiden.
c) Die Aussage ist wahr, denn f mit $f(x) = (x-2)^3$ hat an der Stelle $x = 2$ eine dreifache Nullstelle.

S. 61, 11.

Beispiele:
a) $f(x) = (x-2)(x+5)$
b) $f(x) = (x-2)(x+5)(x^2+1)$
c) $f(x) = (x-2)^2(x+5)$
d) $f(x) = x^2(x+5)^2(x^2+1)$
e) $f(x) = (x+2)^3(x-\pi)^2(x^2+1)$
f) nicht möglich

S. 61, 12.

$f(x) = 2x^4 - 8x^2 + 8$

Lösungen zu Kapitel 3: Steigung und Ableitung

Ihr Fundament (S. 64/65)

S. 64, 1.

a) $\frac{1}{2}$ b) $-\frac{7}{6}$ c) 0,1 d) $\frac{4}{15}$ e) $-\frac{5}{12}$

f) 10 g) 5 h) –9 i) –3 j) 7

S. 64, 2.

a) x^{-1} b) $\frac{2x^{-2}}{3}$ c) $\frac{x^{-2}}{2}$ d) $\frac{x^{-4}}{3}$ e) $\frac{ax^3}{b}$

S. 64, 3.

a) $x^{\frac{1}{2}}$ b) $x^{\frac{1}{3}}$ c) $a^{\frac{3}{6}} = a^{\frac{1}{2}}$ d) $b^{\frac{2}{3}}$ e) $y^{-\frac{2}{3}}$

S. 64, 4.

a) $\frac{1+2a}{2a}$ für $a \neq 0$ b) nicht möglich

c) nicht möglich d) $\frac{2x^2-1}{2-x}$ für $x \neq 0$

S. 64, 5.

a) $\frac{(x-y)(x+y)}{(x-y)} = x + y$

b) $\frac{(u^2+6u+9)-9}{u} = \frac{u^2+6u}{u} = \frac{u(u+6)}{u} = u + 6$

c) $\frac{y(2x+y)}{y} = 2x + y$

S. 64, 6.

a) Die Umformung ist für $x \neq 0$ richtig, denn es gilt:

$$\frac{(2+x)^2-4}{x} = \frac{4+4x+x^2-4}{x} = \frac{4x+x^2}{x} = \frac{x(4+x)}{x} = x + 4$$

b) Die Umformung ist falsch. Richtig ist:

$$\frac{(1+x)^2-1}{1+x} = \frac{1+2x+x^2-1}{1+x} = \frac{2x+x^2}{1+x} = \frac{x(x+2)}{x+1}$$

c) Die Umformung ist für $a \neq -2$ richtig, denn es gilt:

$$\frac{-4a^2-(-4\cdot 2^2)}{a-2} = \frac{(-4)(a^2-2^2)}{a-2} = -4\frac{(a+2)(a-2)}{a-2} = -4(a+2)$$

S. 64, 7.

a) $x = -3$ b) $x_1 = 1; x_2 = -4$

c) $x_1 = 3; x_2 = -3$ d) $x_1 = 2; x_2 = -1$

e) $x = 2$ f) $x_1 = 1; x_2 = -0,5$

g) $x_1 = \frac{1}{2}; x_2 = -\frac{3}{2}$ h) $x_1 = 2; x_2 = -2$

S. 64, 8.

a) $x = 1$ b) $x = 0$ c) $x_1 = 0; x_2 = 1$

d) $x_1 = 0; x_2 = 1; x_3 = -1$

S. 64, 9.

$f(x) = x + 1$ Nullstelle: $x = -1$

$g(x) = -x + 0,5$ Nullstelle: $x = 0,5$

$h(x) = 0,5x + 1,5$ Nullstelle: $x = -3$

S. 64, 10.

a) $f(x) = 0,5x - 2$ b) $f(x) = -x - 2$

c) $f(x) = 0,25x - 2$ d) $f(x) = 2x + 0,5$

S. 64, 11.

a) $f(x) = x - 1$ b) $f(x) = -x$ c) $f(x) = 2x - 1$

d) $f(x) = x + 3$ e) $f(x) = \frac{1}{2}x - 5$ f) $f(x) = -\frac{1}{3}x + -\frac{7}{3}$

S. 65, 12.

$f(x) = x^2 - 2$ Nullstellen: $x_1 = \sqrt{2}; x_2 = -\sqrt{2}$

$g(x) = -x^2$ Nullstelle: $x = 0$

$h(x) = 2x^2$ Nullstelle: $x = 0$

$i(x) = (x+1)^2 + 1$ keine Nullstelle

S. 65, 13.

a) Schnittpunkt mit der y-Achse: $S_y(0\,|-3)$
Schnittpunkte mit der x-Achse: $S_{x1}(3\,|\,0)$; $S_{x2}(-1\,|\,0)$

b) $S_1(1\,|-4)$, $S_2(-2\,|\,5)$

S. 65, 14.

	im Vergleich zur Normalparabel	Wertebereich	Nullstellen	
a)	gestaucht	$y \geq 0$	$x_0 = 0$	Kleinster Funktionswert: 0
b)	an der x-Achse gespiegelt und gestreckt	$y \leq 0$	$x_0 = 0$	Größter Funktionswert: 0
c)	an der x-Achse gespiegelt und um 1 LE nach unten verschoben	$y \leq -1$	keine	Größter Funktionswert: –1
d)	um 2 LE nach rechts verschoben	$y \geq 0$	$x_0 = 2$	Kleinster Funktionswert: 0
e)	um 2 LE nach links und um 9 LE nach unten verschoben	$y \geq -9$	$x_1 = -5$ $x_2 = 1$	Kleinster Funktionswert: –9
f)	um 2 LE nach rechts und um 1 LE nach unten verschoben	$y \geq -1$	$x_1 = 1$ $x_2 = 3$	Kleinster Funktionswert: –1

S. 65, 15.

a) $\frac{\text{Höhenunterschied}}{\text{Entfernung}} = \frac{80\,\text{m}}{4000\,\text{m}} = 0,02$

b) –0,02, da Weg bergab führt

S. 65, 16.

$m = \frac{200}{400} = 0,5 = 50\,\%$ $\alpha = \tan^{-1}(0,5) \approx 26,57°$

S. 65, 17.

a) $g(x) = 2x$

b) $\alpha = \tan^{-1}(2) \approx 63,43°$ $m = 200\,\%$

S. 65, 18.

$v = \frac{24\,\text{km}}{\frac{5}{4}\text{h}} = \frac{24 \cdot 4}{5}\frac{\text{km}}{\text{h}} = 19,2\,\frac{\text{km}}{\text{h}}$

S. 65, 19.

a)

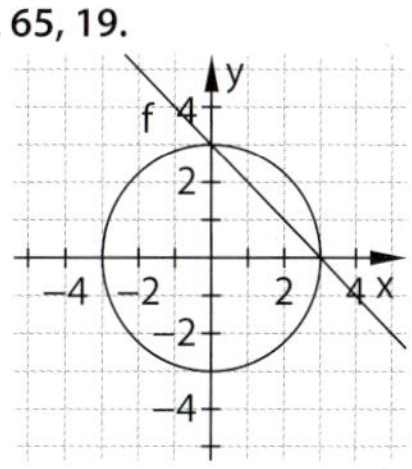

$f(x) = -x + 3$

b)

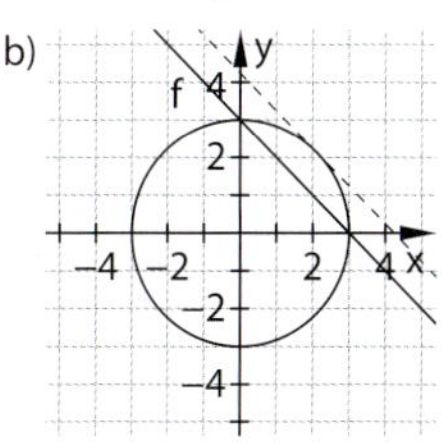

$m = -1$

S. 65, 20.

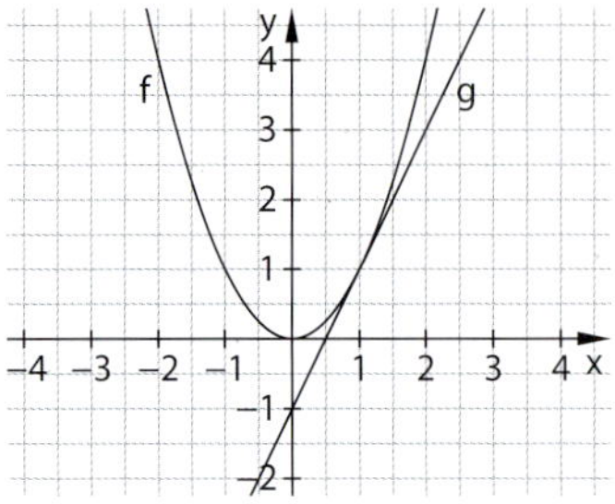

Die Gerade ist eine Tangente an die Parabel, da sie sich im Berührpunkt (1 | 1) an die Parabel anschmiegt.

S. 65, 21.

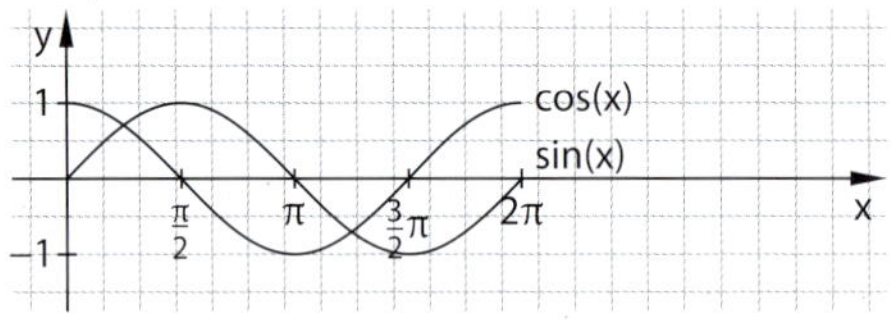

Nullstellen von f: $x_1 = 0$; $x_2 = \pi$; $x_3 = 2\pi$

Nullstellen von g: $x_1 = \frac{\pi}{2}$; $x_2 = \frac{3}{2}\pi$

Schnittpunkte der Graphen von f und g:

$S_1\left(\frac{\pi}{4}\middle|\frac{1}{\sqrt{2}}\right)$; $S_2\left(\frac{5}{4}\pi\middle|-\frac{1}{\sqrt{2}}\right)$

Prüfen Sie Ihr neues Fundament (S. 106–108)

S. 106, 1.

a) Der Graph zeigt, wie der Fahrschüler vorwärts- und rückwärtsfährt: Zunächst fährt er vorwärts, legt dann den Rückwärtsgang ein, fährt rückwärts, es wird scharf gebremst, er fährt wieder vorwärts, es wird wieder scharf gebremst und er fährt erneut rückwärts.

b) t = 6,5 s und t = 10,5 s

S. 106, 2.

a) Durchschnittlicher jährlicher Zuwachs:

$\frac{10\,\text{Mrd.} - 600\,\text{Mio.}}{2100 - 1700} = \frac{9{,}4\,\text{Mrd.}}{400} = 23{,}5\,\text{Mio.}$

b) Im Intervall [1900; 2000] wuchs die Erdbevölkerung am stärksten (um 4,4 Milliarden/im Durchschnitt um 44 Millionen pro Jahr).
Im Intervall [1700; 1800] wuchs die Erdbevölkerung am wenigsten (um 300 Millionen/im Durchschnitt um 3 Millionen pro Jahr).

S. 106, 3.

a) und b)
Gleichung der Sekante:
$y = mx + b$
$m = \frac{f(1) - f(-1)}{1 - (-1)} = \frac{0 - (-2)}{2} = 1$
$y = 1 \cdot x + b$ mit $P(1\,|\,0)$
$\Rightarrow\ b = -1\ \Rightarrow\ s(x) = x - 1$

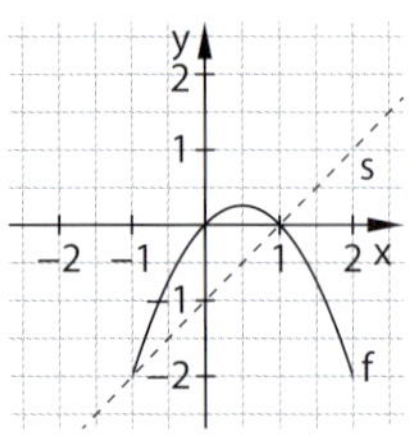

c)

x	$\frac{f(x) - f(1)}{x - 1}$
0,9	−0,9
0,99	−0,99
0,999	−0,999

Steigung an der Stelle $x_0 = 1$: $f'(1) = -1$

d) $t(x) = -x + 1$

S. 106, 4.

a) $\frac{f(1) - f(0)}{1 - 0} = \frac{\frac{1}{4} - 0}{1} = \frac{1}{4}$

b) Grenzwert des Differenzenquotienten:

$$\lim_{h \to 0} \frac{f(x+h) - f(x)}{h} = \lim_{h \to 0} \frac{\frac{1}{4}(x+h)^2 - \frac{1}{4}x^2}{h}$$
$$= \lim_{h \to 0} \frac{1}{4} \cdot \frac{x^2 + 2xh + h^2 - x^2}{h}$$
$$= \lim_{h \to 0} \frac{1}{4} \cdot \frac{2xh + h^2}{h}$$
$$= \lim_{h \to 0} \frac{1}{4}(2x + h)$$
$$= \frac{1}{2}x$$

S. 106, 5.

a) $f'(x) = 2x$ — $f'(5) = 10$
b) $f'(x) = 3x^2$ — $f'(\sqrt{2}) = 6$
c) $f'(x) = 16x^3$ — $f'(-0{,}5) = -2$
d) $f'(x) = 0$ — $f'(\pi) = 0$

S. 106, 6.

a) $f'(x) = 3x^2$ — b) $f'(x) = 2$
c) $f'(t) = 6t$ — d) $f'(x) = x^2$
e) $f'(x) = \frac{n}{3}x^{n-1}$ — f) $f'(u) = 0$
g) $f'(x) = 3ax^2$ — h) $f'(x) = 0$
i) $f'(x) = (n+2)x^{n+1}$ — j) $f'(p) = (n-1)p^{n-2}$
k) $f'(t) = nt^{2n-1}$ — l) $f'(v) = a^n(n+1)v^n$

S. 106, 7.

Beispiele:
$f(x) = 5x$
$f(x) = 5x - 6$

S. 106, 8.

a) Momentangeschwindigkeit $v\left(\text{in } \frac{m}{s}\right)$ nach t Sekunden:
$v = s'(t) = 10t$ $\quad s'(0{,}5) = 5$ $\quad s'(1) = 10$
Die Momentangeschwindigkeit des Turmspringers beträgt nach einer halben Sekunde $5\,\frac{m}{s}$ und nach einer Sekunde $10\,\frac{m}{s}$.

b) $10 = s(t) = 5t^2 \Rightarrow t_0 = \sqrt{2} \Rightarrow v(t_0) = s'(t_0) = 10 \cdot \sqrt{2}$
Der Turmspringer taucht mit einer Geschwindigkeit von ca. $14{,}1\,\frac{m}{s}$ in das Wasser ein.

S. 107, 9.

Zu ① gehört Ⓒ. Zu ② gehört Ⓑ. Zu ③ gehört Ⓐ.

S. 107, 10.

a) $f'(x) = -3x^{-4}$ — b) $f'(x) = \frac{4}{x^3}$
c) $f'(t) = -\frac{2}{t^2}$ — d) $f'(v) = -\frac{3}{2v^3}$
e) $f'(x) = 9x^2 + 4x$ — f) $f'(x) = \frac{1}{2\sqrt{x}}$
g) $f'(t) = 4t^3 - 1$ — h) $f'(x) = -2\cos(x)$
i) $f'(x) = -2\sin(x)$ — j) $f'(x) = -\frac{1}{x^2} + \cos(x)$
k) $f'(x) = -2x$ — l) $f'(x) = -2x$
m) $f'(x) = 6x$ — n) $f'(a) = -8a$
o) $f'(x) = 4x - 4a$ — p) $f'(x) = \frac{1}{2}$ (für $x \neq 1$)

S. 107, 11.

a) richtig
b) $f'(x) = -8x^{-5}$
c) $f'(x) = 3a\,x^{3a-1}$
d) $f'(x) = 4x^{-3}$

S. 107, 12.

a) $A(r) = \pi r^2$
b) $A'(r) = 2\pi r = u(r)$

S. 107, 13.

a) $m_s = \frac{f(4) - f(0{,}25)}{4 - 0{,}25} = \frac{0{,}25 - 4}{4 - 0{,}25} = -1$

b) $f'(x) = -\frac{1}{x^2}$

$f'(x) = -1$ für $x_1 = 1$ und für $x_2 = -1$

Im Punkt $P_1(1\,|\,1)$ lautet die Gleichung der Tangente t_1: $t_1(x) = -x + 2$

Im Punkt $P_2(-1\,|-1)$ lautet die Gleichung der Tangente t_2: $t_2(x) = -x - 2$

S. 107, 14.

Zur x-Achse parallele Tangenten haben die Steigung null und es gilt an diesen Stellen $f'(x) = 0$.

$f'(x) = 0{,}6x^2 - 0{,}6x - 3{,}6 = 0{,}6(x^2 - x - 6)$
$= 0{,}6(x + 2)(x - 3)$

Die Tangenten an den Graphen der Funktion f verlaufen an den Stellen $x = -2$ und $x = 3$ parallel zur x-Achse.

S. 107, 15.

a) $f'(-1) = 4$ $f'(0) = -2$ $f'(1) = 4$

b) $t_1(x) = 4x + 4$ $t_2(x) = -2x$ $t_3(x) = 4x - 4$
$n_1(x) = -\frac{1}{4}x - \frac{1}{4}$ $n_2(x) = \frac{1}{2}x$ $n_3(x) = -\frac{1}{4}x + \frac{1}{4}$

c) Die Tangenten t_1 und t_3 haben die gleiche Steigung, das heißt, sie liegen parallel zueinander. Wegen unterschiedlicher Steigungen schneiden sowohl die Tangenten t_1 und t_2 einander als auch die Tangenten t_2 und t_3.

d) Die Normalen schneiden sich genau dann, wenn sich die zugehörigen Tangenten schneiden, also n_1 und n_2 sowie n_2 und n_3, aber nicht n_1 und n_3.

S. 107, 16.

Gleichung der Tangente t:

$t(x) = -2x - 1 \quad \Rightarrow \quad f'(-0{,}5) = -2$

$\alpha = \tan^{-1}(f'(-0{,}5)) = \tan^{-1}(-2) \approx -63{,}43°$

S. 108, 17.

Nullstellen von f: $x_1 = -0{,}5$; $x_2 = 1{,}5$

$f'(x) = 2x - 1$; $f'(-0{,}5) = -2$; $f'(1{,}5) = 2$

Tangenten: $t_1(x) = -2x - 1$; $t_2(x) = 2x - 3$

$\tan(\alpha_1) = -2$, also $\alpha_1 \approx -63{,}43°$

$\tan(\alpha_2) = 2$, also $\alpha_2 \approx 63{,}43°$

S. 108, 18.

a) Steigung: $\frac{f(4) - f(0)}{4 - 0} = \frac{0 - 3{,}2}{4} = -0{,}8$

Das durchschnittliche Gefälle beträgt 0,8.

b) $f'(x) = 0{,}3x^2 - 1{,}2x = 0{,}3x(x - 4)$

Der Graph von f' ist eine Parabel, die im betrachteten Intervall den Scheitelpunkt $S(2|f'(2))$ hat. Da die Parabel nach oben geöffnet ist, ist es die Stelle der geringsten Steigung, also ist $x = 2$ die Stelle des größten Gefälles.

Neigungswinkel:

$\alpha = \tan^{-1}(f'(2)) = \tan^{-1}(-1{,}2) \approx -50{,}19°$

S. 108, 19.

Schnittstellen der Graphen von f und g:

$f(x) = g(x)$ für $x_1 = 2$ und für $x_2 = -2$

$f'(x) = 2x - 2 \qquad g'(x) = -2$

Schnittwinkel γ_1 bei $x_1 = 2$:

$|\alpha_1 - \beta_1| = |\tan^{-1}(f'(2)) - \tan^{-1}(g'(2))|$
$= |\tan^{-1}(2) - \tan^{-1}(-2)| \approx 126{,}87° > 90°$,

also $\gamma_1 \approx 180° - 126{,}87° = 53{,}13°$

Schnittwinkel bei $x_2 = -2$:

$\gamma_2 = |\alpha_2 - \beta_2| = |\tan^{-1}(f'(-2)) - \tan^{-1}(g'(-2))|$
$= |\tan^{-1}(-6) - \tan^{-1}(-2)| \approx 17{,}10°$

S. 108, 20.

$x < 0$: $\operatorname{sgn}(x) = -1 \to -1$ für $x \to 0$

$x > 0$: $\operatorname{sgn}(x) = 1 \to 1$ für $x \to 0$

Also ist die Funktion nicht stetig bei $x = 0$.

S. 108, 21.

a) Nahtstelle $x = 1$; Stetigkeit: $f(1) = 1$

$x < 1$: $f(x) = x^3 \to 1$ für $x \to 1$

$x > 1$: $f(x) = 2 - x \to 1$ für $x \to 1$

Also ist die Funktion stetig bei $x = 1$.

Differenzierbarkeit:

$x < 1$: $f'(x) = 3x^2 \to 3$ für $x \to 1$

$x > 1$: $f'(x) = -1 \to -1$ für $x \to 1$

$\lim_{x \to 1;\, x<1} f'(x) \neq \lim_{x \to 1;\, x>1} f'(x)$

Also ist die Funktion nicht differenzierbar bei $x = 1$.

b) Nahtstelle $x = \frac{\pi}{2}$; Stetigkeit: $f\left(\frac{\pi}{2}\right) = 1$

$x < \frac{\pi}{2}$: $f(x) = \sin(x) \to 1$ für $x \to \frac{\pi}{2}$

$x > \frac{\pi}{2}$: $f(x) = 1 \to 1$ für $x \to \frac{\pi}{2}$

Also ist die Funktion stetig bei $x = \frac{\pi}{2}$.

Differenzierbarkeit:

$x < \frac{\pi}{2}$: $f'(x) = \cos(x) \to 0$ für $x \to \frac{\pi}{2}$

$x > \frac{\pi}{2}$: $f'(x) = 0 \to 0$ für $x \to \frac{\pi}{2}$

$\lim_{x \to \frac{\pi}{2};\, x<\frac{\pi}{2}} f'(x) = \lim_{x \to \frac{\pi}{2};\, x>\frac{\pi}{2}} f'(x)$

Also ist die Funktion differenzierbar bei $x = \frac{\pi}{2}$.

Lösungen zu Kapitel 4: Untersuchung ganzrationaler Funktionen

Ihr Fundament (S. 112/113)

S. 112, 1.

a) Der Graph fällt für $x < 1$ und steigt für $x > 1$.

b) Der Graph fällt für $x < -1$ sowie für $x > 1$ und steigt für $-1 < x < 1$.

c) Der Graph steigt für $x < 0$ und fällt für $x > 0$.

S. 112, 2.

a) Der Graph fällt für alle $x \in \mathbb{R}$.

b) Der Graph fällt für $x < -3$. Er steigt für $x > -3$.

c) Der Graph fällt für $x < 0$ und steigt für $x > 0$.

d) Der Graph steigt für $x < 1$ und fällt für $x > 1$.

e) Der Graph fällt für $x < 0$ und für $x > 0$.

f) Der Graph steigt für $x < -3$ und für $x > -3$.

S. 112, 3.

Beispiel: $f(x) = -x + 1$

S. 112, 4.

Beispiele:

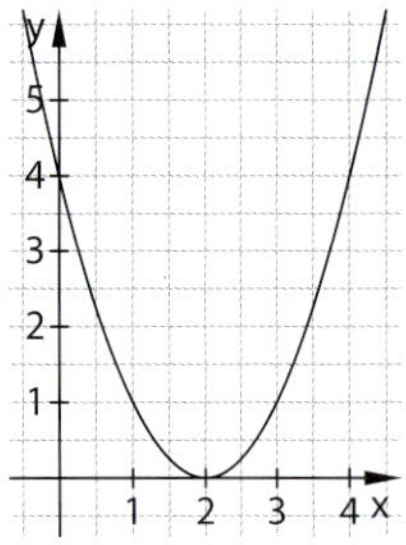

$f(x) = (x - 2)^2$

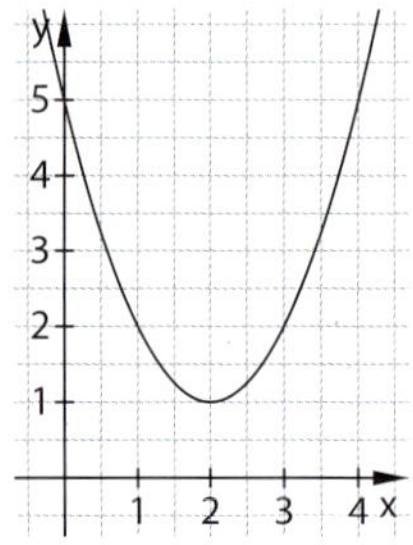

$f(x) = (x - 2)^2 + 1$

S. 112, 5.

a) Kleinster Funktionswert: −2
Einen größten Funktionswert gibt es nicht.

b) Einen kleinsten Funktionswert gibt es nicht.
Größter Funktionswert: −3

c) Es gibt weder einen kleinsten noch einen größten Funktionswert.

d) Kleinster Funktionswert: −2
Einen größten Funktionswert gibt es nicht.

S. 112, 6.

	größter Funktionswert	kleinster Funktionswert
a)	① 1 (für x = 1) ② 1 (für x = 1)	① 0 (für x = 0) ② 0 (für x = 0 und für x = 2)
b)	① 1,25 (für x = −0,5) ② 0 (für x = 0)	① −1 (für x = 1) ② −1 (für x = 1)
c)	① 2 (für x = −1) ② 2 (für x = −1)	① −2 (für x = −3) ② 1 (für x = 0,5)

S. 112, 7.

	größter Funktionswert	kleinster Funktionswert
a)	−5 (für x = 0)	−11 (für x = 2)
b)	4 (für x = 0)	0 (für x = −2)
c)	0 (für x = −2)	−3 (für x = −1)

S. 112, 8.

a) Beispiel:

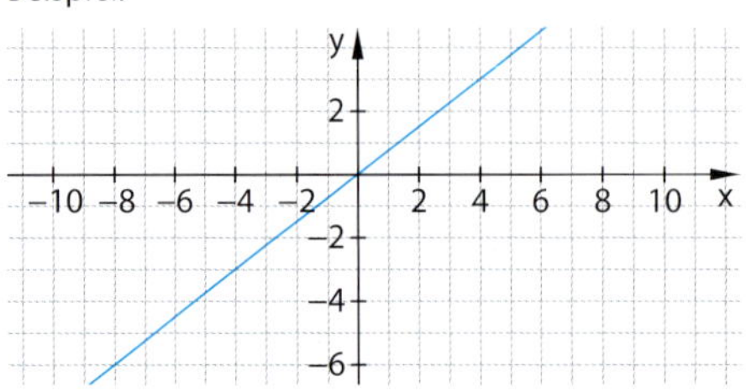

b) Beispiel:

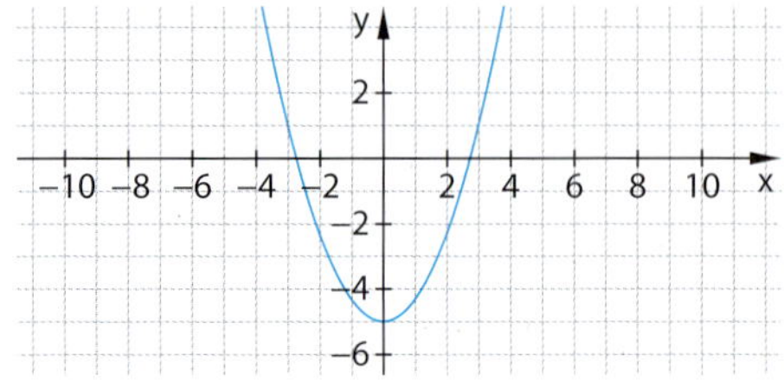

S. 113, 9.

a) $x = -3$

b) $x_1 = 0$; $x_2 = -5$

c) $x_1 = 4$; $x_2 = -4$

d) $x_1 = 0$; $x_2 = -2$; $x_3 = 4$

e) $t_1 = 9$; $t_2 = -9$

f) keine Lösung

S. 113, 10.

a) $x = -1{,}5$

b) $x_1 = -1$; $x_2 = 1$

c) keine Nullstelle

d) $x = 0$

e) $x_1 = -3$; $x_2 = 4$

f) $x_1 = 3$; $x_2 = 5$

g) $x_1 = -7$; $x_2 = -11$

h) keine Nullstelle

i) $x = k\pi$ für $k \in \mathbb{Z}$

S. 113, 11.

Beispiellösungen:

a) $x^2 - 4 = 0$

b) $x(x - 3) = 0$

c) $(x + 5)(x - 1) = 0$

d) $x^2 + 2 = 0$

e) $(x - 4)^2 = 0$

f) $x^2 = 0$

S. 113, 12.

a) $b > 0$ b) $b = 0$ c) $b < 0$

S. 113, 13.

	positiv	negativ	null
a)	$x > 2{,}5$	$x < 2{,}5$	$x = 2{,}5$
b)	$x > -0{,}5$	$x < -0{,}5$	$x = -0{,}5$
c)	$x < -1$ oder $x > 1$	$-1 < x < 1$	$x = -1$ oder $x = 1$
d)	$x > -1$	$x < -1$	$x = -1$

S. 113, 14.

	positiv	negativ
a)	$x > 0{,}75$	$x < 0{,}75$
b)	$x < -1{,}5$	$x > -1{,}5$
c)	$-2 < x < 2$	$x < -2$ oder $x > 2$

S. 113, 15.

a) $x < -6$ b) $-4 < x < 4$ c) $x > 1$

S. 113, 16.

a) $S_x\left(\frac{3}{7} \middle| 0\right)$; $S_y(0|3)$

b) Kein Schnittpunkt mit der x-Achse; $S_y(0|4)$

c) $S_x(0|0) = S_y(0|0)$

S. 113, 17.

a) $f'(x) = 5x^4 - 9x^2 + 2$

b) $f'(x) = 14x^6 + 4x^3$

c) $f'(x) = -6x^5 + 8x - 1$

d) $f'(x) = 2x + 2$

e) $f'(x) = -4x^3 + 8x$

f) $f'(x) = 12x$

S. 113, 18.

a) $f(x) = x(x^2 + 3)$
Da $x^2 + 3$ nie null wird, gilt $f(x) = 0$ nur für $x = 0$ (Satz vom Nullprodukt).

b) $f(x) = x\left(\frac{1}{3}x^2 + x + 1\right)$
Da $\frac{1}{3}x^2 + x + 1$ nie null wird, gilt $f(x) = 0$ nur für $x = 0$ (Satz vom Nullprodukt).

c) $f(x) = -x^3(3x^2 + 5)$
Da $3x^2 + 5$ nie null wird, gilt $f(x) = 0$ nur für $x = 0$ (Satz vom Nullprodukt).

S. 113, 19.

a) $g(x) = -3x - 1$; Nullstelle: $x_0 = -\frac{1}{3}$
b) $g(x) = -4x + 8$; Nullstelle: $x_0 = 2$
c) $g(x) = 4x - 6$; Nullstelle: $x_0 = 1{,}5$

S. 113, 20.

Ansatz über Nullstellen: $f(x) = a(x - 2)(x + 1)$
$f(0) = -2a = 6$, also $a = -3$
$f(x) = -3(x - 2)(x + 1)$

Prüfen Sie Ihr neues Fundament (S. 142/143)

S. 142, 1.

a) streng monoton steigend für $-2 < x < 0$ und $x > 1$, streng monoton fallend für $x < -2$ und $0 < x < 1$.
b) $H(0|0)$, $T_1(-2|-2{,}7)$, $T_2(1|-0{,}4)$
c) Das globale Minimum ist das kleinere lokale Minimum: $-2{,}7$. Ein globales Maximum existiert nicht, da $f(x) \to \infty$ für $x \to \pm\infty$.

S. 142, 2.

a) $f'(x) = 4 - x$
f' hat bei $x = 4$ eine Nullstelle, daher gibt es zwei Monotonieintervalle.
Für $x < 4$ ist z. B. $f'(3) = 1 > 0$, also ist f streng monoton steigend.
Für $x > 4$ ist z. B. $f'(5) = -1 < 0$, also ist f streng monoton fallend.

b) $f'(x) = 3x^2 - 6x$
f' hat bei $x_1 = 0$ und $x_2 = 2$ Nullstellen, daher gibt es drei Monotonieintervalle.
Für $x < 0$ ist z. B. $f'(-1) = 9 > 0$, also ist f streng monoton steigend.
Für $0 < x < 2$ ist z. B. $f'(1) = -3 < 0$, also ist f streng monoton fallend.
Für $x > 2$ ist z. B. $f'(3) = 9 > 0$, also ist f streng monoton steigend.

c) $f'(x) = 8x^3 + 8x$
f' hat bei $x = 0$ eine Nullstelle, daher gibt es zwei Monotonieintervalle.
Für $x < 0$ ist z. B. $f'(-1) = -16 < 0$, also ist f streng monoton fallend.
Für $x > 0$ ist z. B. $f'(1) = 16 > 0$, also ist f streng monoton steigend.

S. 142, 3.

Beispiel:

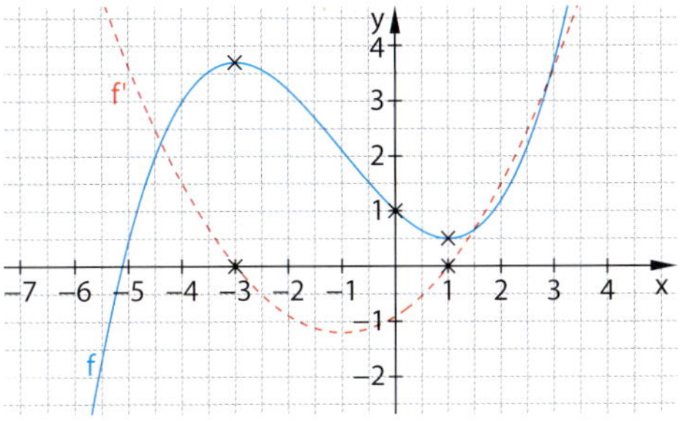

S. 142, 4.

a) $f'(x) = 3x^2 + 8x - 3$
lokale Extremstellen: $x_1 = \frac{1}{3}$; $x_2 = -3$
lokale Extrema: $y_{min} = -\frac{230}{27} \approx -8{,}52$; $y_{max} = 10$
globale Extrempunkte:
- auf I_1: $T\left(\frac{1}{3}\middle|-\frac{230}{27}\right)$; $H(-3|10)$
- auf I_2: $T(0|-8)$; $H(-2|6)$
- auf I_3: $T\left(\frac{1}{3}\middle|-\frac{230}{27}\right)$; $H(3|46)$

b) $f'(x) = -\frac{3}{10}x^2 + \frac{3}{2}x$
lokale Extremstellen: $x_1 = 0$; $x_2 = 5$
lokale Extrema: $y_{min} = 0$; $y_{max} = 6{,}25$
globale Extrempunkte:
- auf I_1: $T(8|-3{,}2)$; $H(5|6{,}25)$
- auf I_2: $T(0|0)$; $H(-3|9{,}45)$
- auf I_3: $T(0|0)$; $H(3|4{,}05)$

S. 142, 5.

a) Eine notwendige Bedingung an eine Stelle ist eine Voraussetzung, die erfüllt sein muss, damit an dieser Stelle ein lokales Minimum vorliegen kann. Wenn eine hinreichende Bedingung an eine Stelle erfüllt ist, genügt das, um zu entscheiden, dass an dieser Stelle ein lokales Minimum vorliegt. Die Bedingung „$f'(x_m) = 0$ und $f''(x_m) > 0$" ist eine hinreichende Bedingung.

b) Umkehrung: „Wenn die Funktion an einer Stelle x_m ein lokales Minimum hat, dann gilt $f'(x_m) = 0$ und $f''(x_m) > 0$." Diese Aussage ist falsch, Gegenbeispiel: f mit $f(x) = x^4$ hat bei $x = 0$ ein lokales Minimum, aber es gilt $f''(0) = 0$.

S. 142, 6.

a) Der Graph ist für $x < -1$ streng monoton fallend und für $x > -1$ streng monoton steigend.
Tiefpunkt: bei $x = -1$; Sattelpunkt: bei $x = 2$
Der Graph von f hat keinen Hochpunkt.

b) Der Graph von f ist für $x < -2$ und für $1 < x < 3$ streng monoton fallend, für $-2 < x < 1$ und für $x > 3$ ist er streng monoton steigend.
Tiefpunkte: bei $x = -2$ und $x = 3$; Hochpunkt: bei $x = 1$
Der Graph von f hat keinen Sattelpunkt.

c) Der Graph ist auf ganz $\mathbb{R}$ streng monoton steigend.
Er hat keine Hoch- oder Tiefpunkte.
Sattelpunkte: bei $x = -1$ und $x = 2$

S. 142, 7.

a) Für alle reellen Zahlen x gilt $f(x) > 0$ und $g(x) = -(x-3)^2 < 0$. Also gilt $f(x) > g(x)$ für alle x. Daher kann die geringste Distanz als Minimum der Funktion d mit $d(x) = f(x) - g(x) = 2x^2 - 6x + 11$ ermittelt werden. $d'(x) = 4x - 6$; $d''(x) = 4$
$d'(x) = 0 \Rightarrow x = 1{,}5$
Wegen $d''(1{,}5) = 4 > 0$ liegt an der Stelle $x = 1{,}5$ ein lokales Minimum vor.
An der Stelle $x = 1{,}5$ unterscheiden sich die Funktionswerte am wenigsten.

b) Die Graphen von f und g haben keinen Schnittpunkt und es gilt $f(0) > g(0)$, außerdem sind f und g ganzrational. Also gilt für alle reellen Zahlen x: $f(x) > g(x)$. Daher kann die geringste Distanz mit der Funktion d mit
$d(x) = f(x) - g(x) = 2x^2 + 2x + 2$ ermittelt werden.
$d'(x) = 4x + 2$; $d''(x) = 4$
$d'(x) = 0$ für $x = -0{,}5$
Wegen $d''(-0{,}5) = 4 > 0$ liegt an der Stelle $x = -0{,}5$ ein lokales Minimum vor. An dieser Stelle unterscheiden sich die Funktionswerte von f und g am wenigsten.

S. 142, 8.

a) $H(0|0)$ $T(2|-4)$ $W(1|-2)$
$w(x) = -3x + 1$

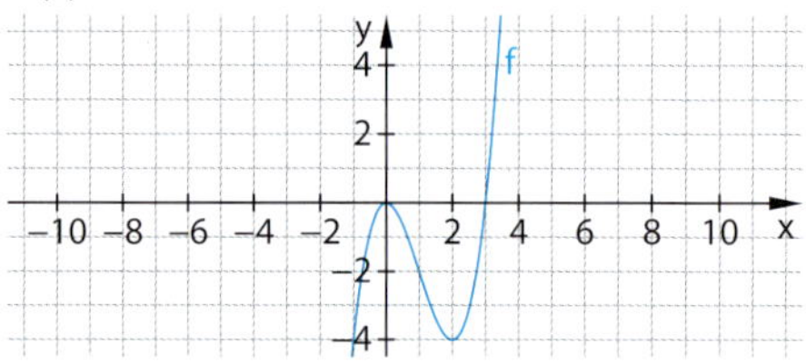

b) $T(3|-3{,}75)$ $W(2|-1)$ $S(0|3)$
$w_W(x) = -4x + 7$; $w_S(x) = 3$

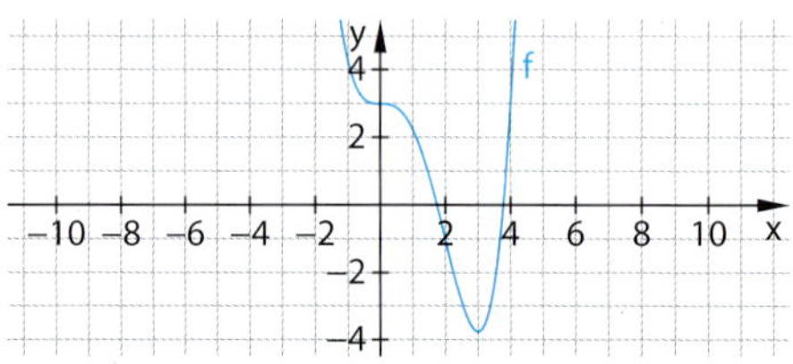

c) $H\left(1\middle|\frac{4}{3}\right)$ $T(3|0)$ $W\left(2\middle|\frac{2}{3}\right)$
$w(x) = -x + \frac{8}{3}$

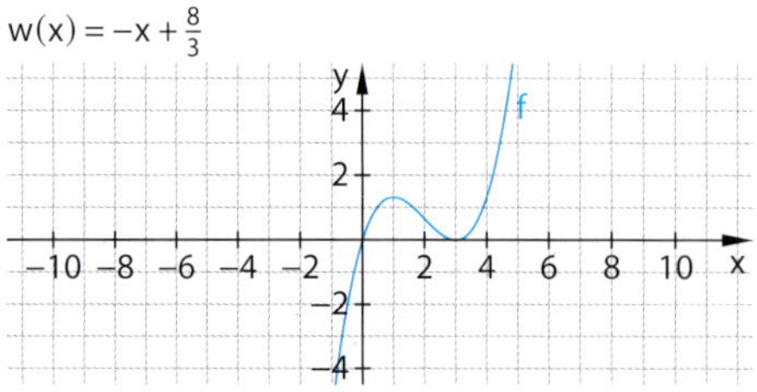

d) $\approx H(-\sqrt{3}|-3{,}92)$ $\approx T(\sqrt{3}|-8{,}08)$
$\approx W_1\left(-\frac{\sqrt{6}}{2}\middle|-4{,}71\right)$ $\approx W_2\left(\frac{\sqrt{6}}{2}\middle|-7{,}29\right)$ $S(0|-6)$
$w_1(x) \approx -2{,}25x - 7{,}47$ $w_2(x) \approx -2{,}25x - 4{,}53$
$w_S(x) = -6$

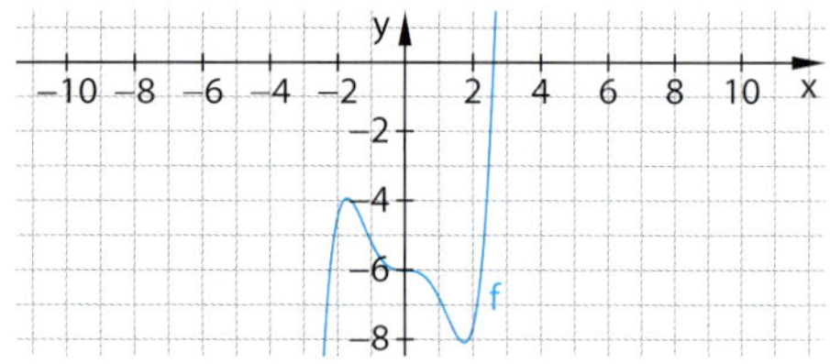

e) $S(-4|0)$ $w(x) = 0$

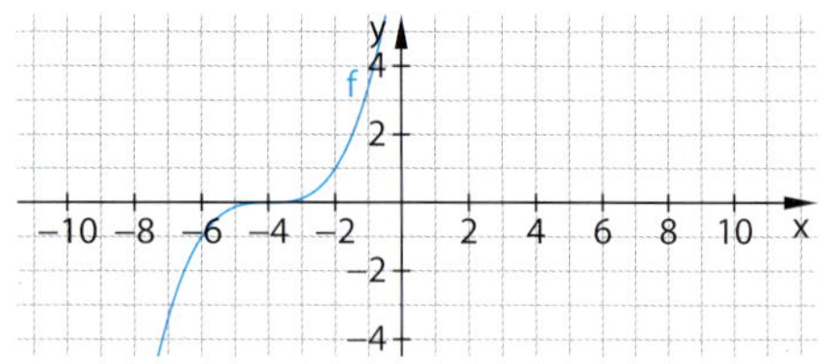

f) $\approx T(0{,}61|6{,}75)$

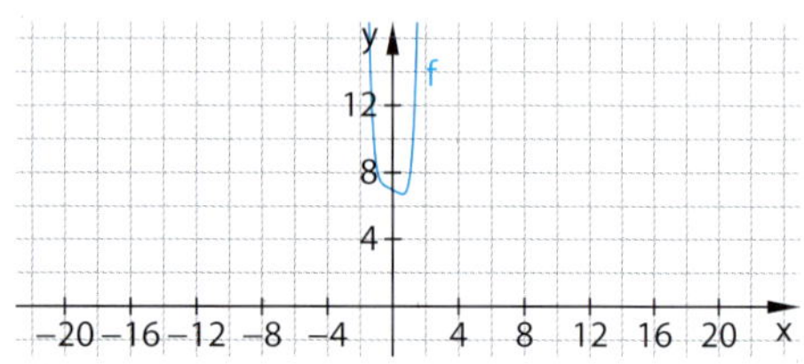

S. 143, 9.

a) $f''(x) = -12x^2 + 12$
$f''(x) = 0$ für $x_{1/2} = \pm 1$
Teststellen: $f''(-2) = -36$; $f''(0) = 12$; $f''(2) = -36$
$f''(x) < 0$ für $x < -1$ bzw. $x > 1$: Der Graph von f ist in diesen Intervallen rechtsgekrümmt.
$f''(x) > 0$ für $-1 < x < 1$: Der Graph von f ist in diesem Intervall linksgekrümmt.

b) $f''(x) = 12x^2 - 48x + 48$
$f''(x) = 0$ für $x = 2$
Teststellen: $f''(1) = 12$; $f''(3) = 12$
$f''(x) > 0$ für $x < 2$ bzw. $x > 2$: Der Graph von f ist linksgekrümmt.

c) $f''(x) = -30x^4$
$f''(x) = 0$ für $x = 0$
Teststellen: $f''(-1) = -30$; $f''(1) = -30$
$f''(x) < 0$ für $x < 0$ bzw. $x > 0$: Der Graph von f ist rechtsgekrümmt.

S. 143, 10.

a) Die 1. Ableitungsfunktion hat an der Stelle $x = -4$ ein lokales Minimum, da das Vorzeichen von f'' an dieser Stelle von + zu − wechselt.

b) Die Funktion f hat an der Stelle $x = -4$ eine Wendestelle.

c) Da die 1. Ableitungsfunktion an der Stelle $x = -4$ ein lokales Minimum hat und $f'(-4) = 1$ gilt, hat f' nur positive Funktionswerte, d. h., die Funktion f ist streng monoton steigend.

S. 143, 11.

a) anfänglicher Wasserstand: $h(0) = 2{,}5$, also 2,5 m
Wasserstand nach 6 h 15 min: $h(6{,}25) \approx 3{,}69$, also rund 3,69 m

b) $h(t) = 2{,}5 \Rightarrow t_1 = 0;\ t_{2/3} = \pm 10$
Im Sachkontext ist nur die positive Lösung für die Zeit sinnvoll: Die Wasserhöhe ist nach 10 Stunden wieder normal. $D = [0; 10]$

c) $h(t) = 4$ hat keine Lösung. Es kommt zu keiner Überschwemmung.

d) $h'(t) = -0{,}002t^3 + 0{,}1t$
$h'(t) = 0 \Rightarrow t_1 = 0;\ t_{2/3} = \pm\sqrt{50}$
Die negative Lösung liegt nicht im Definitionsbereich.
$h''(t) = -0{,}006t^2 + 0{,}1$
$h''(0) > 0$, also Tiefpunkt bei $t_1 = 0$
$h''(\sqrt{50}) < 0$, also Hochpunkt bei $t_2 = \sqrt{50} \approx 7{,}07$;
$h(\sqrt{50}) = 3{,}75$
Das Wasser erreicht nach ca. 7,07 Stunden seinen Höchststand mit 3,75 Metern.

e) Der stärkste Anstieg von h ist das lokale Maximum von h'. $h''(t) = 0 \Rightarrow t_{1/2} = \pm\sqrt{\frac{50}{3}}$
Die negative Lösung liegt nicht im Definitionsbereich.
$h'''(t) = -0{,}012t$
$h'''\left(\sqrt{\frac{50}{3}}\right) < 0$, also Hochpunkt von h' bei
$t = \sqrt{\frac{50}{3}} \approx 4{,}08$ (Zeitpunkt des stärksten Anstiegs);
$h'(4{,}08) \approx 0{,}27$
Der stärkste Anstieg des Wassers beträgt ca. 0,27 m/h = 0,45 cm/min.

S. 143, 12

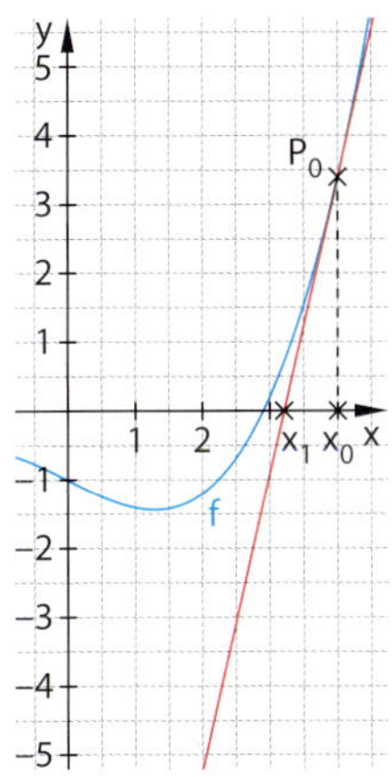

a) An der Stelle $x = 4$ wird die Tangente an den Graphen von f angelegt. Sie schneidet die x-Achse in x_1. x_1 ist ein besserer Näherungswert für die Nullstelle von f als $x = 4$. Es gilt $f'(x_0) = \frac{f(x_0) - 0}{x_0 - x_1}$, also
$x_1 = x_0 - \frac{f(x_0)}{f'(x_0)}$.
In x_1 legt man dann wieder die Tangente an den Graphen von f an usw.

b) $f'(x) = 0{,}3x^2 - 0{,}5$
$x_0 = 4;\ x_1 \approx 3{,}21;$
$x_2 \approx 2{,}94;\ x_3 \approx 2{,}91$

Lösungen zu Kapitel 5: Anwendungen der Differenzialrechnung

Ihr Fundament (S. 146/147)

S. 146, 1.

a) $L = \{(1 | 0)\}$ b) $L = \{(2{,}5 | 4{,}5)\}$
c) $L = \{(-7 | 16)\}$ d) $L = \{(2{,}5 | -0{,}5)\}$

S. 146, 2.

a) $L = \{(5 | 5)\}$ b) $L = \left\{\left(\frac{1}{8} \middle| \frac{1}{2}\right)\right\}$
c) $L = \{(3 | 16)\}$ d) $L = \{\ \}$

S. 146, 3.

a) $L = \{(10 | -5)\}$ b) $L = \left\{\left(-\frac{11}{3} \middle| -\frac{41}{6}\right)\right\}$
c) $L = \{(3 | 16)\}$ d) $L = \left\{\left(-\frac{2}{3} \middle| 4\right)\right\}$

S. 146, 4.

a) $L = \{(-12 | -18)\}$ b) $L = \left\{\left(\frac{9}{2} \middle| -2\right)\right\}$
c) $L = \{(5 | 0)\}$ d) $L = \{(4 | 2)\}$

S. 146, 5.

a) unendlich viele Lösungen
b) unendlich viele Lösungen
c) genau eine Lösung
d) keine Lösung

S. 146, 6.

a) Die beiden Zahlen lauten 46 und 4.
b) Die beiden Zahlen lauten 8 und 17.
c) Alle Zahlen x und y, deren Summe 23 ist.
Also $L = \{(x | y) \mid x + y = 23\}$.

S. 146, 7.

x: Preis pro kWh in €; y: Grundgebühr in €
$x \cdot 203 + y = 39{,}16$
$x \cdot 267 + y = 49{,}40$
Lösen des linearen Gleichungssystems ergibt eine Grundgebühr von 6,68 € und einen Preis pro kWh von 0,16 €.

S. 146, 8.

a) Grad: 3; Koeffizienten: $a_3 = -1;\ a_2 = 5;\ a_1 = 4;\ a_0 = 1$
$f(1) = 9,\ f(-1) = 3$
P und Q liegen auf dem Graphen von f.

b) Grad: 5; Koeffizienten: $a_5 = 2;\ a_4 = 0;\ a_3 = 0;\ a_2 = -1;$
$a_1 = 7;\ a_0 = -5$
$f(1) = 3,\ f(-1) = -15$
P und Q liegen nicht auf dem Graphen von f.

c) Grad: 3; Koeffizienten: $a_3 = 6;\ a_2 = -4a;\ a_1 = 1;\ a_0 = 4a$
$f(1) = 7,\ f(-1) = -7$
P liegt nicht auf dem Graphen von f, Q schon.

S. 146, 9.

a) Für $x \to \infty$ gilt $f(x) \to \infty$, für $x \to -\infty$ gilt $f(x) \to -\infty$.
Der Graph ist punktsymmetrisch zum Ursprung.

b) Für $x \to \infty$ gilt $f(x) \to -\infty$, für $x \to -\infty$ gilt $f(x) \to \infty$.
Der Graph ist weder punktsymmetrisch zum Ursprung noch achsensymmetrisch zur y-Achse.

c) Für $x \to \infty$ und für $x \to -\infty$ gilt $f(x) \to \infty$.
Der Graph ist achsensymmetrisch zur y-Achse.

S. 146, 10.

a) $x_1 = 4;\ x_2 = -5$
b) $x_1 = 0;\ x_2 = -1;\ x_3 = 0{,}5$
c) $x_1 = 0;\ x_2 = 0{,}5$
d) $x_1 = 0;\ x_2 = 4$
e) $x_1 = 0;\ x_2 = 2;\ x_3 = -3$
f) $x_1 = 0;\ x_2 = -\frac{4}{3}$
g) $x_1 = 2;\ x_2 = -2;\ x_3 = 1;\ x_4 = -1$
h) $x_1 = 3;\ x_2 = -3;\ x_3 = 1;\ x_4 = -1$
i) $x_1 = \sqrt{5};\ x_2 = -\sqrt{5}$

S. 147, 11.

a) ① $f(x) = (x + 7)^2 - 4$
② $f(x) = (x + 1{,}5)^2 + 3{,}5$
③ $f(x) = (x + 1)^2 - 6{,}25$

b) ① $x_1 = -5; x_2 = -9$
② keine Nullstellen
③ $x_1 = 1{,}5; x_2 = -3{,}5$

S. 147, 12.

a) $x_1 = 2; x_2 = -2$ b) $x_1 = 7; x_2 = -1$ c) $x_1 = 0; x_2 = 4$

S. 147, 13.

a) ① $f(x) = -\frac{69}{79^2}x^2$ ② $f(x) = -\frac{69}{79^2}(x - 79)^2 + 69$

b) rund 9,30 m

S. 147, 14.

a) Scheitelpunktform gegeben
allgemeine Form: $f(x) = 2x^2 - 4x - 16$
faktorisierte Form: $f(x) = 2(x - 4)(x + 2)$

b) allgemeine Form gegeben
Scheitelpunktform: $g(x) = (x - 7)^2 - 4$
faktorisierte Form: $g(x) = (x - 9)(x - 5)$

c) faktorisierte Form gegeben
allgemeine Form: $h(x) = -3x^2 - 6x + 24$
Scheitelpunktform: $h(x) = -3(x + 1)^2 + 27$

S. 147, 15.

a) Nullstellen: $x_1 = 0; x_2 = 300$
Der Ball fliegt 300 m weit.

b) Scheitelpunkt: $S(150\,|\,45)$
Der Ball fliegt 45 m hoch.

S. 147, 16.

a) $u = 10\,cm; A \approx 3{,}9\,cm^2$
b) $u = 24\,cm; A = 24\,cm^2$
c) $b \approx 2{,}9\,cm; u \approx 17{,}8\,cm; A = 15\,cm^2$
d) $u \approx 15{,}1\,cm; A \approx 18{,}1\,cm^2$

S. 147, 17.

a) $V = 320\,cm^3$
b) 512 g

S. 147, 18.

a) $V \approx 569{,}7\,cm^3; O \approx 351{,}9\,cm^2$
b) $V \approx 466{,}5\,cm^3; O \approx 40181\,cm^2$
c) $V \approx 16{,}94\,cm^3; O \approx 55{,}05\,cm^2$
d) $V \approx 143{,}5\,cm^3; O \approx 267{,}1\,cm^2$

Prüfen Sie Ihr neues Fundament (S. 176/177)

S. 176, 1.

Es gilt stets $x + y = 10$ bzw. $y = 10 - x$.

a) $p(x) = x \cdot y = 10x - x^2$
$p'(x) = 10 - 2x$
$p'(x) = 0 \Rightarrow x = 5$
$p''(x) = -2 < 0$
Das Produkt ist für die Summanden 5 und 5 am größten.

b) $s(x) = x^2 + (10 - x)^2 = 2x^2 - 20x + 100$
$s'(x) = 4x - 20$
$s'(x) = 0 \Rightarrow x = 5$
$s''(x) = 4 > 0$
Die Summe der Quadrate ist für die Summanden 5 und 5 am kleinsten.

c) $d(x) = x^2 - (10 - x)^2 = 20x - 100$
$d'(x) = 20 > 0$
Es gibt keinen Extremwert.

d) $d(x) = x^3 - (10 - x)^3 = 2x^3 - 30x^2 + 300x - 1000$
$d'(x) = 6x^2 - 60x + 300$
$d'(x) = 0$ hat keine Lösung.
Es gibt keinen Extremwert.

S. 176, 2.

a) 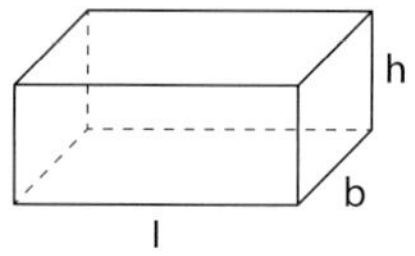

b: Länge der kürzeren Grundseite (in m)
l: Länge der längeren Grundseite (in m); $l = 2b$
h: Höhe des Bassins (in m)
Nebenbedingung:
$V = b \cdot l \cdot h = 32 \Rightarrow 32 = 2b^2 \cdot h \Rightarrow h = \frac{16}{b^2}$
Zielfunktion:
$A = 2b^2 + 6bh$
$A(b) = 2b^2 + \frac{96}{b}$ $(b > 0)$

b) $A'(b) = 4b - \frac{96}{b^2}$
Aus $A'(b) = 0$ folgt $b^3 = 24$ und damit $b = \sqrt[3]{24} \approx 2{,}88$.
$A''(b) = 4 + \frac{192}{b^3}$
$A''(\sqrt[3]{24}) = 12 > 0 \Rightarrow b = \sqrt[3]{24}$ ist lokale Minimumstelle.
Da $A(b) \to \infty$ für $b \to 0$ mit $b > 0$ und für $b \to \infty$ gilt, ist das einzige lokale Minimum an der Stelle $b = \sqrt[3]{24}$ auch das globale Minimum.
Das Bassin ist ca. 2,88 m breit, 5,77 m lang und 1,92 m hoch.

S. 176, 3.

a) Flächeninhalt: $A = \frac{1}{2}g \cdot h$
Nebenbedingungen: $g = a - 0 = a$ und $h = f(a)$
Zielfunktion: $A(a) = \frac{1}{2}a \cdot f(a) = -\frac{1}{16}a^4 + a^2$
a liegt zwischen der y-Achse und der positiven Nullstelle von f.
$f(x) = -\frac{1}{8}x(x^2 - 16) = 0$ ergibt $x_1 = 0; x_2 = 4$ und $x_3 = -4$.
Definitionsbereich von A: $0 < a < 4$

b) $A'(a) = -\frac{1}{4}a^3 + 2a$
$A'(a) = -\frac{1}{4}a(a^2 - 8) = 0$ ergibt $a_1 = 0; a_2 = \sqrt{8} \approx 2{,}83$ und $a_3 = -\sqrt{8}$.
$A''(a) = -\frac{3}{4}a^2 + 2$
$A''(0) = 2 > 0$, also lokales Minimum bei 0
$A''(\sqrt{8}) = -4 < 0$, also lokales Maximum bei $\sqrt{8}$;
$A(\sqrt{8}) = 4$
Das lokale Maximum 4 bei $a = \sqrt{8}$ ist auch globales Maximum.
Der Flächeninhalt wird für $a = \sqrt{8} \approx 2{,}83$ mit 4 FE maximal.

S. 176, 4.

zu a), b) und d) $f(x) = ax^3 + bx^2 + cx + d$

a) $f(5) = 18 \quad a \cdot 5^3 + b \cdot 5^2 + c \cdot 5 + d = 18$

b) $f(0) = 3 \quad a \cdot 0^3 + b \cdot 0^2 + c \cdot 0 + d = 3$

c) $f(x) = ax^4 + bx^3 + cx^2 + dx + e$

$f(5) = 0$ und $f'(5) = 0$

$a \cdot 5^4 + b \cdot 5^3 + c \cdot 5^2 + d \cdot 5 + e = 0$

$4 \cdot a \cdot 5^3 + 3 \cdot b \cdot 5^2 + 2 \cdot c \cdot 5 + d = 0$

d) $f(3) = -1$ und $f'(3) = 4$

$a \cdot 3^3 + b \cdot 3^2 + c \cdot 3 + d = -1$

$3 \cdot a \cdot 3^2 + 2 \cdot b \cdot 3 + c = 4$

e) $f(x) = ax^4 + bx^3 + cx^2 + dx + e$

$f(2) = 1$ und $f'(2) = 0$

$a \cdot 2^4 + b \cdot 2^3 + c \cdot 2^2 + d \cdot 2 + e = 1$

$4a \cdot 2^3 + 3b \cdot 2^2 + 2c \cdot 2 + d = 0$

S. 176, 5.

① $f(x) = x^3 - x$

② $f(x) = \frac{5}{9}x^3 - \frac{5}{3}x^2$

③ $f(x) = -\frac{3}{125}x^4 + \frac{4}{25}x^3$

④ $f(x) = \frac{1}{27}x^4 - \frac{2}{3}x^2 + 3$

S. 177, 6.

Die Flugbahn lässt sich modellieren mithilfe der Funktion f mit $f(x) = -0{,}054x^2 + x + 2{,}2$. Der Graph von f hat den Hochpunkt $H(9{,}26 \mid 6{,}83)$. Die Halle muss für den Wurf mindestens 6,83 m hoch sein.

S. 177, 7.

a) $f_a(x) = ax^3 - 3ax + 4$ mit $a \in \mathbb{R}$; $a \neq 0$

b) Individuelle Lösungen; z. B. ergibt die Eigenschaft, dass der Graph den Punkt $P(2 \mid 6)$ enthält, $a = 1$ und $f_1(x) = x^3 - 3x + 4$.

c) $f_a'(x) = 3ax^2 - 3a \qquad f_a'(-2) = 9a \neq 0$, da $a \neq 0$

Es gibt keine Lösung mit einem weiteren Extrempunkt bei $x = -2$.

S. 177, 8.

$f(x) = -2x^3 + 6x^2 + 2x + 5$

$f'(x) = -6x^2 + 12x + 2$; $f''(x) = -12x + 12$

$f'(x) = 0$ für $x = 2{,}15$ und $x = -0{,}15$

$f''(2{,}15) < 0$: Hochpunkt $(2{,}15 \mid 17{,}16)$

$f''(-0{,}15) > 0$: Tiefpunkt $(-0{,}15 \mid 4{,}84)$.

$f''(x) = 0$ für $x = 1$: einziger Wendepunkt ist $Q(1 \mid 11)$.

S. 177, 9.

a) $a = 3$ ergibt die Nullstellen $x_1 = -3$ und $x_2 = 3$.

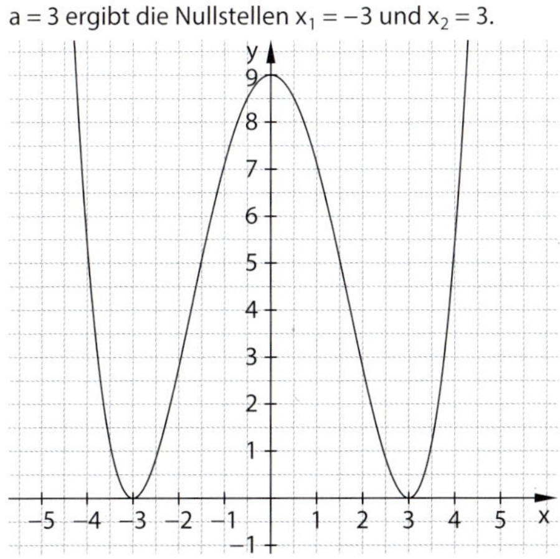

b) $a = \sqrt{8} \approx 2{,}83$

c) $f_a'(x) = \frac{4x^3}{a^2} - 4x \qquad f_a''(x) = \frac{12x^2}{a^2} - 4$

Die Wendepunkte sind $W_1\left(\frac{a}{\sqrt{3}} \middle| \frac{4}{9}a^2\right)$ und $W_2\left(-\frac{a}{\sqrt{3}} \middle| \frac{4}{9}a^2\right)$.

$f_a\left(\frac{1}{\sqrt{3}}\right) = 2{,}5$ ergibt den Wert $a = \frac{3}{2}\sqrt{2{,}5} \approx 2{,}37$.

d) $2 \cdot \frac{a}{\sqrt{3}} = \frac{4}{9}a^2$ ergibt $a = \frac{3}{2}\sqrt{3}$.

Für $a = \frac{3\sqrt{3}}{2} \approx 2{,}60$ hat das Tor eine quadratische Fläche.

S. 177, 10.

a) $f(x) = 0{,}001x^4 - 0{,}2x^2 + 10$

b) $g(x) = -10^{-5}x^6 + 0{,}003x^4 - 0{,}3x^2 + 10$

c) Beide Funktionen verbinden den Punkt A sprungfrei und knickfrei mit der Bahntrasse, aber nur g verbindet ihn auch ruckfrei.

Lösungen zu Kapitel 6: Integralrechnung

Ihr Fundament (S. 180/181)

S. 180, 1.

a) $x_1 = -\frac{1}{2}$; $x_2 = \frac{5}{2}$

b) $x_1 = -\frac{\pi}{4}$; $x_2 = 2$

c) $a_1 = -\frac{4}{3}$; $a_2 = 0$

d) $x = 0$

e) $x_1 = -2$; $x_2 = -1$; $x_3 = 1$; $x_4 = 2$

f) $c_1 = -1$; $c_2 = 1$

S. 180, 2.

a) $f(x) = -x^2 + 4x + 4 = -x + 4 = g(x)$

$x_1 = 0$; $x_2 = 5$; $g(0) = 4$; $g(5) = -1$

Die Schnittpunkte sind $P(0 \mid 4)$ und $Q(5 \mid -1)$.

b)

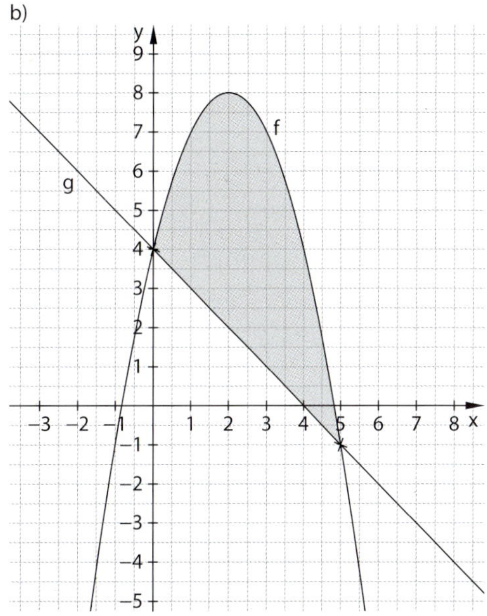

S. 180, 3.

a) $f'(x) = 2x + 2$
b) $f'(x) = 4x - 16$
c) $f'(x) = 50x$
d) $f'(x) = 2 + x^{-2} = 2 + \frac{1}{x^2}$
e) $f'(x) = \frac{1}{2}x^{-\frac{1}{2}} = \frac{1}{2\sqrt{x}}$
f) $f'(x) = \frac{1}{3}x^{-\frac{2}{3}}$
g) $f'(u) = 2 + \frac{1}{3}u^{-\frac{2}{3}}$
h) $f'(x) = 5ax^4 + 3ax^2$
i) $f'(a) = x^5 + x^3$

S. 180, 4.

Die Funktion g_1 ist die Ableitung zur Funktion f_3, da f_3 auf dem gesamten Intervall eine negative Steigung hat und um die Polstelle $x = 1$ die Steigung gegen $-\infty$ geht.
Die Funktion g_2 ist die Ableitung zur Funktion f_5, da die Steigung von f_5 links von $x = 2$ positiv, bei $x = 2$ null und rechts von $x = 2$ negativ ist.
Die Funktion g_3 ist die Ableitung zur Funktion f_4, da die Steigung links vom Tiefpunkt (z. B. bei $x = 2$) negativ, im Tiefpunkt null und rechts davon positiv ist.
Die Funktion g_4 ist die Ableitung zur Funktion f_2, da f_2 eine lineare Funktion ist und ihre Ableitung damit eine konstante Funktion.
Die Funktion g_5 ist die Ableitung zur Funktion f_1, da die Steigung von f_1 bei $x = 1$ null und sonst für alle x positiv ist.

S. 180, 5.

a) $f'(x)$ gibt die Geschwindigkeit in m/s an.
b) $f'(x)$ gibt die Beschleunigung in m/s^2 an.
c) $f'(x)$ gibt die Änderung der Bevölkerung in Personen pro Jahr an.
d) $f'(x)$ gibt den Kraftstoffverbrauch in ℓ/km an.

S. 180, 6.

a)
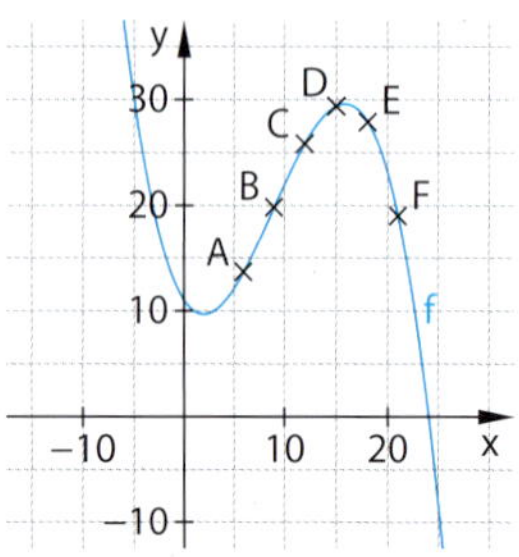

10 Uhr: 22 °C; 20 Uhr: 23 °C

b) 6 Uhr bis 9 Uhr: $\frac{20\,°C - 14\,°C}{3\,h} = 2\,\frac{°C}{h}$
9 Uhr bis 12 Uhr: $\frac{26\,°C - 20\,°C}{3\,h} = 2\,\frac{°C}{h}$
12 Uhr bis 15 Uhr: $\frac{30\,°C - 26\,°C}{3\,h} = \frac{4}{3}\,\frac{°C}{h}$
15 Uhr bis 18 Uhr: $\frac{28\,°C - 30\,°C}{3\,h} = -\frac{2}{3}\,\frac{°C}{h}$
18 Uhr bis 21 Uhr: $\frac{19\,°C - 28\,°C}{3\,h} = -3\,\frac{°C}{h}$

c) Am Graphen erkennt man, dass die Höchsttemperatur ungefähr bei 29,6 °C (kurz vor 16 Uhr) liegt. Beim Betrachten der Tabelle kann man nur vermuten, dass der Wert von 30 °C um 15 Uhr in etwa der Höchsttemperatur entspricht.

S. 181, 7.

a) $30 \cdot g(5) = 30(-20 \cdot 5^3 + 240 \cdot 5^2 - 420 \cdot 5 - 760)$
$= 30 \cdot 640 = 19\,200$
$30 \cdot g(10) = 30 \cdot (-960) = -28\,800$

In einem Monat, in dem täglich 5 Stück produziert werden, macht das Unternehmen einen Gewinn von 19 200 €. Produziert das Unternehmen aber täglich 10 Stück, macht es einen Verlust von 28 800 € pro Monat.

b) $g'(x) = -60x^2 + 480x - 420$
$g''(x) = -120x + 480$
Gesucht ist eine Stelle, an der die Steigung von g am stärksten ist, also eine Maximalstelle von g' und damit eine Wendestelle von g.
$g''(x) = -120x + 480 = 0;\ x = 4$
Da der Graph von g' eine nach unten geöffnete Parabel ist, ist g' bei $x = 4$ maximal.
Bei einer Stückzahl von 4 hat eine Erhöhung der Produktionsmenge die größte positive Auswirkung auf den Gewinn.

c) Gesucht ist eine Stelle, an der die Funktion ihr Maximum annimmt.
$g'(x) = -60x^2 + 480x - 420 = 0;\ x_1 = 1;\ x_2 = 7$
$g''(1) = 360 > 0$, also lokales Minimum
$g''(7) = -360 < 0$, also lokales Maximum
$g(7) = 1200$
Randwerte: $g(0) = -760$, für $x \to \infty$ gilt $g(x) \to -\infty$.
Bei einer täglichen Stückzahl von 7 erreicht das Unternehmen den maximalen Gewinn.

S. 181, 8.

a) $A = (1 + 2 + 3 + 4 + 5)(15\,cm \cdot 25\,cm)$
b) $A = 15 \cdot 375\,cm^2 = 5625\,cm^2 = 0{,}5625\,m^2$

S. 181, 9.

① $A_1 = \frac{1}{2}\pi\left(\frac{\pi}{2}\right)^2 = \frac{\pi^3}{8} \approx 3{,}88$

② $A_2 = 2 \cdot \left(\frac{1}{2} \cdot \frac{\pi}{2} \cdot f\left(\frac{\pi}{2}\right)\right) = \frac{\pi^2}{4} \approx 2{,}47$

③ $A_3 = 2 \cdot \left(\frac{1}{2} \cdot \frac{\pi}{4} \cdot f\left(\frac{\pi}{4}\right)\right) + 2 \cdot \left(\frac{1}{2}\left(f\left(\frac{\pi}{4}\right) + f\left(\frac{\pi}{2}\right)\right) \cdot \frac{\pi}{4}\right)$
$= \frac{\pi}{4} \cdot \left(2 \cdot f\left(\frac{\pi}{4}\right) + f\left(\frac{\pi}{2}\right)\right)$
$= \frac{\pi}{4} \cdot \left(\frac{1}{\sqrt{2}}\pi + \frac{1}{2}\pi\right) \approx 2{,}98$

Hinweis: $f\left(\frac{\pi}{4}\right) = f\left(\frac{3\pi}{4}\right)$

S. 181, 10.

a) z. B. $1 + 2 = 3 = \frac{2 \cdot 3}{2}$
$1 + 2 + 3 + 4 + 5 = 15 = \frac{5 \cdot 6}{2}$
$1 + 2 + 3 + 4 + 5 + 6 = 21 = \frac{6 \cdot 7}{2}$

b) z. B. $1^2 + 2^2 = 5 = \frac{2 \cdot 3 \cdot 5}{6}$
$1^2 + 2^2 + 3^2 = 14 = \frac{3 \cdot 4 \cdot 7}{6}$
$1^2 + 2^2 + 3^2 + 4^2 + 5^2 = 55 = \frac{5 \cdot 6 \cdot 11}{6}$

S. 181, 11.

a) 3
b) $\frac{4}{5}$
c) 0
d) $\to \infty$
e) $\frac{1}{2}$, da $\frac{x^2 - x + 6}{2x^2} = \frac{1}{2} - \frac{1}{2x} + \frac{3}{x^2}$
f) $\frac{1}{2}$
g) $\to \infty$
h) 0

S. 181, 12.

$V = V_{Halbzylinder} - V_{Quader}$
$V = \frac{1}{2} \cdot \pi \cdot 3{,}5^2 \cdot 20 - 1 \cdot 1 \cdot 20 \approx 364{,}8$
Das Bauteil hat ein Volumen von etwa $364{,}8\,cm^3$.

S. 181, 13.

a) ein Zylinder mit Radius 4 und Höhe 3
b) ein Kegel mit Radius 1 und Höhe 2

Prüfen Sie Ihr neues Fundament (S. 230–232)

S. 230, 1.

a) Zu Beginn der Beobachtung fließt das Wasser mit einer Zuflussrate von 3 ℓ/min in das Gefäß. Die Zuflussrate nimmt gleichmäßig ab, das heißt, es wird weiterhin Wasser in das Gefäß gefüllt, nur die Menge an Wasser, die hinzugefüllt wird, nimmt stetig ab. Bei 3 Minuten liegt der Schnittpunkt mit der x-Achse, also stoppt der Zufluss zu diesem Zeitpunkt. Danach ist die Zuflussrate negativ; es wird also Wasser aus dem Gefäß abgelassen, und zwar mit zunehmender Zeit mehr.

b) Flächenbilanz unter dem Graphen im Intervall [0; 4]:

$$\int_0^4 (-x+3)\,dx = \left[-\tfrac{1}{2}x^2 + 3x\right]_0^4 = 4 - 0 = 4$$

4 ℓ Wasser sind nach 4 Minuten in das Gefäß geflossen. Da zu Beginn der Beobachtungen bereits die Hälfte des Gefäßes gefüllt war (5 ℓ), befinden sich nach 4 Minuten 9 ℓ Wasser in dem Gefäß.

S. 230, 2.

a) Der Graph B gehört zur Stammfunktion F und der Graph A zur Funktion f, da A eine lineare und B eine quadratische Funktion darstellt.

b) Der Graph A gehört zur Stammfunktion F und der Graph B zur Funktion f, da die Extremstellen von A Nullstellen von B sind.

S. 230, 3.

a) $O_5 = \frac{5}{5}((1+1)+(2+1)+(3+1)+(4+1)+(5+1))$
$= 2+3+4+5+6 = 20\,\text{FE}$

b) $O_n = \frac{5}{n}\left(\left(1\cdot\frac{5}{n}+1\right)+\ldots+\left(n\cdot\frac{5}{n}+1\right)\right)$
$= \frac{5}{n}\cdot\frac{5}{n}(1+\ldots+n) + \frac{5}{n}\cdot n = \frac{25}{n^2}\,\frac{n(n+1)}{2} + 5$
$= \frac{25(n+1)}{2n} + 5\,\text{FE}$

c) $\lim\limits_{n\to\infty}\left(\frac{25(n+1)}{2n}+5\right) = \lim\limits_{n\to\infty}\left(\frac{25}{2}+\frac{25}{2n}+5\right) = \frac{35}{2} = 17{,}5\,\text{FE}$

Trapezfläche: $A = (f(0)+f(5))\cdot\frac{5}{2} = (1+6)\cdot\frac{5}{2} = \frac{35}{2}\,\text{FE}$

S. 230, 4.

a)

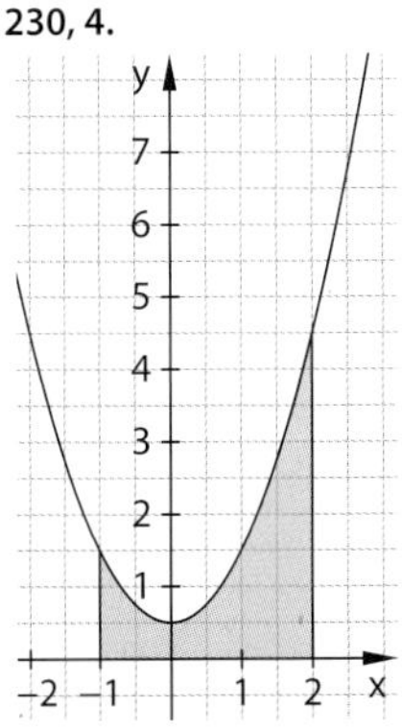

b)

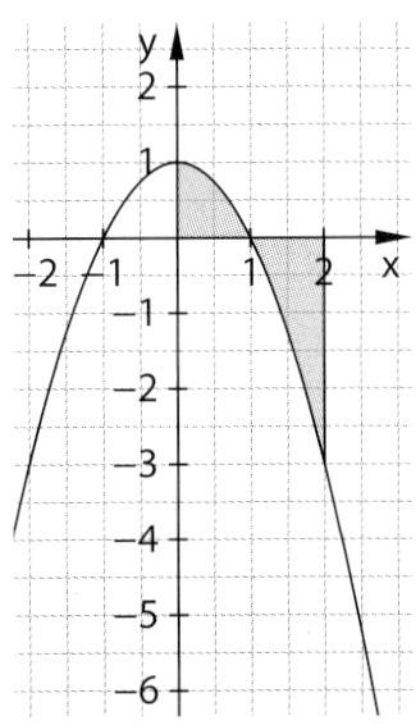

c)

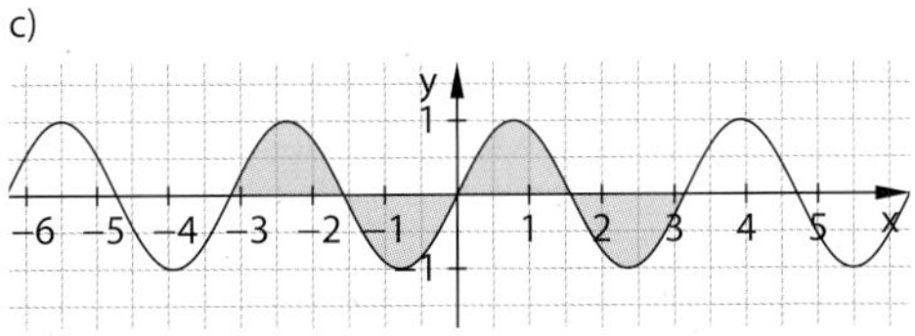

S. 230, 5.

a) $F(x) = x^2 + x$

b) $F(x) = \frac{1}{16}x^4 - 2x$

c) $F(x) = -\cos(x) + 3x$

d) $F(x) = -3x^{-1} = -\frac{3}{x}$

e) $F_a(t) = \frac{a}{3}t^3$

f) $F(x) = -32x$

g) $F(x) = \frac{2}{3}x^3 - \frac{3}{2}x^2$

h) $F(x) = \frac{1}{8x^2}$

i) $F(x) = -\frac{1}{4x}$

j) $F(x) = \frac{4}{3}\sqrt{x^3}$

k) $F(x) = -2\sqrt{x}$

l) $F(x) = \frac{2}{3}\sqrt{2x}$

S. 230, 6.

a) $F(x) = 2x - x^2 - 1$

b) $F(x) = \frac{1}{2}x^4 - \frac{7}{2}x^2 + 4$

c) $F(x) = \sin(x) + 3$

d) $F(x) = \frac{1}{x} - 1$

S. 231, 7.

a) $F'(x) = 5\cdot\frac{x^{5-1}}{5} - x^{1-1} = x^4 - 1 = f(x)$

b) $F'(x) = 0 - \cos(x) = -\cos(x) = f(x)$

c) $F'(x) = (-2)\cdot x^{-2-1} - 2\cdot x^{2-1} = -2x^{-3} - 2x = f(x)$

d) $F'(x) = 2\cdot\left(-\frac{1}{2}\right)\cdot x^{-\frac{1}{2}-1} = -x^{-\frac{3}{2}} = -\frac{1}{\sqrt{x^3}} = f(x)$

e) $F'(x) = \frac{1}{4}\cdot(-2)x^{-2-1} = -\frac{1}{2}x^{-3} = -\frac{4}{8x^3} = -\frac{4}{(2x)^3} = f(x)$

S. 231, 8.

a) $\left[2x - x^2\right]_{-1}^{5} = -12$

b) $\left[2x^3 - 2x\right]_{-3}^{0} = 48$

c) $\left[\frac{1}{2}x^4 - x^2\right]_1^2 = \frac{9}{2}$

d) $\left[2\sqrt{x} - \frac{1}{x}\right]_1^4 = 2{,}75$

S. 231, 9.

a) Es gilt: $f(0) = f(10) = 0$

$$A_1 = \int_0^{10}\left(\tfrac{1}{50}x^3 - \tfrac{2}{5}x^2 + 2x\right)dx$$
$$= \left[\tfrac{1}{200}x^4 - \tfrac{2}{15}x^3 + x^2\right]_0^{10} = \tfrac{50}{3}$$

b) Es gilt: $f(0) = g(0) = 0$; $f(5) = g(5) = 2{,}5$;
$f(10) = g(10) = 0$

$$A_2 = \left|\int_0^5 (f(x) - g(x))\,dx\right| + \left|\int_5^{10} (f(x) - g(x))\,dx\right|$$

$h(x) = f(x) - g(x) = \frac{1}{50}x^3 - \frac{3}{10}x^2 + x$

$H(x) = \frac{1}{200}x^4 - \frac{1}{10}x^3 + \frac{1}{2}x^2$

$A_2 = \left|[H(x)]_0^5\right| + \left|[H(x)]_5^{10}\right| = \left|\frac{25}{8}\right| + \left|\frac{-25}{8}\right| = \frac{50}{8}$

S. 231, 10.

$$A = \int_0^5 (f(x) - g(x))\,dx = \int_0^5 (-0{,}2x^3 + 0{,}4x^2 + 3x)\,dx$$
$$= \left[-0{,}05x^4 + \tfrac{0{,}4}{3}x^3 + 1{,}5x^2\right]_0^5 \approx 22{,}917$$

Wassermenge im Teich:
$V \approx 22{,}917\,\text{m}^2 \cdot 0{,}8\,\text{m} \approx 18{,}33\,\text{m}^3$

S. 231, 11.

a) $5\,\text{W}\cdot 24\,\text{h}\cdot 7 = 840\,\text{Wh}$

b) $\left[-\frac{3}{256\,000}t^5 + \frac{11}{12\,800}t^4 - \frac{53}{2400}t^3 + \frac{21}{100}t^2 + \frac{1}{10}t\right]_0^{24}$
$= 9{,}888$. Während eines Tages (24 Stunden) werden 9,888 kWh Energie entnommen.

c) Ein Stromzähler addiert die in einem Zeitraum entnommene Leistung. Er gibt also die Fläche unterhalb des Graphen von P (und damit das Integral) an.

S. 231, 12.
a) wahr
b) falsch (für stetige Funktionen ist die Aussage wahr)
c) falsch, denn eine Stammfunktion muss keine Nullstelle haben, eine Integralfunktion hingegen schon.
d) wahr

S. 232, 13.
a) $I_0(x) = \frac{1}{2}x^2 - 2x$
b) $I_0'(x) = \frac{1}{2} \cdot 2 \cdot x^{2-1} - 2x^{1-1} = x - 2 = f(x)$
c) Für $a_1 = -2$ und $a_2 = 6$ gilt die Formel.

S. 232, 14.
a) $\int_2^{\infty} \frac{2}{x^4}\,dx = \frac{1}{12}$ b) $\int_{-\infty}^{-1} \frac{3}{x^5}\,dx = -\frac{3}{4}$
c) nicht möglich d) $\int_0^3 \left(x^2 - \frac{1}{\sqrt{x}}\right) dx = 9 - 2\sqrt{3}$

S. 232, 15.
a) ein Kegelstumpf mit Grundflächenradius $r_1 = \frac{5}{3}$, Deckflächenradius $r_2 = \frac{2}{3}$ und Höhe $h = 3$
b) $V = \frac{h \cdot \pi}{3}(r_1^2 + r_1 r_2 + r_2^2) = \frac{13}{3}\pi$
c) $V = \pi \cdot \int_1^4 \left(-\frac{1}{3}x + 2\right)^2 dx$
$= \pi \cdot \left[\frac{1}{27}x^3 - \frac{2}{3}x^2 + 4x\right]_1^4 = \frac{13}{3}\pi$
d) Ein Kegelstumpf entsteht durch Rotation der Geraden g durch $(0|r_1)$ und $(h|r_2)$ um die x-Achse im Intervall [0; h]. Gleichung von g aufstellen:
$g(x) = mx + c$ mit $m = \frac{r_2 - r_1}{h}$ und $c = r_1$.
Volumenformel für Rotationskörper anwenden:
$V = \pi \cdot \int_0^h (mx + c)^2 dx = \pi \cdot \int_0^h (m^2x^2 + 2mxc + c^2)\,dx$
$= \pi \cdot \left[\frac{m^2}{3} \cdot x^3 + mcx^2 + c^2x\right]_0^h$
$= \pi \cdot \left(\frac{m^2}{3} \cdot h^3 + mch^2 + c^2h\right)$
$= \frac{h \cdot \pi}{3} \cdot (m^2h^2 + 3mch + 3c^2)$
$m = \frac{r_2 - r_1}{h}$ und $c = r_1$ einsetzen:
$V = \frac{h \cdot \pi}{3} \cdot \left((r_2 - r_1)^2 + 3(r_2 - r_1)r_1 + 3r_1^2\right)$
$= \frac{h \cdot \pi}{3} \cdot (r_1^2 + r_1 r_2 + r_2^2)$

Lösungen zu Kapitel 7: Exponentialfunktionen und Wachstum

Ihr Fundament (S.236/237)

S. 236, 1.
a) Faktor 3, also $B(3) = 3 \cdot B(2) = 54$, $B(5) = 9 \cdot B(3) = 486$
b) Faktor 0,5, also $B(3) = 0{,}5^2 \cdot B(1) = 100$, $B(5) = 0{,}5^2 \cdot B(3) = 25$ und $B(7) = 0{,}5^2 \cdot B(5) = 6{,}25$

S. 236, 2.
a) lineares Wachstum, denn $B(2) - B(1) = B(3) - B(2) = 2$ und $B(5) - B(3) = B(7) - B(5) = 4 = 2 \cdot 2$
b) exponentielles Wachstum, denn
$\frac{B(2)}{B(1)} = \frac{B(3)}{B(2)} = \frac{B(4)}{B(3)} = \frac{1}{2}$ und
$B(6) = \frac{1}{64} = \frac{1}{16} \cdot \frac{1}{4} = B(4) \cdot \left(\frac{1}{2}\right)^2$

S. 236, 3.
a) exponentielles Wachstum mit Wachstumsfaktor 0,8
b) kein exponentielles Wachstum, sondern lineares Wachstum, da Zunahme konstant 50 €/Monat
c) exponentielles Wachstum mit Wachstumsfaktor 7
d) exponentielles Wachstum mit Wachstumsfaktor $\sqrt{2}$

S. 236, 4.
a) $B(0) = 4{,}4$ (in Mrd.),
Wachstumsfaktor $1 + 1{,}7\,\% = 1{,}017$
$B(n) = 4{,}4 \cdot 1{,}017^n$ (n in Jahren)
im Jahr 2000: $B(20) \approx 6{,}2$ Mrd.
im Jahr 2017: $B(37) \approx 8{,}2$ Mrd.
im Jahr 2018: $B(38) \approx 8{,}3$ Mrd.
b) Der Wert im Jahr 2000 entspricht ungefähr der Prognose. Die Bevölkerungszahlen in den Jahren 2017 und 2018 sind jeweils etwa 700 Mio. geringer als in der Prognose.
c) $\frac{7{,}6}{7{,}5} = 1{,}01\overline{3}$
Die Bevölkerung ist um etwa 1,3 % gewachsen.

S. 236, 5.
① $l(x) = \left(\frac{3}{4}\right)^x$ ② $k(x) = \left(\frac{1}{2}\right)^x$ ③ $j(x) = 0{,}2^x$
④ $g(x) = 3{,}1^x$ ⑤ $f(x) = 2^x$ ⑥ $h(x) = 1{,}3^x$

S. 236, 6.
a) steigend; $S_y(0|2)$ b) fallend; $S_y(0|4)$
c) fallend; $S_y(0|-3)$ d) steigend; $S_y(0|-0{,}2)$

S. 236, 7.
a) 5, denn $2^5 = 32$ b) 3, denn $10^3 = 1000$
c) 0, denn $7^0 = 1$ d) −2, denn $4^{-2} = \frac{1}{16}$

S. 236, 8.
a) $x = \log_2(128) = 7$ b) $x = \lg(350) \approx 2{,}54$
c) $x = \log_{1,1}(220) \approx 56{,}59$ d) $x = \log_{0,9}(21) \approx -28{,}90$
e) $x = \log_{1,2}(90) \approx 24{,}68$ f) $x = \log_2(3) \approx 1{,}58$
g) $x = \log_{2,2}(5) \approx 2{,}04$ h) keine Lösung

S. 236, 9.
a)

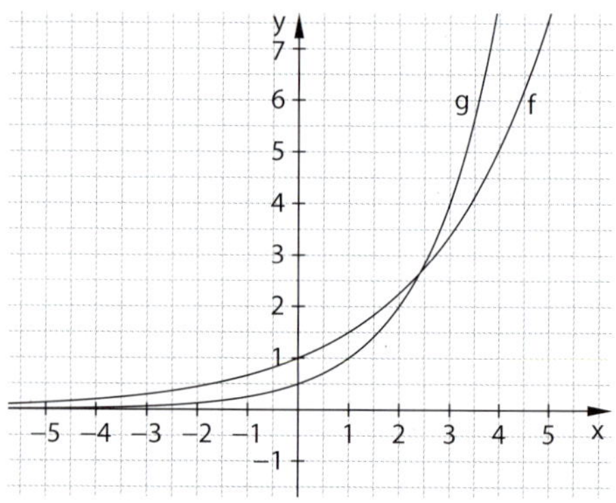

abgelesen z. B. $S(2{,}4|2{,}7)$
b) $\left(\frac{1{,}5}{2}\right)^x = 0{,}5 \Rightarrow x = \log_{0,75}(0{,}5) \approx 2{,}41$ $S(2{,}41|2{,}66)$

S. 237, 10.
a) $g(x) = \left(\frac{1}{3}\right)^x$ b) $g(x) = 5^x$ c) $g(x) = 4^x$ d) $g(x) = \left(\frac{2}{3}\right)^x$

S.237, 11.

$f(x) = a \cdot b^x$

a) $b = \frac{750}{1500} = 0{,}5$ $\quad f(x) = 1500 \cdot 0{,}5^x$

b) $b = \sqrt[5]{\frac{4{,}8}{1{,}6}} = \sqrt[5]{3} \approx 1{,}246$ $\quad f(x) = 1{,}6 \cdot 1{,}246^x$

c) $b = \sqrt[3]{\frac{4}{32}} = 0{,}5$ $\quad f(x) = 32 \cdot 0{,}5^x$

d) $b = \left(\frac{3{,}6}{2{,}4}\right)^2 = 2{,}25$ $\quad f(x) = 2{,}4 \cdot 2{,}25^x$

S. 237, 12.

a) Aus $a = 5$ und $5 \cdot b^1 = 7{,}5$ folgt $b = 1{,}5$, also $f(x) = 5 \cdot 1{,}5^x$.

b) Aus $a \cdot b^2 = 75$ und $a \cdot b^6 = 46875$ folgt $b^4 = \frac{46875}{75}$ und $b = 5$ sowie $a = 3$, also $f(x) = 3 \cdot 5^x$.

c) Aus $a \cdot b^{-3} = 16$ und $a \cdot b^2 = 0{,}5$ folgt $b^5 = \frac{0{,}5}{16}$ und $b = 0{,}5$ sowie $a = 2$, also $f(x) = 2 \cdot 0{,}5^x$.

S. 237, 13.

① $f(x) = 2 \cdot 1{,}5^x$ ② $f(x) = -1 \cdot 2^x$ ③ $f(x) = -3 \cdot 0{,}5^x$

S. 237, 14.

a) $f(x) = 4 \cdot 2^x$ $\quad$ b) nicht exponentiell

c) $f(x) = 10 \cdot 0{,}2^x$

S. 237, 15.

Es gilt 60 mm = 4 · 15 mm. Also verändert sich die Intensität auf das $\left(\frac{1}{2}\right)^4 = \frac{1}{16}$-fache. Sie sinkt auf 6,25 % des Ausgangswerts.

S. 237, 16.

a) $f(t) = 150 \cdot 1{,}2^t$

b) $f(t) = 150 \cdot 1{,}2^{\frac{t}{60}} \approx 150 \cdot 1{,}00304^t$

c) $f(t) = 150 \cdot 1{,}2^{24t} \approx 150 \cdot 79{,}5^t$

S. 237, 17.

a) $x^2 + 6x - 7 = 0$, also $x = 1$ oder $x = -7$

b) $3x + 9 = 4x - 8$, also $x = 17$

c) $x \cdot (x^2 + 6x + 9) = 0$, also $x = 0$ oder $x = -3$

d) $x + 1 = \frac{1}{4}$ oder $x + 1 = -\frac{1}{4}$, also $x = -\frac{3}{4}$ oder $x = -\frac{5}{4}$

S. 237, 18.

a) $s = v \cdot t$ und $t = \frac{s}{v}$ $\quad$ b) $\mathbf{r} = \sqrt{\frac{V}{\pi h}}$

c) $B = G \cdot \frac{b - f}{f}$ und $b = \frac{Bf}{G} + f$

d) $a = \frac{2A}{h} - c$ und $h = \frac{2A}{a + c}$

S. 237, 19.

Nebenbedingung: $x + y = 8$

① $x \cdot y$ maximal/minimal $\quad f(x) = x(8 - x) = 8x - x^2$

$f'(x) = 8 - 2x \quad f''(x) = -2$

Maximum bei $x = 4 (f'(4) = 0$ und $f''(4) < 0)$ und $y = 4$

② $x^2 + y^2$ maximal/minimal $\quad f(x) = x^2 + (8 - x)^2$

$f'(x) = 4x - 16 \quad f''(x) = 4$

Minimum bei $x = 4$ ($f'(4) = 0$ und $f''(4) > 0$) und $y = 4$

Prüfen Sie Ihr neues Fundament (S. 284-286)

S. 284, 1.

a) $f'(x) = -3e^x$	$f''(x) = -3e^x$
b) $f'(x) = -e^{2x}$	$f''(x) = -2e^{2x}$
c) $f'(t) = -4e^{-t+1}$	$f''(t) = 4e^{-t+1}$
d) $f'(x) = 5e^x$	$f''(x) = 5e^x$
e) $f'(x) = 2e^{\frac{1}{2}x}$	$f''(x) = e^{\frac{1}{2}x}$
f) $f'(x) = -25e^{5x+3}$	$f''(x) = -125e^{5x+3}$
g) $f'(t) = 8e^{-2t}$	$f''(t) = -16e^{-2t}$
h) $f'(x) = e^x + 2e^{-2x}$	$f''(x) = e^x - 4e^{-2x}$

S. 284, 2.

a) $F(x) = 3e^x$	b) $F(x) = 3e^x + 5x$
c) $F(t) = -5e^t$	d) $F(x) = 6x - \frac{2}{3}e^x$
e) $F(x) = e^{-x+2}$	f) $F(x) = -e^{3x} + 5x$
g) $F(t) = \frac{3}{2}e^{2t+5}$	h) $F(x) = \frac{1}{2e}(e^x + e^{-x})$

S. 284, 3.

a) $f(x) = e^{\ln(3) \cdot x}$; $f'(x) = \ln(3)\, e^{\ln(3) \cdot x} = \ln(3) \cdot 3^x$

b) $f(x) = -3e^{\ln(5) \cdot x}$; $f'(x) = -3\ln(5) \cdot 5^x$

c) $f(t) = -4e^{\ln(0{,}5) \cdot t}$; $f'(t) = -4\ln(0{,}5) \cdot 0{,}5^t$

d) $f(x) = 3 \cdot e^{\ln(2) \cdot (5x+1)}$; $f'(x) = 15\ln(2) \cdot 2^{5x+1}$

S. 284, 4.

a) $L = \{-4\}$	b) $L = \left\{\frac{\ln(6)}{3}\right\}$
c) $L = \{0\}$	d) $L = \left\{\frac{\ln(2)}{2}\right\}$
e) $L = \left\{\frac{\ln(2) - 3}{2}\right\}$	f) $L = \{\,\}$

S. 284, 5.

a) $2e^x = 4$, also $x = \ln(2) \approx 0{,}69$

b) $2e^x = 2$, also $x = 0$

c) $2e^x = 3e^{2x} \Rightarrow \ln(2) + x = \ln(3) + 2x$, also $x = \ln\left(\frac{2}{3}\right) \approx 0{,}41$

Schnittpunkt: $S\left(\ln\left(\frac{2}{3}\right) \middle| \frac{4}{3}\right)$

S. 284, 6.

a) $f'(x) = 12e^{3x} - 5$; $f''(x) = 36e^{3x}$

$f'(x) = 0 \Rightarrow e^{3x} = \frac{5}{12}$, also $x = \frac{1}{3}\ln\left(\frac{5}{12}\right) \approx -0{,}29$

$f''\left(\frac{1}{2}\ln\left(\frac{5}{12}\right)\right) = 15 > 0$, also lokales Minimum

$f\left(\frac{1}{3}\ln\left(\frac{5}{12}\right)\right) = \frac{5}{3} - \frac{5}{3}\ln\left(\frac{5}{12}\right) \approx 3{,}13$;

Tiefpunkt $T(-0{,}29 | 3{,}13)$

$f''(x) \neq 0$, also keine Wendepunkte

b) $f'(x) = abe^{bx} + c$; $f''(x) = ab^2 e^{bx}$

Wegen $f''(x) \neq 0$ kann es keine Wendepunkte geben.

S. 284, 7.

a) Wachstumsfaktor: 1,05	$f(t) = 10\,000e^{\ln(1{,}05) \cdot t}$
b) Wachstumsfaktor: 0,8	$f(x) = 3e^{\ln(0{,}8) \cdot x}$
c) Wachstumsfaktor: 0,933	$f(t) = 200e^{\ln(0{,}933) \cdot t}$

S. 284, 8.

a) $f(x) = 4000e^{\ln(0{,}8) \cdot x}$; $f'(x) = \ln(0{,}8) \cdot 4000e^{\ln(0{,}8) \cdot x}$

Da $\ln(0{,}8) \approx -0{,}22$, gilt $f'(x) < 0$ für alle x.

b) $f'(5) \approx -292{,}5$ $\quad f'(20) \approx -10{,}3$

c) $\frac{f(20) - f(5)}{20 - 5} = \frac{4000(0{,}8^{20} - 0{,}8^5)}{15} \approx -84{,}3$

d) $f'(x) = -5$, also $x = \ln\left(\frac{-5}{4000\ln(0{,}8)}\right) : \ln(0{,}8) \approx 23{,}235$

In etwa 23 m Tiefe nimmt die Beleuchtungsstärke mit 5 Lux/m ab.

S. 285, 9.

a) Es gilt näherungsweise:
$\frac{13,5}{10} = \frac{18,2}{13,5} = \frac{24,6}{18,2} = \frac{33,2}{24,6} = \frac{44,8}{33,2} = 1,35$

b) $k = \ln(1,35) \approx 0,3$; $f(t) = 10 \cdot e^{0,3t}$

c) $f(14) = 666,86331$. Also etwa 666 863 Bakterien.

d) $T_V = \frac{\ln(2)}{0,3} = 2,31$ Tage

e) $f(t) = 100 \Rightarrow t = 7,68$ Tage

S. 285, 10.

a) $T_H = \frac{\ln(0,5)}{-0,15} = 4,62$ Stunden; Nach jeweils etwa 4,62 Stunden halbiert sich die Menge des Medikaments im Körper.

b) $1 + \frac{r}{100} = b = e^{-0,15} \Rightarrow r = -13,93\,\%$
Pro Stunde werden 13,93 % des Medikaments abgebaut.

c) $f'(t) = -15 \cdot e^{-0,15t}; f'(4) = -8,23$
Nach 4 Stunden wird das Medikament mit einer Geschwindigkeit von 8,23 mg/h abgebaut.

d) ① $f(t) = 25 \Rightarrow t = 9,24\,h$
② $f'(t) = 7 \Rightarrow t = 5,08\,h$

S. 285, 11.

a) $f(t) = 0 \Rightarrow 12\,500 - 125e^{-0,05t} = 0 \Rightarrow 100 = e^{-0,05t}$,
also $t - \frac{\ln(100)}{-0,05} \approx -92,1$
Die ersten Besucher kommen etwa 92,1 Minuten vor Konzertbeginn. Da das Konzert 120 Minuten dauert, ist ein möglicher Definitionsbereich $D_f = [-92,1; 120]$.

b) $f(0) = 12\,500 - 125$
Zu Konzertbeginn bleiben 125 Plätze leer.

c) $f'(t) = 15 \Rightarrow 6,25e^{-0,05t} = 15 \Rightarrow e^{-0,05t} = 2,4$,
also $t = \frac{\ln(2,4)}{-0,05} \approx -17,5$
Etwa 17,5 Minuten vor Konzertbeginn reicht es aus, nur noch einen Kontrollpunkt offen zu halten.

S. 285, 12.

a) ① $K'(t) = 0,05 \cdot K(t)$ ② $f'(t) = 3 - 0,1 \cdot f(t)$
③ $B'(t) = k \cdot B(t) \cdot (3000 - B(t))$

b) ① $K'(t) = 25 \cdot e^{0,05t} = 0,05\,K(t)$
② $3 - 0,1\,(30 - 35e^{-0,1t}) = 3 - 3 + 3,5e^{-0,1t}$
$= 3,5e^{-0,1t} = f'(t)$

S. 286, 13.

①Ⓑ: $f'(x) = 2e^{2x-1} = 2 \cdot f(x)$
②Ⓓ: $f''(x) + f(x) = -\sin(x) + \sin(x) = 0$
③Ⓐ: $f'(x) = \frac{1}{2\sqrt{x-1}} = \frac{1}{2 \cdot f(x)}$
④Ⓒ: $f'(x) = -2e^{-x} = 3 - f(x)$

S. 286, 14.

a) Die Gleichung $f(t) = \frac{2}{2 + 8e^{-t}} = \frac{1}{1 + 4e^{-t}}$ beschreibt logistisches Wachstum mit $c = 4$, $k = 1$ und der Grenze $S = 1$. Die maximale Produktionsleistung beträgt also $1\,\frac{ml}{h}$.

b) Gesucht ist die Wendestelle t_W. Sie erfüllt die Gleichung $f(t_W) = \frac{S}{2}$, also $\frac{1}{1 + 4e^{-t_w}} = \frac{1}{2}$.
Es folgt $t_W = \ln(4) \approx 1,39$. Zum Zeitpunkt $t \approx 1,39$ steigt die CO_2-Produktion am stärksten an.

c) Die Funktion f erfüllt die Differenzialgleichung
$f'(t) = k \cdot f(t) \cdot (S - f(t))$.
$f'(0) = 0,16; f'(2) \approx 0,23$
Der Anstieg beträgt zu Beginn der Messung $0,16\,\frac{ml}{h^2}$ und nach zwei Stunden rund $0,23\,\frac{ml}{h^2}$.

d) $m = \frac{f(2) - f(0)}{2} \approx 0,22$
In den ersten zwei Stunden steigt die CO_2-Produktion um durchschnittlich $0,22\,\frac{ml}{h^2}$.

e) $\int_0^2 f(t)\,dt \approx 0,82$; In den ersten zwei Stunden werden etwa 0,82 ml CO_2 freigesetzt.

S. 286, 15.

a) $f'(x) = \frac{2}{2x - 1}$ b) $f'(x) = \frac{2x}{x^2 + 2}$

c) $f'(x) = -\frac{\sin(x)}{\cos(x)} = -\tan(x)$ d) $f'(x) = \frac{\cos(x)}{2 + \sin(x)}$

S. 286, 16.

a) $\int_1^e \left(\frac{2}{x} - 4\right) dx = 6 - 4e$ b) $\int_{\frac{1}{2}}^{2e} \frac{1}{2x}\,dx = \frac{1}{2} + \ln(2)$

c) $\int_{-5}^{-1} \frac{4}{6x}\,dx = -\frac{2}{3}\ln(5)$ d) $\int_2^6 \left(x - \frac{1}{4x}\right) dx = 16 - \frac{1}{4}\ln(3)$

Lösungen zu Kapitel 8: Untersuchung weiterer Funktionstypen

Ihr Fundament (S. 290/291)

S. 290, 1.

a) $x = \ln(5)$ b) $x = \frac{1}{2}\ln(5)$ c) $x = 1 + \ln(0,8)$

S. 290, 2.

a) $x = 0$ b) $x_1 = 10$; $x_2 = -10$ c) $x_1 = 3$; $x_2 = -3$

S. 290, 3.

a) $x = e^5$ b) $x_1 = \sqrt{1 + e^2}$; $x_2 = -\sqrt{1 + e^2}$ c) $x = \frac{2}{e^2}$

S. 290, 4.

a) $f'(0) = 4e^0 = 4$

b) $f'(-1) = 2e^{2 \cdot (-1)} + 3e^{-(-1)} = \frac{2}{e^2} + 3e \approx 8,43$

c) $f'(1) = \frac{1}{2} \cdot \ln(4) \cdot 4^1 = 2 \cdot \ln(4) \approx 2,77$

d) $f'(0,5) = \frac{1}{2} \cdot 3 \cdot \ln(2) \cdot 2^{-0,5} = \frac{3}{2\sqrt{2}}\ln(2) \approx 0,74$

S. 290, 5.

a) $t(x) = \left(e - \frac{1}{e}\right)x + \frac{2}{e}$

b) $t(x) = -\frac{3}{e}x + 5 + \frac{2}{e}$

c) $t(x) = -\ln(3)x + \frac{1}{2}$

d) $t(x) = -\frac{16}{5} \cdot \ln(0,25) \cdot x - \frac{32}{5} \cdot \ln(0,25) - 2$

S. 290, 6.

a) $\int_{-1}^{2} \left(\frac{1}{2}e^{-2x} + 1\right) dx = \left[-\frac{1}{4}e^{-2x} + x\right]_{-1}^{2}$
$= \frac{1}{4}(e^2 - e^{-4}) + 3 \approx 4,84$

b) $2 \cdot \left|\int_0^2 \left(e^{\frac{x}{2}} - e^{-\frac{x}{2}}\right) dx\right| = 2 \cdot \left|\left[2e^{\frac{x}{2}} + 2e^{-\frac{x}{2}}\right]_0^2\right|$
$= 2 \cdot |2e^1 + 2e^{-1} - (2 + 2)| = 4\left(e + \frac{1}{e}\right) - 8 \approx 4,34$

c) $\int_1^2 3^x\,dx = \left[\frac{1}{\ln(3)}3^x\right]_1^2$
$= \frac{9}{\ln(3)} - \frac{3}{\ln(3)} = \frac{6}{\ln(3)} \approx 5,46$

d) $\left|\int_{-2}^{0}\left(4^{-\frac{x}{2}}-4\right)dx\right| = \left|\left[-\frac{2}{\ln(4)}4^{-\frac{x}{2}}-4x\right]_{-2}^{0}\right|$

$= \left|-\frac{2}{\ln(4)}+\frac{2}{\ln(4)}4-8\right|$

$= \left|\frac{6}{\ln(4)}-8\right| \approx 3,67$

S. 290, 7.

a) $0,9 = 1 \cdot e^{-0,0004t} \Rightarrow t = -\ln(0,9) \cdot 2500 \approx 263,4$
Nach ca. 263 Jahren sind 0,1g Radium zerfallen.
$0,5 = 1 \cdot e^{-0,0004t} \Rightarrow t = -\ln(0,5) \cdot 2500 \approx 1732,9$
Die Halbwertszeit von Radium beträgt ca. 1733 Jahre.

b) $m'(t) = -0,0004 \cdot e^{-0,0004t}$
$m'(t_1) \approx -0,000398$
$m'(t_2) \approx -0,000268$
Nach 10 Jahren nimmt der Bestand um ca. 0,000398 g pro Jahr ab, nach 1000 Jahren nimmt der Bestand um ca. 0,000268 g pro Jahr ab.

S. 290, 8.

a) $5 = 2e^{0,2t} \Rightarrow t \approx 4,58$
Die Wachstumsgeschwindigkeit beträgt nach etwa 4,6 Stunden 5000 Bakterien pro Stunde.

b) $\int_3^6 2e^{0,2t}\,dt = \left[10\,e^{0,2t}\right]_3^6 \approx 14,980$
Zwischen der 3. und 6. Stunde wächst die Bakterienkultur um 14 980 Bakterien.

S. 290, 9.

a) $f'(3) = 1$ b) $f'(1) = -2$ c) $f'(2) = \frac{4}{5}$ d) $f'(\sqrt{e}) = \frac{2}{\sqrt{e}}$

S. 290, 10.

a) $t(x) = 3x - 3$ b) $t(x) = x + \ln(2) - 1$
c) $t(x) = -x + 1$ d) $t(x) = 2x - 2$

S. 291, 11.

a) Nullstellen: $x_{1;2} = 0$; $x_3 = a$
$f_a'(x) = 3x^2 - 2ax$; $f_a''(x) = 6x - 2a$

b) $f_a'(x) = 0$ ergibt $x_1 = 0$ und $x_2 = \frac{2}{3}a$.
$f_a''(0) = -2a$; $f_a''\left(\frac{2}{3}a\right) = 2a$ $f(0) = 0$; $f\left(\frac{2}{3}a\right) = -\frac{4}{27}a^3$
$a > 0$: $f_a''(0) < 0$, also Hochpunkt bei $(0\,|\,0)$
$f_a''\left(\frac{2}{3}a\right) > 0$, also Tiefpunkt bei $\left(\frac{2}{3}a\,\middle|\,-\frac{4}{27}a^3\right)$
$a < 0$: $f_a''(0) > 0$, also Tiefpunkt bei $(0\,|\,0)$
$f_a''\left(\frac{2}{3}a\right) < 0$, also Hochpunkt bei $H\left(\frac{2}{3}a\,\middle|\,-\frac{4}{27}a^3\right)$
$a = 0$: $f_0''(0) = 0$ und $f_a'''(x) = 6 \neq 0$, also Sattelpunkt bei $(0\,|\,0)$ und kein Extrempunkt

c) $f_a''(x) = 0 \Rightarrow x = \frac{1}{3}a$; $f_a\left(\frac{1}{3}a\right) = -\frac{2}{27}a^3$; $W\left(\frac{1}{3}a\,\middle|\,-\frac{2}{27}a^3\right)$

d)

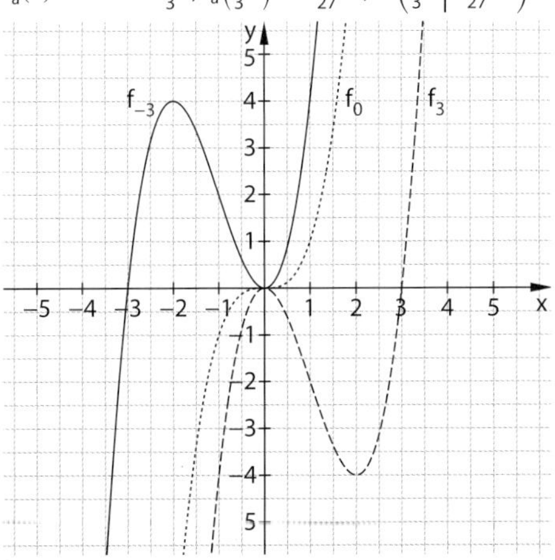

Für $a = 0$ hat der Graph eine Nullstelle und keine Extrema. Für $a > 0$ hat der Graph eine weitere Nullstelle für ein positives x. Außerdem hat der Graph einen Tiefpunkt im vierten Quadranten.
Für $a < 0$ hat der Graph eine weitere Nullstelle für ein negatives x. Außerdem hat der Graph einen Hochpunkt im zweiten Quadranten.

S. 291, 12.

a) Nullstellen $x_{1;2} = -\frac{1}{2} \pm \sqrt{\frac{1}{4} + a}$ für $a > -\frac{1}{4}$;
$x = -\frac{1}{2}$ für $a = -\frac{1}{4}$; sonst keine
Extremstellen: $x = -\frac{1}{2}$ für alle $a \in \mathbb{R}$
Keine Wendestellen für alle $a \in \mathbb{R}$

b) Nullstellen: $x = \ln(-a) + a$ für $a < 0$; sonst keine
Keine Extremstellen für alle $a \in \mathbb{R}$
Keine Wendestellen für alle $a \in \mathbb{R}$

c) Nullstellen: $x_1 = 0$ für alle $a \in \mathbb{R}$
$x_{2;3} = \pm\sqrt{\frac{1}{a}}$ für $a > 0$
Extremstellen: $x_{1;2} = \pm\sqrt{\frac{1}{3a}}$ für $a > 0$; sonst keine
Wendestellen: $x = 0$ für alle $a \in \mathbb{R}$

d) Nullstellen: $x_1 = 0$ für alle $a \in \mathbb{R}$
$x_{2;3} = \pm\sqrt{-a}$ für $a < 0$
Extremstellen: $x_1 = 0$ für alle $a \in \mathbb{R}$
$x_{2;3} = \pm\sqrt{-\frac{a}{2}}$ für $a < 0$
Wendestellen: $x_{1;2} = \pm\sqrt{-\frac{a}{6}}$ für $a < 0$; sonst keine

S. 291, 13.

a) $f_a(x) = ax^3 + bx^2 + cx + d$
Bedingungen: $f_a(-1) = 2$, $f_a(0) = -1$, $f_a(1) = 0$
$b = 2$; $d = -1$; $c = -(a + 1)$
$f_a(x) = ax^3 + 2x^2 - (a + 1)x - 1$

b) Bedingung: $f_a'(0) = 0$
$f_a'(x) = 3ax^2 + 4x - (a + 1) \Rightarrow -(a + 1) = 0 \Rightarrow a = -1$
Für $a = -1$ hat die zugehörige Funktion f_{-1} mit $f_{-1}(x) = -x^3 + 2x^2 - 1$ einen Tiefpunkt in P_2.

c) Bedingung: $f_a(2) = 0 \Rightarrow 6a + 5 = 0 \Rightarrow a = -\frac{5}{6}$
$\int_1^2 \left(-\frac{5}{6}x^3 + 2x^2 - \frac{1}{6}x - 1\right) dx$
$= \left[-\frac{5}{24}x^4 + \frac{2}{3}x^3 - \frac{1}{12}x^2 - x\right]_1^2 = \frac{7}{24}$

S. 291, 14.

a) $f(x) = ax^4 + bx^3 + cx^2 + dx + e$
Gegeben: $f(-x) = f(x)$; $f(2) = -9$; $f(0) = 7$;
$f'(2) = 0$; $f'(0) = 0$
$f(x) = x^4 - 8x^2 + 7$

b) $f(x) = ax^3 + bx^2 + cx + d$
Gegeben: $f(-2) = 1$; $f(0) = -2$; $f(-1) = -0,5$;
$f'(-2) = 0$; $f'(0) = 0$; $f''(-1) = 0$
$f(x) = 0,75x^3 + 2,25x^2 - 2$

c) $f(x) = ax^3 + bx^2 + cx + d$
Gegeben: $f(-3) = 0$; $f'(-3) = 0$; $f(2) = 0$; $f'(2) = -2$
$f(x) = -0,08x^3 - 0,32x^2 + 0,24x + 1,44$

S. 291, 15.

a) $a > 0$ und n gerade b) $a < 0$ und n ungerade
c) $a > 0$ und n ungerade d) $a < 0$ und n gerade

S. 291, 16.

Parameter a beeinflusst den Wertebereich von f; es gilt $W_f = [-|a|; |a|]$. Wenn a negativ ist, wird der Graph von g an der x-Achse gespiegelt. Für $|a| > 1$ geht der Graph von f aus dem Graphen von g durch Streckung entlang der y-Achse hervor, für $0 < |a| < 1$ durch Stauchung.

Parameter b beeinflusst die Periode. Die Periode von f beträgt $\frac{2\pi}{|b|}$. Wenn b negativ ist, wird der Graph von g an der y-Achse gespiegelt.

Parameter c verschiebt den Graphen von f entlang der x-Achse; es erfolgt eine Verschiebung um $\frac{c}{b}$ in Richtung der negativen x-Achse für $\frac{c}{b} > 0$.

S. 291, 17.

a) $\left[\frac{1}{3}x^3 + e^{-x}\right]_0^1 = e^{-1} - \frac{2}{3} \approx -0{,}30$

b) $\left[\frac{1}{5}e^{5x-5} - x^2\right]_{-1}^1 = \frac{1}{5}(1 - e^{-10}) \approx 0{,}20$

c) $\left[-\frac{3}{2}e^{4-2x}\right]_{-1}^2 = \frac{3}{2}(e^6 - 1) \approx 603{,}6$

d) $[\ln(x+2)]_2^4 = \ln(6) - \ln(4) = \ln(1{,}5) \approx 0{,}41$

e) $\left[\frac{1}{3}\ln(3x+6)\right]_{-1}^1 = \frac{1}{3}(\ln(9) - \ln(3)) = \frac{1}{3}\ln(3) \approx 0{,}37$

f) $[4\ln(3+x)]_0^5 = 4(\ln(8) - \ln(3)) = 4\ln\left(\frac{8}{3}\right) \approx 3{,}92$

Prüfen Sie Ihr neues Fundament (S. 348-350)

S. 348, 1.

a) $f'(x) = (2x+2)e^x$; $f''(x) = (2x+4)e^x$;
$F(x) = (2x-2)e^x$

b) $f'(x) = (-2x^2 - 2x + 2)e^{2x}$; $f''(x) = (-4x^2 - 8x + 2)e^{2x}$
$F(x) = \left(-\frac{1}{2}x^2 + \frac{1}{2}x + \frac{1}{4}\right)e^{2x}$

c) $f'(t) = \left(-\frac{1}{2}t^2 + \frac{5}{2}t - 1\right)e^{-0{,}5t}$
$f''(t) = \left(\frac{1}{4}t^2 - \frac{9}{4}t + 3\right)e^{-0{,}5t}$
$F(t) = (-2t^2 - 6t - 12)e^{-0{,}5t}$

d) $f'(x) = \frac{1-x}{e^x}$; $f''(x) = \frac{x-2}{e^x}$; $F(x) = \frac{-x-1}{e^x}$

e) $f'_a(x) = (x - ax^2) \cdot 2ae^{-2ax}$
$f''_a(x) = (2a^2x^2 - 4ax + 1) \cdot 2ae^{-2ax}$
$F_a(x) = \left(-\frac{1}{2}x^2 - \frac{1}{2a}x - \frac{1}{4a^2}\right)e^{-2ax}$

f) $f'_a(x) = \frac{2\ln(x) - a}{x}$; $f''_a(x) = \frac{-2\ln(x) + a + 2}{x^2}$
$F_a(x) = x(\ln(x))^2 - (a+2)x\ln(x) + (a+2)x$

S. 348, 2.

a) Nullstellen: $x_1 = 1$ und $x_2 = -1$
$f'(x) = e^{x-1}(x^2 + 2x - 1)$
$H\left(-1 - \sqrt{2} \,|\, (2 + 2\sqrt{2}) \cdot e^{-2-\sqrt{2}}\right)$
$T\left(-1 + \sqrt{2} \,|\, (2 - 2\sqrt{2}) \cdot e^{-2+\sqrt{2}}\right)$
$f''(x) = e^{x-1}(x^2 + 4x + 1)$
$W_1\left(-2 - \sqrt{3} \,|\, (4\sqrt{3} + 6) \cdot e^{-3-\sqrt{3}}\right)$
$W_2\left(-2 + \sqrt{3} \,|\, (-4\sqrt{3} + 6) \cdot e^{-3+\sqrt{3}}\right)$

b) Nullstelle: $x = 1$, $f'(x) = e^x(x^2 - 1)$
$H(-1 \,|\, 4e^{-1})$, $T(1 \,|\, 0)$
$f''(x) = e^{x-1}(x^2 + 2x - 1)$
$W_1\left(-1 - \sqrt{2} \,\middle|\, (6 + 4\sqrt{2}) \cdot e^{-1-\sqrt{2}}\right)$
$W_2\left(-1 + \sqrt{2} \,\middle|\, (6 - 4\sqrt{2}) \cdot e^{-1+\sqrt{2}}\right)$

c) Nullstellen: $t_1 = -1$ und $t_2 = 2$
$f'(t) = e^{2t}(2t^2 - 5)$
$H\left(-\frac{\sqrt{10}}{2} \,\middle|\, \left(\frac{\sqrt{10}}{2} + \frac{1}{2}\right) \cdot e^{-\sqrt{10}}\right)$
$T\left(\frac{\sqrt{10}}{2} \,\middle|\, \left(-\frac{\sqrt{10}}{2} + \frac{1}{2}\right) \cdot e^{\sqrt{10}}\right)$
$f''(t) = e^{2t}(4t^2 + 4t - 10)$
$W_1\left(-\frac{1}{2} + \frac{\sqrt{11}}{2} \,\middle|\, -18{,}42\right)$, $W_2\left(-\frac{1}{2} - \frac{\sqrt{11}}{2} \,\middle|\, 0{,}06\right)$

d) Nullstelle: $t = 0$
$f'(t) = e^{-2t}(-8t + 4)$, $H\left(\frac{1}{2} \,|\, 2e^{-1}\right)$
$f''(t) = e^{-2t}(16t - 16)$, $W(1 \,|\, 4e^{-2})$

e) Nullstelle: $x = 1$
$f'(x) = x^2(3\ln(x) + 1)$, $T\left(e^{-\frac{1}{3}} \,\middle|\, -\frac{1}{3}e^{-1}\right)$
$f''(x) = x(6\ln(x) + 5)$, $W\left(e^{-\frac{5}{6}} \,\middle|\, -\frac{5}{6}e^{-\frac{5}{2}}\right)$

f) Nullstellen: $x_1 = 0$; $x_2 = 0{,}5$
$f'(x) = \frac{-40x^2 + 16x}{\sqrt{1-2x}}$, $T(0 \,|\, 0)$; $H(0{,}4 \,|\, 0{,}57)$
$f''(x) = \frac{120x^2 - 96x + 16}{(\sqrt{1-2x})^3}$, $W(0{,}24 \,|\, 0{,}33)$

S. 348, 3.

a) $\lim\limits_{x \to \infty} x \cdot e^{-2x} = 0$, x-Achse als waagerechte Asymptote, für $x \to -\infty$ gilt $x \cdot e^{-2x} \to -\infty$, also keine waagerechte Asymptote

b) $\lim\limits_{x \to \infty} x^2 \cdot e^{-x} + 1 = 1$, waagerechte Asymptote $y = 1$, für $x \to -\infty$ gilt $x^2 \cdot e^{-x} + 1 \to \infty$, also keine waagerechte Asymptote

c) $\lim\limits_{t \to \infty} e^{-t^2} - 2 = \lim\limits_{t \to -\infty} e^{-t^2} - 2 = -2$, waagerechte Asymptote $y = -2$ für $t \to \infty$ und für $t \to -\infty$

d) Für $x \to -\infty$ gilt $e^{3x} + x \to -\infty$ und für $x \to \infty$ gilt $e^{3x} + x \to \infty$, also keine waagerechte Asymptote

S. 348, 4.

a) $f(x) = 0$, wenn $x - 1 = 0$, also $x = 1$

b) Für $x \to \infty$ gilt $e^{-(x-1)} \to 0$, also, da die e-Funktion dominiert, $f(x) \to 0$.
Für $x \to -\infty$ gilt $e^{-(x-1)} \to \infty$, also $f(x) \to -\infty$.

c) $f'(x) = -4(x-2)e^{1-x}$, also $f'(x) = 0$ für $x = 2$
$f''(x) = 4(x-3)e^{1-x}$, also $f''(2) = -4e^{-1} < 0$
$H\left(2 \,|\, \frac{4}{e}\right)$ ist ein Hochpunkt, also steigt der Graph für $x < 2$ und fällt für $x > 2$.

d) $f'''(x) = -4(x-4)e^{1-x}$
$f''(3) = 0$ und $f'''(3) \neq 0$, also Wendepunkt $W\left(3 \,|\, \frac{8}{e^2}\right)$
Tangente $t(x) = mx + n$; $m = f'(3) = \frac{-4}{e^2}$
$t(3) = \frac{8}{e^2} = \frac{-12}{e^2} + n$, also $n = \frac{20}{e^2}$
$t(x) = -\frac{4}{e^2}x + \frac{20}{e^2}$

e) $f(-x) = 4(-x-1)e^{-(-x-1)} = -4(x+1)e^{(x+1)} \neq f(x)$,
$-f(x) = -4(x-1)e^{-(x-1)} \neq f(-x)$
Also liegt weder Achsensymmetrie zur y-Achse noch Punktsymmetrie zum Ursprung vor.

f) $F(x) = 4(x-1) \cdot (-1)e^{1-x} - \int 4 \cdot (-1)e^{1-x}\,dx$
$= -4xe^{1-x}$
$\int_1^5 f(x)dx = F(5) - F(1) = -\frac{20}{e^4} + 4 \approx 3{,}6\,[FE]$

S. 348, 5.

a) $f'(t) = \left(-\frac{1}{4}t^2 + \frac{7}{2}t - \frac{33}{4}\right)e^{-\frac{t}{4}}$;
$f''(t) = \left(\frac{1}{16}t^2 - \frac{11}{8}t + \frac{89}{16}\right)e^{-\frac{t}{4}}$
Tiefpunkt $T(3 \,|\, 0)$; Hochpunkt $H(11 \,|\, 4{,}09)$;
Wendepunkt im Intervall [0; 15]: $W(5{,}34 \,|\, 1{,}44)$

b)

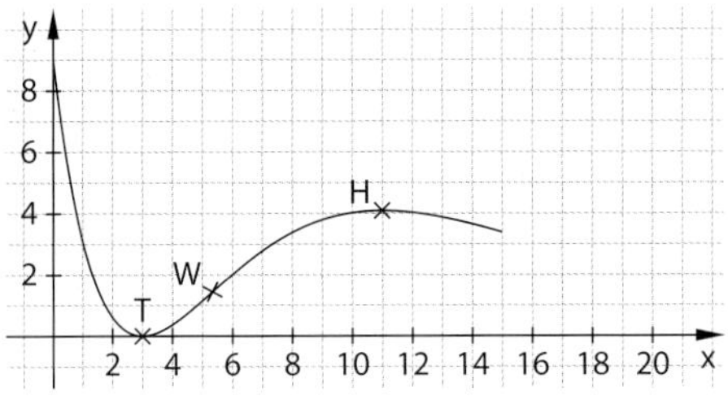

c) f beschreibt die Wachstumsgeschwindigkeit und nicht den Bestand. Alle Aussagen sind falsch.
A: Für $0 \leq t \leq 3$ ist $f(t) \geq 0$, und damit nimmt die Bakterienzahl nicht ab.
B: Für $t = 3$ ist die Wachstumsgeschwindigkeit gleich null, aber nicht die Bakterienzahl. Die Bakterienanzahl ist größer als zu Beginn.
C: Die Wachstumsgeschwindigkeit ist für $t > 3$ immer größer als null. Damit nimmt die Zahl der Bakterien stets zu.

d) Stammfunktion von f: $F(t) = (-4t^2 - 8t - 68)e^{-\frac{t}{4}}$
Zunahme der Bakterienanzahl in den ersten 5 Stunden in 1000:
$\int_0^5 f(t)\,dt = F(5) - F(0) \approx 8{,}407$
Fünf Stunden nach Beobachtungsbeginn sind es etwa $2000 + 8400 = 10400$ Bakterien.

S. 348, 6.
Flächeninhalt: $A = a \cdot b$
Nebenbedingungen: $a = u - 0 = u$ und $b = f(u)$
Zielfunktion: $A(u) = u \cdot f(u) = (u^2 + 1{,}5u)e^{-u}$
Definitionsbereich von A: $u > 0$
$A'(u) = (-u^2 + 0{,}5u + 1{,}5)e^{-u}$
$A'(u) = 0$ ergibt $u_1 = 1{,}5$; $u_2 = -1$.
$A''(u) = (u^2 - 2{,}5u - 1)e^{-u}$
$A''(1{,}5) < 0$, also lokales Maximum;
$A(1{,}5) = 4{,}5e^{-1{,}5} \approx 1$
Randwerte: Für $u \to 0$ und $u \to \infty$ gilt $A(u) \to 0$, also kein Randmaximum. Das lokale Maximum bei $u = 1{,}5$ ist auch globales Maximum.
Der Flächeninhalt wird für $u = 1{,}5$ (mit ca. 1FE) maximal.

S. 349, 7.
a) $f'(x) = a \cdot e^{1-bx} + a \cdot x \cdot (-b) \cdot e^{1-bx}$
$= a \cdot e^{1-bx}(1 - bx)$
Bedingungen: $f'(1) = 0$; $f(1) = 5$
$f'(1) = a \cdot e^{1-b} \cdot (1 - b) = 0$
$f(1) = a \cdot e^{1-b} = 5$
$b = 1$ und $a = 5 \Rightarrow f(x) = 5x \cdot e^{1-x}$
b) Bedingungen: $f'(-1) = 0$; $f(-1) = -2$
$f'(-1) = a \cdot e^{1+b}(1 + b) = 0$
$f(-1) = -a \cdot e^{1+b} = -2$
$b = -1$ und $a = 2 \Rightarrow f(x) = 2x \cdot e^{1+x}$

S. 349, 8.
a) $f'(x) = 2 - ae^x$; $f''(x) = -ae^x$
$f'(x) = 0 \Rightarrow ae^x = 2 \Rightarrow x = \ln\left(\frac{2}{a}\right)$
Für $a < 0$ liegt keine Extremstelle vor.
Für $a > 0$ gilt $f''(x) < 0$ für alle x, also ist $x = \ln\left(\frac{2}{a}\right)$ eine Maximalstelle.
Da $f''(x) \neq 0$ für alle x gilt, hat f für keinen Wert von a eine Wendestelle.
b) Bedingung: $f\left(\ln\left(\frac{2}{a}\right)\right) = 0$
$f\left(\ln\left(\frac{2}{a}\right)\right) = 2\ln\left(\frac{2}{a}\right) - a \cdot e^{\ln\left(\frac{2}{a}\right)} = 2\ln\left(\frac{2}{a}\right) - 2$
$2\ln\left(\frac{2}{a}\right) - 2 = 0 \Rightarrow \ln\left(\frac{2}{a}\right) = 1 \Rightarrow a = \frac{2}{e}$
c) Hochpunkte von f: $H\left(\ln\left(\frac{2}{a}\right) \mid 2\ln\left(\frac{2}{a}\right) - 2\right)$
Für alle Hochpunkte $(x \mid y)$ gilt $y = 2x - 2$, somit liegen alle Hochpunkte auf der Geraden $g(x) = 2x - 2$.
d) $a = \frac{2}{e}$: $H(1 \mid 0)$ $a = 0{,}1$: $H(3{,}0 \mid 4{,}0)$
Für $a < 0$ gilt $f_a(x) \to \infty$ für $x \to \infty$ und $f_a(x) \to -\infty$ für $x \to -\infty$. Da f_a keine Extremstelle hat, hat f_a genau eine Nullstelle.
Für $a > 0$ gilt $f_a(x) \to -\infty$ für $x \to \infty$ und für $x \to -\infty$, der Graph von f_a hat genau einen Hochpunkt und keinen Tiefpunkt.
Für $a = \frac{2}{e}$ liegt der Hochpunkt auf der x-Achse, also hat f_a genau eine Nullstelle. Für $0 < a < \frac{2}{e}$ liegt der Hochpunkt oberhalb der x-Achse, also hat f_a genau zwei Nullstellen. Für $a > \frac{2}{e}$ liegt der Hochpunkt unterhalb der x-Achse, also hat f_a keine Nullstelle.

S. 349, 9.
a) $\lim\limits_{t \to \infty} 100 - \underbrace{80e^{\overbrace{-k \cdot t}^{\to -\infty\,(k>0)}}}_{\to 0} = 100$
b) $L'(t) = 80ke^{-kt}$
Die Ladegeschwindigkeit wird mit wachsendem t immer kleiner, bleibt aber immer positiv.
c) $100 - 80e^{-1{,}5 \cdot k} \geq 60$
$0{,}5 \geq e^{-1{,}5 \cdot k} \Rightarrow \ln(0{,}5) \geq -1{,}5 \cdot k \Rightarrow -\frac{\ln(0{,}5)}{1{,}5} \leq k$
$k \geq 0{,}462$
d) $g(t) = a \cdot e^{k \cdot t}$ mit $g(0) = 100$; $g(12) = 75$
$a = 100$; $k = \frac{\ln(0{,}75)}{12} \approx -0{,}024$
$g(t) = 100 \cdot e^{-0{,}024 \cdot t}$

S. 349, 10.
a) $D_f = \mathbb{R} \setminus \{1\}$
1 ist eine Polstelle, da im Zähler $1^2 - 3 \cdot 1 + 7 \neq 0$ gilt.
b) Senkrechte Asymptote bei $x = 1$
Polynomdivision ergibt: $f(x) = x - 2 + \frac{5}{x - 1}$
Schiefe Asymptote: $A(x) = x - 2$
c) $f'(x) = \frac{x^2 - 2x - 4}{(x-1)^2}$; $f''(x) = \frac{10}{(x-1)^3}$
$f'(x) = 0$ ergibt $x_1 = 1 + \sqrt{5} \approx 3{,}24$;
$x_2 = 1 - \sqrt{5} \approx -1{,}24$.
$f''(1 + \sqrt{5}) > 0$, also lokales Minimum; $T(3{,}24 \mid 3{,}47)$
$f''(1 - \sqrt{5}) < 0$, also lokales Maximum;
$H(-1{,}24 \mid -5{,}47)$
Es gibt keine Wendepunkte, da $f''(x) \neq 0$ für alle $x \in D_f$ gilt.

d) 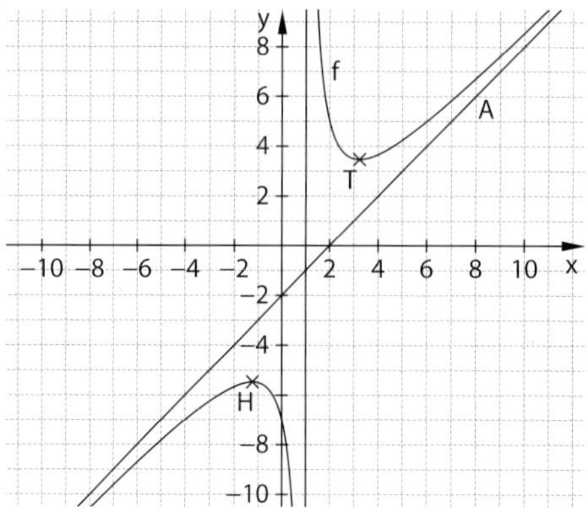

S. 349, 11.

a) $f'(x) = \frac{4\ln(x)}{x}$; $f''(x) = \frac{4 - 4\ln(x)}{x^2}$; $f'''(x) = \frac{8\ln(x) - 12}{x^3}$

$f''(e) = \frac{4 - 4\ln(e)}{e^2} = 0$ und $f''(e) = \frac{8\ln(e) - 12}{e^3} \neq 0$, also Wendestelle; $f(e) = 2 \cdot (\ln(e))^2 - 2 = 0$

$f'(e) = \frac{4}{e}$ Wendetangente: $t(x) = \frac{4}{e}x - 4$

b) $F'(x) = 2(\ln(x) - 1)^2 + 2x \cdot 2(\ln(x) - 1) \cdot \frac{1}{x}$
$= 2(\ln(x) - 1)(\ln(x) + 1) = 2(\ln(x))^2 - 2$

c) Stammfunktion von t: $T(x) = \frac{2}{e}x^2 - 4x$

$\int_0^e (f(x) - t(x))\,dx = \lim_{u \to 0} (F(e) - T(e) - (F(u) - T(u)))$
$= 0 - (-2e) - \lim_{u \to 0} F(u) + 0 = 2e$,

da $F(u) = 2u(\ln(u))^2 - 4u\ln(u) + 2u \to 0$ für $u \to 0$

Das Flächenstück ist 2e FE ≈ 5,44 FE groß.

d) Streckenlänge: $s(c) = f(c) - t(c) = 2(\ln(c))^2 - \frac{4}{e}c + 2$
Für $c \to 0$ gilt $s(c) \to \infty$, die Streckenlänge ist also unbegrenzt.

S. 349, 12.

a) $D = \mathbb{R}\setminus\{0\}$ Nullstellen: $x_1 = \frac{1}{\sqrt{a}}$; $x_2 = -\frac{1}{\sqrt{a}}$

b) $f_a'(x) = a\ln(ax^2) + 2a$; $f_a''(x) = \frac{2a}{x}$

$f_a'(x) = 0$ ergibt $ax^2 = e^{-2}$, also $x_1 = \frac{1}{e\sqrt{a}}$; $x_2 = -\frac{1}{e\sqrt{a}}$

$f_a''\left(\frac{1}{e\sqrt{a}}\right) > 0$, also lokales Minimum;

$T\left(\frac{1}{e\sqrt{a}} \middle| -\frac{2\sqrt{a}}{e}\right)$

$f_a''\left(-\frac{1}{e\sqrt{a}}\right) > 0$, also lokales Maximum;

$H\left(-\frac{1}{e\sqrt{a}} \middle| \frac{2\sqrt{a}}{e}\right)$

Es gibt keine Wendepunkte, da $f_a''(x) \neq 0$ für alle $x \in D$ gilt.

c) Tiefpunkt: Aus $x = \frac{1}{e\sqrt{a}}$ folgt $\sqrt{a} = \frac{1}{ex}$ und $y = -\frac{2}{e^2x}$.
Hochpunkt: Aus $x = -\frac{1}{e\sqrt{a}}$ folgt $\sqrt{a} = -\frac{1}{ex}$ und ebenso $y = -\frac{2}{e^2x}$.
$g(x) = -\frac{2}{e^2x}$

d) $F_a'(x) = ax(\ln(ax^2) - 1) + \frac{1}{2}ax^2 \cdot \frac{2ax}{ax^2}$
$= ax\ln(ax^2) - ax + ax = ax\ln(ax^2)$

e) Es gilt $f_a(x) \to 0$ für $x \to 0$.

$\int_0^{\frac{1}{\sqrt{a}}} f_a(x)\,dx = \lim_{u \to 0}\left(F_a\left(\frac{1}{\sqrt{a}}\right) - F(u)\right) = -\frac{1}{2} - 0 = -\frac{1}{2}$,

da $F_a(u) = au^2\ln(u) + \frac{1}{2}au^2(\ln(a) - 1) \to 0$ für $u \to 0$

Das Flächenstück ist 0,5 FE groß.

S. 350, 13.

a) $D_{max} = \mathbb{R}\setminus\{1{,}5\}$, Nullstelle: $x_1 = -2{,}5$, Polstelle: $x_2 = 1{,}5$

b) $D_{max} = \mathbb{R}\setminus\{-1; 0\}$, Nullstellen: $x_1 = 3$, $x_2 = -4$, Polstellen: $x_3 = -1$ und $x_4 = 0$

c) $D_{max} = \mathbb{R}\setminus\{-2; 1\}$, Nullstelle: $x_1 = 2$, Polstellen: $x_2 = -2$, $x_3 = 1$

d) $D_{max} = \mathbb{R}\setminus\{0; 1\}$, Nullstelle: $x_1 = 2$, Polstelle: $x_2 = 0$

e) $D_{max} = \mathbb{R}\setminus\{-3; 3\}$, Nullstelle: $x_1 = -2$, Polstellen: $x_2 = -3$, $x_3 = 3$

f) $D_{max} = \mathbb{R}\setminus\{-2; 1{,}5\}$, Nullstellen: $x_1 = -3$, $x_2 = 2$, Polstellen: $x_3 = -2$, $x_4 = 1{,}5$

S. 350, 14.

a) Es gilt Nennergrad > Zählergrad, also ist die x-Achse waagerechte Asymptote.
$\lim_{x \to \pm\infty} f(x) = 0$, $y = 0$

b) Es gilt Nennergrad = Zählergrad, also gibt es eine waagerechte Asymptote.
$\lim_{x \to \pm\infty} f(x) = -\frac{5}{2}$, $y = -\frac{5}{2}$

c) Es gilt Nennergrad = Zählergrad, also gibt es eine waagerechte Asymptote.
$\lim_{x \to \pm\infty} f(x) = 3$, $y = 3$

d) Es gilt Zählergrad = Nennergrad + 1, also gibt es eine schräge Asymptote.
$\lim_{x \to \infty} f(x) = \infty$, $\lim_{x \to -\infty} f(x) = -\infty$, $y = \frac{3}{4}x - \frac{1}{2}$

S. 350, 15.

a) $\lim_{x \to \infty} f(x) = \infty$, $\lim_{x \to -\infty} f(x) = -\infty$, $y = 3x$

b) $\lim_{x \to \infty} f(x) = -5$, $\lim_{x \to -\infty} f(x) = -5$, $y = -5$

c) $\lim_{x \to \infty} f(x) = 1$, $\lim_{x \to -\infty} f(x) = 1$, $y = 1$

d) $\lim_{x \to \infty} f(x) = \infty$, $\lim_{x \to -\infty} f(x) = -\infty$, $y = 3x$

S. 350, 16.

a) Falsch; wenn x_1 eine doppelte Nullstelle der Nennerfunktion ist, dann liegt dort eine Polstelle ohne Vorzeichenwechsel.

b) Richtig.

S. 350, 17.

a) $D = \mathbb{R}$; $f'(x) = \frac{-2(x^2 - 1)}{(x^2 + 1)^2}$; $f''(x) = \frac{4x(x^2 - 3)}{(x^2 + 1)^3}$

$f'(x) = 0$ für $x = 1$ und $x = -1$; $f''(x) = 0$ für $x = 0$, $x = -\sqrt{3}$ und $x = \sqrt{3}$

Der Graph von f ist für $x \leq -1$ und $x \geq 1$ streng monoton fallend und für $-1 \leq x \leq 1$ streng monoton steigend. Er ist für $-\sqrt{3} \leq x \leq 0$ sowie für $x \geq \sqrt{3}$ linksgekrümmt und für $x \leq -\sqrt{3}$ sowie für $0 \leq x \leq \sqrt{3}$ rechtsgekrümmt.

$T(-1 \mid -1)$; $H(1 \mid 1)$; $W_1\left(-\sqrt{3} \middle| -\frac{\sqrt{3}}{2}\right)$; $W_2(0 \mid 0)$; $W_3\left(\sqrt{3} \middle| \frac{\sqrt{3}}{2}\right)$

b) $D = \mathbb{R}\setminus\{0\}$; $f'(x) = \frac{-8x - 8}{x^3}$; $f''(x) = \frac{16x + 24}{x^4}$

$f'(x) = 0$ für $x = -1$; $f''(x) = 0$ für $x = -1{,}5$; Polstelle ohne VZW bei $x = 0$

Der Graph von f ist für $x \leq -1$ und $x > 0$ streng monoton fallend und für $-1 \leq x < 0$ streng monoton steigend. Er ist für $x \leq -1{,}5$ rechtsgekrümmt und für $x \geq -1{,}5$ linksgekrümmt.

$T(-1 \mid 0)$; $W\left(-1{,}5 \middle| \frac{4}{9}\right)$

S. 350, 18

a) $D = [2{,}5; \infty[$; Nullstelle: $x = 2{,}5$
$f(x) = 0$ für $x = 2{,}5$ und $f(x) \to -\infty$ für $x \to \infty$
Der Graph von f hat weder Extrem- noch Wendepunkte.

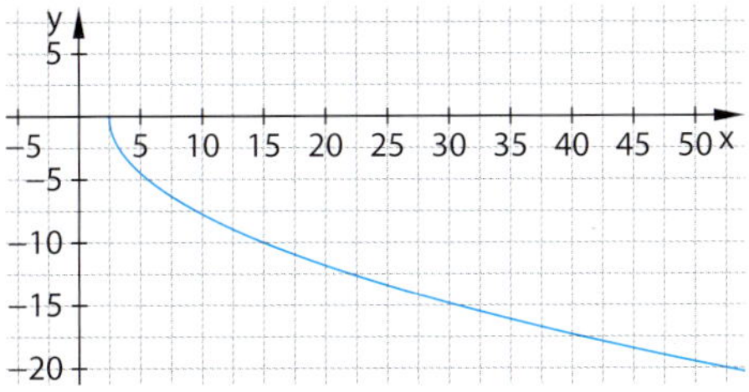

b) Definitionsmenge: $x < -1$ oder $x > 1$; keine Nullstelle
$f(x) \to 0$ für $x \to -\infty$ und $x \to \infty$, $f(x) \to \infty$ für $x \to -1$ und $x \to 1$
Der Graph von f hat weder Extrem- noch Wendepunkte.

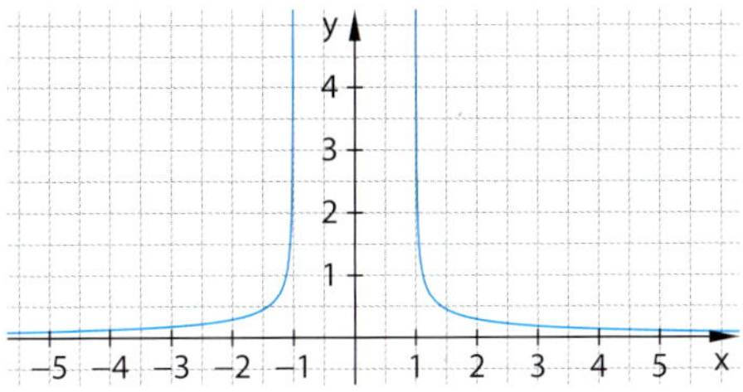

c) $D = [0; \infty[$; Nullstelle: $x = 0$
$f(x) = 0$ für $x = 0$ und $f(x) \to 0$ für $x \to \infty$
$H\left(\frac{1}{2} \middle| \frac{2\sqrt{2}}{e^{0{,}5}}\right)$; $W\left(\frac{\sqrt{2}+1}{2} \middle| 1{,}31\right)$

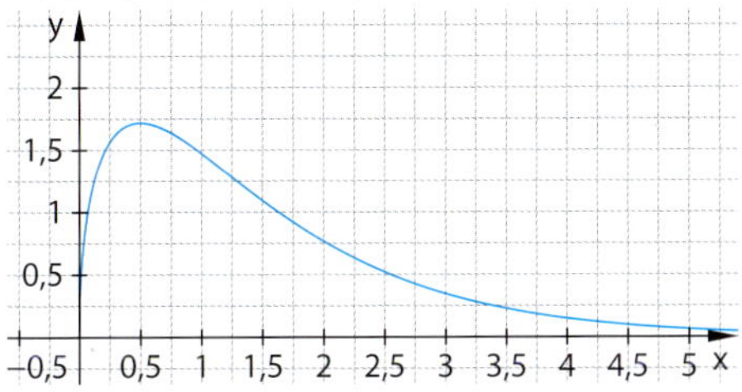

d) $D =]-\infty; 1]$; Nullstelle: $x = 1$
$f(x) = 0$ für $x = 1$ und $f(x) \to 0$ für $x \to -\infty$
$H\left(\frac{1}{2} \middle| \sqrt{2}e^{\frac{1}{2}}\right)$; $W\left(\frac{1-\sqrt{2}}{2} \middle| 1{,}79\right)$

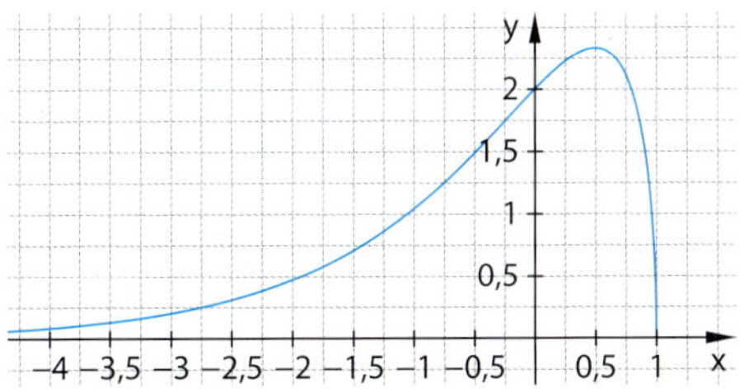

G

H

I

K

L

Technische Zeichnungen:
Cornelsen/Christian Böhning

Screenshots:
Cornelsen/Felix Arndt/© Texas Instruments. Nutzung mit Genehmigung von Texas Instruments: 39, 48, 170, 214, 217, 218
Cornelsen/Thorsten Niemann/© Texas Instruments. Nutzung mit Genehmigung von Texas Instruments: 271
Cornelsen/Inhouse/© Microsoft® Office. Nutzung mit Genehmigung von Microsoft: 136, 138, 191

Illustrationen:
Cornelsen/Stefan Bachmann

Abbildungen:
Cover stock.adobe.com/OliverFoerstner; **2 o.** Shutterstock.com/feiyuezhangjie; **2 Mi.** Shutterstock.com/nejdeh_ivan_photography; **2 u.** Shutterstock.com/Monkey Business Images; **3** o. Shutterstock.com/Lee Yiu Tung; **3 Mi**. Shutterstock.com/Pyty; **3 u.** Shutterstock.com/nikkytok; **4 o.** Imago Stock & People GmbH/Shotshop; **4 Mi**. Shutterstock.com/malshkoff; **5 o.** Shutterstock.com/Rawpixel.com; **5 Mi**. Shutterstock.com/Whytock; **6** PEFC Deutschland e.V.; **7** Shutterstock.com/feiyuezhangjie; **9** Shutterstock.com/a_v_d; **10** Shutterstock.com/WD Stock Photos; **15** Shutterstock.com/William Booth; **18** Shutterstock.com/Naiyana Somchitkaeo; **21** Shutterstock.com/Sergii Figurnyi; **22** Shutterstock.com/fizkes; **23** Shutterstock.com/BigKhem; **25** Shutterstock.com/Stefano Benanti; **27** Shutterstock.com/nejdeh_ivan_photography; **30** mauritius images/STELLA; **39 Mi**. stock.adobe.com/anetlanda; **39 u.** stock.adobe.com/adempercem; **45** Shutterstock.com/Monkey Business Images; **48** Shutterstock.com/sirtravelalot; **49** stock.adobe.com/aldorado; **54** Shutterstock.com/Dmitrijs Dmitrijevs; **55** Shutterstock.com/milanzeremski; **57** stock.adobe.com/AA+W; **59 Mi**. stock.adobe.com/SE Viera Photo; **59 u.** Shutterstock.com/Emine Kamaci; **63** Shutterstock.com/Monkey Business Images; **70** stock.adobe.com/ARochau; **72** Shutterstock.com/Air Images; **77 Mi.** Shutterstock.com/aapsky; **77 u.** Shutterstock.com/svetok**30**; **85** Shutterstock.com/Ljupco Smokovski; **86** stock.adobe.com/photo 5000; **103** Shutterstock.com/kan_khampanya; **111** Shutterstock.com/Lee Yiu Tung; **116** stock.adobe.com/M.E.A.; **117** Shutterstock.com/wavebreakmedia; **127** Shutterstock.com/MAEWJPHO; **130** Shutterstock.com/Andrey Armyagov; **131** Shutterstock.com/Aleksei Ignatov; **133** Shutterstock.com/YanLev; **136** Shutterstock.com/Morphart Creation; **139** Shutterstock.com/Bildagentur Zoonar GmbH; **145** Shutterstock.com/Pyty; **147** stock.adobe.com/schlichteasy; **149** Shutterstock.com/YuriyZhuravov; **151** Shutterstock.com/Asier Romero; **153 o.** Shutterstock.com/Pixel-Shot; **153 u.** Shutterstock.com/W. Scott McGill; **161 o.** Shutterstock.com/Foto-Ruhrgebiet; **161 u.** Shutterstock.com/ABC Vector Illustration; **162** Cornelsen/ Christian Böhning, Berlin/shutterstock/bump23; **163** Shutterstock.com/ESB Professional; **165** Cornelsen/Christian Böhning/Shutterstock.com/Thorben Ecke; **166** Shutterstock.com/Dudarev Mikhail; **167** Cornelsen/Christian Böhning, Berlin/mauritius images/imageBROKER/Cordelia Ewerth; **172 o.** Shutterstock.com/Jan Schneckenhaus; **172 u.** Shutterstock.com/Bojan Milinkov; **176** stock.adobe.com/Eléonore H; **179** Shutterstock.com/nikkytok; **181** Shutterstock.com/FLUKY FLUKY; **184** Shutterstock.com/Alaettin YILDIRIM; **192** stock.adobe.com/animaflora; **193** stock.adobe.com/jokatoons; **194** Shutterstock.com/Antonio Guillem; **197** Shutterstock.com/Evgeny Atamanenko; **203 o.** stock.adobe.com/storm; **203 u.** Shutterstock.com/Mark Medcalf; **210** stock.adobe.com/dietwalther; **215** Shutterstock.com/g-stockstudio; **220 o.** Shutterstock.com/Marc Ward; **220 Mi.** Cornelsen/Gudrun Lenz, Berlin; **223 o.** Shutterstock.com/Kodda; **223 Mi.** stock.adobe.com/Kzenon; **223 u.** Shutterstock.com/Stepan Bormotov; **227** stock.adobe.com/panoramarx; **231** stock.adobe.com/euthymia; **235** imago images/Shotshop; **238** Shutterstock.com/KuLouKu; **243** stock.adobe.com/Georgios Kollidas; **257** Shutterstock.com/argus; **258** Shutterstock.com/Fedor Selivanov; **259** Shutterstock.com/maRRitch; **262** Shutterstock.com/KF photo; **263 Mi.** Shutterstock.com/Vlada Photo; **263 u.** Shutterstock.com/Vlada Photo; **264** Shutterstock.com/Tappasan Phurisamrit; **267** Shutterstock.com/Kwadrat; **268** Shutterstock.com/

bogdanhoda; **269** Shutterstock.com/Digital Storm; **273** Shutterstock.com/Ase; **274** Shutterstock.com/Jun MT; **278** Shutterstock.com/bokan; **279** Shutterstock.com/Milosz Maslanka; **281 o.** stock.adobe.com/EcoView; **281 Mi.** Shutterstock/Alberto Masnovo; **284** Shutterstock.com/Rich Carey; **285** Shutterstock.com/Cesare Andrea Ferrari; **289** Shutterstock.com/malshkoff; **303** Shutterstock.com/Alexander Tolstykh; **317 o.** stock.adobe.com/Petra Steinkuehler-Nitschke/dispicture; **317 u.** Shutterstock.com/unpict; **318** stock.adobe.com/tauav; **321** Shutterstock.com/FrameStockFootages; **322** Shutterstock.com/Roman Sibiryakov; **323** Shutterstock.com/photo.ua; **341 o.** Shutterstock.com/max dallocco; **341 u.** Shutterstock.com/Africa Studio; **342** stock.adobe.com/Naeblys; **347** Shutterstock.com/UGREEN 3S; **348** Shutterstock.com/Salov Evgeniy; **349** Shutterstock.com/Dean Drobot; **353** Shutterstock.com/Rawpixel.com; **358** Shutterstock.com/l000s_pixels; **362** Shutterstock.com/showcake; **363** Shutterstock.com/Whytock